新工科暨卓越工程师教育培养计划光电信息科学与工程专业系列教材

MODERN APPLIED OPTICS

现代应用光学

■ 编　著 / 马冬林

華中科技大學出版社
http://www.hustp.com
中国 · 武汉

内 容 简 介

本书内容主要包括理想光学系统成像、光线追迹理论、光学系统辐射理论和光学材料、像差理论和光学设计、典型光学系统这几个部分。为了逐步加深读者对光学系统的理解，本书又将理想光学系统成像分成平面成像、薄透镜成像、近轴成像和高斯成像等四个部分进行阐述。

本书的一大特色之处在于加强了光线追迹理论的介绍，并将其应用于分析光学系统的一阶性质，尤其是在光阑和光瞳理论方面进行了深入阐述。为了使学生进一步理解光学系统的辐射理论和色差行为，本书也对光学系统辐射度学、色度学以及光学材料等方面的理论进行了初步阐述。

在像差理论部分，本书首先系统地介绍了光学系统的波像差理论及赛得像差理论等，然后分别阐述光学系统的五种基本初级像差球差、彗差、场曲、像散和畸变，以及色差。在像差理论的基础上，本书进一步讲述了光学系统像质评价方法和光学设计中的像差平衡理论。

最后在典型光学系统部分，本书分别阐述了人眼及目视光学系统、放大镜及显微镜系统、望远系统、摄像光学系统等。

图书在版编目(CIP)数据

现代应用光学/马冬林编著. —武汉：华中科技大学出版社，2020.8
ISBN 978-7-5680-6438-5

Ⅰ.①现… Ⅱ.①马… Ⅲ.①应用光学 Ⅳ.①O439

中国版本图书馆 CIP 数据核字(2020)第 153066 号

现代应用光学 马冬林 编著
Xiandai Yingyong Guangxue

策划编辑：曾小玲 李 奥
责任编辑：徐晓琦 李 露
封面设计：廖亚萍
责任校对：刘 竣
责任监印：徐 露
出版发行：华中科技大学出版社(中国·武汉) 电话：(027)81321913
武汉市东湖新技术开发区华工科技园 邮编：430223
录 排：华中科技大学惠友文印中心
印 刷：武汉科源印刷设计有限公司
开 本：787mm×1092mm 1/16
印 张：34.75
字 数：910 千字
版 次：2020 年 8 月第 1 版第 1 次印刷
定 价：68.80 元

华中出版

作者简介

马冬林，1987年12月生于湖南。本科就读于南开大学物理学院。2010年获得国家留学基金委（CSC）资助，在美国三大光学中心之一的亚利桑那大学光学科学学院攻读光学工程硕士以及理学博士学位。博士期间，致力于照明工程、自由曲面光学设计、相关光学系统开发以及光学测试的研究。获得博士学位后于2016年全职回国工作，目前以副教授的身份任职于华中科技大学光学与电子信息学院。期间担任中国十三五规划重大专项“大型（十二米）光学红外望远镜”科学委员会的技术顾问，一方面承担该项目前期工作中望远镜光学设计方案的评估工作，另一方面也是华中科技大学参与该项目概念设计方案竞标的主要负责人。基于大型光学红外望远镜的设计工作获得了美国著名科技杂志Science的撰文报导，也引起了国内媒体的高度关注。本人学术研究工作中秉承着华中科技大学的学风要求，认真写好两篇“论文”，一篇写在学术期刊上，目前已发表学术论文30余篇，申请了多项发明专利；另一篇写在祖国大地上，承担了多项国家级和省部级纵向项目、军口纵向和民口横向项目等，产生了重要的社会影响。目前主要承担三方面的科研工作：第一，推动重大科学装置“南天光谱巡天望远镜”的立项和建设工作，以及核心关键技术的预研工作，该项目总建设预算预计将达12亿元左右；第二，主导承担军口863项目激光专项系列子课题的研究工作，主要包括膜系稳定性、新型激光照明系统、钠导星激光发射装置等；第三，主导承担“天琴计划”中的核心装置——天琴望远镜的研制工作。

前言

编者于 2016 年回国后，当年就加入了华中科技大学光学与电子学院核心专业课程“应用光学”课程组，并于次年参与了这门课程的教学。编者引入了美国三大光学中心之一的亚利桑那大学光学中心的“应用光学”、“光学设计”和“像差理论”等课程的教学大纲，重新编制了这门课程的教学大纲体系，并根据全新的教学大纲体系编著了这本教材。亚利桑那大学光学中心拥有着全世界最为完备的光学课程体系，尤其是其光学工程领域的教学和研究更是在全球独领风骚，因此具有十分重要的参考价值。

本书中加入了两个比较重要的创新，极大地提升了教材的参考价值。第一个是符号规则的应用。与国内同类书籍不同，本书中符号只跟每一个物理量的定义相关，物理量的符号及运算规则只取决于所选参考，而每一个物理量的定义都有着统一的参考。因此，通过引入统一的符号规则，本书所给出的物理公式均具有普适性而无需预判任何物理量的大小和方向。第二个创新是突出强调了光线追迹的重要性。我们只需要追迹两条特征光线，即主光线和边缘光线，就可以得到光学系统的所有一阶性质，甚至能够进一步推得光学系统的三阶性质，即初级像差性质。这极大地加深了学生对光学系统中光线行为的理解，尤其能让学生更加简便地理解光阑与光瞳等对光学系统性能的影响。

本书可作为高等学校光学仪器、光学工程、光学信息和其他光学相关专业的教学参考书籍，也可以作为从事光学技术工作的科技人员的参考书。

本书主要由华中科技大学马冬林编著。在编写过程中，马冬林课题组延翊铭、范子超、康逸凡、谭伟、单跃凡、韦信宇、冀慧茹等同学在课件编写、文字编辑、公式编辑、插图绘制等方面作了非常重要的工作，在此特致感谢！

由于水平有限，时间仓促，书中难免有不妥甚至错误之处，望读者指正。

马冬林

2020 年 8 月 8 日

目录

绪论

现代应用光学

0.1 光学本质

0.1.1 什么是光

光是自传播的电磁波。光波的电场和磁场垂直于传播方向，其是一种典型的横波。

如图 0-1 所示，光波波长 λ 是两个相邻波峰之间的距离。在真空中，电磁波的传播速度为光速：

$$c = 2.99792458 \times 10^{8}\ \text{m/s} \tag{0-1}$$

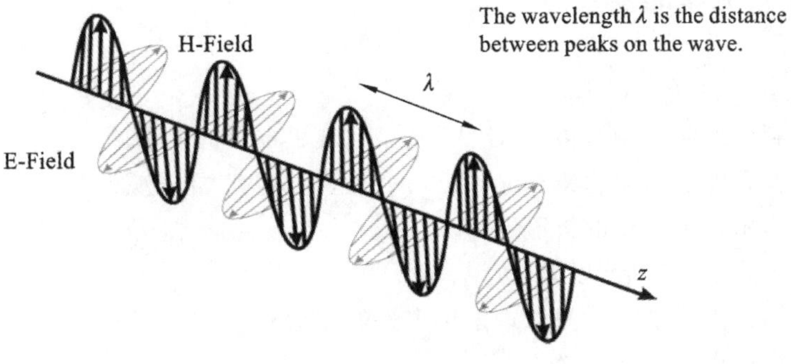

The wavelength λ is the distance
between peaks on the wave.
H-Field
λ
E-Field
z

图 0-1　电磁波的传播

0.1.2 什么是光学

Optics is the field of science and engineering encompassing the physical phenomena associated with the generation, transmission, manipulation, detection and utilization of light. (From National Research Council Report: "Harnessing Light")

翻译成中文意思是"光学是一门关于光的产生、传播、操纵、探测以及应用等物理现象的科学与工程学科”。

产生光：激光光源、LED 光学、荧光、THz 光源、超快光学、非线性光学等。

传播光：光纤光学、自由空间激光通信、光波导、成像光学、天文光学、照明光学、激光武器、空间光学、海洋光学、光学遥感等。

操纵光：量子光学、微纳光学、光镊、集成光子学等。

探测光：红外/THz/X 射线/γ 射线/可见光探测器、荧光探测、偏振探测、高光谱探测、成像探测、散射光探测、模式识别等。

应用光：激光加工、激光医学、太阳能、光显示、光计算、光开关、光存储等。

0.2 光学的发展历程

0.2.1 中国古代的光学思想启蒙

墨子在世界上最早进行了“小孔成像”实验。《墨经・经下》：“景到，在午有端与景长，说在端。”《墨经・经说下》：“景光之人煦若射。下者之人也高，高者之人也下。足蔽下光，故成景于上；首蔽上光，故成景于下。在远近有端与于光，故景库内也。”

墨家最早提出镜面对称的物理认识。《墨经・经下》：“临鉴而立，景倒。多而若少，说在寡区。”《墨经・经说下》：“临正鉴，景寡，貌态、黑白、远近、杝正、异于光。鉴景，就当俱，去亦当俱，俱用北。鉴者之臬，于鉴无所不鉴，景之臬无数，而必过正，故其同处其体，俱然鉴分。”

《管子・侈靡》中最早记载了透镜成像：“珠者阴之阳也，故胜火。”

0.2.2 现代光学的发展历程

现代光学的认知经历了以下几个发展阶段。

1609 年，伽利略发明了望远镜，并于 1610 年发现了木星的卫星。

1611 年，开普勒发明了望远镜和显微镜，该望远镜由两片正透镜组成。

1621 年，斯涅尔发现了光的折射定律。

1638 年，笛卡儿提出光的“以太”假说。

1657 年，费马提出了最小时间原理来决定光的传播路径。

1665 年，胡克提出光的波动说。

1666 年，牛顿提出光的微粒说，并发现了光的色散现象。

1678 年，惠更斯提出了基于波包传输的光的波动理论。

1704 年，牛顿出版《光学》一书。

1733 年，霍尔(Hall)发明了校正透镜色差的双胶合透镜。

1758 年，约翰和皮特申请了双胶合透镜专利并实现了商业化。

1801 年，托马斯・杨(英国)提出了双缝干涉实验，证明了光的波动性。

1821 年，菲涅耳提出了菲涅耳定律，描述了光透过介质的反射率和折射率，以及透射光和反射光的偏振态。

1823 年，夫琅禾费(德国)提出了光的衍射理论。

1835 年，乔治·艾里(英国)计算出了圆孔的衍射光斑分布。

1873 年，麦克斯韦(英国)发表了一篇关于电和磁的论文，总结出了四个麦克斯韦方程组，统一了电磁理论。

1879 年，爱迪生(美国)发明了电灯。

1887 年，克尔逊和莫雷利(美国)未能成功地通过静止的发光体探测地球的运动。

1888 年，赫兹(德国)成功测得了光速，验证了光是一种电磁波。

1896 年，威廉·维恩(德国)解释了黑体辐射。

1899 年，瑞利(英国)提出散射理论，解释了天空为什么是蓝色的。

1900 年，马克思·普朗克(德国)在进一步解释黑体辐射时提出了量子的概念(普朗克常数)。

1905 年，爱因斯坦(德国)基于光是一份一份的(今天称为光子)理论成功解释了光电效应。

1916 年，爱因斯坦提出了受激辐射过程。

1932 年，埃德温·兰德(美国)发明了偏振片。

1948 年，丹尼斯·加博尔(匈牙利)发明了全息术。

1958 年，Arthur Schawlow 和 Charles Townes(美国)提出了产生可见激光的原理。

1960 年，西奥多·迈曼(美国)发明了第一台红宝石激光器。

1961 年，Ali Javan、W. Bennett 和 Donald Herriott(美国)发明了第一台氦氖气体激光器。

1990 年，哈勃望远镜发射。

1991 年，世界上最大的望远镜凯克望远镜建成。

0.2.3　光的本质

光的干涉、衍射、偏振等现象证实了光的波动性。

黑体辐射、光电效应、康普敦效应等现象证实了光的量子性——粒子性。

因此，光具有波粒二象性。一般情况下，我们把光看作是电磁波。一般来说，我们说的光，指的是可见光，其波长范围一般定义为 400～760 nm。

0.3　光学学科分类

根据我们对光的本质的认识情况的不同，我们将光学学科的研究范畴分为三类：几何光学(或者说应用光学)、物理光学(或者说波动光学和光子学)、量子光学。

0.3.1　几何光学

在几何光学(Geometrical Optics)领域，以光的直线传播为基础，研究光在光学系统中的传播和成像问题。一般来说，光学系统的结构尺寸远大于光波的波长，这样光波就可以近似为沿一条直线进行传播。

研究的理论基础包括：费马原理、光的直线传播定律、光的折反射定律、光的独立传播定律等。

将光波近似为直线的几何光学，在光学研究领域具有十分重要的意义，主要体现在如下几点。第一，一般光学仪器的孔径能够通过的光束与光的波长相比是近似于无限大的，几何光学的结论是符合实际情况的。第二，几何光学是物理光学中波长为 0 时的极限情况。第三，用几何光学的方法可方便计算和设计光学系统，方法简单明了，结果合理可靠。

0.3.2 物理光学

在物理光学(Physical Optics/Wave Optics)研究领域，我们以光的波动性质为基础，研究光的传播及其规律问题。一般来说，在波动光学的研究范畴，光学系统的结构尺寸与光波波长相当，二者在可以比较的范围之内。因此，在考虑光波的传播过程时，不能忽略光波的波动特性。

研究的理论基础：麦克斯韦方程、惠更斯原理、菲涅尔原理等。

0.3.3 量子光学

在量子光学(Quantum Optics)研究领域，我们以光和物质相互作用时显示的粒子性为基础来研究光学问题。一般来说，在量子光学的研究范畴，与光子发生相互作用的物质尺寸是在原子尺度范围内的，远小于光波的波长。

研究的理论基础：光电效应、薛定谔方程等。

0.3.4 现代光学学科

光学是一门历史悠久的学科，其在 20 世纪得到了突飞猛进的发展。尤其是在 20 世纪 60 年代，激光问世，从此光学进入了一个新的发展时期，并发展出了许许多多新兴的光学学科。

这些新兴的光学学科主要包括：傅里叶光学、全息光学、薄膜光学、光纤光学、集成光学、激光光学等。

0.4 自然界常见的光学现象

0.4.1 影子

阳光下的影子(见图 0-2)是光照射到自己身上形成的阴影部分。

原理：光的直线传播定律。

0.4.2　日食

月球运动到太阳和地球中间时，如果三者正好处在一条直线上，月球就会挡住太阳射向地球的光，月球身后的黑影会正好落到地球上，这时即发生日食现象(见图0-3)。

原理：光的直线传播定律。

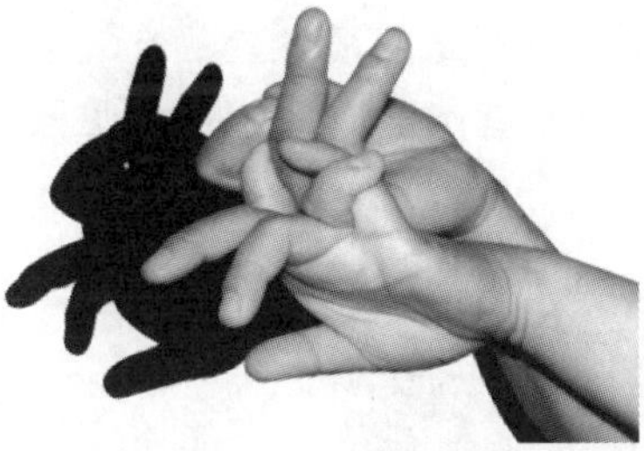

图0-2　影子的形成

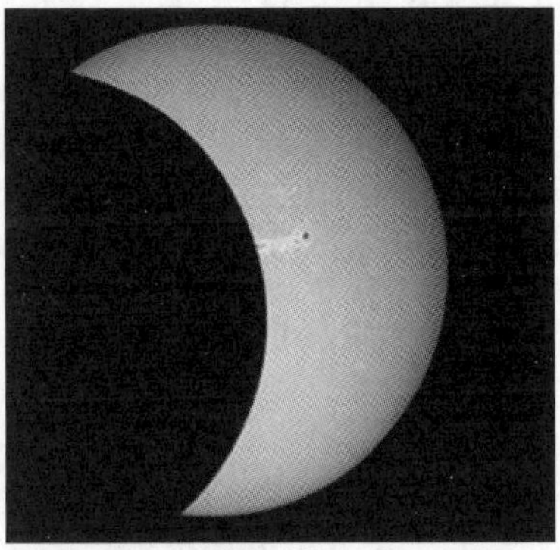

图0-3　日食现象(By NASA)

0.4.3　彩虹

当太阳光照射在半空中的水滴上时，光线会被折射及反射，在天空中形成拱形的七彩光谱，由外圈至内圈呈红、橙、黄、绿、蓝、靛、紫七种颜色，从而形成彩虹(见图0-4)。

原理：光的折反射定律、水滴的色散效应。

图0-4　彩虹

问题：

(1) 为什么彩虹是圆弧形的?

(2) 彩虹相对于观察者的视角是多大?

(3) 有没有可能看到双彩虹? 请解释原因。

(4) 有没有可能同时看到三个彩虹? 请解释原因。

（5）根据折射率的色散公式，彩虹的色彩排列是什么？请解释原因。

（6）如果出现第二道彩虹，我们称之为霓虹。对于霓虹来说，其色彩排列是什么？请解释原因。

（7）有没有可能出现更高阶的虹？请解释原因。

（8）自然界中的高阶虹不易被人眼观察到的原因是什么？

0.4.4　海市蜃楼

海市蜃楼，又称蜃景，是一种因为光的折射和全反射而形成的自然现象，是地球上物体反射的光经大气折射而形成的虚像。其本质是一种光学现象。沙质或石质地表热空气上升，使得大气折射率分布产生变化，从而使得光线发生折射作用，于是就产生了海市蜃楼（见图 0-5）。

原理：光的折反射定律、全内反射原理。

图 0-5　海市蜃楼

0.4.5　日晕

日晕，又叫圆虹（见图 0-6），是一种大气光学现象，是日光通过卷层云时，受到冰晶的折射或反射而形成的。当光线射入卷层云中的冰晶后，会经过两次折射分散成不同方向的各色光。不同日晕类型的产生原理如图 0-7 所示。

图 0-6　日晕

原理:光的折反射定律。

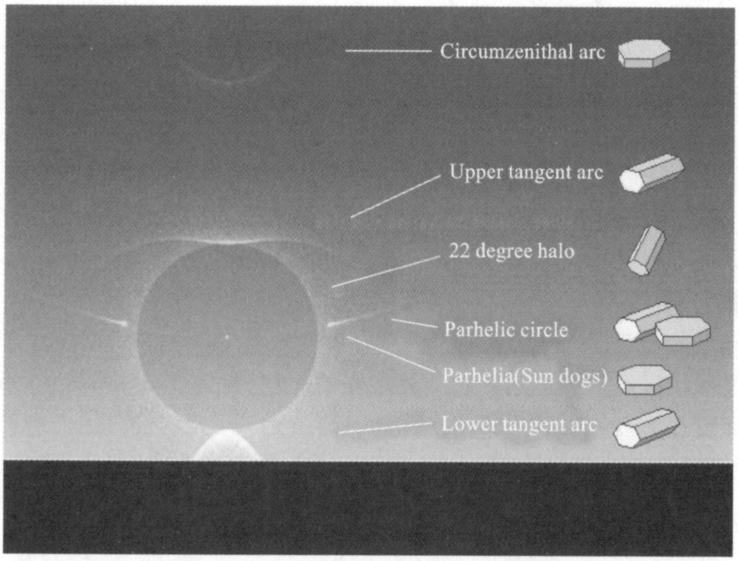

图 0-7　不同日晕类型的产生原理

0.5　现代光学应用

光学既是一门科学学科,也是一门应用工程学科。随着先进光学技术的进步和发展,现代光学技术已经广泛应用于国防、工业和日常生活中的各个领域。

0.5.1　工业领域

光学是机器的眼睛。随着自动化技术与人工智能的发展,现代光学技术在工业领域有着十分广泛的应用(见图 0-8),主要体现在以下几个方面。

精密光学仪器:显微镜、椭偏仪、激光干涉仪、多普勒轮廓仪等。

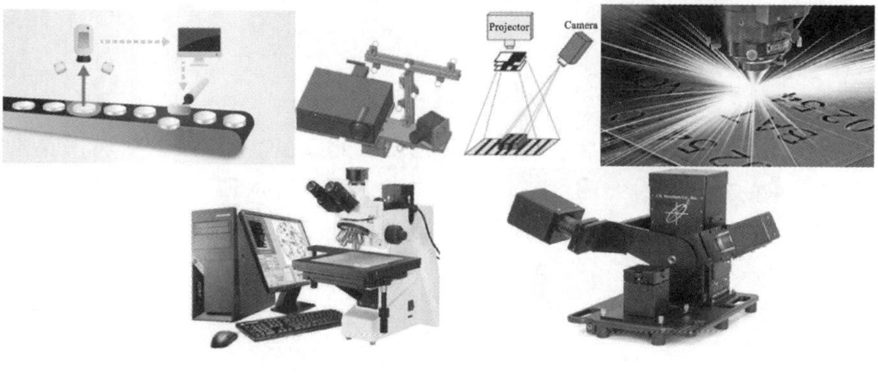

图 0-8　光学在工业领域的应用实例

工业测量:条纹投影 3D 扫描仪、线激光扫描仪、影像测量仪、同轴显微镜、光谱共焦测量仪、共聚焦显微镜、金相显微镜等。

工业加工领域:3D 快速打印设备、激光切割机、激光打标机、光刻机、激光直写系统、激光抛光设备等。

机器视觉:玻璃缺陷检测设备、LCD/OLED 屏幕缺陷检测设备、尺寸检测设备、二维码识别设备等。

无人驾驶:车载摄像头、激光雷达、车载抬头显示系统、车载激光测距仪、车载夜视仪等。

0.5.2 医疗领域

现代光学技术在医疗领域也起到了十分重要的作用(见图 0-9),尤其是医学检测领域,因为光学技术能够实现非接触、无毒、零损伤检测。典型的应用案例包括:内窥镜、检眼镜(虹膜检测)、光学相干层析仪(Optical Coherence Tomography,OCT)、牙齿三维扫描仪、量化相位成像仪(Quantitative Phase Imaging,QPI)、LED 无影手术灯等。

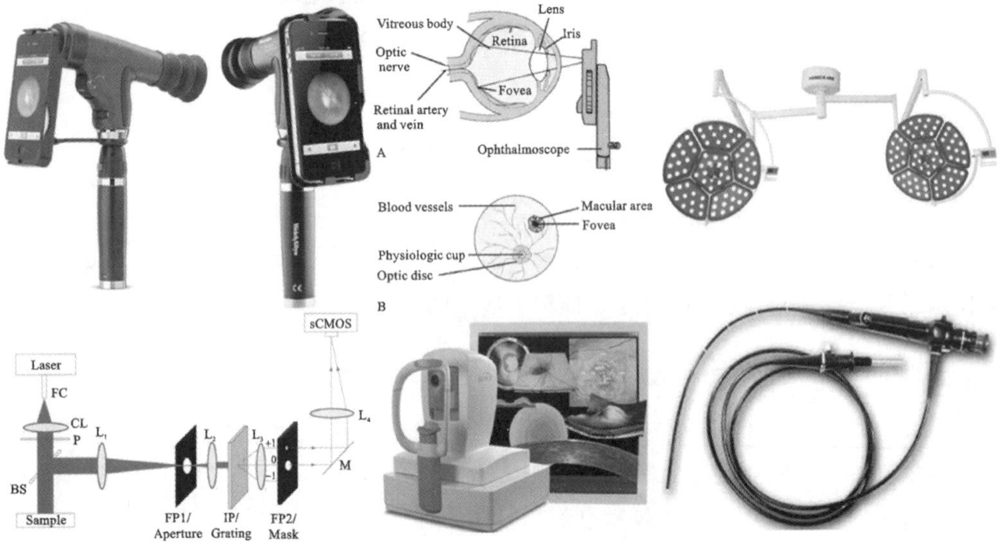

图 0-9 光学在医疗领域的应用实例

0.5.3 农业领域

现代农业技术的重要特点是信息化和自动化。因此,现代光学技术在现代农业的发展中也起到了举足轻重的作用(见图 0-10)。典型的应用实例包括:LED 植物补光灯、光学防虫网、激光诱变育种技术、基于病虫害检测等应用的 3D 遥感测量技术、基于农产品无损检测与筛选的高光谱成像测量技术、应用于土壤污染物检测的激光诱导击穿光谱学(Laser-Induced Breakdown Spectroscopy,LIBS)技术。

图 0-10　光学在农业领域的应用实例

0.5.4　军事领域

光学技术在现代军事领域有着极其广泛的应用(见图 0-11)。这些应用主要体现在如下几个方面:空间侦察相机、导弹光学制导技术、红外夜视仪、激光测距系统、激光武器、机载平视显示系统、无人驾驶侦察系统、潜望镜、瞄准镜、军用望远镜、微光夜视技术、激光引信、激光陀螺、自由空间激光通信技术、光学遥感技术、光电跟踪技术、光电对抗技术等。

图 0-11　光学在军事领域的应用实例

0.5.5　天文领域

天文观测手段的进步和提高是天文学发展的最重要推动力。天文望远镜是人类获得宇宙观测信息的主要手段。在所有的望远镜中,地基光学望远镜是最早出现的,也是人类认识宇宙最基础的手段。当前天文学已进入一个空间紫外、红外、X 射线和 γ 射线望远镜,地面和空间甚长基线射电望远镜,乃至引力波探测器与光学望远镜联合观测的全波段时代。但全波段时代并没有减小光学望远镜的作用,光学天文仍然是信息最丰富、发展最完备的核心天文领域。因此,光学技术在天文学领域的应用是极为广泛的,而且也直接决定了天文学的发展水平。

光学在天文领域最重要的应用案例则是光学—红外望远镜,主要包括地基望远镜和空基望远镜。地基望远镜(见图 0-12)最重要的参数是主镜的口径。望远镜两个最重要的能力,即集光本领和分辨本领,均依赖于口径的增加而得以提高。目前,国际上已建成的最大的地基望远镜是位于夏威夷群岛的 Keck 望远镜(口径为 10 米级)。同时,美国正在启动建设下一代口径为 30 米的 TMT 望远镜,欧洲也计划在智利建设口径为 39 米的下一代巨型望远镜(E-ELT 望远镜)。与此同时,中国政府拟计划在中国西部选择合适台址,建设一台口径为 12 米的大型光学红外望远镜(LOT)。

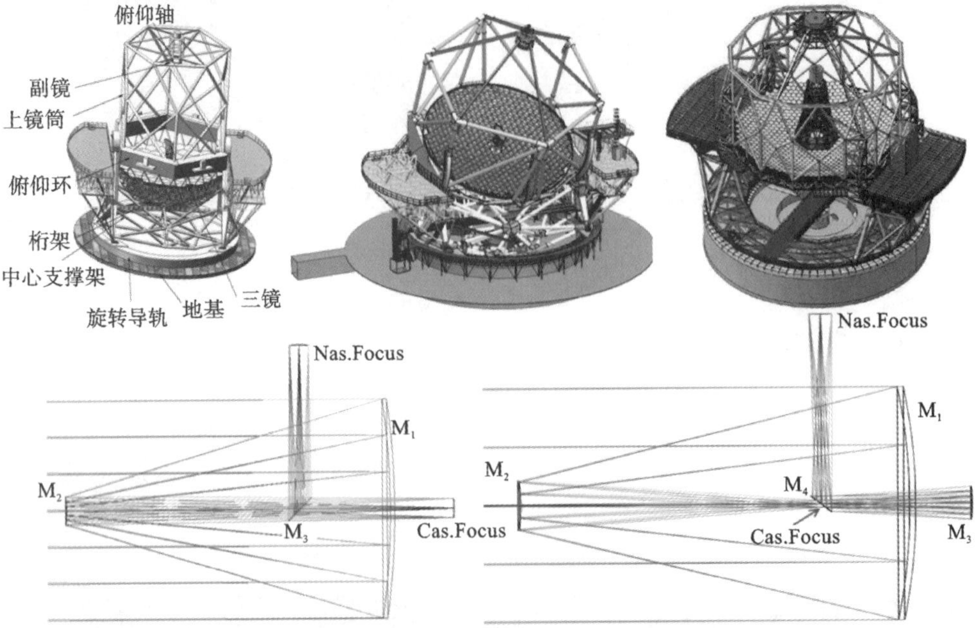

图 0-12 地基望远镜实例

光学在天文学领域的另一个十分重要的应用案例则是空基望远镜(见图 0-13),最著名的例子就是美国 20 世纪 90 年代发射升空的哈勃望远镜,其口径为 2 米级。美国下一代大型空间红外望远镜——詹姆斯—韦伯望远镜(James Webb Space Telescope,JWST)也即将发射升空,其主镜口径将达到 6.5 米,采用拼接型技术。

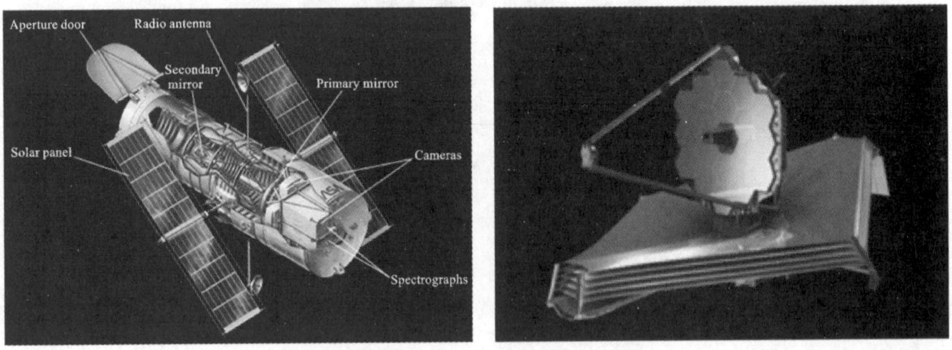

图 0-13 空基望远镜——哈勃和 JWST

最后,光学在天文领域的应用还体现在天文望远镜终端设备的研制上。其主要体现在两个方面,一方面是自适应光学系统,另一方面是天文科学仪器(见图 0-14)。自适应光学系统则包括极限自适应光学技术、多重共轭自适应光学技术和近地层自适应光学技术等。天文科学仪器则根据科学目标和应用的不同,分为宽视场多目标成像光谱仪、宽波段中色散光谱仪、高分辨率光谱仪、行星直接成像仪、偏振探测仪、积分视场光谱仪、多目标大视场成像光纤光谱仪、单目标近红外光谱仪等。

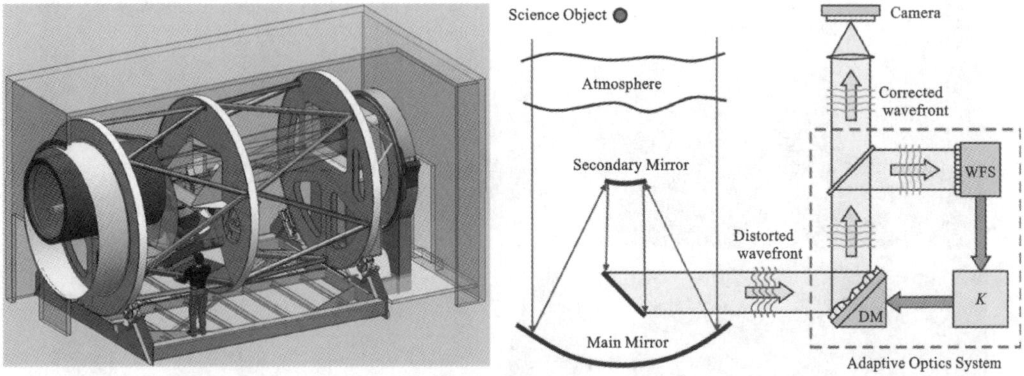

图 0-14 天文科学仪器和自适应光学系统

0.5.6 光通信领域

全光通信技术也是一种光纤通信技术(见图 0-15),该技术是针对普通光纤系统中存在着较多的电子转换设备而进行改进的技术,该技术确保用户与用户之间的信号传输与交换全部采用光波技术,即数据从源节点到目的节点的传输过程都在光域内进行,而其在各网络节点的交换则采用全光网络交换技术。

图 0-15 光纤通信技术

光通信领域所需的核心光学技术包括:新型紧凑型光源技术(LED 或激光)、低损耗光纤技术、高性能光探测器技术。

0.5.7 非成像光学领域

传统的几何光学是以提高光学系统的成像质量为宗旨的学科,它所追求的是如何在焦平面上获得完美的图像。非成像光学应用于主要目的是对光能传递进行控制而非成像的系统中(见图 0-16)。成像并不被排除在非成像设计之外。非成像光学需要解决的两个主要辐射传递

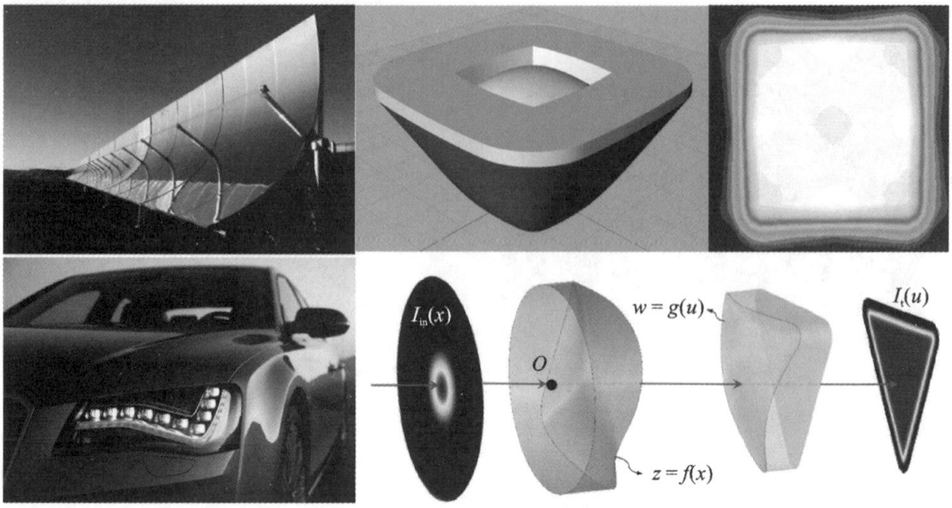

图 0-16　非成像光学

的设计问题是使传递能量最大化并且得到需要的照度分布。这两个设计领域通常被简单地称为集光和照明。因此，非成像光学主要包括 LED 照明（包括路灯照明和车灯照明等）、激光光束整形、LED 显示系统、太阳能聚光系统等领域，涉及的主要技术手段包括自由曲面光学、非涅耳透镜、全内反射透镜、微透镜阵列、衍射元件等。

0.5.8　日常生活领域

先进的光学技术已经渗透到了我们日常生活中的方方面面，最典型的应用包括：扫描仪、投影仪、手机摄像头、液晶显示、光碟、数码相机、虚拟现实与增强现实（见图 0-17）等。

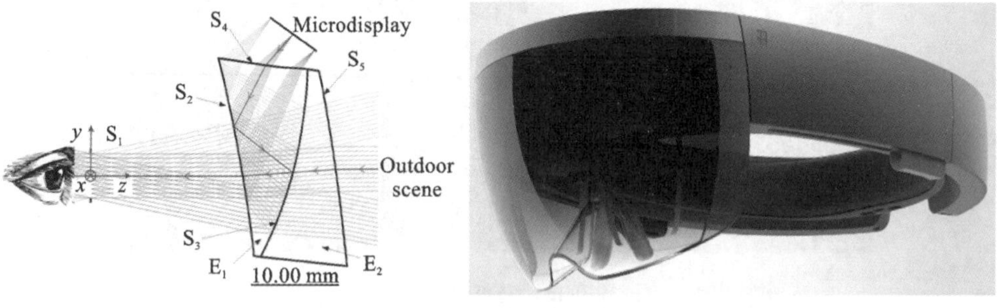

图 0-17　光学的日常生活应用实例——增强现实眼镜

习　　题

0.1　作为一门学科来说，光学的本质是什么？

0.2　在应用光学、物理光学和量子光学的研究领域中，科学家们分别如何看待光的本质？

0.3　可见光的光谱范围是多少？

0.4　自然界中有哪些常见的光学现象？请举出至少 5 个例子。

0.5　光学在工业界有哪些常见的应用？请举出至少 5 个例子。

第1章 几何光学的基本原理

1.1 几何光学的基本概念

1.1.1 几何光学

几何光学把光在均匀介质中的传播用几何上的直线来近似表示，并把这种直线称为“光线”，同时把组成物体的物点看作是几何点，把它所发出的光束看作是无数几何光线的集合，光线的方向代表光能的传播方向。几何光学以光的直线传播为基础，研究光在光学系统中的传播和成像问题，其是研究没有衍射或干涉时的光线行为的学科。

几何光学主要遵循以下三个基本假设：①任何物体都由独立辐射点源的集合组成；②每个点源都是无穷小的，相互没有干扰；③每个点源通过系统独立成像，并且图像由所有点成像的强度分布叠加而成。显然，几何光学的假设只有在光与物体发生作用时，物体尺寸数倍于光波波长的前提下才是成立的，这样光的行为不会表现出明显的波动特征。

1.1.2 一阶光学

一阶光学的目的是确定光学系统元件的布局，以便满足光学系统的一阶要求。因此，一阶光学主要研究完美的光学系统或没有像差的光学系统。通过近轴近似(也称为小角近似)，可以对几何光学做进一步简化，并对应于数学描述上的线性化。在近轴近似条件下，光学元件和系统可以通过简单的矩阵来表示。高斯光学以及近轴光线追迹都是以近轴近似为基础发展起来的，从而可以确定光学系统的一阶特性，例如找出成像位置、成像的方向、物体位置、放大倍率的近似值、辐射特性、系统的焦比和孔径等。光学系统像差一般属于三阶光学或者更高阶光学的研究范畴。然而，普通的色差和二级光谱则属于一阶像差。

高斯光束传播是近轴光学的扩展，它可以更为精确地描述相干光传播(如激光光束)。即使在高斯光束的传播中，我们仍然使用近轴近似，高斯光束传播理论可以部分地描述衍射等物理光学现象，并能够精确计算激光光束随距离传播的速率以及其最小的会聚尺寸。因此，高斯光束传播理论是连接几何光学与物理光学的桥梁。

1.1.3 像差

像差是实际光学系统与完美系统之间的偏差，即使是在完美加工条件下，像差依然存在，因为这些偏差是光线的折射或反射作用造成的。像差一般分为色差与单色像差。色差是指由于透镜材料针对不同色光拥有不同的折射率，因此其对色光具有不同的会聚或发散能力，进而造成带有色晕的像。而单色像差是与波长或者色光无关的像差。初级单色像差主要分为五种，分别为：球差、彗差、像散、场曲和畸变。其中，畸变、场曲是使图像变形的像差，而球差、彗差、像散等是使像斑模糊的像差。值得注意的是，如果使用 CCD、CMOS 等平面探测器，场曲也会使得探测器上的像斑变得模糊。像差在照相机、望远镜和其他光学仪器中可以通过透镜的组合减小到最低限度。反射镜也有与透镜一样的单色像差，但没有色差。此外，额外的像差来源于加工与装调误差，以及受温差等外界环境的影响。

1.1.4 三阶光学

三阶光学(高阶光学)用于分析像差和衍射效应对光学系统性能的影响。我们需要应用三阶光学对光学系统的成像质量和光学设计进行评估。一般而言，系统分析只需要使用一阶与三阶像差。光学系统中往往存在更高阶的像差，但我们通常不对其进行修正，否则会使系统变得更为复杂。

1.2 几何光学的基本物理量

1.2.1 折射率

一定波长的单色光在真空中的传播速度(c)与它在给定介质中的传播速度(V)之比，定义为该介质对指定波长的光的绝对折射率(n)。即有

$$n \equiv \frac{\text{光在真空中的传播速度}}{\text{光在介质中的传播速度}} = \frac{c}{V} \tag{1-1}$$

折射率表征的是光在介质中传播时，相比在真空中传播时速度减慢的程度。在给定介质中，一定波长的光的速度为常数，所以该波长下介质的绝对折射率也为常数。表 1-1 给出了一些典型介质的折射率。

表 1-1 典型介质的折射率

介质	折射率
真空(Vacuum)	1.0
氦(Helium)	1.000036
氢(Hydrogen)	1.000132

续表

介　质	折 射 率
大气(Air)	1.000293
水(Water)	1.33
熔融石英玻璃(Fused silica)	1.46
塑料(Plastics)	1.48～1.60
硼硅酸盐冕牌玻璃(Crown glass)	1.51
冕牌玻璃	1.52
轻火石玻璃(Flint glass)	1.57
重钡冕牌玻璃	1.62
重火石玻璃	1.72
钻石(Diomand)	2.4
硅(Silica)　@10 μm	3.4
锗(Germanium)　@13 μm	4.0

1.2.2　波长

光是一种电磁波，在传播过程中把相邻两个波峰(或波谷)之间的距离定义为波长，也就是光在一个振动周期内传播的距离。在物理学中，波长普遍使用希腊字母 λ 来表示，单位为米(m)。

1.2.3　频率

如果光波以既定的速度 V(单位：m/s)传播，则频率 ν 定义为单位时间内该光波通过某点的周期数或者波长数。即

$$\nu = \frac{V}{\lambda} \tag{1-2}$$

频率的基本单位为赫兹(Hz)。光波的频率只由光源决定，在传播过程中不会发生变化；而光波波长会随介质的折射率发生改变。当光在介质中传播时，其波长为

$$\lambda_M = \frac{\lambda_0}{n} \tag{1-3}$$

其中，λ_M 为光波在介质中的波长，λ_0 为光波在真空中的波长，n 为介质的绝对折射率。

1.2.4　波数

波数是在光波传播方向上单位长度内光波的波长数目，其定义式为

$$\omega = \frac{1}{\lambda} \tag{1-4}$$

在国际单位制下单位为 1/m，但一般采用厘米-克-秒制(CGS)来表达波数，此时单位为 1/cm。

1.2.5 光程

光程(OPL)的数值大小等于光在介质中的几何距离和介质折射率的点乘，正比于光从 a 点传播到 b 点所需的时间(见图 1-1、图 1-2)。

$$\mathrm{OPL}=\int_a^b n(s)\mathrm{d}s=\int_a^b \frac{c\cdot \mathrm{d}s}{V(s)}=c\cdot \Delta T \tag{1-5}$$

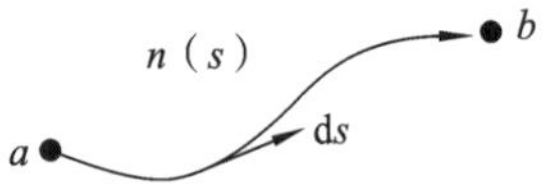

图 1-1 非均匀介质

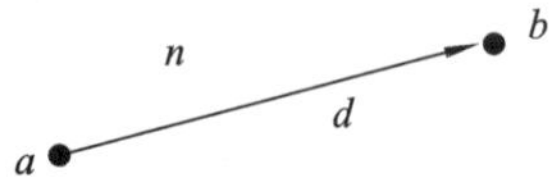

图 1-2 均匀介质

在均匀介质中，光程的表达式可以简化为

$$\mathrm{OPL}=n\cdot d \tag{1-6}$$

光程是一个折合量，在某介质中的光程等于相同时间内光在真空中传播的距离，所以光程又称为"折合距离"。光程的重要性在于通过光程可以确定光的相位，而相位决定光的干涉和衍射行为。

1.2.6 电磁波频谱

电磁波频谱(见图 1-3)包含了光的电磁辐射的所有波长和频率，我们平时说的可见光是指人眼能够直接感知的光，其波长范围为 400～750 nm，人眼最敏感的光波长为 550 nm 左右，对应绿光。可见光在整个频谱中只占了一小段，光学领域通常仅指光谱的可见光部分，但是广义的光学还包括光谱的紫外波段和红外波段。

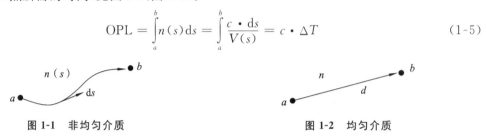

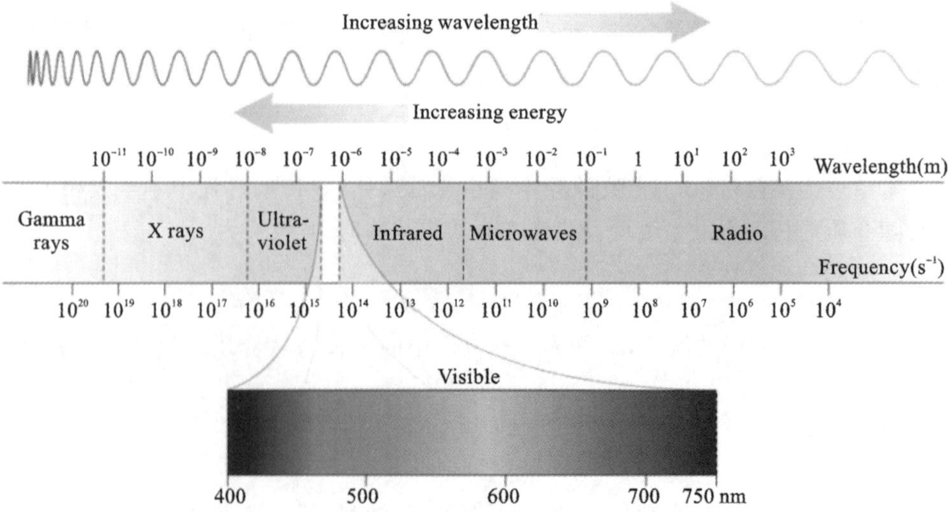

图 1-3 电磁波频谱

1.2.7　波前

波前(Wavefront)指离光源具有恒定光程的曲面，在同一时刻，波前上的各点振动相位相同，按形状可以分为平面波、球面波和任意曲面波。均匀介质中的点光源(见图 1-4)将产生扩展的球面波，在距点光源距离很远的地方，球面波的一部分看起来像是平面波，无限远处的点光源也会形成平面波(见图 1-5)。

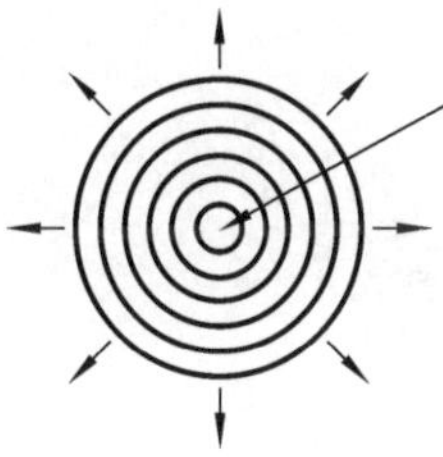

图 1-4　点光源

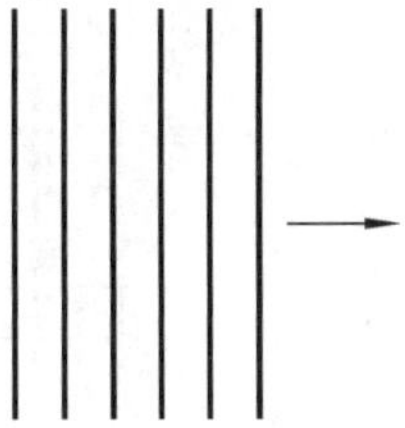

图 1-5　无限远处的点光源

对于完美光学系统或一阶光学系统：所有的波前是球面波或者平面波；任意物点到对应像点的光程是恒定值。

1.2.8　光线

在几何光学中，光线表征光能量的传播方向(见图 1-6)，它垂直于波前表面，是无体积、无直径，有能量、有方向，能够传输能量的几何线。在折射率恒定的介质中，光线是直线。

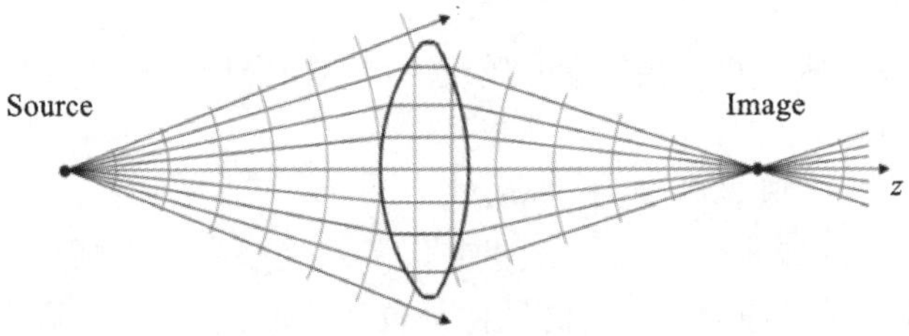

图 1-6　光线

与波面对应的法线(光线)的集合，称为“光束”，按照波面的形状可以分为以下几类。

(1) 同心光束。同心光束的波面为球面，光束会聚于一个理想的点。同心光束又可分为发散光束和会聚光束两种类型。如图 1-7 所示，对于发散光束，光线在前进的方向上无相交趋势；而对于会聚光束，光线在前进的方向上有相交趋势。

(2) 平行光束。对于平行光束，如图 1-8(a)所示，波面为平面。

(3) 像散光束。如图 1-8(b)所示，像散光束的波面为曲面，且弧矢方向和子午方向的光束会聚在不同的位置处。值得注意的是，像散也是一种典型的光学系统像差类型。具有像散像差的光学系统，能够将理想的同心光束或者平行光束转化成像散光束。

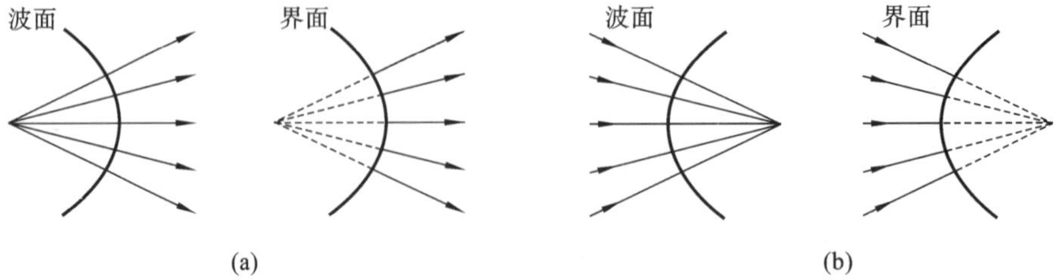

图 1-7 两种同心光束

(a)发散光束;(b)会聚光束

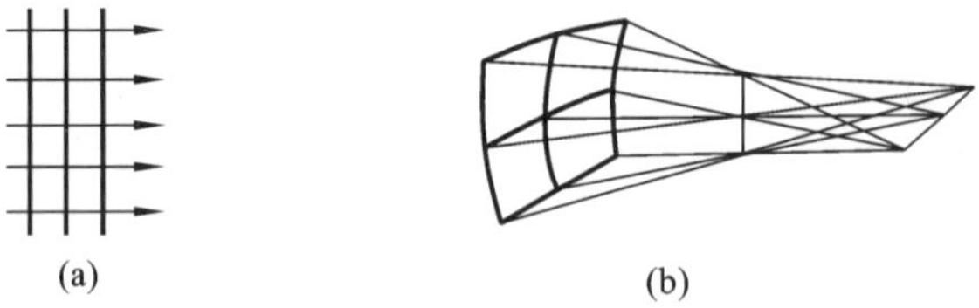

图 1-8 平行光束和像散光束

(a)平行光束;(b)像散光束

1.3 费马原理

1.3.1 费马原理的文字表述

费马原理的“一般表述”为:光在任意介质或一组不同介质中从一点传播到另一点时,沿所需时间最短的路径传播。

但是,很显然,这个“一般表述”是不完备的。

费马原理更为严格的表述应该为:光线沿其实际路径从一个点到另一个点的传播时间相对于该路径的微小变化是平稳的。所谓的平稳是数学上的微分概念,可以理解为一阶导数为零,它可以是极大值、极小值,甚至是拐点。根据定义,介质的折射率是真空中光速与介质中相应光速之间的比值。因为光线传播所花费的时间与介质中的光速成反比,而介质中的光速又与其折射率成反比,所以费马原理也可以如下所述:光线沿其实际路径从一个点到另一个点的光程是平稳的。其中,光程等于几何路径长度乘以介质的折射率。光路长度在某种意义上是恒定的,即路径与实际光线路径之间的偏差的一阶小量所产生的光程差,至少是一个二阶小量。

因此,费马原理更加通用的表述是:光在任意介质或一组不同介质中从一点传播到另一点时,沿所需时间为极值(或与相邻路径相等)的路径传播。即光传播过程的光程可以取极小值、极大值或与周围路径相等的值。

特别地,在一阶或近轴成像系统中,所有的连接光源和对应像点的光路具有相同的光程。

1.3.2　费马原理的严格数学表述

如果我们考虑光线从 P_1 到 P_2 的实际路径和相邻路径，如图 1-9 所示，使两条路径偏离不超过一个小的量 ε，则两条路径的光程差就可由下式给出：

$$W(\varepsilon)=\int_{P_1}^{P_2} n\mathrm{d}s'-\int_{P_1}^{P_2} n\mathrm{d}s=O(\varepsilon^2) \qquad (1\text{-}7)$$

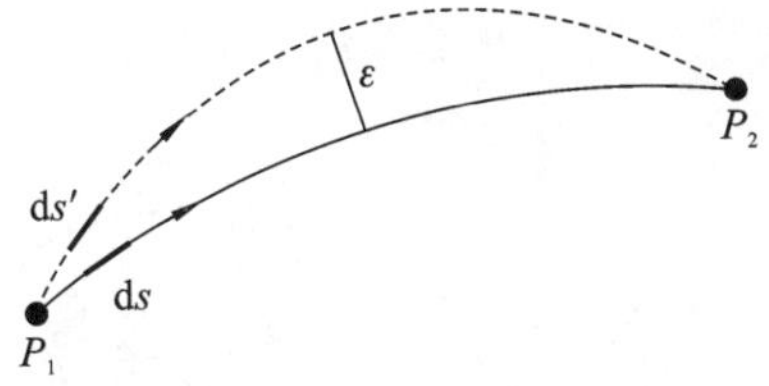

图 1-9　实际路径与相邻路径的光程

其中，ds、ds′分别为实际路径和相邻路径长度的微分元素，n 为对应介质的折射率，$O(\varepsilon^2)$表示关于 ε、ε^2 或 ε 的更高阶幂的函数。由式(1-7)可以清楚地得到

$$\lim_{\varepsilon\to 0}\frac{\partial W}{\partial \varepsilon}=0 \qquad (1\text{-}8)$$

或者可以写成

$$\delta\int_{P_1}^{P_2} n\mathrm{d}s=0 \qquad (1\text{-}9)$$

式中，δ 表示微分的变化，因此最高到 ε 的一阶函数，两条路径的光程是相等的。

1.3.3　费马原理示例

1. 光程取极小值——平面镜

光线在平面镜上反射时，A、B、C 三条路径的光程都不相等，此时 B 路径光程为极小值，由费马原理可以知道 B 路径为实际路径，此时反射角与入射角相等，如图 1-10 所示。

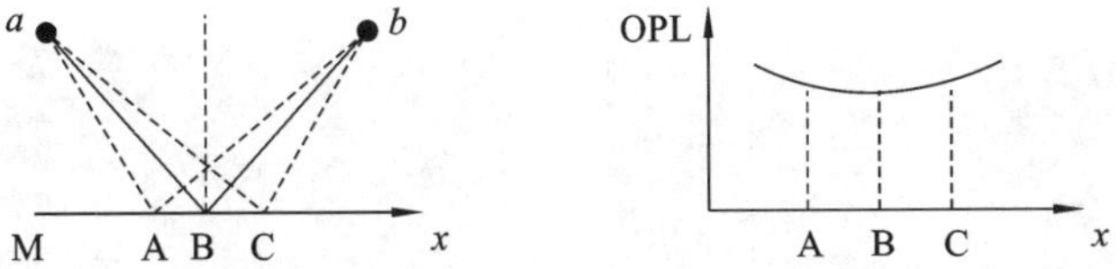

图 1-10　平面镜成像

2. 光程取极大值——凹面镜

光线在凹面镜上反射时，A、B、C 三条不同路径有着不同光程，B 路径光程为极大值，为实际路径，此时反射角也等于入射角，如图 1-11 所示。

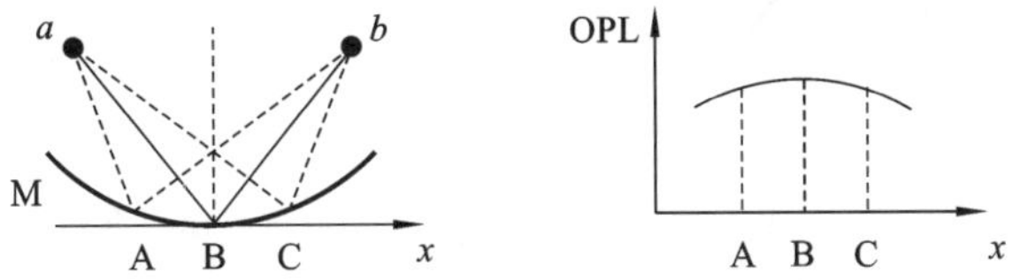

图 1-11　凹面镜成像

3. 光程取相同值——椭球面镜和成像透镜

光线在椭球面镜上进行反射时，由于椭圆上的两个焦点到椭球面上的任意点的两个向径之和为一常数，所有从两个焦点发出的光线经椭球面反射后的光程始终相等，光程为相同值；成像透镜中，从点 a 到点 b 的各途径光线传播的时间都相同，形成完善的像，故光程也相同，如图 1-12 所示。

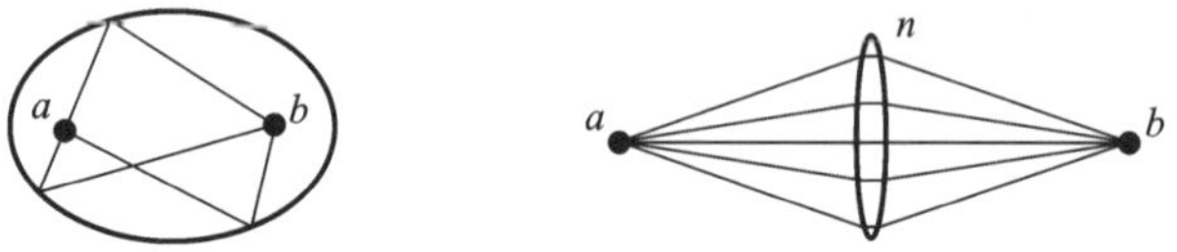

图 1-12　椭球面镜和成像透镜

1.4　几何光学的其他基本定律

1.4.1　光的直线传播定律

费马原理表明，由于连接两点的线中直线最短，因此光在各向同性的均匀介质中沿直线传播，即光的直线传播定律是普遍存在的现象。用该定律可以很好地解释影子的形成，日食、月食等现象。一切精密的天文测量、大地测量和其他测量技术也都以此定律为基础。

但是，光并不是在所有场合中都是沿直线传播的。当光学系统（如狭缝）尺寸与波长相当时，即波长长度不可忽略时，必须考虑衍射效应，因此需要借助波动光学对系统进行描述；当波长近似为零时，即波长相对系统尺寸可以忽略时，光学系统可以用几何光学进行描述（见图 1-13）。

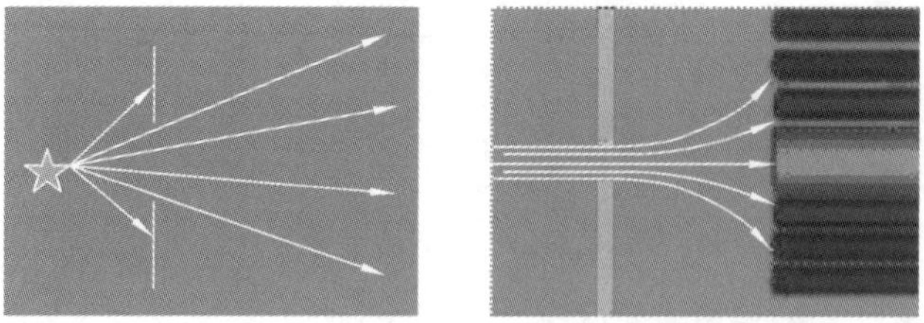

图 1-13　光的直线传播和衍射

1.4.2　光的独立传播定律

从不同光源发出的光束以不同方向通过空间某点，互不影响，各自独立传播，这是光的独立传播定律。几束光会聚于空间某点时，其作用是在该点处简单地叠加，各光束仍按照各自的方向向前传播。但是，这一定律对不同发光点发出的光来说是正确的。如果由同一点发出的光分出两束单色光（为相干光），它们通过不同的而长度相近的途径达到空间某点时，则它们的合成不是简单的叠加，而可能发生相互抵消而变暗，这就是光的干涉现象，这是在物理光学中所讨论的一个重要现象(见图 1-14)。

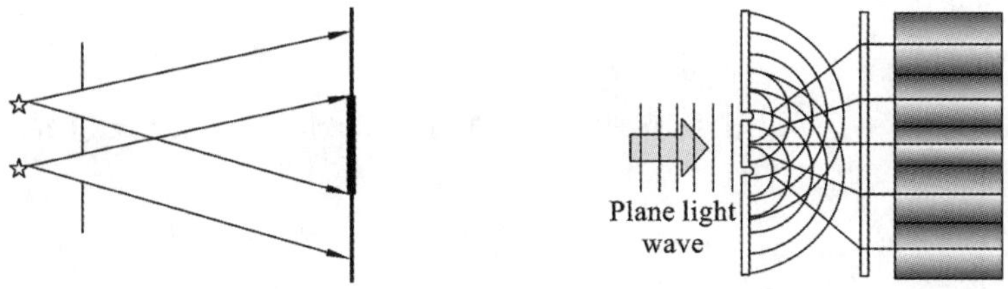

图 1-14 光的独立传播和干涉

1.4.3 光的折反射定律

费马原理可以用来确定光线穿过不同介质的有效路径,从而推导出光线传播的折反射定律。

1. 折射定律 2D

如图 1-15 所示,光线穿过两种不同折射率的均匀介质从 a 传播到 b,在分界面上发生了折射,OPL 为光线的光程。那么,根据光程定义,有

$$\begin{aligned} \mathrm{OPL} &= n_1L_1 + n_2L_2 \\ L_1 &= \sqrt{h_1^2 + y^2} \\ L_2 &= \sqrt{h_2^2 + (p-y)^2} \end{aligned} \tag{1-10}$$

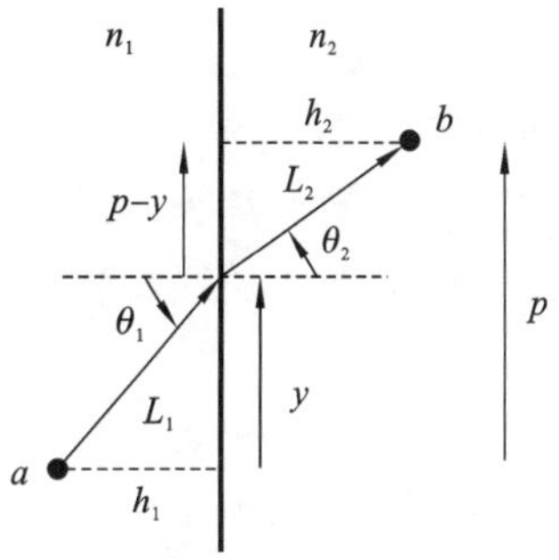

图 1-15 费马原理推导折射定律

由费马原理知,实际光线的光程是稳定的,在均匀介质中传输时光程的一阶导数为零,即有

$$\frac{\mathrm{dOPL}}{\mathrm{d}y} = n_1\frac{\mathrm{d}L_1}{\mathrm{d}y} + n_2\frac{\mathrm{d}L_2}{\mathrm{d}y} = 0$$

$$\frac{\mathrm{d}L_1}{\mathrm{d}y} = \frac{y}{\sqrt{h_1^2+y^2}} = \frac{y}{L_1} = \sin\theta_1 \tag{1-11}$$

$$\frac{\mathrm{d}L_2}{\mathrm{d}y} = \frac{-(p-y)}{\sqrt{h_2^2+(p-y)^2}} = -\frac{p-y}{L_2} = -\sin\theta_2$$

因而有

$$n_1\sin\theta_1 - n_2\sin\theta_2 = 0$$

$$n_1\sin\theta_1 = n_2\sin\theta_2 \tag{1-12}$$

即推导出了折射定律。

光的折射定律又称斯涅尔折射定律,具体表述可以归结为:①折射光线位于入射光线和界面法线所决定的平面内;②折射光线和入射光线分别在法线的两侧;③入射角 θ_1 的正弦和折射角 θ_2 的正弦的比值,对折射率一定的两种介质来说是一个常数。对一定波长的光线,在一定温度和压力的条件下,该比值等于折射光线所在介质的折射率 n_2 与入射光线所在介质的折射率 n_1 之比。因此,斯涅尔折射定律的公式可以表达为

$$n_1\sin\theta_1 = n_2\sin\theta_2 \tag{1-13}$$

如果界面为曲面,则入射角定义为入射光线与界面光线交点处的法线之间的夹角,折射角

则定义为折射光线与界面光线交点处的法线之间的夹角。很显然，当光线通过一系列平行界面时，物理量 $n\sin\theta$ 是守恒量。

2. 反射定律 2D

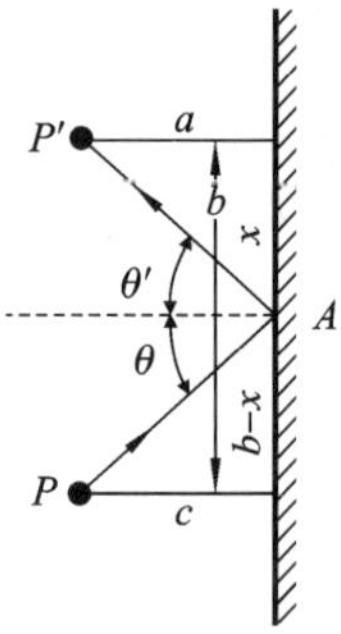

图 1-16　费马原理推导反射定律

如图 1-16 所示，光线在一个理想的光滑反射界面上反射，其光程为

$$\text{OPL} = n \cdot PA + n \cdot P'A \tag{1-14}$$

$$PA = \sqrt{c^2 + (b-x)^2}$$

$$P'A = \sqrt{a^2 + x^2}$$

根据费马原理，有

$$\frac{\text{dOPL}}{\text{d}y} = n\frac{x}{\sqrt{a^2+x^2}} + n\frac{b-x}{\sqrt{c^2+(b-x)^2}} = n\sin\theta + n\sin\theta' = 0 \tag{1-15}$$

则有

$$\sin\theta = -\sin\theta' \tag{1-16}$$

$$\theta = -\theta'$$

即推导出了反射定律。

反射定律可归结为：入射光线、反射光线和投射点法线三者在同一平面内，入射角和反射角二者绝对值相等、符号相反，即入射光线和反射光线位于法线的两侧。反射定律可表示为

$$\theta = -\theta' \tag{1-17}$$

两个角度都是相对于表面法线的，负号由符号法则(后面会详细介绍)约定。

反射定律可以视作特殊情况下的斯涅尔定律：

$$n_2 = -n_1 \tag{1-18}$$

这里，负折射率表征的是光线的传播方向。

对于粗糙的分界面，一束平行入射光投射其上，反射光将不再是平行的光束，而发生无规则的漫反射。但是对于粗糙表面上任一微小的反射面来说，仍然遵守反射定律。

3. 全反射

在折射过程中还存在一种特殊情况，当光线的入射角 θ 大于某值时，两种介质的分界面把入射光全部反射回原介质中去，这种现象称为“全反射”或“完全内反射”。

产生全反射的条件有：入射光由光密介质进入光疏介质，入射角必须大于一定的角度。按折射定律，当折射角 $\theta'=90°$，有

$$\sin\theta_c = \frac{n_2}{n_1}\sin 90° = \frac{n_2}{n_1} \tag{1-19}$$

式中，入射角 θ_c 称为临界角，当入射角大于临界角时，折射定律就已不适用，此时光线在界面上会发生所谓的全反射现象。发生全反射时，反射率能达到 100%。

全反射的应用主要有以下几种。

1）像旋转棱镜

全反射的一个典型应用就是棱镜。棱镜的材料，即玻璃的折射率一般为 1.5 左右，因此其临界角为 42°左右。如图 1-17 所示，几种像旋转棱镜中，光线的入射角都为 45°，因此能够很好地满足全反射条件。

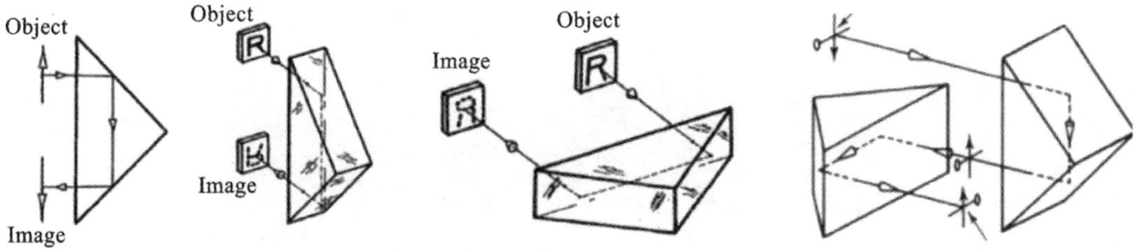

图 1-17　像旋转棱镜

2）成像设计

在传统的光学设计领域，我们一般要控制光线在光学表面的入射角，尽量避免全反射现象的发生。然而，在现代光学设计领域，尤其是自由曲面光学系统的设计中，为了使结构紧凑以及获得更高的光学性能，大量地借助了全反射的原理。如图 1-18 所示，研究者利用了一个自由曲面棱镜，同时借助了 S_2 表面的全反射原理，实现了共体多面自由曲面元件的设计。该光学元件结构紧凑，能够很好地应用于头戴显示系统中，是增强现实（AR）在日常生活中的一个最为重要的应用。

3）非成像设计

全反射原理在非成像设计（如照明设计）中也有着广泛的应用。在如图 1-19 所示的 LED 固态照明透镜的设计中，研究者在第 2 个光学表面运用了全反射原理，对 LED 大角度发射的光线实现接收并将其传递到目标平面上。很显然，基于全反射原理设计的 LED 照明透镜，能够在保证结构相对紧凑的条件下，提升 LED 辐射能量的接收效率。

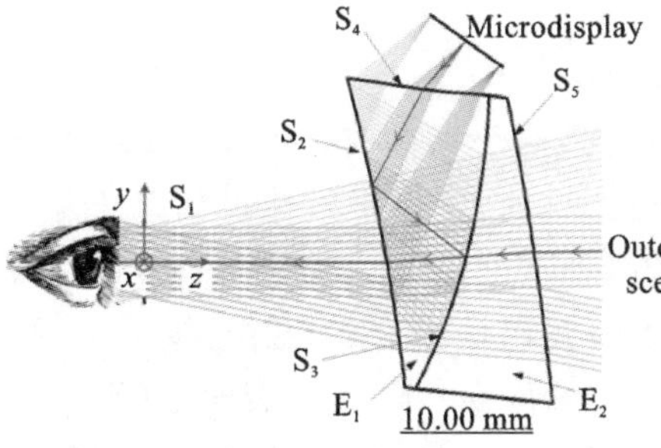

图 1-18　成像设计

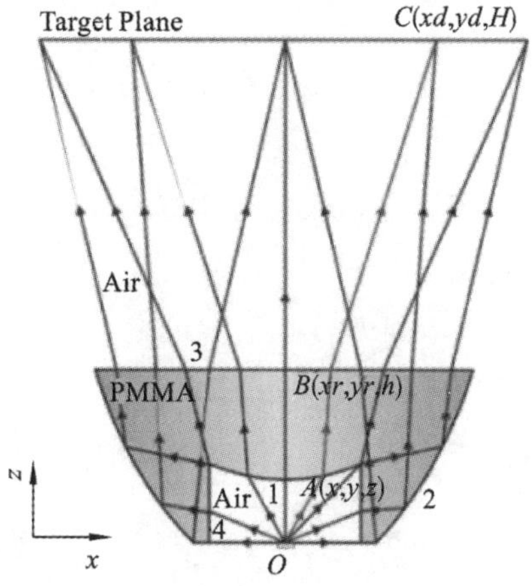

图 1-19　非成像设计

4）光纤传输

如图 1-20 所示，光纤传输是全反射的一种重要应用。光纤内部纤芯的折射率大于外面包层的折射率，利用全反射的原理保证光线在光纤内发生全反射，不会泄露到光纤外。

光线以入射角 i 射入光纤，先发生光的折射，射到纤芯与包层分界面时发生全反射，使光线能在光纤中稳定传输（见图 1-21）。整个过程的公式表达如下：

$$\sin i_c = \frac{n_2}{n_1}$$

$$n_0 \sin i = n_1 \sin \gamma$$

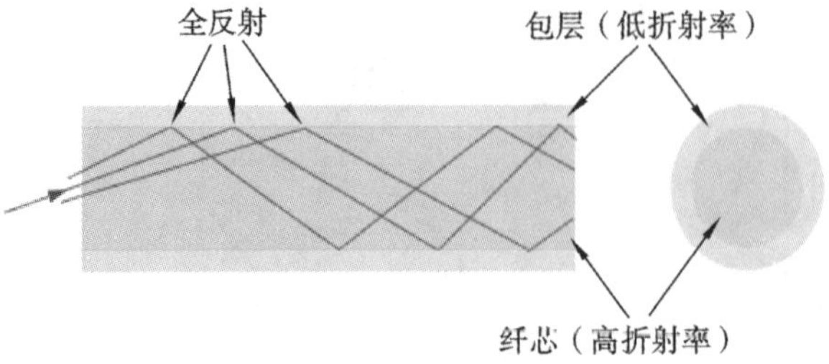

图 1-20 光纤传输

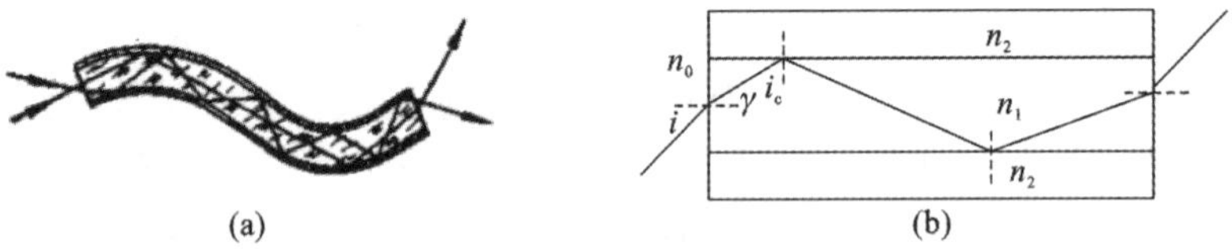

图 1-21 光纤有效传输的入射角范围

$$i_c + \gamma = 90^\circ$$

$$n_0 \sin i = n_1 \cos i_c = \sqrt{n_1^2 - n_2^2} \tag{1-20}$$

最后，可以求出发生全反射的入射角的范围为

$$0 \leqslant i \leqslant \arcsin \frac{\sqrt{n_1^2 - n_2^2}}{n_0} \tag{1-21}$$

当光纤置于空气中时，折射率 $n_0 = 1$。只要光线的入射角不超过式(1-21)求出的范围，就能一直产生全反射，使光线在光纤中稳定传输。光纤的数值孔径(Numerical Aperture, NA)为

$$\mathrm{NA} = n_0 \cdot \sin i_{\max} = \sqrt{n_1^2 - n_2^2} \tag{1-22}$$

因此，光纤的全接收角为 $2i_{\max}$。

4. 折射定律 3D

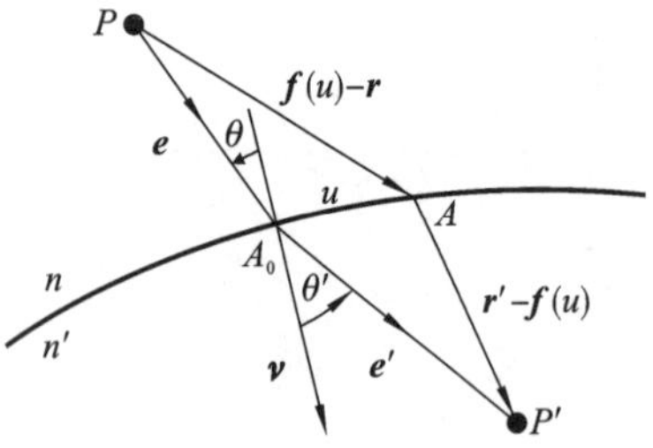

图 1-22 3D 的折射定律

当折射面不再是一个平面时，考虑一条射线从点 P 入射到折射面上的 A_0 处，发生折射传播到点 P'，分界面两边的介质折射率分别为 n 和 n'，向量 $\boldsymbol{r}$ 和 $\boldsymbol{r}'$ 分别为坐标原点到 P 和 P' 的位置向量。给定入射光线 PA_0，我们要确定折射光线 A_0P' 的位置。设 A 为表面上(不一定在纸的平面上)A_0 附近的某个点。假设向量 $\boldsymbol{OA}$ 在曲面上沿着一条通过 A_0 的曲线移动，它符合方程 $\boldsymbol{OA} = \boldsymbol{f}(u)$，其中，$u$ 是从 A_0 开始的这条曲线的长度。光线从点 P 到点 P' 的光程为

$$PAP' = n \cdot PA + n' \cdot AP' = n \cdot |\boldsymbol{f}(u) - \boldsymbol{r}| + n' \cdot |\boldsymbol{r}' - \boldsymbol{f}(u)| \tag{1-23}$$

当点 A 移动时，u 的值发生变化，就会产生一系列路径。根据费马原理，使光程保持稳定，才能得到实际路径，则有

$$\left\{ \frac{\mathrm{d}}{\mathrm{d}u} [n \mid \boldsymbol{f}(u) - \boldsymbol{r} \mid + n' \mid \boldsymbol{r}' - \boldsymbol{f}(u) \mid] \right\}_{u=0} = 0 \tag{1-24}$$

又因为

$$|\boldsymbol{f}(u) - \boldsymbol{r}| = (\boldsymbol{f} \cdot \boldsymbol{f} + \boldsymbol{r} \cdot \boldsymbol{r} - 2\boldsymbol{f} \cdot \boldsymbol{r})^{1/2} \tag{1-25}$$

则可推出

$$\frac{\mathrm{d}}{\mathrm{d}u}\mid \boldsymbol{f}(u)-\boldsymbol{r}\mid=\frac{(\boldsymbol{f}-\boldsymbol{r})\cdot\dfrac{\mathrm{d}\boldsymbol{f}}{\mathrm{d}u}}{\mid \boldsymbol{f}-\boldsymbol{r}\mid}=\boldsymbol{e}\cdot\frac{\mathrm{d}\boldsymbol{f}}{\mathrm{d}u} \tag{1-26}$$

其中,向量$\boldsymbol{e}$是沿光线 PA 的单位向量。

同样的,有

$$\frac{\mathrm{d}}{\mathrm{d}u}\mid \boldsymbol{r}'-\boldsymbol{f}(u)\mid=\frac{(\boldsymbol{r}'-\boldsymbol{f})\cdot\dfrac{\mathrm{d}\boldsymbol{f}}{\mathrm{d}u}}{\mid \boldsymbol{r}'-\boldsymbol{f}\mid}=-\boldsymbol{e}'\cdot\frac{\mathrm{d}\boldsymbol{f}}{\mathrm{d}u} \tag{1-27}$$

向量 $\boldsymbol{e}'$是沿光线 AP'方向的单位向量。将式(1-26)和式(1-27)代入式(1-24)中,我们可以得到

$$\left[(n\boldsymbol{e}-n'\boldsymbol{e}')\cdot\frac{\mathrm{d}\boldsymbol{f}}{\mathrm{d}u}\right]_{u=0}=0 \tag{1-28}$$

因为向量$(\mathrm{d}\boldsymbol{f}/\mathrm{d}u)_{u=0}$在 A_0处与曲线相切,所以向量 $n\boldsymbol{e}-n'\boldsymbol{e}'$就与 A_0处的法向量 $\boldsymbol{v}$ 平行,因此式(1-28)可以写成

$$n\boldsymbol{e}-n'\boldsymbol{e}'=b\boldsymbol{v} \tag{1-29}$$

其中,b 是一个常数,因为$\boldsymbol{e}'$可以由 $\boldsymbol{v}$ 和$\boldsymbol{e}$线性表示,所以$\boldsymbol{e}'$一定在包含$\boldsymbol{e}$和 $\boldsymbol{v}$ 的入射平面内,因此,入射光线和折射光线,以及入射点的表面法线,是共面的。对公式两边点乘 $\boldsymbol{v}$,可以得到

$$n\boldsymbol{e}\cdot\boldsymbol{v}-n'\boldsymbol{e}'\cdot\boldsymbol{v}=b \tag{1-30}$$

或者

$$b=n\cos\theta-n'\cos\theta' \tag{1-31}$$

其中,θ 和 θ'分别是入射光线和折射光线与曲面法线的夹角,即入射角与折射角。将式(1-31)代入式(1-29)中,可以得到

$$n'\boldsymbol{e}'=n\boldsymbol{e}+(n'\cos\theta'-n\cos\theta)\cdot\boldsymbol{v} \tag{1-32}$$

同样的,在式(1-29)两边叉乘 $\boldsymbol{v}$,可以得到

$$n\boldsymbol{e}\times\boldsymbol{v}-n'\boldsymbol{e}'\times\boldsymbol{v}=0 \tag{1-33}$$

或者

$$n\sin\theta=n'\sin\theta' \tag{1-34}$$

入射光线、折射光线和折射面法线在同一平面上,这就是折射定律,即三维的斯涅尔定律。因此,一入射角为 θ 的入射光线在空间某点发生折射时,会产生同样在入射平面内的折射角为 θ' 的折射光线。将式(1-34)代入式(1-32)中,用 $\sin\theta'$取代 $\cos\theta'$,得到$\boldsymbol{e}'$取值为

$$n'\boldsymbol{e}'=n\boldsymbol{e}+[(n'^2-n^2\sin^2\theta)^{1/2}-n\cos\theta]\cdot\boldsymbol{v} \tag{1-35}$$

5. 反射定律 3D

如图 1-23 所示,考虑一条入射光线从点 P 发出,入射到反射面上的点 A_0处,经过反射传播到点 P',O 为空间的坐标原点(图中未显示)。图 1-23 与图 1-22 相似,反射面也不是一个二维平面。给定入射光线 PA_0,我们要确定反射光线 A_0P'的位置。我们取 A 为 A_0附近空间的某个点。假设向量$\boldsymbol{OA}$在曲面上沿着一条通过 A_0的曲线移动,它符合方程

$$\boldsymbol{OA}=\boldsymbol{f}(u) \tag{1-36}$$

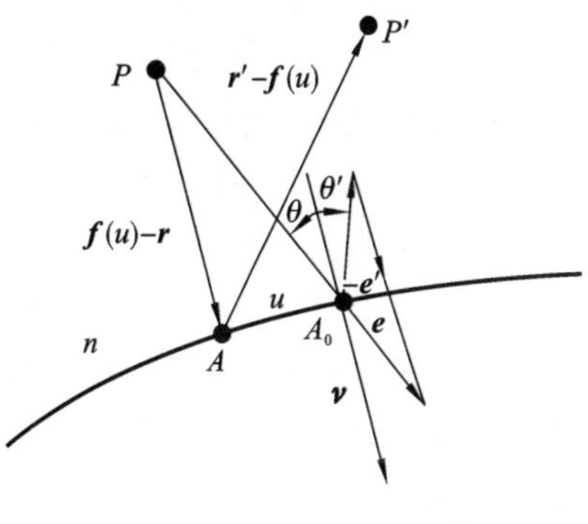

图 1-23　3D 的反射定律

其中,u 是从 A_0开始的这条曲线的长度。则在折射率

为 n 的介质中光从点 P 到点 P' 的光程为

$$\begin{aligned} PAP' &= n\cdot(PA+AP') \\ &= n(|\boldsymbol{f}(u)-\boldsymbol{r}|+|\boldsymbol{r}'-\boldsymbol{f}(u)|) \end{aligned} \tag{1-37}$$

反射光的光程长度为负，这是由于反射光的折射率为负，此时单位向量$\boldsymbol{e}'$的方向与反射光线的传播方向相反。当点 A 移动时，u 的值发生变化，就会产生一系列路径。根据费马原理，使光程保持稳定，才能得到实际路径，则有

$$\left\{\frac{\mathrm{d}}{\mathrm{d}u}[|\boldsymbol{f}(u)-\boldsymbol{r}|-|\boldsymbol{r}'-\boldsymbol{f}(u)|]\right\}_{u=0}=0 \tag{1-38}$$

将式(1-26)和式(1-27)代入式(1-38)中可以得到

$$\left[(\boldsymbol{e}+\boldsymbol{e}')\cdot\frac{\mathrm{d}\boldsymbol{f}(u)}{\mathrm{d}u}\right]_{u=0}=0 \tag{1-39}$$

其中，向量$\boldsymbol{e}$和$\boldsymbol{e}'$是分别沿入射光线 PA 和折射光线 AP' 的单位向量。

向量$(\mathrm{d}\boldsymbol{f}(u)/\mathrm{d}u)_{u=0}$在 A_0 处与曲线相切，曲线是反射面上任意通过 A_0 的线。因此$\boldsymbol{e}+\boldsymbol{e}'$必须垂直于点 A 在反射面上的所有切线，或者沿 A 在反射面上的法向量 $\boldsymbol{\nu}$，因此有

$$\boldsymbol{e}+\boldsymbol{e}'=a\boldsymbol{\nu} \tag{1-40}$$

其中，a 是常数，$\boldsymbol{e}'$必须处于包含入射光线$\boldsymbol{e}$和反射面法线 $\boldsymbol{\nu}$ 的入射平面内。

因此，入射光线、反射光线和反射面法线是共面的。由图 1-23 中的三角形可以得到 $a=2\cos\theta$，代入式(1-40)中得

$$\boldsymbol{e}'=-\boldsymbol{e}+2\boldsymbol{\nu}\cos\theta \tag{1-41}$$

因为$\boldsymbol{e}'$和$\boldsymbol{e}$是单位向量，所以它们有相同的长度，它们与法向量相交的角度相同。则我们可以得到三维的反射定律，即反射过程中，入射角和反射角大小相等、符号相反，入射光线、反射光线和法线在同一平面内。通过比较式(1-41)与式(1-35)，我们可以将光的反射看成光的折射中 $n'=-n$ 的特例。

1.4.4　光路的可逆性原理

假定某一条光线沿着一定的路线由 A 传播到 B，如果我们在点 B 沿着出射光线，按照相反的方向投射一条光线，则此反向光线仍沿着同一条路径由 B 传播到 A，光线传播的这种性质，叫作“光路的可逆性”(见图 1-24)。

由图 1-24 可以看到，当光线从点 A 入射时，由反射定律和折射定律可知，反射光线和折射光线将分别沿着 OC、OB 出射，当光线自点 C 或点 B 投射到分界面上点 O 处时，反射光线或折射光线必沿 OA 方向射出。

由反射定律可知，当反射光线变为入射光线时，则原来的入射光线变为反射光线。由折射定律可知，当折射光线变为入射光线时，则原来的入射光线就变成了折射光线。因此，折反射定律充分证明了光路可逆性原理的可靠性。对于反射和折射现象，在均匀介质和非均匀介质、简单光学系统和复杂光学系统中，光的可逆性均是成立的。

当我们在求解有关反射、折射和全反射等方面的问题时，如果按正常的光路追迹难以找到物点或像点时，就可以考虑利用光路可逆性原理，根据逆向思维来求解问题，这样就可以把复杂的问题简单化。

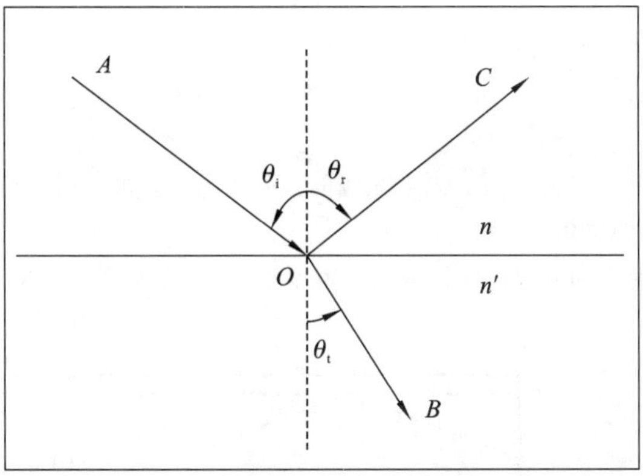

图 1-24　光路的可逆性

习　　题

1.1　请举出至少三种生活中遵循“光的直线传播”定律的自然现象。

1.2　请解释“海市蜃楼”产生的原因。

1.3　已知光在真空中的传播速度为 3×10^8 m/s，求光在以下各介质中的速度：水（$n=1.33$）；冕牌玻璃（$n=1.52$）；重火石玻璃（$n=1.72$）；加拿大树胶（$n=1.526$）。

1.4　在费马原理所表述的光程取值的三种情况中，请至少针对每种情况举出两个实例。

1.5　请利用费马原理推导反射定律。

1.6　如图 1-25 所示，一个平凸透镜能将一束平行入射的光束完美会聚到坐标为(1,0)的位置处，该平凸透镜中心厚度为 t，折射率为 n，坐标原点定于透镜顶端。请推导该透镜表面的矢高表达式 $z=f(y)$。

(1) 运用费马原理。

(2) 运用斯涅尔折射定律。

1.7　如图 1-26 所示，一条光线入射到多层折射率不同的平行平板介质中，当其入射角为 40°时，给出其出射角。

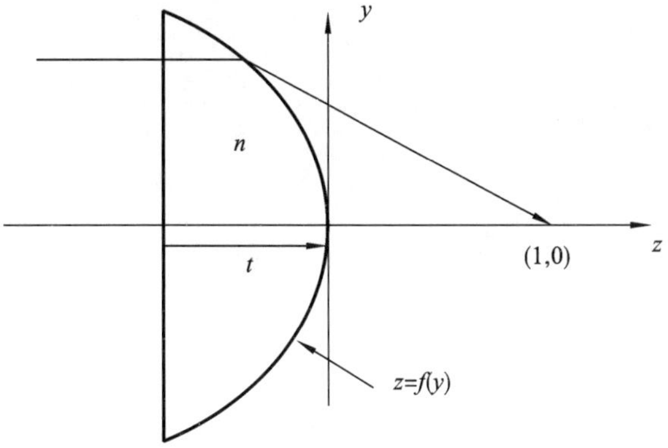

图 1-25

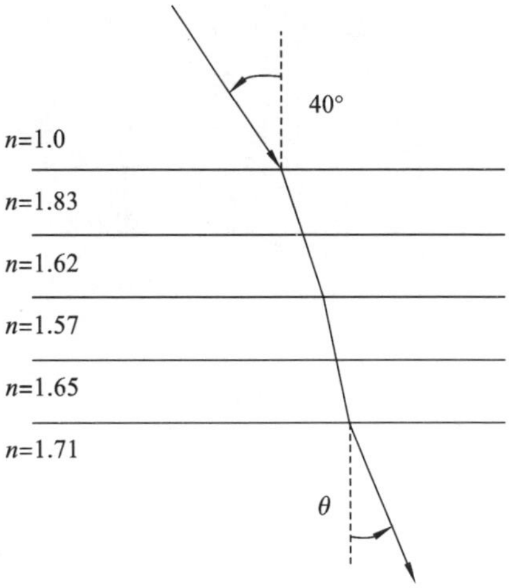

图 1-26

1.8　设光纤纤芯的折射率 $n_1=1.75$，光纤包层的折射率 $n_2=1.50$。试求在光纤端面上入射角在何范围内变化时，可以保证光线发生全反射并通过光纤。若光纤直径 $D=4\ \mu\text{m}$，长度为 100 m，试求光线在光纤内经过路程的长度和发生全反射的次数。

1.9 设入射光线为 $\boldsymbol{A}=\cos a\,\boldsymbol{i}+\cos b\,\boldsymbol{j}+\cos c\,\boldsymbol{k}$，反射光线为 $\boldsymbol{A}'=\cos a'\boldsymbol{i}+\cos b'\boldsymbol{j}+\cos c'\boldsymbol{k}$。试求此平面反射镜法线的方向。

1.10 现有一个玻璃球，其折射率为 1.73。入射光线的入射角为 60°，求反射光线和折射光线的方向，并求折射光线与反射光线间的夹角。

1.11 现有一光纤，纤芯折射率和外层包覆材料的折射率如图 1-27 所示。请求出该光纤最大的半视场接收角 θ_A。

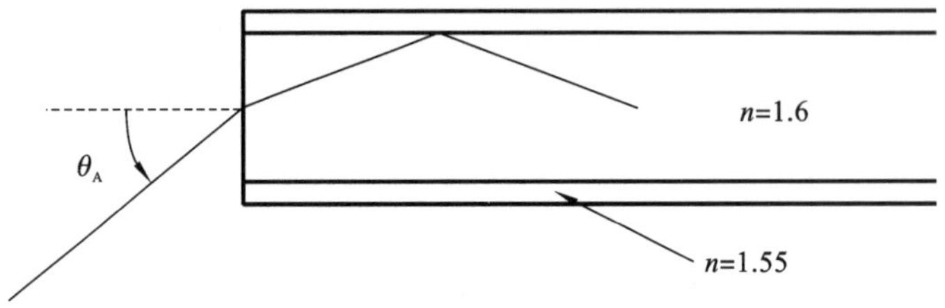

图 1-27

第 2 章

成像的基本概念

2.1 成像系统的基本概念

2.1.1 光轴

光轴是光学系统中一条假想的线，它的定义直接由以下性质决定：光线若与光轴重合，则在光学系统中它将沿该光轴进行传播。光轴决定了光学系统在一阶近似条件下如何传导光线。对于一个球面，光轴是通过球心的直线，因此一个球面有无数条光轴；对于一个透镜，光轴为两个球心的连线，一个透镜就只有一条光轴，如图 2-1 所示。

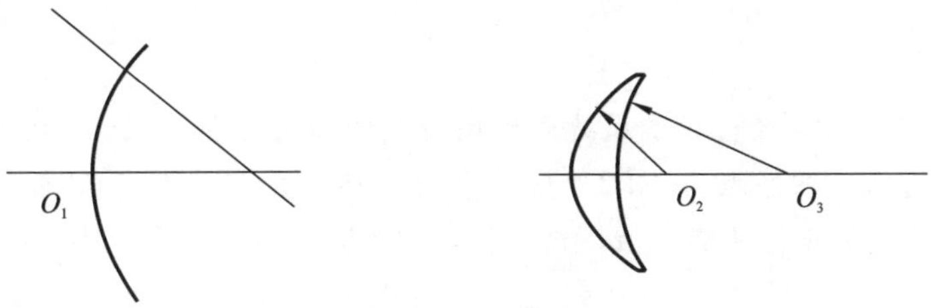

图 2-1 光轴

2.1.2 顶点

如图 2-1 所示，光轴与球面的交点就是顶点，因此光学表面的顶点在一定程度上是由光轴决定的。

2.1.3 共轴光学系统

光学系统通常由一个或多个光学元件组成。各光学元件都是由球面、平面或非球面包围一定折射率的介质组成的。各光学元件的表面曲率中心在同一条直线上的光学系统称为共轴光学系统，该直线称为该共轴光学系统的光轴，如图 2-2 所示。

2.1.4 非共轴光学系统

对应于共轴光学系统，也存在非共轴光学系统，即所有曲率中心不全在一条直线上的光学系统（如包含色散棱镜或色散光栅的光谱仪系统和包含反射元件的光学系统等），图 2-3 所示的离轴望远镜系统是一个典型的非共轴光学系统。非共轴光学系统较少使用，故我们主要讨论共轴光学系统。

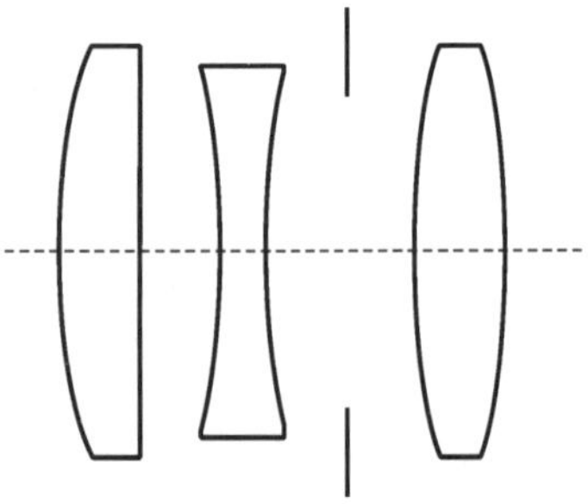

图 2-2 共轴光学系统

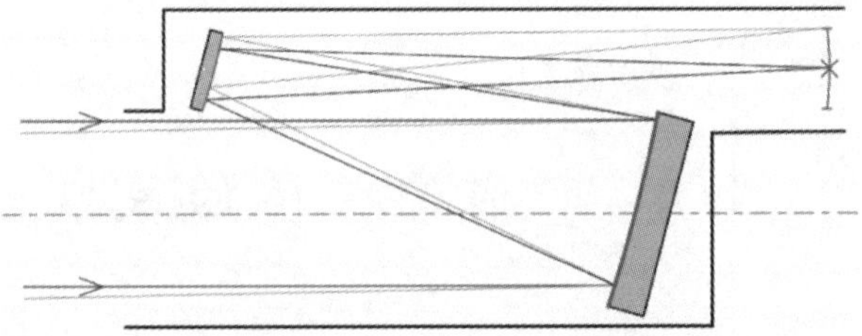

图 2-3 非共轴光学系统

2.2 共轭成像

2.2.1 共轭

由一点 S 发出的光线经过光学系统后聚焦或近似地聚焦在一点 S'，则 S 为物点，S' 为物点 S 通过光学系统所成的像点，如图 2-4 所示。对于某一光学系统，当物体的位置给定后，总可以在相应的位置找到物体所成的像。这种物与像之间的对应关系称为“共轭”。

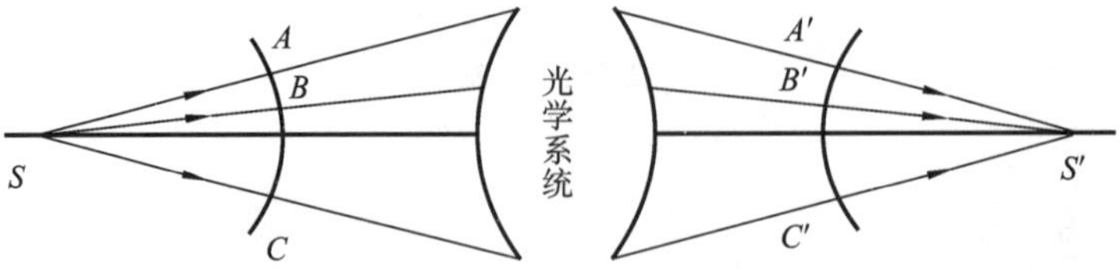

图 2-4 光学系统成像

2.2.2 完善像点

发光体（自发光或被照明物体）总可以看成是由无数个发光点或物点构成的，每一个物点发出球面波，与之相对应的是以物点为中心的同心光束。该球面波通过光学系统后仍为球面波，那么对应的光束仍为同心光束，则称该同心光束的中心为物点经光学系统所成的完善像点。物体上每个点经光学系统所成的完善像点的集合就是该物体经过光学系统后的完善像。

2.2.3　成完善像的条件

根据前面完善像的定义，我们可以得知光学系统成完善像应该满足的条件为：入射波为球面波时，出射波也为球面波。由于球面波与同心光束对应，所以也可以表述为：入射光为同心光束时，出射光也为同心光束。根据马吕斯定律，入射波面与出射波面对应点之间的光程相等，则完善成像的条件还可以表述为：物点到对应像点之间任意两条光路的光程相等。具体如图 2-5 所示。

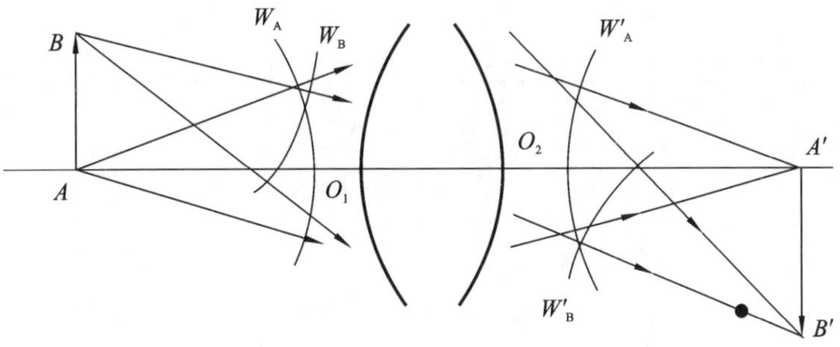

图 2-5　物体 AB 成完善像

2.2.4　实际光学系统

在成像过程中，实际光学系统不可能完全满足成完善像的条件，实际像和理想像之间总存在差异，这种差异，使成像变得模糊，质量变差。在实际光学系统中，只有平面镜是真正意义上唯一能够成完善像的实际光学系统；而其他光学系统只能在特定视场或物点（如轴上等）条件下实现成完善像。

一个光学系统是光学元件的一个集合（透镜和镜面），如图 2-6 所示。光学系统能包含许多光学元件，系统的首要性质是焦距或放大率。

图 2-6　光学系统实例

2.3 虚像和实像

2.3.1 相关概念

根据同心光束的会聚和发散，物像有虚实之分。由实际光线会聚所成的点称为实物点或实像点，由这样的点构成的物或像称为实物或实像，由光线的延长线所会聚成的物点或像点，称为虚物点或虚像点，由这样的点构成的物或像称为虚物或虚像。如图 2-7 所示，图(a)为实物成实像，图(b)为虚物成实像，图(c)为实物成虚像，图(d)为虚物成虚像。

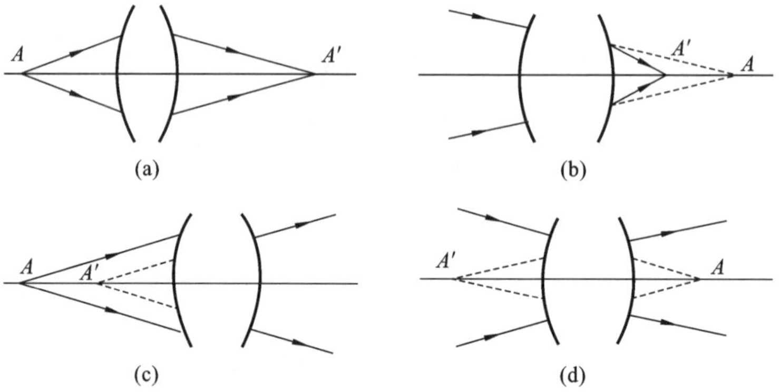

图 2-7 物像的虚实

实像可以被眼睛或其他光能接收器(如照相底片、屏幕等)接收。虚像能被眼睛观察到，但不能直接被其他接收器(探测器、平板、屏幕等)接收，此时，可以借助另一光学系统将虚像转换成实像。

物(包括实物和虚物)所在的空间称为物空间，像(包括实像和虚像)所在的空间称为像空间。需要注意的是，两个空间是无限扩展的，物空间和像空间都是从负无穷远延伸到正无穷远，二者并不是由某个折射面或者光学系统机械地分隔在光学表面或者光学系统的左边和右边的。

2.3.2 光学空间

每当光线遇到折反射表面，就会进入新的光学空间。每个空间都从 $-\infty$ 延伸到 $+\infty$，并且有相应的折射率。如果一个系统有 N 个面，就会有 $N+1$ 个光学空间。第一个空间通常称为物空间，最后一个为像空间。物空间(不论是实物还是虚物)介质的折射率是指实际入射光线所在空间介质的折射率，像空间(不论是实像还是虚像)介质的折射率是指实际出射光线所在空间介质的折射率。示例如图 2-8 所示。

任何光学表面都会产生两个光学空间：一个物空间和一个像空间。每一个物空间都是其前一面的像空间，也是其后一面的物空间。每一个光学表面都会将前一个光学空间的物成像到后一个光学空间里。

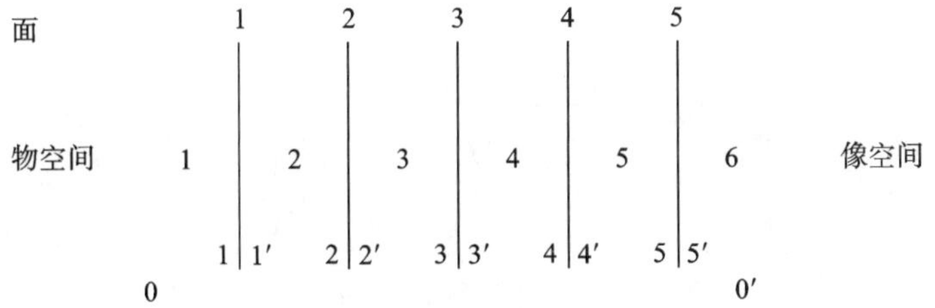

图 2-8　光学空间

每一光学空间都分为实虚两部分，如图 2-9 所示。在任何同一光学空间里，光线都是沿着直线从 $-\infty$ 延伸到 $+\infty$，且覆盖整个实空间和虚空间。每根光线都有通过光学表面或者光学系统映射到另一光学空间的对应共轭光线，两根光线交于光学表面处。

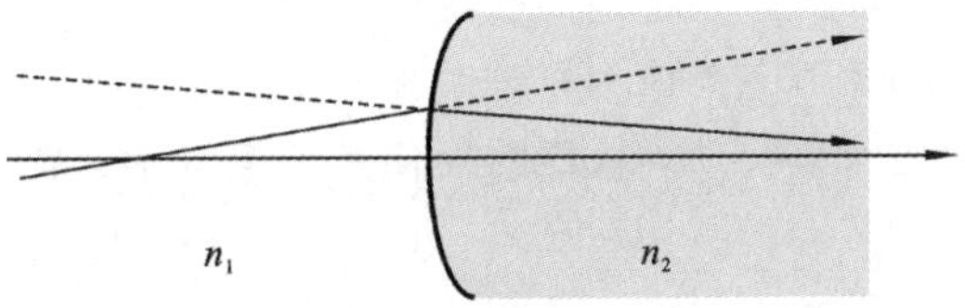

图 2-9　虚实空间

一般来说，如果光线从左到右进行传播，那么，针对某一个特定的光学表面而言，物像的虚实判断可遵循以下简单的法则：位于光学表面左边的物为实物，而位于光学表面右边的物为虚物；位于光学表面右边的像为实像，而位于光学表面左边的像为虚像。对于折射率为负的光学空间（光从右边传播到左边），实空间和虚空间的判断规则是左右颠倒。

还可以通过如下方法判断物像的虚实：沿着光线传播的路径方向来观察物像的位置，如果物处于光学表面或光学系统的上游，则该物为实物，否则为虚物；而如果像位于光学表面或光学系统的下游，则该像为实像，否则为虚像。为了简化系统分析过程，我们经常将复杂光学系统简化为一个简单系统，因而只考虑系统的物空间和像空间，而忽略中间带有光学元件的光学空间。

2.3.3　多面系统的“虚”、“实”关系

关于对物点和像点虚实的判断：物点不管是虚的还是实的，都是入射光线的交点，像点则是出射光线的交点；无论是物还是像，光线延长线的交点都是虚的，而实际光线的交点都是实的。

关于对物像空间的判断：光学系统第一个曲面以前的空间称为“实物空间”，第一个曲面以后的空间称为“虚物空间”；光学系统最后一个曲面以后的空间称为“实像空间”，最后一个曲面以前的空间称为“虚像空间”。

当在讨论中间空间的时候，实空间和虚空间是容易弄混的。实和虚的讨论既可以从单个面入手，也可以从系统入手。例如，由一个面所成的实像也可作为下一面的虚物。如图 2-10 所示，由于曲面 2 的存在，曲面 1 形成的实像变成虚的，成为了曲面 2 的虚物；同样，由曲面 3 所成的虚像对于曲面 4 也可以为实物。

因此，物和像都是相对某一系统而言的，前一系统的像则是后一系统的物。物空间和像空间不仅一一对应，而且根据光的可逆性，若将物点移到像点位置，使光沿反方向入射光学系统，

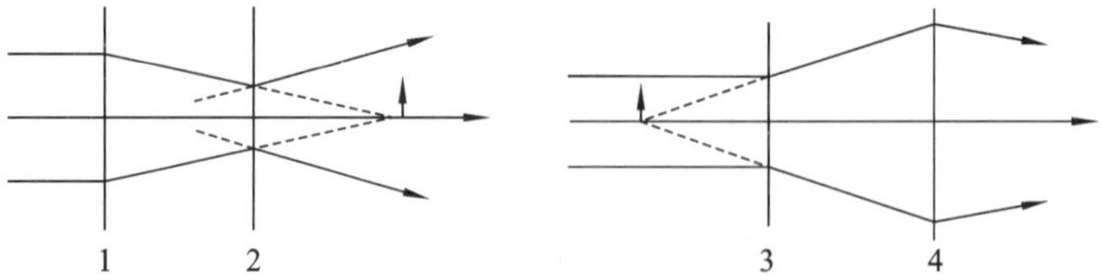

图 2-10 多曲面系统中的虚实关系

则像在原来物点上。这样一对相应的点称为“共轭点”。

2.4 单面成像

设计一个对有限大小物体成完善像的光学系统是非常困难的。但对一个特定点成完善像只需单个折射面或反射面便可以实现。这样的面便是该组特定共轭点的等光程面，该成像过程我们称之为单面成像。

2.4.1 单面反射成像条件

在反射条件下满足等光程条件主要有三种情况。

(1) 有限距离处物点 F 被反射面反射成像于有限距离处点 F'。如图 2-11(a)所示，设 M 为椭球反射面上的任一点，则光程满足

$$(FF') = \overline{FM} + \overline{MF'} = \text{常数} \tag{2-1}$$

的面是等光程面。由解析几何可知，一动点到两定点的距离之和为常数，则该动点的轨迹是以两个定点为焦点的椭圆。将此椭圆绕轴旋转 360°得到一个椭球面，该面即为点 F 和点 F' 的等光程面，点 F 和点 F' 与两个焦点重合，其可以互为物点和像点。

(2) 无限远处物点 A 被反射镜反射成像于有限距离处点 A'。设入射波为平面波 W，如图 2-11(b)所示，则光程为

$$(GA') = \overline{GM} + \overline{MA'} \tag{2-2}$$

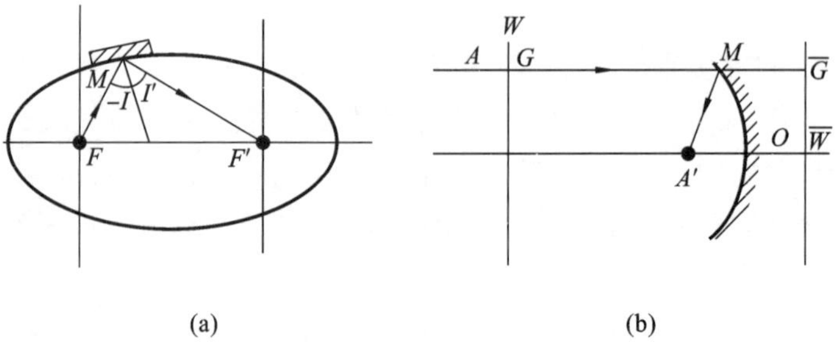

图 2-11 单面反射等光程

若反射镜对点 A 和点 A' 是等光程面，则光程(GA') 应为常数。由解析几何可知，若一动点距一定点和一定直线距离相等，则该动点的轨迹为抛物线。由此可见，所需的等光程面是以点 A' 为焦点，点 O 为顶点的抛物线绕轴旋转而成的抛物面。

(3) 有限距离处物点 A 被反射镜反射成像于无限远处点 A'。在满足条件(2)的抛物反射面中，平行于光轴入射的平行光束经此抛物面反射镜反射后必会聚于焦点 A'处，则由光路的可逆性可知，自焦点 A'发出的同心光束经反射以后必平行于光轴射出。

2.4.2　单面折射成像条件

在折射条件下也存在满足等光程成像条件的单个折射面。如图 2-12 所示，一有限距离处物点 A 折射成像于有限距离处点 A'，光程为

$$(AA') = n\cdot(AE) + n'\cdot(EA') = -nl + n'l' = \text{const} \tag{2-3}$$

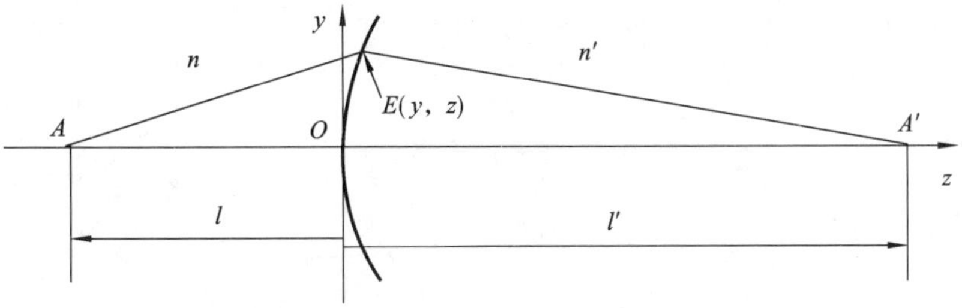

图 2-12　单面折射等光程

或者可以写成：

$$n'[l' - \sqrt{(l'-z)^2 + y^2}] + n[-l - \sqrt{(-l+z)^2 + y^2}] = 0 \tag{2-4}$$

这是笛卡儿卵形线的四次方程，以此曲线绕 A'旋转而成的曲面，称为笛卡儿卵形面，其为 A 和 A'成完善像的等光程面。若令物点或像点之一位于无穷远处，则可以得到二次曲面的等光程面。

实际上，上述例子中等光程面仅对特定的点能够成完善像。对一定大小的物体成像时，不能让物体上所有的点满足等光程条件，不能成完善像。又由于这些曲面加工困难，因此在实际的光学系统中很少采用这些等光程面，而绝大多数采用容易加工的球面，当这些球面满足一定条件时，光学系统能对光轴附近有限大小的物等光程成像。

2.5　符号规则

在成像过程中，为了更好地说明像的虚实和正倒、光路中光线的方向、球面的凹凸及球心的位置等状况，本书在光路计算中建立了一套完整的符号规则。符号规则的使用能够允许我们可以直接通过物理量的数值大小和正负来获得光路图或者实际光学系统的物理特性。本书所采用的符号规则主要包含以下内容。

(1) 旋转对称光学系统的对称轴是光轴，即 z 轴。

(2) 所有距离都是相对于笛卡儿坐标系的参考点，对线或平面进行测量的：上方或右侧的指向距离为正；下方或左侧为负。

(3) 所有角度相对于笛卡儿坐标系的参考线或平面进行测量(使用右手定则)：逆时针角度为正；顺时针角度为负。

(4) 表面的曲率半径被定义为从其顶点到其曲率中心的指向距离。

(5) 光从左到右(从 $-z$ 到 $+z$)在具有正折射率的介质中传播。

(6) 反射后所有折射率的符号相反。

为了便于使用这些规则,所有的定向距离和角度都由箭头标识,箭头的尾部位于参考点、线或平面上,箭头头部则指向所要测量的点、线或者平面。如图 2-13 所示,根据符号规则,斜线左上角区域所示的各参量数值均为正值,而斜线右下角区域所示的各参量数值均为负值。角度或距离的值和符号取决于参考位置。例如,我们可以选择光轴作为参考位置来测量光学角度,同时也可以选择表面法线作为参考位置,而结果显然是不一致的。应该注意的是,符号规则是人为规定的,不同书上可能有所不同,但只能选择其中一种,不能混淆,否则就不能得到正确的结果。

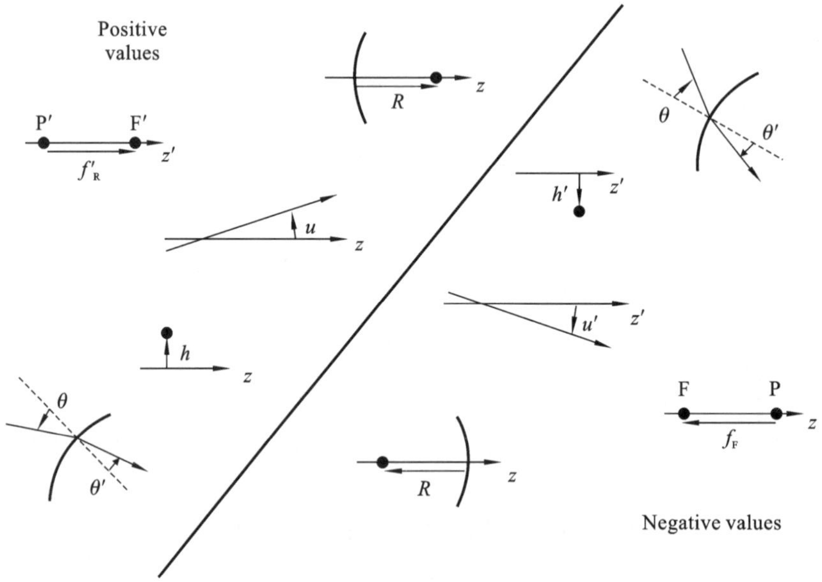

图 2-13　符号规则

为了方便理解符号规则,下面介绍一些符号规则的基本应用案例。

如图 2-14(a)左边所示,当 B 方向为正时,满足

$$C = A + B \tag{2-5}$$

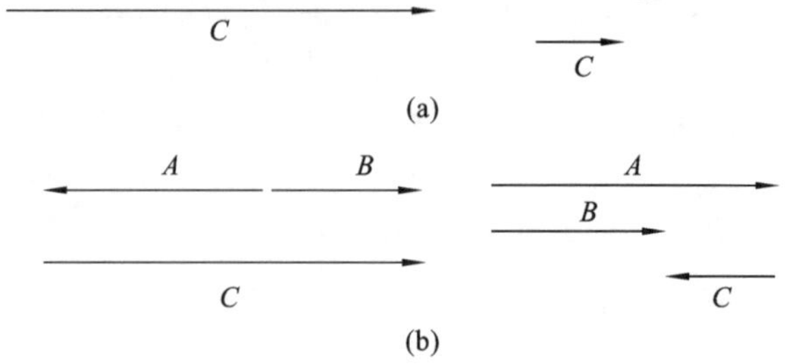

图 2-14　符号规则应用

其中，$B>0$。如果如图 2-14(a)右边所示，我们将 B 的方向变为负，则相同的方程式，即式(2-5)仍成立，此时有 $B<0$。

在图 2-14(b)中，重新定义物理量 C 并考虑改变 A 的符号。如图 2-14(b)左边所示，A 方向为负，且现在 C 定义为从 A 的头部指向 B 的头部的距离。那么，此时满足如下关系：

$$C=-A+B \tag{2-6}$$

其中，$A<0$，$C>0$。如果如图 2-14(b)右边所示，我们将 A 的方向变为正，则相同的方程式，即式(2-6)仍然成立，此时，$A>0$，且 $C<0$。

因此，当我们根据所画的光路图求得计算方程时，若物理量数值发生变化甚至符号改变，只要定义不发生变化，方程式仍然有效，并且仍能够获得正确的答案。

下面我们以角度为例，进一步阐述符号规则的使用及其意义。

在图 2-15 中，定义了三个参量 h、z、θ，它们的值以及相互之间的关系等存在不同。在图 2-15(a)中，有

$$\begin{cases}\theta>0, h>0, z>0 \\ \tan\theta=\dfrac{h}{z}\end{cases} \tag{2-7}$$

在图 2-15(b)中，有

$$\begin{cases}\theta<0, h>0, z<0 \\ \tan\theta=\dfrac{h}{z}<0\end{cases} \tag{2-8}$$

在图 2-15(c)中，有

$$\begin{cases}\theta>0, h<0, z<0 \\ \tan\theta=\dfrac{-h}{-z}=\dfrac{h}{z}>0\end{cases} \tag{2-9}$$

在所有这些图中，z、h 和 θ 由相同的参考位置(角度的顶点或三角形的底部)定义，因此，它们之间的关系可以用相同的方程式来表示，且与它们各自数值的正负没有关系。而在图 2-15(d)中，对物理量 z 重新定义，使其参考位置更改为该直角三角形直角的顶点，此时有

$$\begin{cases}\theta>0, h>0, z<0 \\ \tan\theta=\dfrac{h}{-z}=-\dfrac{h}{z}\end{cases} \tag{2-10}$$

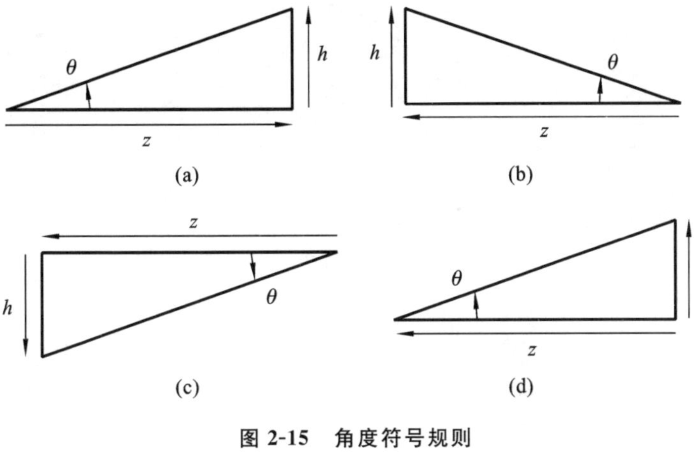

图 2-15　角度符号规则

可以看到，参考位置的改变使获得的等式形式同样发生改变。根据以上讨论和分析，我们可以作出如下总结：当各个物理参量具有相同的参考位置时，无论各个参量的数值如何变化，最后推得的任意物理量的表达式的形式是不会发生变化的，而其数值的正负只取决于各个参量的取值；当各个物理量的参考位置发生变化后，物理量的表达式也会随之发生变化。因此，我们在进行计算时，了解物理量的参考位置至关重要。

习　题

2.1　如图 2-16 所示，一个凹面镜能够将无穷远处的点光源完美成像到距凹面镜左边距离为 f(绝对值)的位置处，请利用费马原理推导该凹面镜的面型。

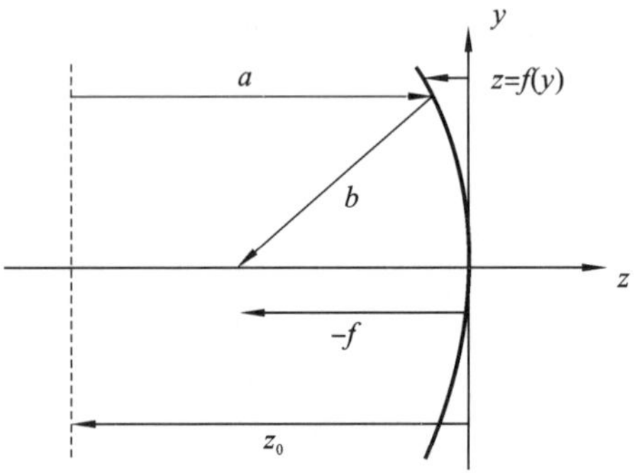

图 2-16

2.2　某一曲面是折射率分别为 $n=1.50$ 和 $n=1.0$ 的两种介质的分界面，设其对无限远和 $l'=100$ mm 处的点为等光程面，试求该分界面的表示式。

2.3　图 2-17 所示的光学系统由三个光学表面组成，并产生了四个光学空间，各自折射率如图所示。轴上物点 A_1 先后经光学表面 1、2、3 进行成像，并得到最终的像 A_3'。请判断在该成像过程中所形成的物点 A_1、A_2、A_3 和对应像点 A_1'、A_2'、A_3' 的虚实情况。判断各个物(像)点所处在的光学空间并指出对应光学空间的折射率为多少。

2.4　请判断如下成像系统所成像的虚实：(1)水面倒影成像；(2)小孔成像；(3)水下鱼通过水面成像；(4)镜面成像；(5)摄像机成像。

2.5　图 2-18 给出了一系列有向距离。请依据符号规则，基于 a、b、c、d、e、f、g 和 h，写出角度 u 的正切值以及有向距离 z。

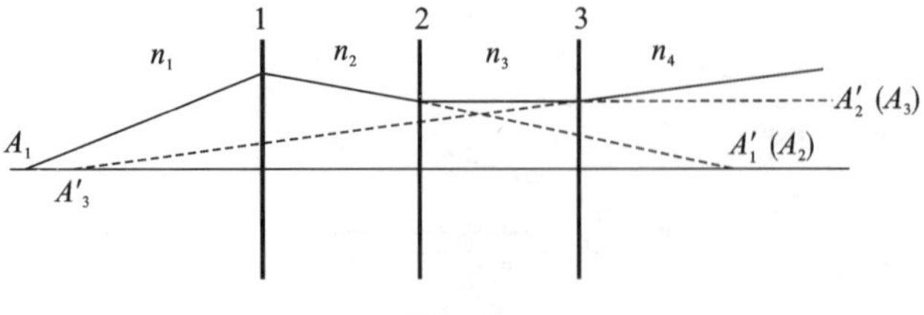

图 2-17

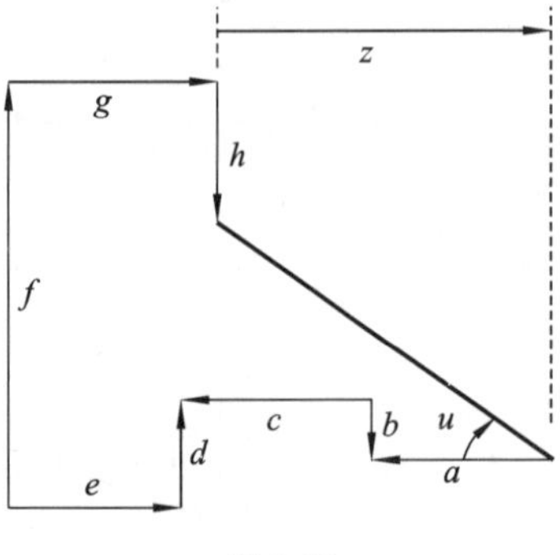

图 2-18

第3章 平面成像

3.1 平面镜成像

3.1.1 平面镜成像的特点

平面反射镜简称平面镜，它是最简单且唯一能完善成像的光学元件。对于平面镜，如图3-1所示，从物点发出的每一条光线在镜面都遵循反射定律，因此，物体上任意一点发出的同心光束经过平面镜反射后仍为同心光束。每一个物点通过平面镜之后都会产生一个对应的虚像点。

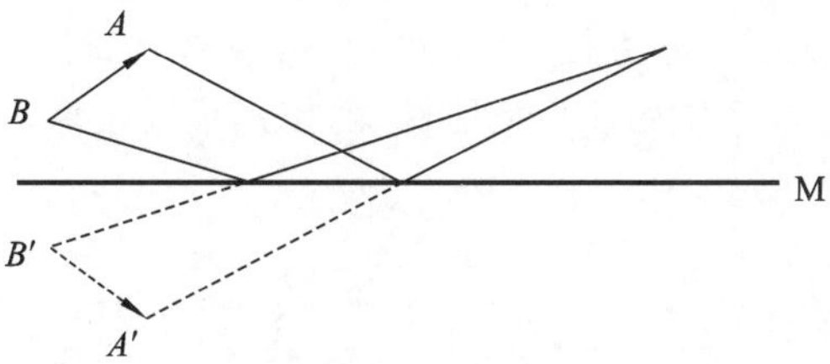

图3-1 平面镜成像原理

依据反射定律，我们可以得到平面镜成像的一些基本规律：①连接物点和像点的线段垂直于镜面并被镜面平分；②镜面上任一点到物点的距离和到像点的距离相等；③反射中像的坐标手性发生变化。

3.1.2 平面镜在光学系统中的作用

平面镜本身不具有光焦度，因此在光路中无法像透镜等光学元件一样提供光束会聚或者发散功能。然而，平面光学系统在成像光学系统中也同样发挥着非常重要的作用，平面镜是很多光学系统不可或缺的光学元件，其功能主要体现在如下几个方面。

1）倒像变正像

图 3-2 所示的为一单镜头平面镜取景器，取景时，平面镜放下成 45°，曝光时反射镜（平面镜）会翻转上去。取景时由于反射镜的镜像恰好和物镜形成的倒像相对于 45°斜置的反射镜成镜像对称关系，因此摄影者看到正像。

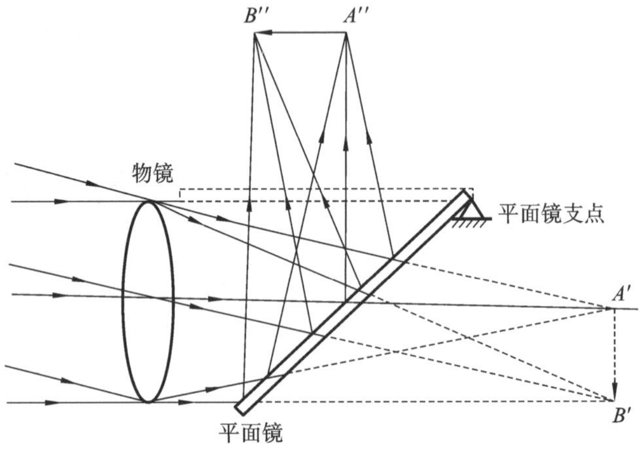

图 3-2 单镜头平面镜取景器

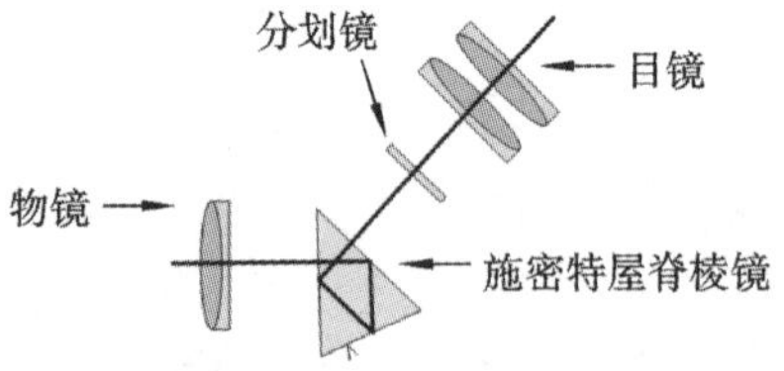

图 3-3 迫击炮瞄准镜

2）改变光轴位置和方向

在很多仪器中，根据实际使用的要求，往往需要改变共轴光学系统光轴的位置和方向，这可以利用平面镜的反射来实现。例如在迫击炮瞄准镜中，为了使观察方便，需要使光轴倾斜一定的角度，如图 3-3 所示。

3）折叠系统、缩小体积、减轻质量

由正光焦度的物镜和目镜组成的简易望远镜系统所成的像是倒立的，因此，为了观察方便，必须加入一个倒像透镜组，但这样会使系统体积和质量都较大，不能满足需求。在系统中使用反射棱镜，使系统成正像，可大大缩小仪器的体积和减轻仪器的质量，如图 3-4 所示。

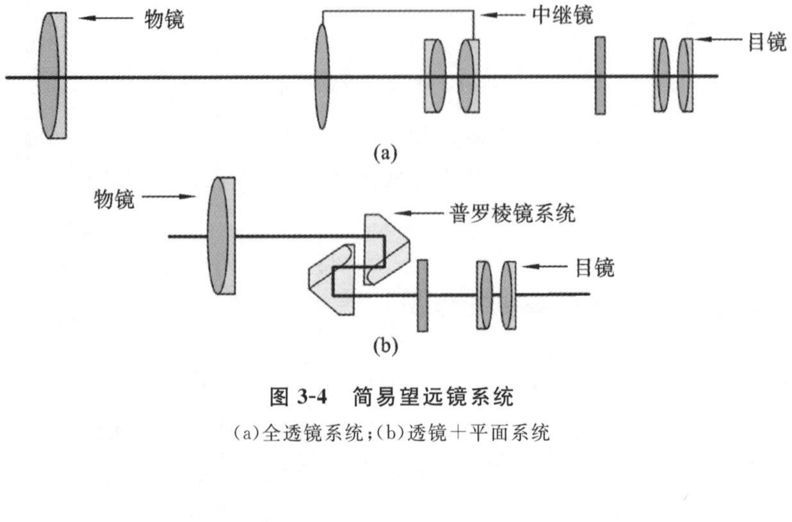

图 3-4 简易望远镜系统

（a）全透镜系统；（b）透镜＋平面系统

4）通过旋转改变光路方向，扩大观察范围

如图 3-5 所示，观察者不需要改变自己的位置与方向，只需利用棱镜或平面镜的旋转，就可以观察到四周的情况。

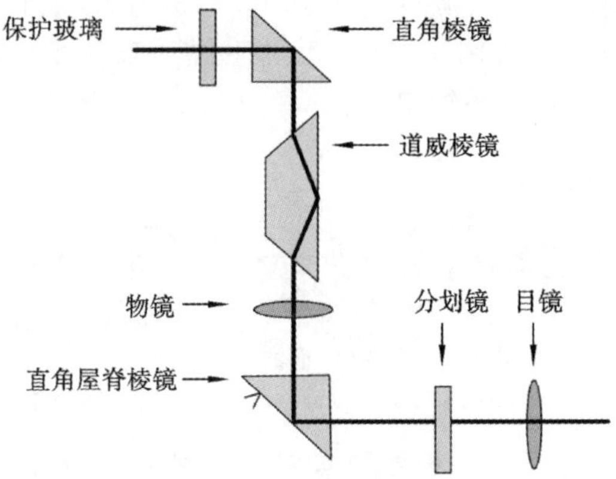

图 3-5　周视瞄准镜

5）分光作用

图 3-6 所示的为一个半透半反的分光棱镜。通过在棱镜的倾斜面上镀一层半透半反的光学薄膜，即可以实现透射部分和反射部分各占入射光能量的 50%，从而达到期望的分光效果。

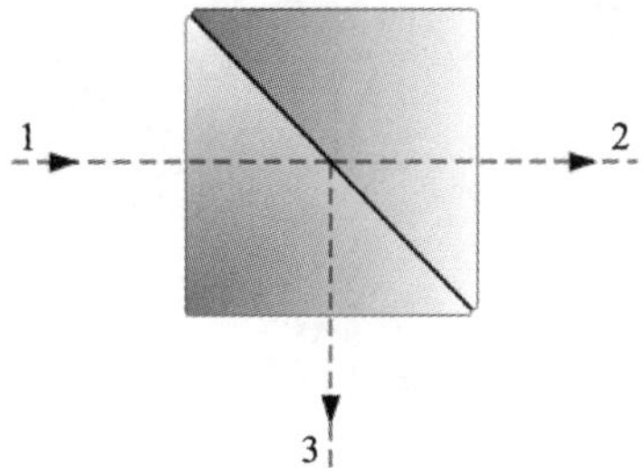

图 3-6　分光棱镜

6）改变像坐标手性

从物点发出的每一条光线在镜面都遵循反射定律，经镜面反射后的像的坐标手性会发生改变。左右手坐标系如图 3-7 所示。

图 3-7　左右手坐标系

像坐标手性是指逆着光的传播方向观察物和像的性质时，让物和像的光与观察者的视线相向。平面镜物像的坐标手性如图 3-8 所示。

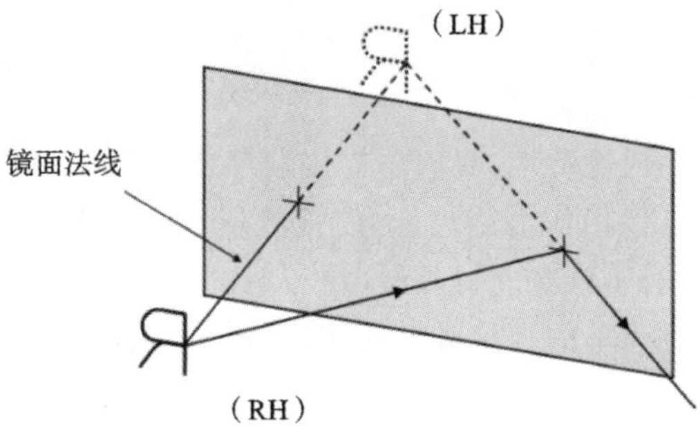

图 3-8　平面镜物像的坐标手性

像经过偶数次反射，坐标手性不变，成“一致像”；像经过奇数次反射，坐标手性发生改变，成“镜像”。

像的变化主要分为以下三种方式：①上下翻转——如图 3-9(a)所示，上下颠倒翻转，像关于一条水平线手性发生变化；②水平翻转——如图 3-9(b)所示，水平往回翻转，像关于一条竖直线手性发生变化；③旋转——如图 3-9(c)所示，像围绕一条垂直于像平面的法线(光轴)进行旋转。一个上下翻转和一个水平翻转相当于一个 180°旋转，像旋转不会导致坐标手性发生变化。

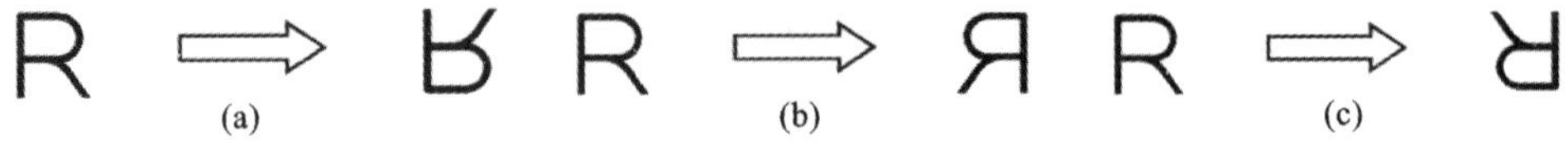

图 3-9　像的变化

(a)上下翻转(Inversion)；(b)水平翻转(Reversion)；(c)旋转(Rotation)

物经透镜成像后会左右颠倒、上下颠倒，如图 3-10 所示。相当于成像过程包含了一个上下翻转和一个水平翻转，像关于光轴旋转 180°但坐标手性不发生改变。

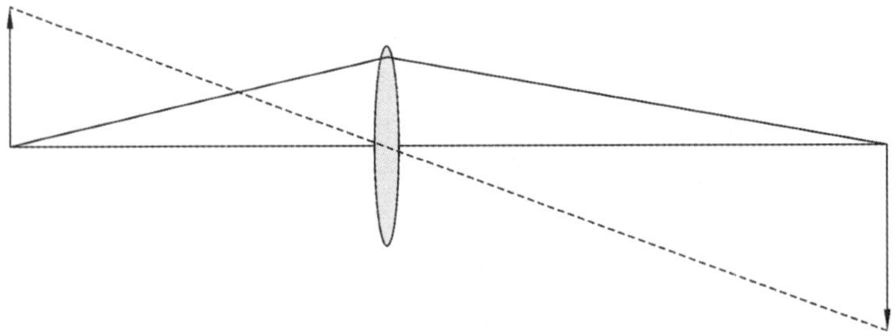

图 3-10　透镜的成像

7）产生光程差

此外，利用平面镜的反射功能可以在比较小的封闭空间内实现来回反射，以产生足够大的光程差。

3.2　双平面镜系统

3.2.1　两个平行平面镜

为了获得平面镜系统的成像特性，我们需要按顺序依次对每一个平面镜应用平面镜成像法则。两个平行的平面镜可以用作潜望镜，并使视线移动。如图 3-11 所示，在由两个平行平面镜组成的系统中，因为进行了两次反射，所以物与像的坐标手性不变，所有来自像的光线都平行于对应物的光线。通过简单的推导可以证明，该系统中像与物的距离 OO'' 等于两镜面垂直距离(d)的 2 倍。

3.2.2　两个非平行平面镜

将两个不平行的平面镜组在一起，使两个反射面构成一个二面角，这就是通常所说的双平面镜系统，其中，二面线是两非平行平面的交叉线，二面镜的主截面是与二面线垂直的平面。图 3-12 所示的是主截面上两个非平行平面镜的光路。

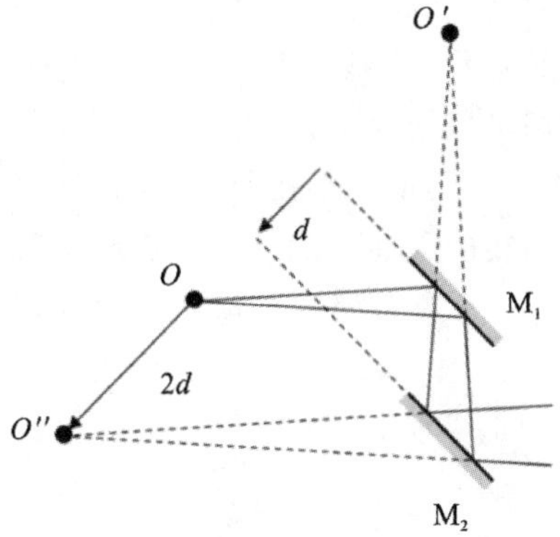

图 3-11　两个平行平面镜

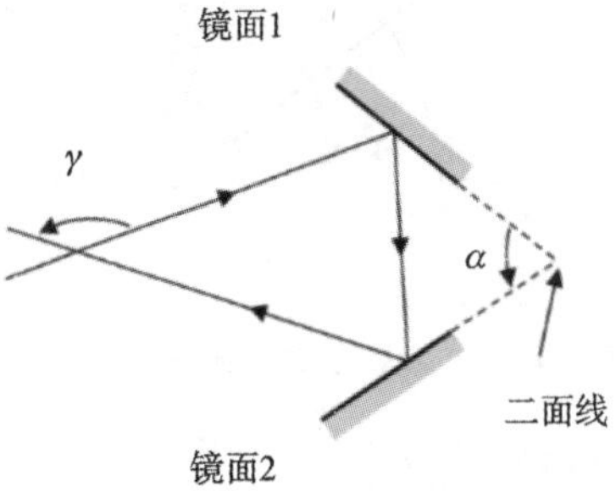

图 3-12　两个非平行平面镜

这个系统最重要的一个性质就是在与二面线垂直的平面，即二面镜的主截面内，投影到该平面内光路的偏折角度为二面角的 2 倍，即

$$\gamma = 2\alpha \tag{3-1}$$

这表明光路在二面镜系统主截面内的偏折角度与入射角无关。下面是该结论的证明。

如图 3-13 所示，根据符号规则，存在带负号的物理量 θ_1、θ_1'、θ_2 和 δ。因此，有如下关系：

$$\theta_1 = -\theta_1', \quad 90 = \theta_1' - \theta_1'', \quad \theta_1'' = \theta_1' - 90 \tag{3-2}$$

$$\theta_2 = -\theta_2', \quad 90 = \theta_2'' - \theta_2, \quad \theta_2'' = 90 + \theta_2 \tag{3-3}$$

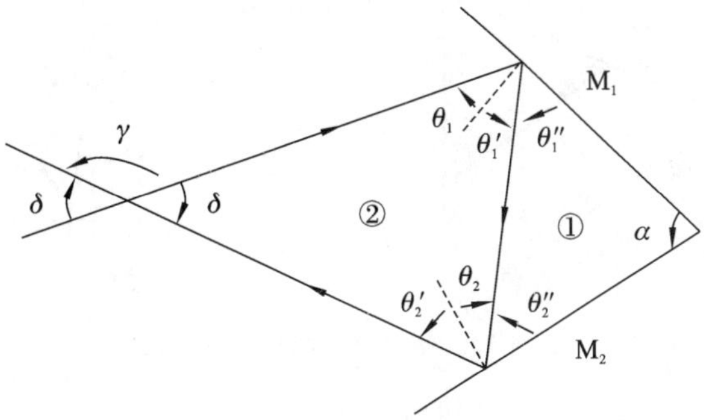

图 3-13　光路的偏折角度

根据图中由光路构成的两个三角形可以得到

$$\begin{cases} \alpha + \theta_2'' - \theta_1'' = 180, \quad \alpha + (90 + \theta_2) - (\theta_1' - 90) = 180 \\ \theta_2 = \theta_1' - \alpha = -\theta_1 - \alpha \end{cases}$$
$$\begin{cases} -\delta - 2\theta_1 - 2\theta_2 = 180, \quad -\delta - 2\theta_1 - 2(-\theta_1 - \alpha) = 180 \\ -\delta = 180 - 2\alpha \end{cases} \tag{3-4}$$

最后可以联立方程解得

$$\gamma = 2\alpha$$

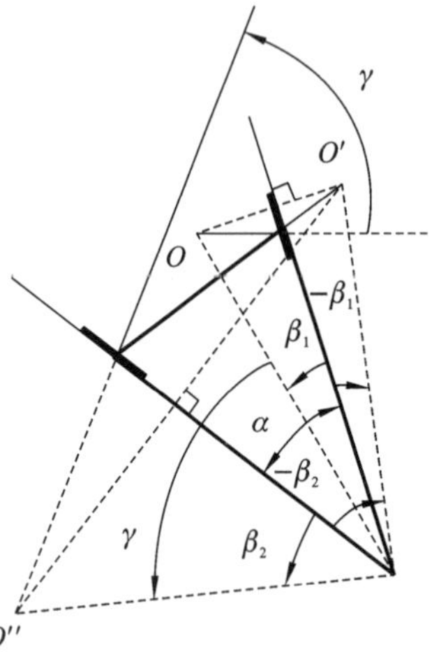

图 3-14 二面镜系统成像法则

由式(3-1)可以得知，入射光线与出射光线的偏折角度与入射角无关，而是与两平面镜的夹角 α 有关。$\alpha<90°$时，入射光线与出射光线交叉；$\alpha>90°$时，入射光线与出射光线偏离；$\alpha=90°$时，入射光线与出射光线反向平行，此时两平面镜组合成屋脊棱镜(或称屋脊镜)。而光路在平面内的投影包含二面线，则投影与该二面线符合反射定律。

对于一个双平面镜系统，光线在每一个平面镜上都遵从反射定律，因此，我们可以推导出二面镜系统成像遵从以下五点法则：①每一物点与其像点都在同一主截面上(主截面被定义为垂直于二面线的平面)；②每一物点与其像点到二面线的距离相等；③每一像点相对于物点的角位移等于对应的二面角的 2 倍；④从像点发出的光线与从物点发出的光线的夹角是二面角的 2 倍；⑤坐标手性不变。具体见图 3-14。

3.2.3 屋脊镜系统

屋脊镜是由两面互成 90°的平面镜组合而成的。根据前面关于二面镜的描述，其入射光线和出射光线在主截面内的投影光路反向平行。屋脊镜能够代替任何平面镜，并增加一次反射或者坐标手性变化(见图 3-15)，因此在反射过程中，所成像的坐标手性不变。

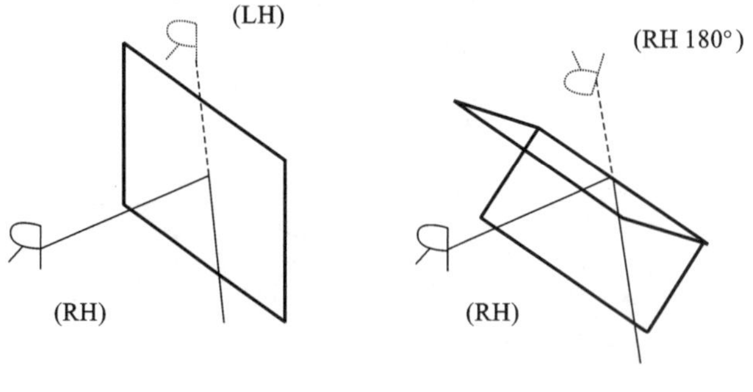

图 3-15 平面镜和屋脊镜的区别

所有通过屋脊镜系统的光线都有相同的光程，其效果相当于在二面线处构成一面绕着二面线旋转的等效平面镜(见图 3-16(a))。如图 3-16(b)所示，在二面镜主截面内的光线会被二面镜沿原方向反射回去，因此该等效平面镜必须时刻垂直于入射光线在主截面内的投影光路。此外，对于屋脊镜系统，如果将光路投影到包含二面线的平面内，则该投影光路与该二面线符合反射定律，如图 3-16(c)所示。二面线在所画示意图的平面内，屋脊镜通常用等效平面镜上或二面线上的“$\vee$”代替(见图 3-17)。

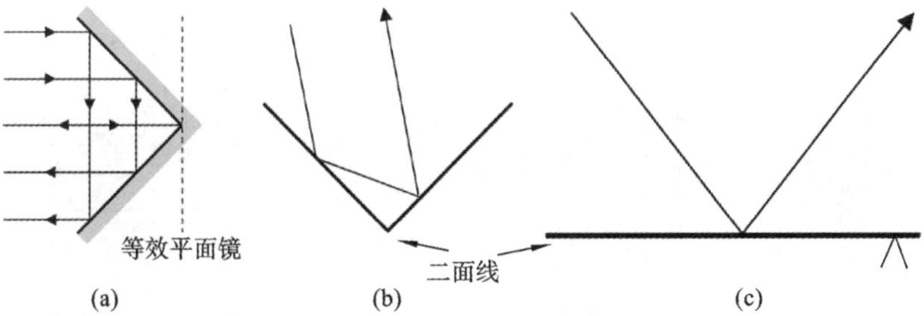

图 3-16　屋脊镜示意图

(a)等效平面镜；(b)端视图；(c)侧视图

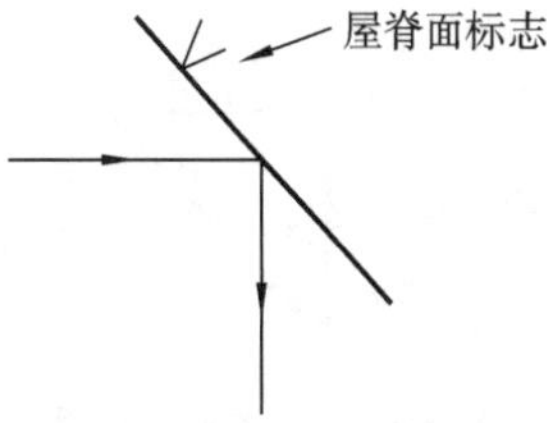

图 3-17　屋脊镜的表示

3.3　反射棱镜

3.3.1　反射棱镜的组成和典型案例

棱镜系统可以看作是平面镜系统，如果光线在棱镜内部表面的入射角大于临界角，则会发生全反射。棱镜会折叠光路并改变像的坐标手性。若光束中有部分光线的入射角小于临界角，则应在不发生全反射的表面上镀以金属反射膜。

光学系统的光轴在棱镜中的部分称为棱镜的光轴，它由折线构成，每经一次反射，光轴发生一次转折。光轴在棱镜内的总几何长度为反射棱镜的光轴长度。由光轴所决定的平面称为光轴截面。光线射入棱镜的面称为入射面，光线射出棱镜的面称为出射面，反射棱镜的入射面和出射面均垂直于光轴。入射面、出射面和反射面均为棱镜的工作面。工作面的交线为棱镜的棱。棱镜的光轴截面与棱垂直。光轴截面也称为棱镜的主截面。

根据棱镜反射面的组成，棱镜大体上可以分为简单棱镜、屋脊棱镜和复合棱镜等。此外，棱镜可以根据总体光线偏折角度和反射次数来进行分类。下面介绍一些典型的简单棱镜。

最简单的棱镜为一次反射棱镜。一次反射棱镜在光路中的作用和平面反射镜的相同。当它用于对物进行成像时，如果物为左手坐标手性，则像为右手坐标手性。图 3-18 所示的为最常见的等腰直角(一次)反射棱镜，斜边表示反射面，它使光轴转折 90°，光轴通过入射面的中心，可使棱镜反射面得以充分利用。

典型的二次反射棱镜如图 3-19 所示，其相当于一个双平面镜系统，入射光线和出射光线间的夹角取决于两个反射面间的夹角，即二面角。根据双平面镜系统的性质，入射光线和出射光线间的夹角为二面角的两倍。这些棱镜由于是偶数次反射，所以坐标手性不变。

典型的三次反射棱镜如图 3-20 所示，它同样可以使沿光轴入射的光线经过棱镜后偏转 90°出射，即入射光线与出射光线间的夹角为 90°。由于棱镜中的光路很长，因此可以把光学系统的一部分光线折叠在其中，以使仪器外形尺寸减小。它和二次反射棱镜的不同之处在于其是奇数次反射，因此会产生镜像，坐标手性也会发生变化。

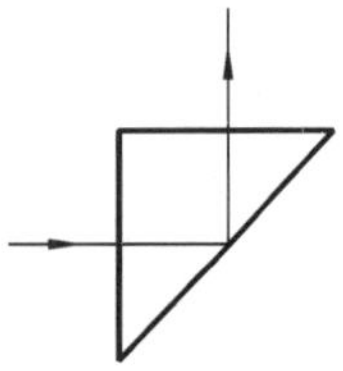

图 3-18　一次反射棱镜

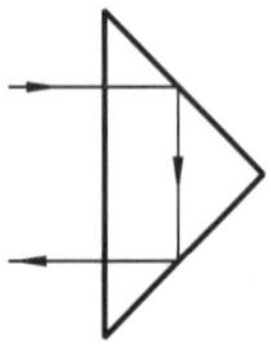

图 3-19　二次反射棱镜

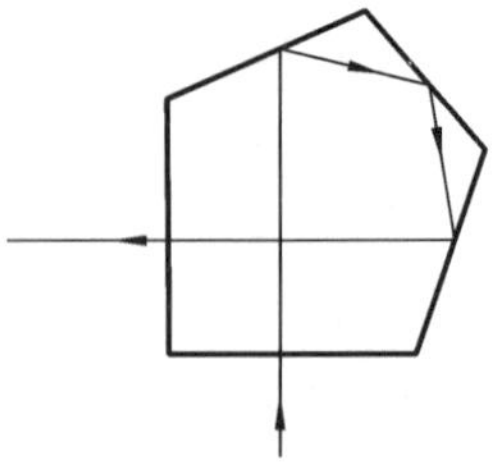

图 3-20　三次反射棱镜

3.3.2　棱镜的展开和结构参数

1. 棱镜的展开

反射棱镜的工作面为两个折射面和若干个反射面。反射棱镜的反射面具有平面镜性质，而两个折射面之间的光线在玻璃介质中有一段光程，相当于平行平板对光路起的作用。图 3-21(a)所示的为等腰直角棱镜 ABC，光线由 AB 面射入，在 BC 面反射后垂直于 CA 面射出，光线方向转折了 90°。任何棱镜都涉及一次或多次反射、两次折射。平面反射镜可认为是理想光学系统。由于有两次折射，成像质量会受到影响。略去反射面的作用，相当于把棱镜主截面 ABC 绕轴转 180°，点 A 转到了点 A' 处，在三角形 $A'BC$ 中的光路和在棱镜 ABC 中反射后的光路完全相同。用棱镜代替平面反射镜时，就相当于在光学系统中增加了一块平行平板。在光学计算中，以一块等效的平行平板取代棱镜的作法称为“棱镜的展开”。展开棱镜的方法是：在棱镜主截面内，按反射面的顺序，以该面和主截面的交线为轴，逐次使主截面翻转 180°，便可得到等效的平行平板。更多的棱镜展开示意图见图 3-21。

2. 棱镜的结构参数

若棱镜处于会聚光束中，则要求光轴与入射面垂直，即也与出射面垂直。否则，当把棱镜展开成平行平板后，便破坏了系统的共轴性，像点发生侧向位移，影响整个系统的成像质量。但是，若棱镜工作在平行光束中，则无需有此要求。平行平板虽倾斜于光轴，但是其出射光束和入射光束平行，对整个系统的成像性质无影响。

在光路计算中，将棱镜展开后需求其厚度，此即棱镜光轴长度 L，设棱镜的口径 D 已知，则定义棱镜结构参数 K 为

$$K = L/D \tag{3-5}$$

K 与棱镜大小无关，只取决于棱镜的结构形式。当确定棱镜的结构形式和通光口径 D 后，便可由 K 值求知光轴长度。

3. 棱镜结构参数 *K* 计算示例

1）一次反射等腰直角棱镜

如图 3-21(a)所示，展开后可知 $L=D$，即

$$K = 1 \tag{3-6}$$

2）一次反射等腰棱镜

此种棱镜的入射光轴和出射光轴的夹角等于棱镜的顶角，设为 β，棱镜的两个底角相等，设为 α，可由图 3-21(b)可知

$$\alpha = 90° - \beta/2 \tag{3-7}$$

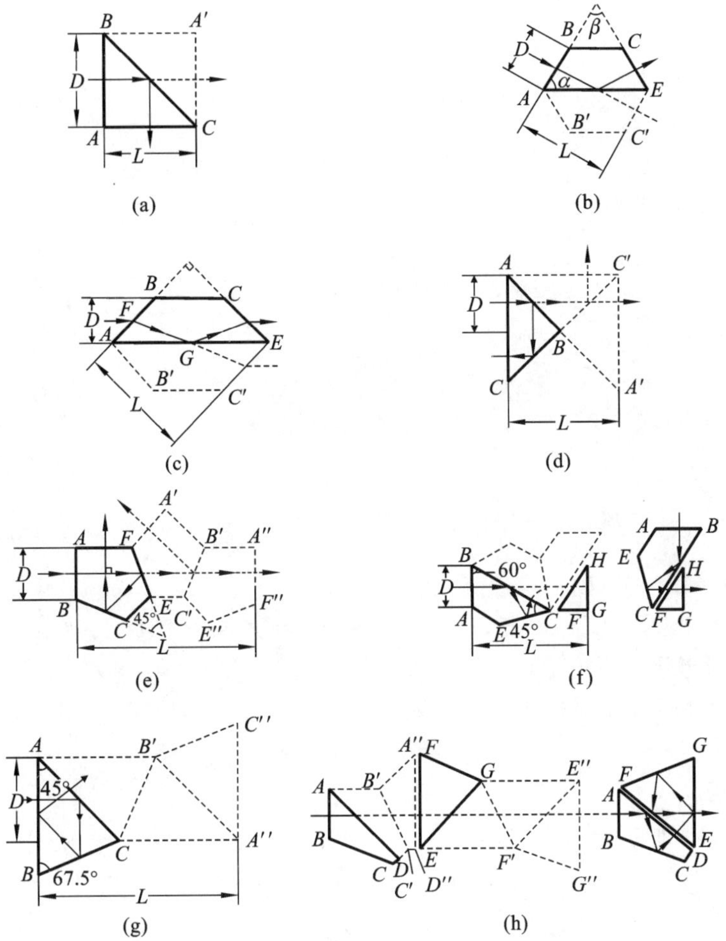

图 3-21　棱镜的展开示意图

光轴长度为

$$L = D\tan\alpha = D\cot(\beta/2) \tag{3-8}$$

即

$$K = \cot(\beta/2) \tag{3-9}$$

3）道威棱镜

如图 3-21(c)所示，这种棱镜不使光轴改变方向，也不使光轴发生平移。光轴不垂直于入射面和出射面，展开的平行平板相对于光轴是倾斜的。由图 3-21(c)可知

$$L = 2FG = 2\frac{AF}{\sin(45^\circ - I)}\sin45^\circ = \frac{D'}{\sin(45^\circ - I)} \tag{3-10}$$

其中，入射角 $I=45^\circ$。因此，我们有

$$\sin(45^\circ - I) = \sin45^\circ\cos I - \cos45^\circ\sin I = \frac{\sqrt{2}}{2}(\cos I - \sin I)$$

$$= \frac{\sqrt{2}}{2}\left[\sqrt{1-\left(\frac{\sin45^\circ}{n}\right)^2} - \frac{\sin45^\circ}{n}\right] = \frac{\sqrt{2n^2-1}-1}{2n} \tag{3-11}$$

代入到道威棱镜光轴长度的表达式中，得

$$L=\frac{2nD}{\sqrt{2n^2-1}-1} \tag{3-12}$$

结构参数为

$$K=\frac{2n}{\sqrt{2n^2-1}-1} \tag{3-13}$$

展开后的平行平板厚度为

$$d=L\cos I\frac{2nD}{\sqrt{2n^2-1}-1}\frac{\sqrt{2}}{2n}\sqrt{2n^2-1}=\frac{\sqrt{2}\sqrt{2n^2-1}\cdot D}{\sqrt{2n^2-1}-1} \tag{3-14}$$

棱镜的下底长度为

$$AE=\sqrt{2}d=\frac{2\sqrt{2n^2-1}\cdot D}{\sqrt{2n^2-1}-1} \tag{3-15}$$

棱镜的上底长度为

$$BC=\frac{2\sqrt{2n^2-1}\cdot D}{\sqrt{2n^2-1}-1}-2D=\frac{2D}{\sqrt{2n^2-1}-1} \tag{3-16}$$

若用 K9 玻璃，$n=1.5163$，则上述各值分别为

$$L=3.38D,\quad K=3.38,\quad d=2.99D,\quad AE=4.23D,\quad BC=2.23D \tag{3-17}$$

4）二次反射等腰直角棱镜

如图 3-21(d)所示，可以看出

$$L=2D,\quad K=2 \tag{3-18}$$

5）五角棱镜

如图 3-21(e)所示，应有

$$L=(2+\sqrt{2})D=3.414D \tag{3-19}$$

$$K=3.414 \tag{3-20}$$

6）靴形棱镜

如图 3-21(f)所示的组合棱镜，主棱镜 $ABCE$ 中涉及两次反射，其展开后不是平行平板，入射面和出射面之间的夹角为 30°，为此，需增加一补偿棱镜 FGH，形成平行平板。补偿棱镜和主棱镜选取同一种材料，二者之间有一空气间隙，以使光线在 BC 面上发生全反射。

该棱镜展开的光轴长度为

$$L=D\tan60^\circ+D\tan30^\circ=\left(\sqrt{3}+\frac{1}{\sqrt{3}}\right)D=2.309D \tag{3-21}$$

7）施密特棱镜

如图 3-21(g)所示，光轴转折 45°，光轴长度为

$$\begin{aligned}L&=(\sqrt{2}+1)D=2.414D\\K&=2.414\end{aligned} \tag{3-22}$$

8）别汉棱镜

如图 3-21(h)所示，在主截面内有 5 次反射，展开后有

$$\begin{aligned}L&=4.62D\\K&=4.62\end{aligned} \tag{3-23}$$

4. 屋脊棱镜的展开方法

若反射棱镜的一个反射面被屋脊面所替代，将使原有口径被切割，如图 3-22 所示，因此必

须要加大棱镜的高度，才能使入射光束全部通过棱镜。

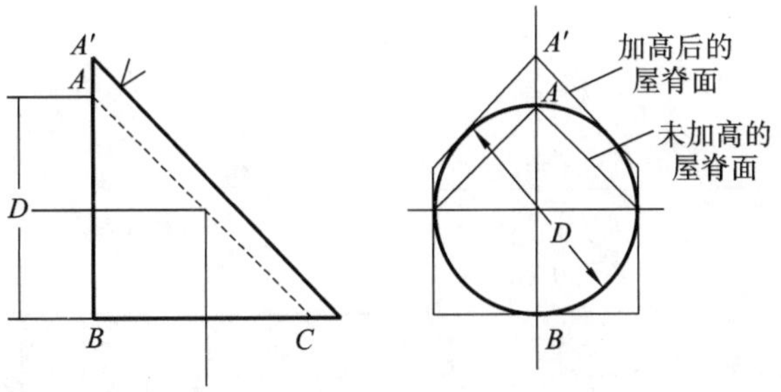

图 3-22　屋脊棱镜屋脊面加大避免口径被切割

屋脊棱镜的展开方法与普通棱镜的展开方法一样，按反射的顺序逐次翻转主截面，即可得到等效平行平板。

1）等腰直角屋脊棱镜

图 3-23(a)为等腰直角屋脊棱镜的侧面及其展开示意图；图 3-23(b)为入射面的正视图；图 3-23(c)为过棱镜直角棱并垂直于屋脊棱镜的截面视图。设入射光束的口径为 D，不拦截光束的入射面高度为 C，在入射面内屋脊半角为 γ。由图 3-23 可知

$$\tan\gamma = C\sin\theta / C = \theta \tag{3-24}$$

又 $\theta = 45°$，故 $\gamma = 35°16'$，则

$$\frac{D}{2} = \frac{C}{2}\sin\gamma \tag{3-25}$$

则有

$$C = \frac{D}{\sin\gamma} = \frac{D}{\sin 35°16'} = 1.732D \tag{3-26}$$

由于是等腰直角屋脊棱镜，因此其光轴长度为

$$L = C = 1.732D \tag{3-27}$$

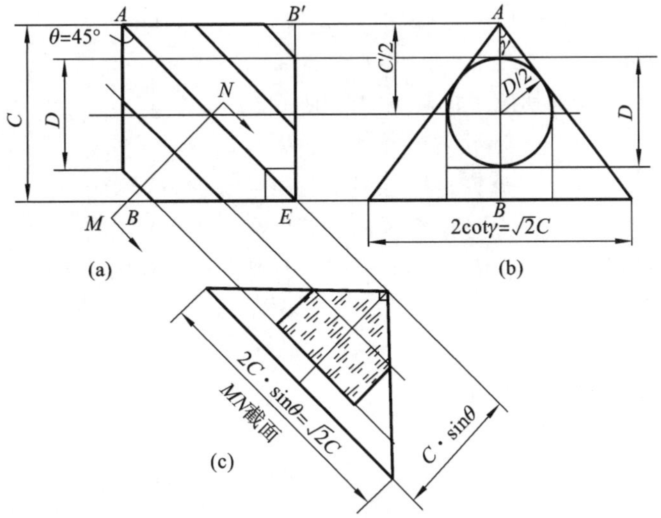

图 3-23　等腰直角屋脊棱镜示意图

2）五角屋脊棱镜

由图 3-24 可知

$$\tan\gamma = \frac{(C+D)\sin(\theta/2)}{\theta/2} = \sin\theta \tag{3-28}$$

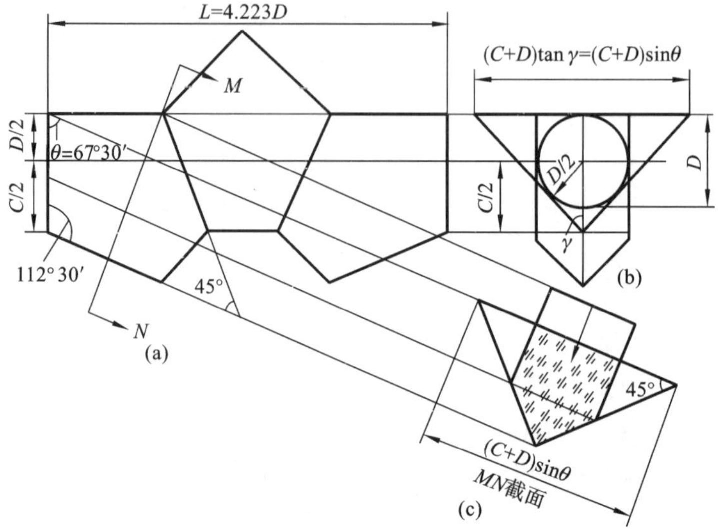

图 3-24 屋脊五角棱镜的展开

因 $\theta=67.3'$，故 $\gamma=42°44'3''$。由图 3-24 还可知

$$\frac{C}{2} = \frac{D/2}{\sin\gamma} = 0.737D \tag{3-29}$$

棱镜入射面高度为

$$\frac{1}{2}(C+D) = 1.237D \tag{3-30}$$

由于五角屋脊棱镜的结构参数 $K=3.414$，故其光轴长度为

$$L = 1.237D \times 3.414 = 4.223D \tag{3-31}$$

3）其他屋脊棱镜

用类似的方法可以求得其他屋脊棱镜的光轴长度：

$$\begin{aligned} &\text{半五角屋脊棱镜} \quad L = 2.11D \\ &\text{施密特屋脊棱镜} \quad L = 3.040D \\ &\text{靴形屋脊棱镜} \quad L = 2.980D \end{aligned} \tag{3-32}$$

屋脊棱镜要求两屋脊面的夹角严格等于 90°，否则将产生双像。由于屋脊棱镜加工困难，故常用组合棱镜代替。

3.3.3 棱镜成像方向辨别原则

反射棱镜在光路中除相当于一块平行平板以外，还起反射镜的作用，在转折光路的同时，还改变像的方向。棱镜组往往是复杂的，在进行光学设计时，必须正确判别物体通过棱镜的成像方向。

棱镜系统中所有棱镜的主截面重合为一，即所有棱镜的光轴面也重合为一，称为单光轴面棱镜系统。对于单光轴面棱镜系统，设物为左手坐标系，oz 轴为光轴方向，yoz 面和主截面重合，ox 轴垂直于主截面，并和所有的反射面平行，通过棱镜组后的坐标为 $x'y'z'$，$o'z'$ 与光轴出射方向一致。如图 3-25 所示，棱镜系统的成像方向可由以下原则确定。

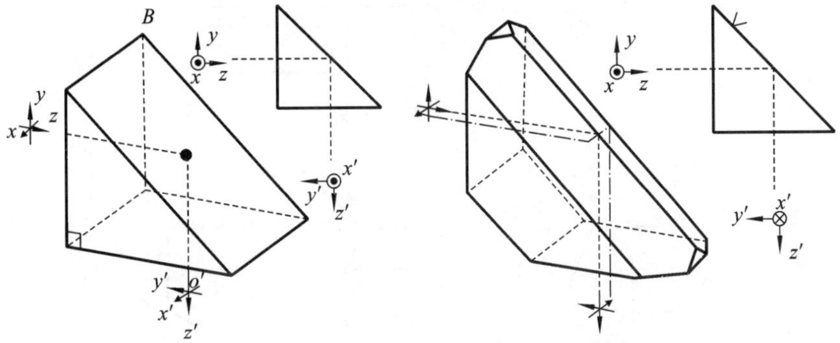

(a)　　　　(b)

图 3-25　棱镜成像方向辨别原则

(a)普通直角棱镜；(b)屋脊直角棱镜

(1) $o'z'$轴和光轴出射方向一致。

(2) $o'x'$轴方向视棱镜组中屋脊面的个数而定。没有或者有偶数个屋脊面时，$o'x'$ 和 ox 同向；有奇数个屋脊面时，$o'x'$ 和 ox 反向。

(3) $o'y'$轴方向视棱镜组中反射次数(一个屋脊面算两次反射)而定。奇数次反射，方向按右手坐标系来确定，偶数次反射则按左手坐标系来确定。

3.3.4　90°偏转棱镜

直角棱镜(1R)：最基本的棱镜，只发生一次反射，出射光线与入射光线的偏移角由入射角和棱镜方向决定，像根据棱镜的方向发生翻转或回转，同时坐标手性会发生变化(见图 3-26)。

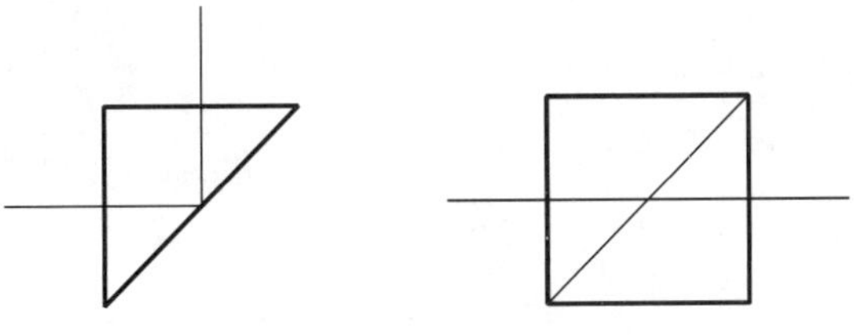

图 3-26　直角棱镜

阿米西(Amici)棱镜(2R)：将一个普通直角棱镜的反射面替换为一个屋脊面，因此也称之为屋脊棱镜。光线发生两次反射，得到的像旋转 180°，坐标手性不变。其常用作望远镜的目镜等。屋脊棱镜的展开与直角棱镜的一样(见图 3-27)。

五角棱镜(2R)：两反射面夹角为 45°，进入的光线在棱镜里面反射两次，使对应出射光线与入射光线的方向改变 90°，不但不会倒置，也不会改变影像的坐标手性(见图 3-28)。它是标准光学度量工具，用以度量直角。入射角不满足全反射条件，两反射面必须镀膜。

沃拉斯顿(Wollaston)棱镜(2R)：两反射面夹角为 135°，光线在棱镜中进行两次反射，对应入射光线与出射光线夹角为 270°(或 90°)，坐标手性不发生变化(见图 3-29)。

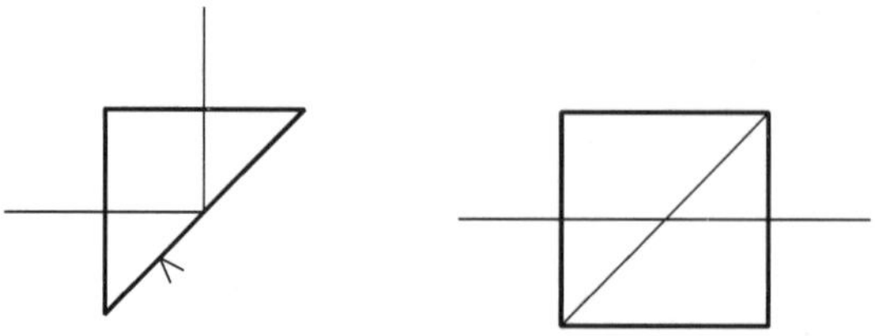

图 3-27 屋脊棱镜

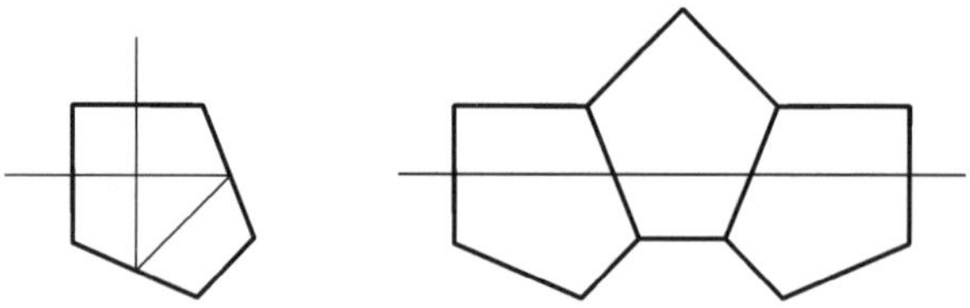

图 3-28 五角棱镜

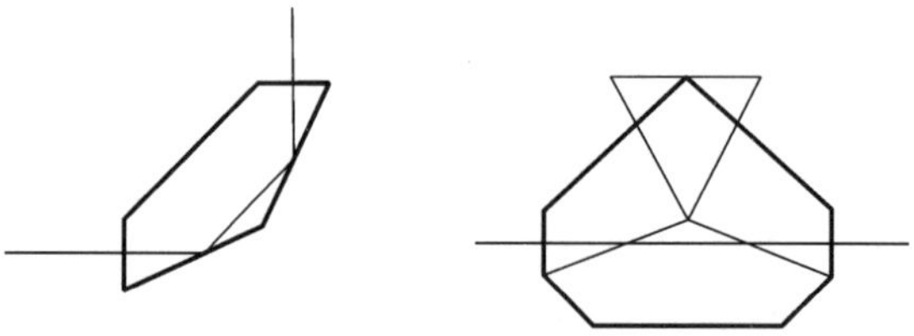

图 3-29 沃拉斯顿棱镜

单反五棱镜(3R):一个五角棱镜与屋脊棱镜的组合(见图 3-30)。在单棱镜反射相机(单反相机)中用于给观察者提供一个正立像以及合适的坐标手性。屋脊棱镜反射面必须镀膜。

图 3-31 所示的为基于反射三棱镜的单反相机光路原理图。取景时放下回转镜,反射镜和反射三棱镜使人眼能看到与景物相同的像,方便取景与调焦。曝光期间回转镜向上旋转。焦平面和观察屏在光学上等效。

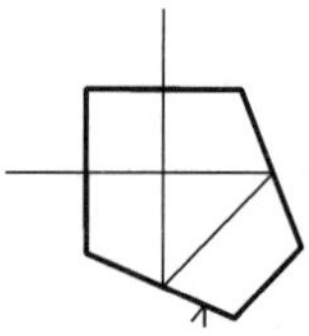

图 3-30 单反五棱镜

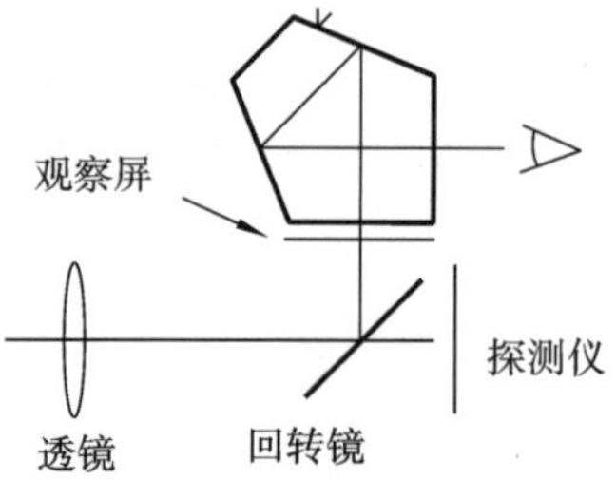

图 3-31 单反相机

3.3.5 180°偏转棱镜

普罗(Porro)棱镜(2R):斜面作为入射面,发生两次反射的直角棱镜。经过普罗棱镜的影像会被翻转 180°,并且出射光线相较于入射光线方向改变了 180°,但坐标手性不发生变化。其偏移仅发生在一维空间。图 3-32 展示了两种不同观测方向的普罗棱镜及其展开图,示意图显示的相对长度相等。

立方角锥棱镜(3R):这种棱镜的形状相当于从一个立方体上切下来的一个角。它是一个四面体,三反射面之间的夹角均为 90°。出射光线和反射光线反向平行。偏移由棱镜方向和进入棱镜后回到光源的光线决定(见图 3-33)。当三个棱镜面均与光轴具有相等的角度时,由于要表示棱镜面和屋顶边缘所需的复合角度,这些图形显得偏斜。

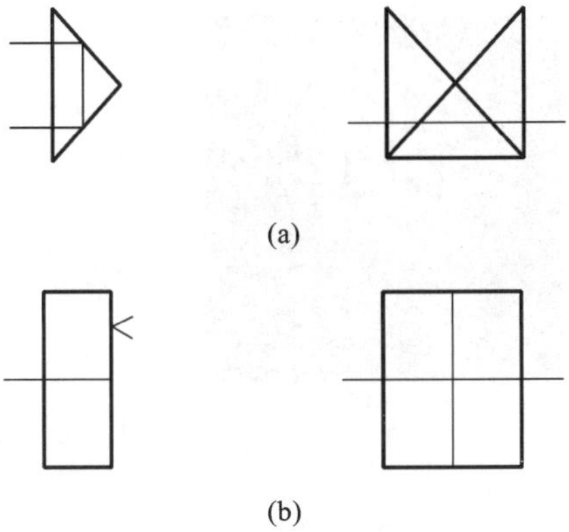

图 3-32　普罗棱镜

(a)二面线垂直于纸面;(b)二面线在纸面内

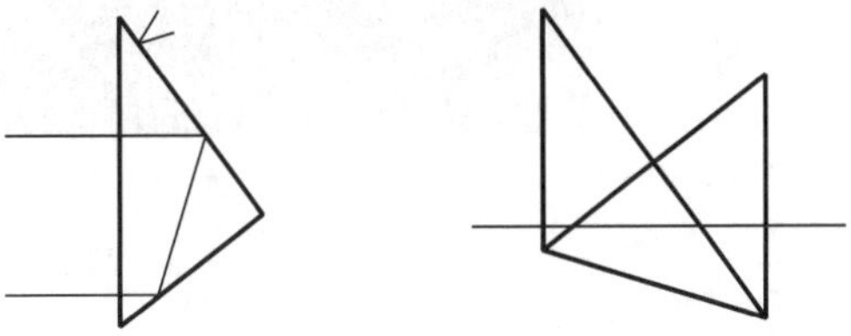

图 3-33　立方角锥棱镜

立方角锥棱镜在生活当中和在航空领域有着广泛的应用,下面有一些简单的应用介绍。

(1) 反光镜(回射器):光经三次反射回到光源处(见图 3-34)。

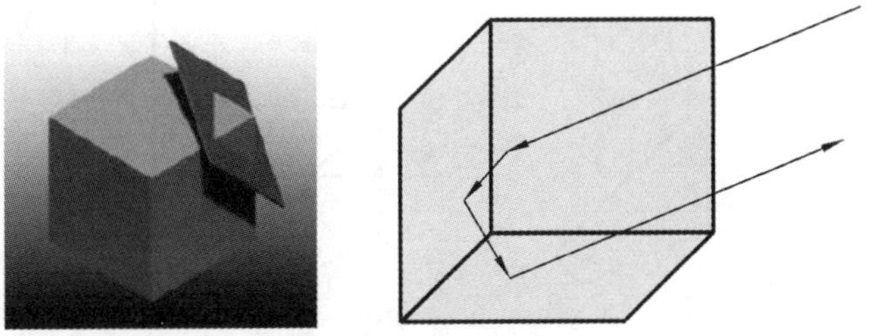

图 3-34　反光镜

(2) 尾灯和自行车反射器(见图 3-35)。

图 3-35　尾灯和自行车反射器

(3) 探测器：航行时间计量。

如图 3-36 所示，图(a)为月球激光反射器系列，其中阿波罗 11 号和 14 号使用了 100 个棱镜，而阿波罗 15 号使用了 300 个棱镜；图(b)为地球动力学激光卫星(轨道半径为 5900 千米)。LAGEO 系列拥有测量卫星的精确位置数据并返回地球，协助人类判断行星的形状和板块的漂移的使命。

(a)

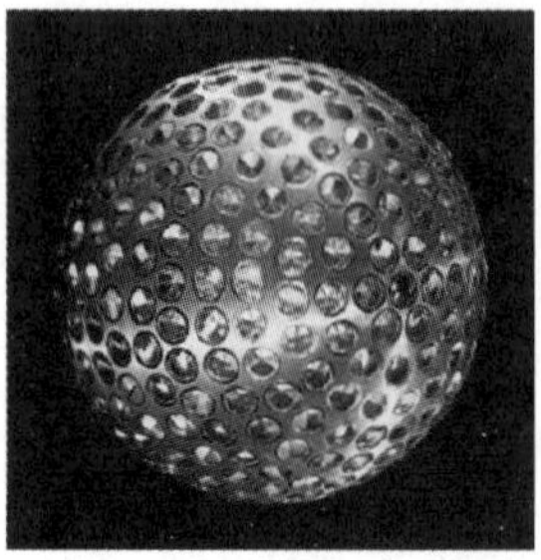

(b)

图 3-36　航天应用

3.3.6　45°偏转棱镜

45°棱镜(2R)：五角棱镜的一半，两反射面的夹角只有 22.5°，光线在棱镜中发生两次反射，出射光线与入射光线夹角为 45°，坐标手性不变(见图 3-37)。

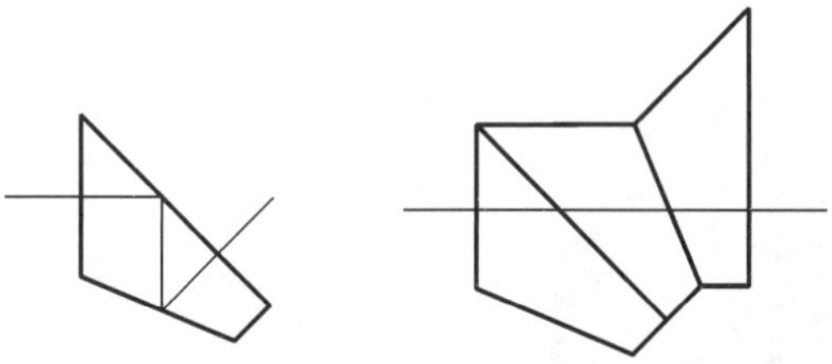

图 3-37　45°棱镜

施密特(Schmidt)屋脊棱镜(4R)：拥有三个反射面及一个屋脊面，光线在棱镜中发生四次反射，不发生坐标手性变化(见图 3-38)。同样也存在不带屋脊的三反射施密特棱镜。

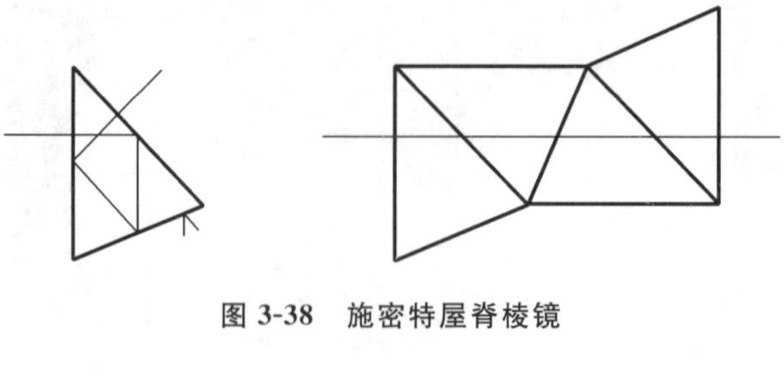

图 3-38　施密特屋脊棱镜

3.3.7　转像棱镜

当一个棱镜绕光轴旋转角度 θ 时，如果物体经过该棱镜所成的像会旋转角度 2θ，则这样的棱镜被称为转像棱镜。在这些棱镜中，入射光线和出射光线是共线的且反射次数为奇数次(见图 3-39)。

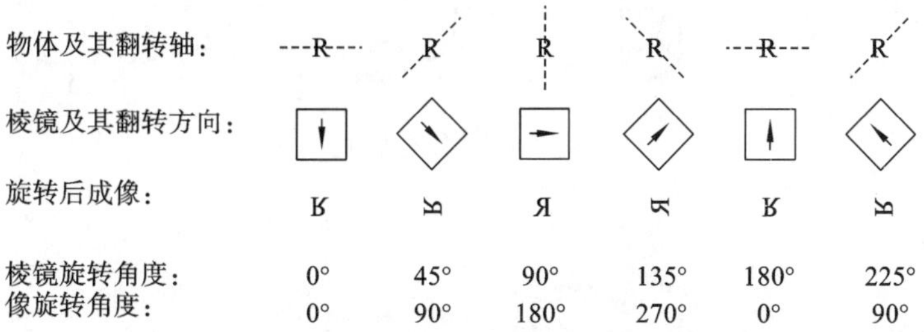

图 3-39　转像棱镜成像

对称性和手性变化解释了图像的旋转情况。每个棱镜都有一个翻转方向和与其关联的翻转轴。当棱镜相对于物体旋转时，此翻转轴同时旋转，并且物体相对该翻转轴进行翻转得到旋转像。通过对称性可知，物必须以棱镜的两倍速度旋转(棱镜为 0°和 180°时具有相同的输出)。

下面介绍一些常用的转像棱镜。

(1) 道威(Dove)棱镜(1R)：由于入射界面和出射界面是倾斜的，入射界面与入射光线不垂直，因此入射光线必须为平行光束(见图 3-40)。该棱镜对物体进行成像时，会产生横向色差(后面章节会详细介绍)。

图 3-40　道威棱镜

(2) 逆向转像棱镜或 K 棱镜：因为上表面入射光线入射角不满足全反射条件，所以上表面需镀膜(见图 3-41)。

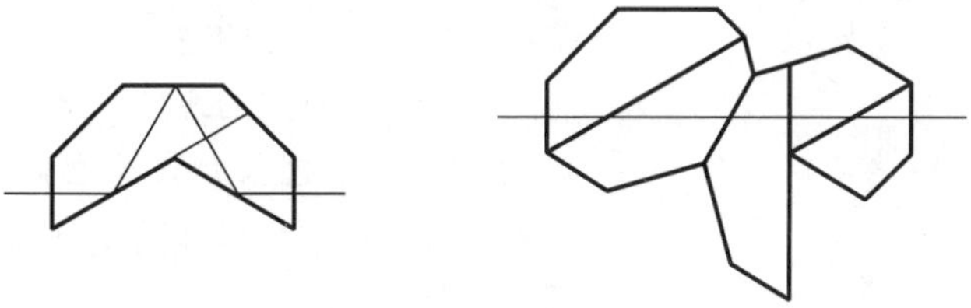

图 3-41　逆向转像棱镜

(3) 别汉(Pechan)棱镜(5R)：别汉棱镜是由一个二次反射的 45°棱镜和一个等同于三次反射的 45°非屋脊施密特棱镜组成的。这些紧凑的棱镜可以提供宽阔的视场。棱镜之间存在一个空气薄层以提供全反射表面。因为两个外表面不满足全反射条件，所以需要镀金属反射膜(见图 3-42)。

3.3.8　正像棱镜

正像棱镜置于光学系统中可以使像旋转 180°，其通常用于望远镜(见图 3-43)和双筒镜

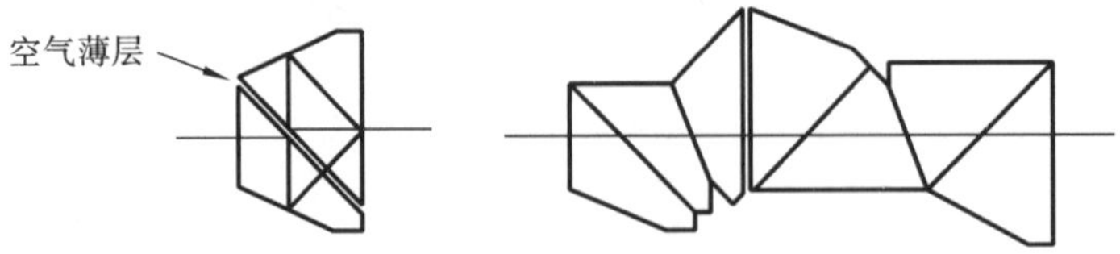

图 3-42 别汉棱镜

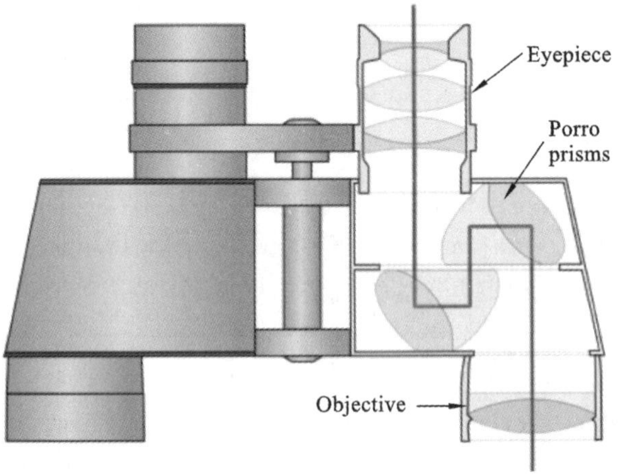

图 3-43 望远镜

中，以便得到正立像，方便观察。正像棱镜在光学系统中不产生手性变化。

下面介绍一些具体的正像棱镜应用。

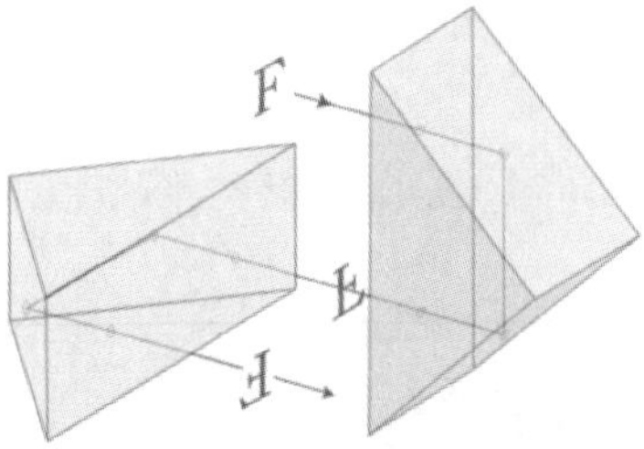

图 3-44 普罗系统

普罗系统是由两个普罗棱镜构成的系统（见图 3-44）。第一个棱镜使像在一个平面内翻转，第二个棱镜使像在另一个平面内翻转，但坐标手性没有发生变化。普罗系统适用于小型光学望远镜在影像方向的改变（影像重建系统的排列），特别是在许多的双筒望远镜中提供影像的重建和更长的光路折叠，有效地缩短物镜和目镜间的距离。通常，对于双普罗棱镜组合，会将两个棱镜胶合在一起，并且削除多余的部分以减经重量和缩小尺寸。1854 年 Ignatio Porro 发明了普罗系统，1894 年蔡司制造出了第一台实用器件。

图 3-45 所示的为两种普罗系统的光路展开图。

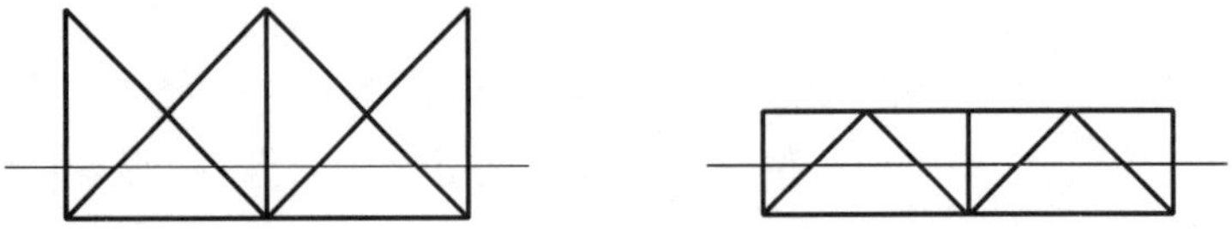

图 3-45 普罗系统的光路展开

如图 3-46 所示，普罗系统还有一种变形是普罗-阿贝系统，它是反射顺序发生变化的普罗系统。在整个系统中，光线发生反射的方式的先后顺序发生了变化，但最后得到的像与普罗系统的相同，坐标手性也没有发生变化。

别汉屋脊棱镜(6R):在别汉棱镜中增加了一个屋脊棱镜(见图 3-47)。这种棱镜用在紧凑的双筒镜中,提供径直的视线。它是由一个二次反射的 45°棱镜和一个施密特棱镜组成的,所以该棱镜系统也常被称为施密特-别汉棱镜,但需注意的是,屋脊面不需要镀膜,该棱镜最早在 1964 年就已被使用。该棱镜系统常用在"屋脊棱镜"双筒望远镜中,其光路展开图与别汉棱镜的类似。

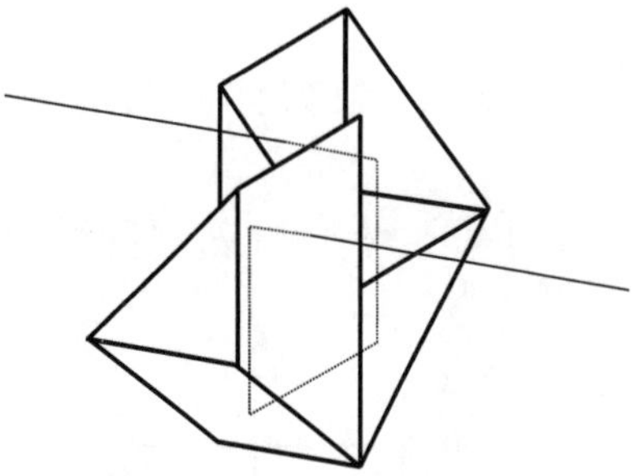

图 3-46　普罗-阿贝系统

莱曼棱镜或施普伦格-莱曼棱镜(4R):棱镜主体体积较大,但所用孔径仅占入射和出射界面的一小部分(见图 3-48)。

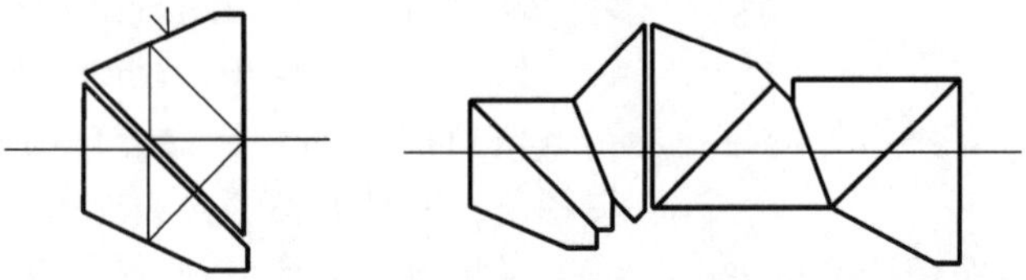

图 3-47　别汉屋脊棱镜

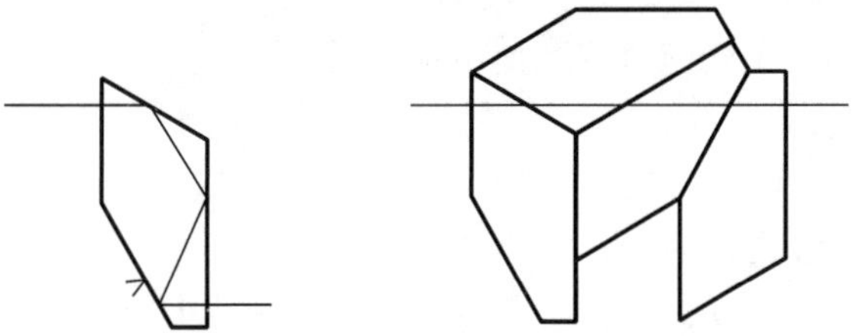

图 3-48　莱曼棱镜

阿贝-科尼格棱镜(4R):该棱镜系统是逆向转像棱镜或 K 棱镜增加一个屋脊面而成的,如图 3-49 所示。该棱镜系统最早出现在 1900 年,可以实现正像而并不需要有光轴的位移。

阿贝-科尼格棱镜加入一些不对称因素可使光轴产生偏移。如图 3-50 所示,左右两边棱镜存在不对称性而使得两边高度不一致,使出射光线与入射光线不再共线,从而使光轴发生移动,这对大口径物镜是十分有用的。

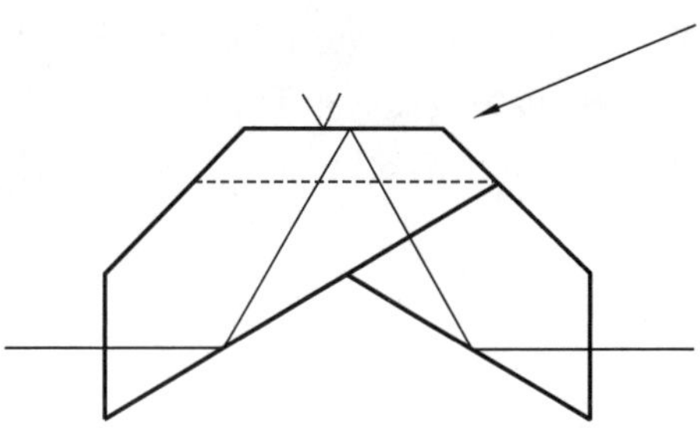

图 3-49　阿贝-科尼格棱镜

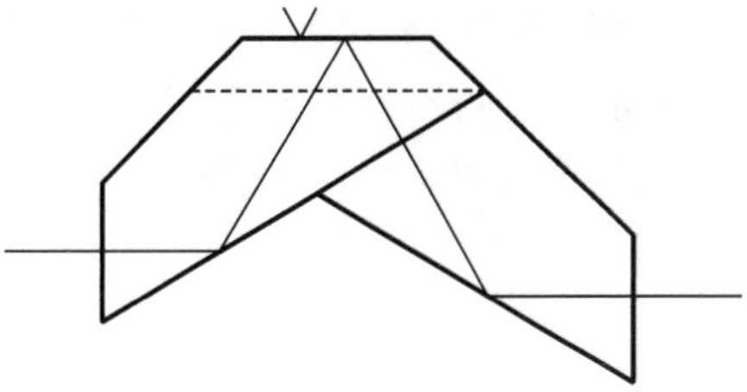

图 3-50　不对称阿贝-科尼格棱镜

3.3.9　立方体分光镜

如图3-51所示，立方体分光镜是两个直角棱镜的组合。两个直角棱镜黏在一起之前斜面需要镀半透半反膜，将一束入射光线分成两束出射光线，因此内表面没有全反射发生。

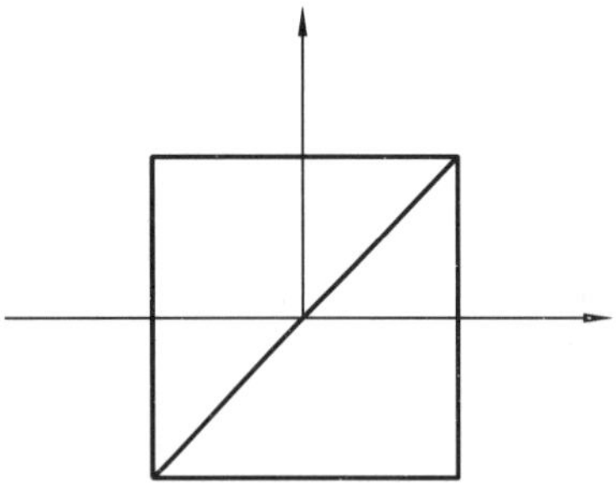

图3-51　立方体分光镜

分光镜通常用于将光束分成强度相同的两束出射光。当然，我们也可以改变所镀膜层的结构和类型来调整光束的分光比例(例如7∶3)。可以采用金属薄膜或者电介质干涉薄膜。通过合理调整膜层设计，可以使出射光束为偏振光，此即为偏振分光棱镜。偏振分光棱镜中，直角棱镜的斜面镀有多层膜结构，它们胶合成一个立方体结构，由于光线以布儒斯特角入射时P偏振光透射率为1而S偏振光透射率小于1，因此光线以布儒斯特角多次通过多层膜结构以后，P偏振分量完全透过，而绝大部分(90%以上)S偏振分量反射。

分光镜广泛用于教学用干涉仪、研究用激光干涉仪、偏振型分光器件、光纤通信器件等各类光学研究和使用场合，其是光学研究及使用系统的一个重要元件。偏振光分光棱镜通常在激光测距干涉仪中使用。

3.3.10　棱镜的其他特性

入射界面和出射界面与光轴垂直的棱镜可用于会聚光线或者发散光线。然而，它们会带来等效于同样厚度平行平板所带来的像差。过光轴的光线会产生球差和轴向色差。

在激光器或偏振光学器件中，棱镜表面的全反射会改变光的偏振态。在这种情况下，我们需要对棱镜表面进行镀膜以调整出射光线的偏振态。

3.3.11　棱镜的全反射极限

当会聚光束或发散光束照射到棱镜表面时，光在斜面的入射角会因位置不同而不同，且会出现入射角小于临界角的情况，此时全反射现象消失。于是，棱镜表面必须镀上反射膜。

下面对直角棱镜的全反射极限进行推导。当一张角为$\pm\theta$的会聚光束入射到直角棱镜时，假设棱镜折射率为1.5，则有

$$\begin{cases}\theta_c = \arcsin\left(\dfrac{1}{n}\right) = 41.8^\circ \\ \theta_U + \theta' = 45^\circ \\ \theta_U = 45^\circ - \theta' < 45^\circ, \quad \theta_L = 45^\circ + \theta > 45^\circ\end{cases} \tag{3-33}$$

空气中折射率看作1，因此可以求出临界角θ_c。当下部光线入射角大于临界角时，会发生全反射。对于上部光线，由折射定律和符号规则可知

$$\begin{cases} \sin\theta = n\sin\theta' \\ \theta > 0, \quad \theta' > 0 \end{cases} \tag{3-34}$$

所以可以得知，当 θ 和 θ' 增大时，上部光线与法线的夹角会减小。当增大到某一个入射角 θ 时，这些光线将不会发生全反射(见图 3-52)。

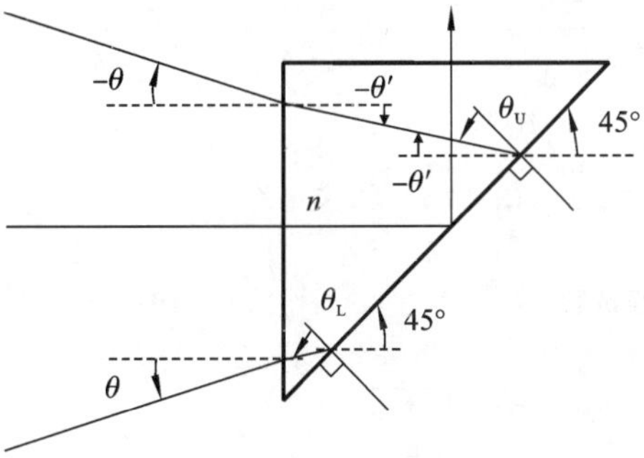

图 3-52　全反射极限

3.4　平行平板

3.4.1　平行平板光线位移的推导

在光学仪器中，常用到由两个折射平面构成的平行平板或相当于平行平板的光学零件。由折射定律可以知道，光线通过平行平板会发生位移(见图 3-53)，但不会发生偏转，入射光线与出射光线平行。

出射光线与入射光线的侧向位移为 D，则有

$$D = -t\sin\theta\left(1 - \sqrt{\frac{1-\sin^2\theta}{n^2 - \sin^2\theta}}\right) \tag{3-35}$$

在小角近似条件下，有

$$D \approx -t\theta\left(\frac{n-1}{n}\right) \tag{3-36}$$

下面对这些公式进行推导(见图 3-54)。

由几何关系可以得到

$$\tan\theta' = \frac{x_1}{t}, \quad \tan\theta = \frac{x_1 + x_2}{t} \tag{3-37}$$

$$x_2 = t(\tan\theta - \tan\theta') \tag{3-38}$$

$$\sin\theta'' = \sin(90° - \theta) = \cos\theta = -D/x_2 \tag{3-39}$$

则对光线的位移 D，有

$$\begin{aligned} D &= -x_2\cos\theta = -t\cos\theta(\tan\theta - \tan\theta') \\ &= -t\left(\sin\theta - \frac{\cos\theta\sin\theta'}{\cos\theta'}\right) = -t\sin\left(1 - \frac{\cos\theta}{n\cos\theta'}\right) \end{aligned} \tag{3-40}$$

用入射角 θ 代替折射角 θ'，有

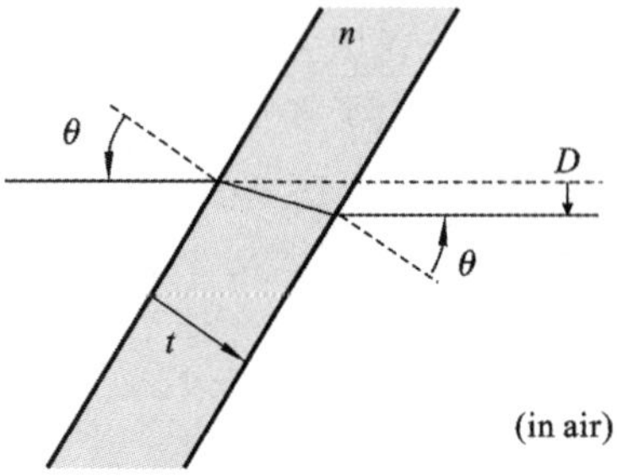

图 3-53 平行平板光线位移

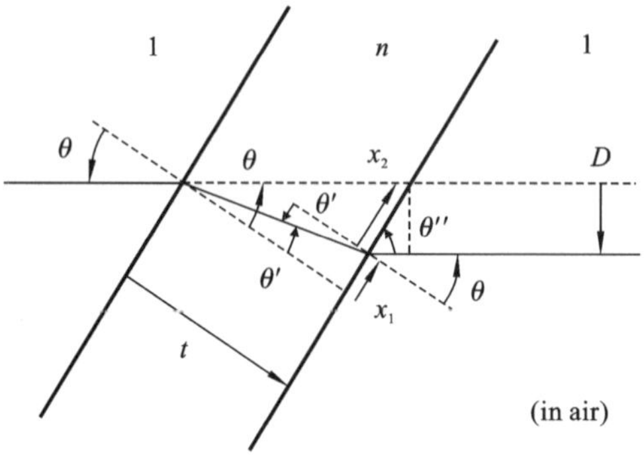

图 3-54 光线位移公式推导

$$\cos\theta' = \sqrt{1-\sin^2\theta'} = \sqrt{1-\frac{1}{n^2}\sin^2\theta} \tag{3-41}$$

$$n\cos\theta' = \sqrt{n^2-\sin^2\theta} \tag{3-42}$$

将式(3-42)代入到前面推得的 D 的表达式中,可以得到

$$D = -t\sin\theta\left(1-\sqrt{\frac{1-\sin^2\theta}{n^2-\sin^2\theta}}\right) \tag{3-43}$$

而在小角近似条件下,有 $\theta \sim 0$、$\sin\theta \sim \theta$。因此,我们有

$$D \approx -t\theta\left(1-\frac{1}{n}\right) = -t\theta\left(\frac{n-1}{n}\right) \tag{3-44}$$

3.4.2 平行平板像位移的推导

光线经过平行平板时,会发生平移,导致像也会发生轴向位移,但不会使物体放大或缩小(见图 3-55)。

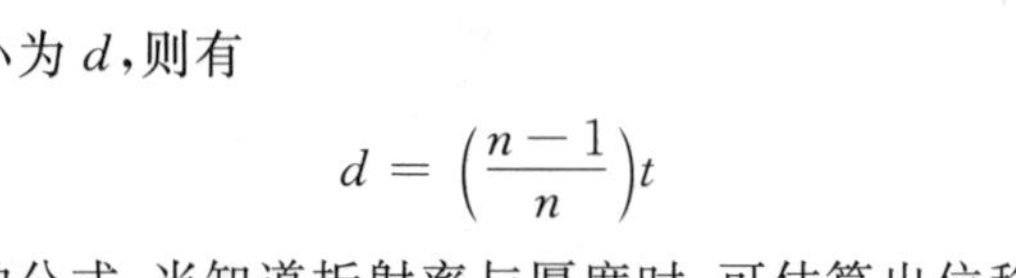

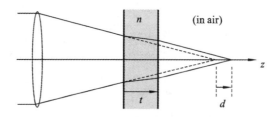

图 3-55 平行平板像位移

假设轴向位移的大小为 d,则有

$$d = \left(\frac{n-1}{n}\right)t \tag{3-45}$$

这是在小角近似下得到的公式,当知道折射率与厚度时,可估算出位移大小。

如图 3-56 所示,点 A 为原始像位置,点 B 为位移像位置,点 B 在第二个平面上,由折射定律得

$$\sin\theta = n\sin\theta' \tag{3-46}$$

则在小角近似条件下,我们有

$$\theta \approx n\theta' \tag{3-47}$$

$$\tan\theta = \frac{h}{-b} \approx \theta, \quad \tan\theta' = \frac{h}{-t} \approx \theta' \tag{3-48}$$

则有

$$\frac{h}{-b} = \frac{nh}{-t} \tag{3-49}$$

$$b = \frac{t}{n} = \tau \equiv \text{减少的厚度} \tag{3-50}$$

像位移为

$$d = t - \tau = t - \frac{t}{n} = t\left(\frac{n-1}{n}\right) \tag{3-51}$$

由式(3-51)可知，近轴光通过平行平板的轴向位移 d 只与厚度 t 及折射率 n 有关，与入射角 θ 无关，因此轴上点近轴光经平行平板成像是完善的，而侧向位移则随 θ 角变化而变化。

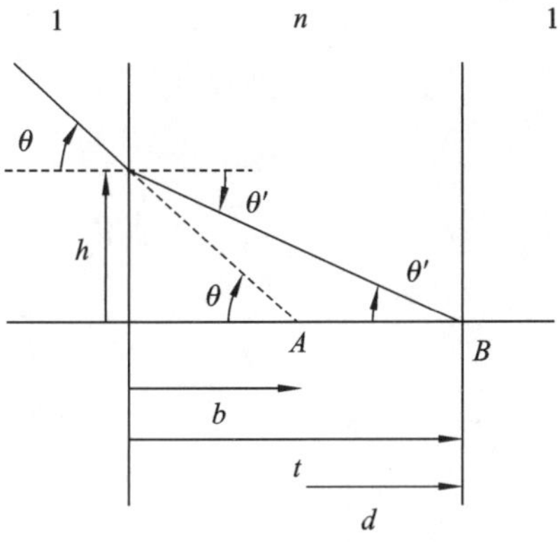

图 3-56　像位移推导

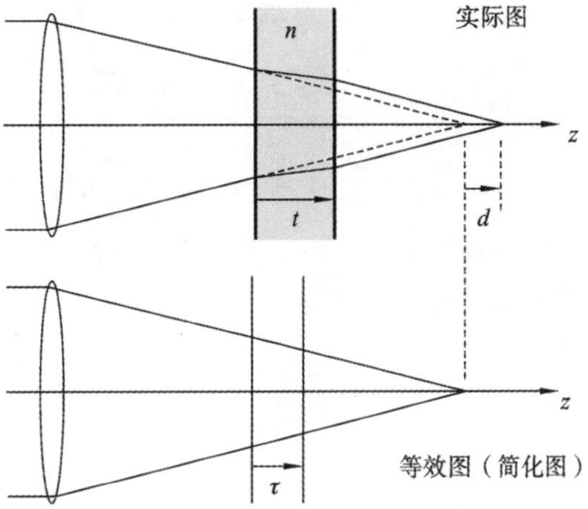

图 3-57　简化厚度

3.4.3　简化厚度

如图 3-57 所示，简化厚度 τ 表征的是玻璃平行平板的等效空气厚度。图中所示的等效图显示了将玻璃平行平板等效为简化厚度的空气平行平板之后的等效光路图。由于等效平行平板介质为空气，因此在平行平板表面不会表现出折射效应。根据图 3-57 中插入平行平板后的实际成像光路图，我们有：

$$t - d = t - \left(\frac{n-1}{n}\right)t = \frac{t}{n} \equiv \tau \tag{3-52}$$

则简化厚度(等效空气厚度)为

$$\tau = \frac{t}{n} \tag{3-53}$$

简化厚度可用于确定特定尺寸的平行平板或棱镜是否适合安装于光学系统的可用空间(元件之间或最终元件与像平面之间)。由于平行平板通过把像平面推后一定距离而为自己增加了一些额外的空间，因此所需的空间小于实际的平板厚度。

简化厚度(t/n)是一个几何概念。它涉及将折射率为 n 的平行平板插入系统时所需要的空间大小，这称作该玻璃平行平板的“等效空气厚度”。光学系统的等效图(简化图)是系统的一种光学表征，它掩盖了光学表面发生的折射效应，而提供了系统的一个简化视图。该简化模型不是光学系统的物理实体表征。

3.4.4 棱镜的简化展开图

棱镜的简化展开图将棱镜展开之后的厚度用空气等效长度来代替，即简化后长度为实际长度的 $1/n$。该简化图只将沿光线传播方向（即光轴方向）的棱镜厚度进行缩短。当使用简化图时，系统表面不存在折射效应。图 3-58 所示的为一个典型五棱镜的展开图和对应的简化展开图。

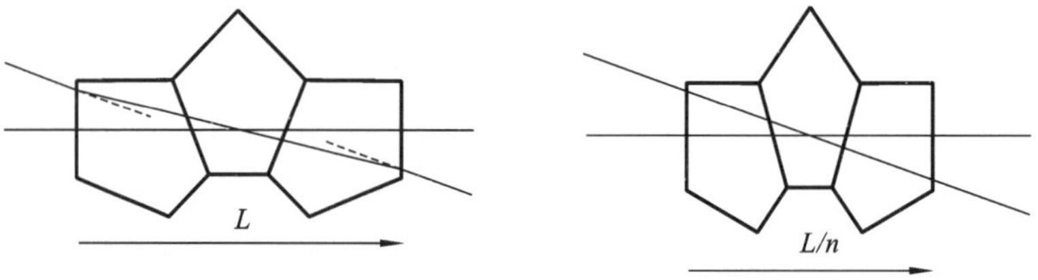

图 3-58 五棱镜

简化图可以用来确定透镜后方所置直角棱镜的尺寸，图 3-59 所示的为一个直角棱镜的展开图及其简化展开图。

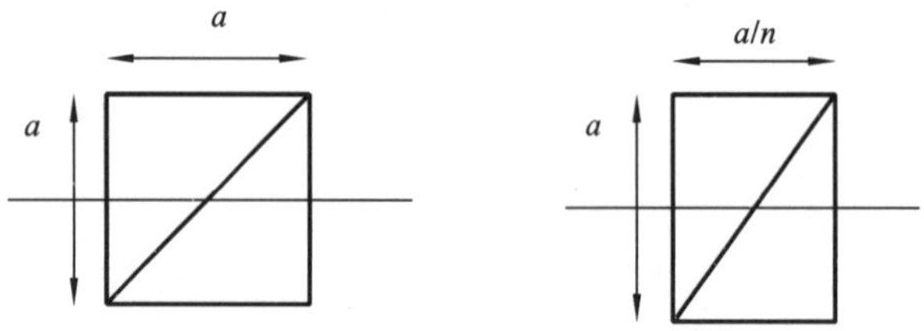

图 3-59 直角棱镜

简化图可以叠加在系统光学表征图上，以确定不同棱镜位置所需的棱镜尺寸 a。图 3-60 中，图(a)是带探测器的光学系统，图(b)是靠近像平面的棱镜，图(c)是靠近透镜的棱镜，其中 $a_2 > a_1$，可以利用简化图来得到所需棱镜的尺寸 a。

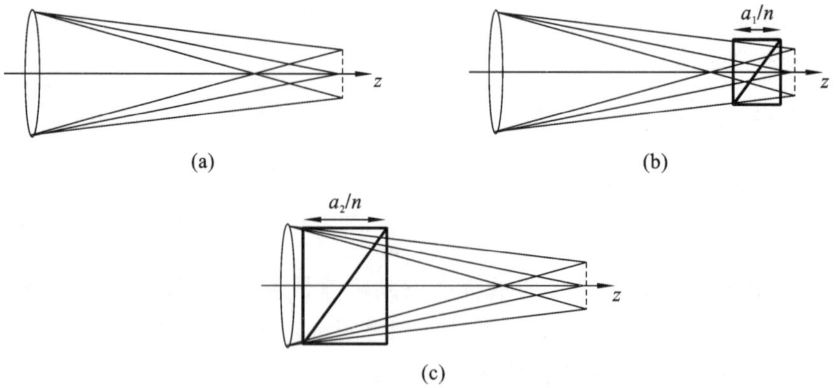

图 3-60 简化图的应用

上面使用的都是光学表征图，这些光学表征图中未标明表面处的折射。折叠的机械图使用简化展开图将光路展开，展示棱镜中的折射，并得到系统实物结构图。如图 3-61 所示，图(a)是简化展开图，图(b)是折叠系统实物结构图。

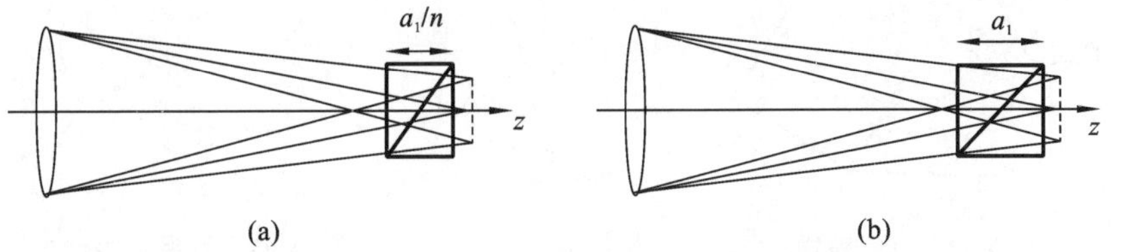

图 3-61　简化展开图和折叠系统实物结构图

3.5　折射棱镜

3.5.1　折射棱镜的结构

折射棱镜是通过两个折射表面对光线的折射进行工作的，两个折射表面称为工作面，两个工作面的交线称为折射棱，两个工作面间的二面角 α 为棱镜的折射角，垂直于折射棱的平面称为主截面(见图 3-62)。

3.5.2　折射棱镜的最小偏角

在如图 3-63 所示的折射棱镜中，出射光线 DE 与入射光线 AB 的夹角为偏向角(简称偏角)，用 δ 表示。利用折射定律，可以得到：

$$\begin{cases}\sin I_1 = n\sin I'_1, \quad \sin I'_2 = n\sin I_2 \\ \alpha = I'_1 - I_2, \quad \delta = I_1 - I'_1 + I_2 - I'_2\end{cases} \tag{3-54}$$

则对于折射棱镜的偏角 δ，有

$$\sin\frac{1}{2}(\alpha+\delta) = n\sin\frac{\alpha}{2}\frac{\cos\frac{1}{2}(I'_1+I_2)}{\cos\frac{1}{2}(I_1+I'_2)} \tag{3-55}$$

当满足 $I_1 = -I'_2$；$I'_1 = -I_2$ 时，存在最小偏角 $\delta_{\min}$：

$$\sin\frac{1}{2}(\alpha+\delta_{\min}) = n\sin\frac{\alpha}{2} \tag{3-56}$$

常利用测最小偏角的方法测量玻璃的折射率。为此需把被测玻璃做成棱镜，折射角 α 一般做成 60°左右，用测角仪测出其精确值，在测得最小偏角后，即可按式(3-56)求取 n 值。

3.5.3　折射棱镜的色散效应

白光由不同波长的单色光组成，对于同一种透明介质，不同波长的色光具有不同的折射

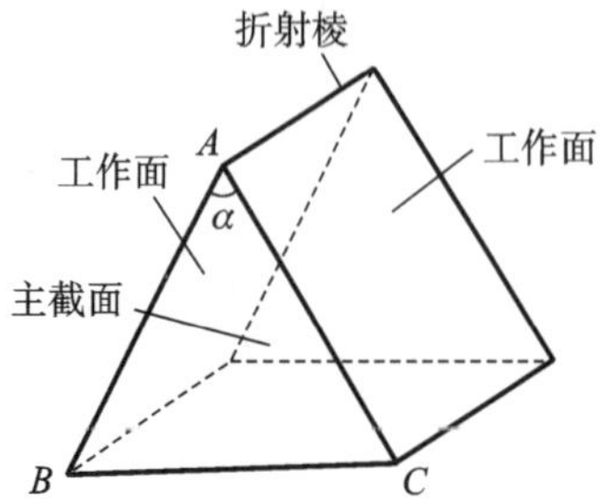

图 3-62　折射棱镜

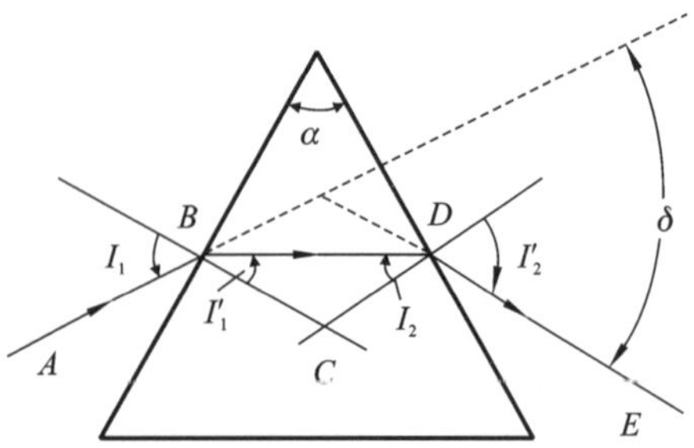

图 3-63　折射棱镜偏角

率。对于一块折射角 α 为定值的棱镜，当白光入射时，由式(3-55)可知，不同的色光分量有不同的偏向角，这样就把白光分解成为各种色光，在棱镜后面形成一系列的颜色，这种现象称为色散(见图 3-64)。

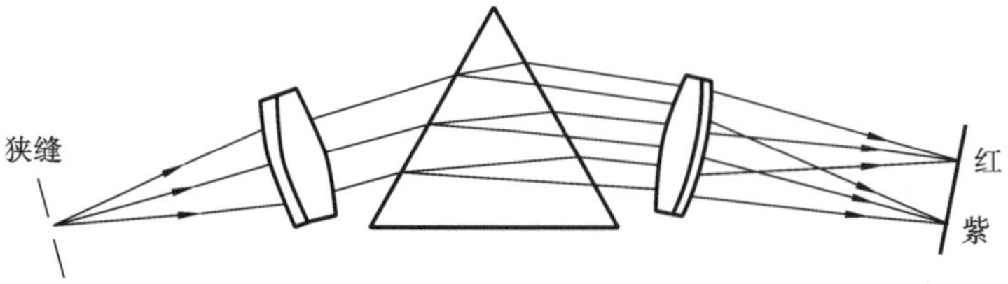

图 3-64　折射棱镜的色散

折射率和波长的关系曲线称为色散曲线，图 3-65 所示为色散曲线的示意图。图 3-66 所示为几种透明光学材料的色散曲线。由图 3-66 可知，长波长的色光折射率低，短波长的色光折射率高，且波长越短，折射率增加越迅速。

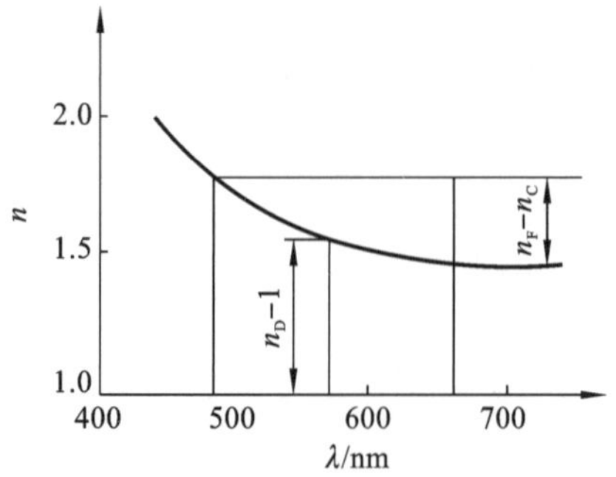

图 3-65　色散曲线图

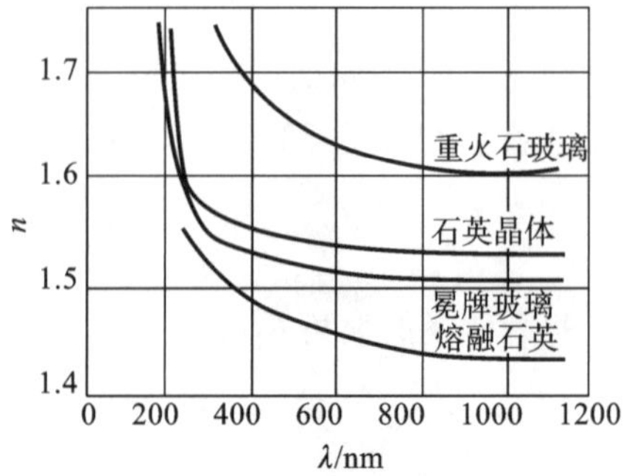

图 3-66　几种透明光学材料的色散曲线

3.5.4　光楔

折射角 α 很小的棱镜称为光楔，它在光学仪器中有很多用途。折射棱镜的公式用于光楔时可以简化。在如图 3-67 所示的光楔中，光线的入射角 I_1 具有一定大小时，因折射角 α 很小，可近似地认为是平行平板，则有 $I_1=I'_2$，$I'_1=I_2$，代入式(3-55)，并用对应的弧度代替正弦值，得到

$$\delta=\alpha\left(\frac{n\cos I'_1}{\cos I_1}-1\right) \tag{3-57}$$

当光线垂直入射或入射角 I_1 很小时，有

$$\delta=(n-1)\alpha \tag{3-58}$$

式(3-58)表明，当光线垂直或近于垂直射入光楔时，其所产生的偏角仅取决于光楔的折射角和折射率的大小。

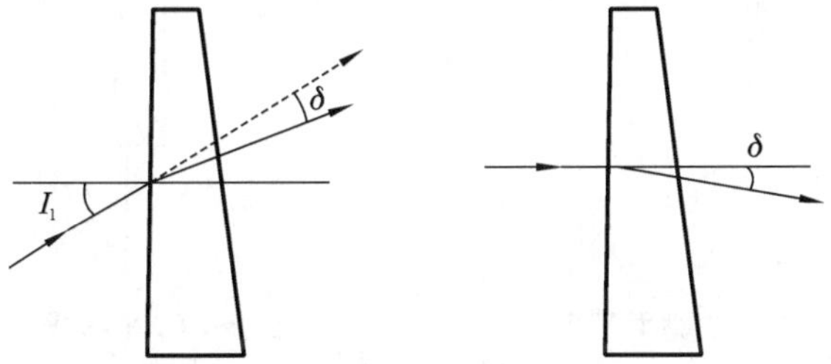

图 3-67　光楔

3.5.5　双光楔

在光学仪器中，常把两块相同的光楔组合在一起相对转动，以产生不同大小的偏向角，如图 3-68 所示。两光楔间有一微小空气间隙，相邻工作面平行，并可绕其公共法线相对转动。图 3-68(a)表示两光楔主截面平行，两折射角朝向一方，因此将产生最大的总偏向角(为两光楔产生的偏向角之和)。图 3-68(b)表示单个光楔旋转 180°，两主截面仍平行，但折射角方向相反，显然，这个系统相当于一个平行平板，偏向角为零。图 3-68(c)表示两光楔相对转动 180°，产生与图 3-68(a)相反的总偏向角。

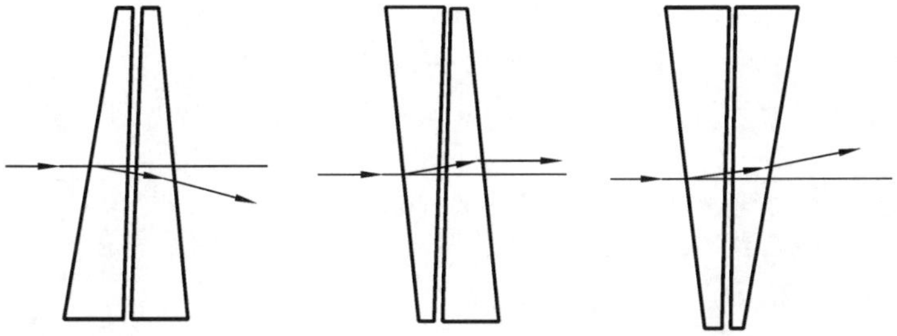

图 3-68　光楔组合

以上所示三种情况中，两光楔的主截面都是平行的。当两主截面不平行(见图 3-69)或相对转到任意角 2φ 时，组合光楔的总偏向角为

$$\delta=2(n-1)\alpha\cos\varphi \tag{3-59}$$

这种双光楔可以把光线的小偏向角转换成为两个光楔的相对转角。因此，在光学仪器中常用它来补偿和测量小角度误差，即把小角度误差转换成两个光楔间的很大的相对转角，从而可以读出小角度误差。

另外，也可以利用两个光楔之间间隙的变化改变出射光线的平移量，如图 3-70 所示。

当两光楔靠得很近时，其出射光线相对于入射光线的平移量为零。设光楔的偏向角为 δ，则光楔间的间隔 Δz 和出射光线的平移量 Δy 间的关系为

$$\Delta y=\Delta z\delta=\Delta z(n-1)\alpha \tag{3-60}$$

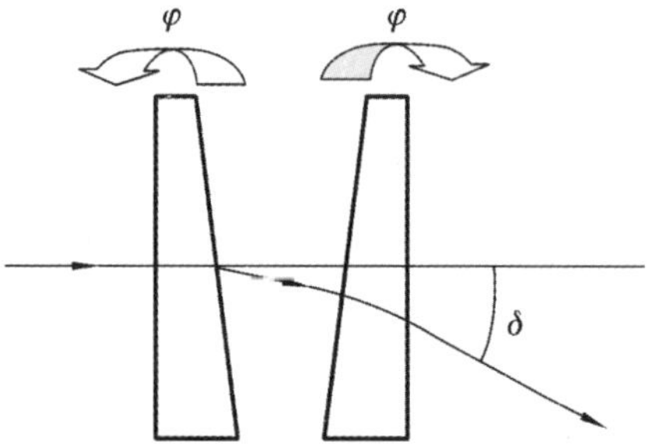

图 3-69 旋转式双光楔——主截面不平行

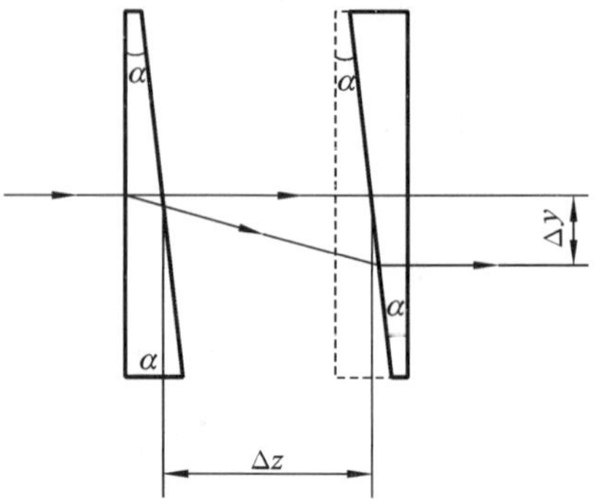

图 3-70 平移式双光楔——主截面平行

测微计就是使用双光楔进行测微读数的，将 y 方向的小量变为 z 方向移动很大的量，从而方便测量。折射棱镜会在主截面内产生色散，并使光轴偏转，主截面平行的双光楔相当于平行平板，可校正光轴的偏转，因此其可用作大气色散改正镜，与大气层的色散效应进行反向补偿。

习　题

3.1 若一个人能通过平面镜看到自己的全身，试问该平面镜的长度至少为多少？试证明之。

3.2 推导折射棱镜的最小偏角公式。

3.3 图 3-71 所示的为棱镜的展开图，请求出其结构参数 K（该棱镜两个锐角均为 30°）。如果入射光线所处的坐标空间如图所示，请给出出射光线所处的坐标空间。

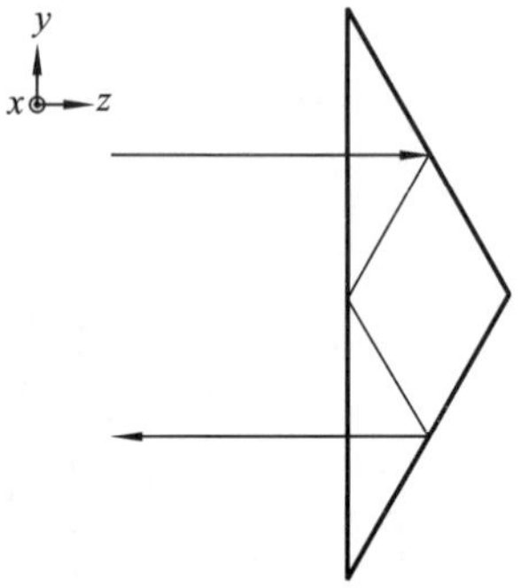

图 3-71

3.4 一个物体经过一个透镜成像到了距离透镜 200 mm 的位置处，现在透镜和像平面之间插入一个厚度为 50 mm 的平行平板，且平行平板的折射率为 1.5，那么请求出插入平行平板之后该物体所成像的位置。

3.5 平面镜的法线为 $\boldsymbol{N}=\boldsymbol{i}$，入射光线为 $\boldsymbol{A}=\cos30^\circ\boldsymbol{i}+\cos60^\circ\boldsymbol{k}$，试求反射光线，并绘出其光路图。

3.6 平面镜的法线为 $\boldsymbol{N}=\cos30^\circ\boldsymbol{i}+\cos60^\circ\boldsymbol{j}$，入射光线为 $\boldsymbol{A}=\cos30^\circ\boldsymbol{i}+\cos60^\circ\boldsymbol{k}$，试求反射光线，并绘出其光路图。

3.7 请画出图 3-72 所示的棱镜的展开图，并求出每个棱镜的结构参数 K。假设入射光线所处坐标空间如图所示，请给出出射光线所处的坐标空间。若入射光束口径为 20 mm，试求棱镜展开后对应的平行平板的厚度。

3.8 棱镜折射角 $\alpha=60^\circ7'40''$，C 光的最小偏向角 $\delta=45^\circ8'18''$，试求制造该棱镜的光学材料的折射率 n_C（精确到小数点后 4 位）。

3.9 如图 3-73 所示，已知平行平板厚度为 60 mm，玻璃折射率 $n=1.5$，平行平板绕点 O 旋转 φ 角。平行平板前一物镜焦距 $f'=120$ mm，通过平行平板成像在像平面上。当平行平板旋转时，像点在像平面上移动 $\Delta l'$，试求 $\Delta l'$ 和 φ 的关系式，并绘出曲线。设像点移动允许有 0.02 mm 的非线性度，试求 φ 所允许的最大值。

3.10 试判断图 3-74 所示棱镜系统的转像情况，设输入左手坐标系，则输出后的方向如何确定？

3.11 折射棱镜的折射角是否可以任意增大？当 $n=1.5$ 时，折射角 α 的极限为何值？

3.12 白光经过顶角 $\alpha=60^\circ$的折射棱镜，$n=1.51$ 的色光处于最小偏向角，试求其最小偏向角。同时，求出折射后的 $n=1.52$ 的色光与 $n=1.51$ 的色光间的夹角。

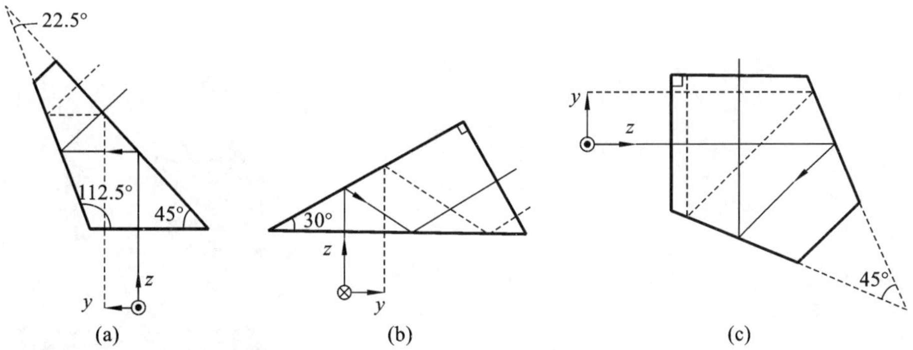

图 3-72

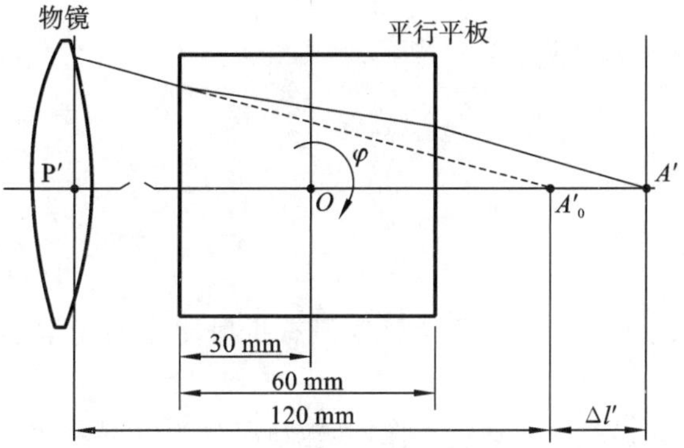

图 3-73

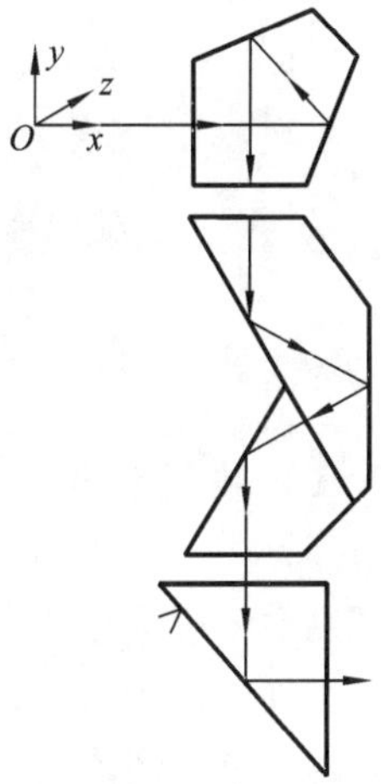

图 3-74

3.13　以双光楔折射角方向为起始点，使每一个光楔转动 $\varphi=360^\circ$，试绘出 φ 和双光楔的总偏向角 δ 的关系曲线。如果以转角 φ 来量度 δ，能否等分刻度？

3.14　一个合格的转像棱镜需要满足哪些基本要求？

3.15　平面镜成像具备哪些基本特点？

3.16　假设一个显微镜的工作距离(物镜后端到盖玻片的距离)为 10 mm，试问该空间能够插入的立方体分光镜的最大尺寸是多少？假设分光镜的折射率是 1.6。

3.17　现在有一个有效焦距为 100 mm 的薄透镜(可以近似假设薄透镜最后一个面到图像的距离为 100 mm)，而且我们想要在成像光路中插入一个五棱镜，使光路偏转 90°。五棱镜材料的折射率是 1.5。

(1) 如果要求图像必须位于五棱镜外部，那么我们可以插入多大的五棱镜？请给出五棱镜入射面的边长。

(2) 如果使用(1)求出的尺寸，则使用多大孔径的透镜比较合理？

第 4 章 薄透镜成像

4.1 薄透镜成像基本概念

4.1.1 共轭分类

许多光学系统都是建立在薄透镜成像上的，薄透镜是无厚度但有折射能力的光学器件。它通常在空气中使用，且用焦距 f 来描述。

前面的章节已经讲过，物与其像是共轭的，对于薄透镜成像，共轭情况分为以下四种。

1. 无穷远物与无穷远像

对于无穷远的定义，为便于理解，可以考虑光从轴上一物体发出，物体变得越远，光线越接近平行(见图 4-1)。

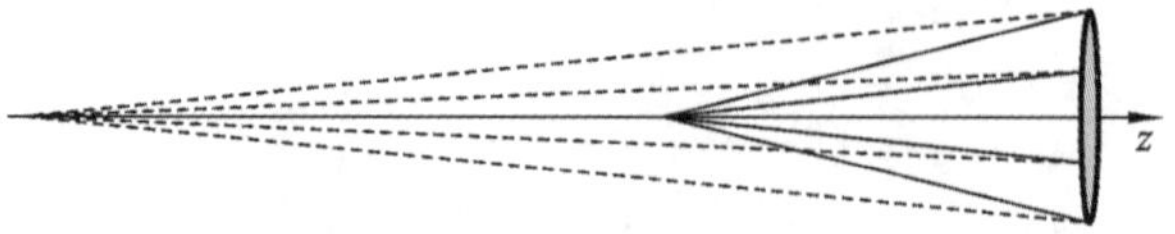

图 4-1 轴上物体远近光线示意图

考虑极限情况，当物体移向无穷远处，光线变为平行或准直。无穷远处的像也可用准直光线表示。因此，平行光线用来表示无穷远处物体或无穷远处成像。

无穷远处物体产生一束准直光进入光学系统，成像于无穷远处，如图 4-2 所示。常见的此类应用有望远镜等。

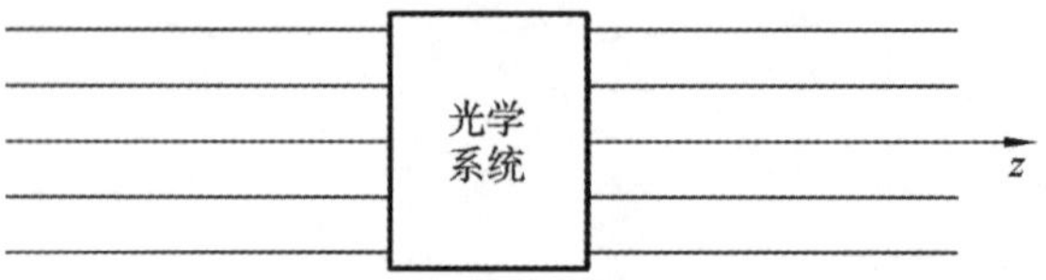

图 4-2 无穷远处物体成像至无穷远处示意图

2. 无穷远物与有限远像

无穷远处物体产生一束准直光进入光学系统，如图 4-3 所示，光学系统简化为一透镜，成像于有限远处。常见的此类应用有望远镜物镜、显微镜物镜、照相机等。

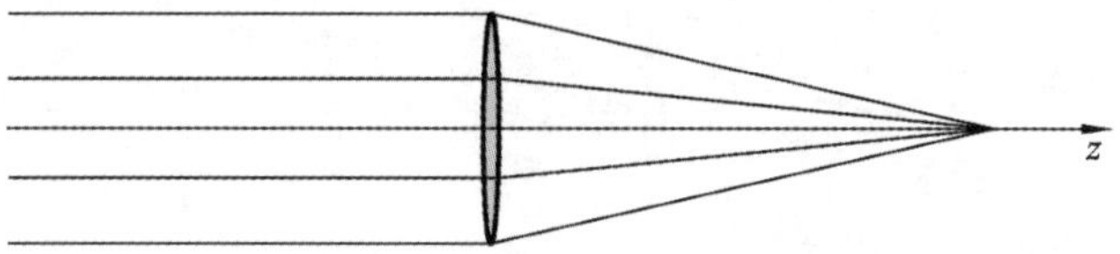

图 4-3　无穷远处物体成像至有限远处示意图

3. 有限远物与无穷远像

有限远处物体产生一束光进入光学系统，如图 4-4 所示，光学系统简化为一透镜。当物体位于一个合适的位置处时，该物体将成像于无穷远处。常见的此类应用有望远镜目镜、显微镜目镜等。

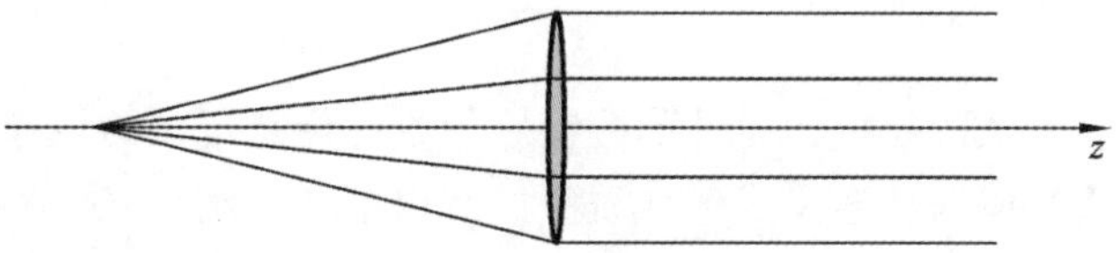

图 4-4　有限远处物体成像至无穷远处示意图

4. 有限远物与有限远像

有限远处物体产生一束光进入光学系统，如图 4-5 所示，该光学系统为级联的两个透镜。当物体位于合适的位置处时，该物体通过第一个透镜之后会成像于无穷远处，通过第一个透镜之后所产生的像即为第二个透镜的物，进而该无穷远处的物通过第二个透镜之后会成像于有限远处。常见的此类应用有测量镜头等。

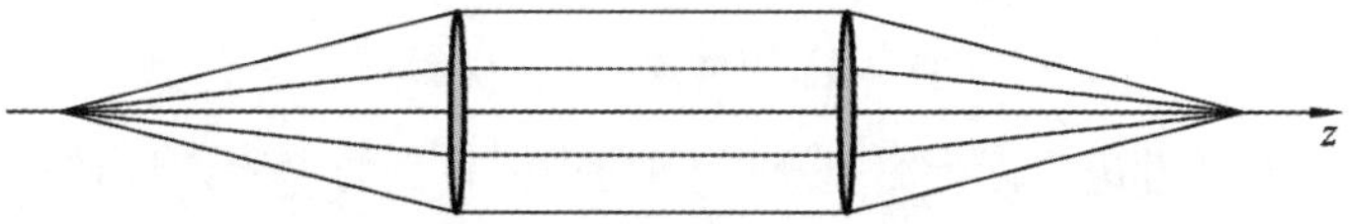

图 4-5　有限远处物体成像至有限远处示意图

4.1.2　轴上与轴外无穷远处物体成像

1. 轴上无穷远处的物体成像

轴上物体与光轴在一条线上时，该物体所发出的平行于光轴的一束准直光束通过光学系统之后将会聚于光轴上，如图 4-6 所示。因此，无穷远处的轴上物体会成像于光轴上。

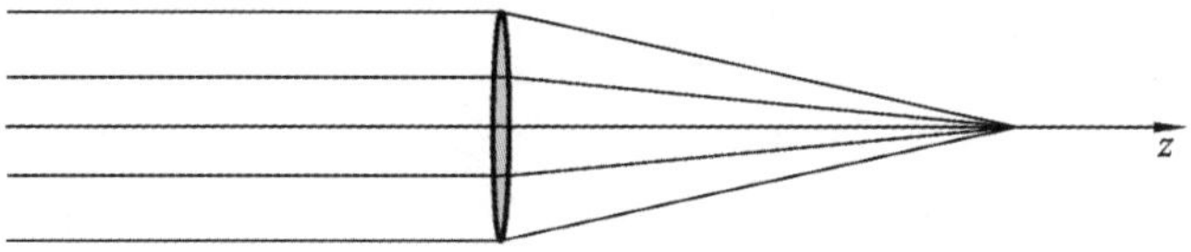

图 4-6　轴上无穷远处物体成像示意图

2. 轴外无穷远处的物体成像

对于轴外一物体，该物体发出的一束准直光束会进入光学系统，如图 4-7 所示。由于该束准直光束与光轴会存在一定的夹角，因此该轴外物体通过光学系统所成的像会位于光轴外。

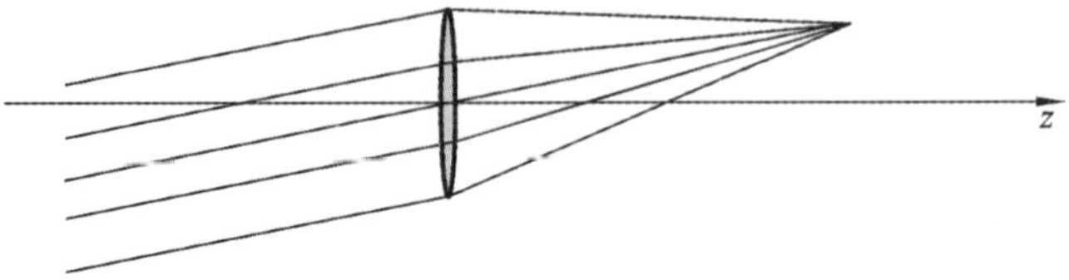

图 4-7 轴外无穷远处物体成像示意图

需要说明的一点是，对于以上两种情况，物体实际上不会真正在无穷远处，只是处在较远的距离，从该物点发出的进入光学系统的光束接近准直状态，但这种近似已经足够准确。

4.1.3 薄透镜像方焦点

一般来说，我们把无穷远处物点通过薄透镜后所成的像点定义为该薄透镜的像方焦点，标记为 F′，如图 4-8 所示。根据薄透镜成像性质我们有以下两个结论：①所有平行于光轴的光线经过透镜后会交于薄透镜的像方焦点处；②像方焦点到透镜的距离为像方焦距，即 $f'_R=f$，其中，f 为薄透镜的有效焦距。

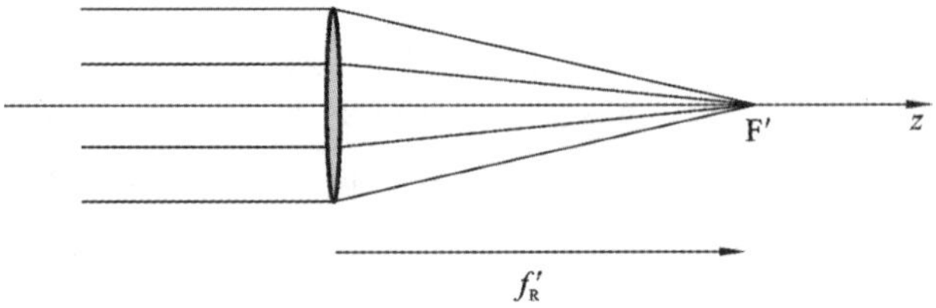

图 4-8 无穷远处物点成像

需要说明的是，如上讨论实际上是基于“近轴透镜”而言的。所谓近轴透镜，即厚度为零的理想一阶透镜。而对于我们前面提到的薄透镜，其厚度也为零，但是却有可能存在像差。光学术语“薄透镜”常常用来描述这两类理想光学元件。

4.1.4 薄透镜物方焦点

类似地，如图 4-9 所示，当物点位于透镜前方合适的位置处时，该物通过透镜所成像将位于无穷远处，则物点所在位置即为薄透镜的物方焦点 F。对于薄透镜的物方焦点，我们同样有

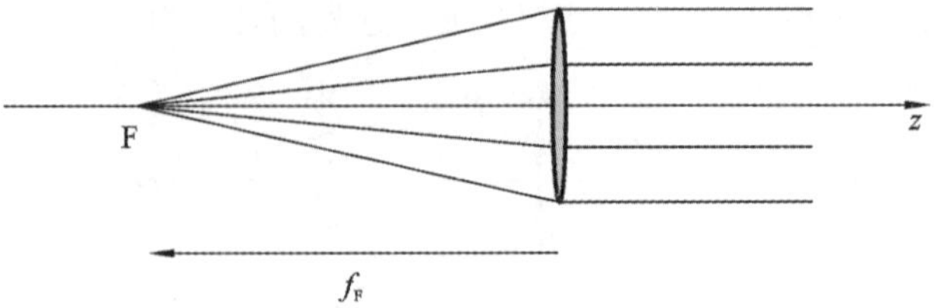

图 4-9 物点过物方焦点成像于无穷远处

如下两个结论:①所有过物方焦点的光线在经过透镜后平行于光轴;②透镜到物方焦点的距离为透镜的物方焦距,与透镜焦距符号相反,即 $f_F=-f$,其中,f 为薄透镜的有效焦距。

4.2 薄透镜共轭关系

4.2.1 物距和像距

对于理想薄透镜来说,物与其像是共轭的。成像共轭,简单地说就是像和物是对称的,专业点就是理想光学系统中物方和像方之间互为依存,并且性质上能互换。比如从物发出的光线会经过像,反过来从像发出的光线也会经过物。对于薄透镜成像,我们把透镜到物体的距离定义为物距(用 l 表示),把透镜到像的距离定义为像距(用 l' 表示),如图 4-10 所示。相应地,薄透镜成像过程中的物距和像距也称为共轭距离。根据符号规则,当物在透镜左边时物距为负,像在透镜右边时像距为正。

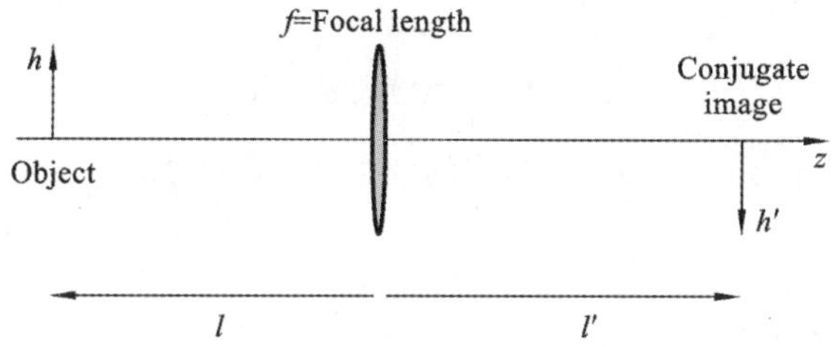

图 4-10 透镜成像物像关系

4.2.2 成像关系——画图法

研究成像关系时,画图法是最为直观的方法。对于薄透镜成像来说,物点位置、像点位置、放大率和焦距之间的关系可以由焦点的性质确定。画图的基本步骤如下:①图上一个点由两条线的交叉点来定义;②由物体顶点引出两条光线,确定两条共轭线,其中一条线平行于光轴,另一条线通过薄透镜物方焦点 F;③物体顶点所对应的像方空间的共轭像点可由两条共轭线的交叉点来唯一确定。

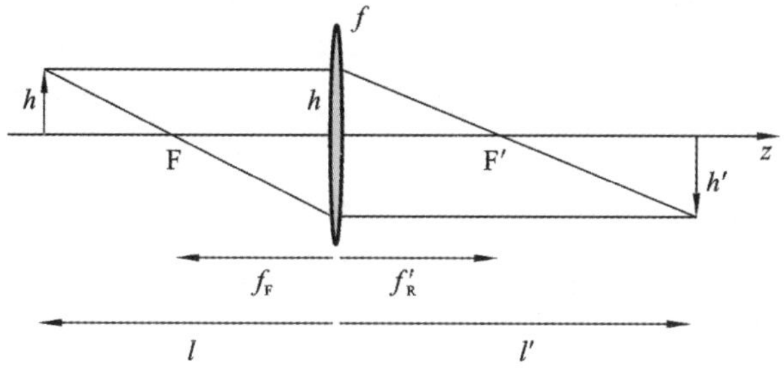

图 4-11 薄透镜画图法讨论成像关系

其中，$f_F=-f$，$f'_R=f$。在画图过程中，我们常用的两条光线有如下特征：①物方平行于光轴的光线经过透镜后会通过透镜的像方焦点 F′；②通过物方焦点 F 的光线经过透镜后平行于光轴。

4.2.3 成像关系推导

通过前面所述的薄透镜成像性质，我们可以得到如图 4-12 所示的光路追迹示意图，图中薄透镜的有效焦距为 f。那么，根据简单几何定理，我们可以很容易知道相同填充的每对三角形满足相似性质。

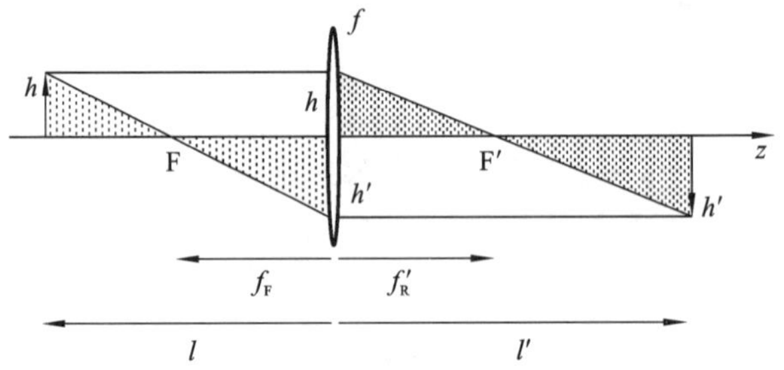

图 4-12 薄透镜成像示意图

像的高度与物的高度之比定义为物和像的放大率，用 m 表示：

$$m \equiv \frac{h'}{h} \tag{4-1}$$

上图中 h' 为负，故放大率也为负。因此根据图示的相似三角形关系，我们有：

$$m \equiv \frac{h'}{h} = -\frac{f_F}{l-f_F} \tag{4-2}$$

$$m \equiv \frac{h'}{h} = -\frac{l'-f'_R}{f'_R} \tag{4-3}$$

对式(4-2)整理得

$$\frac{l}{f} = -\frac{l}{f_F} = \frac{1}{m} - 1 \tag{4-4}$$

同理，对式(4-3)整理得

$$\frac{l'}{f} = \frac{l'}{f'_R} = 1 - m \tag{4-5}$$

这些方程给出了薄透镜共轭距离与放大率之间的关系。

4.2.4 放大率

一对共轭面(物所在的面和像所在的面)与物像放大率具有如下关系：①给定放大率可唯一确定一对共轭面；②对任一物点位置，有唯一确定的像点位置；③每一物点位置(或像点位置)有唯一对应的放大率。

根据式(4-4)和式(4-5)，可得

$$m = \frac{l'}{l} \tag{4-6}$$

式(4-6)表示从物点到像点的连线必经过薄透镜中心。如图 4-13 所示,透镜的中心可看作极薄的平行平板。光线通过薄透镜中心处不会发生偏转,也不会有横向位移,因为该平行平板的厚度近似为 0。

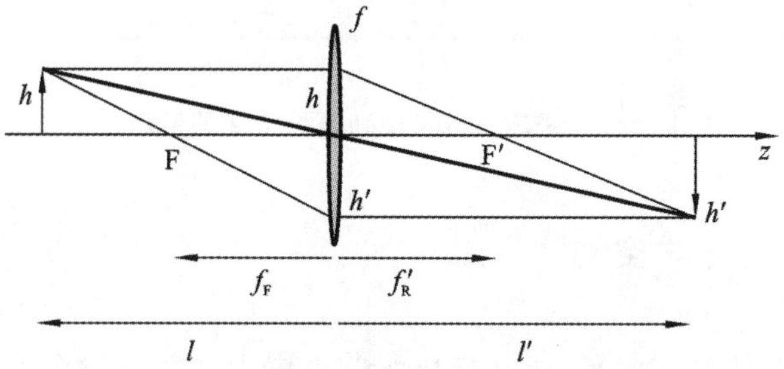

图 4-13　物点到像点的连线必经过透镜中心

4.2.5　薄透镜成像方程

前面我们推得了物像放大率与物距和像距之间的关系。现在我们考虑通过薄透镜的焦距建立物距和像距之间的直接对应关系,即在成像表达式中省去成像放大率。联立式(4-5)和式(4-6)可得

$$\frac{l'}{f}=1-\frac{l'}{l}$$

整理可得

$$\frac{1}{l'}=\frac{1}{l}+\frac{1}{f} \tag{4-7}$$

上式即为薄透镜的成像关系表达式。由于采用的符号规则不同,该形式的成像方程不同于我们通常使用的物像方程:

$$\frac{1}{o}+\frac{1}{i}=\frac{1}{f} \tag{4-8}$$

下面分析造成这种结果的原因。常规物像关系示意图如图 4-14 所示,其中,o 为物距,i 为像距。

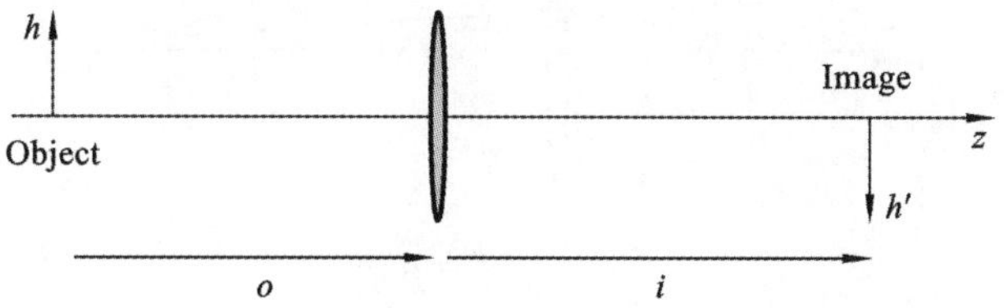

图 4-14　常规物像关系示意图

如果采用本书使用的符号规则表示,则如图 4-15 所示。

即在符号规则表示方法中,我们使用的物距是从透镜处开始测量的,则 $l=-o, l'=i$。我们将如上结果代入到经典的薄透镜物像方程式(4-8)中,即可推得基于符号规则的成像方程式(4-7)。因此,这两个表达式是完全等效的。

使用符号规则可能会使简单问题复杂化,但在处理更加复杂的成像问题时,其往往会使复杂问题简单化。

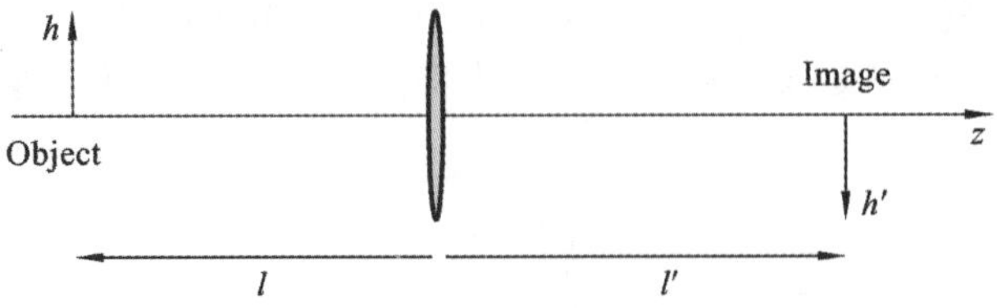

图 4-15　采用本书符号规则表示物像关系示意图

4.2.6　薄透镜的光学空间

根据空间范围相对透镜的位置，薄透镜在成像过程中会产生两个光学空间：①物空间，包含物与透镜物方焦点；②像空间，包含像与透镜像方焦点。需要注意的是，在同一光学空间内进行光线追迹时，光线沿直线传播。

两个光学空间都是从$-\infty$延伸至$+\infty$，分别又分为实空间和虚空间，如图 4-16 所示。对于物空间而言，透镜的左边为实物空间，透镜的右边为虚物空间；对于像空间而言，透镜的左边是虚像空间，透镜的右边是实像空间。

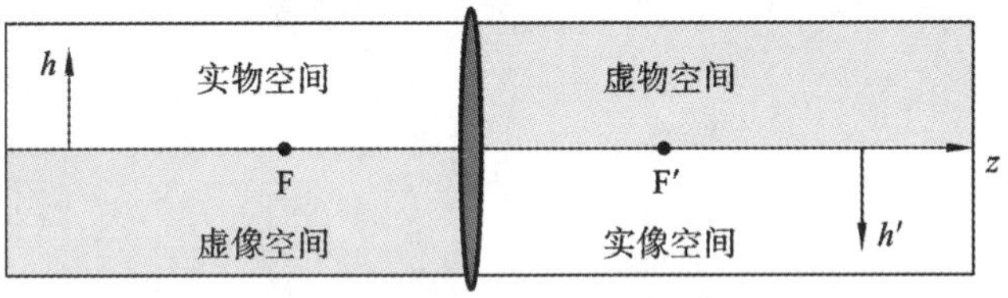

图 4-16　物像空间及虚实空间

光线通过透镜，可以从物空间追迹到像空间，如图 4-17 所示。在同一光学空间里，光线是沿直线传播的，且从$-\infty$延伸到$+\infty$，并分别表现为实线（实空间）和虚线（虚空间）。光线只有在从物空间追迹到像空间时才会发生偏折，且两空间的两条共轭光线须连接并在透镜处保持连续。

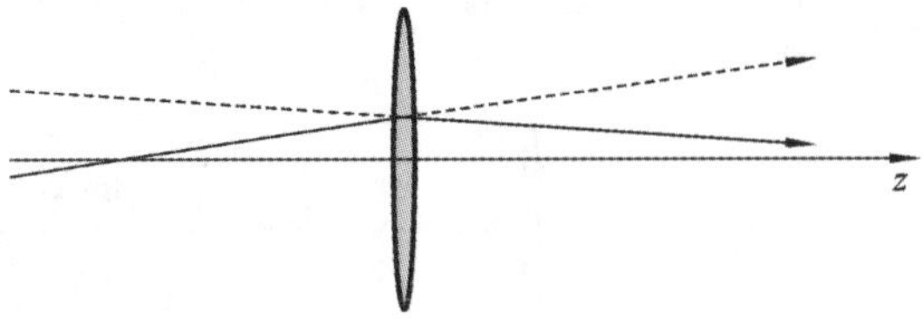

图 4-17　光线追迹

根据光学空间的划分可知：实物在透镜的左边；虚物在透镜的右边；实像在透镜的右边；虚像在透镜的左边。下面从三个方面论述。

1）实物和实像

根据物的位置，像的位置可在透镜左边或右边（注意，以下讨论均认为光线始终是从左边传播到右边的）。实像在透镜的右边（$l'>0$），且可通过放置屏幕来直接观察。

要想用正透镜得到一个实像，如图 4-18 所示，则实物须置于透镜物方焦点 F 以外，即 $l<-f=f_F$。

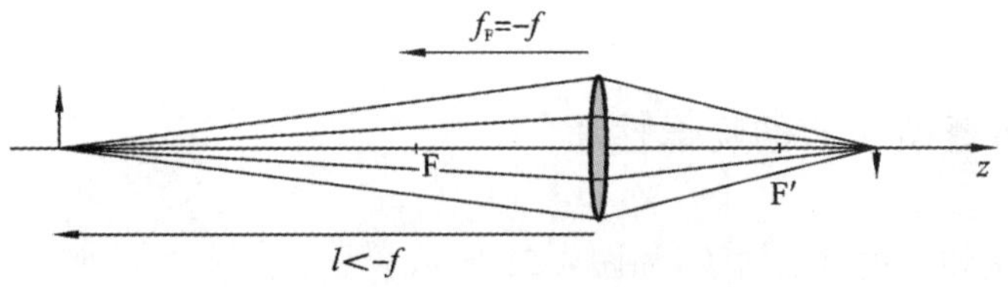

图 4-18　实物经过薄透镜得到实像

2）实物和虚像

相应地，虚像在薄透镜的左边（$l'<0$），且不能在屏上观察到。

要想使用正透镜得到虚像，如图 4-19 所示，实物置于物方焦点 F 与透镜之间，即 $f_F=-f<l<0$。

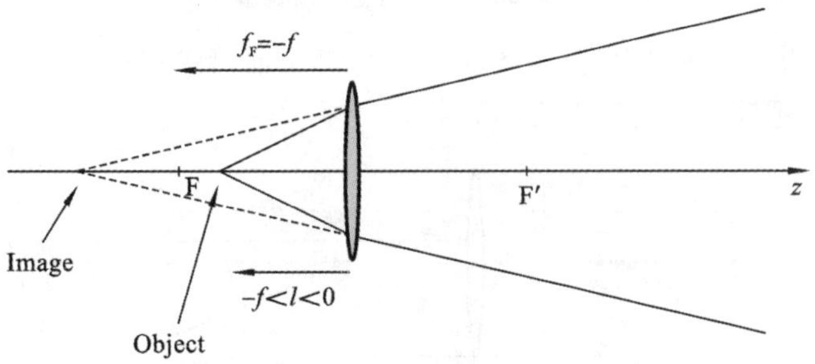

图 4-19　实物经过薄透镜得到虚像

像出现在透镜的后方，这种情况常出现在放大镜的成像中。实际光线在透镜处弯折，光似乎从虚像发出。

3）虚物

当一个像投影到另一成像系统的透镜中，该像则为另一成像系统的虚物。在光线到达焦点之前透镜将光线拦截。

如图 4-20 所示，$l'>0$，用正透镜可产生一个实像。

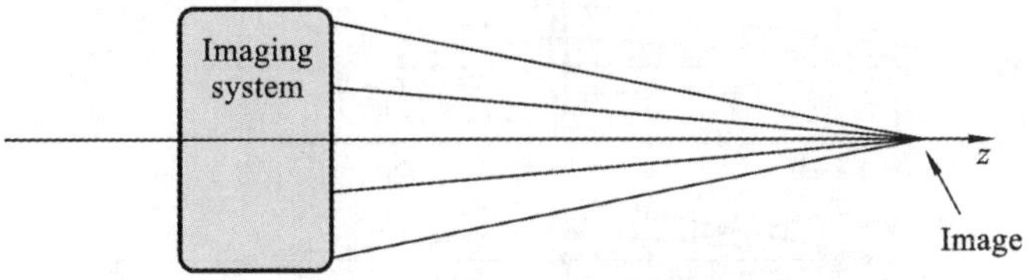

图 4-20　正透镜产生一个实像

产生的该像点充当所插入透镜的虚物，如图 4-21 所示，该虚物经过所插入的透镜之后成

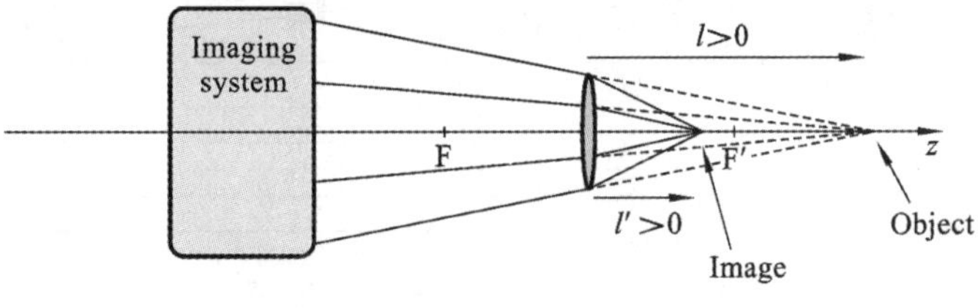

图 4-21　实像充当插入透镜的虚物

像于透镜右边。

4.2.7　正薄透镜成像的物像性质

对于正透镜，虚物在透镜的右边，如图 4-22 所示。

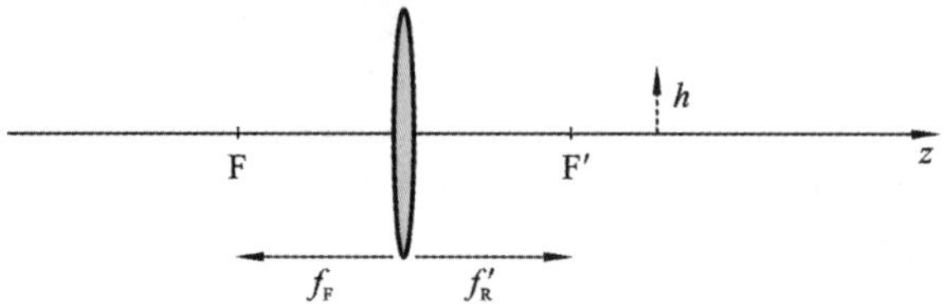

图 4-22　正透镜虚物的位置

两条来自物点的光线确定虚物，一条光线平行于光轴，另一条光线经过 F。如图 4-23 所示，这些光线经过薄透镜折射后产生缩小的实像。

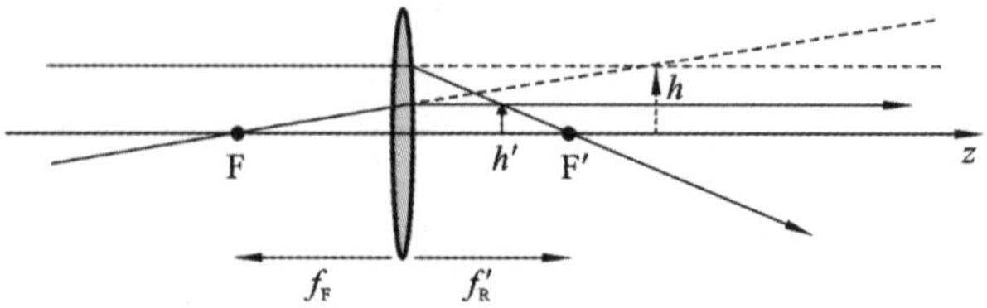

图 4-23　正透镜虚物产生实像

对于不同的物距，所有满足物距 $l<-f$ 的实物通过正透镜之后会形成实像，其具体成像过程如图 4-24 所示。而反过来，所有满足物距 $l>-f$ 的实物通过正透镜之后会形成虚像，这

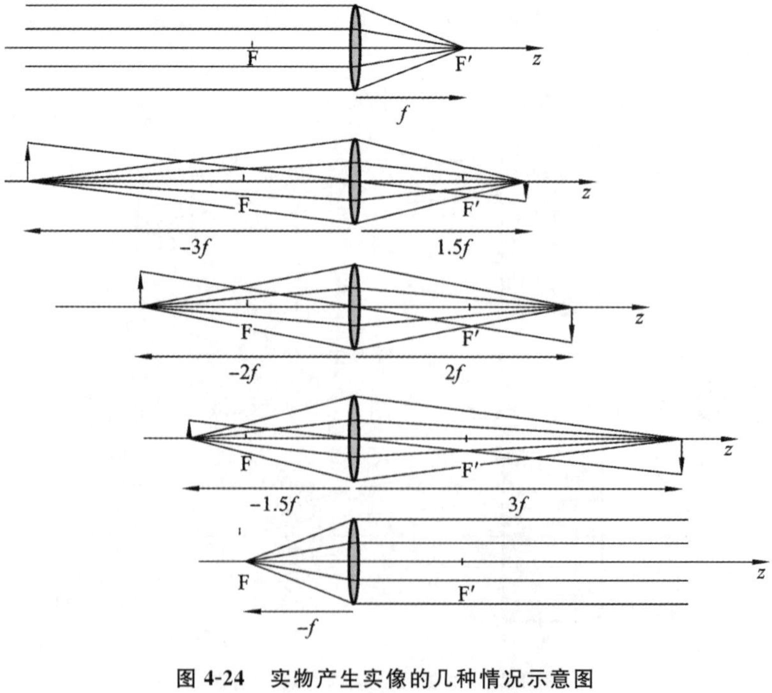

图 4-24　实物产生实像的几种情况示意图

一成像过程如图 4-25 所示。类似地，所有满足物距 $l>f$ 的虚物通过正透镜之后会产生实像，其成像过程如图 4-26 所示。

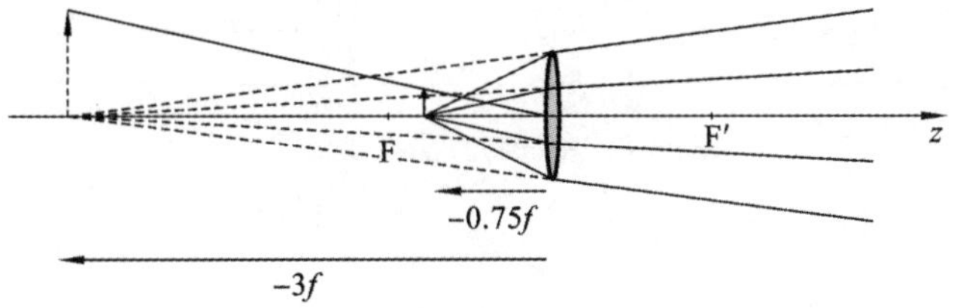

图 4-25　实物产生虚像示意图

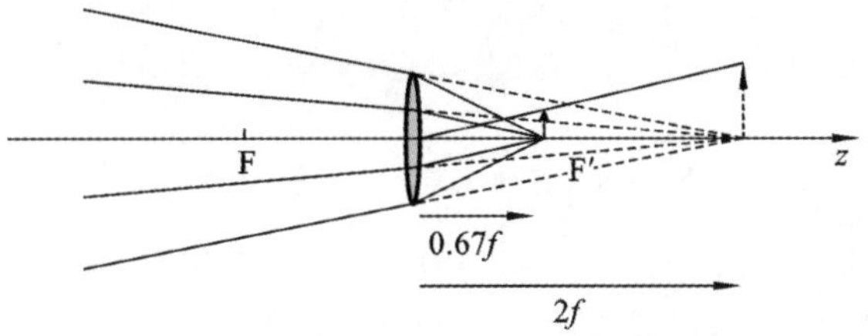

图 4-26　虚物产生实像示意图

总结来说，正透镜成像时，$f>0$，$f_F<0$，$f'_R>0$，满足 $f=f'_R=-f_F$。在不同物距条件下，对应的正透镜物像共轭关系如图 4-27 所示。

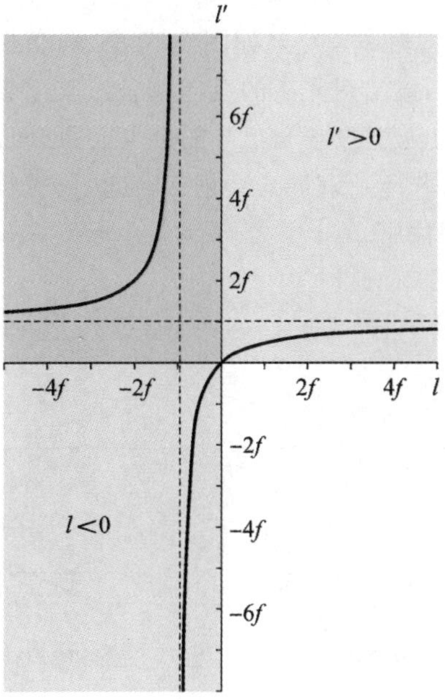

图 4-27　正透镜物像共轭关系

特别地，当物在透镜物方焦点时，像点的位置有两种情况，即正无穷远和负无穷远（如图4-28所示）。这种情况下会产生准直光，这些光线对应正无穷远处实像或者负无穷远处虚像。

因此，正无穷远和负无穷远不能被区分开，数学概念中，空间在无穷远处是卷起的（如图 4-29所示）："The real projective line"。

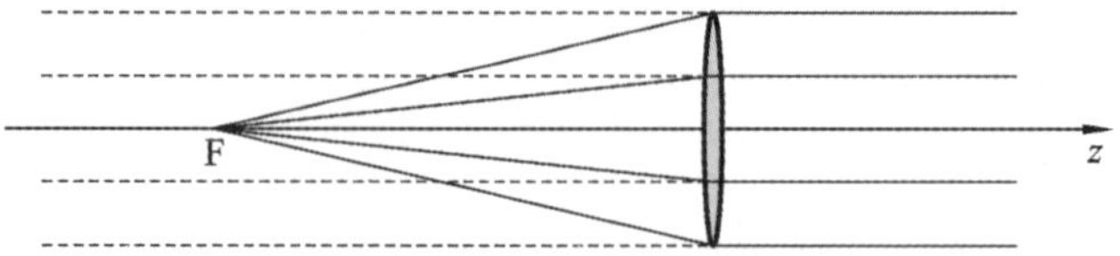

图 4-28 物在物方焦点成像情况

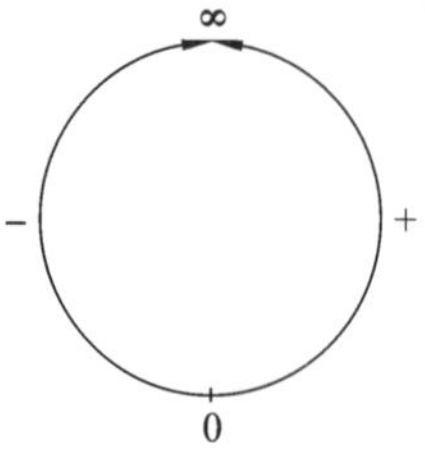

图 4-29 正负无穷不可区分示意图

应用到成像上，当实物经过物方焦点移动时，像会以实像形式向正无穷远处移动，然后以虚像形式从负无穷远处移回来，过渡点为物点在物方焦点的位置。

4.2.8 负薄透镜成像的物像性质

对于负透镜，$f<0$，$f'_R<0$，$f_F>0$，且同样满足 $f=f'_R=-f_F$。因此，负透镜的物方焦点 F 和像方焦点 F′的位置颠倒，且均为虚焦点。如图 4-30 所示，负透镜焦距为负，一束平行光通过负透镜之后会成为一束发散光，该出射光束的反向延长线交于该负透镜的像方焦点 F′。同样地，如图 4-31 所示，一束通过负透镜物方焦点 F 的会聚光束(即该光束的正向延长线交于物方焦点 F)，通过负透镜之后会以平行光束形式出射。因此，负透镜的物方焦点和像方焦点具有与正透镜焦点完全一样的物理性质。

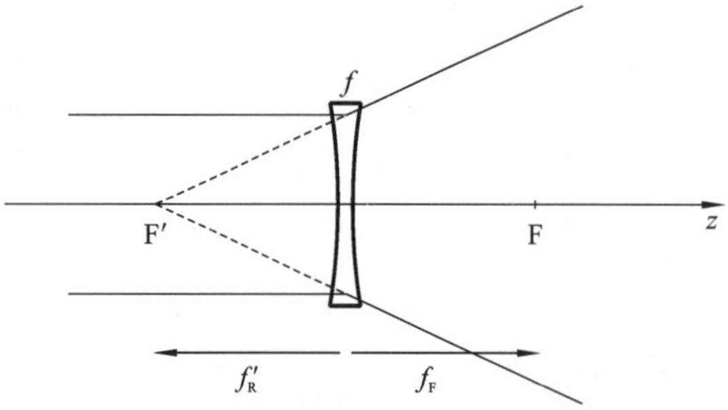

图 4-30 负透镜像方焦点性质

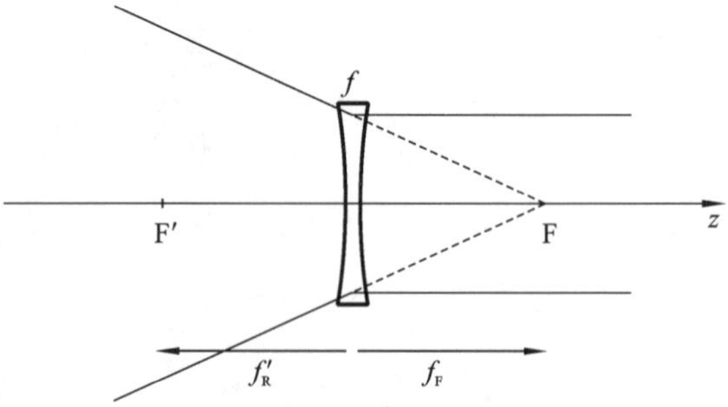

图 4-31 负透镜物方焦点性质

成像方程也适用于负透镜，而且实物($l<0$)通过负透镜之后会产生一个虚像($l'<0$)，如图 4-32(a)所示。而满足 $l<-f$ 的虚物通过负透镜之后可以产生实像($l'>0$)，如图 4-32(b)所示。此外，满足 $l>-f$ 的虚物通过负透镜之后可以产生虚像($l'<0$)，如图 3-32(c)所示。

因此，在不同物距条件下，对应的负透镜物像共轭关系如图 4-33 所示。

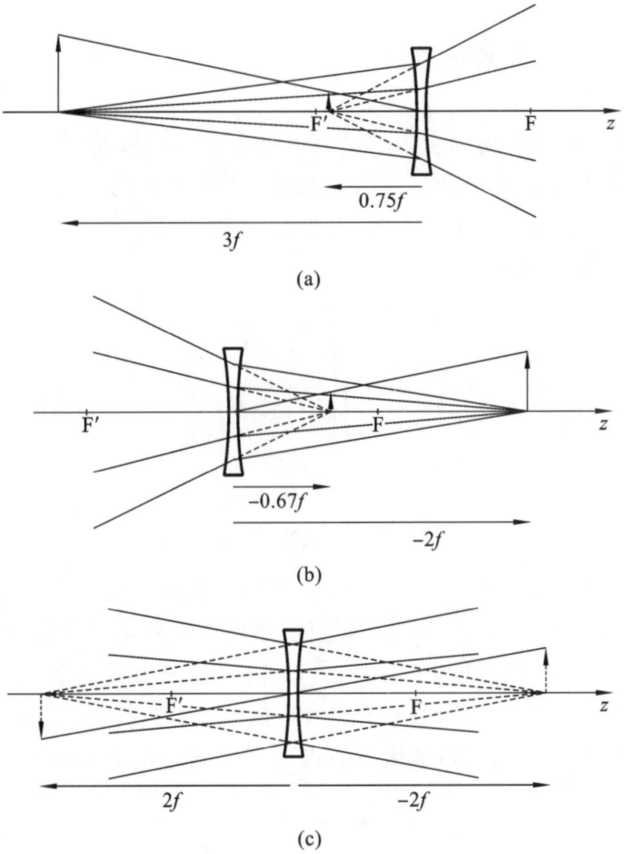

图 4-32　负透镜成像过程

(a)实物—虚像;(b)虚物—实像;(c)虚物—虚像

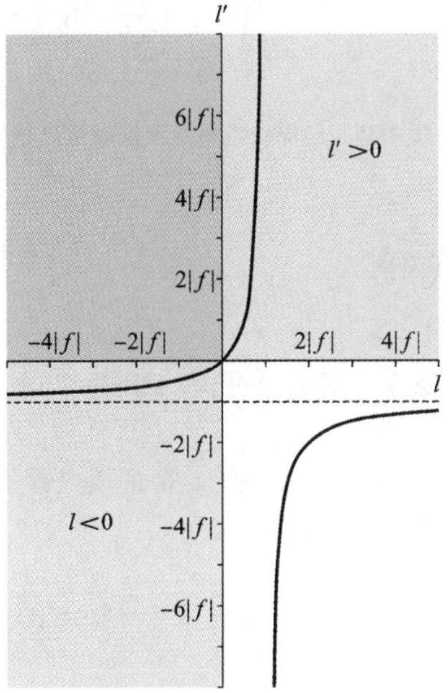

图 4-33　负透镜物像共轭关系

4.2.9 画图法求解负透镜成像

我们考虑运用前面提到的画图法来求解负透镜系统的成像关系，以快速获得对应的像高和成像位置。如图 4-34 所示，一高度为 h 的物体置于负透镜的实物空间。对于该负透镜系统，物方焦点 F 是虚焦点，位于负透镜的虚物空间（透镜右边）；像方焦点 F′也是虚焦点，位于负透镜的虚像空间（透镜左边）。

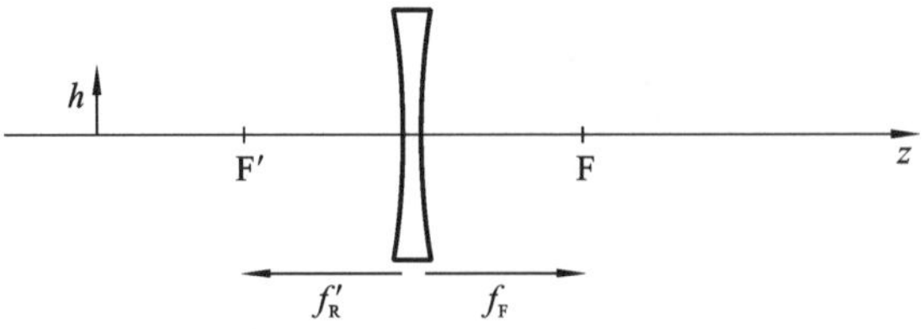

图 4-34 负透镜系统

类似前面对于正透镜的处理方法，我们同样从物的顶点引出两条光线进行追迹。一条是平行于光轴的光线，如图 4-35 所示，该光线经过负透镜之后会反向交于透镜的像方焦点 F′；另一条是正向延长线交于透镜物方焦点 F 的光线，该光线经过负透镜之后会以平行于光轴的方向出射。因此，所追迹得到的两条像空间的光线发散，它们的反向延长线在负透镜的虚像空间有一个虚交点。因此，实物 h 通过负透镜之后得到一个正立的、缩小的虚像。该像位于透镜的虚像空间。

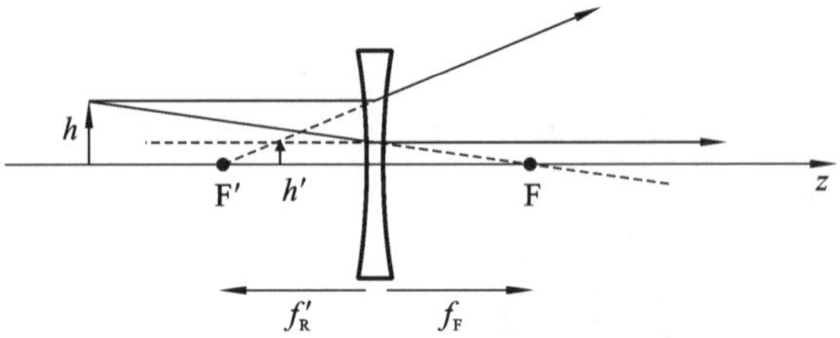

图 4-35 画图法求解负透镜成像过程

4.3 级联成像

级联成像是指通过一系列透镜完成成像过程。如图 4-36 所示，由第一个透镜所成的像充当第二个透镜的物，以此类推。

在薄透镜级联系统中，每一个成像过程均满足薄透镜成像关系。根据如图 4-36 所示的双透镜系统的几何关系及成像过程，我们有如下表达式：

$$\frac{1}{l'_1}=\frac{1}{l_1}+\frac{1}{f_1} \qquad \frac{1}{l'_2}=\frac{1}{l_2}+\frac{1}{f_2} \tag{4-9}$$

其中，l'_1 和 l_2 满足如下过渡方程：

$$t=l'_1-l_2 \tag{4-10}$$

其中，t 为第一个透镜到第二个透镜的指向距离。如果物第一次成像的放大倍率（或称放大

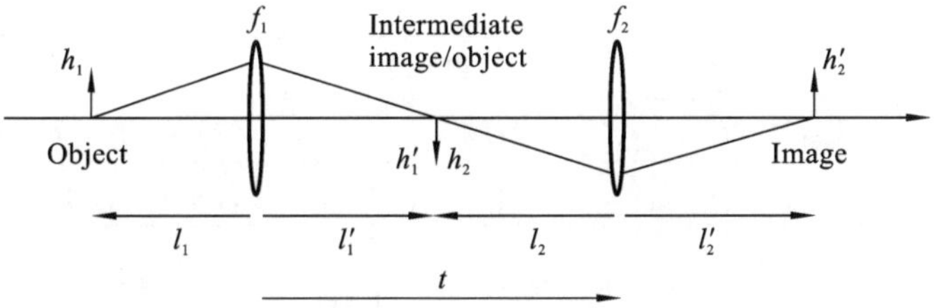

图 4-36　级联成像

率)为 m_1，所成中间像(物)经过第二个透镜成像的放大倍率为 m_2，那么系统放大倍率 m 可以表示为

$$m_1 = \frac{l_1'}{l_1},\quad m_2 = \frac{l_2'}{l_2},\quad m = m_1 m_2 \tag{4-11}$$

即使第一个透镜所成的像为虚像或者 $l_1'<0$，这些关系也是满足的。而在存在两个以上透镜的光学系统中，我们依然可以采用这种级联成像的方式不断重复这一成像过程，最终推得系统的成像共轭关系。

4.4　物像近似

4.4.1　物像关系近似条件及方法

当物距大于数倍系统焦距时，像距约等于像方焦距。假定为正的薄透镜($n=n'=1$)，在 $|l|\gg|f|$ 时有

$$l' \approx f \tag{4-12}$$

$$L = l' - l \approx f - l \approx -l \tag{4-13}$$

$$m = \frac{l'}{l} \approx \frac{f}{l} \tag{4-14}$$

其中，L 为物像距离。式(4-12)表示对于远处物体成像，像恰好在像方焦点处；式(4-14)表示放大率可以近似为焦距与物距之比，这个近似在快速计算光学系统放大率时十分有用。

4.4.2　近似的误差分析

根据物像近似条件，容易得到不同物距时对应的像距、物像距离及其近似、放大率及其近似，如表 4-1 所示。

表 4-1　近似误差分析

物距	像距	物像距离	物像距离近似		放大率	放大率近似
l	l'	$L=l'-l$	$L\approx f-l$	$L\approx -l$	m	$m\approx f/l$
$-f$	∞	∞	∞	∞	∞	-1
$-2f$	$2f$	$4f$	$3f$	$2f$	-1	$-1/2$

续表

物距	像距	物像距离	物像距离近似		放大率	放大率近似
l	l'	$L=l'-l$	$L\approx f-l$	$L\approx -l$	m	$m\approx f/l$
$-3f$	$1.5f$	$4.5f$	$4f$	$3f$	$-1/2$	$-1/3$
$-4f$	$1.33f$	$5.33f$	$5f$	$4f$	$-1/3$	$-1/4$
$-5f$	$1.25f$	$6.25f$	$6f$	$5f$	$-1/4$	$-1/5$
$-10f$	$1.11f$	$11.11f$	$11f$	$10f$	$-1/9$	$-1/10$
$-20f$	$1.05f$	$21.05f$	$21f$	$20f$	$-1/19$	$-1/20$
$-100f$	$1.01f$	$101.01f$	$101f$	$100f$	$-1/99$	$-1/100$

在这些近似中，相对误差大约是$|f|/|l|$，所以当物距为焦距的10～20倍时，这些近似十分有用。绝大多数的成像问题都可以在无需计算的情况下解决。

4.4.3 物像近似的解释

如图4-37所示，假定$|l|$远大于该薄透镜的焦距f，那么，根据物像关系，物体的成像位置可以近似位于该透镜的像方焦点处。因此，由三角相似关系易知

$$m=\frac{h'}{h}=\frac{l'}{l}\approx\frac{f}{l}$$

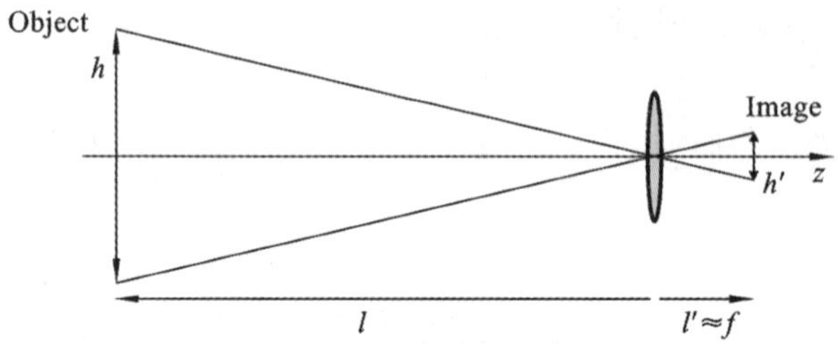

图4-37 物像近似示意图

在一般情况下，当我们考虑给出物或者像的尺寸时，我们一般认为它们是以光轴为中心进行放置的。因此，它们的尺寸一般表示为$\pm h$或者$\pm h'$，该高度值h或者h'表示物或者像总长度的一半。无论是物/像的半高还是全高尺寸，我们都可以应用前面所提到的近似计算方程进行快速计算。

4.4.4 物像近似实例分析

例4.1 高为10 m的物体在离透镜100 m处成像，让像成于10 mm高的探测器上，则所需透镜的焦距为多少？

$$m=\frac{h'}{h}=\frac{-10\ \text{mm}}{10000\ \text{mm}}=-0.001$$

$$m=\frac{l'}{l}\approx\frac{f}{l}$$

$$f \approx ml = \frac{100\ \text{m}}{1000} = \frac{100000\ \text{mm}}{1000} = 100\ \text{mm}$$

例 4.2　高为 10 m 的物体在离透镜 100 m 处成像，透镜焦距为 50 mm，则像的大小是多少？

$$m \approx \frac{f}{l} = \frac{50\ \text{mm}}{-100000\ \text{mm}} = -0.0005$$

$$h' = mh = -0.0005 \times 10000\ \text{mm} = -5\ \text{mm}$$

即成倒立、缩小的像。

例 4.3　已知透镜焦距为 25 mm，探测器高度为 5 mm。物体在离透镜 10 m 处，若要物体在探测器上完整成像，求物体的最大尺寸。

$$m \approx \frac{f}{l} = \frac{25\ \text{mm}}{-10000\ \text{mm}} = -0.0025$$

$$h = \frac{h'}{m} = \frac{-5\ \text{mm}}{-0.0025} = 2000\ \text{mm} = 2\ \text{m}$$

即成倒立、放大的像。

4.5　视场和焦距

4.5.1　视场的定义

光学系统的视场大小决定了光学仪器的视野范围，一般用 FOV 表示。如图 4-38 所示，光学系统的视场有四种不同的定义：最大物体高度(h)，最大像高(h')，光学系统所看到的物体的最大角宽度($\theta_{1/2}$)，光学系统所看到的像的最大角宽度($\theta'_{1/2}$)。可用视场(FOV)代表光学系统视场范围直径的大小(物/像直径或者物方/像方视场角直径)，用半视场(HFOV)代表光学系统的视场半径(物/像半径或者物方/像方视场角半径)。有时候，我们会用全视场(FFOV)来代替视场使用，以强调其直径属性。

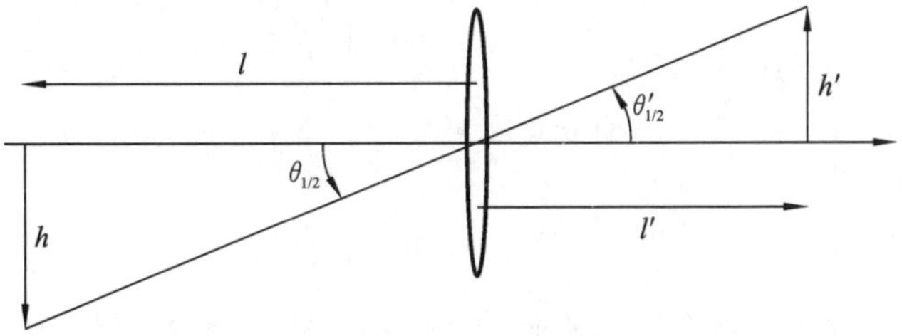

图 4-38　薄透镜视场示意图

依据如上定义与图 4-38 所示的几何关系，我们有：

$$\text{HFOV} = \theta_{1/2} = \theta'_{1/2} \tag{4-15}$$

$$\tan(\theta_{1/2}) = \frac{h}{l} = \frac{h'}{l'} \tag{4-16}$$

4.5.2 视场和焦距的关系

图 4-39 所示的为一个透镜对无穷远物体进行成像的示意图。一个远距离的物体发出的光线在透镜处接近于准直光。如果物体不在光轴上，这些光线与光轴形成一定的夹角。对于远距离成像，物高常用角宽度表示，可用 FOV 表示光学系统所观察到的物体的角直径，用 HFOV 表示光学系统所看到的物体的角半径。

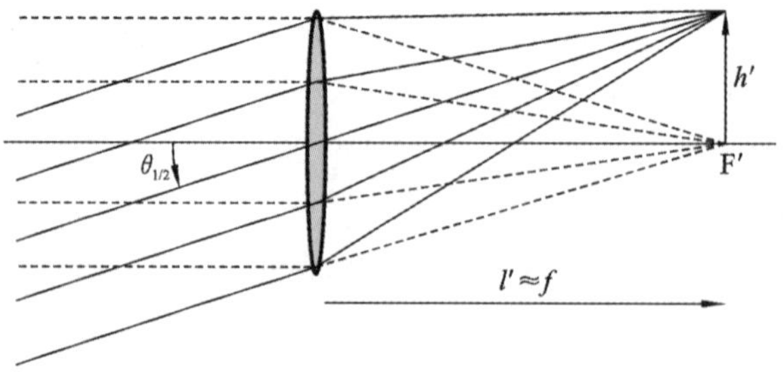

图 4-39 像成于系统的像方焦点附近

在本书后面会提到的光阑与光瞳的概念背景下，图中中心光线即为主光线，设$\bar{u}'$为主光线角。根据图 4-39 所示的几何关系，我们有如下表达式：

$$\bar{u}' = \tan(\theta_{1/2}) = \frac{h'}{f} \tag{4-17}$$

因此，薄透镜的半视场可以表示为

$$\text{HFOV} = \theta_{1/2} = \tan^{-1}\left(\frac{h'}{f}\right) \tag{4-18}$$

这些关系可用于确定在光学系统中所观察到的整个视场中的图像高度或视场中两个元素的图像间隔。例如我们可以说，相机的全视场为 30°(半视场为 15°)；两颗星星距离 10′。

许多情况下，视场取决于探测器的大小。光学系统产生的是环状影像，而探测器只记录矩形影像。根据不同方向上的视场定义，我们可以分别定义系统的水平视场、竖直视场和对角视场：

$$\text{HFOV}_\text{H} = \tan^{-1}\left(\frac{h'_\text{H}}{f}\right) \tag{4-19}$$

$$\text{HFOV}_\text{V} = \tan^{-1}\left(\frac{h'_\text{V}}{f}\right) \tag{4-20}$$

$$\text{HFOV}_\text{D} = \tan^{-1}\left(\frac{h'_\text{D}}{f}\right) \tag{4-21}$$

在常用系统中，角视场是从系统的入瞳观察时用物体的角距来量度的。

4.5.3 视场计算示例

以 35 mm 胶片为例，在框架尺寸为 24 mm×36 mm，$h'=18$ mm 的条件下，不同焦距对应的 HFOV、FOV 如表 4-2 所示。

表 4-2　不同焦距对应的 HFOV、FOV

焦距/mm	$\bar{u}'$	HFOV(°)	FOV(°)
20	0.9	42.0	84.0
30	0.6	31.0	62.0
40	0.45	24.2	48.4
50	0.36	19.8	39.6
75	0.24	13.5	27.0
100	0.18	10.2	20.4
200	0.09	5.14	10.28
1000	0.018	1.03	2.06

注:仅表示水平视场;竖直视场和对角视场也适用。

在照相系统中,透镜焦距为 40～60 mm,这样产生的图像场景或者视场在一定程度上与人的视角匹配。透镜的视场是 40°～50°。我们把产生大视场的透镜称为广角透镜,把产生小视场的透镜称为长焦透镜。

对于电子传感器—CCD 组合,以 2/3 英寸的探测器为例,即画幅尺寸为 6.6 mm×8.8 mm,在 $h'=4.4$ mm 的条件下,若用 35 mm 胶片得到同样的视场,则所需焦距如表 4-3 所示。

对于给定的角视场,所需焦距与图像探测器尺寸成线性关系。

表 4-3　35 mm 胶片所需焦距对应关系

FOV(°)	HFOV(°)	$\bar{u}'$	焦距/mm
84.0	42.0	0.9	4.9
62.0	31.0	0.6	7.3
48.4	24.2	0.45	9.8
39.6	19.8	0.36	12
27.0	13.5	0.24	18
20.4	10.2	0.18	24
10.28	5.14	0.09	49
2.06	1.03	0.018	244

4.6　无焦系统

4.6.1　薄透镜无焦系统——开普勒式

无焦系统是没有焦点的系统,一条平行于光轴的光线经过系统后,出射光线也平行于光轴。如图 4-40 所示，两薄透镜之间的距离为两透镜焦距之和，即 $t=f_1+f_2$。

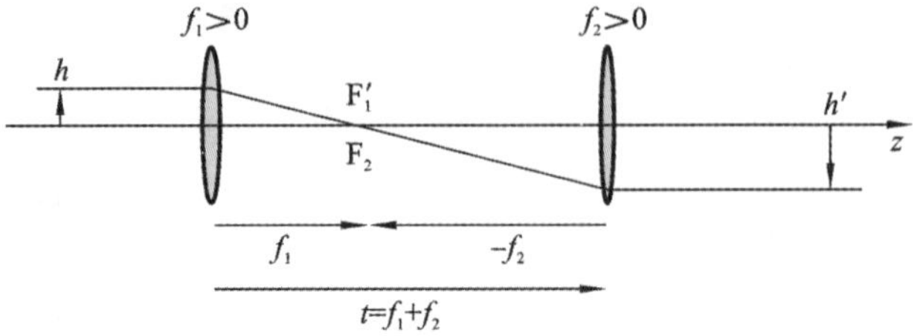

图 4-40　开普勒望远镜无焦系统示意图

第一个透镜的像方焦点 F'_1 与第二个透镜的物方焦点 F_2 重合。由于物方光线和像方光线都平行于光轴，由几何关系可得

$$\frac{h}{f_1}=-\frac{h'}{f_2}$$

则系统的放大率为

$$m=\frac{h'}{h}=-\frac{f_2}{f_1} \tag{4-22}$$

这是折射望远镜的基本构成形式(开普勒望远镜)，系统放大率为负。

4.6.2　无焦系统成像

由于无焦系统的出射光线平行于光轴，像成于无穷远处，则无焦系统的焦距为无穷大。然而，更准确地说，无焦系统不存在焦点或焦距(见图 4-41)。

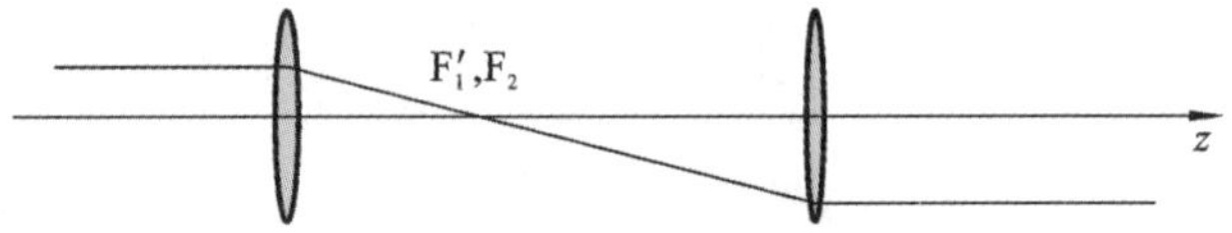

图 4-41　无焦系统示意图

尽管这似乎是不可能的，但无焦系统仍然可以用来成像。考虑将物置于第一个透镜的物方焦点处，像成于第二个透镜的像方焦点处，如图 4-42 所示，其放大率即为无焦系统的放大率。系统放大率为

$$m=\frac{h'}{h}=-\frac{f_2}{f_1}$$

有焦系统的成像方程对于无焦系统并不适用。然而，无焦系统却可以成像，这点之后会有讨论。

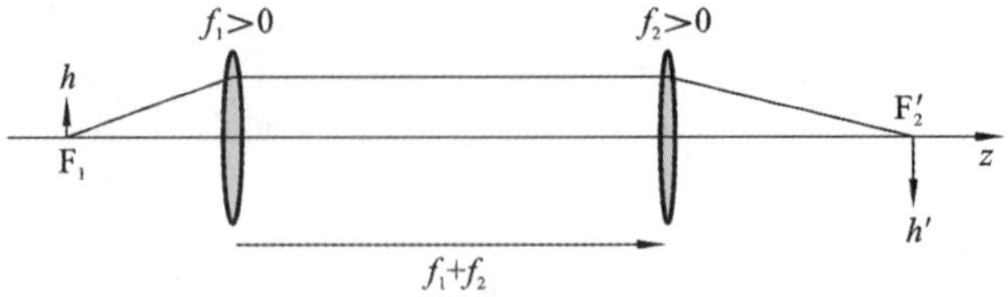

图 4-42　无焦系统的放大率

4.6.3　薄透镜无焦系统——伽利略式

正透镜和负透镜也能用于构成无焦系统(伽利略望远镜)，如图 4-43 所示。类似地，其与开普勒望远镜具有相同的关系和条件。根据几何关系可以得到：

$$t = f_1 + f_2$$

$$\frac{h}{f_1} = \frac{h'}{-f_2}$$

$$m = \frac{h'}{h} = -\frac{f_2}{f_1}$$

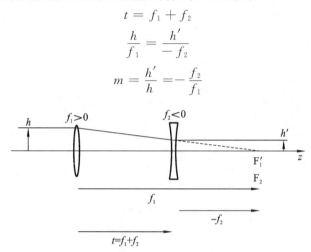

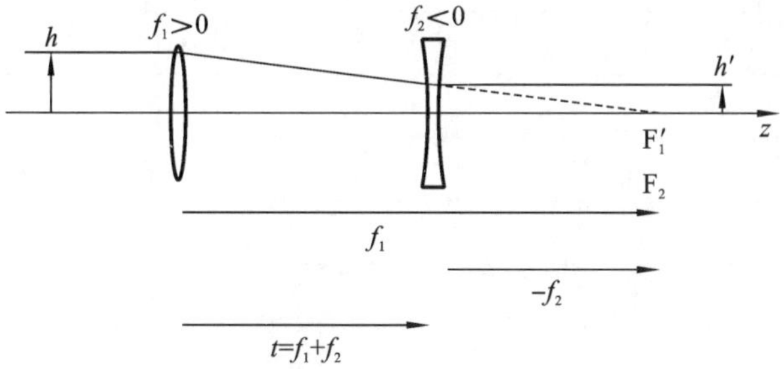

图 4-43　伽利略望远镜无焦系统示意图

在该系统中，放大率为正，且系统的放大率为常量。此外，两透镜的距离仍为各单个透镜的焦距之和。

习　题

4.1　将某一焦距 $f=50$ mm 的正透镜放在空气中，将一个高度为 100 mm 的实物分别置于透镜前 $-4f$，$-3f$，$-2f$ 和 $-1.5f$ 处。试用作图法和高斯公式求各像的位置和大小。

4.2　设某一焦距为 30 mm 的正透镜放在空气中，分别在透镜后面 $1.5f$，$2f$，$3f$ 和 $4f$ 处放置一个高度为 60 mm 的虚物。试用作图法和高斯公式求各像的位置和大小。

4.3　设有一焦距为 50 mm 的负透镜放在空气中，分别在其前 $-4f$，$-3f$，$-2f$ 和 $-1.5f$ 处放置一个高度为 50 mm 的实物。试用作图法和高斯公式求各像的位置和大小。

4.4　设有一焦距为 30 mm 的负透镜放在空气中，分别在其后 $0.5f$，$1.5f$，$2.5f$ 和 $3.5f$ 处放置一个高度为 60 mm 的虚物。试用作图法和高斯公式求各像的位置和大小。

4.5　我们用一个焦距为 50 mm 的薄透镜将 250 mm×250 mm 的物体成像到 10 mm×10 mm 大小的探测器上。那么，所需要的物像间距是多少？请给出精确的计算结果以及合理的近似计算结果。

4.6　对于一个在空气中放置的薄透镜，请推导出物像间距 D 与薄透镜焦距 f 和物像放大率 m 的表达式。

(1) 对于一个正焦薄透镜，画出 D 关于 m 的曲线图。

(2) 对于一个负焦薄透镜，画出 D 关于 m 的曲线图。

(3) 请注意，对于任意一个给定的物像间距 D，都存在两个可能的放大率 m。请给出这两个放大率关于 D 和 f 的表达式。并证明这两个放大率互为倒数。

(4) 对于正透镜 $f=100$ mm，当 $D=600$ mm 时，画出这两种情况下系统成像的示意图。

4.7　现在有一个焦距为 100 mm 的薄透镜。对表 4-4 给出的每一个高斯物距，请求出对应的成像位置(像距)和物像放大率(注意，不管物和像是实的还是虚的，它们的位置都是相对于透镜位置进行测量的)，并判断各个成像场景中物像的虚实。

表 4-4

l/mm	l'/mm	物的虚实	像的虚实
−10000			
−500			
−200			
−150			
−110			
−90			
−50			
−25			
50			
100			
200			
500			
10000			

4.8 已知两颗星星的间距是 10 arcsec（角秒）。如果我们采用 1000 mm 焦距的相机或者望远镜对这对星星进行成像，则它们的图像间隔是多少？

4.9 以下两种方法可用来确定一个正透镜的焦距。在两种情况中，物像必须都是实的，因此物像间距必须大于 $4f$。

(1) 在固定的物和观察屏之间移动薄透镜，那么只有两个位置处会成清晰的像。如果这两个薄透镜的间隔为 L，请推导出薄透镜的焦距关于 D 和 L 的表达式。

(2) 将一个物体成像到一个观察屏上，测量物距 l_1 和放大率 m_1。然后移动物体，在新的一个位置处再将其成像到观察屏上，测量物距 l_2 和放大率 m_2。请推导出薄透镜的焦距关于 l_1、l_2、m_1 和 m_2 的表达式。

4.10 用一个 1 cm 直径大小的探测器对无穷远处的场景进行成像。当使用透镜的焦距分别为 10 mm、25 mm、50 mm、100 mm、200 mm 和 1000 mm 时，透镜的视场分别为多大？这里，探测器中心是与光轴进行对准的。

4.11 设有一焦距为 75 mm 的透镜放在空气中，其像面尺寸为 60 mm×60 mm，该像面由像方焦点前 10 mm 处移向像方焦点后 10 mm 处（$x'=-10\sim10$ mm），试画出物面位置变化曲线和物体大小变化曲线，并给出相应的方程和数据。

4.12 设有一焦距为 40 mm 的正透镜放在空气中，在其前方 $-4f$ 处光轴上子午面上放置一 10 mm×10 mm 的正方形物体，试用图解法求像的位置和形状，并标出尺寸，再通过计算进行验证。

4.13 设有一焦距为 60 mm 的正透镜放在空气中，已知在其像空间子午面内 $1.5f$ 处有一个正方形的实像，其尺寸为 10 mm×10 mm，试求物的位置和形状，并标出尺寸（用图解法和解析法求解）。

第5章 近轴成像

5.1 近轴光学概念

5.1.1 近轴光学

为了将光学系统的物理参数(表面曲率半径、间距和厚度等)与其成像特性联系起来,必须使用斯涅尔定律或反射定律对光学系统进行光线追迹。

虽然可以使用严格精确的光线追迹算法,但也可以使用近轴光学近似计算光线的传播路径,来找到光学系统的一阶或成像特性。在近轴光学中,需使用光线的斜率而不是光线角度来描述光线的传播方向,而且假设光线在折射或反射表面处的弯折量相对很小。此外,与其他距离(如物距、像距或焦距等)相比,折射或反射表面的矢高被忽略,或被认为是可忽略的。下面对矢高的概念进行补充说明。

5.1.2 矢高

矢高(Sag)是一个数学上的概念,如图5-1所示,一曲面的曲率半径 R 定义为其顶点到曲率

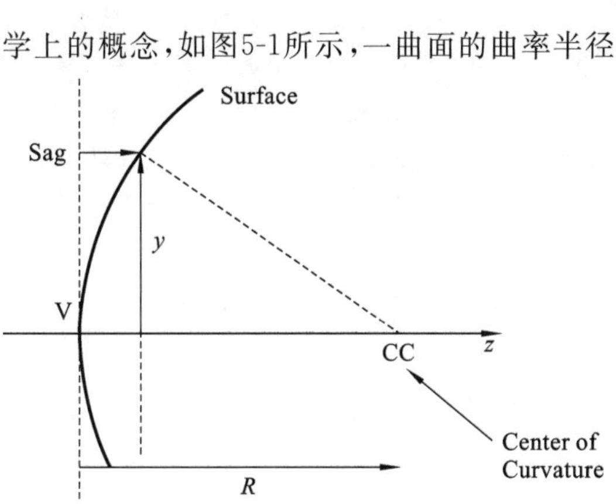

图 5-1 矢高示意图

中心的距离，矢高是曲面表面上任一点同与表面顶点 V 相切的平面间的距离。矢高会随着径向位置 y 的变化而变化。

5.2 单折射面近轴成像

5.2.1 近轴光线追迹斯涅尔公式推导

考虑曲率半径为 R 的单个折射面，如图 5-2 所示，入射角 I 和折射角 I' 是相对于面法线测量的。光线夹角 U 和 U'，以及光线交叉处的夹角 A，都与光轴相关，常用的符号规则在此均适用。下面是近轴光线追迹斯涅尔公式的相关推导内容。

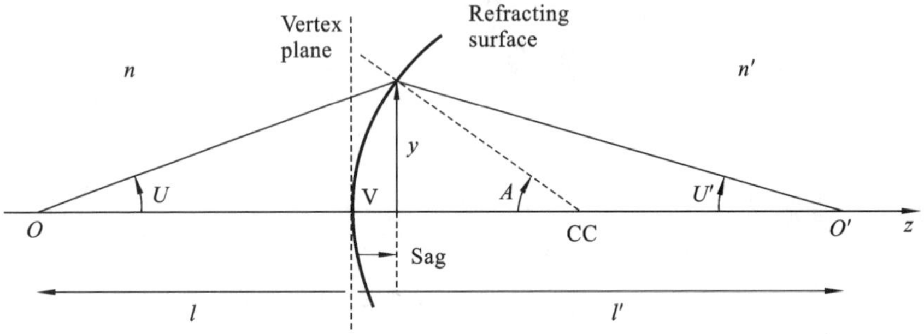

图 5-2 单折射面近轴光线追迹示意图

由几何关系易知各角之间满足：

$$A = U - I = U' - I' \tag{5-1}$$

其中，式(5-1)还可以写作

$$I' = U' - A, \quad I = U - A \tag{5-2}$$

根据斯涅尔定律 $n\sin I = n'\sin I'$，并结合式(5-2)，我们可得

$$n\sin(U - A) = n'\sin(U' - A) \tag{5-3}$$

由基本三角变换公式可得

$$n[\sin U\cos A - \cos U\sin A] = n'[\sin U'\cos A - \cos U'\sin A]$$

两边除以 $\cos A$，整理可得

$$n[\sin U - \cos U\tan A] = n'[\sin U' - \cos U'\tan A] \tag{5-4}$$

此时引入第一个近轴近似条件：

$$\cos U \approx \cos U' \tag{5-5}$$

那么，式(5-4)两边分别除以 $\cos U$ 和 $\cos U'$，并化简，可得

$$n[\tan U - \tan A] = n'[\tan U' - \tan A] \tag{5-6}$$

我们定义近轴光线角为对应实际角的正切值，那么有：

$$u \equiv \tan U, \quad u' \equiv \tan U', \quad \alpha \equiv \tan A \tag{5-7}$$

结合式(5-6)得

$$n(u - \alpha) = n'(u' - \alpha) \tag{5-8}$$

整理可得

$$n'u' = nu + (n'-n)\alpha \tag{5-9}$$

上式即为近轴光线追迹斯涅尔公式。

对于近轴光线角需要说明的是，近轴光线角是实际角的正切值，也是光线的斜率，因此其并不是实际的角，只是传统上被误认为是角，并且它是没有单位的。

如图 5-2 所示，根据基本几何关系与矢高的定义可知

$$\alpha = \tan A = -\frac{y}{(R-\mathrm{Sag})} \tag{5-10}$$

此时我们再引入第二个近轴近似条件(取二级近似)：

$$|\,\mathrm{Sag}\,| \ll |\,R\,| \tag{5-11}$$

这个近似表明光线与折射表面交点处表面的矢高远小于光学表面的曲率半径。根据此近似条件，结合式(5-10)，可得

$$\alpha \approx -\frac{y}{R} \tag{5-12}$$

将上式代入到式(5-9)，可得

$$n'u' = nu - (n'-n)\frac{y}{R} = nu - (n'-n)yC$$

定义光学表面的光焦度 ϕ 为

$$\phi = (n'-n)C = \frac{(n'-n)}{R} \tag{5-13}$$

整理可得

$$n'u' = nu - y\phi \tag{5-14}$$

式(5-14)即为近轴光线追迹的折射公式，由此可以看出光学表面的光焦度只与表面的结构参量 R、n、n' 有关，与光线无关。

5.2.2　单折射面的近轴成像方程

对于单个折射面，如图 5-2 所示，物方截距和像方截距都是相对折射面顶点而言的。引入第三个近似条件：在光线与光学表面相交的地方，物方截距和像方截距要比该交点处折射面的矢高大得多，即

$$|\,\mathrm{Sag}\,| \ll |\,l\,|, \quad |\,\mathrm{Sag}\,| \ll |\,l'\,| \tag{5-15}$$

那么，结合式(5-7)所表达的近似条件，可得

$$u = \tan U = -\frac{y}{(l-\mathrm{Sag})} \approx -\frac{y}{l}, \quad u' = \tan U' = -\frac{y}{(l'-\mathrm{Sag})} \approx -\frac{y}{l'} \tag{5-16}$$

将上式代入到式(5-14)中，化简可得

$$\frac{n'}{l'} = \frac{n}{l} + \phi \tag{5-17}$$

上式即为单折射面的近轴成像方程。

5.2.3　近轴光学近似总结

在上面对近轴光线追迹公式进行推导的过程中，我们引入了三个近似条件，现在进行回顾

总结。

（1）第一个近似条件：$\cos U \approx \cos U'$。

如果表面光线经过表面折射之后发生的弯折度小，则满足该条件。当入射光线近似垂直于光线相交处的表面时，会发生这种情况。需要注意的是，该近似不需要光线与光轴夹角 U 和 U' 足够小。下节将会就这一点进行证明。

（2）第二个近似条件：$|\mathrm{Sag}| \ll |R|$。

这种情况要求光线与折射表面交点处表面的矢高远小于光学表面的曲率半径。

（3）第三个近似条件：$|\mathrm{Sag}| \ll |l|$，$|\mathrm{Sag}| \ll |l'|$。

这个条件说明物距和像距远大于光线相交处折射面的矢高，其中，物距与像距定义为光学表面顶点到物空间或像空间中的光线与光轴交点处的距离。下面举例说明这一点。

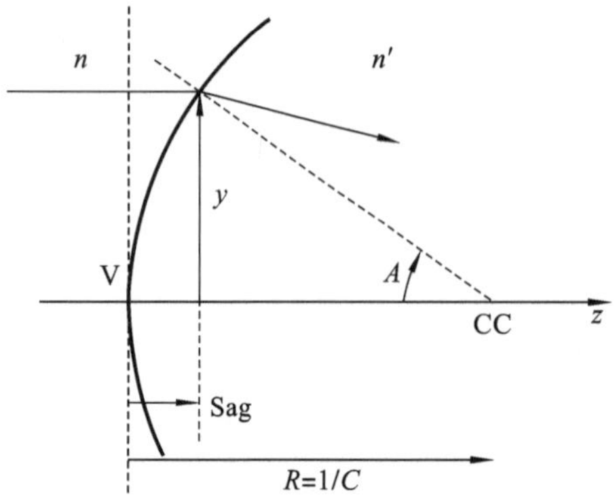

图 5-3　第三个近似条件示意图

如图 5-3 所示，考虑 $R=100$ mm，$y=10$ mm，$A=-5.7°$，$n=1.0$，$n'=1.5$，计算可得

$$|\mathrm{Sag}| \approx \frac{y^2}{2R} = 0.5\ \mathrm{mm} \ll R$$

对于平行于光轴的入射光线，有

$$l' \approx f'_{\mathrm{R}} = \frac{n'}{\phi} = \frac{n'R}{(n'-n)} = 300\ \mathrm{mm} \gg |\mathrm{Sag}|$$

第二个近似条件与第三个近似条件表明，与折射面曲率半径以及物方截距、像方截距相比，折射面的矢高是小量。鉴于这些条件仅出现在光线高度 y 较小的情况下，这种分析方法称为近轴光学或近轴光线追迹，近轴意为“在光轴附近”。

近轴光学中忽略了折射面矢高的影响，单个折射面的有限折射平面即为折射面顶点 V 的切面。如图 5-4 所示，物方和像方主平面处于同一位置。

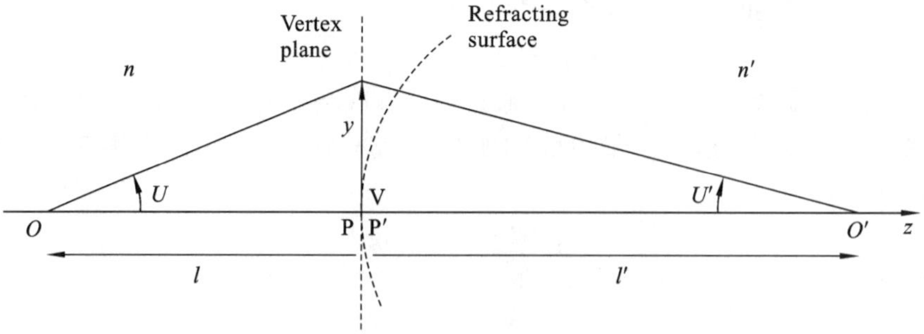

图 5-4　单折射球面的近轴简化模型

近轴光线角 u 和 u' 是假设折射发生在光学表面顶点处的切平面时来进行表征的。该表征下的近轴光线其实是当忽略光学表面矢高时实际光线的近似追迹，并认为所有的折射发生在光学表面顶点处。

5.2.4　近轴近似下球面矢高

矢高这个概念在折射球面近轴光学公式的推导中扮演了十分重要的作用。在这一节中，我们在采取近轴近似的条件下推导球面矢高的计算公式。如图 5-5 所示的一个半径为 R 的球面，由勾股定理可知：

$$y^2 + (R - |\mathrm{Sag}|)^2 = R^2$$

展开可得

$$y^2 + R^2 - 2R \cdot |\mathrm{Sag}| + |\mathrm{Sag}|^2 = R^2$$

考虑近轴近似假设，我们有 $\mathrm{Sag} \ll y^2$。那么，整理上式可得

$$y^2 - 2R \cdot |\mathrm{Sag}| \approx 0$$

即有

$$|\mathrm{Sag}| \approx \frac{y^2}{2R} \tag{5-18}$$

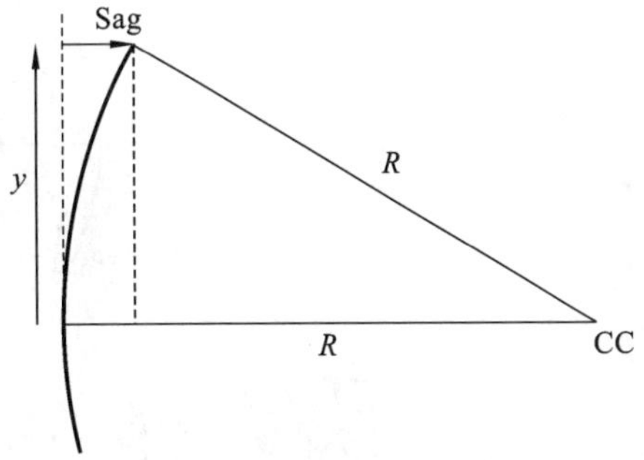

图 5-5　球面矢高示意图

此即为近轴近似条件下球面矢高的计算公式。从该矢高表达式中也可以看出，近轴近似下的球面可以被认为是一个抛物面。

5.2.5　余弦条件补充证明

我们也可以将第一个近似条件称为余弦条件。以下分两种情况进行证明。

对于第一种情况，我们考虑垂直于光轴的折射平面(即折射球面为一个平面)，如图 5-6 所示，有 $n=1.0$、$n'=1.5$、$A=0$、$I=U$。

余弦条件曲线如图 5-7 所示，从图中可以看出，$|U|<10°$时，误差率小于 1%；而$|U|=20°$时，误差率约为 3.5%。20°已经是一个很大的角度了，故该种情况下，不需要光线高度角 U 和 U'足够小。

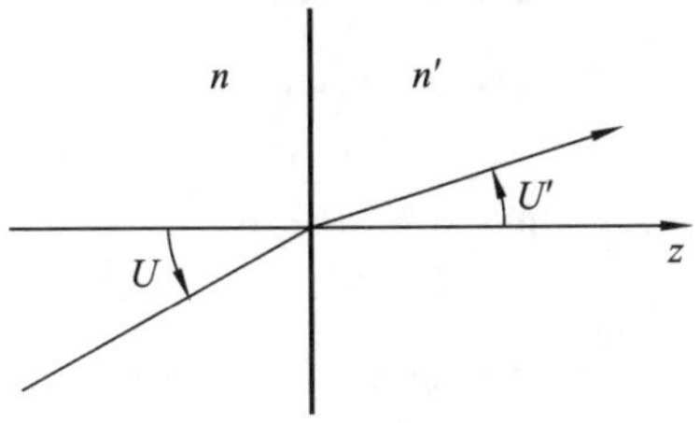

图 5-6　折射平面的近轴折射

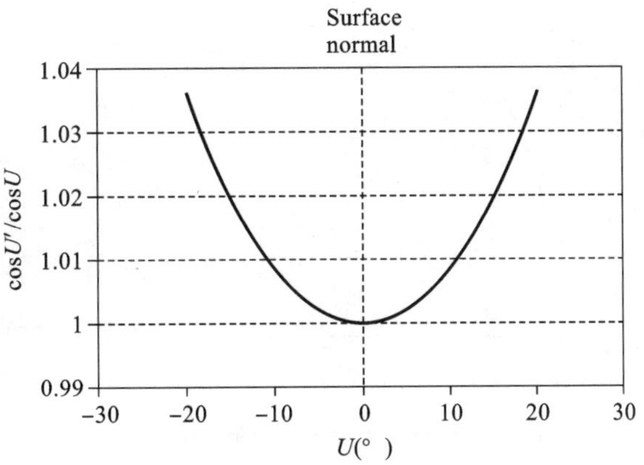

图 5-7　折射平面的余弦近似误差曲线

然而，光线通过每个光学表面拥有相对较小的弯折度在光学系统设计中是很常见的情况。在这些实际的光学系统中，光线通常被“温和”地引导通过光学系统，如图 5-8 所示。

第二种情况，我们考虑一个弯曲的折射球面。这种情况下的余弦近似相比折射平面要更加难以解释，因为光线角度是相对于光轴来定义的，而不是相对于光学表面的法线。如图 5-9 所示，考虑一个曲率半径 $R=100$ mm 的光学表面，光线高度 $y=10$ mm，该表面在光线交点处

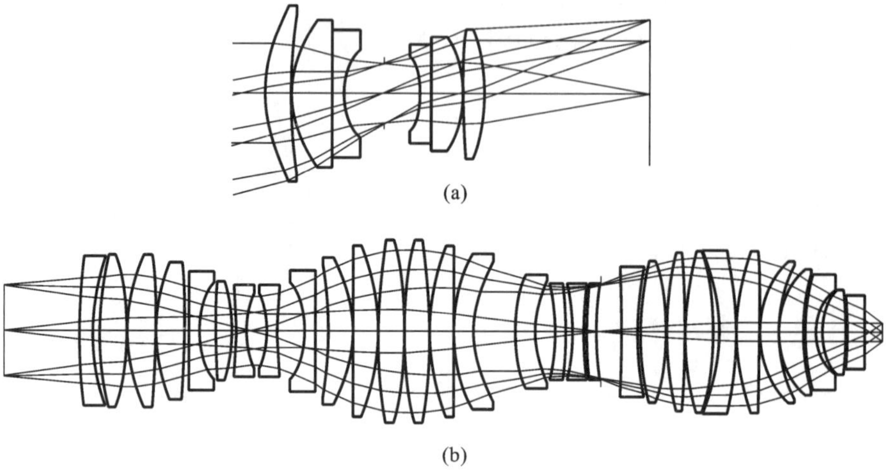

图 5-8 光学设计实例

(a)高斯摄影物镜(6 片式);(b)光刻镜头(30 片式)

的法线倾角 A 约为 $-5.7°$。同样地,有 $n=1.0$、$n'=1.5$。

由图 5-9 所示的几何关系以及前面的推导,我们知道:$I=U-A$,$I'=U'-A$。在给定光轴与入射光线的夹角 U 之后,我们可以通过斯涅尔折射定律严格算出对应的出射光线与光轴的夹角 U'。

那么,易知当 $U=A$ 时,光线垂直进入该表面,那么经过光学表面之后的出射光线不会发生偏离,继续沿着入射光线方向前进。当考虑其他一般情况时,余弦近似条件的误差曲线如图 5-10 所示。

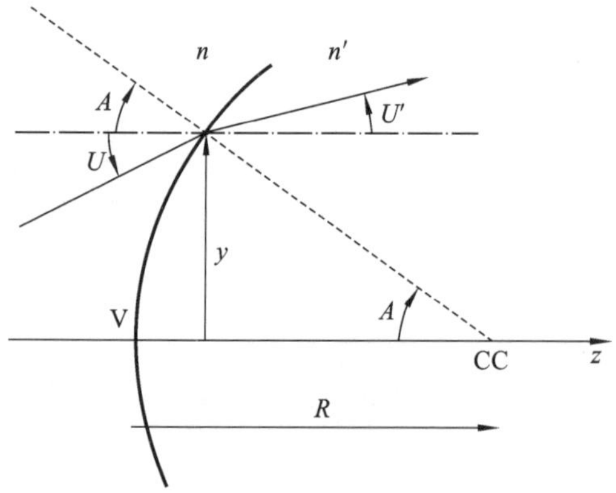

图 5-9 折射球面的近轴折射

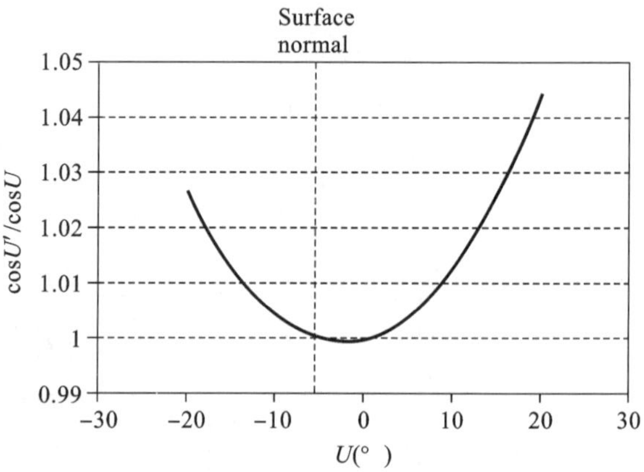

图 5-10 折射球面的余弦近似误差曲线

由图 5-10 我们可以看出,该近似误差曲线相对于表面法线不具对称性,存在一定的偏斜。对于与表面法线的夹角在 10°以内的入射光线,余弦条件近似的误差小于 1%。需要说明的是,我们这里的余弦近似考虑的是相对于光轴定义的光线高度角,而不是表面处相对于法线定义的入射角。

5.2.6 单折射球面的成像性质

对于图5-2所示的单折射球面，我们已经推得它的物像成像公式如下：

$$\frac{n'}{l'}=\frac{n}{l}+\phi$$

其中，物距 l 和像距 l' 是相对表面顶点或主平面测得的。那么，根据如上所示的成像公式，有以下结论和推导证明。

(1) 物在无穷远处时，像就在像方焦点处，那么有 $l=\infty$、$l'=f'_{\mathrm{R}}$。因此，将这两个物距和像距代入到单折射球面的成像公式中可得

$$f'_{\mathrm{R}}=\frac{n'}{\phi}=\frac{n'}{n'-n}R \tag{5-19}$$

这是单折射球面的像方焦距的表达式。

(2) 像在无穷远处时，物在物方焦点处，那么有 $l=f_{\mathrm{F}}$、$l'=\infty$，将其代入上述成像公式中，有：

$$f_{\mathrm{F}}=-\frac{n}{\phi}=-\frac{n}{n'-n}R \tag{5-20}$$

因此，单折射球面的光焦度公式可以进一步表示为

$$\phi=\frac{n'}{f'_{\mathrm{R}}}=-\frac{n}{f_{\mathrm{F}}} \tag{5-21}$$

同时，定义这个"焦距"f 为单折射球面光焦度的倒数(又称为"有效焦距")如下：

$$f=f_{\mathrm{E}}\equiv\frac{1}{\phi}=-\frac{f_{\mathrm{F}}}{n}=\frac{f'_{\mathrm{R}}}{n'} \tag{5-22}$$

考虑系统有效焦距这个物理量之后，单折射球面的物像方程可以进一步表示为

$$\frac{n'}{l'}=\frac{n}{l}+\frac{1}{f_{\mathrm{E}}}=\frac{n}{l}+\frac{1}{f} \tag{5-23}$$

注意这个 f 是简化物方(像方)焦距。实际上，"有效焦距"中的"有效"或"等效"是不必要的，只存在一个单一焦距 f。

5.3 薄透镜的近轴光线追迹

薄透镜近轴光线追迹示意图如图5-11所示。根据近轴近似条件，易知

$$u=\frac{y}{-l},\quad \frac{1}{l}=-\frac{u}{y} \tag{5-24}$$

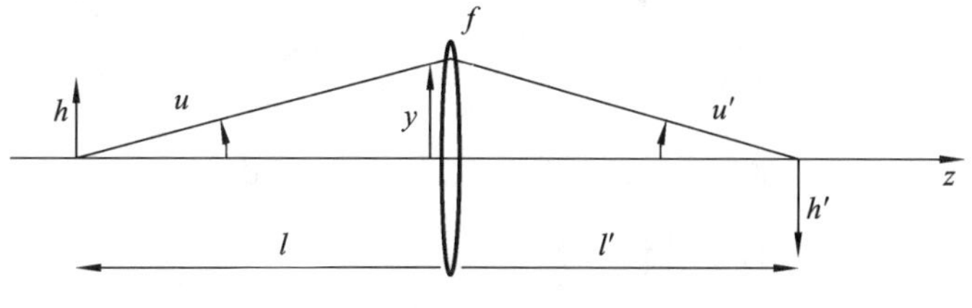

图5-11 薄透镜近轴光线追迹示意图

$$u' = -\frac{y}{l'}, \quad \frac{1}{l'} = -\frac{-u'}{y} \tag{5-25}$$

将上面两式代入到薄透镜成像方程 $1/l' = 1/l + 1/f$ 中可得

$$-\frac{u'}{y} = -\frac{u}{y} + \frac{1}{f} \tag{5-26}$$

对于薄透镜，如果令 $f = f_E = 1/\phi$，那么将其代入到式(5-26)中，整理可以得到：

$$u' = u - y\phi \tag{5-27}$$

此即为薄透镜的近轴光线追迹公式。观察可知，这个公式相当于近轴光线追迹公式 $n'u' = nu - y\phi$ 在 $n = n' = 1$(薄透镜物像空间均为空气)时的结果。对于薄透镜，我们可以认为其厚度被忽略，因此它的成像方程可以看作是近轴光线追迹的一种特殊情况。

5.4 近轴光学光线追迹公式的传统推导

5.4.1 近轴光学相关结论

近轴光学系统是完美成像的光学系统，这是由于近轴光学系统中的物和像之间存在一一对应的关系，即说明在近轴或一阶光学中没有像差。

近轴光线追迹相对于光线角度和高度是线性的，因为所有近轴光线角被定义为实际光线角的正切值，而它们实际上是光线的斜率。在近轴分析中，即使对于大的物高和像高，以及大的光线角度，这些近似(以及所得的线性特征)也保持。

5.4.2 传统推导

图 5-12 所示的为小角度近似下近轴光线通过单个折射面进行传播的光线追迹示意图。在传统使用小角近似的推导过程中，我们考虑光轴附近的一束窄光束，所有的光线高度和角度都被认为是无穷小的，矢高忽略不计，入射角和折射角为小量，因而可以使用小角度斯涅尔定律进行光线追迹和计算。

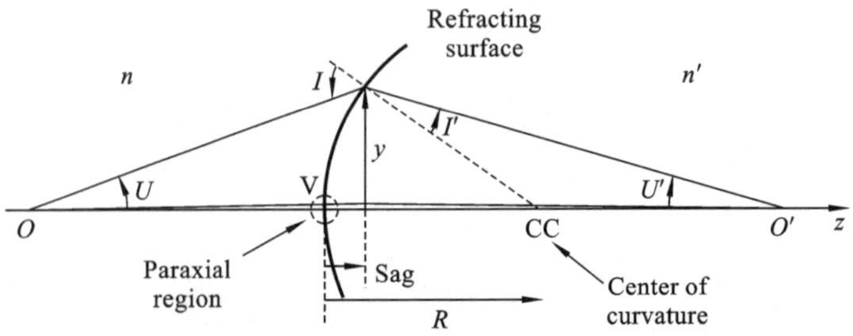

图 5-12 基于小角近似的近轴光线追迹

根据上面的小角假设，我们可得到以下近似条件：

$$i = \tan I \approx \sin I \approx I \tag{5-28}$$

$$i' = \tan I' \approx \sin I' \approx I' \tag{5-29}$$

利用以上近似条件，斯涅尔定理的形式 $n\sin I = n'\sin I'$ 转变为如下表达式：

$$ni = n'i' \tag{5-30}$$

为了更清晰地表征曲面的近轴特性，如图 5-13 所示，我们大大扩展了垂直方向的显示比例以便于追迹光轴附近区域的光线行为。需要注意，图中水平和垂直方向的放大比例是非常不一样的（因此出现“表面异形”），水平方向上矢高则近似为零且不可见。由于曲面出现异形表征，表面法线似乎不与表面垂直，但这个情况不影响计算结果。

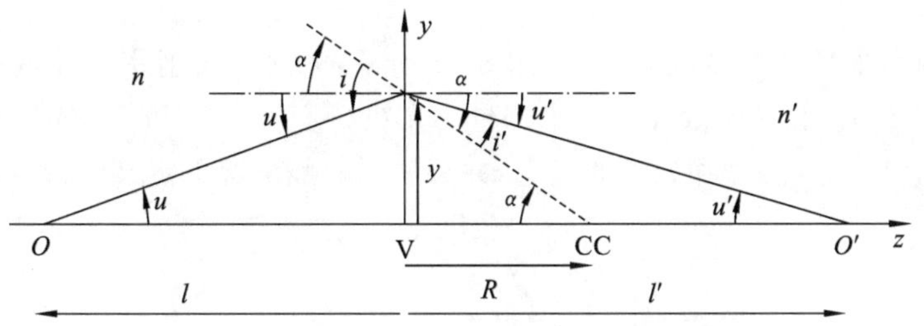

图 5-13　基于小角度近似的近轴光线追迹公式推导

在近轴条件下，有

$$u = \tan U \approx \sin U \approx U \tag{5-31}$$

$$u' = \tan U' \approx \sin U' \approx U \tag{5-32}$$

入射光线和出射光线的近轴高度角可以表示为

$$u = \frac{y}{-l},\quad u' = -\frac{y}{l} \tag{5-33}$$

将折射球面的曲率设为 $C=1/R$，那么表面法线与光轴的夹角可表示为

$$\alpha = -\frac{y}{R} = -yC \tag{5-34}$$

由图 5-12 或图 5-13 所示的几何关系，可得

$$i = u - \alpha,\quad i' = u' - \alpha \tag{5-35}$$

考虑小角度斯涅尔定律，即式(5-30)，并将式(5-35)代入到该式中可得

$$n'u' = nu + (n' - n)\alpha \tag{5-36}$$

将式(5-34)代入式(5-36)中可得

$$n'u' = nu - (n' - n)yC \tag{5-37}$$

类似地，我们定义表面光焦度为

$$\phi = (n' - n)C = \frac{n' - n}{R} \tag{5-38}$$

把式(5-38)代入到式(5-37)中，整理可得：

$$n'u' = nu - y\phi$$

这依然是单折射面的近轴光线追迹公式。

很显然，这两种针对近轴光线追迹公式的不同推导产生了相同的结果，但是传统的推导模糊和夸大了固有的近似。而根据我们前面的推导可以知道，尽管存在近似，近轴光线追迹公式同样可以用于较大的光线高度和光线高度角。

5.5　单个反射面近轴光线追迹公式推导

5.5.1　近轴光线反射追迹公式推导

考虑一个曲率半径为 R 的反射面，如图 5-14 所示，光线在折射率为 n 的介质中传播。入射角和反射角（I 和 I'）相对于表面法线来测量。光线高度角为 U 和 U'，光线与表面交点处的法线的高度角为 A，均定义为和光轴的夹角，并都遵循一般情况下定义的符号规则。

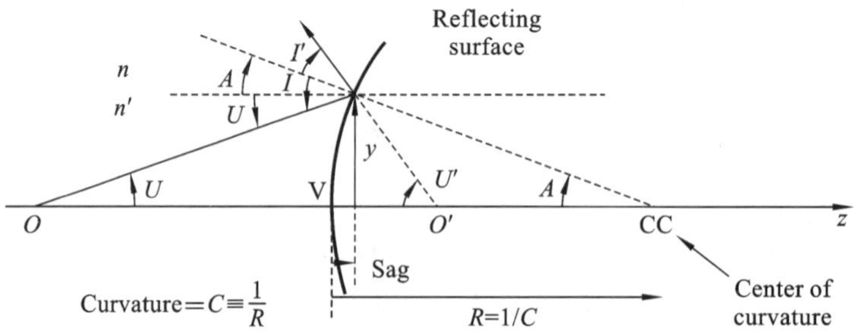

图 5-14　单个反射面近轴光线追迹

根据图 5-14 所示几何关系可知

$$A = U - I = U' - I' \tag{5-39}$$

在考虑符号规则的前提下，式(5-39)与前面折射的情况完全一致。同时，根据反射定律，我们有

$$I' = -I \tag{5-40}$$

将式(5-39)代入到上式中，可得

$$U' - A = -(U - A) \tag{5-41}$$

则有

$$\sin(U' - A) = -\sin(U - A)$$

展开并整理，可得

$$\begin{aligned} \sin U'\cos A - \cos U'\sin A &= -(\sin U\cos A - \cos U\sin A) \\ \sin U' - \cos U'\tan A &= -(\sin U - \cos U\tan A) \end{aligned} \tag{5-42}$$

类似折射球面，我们同样可以针对反射球面引入余弦近似条件。该近似也表明，光线的方向余弦值在反射前后发生的偏离依然很小。因此，我们有

$$\cos U \approx \cos U'$$

那么，对式(5-42)两边分别除以 $\cos U'$ 和 $\cos U$，我们可得

$$\tan U' - \tan A = -(\tan U - \tan A) \tag{5-43}$$

对式(5-43)整理，可得

$$\tan U' = -\tan U + 2\tan A \tag{5-44}$$

根据近轴光线角和光线斜率的定义，我们有如下关系：

$$u \equiv \tan U,\quad u' \equiv \tan U',\quad \alpha \equiv \tan A$$

将上式代入式(5-44)中，可得

$$u' = -u + 2\alpha \tag{5-45}$$

如图 5-14 所示，该球面为一凸反射镜面，由几何关系可知

$$\alpha = \tan A = -\frac{y}{(R - |\mathrm{Sag}|)} \tag{5-46}$$

同样，引入第二个近似条件：

$$|\mathrm{Sag}| \ll |R| \tag{5-47}$$

这个近似条件说明了交点处曲面的 Sag 远小于表面的曲率半径。这样，式(5-46)可化简为

$$\alpha \approx -\frac{y}{R} \tag{5-48}$$

代入到式(5-45)中，可得

$$u' = -u - 2\frac{y}{R} \tag{5-49}$$

进而可得

$$u' = -u - 2yC \tag{5-50}$$

上式即为近轴反射的光线追迹公式。

对于反射后的光学空间，我们一般定义其空间折射率 $n' = -n$，这样其光学表面的光焦度可以表示为 $\phi = (n' - n)C = -2nC$。把它们代入到式(5-50)，我们发现反射光学表面遵循完全一样的近轴光线追迹公式，即 $n'u' = nu - y\phi$。

5.5.2　单反射面的近轴成像方程

下面我们继续推导单反射面的近轴成像性质，物距和像距(l 和 l')定义为物点或像点与曲面顶点的距离。

引入第三个近似条件：光线与曲面交点处的矢高远小于物距和像距。根据这个近似，我们有如下关系：

$$|\mathrm{Sag}| \ll |l|, \quad |\mathrm{Sag}| \ll |l'| \tag{5-51}$$

则可以得到：

$$u = \tan U = -\frac{y}{l - \mathrm{Sag}} \approx -\frac{y}{l} \tag{5-52}$$

$$u' = \tan U' = -\frac{y}{l' - \mathrm{Sag}} \approx -\frac{y}{l'} \tag{5-53}$$

将式(5-52)和式(5-53)代入到式(5-50)中，整理可得：

$$\frac{1}{l'} = \frac{-1}{l} + 2C \tag{5-54}$$

同样，如果考虑物空间和像空间的折射率以及反射面的光焦度，我们也可以把式(5-54)转化成一般的成像方程，即 $n'/l' = n/l + \phi$。

就像折射面一样，同样的近似也适用于反射表面的近轴分析。图 5-15 所示的为单个反射表面的近轴简化模型。在该简化模型中，我们忽略反射曲面的矢高，因此近轴反射可认为发生在曲面顶点所在的平面处。对于垂直入射的情况，反射光线会沿着入射光线的方向反射回去，因此二者具有完全相同的方向余弦值，不存在余弦近似误差。

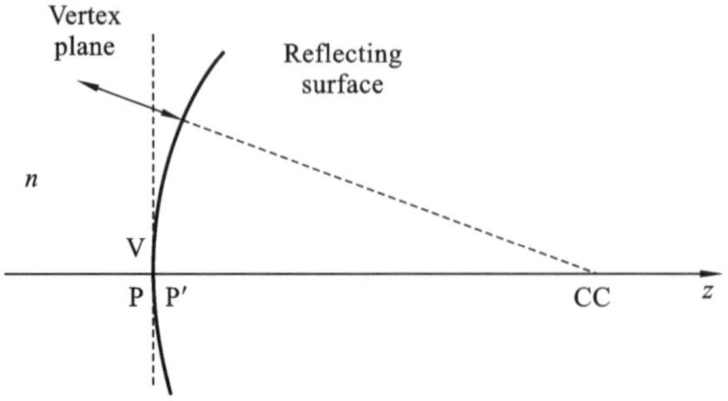

图 5-15 单反射面的近轴简化模型

然而，对于其他的一般情况，与折射情况不同，反射光线与入射光线的传播方向似乎发生了很大偏离，因此我们无法假设二者的方向偏离很小。但是，我们可以假设反射光线与入射光线相对光轴的镜像光线发生的弯折度相对较小，这样反射光线与入射光线的方向余弦值仍然近似相等，余弦近似条件依然成立。

5.5.3 近轴反射的余弦条件讨论

同样地，对于近轴反射光线余弦条件的讨论，也分为两种情况。

第一种情况是垂直于光轴的平面反射镜，如图 5-16 所示。设定 $n=-n'=1, A=0, I=-I'=U$。

因此，针对平面反射镜，我们可以得到余弦近似误差曲线如图 5-17 所示。由图可知，对于一个垂直于光轴的平面镜，不存在近似带来的误差。因此我们说，平面镜是一个完美的“零像差”成像系统。

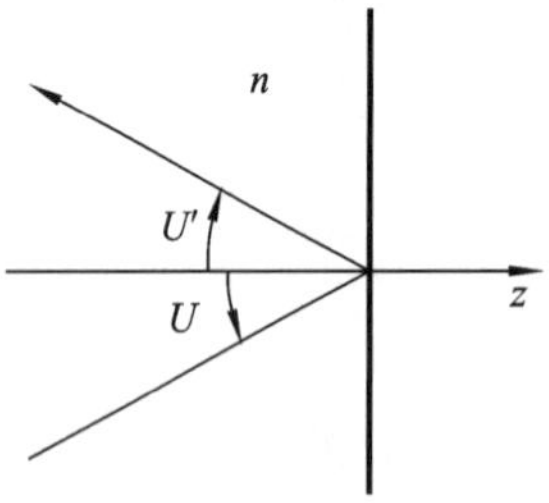

图 5-16 平面反射镜的近轴光线追迹

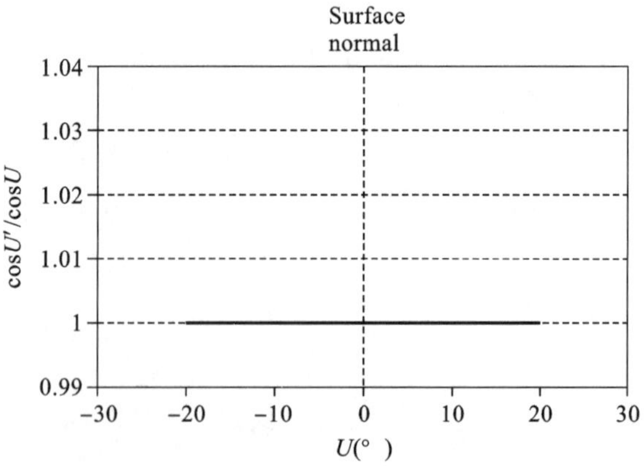

图 5-17 平面反射镜的余弦近似误差曲线

第二种情况为球面反射镜。这种情况看上去比前面的折射球面似乎更难去解释，因为余弦近似只与光线和光轴的夹角有关，而与光线和法线的夹角无关，而且光线反射后的方向偏离似乎并不能忽略。类似地，考虑一个曲率半径 $R=200$ mm 的曲面反射镜，且假设光线高度 $y=10$ mm。因此，光线与曲面交点处的法线的倾斜角 A 约为 2.9°，$n=-n'=1$，如图 5-18 所示。

同样根据几何关系，能得到式(5-39)的结论。当 $U=A$ 时，光线垂直入射，即反射光线也

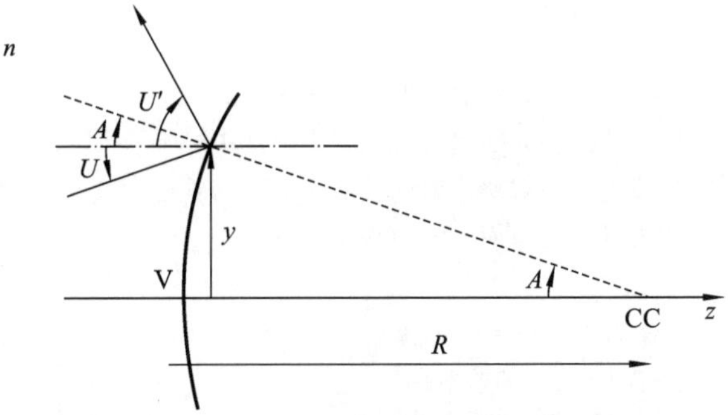

图 5-18　球面反射镜的近轴光线追迹

会沿入射光线的方向反射出去，因此，该情况下入射光线和反射光线的方向余弦值完全相等，不存在偏差。进一步考虑一般情况，我们可以得到球面反射镜的余弦近似误差曲线如图 5-19 所示。

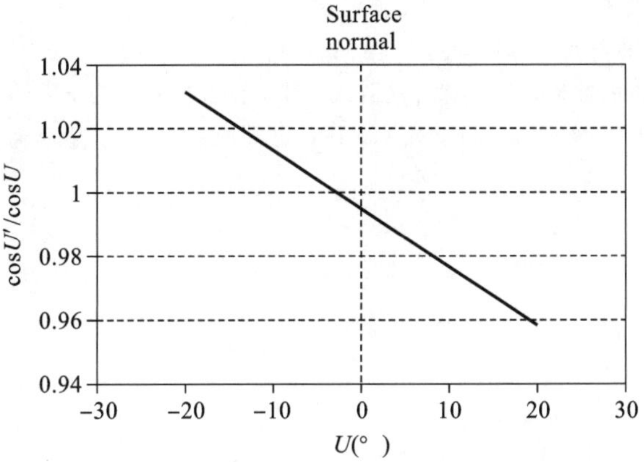

图 5-19　球面反射镜的余弦近似误差曲线

从图中我们可以看到，余弦近似误差与光线高度角成线性关系。而当光线垂直入射时，没有近似误差，跟我们前面的讨论完全吻合。对于法线两侧 10°以内入射的光线，误差大致在 2%以内。值得注意的是，这里对余弦条件近似的讨论是针对相对于光轴的光线高度角的，而不是光线到达光学表面的入射角的。

习　　题

5.1　请参照图 5-20，基于斯涅尔折射定律推导出单折射球面的光焦度公式（提示：推导像方焦距或物方焦距 f'_R 或 f_F，并给出适当的近轴近似，且 $f=f'_R/n'=-f_F/n$）。

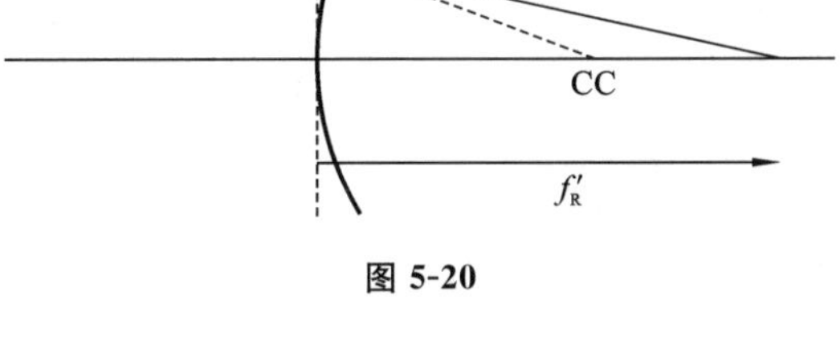

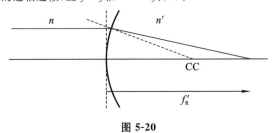

图 5-20

5.2 对于一个特殊水晶球，从远处物体发出的一束光通过该水晶球之后会聚到水晶球的后表面。请计算该水晶球的折射率(该水晶球位于空气中)。

5.3 请从近轴光线追迹的角度解释为什么平面镜能够成完善像。

5.4 请给出推导任意折射球面系统近轴光线追迹公式和成像公式时所采用的三个近似及其物理意义。

5.5 推导反射球面系统近轴光线追迹公式所采取的近似关系和折射球面系统的有哪些区别?

5.6 请基于近轴光线追迹公式推导折射球面系统的高斯成像公式。

5.7 请求出以下物像关系。

(1) 一个物体位于水空界面以下距离为 d 的位置处。对于一个位于空气中的观察者而言，该物体看上去距离水空界面的距离是多少(取水的折射率为 1.33)?

(2) 如果该观察者位于水中(比如说水中的鱼)，而物体位于水上距离水空界面距离为 d 的位置处，那鱼所看到的物距离水面有多远?

(3) 位于水中的观察者现在带着潜水眼罩(平板玻璃)，那么当他垂直往上看某物体时(物体位于水空界面以上距离为 d 的位置处)，那么他所看到的该物体离水面有多远?

5.8 请基于近轴光线追迹公式求出球面反射镜(半径为 R)的焦距大小。并跟折射球面的焦距公式进行比较，二者有何区别和联系?

5.9 请基于小角近似原理推导反射球面的近轴光线追迹公式。

5.10 一条金鱼在一个很大的球形鱼缸的球心处游泳。球形鱼缸的直径为 666 mm，鱼缸内部的折射率可以均匀地认为是 1.333(即水的折射率)。对于站在鱼缸外面的人来说，金鱼通过鱼缸之后成像的位置在哪里? 金鱼的像(即放大率)有多大?

第6章

高斯系统成像

6.1 高斯光学概念

6.1.1 高斯光学的必要性

光学系统多用于对物体成像。由前面几章可知，未经严格设计的光学系统只有在近轴区才能成完善像。由于在近轴区成像的范围和光束宽度均趋于无限小，因此没有很大的实际意义。

实际的光学系统要求对一定大小的物体以一定宽度的光束成近似完善的像。“应用光学”所要解决的问题就是寻求这样的光学系统。为了估计和比较实际光学系统成像质量是否符合完善成像条件，需要建立一个模型，使之满足物空间的同心光束经系统后仍为同心光束，或者说，物空间一点通过系统成像后仍为一点。这个模型称为理想光学系统，它对任意大的物体以任意宽的光束成像都是完善的。

在均匀透明介质中，除平面反射镜具有上述理想光学系统的性质外，任何实际的光学系统都不能绝对完善地成像。

理想光学系统理论是在1841年由高斯提出来的。1893年阿贝发展了理想光学系统的理论。理想光学系统理论又称为“高斯光学”，因为在计算理想光学系统各个参量之间的关系时常用一阶线性方程，因此其也称为“一阶光学”。

近轴光学为经过光学系统的光路研究提供了较简便的方法。使用该方法，一般成像系统的成像位置可以根据系统的主平面来获得。还能用该方法根据系统的综合折射性质来得出一般成像系统的焦距。然而，对于给定光学系统结构，主平面的位置是需要推算的。对于多个光学元件的组合系统，焦距的大小还尚不清楚。另外，像的大小也是未知的。后面我们会谈到，近轴光线追迹可用来回答以上问题。

对于以上问题，高斯光学通过将成像理解为从物空间到像空间的映射，提供了理想光学系统分析的一种可行方法。

6.1.2 高斯光学的特点

高斯光学将成像当作从物空间到像空间的映射。这是将共线变换应用到旋转对称系统的一个特例，且它符合点对应点，线对应线，平面对应平面的性质。对应的物和像的元素称为共轭元素。

这里有两个假定：第一，假定光学系统轴对称，包括沿光轴对称；第二，通常假定子午面为 y-z 平面。符号规则和参考位置定义在此处适用。

6.1.3 几何光学与高斯光学

在前面的章节已经讲过，垂轴放大率或横向放大率为像点高度与物点高度之比，这在高斯光学中依然适用，即

$$m \equiv \frac{h'}{h} \tag{6-1}$$

此外，几何光学的基本原理依然成立，即任何三维物镜由独立辐射点源的集合表示，每个点源通过系统独立地成像到其共轭像点（完美的像），三维像是所有点像的叠加。

6.1.4 高斯光学定理

理想光学系统处于各向同性的均匀介质中，物空间中的光线和像空间中的光线均为直线。物空间中的一点对应于像空间中的一点，这样的一对点的位置是通过一定的几何关系确定下来的，因而把这种几何关系称为“共线成像”、“共线变换”或“共线光学”。这种“共线成像”理论的初始几何定义可归结为以下几条。

(1) 物像空间的共轭点。物空间中每一点对应于像空间中的相应的点，且只对应一个点。这两个对应点称为物像空间的共轭点。

(2) 物像空间的共轭线。物空间中的每一条直线对应于像空间中的相应的直线，而且只对应一条直线。这两条对应直线称为物像空间的共轭线。

(3) 共线成像关系。物空间中的任意一点位于一条直线上，那么在像空间内，该点的共轭点必在该直线的共轭线上。

基于旋转对称系统，由上可以推导出以下两个定理。

定理 1 一个空间里垂直于光轴的平面映射到另一个空间也是垂直于光轴的平面。

定理 2 一个空间里平行于光轴的光线映射到另一个空间里的共轭光线可与光轴交于一点（有焦系统），也可平行于光轴（无焦系统）（见图 6-1）。

在高斯系统共线映射中（见图 6-2），线必须映射到线，且互为共轭，如图 6-2 所示，垂轴放大率在垂直于光轴的共轭面内为常量。若一个平面内的放大率不为常量，则像的网格线可能发生弯折或扭曲。

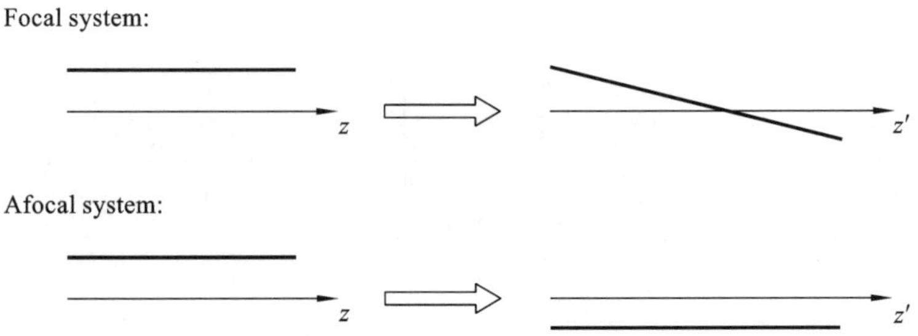

图 6-1　有焦系统与无焦系统

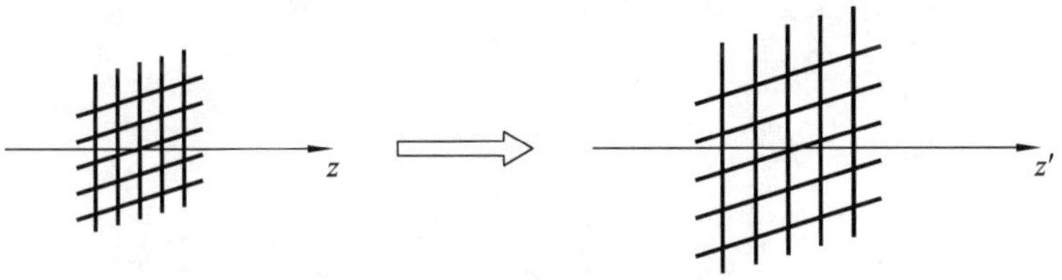

图 6-2　高斯系统共线映射

6.2　基准点和基准面

6.2.1　焦点、焦平面定义

在第 4 章中我们已经论述过薄透镜像方焦点与物方焦点，理想光学系统的焦点定义与此类似。

如图 6-3 所示，像方焦点(F′)是物在无穷远处所成的像位置，即 F′是物方无限远处光轴上的点的像，所有其他平行于光轴入射的光线均会聚于点 F′，点 F′称为光学系统的像方焦点(像方焦点或第二焦点)；同样地，从像方无限远处射入一束与光学系统光轴平行的光束，同样会聚在物方光轴上一点 F，点 F 称为光学系统的物方焦点(或第一焦点)，其与像方无限远处光轴上的点相共轭。值得注意的是，物方焦点与像方焦点并不是一对共轭点。

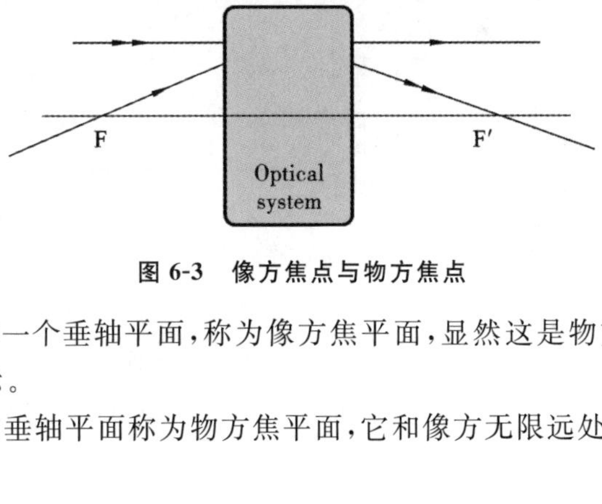

图 6-3　像方焦点与物方焦点

经过像方焦点 F′作一个垂轴平面，称为像方焦平面，显然这是物方无限远处的垂轴平面的共轭面，如图 6-4 所示。

通过物方焦点 F 的垂轴平面称为物方焦平面，它和像方无限远处的垂轴平面相共轭。自

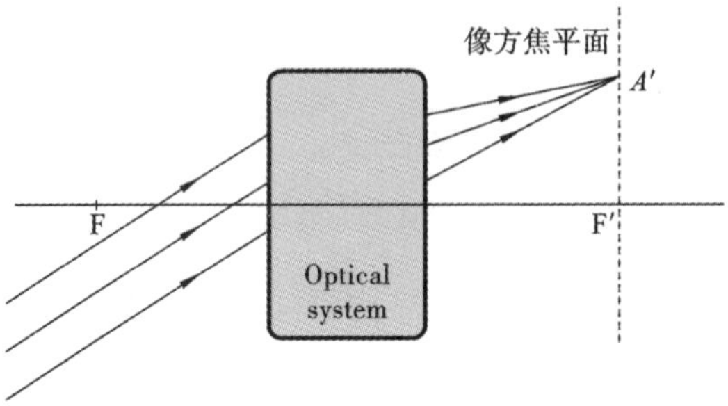

图 6-4 像方焦平面

物方焦平面上任一点发出的光束经光学系统以后，均以平行光射出，如图 6-5 所示。

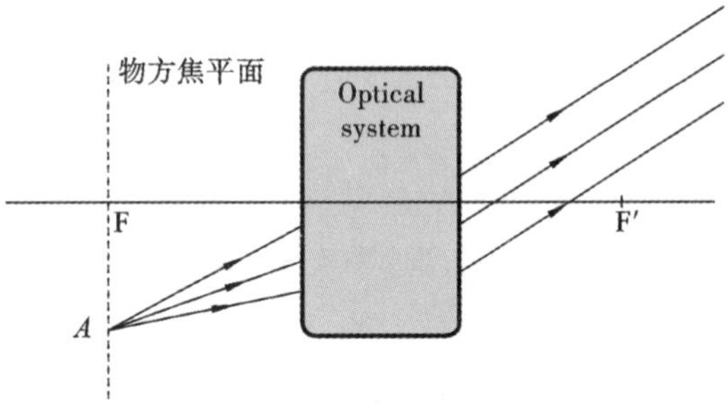

图 6-5 物方焦平面

6.2.2 主点、主平面定义

如图 6-6 所示，延长物空间入射光线与出射光线得到交点 Q′；同样，在像空间延长光线与其在物空间的共轭光线交于点 Q。若两入射光线的入射高度相同，且都在子午面内，显然，点 Q 和点 Q′是一对共轭点。过点 Q 和 Q′作与光轴垂直的平面 QP 和 Q′P′。显然，这对平面是相互共轭的。在这对平面内的任意共轭线段，具有同样的高度，而且在光轴的同一侧，故其放大率为 1。称这对放大率为 1 的共轭平面为主平面，QP 称为物方主平面(前主平面或第一主平面)，Q′P′称为像方主平面(后主平面或第二主平面)。

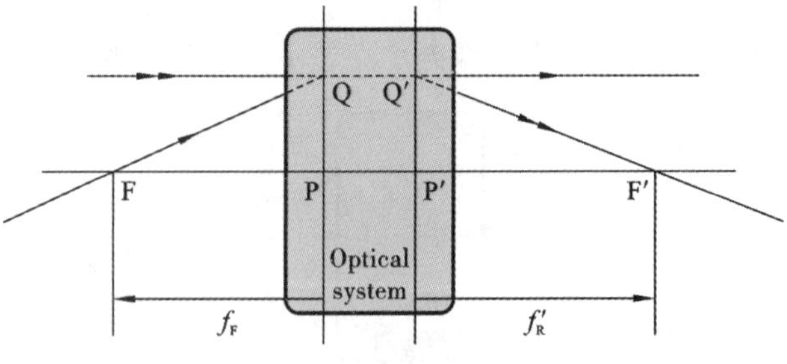

图 6-6 主点、主平面和焦距示意图

除入射为平行光束、出射也是平行光束的望远系统外，所有光学系统都有一对主平面，其中一个主平面上的任一线段以相等的大小和相同的方向成像在另一个主平面上，主平面与光轴的交点 P 和 P′称为主点。P 为物方主点(前主点或第一主点)，P′为像方主点(后主点或第二主点)，两个主点是相共轭的。

6.2.3 节点定义

如图 6-7 所示，物方节点和像方节点（N 和 N′）定义了有焦系统的单位角放大率的位置。通过系统的一个节点的光线经过光学系统之后会被映射到通过另一个节点的光线，且入射光线和出射光线相对于光轴具有相同的入射或出射角度。物方与像方节点是一对共轭点，它们之间的角放大率为 1。

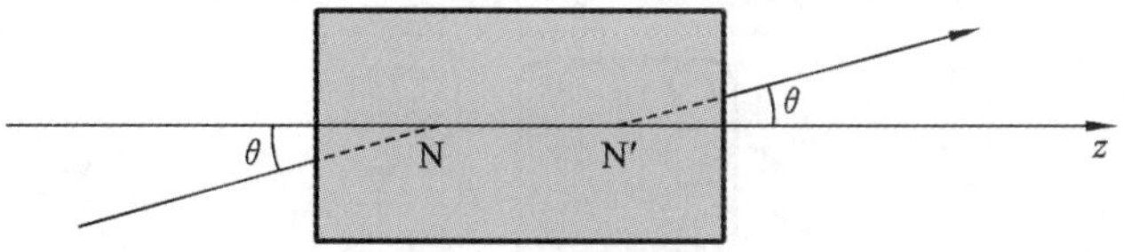

图 6-7 光学系统的节点

6.2.4 基准点(面)确定成像位置

所谓基准点(面)，即决定理想光学系统物像共轭关系的几对特殊的点(面)。基准点和基准面可以完整地描述成像。根据式(6-1)，物方焦点或焦平面对应 $m=\infty$；像方焦点或焦平面对应 $m=0$；物方主平面对应 $m=1$；像方主平面对应 $m=1$。

考虑物空间和像空间的共轭线，如图 6-8 所示，其中，物方焦距和像方焦距都定义为有向线段，大小分别为各自对应主平面到对应焦点的距离。

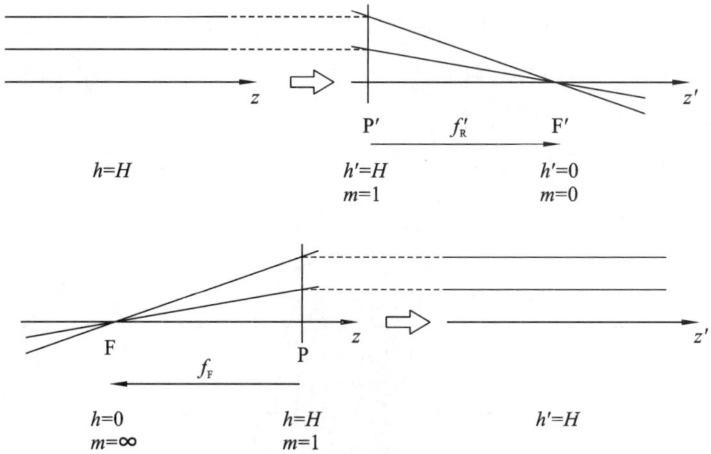

图 6-8 物空间与像空间的共轭线

基准点和基准面可以表示一个光学系统。如图 6-9 所示，出射光线在像方主平面上的投射高度一定与入射光线在物方主平面上的投射高度一样，从物方顶点引出的一条过物方焦点的光线进过系统的物方主平面后平行于光轴射出，而过物方顶点且平行于光轴的光线经过系统像方主平面之后会交于系统的像方焦点 F′处，且两条光线的交点即为物点或像点。由图亦可以看出，主平面是在物空间和像空间之间的有效折射面。

下面对通过基准点、基准面确定成像位置举出一些具体实例。图 6-10 所示的为一个正焦

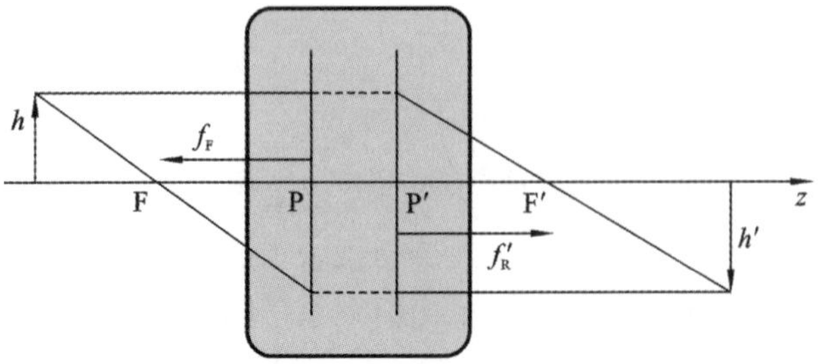

图 6-9　用基准点和基准面表示一个光学系统

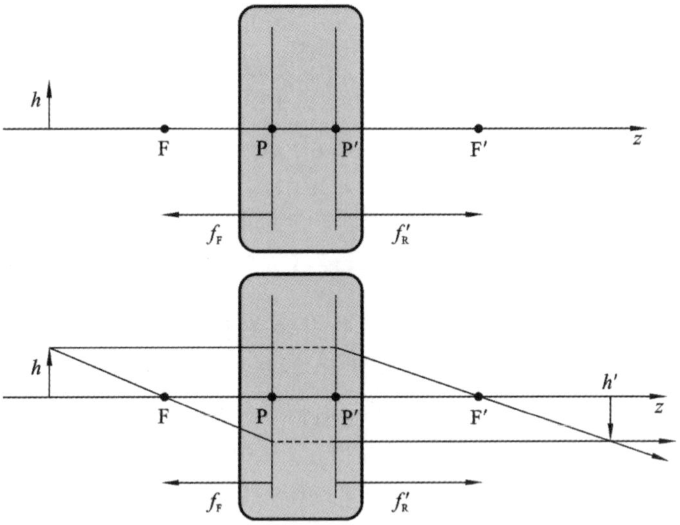

图 6-10　基准点与基准面确定成像例 1

系统，对于物方焦点 F 左侧的实物，根据该系统基准点 F、F′、P、P′，利用画图法可以确定出系统成像的位置、虚实、大小、正倒等基本特征。

同样是正焦系统，如图 6-11 所示，对于物方焦点 F 和物方主平面之间的实物，类似地，可

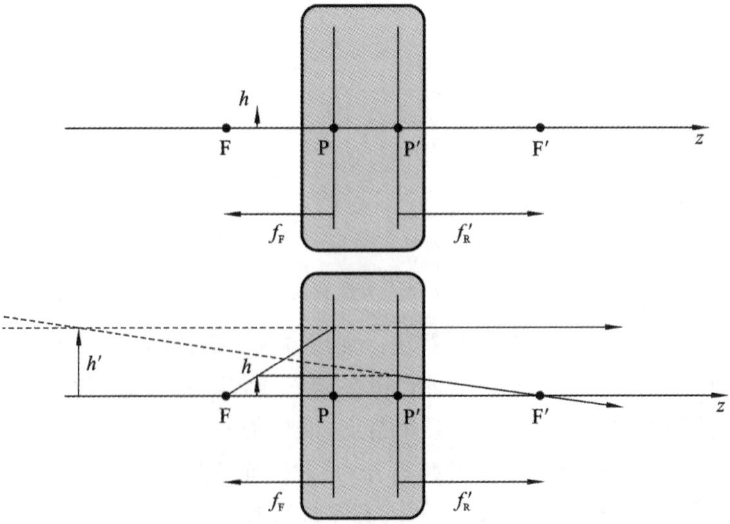

图 6-11　基准点与基准面确定成像例 2

以得到成像信息，像空间中两条光线发散并有一个虚焦点，成正立、放大的虚像，成像于像空间。

对于负焦系统实物成像，存在基准点 F、F′、P、P′。其中，物方焦点、物方主平面均在系统物空间内。类似地，像方焦点和像方主平面均在系统像空间内，即相同的成像规则仍然适用。如图 6-12 所示，两个像空间光线发散并且具有虚拟的交叉，在像空间中形成一个缩小的直立虚像。

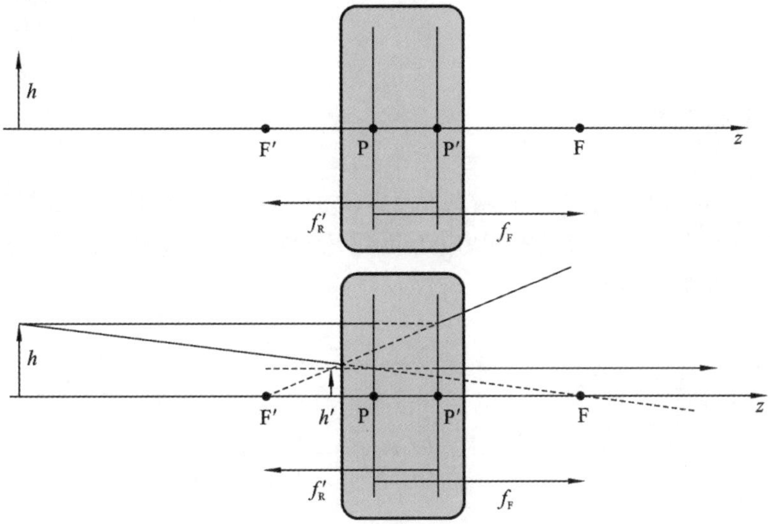

图 6-12 基准点与基准面确定成像例 3

6.2.5 高斯系统的焦距、物方焦距和像方焦距

根据我们前面章节的介绍，对于任意的一个高斯系统，其物方焦距和像方焦距可以表示为

$$f_F=-\frac{n}{\phi}=-nf \tag{6-2}$$

$$f'_R=\frac{n'}{\phi}=n'f \tag{6-3}$$

其中，ϕ 为高斯系统的光焦度，f 为高斯系统的有效焦距，二者满足如下关系：

$$f\equiv\frac{1}{\phi} \tag{6-4}$$

因此，我们可以推得高斯系统的焦距（或者说有效焦距）可以表示为

$$f=f_E\equiv\frac{1}{\phi}=\frac{f'_R}{n'}=-\frac{f_F}{n} \tag{6-5}$$

$$\frac{f'_R}{f_F}=-\frac{n'}{n} \tag{6-6}$$

一般来说，焦距不是物理距离，而是简化像方焦距以及负的简化物方焦距。物方焦距和像方焦距是物理距离，它们是从主平面到各个焦点的直接距离。从以上的表达式中我们也可以看出，一般高斯系统的光焦度和焦距的表达式与单个折射面的完全相同。因此，以上关于焦距、物方焦距和像方焦距的关系表达式是普适的，可以应用到任何场景中。

另外考虑空气中的特殊情况，对于 $n'=n=1$，高斯系统的三个焦距（物方焦距、像方焦距和焦距）有如下关系：

$$f \equiv \frac{1}{\phi} = -f_{\mathrm{F}} = f'_{\mathrm{R}} \tag{6-7}$$

6.3 高斯系统成像方程

6.3.1 牛顿方程

如图 6-13 所示，当相对于相应的焦点度量共轭物面和像面的轴向位置时，用牛顿方程表征该高斯映射。根据定义，物方焦距和像方焦距继续相对于主平面进行测量。根据图 6-13 所示的几何关系，由相似三角形可得：

$$\frac{h}{-l_{\mathrm{F}}} = \frac{-h'}{-f_{\mathrm{F}}}, \quad \frac{h}{f'_{\mathrm{R}}} = \frac{-h'}{l'_{\mathrm{F}}}$$

可以得到放大率的两种形式，即

$$m \equiv \frac{h'}{h} = -\frac{f_{\mathrm{F}}}{l_{\mathrm{F}}}, \quad m \equiv \frac{h'}{h} = -\frac{l'_{\mathrm{F}}}{f'_{\mathrm{R}}}$$

进而可以得到

$$\frac{l_{\mathrm{F}}}{f_{\mathrm{F}}} = -\frac{1}{m}, \quad \frac{l'_{\mathrm{F}}}{f'_{\mathrm{R}}} = -m \tag{6-8}$$

根据以上两式，我们可以看出放大率与物高 h 无关，与像方截距成正比，与物方截距成反比。将式(6-8)等号左右两边分别相乘，整理可得

$$l_{\mathrm{F}} l'_{\mathrm{F}} = f_{\mathrm{F}} f'_{\mathrm{R}} \tag{6-9}$$

上式即为牛顿方程的一般形式。

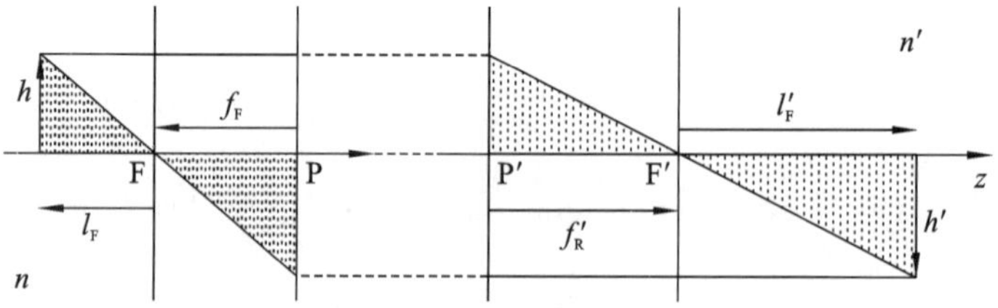

图 6-13 牛顿方程推导示意图

6.3.2 牛顿方程在系统中的应用

如图 6-14 所示，当光学系统相对于相应的焦点度量共轭物面和像面的轴向位置时，即可用牛顿方程表征该高斯映射。相关推导如下。

将光学系统物方焦距与像方焦距的表达式式(6-2)和式(6-3)代入到式(6-8)中可得

$$\frac{l_{\mathrm{F}}}{n} = \frac{f_{\mathrm{E}}}{m} \tag{6-10}$$

$$\frac{l'_{\mathrm{F}}}{n'} = -m f_{\mathrm{E}} \tag{6-11}$$

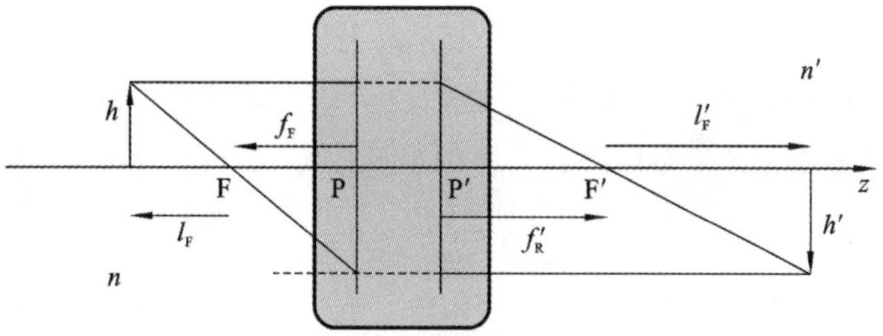

图 6-14　牛顿方程表示高斯映射

将式(6-10)、式(6-11)等号左右两边分别相乘可得

$$\left(\frac{l_F}{n}\right)\left(\frac{l'_F}{n'}\right)=-f_E^2 \tag{6-12}$$

考虑在空气中,有条件 $n=n'=1$,则有

$$l_F=\frac{f_E}{m},\quad l'_F=-mf_E \tag{6-13}$$

同样式(6-12)将化简为

$$l_F l'_F=-f_E^2 \tag{6-14}$$

此即为表征空气中高斯系统共轭映射关系的牛顿方程。

6.3.3　高斯方程推导

结合图 6-15,高斯方程相关推导如下。

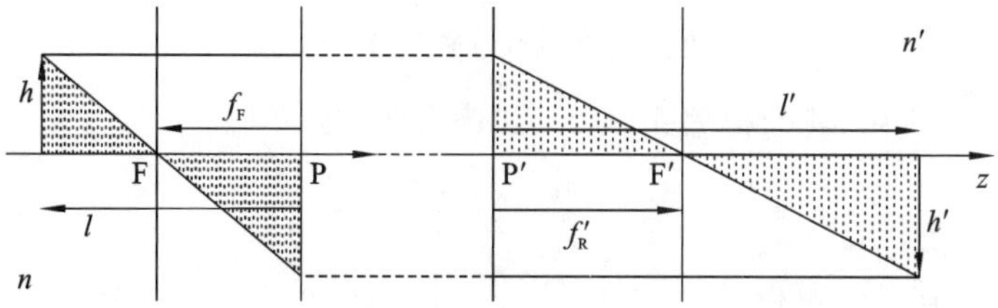

图 6-15　高斯方程推导示意图

根据几何关系,由相似三角形可得

$$\frac{h}{-(l-f_F)}=\frac{-h'}{-f_F},\quad \frac{h}{f'_R}=\frac{-h'}{l'-f'_R}$$

结合放大率的定义可得

$$m\equiv\frac{h'}{h}=\frac{-f_F}{l-f_F},\quad m\equiv\frac{h'}{h}=-\frac{l'-f'_R}{f'_R} \tag{6-15}$$

整理可得

$$\frac{l}{f_F}=1-\frac{1}{m}=\frac{m-1}{m} \tag{6-16}$$

$$\frac{l'}{f'_R}=1-m \tag{6-17}$$

则像方截距和物方截距有如下比例关系:

$$\frac{l'}{l}=\left(-\frac{f'_{\mathrm{R}}}{f_{\mathrm{F}}}\right)m \tag{6-18}$$

从式(6-16)和式(6-17)中我们可以看出，放大率 m 与物高 h 无关。结合式(6-18)可以得出放大率 m 正比于像方截距与物方截距之比 l'/l 的结论。由式(6-16)、式(6-17)整理可得

$$\frac{f_{\mathrm{F}}}{l}+\frac{f'_{\mathrm{R}}}{l'}=\frac{m}{m-1}+\frac{1}{1-m} \tag{6-19}$$

即

$$\frac{f_{\mathrm{F}}}{l}+\frac{f'_{\mathrm{R}}}{l'}=1 \tag{6-20}$$

式(6-20)即为高斯方程。

6.3.4 高斯方程在系统中的应用

当以主平面作为参考点来度量相应共轭物面和像面的位置时，我们采用高斯方程来描述系统的高斯映射(见图 6-16)。

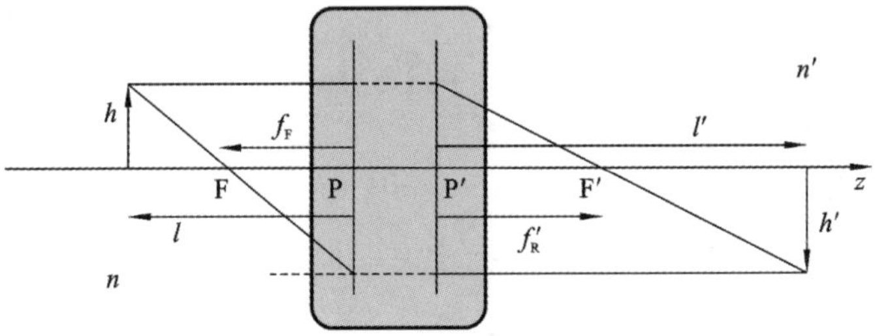

图 6-16 高斯方程表示高斯映射

类似牛顿方程的应用，我们根据式(6-2)、式(6-3)可得

$$\frac{f'_{\mathrm{R}}}{f_{\mathrm{F}}}=-\frac{n'}{n} \tag{6-21}$$

将式(6-2)代入式(6-16)中，可得

$$\frac{l}{n}=\frac{1-m}{m}f_{\mathrm{E}} \tag{6-22}$$

同理，将式(6-3)代入式(6-17)可得

$$\frac{l'}{n'}=(1-m)f_{\mathrm{E}} \tag{6-23}$$

根据式(6-22)、式(6-23)，两式等号左右两边分别相除，可得高斯放大率满足：

$$m=\frac{l'/n'}{l/n} \tag{6-24}$$

由式(6-22)、式(6-23)、式(6-24)整理可得

$$\frac{n'}{l'}=\frac{n}{l}+\frac{1}{f_{\mathrm{E}}} \tag{6-25}$$

式(6-25)是高斯方程的另一种表达形式。

考虑在空气中这个特殊情况，即 $n=n'=1$，式(6-22)、式(6-23)、式(6-24)、式(6-25)依次化简为：

$$l=\frac{1-m}{m}f_E \tag{6-26}$$

$$l'=(1-m)f_E \tag{6-27}$$

$$m=\frac{l'}{l} \tag{6-28}$$

$$\frac{1}{l'}=\frac{1}{l}+\frac{1}{f_E} \tag{6-29}$$

利用高斯方程，即式(6-20)，可推导出 $m=1,0$ 和∞时的共轭面，推导过程如下。

(1) 放大率 $m=1$ 时，根据式(6-26)、式(6-27)，我们能得出：

$$l=0,\quad l'=0$$

即物平面在物方主平面处，像平面在像方主平面处，根据物平面与像平面共轭，印证物方主平面与像方主平面共轭。

(2) 放大率 $m=0$ 时，同理根据式(6-26)、式(6-27)，我们得出：

$$l=\infty,\quad l'=f'_R$$

即物平面在无穷远处，像平面在像方焦平面处，根据物平面与像平面共轭，印证无穷远处物平面与像方焦平面共轭。

(3) 放大率 $m=\infty$ 时，同理可得：

$$l=f_F,\quad l'=\infty$$

即物平面在物方焦平面处，像平面在无穷远处，根据物平面与像平面共轭，印证无穷远处物平面与物方焦平面共轭。

6.3.5　高斯系统中的符号规则

在牛顿系统的推导过程中，我们来回顾一下符号规则的应用。前面章节中我们用来推导放大率的原系统的成像布局如图 6-17 所示。在该图所示的共轭成像中，物在物方焦点的左侧，且正立，而 l_F、h'和 f_F是负数，物体经过系统成一倒像。在考虑符号规则的前提下，由基本几何关系，可知

$$\frac{h}{-l_F}=\frac{-h'}{-f_F}$$

则放大率为

$$m\equiv\frac{h'}{h}=-\frac{f_F}{l_F}$$

接下来我们再考虑如图 6-18 所示的新的成像系统配置，在该配置中，我们将物移到了焦点右侧，物经过系统成一正像，而且该系统中只有 f_F是负数，其他物理量均为正。同样考虑符

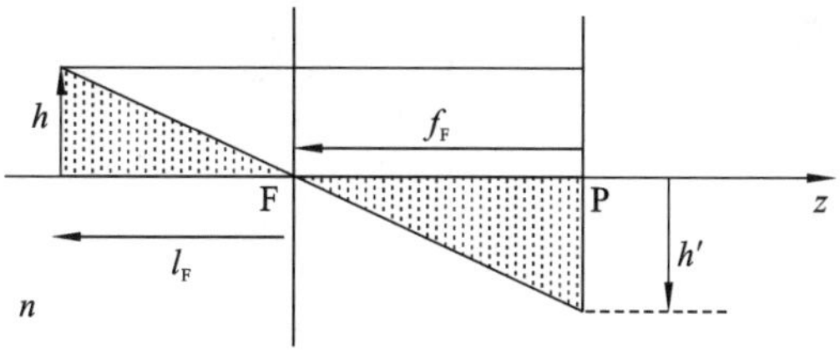

图 6-17　成像系统配置 1

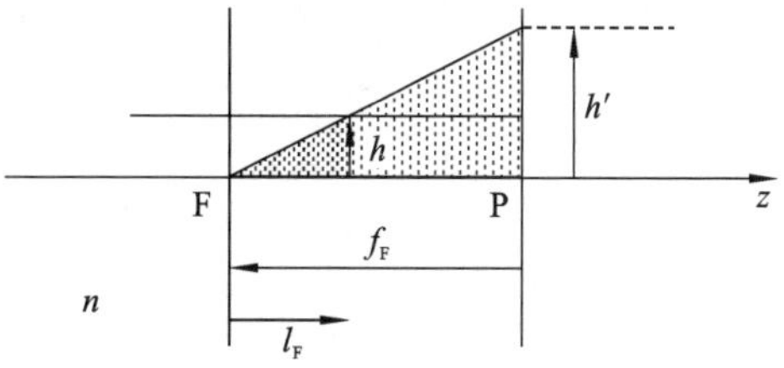

图 6-18　成像系统配置 2

号规则,由基本几何关系,可知

$$\frac{h}{l_{\mathrm{F}}}=\frac{h'}{-f_{\mathrm{F}}}$$

那么,我们有

$$m\equiv\frac{h'}{h}=-\frac{f_{\mathrm{F}}}{l_{\mathrm{F}}}$$

现在我们继续考虑如图 6-19 所示的一个新的成像系统配置,该布局与前面类似,但是将物体改为了一个倒立的物体,通过简单的光线追迹知道该物体通过系统会成一个倒立的像。很显然,在该成像配置中,物在焦点右侧,此时 h、h' 和 f_{F} 均为负数。此时,仍然考虑符号规则,根据几何关系,仍然有

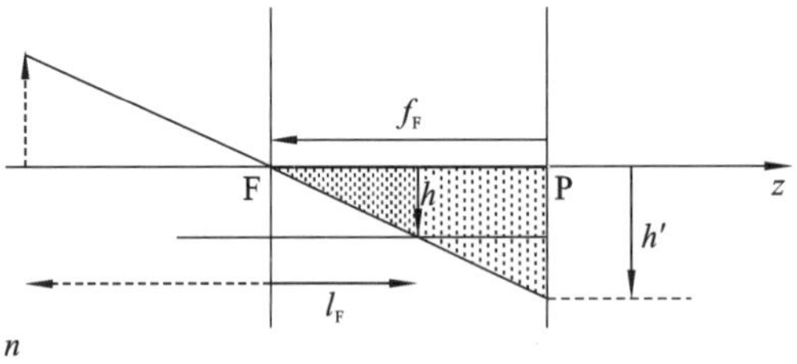

图 6-19 成像系统配置 3

$$\frac{-h}{l_{\mathrm{F}}}=\frac{-h'}{-f_{\mathrm{F}}}$$

那么,系统放大率为

$$m\equiv\frac{h'}{h}=-\frac{f_{\mathrm{F}}}{l_{\mathrm{F}}}$$

我们发现,三种不同系统配置下,光学系统的高斯放大率完全一致,即三种推导结果完全等效。因此,不管我们将物体置于焦点的左侧(牛顿物距为负)还是右侧(牛顿物距为正),也不管物高 h 是正还是负,我们在考虑符号规则的前提下最终推得的放大率计算公式是完全一样的。需要注意的是,在所有这些不同的配置结构中,用于定义各个物理量的参考位置是保持一致的。因此,我们只要根据图示的物理关系来整理相应的计算方程,那么,符号规则将允许所得到的计算方程对于不同的结构配置均有效。

6.3.6 厚度放大率

顾名思义,厚度放大率(或放大倍率)即物的轴向厚度 Δl 经过光学系统后的放大倍率,其与物体前后表面对应的两对共轭面之间的间距有关。如图 6-20 所示,物空间的两个物体经高斯系统成像到像空间。

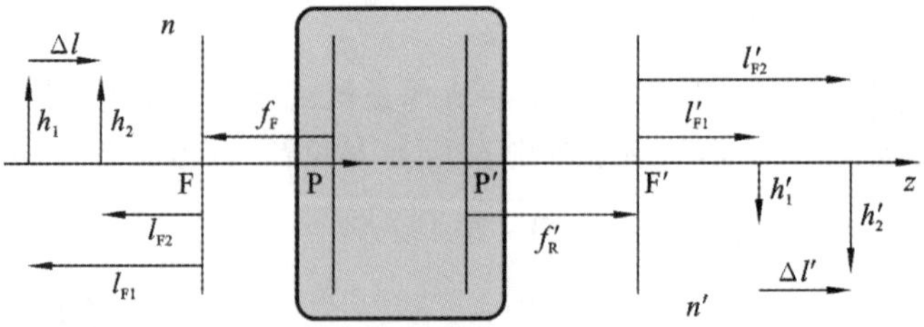

图 6-20 厚度放大率推导示意图

根据图中显示的几何关系,我们知道:

$$\Delta l=l_{\mathrm{F2}}-l_{\mathrm{F1}},\quad \Delta l'=l'_{\mathrm{F2}}-l'_{\mathrm{F1}} \tag{6-30}$$

将式(6-30)代入到式(6-8)中,可以得到:

$$\frac{\Delta l}{f_{\mathrm{F}}}=\frac{l_{\mathrm{F2}}}{f_{\mathrm{F}}}-\frac{l_{\mathrm{F1}}}{f_{\mathrm{F}}}=\left(-\frac{1}{m_2}\right)-\left(-\frac{1}{m_1}\right)=\frac{1}{m_1}-\frac{1}{m_2}=\frac{m_2-m_1}{m_1 m_2}$$

$$\frac{\Delta l'}{f'_{\mathrm{R}}}=\frac{l'_{\mathrm{F2}}}{f'_{\mathrm{R}}}-\frac{l'_{\mathrm{F1}}}{f'_{\mathrm{R}}}=(-m_2)-(-m_1)=-(m_2-m_1)$$

对上面两式等号左右分别相除，可得

$$\frac{\Delta l'/f'_{\mathrm{R}}}{\Delta l/f_{\mathrm{F}}}=\frac{-(m_2-m_1)}{(m_2-m_1)/m_1 m_2}=-m_1 m_2 \tag{6-31}$$

整理化简即为高斯系统的厚度放大率：

$$\frac{\Delta l'}{\Delta l}=-\left(\frac{f'_{\mathrm{R}}}{f_{\mathrm{F}}}\right)m_1 m_2 \tag{6-32}$$

需要说明的是，厚度 Δl 和 $\Delta l'$ 与所选择的坐标原点无关。而且，厚度放大率公式对于距离较远的两个平面依然是有效的。很显然，由于只是相对位置不同，因此厚度放大率与坐标原点的选择无关。式(6-32)的计算结果也充分论证了这一结论。

为了进一步理解厚度(轴向)放大率与垂轴放大率的物理关系，我们将式(6-21)代入到式(6-32)中，可得：

$$\frac{\Delta l'/n'}{\Delta l/n}=m_1 m_2 \tag{6-33}$$

因此，从式(6-33)可以看出，光学系统的简化厚度放大率是对应的前后位置的垂轴放大率的乘积。这也进一步证明了，光学系统中的简化厚度或者简化距离代表了光线的等效传播距离。当平面距离接近零时，可以得到该点的纵向或轴向倍率。由于垂轴放大率 m 与位置有关，那么厚度放大率是物像位置 l 和 l' 的函数。因此，根据定义，我们可得到系统某一共轭关系对应的轴向放大率为

$$\overline{m}=\lim_{\Delta l\to 0}\frac{\Delta l'}{\Delta l}=\left(\frac{n'}{n}\right)m^2 \tag{6-34}$$

同样地，如果采用简化距离，我们可以把轴向放大率表达式式(6-34)写成如下表达式：

$$\lim_{\Delta l\to 0}\frac{\Delta l'/n'}{\Delta l/n}=m^2 \tag{6-35}$$

上式表明，物像空间某一点的轴向的简化厚度放大率为对应的垂轴放大率的平方。如果考虑在空气中这一特殊情况，则有 $n=n'=1$，那么，光学系统的轴向放大率变为

$$\overline{m}=\lim_{\Delta l\to 0}\frac{\Delta l'}{\Delta l}=m^2 \tag{6-36}$$

6.4 高斯系统的节点

6.4.1 高斯系统节点的性质

根据节点定义我们知道物方节点 N 与像方节点 N′为一对共轭点。如图 6-21 所示，光线 1 和 2 必须在像空间中平行，因为它们的共轭光线在该系统的物方焦平面中相交于一点。标阴影的三角形不仅相似而且完全相同，即

$$l'_{\mathrm{PN}}=l_{\mathrm{PN}} \tag{6-37}$$

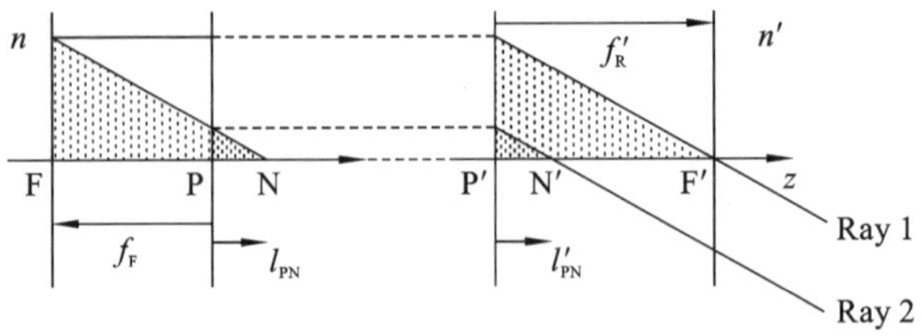

图 6-21 光学系统的节点

$$l_{PN} - f_F = f'_R \tag{6-38}$$

$$l'_{PN} = l_{PN} = f_F + f'_R \tag{6-39}$$

由厚度放大率公式(以及主平面和节点的位置)可知

$$\frac{l'_N - l'_P}{l_N - l_P} = \frac{l'_{PN}}{l_{PN}} = \frac{\Delta l'}{\Delta l} = \left(\frac{n'}{n}\right) m_P m_N \tag{6-40}$$

主平面之间的共轭放大率为 1,即 $m_P = 1$。因此,联立式(6-37)和式(6-40),可得

$$m_N = \frac{n}{n'} \tag{6-41}$$

若像空间与物空间参数相同,即 $n' = n, f_F = -f'_R$,根据式(6-39)、式(6-41)可知

$$l_{PN} = l'_{PN} = 0 \tag{6-42}$$

$$m_N = 1 \tag{6-43}$$

以上两式说明:如果像空间的折射率等于物空间的折射率,那么节点位于对应的主平面上,即节点与主点重合。

6.4.2 以节点为参考点的高斯成像方程

如果物体和像位置相对于节点测量,即把节点作为原点,则可以获得一个有趣且重要的结论。如图 6-22 所示,定义 l_N 和 l'_N 为从节点开始测得的物距和像距,$\tilde{l}$ 和 $\tilde{l}'$ 则依然是相对主平面测得的物和像的位置,$\tilde{l}_N$ 和 $\tilde{l}'_N$ 也是从主平面(或主点)开始测得的节点的位置。那么,根据厚度放大率公式,我们可以得到以节点作为左边原点测得的像距和物距的比值满足如下关系:

$$\frac{l'_N}{l_N} = \frac{\tilde{l}' - \tilde{l}'_N}{\tilde{l} - \tilde{l}_N} = \left(\frac{n'}{n}\right) m_N m$$

$$m_N = \frac{n}{n'}$$

联立以上两式,可得

$$m = \frac{l'_N}{l_N} \tag{6-44}$$

式(6-44)表明,如果相对于节点度量高斯系统的物距和像距,那么通过高斯系统共轭成像的放大率即等于对应像距与物距的比值。

这里需要补充说明的是,式(6-44)的计算结果完全符合我们之前对节点物理性质的定义。如图 6-22 所示,根据节点的定义我们可以很容易知道,从像方节点观察到的像的角度等于从物方节点观察到的物的角度,即

$$\frac{h}{-l_N} = \frac{-h}{l'_N}$$

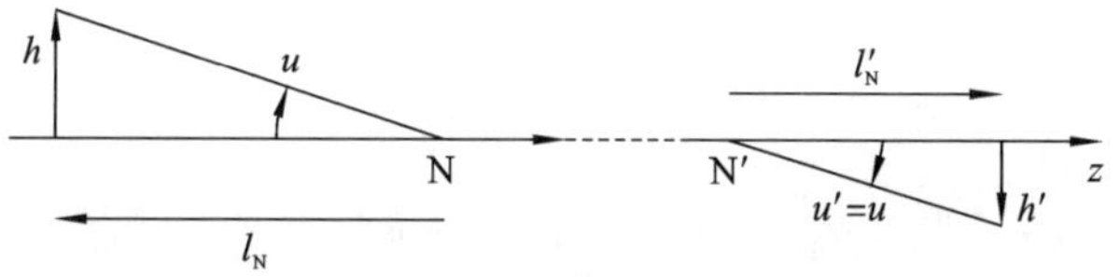

图 6-22　从节点观察对应的物和像

$$m \equiv \frac{h'}{h} = \frac{l'_N}{l_N}$$

很显然，这与我们根据厚度放大率公式推导得到的结果完全一致。

6.4.3　高斯系统的基准点(面)度量

现在我们来总结一下高斯成像系统的几对主要基准点(或面)。图 6-23 所示的为一个典型的高斯系统。从该系统的成像过程来看，主点和焦点是表征该系统成像性能最重要的基准点。其中，物方主平面和像方主平面互为共轭面。其中，物方主平面到物方焦点的距离定义为物方焦距 f_F，而像方主平面到像方焦点的距离定义为像方焦距 f'_R。如果该系统的有效焦距为 f(即系统光焦度的倒数)，且物空间和像空间折射率分别为 n、n'，那么系统的有效焦距与对应的物方焦距或像方焦距满足如下关系：

$$f = f_E = -\frac{f_F}{n} = \frac{f'_R}{n'}$$

上式对任意高斯系统都成立。然而，对于实际的光学系统来说，我们习惯参考具体的光学表面来度量对应的基准点的位置。对于物方主平面和物方焦点，一般参考系统的前表面进行度量；对于像方主平面和像方焦点，一般参考系统的后表面进行度量。我们定义从系统前表面到物方焦点的距离为前焦距(Front Focal Distance，FFD)，也称前焦长；定义从系统后表面到像方焦点的距离为后焦距(Back Focal Distance，BFD)，也称后焦长。如果从前表面到物方主平面的距离记为 d，从后表面到像方主平面的距离记为 d'，那么对应的物方焦距和像方焦距可以表示为

$$f_F = \text{FFD} - d \tag{6-45}$$

$$f'_R = \text{BFD} - d' \tag{6-46}$$

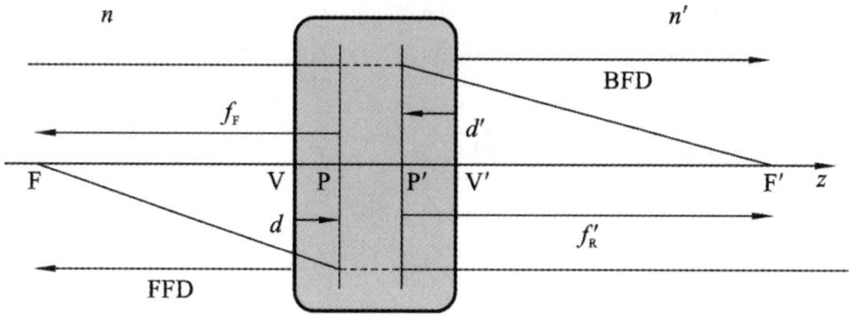

图 6-23　典型高斯系统的基准点(面)度量

6.4.4 测节器

测节器(Nodal Slide)又叫作光学节点仪，主要用于测量各种透镜、透镜组，以及部分镜头系统的前、后节点的位置。当镜头系统处于空气中时，节点与主点重合。因此，我们可以利用节点的物理性质，通过测节器来确定系统主平面的位置和系统焦距的大小。

具体工作原理如图 6-24 所示，当系统围绕其像方节点旋转时，入射平行光线经过光学系统后会会聚到同一点。即使成像的光束偏斜，F′偏移到一侧，像也不会移动。因此，我们可以利用节点的这个性质，通过旋转光学系统，观察光束会聚点的移动情况来确定系统节点的位置，进而可以求得光学系统的所有像方基准点(N′、F′、P′)的位置。通过将系统反向反置，采用同样的方式，能够测得系统所有物方基准点(N、F、P)的位置。

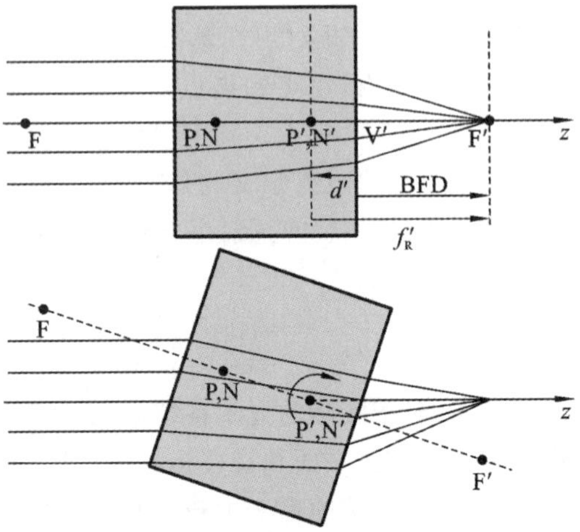

图 6-24 测节器工作原理图

测节器的使用方法如下。

(1) 将镜头系统安装在旋转台上的平移台上。

(2) 将后顶点定位在旋转轴上，当正确定位时，系统旋转时顶点不会平移。

(3) 使用准直照明。

(4) 使用显微镜(带千分尺)测量后顶点 V′和焦点(像方焦点 F′)之间的距离，这是后焦距(BFD)，即从后顶点到像方焦点的距离。

(5) 在观察像时，请使用平移台重新定位系统，使系统旋转时像不会翻转，像方节点(和主点)现在在旋转点之上。

(6) 测量后顶点和后主平面之间的距离 d'。

(7) 测得系统焦距为

$$f = f_E = f'_R = \mathrm{BFD} - d'$$

6.5 高斯系统的近轴光线追迹

在上一章我们讨论了薄透镜以及单个折射面或反射面的近轴光线追迹。事实上，对于任意光学系统均可利用光线追迹来求解其成像性质。对于任意的一个光学系统，可以用系统焦距 f 或系统光焦度来表征其折射特性。因此，针对复杂的高斯光学系统，应先确定系统光焦度或系统焦距 f，确保该系统遵循近轴光线追迹公式。然后确定系统的主平面，因为我们一般认为主平面是复杂高斯系统发生有效折射的平面，因此，一旦确定了高斯系统的主点和焦点，我们即可根据系统的高斯成像原理将系统简化成一对独立的折射平面(即物方主平面和像方主平面)，从而进行简单且有效的光线追迹，以进一步确定系统的成像性质。

6.5.1　无穷远物共轭高斯系统的近轴光线追迹

根据高斯系统的成像原理，无穷远处的物体经过高斯系统之后，其在像空间的共轭光线会会聚于像方焦点 F′处，其光路图如图 6-25 所示。根据这一成像原理，我们追迹一条平行于光轴的光线，该光线进入高斯系统物方主平面，会从像方主平面等高处出射，并交于像方焦点处。根据图中所示的几何关系，有：

$$f'_{\mathrm{R}}=-\frac{y}{u'} \tag{6-47}$$

其中，f'_{R}是像方焦距。而根据高斯系统像方焦距的定义，有：

$$f'_{\mathrm{R}}=\frac{n'}{\phi} \tag{6-48}$$

其中，n'为像空间折射率。联立式(6-47)和式(6-48)，可以得到：

$$n'u'=-y\phi$$

由于物在无穷远处，入射光线为平行光线，因此入射光线的近轴光线角 $u=0$。因此，当物在无穷远处时，有：

$$n'u'=nu-y\phi$$

观察可知，这与单折射面的表达式完全一样。只不过对于高斯系统的无穷远物共轭来说，有效折射发生在了像方主平面处。

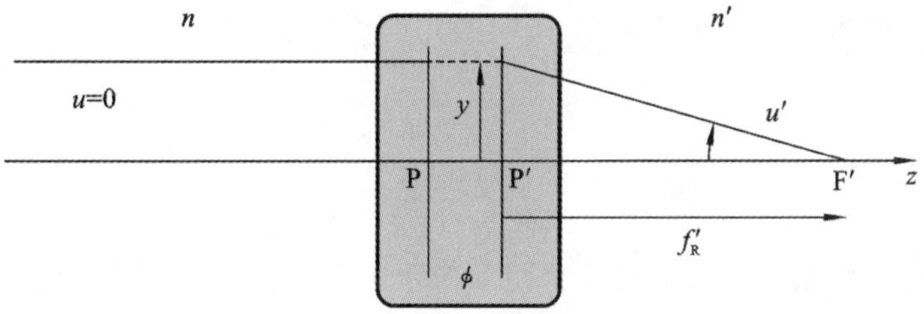

图 6-25　高斯系统无穷远物共轭的近轴光线追迹

6.5.2　无穷远像共轭高斯系统的近轴光线追迹

根据高斯系统的成像原理，物方焦点发出的光束经过高斯系统之后，其在像空间的共轭光线会平行于光轴出射，而产生无穷远的像，其光路图如图 6-26 所示。根据这一成像原理，我们追迹一条从物方焦点 F 发出的光线，该光线进入高斯系统物方主平面，会从像方主平面等高处以平行于光轴的方向出射。根据图中所示的几何关系，有：

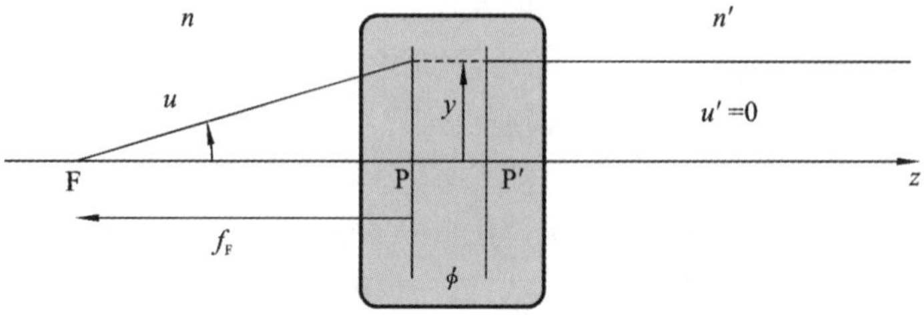

图 6-26 高斯系统无穷远像共轭的近轴光线追迹

$$f_F = -\frac{y}{u} \tag{6-49}$$

其中，f_F为物方焦距。因此，根据高斯系统物方焦距的定义，有：

$$f_F = -\frac{n}{\phi} \tag{6-50}$$

联立式(6-49)和式(6-50)，可以得到：

$$nu - y\phi = 0$$

由于像在无穷远处，出射光线为平行光线，因此出射光线的近轴光线角 $u'=0$。因此，当像在无穷远处时，依然有如下关系：

$$n'u' = nu - y\phi$$

很显然，这依然与单折射面近轴光线追迹的表达式完全一样。只不过对于高斯系统的无穷远像共轭来说，有效折射发生在了物方主平面处。

6.5.3 一般共轭成像高斯系统的近轴光线追迹

现在我们考虑有限远物共轭成像为有限远像的一般共轭成像高斯系统，其光路图如图6-27所示。根据共轭成像原理，我们追迹一条从光轴上以近轴光线角 u 出射的光线，该光线从物方主平面进入高斯系统，然后从像方主平面等高位置处出射，并交于轴上的像点位置，出射光线的近轴光线角设为 u'。根据图 6-27 所示的几何关系，可知：

$$u = \frac{y}{-l} \tag{6-51}$$

$$u' = -\frac{y}{l'} \tag{6-52}$$

其中，l、l'为该共轭成像系统对应的高斯物距和像距。因此，应用高斯成像公式，有：

$$\frac{n'}{l'} = \frac{n}{l} + \phi \tag{6-53}$$

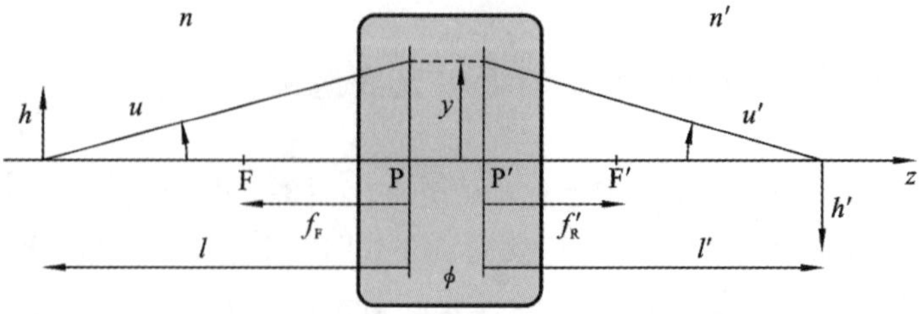

图 6-27 高斯系统有限远共轭的近轴光线追迹

将式(6-51)和式(6-52)代入到上式中，可得：

$$\frac{n'}{-\frac{y}{u'}}=\frac{n}{-\frac{y}{u}}+\phi$$

化简整理，即得：

$$n'u'=nu-y\phi$$

显然，这仍然与单折射面的近轴光线追迹的表达式完全一样。

6.6 单个光学表面的高斯性质

6.6.1 单个折射面的高斯性质

对于如图 6-28 所示的单个折射面(或单折射面)，在光学表面某个高度处入射的光线将从该光学表面相同高度处出射。很显然，单位放大的物像共轭发生在光学表面上。因此，我们认为单个折射面系统的物方主平面和像方主平面重合，且都位于表面顶点 V 处。另外，朝向曲率中心的光线垂直于折射表面入射，因而不发生折射效应，该光线在物空间和像空间中具有相同的光线角度(即角度倍率为 1)。因此，两个节点位于光学表面的曲率中心 CC 处，并且在 CC 处光线的轴向截距定义了两个节点的共轭成像距离，均为表面的曲率半径 R。

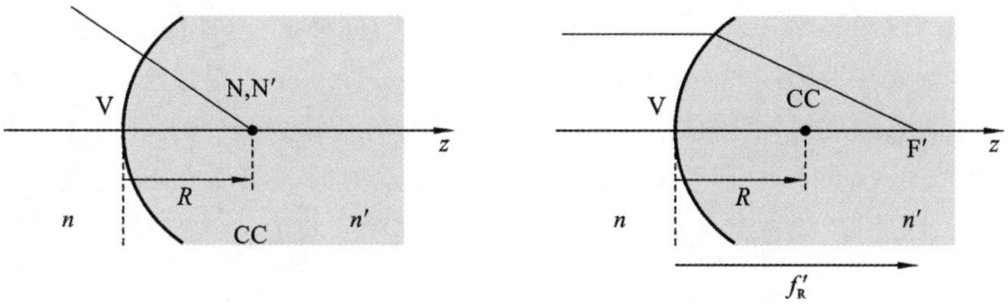

图 6-28　单个折射面的高斯性质

接下来我们对单折射面系统中节点与主平面的相对位置进行数学验证。根据单折射面光焦度关系，我们有：

$$f_F=-\frac{n}{\phi}=-nf_E \tag{6-54}$$

$$f'_R=\frac{n'}{\phi}=n'f_E \tag{6-55}$$

将式(6-54)、式(6-55)代入到式(6-39)中，可得

$$l_{PN}=l'_{PN}=-\frac{n}{\phi}+\frac{n'}{\phi}=\frac{n'-n}{\phi} \tag{6-56}$$

其中，ϕ 为单个折射面的光焦度，可以表示为

$$\phi=(n'-n)C=\frac{n'-n}{R} \tag{6-57}$$

将式(6-57)代入到式(6-56)中，可得

$$l_{PN} = l'_{PN} = \frac{1}{C} = R \tag{6-58}$$

由于主平面位于表面顶点处，所以根据上式我们可知节点位于表面的曲率中心处。单个折射面节点处的放大率为

$$m_N = \frac{n}{n'} \tag{6-59}$$

前面我们已经计算推得了单个折射面主点和节点的位置。现在我们进一步推算单个折射面焦点的位置。如图 6-28 所示，根据焦点的定义，一束平行光进入单个折射面之后，会交于光轴上单个折射面的像方焦点 F′处。由于单个折射面像方主平面和物方主平面均位于表面顶点处，因此物方焦距和像方焦距都是相对于表面顶点测得的。

根据式(6-57)，我们可以进一步推得单个折射面的像方焦距和物方焦距如下所示：

$$f'_R = \frac{n'}{\phi} = \frac{n'}{n'-n}R \tag{6-60}$$

$$f_F = -\frac{n}{\phi} = -\frac{n}{n'-n}R \tag{6-61}$$

6.6.2 单个反射面的高斯性质

在前面章节的论述中，我们已经指明，反射面可以看作是一个特殊的折射表面。如果把反射之后的光学空间的折射率定义为反射前光学空间折射率的相反数，即 $n' = -n$，则所有的反射定律可转化为相应的折射定律。

类似折射面，对于如图 6-29 所示的反射面，近轴近似同样成立，即曲面在近轴区域产生的矢高可以忽略，光线在近轴区发生反射之后的光线偏离是个小量。根据这些假设，我们可以认为，单个反射面的有效反射发生在曲面顶点所在的平面内，因此反射面的物方主点和像方主点与表面顶点 V 重合。同时，垂直于反射面入射(即通过反射面的曲率中心)的光线会沿原入射方向反射回来。因此，反射面的节点位于该表面的曲率中心位置。这些结论与折射面的完全一样。

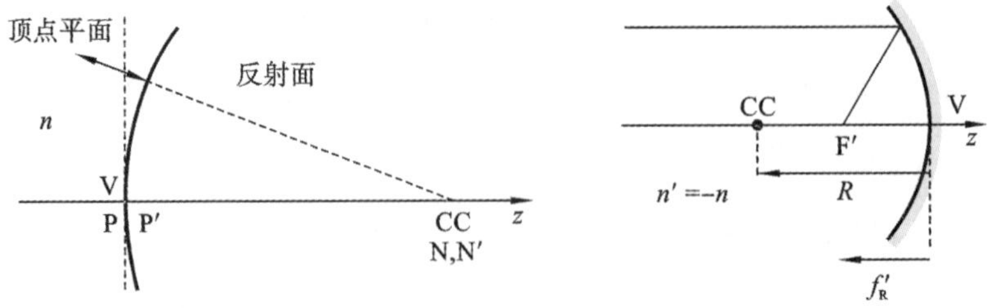

图 6-29 单个反射面的高斯性质

由于反射面是 $n' = -n$ 时的特殊折射面，因此单个反射面的光焦度和焦距可以表示为

$$\phi = -2nC = -\frac{2n}{R} \tag{6-62}$$

$$f_F = f'_R = -\frac{n}{\phi} = -nf_E = \frac{R}{2} = \frac{1}{2C} \tag{6-63}$$

6.6.3　单个折射面和反射面的比较

对于具有同等曲率半径的一个折射面和一个反射面，由于它们在名义上的物像空间的折射率不一样，所以它们各自的光焦度是不一样的。对于一个曲率半径为 C 的折射面，其光焦度由式(6-57)所决定，如果假设 $n=1$，且 $n'=1.5$(普通玻璃的折射率)，那么该折射面的光焦度为 $\phi=(n'-n)C=0.5C$。

而对于一个曲率半径为 C 的反射面，其光焦度由式(6-62)所决定。如果该反射面置于空气中，则有 $n'=-n=-1$，那么该反射面的光焦度为 $\phi=-2nC=-2C$。

由此可知，如果要获得相同的光学光焦度，一个反射面相比折射面而言，只需要其大概四分之一的曲率。这是反射面相比折射面的一个十分重要的优点。值得注意的是，使用反射面时，其光焦度的符号与反射面的曲率的符号是相反的。

6.6.4　单个光学表面的高斯性质

从前面两节我们得知单个折射面或者单个反射面都可以看作是一个独立的高斯系统，它具有主点、节点和焦点等高斯系统的基准点。因此，单个折射面或单个反射面也完全遵循高斯成像公式。如果单个折射面或单个反射面到某一物体的距离为 l(物距)，且该单个光学表面到该物经过单个折射面或单个反射面所成像的距离为 l'(像距)，那么，该成像共轭方程依然可以写成：

$$\frac{n'}{l'}=\frac{n}{l}+\phi \tag{6-64}$$

而物像之间的放大率为

$$m=\frac{l'/n'}{l/n} \tag{6-65}$$

显然，这些方程与普通高斯系统的成像方程并无二致。

6.6.5　单个光学表面的薄透镜简化模型

如图 6-30 所示，通过使用简化距离和光学角度，能够用一个置于空气中的等效薄透镜来表征单个折射面系统的成像特性。该等效薄透镜的光焦度与单个折射面的光焦度相等，为 ϕ。那么，单个折射面系统中像空间所有距离(像方焦距和像距等)的简化距离对应于薄透镜系统像空间的实际距离，而单个折射面系统中像空间的所有光线的光学角度对应于薄透镜系统在像空间对应光线的近轴光线角。因此，根据这个等效原理，我们有如下等价计算关系：

$$\tilde{u}'=n'u' \tag{6-66}$$

$$f_{\mathrm{E}}=\frac{f'_{\mathrm{R}}}{n'} \tag{6-67}$$

很显然，如果物不在无穷远处，那么薄透镜的像距即为该单个折射面的简化像距。这种等效性进一步解释了简化距离在描述光学系统光学行为中的重要性和直接性。

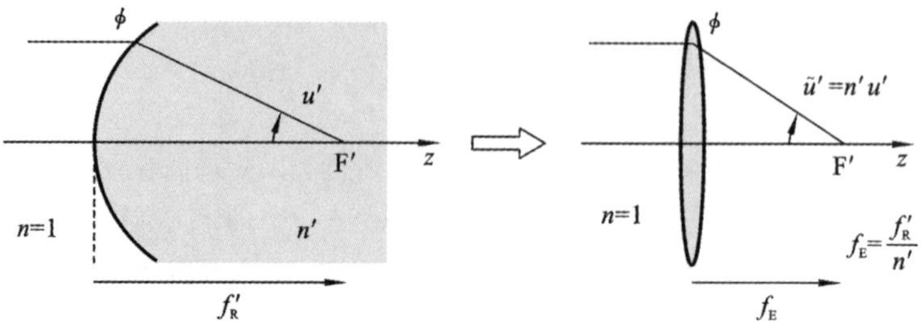

图 6-30 单个折射面的薄透镜简化模型

6.7 高斯成像范例

6.7.1 光学系统的高斯简化

从前面的推导和论证可以看出，基准点以及相关的焦距和光焦度完全决定了有焦系统从物空间到像空间的映射。因此，根据高斯成像理论，不管一个复杂系统的光学表面的数量是多少，都可以通过高斯成像映射理论将该复杂光学系统简化成一组独特的基准点，然后通过这些基准点来描述该光学系统的成像特性。如图 6-31 所示，通过追迹该三透镜系统的光线行为，

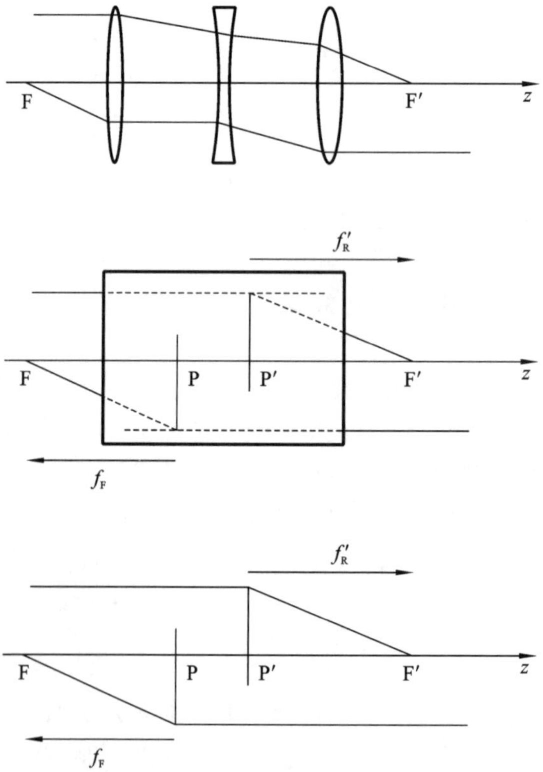

图 6-31 高斯系统简化为基准点

我们就可以找到该系统的主平面(主点)和焦平面(焦点)的位置，进而该系统即被简化为由一组主点和一组焦点所组成。这一组主点和焦点也完全描述了该光学系统的所有一阶成像特性(如成像共轭距离、焦距等)。

6.7.2　正焦系统成像——成像位置和放大率

对于正焦系统，在本节中我们举两个例子进行说明。

例 6.1　(牛顿方程和高斯方程)如图 6-32 所示的正焦系统，已知焦距 $f_E=100$ mm，折射率 $n=n'=1.0$，物体在物方焦点左方 200 mm 处，物高 $h=10$ mm，求解像的大小和位置。需要说明的是，像方主点 P 和物方主点 P′之间的物理距离是未知的。

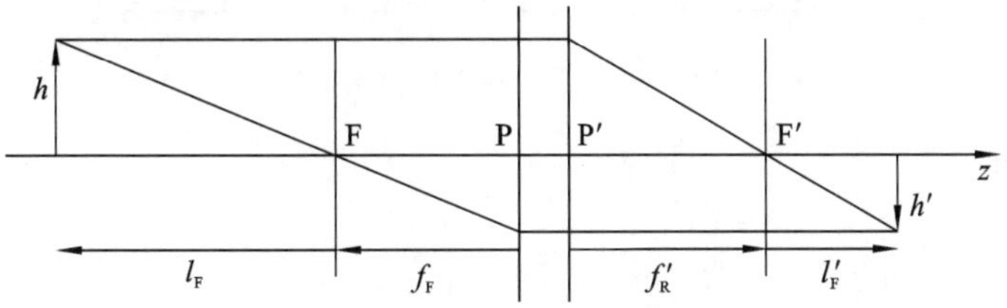

图 6-32　正焦系统成像例 6.1

首先整理已知条件：

$$l_F=-200 \text{ mm}$$
$$h=10 \text{ mm}$$

根据牛顿公式及放大率公式，我们可得

$$m=\frac{f_E}{l_F}=\frac{100}{-200}=-0.5$$
$$h'=mh=-0.5\times 10 \text{ mm}=-5 \text{ mm}$$
$$l'_F=-mf_E=-0.5\times 100 \text{ mm}=50 \text{ mm}$$

即像的位置在像方焦点右侧 50 mm 处，像高−5 mm，成倒立缩小的实像。

我们再尝试利用另一种方法，即高斯方程进行讨论，如图 6-33 所示，同样整理已知条件：

$$l=-200 \text{ mm}+f_F=-300 \text{ mm}$$
$$h=10 \text{ mm}$$

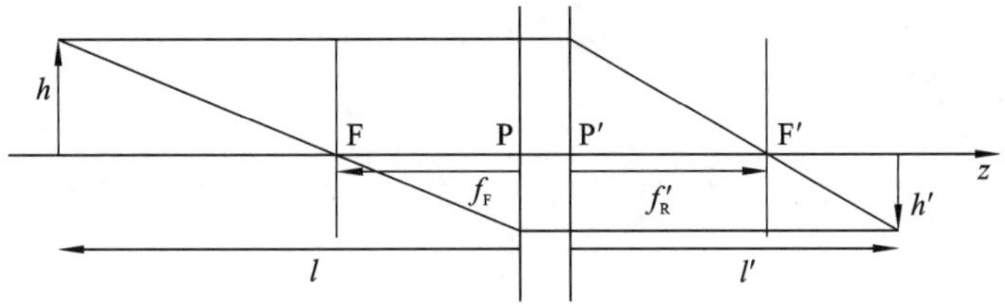

图 6-33　高斯方程求解例 6.1

那么，根据式(6-22)和式(6-23)，计算可得：

$$m=\frac{f_E}{f_E+l}=\frac{100 \text{ mm}}{100 \text{ mm}-300 \text{ mm}}=-0.5$$
$$h'=mh=-0.5\times 10 \text{ mm}=-5 \text{ mm}$$

$$l' = f_E(1-m) = 100\ \text{mm} \times 1.5 = 150\ \text{mm}$$

即像的位置在像方焦点右侧 50 mm 处，像高 −5 mm，成倒立缩小的像。这与第一种方法的结果是完全相同的。

例 6.2 （牛顿方程）如图 6-34 所示的正焦系统，焦距 $f_E=100$ mm，折射率 $n=n'=1.0$，物体在物方焦点右方 40 mm 处，物高 $h=10$ mm，求解像的大小和位置。

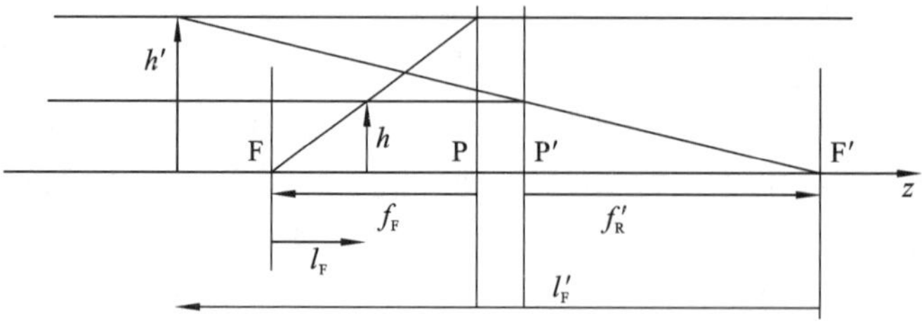

图 6-34 正焦系统成像例 6.2

整理已知条件：

$$l_F = 40\ \text{mm}$$

$$h = 10\ \text{mm}$$

代入到式(6-8)中，可求得：

$$m = \frac{f_E}{l_F} = \frac{100}{40} = 2.5$$

$$h' = mh = 2.5 \times 10\ \text{mm} = 25\ \text{mm}$$

$$l'_F = -mf_E = -2.5 \times 100\ \text{mm} = -250\ \text{mm}$$

即成像位置在像方焦点左侧 250 mm 处，成正立放大的像，像高 25 mm。

6.7.3 正焦系统成像——厚度放大率

例 6.3 对于与例 6.1、例 6.2 相同的正焦系统(即焦距 $f_E=100$ mm，折射率 $n=n'=1.0$)，已知物体有厚度，左右两侧分别在物方焦点左方 410 mm、400 mm 处，求厚度放大率。

首先，整理已知条件：

$$l_{F1} = -410\ \text{mm}$$

$$l_{F2} = -400\ \text{mm}$$

$$\Delta l = l_{F2} - l_{F1} = 10\ \text{mm}$$

那么根据厚度放大率公式可得

$$\overline{m} = \left(\frac{n'}{n}\right)\frac{f_E^2}{l_F^2} = \frac{(100\ \text{mm})^2}{(-405\ \text{mm})^2} \approx 0.061$$

$$\Delta l' \approx \overline{m}\Delta l = 0.61\ \text{mm}$$

若要更为精确地计算，可以应用高斯成像公式进行推导。该系统的牛顿成像公式为

$$\left(\frac{l_F}{n}\right)\left(\frac{l'_F}{n'}\right) = -f_E^2$$

将折射率条件 $n=n'=1.0$ 代入整理可得如下表达式：

$$l'_F = -\frac{f_E^2}{l_F} \tag{6-68}$$

代入已知条件，并计算可得

$$l'_{F1} \approx 24.39 \text{ mm}$$
$$l'_{F2} = 25 \text{ mm}$$
$$\Delta l' = l'_{F2} - l'_{F1} = 0.61 \text{ mm}$$

这里我们可以看到，精确计算与近似计算所得 $\Delta l'$ 相同。那么厚度放大率为

$$\frac{\Delta l'}{\Delta l} = 0.061$$

例 6.4　设有与例 6.3 相同的正焦系统（焦距 $f_E = 100$ mm，折射率 $n = n' = 1.0$），已知物体有厚度，左右两侧分别在物方焦点左方 50 mm、40 mm 处，求厚度放大率。

采用相同的处理方法，先整理已知条件：

$$l_{F1} = -50 \text{ mm}$$
$$l_{F2} = -40 \text{ mm}$$
$$\Delta l = l_{F2} - l_{F1} = 10 \text{ mm}$$

根据厚度放大率公式可得

$$\overline{m} = \left(\frac{n'}{n}\right)\frac{f_E^2}{l_{F2}} = \frac{(100 \text{ mm})^2}{(-45 \text{ mm})^2} \approx 4.94$$
$$\Delta l' \approx \overline{m}\Delta l = 49.4 \text{ mm}$$

若要更为精确地计算，根据式(6-68)计算可得

$$l'_{F1} = 200 \text{ mm}$$
$$l'_{F2} = 250 \text{ mm}$$
$$\Delta l' = l'_{F2} - l'_{F1} = 50 \text{ mm}$$

这里我们可以看到，与例 6.3 不同，精确计算与近似计算所得 $\Delta l'$ 相差较大。那么厚度放大率为

$$\frac{\Delta l'}{\Delta l} = 5$$

6.8　一般的无焦系统

6.8.1　无焦系统组成

无焦系统由两个有焦系统组合形成，第一系统的像方焦点与第二系统的物方焦点重合。如图 6-35 所示，在无焦系统中，与物空间光轴平行的光线跟与像空间光轴平行的光线共轭。

6.8.2　无焦系统的成像性质——垂轴放大率

根据图 6-35，由相似三角形可知

$$\frac{h}{f'_{R1}} = \frac{-h'}{-f_{F2}}$$

又由于：

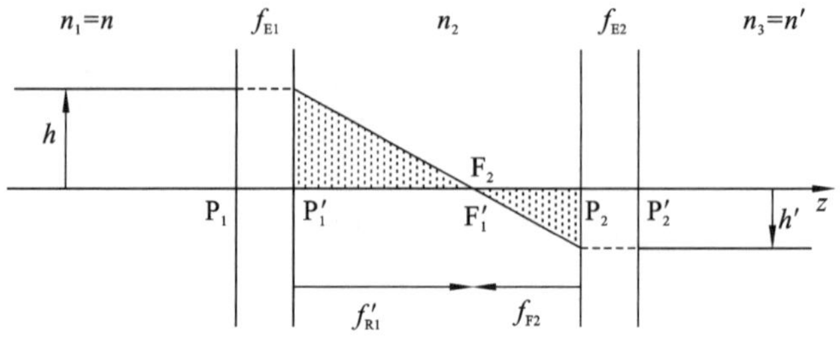

图 6-35 无焦系统

$$f'_{R1} = n_2 f_{E1} \tag{6-69}$$

$$f_{F2} = -n_2 f_{E2} \tag{6-70}$$

可得垂轴放大率为

$$m \equiv \frac{h'}{h} = \frac{f_{F2}}{f'_{R1}} = -\frac{f_{E2}}{f_{E1}} = \text{constant} \tag{6-71}$$

上式说明无焦系统的垂轴放大率是恒定的，这是无焦系统一条很重要的成像性质。

6.8.3 无焦系统的成像性质——轴向放大率

如图 6-36 所示，有厚度的物两个轴向端面通过一个无焦系统产生两个分离的像。通过分别计算物体前后两个表面对应的共轭成像位置，我们进一步推得无焦系统的厚度(轴向)放大率。物体前后两个表面经过无焦系统具体的成像过程如图 6-37 所示。我们在物空间追迹两条光线，一条为通过物顶点以及第一个透镜组物方焦点的光线，另一条为通过物顶点且平行于光轴的光线。这两条光线在系统像方空间的映射光线的交点即为物顶点对应的像顶点位置。

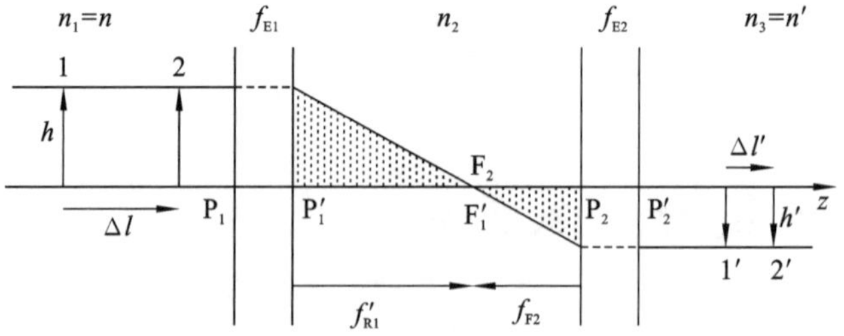

图 6-36 无焦系统成像示意图

根据图 6-37 所示的几何关系，易知

$$l_{F1} = -\frac{h}{h_1} f_{F1}, \quad l_{F2} = -\frac{h}{h_2} f_{F1} \tag{6-72}$$

$$\Delta l = l_{F2} - l_{F1} = h f_{F1} \left(\frac{1}{h_1} - \frac{1}{h_2} \right) \tag{6-73}$$

经过无焦系统后，我们有如下关系：

$$l'_{F1} = -\frac{h'}{h_1} f'_{R2}, \quad l'_{F2} = -\frac{h'}{h_2} f'_{R2} \tag{6-74}$$

$$\Delta l' = l'_{F2} - l'_{F1} = h' f'_{R2} \left(\frac{1}{h_1} - \frac{1}{h_2} \right) \tag{6-75}$$

我们知道：

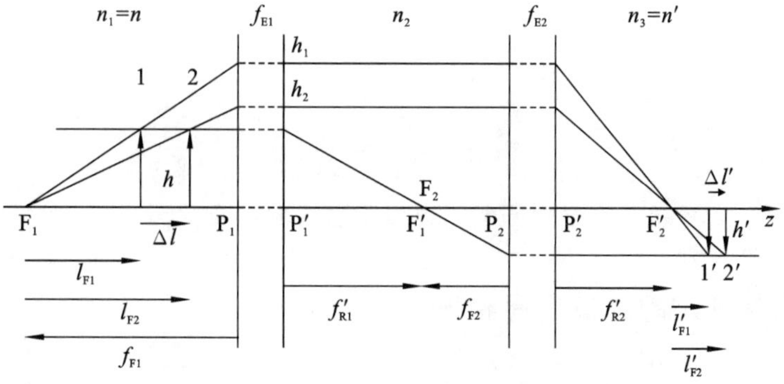

图 6-37　无焦系统的成像过程

$$f_{F1}=-nf_{E1},\quad f'_{R2}=n'f_{E2} \tag{6-76}$$

分别代入式(6-73)、式(6-75)可得

$$\Delta l=l_{F2}-l_{F1}=-hnf_{E1}\left(\frac{1}{h_1}-\frac{1}{h_2}\right) \tag{6-77}$$

$$\Delta l'=l'_{F2}-l'_{F1}=n'h'f_{E2}\left(\frac{1}{h_1}-\frac{1}{h_2}\right) \tag{6-78}$$

那么，我们就有：

$$\bar{m}=\frac{\Delta l'}{\Delta l}=-\frac{n'}{n}\frac{h'}{h}\frac{f_{E2}}{f_{E1}}=\left(\frac{n'}{n}\right)m^2=\text{constant} \tag{6-79}$$

其中，式(6-79)又可变形为

$$\frac{\Delta l'/n'}{\Delta l/n}=m^2 \tag{6-80}$$

根据以上计算可以发现，无焦系统轴向和垂轴放大率是恒定的。物空间等距平面映射到像空间仍为等距平面。相对轴向间距随轴向放大率而变化。因为放大率是恒定的，所以基准点不是为无焦系统定义的，高斯方程和牛顿方程不能用于确定无焦系统的共轭平面。

6.8.4　无焦系统的角放大率

物体的角度尺寸是物体的高度与其距离的比值，如图 6-38 所示，角放大率是该角度尺寸的变化，并且等于横向放大率与纵向放大率的比值，即$\frac{m}{\bar{m}}$。根据纵向放大率的表达式(6-79)我们可以得到角放大率：

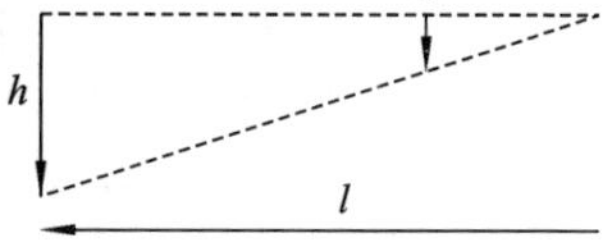

图 6-38　物体的角度

$$\beta=\frac{m}{\bar{m}}=\left(\frac{n}{n'}\right)\frac{1}{m} \tag{6-81}$$

由图 6-38 所示，角度大小为物体(或像)的高度(或大小)除以其与观察者的距离。因此，我们有：

$$\bar{u}=\frac{h}{l} \tag{6-82}$$

在特殊情况 $n=n'$ 下，有：

$$\overline{u}' = \frac{h'}{l'} = \frac{mh}{\overline{m}l} = \frac{mh}{m^2 l} = \frac{h}{ml} \tag{6-83}$$

则角放大率为

$$\beta = \frac{\overline{u}'}{\overline{u}} = \frac{1}{m} \tag{6-84}$$

这与式(6-81)是完全一致的，从而验证了两种表示形式的等效性。

6.8.5 无焦系统的物像空间映射

本节我们举两个例子来说明无焦系统的轴向映射。

(1) 如图 6-39 所示，对于垂轴放大率 $m=2$，厚度放大率 $\overline{m}=4$ 的无焦系统，考虑 $n=n'$，角度映射的放大率为 1/2。

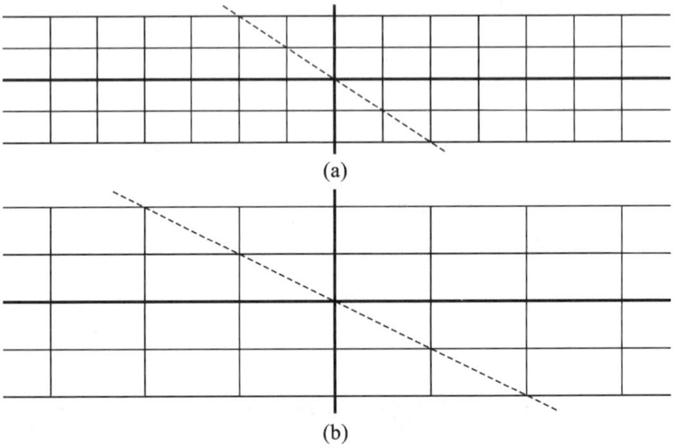

图 6-39 无焦系统映射(1)

(a)物空间；(b)像空间

(2) 如图 6-40 所示，对于垂轴放大率 $m=1/2$，厚度放大率 $\overline{m}=1/4$ 的无焦系统，考虑 $n=n'$，角度映射的放大率为 2。

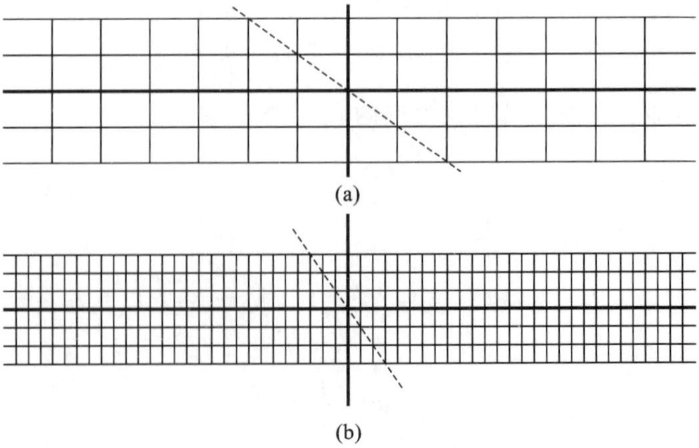

图 6-40 无焦系统映射(2)

(a)物空间；(b)像空间

6.9　高斯系统的物像关系与空间映射

6.9.1　高斯系统类型

根据物方焦距和像方焦距的不同组合，高斯系统可以分为以下四个类别：(1)折射式正焦系统：$f_F<0, f'_R>0$；(2)折射式负焦系统：$f_F>0, f'_R<0$；(3)反射式正焦系统：$f_F<0, f'_R<0$；(4)反射式负焦系统：$f_F>0, f'_R>0$。我们将针对每一个高斯系统来具体分析其物像对应关系和物像空间之间的映射关系。

6.9.2　高斯折射式正焦系统物像空间映射

根据前面的分类，我们知道，对于折射式正焦系统，其物方焦距 $f_F<0$，而像方焦距 $f'_R>0$。在 $l_F<0$ 的条件下，根据式(6-8)、式(6-9)和式(6-32)，我们有如下物像映射关系：

$$m<0,\quad l'_F>0,\quad \frac{\Delta l'}{\Delta l}>0$$

根据如上的物像关系，我们可以得到，当物空间满足 $l_F<0$ 的条件时，物像空间映射关系如图 6-41 所示。然而，图中隐藏了一个事实，即物空间和像空间虽然在物理空间上是重叠的，但本质上是分开的，并且都是从负无穷大延伸到正无穷大。为了更明确物像空间的映射关系，我们将正焦系统的物像空间分别画在两个独立的坐标空间里，因此，图 6-41 所示的物像空间映射变换为图 6-42 所示的物像空间映射关系。

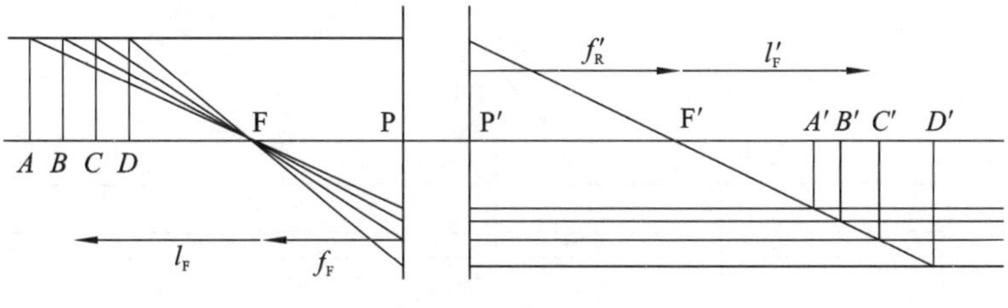

图 6-41　$l_F<0$ **的条件下的折射式正焦系统**

需要说明的是，物方/像方主平面的位置与系统的结构有关，包括光学元件的数量、类型(反射或者折射等)、厚度和材料的折射率等。在物理上，像方主点 P′可以在物方主点 P 的右边、左边或与 P 一致，具体取决于系统结构组成。在图 6-42 所示的 $l_F<0$(即物方焦点左边的物空间)条件下的物像空间映射关系中，我们还可以观察到倒立的像，且遵循同样的顺序排列分布。

在 $l_F>0$ 且满足 $l_F<-f_F$ 的条件下，以及正焦系统物方焦距为负、像方焦距为正的条件下，同样根据式(6-8)、式(6-9)和式(6-32)，我们有如下物像映射关系：

$$m>1,\quad l'_F<-f'_R,\quad \frac{\Delta l'}{\Delta l}>0$$

同样，物空间和像空间是分开的，并且都是从负无穷大延伸到正无穷大。因此，在 $0<l_F<$

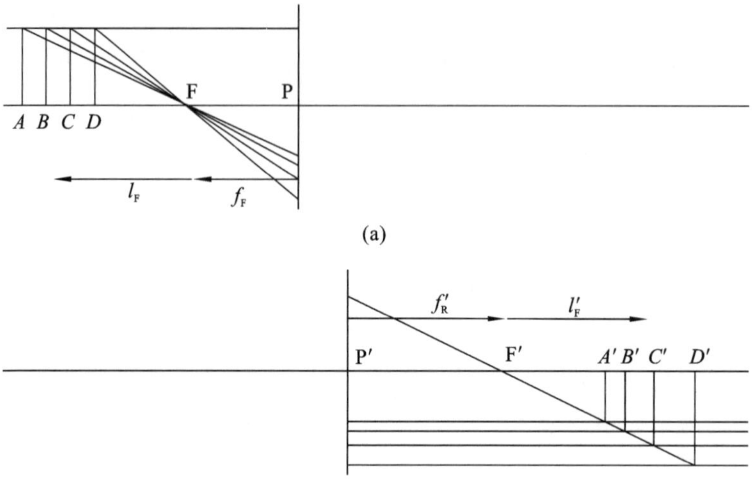

图 6-42 $l_F<0$ 的条件下折射式正焦系统成像

(a)物空间;(b)像空间

$-f_F$的条件下,正焦系统物像空间映射关系如图 6-43 所示。从图中我们可以观察到,物仍然是实物,产生正立放大的像,且顺序同样与物保持一致。

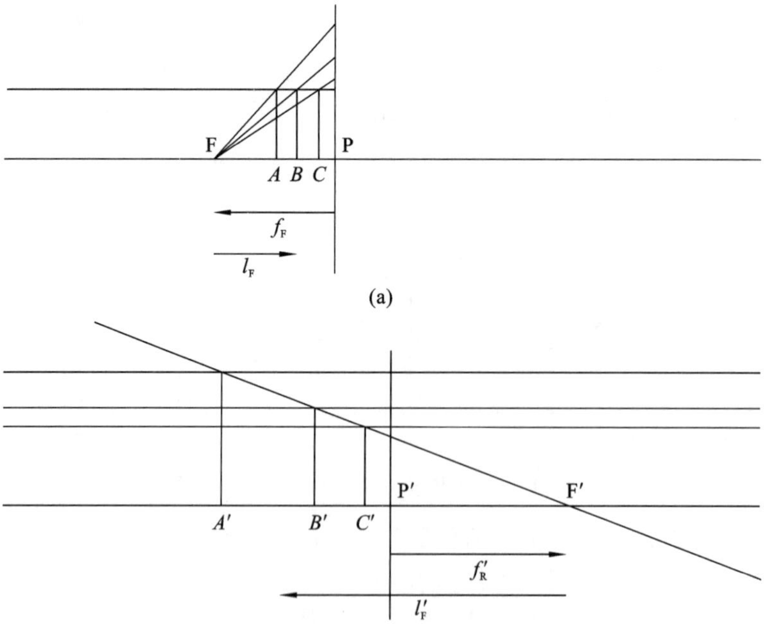

图 6-43 $0<l_F<-f_F$的条件下折射式正焦系统成像

(a)物空间;(b)像空间

在 $l_F>-f_F$ 的条件下,对于物方焦距为负、像方焦距为正的正焦系统,根据式(6-8)、式(6-9)和式(6-32),我们有如下物像映射关系:

$$0<m<1,\quad -f'_R<l'_F<0,\quad \frac{\Delta l'}{\Delta l}>0$$

因此，在 $l_F > -f_F$ 的条件下，正焦系统物像空间映射关系如图 6-44 所示。从图中我们可以观察到，物为虚物，产生正立缩小的像，且顺序同样与物保持一致。

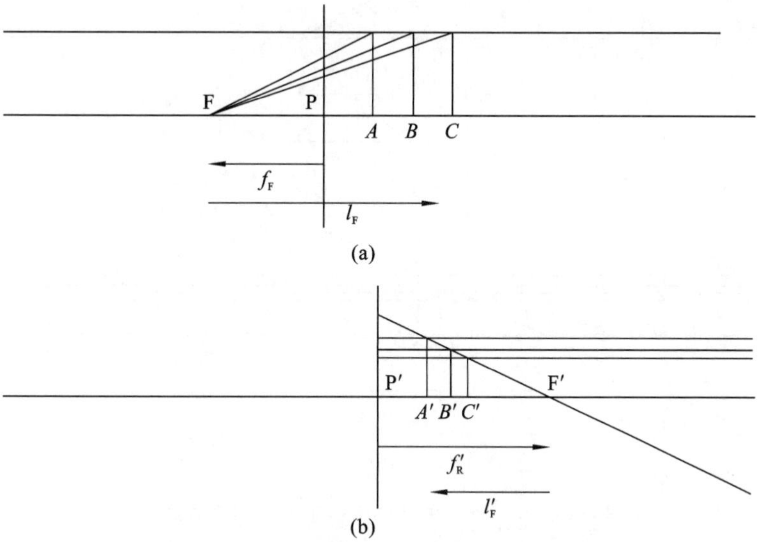

图 6-44　$l_F > -f_F$ 的条件下折射式正焦系统成像

(a)物空间；(b)像空间

总结来说，如图 6-45 所示，正焦系统满足 $f_F<0$，$f'_R>0$；物在 A、B、C 不同区域时，成像位置分别对应不同的 A'、B'、C' 区域，不同区域的垂轴放大率 m 也不同。其中，空白部分表示实物或实像，阴影部分表示虚物或虚像。

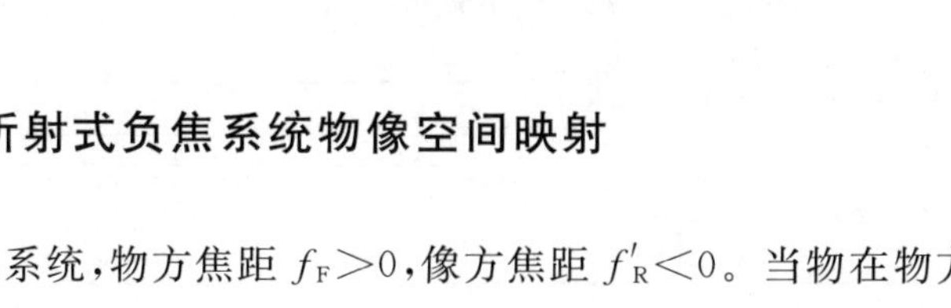

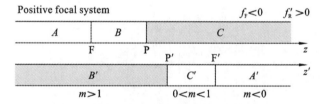

图 6-45　折射式正焦系统物像空间映射总结

6.9.3　高斯折射式负焦系统物像空间映射

对于折射式负焦系统，物方焦距 $f_F>0$，像方焦距 $f'_R<0$。当物在物方焦点左侧且在物方主平面的左侧时，物距应满足条件 $l_F<-f_F$。同样，根据式(6-8)、式(6-9)和式(6-32)，我们有如下物像关系：

$$0<m<1,\quad 0<l'_F<-f'_R,\quad \frac{\Delta l'}{\Delta l}>0$$

因此，在 $l_F<-f_F$ 的条件下，负焦系统物像空间映射关系如图 6-46 所示。从图中我们可以观察到，物是实物，产生正立缩小的像，且为虚像，顺序与物保持一致。

当物在折射式负焦系统的物方焦点左侧且在物方主平面的右侧时，物距应满足条件 $-f_F<l_F<0$。同样，根据式(6-8)、式(6-9)和式(6-32)，我们有如下物像关系：

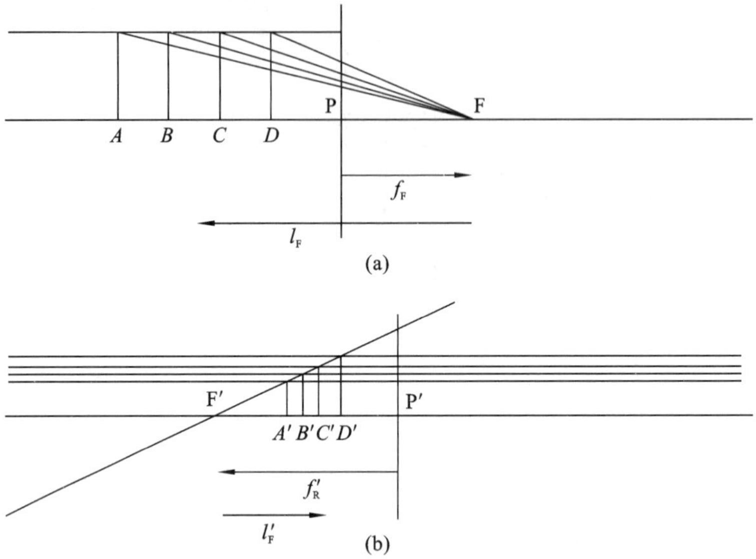

图 6-46　$l_F < -f_F$ 的条件下折射式负焦系统成像

(a)物空间；(b)像空间

$$m > 1,\quad l'_F > -f'_R,\quad \frac{\Delta l'}{\Delta l} > 0$$

因此，在 $-f_F < l_F < 0$ 的条件下，折射式负焦系统物像空间映射关系如图 6-47 所示。从图中我们可以观察到，物是虚物，产生正立放大的像，且为实像，顺序与物保持一致。

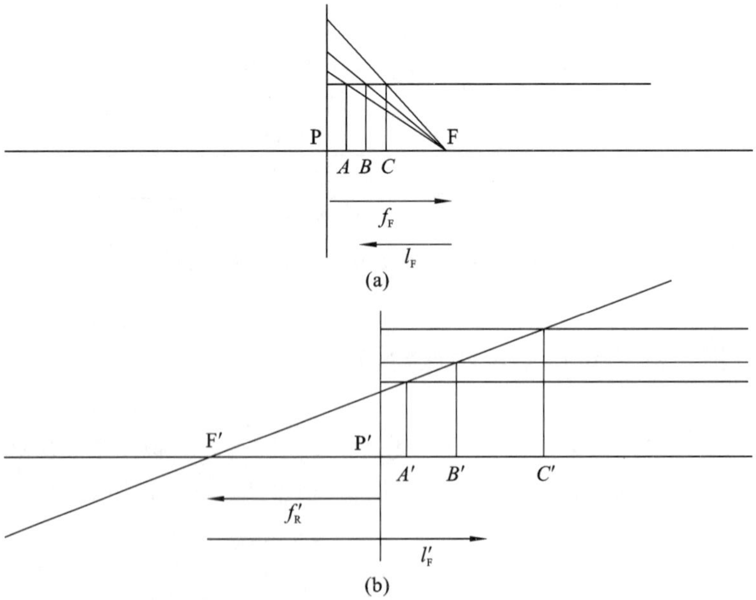

图 6-47　$-f_F < l_F < 0$ 的条件下折射式负焦系统成像

(a)物空间；(b)像空间

当物在折射式负焦系统物方焦点右侧时，物距应满足条件 $l_F > 0$。同样，根据式(6-8)、式(6-9)和式(6-32)，我们有如下物像关系：

$$m<0,\quad l'_{\mathrm{F}}<0,\quad \frac{\Delta l'}{\Delta l}>0$$

因此，在 $l_{\mathrm{F}}>0$ 的条件下，折射式负焦系统物像空间映射关系如图 6-48 所示。从图中我们可以观察到，物是虚物，产生倒立的像，且为虚像，顺序与物保持一致。

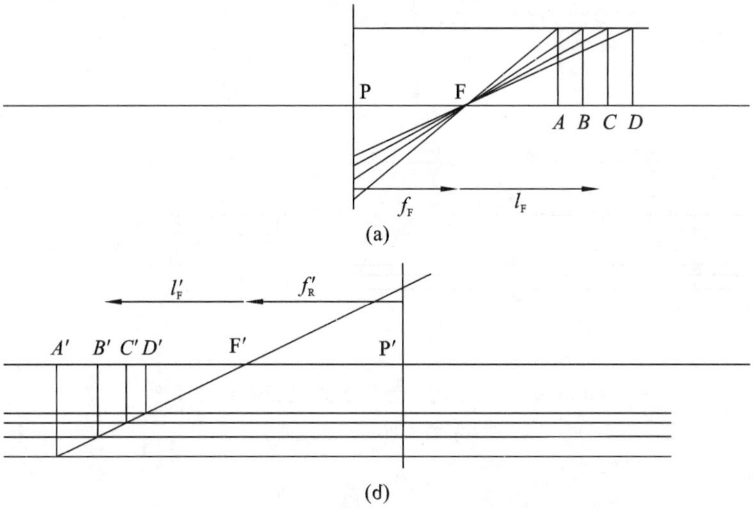

图 6-48　$l_{\mathrm{F}}>0$ 的条件下折射式负焦系统成像

(a)物空间；(b)像空间

总结来说，如图 6-49 所示，折射式负焦系统满足 $f_{\mathrm{F}}>0$，$f'_{\mathrm{R}}<0$；物在 A、B、C 不同区域时，成像位置分别对应不同的 A'、B'、C' 区域，不同区域的垂轴放大率 m 也不同。其中，空白部分表示实物或实像，阴影部分表示虚物或虚像。

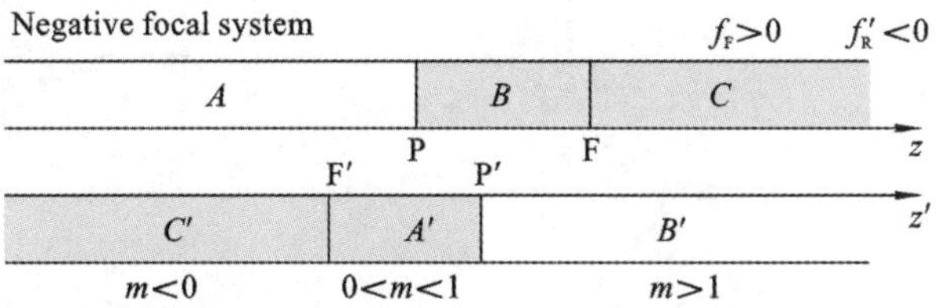

图 6-49　折射式负焦系统物像空间映射总结

6.9.4　高斯反射式正焦系统物像空间映射

对于反射式正焦系统，物方焦距 $f_{\mathrm{F}}<0$，像方焦距 $f'_{\mathrm{R}}<0$。当物在物方焦点左侧时，物距应满足条件 $l_{\mathrm{F}}<0$。同样，根据式(6-8)、式(6-9)和式(6-32)，我们有如下结论：

$$m<0,\quad l'_{\mathrm{F}}<0,\quad \frac{\Delta l'}{\Delta l}<0$$

因此，在 $l_{\mathrm{F}}<0$ 的条件下，反射式正焦系统物像空间映射关系如图 6-50 所示。从图中我们可以观察到，物是实物，产生倒立的像，且为实像，顺序与物顺序相反。

当物在反射式正焦系统的物方焦点右侧且在物方主平面的左侧时，物距应满足条件 $0<l_{\mathrm{F}}<-f_{\mathrm{F}}$。同样，根据式(6-8)、式(6-9)和式(6-32)，我们有如下结论：

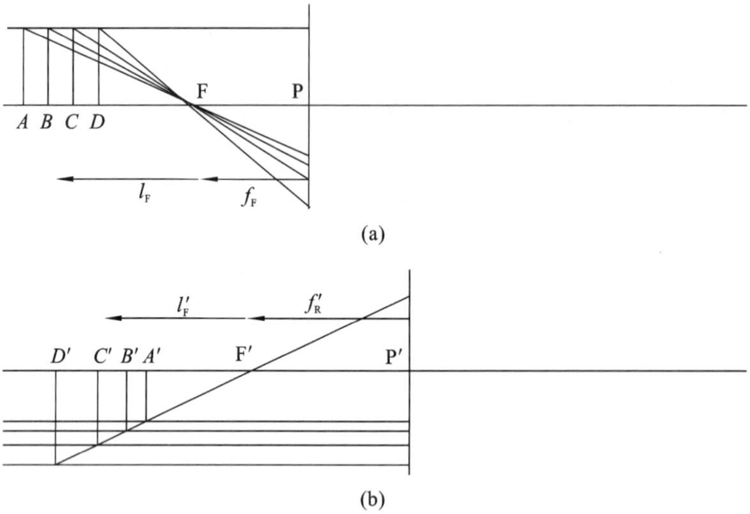

图 6-50 $l_F<0$ 的条件下反射式正焦系统成像

(a)物空间;(b)像空间

$$m>1,\quad l'_F>-f'_R,\quad \frac{\Delta l'}{\Delta l}<0$$

因此,在 $0<l_F<-f_F$ 的条件下,反射式正焦系统物像空间映射关系如图 6-51 所示。从图中我们可以观察到,物是实物,产生一个正立放大的像,且为虚像,顺序与物顺序相反。

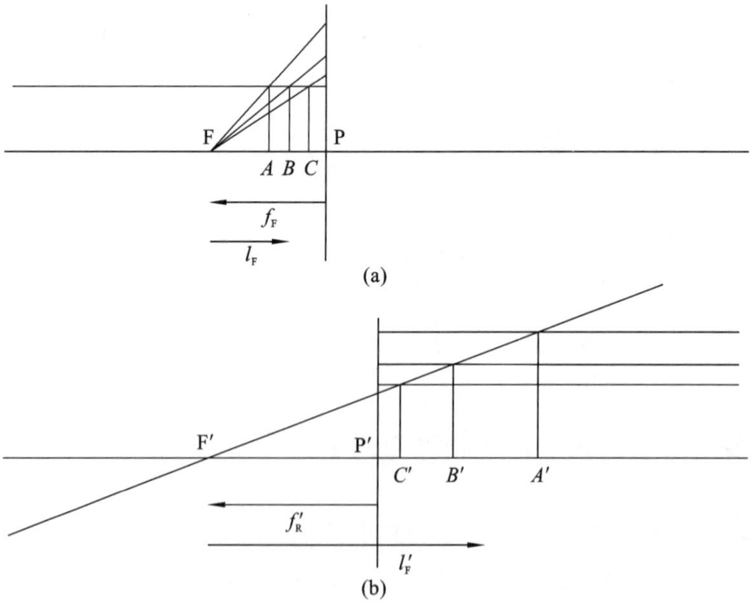

图 6-51 $0<l_F<-f_F$ 的条件下反射式正焦系统成像

(a)物空间;(b)像空间

当物在反射式正焦系统物方主平面的右侧时,物距应满足条件 $l_F>-f_F$。同样,根据式(6-8)、式(6-9)和式(6-32),我们有如下结论:

$$0<m<1,\quad 0<l'_F<-f'_R,\quad \frac{\Delta l'}{\Delta l}<0$$

因此，在 $l_F > -f_F$ 的条件下，反射式正焦系统物像空间映射关系如图 6-52 所示。从图中我们可以观察到，物是虚物，产生一个正立缩小的像，且为实像，顺序与物顺序相反。

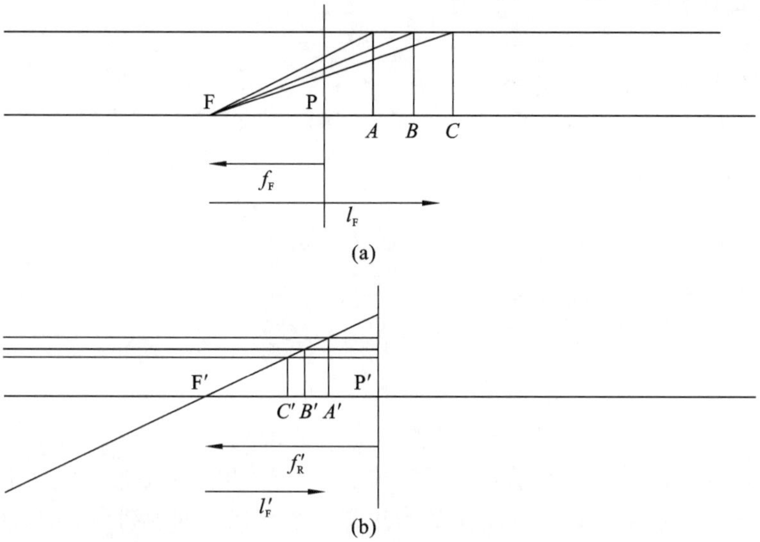

图 6-52　$l_F > -f_F$ 的条件下反射式正焦系统成像

(a)物空间；(b)像空间

总结来说，如图 6-53 所示，反射式正焦系统满足 $f_F < 0$，$f'_R < 0$；物在 A、B、C 不同区域时，成像位置分别对应不同的 A'、B'、C' 区域，不同区域的垂轴放大率 m 也不同。其中，空白部分表示实物或实像，阴影部分表示虚物或虚像。

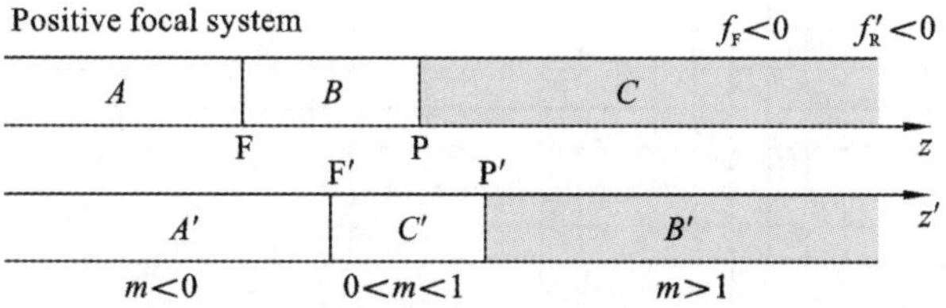

图 6-53　反射式正焦系统物像空间映射总结

6.9.5　高斯反射式负焦系统物像空间映射

根据上面的讨论与推导，反射式负焦系统物象空间讨论过程与反射式正焦系统的类似，在此不做赘述。反射式负焦系统的物像空间映射总结如图 6-54 所示。物在 A、B、C 不同区域时，成像位置分别对应不同的 A'、B'、C' 区域，不同区域的垂轴放大率 m 也不同。其中，空白部

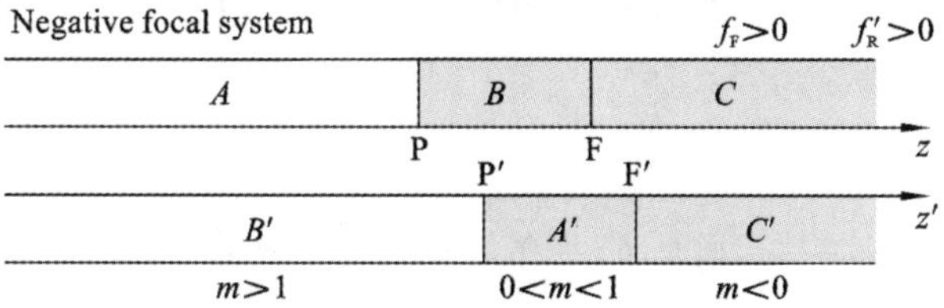

图 6-54　反射式负焦系统物像空间映射总结

分表示实物或实像，阴影部分表示虚物或虚像。

6.9.6 高斯系统空间二维映射

当物空间两个面的间距 Δl 是小量时，有：

$$m_1 \approx m_2 = m \tag{6-85}$$

代入式(6-32)可以推得轴向放大率：

$$\overline{m} = -\left(\frac{f'_{\mathrm{R}}}{f_{\mathrm{F}}}\right)m^2 \tag{6-86}$$

结合式(6-8)，分别可得

$$\overline{m} = -\left(\frac{f'_{\mathrm{R}}}{f_{\mathrm{F}}}\right)\frac{f_{\mathrm{F}}^2}{l_{\mathrm{F}}^2} = -\frac{f'_{\mathrm{R}}f_{\mathrm{F}}}{l_{\mathrm{F}}^2} \tag{6-87}$$

$$\overline{m} = -\left(\frac{f'_{\mathrm{R}}}{f_{\mathrm{F}}}\right)\frac{l'^2_{\mathrm{F}}}{f'^2_{\mathrm{R}}} = -\frac{l'^2_{\mathrm{F}}}{f'_{\mathrm{R}}f_{\mathrm{F}}} \tag{6-88}$$

我们发现，像空间间距与牛顿像距的平方成正比，与牛顿物距的平方成反比。可结合下面两个有焦系统的例子体会。图 6-55 所示的为正焦系统物像空间映射（该系统中，物方焦距为负，像方焦距为正，是典型的正焦系统）。图 6-56 所示的为负焦系统物像空间映射（该系统中，物方焦距为正，像方焦距为负，是典型的负焦系统）。很显然，在所示的两个系统中（无论正焦系统、还是负焦系统），当物空间均匀划分时，对应的像空间网格尺寸均以像方焦点为起点不断进行二维扩展，距离越远，网格尺寸越大。这也正好符合我们的计算结果。

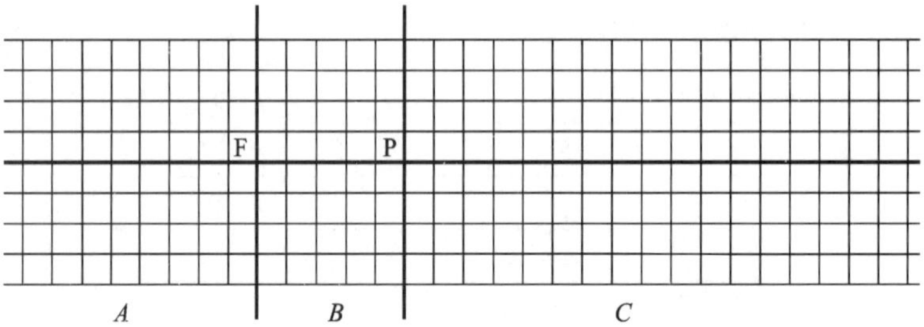

(a)

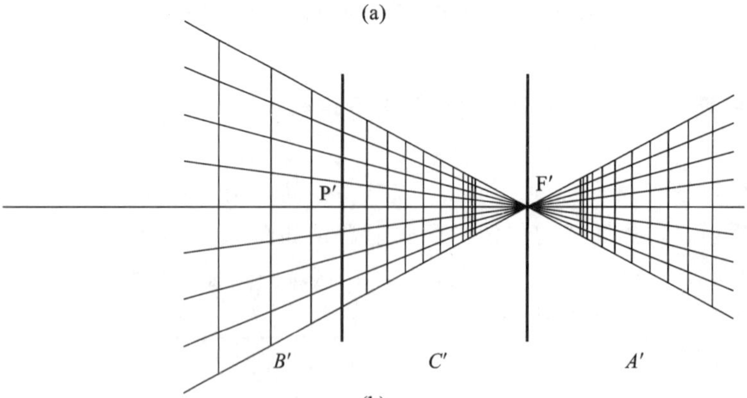

(b)

图 6-55 正焦系统物像空间映射

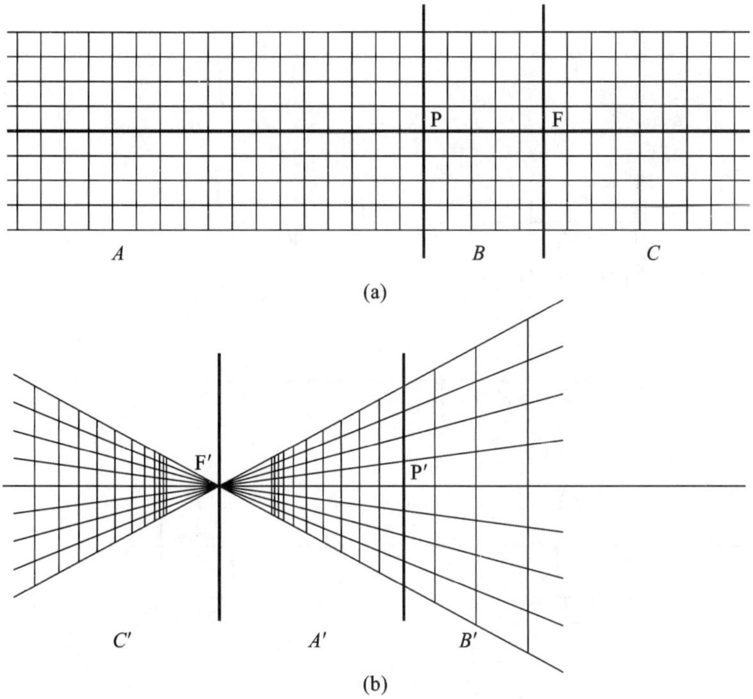

图 6-56　负焦系统物像空间映射

习　　题

6.1　设某一系统在空气中对物体成像的垂轴放大率 $m=10$，由物面到像面的距离(共轭距离)为 7200 mm，该系统两焦点之间的距离为 1140 mm，试求物镜的焦距，并给出该系统的基点位置图。

6.2　已知一透镜把物体放大($m=-3$)并投影到屏幕上，当透镜向物体移动 18 mm 时，$m=-4$，试求透镜的焦距。

6.3　一块薄透镜对某一物体成一实像，其垂轴放大率 $m=-1$，若将另一块薄透镜贴在第一块透镜上，则像向透镜移近了 20 mm，垂轴放大率为原先的 3/4，求两块透镜的焦距各为多少？

6.4　设一物体经透镜成像时 $m=-0.5$，使物向透镜移近 100 mm，则得 $m=-1$，试求该透镜的焦距。

6.5　请用作图法求解出下列物体(见图 6-57)经过各个光学系统所成像的位置、大小以及成像方向。

6.6　一个 50 mm 高的立方体经以下三个光学系统进行成像。

(1) 立方体的中心距光学系统物方主平面的有向距离为－500 mm，假设该光学系统物方焦距为－200 mm，像方焦距为 300 mm。

(2) 立方体的中心距光学系统物方主平面的有向距离为－500 mm，假设该光学系统物方焦距为 300 mm，像方焦距为－200 mm。

(3) 该立方体经一个置于空气中的无焦系统进行成像，且该无焦系统的放大率 $m=-1/2$。

在每一种情况下，立方体的像的尺寸是什么？对于情况(1)和(2)，请同时给出立方体成像的位置。(这里可以假设立方体是由网格线组成的，因此不需要考虑遮挡问题、立方体折射率以及透过率等问题)

6.7　假设有一根很长的塑料圆棒(折射率 $n=1.530$)，塑料圆棒的左边端面是一个半径为 26.5 mm 的凸球面。圆棒端面处形成了一个单折射球面。一个 25 mm 高的物体位于空气中且距离圆棒端面顶点左边 160 mm。

(1) 请给出该折射球面的高斯特性(ϕ、f_F、f'_R，以及 P、P′、F、F′、N、N′的位置)。

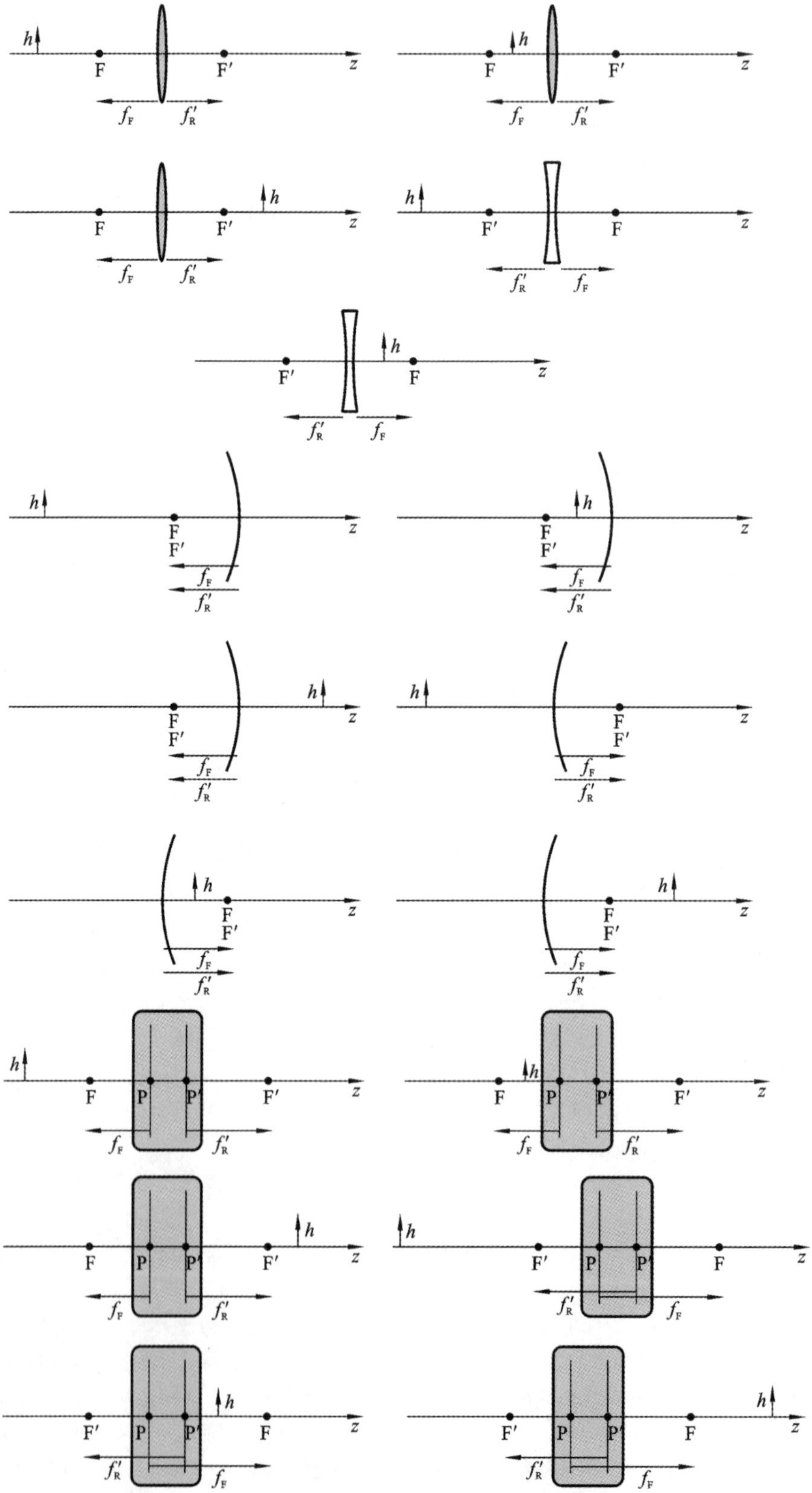

图 6-57

(2) 给出像的位置和大小。

6.8　填写下面缺失的表格信息(见表 6-1)。所有的距离均为高斯距离(相对于对应的主平面开始测量)。

表 6-1

f_E/mm	n	n'	l/mm	l'/mm	m
100	1.0	1.0	−200		
100	1.0	1.0	−50		
100	1.0	1.0		−200	
100	1.0	1.0			0.25
100	1.0	−1.0			−1
100	1.0	−1.0	200		
−100	1.0	1.0	−100		
−100	1.0	1.0		100	
−100	1.0	−1.0			3
−100	1.0	−1.0		−50	

6.9　在一个长度为 150 mm 的圆棒的两个凸型端面进行抛光，以构造一个无焦系统。该系统的轴向放大率(绝对值)为 0.5，且该圆棒材料的折射率为 1.5。请问圆棒两个端面所需的曲率半径分别为多少？

6.10　使用曲率半径为 100 mm 的凹面镜对距离其顶点 200 mm 的实物进行成像，其像的位置在何处？放大率是多少？使用本书中的符号法则解决此问题。

6.11　请用牛顿方程求解题 4.1。

6.12　请用牛顿方程求解题 4.2。

6.13　请用牛顿方程求解题 4.3。

6.14　请用牛顿方程求解题 4.4。

6.15　请给出反射式负焦系统的物像空间对应关系。

6.16　一物体位于半径为 R 的凹面镜前什么位置时，可分别得到：(1)放大 4 倍的实像；(2)放大 4 倍的虚像；(3)缩小 4 倍的实像；(4)缩小 4 倍的虚像？

6.17　一物体经过一半径 R=30 mm、折射率 n=1.5 的玻璃球成像，物体距离玻璃球第一面 60 mm，请利用级联成像原理求解以下物像关系：(1)物体经过第一面成的像的位置，及垂轴放大率；(2)再经过第二面成的像的位置，及垂轴放大率；(3)如果在第二面镀反射膜，则经过第二面反射后，像的位置在哪里；(4)反射光束再经第一面折射后像的位置，并说明各光学空间会聚点(物点和像点)的虚实。

6.18　一块平凸透镜前表面为平面，后表面为凸面，后表面曲率半径为 −200 mm，透镜厚度为 400 mm，折射率为 1.5，当物体距第一面顶点 l_1 = −400 mm 时，请利用级联成像原理求出像的位置和系统垂轴放大率。

6.19　一组双胶合物镜由两块透镜胶合而成，两块透镜间隔为 0，中间共用一个面，已知第一块透镜前后表面的曲率半径 R_1=100 mm，R_2 = −50 mm，厚度 t_1=50 mm，材料折射率 n_1=1.5；第二块透镜前后表面的曲率半径 R_2 = −50 mm，R_3 = −100 mm，厚度 t_2=100 mm，材料折射率 n_1=2，物距 l_1=∞，请利用级联成像原理计算物体经过该双胶合物镜后像的位置和系统的垂轴放大率。

6.20　物体经过人眼之后会成像在折射率为 1.336 的介质中。已知人眼的像方焦距为 22.4 mm。假设一个物体位于人眼前面 1 m 的位置处(空气中)，且该物体高度为 20 mm，那么经过人眼成像(视网膜上)之后的像高是多少？假设人眼能够改变眼球的长度，从而使像始终能聚焦在视网膜上。

第7章

组合光学系统

7.1 近轴光线追迹公式

7.1.1 共线变换

共线变换用于表征两个平面内的点变换到点、线变换到线、平面映射到平面。与共线变换相关联的一般映射方程为

$$\begin{cases} x' = \dfrac{a_1 x + b_1 y + c_1 z + d_1}{a_0 x + b_0 y + c_0 z + d_0} \\ y' = \dfrac{a_2 x + b_2 y + c_2 z + d_2}{a_0 x + b_0 y + c_0 z + d_0} \\ z' = \dfrac{a_3 x + b_3 y + c_3 z + d_3}{a_0 x + b_0 y + c_0 z + d_0} \end{cases} \tag{7-1}$$

通过应用与旋转对称系统相关联的对称性质，以及放大率和基准点的定义，可以从一般映射方程中导出所有高斯成像关系（对于有焦和无焦系统）。

7.1.2 折射公式

折射发生在两个光学空间的交界面上，如图 7-1 所示。在光学空间内，传播距离 t'确定，则在任意平面的光线高度 y'都可以确定（包括虚空间）。根据前面章节的讨论，我们知道折射过程中近轴光线追迹公式为

$$n'u' = nu - y\phi \tag{7-2}$$

如果定义新的光线角 $\omega = nu$，那么式(7-2)可变形为

$$\omega' = \omega - y\phi \tag{7-3}$$

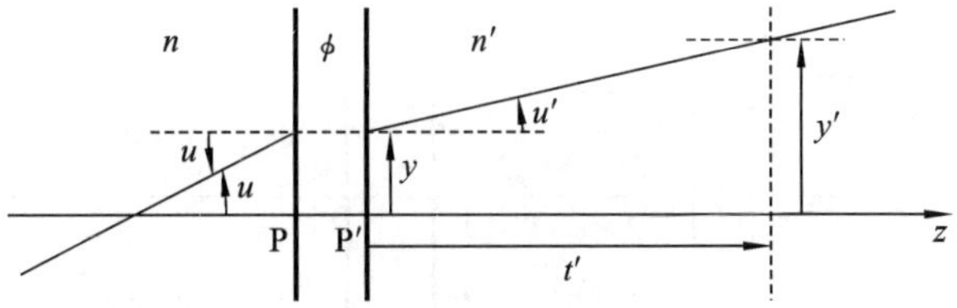

图 7-1　折射示意图

7.1.3　传递公式

如图 7-1 所示，光线在同一介质中沿直线传播，我们追迹一条光线，光线在该系统的像空间传递距离 t'之后抵达一个新的光学表面。那么，根据光的直线传播定律，该光线在这个新的光学表面上的光线高度为

$$y' = y + t'u' \tag{7-4}$$

以上即为光线从一个光学表面(折射面或反射面)传递到相邻另一个光学表面的传递公式。同样，如果我们定义光线传播的横向距离 t'的简化距离为 τ，那么传递方程可以写成

$$y' = y + n'u'\frac{t'}{n'} = y + \omega'\tau' \tag{7-5}$$

7.2　组合光学系统

7.2.1　组合光学系统高斯简化的定义

针对由多个光学组元构成的组合光学系统，高斯简化法是将这些光学组元每次通过两两相结合的方式进行简化，最后将组合系统简化成一个单一的高斯系统，并以此确定系统的高斯特性，如光焦度、焦距、基准点位置等。通过高斯简化，任意一个复杂的多组元光学系统都可以最终等效为一个简单的高斯系统，并可以由该高斯系统的基准点位置来完全表征该组合系统的一阶高斯特性。下面我们从双组元系统入手，过渡到多组元高斯系统，探讨高斯简化过程。

7.2.2　双组元系统光焦度推导

双组元系统为含有两个光学组元的系统。如图 7-2 所示，在物方空间追迹一条平行于光轴的光线，光线必然经过系统的像方焦点。根据上一节的光线追迹公式，我们对第一个组元进行光线追迹：

$$\omega_2 = \omega_1' = \omega_1 - y_1\phi_1 = -y_1\phi_1 \tag{7-6}$$

$$y_2 = y_1 + \omega_1'\tau \tag{7-7}$$

其中，$\tau = \dfrac{t}{n_2}$。同理，我们对第二个组元进行光线追迹，可得

$$\omega' = \omega_2' = \omega_2 - y_2\phi_2 \tag{7-8}$$

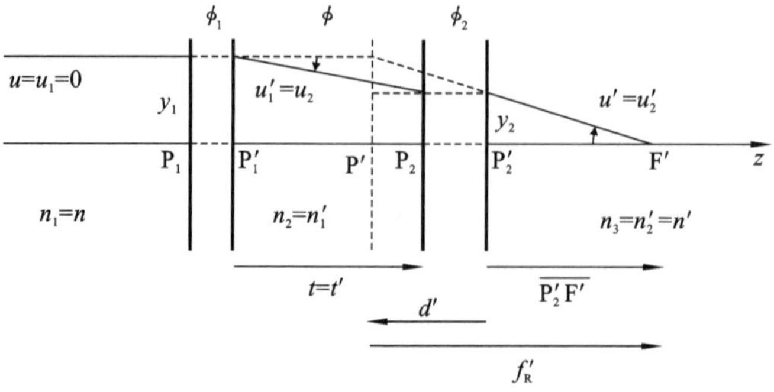

图 7-2　双组元系统物方平行光线追迹示意图

整理以上三式，可得

$$\begin{aligned}\omega' &= -y_1\phi_1-(y_1+\omega_1'\tau)\phi_2=-y_1\phi_1-y_1\phi_2-(-y_1\phi_1)\tau\phi_2\\&=-y_1(\phi_1+\phi_2-\phi_1\phi_2\tau)\end{aligned}\tag{7-9}$$

如果双组元系统的光焦度为 ϕ，那么可以把其作为一个整体进行光线追迹，则根据光线追迹公式可以得到：

$$\omega'=-y_1\phi\tag{7-10}$$

比较式(7-9)和式(7-10)，则双组元系统光焦度为

$$\phi=\phi_1+\phi_2-\phi_1\phi_2\tau\tag{7-11}$$

7.2.3　双组元系统像方基准点推导

对于双组元系统，如图 7-2 所示，我们可以设定第二个组元的像方主平面是系统最后一个平面，则像方主点 P_2' 就是整个组合系统的后方顶点，那么我们可以定义距离 $\overline{P_2'F'}$ 为组合系统的后焦距(Back Focal Distance，BFD)，又称为后焦长。用第二个组元像方主平面到组合系统像方主平面的距离 d' 来表征组合系统像方主平面的相对位置。需要注意的是，距离 d' 是定义在系统的像空间 n' 中的。首先对第一个组元进行光线追迹，追迹结果由式(7-6)和式(7-7)给出。而组合系统整体的光线追迹结果由式(7-10)给出。

由图 7-2 所示的基本几何关系，可知

$$d'=-\frac{y_2-y_1}{u'}\tag{7-12}$$

将式(7-7)代入式(7-12)中，得

$$d'=-\frac{\omega_1'\tau}{u'}\tag{7-13}$$

定义 δ' 为该间距在像空间的简化距离，其表达式为

$$\delta'=\frac{d'}{n'}=-\frac{\omega_1'\tau}{\omega'}=-\frac{(-y_1\phi_1)\tau}{(-y_1\phi)}=-\frac{\phi_1}{\phi}\tau=-\frac{\phi_1}{\phi}\frac{t}{n_2}\tag{7-14}$$

根据图 7-2 所示的几何关系，我们有：

$$\overline{P_2'F'}=\frac{-y_2}{u'},\quad \frac{\overline{P_2'F'}}{n'}=-\frac{y_2}{\omega'}=-\frac{y_1-y_1\phi_1\tau}{-y_1\phi}=\frac{1-\phi_1\tau}{\phi}\tag{7-15}$$

类似地，我们有：

$$f'_R = \overline{P'_2F'} - d', \quad \frac{f'_R}{n'} = \frac{\overline{P'_2F'}}{n'} - \frac{d'}{n'} \tag{7-16}$$

将式(7-15)代入上式，可得

$$\frac{f'_R}{n'} = \frac{1-\phi_1\tau}{\phi} + \frac{\phi_1\tau}{\phi} = \frac{1}{\phi} \equiv f_E \tag{7-17}$$

从而可得到系统的像方焦距为

$$f'_R = \frac{n'}{\phi} \tag{7-18}$$

这个结果与前面章节的推导结果完全相同，也充分说明此像方焦距公式对单组元系统或多组元系统是普遍适用的。

7.2.4　双组元系统物方基准点推导

类似地，对于如图 7-3 所示的双组元系统，我们可以设定第一个组元的物方主平面是系统第一个光学表面，则物方主点 P_1 就是整个组合系统的前方顶点。那么，我们可以定义距离$\overline{P_1F}$为组合系统的前焦距(Front Focal Distance，FFD)，又称为前焦长。用第一个组元物方主平面到组合系统物方主平面的距离 d 来表征组合系统物方主平面的相对位置。需要注意的是，距离 d 是定义在系统的物空间 n 中的。与上节过程类似，我们可以采用同样的方法来确定物方基准点。如图 7-3 所示，追迹一条过系统物方焦点 F 的光线，根据系统焦点的定义，它通过组合系统之后将沿着平行于系统光轴的方向出射。

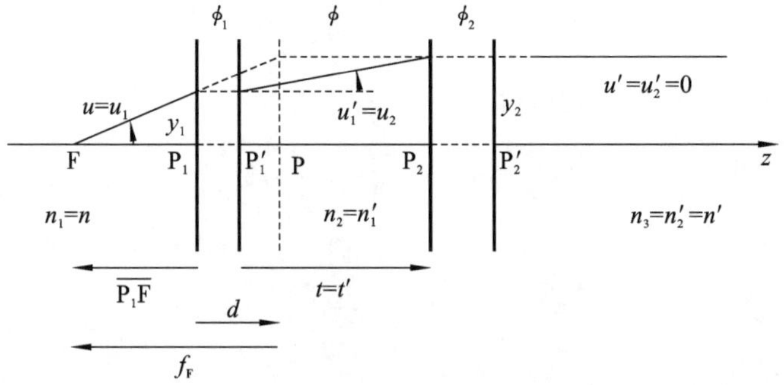

图 7-3　双组元系统物方焦点光线追迹示意图

我们首先对组合系统第二个组元进行光线追迹，有如下关系：

$$\omega' = \omega'_2 = \omega_2 - y_2\phi_2 = 0 \tag{7-19}$$

仍然设定组合系统的光焦度为 ϕ。我们把组合系统看作是一个整体追迹同一条光线，那么根据光线追迹方程，我们有：

$$\omega = y_2\phi \tag{7-20}$$

根据光线传递公式，我们有：

$$y_2 = y_1 + \omega_2\tau \tag{7-21}$$

整理可得

$$y_1 = y_2 - \omega_2\tau = y_2(1-\phi_2\tau) \tag{7-22}$$

同理，对第一个组元单独进行光线追迹，我们可得到：

$$\omega'_1 = \omega_1 - y_1\phi_1 \tag{7-23}$$

$$\omega_1 = \omega_1' + y_1\phi_1 = \omega_2 + y_1\phi_1 \tag{7-24}$$

将式(7-19)、式(7-22)代入到上式中,可得

$$\omega = \omega_1 = y_2\phi_2 + y_2\phi_1(1-\phi_2\tau) \tag{7-25}$$

结合式(7-20),整理上式可得

$$\omega = y_2(\phi_1 + \phi_2 - \phi_1\phi_2\tau) = y_2\phi \tag{7-26}$$

因此,可推得双组元系统光焦度为

$$\phi = \phi_1 + \phi_2 - \phi_1\phi_2\tau \tag{7-27}$$

观察可知式(7-27)和式(7-11)完全相同,即两种推导是完全等效的。

另外,根据图 7-3 所示的几何关系,可知

$$d = -\frac{y_2 - y_1}{u} = -\frac{\omega_2\tau}{u} \tag{7-28}$$

定义 δ 为该距离的简化距离,那么有:

$$\delta = \frac{d}{n} = -\frac{\omega_2\tau}{\omega} = -\frac{y_2\phi_2\tau}{y_2\phi} = \frac{\phi_2}{\phi}\tau = \frac{\phi_2}{\phi}\frac{t}{n_2} \tag{7-29}$$

类似地,我们有:

$$\overline{\mathrm{P_1F}} = -\frac{y_1}{u} \tag{7-30}$$

$$\frac{\overline{\mathrm{P_1F}}}{n} = -\frac{y_1}{\omega} = -\frac{y_2(1-\phi_2\tau)}{y_2\phi} = -\frac{1-\phi_2\tau}{\phi} \tag{7-31}$$

$$f_{\mathrm{F}} = \overline{\mathrm{P_1F}} - d \tag{7-32}$$

$$\frac{f_{\mathrm{F}}}{n} = \frac{\overline{\mathrm{P_1F}}}{n} - \frac{d}{n} \tag{7-33}$$

将式(7-29)和式(7-31)代入式(7-33),可得

$$\frac{f_{\mathrm{F}}}{n} = -\frac{1-\phi_2\tau}{\phi} - \frac{\phi_2\tau}{\phi} = -\frac{1}{\phi} \equiv -f_{\mathrm{E}} \tag{7-34}$$

即

$$f_{\mathrm{F}} = -\frac{n}{\phi} \tag{7-35}$$

这也与前面章节的公式吻合。

7.2.5 表面顶点作为基准点

表面顶点在系统中是一个机械参考点,常用来作为基准点来表征系统的光学性质,以此为基准可确定后焦距、前焦距、物方截距、像方截距等。对于图 7-4(a)所示的以表面顶点作为基准点的系统,BFD 表示为

$$\mathrm{BFD} = f'_{\mathrm{R}} + d' \tag{7-36}$$

对应图 7-4(b),FFD 为

$$\mathrm{FFD} = f_{\mathrm{F}} + d \tag{7-37}$$

物方截距与像方截距又称为高斯截距,分别表示的是系统以光学表面顶点作为基准位置时系统的物距和像距。它们与表面顶点的相对关系如图 7-5 所示。其中物方截距记为 s、像方截距为 s',二者的表达式分别为

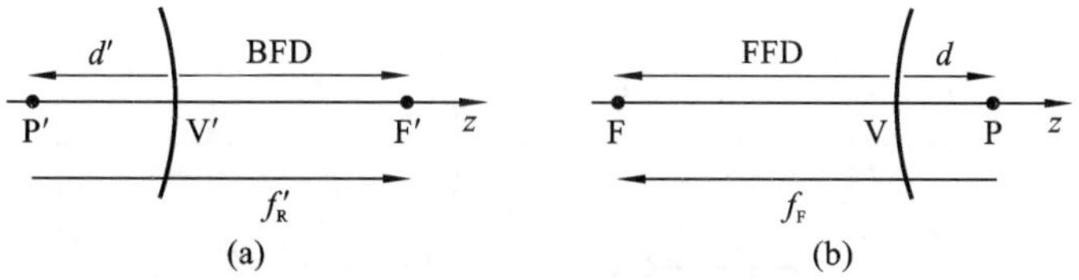

图 7-4　后焦距与前焦距示意图

(a)后焦距示意图;(b)前焦距示意图

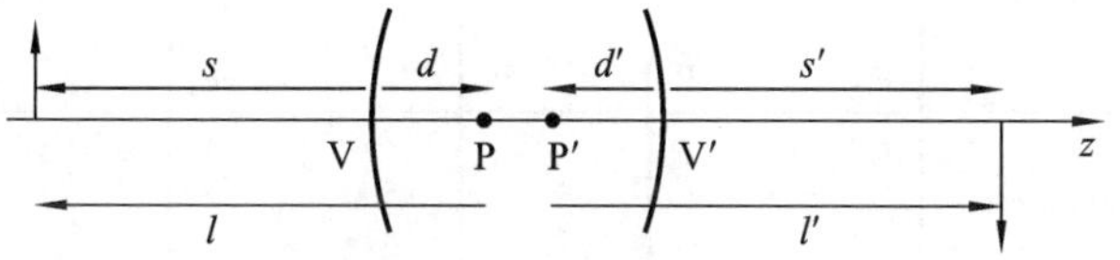

图 7-5　高斯截距示意图

$$s = l + d \tag{7-38}$$

$$s' = l' + d' \tag{7-39}$$

7.2.6　多组元系统的高斯简化

多组元系统是具有多于两个组元的系统。对于多组元系统,我们可以参考双组元系统的简化方式来进行高斯简化。我们知道对于由多个组元或光学表面组成的光学系统来说,由于组合次序不同,有可能存在多种高斯简化方法。图 7-6 展示了四组元系统常用的两种组合方法,图中每个数字代表一个组元,加括号的数字代表已经经过简化的组元。在第一种方法中,我们每一次将多组元系统中每两个相邻组元进行两两组合,以得到的新组合系统,然后再将得到的新组合系统中的每两个相邻组合组元进行再次组合,多次反复,最终得到整个组合系统的光焦度和一对主平面,进而求得多组元系统组合之后的焦距和其他的基准点。这种方法也称为两两简化法。而在第二种组合方法中,先对组合系统的前两个组元进行组合,然后将得到的新组合组元跟原系统的第三个组元进行组合,依此类推,直到将所有的组元组合完毕,最后得到整个系统的光焦度、主平面和其他基准点等,这种简化方法称为逐一简化法。

1 2 3 4 ⟶ (12) (34) ⟶ (1234)

1 2 3 4 ⟶ (12) 3 4 ⟶ (123) 4 ⟶ (1234)

图 7-6　多组元系统多种简化方法示意图

组合系统主平面的位置经常相对系统的前顶点或者后顶点来进行测量:系统物方主平面的位置相对第一个曲面或是光学元件的物方主平面来确定;系统像方主平面的位置相对最后一个曲面或是光学元件的像方主平面来确定。

我们接下来以由两个厚透镜组成的一个四组元系统作为范例,来讲述这两种简化方法的详细步骤。图 7-7 采用的是图 7-6 中的第一种组合方法,即光学组元两两简化的方法。在该组合过程中,相关物理量具有如下等式关系:

$$t'_{12} = t'_2 - d'_{12} + d_{34} \tag{7-40}$$

$$d = d_{12} + d_{1234} \tag{7-41}$$

$$d' = d'_{34} + d'_{1234} \tag{7-42}$$

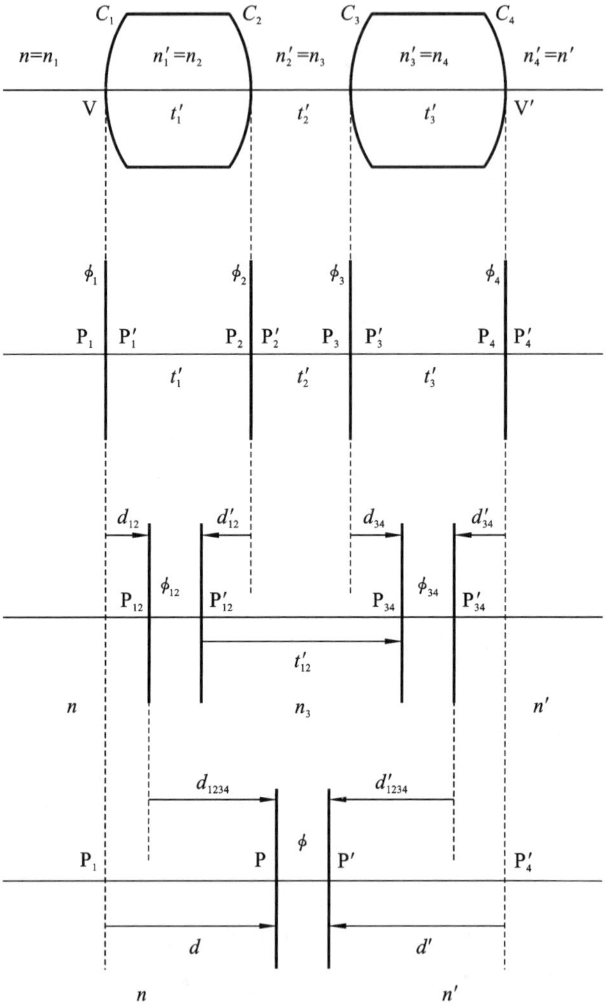

图 7-7 光学元件的高斯简化方法——两两简化法

我们同样也可以采用图 7-6 中的第二种组合方法对该四组元系统进行简化，即按照先后次序将前两个组元进行简化，然后每次减少一个组元。详细的简化流程如图 7-8 所示，一共要经过三次简化。同样地，在该组合过程中，相关物理量具有如下等式关系：

$$t'_{12} = t'_2 - d'_{12} \tag{7-43}$$

$$t'_{123} = t'_3 - d'_{123} \tag{7-44}$$

$$d = d_{12} + d_{123} + d_{1234} \tag{7-45}$$

$$d' = d'_{1234} \tag{7-46}$$

7.2.7 高斯简化示例

对于图 7-9 所示的双胶合透镜，已知 $n=n_1=1.0$，$n_2=1.517$，$n_3=1.649$，$n'=n_4=1.0$。从左到右三个光学表面依次记为面 1、面 2、面 3，三个光学表面的曲率半径绝对值均为 73.895 mm，$t'_1=t'_2=10.5$ mm。下面我们将就这个系统进行高斯系统简化。

首先根据已知条件，计算可得

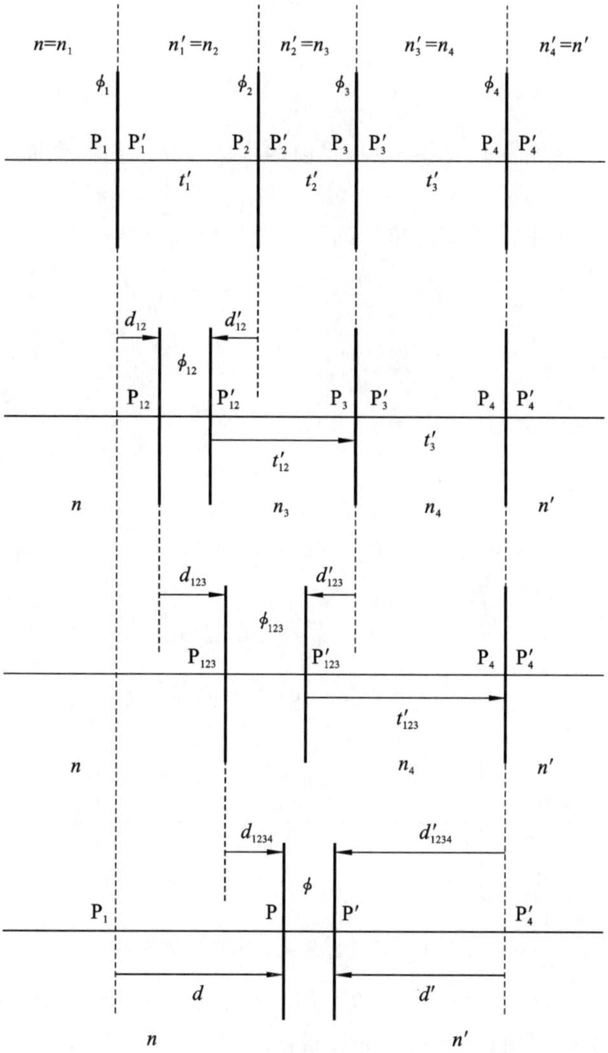

图 7-8　光学元件的高斯简化方法——逐一简化法

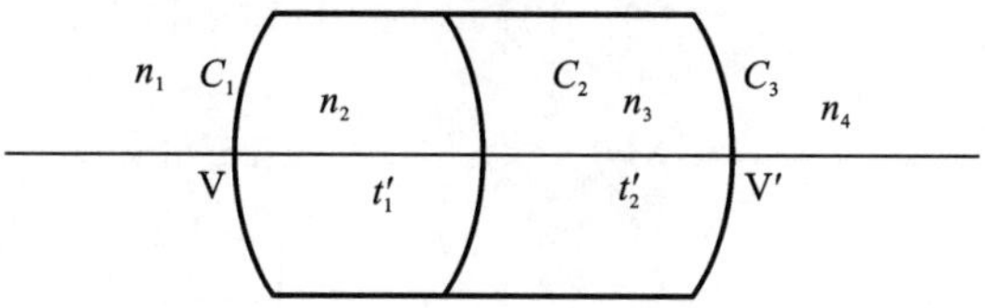

图 7-9　高斯简化示例

$$\tau_1' = \frac{t_1'}{n_2} \approx 6.92 \text{ mm}$$

$$\tau_2' = \frac{t_2'}{n_3} \approx 6.37 \text{ mm}$$

$$\phi_1 = (n_2 - n_1)C = \frac{n_2 - n_1}{R_1} \approx 0.00700 \text{ mm}^{-1}$$

$$\phi_2 = (n_3 - n_2)C_2 = \frac{n_3 - n_2}{R_2} \approx -0.00179\ \text{mm}^{-1}$$

$$\phi_3 = (n_4 - n_3)C_3 = \frac{n_4 - n_3}{R_3} \approx 0.00878\ \text{mm}^{-1}$$

下面对该系统进行高斯简化。第一步，将前两个面简化。前两个面的组合光焦度为

$$\phi_{12} = \phi_1 + \phi_2 - \phi_1\phi_2\tau_1' \approx 0.00530\ \text{mm}^{-1}$$

则前两个面组合系统的主平面的相对位置的简化距离可以计算为

$$\delta_{12} = \frac{\phi_2}{\phi_{12}}\tau_1' \approx -2.34\ \text{mm}$$

$$\delta_{12}' = -\frac{\phi_1}{\phi_{12}}\tau_1' \approx -9.14\ \text{mm}$$

那么，主平面的实际位置是：

$$d_{12} = \delta_{12} = -2.34\ \text{mm}$$

$$d_{12}' = n_3\delta_{12}' \approx -15.07\ \text{mm}$$

此时，前两个面简化为光焦度为 ϕ_{12} 的光学系统，如图 7-10 所示，物方主点为 P_{12}，像方主点为 P_{12}'。根据几何关系，我们有：

$$t_{12}' = t_2' - d_{12}' = 25.57\ \text{mm}$$

$$\tau_{12}' = \frac{t_{12}'}{n_3} = \tau_2' - \delta_{12}' = 15.51\ \text{mm}$$

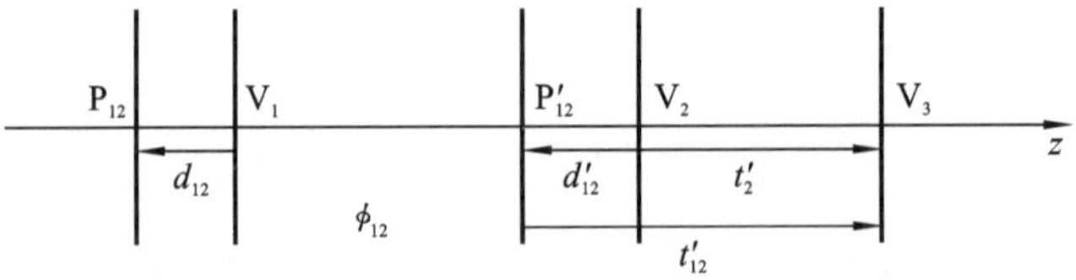

图 7-10 双胶合透镜高斯简化第一步

下面加上第三个面，如图 7-11 所示，进行第二步简化。其中，物空间折射率 $n=1.0$，像空间折射率 $n'=1.0$。这样，我们能得到如下关系：

$$\phi = \phi_{12} + \phi_3 - \phi_{12}\phi_3\tau_{12}' \approx 0.01336\ \text{mm}^{-1}$$

$$d_{123} = \delta_{123} = \frac{\phi_3}{\phi}\tau_{12}' \approx 10.19\ \text{mm}$$

$$d_{123}' = \delta_{123}' = -\frac{\phi_{12}}{\phi}\tau_{12}' \approx -6.15\ \text{mm}$$

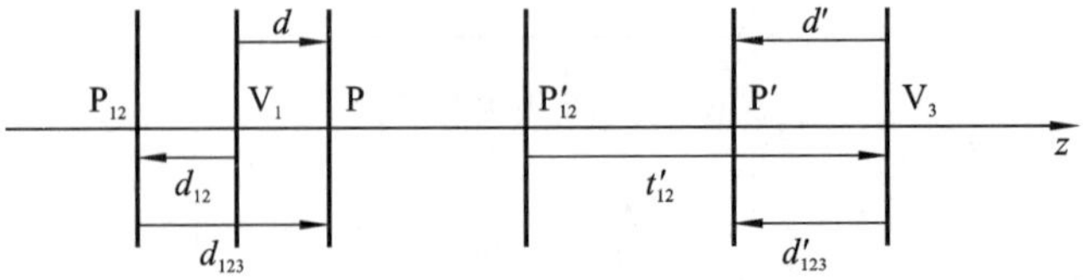

图 7-11 双胶合透镜高斯简化第二步

那么，有：

$$d = \delta = \delta_{12} + \delta_{123} = d_{12} + d_{123} = 7.85\ \text{mm}$$

$$d' = \delta' = \delta_{123}' = -6.15\ \text{mm}$$

$$f_E = \frac{1}{\phi} \approx 74.85\ \text{mm}$$

$$f'_R = -f_F = 74.85\ \text{mm}$$

完成简化后，系统如图 7-12 所示。

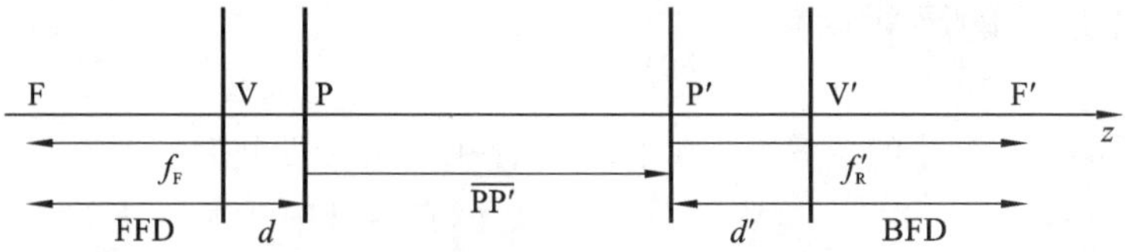

图 7-12　双胶合透镜高斯简化最终结果

对于简化的系统，组合光学系统的前焦距、后焦距、主点之间距离分别为

$$\overline{VF} = f_F + d = -67\ \text{mm}$$

$$\overline{V'F'} = f'_R + d' = 68.7\ \text{mm}$$

$$\overline{PP'} = \overline{VV'} - d + d' = t'_1 + t'_2 - d + d' = 7\ \text{mm}$$

7.3　透镜的高斯简化

7.3.1　实际透镜系统的简化模型

一个实际的双高斯透镜系统经过不同程度的简化之后得到的各种简化模型如图 7-13 所示。首先，对于一个实际的透镜组（见图 7-13(a)），我们可以先将该透镜系统的每一个光学表面简化为一个理想的高斯组元，由此可以得到如图 7-13(b)所示的一阶模型，该模型也称为共线模型。实际透镜系统简化后的一阶模型其实就是一个由多组元组合而成的高斯系统。因此，通过利用前面介绍的多组元高斯系统逐一简化或者两两简化的方法对其进行高斯简化，我们可以最终得到一组基准点或面（主点 P、P′和焦点 F、F′）来表征该实际的透镜系统，即得到如图 7-13(c)所示的简化的高斯模型。一般来说，通过简化的高斯模型，我们可以获得实际透镜

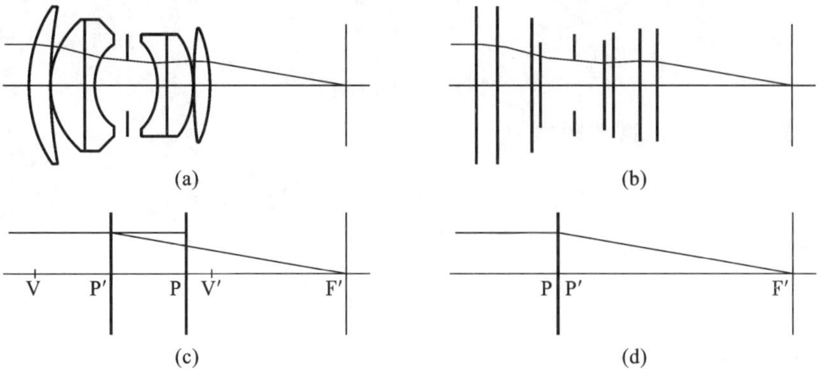

图 7-13　透镜系统及其简化模型

(a)双高斯透镜系统；(b)一阶(共线)模型；(c)简化的高斯模型；(d)简化的薄透镜模型

组的所有一阶光学性质(如成像位置、成像倍率、焦点、焦距等)。当然,如果我们只关心透镜组的焦距,我们可以假设透镜系统的两个主平面重合,从而将其简化为如图 7-13(d)所示的薄透镜模型。

7.3.2 厚透镜的高斯简化

如图 7-14 所示,一个厚的透镜可以看作是组合在一起的两个折射面。按照图示从左到右的顺序,在空气中认为 $n_1=n_3=1.0$,透镜折射率 $n_2=n$,第一个面曲率为 C_1,第二个面曲率为 C_2。

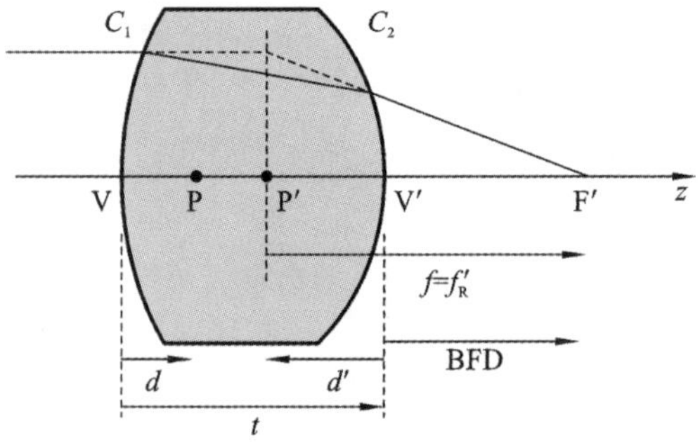

图 7-14 厚透镜模型

根据上节讨论的高斯系统简化的思路与方法,我们可做如下等效简化推导:

$$\phi_1=(n_2-n_1)C_1=(n-1)C_1 \quad (7\text{-}47)$$

$$\phi_2=(n_3-n_2)C_2=-(n-1)C_2 \quad (7\text{-}48)$$

等效系统的光焦度为

$$\phi=\phi_1+\phi_2-\phi_1\phi_2\tau \quad (7\text{-}49)$$

其中,简化距离 τ 可以表示为

$$\tau=\frac{t}{n_2}=\frac{t}{n} \quad (7\text{-}50)$$

代入可得:

$$\phi=(n-1)\left[C_1-C_2+(n-1)C_1C_2\frac{t}{n}\right] \quad (7\text{-}51)$$

根据下式依次可得系统等效简化后的有效焦距、像方焦距和物方焦距:

$$f=f'_{\mathrm{R}}=-f_{\mathrm{F}}=\frac{1}{\phi} \quad (7\text{-}52)$$

另外,组合光学系统的像方主点(或节点)和物方主点(或节点)的位置可以分别由式(7-53)和式(7-54)计算得到:

$$d'=\overline{\mathrm{V'P'}}=-\frac{\phi_1}{\phi}\frac{t}{n} \quad (7\text{-}53)$$

$$d=\overline{\mathrm{VP}}=\frac{\phi_2}{\phi}\frac{t}{n} \quad (7\text{-}54)$$

该厚透镜的后焦距为

$$\mathrm{BFD}=f'_{\mathrm{R}}+d' \quad (7\text{-}55)$$

因此,该厚透镜两个主点之间的距离为

$$\overline{\mathrm{PP'}}=t-d+d'=t-\frac{\phi_1+\phi_2}{\phi}\tau \quad (7\text{-}56)$$

将式(7-49)代入上式,即可得:

$$\overline{\mathrm{PP'}}=(n-1)\tau-\frac{\phi_1\phi_2}{\phi}\tau^2 \quad (7\text{-}57)$$

高斯简化后,厚透镜模型的节点各自位于对应的主平面上。

7.3.3　薄透镜的高斯简化

薄透镜模型如图 7-15 所示，可以看作在厚透镜模型的基础上，令 $t \to 0$ 得到。按照图示从左到右的顺序，在空气中认为 $n=n'=1.0$，薄透镜第一个面曲率为 C_1，第二个面曲率为 C_2。简化推导过程如下。

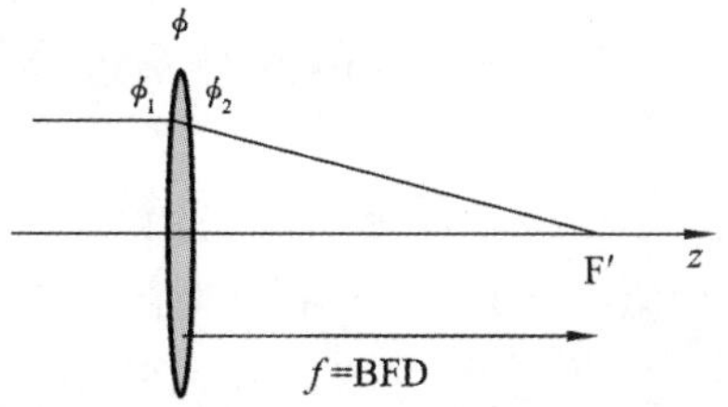

图 7-15　薄透镜模型

根据光焦度的定义有：

$$\phi_1 = (n-1)C_1 \tag{7-58}$$

$$\phi_2 = -(n-1)C_2 \tag{7-59}$$

根据 $t \to 0$ 可得 $\tau \to 0$，则系统简化之后的组合光焦度为

$$\phi = \phi_1 + \phi_2 - \phi_1\phi_2\tau = \phi_1 + \phi_2 = (n-1)(C_1 - C_2) \tag{7-60}$$

同样根据下式依次可得系统等效简化后的有效焦距、像方焦距和物方焦距：

$$f = f'_{\mathrm{R}} = -f_{\mathrm{F}} = \frac{1}{\phi} \tag{7-61}$$

另有：

$$d = d' = 0 \tag{7-62}$$

$$\mathrm{BFD} = f \tag{7-63}$$

薄透镜模型经高斯简化后，系统的主面和节点位于镜头处。

7.3.4　双薄透镜的高斯简化

对于两个分离的薄透镜，如图 7-16 所示，在空气中有 $n=1.0$，高斯简化推导过程如下。

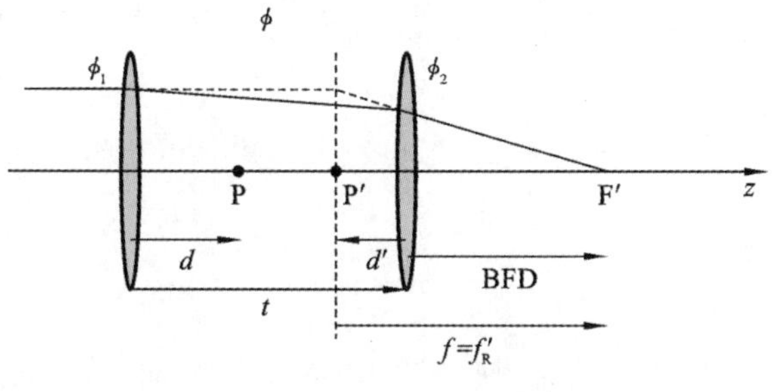

图 7-16　双薄透镜模型

由于 $n=1.0$，则

$$t = \tau \tag{7-64}$$

$$\phi = \phi_1 + \phi_2 - \phi_1\phi_2\tau = \phi_1 + \phi_2 - \phi_1\phi_2 t \tag{7-65}$$

继而根据式(7-61)可得焦距。系统的其他参量也可以依次计算如下：

$$d' = -\frac{\phi_1}{\phi}t \tag{7-66}$$

$$d = \frac{\phi_2}{\phi}t \tag{7-67}$$

$$\mathrm{BFD} = f'_{\mathrm{R}} + d' \tag{7-68}$$

$$\overline{PP'} = t - d + d' = -\frac{\phi_1 \phi_2}{\phi} t^2 \tag{7-69}$$

双薄透镜模型经高斯简化后，系统节点与主平面重合。

7.3.5 双薄透镜系统高斯简化实例

如图 7-17 所示，两个焦距为 50 mm 的透镜置于空气中，间距为 25 mm，请采用 7.3.4 节介绍的方法对其进行高斯简化。

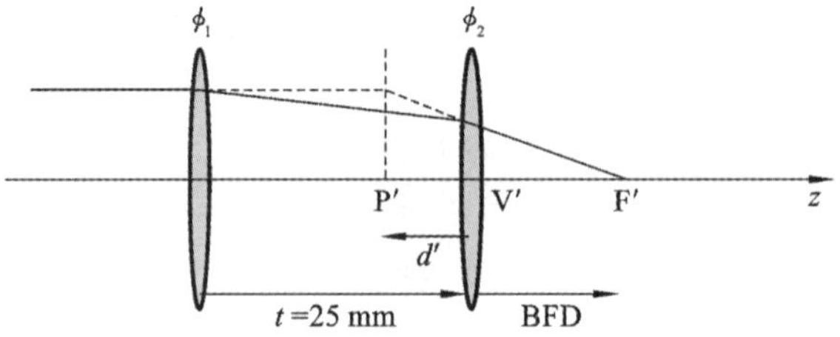

图 7-17 双薄透镜系统实例

根据已知条件，即 $n=1$，$\tau=t=25$ mm，$\phi_1=\frac{1}{f_1}=0.02\ \text{mm}^{-1}=\phi_2$，那么系统简化后光焦度为

$$\phi = \phi_1 + \phi_2 - \phi_1\phi_2\tau = 0.03\ \text{mm}^{-1}$$

简化系统焦距为

$$f = f'_R = \frac{1}{\phi} \approx 33.333\ \text{mm}$$

另外，像方主平面的位置可以由下式计算：

$$d' = -\frac{\phi_1}{\phi}t = -\frac{0.02\ \text{mm}^{-1}}{0.03\ \text{mm}^{-1}} \times 25\ \text{mm} \approx -16.667\ \text{mm}$$

因此，系统的后焦长为

$$\text{BFD} = f'_R + d' = 16.666\ \text{mm}$$

7.3.6 透镜的屈光度

透镜光焦度通常以屈光度 D 度量，屈光度是度量透镜或曲面镜屈光能力的单位。焦距 f 的长短标志着折光能力的大小。焦距越短，其折光能力就越强。焦距的倒数称作透镜光焦度，或屈光度，即

$$D = \phi = \frac{1}{f_E} \tag{7-70}$$

屈光度的量纲为长度的倒数，国际单位制的单位是 m^{-1}。对于间距较小的透镜，总光焦度近似为各个透镜的光焦度的总和，但焦距不能按此方法计算。

7.3.7 透镜的形状系数与透镜弯曲

光焦度等于像方光束会聚度与物方光束会聚度之差，它表征光学系统偏折光线的能力，尤

其是表征光学系统对入射平行光束的屈折本领。一般来讲，光焦度 ϕ 越大，平行光束折得越厉害。$\phi>0$ 时，屈折是会聚性的；$\phi<0$ 时，屈折是发散性的；$\phi=0$ 时，对应于平面折射，这时，沿轴平行光束经折射后仍是沿轴平行光束，不出现屈折现象。然而，拥有相同光焦度的透镜可能存在不同的形状，即透镜前后两个表面的曲率半径(或光焦度)分布是不同的。我们把这种透镜表面曲率的分布状况称为透镜的弯曲度。

引入透镜形状系数来描述其弯曲度，其定义为

$$X=\frac{C_1+C_2}{C_1-C_2}=\frac{\phi_1-\phi_2}{\phi_1+\phi_2} \tag{7-71}$$

对于空气中厚度是 t 或 τ 的透镜，如果给定厚透镜的光焦度为 ϕ，形状系数为 X，那么其两个表面的光焦度分别为

$$\phi_1=\frac{1-\sqrt{1-(1-X^2)\phi\tau}}{(1-X)\tau} \tag{7-72}$$

$$\phi_2=\frac{1-\sqrt{1-(1-X^2)\phi\tau}}{(1+X)\tau} \tag{7-73}$$

根据高等数学知识，当 t 或是 τ 很小时，即 $t\to 0$ 或者 $\tau\to 0$ 时，有：

$$\phi_1=\frac{1-\sqrt{1-(1-X^2)\phi\tau}}{(1-X)\tau}\to\frac{1}{2}(1+X)\phi \tag{7-74}$$

$$\phi_2=\frac{1-\sqrt{1-(1-X^2)\phi\tau}}{(1+X)\tau}\to\frac{1}{2}(1-X)\phi \tag{7-75}$$

$$d=\frac{\phi_2}{\phi}t\to\frac{1}{2}(1-X)\tau \tag{7-76}$$

$$d'=-\frac{\phi_1}{\phi}t\to-\frac{1}{2}(1+X)\tau \tag{7-77}$$

$$\overline{PP'}\to(n-1)\tau \tag{7-78}$$

可以看出 t 或 τ 为极小量时，只有 $\overline{PP'}$ 是独立于 X 的。

不同的 X 与 C 的取值可用于表征不同的透镜，而曲率的不同决定了透镜的光焦度不同。图 7-18 所示的为形状系数取不同值时对应的透镜形状示意图。需要注意的是，图中两个表面的不同弯曲度并不改变各元件的光焦度。当 X 取不同值时，较为典型和特殊的透镜有如下

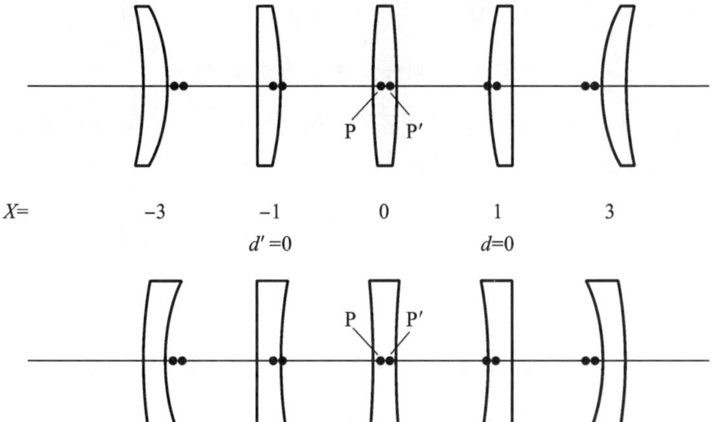

图 7-18　不同形状系数对应的透镜

几种：

(1) $X=-1, C_1=0, C_2\neq 0$，此时为平面—球面透镜；

(2) $X=+1, C_1\neq 0, C_2=0$，此时为球面—平面透镜；

(3) $X=0, C_1=-C_2$，即透镜两个表面关于透镜中轴线对称，此时为双球面透镜；

(4) $|X|>1$，此时为弯月透镜。

7.3.8　薄透镜系统与光学设计

如图 7-19 所示，在进行复杂光学系统设计时，根据高斯光学原理和在此基础上的高斯简化方法，我们可以利用一个等效的由系统光焦度、焦距、一对主面、一对焦点所表征的高斯系统来描述由多个光学元件组合成的组合光学系统的成像性能。在设计光学系统初始结构时，P 和 P′之间的距离通常被忽略，即采用薄透镜模型。

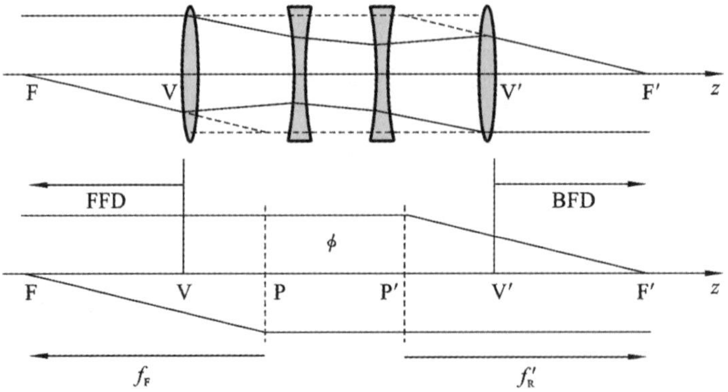

图 7-19　系统设计高斯简化

常用的设计步骤如下。

第一步，针对设计问题，构造基于薄透镜系统的解决方案，如图 7-20 所示。

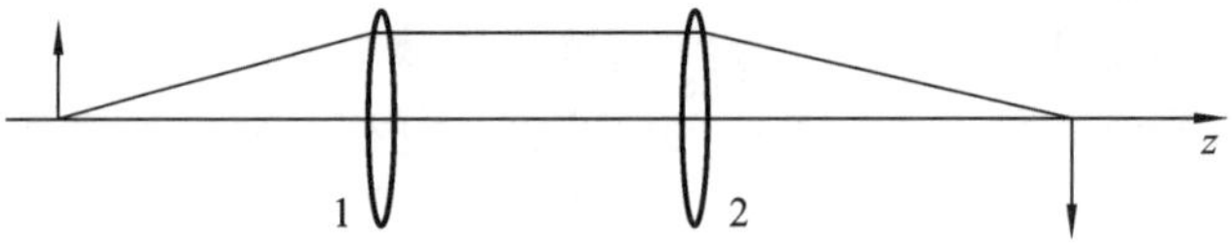

图 7-20　(第一步)构造薄透镜模型

第二步，将系统的每个组元等效为高斯系统，确定每个实际组元的主平面系统——即分离的物方/像方主平面的位置，如图 7-21 所示。

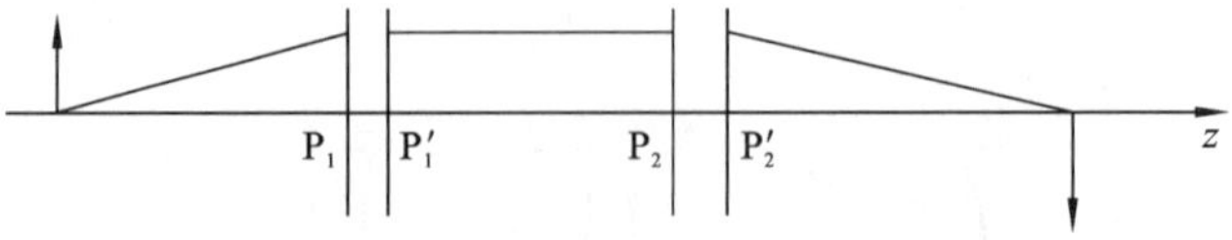

图 7-21　(第二步)构建每个组元的高斯模型

第三步，确定每个实际组元的顶点位置，顶点和顶点间的距离是整个系统的参考基准，如图 7-22 所示。

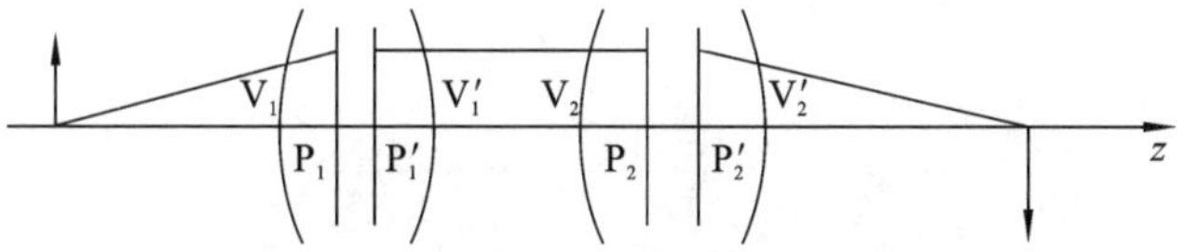

图 7-22　（第三步）确定每个组元的表面顶点

完成系统设计后进行分析，该过程可以精简地体现在图 7-23 中。

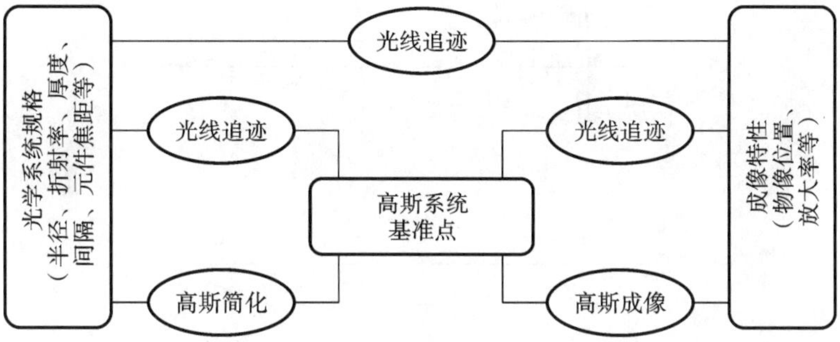

图 7-23　系统分析方法

7.3.9　单透镜设计

如图 7-24 所示，设计一个单透镜正焦系统，使物像之间的放大率为 m，且可对一个实物成实像，请给出所需的物像距离。

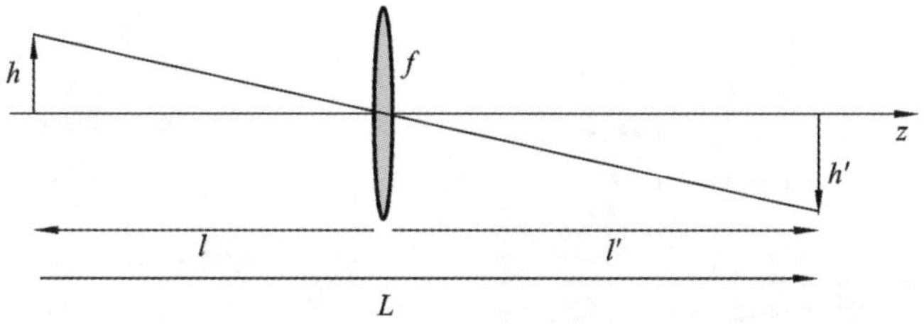

图 7-24　单透镜成像共轭关系

根据图示的几何关系以及单透镜的成像公式，我们有如下关系式：

$$\frac{1}{l'}=\frac{1}{l}+\frac{1}{f_{\mathrm{E}}},\quad m=\frac{h'}{h}$$

因此，物距和像距的表达式可以推算为

$$l=\left(\frac{1-m}{m}\right)f_{\mathrm{E}},\quad l'=(1-m)f_{\mathrm{E}}$$

联立上面两式，可得物像之间的距离为

$$L=l'-l=(1-m)f_{\mathrm{E}}-\left(\frac{1-m}{m}\right)f_{\mathrm{E}}=-\frac{(m-1)^2}{m}f_{\mathrm{E}} \tag{7-79}$$

如果要求该透镜满足实物—实像的共轭关系，则明显要求 $m<0$，则对应的物距和像距要求为 $l<-f_{\mathrm{E}}$ 且 $l'>f_{\mathrm{E}}$。那么，根据式(7-79)，只有当所要求的物像放大率 $m=-1$ 时，物像之间的间距达到最小，为 $L=4f_{\mathrm{E}}$。

我们可以对式(7-79)进行如下整理：

$$\frac{L}{f_{\mathrm{E}}}=-\frac{(m-1)^2}{m}=-\frac{\left(\frac{1}{m}-1\right)^2}{\frac{1}{m}} \tag{7-80}$$

根据式(7-80)所给出的计算结果，我们发现，对于任意一个给定的物像间距，存在两个放大率能够满足物像共轭，且这两个放大率互为倒数。具体的成像配置如图 7-25 所示。

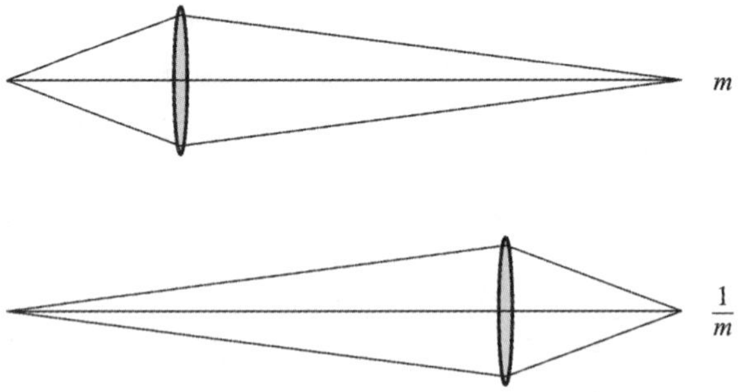

图 7-25 给定物像间距的两种成像共轭配置

因此，对于一个单透镜正焦系统来说，如果给定一个固定的物像间距 L，那么可能的成像配置以及物像放大率如图 7-26 所示。

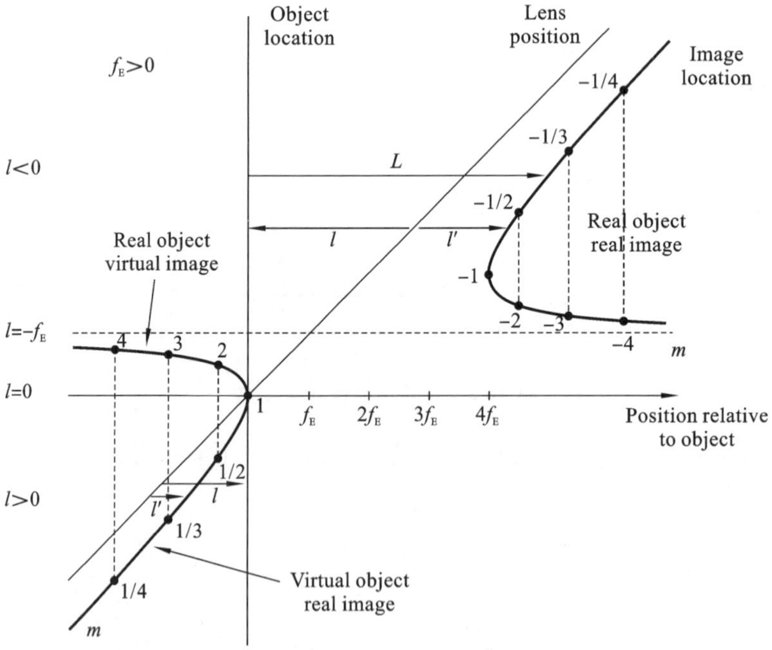

图 7-26 单透镜正焦系统的成像配置

类似地，图 7-27 所示的为单透镜负焦系统的情况。

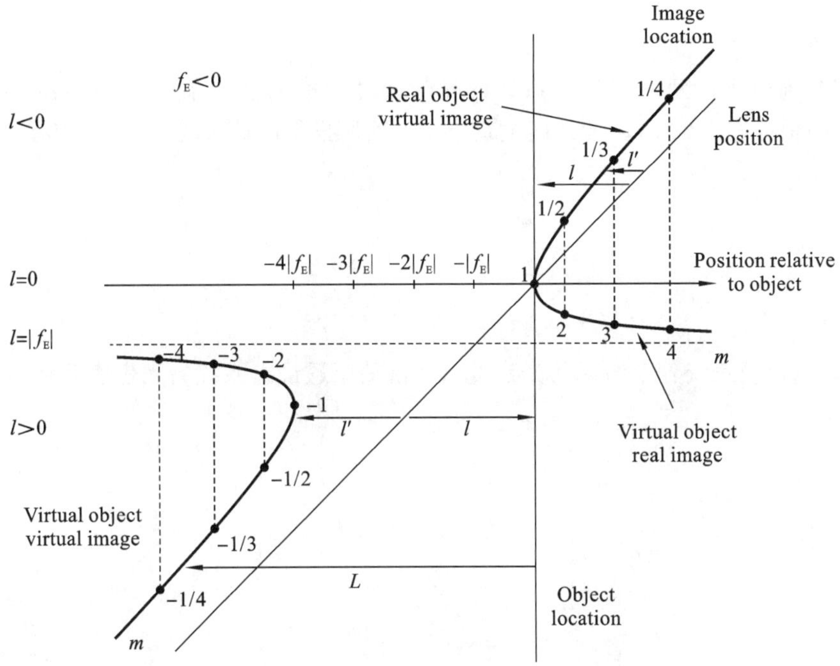

图 7-27　单透镜负焦系统的成像配置

7.3.10　双透镜系统设计示例一

如图 7-28 所示，给定两个置于空气中分开特定距离的透镜，已知 t_1、t_2、t_3、m，求解 ϕ、ϕ_1 和 ϕ_2。

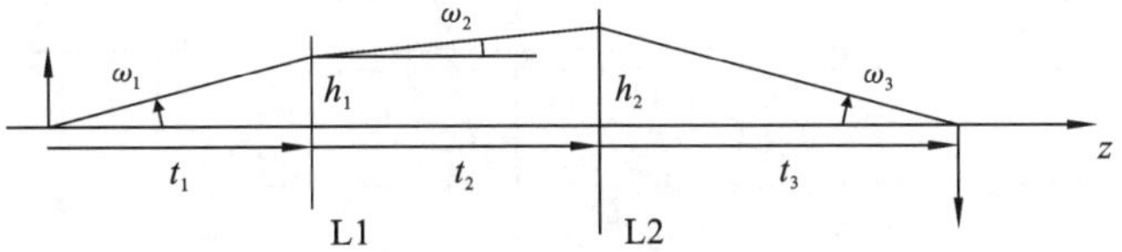

图 7-28　双透镜系统设计示例一

在设计这个双透镜系统之前，我们先讨论一下高斯系统近轴放大率的相关性质。如图 7-29所示，一个物体经过高斯系统进行成像，我们追迹一条从轴上物点发出的近轴光线，那么系统的近轴放大率可以由该光线在物空间和像空间的近轴角来决定。推导过程如下：

$$u=-\frac{h_P}{l},\quad u'=-\frac{h_P}{l'}$$

$$\omega=nu=-\frac{h_P}{l/n},\quad \omega'=n'u'=-\frac{h_P}{l'/n'}$$

$$m\equiv\frac{h'}{h}=\frac{l'/n'}{l/n}$$

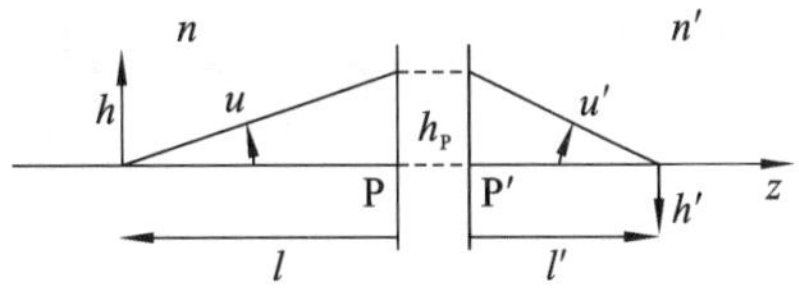

图 7-29　高斯系统近轴放大率的性质

因此，整理以上式子，可以得到：

$$m=\frac{\omega}{\omega'}=\frac{nu}{n'u'}\tag{7-81}$$

由此可见，高斯系统的近轴放大率由任意通过轴上共轭点的近轴光线的近轴角（或光学角）来决定。式(7-81)也被称为拉格朗日定律。

现在回到前面所提到的双透镜系统的光学设计。根据已知条件，可知 $n=1$、$u=\omega$。令 $\omega_1=u_1=1$，则根据图 7-28 所示的几何关系以及上面所推得的放大率公式，我们有：

$$h_1=\omega_1 t_1=t_1$$

$$\omega_3=\omega_1/m=1/m$$

$$h_2=-\omega_3 t_3=-t_3/m$$

$$\omega_2=\frac{h_2-h_1}{t_2}=-\frac{t_1+t_3/m}{t_2}$$

因此，该双透镜系统各个组元的光焦度以及该整个透镜组系统的光焦度分别可以表示为

$$\phi_1=\frac{\omega_1-\omega_2}{h_1}=\frac{1+\dfrac{t_1+t_3/m}{t_2}}{t_1}=\frac{t_1+t_2+t_3/m}{t_1 t_2}$$

$$\phi_2=\frac{\omega_2-\omega_3}{h_2}=\frac{-\dfrac{t_1+t_3/m}{t_2}-\dfrac{1}{m}}{-t_3/m}=\frac{mt_1+t_2+t_3}{t_2 t_3}$$

$$\phi=\phi_1+\phi_2-\phi_1\phi_2 t_2=-\frac{mt_1+t_2+t_3/m}{t_1 t_3}$$

7.3.11 双透镜系统设计示例二

如图 7-30 所示，给定两个置于空气中分开特定距离的透镜，已知 L、m、ϕ_1 和 ϕ_2（或者 f_1 和 f_2），求解 t_1、t_2、t_3、ϕ。

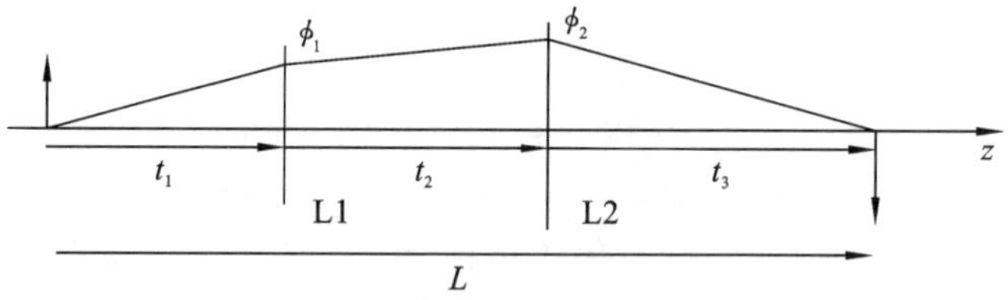

图 7-30 双透镜系统设计示例二

考虑式(7-79)所表达的物像间距与放大率之间的关系，我们定义一个新的物理量，即：

$$M=-\frac{(1-m)^2}{m}$$

那么，我们可以有如下关系：

$$L=\frac{M}{\phi}+\overline{\mathrm{PP}'}=\frac{M}{\phi}-\frac{\phi_1\phi_2 t_2^2}{\phi}\quad（其中，\overline{\mathrm{PP}'}=\frac{\phi_1\phi_2}{\phi}t_2^2）$$

$$-\phi L=-M+\phi_1\phi_2 t_2^2=-L(\phi_1+\phi_2-\phi_1\phi_2 t_2)\quad（其中，\phi=\phi_1+\phi_2-\phi_1\phi_2 t_2）$$

$$-Mf_1 f_2+t_2^2=-L(f_1+f_2)+Lt_2$$

$$t_2^2-Lt_2+L(f_1+f_2)-Mf_1 f_2=0$$

如果定义 $F_1=f_1/L$、$F_2=f_2/L$，那么上式可以继续整理为

$$\frac{1}{L}t_2^2-t_2+L(F_1+F_2)-LMF_1F_2=0$$

$$t_2 = \frac{L}{2}\{1 \pm \sqrt{1-4(F_1+F_2-MF_1F_2)}\}$$

在求得 t_2 的值后，便可相应地得出其他几个未知量，它们分别表示如下：

$$\phi = \phi_1 + \phi_2 - \phi_1\phi_2 t_2$$

$$t_1 = \frac{1-\phi_2 t_2 - 1/m}{\phi}$$

$$t_3 = \frac{1-\phi_1 t_2 - m}{\phi}$$

7.3.12　双透镜系统设计示例三

如图 7-31 所示，在该 $2f$—$2f$ 系统中，物平面和像平面之间的共轭放大率为单位 1，二者完全满足光学系统主平面之间的共轭性质，所以该系统的物方/像方主平面与系统给出的物像平面重合。

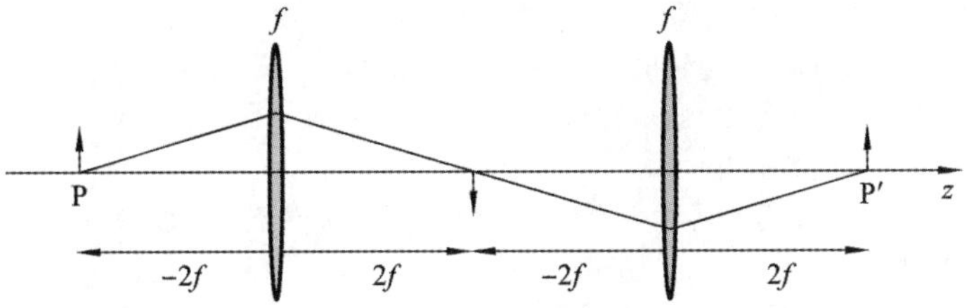

图 7-31　$2f$—$2f$ 系统的主点

要找到系统的像方焦点，需要从系统物方空间引出一条平行于光轴的光线，如图 7-32 所示。根据高斯映射原理，这条光线会在系统像方空间中交于系统的像方焦点处。显然，根据图示的光线追迹结果，系统的像方焦点在系统像方主平面的左侧，因此系统光焦度是负的。所追迹的平行入射光线在像方空间内从像方主平面开始发散。

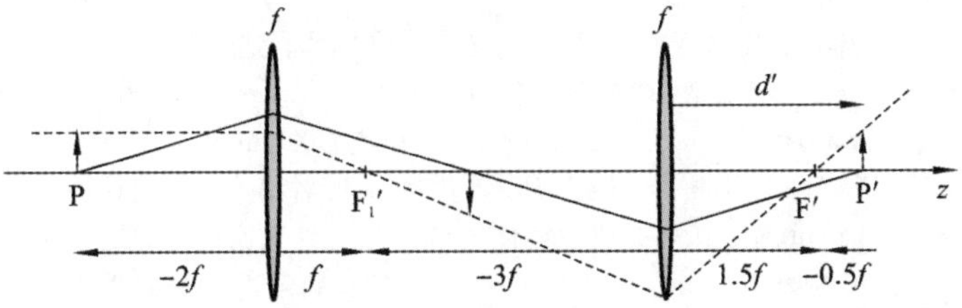

图 7-32　$2f$—$2f$ 系统的焦点

接下来我们可以应用多组元高斯系统简化公式对该系统的光焦度和其他高斯性质进行相应推导。根据双组元组合高斯公式，我们可得到如下关系式：

$$\phi_1 = \phi_2 = \frac{1}{f}$$

$$t = 4f$$

$$\phi = \phi_1 + \phi_2 - \phi_1\phi_2 t = \frac{2}{f} - \frac{4f}{f^2} = -\frac{2}{f}$$

$$f_{\text{System}} = f'_{\text{R}} = -0.5f$$

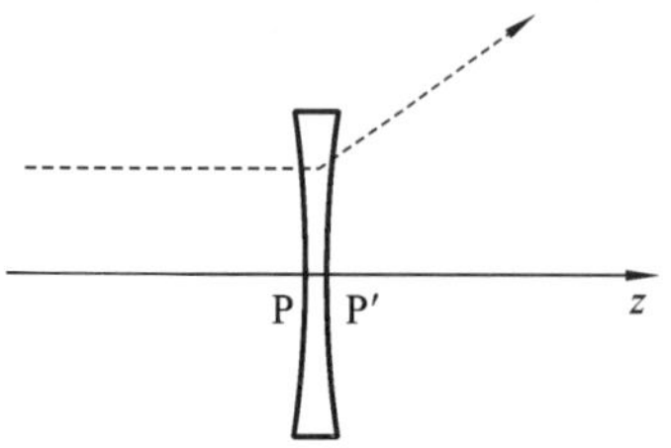

图 7-33 $2f$—$2f$ 系统的简化薄透镜模型

$$d' = -\frac{\phi_1}{\phi}t = -\frac{1/f}{-2/f}4f = 2f$$

由此可见，计算结果跟我们前面基于基准点推出的简化结果完全一致。在简化的高斯模型中如果忽略 P 与 P′之间的距离，则这个系统看起来就像是一个负透镜，如图 7-33 所示。由对称性可知，系统的物方焦点在系统物方主平面的右侧，这也符合负透镜的光学特征。

习 题

7.1 已知两块透镜的焦距分别为 $f_1=100$ mm 和 $f_2=200$ mm，两块透镜的间隔 $t=100$ mm，求这两块透镜的组合焦距 f。

7.2 一块厚透镜置于空气中，透镜前后表面的曲率半径分别为 $r_1=100$ mm，$r_2=-100$ mm，透镜折射率为 1.5，厚度为 150 mm，求：(1)前后两面的焦距和光焦度，及透镜的总光焦度；(2)厚透镜的 f_F，f'_R，f；(3)厚透镜主平面的位置；(4)厚透镜的 BFD；(5) 厚透镜两个主平面之间的距离。

7.3 一个置于空气中的厚透镜有如下规格参数：$R_1=127$ mm，$R_2=-77$ mm，TH$=17$ mm，$n=1.472$。请使用高斯简化的方法求解以下问题。

(1) 该透镜的焦距与光焦度分别为多少？位于无限远处的物体经透镜成像后，其成像位置相对于透镜后表面(后焦距)在何处？

(2) 如果将透镜的折射率更改为 1.853，其焦距、光焦度和后焦距分别是多少？

(3) 如果将原透镜($n=1.472$)浸入水中($n=1.333$)，则其像方焦距、焦距、光焦度和后焦距分别是多少？

7.4 假设有一根很长的塑料圆棒(折射率 $n=1.530$)，塑料圆棒的左边端面是一个半径为 26.5 mm 的凸球面。圆棒端面处形成了一个单折射球面。一个 25 mm 高的物体位于空气中且在圆棒端面顶点左边 160 mm 的位置处。

(1) 请给出该折射球面的高斯特性(ϕ、f_F、f'_R，以及 P、P′、F、F′、N、N′的位置)。

(2) 给出像的位置和大小。

7.5 以下位于空气中的两个薄透镜组成了一个摄远镜头：$f_1=75$ mm，$f_2=-60$ mm，Spacing$=35$ mm。请采用高斯简化的方法求出系统的有效焦距，以及像方主平面和像方焦点的位置。

7.6 使用高斯简化的方法确定以下三表面光学系统的后焦距：$n=n_0=1.33$，$R_1=25.0$ mm，$n_1=1.50$，$t_1=5.0$ mm，$R_2=-40.0$ mm，$n_2=1.60$，$t_2=5.0$ mm，$R_3=-60.0$ mm，$n'=n_3=1.33$。

7.7 空气中有一厚透镜，其第一表面曲率半径为 R_1，厚度为 t，折射率为 n。当该厚透镜第二表面曲率半径 R_2 分别满足如下条件时，试确定其高斯成像特性：(1)它与第一表面同心；(2)它具有与第一表面相等但相反的光焦度；(3)透镜的光焦度为零。即对于这三种情况，确定透镜的高斯特性(ϕ、f_F、f'_R，以及 P、P′、F、F′、N、N′的位置)。

7.8 使用高斯简化法，确定以下人眼模型的高斯性质(见图 7-34、表 7-1)，已知人眼前的介质为空气。

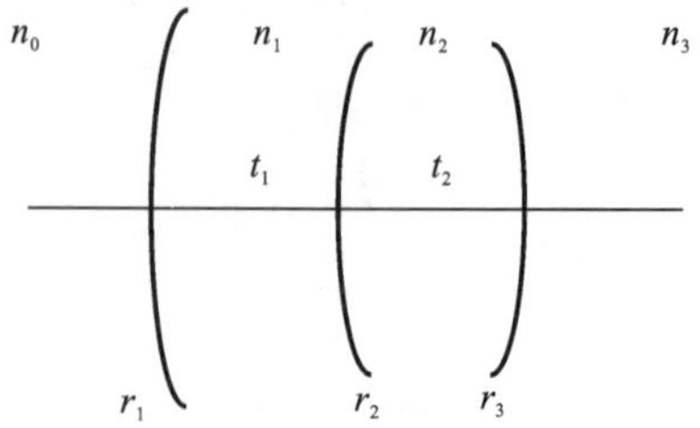

图 7-34

表 7-1

序号	r	t	n
1	7.8 mm	3.6 mm	1.336
2	10.0 mm	3.6 mm	1.413
3	−6 mm	—	1.336

7.9　曲率为 C 的反射镜浸入折射率为 n 的介质中，其光焦度为多少？物方焦距与像方焦距各是多少？哪些取决于 n？哪些不取决于 n？

7.10　格里高利物镜（见图 7-35）是一个使用了两个凹面镜的全反射系统：已知 $R_1=100$ mm；$R_2=40$ mm；Spacing＝75 mm。

(1) 使用高斯简化方法确定该系统的焦距和工作距离（WD）。

(2) 我们应该已经注意到该系统具有负光焦度和焦距，但该系统却能够成实像，请解释原因（考虑无穷远处物体发出的光线的路径和基点的定义）。

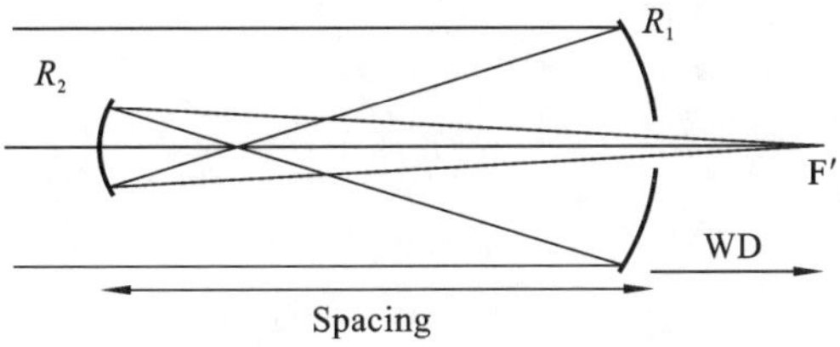

图 7-35

7.11　一镜头组由两个相距 25 mm 的相同的薄透镜组成，每个薄透镜的焦距为 50 mm。固定的物与像平面相隔 150 mm。使用该镜头组件可获得的两种可能的放大率是多少（使用高斯方法求解）？

7.12　我们发现需要一个折射率为 2.0 的球体才能使来自无穷远处的物体发出的光线通过球体的前表面聚焦到球体的另一侧。不过，我们很难获得 2.0 的折射率。获得相同效果的解决方案是将一个球体分成两个相同的半球（见图 7-36）。为了使来自远处物体的光聚焦在第二个半球的顶点上，半球之间所需的间隔是多少（F′与 V′一致，半球的半径为 50 mm，其折射率为 1.5，半球在空气中，使用高斯方法求解）？

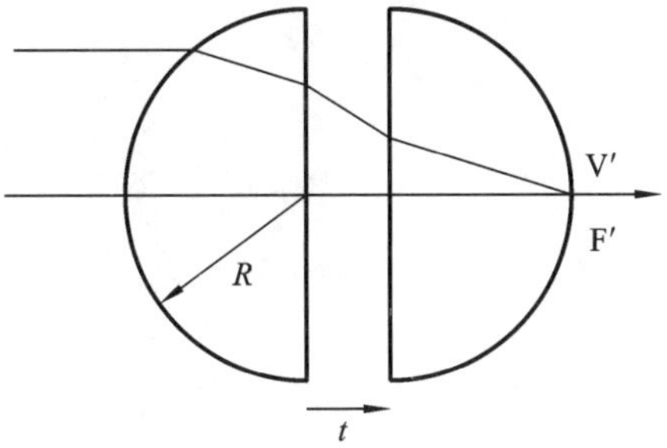

图 7-36

7.13　如图 7-37 所示，空气中的两个厚透镜组合成一个成像系统。两个透镜的厚度均为 25 mm，且两个透镜的焦距均为 100 mm，但第一个透镜的折射率为 1.6，第二个透镜的折射率为 1.5。透镜的两表面顶点间距为 50 mm。两个厚透镜的主平面相对于表面顶点的位置如图所示，试用高斯方法解决如下问题。

(1) 确定第一个透镜的两个表面的曲率半径（$n_1=1.6$）。

(2) 对于该由两个厚透镜组成的系统，试确定其焦距、像方主平面相对于第二个透镜的后表面顶点的位置、后焦距、系统的物方主平面相对于第一个透镜的前表面顶点的位置、第一个透镜的物方焦距。

7.14　有三个薄透镜：$f_1=100$ mm，$f_2=50$ mm，$f_3=-50$ mm，间距分别为 $d_1=10$ mm，$d_2=10$ mm，设该光

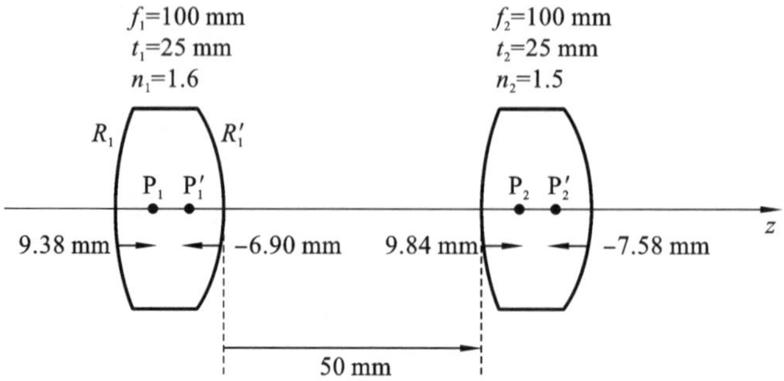

图 7-37

学系统在空气中，试求组合系统的基准点位置和焦距。

7.15 一束平行光沿光轴方向射入平凸透镜，会聚于透镜后 480 mm 处，若在此透镜凸面上镀银，则平行光会聚于透镜前 80 mm 处，试求透镜的折射率和凸面的曲率半径。

第 8 章

近轴光线追迹

8.1 ‖ YNU 光线追迹公式

8.1.1 折射与传递公式

近轴光学是一种确定光学系统一阶性质的方法，假定所有光线角都很小。由于所有的近轴光线角 u 都被定义为实际角度 U 的正切值，所以近轴光线轨迹对于光线的角度和高度都是线性的。如图 8-1 所示，当光线仅在光轴附近进行追迹（光线在光学表面处的光线高度值相对比较小）时，光学表面的矢高被忽略或可以忽略，即有

$$u \approx \sin U \approx \tan U \tag{8-1}$$

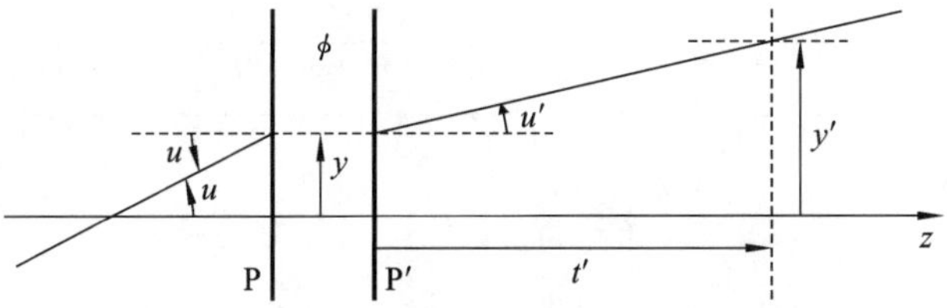

图 8-1　近轴光线追迹中的折射与传递过程

折射（或反射）发生在两个光学空间之间的界面上。通过传输距离 t' 可以确定光学空间（包括虚空间）内的任意平面处的光线的高度。各个光学参量有如下定义：

$$\omega = nu,\quad \tau' = \frac{t'}{n'},\quad \phi = (n' - n)C \tag{8-2}$$

其中，ω 表示光线的光学角度，τ' 表示光线光程的简化距离，ϕ 表示光焦度。

光学系统的有效折射发生在系统的主平面上。光线在像方主平面相同高度处出射，但具有不同的角度。有近轴折射方程：

$$n'u' = nu - y\phi,\quad \omega' = \omega - y\phi,\quad \phi \equiv \frac{1}{f_E} \tag{8-3}$$

近轴光线的传递也同样可用传递方程表征：

$$y' = y + u't',\quad y' = y + \omega'\tau' \tag{8-4}$$

这种类型的光线追迹称为 YNU 光线追迹。所有的光线从物空间传播到像空间。反向光线追迹允许在已知某一个光学空间光线段的条件下确定其在上游的光学空间中的光线属性。然后可以进一步将该光线反向追迹到物空间中的初始位置。而在反向追迹情况下，方程为

$$nu = n'u' + y\phi,\quad \omega = \omega' + y\phi \tag{8-5}$$

$$y = y' - u't',\quad y = y' - \omega'\tau' \tag{8-6}$$

近轴折射发生在折射面的顶点切平面上，折射面矢高被忽略。对于任意一个由系统光焦度和一对主平面所表征的光学系统，近轴折射发生在主平面处。

8.1.2　单个折射面 YNU 光线追迹

在如图 8-2 所示的单个折射面上，近轴折射发生在表面的顶点切平面上，折射面矢高可以被忽略。此时通过求解光线高度为零的点找到成像位置。即将 $y'=0$ 代入传递公式式(8-4)中，得到：

$$\begin{cases} y' = 0 = y + u't_1' \\ t_2 = t_1' = -\dfrac{y}{u'} \end{cases} \tag{8-7}$$

又由于 $y=ut_1$，可得轴向放大率为

$$m = \frac{h'}{h} = \frac{l'/n'}{l/n} = -\frac{t_2/n'}{t_1/n} = \frac{nu}{n'u'} \tag{8-8}$$

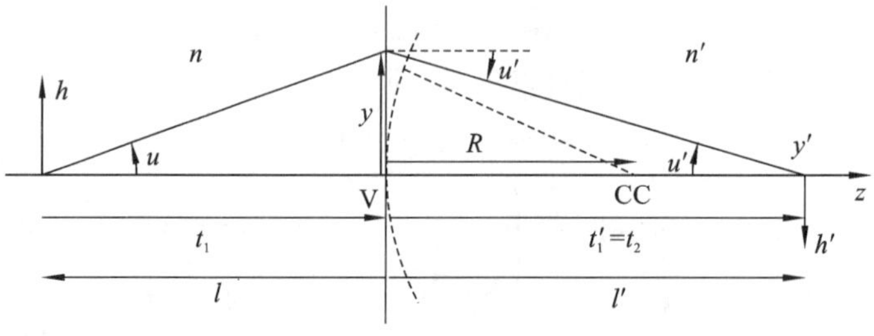

图 8-2　单个折射面的 YNU 光线追迹

光线表面间隔是从当前表面到下一表面的距离。根据光的直线传播定律，在光学表面间隔中，光线沿直线传播，即可采用传递方程进行光线追迹。

8.1.3　单个高斯组元 YNU 光线追迹

图 8-3 所示的为一个独立的高斯组元，该高斯系统置于空气中($n=n'=1$)。近轴光线通过该高斯组元发生折射时，主平面是发生有效折射的位置。同样可以在像空间中，求解追迹方程中光线高度为零的点来找出成像位置。此时近轴追迹方程为

$$\begin{cases} u' = u - y\phi \\ y' = y + u't' \end{cases} \tag{8-9}$$

与单个折射面类似，当 $y'=0$ 时，由传递方程解得：

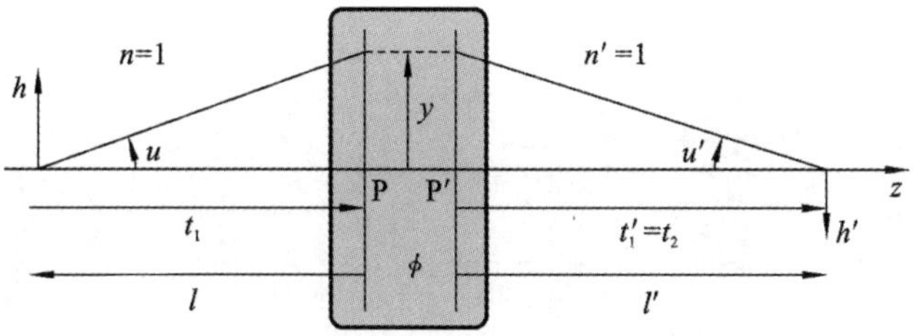

图 8-3　单个高斯组元的 YNU 光线追迹

$$\begin{cases} y' = y + u't_1' = 0 \\ t_2 = t_1' = -\dfrac{y}{u'} \end{cases} \tag{8-10}$$

同样有 $y = ut_1$，轴向放大率为

$$m = \frac{h'}{h} = \frac{l'/n'}{l/n} = -\frac{t_2}{t_1} = \frac{u}{u'} \tag{8-11}$$

这就是任意光学系统通过近轴光线追迹所得到的物像放大率公式，也称该式为拉格朗日定律。该放大率计算公式对薄透镜也同样适用。

8.1.4　一般 YNU 光线追迹

根据上面两节所讲，将追迹方程从单个组元和单个折射面推广到一般情形，可以得到一般的传递公式为

$$y_{j+1} = y_j + u_j' t_j' \tag{8-12}$$

折射公式为

$$n_j' u_j' = n_j u_j - y_j \phi_j \tag{8-13}$$

这两个方程表征的是空间中任意表面及表面之间的 YNU 光线追迹方程。折射发生在每个表面，表面之间进行光线传递。光线偏移量取决于表面光焦度和光线高度，光线高度变化取决于光线角度和表面间距，同样可以通过求解像空间中光线高度为零的点来找到图像位置。

8.1.5　多个折射面 YNU 光线追迹

在对多个折射面进行 YNU 光线追迹时，式(8-12)和式(8-13)依然是成立的。即对 k 个折射面，有

$$y_1 = u_1 t_1, \quad y_2 = y_1 + u_1' t_1', \quad \cdots, \quad y_{k+1} = y_k + u_k' t_k' \tag{8-14}$$

$$n_1' u_1' = n_1 u_1 - y_1 \phi_1, \quad n_2' u_2' = n_2 u_2 - y_2 \phi_2, \quad \cdots, \quad n_k' u_k' = n_k u_k - y_k \phi_k \tag{8-15}$$

但在多个折射面中，前一个面所成的像对于后一个面为物，因此由图 8-4 可以得到两个折射面之间的过渡方程为

$$u_{j+1} = u_j', \quad n_{j+1} = n_j' \tag{8-16}$$

例如在求解多个折射面的成像位置时，可先令 $y_{k+1} = 0$，得到

$$t_{k+1} = t_k' = -\frac{y_k}{u_k'} \tag{8-17}$$

再利用过渡公式将各个折射面的追迹公式联系起来，最后求得最终解。此时系统的垂轴放大

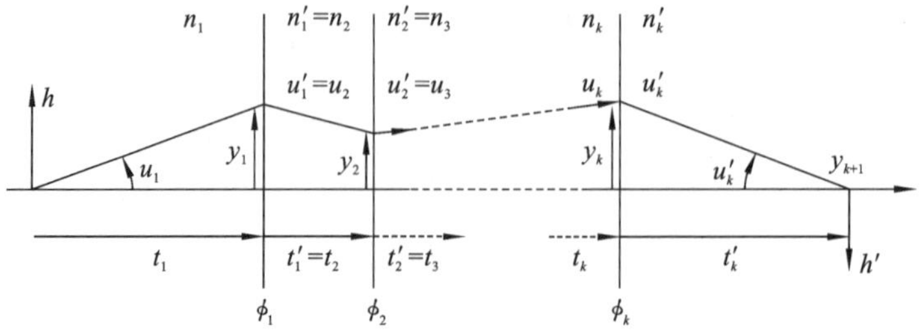

图 8-4　多个折射面的 YNU 光线追迹

率为

$$m=\frac{h'}{h}=\frac{u_1}{u_k'} \tag{8-18}$$

8.1.6　多个高斯组元 YNU 光线追迹

空气中多个高斯组元的 YNU 光线追迹与多个折射面的类似，其满足的一般追迹方程变为

$$u_j'=u_j-y_j\phi_j,\quad y_{j+1}=y_j+u_j't_j' \tag{8-19}$$

如图 8-5 所示，高斯组元之间的过渡方程变为

$$u_{j+1}=u_j',\quad n=1 \tag{8-20}$$

每个组元或组件会折射光线，与多个折射面不同的是，主平面是产生有效折射的位置，光线传递发生在一个组元的像方主平面和下一个物方主平面之间，但成像位置以及垂轴放大率的求解与多个折射面的相同。

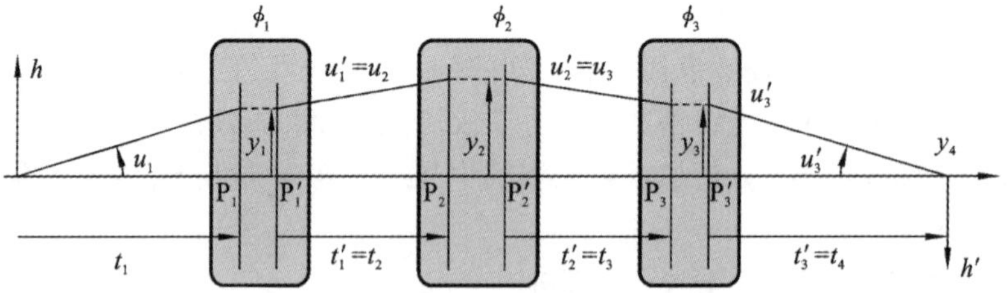

图 8-5　多个高斯组元的 YNU 光线追迹

8.2　YNU 光线追迹实例一：双薄透镜系统

8.2.1　双薄透镜系统 YNU 光线追迹

如图 8-6 所示，在空气中，两个焦距为 50 mm 的透镜相距 25 mm，光焦度 $\phi_1=\phi_2=0.02$ mm^{-1}，一个 10 mm 高的物体在第一个透镜的左边 40 mm 处，求成像位置及像高。

我们可以通过追迹轴上物点发出的近轴光线来获得结果。光线在第一个透镜上发生折

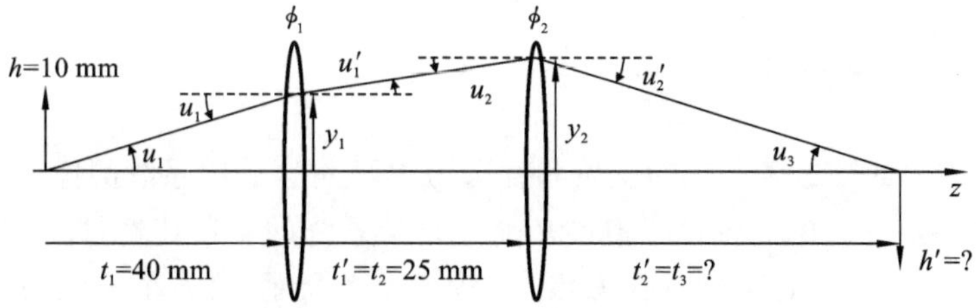

图 8-6　双薄透镜系统——追迹轴上物点发出的光线

射，由追迹公式可以得到各参量值：

$$y_0 = 0,\quad u_1 = 0.1(\text{Arbitrary})$$

$$y_1 = u_1 t_1 = 4\ \text{mm},\quad u_1' = u_1 - y_1\phi_1 = 0.02$$

光线传递到第二个透镜再次发生折射，得到如下关系式：

$$y_2 = y_1 + u_1' t_1' = 4.5\ \text{mm},\quad u_2 = u_1' = 0.02$$

$$u_2' = u_2 - y_2\phi_2 = -0.07$$

取光线高度为零即可求得成像位置，即：

$$y_3 = y_2 + u_2' t_2' = 0 \quad \Rightarrow \quad t_2' = t_3 \approx 64.286\ \text{mm}$$

再利用垂轴放大率与光线像高的关系求出像高：

$$u_3 = u_2' = -0.07$$

$$m = \frac{h'}{h} = \frac{u_1}{u_3} = \frac{0.1}{-0.07} \approx -1.429 \quad \Rightarrow \quad h' \approx -14.29\ \text{mm}$$

即物体成像在第二个透镜后 64.286 mm 的位置处，且成像高度为光轴下方 14.29 mm。

我们也可以追迹第二条光线来确定成像大小，如图 8-7 所示，通过追迹物体边缘发出的光线来求得像高。这条光线在第一个透镜上发生折射，各参量为：

$$\bar{y}_0 = h = 10.0\ \text{mm},\quad \bar{u}_1 = 0.1(\text{Arbitrary})$$

$$\bar{y}_1 = \bar{y}_0 + \bar{u}_1 t_1 = 14\ \text{mm},\quad \overline{u_1'} = \bar{u}_1 - \bar{y}_1\phi_1 = -0.18$$

经传递后在第二个透镜处发生折射，有：

$$\bar{y}_2 = \bar{y}_1 + \overline{u_1'} t_1' = 9.5\ \text{mm}$$

$$\bar{u}_2 = \overline{u_1'} = -0.18$$

$$\overline{u_2'} = \bar{u}_2 - \bar{y}_2\phi_2 = -0.37$$

物体成像在第二个透镜后 64.286 mm 的位置处，由传递公式可得：

$$t_2' = t_3 = 64.286\ \text{mm}$$

$$h' = \bar{y}_3 = \bar{y}_2 + \overline{u_2'} t_2' \approx -14.29\ \text{mm}$$

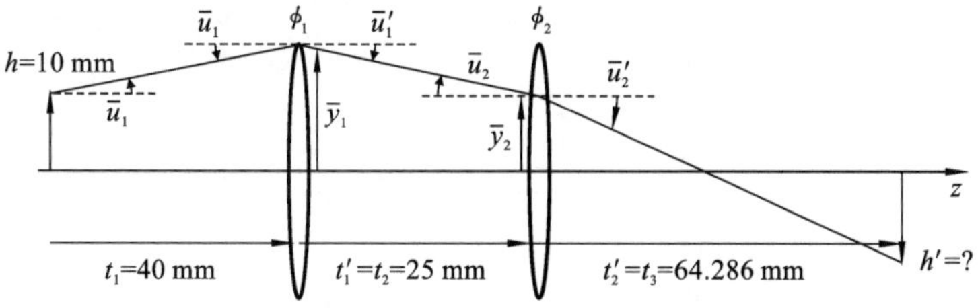

图 8-7　双薄透镜系统——追迹物体顶点发出的光线

8.2.2　正向光线追迹——像方基准点

如果将图 8-7 中的第二条光线的初始角度选为 0，则可以确定系统的像方焦点的位置。因此我们常常使用特定光线的近轴光线追迹来确定光学系统的高斯特性，即追迹平行于物空间光轴的光线，该光线必须经过系统的像方焦点。如图 8-8 所示，第 k 个表面为系统中的最后表面。那么，整个系统的折射公式为

$$\omega_1 = 0,\quad \omega_k' = \omega_1 - y_1\phi = -y_1\phi \tag{8-21}$$

则有关于光焦度及焦距的公式为

$$\phi = -\frac{\omega_k'}{y_1} = -\frac{n'u_k'}{y_1},\quad f_{\mathrm{E}} = \frac{1}{\phi},\quad f_{\mathrm{R}}' = \frac{n'}{\phi} \tag{8-22}$$

则像方焦点可由光线高度为零的点确定，即：

$$y_{k+1} = 0 = y_k + u_k' \cdot \mathrm{BFD} \quad\Rightarrow\quad \mathrm{BFD} = \overline{\mathrm{V'F'}} = -\frac{y_k}{u_k'} = -\frac{n'y_k}{\omega_k'} \tag{8-23}$$

像方主平面的位置也可确定：

$$d' = \overline{\mathrm{V'P'}} = \frac{y_1 - y_k}{u_k'},\quad d' = \mathrm{BFD} - f_{\mathrm{R}}' \tag{8-24}$$

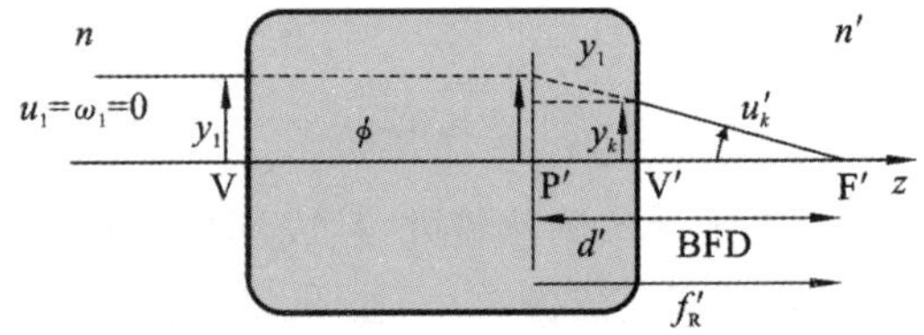

图 8-8　系统像方基准点——追迹物空间平行于光轴的光线(1)

因此，在图 8-9 中，来自无穷远轴上物体的光线可以用于确定空气中两薄透镜的像方焦点。假定 $y_1 = 1.0$ mm，将 $\omega_1 = u_1 = 0$ 代入 8.1 节的计算公式中，可以得到新的系统参数为

$$y_1 = 1.0\ \mathrm{mm},\quad u_1 = 0,\quad u_1' = u_1 - y_1\phi_1 = -0.02$$

$$y_2 = y_1 + u_1't_1' = 0.5\ \mathrm{mm},\quad u_2 = u_1' = -0.02,\quad u_2' = u_2 - y_2\phi_2 = -0.03$$

$$y_3 = y_2 + u_2' \cdot \mathrm{BFD} = 0 \quad\Rightarrow\quad \mathrm{BFD} = -\frac{y_2}{u_2'} \approx 16.667\ \mathrm{mm}$$

此时我们得到双薄透镜系统的像方焦点在第二个透镜后方 16.667 mm 处。系统的光焦度和焦距为

$$\phi = -\frac{\omega_2'}{y_1} = -\frac{n'u_2'}{y_1} = -\frac{u_2'}{y_1} = 0.03\ \mathrm{mm}^{-1} \quad\Rightarrow\quad f = f_{\mathrm{R}}' = \frac{1}{\phi} = 33.333\ \mathrm{mm}$$

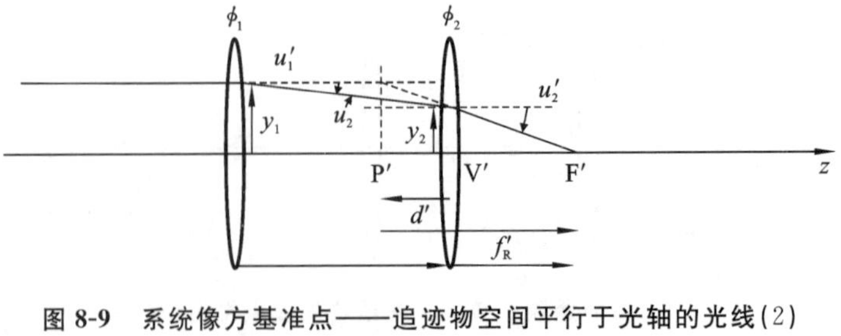

图 8-9　系统像方基准点——追迹物空间平行于光轴的光线(2)

则可以得到系统的像方主平面的位置：

$$d' = \overline{V'P'} = \frac{y_1 - y_2}{u_2'} \approx -16.667 \text{ mm} \quad 或 \quad d' = \text{BFD} - f_R' = \text{BFD} - f = -16.666 \text{ mm}$$

8.2.3　反向光线追迹——物方基准点

与像方基准点类似，追迹从系统物方焦点发出的光线，光线在像空间中平行于光轴（见图 8-10）。根据光路可逆原理，反向光线追迹方程用于追迹从像空间出发沿原光路传播到物空间的光线。那么，在这种情况下，整个系统的折射方程为

$$\omega_k' = \omega_1 - y_k\phi = 0 \tag{8-25}$$

则有关光焦度和焦距的公式为

$$\phi = \frac{\omega_1}{y_k} = \frac{nu_1}{y_k}, \quad f_E = \frac{1}{\phi}, \quad f_F = -\frac{n}{\phi} \tag{8-26}$$

传递过程中，光线初始高度为 0，则有：

$$y_1 = y_0 + u_1(-\text{FFD}), \quad y_0 = 0 \quad \Rightarrow \quad \text{FFD} = \overline{VF} = -\frac{y_1}{u_1} = -\frac{ny_1}{\omega_1} \tag{8-27}$$

对于物方主平面，我们有：

$$y_k = y_1 + u_1 d, \quad d = \overline{VP} = \frac{y_k - y_1}{u_1}, \quad d = \text{FFD} - f_F \tag{8-28}$$

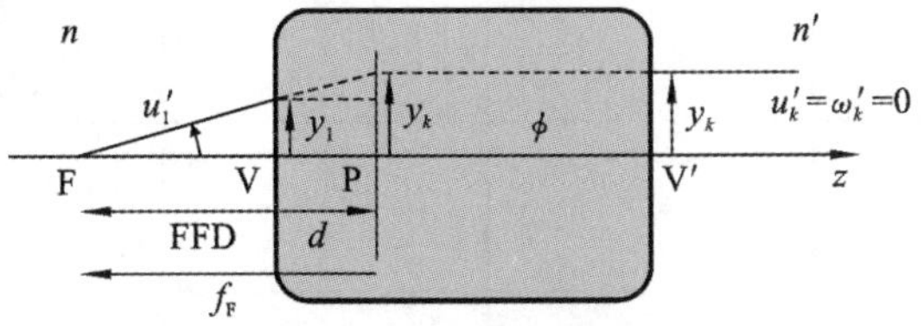

图 8-10　系统物方基准点——反向追迹像空间平行于光轴的光线

8.3 ‖ YNU 光线追迹实例二：空气中的厚透镜

8.3.1　高斯求解法

在空气中有一厚透镜，如图 8-11 所示，它的各项参数如下：$C_1 = 0.02\ \text{mm}^{-1}$，$C_2 = -0.01\ \text{mm}^{-1}$，$R_1 = -100$ mm，$t = 10$ mm，$n = 1.5$。

利用高斯光学计算得出厚透镜的总光焦度、焦距和主平面位置相关数据如下：

$$\phi_1 = 0.01\ \text{mm}^{-1}, \quad \phi_2 = 0.005\ \text{mm}^{-1}, \quad \phi = 0.01467\ \text{mm}^{-1}$$

$$f_E = 68.17\ \text{mm}, \quad f_F = -68.17\ \text{mm}, \quad f_R' = 68.17\ \text{mm}$$

$$d = 2.27\ \text{mm}, \quad d' = -4.54\ \text{mm}, \quad \overline{PP'} = 3.19\ \text{mm}$$

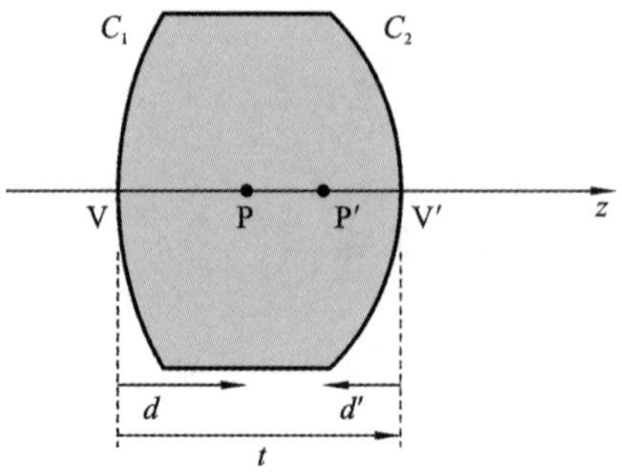

图 8-11 空气中的厚透镜

8.3.2 正向光线追迹——像方基准点

有几种不同形式的电子表格可以用来进行光线追迹，常用的如图 8-12 所示。

	Object surface	Space 1	Surface 1	Space 2	Surface 2	Space 3	Image surface
C t n							
$-\phi$ t/n							
y nu u							
y nu u							

图 8-12 光线追迹表

首先，在物空间中追迹平行于光轴的光线，以确定像方焦点和像方主平面。然后，将已知量和计算所得量填入光线追迹表中，就可以清晰地得到像方焦点所在位置，如图 8-13 所示。

具体的计算过程如下。

任意确定平行于光轴的入射光线的高度 $y_1=1$ mm，光线追迹方程为

$$\omega'=\omega-y\phi,\quad y'=y+\omega'\tau'$$

则由已知量可求出下面方程：

$$\omega_2=\omega_1'=\omega_1-y_1\phi_1=0-0.01=-0.01$$

$$y_2=y_1+\omega_2\tau_2=(1-0.01\times 6.667)\ \text{mm}\approx 0.9333\ \text{mm}$$

$$\omega_3=\omega_2'=\omega_2-y_2\phi_2=-0.01-0.9333\times 0.005\approx -0.01467$$

$$y_3=y_2+\omega_3\tau_3=0\quad\Rightarrow\quad \tau_3=\frac{-y_2}{\omega_3}\approx 63.62\ \text{mm}$$

则有像方焦点的位置为

$$\tau_3=\frac{\overline{\mathrm{V'F'}}}{n_3}=\overline{\mathrm{V'F'}}=63.62\ \text{mm}$$

	Object surface	Space 1	Surface 1	Space 2	Surface 2	Space 3	Image surface	
C			0.02		−0.01			
t		∞		10		?		
n		1.0		1.5		1.0		
$-\phi$			−0.01		−0.005			Solve to obtain
t/n		∞		6.667		63.62		y=0 at F′
y	Ray		1		0.9333		0	
nu	parallel	0		−0.01		−0.01467		
u	to axis	0				−0.01467		
y								
nu								
u								

图 8-13　确定像方属性的光线追迹表

即像方焦点在距透镜后表面 63.62 mm 处，此时透镜的总光焦度和焦距为

$$\phi=\frac{\omega_1-\omega_3}{y_1}=0.01467\ \text{mm}^{-1},\quad f_E\approx 68.17\ \text{mm},\quad f'_R\approx 68.17\ \text{mm}$$

像方主平面的位置也可得到：

$$\text{BFD}=\overline{\text{V}'\text{F}'}=63.62\ \text{mm},\quad d'=\text{BFD}-f'_R=-4.55\ \text{mm}$$

8.3.3　反向光线追迹——物方基准点

现在，追迹一条从物方焦点发出并在像空间中平行于光轴的光线，以确定物方焦点和物方主平面。将已知量与未知量填入追迹表格中，得到图 8-14。

	Object surface	Space 1	Surface 1	Space 2	Surface 2	Space 3	Image surface	
C			0.02		−0.01			
t		?		10		∞		
n		1.0		1.5		1.0		
$-\phi$			−0.01		−0.005			
t/n		$\overline{\text{FV}}$		6.667		∞		
y	0		b		1		1	Ray
nu		a		c		0		parallel
u								to axis

图 8-14　确定物方属性的光线追迹表

由图 8-14 和追迹公式可以列出下面方程：

$$\begin{cases} a\cdot\overline{\text{FV}}=b \\ -0.01b+a=c \\ 6.667c+b=1 \\ -0.005+c=0 \end{cases}$$

求解该方程组，我们得到：

$$a \approx 0.01467, \quad b \approx 0.9667, \quad c = 0.005, \quad \overline{FV} = 65.90 \text{ mm}$$

此时我们就求出了厚透镜的物方焦点以及主平面位置。也可借助反向光线追迹来确定高斯特性。反向追迹的方程为

$$\omega = \omega' + y\phi, \quad y = y' - \omega'\tau'$$

任意确定一条在像空间中平行于光轴的高度为 1 mm 的光线，即 $y_3 = 1$ mm，可列出反向追迹方程：

$$\omega_2 = \omega_3 + y_3\phi_2, \quad y_2 = y_3 - \omega_2\tau_2$$

$$\omega_1 = \omega_2 + y_2\phi_1, \quad y_1 = y_2 - \omega_1\tau_1$$

$$y_1 = 0$$

将求出的结果填入追迹表中得到图 8-15。

	Object surface	Space 1	Surface 1	Space 2	Surface 2	Space 3	Image surface	
C			0.02		−0.01			
t		?		10		∞		
n		1.0		1.5		1.0		
$-\phi$			−0.01		−0.005			
t/n		65.90		6.667		∞		
y	0		0.9667		1		1	Ray parallel to axis
nu		0.01467		0.005		0		
u		0.01467						
y								
nu								
u								

图 8-15 反向光线追迹表

由图 8-15 可确定物方焦点位置：

$$\omega_1 = \frac{\overline{FV}}{n_1} = \overline{FV} = 65.90 \text{ mm}$$

即物方焦点在距厚透镜前表面 65.90 mm 处，则整个透镜的光焦度和有效焦距为

$$\phi = \frac{\omega_1 - \omega_3}{y_3} = 0.01467 \text{ mm}^{-1}, \quad f_E \approx 68.17 \text{ mm}, \quad f_F \approx -68.17 \text{ mm}$$

透镜的物方主平面位置同样可以由以下公式计算确定：

$$\text{FFD} = \overline{VF} = -\overline{FV} = -65.90 \text{ mm}, \quad d = \text{FFD} - f_F = 2.27 \text{ mm}$$

$$\overline{PP'} = t - d + d' = (10.0 - 2.27 - 4.55) \text{ mm} = 3.18 \text{ mm}$$

8.3.4 有限远共轭成像 YNU 光线追迹

当我们对有限远处的物体进行光线追迹时，与前面所讲有所不同，需要对两条光线同时进行追迹：追迹一条从轴上物点发出的光线，求解光线高度为 0 的点确定成像位置；追迹一条从物体边缘发出的平行于光轴的光线，在成像位置处确定成像高度。现有一距透镜 200 mm，高度为 1 mm 的物体经该厚透镜成像，将已知量与未知量填入光线追迹表，得到图 8-16。由表与追迹方程可以解得：

$$h' = -0.51 \text{ mm}, \quad s' = \overline{V'I} \approx 98.30 \text{ mm}$$

即物体成像在距透镜后表面 98.30 mm 处，像高为光轴下方 0.51 mm。则垂轴放大率为

$$m=\frac{-0.51}{1}=-0.51$$

	Object surface	Space 1	Surface 1	Space 2	Surface 2	Space 3	Image surface	
C			0.02		−0.01			
t		200		10		?		
n		1.0		1.5		1.0		
$-\phi$			−0.01		−0.005		Solve	
t/n		200		6.667		98.30		
y	0		20		19.33		0	Image location
nu		0.1*		−0.1		−0.1966		
u		0.1				−0.1966		
y	1		1		0.9333		−0.51	Image size
nu		0*		−0.01		−0.01467		
u		0				−0.01467		

图 8-16　有限远处物体的光线追迹表

8.4　YNU 表格法光线追迹

8.4.1　YNU 光线追迹表

YNU 光线追迹表(见图 8-17)利用系统计算方法求解通过光学系统的近轴追迹光线的特性。我们将在下面的示例中演示它的用法。

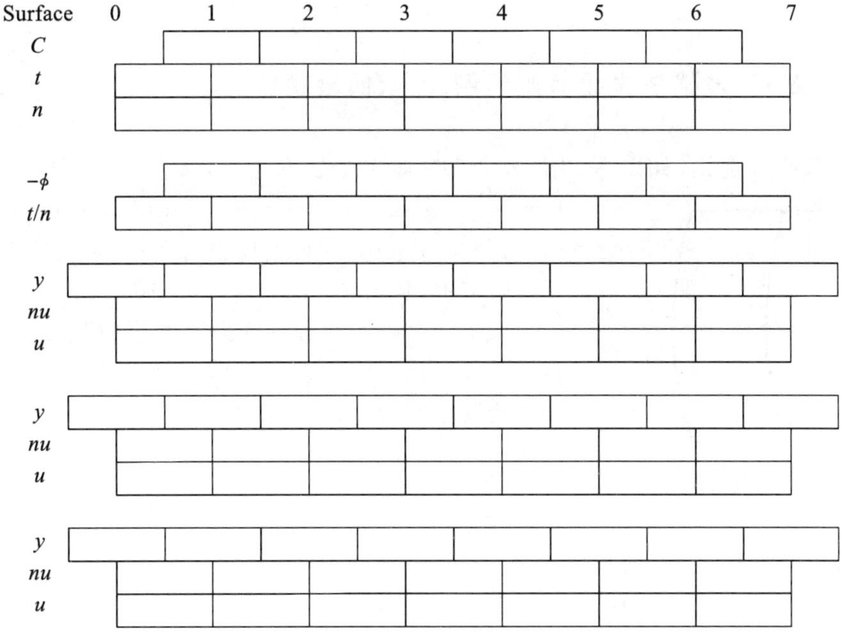

Surface
0
1
2
3
4
5
6
7
C
t
n
−ϕ
t/n
y
nu
u
y
nu
u
y
nu
u

图 8-17　YNU 光线追迹表

8.4.2 YNU 表格法光线追迹示例一:单透镜系统

图 8-18 所示的为一个单透镜的光线追迹示例。分别对该单透镜追迹三条光线,即物方空间平行光线、像方空间平行光线和有限远处共轭成像的光线。单透镜的参数以及光线的参数如图所示。分别对三条光线进行追迹,并把相应的光线数据填入表中,可分别求出透镜的像方焦点、物方焦点和有限远处共轭成像的位置。

Surface	0		1		2		3
C			0.02		−0.01		
t		∞/?/200		10		?/∞/?	
n		1.0		1.5		1.0	
$-\phi$			−0.01		−0.005		
t/n		∞/?/200		6.667		?/∞/?	
						63.62	
y	1		1		0.9333		0
nu		0		−0.01		−0.01467	
u		0				−0.01467	
		65.90					
y	0		0.9667		1		1
nu		0.01467		0.005		0	
u		0.01467				0	
						98.30	
y	0		20		19.33		0
nu		0.1		−0.1		−0.1966	
u		0.1				−0.1966	

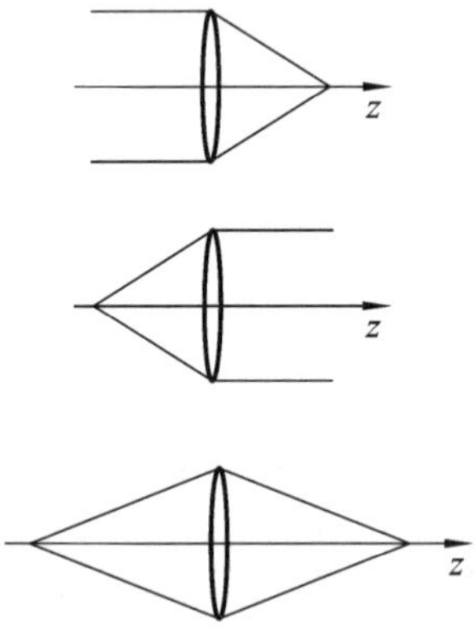

图 8-18 YNU 表格法示例一:单透镜系统

8.4.3 YNU 表格法光线追迹示例二:双胶合透镜

现有一双胶合透镜,如图 8-19 所示,其各项参数为:$R_1 = 73.8950$ mm,$R_2 = -51.7840$ mm,$R_3 = -162.2252$ mm,$n_1 = 1.517$,$n_2 = 1.649$,$t_1 = 10.5$ mm,$t_2 = 4.0$ mm。对应的曲率为:$C_1 = 0.013533\ \text{mm}^{-1}$,$C_2 = -0.019311\ \text{mm}^{-1}$,$C_3 = -0.006164\ \text{mm}^{-1}$。

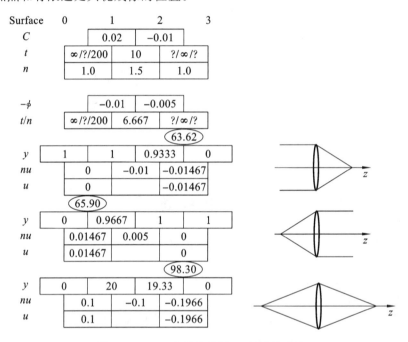

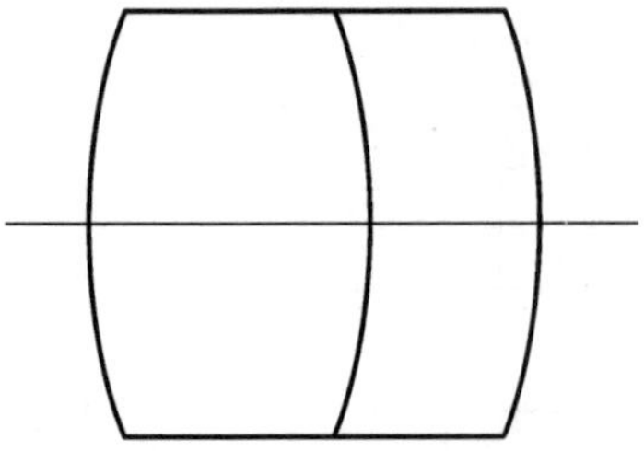

图 8-19 双胶合透镜

我们对平行于光轴的入射光线进行追迹,可以确定该透镜的像方焦距和像方主平面,利用追迹公式求出各表面与各光学空间的参数,并填入图 8-20 中。由此可得:

$$\frac{\overline{\text{V}'\text{F}'}}{n'} = \overline{\text{V}'\text{F}'} = \text{BFD} \approx 112.85 \text{ mm}$$

即物体成像在距透镜后表面 112.85 mm 处。系统的像方主平面也可以由以下公式计算确定:

$$f_{\text{E}} = 120.0 \text{ mm}, \quad f'_{\text{R}} = 120.0 \text{ mm}$$

$$d' = \text{BFD} - f'_{\text{R}} = -7.15 \text{ mm}$$

因此，系统的光焦度为

$$\phi = \frac{\omega_1 - \omega_3}{y_1} \approx 0.008333\ \text{mm}^{-1}$$

Surface	0		1		2		3		4
C			0.013533		-0.019311		-0.006164		
t		∞		10.5		4.0		?	
n		1.0		1.517		1.649		1.0	
$-\phi$			-0.00700		-0.00255		-0.00400		
t/n		∞		6.92		2.43		(112.85)	
y	2		2		1.903		1.881		0
nu		0		-0.01400		-0.00914		-0.01667	
u		0						-0.01667	

图 8-20　YNU 表格法示例二：双胶合透镜

8.4.4　YNU 表格法光线追迹示例三：卡塞格林望远镜

图 8-21 所示的为一卡塞格林望远镜系统，需要确定卡塞格林望远镜系统的各基准点和其他特性。系统是折叠的，工作距离 WD 是指从第一个反射镜的顶点 V 到像方焦点 F′的距离。我们可以通过高斯简化或者近轴光线追迹的方法求解卡塞格林望远镜系统的高斯特性。系统的基本参数为

$$R_1 = -200\ \text{mm},\quad R_2 = -50\ \text{mm},\quad t = -80\ \text{mm}$$

$$n_1 = n = 1,\quad n_2 = -1,\quad n_3 = n' = 1$$

$$C_1 = -0.005\ \text{mm}^{-1},\quad C_2 = -0.02\ \text{mm}^{-1}$$

$$\phi_1 = (n_2 - n_1)C_1 = 0.01\ \text{mm}^{-1},\quad \phi_2 = (n_3 - n_2)C_2 = -0.04\ \text{mm}^{-1}$$

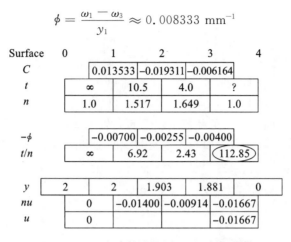

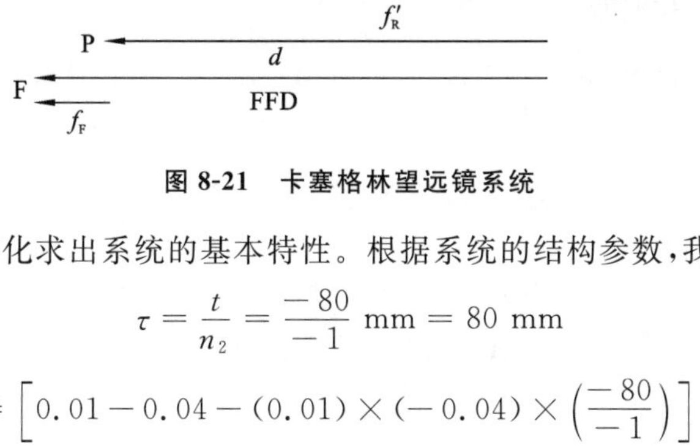

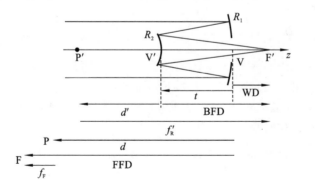

图 8-21　卡塞格林望远镜系统

首先，利用高斯简化求出系统的基本特性。根据系统的结构参数，我们可以得到：

$$\tau = \frac{t}{n_2} = \frac{-80}{-1}\ \text{mm} = 80\ \text{mm}$$

$$\phi = \phi_1 + \phi_2 - \phi_1\phi_2\tau = \left[0.01 - 0.04 - (0.01)\times(-0.04)\times\left(\frac{-80}{-1}\right)\right]\ \text{mm}^{-1} = 0.002\ \text{mm}^{-1}$$

因此，系统主平面位置可以由下列式子计算得到：

$$d' = -\frac{\phi_1}{\phi}\tau = -\frac{0.01}{0.002}\left(\frac{-80}{-1}\right)\ \text{mm} = -400\ \text{mm}$$

$$d = \delta = \frac{\phi_2}{\phi}\tau = \frac{-0.04}{0.002}\left(\frac{-80}{-1}\right)\ \text{mm} = -1600\ \text{mm}$$

$$\text{BFD} = f'_{\text{R}} + d' = 100\ \text{mm},\quad \text{FFD} = f_{\text{F}} + d = -2100\ \text{mm},\quad \text{WD} = \text{BFD} + t = 20\ \text{mm}$$

由数据可以看出物方焦点和两个主平面都在系统前部。

下面采用光线追迹法来求解系统的各项特性。追迹一条平行于物空间光轴的光线确定像方焦点和主平面，同时反向追迹一条平行于像空间光轴的光线来确定物方焦点和主平面。利用追迹公式可求出两条光线在各表面与光学空间中的 ω 和 τ，结果如图 8-22 所示。

Surface	0		1		2		3
C			-0.005		-0.02		
t		∞/?		-80		?/∞	
n		1.0		-1.0		1.0	
$-\phi$			-0.01		0.04		
t/n		∞/?		80		?/∞	
						(100)	
y	1		1		0.20		0
→ nu		0		-0.01		-0.002	
u		0		0.01		-0.002	
		(2100)					
y	0		4.2		1		1
← nu		0.002		-0.04		0	
u		0.002		0.04		0	

图 8-22 YNU 表格法示例三：卡塞格林望远镜系统

所以，像方基准点由追迹的第一条光线确定，有：

$$\text{BFD} = \overline{\text{V}'\text{F}'} = 100\ \text{mm}$$

对像方主平面，则有：

$$\phi = \frac{\omega_1 - \omega_3}{y_1} = 0.002\ \text{mm}^{-1},\quad f_{\text{E}} = f'_{\text{R}} = \frac{1}{\phi} = 500\ \text{mm}$$

$$d' = \text{BFD} - f'_{\text{R}} = -400\ \text{mm},\quad \text{WD} = \text{BFD} + t = 20\ \text{mm}$$

物方基准点由追迹的第二条光线确定，有如下计算结果：

$$\overline{\text{FV}} = 2100\ \text{mm},\quad \text{FFD} = -\overline{\text{FV}} = -2100\ \text{mm}$$

因此，对于物方主平面，我们有：

$$\phi = \frac{\omega_1 - \omega_3}{y_3} = 0.002\ \text{mm}^{-1},\quad f_{\text{F}} = -500\ \text{mm},\quad d = \text{FFD} - f_{\text{F}} = -1600\ \text{mm}$$

8.4.5 薄透镜系统 YU 光线追迹公式

空气中的薄透镜的厚度近似为零，因此薄透镜的主平面位于透镜所在的平面中，其可以近似看成是单个折射面（见图 8-23）。近轴光线通过薄透镜发生光路偏折之后沿直线传播，因此空气中薄透镜的光线追迹公式为

$$n = n' = 1,\quad \phi \equiv \frac{1}{f}$$

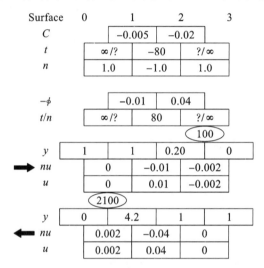

$$u' = u - y\phi, \quad y' = y + u't \tag{8-29}$$

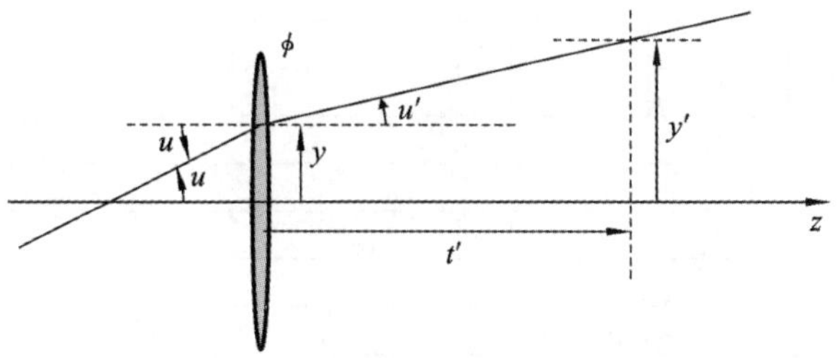

图 8-23　空气中的薄透镜

图 8-24 所示的为不同共轭条件下薄透镜对入射光线偏折的影响情况。从图中可以看出，由薄透镜引入的近轴光线偏离与物像共轭无关。近轴光线角实际上是光线斜率。近轴光线角经过透镜之后发生的变化只取决于光线高度和透镜光焦度或焦距。因此，如图 8-24 所示，光线通过薄透镜之后，近轴光线角的变化量(即光线的偏离量)可以由下式计算得到：

$$\Delta u = u' - u = - y\phi \tag{8-30}$$

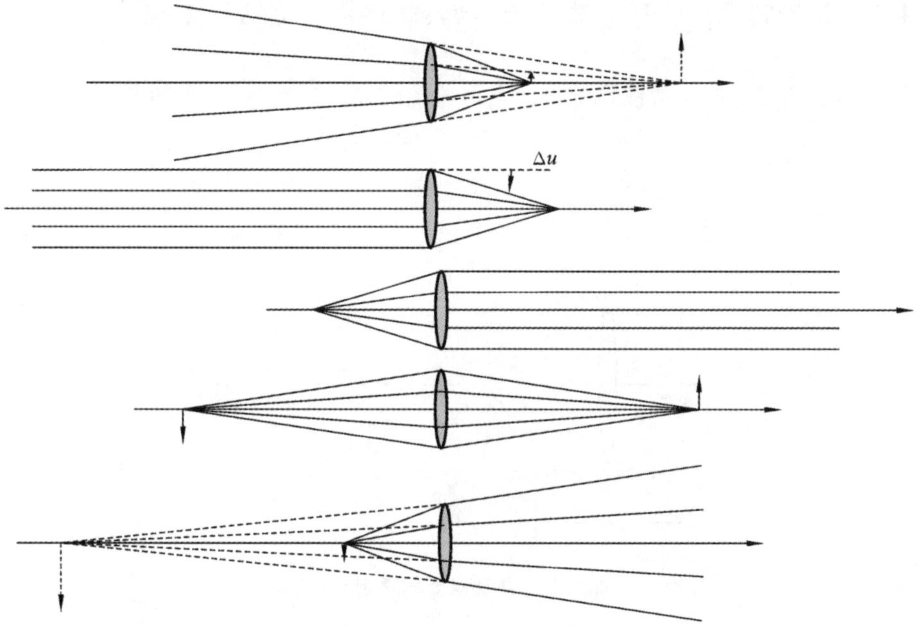

图 8-24　薄透镜在空气中的光线偏离

8.4.6　薄透镜系统 YU 光线追迹表格

由于在空气中薄透镜不涉及任何光学材料，因此在薄透镜的光线追迹方程(折射方程和传递方程)中均不含有任何介质的折射率。因此，空气中薄透镜的光线追迹表由 YNU 表简化为 YU 表，其形式如图 8-25 所示。

Surface	0	1	2	3	4	5	6	7
f								
$-\phi$								
t								
y								
u								
y								
u								
y								
u								

图 8-25 空气中薄透镜 YU 光线追迹表

8.4.7 薄透镜系统 YU 光线追迹示例:薄透镜长焦透镜系统

下面用一个薄透镜长焦透镜系统来演示薄透镜的光线追迹方法(见图 8-26)。系统的基本参数如下:

$$f_1 = 100 \text{ mm}, \quad f_2 = -75 \text{ mm}, \quad t = 50 \text{ mm}$$

$$\phi_1 = 0.01 \text{ mm}^{-1}, \quad \phi_2 = -0.0133333 \text{ mm}^{-1}$$

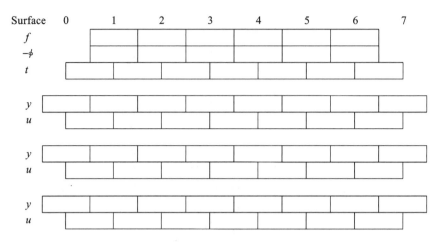

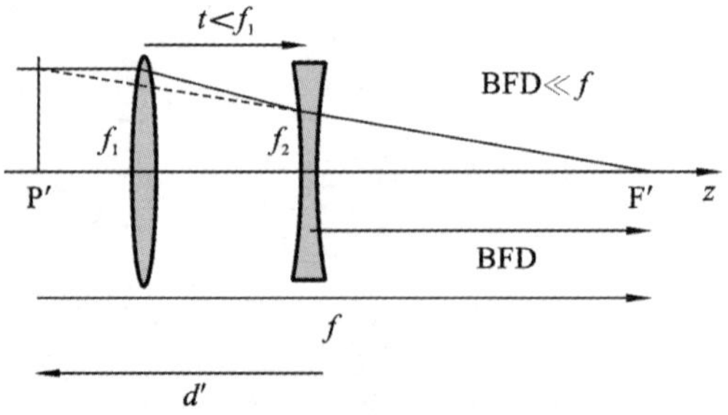

图 8-26 薄透镜长焦透镜系统

我们首先使用高斯简化来求解系统的基本特性,得到如下计算结果:

$$\phi = \phi_1 + \phi_2 - \phi_1\phi_2 t \approx 0.003333 \text{ mm}^{-1}$$

$$f = f_E \approx 300 \text{ mm},$$

$$f'_R = 300 \text{ mm}, \quad f_F = -300 \text{ mm}$$

$$d' = -\frac{\phi_1}{\phi}t \approx -150 \text{ mm}, \quad d = \frac{\phi_2}{\phi}t \approx -200 \text{ mm}$$

$$\text{BFD} = f'_R + d' = 150 \text{ mm}, \quad \text{FFD} = f_F + d = -500 \text{ mm}$$

下面使用光线追迹法来求解,同样是使用两条光线来确定系统的像方基准点与物方基准点。空气中的薄透镜使用式(8-29)来进行光线追迹,将得到的结果填入光线追迹表中。具体追迹结果如图 8-27 所示。

第一条光线用来确定像方基准点,有:

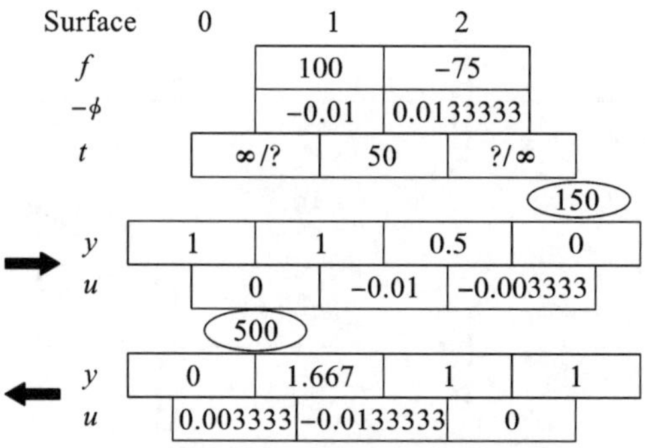

图 8-27　薄透镜系统的光线追迹表

$$\mathrm{BFD} = \overline{\mathrm{V'F'}} = 150\ \mathrm{mm}$$

像方焦点位置确定，对于主平面，有：

$$\phi = \frac{\omega_1 - \omega_3}{y_1} = 0.003333\ \mathrm{mm}^{-1}$$

$$f_{\mathrm{E}} = f'_{\mathrm{R}} \approx 300\ \mathrm{mm}$$

$$d' = \mathrm{BFD} - f'_{\mathrm{R}} = -150\ \mathrm{mm}$$

第二条光线用来确定物方基准点，有：

$$\mathrm{FFD} = -\overline{\mathrm{FV}} = -500\ \mathrm{mm}$$

$$\phi = \frac{\omega_1 - \omega_3}{y_1} \approx 0.003333\ \mathrm{mm}^{-1}$$

$$f_{\mathrm{F}} \approx -300\ \mathrm{mm}$$

$$d = \mathrm{FFD} - f_{\mathrm{F}} = -200\ \mathrm{mm}$$

这与高斯求解法的结果完全相同。

8.4.8　虚物成像的光线追迹

图 18-28(a)所示的为一个形成实像的普通光学系统或投影仪。在该系统中，像面的光线高度和角度很容易确定。而如图 18-28(b)所示，当把第二个透镜放置在第一个透镜及像之间后，原来的像不再存在，但它现在作为第二个透镜的虚物。显然，最终的系统的像是由两个透镜共同形成的。

通过光线追迹的方法确定该双透镜系统像空间中任意位置处的光线高度和角度是十分容易的，即所追迹的光线依次在第一个透镜和第二个透镜处发生折射，并在各自光学空间内沿直线传播。

然而，如图 8-29 所示，我们一般情况下只知道透镜或系统的虚物的大小和位置，而没有关于产生该虚物的光学系统的任何信息。因此，我们必须专门对应于该中间像(或者虚物)来创建光线以进行光线追迹，这些光线存在于与虚物相对应的光学空间中，也即图 8-29 所示的光学系统的物空间中。

一旦“中间光学空间”的光线被定义，这些光线会往回传播而将光线传递到光学系统入射面顶点所在的位置。光线在光学系统的第一个顶点处的高度和角度是已知的，它们处在系统

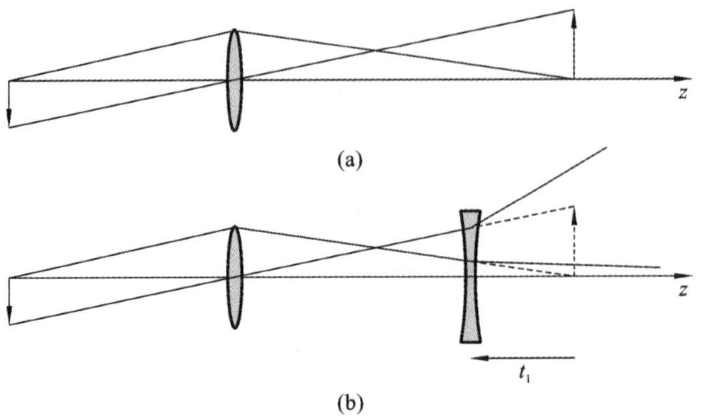

图 8-28 虚物的产生

(a)产生虚物的原系统;(b)存在虚物的系统

的物空间中。然后,这些在物空间构造的光线继续通过光学系统发生折射而被传播到系统的像空间。通常选用两条光线来追迹虚物的折射与传递过程,一条是通过虚物顶部的光线,另一条是通过虚物的轴向物点,两条光线的角度可以任意选取,如图 8-29 所示。

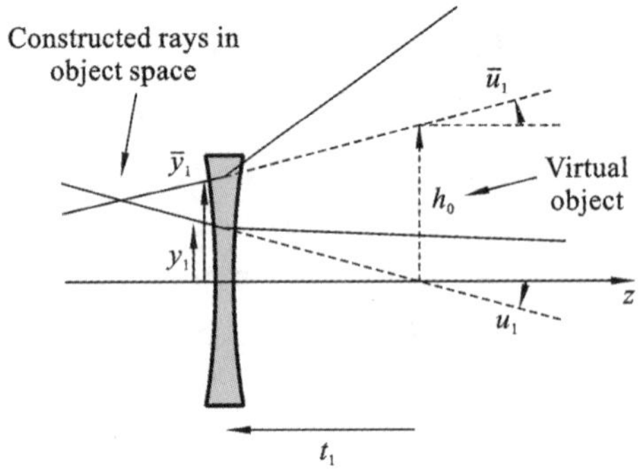

图 8-29 单透镜系统虚物成像的光线追迹

图 8-30 所示的为一个更为复杂的例子。入射光线在进入一个透镜组前在该透镜组的右边产生一个虚物。类似地,我们同样需要基于虚物构造光线,然后光线经过距离 t_1 的传递之后到达透镜组的前表面,进而发生相应的折射作用进入系统的像空间。传播距离 t_1 是虚物到系统透镜入射面顶点的距离,很显然该距离是负的。负距离 t_1 意味着沿着光线虚线部分向左传递,直到达到透镜入射表面的顶点位置处。无论物理顺序如何,光线都以指定的光学顺序进行追迹:从物空间到像空间。在光线传递回第一个透镜前表面顶点的过程中,定义虚物的这些光线没有被光学系统所折射,因为这些光线已经处在物空间中,而在传递过程中也只与物空间的折射率有关,透镜的光焦度不能对光线的路径发生作用。注意,这里的厚度都是由符号规则定义的有向距离。

下面以一虚物成像的例子来进行说明。一个高为 10 mm 的虚物位于焦距为 100 mm 的凸平厚透镜的第一个面右侧 40 mm 处。透镜的其他参数为:$R_1=51.7$ mm,$C_1=0.01934$ mm^{-1},$t=10$ mm,$n=1.517$。

我们追迹以任意角度从轴向物体位置和物体顶部发出的光线来确定像的位置及大小。将这些光线高度传递到透镜的第一个表面,即 $t_1=-40$ mm,这些光线处于物空间,因此在物空

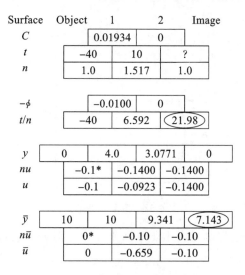

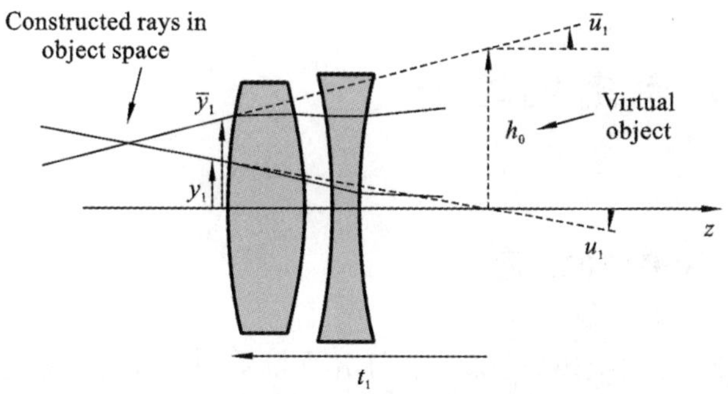

图 8-30　多透镜系统虚物成像的光线追迹

间的传递过程中透镜的光焦度不作用于光线，即：

$$\omega_1 = nu_1 = u_1$$

再利用追迹方程就可求出像的位置和大小，将结果填入光线追迹表中(见图 8-31)。由光线追迹表可清楚地看出光线传递到第一个表面的过程中不发生折射。最后得到像位于透镜后表面右侧 21.98 mm 处，像高度为 7.143 mm。这就是虚物成实像的情况。

Surface	Object	1	2	Image
C		0.01934	0	
t	−40	10	?	
n	1.0	1.517	1.0	
$-\phi$		−0.0100	0	
t/n	−40	6.592	21.98	
y	0	4.0	3.0771	0
nu	−0.1*	−0.1400	−0.1400	
u	−0.1	−0.0923	−0.1400	
$\bar{y}$	10	10	9.341	7.143
$n\bar{u}$	0*	−0.10	−0.10	
$\bar{u}$	0	−0.659	−0.10	

图 8-31　虚物成像的光线追迹表

8.4.9　近轴光线追迹总结

在近轴光线追迹中，t 是从当前表面到下一个表面的定向距离。因此，实物到第一个光学表面的距离通常为正，而一般情况下典型实物的高斯物距 l 为负。

光学表面的光线追踪是按光学顺序进行的，而不是按物理顺序进行的。在传递到反射面或折射面并进入下一个光学空间之前，需要对处在同一光学空间中的所有面进行分析。在同一光学空间内，光线沿直线传播，因此光线可以沿着传播方向或者反方向进行任意延伸而不需要改变光线角度。换句话说，光线可以在实空间和虚空间之间进行任意延伸。

8.5 实际光线追迹

8.5.1 实际光线追迹的过程

图 8-32 显示了实际光线追迹的过程。除了用实际的角度代替近轴近似外，实际中的光线追迹必须使用实际的表面而不是顶点平面(这是一个三维问题)。实际上光线追迹常常有下面几个过程。

(1) 从一个表面上的一个点开始，传递到下一个表面的物镜(顶点)平面。初始光线的方向余弦是已知的。

(2) 从物镜(顶点)平面传递到实际表面，求出光线与表面的交点。由于是在三维空间中，则有

$$(R-z)^2+x^2+y^2=R^2 \tag{8-31}$$

(3) 在交点处找到表面法线。

(4) 用斯涅尔定律来确定曲面后光学空间中的新方向余弦。

(5) 传递到下一个表面。重复上面过程。

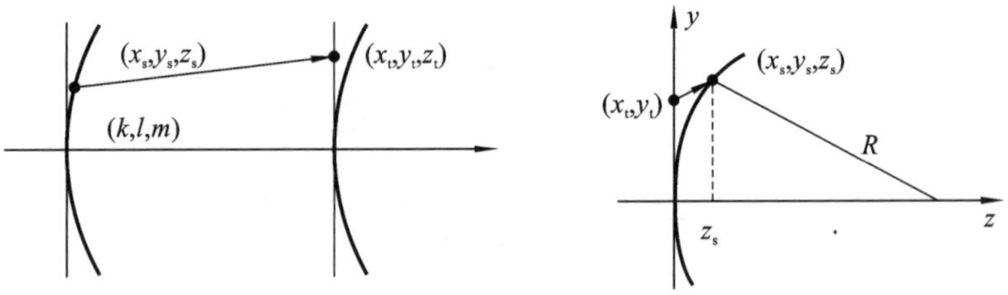

图 8-32 实际光线追迹

一个真实的光线追迹过程也可以用非球面来完成。但表达式可能会变得很复杂，可能需要迭代来确定交点。

8.5.2 运用三角函数法进行实际光线追迹

三角函数法一般用于手动光线追迹，光线局限于子午面上。由图 8-33 中的三角关系可以得到

$$\sin U=-\frac{\overline{CA}}{(L-R)},\quad \sin I=\frac{\overline{CA}}{R}$$

$$\sin I=-\frac{(L-R)}{R}\sin U \tag{8-32}$$

同理可以得到：

$$\sin I'=-\frac{(L'-R)}{R}\sin U'$$

$$180=I'+\beta-U'=I+\beta-U \tag{8-33}$$

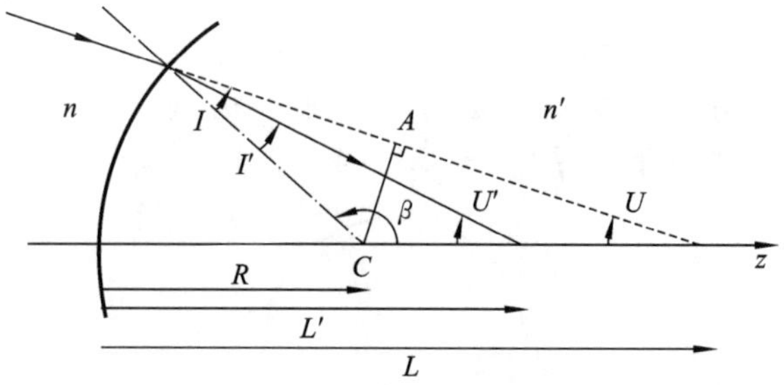

图 8-33　三角函数法光线追迹

联立方程及折射定律可以求解出：

$$U' = I' - I + U$$

$$L' = R - \frac{R\sin I'}{\sin U'} \tag{8-34}$$

即只要给定 R、L 和 U 三个参量，就可以计算出 L' 和 U'。这样就确定了折射光线。

习　　题

8.1　请用光线追迹法求解题 7.8。

8.2　请用光线追迹法求解题 7.10。

8.3　请用光线追迹法求解题 7.11。

8.4　请用光线追迹法求解题 7.12。

8.5　请用光线追迹法求解题 7.13。

8.6　请采用光线追迹法求解一个薄透镜组的系统光焦度和像方基准点（F′、P′）的位置，并和用高斯简化方法推得的结果进行比较，画出系统的光路图。该透镜组具备典型的反摄远透镜系统的结构：$f_1 = -63.6364$ mm，$f_2 = 34.7222$ mm，$t = 50$ mm。

8.7　现有一个物体（高 10 mm）位于题 8.6 所述的透镜组的第一个透镜组元左边 100 mm 的位置处。请运用光线追迹法求出成像的位置和尺寸（请分别追迹两条光线来分别求出成像位置和成像尺寸）。

(1) 对于从轴上物点发出的光线，请假设该光线初始的近轴高度角（或斜率）$u = 0.1$。

(2) 对同一个物体，追迹轴上物点发出的第二条光线，并假设该光线初始的近轴高度角（或斜率）$u = 0.2$。请证明，对此光线进行追迹所得到的所有光学表面处的光线高度和所有空间中的近轴高度角的数值，均 2 倍于(1)中所追迹光线的相关数值。

8.8　一个光学系统由三个折射面组成，且具备如图 8-34 所示的光学参数。

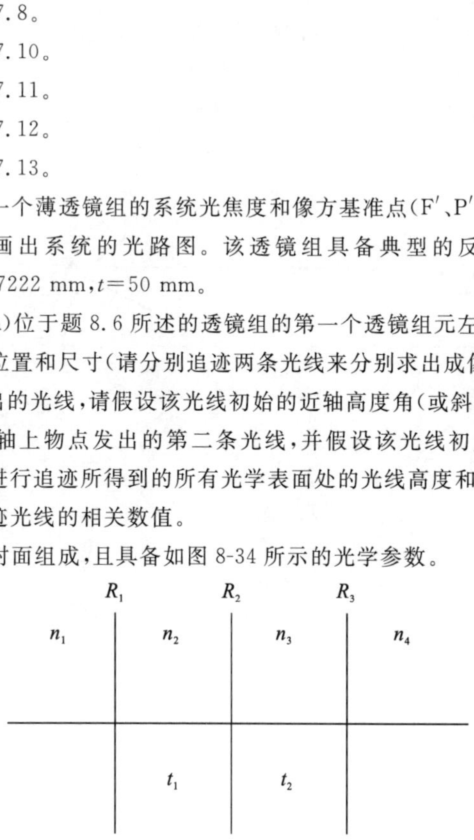

图 8-34

$n_1 = 1.00$；$n_2 = 1.40$；$n_3 = 1.80$；$n_4 = 1.33$；$t_1 = 20.0$ mm；

$t_2 = 20.0$ mm；$R_1 = 20.0$ mm；$R_2 = -10.0$ mm；$R_3 = -15.0$ mm

请使用近轴光线追迹法求出系统的光焦度、焦距、像方主点和像方焦点相对于最后一个光学表面的位置，以及物方主点和物方焦点相对于第一个光学表面的位置。

8.9 一个球形水晶球的直径为 50 mm，折射率为 1.5，水晶球位于空气中。如图 8-35 所示，请使用光线追迹法求出该水晶球的光焦度、后焦长、像方主平面的位置。

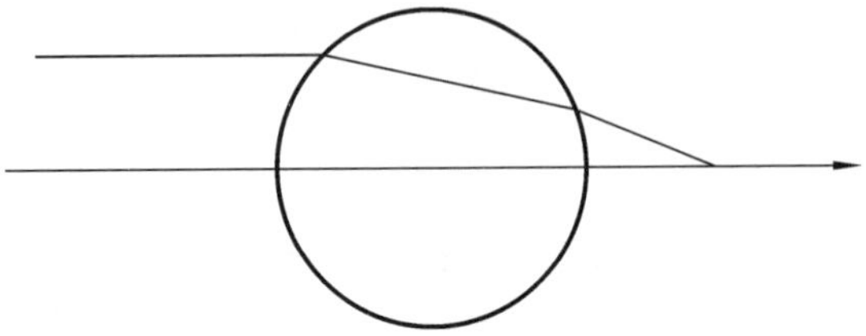

图 8-35

8.10 对一个双凹透镜进行光线追迹。该透镜的厚度是 5 mm，折射率是 1.5，前后两个面的曲率半径分别为 $C_1=-0.01\ \text{mm}^{-1}$ 和 $C_2=0.01\ \text{mm}^{-1}$。

(1) 请求出高斯特性(ϕ、f_F、f'_R，以及 P、P′、F、F′的位置)。

(2) 一个高为 10 mm 的物体位于凹透镜第一个表面左边 100 mm 的位置处。请通过追迹两条光线(一条位于 $h=0$ mm，另一条位于 $h=10$ mm)来求出该物体成像的位置和大小。请画出光路追迹示意图。

(3) 重复上面的光路追迹过程以求出一个位于透镜第一个表面顶点右边 150 mm 处的虚物经过该透镜所成像的位置和大小。

8.11 如图 8-36 所示，曼金反射镜为由一个折射面和一个反射面构成的折反系统，两个面具有不同的曲率半径。光学参数为：$R_1=100$ mm，$R_2=150$ mm，$t=10$ mm，$n=1.5$。

(1) 请采用光线追迹法求出该曼金反射镜的有效焦距、像方主平面的位置，以及后焦长。

(2) 该系统物方主平面的位置在哪里？物方焦点的位置在哪里？

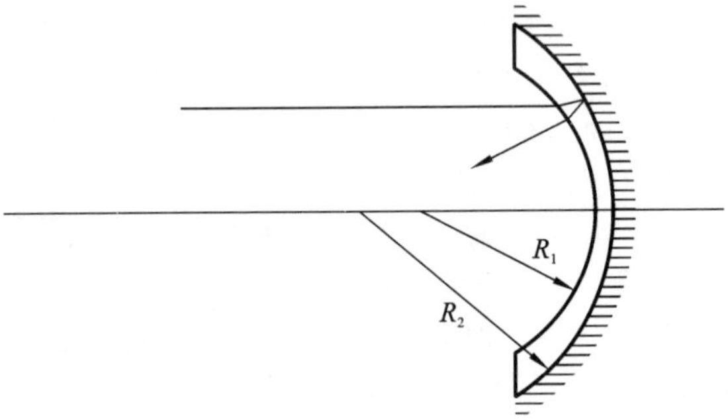

图 8-36

第 9 章
光阑与光瞳

9.1 孔径光阑和光瞳概述

9.1.1 孔径光阑的定义

在光学系统中，把可以限制光束的透镜边框，或者一些特别设计的带孔的金属薄片，称为“光阑”。光阑可以是圆形的、长方形的或正方形的，这取决于其用途。大多数情况下光阑是圆形的，在一些系统（如照相物镜）中可设置直径可变的光阑。光阑的中心一般与系统的光轴重合，光阑平面与光轴垂直。光阑可以是系统中的透镜之一或单独的光圈。然而，光阑始终是物理的或实际的面。由轴上点传播出的光束通过轴对称系统时类似纺锤状。

当一个物体经光学系统成像时，不是物点发出的所有入射光线都能允许通过光学系统，实际光学系统总是对一定孔径的光束成像，系统中限制轴上物点光束孔径角大小的孔径被称为孔径光阑。

9.1.2 光瞳（入瞳和出瞳）的定义

如图 9-1 所示，孔径光阑经其前面的透镜或透镜组在光学系统物空间中所成的像称为入射光瞳，简称入瞳（EP）。入瞳是光阑在物空间中的像，从物体侧来观察，入射光瞳限制了成像过程中入射光线进入光学系统的立体角。类似地，孔径光阑经其之后的透镜或透镜组在光学系统像空间中所成的像称为出射光瞳，简称出瞳（XP）。出瞳是光阑在像空间的像，它限制了会聚成像点的出射光线的立体角。光瞳用来定义进出光学系统的锥形光束。

显然，入射光瞳通过整个光学系统所成的像的就是出射光瞳，二者对于整个光学系统是共轭的。若孔径光阑位于系统的最前面，则系统的入瞳就是该光阑；若孔径光阑位于系统的最后面，则孔径光阑就是系统的出瞳。

每个光学空间都有一个光阑或光瞳。入瞳在系统物空间中，出瞳在系统像空间中。中间的光瞳形成于其他光学空间。

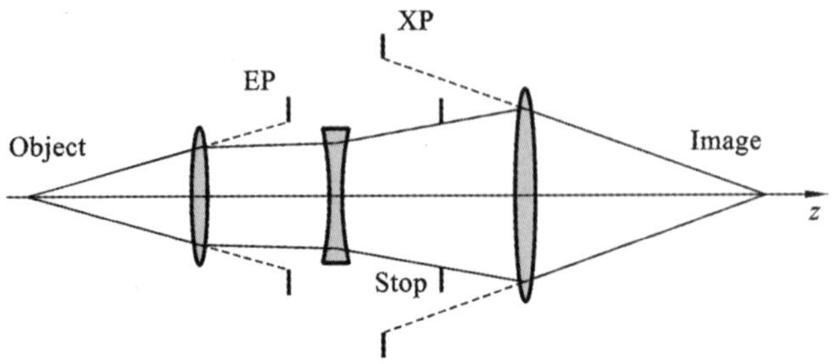

图 9-1　光阑与光瞳

9.1.3　孔径光阑的判别方法一

一个光学系统中可能有很多光阑，其中用于限制光束的孔径的光阑不易被找出。确定系统中哪个孔径用作孔径光阑的方法有两种。

第一种方法是将每个潜在的光阑成像到物空间（通过潜在光阑和物之间的光学面成像）。从轴向物点的角度看，入射光瞳必然是其中对物面中心张角最小的一个光瞳，对应的光阑即为孔径光阑。同理，也可以使所有的潜在光阑成像到像空间中（通过潜在光阑之后与像点之间的光学面成像），出射光瞳对像面中心的张角最小。

如图 9-2 所示，该光学系统存在 A_1、A_2、A_3 和 A_4 四个光阑，分别将光阑通过其前面的光学面成像到物空间中，形成四个对应的光瞳 EP_1、EP_2、EP_3 和 EP_4。对物点中心 O 点来说，光瞳 EP_2 具有最小的张角，即光瞳 EP_2 为系统的入射光瞳，对应的光阑 A_2 为孔径光阑。

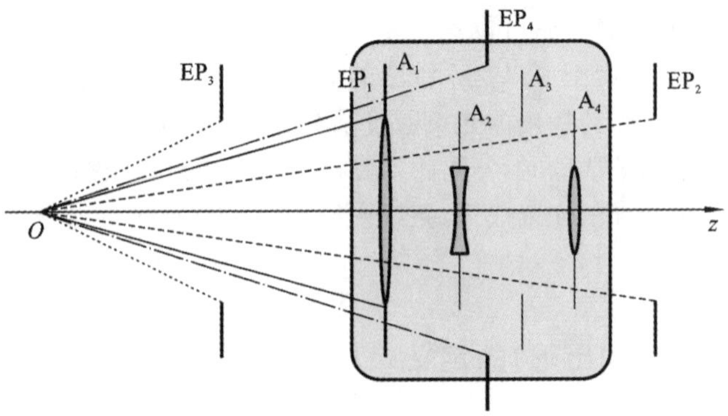

图 9-2　孔径光阑的判别方法一

需要注意的是：所有潜在的入瞳都在物空间中。其中 EP_4 和 EP_2 是虚拟的。由于透镜 A_1 是第一光学元件，其孔径在物空间中，因此把 A_1 当作 EP_1。

9.1.4　孔径光阑的判别方法二

确定哪个孔径用作系统光阑的第二种方法是追迹从轴向物点发出的具有任意初始角度的通过系统的光线。在每个孔径或潜在光阑处，计算孔径半径与该表面处的该光线的高度之比。光阑是具有最小比率的孔径。

如图 9-3 所示，光学系统中有 $A_1 \sim A_6$ 六个光阑，轴上物点以任意入射角 $\tilde{u}_0$ 射入系统，追踪光线在每一个光阑上的投射高度 $\tilde{y}_k$，每一个光阑都有其孔径半径 a_k，在图中，在 A_2 光阑上的孔径半径与光线高度的比值的绝对值最小，所以光阑 A_2 是孔径光阑。

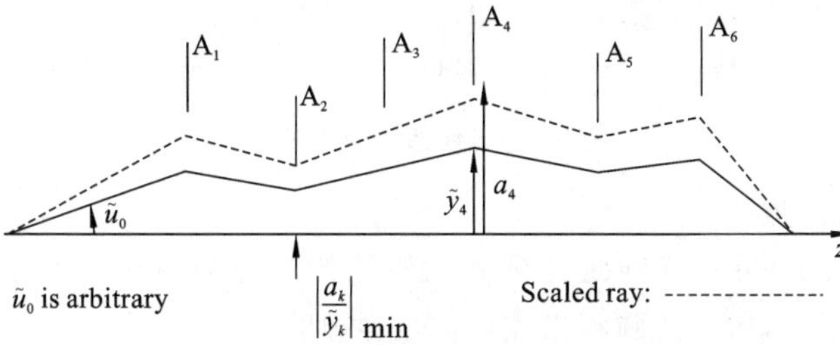

图 9-3　孔径光阑的判别方法二

因此，我们可以通过成比例地缩放初始光线来确定限制光线，则限制光线的入射孔径角及在各个光阑上的投射高度为

$$u_j = \tilde{u}_j \left| \frac{a_k}{\tilde{y}_k} \right|_{\min} \tag{9-1}$$

$$y_j = \tilde{y}_j \left| \frac{a_k}{\tilde{y}_k} \right|_{\min} \tag{9-2}$$

9.1.5　物体位置对系统孔径光阑的影响

物体位置的大的变化可能导致限制孔径或系统光阑发生变化。具有最小角度的入瞳可以改变。然后，不同的孔径将成为系统光阑。如图 9-4 所示，物体在 O_1 处时，光瞳 EP_1 对物体有最小的孔径角，为入射光瞳；当物体移动到 O_2 处时，光瞳 EP_2 对物体有最小的孔径角，为入射光瞳。

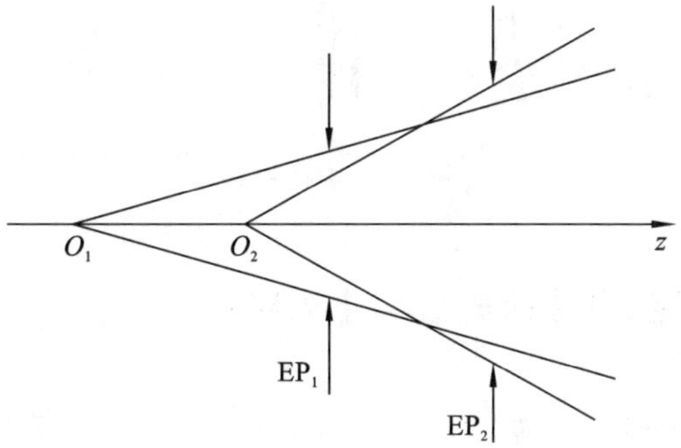

图 9-4　物体位置对孔径光阑的影响

然而，在设计系统时，通常需要保证光阑面在系统被使用期间不发生变化。

9.1.6　光线追迹法求解光瞳位置

如图 9-5 所示，通过追迹通过光阑中心的光线可以找到光瞳位置，该光线与像空间和物空间中的光轴的交点可用于确定入瞳和出瞳的位置。在物空间中与光轴的交点为入瞳，在像空

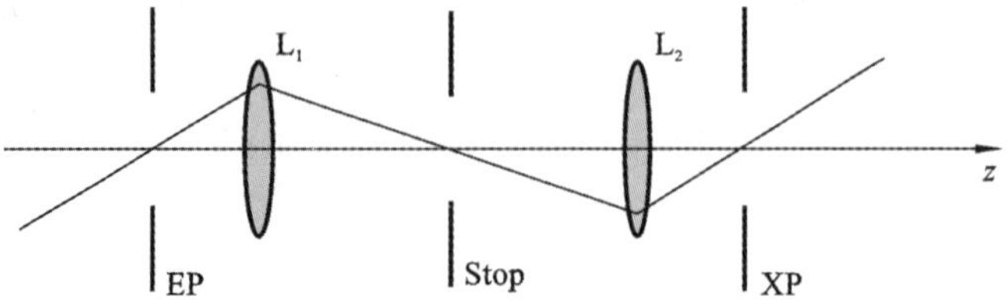

图 9-5 光线追迹光瞳位置

间中与光轴的交点为出瞳。

同样，如图 9-6 所示，可将光线延伸到光轴以定位光瞳的情况。因为入瞳在系统物空间中，出瞳在系统像空间中，所以入瞳和出瞳通常是虚拟的。

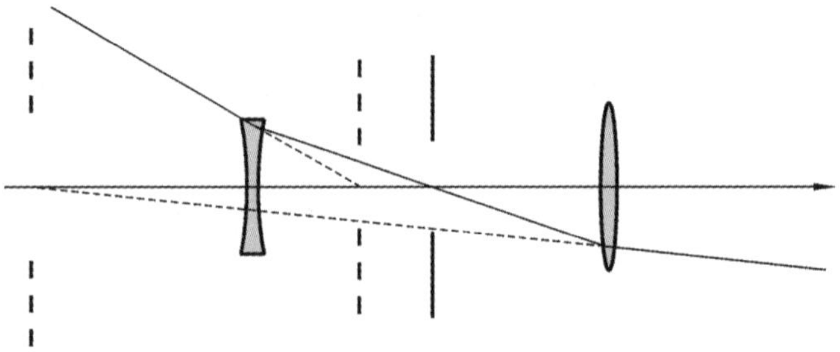

图 9-6 虚拟光瞳

如图 9-7 所示，在多元系统的每个光学空间中形成中间光瞳。如果有 N 个光学元件，则有 $N+1$ 个光瞳(包括光阑)。

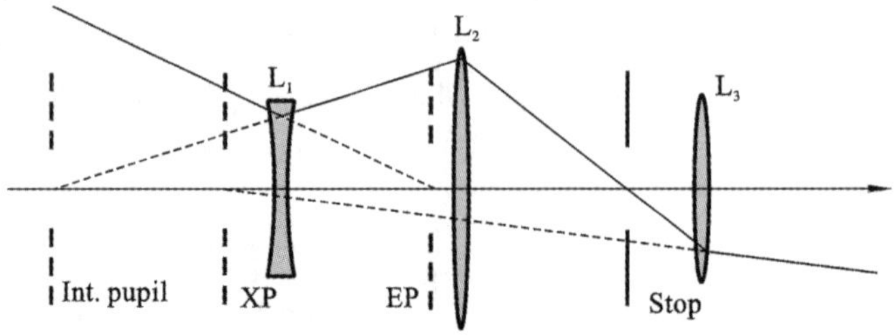

图 9-7 中间光瞳

9.1.7 特征光线定义(边缘光线和主光线)

限于 y—z 平面的光线称为子午光线。边缘光线和主光线是两条特殊的子午光线，它们共同定义物体、像和光瞳的属性。

如图 9-8 所示，边缘光线从轴上物点位置开始，经过入瞳的边缘，并定义成像位置和光瞳大小。它会通过光阑边缘和出瞳的边缘。对于边缘光线，有如下定义：

$$y = \text{边缘光线的光线高度}$$

$$u = \text{边缘光线的光线角}$$

主光线从物体的边缘开始，经过入瞳的中心，并定义成像高度和光瞳位置。它会通过光阑的中心和出瞳的中心。对于主光线，有如下定义：

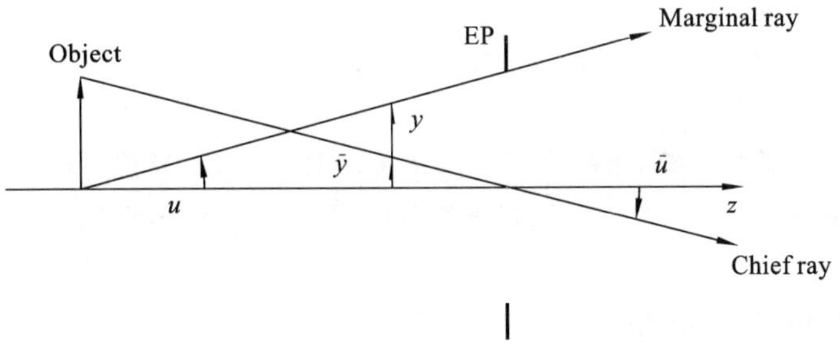

图 9-8　特征光线

$\overline{y}$ = 主光线的光线高度

$\overline{u}$ = 主光线的光线角

9.1.8　基于特征光线求解像和光瞳的位置

我们可以在任何光学空间中的任何位置评估边缘光线和主光线的高度和对应的光线角，因此可以通过特征光线来求解像和光瞳的位置。

当边缘光线穿过光轴时，在像空间中与光轴的交点确定像的位置，像的大小由该平面中的主光线高度给出，如图 9-9(a)所示。每当主光线穿过光轴时，光瞳或光阑位置确定，光瞳半径由该平面中边缘光线高度给出，如图 9-9(b)所示。

中间像和光瞳常常是虚的。主光线是视场边缘处某点的光束的光轴，并且该光束在任何横截面处的半径等于该平面中的边缘光线高度。

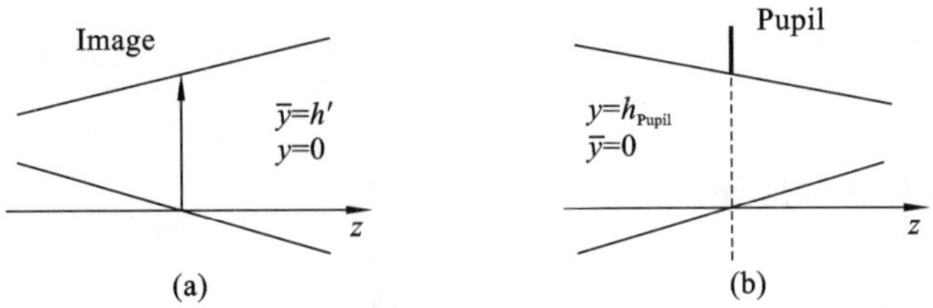

图 9-9　特征光线的作用

(a)成像位置和像高；(b)光瞳位置和尺寸

9.2　视场

9.2.1　视场定义

任何光学系统都能对系统光轴周围的空间成像，这就是该系统所可能有的视场。一般来说，这个视场应大于对系统所要求的成像视场，因此，在光学系统像平面或其共轭面(即中间像)上放置光阑来限制视场，这个光阑称为光学系统的视场光阑。

光学系统的视场(FOV)通常表示为从入射光瞳所看到的物体的最大角度的大小。但由物大小或像大小决定的光学系统的视场也要视不同情况而定。还可以基于最大物体高度、最大成像高度，以及从出瞳中看到的像的最大角度来定义视场。对于有限远共轭系统，最大目标高度是有用的。

视场也可以用长度来度量，即视场可以由物像的直径度量，半视场（HFOV）则由物像的半径度量。全视场（FFOV）有时被用来代替 FOV，以强调这是直径度量。

9.2.2　视场的物方度量

在物方视场中对视场（或视场角）进行度量，由于入瞳是视场的参考位置，所以该定义中的光线成为物空间中系统的主光线。

以入瞳为参考，如图 9-10 所示，物的高度形成的半视场角为 $\theta_{1/2}$，则有

$$\mathrm{HFOV}=\theta_{1/2},\quad \bar{u}=\tan\theta_{1/2}=\frac{h}{L} \tag{9-3}$$

此时主光线的倾角即为半视场角。

对于远距离物体，如图 9-11 所示，从入瞳或从物方主平面或节点 N 观察到的物体的视角大小近似相同。对于近距离处或有限远处共轭物，通常最好根据物的大小定义 FOV。

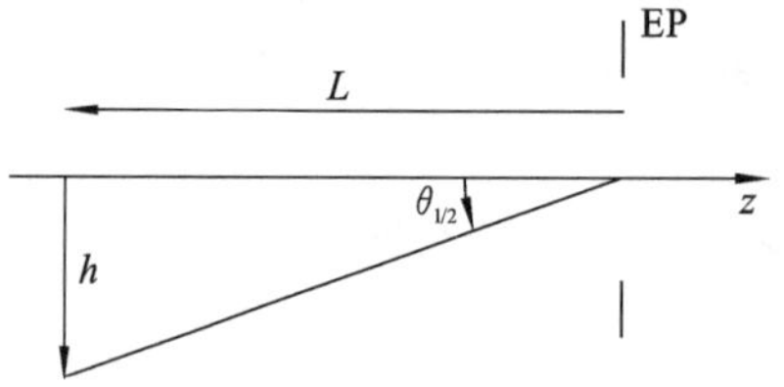

图 9-10　视场的物方度量

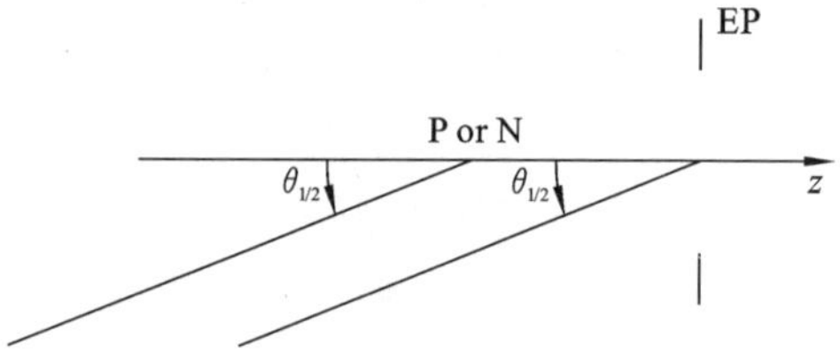

图 9-11　远距离物体的视场角

9.2.3　视场的像方度量

在像方视场中对视场角进行度量，由于出瞳是视场的参考位置，所以该定义中的光线为像空间中系统的主光线。

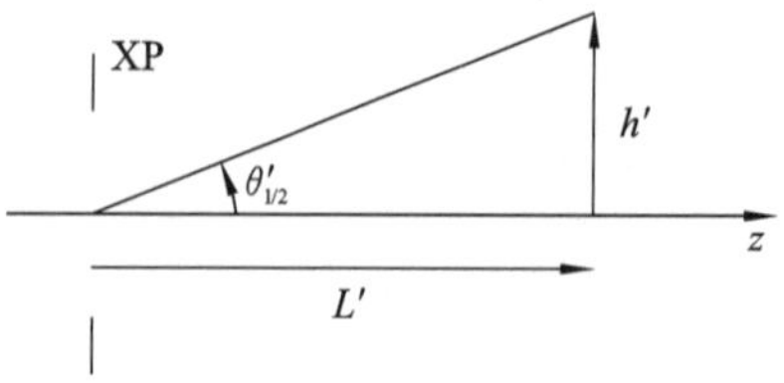

图 9-12　视场的像方度量

以出瞳为参考，如图 9-12 所示，像的高度形成的半视场角为$\theta'_{1/2}$，有

$$\mathrm{HFOV}=\theta'_{1/2},\quad \overline{u'}=\tan\theta'_{1/2}=\frac{h'}{L'} \tag{9-4}$$

虽然可以根据成像角度大小来定义 FOV，但是更常见的是简单地使用像的大小。因此所需的像尺寸或探测器尺寸通常决定了系统的 FOV。

通常物空间中的视场角不等同于像空间中的视场角，物像空间的主光线角度也不相等，即

$$\theta_{1/2}\neq\theta'_{1/2},\quad \bar{u}\neq\overline{u'} \tag{9-5}$$

如果入瞳和出瞳位于相应的节点位置处，这些物理量将相等，这是薄透镜在空气中的情况。

9.2.4 视场的其他定义

系统视场可以由最大物体尺寸、探测器尺寸或光学系统表现出良好性能的视场决定。对于矩形像格式(如探测器等),必须指定水平、垂直和对角视场。

用于定义角视场的另一种方法是测量物体相对于前节点 N 的角度。这是有用的,因为当从相应节点观察时,物和像的角度相等。角视场的定义对于没有节点的无焦系统是无效的。在远距离物体的有焦系统中,对物方角视场使用入瞳或节点没有太大区别。

9.3 拉格朗日不变量

9.3.1 近轴光线角

近轴光线角虽然被称为角,但其不是用角度来度量的。它们表示角度大小,但这些近轴光线角实际是光线的斜率或者说是高度与传播距离之比。因此,近轴光线角是没有单位的。如图 9-13 所示,如果有以度或弧度为单位的物理角 θ,那么近轴光线角 u 由 θ 的正切值给出:

$$u = \tan\theta = \frac{y}{t} \tag{9-6}$$

对于近轴光线追迹,使用光线斜率是十分关键的,可使得近轴光线追迹成线性。从传递方程可以很容易看出

$$y' = y + ut \tag{9-7}$$

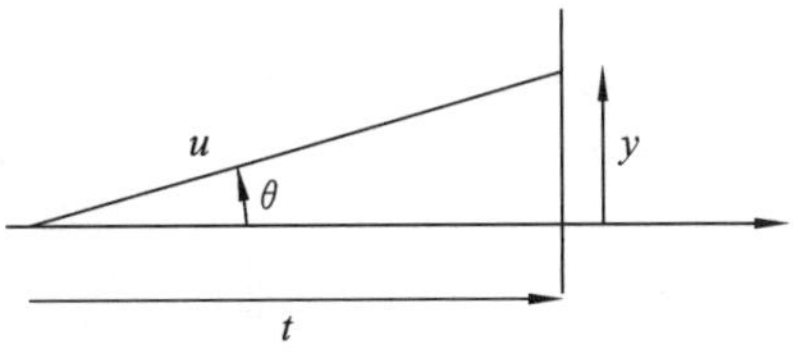

图 9-13 近轴光线角

近光轴的线性方程为一条直线,比例常数为光线斜率。在图 9-13 中也需要使用光线斜率。当物理角度从 0°变到 90°时(或 0 到 $\pi/2$ 时),光线高度从 0 变到正无穷。由于光线斜率也从 0 变到无穷,所以近轴光线追迹方程给出了没有任何近似值的正确结果。若在传递方程式中使用物理角度(以弧度为单位)代替近轴光线角,则该方程仅对于小角度的近似或在使用正切函数时才有效。

9.3.2 小角近似

虽然对于小角度来说,角度(弧度)的正切值大致等于小角度,但这只是一个近似值,即使在这种情况下角度也会在该转换中失去其弧度单位,以获得无单位光线斜率。即

$$u \approx \theta \tag{9-8}$$

u 没有单位,θ 单位为弧度。因此必须谨慎使用这种近似,因为经常会用到超过小角近似(或称小角度近似)的近轴角度。由于光线追迹方程对于光线斜率是线性的,而并非对于光线角度,所以必须利用光线斜率来衡量近轴光线角。

一般来说,近轴光线角(或更精确的斜率)和物理角度(以度或弧度为单位)之间进行转换时,才会使用正切值:

$$u = \tan\theta = \frac{y}{t} \tag{9-9}$$

由于近轴光线角是斜率，因此使用近轴光线角代替物理角度是不正确的，即

$$u \neq \tan^{-1}\frac{y}{t} \tag{9-10}$$

但当我们在讨论系统的视场时，下面这种近轴光线角的转换经常使用：

$$\bar{u} = \tan(\mathrm{HFOV}) \tag{9-11}$$

9.3.3 光学不变量和拉格朗日不变量

近轴光学的线性特性提供了通过光学系统的任何两条光线的高度和角度之间的守恒关系（见图 9-14）。

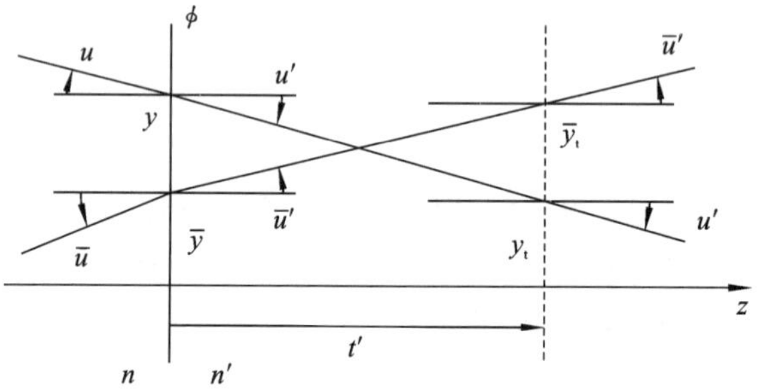

图 9-14 光学不变量

对两条光线进行分析，首先是折射过程，由光线追迹方程可以得到：

$$n'u' = nu - y\phi,\quad n'\bar{u}' = n\bar{u} - \bar{y}\phi$$

$$\phi = \frac{nu - n'u'}{y} = \frac{n\bar{u} - n'\bar{u}'}{\bar{y}}$$

$$nu\bar{y} - n'u'\bar{y} = n\bar{u}y - n'\bar{u}'y$$

整理得

$$n'\bar{u}'y - n'u'\bar{y} = n\bar{u}y - nu\bar{y}$$

可以看到，折射前的参量与折射后的参量相等，并未发生变化。然后是在传递过程中，由近轴光线追迹方程可以得到：

$$y_{\mathrm{t}} = y + t'u',\quad \bar{y}_{\mathrm{t}} = \bar{y} + t'\bar{u}'$$

$$t' = \frac{y_{\mathrm{t}} - y}{u'} = \frac{\bar{y}_{\mathrm{t}} - \bar{y}}{\bar{u}'}$$

$$\frac{t'}{n'} = \frac{y_{\mathrm{t}} - y}{n'u'} = \frac{\bar{y}_{\mathrm{t}} - \bar{y}}{n'\bar{u}'}$$

$$n'\bar{u}'y_{\mathrm{t}} - n'\bar{u}'y = n'u'\bar{y}_{\mathrm{t}} - n'u'\bar{y}$$

整理得

$$n'\bar{u}'y_{\mathrm{t}} - n'u'\bar{y}_{\mathrm{t}} = n'\bar{u}'y - n'u'\bar{y}$$

由上式可以得到，传递前的参量与传递后的参量相等。

由以上的推导过程我们可以得到两个不变量，即折射不变量与传递不变量，分别对应式

(9-12)与式(9-13)。

$$n'\overline{u'}y-n'u'\overline{y}=n\overline{u}y-nu\overline{y} \tag{9-12}$$

$$n'\overline{u'}y_{t}-n'u'\overline{y}_{t}=n'\overline{u'}y-n'u'\overline{y} \tag{9-13}$$

因此则有光学不变量等于折射不变量等于传递不变量,即

$$I=n\overline{u}y-nu\overline{y}=\overline{\omega}y-\omega\overline{y} \tag{9-14}$$

如果两条光线是边缘光线和主光线,则拉格朗日不变量写成:

$$Ж=n\overline{u}y-nu\overline{y}=\overline{\omega}y-\omega\overline{y} \tag{9-15}$$

该表达式在折射和传递时是不变的,并且在任何光学空间中的任何位置处进行评估时 Ж 依然是不变量。通常通过评估在不同光学空间中形成的光学不变量,我们能够得到某个光学空间中的一些明显的局部信息。由光线追迹得到的结论也可以简单地用拉格朗日不变量推理获得。拉格朗日不变量在像或物、光瞳或光阑处的形式十分简洁。在物或像的位置,有 $y=0$,则拉格朗日不变量为

$$Ж=-nu\overline{y}=-\omega\overline{y} \tag{9-16}$$

在光瞳或光阑位置处,有 $\overline{y}=0$,则有

$$Ж=n\overline{u}y=\overline{\omega}y \tag{9-17}$$

9.3.4　拉格朗日不变量与横向放大率(垂轴放大率)

9.3.3 节提到,拉格朗日不变量在像或物、光瞳或光阑处的形式十分简洁。因此在物平面和像平面,有 $y=y'=0$,则在物平面,拉格朗日不变量为

$$Ж=-nu\overline{y} \tag{9-18}$$

在像平面,有

$$Ж=-n'u'\overline{y'} \tag{9-19}$$

联立式(9-18)和式(9-19),我们可得

$$m\equiv\frac{\overline{y'}}{\overline{y}}=\frac{nu}{n'u'}=\frac{\omega}{\omega'} \tag{9-20}$$

此即理想光学成像的拉格朗日定律。由上式我们可以看到,横向放大率由物和像的边缘光线角度之比给出。这说明边缘光线追迹不仅可用于确定物和像的位置,还可用于确定共轭放大率。

而在光阑面和光瞳面处,有 $\overline{y}=\overline{y'}=0$。因此,在系统入瞳位置处,拉格朗日不变量变为

$$Ж=n\overline{u}y_{\text{Pupil}} \tag{9-21}$$

在系统出瞳处,有

$$Ж=n'\overline{u'}y'_{\text{Pupil}} \tag{9-22}$$

联立以上两式,可得

$$n\overline{u}y_{\text{Pupil}}=n'\overline{u'}y'_{\text{Pupil}}$$

$$m_{\text{Pupil}}\equiv\frac{y'_{\text{Pupil}}}{y_{\text{Pupil}}}=\frac{n\overline{u}}{n'\overline{u'}}=\frac{\overline{\omega}}{\overline{\omega'}} \tag{9-23}$$

可见,光瞳放大率为两光瞳主光线的光线角之比。

既然这两个关系是由拉格朗日不变量推导出来的,则对于有焦和无焦系统,它们都是有效的。

9.3.5　无穷远处物体的拉格朗日不变量

如图 9-15 所示，对于无穷远处的物体，主要考虑物像空间的主光线。因为在物空间中，边缘光线平行于光轴，即光线角 $u=0$，则在物空间中任何平面处（如第一个顶点处）都有

$$Ж = n\bar{u}y \tag{9-24}$$

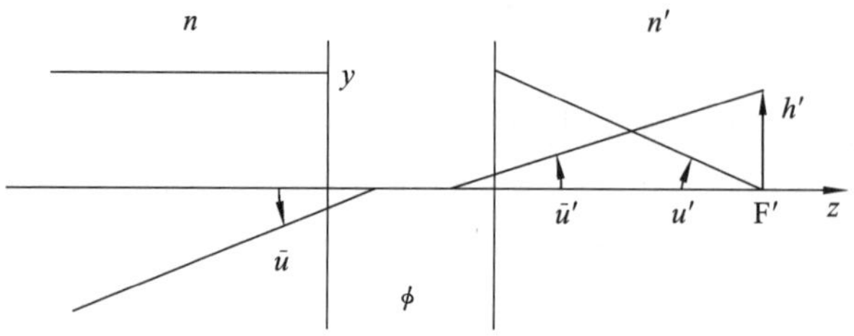

图 9-15　无穷远处物体的拉格朗日不变量

光线经过光学系统，对边缘光线进行追迹，可以得到

$$\phi = -\frac{n'u'}{y},\quad f_{\mathrm{E}} = -\frac{y}{n'u'} \tag{9-25}$$

在像平面处，Ж 的表达式可以由像的高度表示，即

$$Ж = -n'u'\overline{y'} = -n'u'h' \tag{9-26}$$

联立式(9-25)、式(9-26)，得

$$h' = -\bar{u}\frac{ny}{n'u'} = \bar{u}nf_{\mathrm{E}} \tag{9-27}$$

在空气中，折射率可以看作 1，则有

$$h' = \bar{u}f_{\mathrm{E}} \tag{9-28}$$

这一结论也可借助节点的性质导出。

9.3.6　拉格朗日不变量的应用——黑匣子系统

我们可以利用拉格朗日不变量判断某光学系统是否存在。如图 9-16 所示，图中有三个用黑匣子系统表示的光学系统，在图中标出了它们各自的物像高度以及边缘光线的倾角，拉格朗日不变量的表达式为

$$Ж = n\bar{u}y - nu\bar{y}$$

而在物平面和像平面，有 $y=0$，因此拉格朗日不变量变为

$$Ж = -nu\bar{y} = -nuh = -n'u'h' \tag{9-29}$$

在图 9-16(a)中，计算物像平面各自的拉格朗日不变量，发现两个 Ж 符号相同，则该光学系统存在；在图 9-16(b)中，Ж 变号，光学系统不存在；在图 9-16(c)中，Ж 变号，光学系统不存在。

因此，拉格朗日不变量也是判断光学系统设计可行性的一个十分重要的依据。

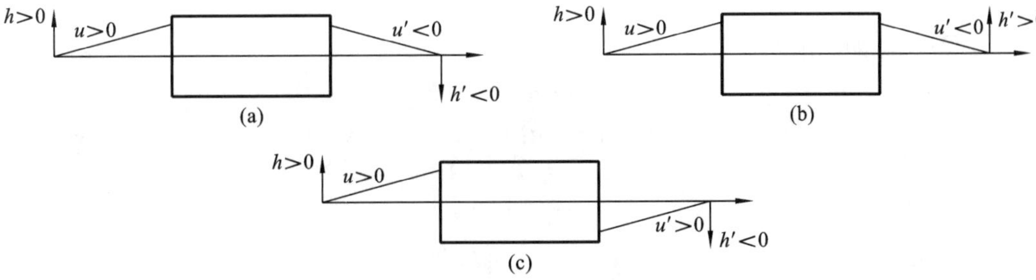

图 9-16　黑匣子系统

9.4　近轴光线追迹的线性度

9.4.1　近轴光线追迹的线性度表征

近轴系统借助两条独立光线的数据即可实现描述。根据这一论述，我们可以得出结论：给定两条光线的传播特性，第三条光线为前两条光线的线性组合。首先定义任意两条光线 i 和 j 在某一初始位置 z 处存在一个双向不变量，其定义为

$$I_{ij} = nu_i y_j - nu_j y_i \tag{9-30}$$

如果在某一初始位置 z 处，存在两条光线的传播特性为(u_1, y_1)、(u_2, y_2)，那么第三条光线的传播特性(u_3, y_3)可以表示为

$$y_3 = Ay_1 + By_2, \quad u_3 = Au_1 + Bu_2 \tag{9-31}$$

其中，系数 A、B 是该初始位置 z 处的三条光线的双向不变量的比率，可以表示为

$$A = I_{32}/I_{12}, \quad B = I_{13}/I_{12} \tag{9-32}$$

因此，若已知第三条光线在某个位置处的高度和角度数据，便可计算出系数 A 和 B，然后可以使用这些系数计算其他位置处的光线的高度和角度。这些表达式在任何光学空间中都是有效的。

改变系统的拉格朗日不变量可缩放光学系统。例如，将拉格朗日不变量加倍，同时保持相同的物像尺寸以及光瞳直径，则系统所有轴向距离（和焦距）将减半。

9.4.2　近轴光线追迹线性度的证明

下面对近轴光线追迹的线性度进行一个简单证明。首先，近轴追迹方程为

$$n'u' = nu - y\phi$$
$$y' = y + u't'$$

则在传递过程中，由追迹方程可得到：

$$y'_3 = y_3 + u'_3 t'$$
$$y'_3 = Ay_1 + By_2 + (Au'_1 + Bu'_2)t'$$
$$y'_3 = A(y_1 + u'_1 t') + B(y_2 + u'_2 t')$$

$$y_3' = Ay_1' + By_2'$$

在折射过程中,有如下推导过程:

$$n'u_3' = nu_3 - y_3\phi$$
$$n'u_3' = n(Au_1 + Bu_2) - (Ay_1 + By_2)\phi$$
$$n'u_3' = A(nu_1 - y_1\phi) + B(nu_2 - y_2\phi)$$
$$n'u_3' = An'u_1' + Bn'u_2'$$
$$u_3' = Au_1' + Bu_2'$$

这说明线性度在近轴光线的传递和折射过程中都适用。

9.4.3 近轴光线追迹线性度系数的推导

9.4.2 节对线性度进行了证明,下面对线性度系数进行推导。由第三条光线的表达式开始推导,对式(9-31)两边同乘 u_2 或 y_2,有

$$u_2 y_3 = Au_2 y_1 + Bu_2 y_2$$
$$u_3 y_2 = Au_1 y_2 + Bu_2 y_2$$

两个方程相减,得到

$$u_2 y_3 - u_3 y_2 = A(u_2 y_1 - u_1 y_2)$$
$$A = \frac{u_3 y_2 - u_2 y_3}{u_1 y_2 - u_2 y_1} = \frac{nu_3 y_2 - nu_2 y_3}{nu_1 y_2 - nu_2 y_1} = I_{32}/I_{12}$$

将式(9-31)两边同乘 u_1 或 y_1,得

$$u_1 y_3 = Au_1 y_1 + Bu_1 y_2$$
$$u_3 y_1 = Au_1 y_1 + Bu_2 y_1$$

两个方程相减,得到

$$u_1 y_3 - u_3 y_1 = B(u_1 y_2 - u_2 y_1)$$
$$B = \frac{u_1 y_3 - u_3 y_1}{u_1 y_2 - u_2 y_1} = \frac{nu_1 y_3 - nu_3 y_1}{nu_1 y_2 - nu_2 y_1} = I_{13}/I_{12}$$

这就是近轴光线追迹线性度系数的推导过程。

9.5 光瞳位置求解

9.5.1 近轴光线追迹法求解光瞳位置

光阑是形成入瞳和出瞳的实物,如图 9-17 所示,通过追迹从光阑的中心出射的近轴光线可以确定光瞳位置。光线在光阑后面的光学组元中进行正向追迹,而在光阑前面的光学组元中进行反向追迹。该光线与物像空间中的轴的交点可用于确定入射和出射光瞳的位置。两个光瞳通常是虚的,并且由物空间和像空间中的光线延长得到。

当该光线被缩放到物或像 FOV 时,该光线成为主光线。光瞳位置处的边缘光线的高度给出了光瞳大小。

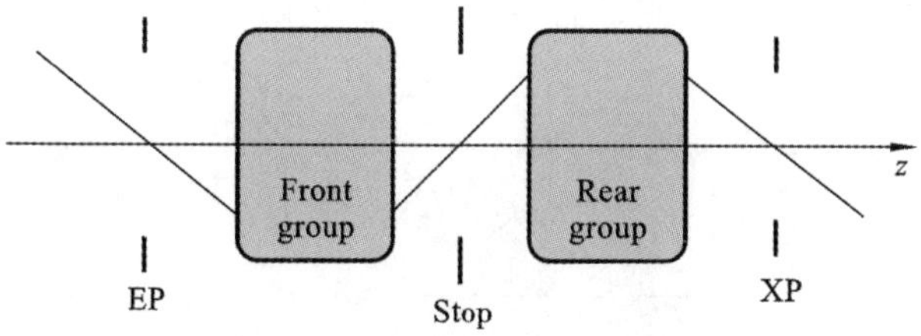

图 9-17　近轴光线追迹光瞳位置

根据式(9-1)和式(9-2)，我们可以对用于确定系统哪个孔径为系统光阑时所追迹的试验光线进行适当地缩放，从而得到光学系统的边缘光线。

9.5.2　高斯成像法求解光瞳位置

光瞳位置和大小也可以借助高斯成像法找到。出瞳是孔径光阑通过后面元件在像空间中所成的像，通过后面的元件组合来寻找出瞳是非常简单的。

如图 9-18 所示，根据高斯公式，有

$$\frac{1}{l'_{\mathrm{XP}}}=\frac{1}{l_{\mathrm{Stop}}}+\frac{1}{f_{\mathrm{RG}}}(\text{in air})$$

$$m_{\mathrm{XP}}=\frac{l'_{\mathrm{XP}}}{l_{\mathrm{Stop}}}\quad\Rightarrow\quad D_{\mathrm{XP}}=|m_{\mathrm{XP}}|D_{\mathrm{Stop}} \tag{9-33}$$

由此可以求出出瞳的位置和大小。

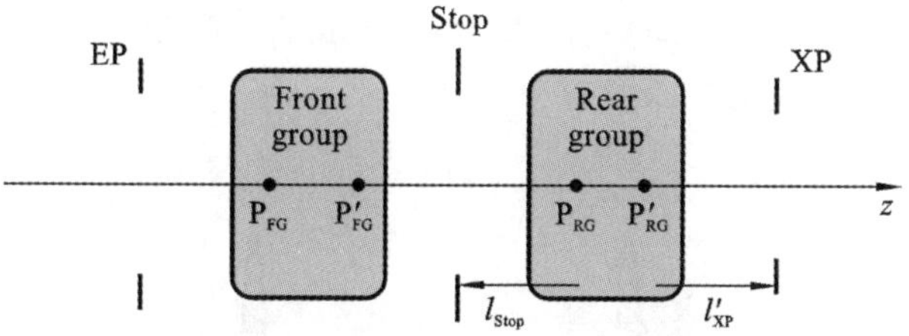

图 9-18　高斯成像法求解出瞳位置

然而，对于入瞳，光阑是前组合右侧的实物，高斯方程并不能直接应用。如图 9-19 所示，光阑是前组合元件右侧的实物，入瞳是光阑通过前面元件在物空间成的像。必须在相同的光学空间中相对主平面测量物方截距和像方截距。在这种情况下，光阑(物体)位置相对于前组元件的像方主点 P'_{FG} 测量，入瞳(像)位置相对于前组元件的物方主点 P_{FG} 测量。

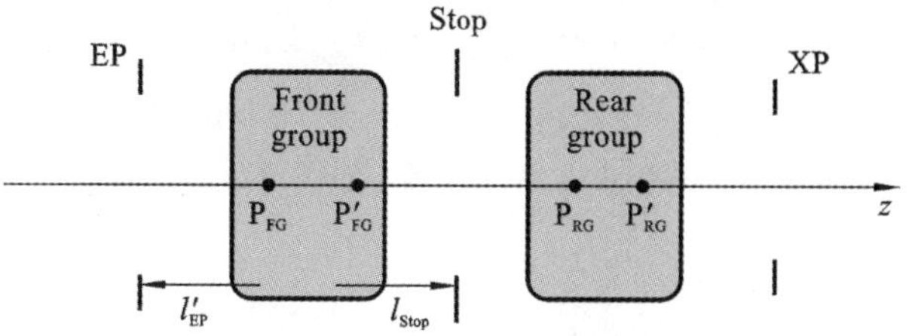

图 9-19　高斯成像法求解入瞳位置

由于高斯方程要求光线从左到右传播，或者实物在系统的左侧，因此最简单的概念解决方

案是翻转(将纸张颠倒)。翻转后距离的符号与原始距离的符号相反,即

$$\frac{1}{\tilde{l}'_{EP}}=\frac{1}{\tilde{l}_{Stop}}+\frac{1}{f_{FG}}$$

$$l'_{EP}=-\tilde{l}'_{EP},\quad l_{Stop}=-\tilde{l}_{Stop} \tag{9-34}$$

$$\frac{-1}{l'_{EP}}=\frac{-1}{l_{Stop}}+\frac{1}{f_{FG}}(\text{in air})$$

翻转纸张是有效的,但操作不方便。确定入瞳的正确方法是:记住实际光阑的光线从右到左传播以形成入瞳,并为该物空间和像空间分配负折射率(就像在反射后所做的一样),即

$$\frac{n'}{l'_{EP}}=\frac{n}{l_{Stop}}+\frac{1}{f_{FG}},\quad n=n'=-1(\text{in air}) \tag{9-35}$$

则确定入瞳的方程为

$$\begin{cases}\dfrac{-1}{l'_{EP}}=\dfrac{-1}{l_{Stop}}+\dfrac{1}{f_{FG}}\\ m_{EP}=\dfrac{l'_{EP}/n'}{l_{Stop}/n}=\dfrac{l'_{EP}}{l_{Stop}}\\ D_{EP}=|m_{EP}|D_{Stop}\end{cases} \tag{9-36}$$

入瞳的位置与大小就可以求解出来了。

9.5.3 光瞳位置求解实例 1

现有一双薄透镜系统(见图 9-20),两薄透镜之间间隔为 50 mm,焦距分别为 100 mm 和 75 mm,系统光阑在两薄透镜正中间,光阑直径为 20 mm,一高度为 10 mm 的物体在第一个透镜左侧 100 mm 处,求该系统的光瞳位置和大小。

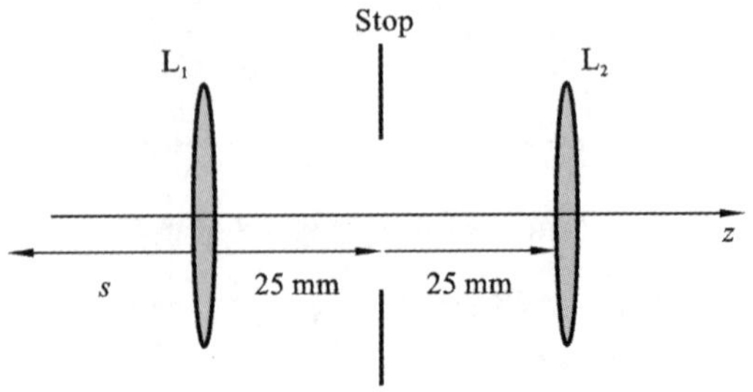

图 9-20 双薄透镜系统

先采用高斯成像法来求解光瞳。系统的基本参数为

$$\phi\approx 0.0167\ \text{mm}^{-1},\quad f_E=60\ \text{mm}$$

$$d=40\ \text{mm},\quad d'=-30\ \text{mm}$$

首先求解出瞳位置,光阑通过后面透镜成像为出瞳,如图 9-21 所示。

由高斯公式得

$$\frac{1}{l'_{XP}}=\frac{1}{l_{Stop}}+\frac{1}{f_2}$$

$$f_2=75\ \text{mm},\quad l_{Stop}=-25\ \text{mm}$$

解出

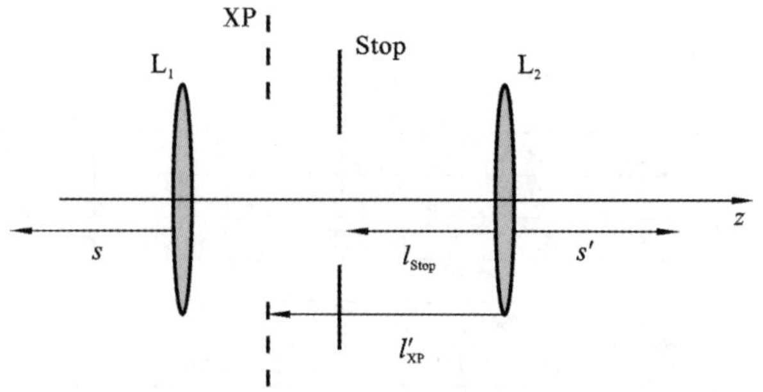

图 9-21　出瞳位置

$$l'_{XP} \approx -37.5\ \text{mm},\quad m_{XP} = \frac{l'_{XP}}{l_{Stop}} = \frac{-37.5\ \text{mm}}{-25\ \text{mm}} = 1.5$$

$$D_{XP} = |m_{XP}|\, D_{Stop} = 1.5 \times 20\ \text{mm} = 30\ \text{mm}$$

即出瞳在后面透镜左侧 37.5 mm 处，直径大小为 30 mm。

下面求解入瞳的位置，光阑通过前面透镜成像为入瞳，如图 9-22 所示。

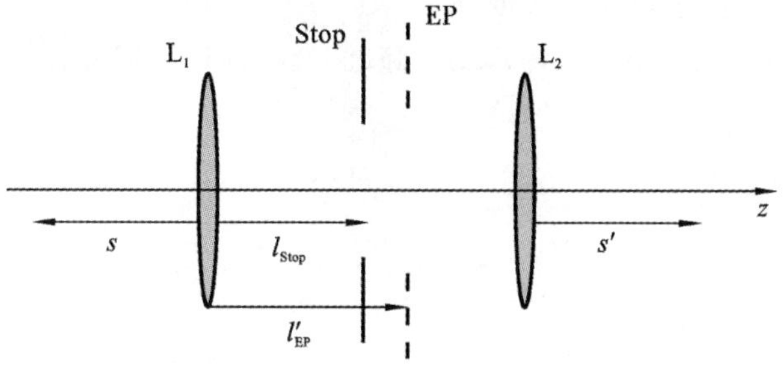

图 9-22　入瞳位置

高斯公式变为

$$\frac{n'}{l'_{EP}} = \frac{n}{l_{Stop}} + \frac{1}{f_1}$$

$$n = n' = -1$$

$$f_1 = 100\ \text{mm},\quad l_{Stop} = +25\ \text{mm}$$

求解得出：

$$l'_{EP} \approx 33.33\ \text{mm}$$

$$m_{EP} = \frac{l'_{EP}/n'}{l_{Stop}/n} = \frac{33.33\ \text{mm}/(-1)}{25\ \text{mm}/(-1)} \approx 1.333$$

$$D_{EP} = |m_{EP}|\, D_{Stop} = 1.333 \times 20\ \text{mm} \approx 26.7\ \text{mm}$$

则入瞳位于前面透镜右侧 33.33 mm 处，直径大小为 26.7 mm。系统中入瞳和出瞳都是虚的。

下面采用光线追迹法求解。一条光线通过光阑的中心光阑与光瞳共轭，该光线在对应光学空间中也通过光瞳中心，即入瞳和出瞳位于这条光线在物空间和像空间中与光轴交叉的位置处。任意设定通过光阑中心的主光线的近轴光线角为 0.1。先建立光线追迹表（如图 9-23 所示）。

先求解出瞳位置，由追迹方程得

$$\bar{u}_{XP} = \bar{u}_{Stop} - y_2\phi_2$$

$$y_2 = y_{\text{Stop}} + \bar{u}_{\text{Stop}} t_2$$

			EP		L_1		Stop		L_2		XP				
Surface	0		1		2		3		4		5		6		7
f					100		–		75						
$-\phi$					-0.01		–		-0.01333						
t				-33.33		25		25		-37.5					
y			0		-2.5		0		2.5		0				
u				0.075		0.1*		0.1*		0.06667					

*Arbitrary

图 9-23　确定光瞳位置的光线追迹表

解出出瞳位置为

$$\bar{u}_{\text{XP}} \approx 0.06667$$

$$l_{\text{XP}} = -\frac{y_2}{\bar{u}_{\text{XP}}} = -\frac{2.5}{0.06667}\ \text{mm} \approx -37.5\ \text{mm}$$

即出瞳位于第二个透镜左侧 37.5 mm 处。

下面求解入瞳位置，反向追迹从光阑到入瞳的光线，由追迹方程有

$$\bar{u}_{\text{EP}} = \bar{u}_{\text{Stop}} + y_1\phi_1$$

$$y_1 = y_{\text{Stop}} - \bar{u}_{\text{Stop}} t_1$$

解得

$$\bar{u}_{\text{EP}} = 0.075$$

$$l_{\text{EP}} = -\frac{y_1}{\bar{u}_{\text{EP}}} = -\frac{-2.5}{0.075}\ \text{mm} \approx 33.33\ \text{mm}$$

入瞳位于第一个透镜右侧 33.33 mm 处。

追迹潜在边缘光线以确定成像位置。任意确定该边缘光线在光阑处高度为 1 mm，近轴光线角为 0。由近轴光线追迹公式求出光线在光瞳上的高度和近轴光线角。

$$\tilde{u}_{\text{XP}} = \tilde{u}_{\text{Stop}} - \tilde{y}_{\text{Stop}}\phi_2 \approx -0.01333$$

$$\tilde{y}_{\text{XP}} = \tilde{y}_{\text{Stop}} + \tilde{u}_{\text{Stop}} l_{\text{XP}} = 1.5\ \text{mm}$$

$$\tilde{u}_{\text{EP}} = \tilde{u}_{\text{Stop}} + \tilde{y}_{\text{Stop}}\phi_1 = 0.01$$

$$\tilde{y}_{\text{EP}} = \tilde{y}_{\text{Stop}} - \tilde{u}_{\text{Stop}} l_{\text{EP}} \approx 1.333\ \text{mm}$$

将此光线缩放到光阑半径，该边缘光线决定了光瞳半径。缩放比例为

$$\text{缩放比例} = \frac{a_{\text{Stop}}}{\tilde{y}_{\text{Stop}}} = \frac{10}{1} = 10$$

由此可得到实际光瞳的半径。继续追迹边缘光线，求解像高为 0 的点即为成像位置，如图 9-24 所示。

最后得到成像位置在出瞳右侧 112.5 mm 处，在第二个透镜右侧 75 mm 处。入瞳半径为 13.33 mm，出瞳半径为 15 mm。

追迹主光线以确定成像高度，最后得到像高为 −7.5 mm，物体的放大率为

$$m = \frac{y'}{y} = \frac{-7.5}{10} = -0.75$$

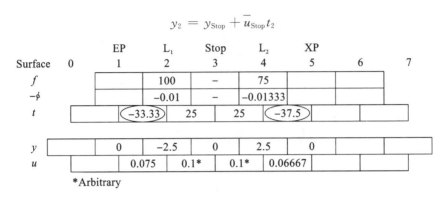

	Object	EP	L_1	Stop	L_2	XP	Image	
Surface	0	1	2	3	4	5	6	7
f			100	–	75			
$-\phi$			−0.01	–	−0.01333			
t	133.33	−33.33	25	25	−37.5	(112.5)		
Potential marginal ray:								
$\tilde{y}$	0	1.333	1.00	1.00	1.00	1.5	0	
$\tilde{u}$	0.01*	0.01	0	0	−0.01333	−0.01333		
Marginal ray: scale to stop radius $a_{Stop}/\tilde{y}_{Stop}=10/1=10$								
y	0	13.33	10.0	10.0	10.0	15.0	0	
u	0.1	0.1	0	0	−0.1333	−0.1333		
Chief ray:								
$\bar{y}$	10	0	2.5	0	−2.5	0	−7.5	
$\bar{u}$	(−0.075)	−0.075	−0.1	−0.1	−0.06667	−0.06667		

图 9-24　整体的光线追迹表

9.5.4　光瞳位置求解实例 2

如果保持前面系统的参数不变，只改变物体所处位置，使其在第一个透镜的左侧 50 mm 处，像高不变，那么系统的各种特性又会变成什么样呢？

可以使用之前分析中的光瞳位置和大小。光瞳不依赖于物体位置，不受物体位置变化的影响，追迹边缘光线与主光线，利用追迹公式，确定成像位置和大小（见图 9-25）。

	Object	EP	L_1	Stop	L_2	XP	Image	
Surface	0	1	2	3	4	5	6	7
f			100	–	75			
$-\phi$			−0.01	–	−0.01333			
t	83.33	−33.33	25	25	−37.5	(187.5)		
Marginal ray: (Pupil Radii: 13.33, 10.0, 15.0)								
y	0	13.33	8.0	10.0	12.0	15.0	0	
u	(0.16)	0.16	0.08	0.08	−0.08	−0.08		
Chief ray:								
$\bar{y}$	10.0	0	4.0	0	−4.0	0	−20.0	
$\bar{u}$	(−0.12)	−0.12	−0.16	−0.16	−0.1067	−0.1067		

图 9-25　系统的光线追迹表

由图 9-25 可得，物体成像在出瞳右侧 187.5 mm 处，第二个透镜右侧 150 mm 处。像高为 −20 mm，则放大率为

$$m=\frac{\overline{y'}}{y}=\frac{u}{u'}=\frac{0.16}{-0.08}=-2$$

9.5.5　两个实例的比较

如图 9-26 所示，将上面两个实例中的物体放在一个系统中，就可以明显看出物体位置改变对成像的影响。系统的光瞳不受物体位置改变的影响，物体位置的变化，只影响了成像的位

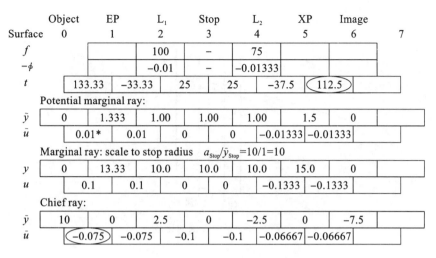

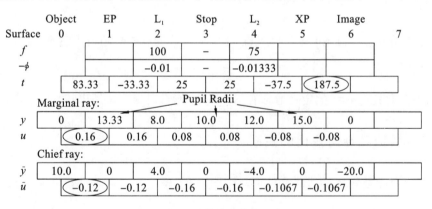

置，以及像高、放大率和光线角。

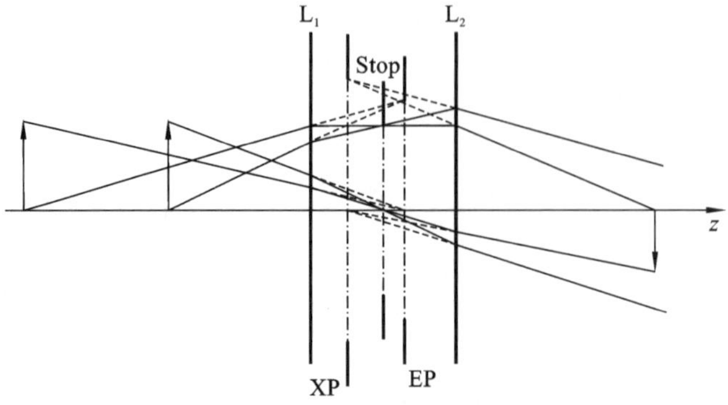

图 9-26 两个实例的比较

9.6 数值孔径与焦比

9.6.1 数值孔径与焦比的定义

在折射率为 n_k 的光学空间中，数值孔径 NA 根据实际边缘光线角度 U_k 描述轴向锥形光束。NA 可应用于任何光学空间，定义式为

$$NA \equiv n_k \mid \sin U_k \mid \approx n_k \mid u_k \mid \tag{9-37}$$

焦比用来描述无穷远处物体的像空间光锥，定义为系统的有效焦距与入瞳直径的比值，即

$$f/\# \equiv \frac{f_E}{D_{EP}} \tag{9-38}$$

需要注意的是，焦比（$f/\#$）的定义通常有不一致之处，有时候也使用出瞳直径或者净口径。

9.6.2 数值孔径与焦比的关系

当考虑无穷远处物体的边缘光线时，焦比可以与像空间的数值孔径联系起来，如图 9-27 所示。

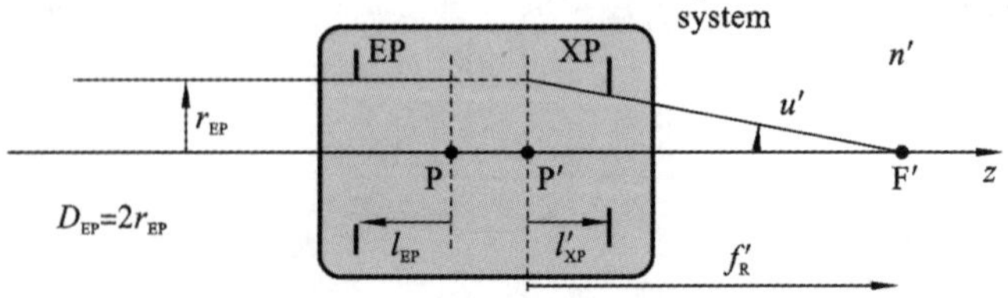

图 9-27 数值孔径与焦比的关系

假设系统的数值孔径相对较小，因此光线角满足小角度近似，那么我们有：

$$\frac{r_{EP}}{f'_R} = |u'| \approx |\sin U'| \tag{9-39}$$

那么，系统的焦比有如下关系：

$$f/\# \equiv \frac{f_E}{D_{EP}} = \frac{f'_R}{n'D_{EP}} = \frac{f'_R}{2n'r_{EP}} = \frac{1}{2n'|u'|} \approx \frac{1}{2NA} \tag{9-40}$$

其中，像空间折射率包含在数值孔径中，它隐藏在焦比的有效焦距上。

9.6.3　工作焦比

虽然严格地说，焦比是用来描述像空间中无穷远共轭的测量结果的，但数值孔径 NA 和焦比之间的近似关系允许我们在其他光学空间中为共轭的相对孔径大小定义相应的 $f/\#$。因此，对任何锥形光束都可以定义其焦比。

但是当物体不再处于无穷远处，而是处于有限远处时，此时与物共轭的像不再出现在焦平面上，焦比也已不能准确描述透镜的集光能力和像方的数值孔径大小（即数值孔径与焦比的近似关系不成立）。在这种情况下，像方的数值孔径就应用所谓的"工作焦比"或"有效焦比"来描述。工作焦比 $f/\#_W$ 描述了有限远共轭的成像光锥。即有

$$\text{Working} \quad f/\# = f/\#_W \equiv \frac{1}{2NA} \approx \frac{1}{2n|u|} \tag{9-41}$$

工作焦比最常见的用法是描述有限远共轭光学系统成像的锥形光束，即由出瞳和轴上像点形成的光锥。如图 9-28 所示，有

$$|u'| = r_p/l', \quad l' = (1-m)f'_R \tag{9-42}$$

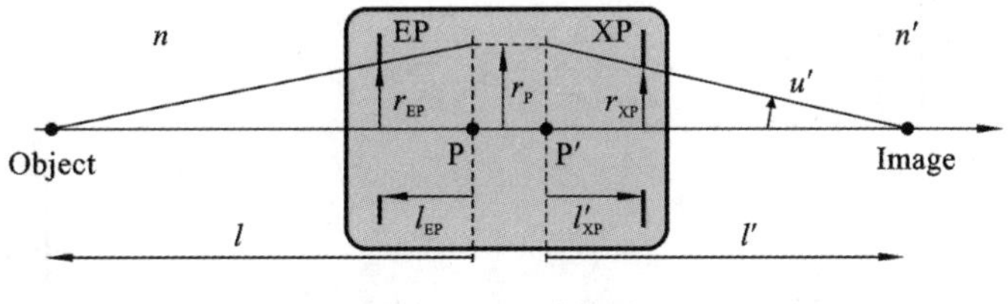

图 9-28　工作焦比

则对于工作焦比，我们有：

$$f/\#_W = \frac{1}{2NA} \approx \frac{1}{2n|u|} \approx \frac{(1-m)f'_R}{2n'r_p} = \frac{(1-m)f_E}{2r_p} \tag{9-43}$$

因此，计算工作焦比需要知道入瞳大小，而不需要知道主平面处的光线高度。假设薄透镜的光阑就在透镜处，则该透镜半径即为光阑半径，也等于入瞳半径，则

$$f/\#_W \approx \frac{(1-m)f_E}{2r_p} = \frac{(1-m)f_E}{2r_{EP}} = (1-m)f/\# \tag{9-44}$$

其中，m 为放大率，在空气中（$n=1$），取放大率 $m=0$，工作焦比等于系统焦比；$m=-1$ 时，工作焦比等于 2 倍的系统焦比。工作焦比与系统焦比的这种关系仅适用于系统处于空气中的情况，且仅在光阑近似位于透镜处的薄透镜的情况下才有效；或者更具体地说，只有在光瞳位于其相应主平面附近的情况下，且有入瞳直径约等于出瞳直径的条件下，这种近似关系才成立。

9.6.4 快系统与慢系统

如果焦距不变，则光学系统口径越大，焦比就越小，影像就越亮。焦比大小在天文摄影上有着非常大的影响，直接决定着系统所需的曝光时间。一般来说，曝光时间正比于系统焦比的平方。因此，如果焦比提升为原来的 2 倍(减小了通光量)，意味着该系统所需曝光时间为原来的 4 倍。F 数的符号表示如图 9-29 所示。例如若 $f/2$ 的光学系统曝光 1 s 可得到正确的曝光，则 $f/4$ 的光学系统需曝光 4 s 才会有一样的影像浓度。因此，焦比代表了摄影学中的一个重要概念：镜速的量。快速光学系统具有小数值的焦比，因此快速光学系统的数值孔径 NA 具有较大的数值，慢系统与快系统相反(见图 9-30)。

f/2 ⇒ f/#=2
f/2.8 ⇒ f/#=2.8
f/4 ⇒ f/#=4
f/5.6 ⇒ f/#=5.6

图 9-29 F 数的符号表示

大多数带有可调节光阑的镜头都有 $f/\#$s 或 f—stop 标记，调节比例为$\sqrt{2}$，通常的调节范围为 $f/1.4$，$f/2$，$f/2.8$，$f/4$，$f/5.6$，$f/8$，$f/11$，$f/16$，$f/22$等，其中，光阑每次发生改变都会导致入瞳的面积(和光收集能力)变化 2 倍。

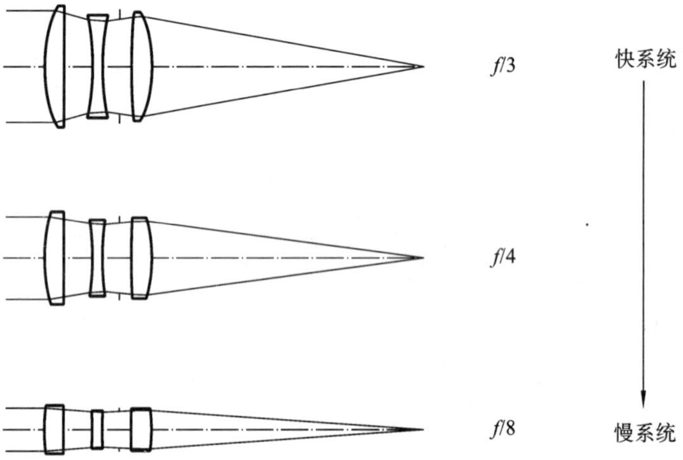

图 9-30 快系统与慢系统

9.6.5 焦比与拉格朗日不变量

考虑一个 $f/2$ 的光学系统，其在空气中的焦距为 100 mm，当进行共轭成像时，系统像空间数值孔径 NA=0.1。那么，如果成像高度为 10 mm，则物空间系统视场范围是多少？

当我们用拉格朗日不变量求解时，无需假设 $D_{XP} \approx D_{EP}$或使用薄透镜。由给出的已知条件可以得到：

$$f/\# = \frac{f}{D_{EP}} = 2 \qquad D_{EP} = 50\ \text{mm}, \quad r_{EP} = 25\ \text{mm}$$

$$\text{NA} = 0.1, \quad u' = -0.1$$

系统拉格朗日不变量定义为 $Ж = n\bar{u}y - nu\bar{y}$。在像平面上，我们有 $y'=0$，$\bar{y}'=10$，$n'=1$，那么该处的拉格朗日不变量为

$$Ж = -n'u'\overline{y'} = 1$$

因此，在入瞳面上，我们有：

$$y = r_{EP} = 25,\quad \overline{y} = 0,\quad n = 1$$

$$Ж = n\overline{u}y = 25\overline{u} = 1$$

$$\overline{u} = 0.04$$

在系统物空间中，视场为

$$\theta_{1/2} = \overline{U} = \tan^{-1}\overline{u} = 2.3°$$

该示例显示，拉格朗日不变量有助于将一个光学空间中的已知量与另一个光学空间中的未知量相关联。

9.7　远心系统

9.7.1　远心的定义

在远心系统中，入瞳或出瞳位于无穷远处。物空间或像空间的远心性要求主光线平行于该空间中的轴线。因此，即使物体或像平面偏离其标称位置，光学系统放大率也是恒定的。图像将被模糊，但通过合理的图像处理算法能得到正确的大小或放大率。

9.7.2　像方远心系统

当孔径光阑位于一个有焦系统的物方焦平面时，出瞳在无穷远处，系统为像方远心系统。如图 9-31 所示，像空间中的主光线平行于光轴，因此离焦的图像平面或探测器不会改变图像的高度，在测量时不会因为调焦不准而产生测量误差。

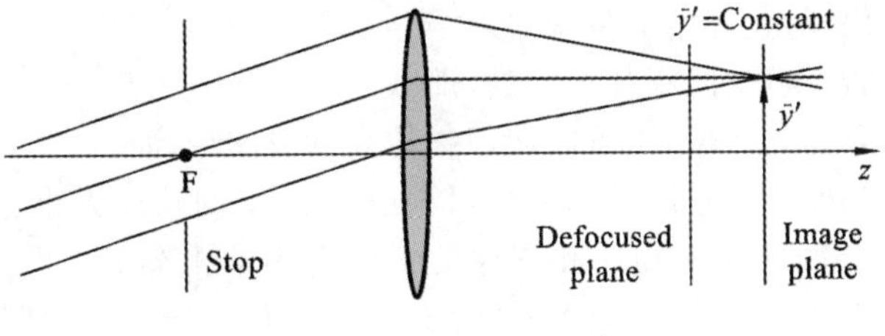

图 9-31　像方远心系统

9.7.3　物方远心系统

将孔径光阑置于系统的像方焦平面处，使入瞳位于无穷远处，形成物方远心系统。离焦物体的光束以主光线为中心，物空间主光线平行于光轴，所以图像在标称图像平面上的高度是恒定的。

物方远心系统（见图 9-32）几乎总是在有限远共轭的情况下使用。由于受渐晕的影响，最大目标物体尺寸大致被限制在物镜的半径范围内。

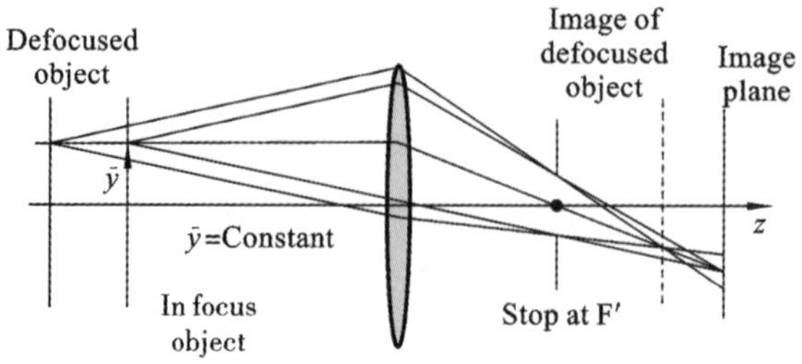

图 9-32 物方远心系统

9.7.4 双远心系统

一个无焦系统通过将系统孔径光阑放置在前后组元的公共焦点上而形成双远心系统(见图 9-33)。主光线在物空间和像空间中都与轴平行,入瞳和出瞳都位于无穷远处。所有双远心系统必须是无焦系统。

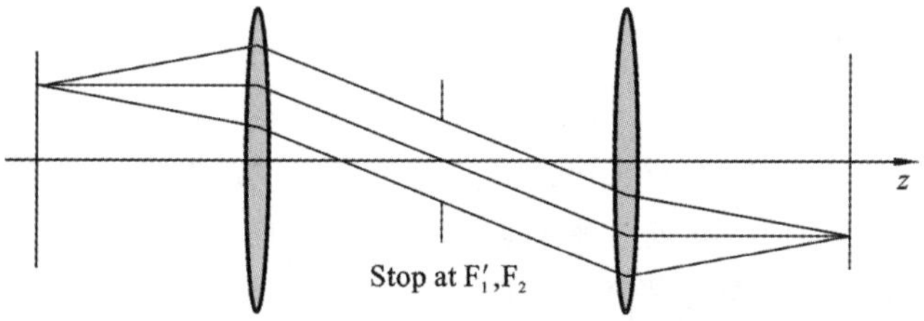

图 9-33 双远心系统

光束以主光线为中心,这一条件保证了成像高度的误差不受物体轴向位移或像平面位移的影响。

远心性是许多光学测量系统的一个重要特征,因为被测物体的表观尺寸不随焦距、物体位置或物体厚度的变化而变化。显微镜物镜通常是物方远心系统。当显微镜物镜通过一个透明的厚样品对目标进行聚焦成像时,物镜的物方远心特性能够防止因目标面不在焦平面上而引起的成像放大率的变化,防止产生测量误差。

如果系统在特定的光学空间中是远心的,那么基于出瞳或入瞳来定义视场角是不可能的,因为相应的光瞳在无穷远处。但是,可以使用物体高度或图像高度。

定义视场角的第二种方法是测量物体相对于前节点 N 的角度大小。这很有用,因为通过节点的共轭光线的角放大率为 1,物体和图像的角度大小是相等的。但这种视场角的定义对于没有节点的无焦系统是没用的。双远心系统是一个无焦系统,通常使用物体高度或图像高度来定义视场角。而当物体距离较远时,视场角选择入瞳还是节点来度量则无关紧要。

9.8 焦深和景深

9.8.1 焦深

焦深(记为 D_{Focus})是焦点深度的简称。光学成像系统的焦深指的是当系统像面移动造成的系统波像差变化不超过一定范围(一般为四分之一波长)时,则认为这个像面可以移动的范围便是光学系统的焦深。例如,在使用显微镜时,当焦点对准某一物体时,不仅位于该点平面上的各点可以看清楚,而且在此平面上下一定深度内的点,也能看得清楚,这个能看清楚部分的深度范围就是焦深。

为了更加简单明确,我们进一步定义焦深为在产生的像斑模糊超过模糊直径标准 B' 之前,探测器可以从物体的标称成像位置移动的量,如图 9-34 所示。那么,根据图示几何关系,我们有:

$$b' = \frac{B'L'_0}{D_{XP}} \approx \frac{B'l'}{D_{EP}} \tag{9-45}$$

因此,系统焦深的表达式为

$$D_{Focus} = \pm b' \approx B'f/\# \approx \pm \frac{B'}{2NA} \tag{9-46}$$

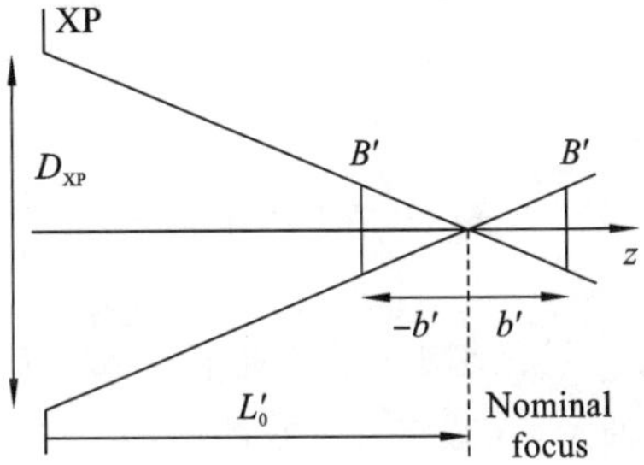

图 9-34　焦深

9.8.2　景深

对于摄像机或其他光学成像系统,景深(Depth of Field,记为 DOF 或 D_{field})是图像中可接受的清晰聚焦的最近物体和最远物体之间的距离。如图 9-35 所示,在一个给定的探测器或像平面的位置,物体在一定范围内从 L_{Far} 到 L_{Near} 移动,由于受分辨率的限制,仍可认为成像是清晰的,这个范围就是景深。L_0 是与像平面位置共轭对应的物体位置。所有这些结论成立的前提是假设光学系统是光阑为透镜本身的薄透镜。

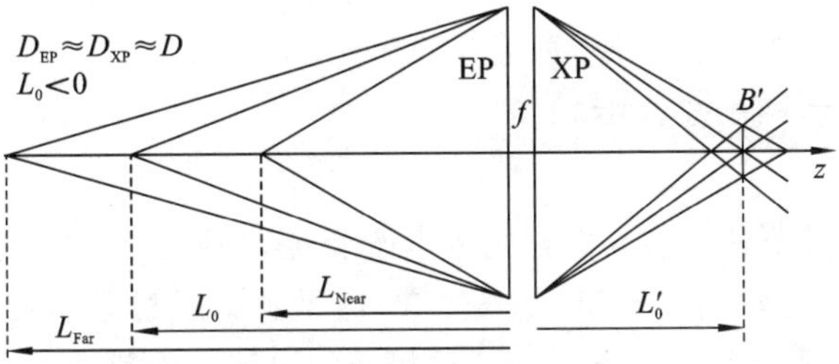

图 9-35　景深

我们仍然定义,在给定景深范围内,成像模糊的标准为像斑尺寸 B',则景深的表达式为

$$L_{Near} \approx \frac{L_0 fD}{fD - L_0 B'}, \quad L_{Far} \approx \frac{L_0 fD}{fD + L_0 B'} \tag{9-47}$$

注意,式(9-47)中包含了符号法则。

9.8.3　超焦距

当景深的远点延伸至无穷远时,我们定义满足该条件的光学系统像平面的理想共轭物距 L_0 为超焦距 L_H。因此,当光学系统聚焦在超焦距 L_H 上时,所有从 L_{Near} 到无穷远处的物体都能成清晰像,且都处于聚焦状态。在这种情况下,式(9-47)中 L_{Far} 的分母必须为零,则有

$$L_H = -\frac{fD}{B'}, \quad L_{Near} \approx \frac{L_H}{2}, \quad L_{Far} = \infty \tag{9-48}$$

因此，近焦极限大约是超焦距的一半。景深和超焦距有助于解释相机系统的实际工作原理和操作规范，包括所需的对焦精度、所需的对焦区域数量，以及固定焦距相机的工作原理。

9.9 光束与渐晕

9.9.1 轴上光束

光阑限制了从轴上物体点发出的光束的大小。边缘光线位于轴上光束的边缘。如图 9-36 所示，入瞳定义了在物空间中从轴向物点发出的光束。通过系统传播的光束将充满整个入瞳。出瞳定义了在像空间中会聚到轴上像点的光束。系统的出射光束看上去来自一个填满的出瞳。光阑和中间像（未示出）在中间光学空间中限定光束，在任何附加的光学空间中，中间光瞳和像都将限定光束。

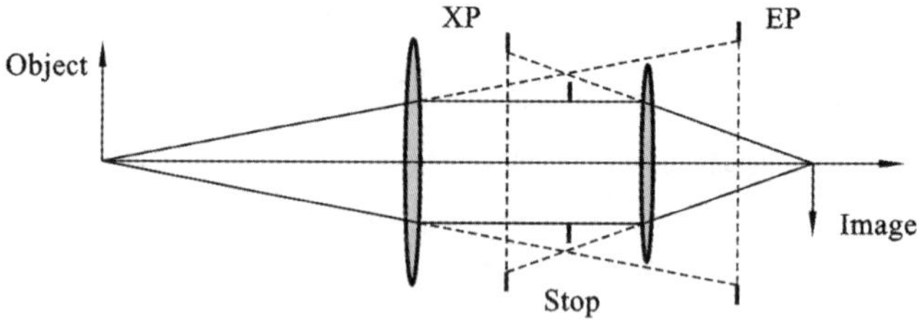

图 9-36　轴上光束

9.9.2 轴外光束(偏斜光束)

光瞳是光阑的像，对于轴外物点而言光瞳不改变位置或大小。入瞳和出瞳还定义了适用于轴外物点进出光学系统的偏斜光束，如图 9-37 所示。用通过系统传播的轴外光束填充入瞳。从系统中出来的轴外光束似乎来自一个已填满的出瞳。偏斜光束（倾斜光束）以该物点的主光线为中心。

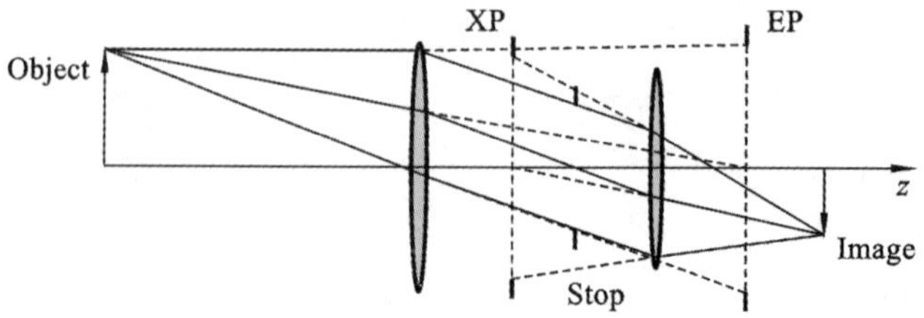

图 9-37　轴外光束

对于一个离轴物点，光束发生偏斜，构成一个偏斜的圆锥，它仍然由光瞳和光学空间中的物点或像点决定，如图 9-38 所示。由于光束圆锥体的底部由圆形光瞳定义，因此光束在 z 轴任意处的横截面均保持圆形。根据相似三角形原理，偏斜光束半径等于同一位置处轴上光束的半径。同时，偏斜光束中心所在位置的高度等同于该光束的主光线高度，则可得到光束在任

意 z 轴上的最大径向范围为

$$|y_{max}|=|y|+|\bar{y}| \tag{9-49}$$

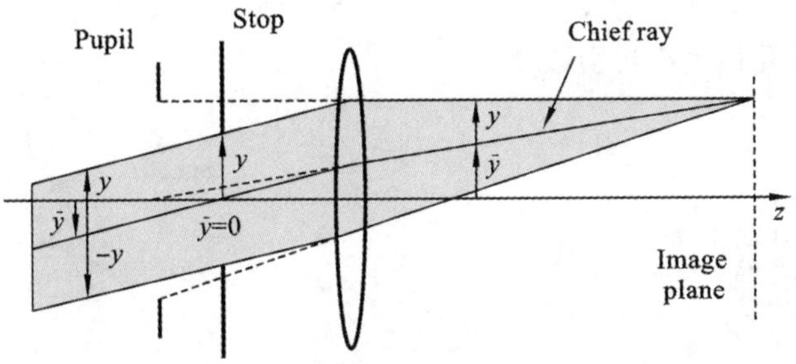

图 9-38　光束的最大径向范围

9.9.3　渐晕

对于轴外物点发出的光束，如果通过系统的过程中除了系统光阑之外没有其他孔径对该光束起到限制作用，那么该光束的形状类似于偏斜锥形截面的纺锤状。如果光束被一个或多个附加孔遮挡，则发生渐晕。在有渐晕存在的光学系统中，轴外光束的顶部和底部被压缩，并且通过系统传播的光束不再具有圆形轮廓。

如图 9-39 所示，轴外物点发出的充满入瞳的光束被第一个透镜框拦掉一部分，只有中间一部分光束可以通过光学系统成像。轴外点成像光束小于轴上点成像光束，使像面边缘光照度有所下降。这种轴外点光束被部分拦掉的现象称为轴外点的渐晕。显然，物点离光轴越远，渐晕越大，其成像光束的孔径角越小于轴上点成像光束的孔径角。对轴外点光束产生渐晕的光阑为渐晕光阑。

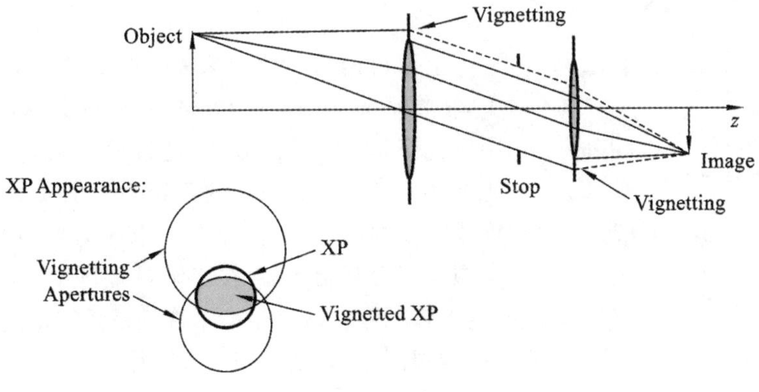

图 9-39　渐晕

9.9.4　渐晕类型

当光阑单独决定轴上光束，且系统中的其他孔径（如透镜孔径）屏蔽了全部或部分离轴的光束时，渐晕就会发生。

当所有的孔径都能通过从轴外物点传过来的整个光束时，不会发生渐晕现象（见图 9-40）。

无渐晕条件为

$$a \geqslant |\bar{y}| + |y| \tag{9-50}$$

此时每个孔径的半径 a 必须等于或超过光束中所有光线的最大高度。但如果系统视场(或主光线)改变,则所需的孔径大小将会改变。

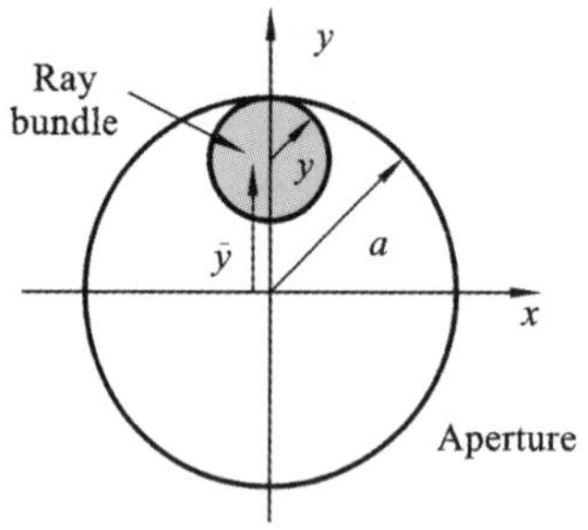

图 9-40　无渐晕的孔径

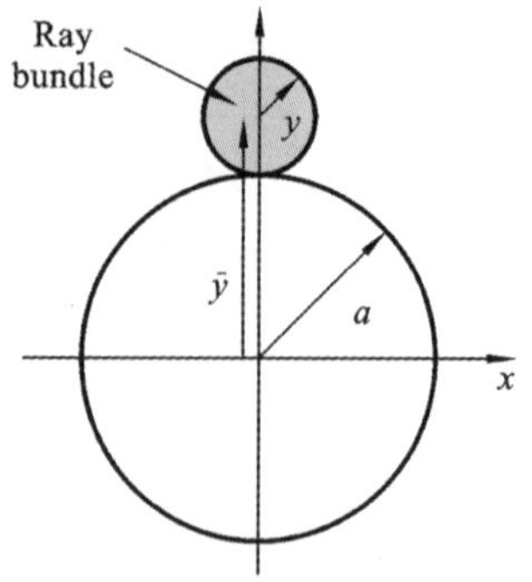

图 9-41　完全渐晕的孔径

当孔径完全阻隔了来自轴外物点的光束时,系统将会产生最大的渐晕,此时也相当于获得系统产生的最大视场(见图 9-41)。

完全渐晕条件为

$$a \leqslant |\bar{y}| - |y| \quad 且 \quad a \geqslant |y| \tag{9-51}$$

渐晕条件的第二部分确保该孔径能够通过轴上点的边缘光线。根据定义,渐晕不能发生在系统光阑或光瞳中。

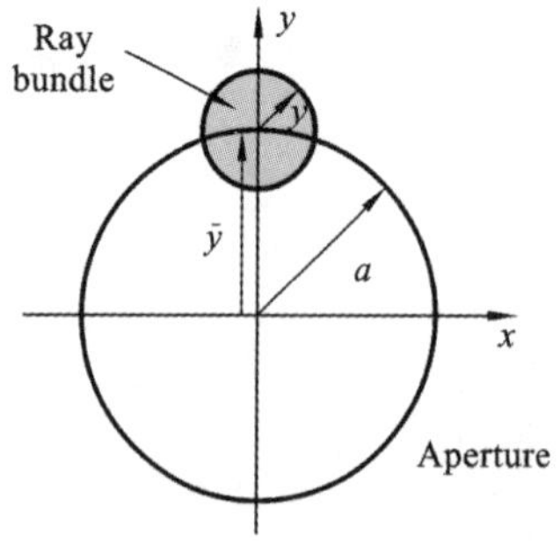

图 9-42　半渐晕的孔径

当孔径能够通过从物点传输过来的约一半的光线时,产生第三种渐晕现象,即半渐晕(见图 9-42)。

半渐晕条件为

$$a = |\bar{y}| \quad 且 \quad a \geqslant |y| \tag{9-52}$$

上面讨论的三种渐晕只是渐晕变化的临界值。实际上,在物平面上,轴外点的渐晕是渐变的,没有明显的界限。光束是光能量的载体,通过的光束越宽,其所携带的光能越多。一个有渐晕的系统在无渐晕时会成完整辐照度或亮度的像,该条件存在一个视场半径的极限。然后,辐照度就会开始下降,在半渐晕视场中,像的亮度降低到一半左右;在完全渐晕视场中,像的亮度下降到零。该完全渐晕视场是系统理论上能获得的最大视场值。这种描述忽略了辐射传递的倾斜因子,如余弦四次方定律。

9.9.5　光线追迹法确定光束范围

我们也可以利用光线追迹法追迹边缘光线与主光线,求解每一个光学面上的光线高度,计算出每个面上的光线束范围,这样就可以求得系统的光阑、光瞳和渐晕性质,如图9-43所示。

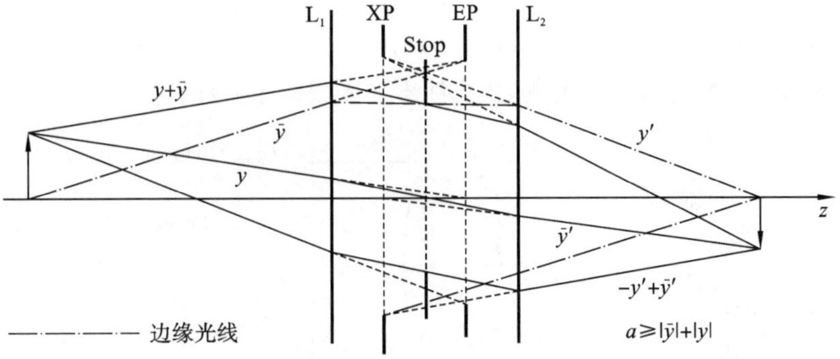

图 9-43　光线束范围

9.9.6　渐晕实例一:单透镜成像系统

一个物点在焦距为 50 mm 的薄透镜的左边 100 mm 处,该物点在光轴上方 10 mm 处。镜头直径为 20 mm,镜头为系统光阑。孔径在镜头右边 50 mm 处放置。孔径的直径是多少时,系统才不会产生渐晕(见图 9-44)?

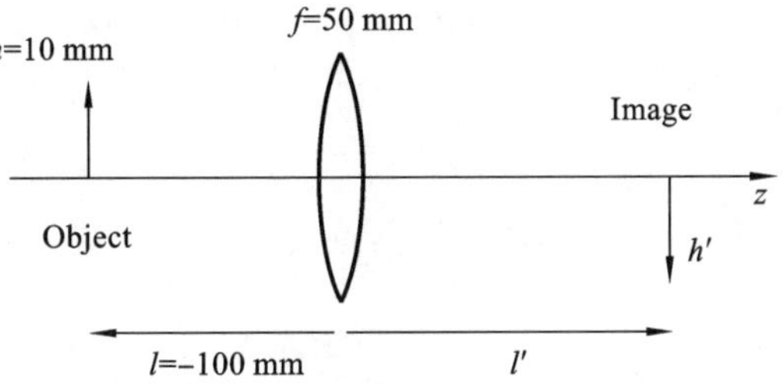

图 9-44　单透镜成像

求解时,首先考虑成像,已知 $l=-100$ mm,$f=50$ mm,由物像关系式可得

$$\frac{1}{l'}=\frac{1}{l}+\frac{1}{f}\quad\Rightarrow\quad l'=100\ \text{mm}$$

接下来绘制边缘光线和主光线(见图 9-45),并对孔径值进行评估。

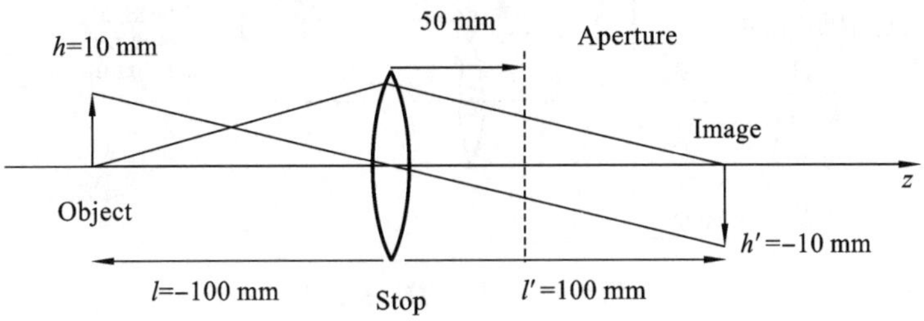

图 9-45　单透镜成像的边缘光线和主光线

由图 9-45 中的几何关系可以得到

$$y_A=a_{Stop}/2=5\ \text{mm},\quad \bar{y}_A=h'/2=-5\ \text{mm}$$

则要满足无渐晕条件,有

$$a_{Aperture}\geqslant|\bar{y}_A|+|y_A|=10\ \text{mm},\quad D_{Aperture}\geqslant 20\ \text{mm}$$

即该孔径的直径必须大于 20 mm，才能保证所有光线束都通过孔径，不产生渐晕。

如果孔径直径为 20 mm，那么半晕成像的物高是多少(边缘光线不改变，但主光线随物高变化)？从任意物高开始进行光线追迹，主光线穿过光阑的中心和孔径的边缘(见图 9-46)。

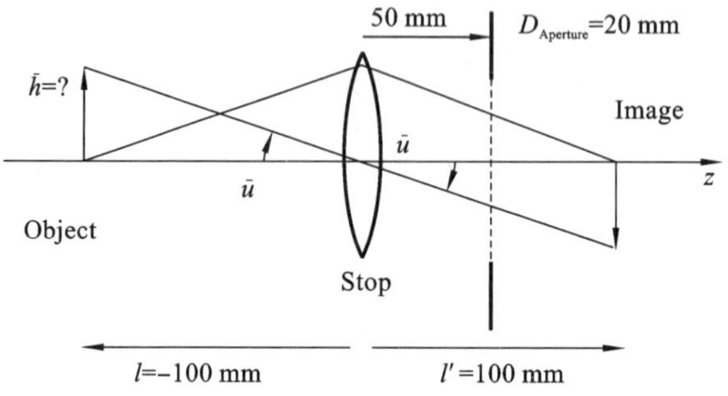

图 9-46 单透镜成像中的半渐晕

由图 9-46 中的几何关系，有

$$\bar{u}=\frac{\bar{h}}{l}=\frac{\overline{h'}}{l'}$$

要满足半渐晕条件，则有

$$a_{\text{Aperture}}=|\ \bar{y}_{\text{A}}\ |=|\ 50\ \text{mm}\times\bar{u}\ |=\left|50\ \text{mm}\times\frac{\bar{h}}{l}\right|=10\ \text{mm}$$

求解得到：

$$\bar{h}=20\ \text{mm}$$

即满足半渐晕条件的物高为 20 mm。对于像高点发出的光线束，其中一半被孔径阻挡，产生半渐晕。

9.9.7 渐晕实例二：双透镜成像系统

如图 9-47 所示，反向摄远物镜由两个在空气中的薄透镜组成，系统光阑在两个镜头之间，系统满足下面两个条件：①系统在 $f/4$ 处运行；②物点在无穷远处，最大像尺寸为±30 mm。

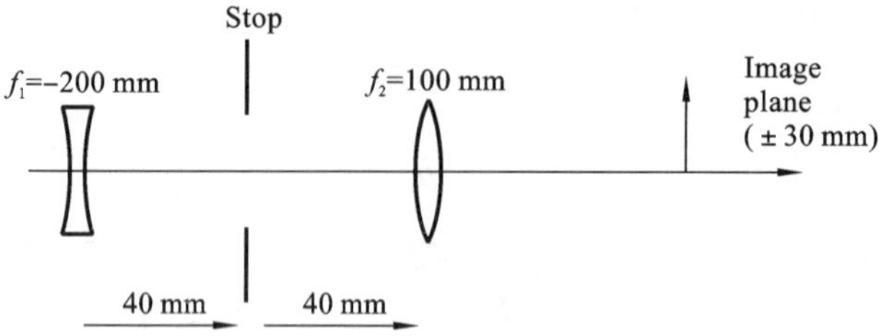

图 9-47 双透镜成像系统

我们需要确定这些参数：入射光瞳和出射光瞳的位置和大小；系统焦距和后焦距；光阑直径；视场(在物空间中)；在指定的最大像尺寸范围内，无渐晕系统中的两个透镜的尺寸。

采用光线追迹法进行求解。首先建立光线追迹表。从光阑的中心追迹一条潜在的主光线，任意取定主光线在光阑中心的近光线轴角为 0.1，利用追迹公式可求出光瞳的位置。光瞳的位置是主光线在物空间和像空间中与光轴相交的地方。结果如图 9-48 所示。

Surface	Object 0		EP 1		L_1 2		Stop 3		L_2 4		XP 5		Image 6
f					−200		–		100				
$-\phi$					0.005		–		−0.01				
t				(−33.33)		40		40		(−66.67)			
Potential chief ray:													
$\tilde{\bar{y}}$			0		−4.00		0		4.00		0		
$\tilde{\bar{u}}$				0.12		0.1*		0.1*		0.06			

图 9-48　确定光瞳位置的光线追迹表

可以看到，入射光瞳位于 L_1 右侧 33.33 mm 处，出射光瞳位于 L_2 左边 66.67 mm 处。这些光瞳都是虚拟的。

为了确定焦距和后焦距，追迹一条潜在的边缘光线。由于物在无穷远处，因此这条光线与物空间的光轴平行，任意设定该光线入射高度为 1 mm。像方焦点位于光线与像空间光轴相交的位置。光线追迹结果如图 9-49 所示。

Surface	Object 0		EP 1		L_1 2		Stop 3		L_2 4		XP 5		F′ Image 6
f					−200		–		100				
$-\phi$					0.005		–		−0.01				
t		∞		−33.33		40		40		−66.67		(222.22)	
Potential marginal ray:													
$\tilde{y}$	1*		1		1		1.2		1.4		2.0		0
$\tilde{u}$		0		0		0.005		0.005		−0.009		−0.009	

图 9-49　确定像方焦点的光线追迹表

像或像方焦点位于出瞳右侧 222.22 mm 处，则

$$\mathrm{BFD} = (\mathrm{L}_2 \rightarrow \mathrm{XP}) + (\mathrm{XP} \rightarrow \mathrm{F}')$$

$$\mathrm{BFD} = -66.67\ \mathrm{mm} + 222.22\ \mathrm{mm} = 155.55\ \mathrm{mm}$$

系统光焦度和焦距为

$$\phi = -\frac{\tilde{u}'}{\tilde{y}_1} = -\frac{-0.009}{1\ \mathrm{mm}} = 0.009\ \mathrm{mm}^{-1}$$

$$f = \frac{1}{\phi} \approx 111.11\ \mathrm{mm}$$

利用系统在 $f/4$ 处运行这一条件，我们可以确定光瞳和光阑的大小，即

$$f/\# = \frac{f}{D_{\mathrm{EP}}} = 4,\quad f \approx 111.11\ \mathrm{mm}$$

$$D_{\mathrm{EP}} \approx 27.78\ \mathrm{mm},\quad r_{\mathrm{EP}} = 13.89\ \mathrm{mm}$$

成比例地缩放潜在边缘光线以获得该光线在出瞳中的高度：

$$缩放比例 = \frac{r_{\mathrm{EP}}}{\tilde{y}_{\mathrm{EP}}} = \frac{13.89\ \mathrm{mm}}{1\ \mathrm{mm}} = 13.89$$

追迹一条边缘光线，光线追迹结果如图 9-50 所示。由表中追迹结果可以知道光阑和光瞳的实际大小：

$$r_{\mathrm{Stop}} = y_{\mathrm{Stop}} = 16.67\ \mathrm{mm},\quad D_{\mathrm{Stop}} = 33.34\ \mathrm{mm}$$

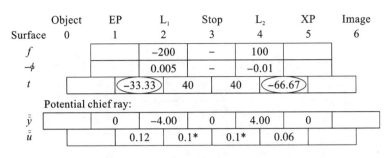

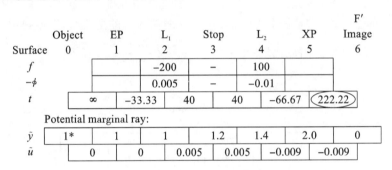

$$r_{XP} = y_{XP} = 27.78\ \text{mm},\quad D_{XP} = 55.56\ \text{mm}$$

	Object		EP		L_1		Stop		L_2		XP		F′ Image
Surface	0		1		2		3		4		5		6
f					−200		–		100				
$-\phi$					0.005		–		−0.01				
t		∞		−33.33		40		40		−66.67		222.22	
Potential marginal ray:													
$\tilde{y}$	1		1		1		1.2		1.4		2.0		0
$\tilde{u}$		0		0		0.005		0.005		−0.009		−0.009	
Marginal ray:													
y	13.89		13.89		13.89		16.67		19.45		27.78		0
u		0		0		0.0695		0.0695		−0.125		−0.125	

图 9-50　实际边缘光线的光线追迹表

任意假定一主光线进入光瞳时的光线角，并追迹该主光线，追迹结果如图 9-51 所示。计算视场时，潜在的主光线被延伸到像平面。成比例缩放潜在的主光线，以使得像高为 30 mm：

$$缩放比例 = \frac{\bar{y}_{\text{Image}}}{\tilde{\bar{y}}_{\text{Image}}} = \frac{30\ \text{mm}}{13.33\ \text{mm}} \approx 2.25$$

	Object		EP		L_1		Stop		L_2		XP		F′ Image
Surface	0		1		2		3		4		5		6
f					−200		–		100				
$-\phi$					0.005		–		−0.01				
t		∞		−33.33		40		40		−66.67		222.22	
Potential chief ray:													
$\tilde{\bar{y}}$			0		−4.00		0		4.00		0		13.33
$\tilde{\bar{u}}$		0.12		0.12		0.1		0.1		0.06		0.06	
Chief ray:													
$\bar{y}$			0		−9.00		0		9.00		0		30.0
$\bar{u}$		0.270		0.270		0.225		0.225		0.135		0.135	

图 9-51　实际主光线的光线追迹表

由图 9-51 可以得到物空间中主光线的近轴光线角和视场为

$$\bar{u}_0 = 0.270$$

$$\text{HFOV} = \tan^{-1}(\bar{u}_0) \approx 15.1°$$

$$\text{FOV} = 30.2° \quad 或 \quad \pm 15.1°$$

总结所有的边缘光线和主光线，得到双透镜成像系统的光线追迹结果如图 9-52 所示。

由表可知，要满足无渐晕条件，对两个透镜孔径要求为

$$L_1:\quad y_1 = 13.89\ \text{mm},\quad a_1 \geqslant |y| + |\bar{y}| = 22.89\ \text{mm}$$

$$\bar{y}_1 = -9.0\ \text{mm},\quad D_1 \geqslant 45.78\ \text{mm}$$

$$L_2:\quad y_2 = 19.45\ \text{mm},\quad a_2 \geqslant |y| + |\bar{y}| = 28.45\ \text{mm}$$

$$\bar{y}_2 = 9.0\ \text{mm},\quad D_2 \geqslant 56.9\ \text{mm}$$

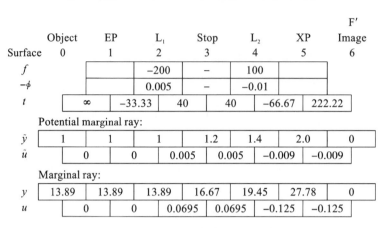

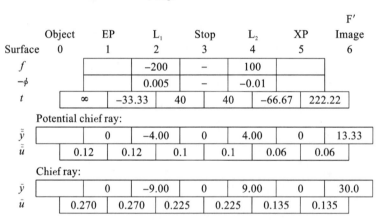

Surface	Object 0		EP 1		L_1 2		Stop 3		L_2 4		XP 5		F′ Image 6
f					−200		−		100				
$-\phi$					0.005		−		−0.01				
t		∞		−33.33		40		40		−66.67		222.22	
Marginal ray:													
y	13.89		13.89		13.89		16.67		19.45		27.78		0
u		0		0		0.0695		0.0695		−0.125		−0.125	
Chief ray:													
$\bar{y}$			0		−9.00		0		9.00		0		30.0
$\bar{u}$		0.270		0.270		0.225		0.225		0.135		0.135	

图 9-52　双透镜成像系统的光线追迹表

实际双透镜成像的特征光线和光线束如图 9-53 所示。

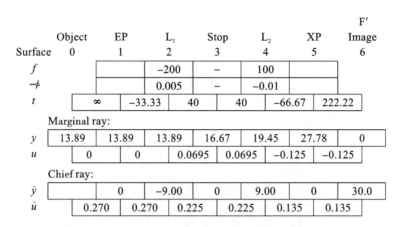

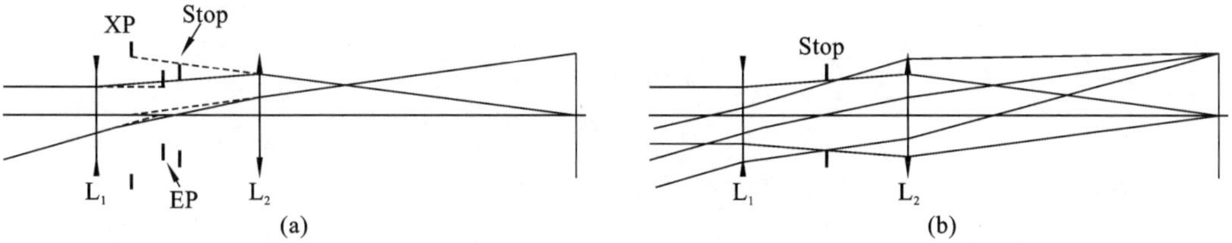

图 9-53　双透镜系统无渐晕条件

(a)特征光线；(b)光线束

习　　题

9.1　某一照相物镜的焦距 f=75 mm，相对孔径为 1/3.5，底片尺寸为 60 mm×60 mm，试求入射光瞳及最大视场角值。设调焦到 35 m 处，试问物方最大线视场为何值？

9.2　设有一焦距 f=100 mm 的薄透镜，其通光孔径 D=40 mm，在物镜前 50 mm 处有一个通光孔，其直径 D_p=35 mm，问物体在 −∞，−10 m，−0.05 m 和 −0.03 m 处时，是否都是由同一个通光径起孔径光阑作用的，试问每个通光孔分别对哪些物距起孔径光阑作用？

9.3　设有一由两组焦距 f=200 mm 的薄透镜组成的对称式光学系统，两个透镜的口径均为 60 mm，间隔 d=40 mm，中间光阑的孔径 D_p=40 mm，求该系统的焦距、相对孔径、入射光瞳和出射光瞳的位置和大小。设物体在无穷远处，试问不存在渐晕和渐晕为 50%时，其最大视场角各为多少？

9.4　两个正薄透镜组 L_1 和 L_2 的焦距分别为 90 mm 和 60 mm，通光孔径分别为 60 mm 和 40 mm，两透镜之间的间隔为 50 mm，在透镜 L_2 之前 18 mm 处放置直径为 30 mm 的光阑，试问当物体在无穷远处和 1.5 m 处时，孔径光阑分别是哪一个？

9.5　图 9-54 所示的为一个半径为 −100 mm 的单折射球面（凹面），该面左边介质折射率为 1.4，右边介质折射率为 1.6。一个直径为 10 mm 的光阑位于该面右边 25 mm 位置处。请使用高斯成像法求出入瞳的位置和尺寸。

9.6　针对图 9-55 给出的一个位于空气中的光学系统，请采用近轴光线追迹法求出入瞳和出瞳的位置和尺寸。注意，透镜均为薄透镜。请采用光线追迹表进行光路追迹，并画出系统光路图中的瞳面位置。

9.7　采用高斯成像法重新求解题 9.6。

9.8　一个直径为 25 mm 的探测器和一个焦距为 50 mm 的光学系统组成一个对无穷远处物体进行成像的成

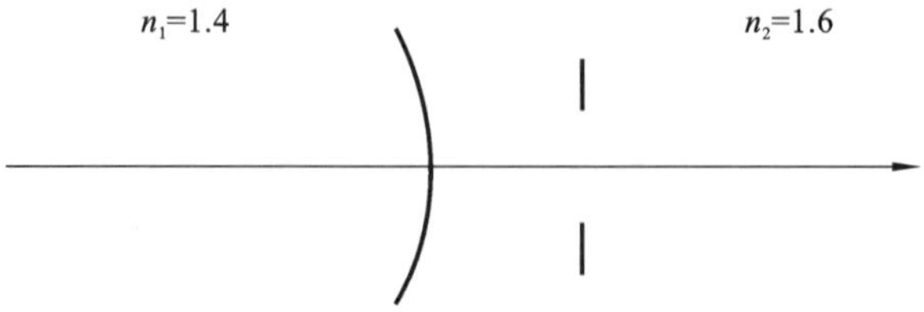

图 9-54

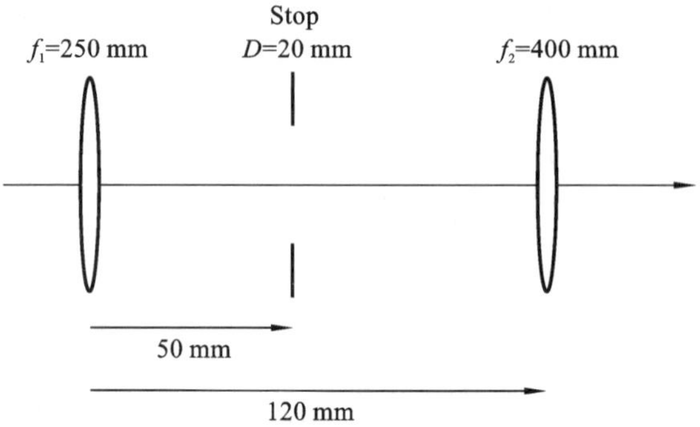

图 9-55

像系统。请问该成像系统的视场角是多少(该系统位于空气中)?

9.9 设一个薄透镜焦距为 6 cm,孔径为 6 cm。一个直径为 6 cm 的光阑位于薄透镜前面 2 cm 的位置处,另一个直径为 4 cm 的光阑位于薄透镜后面 2 cm 的位置处。一个高为 4 cm 的物体位于轴上,在透镜前面 12 cm 的位置处。请运用高斯成像法判断哪一个光阑是系统的孔径光阑。并进一步求出该系统出瞳和入瞳的位置和大小,并画出系统的光路图,标出该物体的主光线和边缘光线。

9.10 一个无焦系统由两个正薄透镜组成。第一个透镜的焦距为 200 mm,且系统的垂轴放大率为 0.1,即 $|m|=0.1$。

(1) 请求出第二个透镜的焦距以及两个透镜之间的间隔。

(2) 如果第一个透镜是系统的孔径光阑,且该透镜直径为 50 mm,请求出该系统出瞳和入瞳的位置和尺寸(请使用高斯成像法)。

9.11 在两个厚透镜($f=100$ mm,$t=25$ mm)的中间放置一个直径为 20 mm 的光阑,该光阑位于第一个透镜后表面右边 20 mm 位置处,两个透镜顶点之间的间隔为 50 mm(见图 9-56)。

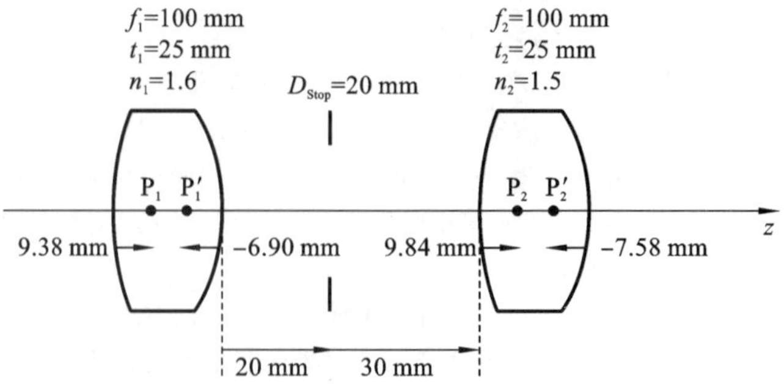

图 9-56

请求出系统入瞳和出瞳的位置和尺寸(注意:请参考第一个透镜的前表面给出入瞳的位置,参考第二个透镜的后表面给出出瞳的位置,请使用高斯成像法)。

9.12 现在将一个平凹透镜和一个平凸透镜胶合在一起形成一个厚透镜,如图 9-57 所示,该厚透镜的光阑正好位于胶合的位置处。该透镜位于空气中。

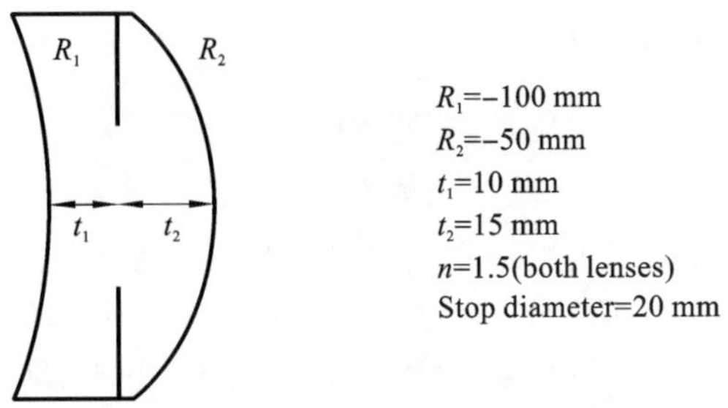

图 9-57

(1) 请采用高斯成像法求出入瞳和出瞳的位置和尺寸。

(2) 采用近轴光线追迹法求出系统的有效焦距、后焦长、出瞳位置和出瞳尺寸。注意(1)中的计算结果不能用于此问。

9.13　图 9-58 所示的为一个由两个薄透镜和一个物体组成的光学系统，同时也给出了系统光阑的位置和尺寸，入瞳和出瞳的位置和尺寸。请画出该系统的主光线和边缘光线的光路图，并用图解法求出物体通过该系统成像的位置和尺寸(不需要进行任何计算)。

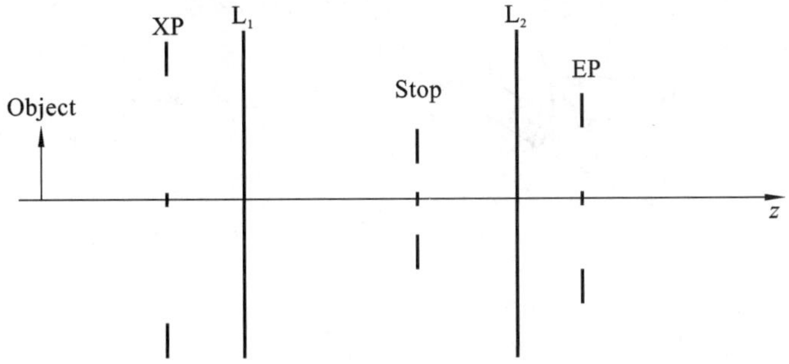

图 9-58

9.14　图 9-59 所示的为一个由两个薄透镜组成的摄远物镜，该物镜位于空气中。物镜的系统光阑位于两个透镜的中间位置。该系统焦比为 $f/8$，物位于无穷远处，最大像面尺寸为±10 mm。

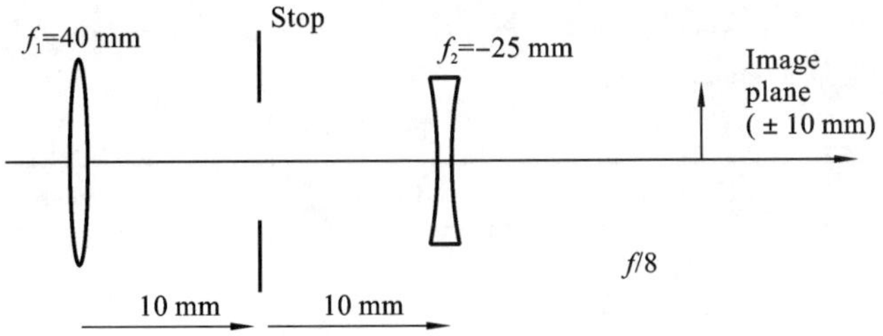

图 9-59

请求出：系统焦距；后焦长；入瞳和出瞳的位置和大小；光阑的孔径大小(直径)；物空间的视场角；当成像覆盖整个像面时，系统仍然无渐晕所需要的两个透镜的最小尺寸(注意：请使用光线追迹法)。

9.15　用一个焦距为 80 mm 的薄透镜对一个物体进行成像，且成像放大率为 $-1/2$。如果假定该透镜的直径(口径)为 25 mm，现将一个口径(直径)为 20 mm 的光阑放置在薄透镜前面 40 mm 的位置处。请问：该系统无渐晕的最大视场范围是多少(请用物体高度来度量，单位为 mm)？当系统视场范围增大到多少时，系统发生完全渐晕？

9.16　一个置于空气中的三组元透镜系统由如图 9-60 所示的三个薄透镜组成。

	Focal length	Spacing
Lens 1	100 mm	25 mm
Lens 2	-50 mm	25 mm
Stop	—	50 mm
Lens 3	100 mm	

图 9-60

物体位于无穷远处，且光阑直径为 20 mm。请借助光线追迹表求解以下问题。

(1) 利用光线追迹法求出系统的入瞳位置和尺寸，出瞳位置和尺寸，系统焦距和后焦长。

(2) 假设系统最大像高为 50 mm，那么这个尺寸代表了系统的半视场范围。当系统工作在这个半视场范围时，请求出系统无渐晕时所需要的所有透镜的尺寸。

(3) 在如上条件下，系统物方空间的视场角是多大？

9.17 图 9-61 所示的为一个慢系统，假设全视场范围内无像差，不需要关心透镜弯曲，可以假设透镜为一个理想的薄透镜。该系统参数如下：焦距为 38 mm，透镜光阑间隔为 5 mm，光阑直径为 3 mm，最大像高为±18 mm。

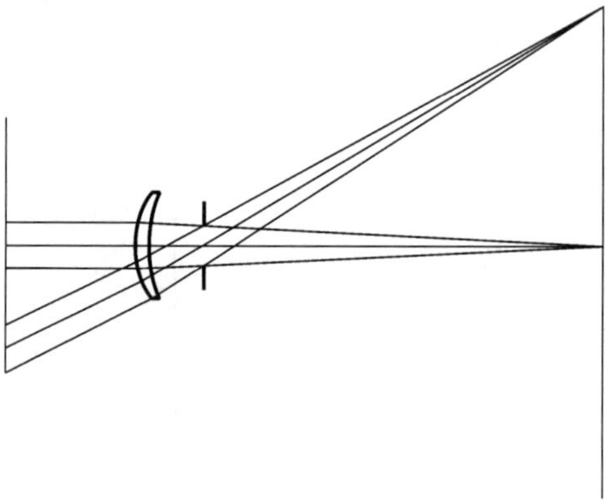

图 9-61

(1) 请求出入瞳的位置和尺寸。

(2) 系统的焦比是多少？

(3) 系统在全视场范围内无渐晕时所需要的透镜尺寸是多少？

9.18 某摄影物镜的系统参数表如表 9-1 所示。该物镜焦比为 $f/5.6$，且能够覆盖的视场范围为 45°(即物空间主光线最大高度角 $\bar{u}=\tan 22.5°$)。

表 9-1

Surface	Curvature	Index	Thickness	
1	0.30845			
		1.6202	0.599	
2	−0.01725			
		1.0000	0.655	
3	−0.17094			
		1.5785	0.288	
4	0.36219			
		1.0000	0.455	
5	—			Stop position
		1.0000	0.200	
6	−0.01725			
		1.5315	0.215	
7	0.38197			
		1.6202	0.879	
8	−0.23607			

请使用光线追迹法求出以下系统特性。

(1) 系统入瞳和出瞳的位置。

(2) 系统后焦长和有效焦距。

(3) 系统拉格朗日不变量、光阑直径和光瞳(入瞳和出瞳)直径。

(4) 系统基准点(主点和焦点)的位置,两个主点之间的间隔。

(5) 画出系统二维平面图,并标出主光线、边缘光线、瞳面和基准点。

第 10 章

辐射度学和光度学基础

10.1 辐射度学及其物理量

10.1.1 立体角的定义

立体角，常用字母 Ω 表示，其是一个物体对特定点的三维空间的角度，是平面角在三维空间中的类比，它描述的是站在某一点的观察者测量到的物体大小的尺度。例如，对于一个特定的观察点，一个在该观察点附近的小物体有可能和一个远处的大物体有着相同的立体角。

如图 10-1 所示，以观测点为球心，构造一个单位球面，任意物体投影到该单位球面上的投影面积，即为该物体相对于该观测点的立体角。因此，立体角是单位球面上的一块面积，这和“平面角是单位圆上的一段弧长”类似。

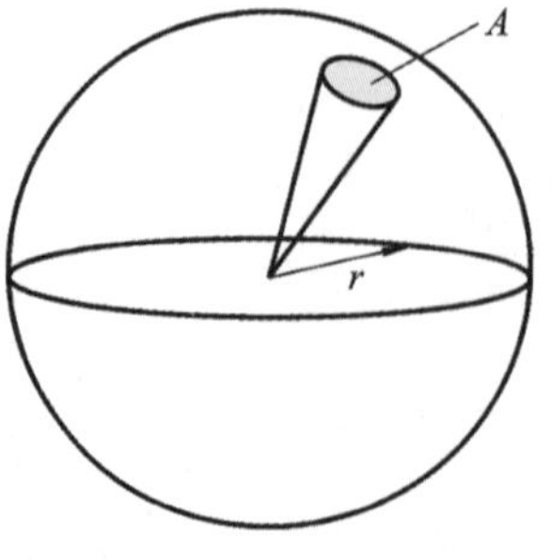

图 10-1 立体角

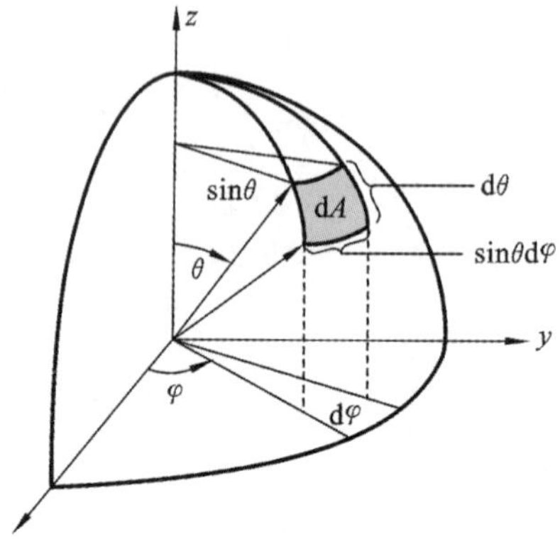

图 10-2 极坐标下的立体角

立体角的大小定义为：以立体角顶点为球心，作一个半径为 r 的球面，用此立体角的边界在此球面上所截的面积 dA 除以半径的平方来表示立体角的大小。因此，图 10-2 所示的阴影 dA 部分所对应的立体角为

$$d\Omega = \frac{dA}{r^2} \tag{10-1}$$

在极坐标系中，立体角的大小为

$$d\Omega = \sin\theta d\theta d\varphi \tag{10-2}$$

立体角的单位为“立体弧度”(Steradian)，符号为 sr。当球面上被截出的面元面积等于球面半径的平方时，该面元所覆盖的立体角为 1 立体弧度。一整个球面的立体角为 4π(sr)。

注意，立体角是 θ 和 φ 的函数，因此确定立体角的时候最重要的是确定该区域的边界。如图 10-3 所示，一个顶角为 2θ 的圆锥的立体角为

$$\Omega = \int_0^{2\pi}\int_0^{\theta}\sin\theta' d\theta' d\varphi = 2\pi(1-\cos\theta)$$

$$\Omega \approx \frac{A}{d^2} = \frac{\pi r^2}{d^2} \approx \pi\theta^2 \tag{10-3}$$

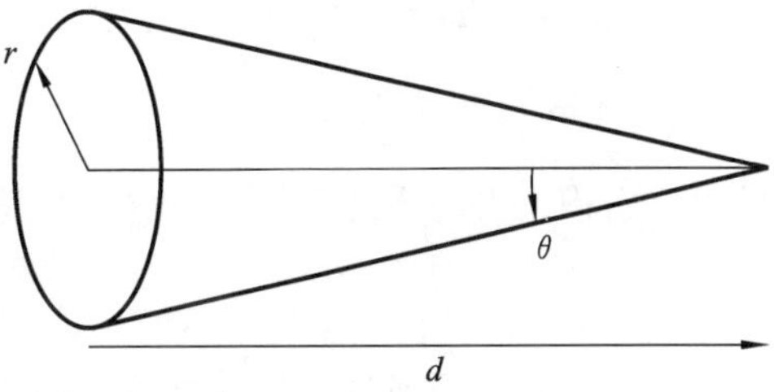

图 10-3　圆锥的立体角

10.1.2　辐射度学及基本假设

辐射度学(或辐射度量学)是研究各种电磁辐射强弱的学科，表征通过光学系统传递的辐射能量。光学中的辐射测量技术描绘了太空中辐射能的分布，与描绘光与人眼的交互作用的光度学相反。辐射度学可以用于测量任何波长的光，包含可见光。基本单位是瓦特(W)。在辐射度学的计算中，必须考虑光系统的光谱特性(源光谱、透射率和探测器响应率)。

辐射度学包含下面几个基本假设：①光源不连续，任何物体都是由许多独立的点光源构成的，它们互不干涉；②根据几何光学，光沿着光线传播，不存在衍射。

在如上简化条件下，我们假设物和像都位于光轴上，且其横截面积垂直于光轴。在这个假设下，物和像沿光轴的投影面积等于各自实际的面积。

10.1.3　辐射度学的基本物理量

下面简要介绍辐射度学的基本物理量。

(1) 辐射通量。辐射度量学中最基本的物理量就是辐射通量(简称辐通量)，是单位时间内通过某一面积的所有电磁辐射(包括红外、紫外和可见光)总功率的度量，既可以指某一辐射源发出辐射的功率，也可以指到达某一特定表面的辐射能量的功率。单位是瓦特，表达式为

$$\Phi = \frac{dQ}{dt} \tag{10-4}$$

其中，Q 是通过系统的总辐射能量。

(2) 辐射亮度。辐射通量没有表明辐射在表面或方向上的空间分布。辐射亮度(简称辐亮度)是辐射测量的基本量。如图 10-4 所示，投影到某一方向上的单位面积、单位立体角辐射的辐射通量的大小称为辐亮度。辐射亮度的符号为 L，单位为 $W/m^2 sr$，定义式为

$$L = \frac{d\Phi}{d\Omega dS\cos\theta} = \frac{I}{dS\cos\theta} \tag{10-5}$$

辐射也与源有关，无论是对于有源(热或发光)系统还是无源(反射)系统。由于辐射可以

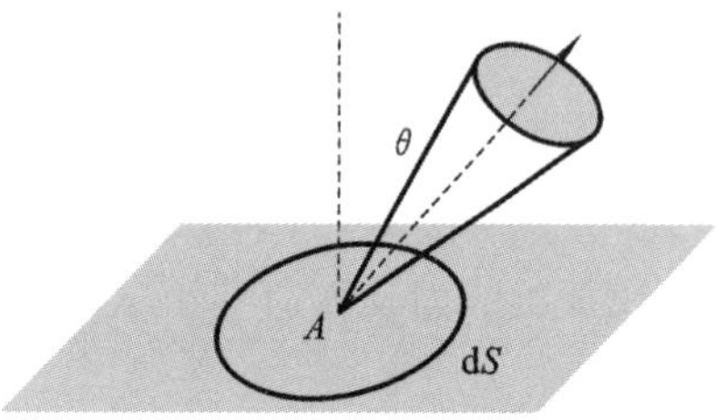

图 10-4 辐亮度

在光束的任何一点进行评估，所以它与光学系统中的特定位置有关，包括像面和光瞳。

我们可以将辐射亮度的定义方程基于面积和立体角进行积分和反演，从而确定光学系统中的功率(或者辐射通量)：

$$\Phi = \iint L\mathrm{d}S\mathrm{d}\Omega\cos\theta \tag{10-6}$$

(3) 辐出射度。辐出射度(简称辐出度)定义为光源单位面积发出的光通量，辐出度的符号为 M，单位为 $\mathrm{W/m^2}$，它的定义式为

$$M = \frac{\mathrm{d}\Phi}{\mathrm{d}A} \tag{10-7}$$

光源的辐出射度是通过对半球立体角的辐射亮度进行积分得到的：

$$M = \int_{\pi} L\mathrm{d}\Omega \tag{10-8}$$

图 10-5 进一步解释了辐出射度的概念，辐出射度和辐亮度之间的关系很复杂，这取决于辐亮度 $L(\theta,\varphi)$的角分布。

(4) 辐照度。辐照度(或称辐射照度)与辐出射度相反，它是入射在表面上的单位面积辐射通量。它的符号为 E，单位同样也是$\mathrm{W/m^2}$，定义式为

$$E = \frac{\mathrm{d}\Phi}{\mathrm{d}A} \tag{10-9}$$

辐照度的大小同样可以通过对半球立体角的辐亮度进行积分得到：

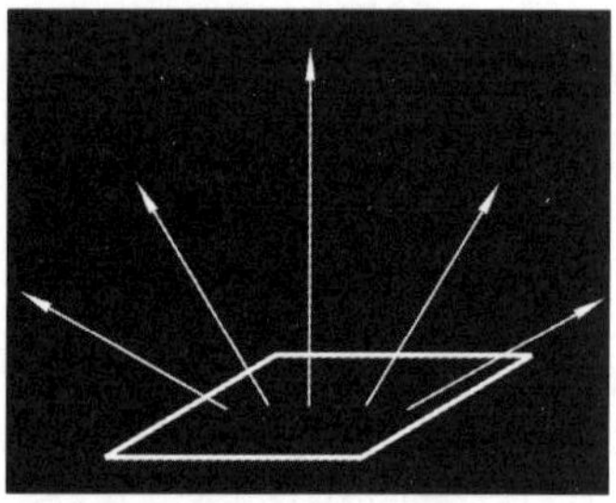

图 10-5 辐出射度

$$E = \int_{\pi} L\mathrm{d}\Omega \tag{10-10}$$

辐照度最常见的例子是太阳常数，太阳常数指太阳照射到地球大气层上的辐照度，光线传播距离取地球和太阳间的平均距离，它的数值在名义上是 $E_0 = 1368\ \mathrm{W/m^2}$，但多年来略有变化，主要是受太阳黑子的影响。此外，1368 这个数字并不准确，其他值也经常被引用，通常误差在 0.1%左右。另一方面，由于受大气的影响，地球表面的太阳辐照度变化很大，1000 $\mathrm{W/m^2}$的标称值通常被使用。

(5) 辐射强度。辐射强度是单位立体角向某一方向上辐射的辐射通量，辐射强度常用于描述各向同性点源的辐射，它的符号为 I，单位为 W/sr。表达式为

$$I = \frac{\mathrm{d}\Phi}{\mathrm{d}\Omega} \tag{10-11}$$

辐射强度可以通过对辐亮度的面积进行积分得到，同时辐射通量可以通过对辐射强度的立体角进行积分得到(强度的定义不包括面积项，因此积分是在立体角上进行的，没有余弦投影)。

$$I = \int_S L\mathrm{d}S,\quad \Phi = \int_{\Omega} I\mathrm{d}\Omega \tag{10-12}$$

10.1.4　辐射物理量近似计算

1. 平方反比定律

在辐射度学中有许多近似，其中大多数与辐射几何有关。辐照度平方反比定律也许是最著名的近似。它指出，各向同性点源的辐照度与距离源的平方成反比。

如图 10-6 所示，光线是强度为 I 的光源发散出来的直线，在距离 d 处，光线充满了面积 A。假设是经过一种无损介质，由于功率守恒，第二表面的辐射功率与第一表面的相同。在第二表面，功率分布在更大的区域，辐照度降低。辐照度与距离的关系为

$$E=\frac{\Phi}{A}=\frac{\Phi}{\Omega d^2}=\frac{I}{d^2} \tag{10-13}$$

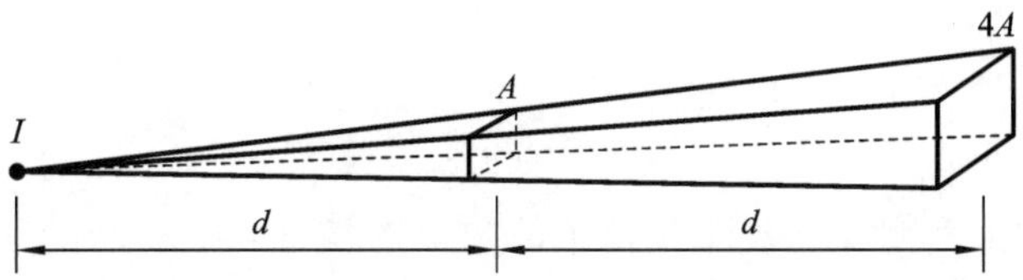

图 10-6　平方反比定律的说明

式(10-13)所表示的关系假设图中所示面积与光轴垂直。如果情况不是这样，即表面相对于光轴倾斜一个角度 θ，则有：

$$E=\frac{I}{d^2}\cos\theta \tag{10-14}$$

这种情况如图 10-7 所示。

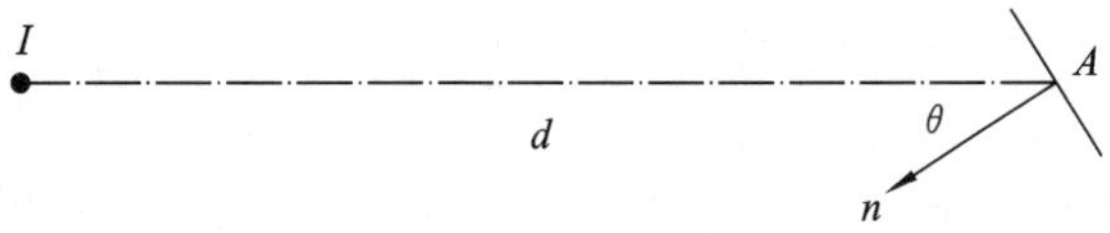

图 10-7　面积 A 相对于光轴倾斜 θ 角

从牛顿万有引力定律开始，平方反比定律就渗透了整个物理学。我们的辐射测量应用在远距离观测的小源上效果很好。但是一个现实光源与各向同性点光源的近似程度如何呢？

为了完全避免这个问题，可以只在定义良好的、指定的方向上度量光源。这种方法将允许应用平方反比定律。但如果测量方向不同，结果可能无法重复。（在光度学术语中，这种情况下源的输出称为“定向烛光功率”。）

另一种用来判断所使用光源为“小”源而不是点源的方法是确定什么是“小”。如果光源的最大尺寸小于光源与探测器间距的十分之一，即 $d/10$（探测器所看到光源的张角约等于 3.5°），平方反比定律仍然适用，误差小于 1%。如果这还不够好，可以采用更严格的标准。如果光源最大尺寸小于 $d/20$（光源张角为 1.5°），应用平方反比定律的误差小于 0.1%。

2. $\cos^3$ 定律

利用 $\cos^3$ 定律计算各向同性点光源在平面上的辐照度，例如悬挂在地面上的一个单独的灯泡在地板上的辐照度分布。常用 θ 角而不是沿着表面距离来描述该定律，因为这样表达更为简单。

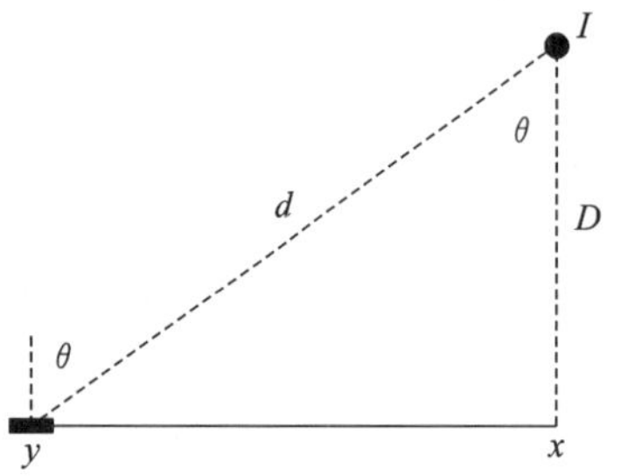

图 10-8 $\cos^3$定律

如图 10-8 所示，强度为 I 的光源正下方 x 点处的辐照度可根据平方反比定律计算为

$$E_x = \frac{I}{D^2} \tag{10-15}$$

在 y 位置，与光源的距离增加了，使 $d=D/\cos\theta$。如果目标表面在 y 处垂直于源与目标之间的矢量，则目标在 y 处的辐照度为

$$E_y = \frac{I}{d^2} = \frac{I\cos^2\theta}{D^2} \tag{10-16}$$

如果此时旋转表面，使其平行于 x—y（地板），则有

$$E_y = \frac{I\cos^3\theta}{D^2} \tag{10-17}$$

即通式为

$$E = \frac{I\cos^3\theta}{D^2} \tag{10-18}$$

这就是 $\cos^3$ 定律，前两个余弦来表征与光源的距离的增加，第三个余弦来自目标表面的倾斜角。

3. 朗伯近似

在讨论最后一个重要的近似之前，需要看一下朗伯辐射。朗伯体光源的亮度与方向无关：

$$L(\theta,\varphi) = \text{constant} \tag{10-19}$$

因而，对于式

$$\mathrm{d}\Phi = L(\theta,\varphi)\mathrm{d}A\cos\theta\mathrm{d}\Omega \tag{10-20}$$

辐射通量只与 $\cos\theta$、立体角和投影面积有关。

朗伯近似常用于描述源辐射的角分布。它的强大之处在于，它极大地降低了辐射传输问题数学解的复杂性，使它们得以简化，从而使计算只关注辐射几何。

幸运的是，朗伯近似出奇的好，大多数传统的黑体辐射仿真器（通常用作红外光源）和积分球（通常用作可见光源）在很大范围内都非常接近朗伯体。反射源或哑光反射器（平面涂料，哑光白纸等）与朗伯体角度近似。除静水外，大多数自然表面都是高度朗伯体的。相比之下，镜面反射表面，如有光泽的油漆、镜子、静水等，并不适用朗伯近似。

4. $\cos^4$定律

辐照度的 $\cos^4$ 定律与 $\cos^3$ 定律相似，不同之处在于用一个辐射亮度为 L 的朗伯体光源代替各向同性点光源，如图 10-9 所示。

由于基本几何布局与上例相同，则从 $\cos^3$ 定律开始推导：

$$E = \frac{I\cos^3\theta}{D^2} \tag{10-21}$$

回想一下，目标表面在地板上的投影添加了第三个 $\cos\theta$，则光源区域在点 y 方向上的投影添加了第四个 $\cos\theta$。

对于朗伯光源，辐射强度（点光源）与辐射亮度（扩展光源）之间的关系为 $I=LA_{\text{proj}=}LA\cos\theta$，则有

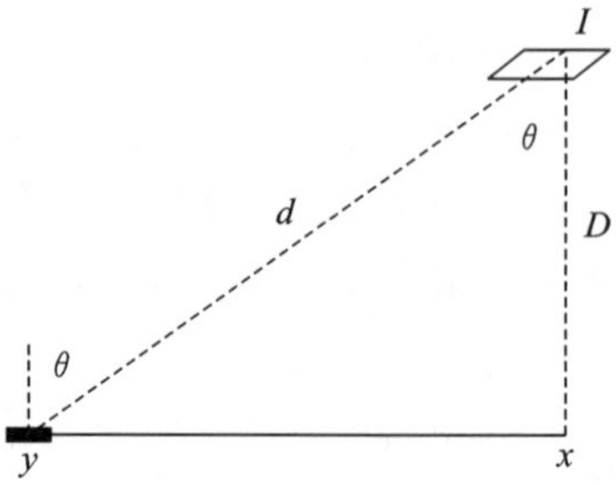

图 10-9 $\cos^4$ 定律

$$E = \frac{LA\cos^4\theta}{D^2} \tag{10-22}$$

这就是 $\cos^4$ 定律，即辐照度随角度余弦的四次方进行衰减。该定律适用于许多(但不是所有)扩展光源和朗伯光源。这种效果表现为在图像边缘附近看到明显的亮度变暗，通常可以在投影系统和广角相机的图像中看到。

10.2 辐射能量传输

10.2.1 辐射能量传输的基本方程

几何光学旨在确定图像的尺寸、位置和质量。辐射传输使用一阶几何原理来确定到达图像或检测器的物体的辐射通量，它通过光学系统对辐射能的传播进行建模。

辐射传输方程是辐射测量中最重要的方程。上一节讨论的所有公理都依赖于它。它的微分方程形式为

$$d^2\Phi_{1\to 2} = \frac{L(\theta,\varphi)\,dA_1\cos\theta_1\,dA_2\cos\theta_2}{d^2} \tag{10-23}$$

方程所描述的物理情况如图 10-10 所示，dA_1 和 dA_2 是两个面积微元，d 是它们之间的距离，θ_1 和 θ_2 是表面法线和光轴之间的角度。

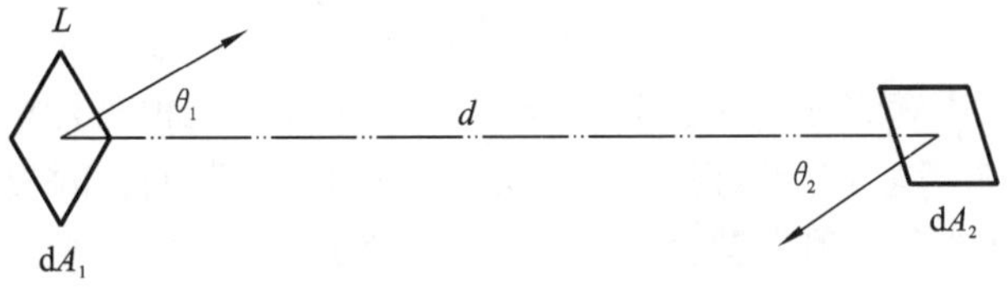

图 10-10　几何辐射传输

式(10-23)表明，第二个表面接收到的辐射通量直接取决于辐亮度 $L(\theta,\varphi)$、表面法线和光轴之间的角度，以及两表面之间距离的平方。如果距离的平方远远大于表面最大尺寸，即 $d^2 \gg A_1$ 或 $d^2 \gg A_2$，则可以用实际面积代替微分面积，用下式计算通量：

$$\Phi_{1\to 2} = \frac{L(\theta,\varphi)A_1\cos\theta_1 A_2\cos\theta_2}{d^2} \tag{10-24}$$

d^2 远远大于任何面积微元(面元)的尺寸，而 θ 和 φ 的变化小，辐亮度 $L(\theta,\varphi)$ 只在一个特定的角度下进行计算。如果任何一个区域相对于 d 都是可观的，则不能使用式(10-24)。

传输方程的积分形式为

$$\Phi_{1\to 2} = \int_{A_1}\int_{A_2} \frac{L(\theta,\varphi)\cos\theta_1\cos\theta_2}{d^2}\,dA_1\,dA_2 \tag{10-25}$$

要利用这种积分形式，必须考虑下列因素。

(1) 两面元的角度 θ_1 和 θ_2 可能会有所不同。

(2) 两面元间的距离 d 也可能发生变化。

(3) 辐亮度 $L(\theta,\varphi)$ 中角度的变化导致的变化是极重要的。

另一个隐含的假设是：叠加原理适用于对辐射通量影响较小的因素，换句话说，提供辐射的光源是不相干的，在光束中不会发生干涉效应。如果辐射光源是朗伯体，辐亮度与 θ 和 φ 无关，则传输方程变得更简单：

$$\Phi_{1\to2} = L\iint_{A_1 A_2} \frac{\cos\theta_1 \cos\theta_2}{d^2} \mathrm{d}A_1 \mathrm{d}A_2 \tag{10-26}$$

在这种情况下，传输方程可以看作是辐亮度和二重积分表示的几何项的乘积。在某些前提下，传输方程可以进一步简化：首先，距离的平方 d^2 远远大于 A_1 和 A_2；其次，这两个面元在光轴上，θ_1 和 θ_2 为零，因此它们的余弦相等。如果把这些假设与朗伯近似结合起来，最终的简化结果就是：

$$\Phi_{1\to2} = LA\Omega \tag{10-27}$$

则单位面积的辐射通量（辐照度）为

$$E = L\Omega \tag{10-28}$$

这些简单的方程是所有辐射工程计算的逻辑起点，因为它们提供了初步的、粗略的答案。在很多情况下，它们就是我们所需要的。为了充分理解特定的应用程序，必须测试假设，并评估使用假设所产生的错误。

10.2.2 辐射能量传输——反射率

辐出射度 M 是每单位面积上离开表面的辐射量。辐出射度和辐照度与表面反射率 ρ 有关，注意这是能量反射率（不是电场的振幅反射率）：

$$M = \rho E \tag{10-29}$$

摄像学研究表明，场景的平均反射率为 18%，经常使用这个值进行曝光，有 18%反射率的灰卡可以提供反射率参考。这个值很重要，因为一个简单的照相打印机会将打印结果曝光在这个平均值附近，这样打印反射率就会达到 18%，达到平均水平。因此，不符合这个标准的场景（例如雪）就会被错误地打印，如 18%灰度的雪。更先进的打印机会分析场景，并改变打印反射率，以获得更好的效果。

10.2.3 朗伯光源

辐出射度 M 给出单位面积上的能量，但它不包含光线离开场景的方向性或角分布的信息，这些信息包含在辐射亮度 L 上。在漫反射的场景中最常见的假设是辐射有恒定的或独立的角度，即辐射源向各个方向发出的辐射亮度是恒定的，与辐射方向无关，这就是朗伯光源，有

$$L(\theta,\varphi) = \text{constant} \tag{10-30}$$

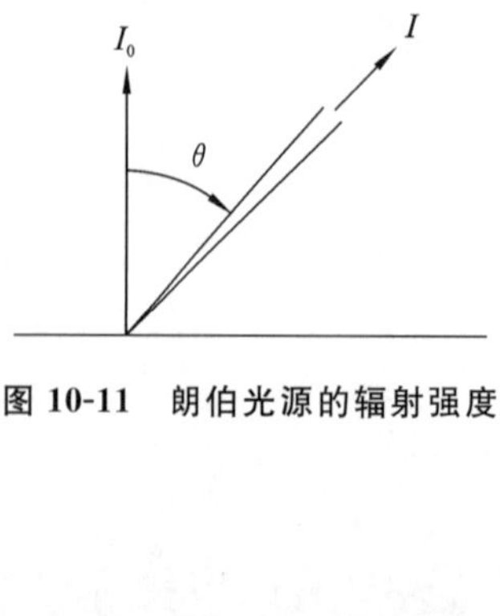

图 10-11 朗伯光源的辐射强度

朗伯光源被认为是完全扩散的，它的强度与立体角大小或投影面积有关。这个结果来自于一个事实，即当扩展的源被倾斜地看时，源似乎变小了。根据辐射亮度与辐射强度（见图10-11）的关系可以推出朗伯定律：

$$I = I_0 \cos\theta \tag{10-31}$$

朗伯光源的辐出射度与辐射亮度的关系为

$$M=\frac{\mathrm{d}\Phi}{\mathrm{d}S}=L\cos\theta\mathrm{d}\Omega$$

$$M=\int L\cos\theta\mathrm{d}\Omega=L\int_{0}^{2\pi}\mathrm{d}\varphi\int_{0}^{\frac{\pi}{2}}\sin\theta\cos\theta\mathrm{d}\theta=\pi L$$

$$\pi L=\rho E,\quad L=\rho E/\pi \tag{10-32}$$

由于投影面积的减小，这种相关系数为 π（而不是预期的 2π）。

10.2.4　光学系统中的辐射能量传输——相机方程

辐射传输决定了到达图像的物体的辐射通量，首先确定光学系统在光源处捕获的功率的大小：

$$\Phi=LA\Omega$$

我们假设光学系统为一个无厚度的薄透镜（出瞳和入瞳均位于镜头处且等同于镜头大小），如图 10-12 所示。

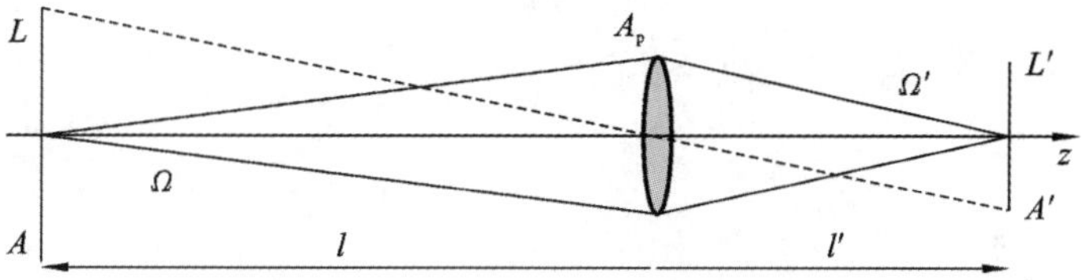

图 10-12　光学系统中的辐射能量传输

其中，A_p是瞳孔的面积。则有

$$\Omega=\frac{A_p}{l^2}=\frac{\pi D_p^2}{4l^2}$$

$$\Phi=LA\ \frac{\pi D_p^2}{4l^2} \tag{10-33}$$

所有的能量转移到了放大了 m 倍的图像上：

$$A'=m^2A$$

$$\Phi=\frac{\pi LA'D_p^2}{4m^2l^2} \tag{10-34}$$

物体和图像的距离与高斯方程有关。我们假设空气中存在一个薄透镜具有如下参数：

$$l=\frac{1-m}{m}f$$

$$\Phi=\frac{\pi LA'D_p^2}{4(1-m)^2f^2}=\frac{\pi LA'}{4(1-m)^2(f/\#)^2} \tag{10-35}$$

像平面辐照度可以通过分割图像区域来得到：

$$E'=\frac{\Phi}{A'}=\frac{\pi L}{4(1-m)^2(f/\#)^2}=\frac{\pi L}{4(f/\#_{\mathrm{W}})^2}=\pi L(\mathrm{NA})^2 \tag{10-36}$$

简化为远距离对象：

$$E'=\frac{\Phi}{A'}=\frac{\pi L}{4(f/\#_{\mathrm{W}})^2}=\pi L(\mathrm{NA})^2,\quad L=\frac{\rho E_0}{\pi} \tag{10-37}$$

这个结果被称为相机方程，它将图像的辐照度与场景辐射联系起来。

对于相机方程还可以加入光谱的影响因素进行讨论，从场景光谱辐出射度（单位面积单位波长的能量，单位为 $\mathrm{W \cdot m^{-2} \cdot nm^{-1}}$）开始研究，使辐照度和反射率变为波长的函数，即

$$
\begin{aligned}
L(\lambda) &= \frac{M(\lambda)}{\pi} = \frac{\rho(\lambda)E_0(\lambda)}{\pi} \\
E'(\lambda) &= \frac{\rho(\lambda)E_0(\lambda)}{4(1-m)^2(f/\#)^2}
\end{aligned}
\tag{10-38}
$$

我们可以得到：

$$
E' = \frac{1}{4(1-m)^2(f/\#)^2}\int_{\lambda_1}^{\lambda_2}\rho(\lambda)E_0(\lambda)\mathrm{d}\lambda \tag{10-39}
$$

对于相机方程，我们假定轴上物为朗伯体，且满足傍轴条件，物平面和像平面垂直于光轴。离轴物体引起的倾斜效应则遵循余弦四次方定律，即像辐照度随 $\cos^4$ 下降。

大多数探测器响应的是单位面积的能量而不是功率，因此曝光量等于辐照度乘以曝光时间。

10.3 光度学基础

10.3.1 人眼的视见函数

人眼对不同波长的光的灵敏度是不一样的，对不同波长的单色光产生相同的视觉效应要有不同的辐射功率。视觉强度相等时，所需的某一单色光的辐射通量越小，则人眼对该单色光的视觉灵敏度越高。国际照明委员会（CIE）确定了人眼对各种波长光的平均相对灵敏度，称为“标准光度观察者”光谱光视效率，即视见函数。人眼对波长为 555 nm 的黄绿光最敏感，定义它的视见函数为 1。

设任一波长为 λ 的光和波长为 555 nm 的光产生相同亮暗视觉所需的辐射通量分别为 $\Delta\Phi_\lambda$ 和 $\Delta\Phi_{555}$，则其比值即为视见函数值：

$$
V(\lambda) = \frac{\Delta\Phi_{555}}{\Delta\Phi_\lambda} \tag{10-40}
$$

视见函数图如图 10-13 所示，视见函数表如表 10-1 所示。

明视觉是指亮度在 1.0 $\mathrm{cd/m^2}$ 以上的环境中人眼的视觉，暗视觉是指亮度在 1.0 $\mathrm{cd/m^2}$ 以下的环境中人眼的视觉。人眼在明视觉和暗视觉下的视见函数有所不同。

视见函数说明人眼对各种波长辐射的响应程度是不等的。实验表明，人眼对黄绿色光最灵敏；对红色和紫色光则较差；而对红外光和紫外光，则无视觉反应。例如波长为 660 nm 的红光，$V(660)=0.061$，需要有比波长为 555 nm 的黄绿光大 $1/0.061\approx16$ 倍的功率才能对人眼造成同样的视觉刺激。或者说，黄绿光对人眼的刺激比同样功率的红光或蓝光要强。当人眼看到一束黄光比一束红光亮时，实际上，此时红光的功率比黄光的功率大。

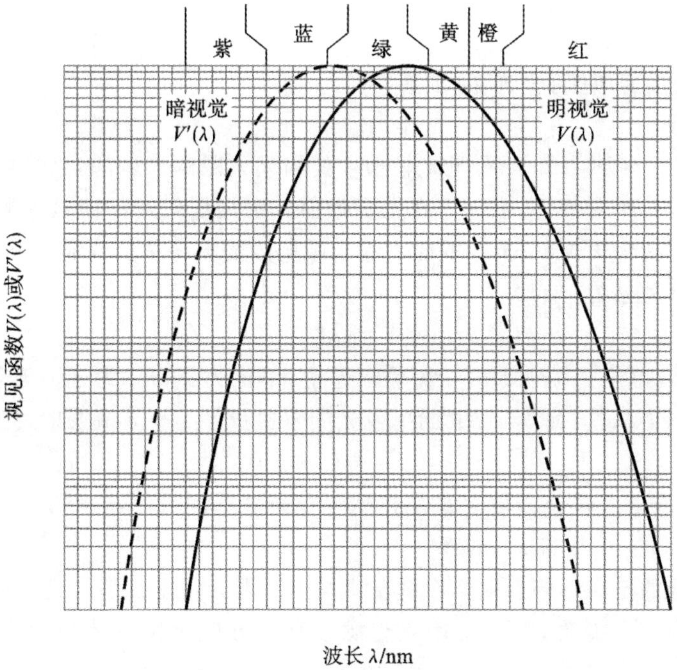

图 10-13　视见函数图

表 10-1　视见函数表

光的颜色	波长/nm	视见函数	光的颜色	波长/nm	视见函数
紫	400	0.0004	橙	600	0.531
	410	0.0012		610	0.503
	420	0.0040		620	0.381
	430	0.0116		630	0.265
蓝	440	0.023		640	0.175
	450	0.033		650	0.107
	460	0.060	红	660	0.061
	470	0.090		670	0.034
	480	0.139		680	0.017
	490	0.208		690	0.0082
绿	500	0.323		700	0.0041
	510	0.503		710	0.0021
	520	0.710		720	0.0010
	530	0.862		730	0.00050
黄	540	0.954		740	0.00025
	550	1.000		750	0.00012
	560	0.995		760	0.00006
	570	0.952		770	0.00003
	580	0.870		780	0.000015
	590	0.757		—	—

10.3.2　光度学中的基本物理量

只有波长为 400～780 nm 的可见光辐射才能引起人眼的光刺激，且光刺激的强弱不仅取决于辐射体辐通量的绝对值，还取决于视见函数值。定义辐射能中能被人眼感受的那一部分能量为光能。辐射能中由 $V(\lambda)$ 折算的能引起人眼刺激的那一部分辐通量称为光通量，则光通量与辐通量的换算关系为

$$\Phi_V = K_m \Phi_e V(\lambda) \tag{10-41}$$

其中，Φ_V 是光通量，单位为流明（lm）；Φ_e 是辐通量，单位为瓦；K_m 为光谱光视效能的最大值。由理论和实验可以得知，一瓦 555 nm 的单色光的辐通量等于 683 流明的光通量，则

$$K_m = 683\ \text{lm/W} \tag{10-42}$$

K_m 是光通量与辐通量的转换当量。这是在亮视觉条件下测得的，在暗视觉下，视见函数响应峰值在 507 nm 处，K_m 值为 1700 lm/W。

光度学中参量的定义与辐射度学中的基本类似。发光强度是表征光源在一定方向范围内发出光通量的空间分布的物理量，常用点光源在某一方向单位立体角中发出的光通量来表征，即

$$I_V = \frac{\mathrm{d}\Phi_V}{\mathrm{d}\Omega} \tag{10-43}$$

单位为坎德拉（cd）。

光出射度是表征光源上不同位置的发光特性的物理量，可以用光源单位面积所发射的光通量来表征，即

$$M_V = \frac{\mathrm{d}\Phi_V}{\mathrm{d}A} \tag{10-44}$$

单位为流明每平方米。

光照度是表征受照面被照射程度的物理量，可以用受照面单位面积上接受的光通量来表征，即

$$E_V = \frac{\mathrm{d}\Phi_V}{\mathrm{d}A} \tag{10-45}$$

单位为流明每平方米。

光亮度是用来表征发光表面在不同位置和不同方向的发光特性的物理量，可以用发光体在某一方向上单位面积、单位立体角上发射的光通量来表征，即

$$L_V = \frac{\mathrm{d}\Phi_V}{\mathrm{d}\Omega \mathrm{d}S\cos\alpha} \tag{10-46}$$

单位为坎德拉每平方米。

所有的辐射测量和辐射传输的规则和结果都适用于光度测量。

10.3.3　光度学单位

光度学中有一些物理量有特定的单位，坎德拉是发光强度的基本 SI 单位，它是光度学中最基本的单位。其他单位（如光通量、光照度、光亮度等的单位）都是由这一基本单位导出的，

它是连接光度计量单位和辐射度计量单位的桥梁。

坎德拉的定义为：一个频率为 540×10^{12} Hz 的单色辐射光源若在给定方向上的辐射强度为 1/683 W/sr，则该光源在该方向的发光强度为 1 cd。定义中以频率取代波长，可以避免空气折射率的影响，使定义更严密。也可以使这一频率对应于空气中波长为 555 nm 的单色辐射，即有

$$1\ \text{cd} = 1\ \text{lm/sr} = \frac{1}{683}\ \text{W/sr} \tag{10-47}$$

其他光度学的单位还包括勒克斯(lx)，它表示 1 lm 的光通量平均分布在 1 m^2 的表面上，即产生 1 lx 的光照度。光照度还可以用英尺烛光(fc)这个单位表示，即 1 lm 的光通量平均分布在 1 平方英尺(ft^2)的表面上产生 1 fc 的照度。则有

$$\begin{aligned} 1\ \text{lx} &= 1\ \text{lm/m}^2 \\ 1\ \text{fc} &= 1\ \text{lm/ft}^2 \\ 1\ \text{fc} &= 10.76\ \text{lx} \end{aligned} \tag{10-48}$$

光亮度也可以用单位尼特(nit)来表示，或用英制单位英尺朗伯(fL)来表示，有

$$\begin{aligned} 1\ \text{nit} &= 1\ \text{cd/m}^2 \\ 1\ \text{fL} &= \frac{1}{\pi}\text{cd/ft}^2 \\ 1\ \text{fL} &= 3.426\ \text{nt} \end{aligned} \tag{10-49}$$

10.3.4　光照度公式

点光源未经过任何光学系统直接照射一面元时，其上的光照度与点光源的发光强度成正比，与点光源到面元的距离 R 的平方成反比，并与面元的法线和照射光束方向的夹角 α 的余弦成正比。这就是描述点光源产生照度的定律，即距离平方反比定律(见图 10-14)。

由定义可以得到

$$\mathrm{d}\Phi_{\mathrm{V}} = I_{\mathrm{V}}\mathrm{d}\Omega = I_{\mathrm{V}}\frac{\mathrm{d}A\cos\alpha}{R^2} \tag{10-50}$$

则光照度为

$$E_{\mathrm{V}} = \frac{\mathrm{d}\Phi_{\mathrm{V}}}{\mathrm{d}A} = I_{\mathrm{V}}\frac{\mathrm{d}A\cos\alpha}{\mathrm{d}A\cdot R^2} = \frac{I_{\mathrm{V}}}{R^2}\cos\alpha \tag{10-51}$$

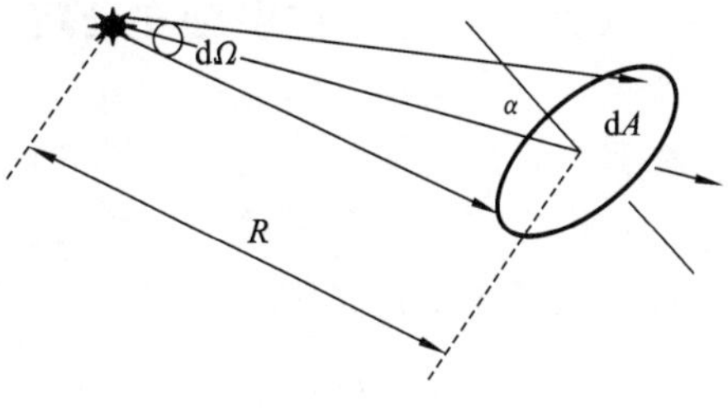

图 10-14　点光源的照度

当垂直照射($\alpha=0$)时，则

$$E_{\mathrm{V}} = \frac{I_{\mathrm{V}}}{R^2} \tag{10-52}$$

这就是距离平方反比定律。

10.3.5　发光强度的余弦定律

大多数均匀发光的物体，无论表面形状如何，在各个方向上的光亮度都近似一致(见图 10-15)，则由光亮度和发光强度的关系可以得到

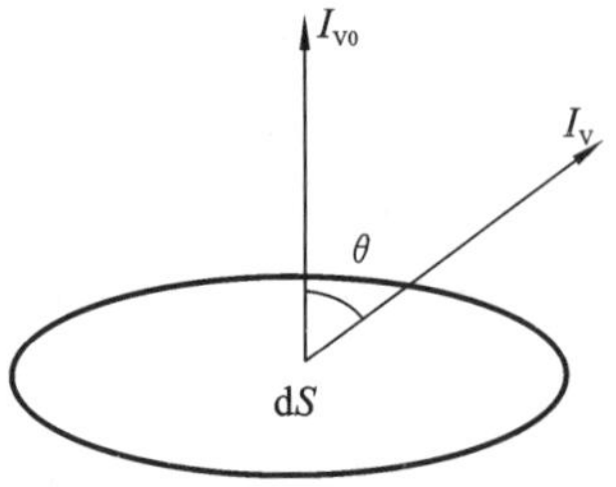

图 10-15 发光强度的余弦定律

$$L_V = \frac{I_{V0}}{dS} = \frac{I_V}{dS\cos\theta} \tag{10-53}$$

则

$$I_V = I_{V0}\cos\theta \tag{10-54}$$

这就是发光强度的余弦定律，满足该定律的发光体称为余弦辐射体或朗伯辐射体。

余弦辐射体可以是本身发光的表面，也可以是本身不发光，而由外来光照明后发生漫反射或透射的表面。光线在物体表面进行漫反射，如果被照物体表面各方向上的光亮度相同，则称此表面为全扩散表面。在此表面上反射的光的强度同样满足余弦定律。

10.4 辐射度学和光度学中的光学守恒量

10.4.1 能量守恒定律——辐射通量/光通量守恒

光学系统可以看作光能的传递系统，人们所关心的是传递的终端（最终像面或接收器）处或是中间某一截面（如过渡像面）处的光能状况。如果传递过程中光能有损失，则把出射光能量和入射光能量的比值 K 称为光学系统的通光系数。K 值永远小于 1，$(1-K)$ 称为损失系数，$K=1$ 表示无损失。

光通量是单位时间内的辐射能量。如果不考虑传递过程中的拦光、吸收、反射等损失，由能量守恒定律知，出射光通量 Φ' 必等于入射光通量 Φ，即此时光通量是守恒的。

10.4.2 光学扩展度守恒定律

光学扩展度描述了光学系统的辐射通量的传输特性。如图 10-16 所示，一个面元均匀发出的光束被一个小孔光阑接收，则该系统传输光束的扩展度可以定义为

$$\begin{gathered}\xi = n^2\iint\cos\theta\,\mathrm{d}A\,\mathrm{d}\Omega \\ \Phi = L\iint\cos\theta\,\mathrm{d}A\,\mathrm{d}\Omega = \frac{L\xi}{n^2}\end{gathered} \tag{10-55}$$

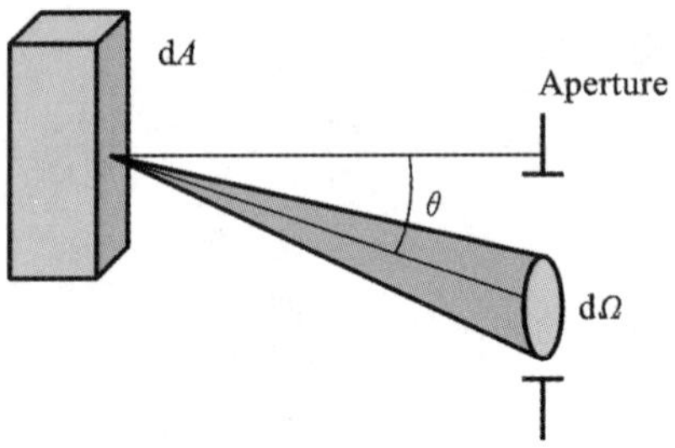

图 10-16 光学扩展度

我们将辐射能量传输的基本方程式(10-25)进行一些简化，加入下面这些假设：①傍轴条件和轴上物体；②朗伯光源；③物、像和瞳孔垂直于光轴（不包括倾斜效应或投影区域）。则可得到最简单的方程：

$$\begin{gathered}\Phi = LA\Omega \\ \xi = n^2 A\Omega\end{gathered} \tag{10-56}$$

其中，$A\Omega$ 是如上公式的几何部分，L 用于表征光源的特征。有

$$\Omega = \pi\theta^2$$
$$A\Omega = \pi A\theta^2 \tag{10-57}$$

其中，θ 是光锥在面积 A 处的半角。我们可以利用拉格朗日不变量来证明扩展度守恒。

在物平面和像平面，有

$$A = \pi\bar{y}^2$$
$$A\Omega = \pi^2\bar{y}^2u^2 = \pi^2 Ж^2/n^2 \tag{10-58}$$

在光瞳处，有

$$A = \pi\bar{y}^2$$
$$A\Omega = \pi^2 y^2\bar{u}^2 = \pi^2 Ж^2/n^2 \tag{10-59}$$

在这两种情况下，都有

$$n^2 A\Omega = \pi^2 Ж^2 \tag{10-60}$$

其中，$n^2 A\Omega$ 正比于拉格朗日不变量的平方（由于 $A\Omega$ 对应于面积，而拉格朗日不变量是线性的）。由于拉格朗日不变量守恒，则光学扩展度同样守恒。

在共轭平面，同样有

$$\frac{\bar{y}'}{\bar{y}} = \frac{h'}{h} = m = \frac{\omega}{\omega'}$$
$$\bar{y}'\omega' = \bar{y}\omega \tag{10-61}$$
$$\bar{y}'n'u' = \bar{y}nu$$

对公式两边同乘 π 且同时平方，得到

$$\pi\bar{y}'^2\pi n'^2u'^2 = \pi\bar{y}^2\pi n^2u^2 \tag{10-62}$$

由于

$$A = \pi\bar{y}^2 \qquad \Omega = \pi u^2 \tag{10-63}$$

可以求解得到

$$n'^2A'\Omega' = n^2 A\Omega \tag{10-64}$$

此时光学扩展度同样是守恒的。

10.4.3　辐射亮度守恒

对于无损光学系统（没有反射或吸收损失），光通量 Φ 通过系统是不变的。假设折射率 $n=1$。

$$\Phi = L_1A_1\Omega_1 = L_2A_2\Omega_2 = L_3A_3\Omega_3 = \cdots$$

因为 $A\Omega$ 是常数，所以辐射亮度 L 也要保持不变，即

$$L = \text{constant} \tag{10-65}$$

这是辐射传递的基本规律之一，对系统分析非常有用。总结来说，在图 10-17 所示的能量传输过程中，辐射通量有如下表达式：

$$\Phi = LA_i\Omega_i$$
$$\Phi = \frac{LA_1A_2}{d^2} \tag{10-66}$$

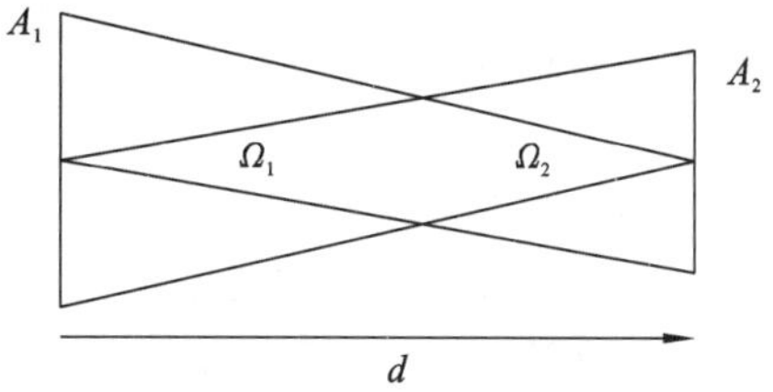

图 10-17　辐射传输

辐射亮度可以沿光线任意一点进行评估。因此,辐射亮度可以与像、瞳孔等关联起来。

如果折射率在传播过程中发生了变化,那么辐射亮度就不守恒了。当跨越一个折射率边界时,辐射会在这个边界上改变,因为与光束相关联的立体角会发生变化:

$$A\Omega_1 \neq A\Omega_2$$
$$\Phi = L_1 A\Omega_1 = L_2 A\Omega_2 \tag{10-67}$$
$$L_1 \neq L_2$$

通过系统的通量仍然是不变的,并通过下式计算得到:

$$\Phi = LA\Omega = \text{constant} \tag{10-68}$$

则有:

$$\begin{gathered}\Phi = (L/n^2)(n^2 A\Omega) = \text{constant} \\ L/n^2 = \text{constant}\end{gathered} \tag{10-69}$$

这就是系统的广义辐射亮度,它是恒定的。

上面这些结论都是在添加假设条件下简化计算得到,下面对未添加限制条件的任意光学系统进行相关守恒量的推导。

如图 10-18 所示,光线在均匀的、各向同性的无损介质中进行传播。我们在传播途径上任取两面元 dA_1 和 dA_2,两面元与传播方向的夹角分别为 θ_1 和 θ_2,并使通过 dA_1 的光束都通过 dA_2,进一步讨论两个面元上辐射亮度的关系。

面元 dA_1 上的辐射亮度为

$$L_1 = \frac{d\Phi_1}{dA_1\cos\theta_1 d\Omega_1} = \frac{d\Phi_1}{dA_1\cos\theta_1 dA_2\cos\theta_2/r^2} \tag{10-70}$$

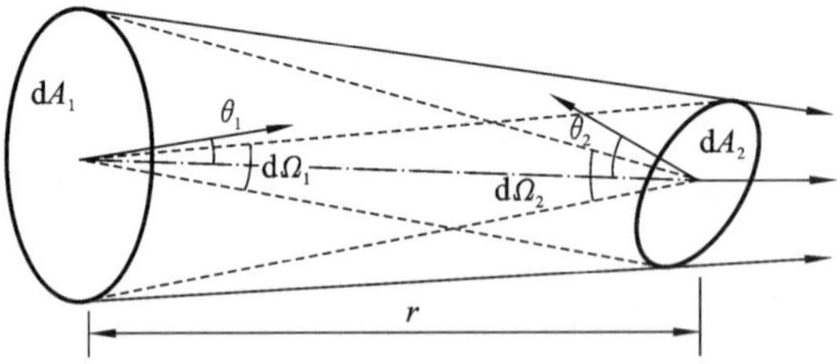

图 10-18　均匀介质中的光线传播

面元 dA_2 上的辐射亮度为

$$L_2 = \frac{d\Phi_2}{dA_2\cos\theta_2 d\Omega_2} = \frac{d\Phi_2}{dA_2\cos\theta_2 dA_1\cos\theta_1/r^2} \tag{10-71}$$

因为是在无损介质中传播,没有光能损失,则有

$$\Phi_1 = \Phi_2 \tag{10-72}$$

则可推导得到

$$L_1 = L_2 \tag{10-73}$$

即光线在没有能量损失的同一介质中传播时,辐射亮度守恒。

但若光线在不同介质中传播,即发生反射或折射时,辐射亮度是怎么变化的呢?下面以折射为例来证明不同介质中辐射亮度的变化。

如图 10-19 所示,光线在不同介质中传播,在折射率为 n 的空间中,辐射亮度为

$$L = \frac{d\Phi_1}{dA\cos\theta d\Omega_1} = \frac{d\Phi_1}{dA\cos\theta\sin\theta d\theta d\varphi} \tag{10-74}$$

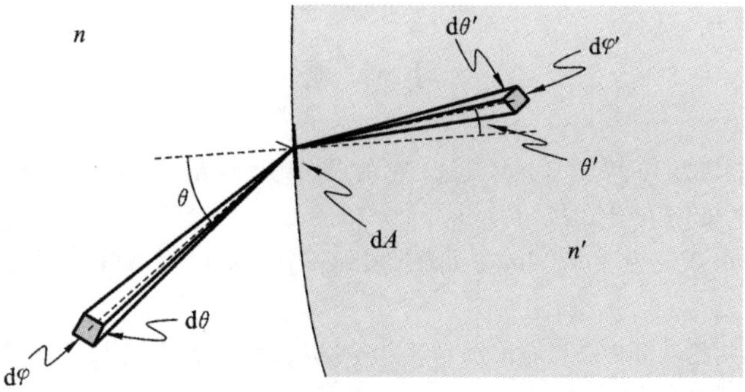

图 10-19　不同介质中的光线传播

在折射率为 n' 的空间中，辐射亮度为

$$L' = \frac{\mathrm{d}\Phi_2}{\mathrm{d}A\cos\theta'\mathrm{d}\Omega_2} = \frac{\mathrm{d}\Phi_2}{\mathrm{d}A\cos\theta'\sin\theta'\mathrm{d}\theta'\mathrm{d}\varphi'} \tag{10-75}$$

由于没有能量损失，则两折射率不同的空间辐射通量相等，则有

$$\frac{L}{L'} = \frac{\cos\theta'\sin\theta'\mathrm{d}\theta'\mathrm{d}\varphi'}{\cos\theta\sin\theta\mathrm{d}\theta\mathrm{d}\varphi} \tag{10-76}$$

由折射定律有

$$\begin{gathered} n\sin\theta = n'\sin\theta' \\ n\cos\theta\mathrm{d}\theta = n'\cos\theta'\mathrm{d}\theta' \end{gathered} \tag{10-77}$$

联立式(10-76)、式(10-77)可得

$$\frac{L}{L'} = \frac{n^2}{n'^2}, \quad \frac{L}{n^2} = \frac{L'}{n'^2} \tag{10-78}$$

由此可以证明光线的广义辐射亮度守恒。根据辐射通量和扩展度的关系

$$\Phi = L\iint\cos\theta\mathrm{d}A\mathrm{d}\Omega = \frac{L\xi}{n^2} \tag{10-79}$$

同样可以证得光学扩展度也是守恒的。

10.4.4　相机方程推导——辐射亮度守恒

辐射亮度守恒也可以用于推导相机方程，下面是简化条件下的证明过程。

已知

$$\begin{gathered} L_{\text{Image}} = L_{\text{Source}} \\ \Phi = LA\Omega, \quad \Omega' \approx \pi u'^2 \end{gathered} \tag{10-80}$$

可以求得辐照度为

$$E' = \frac{\Phi}{A'} = L'\Omega' = L\pi u'^2 \tag{10-81}$$

根据数值孔径和焦比的关系，有

$$\mathrm{NA} \approx n|u|, \quad n = 1, \quad f/\# = \frac{1}{2\mathrm{NA}} \tag{10-82}$$

求解得到：

$$E' = \pi L(\mathrm{NA})^2 = \frac{\pi L}{4(f/\#)^2} \tag{10-83}$$

即相机方程得证。

习　题

10.1　日常生活中，人们认为 40 W 的日光灯比 40 W 的白炽钨丝灯亮，是否说明日光灯的光亮度比白炽灯的大？这里所说的“亮”是指什么？

10.2　将波长为 0.46 μm、光通量为 620 lm 的蓝光投射到一个白屏上，试问白屏一分钟时间内接收多少焦耳能量？

10.3　120 V、100 W 白炽钨丝灯的总光通量为 1200 lm，求其发光效率和平均发光强度，其在一球面立体角内发出的平均光通量为多少？

10.4　一个氦氖激光器发射 0.6328 μm 的激光束 3 mW，此激光束的发散角为 0.001 rad，放电毛细管的直径为 1 mm，问此激光束的光通量和发光强度分别为多少？

10.5　已知快门的曝光速度相同，分别将照相机的光圈（也称 F 数）调为 8 和 12 两挡，则两种情况下到达底片的光通量相差多少？

10.6　设照相时光圈数取 8，曝光时间为 1/50 s，现在为了拍摄运动目标，将曝光时间改为 1/500 s，试问应取多大的光圈才能使到达底片的光通量保持原值不变？

10.7　用一个 250 W 的钨丝灯作为 16 mm 电影放映机的光源，其发光效率为 30 lm/W，灯丝面积为 5 mm×7 mm，可以近似看作双向的朗伯辐射体。照明方案为灯丝成像在片门处并充满片门，片门的尺寸为 7 mm×10 mm。灯泡后面加球形反光镜，使灯丝的平均亮度提高 50%，银幕宽 4 m，放映物镜的相对孔径为 1/1.8，系统的通光系数（透过率）$K=0.5$，求银幕的光照度。

10.8　一个平面朗伯光源以 21 W 的功率辐射能量到一个半球面上。假设该朗伯光源的面积是 5 cm^2，请求出该光源的辐射亮度。

10.9　一个探测器至少需要 1 微瓦（10^{-6} W）的入射能量才能够产生一个有用的信号。探测器尺寸是 2 cm×2 cm。现在用一个 $f/2$ 的透镜来将一个远处的很大的扩展物体成像到探测器上。物体所成像充满了整个探测器。假设该物体是朗伯光源且光线是均匀分布的，探测器能够收集所有到达它表面的光能量并产生一个单独的输出信号，该探测器并不进行成像。请问：为了得到信号，该物体所需的辐出射度（W/m^2）是多少？

10.10　设计一个光学系统来对晴天下 100 m 远的一只羚羊进行成像，使用的探测器是全画幅尺寸为 35 mm（24 mm×36 mm）的胶片。该探测器需要的曝光量为 0.2 lux-s（或者 lm-sec/m^2）。该羚羊可以模拟为一个 1 m×1 m 的物体，且曝光时间必须小于 0.02 s。请画出系统光路图，并尽量使用市场上可买到的焦距（大致为 50 mm，100 mm，200 mm，1000 mm，5000 mm 等），确认系统的焦距和焦比。你可以假设系统为一个简单的薄透镜系统（不需要设计一个摄影透镜组）。你可以作出任何合理的假设。假设所在场景中的光照度为 1.2×10^5 lx（或 lm/m^2）。

第11章 光学材料

11.1 光学材料的一般光学参量

在光学材料中，一般有以下主要的光学参量和光学常数。

(1) D光或d光的折射率 n_D 或 n_d，以及其他若干谱线的折射率 n_C，n_F 等；

(2) 平均色散 $n_F - n_C$；

(3) 阿贝常数(或称阿贝数) $\nu = V = \dfrac{n_d - 1}{n_F - n_C}$；

(4) 若干对谱线的部分色散 $n_d - n_C$；

(5) 若干对谱线的相对色散 $P = P_{d,C} = \dfrac{n_d - n_C}{n_F - n_C}$。

在光学玻璃目录中，除上述光学常数外，还列有一些标志物理、化学性能的有关数据，如密度、热膨胀系数、化学稳定性等；此外，对光学均匀性、应力消除程度、气泡度、杂质、条纹等都有一定的标准和规定。

11.1.1 折射率

透射材料一般以夫琅禾费特征谱线的折射率来表示折射特性。一般来说，人们会用D光或d光、F光、C光以及e光等谱线的折射率来表征常规光学玻璃的折射率特性。其中，F光和C光接近人眼灵敏光谱接收区的两端，而D光或d光在人眼光谱接收区的中间位置，比较接近于人眼最灵敏的谱线(555 nm)，实际上e光更加接近这个波长。一般来说，我们把 n_D 称为玻璃材料的平均折射率。通常，材料的折射率指的是相对于空气的折射率，而不是相对于真空的。

11.1.2 色散

玻璃折射率随入射光波长不同而不同的现象，称为色散。色散是透明光学系统的重要特征量之一。在进行光学系统设计时,有时需要知道某些色光的折射率,这些色光不属于特征谱线,在玻璃目录中查不到其折射率。例如氦氖激光器的主波长为 632.8 nm,其折射率在目录中未标出。哈特曼公式为长期以来形成的有实用价值的计算任意波长色光折射率的公式(称为色散公式)之一,其表达式为

$$n_\lambda = n_0 + \frac{c}{(\lambda_0 - \lambda)^\alpha} \tag{11-1}$$

式中,n_0、c、λ_0、λ 和 α 为与介质折射率有关的系数。

对于低折射率玻璃,α 可取 1;对于一般光学玻璃,α 可取 1.2。为求系数 n_0、c、λ_0,可把已知的该介质的折射率代入式(11-1),列出三个联立方程求解。用这种方法,计算精度可达 2×10^{-5},这只是色散公式中的一种。另外,在光学玻璃目录中给出了一些其他形式的色散公式,例如西德肖特厂的色散公式:

$$n_\lambda = A_0 + A_1\lambda^2 + \frac{A_2}{\lambda_2} + \frac{A_3}{\lambda_4} + \frac{A_4}{\lambda_6} + \frac{A_5}{\lambda_8} \tag{11-2}$$

式中,系数 A_0、A_1、A_2、A_3、A_4、A_5 可从目录中查出。应该指出,在使用色散公式时,注意波长 λ 一般以纳米(nm)为单位。

材料折射率是波长的函数(见图 11-1)。折射率在吸收带内随波长增加而增加(属于反常色差),在吸收带之间,$\frac{dn}{d\lambda}<0$,即折射率随波长增加而减小。

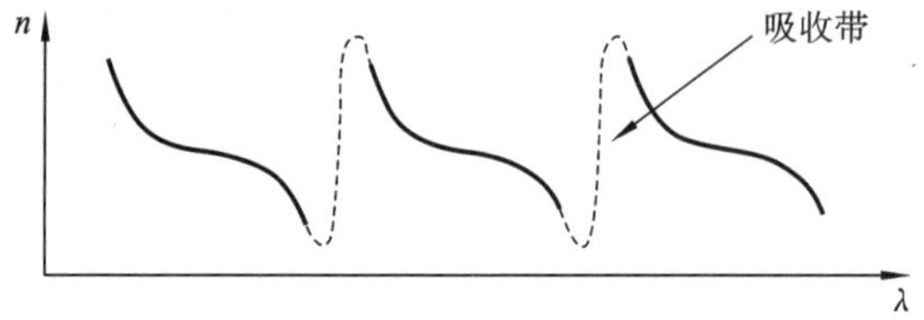

图 11-1 折射率随波长变化

一般来说,光学材料的一个吸收带位于紫外波段,另一个位于红外波段。一般使用的波段为可见波段。蓝光的折射率要高于红光的折射率。图 11-2 展示了多种材料的折射率随波长的变化情况。

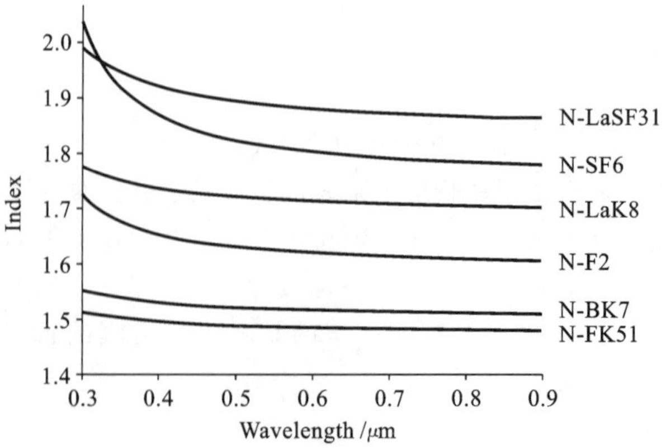

图 11-2 各材料折射率随波长的变化情况

通常在元素谱线的特定波长处测量折射率。在可见光谱范围内,光学玻璃的折射率的偏

差为折射率平均值的0.5%(低色散)～1.5%(高色散)。表11-1展示了几种典型的特征谱线波长。

表11-1　典型特征谱线

谱线代号	谱线辐射原子	谱线波长
F	H	486.1 nm
d	He	587.6 nm
C	H	656.3 nm
I	Hg	365.0 nm
h	Hg	404.7 nm
F′	Cd	480.0 nm
g	Hg	435.8 nm
e	Hg	546.1 nm
D	Na	589.3 nm
C′	Cd	643.8 nm
r	He	706.5 nm
t	Hg	1014.0 nm

11.1.3　阿贝数

图11-3表征的是一个典型玻璃的折射率色散曲线。出于历史原因,通常采用阿贝数(相对色散的倒数)来表示材料色散的大小。阿贝数是透明光学材料的常用特征量之一,以ν或者V表示,其值为

$$\nu = V = \frac{n_d - 1}{n_F - n_C} \tag{11-3}$$

式中,$n_d - 1$可表示材料的屈光力,$n_F - n_C$为平均色散。典型的阿贝数在25到65之间,阿贝数越小,色散越大。

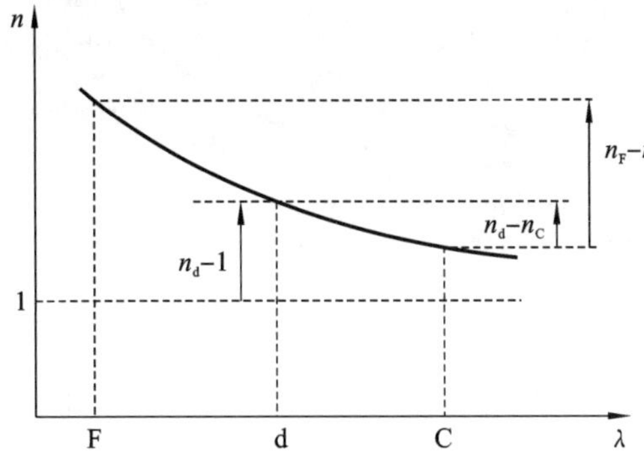

图11-3　色散曲线

11.1.4 部分色散比

部分色散比是透明光学材料的常用参量之一。对任一谱线的折射率差,部分色散和平均色散的比值称为相对色散或部分色散比,相对色散给出 d 光和 C 光之间发生的折射率变化在总的折射率变化中所占的比例。

$$P = P_{\mathrm{d,C}} = \frac{n_{\mathrm{d}} - n_{\mathrm{C}}}{n_{\mathrm{F}} - n_{\mathrm{C}}} \tag{11-4}$$

式中,$n_{\mathrm{d}} - n_{\mathrm{C}}$ 为 d 光和 C 光之间的部分色散。

由于色散曲线的平坦效应(如图 11-3 所示),一般来说,$P_{\mathrm{d,C}} < 0.5$。当然,P 值也可以通过其他谱线对(如任意的 X 光和 Y 光)来定义:

$$P_{\mathrm{X,Y}} = \frac{n_{\mathrm{X}} - n_{\mathrm{Y}}}{n_{\mathrm{F}} - n_{\mathrm{C}}} \tag{11-5}$$

11.2 典型玻璃的光学特性

11.2.1 玻璃材料的 *n*-*V* 分布图

光学玻璃的折射率 n 和阿贝常数 V 之间有一定的规律,玻璃图是显示折射率与阿贝常数之间的关系的曲线,如图 11-4 所示。按照传统,阿贝常数向左变大,因此色散向右增大。图中的阴影线叫作玻璃线,它是基于二氧化硅的普通光学玻璃的轨迹。

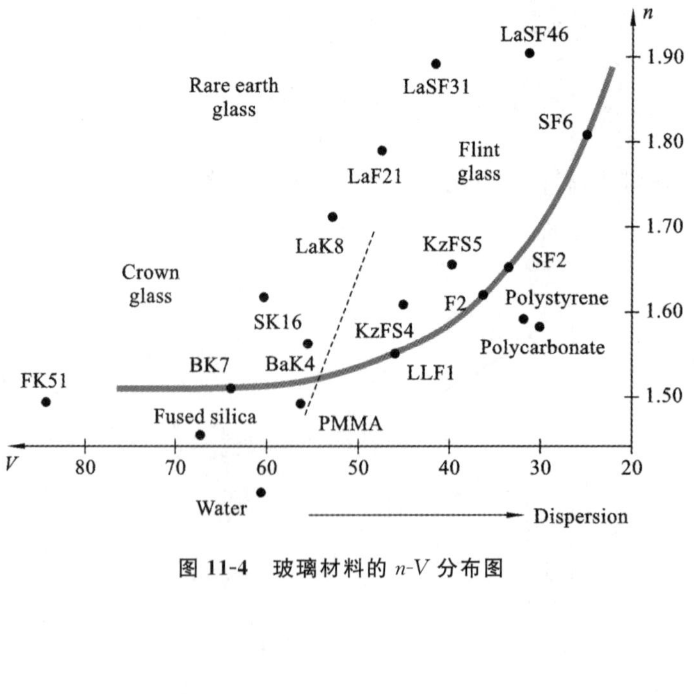

图 11-4 玻璃材料的 *n*-*V* 分布图

11.2.2　火石玻璃和冕牌玻璃

$V=50\sim60$ 的直线将玻璃分成了两大类：冕牌玻璃（用字母 K 表示）和火石玻璃（用字母 F 表示）。

一般来讲，冕牌玻璃为低折射率、低色散的玻璃材料；火石玻璃为高折射率、高色散的玻璃材料。每一大类又可以分为很多种类，如轻冕（QK）、冕（K）、磷冕（PK）、钡冕（BaK）、重冕（ZK）、镧冕（LaK）、冕火石（KF）、轻火石（QF）、火石（F）、钡火石（BaF）、重钡火石（ZBaF）、重火石（ZF）、镧火石（LaF）、特种火石（TF）等。每一个种类的玻璃又分为许多种牌号，如冕玻璃分为 Kl，K2，…，K12 等。

11.2.3　玻璃图谱的相关评论

添加氧化铅可增加玻璃的色散和折射率，并将玻璃向玻璃线靠近。为了在不改变色散的情况下增加折射率，可加入氧化钡。稀土玻璃是基于氧化镧（代替二氧化硅）材料的，其具有高折射率和低色散。

远离玻璃线的玻璃材料更柔软，更难抛光。它们也易染色。它们的原材料可能非常昂贵。低折射率材料不那么致密，且具有较好的蓝光透过率。最近重新生成玻璃消除了铅和砷元素。铅被替换为其他元素，如钛元素。这种新的环保玻璃通常带有 N、H、S 或 E 前缀（取决于不同生产商）。

11.2.4　玻璃牌号规则

玻璃牌号编码一般为六位数，这六个数字代表了玻璃材料的折射率和阿贝数。不妨把编码记为 abcdef，那么玻璃材料折射率 $n=1.abc$，阿贝数 $V=de.f$。例如最常见的单一光学玻璃 BK7，其玻璃编码为 517642，即表征了该玻璃的折射率为 1.517，阿贝数为 64.2。

现在还有增强版的玻璃代码，使用更多位数来表征玻璃参数，同样以 BK7 玻璃为例，代码为 517642.251，多出的三位数在折射率和阿贝数的基础上增加了密度特性，即说明该玻璃的密度为 2.51 g/cm^3。

11.2.5　玻璃的其他典型光学性质

1. 玻璃折射率与温度的关系

玻璃的折射率是温度的函数，它们之间的关系与玻璃组成及结构有密切的关系。当温度上升时，玻璃的折射率将受到作用相反的两个因素的影响，一方面由于温度上升，玻璃受热膨胀，密度减小，折射率下降；另一方面由于温度升高，导致阳离子对 O^{2-} 离子的作用减小，极化率增加，折射率变大。

对固体（包括玻璃）来说，这两种因素可用下式表示：

$$\frac{\partial n}{\partial T}=R\frac{\partial \alpha}{\partial T}+\alpha\frac{\partial R}{\partial T} \tag{11-6}$$

由上式可知，玻璃折射率的温度系数取决于玻璃的分子折射率随温度的变化$\left(\frac{\partial R}{\partial T}\right)$和热膨胀系数随温度的变化$\left(\frac{\partial \alpha}{\partial T}\right)$。高温时，玻璃热膨胀系数变化不大，折射率温度系数主要取决于分子折射率的变化，折射率随温度上升而上升；低温时，分子折射率的作用居于次要地位，热膨胀系数起主导作用，折射率随温度的上升而下降。

2. 玻璃材料的反射率

光线通过玻璃时也像通过任何透明介质一样，发生光能的减少。光能之所以减少，一部分是因为玻璃表面的反射作用，一部分是因为光被玻璃本身所吸收，只剩下一部分光透过玻璃。玻璃对光的反射、吸收和透过作用可用反射率 R、吸收率 A 和透过率 T 来衡量。

根据反射表面的不同特征，光的反射可分为“直反射”和“漫反射”两种。光从平整光滑的表面反射时为直反射，从粗糙不平的表面反射时为漫反射。从玻璃表面反射出去的光的光强与入射光强之比称为反射率 R，它取决于反射面的光滑程度、光的入射角、玻璃折射率等。

当入射光线垂直于反射表面时，反射率 R 可以表示为

$$R=\frac{(n-1)^2}{(n+1)^2} \tag{11-7}$$

入射角小于 20°时，此公式也近似适用。光的反射情况取决于下列几个因素。①入射角的大小。入射角增大，反射率也增大。②反射面的光滑程度。反射面越光滑，被反射的光能越多。③玻璃的折射率。折射率越大，反射率也越大。

为了调节玻璃表面的反射率，常在玻璃表面涂以一定厚度的和玻璃折射率不同的透明薄膜，使玻璃表面的反射率减小或增大。使玻璃反射率减小的薄膜叫作增透膜(或抗反膜)，其利用干涉使在两个表面上有相位差的反射光相互抵消，使表面不再有光反射出来。有时需要增大光学材料玻璃表面的反射率，则可以涂一层增反膜。

3. 玻璃的散射

由于玻璃中存在着某些折射率的微小偏差，因此会产生光的散射。散射现象是由介质中密度不均匀引起的。一般玻璃中的散射特别小，除乳白玻璃和光通信纤维玻璃等特殊玻璃以外，在实际中都可以不予考虑，但其可作为研究分相的重要手段。

光的散射服从瑞利散射定律，即：

$$I_{\beta \cdot r}=\frac{(d'-d)^2}{d^2}(1+\cos^2\beta)\frac{M\pi V^2}{\lambda^4 r^2} \tag{11-8}$$

式中，$I_{\beta \cdot r}$是入射光以 β 角入射到材料中颗粒时的散射强度，d'为粒子的光密度，d 为介质的光密度，M 为颗粒的数量，λ 为入射光波长，V 为颗粒的体积，r 为观测点的体积。

由式(11-8)可知，散射强度与波长的四次方成反比，而与颗粒体积的平方成正比。但如果散射颗粒的大小与波长相差不多，则不遵守上面定律。

4. 玻璃的吸收率和透过率

当光线通过玻璃时，玻璃将吸收一部分光的能量，光强度 I 随着玻璃的厚度 l 增加而减弱，并有下列关系：

$$I=I_0 e^{-al} \tag{11-9}$$

式中，a 为该玻璃的吸收系数。用对数表示该公式，可得

$$\ln\frac{I}{I_0}=-al \tag{11-10}$$

则可定义光谱透过率为

$$T=\frac{I}{I_0} \tag{11-11}$$

可以得到

$$T=e^{-\alpha l} \tag{11-12}$$

实际上有时常用光密度 D 来表示玻璃的吸收和反射损失。光密度 D 与透过率 T 有如下关系：

$$D=\lg\frac{1}{T} \tag{11-13}$$

玻璃的透过率对不同波长的光是不同的，也就是说玻璃对光的吸收具有一定的选择性。例如无色玻璃能大量地通过可见光，而有色玻璃则只能通过某一波长范围内的光，其他波长的光绝大部分被吸收掉，因此对不同玻璃、不同波长的光来说，其透过率曲线亦不一样。

所谓玻璃的透射光谱，就是指把不同波长的光与其所对应的透过率绘成曲线，把这种曲线称为玻璃的透射光谱曲线，一般横坐标代表光的波长，纵坐标代表该波长下所对应的透过率。具有代表性的几种颜色玻璃透射光谱曲线如图11-5所示。图中G代表绿色玻璃，P代表桃红色玻璃，Y代表黄色玻璃，R代表红色玻璃，A代表茶色玻璃。

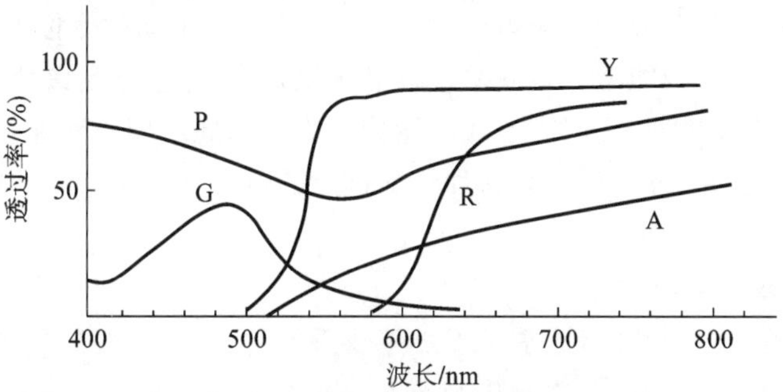

图11-5　典型颜色玻璃的透射光谱曲线

2.5.5　玻璃的红外和紫外吸收

一般无色透明的玻璃，在可见光范围内(390～770 nm)几乎不吸收光能，只有小部分由于散射而产生的损失。在近红外波段基本上也是透明的，但在2700 nm处有一吸收带，这是由溶解在玻璃中的结合水产生的。到了紫外($\lambda<350$ nm)及中红外($\lambda>3000$ nm)波段，吸收率增加很快。其原因是：当入射光作用于介质(如玻璃等)时，介质中的偶极子、分子振子，及由核及壳层电子组成的原子产生极化并且跟着振荡。

若入射光的频率处于红外波段而与介质中分子振子(包括离子或相当于分子大小的原子团)的本征频率相近或相同时，就引起共振而产生红外吸收。即玻璃对该段频率的光不透过。若入射光的频率处于紫外波段，则和介质里的价电子或束缚电子的本征频率重叠，产生电子共振而引起紫外吸收。由于玻璃内部组成成分中的分子和电子的振动频率分别处在红外波段和紫外波段，因此，共振会引起玻璃材料对红外光和紫外光产生吸收而导致这两个波段的光不能透过玻璃材料。

玻璃在红外区的吸收属于分子光谱，吸收主要是由红外光(电磁波)的频率与玻璃中分子振子(或相当于分子大小的原子团)的本征频率相近或相同而引起共振所致的。物质的振动频

率(本征频率)ν 取决于力学常数和原子量的大小,如下式所示:

$$\nu = \frac{1}{2\pi}\sqrt{\frac{f}{M}} \tag{11-14}$$

式中,f 是力学常数,表示化学键对于变更其长度的阻力;M 是原子量(相对原子质量)。玻璃形成氧化物(如 SiO_2、B_2O_3、P_2O_5 等)的原子量均较小,力学常数较大,故本征频率大,只能透过近红外光,不能透过中、远红外光。铅玻璃以及一些硫属玻璃具有较大的原子量和较小的力学常数,故其红外吸收极限波长较一般氧化物玻璃的要大。

紫外吸收属于电子光谱范畴,相应的吸收光谱频率处于紫外波段。一般无色透明玻璃在紫外波段并不出现吸收峰,而是存在一个连续的吸收区。在透光区与吸收区之间是一条很陡的分界线,通常称之为吸收极限。小于吸收极限波长的光全部被吸收,大于吸收极限波长的光全部透过。

一般认为无色玻璃在紫外区的吸收是由一定能量的光子激发氧离子的电子到高能级所致的。凡是波长小于吸收极限波长的光都能把阴离子上的价电子激发到激发态(或导带),故这些光全部被吸收。而波长大于吸收极限波长的光,由于能量小,不足以激发价电子,故全部透过。激发价电子所需的光子能量可用下式表示:

$$h_\nu = E + M - \varphi \tag{11-15}$$

式中,h_ν 是光子能量,E 是阴离子的亲电势,M 是克服阴阳离子间的库伦引力所做的功,φ 是阴离子被极化(变形)所获得的能量。就硅酸盐玻璃来说,阴离子基本是氧离子,因此激发价电子所需光子能量大小主要取决于阴阳离子间的库伦引力。因此玻璃透紫外光的性能主要决定于氧与阳离子之间的化学键力的特性,而这种化学键力的特性又与阳离子的电荷、半径配位数等有密切联系。

6. 玻璃材料的双折射特性

一般光学玻璃是各向同性的,通常是不发生双折射的,但由于机械和热应力会使之变成各向异性,因此会产生双折射现象。这意味着光的 s 和 p 偏振分量有不同的折射率。高折射率的碱性硅酸铅玻璃(重火石玻璃)在小的应力作用下显示较大的双折射。硼硅酸盐玻璃(冕牌玻璃)对应力双折射不是非常灵敏。

11.3 玻璃材料的其他物理特性

11.3.1 玻璃材料的其他性质和物理参量

玻璃材料除了折射率、阿贝数、部分色散比等主要参量外,还有许多重要的物理参量。

热膨胀系数是指物质在热胀冷缩效应作用之下,几何特性随着温度的变化而发生变化的规律性系数。一般使用线性热膨胀系数,其定义式为

$$\alpha = \frac{1}{L}\cdot\frac{\Delta L}{\Delta T} \tag{11-16}$$

线性热膨胀系数是指当固态物质的温度改变 1 ℃时,其长度的变化和它在 0 ℃时的长度的比值。

玻璃转化温度 T_g 是玻璃态物质在玻璃态和高弹态之间进行相互可逆转化的温度。当达

到某一温度时，这区域的分子链会做局部运动，这个温度称作玻璃转化温度。若温度低于 T_g，因分子链无法运动，这时材料处于刚硬的“玻璃态”。当温度高于 T_g时，无定形状态的分子链开始运动，材料会呈现类似橡胶的柔软可挠的性质。

比热容 C_p用于表征物体吸热或散热能力，指单位质量的某种物质升高或下降单位温度所吸收或放出的热量，其定义式为

$$C_p = \frac{E}{m\Delta T} \tag{11-17}$$

C_p是指定压比热容，即单位质量的物质在压力不变的条件下，温度升高或下降 1 摄氏度或 1 开尔文所吸收或放出的能量。

导热系数 K(或者 λ)是指材料直接传导热能的能力，定义为单位截面($1\ m^2$)、单位长度(通常为 1 m)的材料在单位温差下和单位时间内直接传导的热能，即

$$K = -\frac{q_x}{\left(\dfrac{\partial T}{\partial x}\right)} \tag{11-18}$$

其中，q_x为该方向上的热流密度，$\dfrac{\partial T}{\partial x}$为该方向上的温度梯度。

努氏硬度 HK 是以其发明人的名字(美国的 Knoop)命名的，在我国列为小负荷硬度试验，也可称其为显微硬度。它与显微维氏硬度试验一样，使用较小的力以特殊形状的压头进行试验，测量压痕对角线求得硬度值。努氏硬度试验原理是：将顶部两棱之间的 α 角为 172.5°和 β 角为 130°的棱锥体金刚石压头用规定的试验力压入试样表面，经一定的保持时间后卸除试验力。用试验力除以试样表面的压痕投影面积即为努氏硬度。计算公式如下：

$$\mathrm{HK} = 0.102\,\frac{F}{S} = 0.102\,\frac{F}{cd^2} \approx 1.451\,\frac{F}{d^2} \tag{11-19}$$

式中，F 为试验力，S 为压痕投影面积，d 为压痕对角线长度，c 为压头常数。压头常数与用对角线长度的平方计算的压痕投影面积有关。

杨氏模量 E 是描述固体材料抵抗形变能力的物理量。当一条长度为 L、截面积为 S 的金属丝在力 F 作用下伸长 ΔL 时，F/S 叫应力，其物理意义是金属丝单位截面积所受到的力；$\Delta L/L$ 叫应变，其物理意义是金属丝单位长度所对应的伸长量。应力与应变的比叫弹性模量，也称杨氏模量。

玻璃的化学性质包括耐水汽性 CR(数值范围 1～4)、耐沾污性 FR(数值范围 0～5)、耐酸性 SR(数值范围 1～4)、耐碱性 AR(数值范围 1～4)和耐洗剂性 PR(数值范围 1～4)等。

玻璃材料的色散方程为

$$n^2(\lambda) - 1 = \frac{B_1\lambda^2}{\lambda^2 - C_1} + \frac{B_2\lambda^2}{\lambda^2 - C_2} + \frac{B_3\lambda^2}{\lambda^2 - C_3} \tag{11-20}$$

此外，玻璃的光谱透过率用 τ_i表示，$\tau_i(10/400)$表示 400 nm 波长光通过 10 mm 厚玻璃材料时的透过率。

11.3.2　肖特公司的典型玻璃材料物理特性数据表

德国肖特公司成立于 1884 年，专业从事特种玻璃的研发和制造，其产品在全球都有广泛使用。肖特公司典型玻璃材料的物理特性数据如图 11-6、图 11-7 所示。

N-BK7
517642.251

n_d=1.51680	ν_d=64.17	n_F-n_C=0.008054
n_e=1.51872	ν_e=63.96	$n_{F'}-n_{C'}$=0.008110

Refractive indices		
	λ/nm	
$n_{2325.4}$	2325.4	1.48921
$n_{1970.1}$	1970.1	1.49495
$n_{1529.6}$	1529.6	1.50091
$n_{1060.0}$	1060.0	1.50669
n_t	1014.0	1.50731
n_s	852.1	1.50980
n_r	706.5	1.51289
n_C	656.3	1.51432
$n_{C'}$	643.8	1.51472
$n_{632.8}$	632.8	1.51509
n_D	589.3	1.51673
n_d	587.6	1.51680
n_e	546.1	1.51872
n_F	486.1	1.52238
$n_{F'}$	480.0	1.52283
n_g	435.8	1.52668
n_h	404.7	1.53024
n_i	365.0	1.53627
$n_{334.1}$	334.1	1.54272
$n_{312.6}$	312.6	1.54862
$n_{296.7}$	296.7	
$n_{280.4}$	280.4	
$n_{248.3}$	248.3	

Constants of dispersion formula	
B_1	1.03961212
B_2	0.231792344
B_3	1.01046945
C_1	0.00600069867
C_2	0.0200179144
C_3	103.560653

Constants of dispersion d*n*/d*T*	
D_0	$1.86 \cdot 10^{-6}$
D_1	$1.31 \cdot 10^{-8}$
D_2	$-1.37 \cdot 10^{-11}$
E_0	$4.34 \cdot 10^{-7}$
E_1	$6.27 \cdot 10^{-10}$
λ_{TK}/μm	0.17

Internal transmittance τ_i		
λ/nm	τ_i(10mm)	τ_i(25mm)
2500	0.665	0.360
2325	0.793	0.560
1970	0.933	0.840
1530	0.992	0.980
1060	0.999	0.997
700	0.998	0.996
660	0.998	0.994
620	0.998	0.994
580	0.998	0.995
546	0.998	0.996
500	0.998	0.994
460	0.997	0.993
436	0.997	0.992
420	0.997	0.993
405	0.997	0.993
400	0.997	0.992
390	0.996	0.989
380	0.993	0.983
370	0.991	0.977
365	0.988	0.971
350	0.967	0.920
334	0.905	0.780
320	0.770	0.520
310	0.574	0.250
300	0.292	0.050
290	0.063	
280		
270		
260		
250		

Color code	
λ_{80}/λ_5	33/29
(*=λ_{70}/λ_5)	

Remarks

Relative partial dispersion	
$P_{s,t}$	0.3098
$P_{C,s}$	0.5612
$P_{d,C}$	0.3076
$P_{e,d}$	0.2386
$P_{g,F}$	0.5349
$P_{i,h}$	0.7483
$P'_{s,t}$	0.3076
$P'_{C',s}$	0.6062
$P'_{d,C'}$	0.2566
$P'_{e,d}$	0.2370
$P'_{g,F'}$	0.4754
$P'_{i,h}$	0.7432

Deviation of relative partial dispersions ΔP from the "normal line"	
$\Delta P_{C,t}$	0.0216
$\Delta P_{C,s}$	0.0087
$\Delta P_{F,e}$	-0.0009
$\Delta P_{g,F}$	-0.0009
$\Delta P_{i,g}$	0.0035

Other properties	
$\alpha_{-30/+70℃}/(10^{-6}/K)$	7.1
$\alpha_{+20/+300℃}/(10^{-6}/K)$	8.3
T_g/(℃)	557
$T_{10}^{13.0}$/(℃)	557
$T_{10}^{7.6}$/(℃)	719
c_p/[J/(g·K)]	0.858
λ/[W/(m·K)]	1.114
ρ/(g/cm³)	2.51
$E/(10^3 N/mm^2)$	82
μ	0.206
$K/(10^{-6}mm^2/N)$	2.77
$HK_{0.1/20}$	610
HG	3
B	0
CR	1
FR	0
SR	1
AR	2.3
PR	2.3

Temperature coefficients of refractive index						
	$\Delta n_{rel}/\Delta T/(10^{-6}/K)$			$\Delta n_{abs}/\Delta T/(10^{-6}/K)$		
(°C)	1060.0	e	g	1060.0	e	g
-40/-20	2.4	2.9	3.3	0.3	0.8	1.2
+20/+40	2.4	3.0	3.5	1.1	1.6	2.1
+60/+80	2.5	3.1	3.7	1.5	2.1	2.7

图 11-6 肖特公司 N-BK7 玻璃物理特性数据

N-LAK8
713538.375

n_d=1.71300	ν_d=53.83	n_F-n_C=0.013245
n_e=1.71616	ν_e=53.61	$n_{F'}$-$n_{C'}$=0.013359

Refractive indices

	λ/nm	
$n_{2325.4}$	2325.4	1.67294
$n_{1970.1}$	1970.1	1.68075
$n_{1529.6}$	1529.6	1.68890
$n_{1060.0}$	1060.0	1.69710
n_t	1014.0	1.69802
n_s	852.1	1.70181
n_r	706.5	1.70668
n_C	656.3	1.70897
$n_{C'}$	643.8	1.70962
$n_{632.8}$	632.8	1.71022
n_D	589.3	1.71289
n_d	587.6	1.71300
n_e	546.1	1.71616
n_F	486.1	1.72222
$n_{F'}$	480.0	1.72297
n_g	435.8	1.72944
n_h	404.7	1.73545
n_i	365.0	1.74573
$n_{334.1}$	334.1	1.75687
$n_{312.6}$	312.6	
$n_{296.7}$	296.7	
$n_{280.4}$	280.4	
$n_{248.3}$	248.3	

Internal transmittance τ_i

λ/nm	τ_i(10mm)	τ_i(25mm)
2500	0.398	0.100
2325	0.707	0.420
1970	0.950	0.880
1530	0.992	0.979
1060	0.998	0.994
700	0.998	0.996
660	0.998	0.995
620	0.998	0.994
580	0.998	0.994
546	0.998	0.995
500	0.998	0.994
460	0.995	0.987
436	0.992	0.979
420	0.988	0.970
405	0.981	0.952
400	0.977	0.943
390	0.965	0.915
380	0.946	0.870
370	0.905	0.780
365	0.877	0.720
350	0.739	0.470
334	0.509	0.185
320	0.276	0.040
310	0.137	0.010
300	0.044	
290	0.010	
280		
270		
260		
250		

Relative partial dispersion

$P_{s,t}$	0.2861
$P_{C,s}$	0.5408
$P_{d,C}$	0.3042
$P_{e,d}$	0.2383
$P_{g,F}$	0.5450
$P_{i,h}$	0.7764
$P'_{s,t}$	0.2836
$P'_{C',s}$	0.5843
$P'_{d,C'}$	0.2536
$P'_{e,d}$	0.2363
$P'_{g,F'}$	0.4838
$P'_{i,h}$	0.7698

Deviation of relative partial dispersions ΔP from the "normal line"

$\Delta P_{C,t}$	0.0266
$\Delta P_{C,s}$	0.0124
$\Delta P_{F,e}$	−0.0026
$\Delta P_{g,F}$	−0.0083
$\Delta P_{i,g}$	−0.0428

Constants of dispersion formula

B_1	1.33183167
B_2	0.546623206
B_3	1.19084015
C_1	0.00620023871
C_2	0.0216465439
C_3	82.5827736

Constants of dispersion dn/dT

D_0	$4.10 \cdot 10^{-6}$
D_1	$1.25 \cdot 10^{-8}$
D_2	$-1.60 \cdot 10^{-11}$
E_0	$4.30 \cdot 10^{-7}$
E_1	$6.29 \cdot 10^{-10}$
λ_{TK}[μm]	0.213

Color code

λ_{80}/λ_5	37/30
(*=λ_{70}/λ_5)	

Remarks

Other properties

$\alpha_{-30/+70℃}$(10^{-6}/K)	5.6
$\alpha_{+20/+300℃}$(10^{-6}/K)	6.7
T_g[℃]	643
$T_{10}^{13.0}$[℃]	635
$T_{10}^{7.6}$[℃]	717
c_p[J/(g · K)]	0.620
λ[W/(m · K)]	0.840
ρ(g/cm³)	3.75
E(10^3N/mm²)	115
μ	0.289
K(10^{-6}mm²/N)	1.81
$HK_{0.1/20}$	740
HG	2
CR	3
FR	2
SR	52.3
AR	1
PR	3.3

Temperature coefficients of refractive index

	$\Delta n_{rel}/\Delta T$(10^{-6}/K)			$\Delta n_{abs}/\Delta T$(10^{-6}/K)		
(°C)	1060.0	e	g	1060.0	e	g
−40/−20	4.0	4.7	5.4	1.7	2.4	3.0
+20/+40	4.1	5.0	5.8	2.6	3.5	4.3
+60/+80	4.3	5.2	6.2	3.1	4.1	5.0

图 11-7　肖特公司 N-LAK8 玻璃物理特性数据

11.3.3 典型的超低热膨胀玻璃材料及其特性

典型的超低热膨胀玻璃有：部分为玻璃的晶体（如玻璃陶瓷等）、CER-VIT、ULE、LE30 和微晶玻璃等。对于超低热膨胀玻璃材料，其热膨胀系数可低至 $\alpha=1\times10^{-7}/(℃)$。表 11-2 列出了典型的超低热膨胀玻璃的光学特性和物理特性。

表 11-2 典型的超低热膨胀玻璃的光学特性和物理特性

玻璃型号 / 特性值	玻璃陶瓷 OHARA	LE30 HOYA	微晶玻璃 SCHOTT	ULE CORNING
化学构成	—	硅酸铝	SiO_2-Al_2O_3-P_2O_5	SiO_2-TiO_2
透射范围/μm	0.42～?	0.35～?	0.4～2.3	0.23～?
折射率	1.547	1.532	1.5424	1.5418
阿贝数	55.0	—	56.1	75.2
$dn/dT/(10^{-6}/K)$	—	—	15.7	−5.5
密度/(g/cm^3)	2.56	2.58	2.53	2.205
杨氏模量/$(10^3\ N/mm^2)$	95.8	75.4	91	67.3
泊松比	0.25	0.159	0.24	0.17
努氏硬度/(kg/mm^2)	680	657	630	460
应力光学系数/$(TPa)^{-1}$	—	2.9	3.0	4.0
热膨胀系数/$(10^{-6}/K)$	0.2	0.4	0.5	0.03
热传导系数/(W/m K)	1.62	—	1.64	1.31
比热容/(J/g K)	0.76	—	0.821	0.776
转化温度/K	—	690	—	1000
软化温度/K	—	921	—	1490

11.3.4 典型的塑料光学材料及其特性

1. 典型的塑料光学材料

塑料光学材料已十分普及，例如手机/相机镜头、行车记录仪、CD 播放器中的条形码扫描仪、棱镜、LED 准直器和衍射光学元件等，都是由塑料光学材料制成的。

常用的典型塑料光学材料有聚甲基丙烯酸甲酯（PMMA）、聚苯乙烯（PS）、聚碳酸酯（PC）、烯丙基二甘醇碳酸酯（CR-39，也称哥伦比亚树脂）和环状烯烃共聚物（COC）等。

塑料光学材料相比于玻璃材料有许多优点：成本较低；生产量大，可以大批量和高质量生产；有较好的抗冲击性；外形适应性高，可制成多种形状（非球面和衍射表面）；可以安装各种多功能部件。

与此同时，塑料光学材料相对于玻璃材料也有缺点：较低的耐热性（使用温度为 100～120 ℃）；塑料涂层的硬度和坚固性低；折射率和热膨胀系数随温度变化较大；表面柔软，表面耐磨性差，表面容易划伤且难以制造成平面；抗化学染污性差；饱和吸水率高；压塑过程中容易导致折射率的局部不均匀；材料的选择有限；折射率范围和色散较小。

2. 塑料材料的典型公差

由于制造工艺不同，塑料光学元件的公差大于玻璃元件的公差。表11-3列出了塑料光学材料的典型公差值。

表11-3 塑料光学材料的典型公差值

参数值	普通塑料	超轻塑料
焦距长度/(%)	2	0.5
透镜厚度/mm	0.03	0.01
波前像散/nm	60	15
表面半径	5	1
包含的气泡	1×0.16	1×0.06
划痕	2×0.10	2×0.04
表面倾斜/(′)	2	1
径向偏心/μm	50	20

3. 典型的塑料光学材料的光学特性和物理特性

表11-4对比了塑料光学材料和玻璃光学材料的光学特性和物理特性。

表11-4 塑料光学材料和玻璃光学材料的光学特性和物理特性

参数值	塑料光学材料	玻璃光学材料
折射率	1.49～1.63	1.44～1.95
像散	23～57	20～90
折射率均匀性	10^{-4}～10^{-3}	10^{-6}～10^{-4}
折射率随温度变化/(10^{-6}/K)	−100～−160	0～10
维氏硬度/(N/mm^2)	120～190	3000～7000
热膨胀系数/(10^{-6}/K)	70～100	5～10
热传导系数/(W/mK)	0.15～0.23	0.5～1.4
绿光波段内部传导率	0.97～0.993	0.999
应力光学系数/(10^{-12}Pa)	40	3
应力光学系数(双折射)/(10^{-12}Pa)	5×10^{-5}～1×10^{-3}	0
密度/(g/cm)	1.05～1.32	2.3～6.2
饱和吸水率/(%)	0.1～0.8	0

表11-5列出了几种最常用的塑料光学材料的光学特性和物理特性。

表11-5 常用塑料光学材料的光学特性和物理特性

参数值	聚甲基丙烯酸甲酯(PMMA)	聚苯乙烯(PS)	聚碳酸酯(PC)	烯丙基二甘醇碳酸酯(CR-39)	环状烯烃共聚物(COC)
折射率(23 ℃)	1.49021	1.59370	1.58513	1.498	1.533
阿贝数	57.4	30.8	30.3	53.6	56.2
线膨胀系数(×10 ℃)	6.3	8	7	9～10	6.5

续表

参数值	聚甲基丙烯酸甲酯(PMMA)	聚苯乙烯(PS)	聚碳酸酯(PC)	烯丙基二甘醇碳酸酯(CR-39)	环状烯烃共聚物(COC)
折射率随温度变化(10^{-6}℃)	−120	−150	−140	—	−650
外部透过率	92	88	89	—	91
热变形温度/(℃)	65～100	70～100	100～140	140	120～180
密度/(g/cm^3)	1.19	1.0	1.2	1.32	1.02
洛氏硬度	M80～100	M65～90	M70～118	M100	—
拉伸强度/MPa	56～70	35～63	59～66	35～42	40～70
冲击韧度/(kJ/m^2)	2.2～2.8	1.4～2.8	80～100	35～42	—
弹性率/(N·cm/cm^2)	25～35	28～42	22～25	21	32～48
热导率/[4.2×10^{-3} kW/(m·K)]	4～6	2.4～3.3	4.5	—	—
饱和吸水率/(%)	2.0	0.1	0.4	—	—

4. 塑料光学材料的热学性能

光学塑料材料品种的选择自由度有限,一个重要的限制是热膨胀系数高和折射率随温度的变化依赖性强。塑料材料的折射率随温度的升高而减小(玻璃是增加),变化量大约比玻璃的高 50 倍。塑料的热膨胀系数大约比玻璃的高 10 倍。高质量的光学系统可以借助玻璃和塑料透镜的组合来实现设计。

5. 塑料光学材料的加工性能

塑料光学元件可以被注塑成型、压塑成型,或者用浇注的塑料块来制造。用车削和抛光、浇注塑料块的工艺制造塑料元件的成本十分低,这也是最常用的制造塑料光学材料的方法。压塑成型可提供更高的精度,并利于对光学参数进行控制。模型制造较为昂贵,但在大批量生产中是成功的。为制造样品,可用金刚石车削塑料光学元件,车削槽纹的散射影响需要得到控制,有时需要抛光以去掉车削痕迹。

在加工的过程中,应避免产生塑料表面缺陷或收缩。产生缺陷的原因有:熔化温度太高导致不产生气体而是气泡;压力太小导致模具没有完全填充。产生收缩的原因有:如果部件厚度太薄,部件会在冷却时收缩,此时应保持压力不变以补偿材料的收缩。

在注塑加工的过程中,如果条件允许,应避免采用平面或曲率较小的曲面,使用中心半径小于 50 mm 的曲面;应避免强烈的双凹设计,保持足够的中心厚度和边缘厚度以用于注塑;允许适当的流动避免喷射;减少不必要的厚度,增加冷却时间,提高成本;外部通光孔至少有 1 mm,为边缘可能的破损留空间;尽可能地减少非球面;在设计时考虑杂散光的影响;在设计时考虑涂层和过滤器的影响;考虑尺寸和角度,以及矩形零件的圆角设计带来的影响。

11.3.5 典型的红外光学材料及其特性

红外光学材料可以是晶体、玻璃、液体和聚合物材料,但通常情况下,晶体材料是唯一能获得较高红外透过率的材料。晶体材料应用在红外波段时,一些材料可能需要单点金刚石车削加工。表 11-6 列出了常用的红外材料的光学特性和物理特性。

表 11-6　常用红外材料的光学特性和物理特性

		α /(10^{-6}/K)	$dn/dT_{4\ \mu m}$ /(10^{-6}/K)	$dn/dT_{10\ \mu m}$ /(10^{-6}/K)	Transmission range	$a_{4\ \mu m}$/cm^{-1}	$a_{10\ \mu m}$/cm^{-1}	$n_{4\ \mu m}$	$V_{4,3\text{-}5}$	$n_{10\ \mu m}$	$V_{10,8\text{-}12}$
AMTIR1	$Ge_{33}As_{12}Se_{55}$	12	77	72	1.0～14 μm	0.02	0.008	2.5146	210.4	2.4977	111.8
AMTIR3	$Ge_{28}Sb_{12}Se_{60}$	13.5	95	91	1.0～14 μm	0.01	0.008	2.621	174.3	2.6023	109.7
Arsenic trisulfide	As_2S_3	21.4	−8.6	—	0.6～13 μm	0.03	0.85	2.4116	181	2.3816	46.7
Barium fluoride	BaF_2	18.1	−15.9	−14.5	0.15～12.5 μm	< 0.001	0.083	1.4558	45.1	1.4014	—
Cadmium telluride	CdTe	4.5	—	100	0.9～16 μm	—	—	2.6926	162.2	2.6751	150.6
Calcium fluoride	CaF_2	18.9	−8.1	—	0.13～10 μm	—	< 0.00136	1.4096	21.7	1.3002	—
Gallium arsenide	GaAs	5.7	150	150	1～16 μm	0.01	0.01	3.3036	140.9	3.2745	104.2
GASIR1	$Ge_{22}As_{20}Se_{58}$	17	55	55	—	0.008	0.009	2.51	196.1	2.4944	119.6
GASIR2	$Ge_{20}Sb_{15}Se_{65}$	16	58	58	—	0.01	0.008	2.6039	170.6	2.5842	100.6
Germanium	Ge	6.1	424	404	1.8～23.0 μm	0.01	0.029	4.0245	101.8	4.0032	904.6
IG2	$Ge_{33}As_{12}Se_{55}$	12.1	71	60	1.0～15.0 μm	—	—	2.5129	201.7	2.4967	108
IG3	$Ge_{30}As_{13}Se_{32}Te_{25}$	13.4	130	145	1.0～12.5 μm	—	—	2.8034	152.8	2.787	163.9
IG4	$Ge_{10}As_{40}Se_{50}$	20.4	20	36	1.0～12.5 μm	—	—	2.621	202.6	2.6084	176
IG5	$Ge_{28}Sb_{12}Se_{60}$	14	76	91	1.0～15.0 μm	—	—	2.6226	180.3	2.6038	102.1
IG6	$As_{40}Se_{60}$	20.7	35	41	1.0～13.0 μm	—	—	2.7945	168	2.7775	161.6
IRG100	—	15	56	56	1.0～12.0 μm	—	—	2.62	165.3	2.6002	103.2
Lithium fluoride	LiF	34.4	−15	—	0.12～6.0 μm	< 0.0024	69	1.3494	8.7	—	—
Magnesium oxide	MgO	10.5	19	—	0.3～6.0 μm	0.05	—	1.668	—	—	—
Potassium bromide	KBr	38.5	−41.6	−41.1	0.23～25.0 μm	0.0002	—	1.5346	232.4	1.5242	64.7
Potassium chloride	KCl	36.6	−33.2	−33.2	0.21～20.0 μm	0.001	—	1.4722	144.9	1.4564	30
Silicon	Si	2.6	159	157	1.2～9.0 μm	< 0.005	0.9	3.4255	250.1	—	—
Sodium chloride	NaCl	40	−36.3	−36.3	0.2～15.0 μm	0.0001	0.0006	1.5217	97.5	1.4947	18.7
Thallium bromoiodide	KRS-5	58	−237	−237	0.6～40.0 μm	—	—	2.382	232.3	2.3707	165.1
Zinc selenide	ZnSe	7.6	48	60	0.6～21.0 μm	0.0016	0.001	2.4331	177.6	2.4065	57.8
Zinc sulfide	ZnS	6.5	46	50	0.2～15.0 μm	0.002	0.08	2.2518	112.9	2.2001	22.7

11.3.6 反射光学材料

反射光学零件一般是在抛光玻璃表面镀以金属的反射层得到的。反射面不存在色散现象,对于任何色光,其反射角均等于入射角。反射光学材料的唯一特性是反射率。反射面多用金属材料镀制,不同的金属反射面,有不同的反射特性,即随入射光波长的不同而有不同的反射率。图 11-8 给出了几种金属材料的反射特性曲线,可以看出不同波段的色光应选取不同的金属材料来镀制反射膜层。

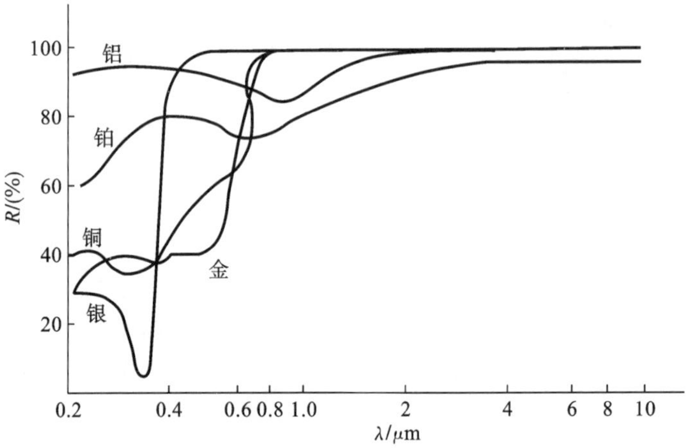

图 11-8 几种金属材料的反射特性曲线

由图可知,银(Ag)反射层在可见光区间有很高的反射率,为 94%～96%,但在紫外波段急剧下降。银反射层在空气中易被腐蚀,故需加保护层或保护玻璃。铝(Al)反射层的反射率在大部分波段内略低于银的,为 88%～92%,但在紫外波段,其反射率仍大于 80%。铝膜层在空气中自然形成厚度约为 5 nm 的透明的氧化铝膜层,使铝膜层得到保护,故铝膜在制造反射元件中得到了广泛的应用。金(Au)在可见光波段反射率较低,但在红外区反射率很高。在波长为 0.1 μm 的紫外区,铝膜层易透过,只能选用铂膜层,但其反射率很低。

11.3.7 玻璃的选择

光学设计中重要的一步是核对每种玻璃的参数,包括可用性、透射性、热特性等,要确保最优化选择玻璃。

1) 可用性

玻璃被分成三类:首选玻璃、标准玻璃和查询玻璃。首选玻璃主要指玻璃存货;标准玻璃指玻璃公司目录中所列出的玻璃品种;查询玻璃指可以订货得到的玻璃品种。

2) 透射性

大多数光学玻璃可以良好透射可见光和近红外区的光。但是,在近紫外区,大部分玻璃都或多或少地吸收光。如果光学系统必须透射紫外光,最常用的材料是熔融二氧化硅和熔融石英。某些重火石光学玻璃在深蓝波长区有低的透射比,其具有微黄的外观。

3）双折射特性

一般光学玻璃是各向同性的，而机械和热应力会使之变成各向异性的。这意味着光的 s 和 p 偏振分量有不同的折射率。高折射率的碱性硅酸铅玻璃（重火石玻璃）在小的应力作用下显示较大的双折射。冕牌玻璃对应力双折射不是非常灵敏。如果光学系统传输偏振光，则必须在整个系统或部分系统中保持俯振状态，那么材料的选择是很重要的。如在系统附近有热源的较大棱镜，棱镜内可能存在一个温度梯度。它将引入应力双折射，偏振轴将在棱镜内旋转。棱镜材料的较好选择应该是重火石玻璃，而不是冕牌玻璃。

4）化学稳定性

玻璃抵抗环境和化学影响方面的特性包括：玻璃的抗气候性，主要指抵抗空气中水蒸气影响的耐性；抗染污性，即对非气化弱酸性水影响的抵抗性；当玻璃接触酸性水介质时的抗酸性。

5）热特性

光学玻璃具有正的热膨胀系数，这就是说玻璃随温度的升高而膨胀。对于光学玻璃，热膨胀系数 α 介于 4×10^{-6}/K 和 16×10^{-6}/K 之间。在设计工作于给定温度范围的光学系统时，需要考虑以下问题。

光学玻璃的热胀冷缩性质应与镜头结构件的热胀冷缩性质尽量一致；光学系统必须被无热化，即在温度变化导致透镜形状和折射率变化时能够保持系统的光学特性不变；温度变化可能在光学玻璃中产生温度梯度，导致温度诱导的应力双折射。

大多数光学设计程序多有在不同温度下进行系统优化的能力。这些程序能考虑玻璃元件的膨胀及形状的变化，也能考虑镜筒和透镜间隔圈的膨胀及玻璃材料折射率的变化。

习　题

11.1　已知 K9 玻璃的三种色光的折射率分别为 $n_d=1.5163$，$n_F=1.52196$，$n_C=1.5139$，试用哈特曼公式求波长为 632.8 nm 和 488.0 nm 的两种色光的折射率。

11.2　对于题 11.1 中的 K9 玻璃，请计算出该玻璃材料的阿贝数 V 和部分色散比 $P_{d,C}$。如果令 X 光代表 632.8 nm，Y 光代表 488.0 nm，则 K9 玻璃材料的部分色散比 $P_{X,Y}$ 是多少？

11.3　对于一根长 100 m（常温下，20 ℃）的玻璃圆棒，已知其热膨胀系数为 3×10^{-6}/K，那么当环境温度降低到 −60 ℃时，该玻璃圆棒的长度是多少？

11.4　对于一个厚度为 500 mm 的玻璃平板，已知其折射率 $n=1.6$，材料的吸收系数 $a=0.05\ \text{cm}^{-1}$，那么一束光正入射到该玻璃平板之后，总的透过率是多少？

11.5　请写出玻璃牌号 713538.375 所代表的物理意义。

11.6　请比较冕牌玻璃和火石玻璃的主要物理特性和光学特性。

第 12 章 像差理论

12.1 光学成像

12.1.1 理想光学系统成像

如图 12-1 所示，物点发出一个球面波，如果光学系统是完美的，则入射到系统上的发散球面波通过光学系统后转化为以高斯像点为球心的会聚球面波。

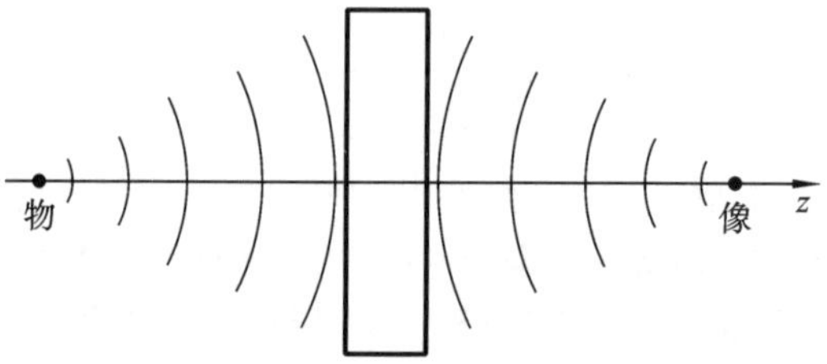

图 12-1 理想光学系统

理想光学系统对任意大的物体，以任意宽的光束所成的像都是完善的。物空间一点通过系统成像后仍为一点。

12.1.2 实际光学系统成像

一般来说，实际光学成像系统不能实现理想的成像。从一个物点发出的光线不会全部在一个像点处相遇。图 12-2 展示了由物点发出的三条子午光线无法会聚到一点的例子。

在实际光学系统中，当光线在一个点上不相交时，就会产生几何像差。光学系统的几何像差可以分为轴向像差和垂轴像差两种，分别描述实际图像与近轴图像之间沿光轴方向和沿垂直于光轴方向的偏差。其中，轴向像差也称纵向像差，垂轴像差也称横向像差。很多种像差，如球差、彗差、像散、场曲和畸变，以及倍率色差和位置色差，都可以理解和表示为垂轴像差。

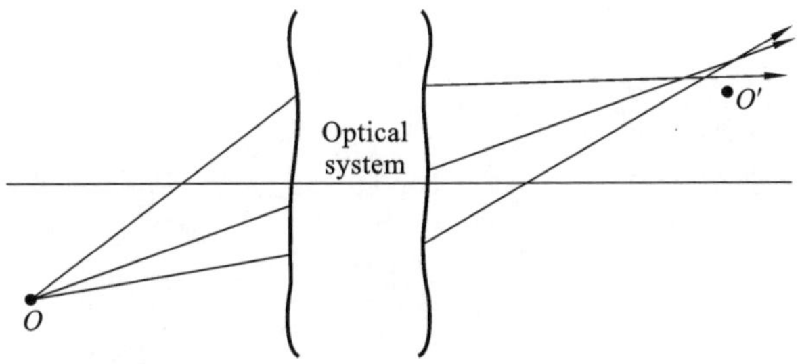

图 12-2　实际光学系统

轴向像差的概念对分析像差同样很有意义，例如像散和场曲可以直观地被理解为像差。球差、彗差和位置色差也可以被理解为轴向像差。只有畸变和倍率色差不能视为轴向像差。

点物经理想光学系统后成点像，与它相应的球面波经理想光学系统后仍为球面波。但由于实际光学系统有像差，因此通过它的球面波要变形。波像差则描述了实际波前与理想球面波前之间的偏差。波像差被定义为波阵面和参考球面之间沿光线方向的距离(光程差)。

在均匀透明介质中，除平面反射镜满足理想光学系统的性质外，任何实际光学系统都不能绝对完善地成像。

12.2　光学系统的像差表征

12.2.1　坐标体系

在如图 12-3 所示的坐标体系中，光线从物点到入瞳的任意一个点通过光学系统到达像面，这些光线之间的偏差导致像差，使图像劣化。为了分析像差，定义光瞳坐标 x_p、y_p 和视场 H。

如图 12-3 所示，r_p 为物理光瞳半径，光瞳坐标 x_p 和 y_p 可以分别由式(12-1)和式(12-2)进行计算。通常情况下，将光瞳坐标归一化处理，使径向坐标 ρ 在光瞳边缘处等于 1。在最大视场位置处，视场 H 也被归一化处理为 1。

$$x_p = \rho\sin\varphi \tag{12-1}$$

$$y_p = \rho\cos\varphi \tag{12-2}$$

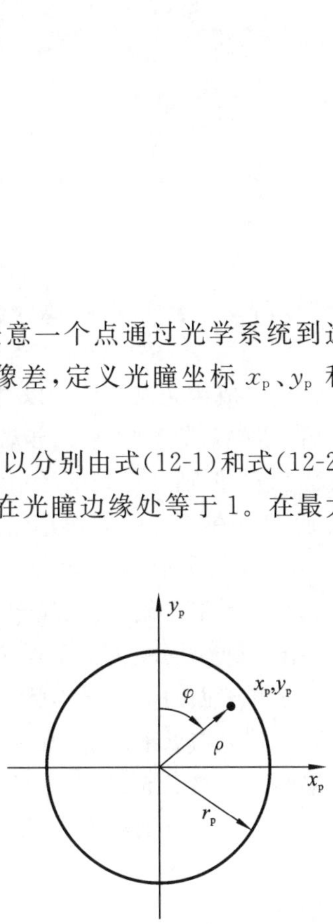

图 12-3　光瞳坐标体系

类似地，光学系统各个特征平面的坐标体系均遵循同样的定义方式。如图 12-4 所示，各个特征平面的坐标系的定义及符号表征如下所示。

x,y	轴外物点坐标，特指物高
x',y'	像点坐标，特指像高
x_p,y_p	入射光瞳坐标
x'_p,y'_p	出射光瞳坐标
s	第一个光学表面到物体的距离
s'	最后一个光学表面到像的距离

p	第一个光学表面到入射光瞳的距离
p'	最后一个光学表面到出射光瞳的距离
$\Delta x'$	弧矢垂轴像差
$\Delta y'$	子午垂轴像差

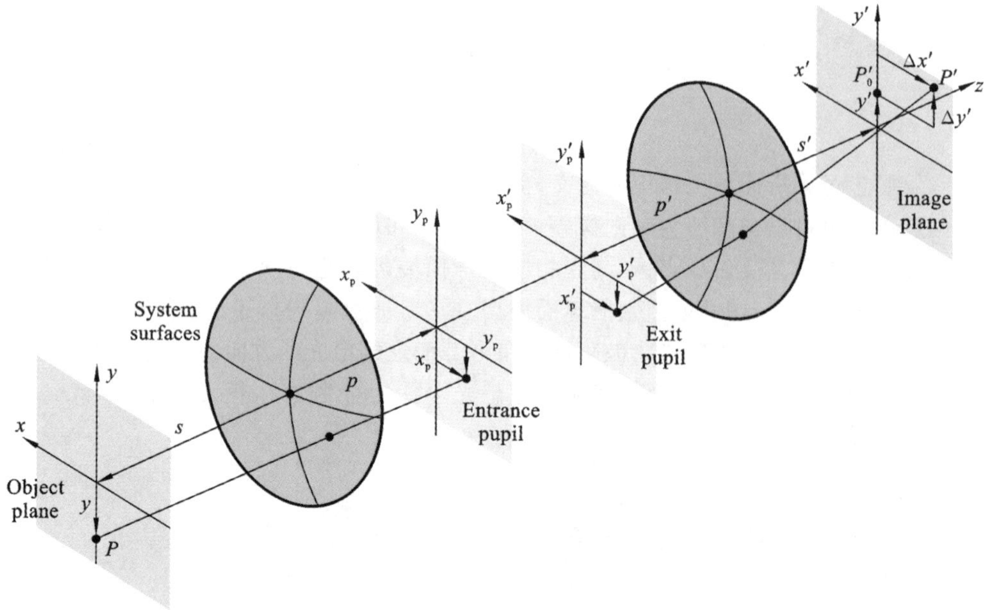

图 12-4 坐标体系

12.2.2 子午面和弧矢面

物点的成像光束是一个以物点为顶点，以入射光瞳为底的空间光锥。此光束经过光学系统以后，结构会发生变化，对于轴对称光学系统（绝大多数系统属于这一类），轴上点光束总具有对称性质，但轴外点光束经系统后失去对称性。为便于了解这种光束的结构，通常取其二个特征面（即子午面和弧矢面）上的平面光束来进行描述。

如图 12-5 所示，子午面是包含光轴（即 z 轴）和轴外物点的平面。位于子午面内的光线为切向光线或子午光线，交入瞳于 $x_p=0$ 处。

如图 12-6 所示，过轴外物点的主光线并与子午面垂直的平面称为光学系统成像的弧矢面。位于弧矢面内的光线为弧矢光线或横向光线，交入瞳于 $y_p=0$ 处。

对于轴上物点来说，在旋转对称的系统中，所有子午平面是等效的。因此只需要考虑单个子午平面中的物点成像，再通过光路的旋转对称特性，可以对任意方向的光束成像进行分析。由于光学系统具有轴对称性，轴上点光束无需区分子午光束与弧矢光束，轴外点光束则一定是对子午平面对称的。

轴外物点发出的一般光线会离开其所处的子午面，与入瞳相交，而图 12-5 与图 12-6 中给出的两个特殊方向的光束主要用于分析像差。

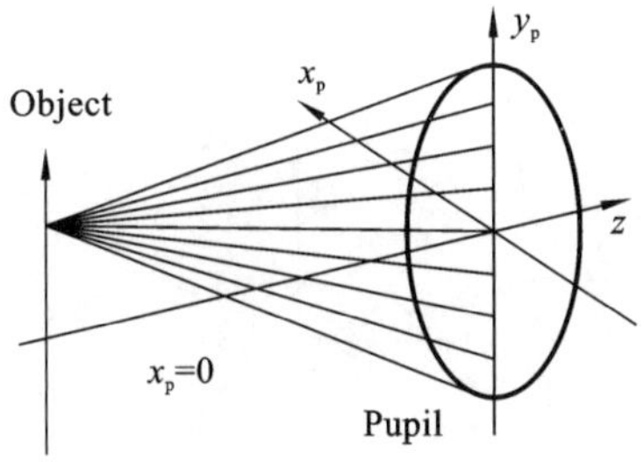

图 12-5　子午面

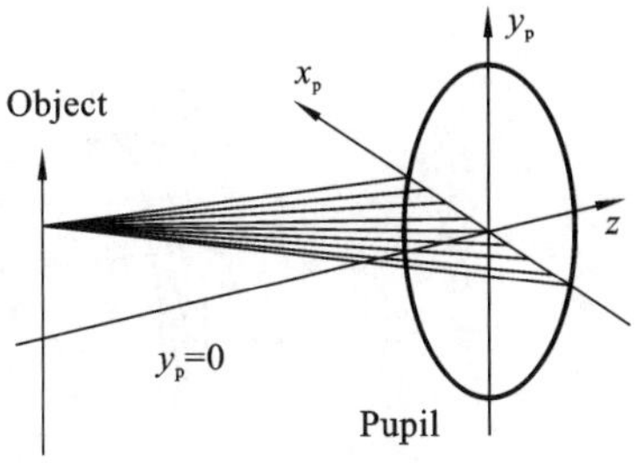

图 12-6　弧矢面

12.2.3　几何像差表征——波像差和波像差曲线

如图 12-7 所示，几何光学中的光线相当于波动光学中波阵面的法线，因此，物点发出的同心光束与球面波对应。此球面波经过光学系统后，改变了曲率。如果光学系统是理想的，则形成一个新的球面波，其球心即为物点的理想像点。但是，由于实际光学系统存在像差，出射波面将或多或少地发生变形，不再为理想的球面波。

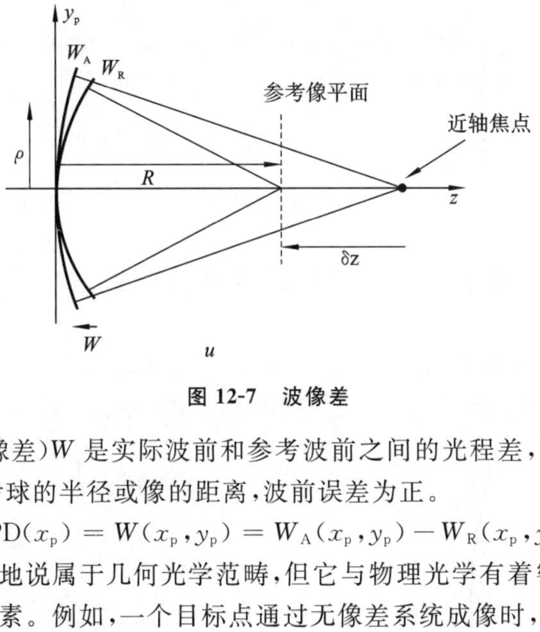

图 12-7　波像差

波前像差（或称波像差）W 是实际波前和参考波前之间的光程差，可以由式（12-3）进行计算，图 12-7 中，R 是参考球的半径或像的距离，波前误差为正。

$$\mathrm{OPD}(x_p) = W(x_p, y_p) = W_A(x_p, y_p) - W_R(x_p, y_p) \tag{12-3}$$

尽管波前像差严格地说属于几何光学范畴，但它与物理光学有着密切的关系。波像差是计算衍射图像的重要因素。例如，一个目标点通过无像差系统成像时，不会在像面上形成一个单一的图像点，而是形成一个艾里斑。因此非常小的像差不会显著改变艾里斑。在这种情况下，图像质量更多地取决于衍射效应而不是几何像差。

在波像差领域，我们一般使用波前的峰谷值（Peak to Valley 值，即 PV 值）来定量评价波前像差的大小，这也是最简单的方式。如图 12-8 所示，如果定义 (x_p, y_p) 为光学系统的出瞳坐标，则波前像差的 PV 值可以定义为

$$W_{PV} = W_{max}(x_p, y_p) - W_{min}(x_p, y_p) \tag{12-4}$$

在处理波像差时，有一个非常有用的经验法则，即所谓的瑞利判据：如果波像差的 PV 值小于波长的四分之一，则系统可被视为衍射极限。

然而，波前像差的 PV 值是用于表征波前的非常保守的标准，因为这一评价十分严格。而

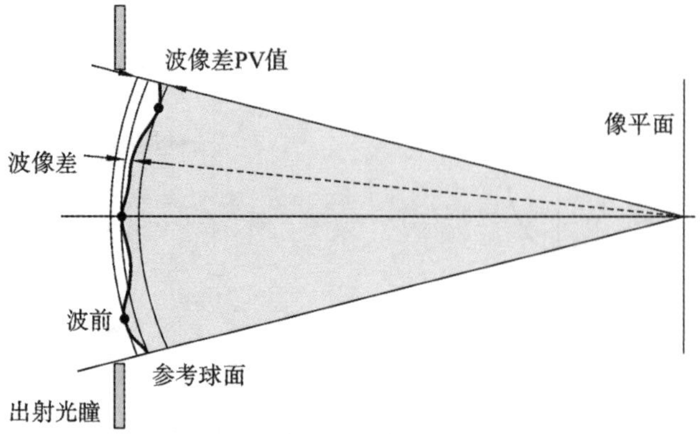

图 12-8 出瞳处波像差的 PV 值

且 PV 值难以评价波前的整体状况。为了弥补这一不足，我们通常借助波前像差均方根(WFE RMS)来进一步量化评估波前像差的大小。类似地，在系统的光瞳(x_p, y_p)上，波前的 WFE RMS 值可以定义为

$$W_{\mathrm{RMS}} = \sqrt{\langle W^2 \rangle - \langle W \rangle^2} = \sqrt{\frac{1}{A}\iint [W(x_p, y_p) - W_{\mathrm{mean}}(x_p, y_p)]^2 \mathrm{d}x_p \mathrm{d}y_p} \tag{12-5}$$

其中，A 为出射光瞳的面积。式(12-5)所表述的波前像差均方根即为波像差的标准差，其平方值即为波前像差的方差。而波前像差在光瞳面上的平均值可以定义为

$$W_{\mathrm{mean}}(x_p, y_p) = \frac{1}{A}\iint W(x_p, y_p) \mathrm{d}x_p \mathrm{d}y_p \tag{12-6}$$

此外，波前像差曲线是子午光线和弧矢光线波前误差分别在子午面和弧矢面上的曲线图。

12.2.4 几何像差表征——轴向像差及其特性曲线

轴向像差是指沿光轴方向量度的像差，例如轴上点球差和位置色差。如图 12-9 所示，轴向像差可以定义为实际像点与理想像面之间的轴向距离，可记为 ε_z。

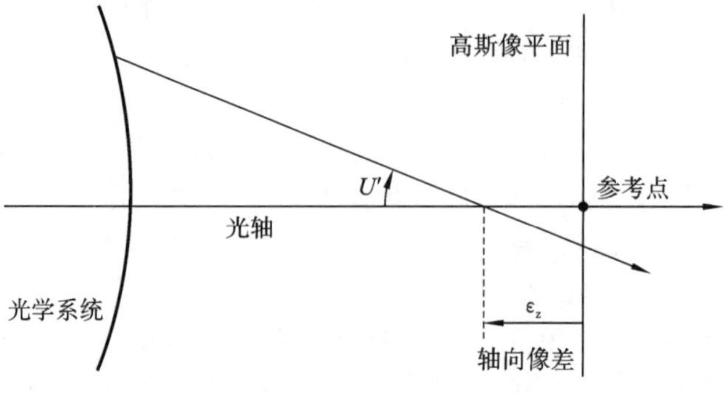

图 12-9 轴向像差 ε_z

如图 12-10 所示，轴向像差同样可以定义为实际光线与参考光线的交点到理想像面之间的距离在光轴方向上的投影距离，可记为 $\Delta l'_0$。这里的理想像面通常是指高斯像平面。

在光学系统中，轴向像差由从不同出瞳坐标出射的光线的成像位置与理想像平面之间的截距差 ε_z来表示，轴向像差是光瞳位置 y_p的函数。轴向像差曲线使我们得以直观地观察到光

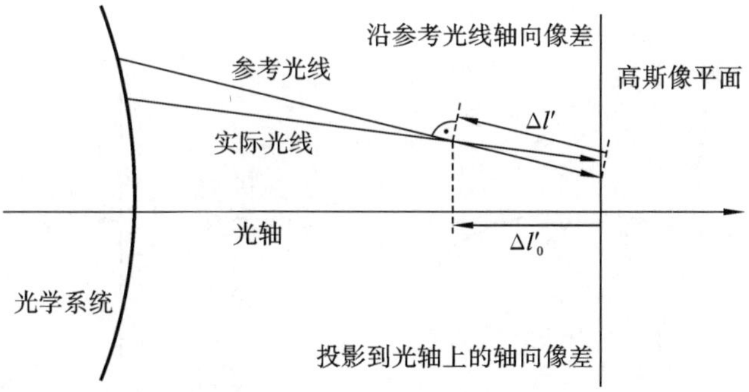

图 12-10　轴向像差 $\Delta l'_0$

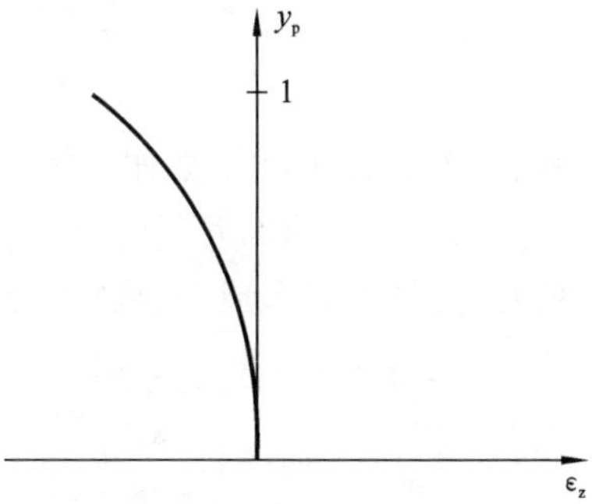

图 12-11　轴向像差曲线

学系统不同光瞳位置处出射光束所成像平面与理想焦平面之间的位置关系。

12.2.5　几何像差表征——垂轴像差及其特性曲线

垂轴像差是指在垂轴方向量度的像差，它指的是实际光线与理想像平面的交点和主光线与理想像平面的交点的距离之差。球差、彗差、像散、场曲、畸变等像差均可以用垂轴像差来量度。

如图 12-12 所示，垂轴像差 ε_x、ε_y 分别表示从参考像点（一般定义为主光线与理想像平面的交点）出发到实际像点（一般定义为实际光线与理想像平面的交点）的横向位移分量。

如图 12-13 所示，子午垂轴像差曲线是光瞳坐标中 $x_p=0$ 时，ε_y 关于 y_p 的函数。

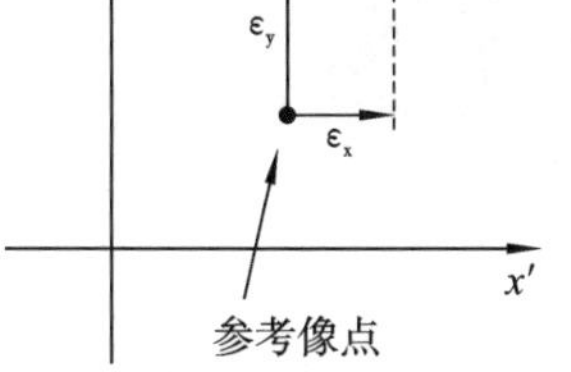

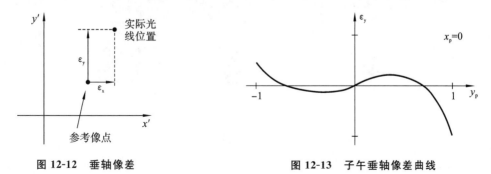

图 12-12　垂轴像差

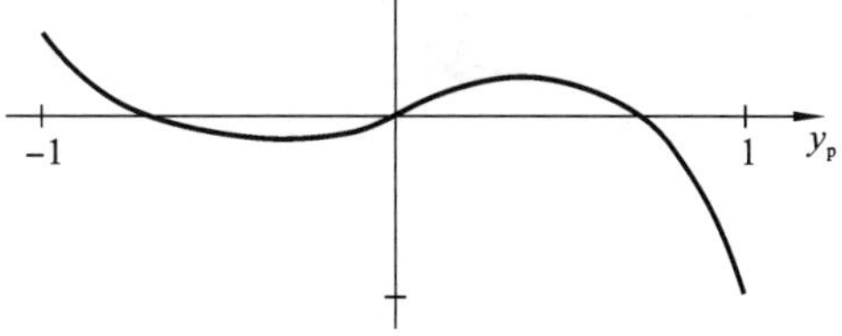

图 12-13　子午垂轴像差曲线

如图 12-14 所示，弧矢垂轴像差曲线是光瞳坐标中 $y_p=0$ 时，ε_x 关于 x_p 的函数。由于弧矢垂轴像差曲线具有对称性，有时仅绘制一半。

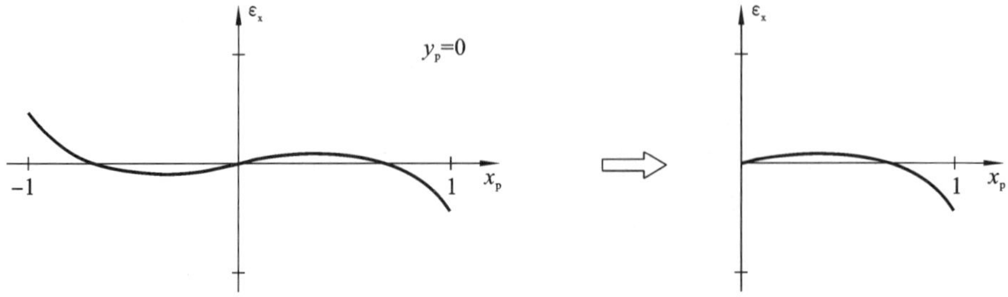

图 12-14　弧矢垂轴像差曲线

12.2.6　点列图

点列图是一种广泛应用的垂轴像差表示方法。如图 12-15 所示，点列图显示了许多像差的特征，并显示了图像模糊的尺度。由一点发出的若干光线经过光学系统之后，由于像差的存在，这些光线与像面的交点不再是同一点，而是形成一个散开的图形，称该图为点列图。

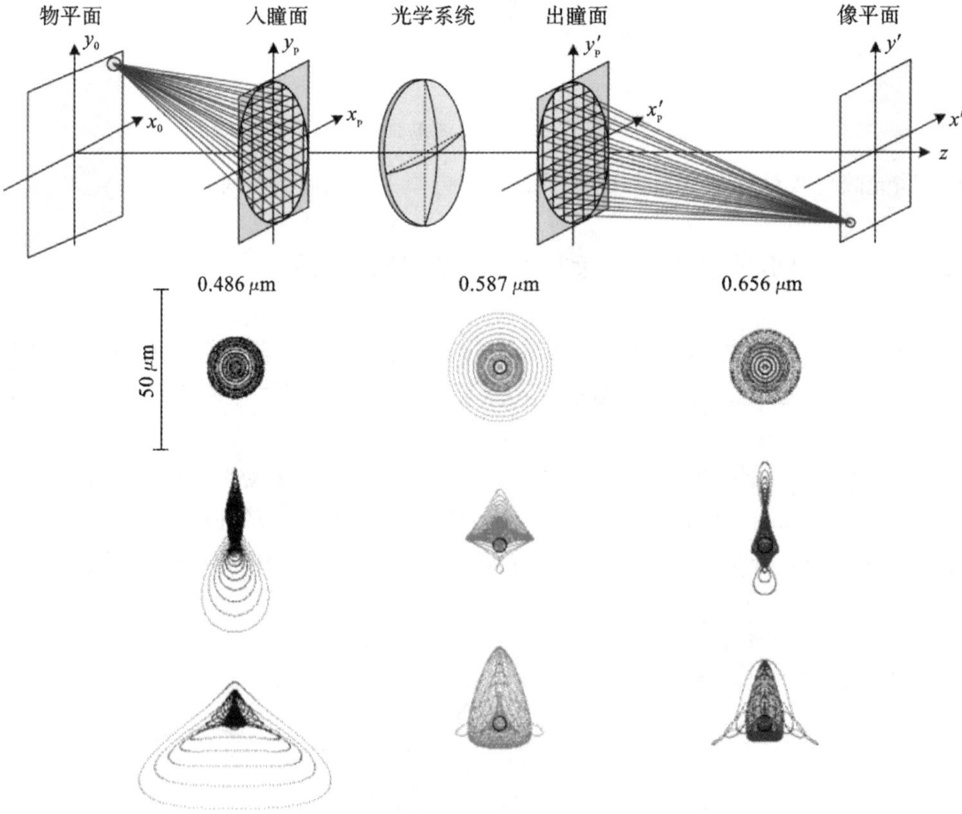

图 12-15　点列图

点列图用于描述由光学系统像差产生的图像模糊的几何估计，每一条射线对应相同的能量，点列图中点的数量越多，追迹的光线越多，越能精确反应像面上的光强分布。不同像差在点列图上的表现各不相同。但由于一个光学系统通常具有许多种像差，因此需要对点列图的形状进行判断来确认系统的主要像差类型。

点列图中的点的密度即代表光能量密度，点列图中这些点的密集程度可用于衡量系统的优劣，因此它是一个十分重要且直观的光学系统性能评价指标。

12.2.7　像斑尺寸

像斑的几何中心相对于参考像点的位置坐标为垂轴像差的平均值，即：

$$\bar{\varepsilon}_y = \frac{1}{N}\sum_{i=1}^{N}\varepsilon_{yi} \tag{12-7}$$

$$\bar{\varepsilon}_x = \frac{1}{N}\sum_{i=1}^{N}\varepsilon_{xi} \tag{12-8}$$

像斑几何尺寸可以分别通过 x 方向和 y 方向光线垂轴像差曲线中的峰谷值来确定。如图12-16所示，对于大多数像差，PV 像斑尺寸可以直接从像差曲线图中读取。

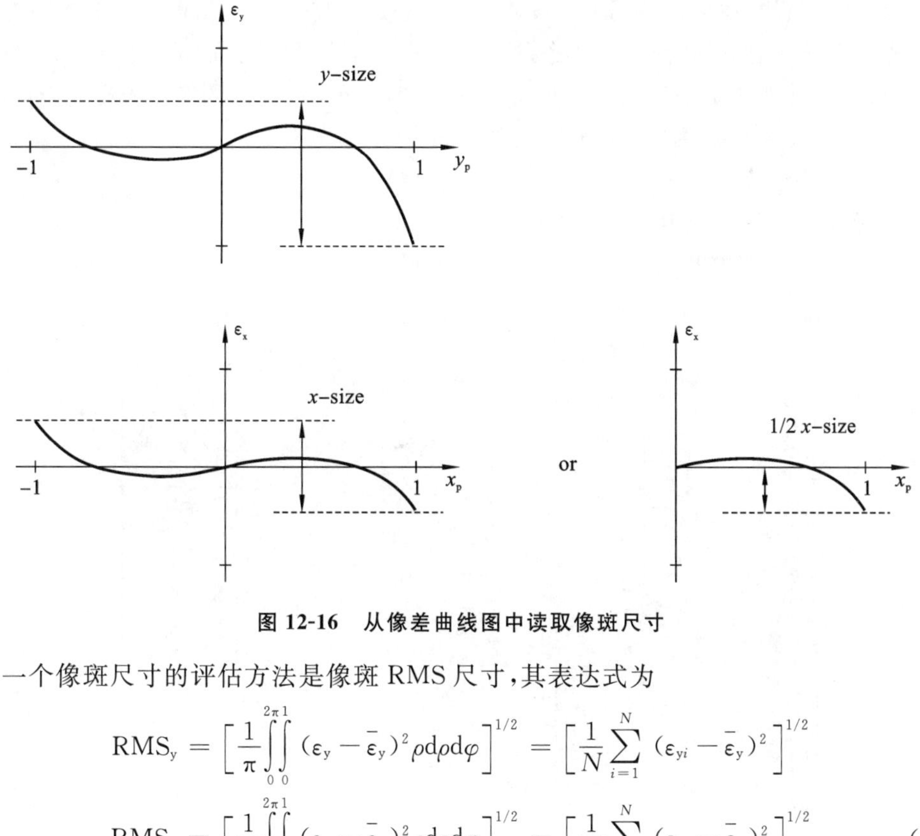

图 12-16　从像差曲线图中读取像斑尺寸

另一个像斑尺寸的评估方法是像斑 RMS 尺寸，其表达式为

$$\mathrm{RMS}_y = \left[\frac{1}{\pi}\int_0^{2\pi}\int_0^{1}(\varepsilon_y - \bar{\varepsilon}_y)^2\rho\mathrm{d}\rho\mathrm{d}\varphi\right]^{1/2} = \left[\frac{1}{N}\sum_{i=1}^{N}(\varepsilon_{yi} - \bar{\varepsilon}_y)^2\right]^{1/2} \tag{12-9}$$

$$\mathrm{RMS}_x = \left[\frac{1}{\pi}\int_0^{2\pi}\int_0^{1}(\varepsilon_x - \bar{\varepsilon}_x)^2\rho\mathrm{d}\rho\mathrm{d}\varphi\right]^{1/2} = \left[\frac{1}{N}\sum_{i=1}^{N}(\varepsilon_{xi} - \bar{\varepsilon}_x)^2\right]^{1/2} \tag{12-10}$$

因此，像斑 RMS 尺寸半径可以由式(12-11)进行计算：

$$\mathrm{RMS}_r^2 = \mathrm{RMS}_y^2 + \mathrm{RMS}_x^2 \tag{12-11}$$

12.3 像差的多项式展开

12.3.1 像差的数学表征

显然,波前像差取决于所选光线,通过光瞳坐标(x_p,y_p)可以区分出任意一条从物点出发并通过光瞳的光线。其波像差是 x_p 与 y_p 的函数,记为 $W(x_p,y_p)$。需要注意的是,该函数只描述了所选特定物点的波像差,为了描述整个系统的波像差,需要考虑整个视场,如果我们用物平面上的坐标(x,y)来描述一个物点,那么波前像差就成为四个变量的函数,即 $W(x,y,x_p,y_p)$。对于不具有旋转对称性的系统,四个变量是必要的。而对于具有旋转对称性的系统,可以将四个变量简化为三个变量来描述整个系统的波前像差。

图 12-17 所示的为一个旋转对称系统,将物点坐标(x,y)与光瞳坐标(x_p,y_p)用一条线联系起来。对于这条线,波前像差用 $W(x,y,x_p,y_p)$表示。现在当这条光线环绕光轴旋转任意角度后,由于系统具有旋转对称性,波像差将不会发生改变,因此我们可以找到一个与旋转无关的量。假设 $\boldsymbol{F}$ 为物平面原点到物点的物方矢量,$\boldsymbol{P}$ 为像平面原点到像点的光瞳矢量,其长度分别为 F 和 P。则可以得到以下旋转不变的变量:

物方矢量的平方为 $\boldsymbol{F}\cdot\boldsymbol{F}=|F|^2=x^2+y^2$;

光瞳矢量的平方为 $\boldsymbol{P}\cdot\boldsymbol{P}=|P|^2=x_p^2+y_p^2$;

物方矢量与光瞳矢量的点积为 $\boldsymbol{P}\cdot\boldsymbol{F}=|P|\cdot|F|\cdot\cos(\varphi_F-\varphi_P)=x_p x+y_p y$。

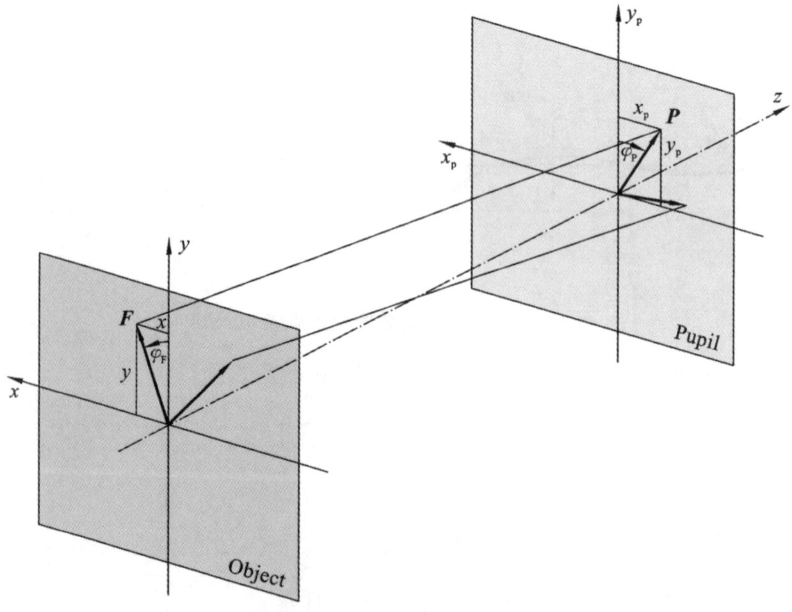

图 12-17 旋转对称系统

物方矢量与光瞳矢量的点积不仅包含了这两个矢量的长度,还包含了它们之间的角度,因此,借助上述几个旋转无关的量,任意射线的波像差可以表示为 $W(\boldsymbol{P}\cdot\boldsymbol{P},\boldsymbol{P}\cdot\boldsymbol{F},\boldsymbol{F}\cdot\boldsymbol{F})$。

此时波像差仅由物方矢量的长度、光瞳矢量的长度,以及这两者之间的夹角 $\varphi_F-\varphi_P$ 决定,因此我们可以选择一个 y 轴上的物点,令 $x=0$,则波像差可由式(12-12)进行计算:

$$W = W(x_p^2 + y_p^2, y_p y, y^2) \tag{12-12}$$

12.3.2　波前的多项式展开

波前像差的一般形式可以用幂级数来表示。波前展开适用于旋转对称光学系统固有的波前像差的多项式幂级数展开。这些像差是所设计的光学系统固有存在的光学特性。为了满足旋转对称的要求,展开项为 H^2、ρ^2 和 $H\rho\cos\varphi$,如式(12-13)所示。下标系数编码对应着多项式各个项的幂:

$$W_{IJK} = H^I \rho^J \cos^K\varphi \tag{12-13}$$

$W(H,\rho,\theta)=W_{000}$	Piston 误差
$+W_{020}\rho^2$	离焦
$+W_{111}H\rho\cos\varphi$	倾斜
$+W_{200}H^2$	非独立场相位
三阶项	
$+W_{040}\rho^4$	球差
$+W_{131}H\rho^3\cos\varphi$	彗差
$+W_{222}H^2\rho^2\cos^2\varphi$	像散
$+W_{220}H^2\rho^2$	场曲
$+W_{311}H^3\rho\cos\varphi$	畸变
$+W_{400}H^4$	非独立场相位
五阶项	
$+W_{060}\rho^6$	五阶球差
$+W_{151}H\rho^5\cos\varphi$	五阶线性彗差
$+W_{422}H^4\rho^2\cos^2\varphi$	五阶像散
$+W_{420}H^4\rho^2$	五阶场曲
$+W_{511}H^5\rho\cos\varphi$	五阶畸变
$+W_{240}H^2\rho^4$	斜弧矢球差
$+W_{242}H^2\rho^4\cos^2\varphi$	斜切向球差
$+W_{331}H^3\rho^3\cos\varphi$	立方彗差
$+W_{333}H^3\rho^3\cos^3\varphi$	线性彗差
+更高阶项	

12.3.3　垂轴像差的数学表征

如图 12-18 所示,几何光学中的光线相当于波动光学中波阵面的法线,垂轴像差的大小与波像差关于入瞳位置的变化率有关,可以用式(12-14)与式(12-15)来表示:

$$\varepsilon_y(x_p, y_p) = -\frac{R}{r_p}\frac{\partial W(x_p, y_p)}{\partial y_p} \tag{12-14}$$

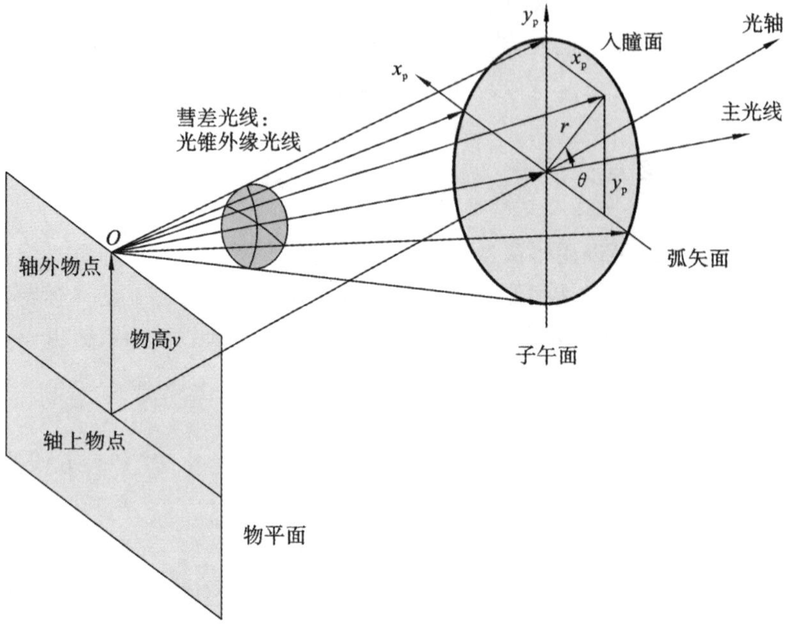

图 12-18　垂轴像差的坐标体系

$$\varepsilon_x(x_p, y_p) = -\frac{R}{r_p}\frac{\partial W(x_p, y_p)}{\partial x_p} \tag{12-15}$$

$$\frac{R}{r_p} = \frac{-1}{n'u'} \approx 2f/\#_W \tag{12-16}$$

其中，n'、u'分别为像方空间折射率与像方出射光束边缘光线的近轴光线角，R 代表像方空间出瞳波前的半径，r_p 代表出瞳半径。

因此，各类像差的波前分布和垂轴像差分布如下所示：

离焦	W_{020}	$W=W_{020}\rho^2$	$\varepsilon_y=-2(R/r_p)W_{020}\rho\cos\varphi$
			$\varepsilon_x=-2(R/r_p)W_{020}\rho\sin\varphi$
倾斜	W_{111}	$W=W_{111}H\rho\cos\varphi$	$\varepsilon_y=-(R/r_p)W_{111}H$
			$\varepsilon_x=0$
球差	W_{040}	$W=W_{040}\rho^4$	$\varepsilon_y=-4(R/r_p)W_{040}\rho^3\cos\varphi$
			$\varepsilon_x=-4(R/r_p)W_{040}\rho^3\sin\varphi$
彗差	W_{131}	$W=W_{131}H\rho^3\cos\varphi$	$\varepsilon_y=-(R/r_p)W_{131}H\rho^2(2+\cos^2\varphi)$
			$\varepsilon_x=-(R/r_p)W_{131}H\rho^2\sin^2\varphi$
像散	W_{222}	$W=W_{222}H^2\rho^2\cos^2\varphi$	$\varepsilon_y=-2(R/r_p)W_{222}H^2\rho\cos\varphi$
			$\varepsilon_x=0$
场曲	W_{220}	$W=W_{220}H^2\rho^2$	$\varepsilon_y=-2(R/r_p)W_{220}H^2\rho\cos\varphi$
			$\varepsilon_x=-2(R/r_p)W_{220}H^2\rho\sin\varphi$
畸变	W_{311}	$W=W_{311}H^3\rho\cos\varphi$	$\varepsilon_y=-(R/r_p)W_{311}H^3$
			$\varepsilon_x=0$

12.3.4　波前像差的赛得和数展开

除了上述波前像差幂级数展开之外，我们定义了一组新的像差系数，即赛得和数：S_{I}、S_{II}、S_{III}、S_{IV}、S_{V}，来进一步表征光学系统的主要像差。为了量化计算这些赛得和数的表达式，对于如图 12-19 所示的一个单折射球面，我们引入如下两个物理量：

$$A = n(yc+u) = n\cdot i = n'\cdot i' \tag{12-17}$$

$$\overline{A} = n(\overline{y}c+\overline{u}) = n\cdot \overline{i} = n'\cdot \overline{i'} \tag{12-18}$$

式中，带横杠的物理量均是针对主光线的，而不带横杠的物理量则是针对边缘光线定义的。这里，n 是折射率，i 是近轴入射角，u 是近轴光线的光线角，y 是光线高度，c 是表面的曲率半径。图 12-19 针对的是边缘光线的相关物理量。很显然，A 和 $\overline{A}$ 代表了该光学表面的折射不变量。

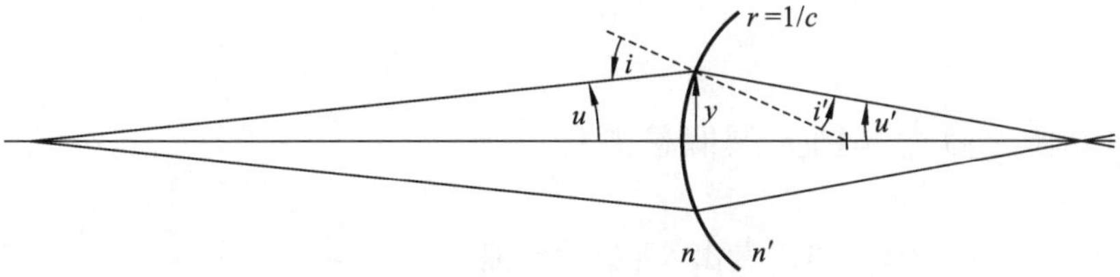

图 12-19　计算光学表面折射不变量所需物理量

我们可以通过追迹两条近轴光线（即边缘光线和主光线）来计算如上所定义的折射不变量。那么，赛得和数的各项系数可以由下列式子进行计算：

球差 $$S_{\mathrm{I}} = -\sum A^2\cdot y\cdot \Delta\left(\frac{u}{n}\right) \tag{12-19}$$

彗差 $$S_{\mathrm{II}} = -\sum \overline{A}A\cdot y\cdot \Delta\left(\frac{u}{n}\right) \tag{12-20}$$

像散 $$S_{\mathrm{III}} = -\sum \overline{A}^2\cdot y\cdot \Delta\left(\frac{u}{n}\right) \tag{12-21}$$

场曲 $$S_{\mathrm{IV}} = -\sum Ж^2\cdot c\cdot \Delta\left(\frac{u}{n}\right) \tag{12-22}$$

畸变 $$S_{\mathrm{V}} = -\sum \left\{\frac{\overline{A}^3}{A}\cdot y\cdot \Delta\left(\frac{u}{n}\right)+\frac{\overline{A}}{A}\cdot Ж^2\cdot c\cdot \Delta\left(\frac{1}{n}\right)\right\} \tag{12-23}$$

轴向色差 $$C_{\mathrm{I}} = \sum A\cdot y\cdot \Delta\left(\frac{\delta n}{n}\right) \tag{12-24}$$

横向色差 $$C_{\mathrm{II}} = \sum \overline{A}\cdot y\cdot \Delta\left(\frac{\delta n}{n}\right) \tag{12-25}$$

公式中求和符号代表对光学系统的各个光学表面进行求和，Ж 代表该光学表面处的拉格朗日不变量。

如果我们将波前像差用赛得和数进行展开，则其表达式为

$$\begin{aligned} W(H,\rho,\theta) = &\frac{1}{8}S_{\mathrm{I}}\rho^4 + \frac{1}{2}S_{\mathrm{II}}H\rho^3\cos\varphi + \frac{1}{2}S_{\mathrm{III}}H^2\rho^2\cos^2\varphi \\ &+ \frac{1}{4}(S_{\mathrm{III}}+S_{\mathrm{IV}})H^2\rho^2 + \frac{1}{2}S_{\mathrm{V}}H^3\rho\cos\varphi + \cdots \end{aligned} \tag{12-26}$$

比较波前像差函数的幂级数展开表达式式(12-13)和赛得和数展开式式(12-26)，我们可以得

到二者系数之间的关系式为

球差 $$W_{040}=\frac{1}{8}S_{\mathrm{I}} \tag{12-27}$$

彗差 $$W_{131}=\frac{1}{2}S_{\mathrm{II}} \tag{12-28}$$

像散 $$W_{222}=\frac{1}{2}S_{\mathrm{III}} \tag{12-29}$$

场曲 $$W_{220}=\frac{1}{4}(S_{\mathrm{IV}}+S_{\mathrm{III}}) \tag{12-30}$$

畸变 $$W_{311}=\frac{1}{2}S_{\mathrm{V}} \tag{12-31}$$

轴向色差 $$_{\lambda}W_{20}=\frac{1}{2}C_{\mathrm{I}} \tag{12-32}$$

横向色差 $$_{\lambda}W_{11}=C_{\mathrm{II}} \tag{12-33}$$

12.3.5 像差赛得和数光阑偏移方程

从式(12-19)～式(12-25)可以看出，S_{I}完全独立于主光线，与光阑位置无关。这符合我们预期，因为S_{I}代表球差。S_{IV}与H、拉格朗日不变量相关，因此，S_{IV}的大小取决于最大孔径和最大视场；然而，S_{IV}与边缘光线的物理量y、A等无关，同时也与主光线的物理量$\overline{A}$无关。因此，赛得和数中与主光线存在相关关系的主要是S_{II}、S_{III}和S_{V}。由于主光线是由光阑的位置所决定的，因此，改变系统中光阑的位置时也会相应地改变S_{II}、S_{III}和S_{V}的大小。如图12-20所示，当我们改变光阑位置时，我们可以改变光阑的大小，从而保证边缘光线不发生变化。这样，我们就可以推得一组形式非常简单的像差赛得和数光阑偏移方程，该组方程能够很好地表征改变光阑位置对系统像差性能的影响。

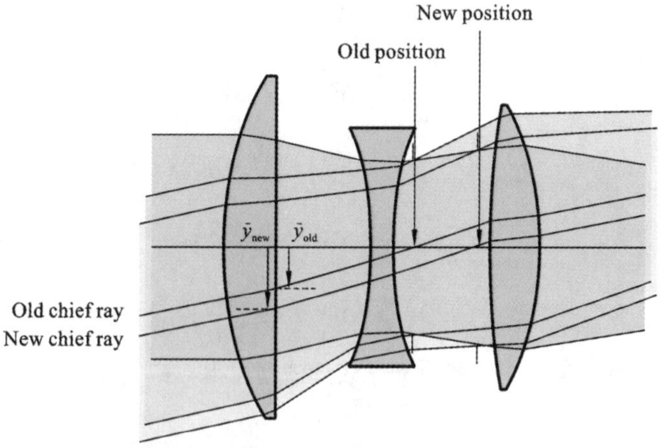

图 12-20 光阑偏移

光阑位置可以通过每个光学表面的赛得偏心率进行表征。该偏心率的定义为

$$E=\frac{\overline{y}}{y} \tag{12-34}$$

其中，y 是该光学表面边缘光线高度，$\bar{y}$ 是该光学表面主光线高度。赛得偏心率表征的是偏斜光束相对于轴上光束的偏心率大小。用这个参数 E 描述每个表面上的光阑位置的主要优点是可处理光阑的移动问题。当光阑位置移动一定距离时，如图 12-20 所示，主光线在选定的表面上的光线高度从 $\bar{y}_{\text{old}}$ 变为 $\bar{y}_{\text{new}}$，而该光学表面赛得偏心率的改变量（即光阑移动参量）为

$$\delta E = \frac{\bar{y}_{\text{new}} - \bar{y}_{\text{old}}}{y} = \frac{\delta \bar{y}}{y} \tag{12-35}$$

该式表明，对于一个给定的光阑位置改变，赛得偏心率的改变量 δE 对于系统中的所有光学表面都是相等的。因此，δE 表征了某一个特定的光阑偏移。

我们用 S_{I}^{*} 到 S_{V}^{*} 以及 C_{I}^{*} 和 C_{II}^{*} 表征经过 δE 的光阑偏移之后的光学系统像差的赛得和数，这样我们可以得到一组十分简单且有指导性的方程来描述赛得和数的变换，即光阑偏移方程：

$$S_{\mathrm{I}}^{*} = S_{\mathrm{I}} \tag{12-36}$$

$$S_{\mathrm{II}}^{*} = S_{\mathrm{II}} + \delta E \cdot S_{\mathrm{I}} \tag{12-37}$$

$$S_{\mathrm{III}}^{*} = S_{\mathrm{III}} + 2\delta E \cdot S_{\mathrm{II}} + \delta E^{2} \cdot S_{\mathrm{I}} \tag{12-38}$$

$$S_{\mathrm{IV}}^{*} = S_{\mathrm{IV}} \tag{12-39}$$

$$S_{\mathrm{V}}^{*} = S_{\mathrm{V}} + \delta E \cdot (3S_{\mathrm{III}} + S_{\mathrm{IV}}) + 3\delta E^{2} \cdot S_{\mathrm{II}} + \delta E^{3} \cdot S_{\mathrm{I}} \tag{12-40}$$

$$C_{\mathrm{I}}^{*} = C_{\mathrm{I}} \tag{12-41}$$

$$C_{\mathrm{II}}^{*} = C_{\mathrm{II}} + \delta E \cdot C_{\mathrm{I}} \tag{12-42}$$

从这些公式可以看出，如果系统存在球差（S_{I}），则在光阑发生偏移时，彗差（S_{II}）会以恒定的速率发生变化。因此，从理论上来讲，如果球差不等于零，则可以通过改变光阑的位置来使彗差为零。另一方面，如果球差为零，则彗差将不受光阑偏移的影响。当然，光阑偏移公式对系统像差性能的描述对于三阶像差会十分有效。然而，对更高阶像差来说，相应的光阑偏移方程会变得十分复杂，因此一般很少应用。

12.3.6　非球面像差理论

1. 非球面表征

球面一般仅由一个参数（即半径）来描述，但非球面通常需要由半径和附加的多个参数来进行描述，这些参数均可用作光学设计优化过程中的变量。这些附加参数的主要特征是它们不影响近轴成像，因此可以自由地改变它们以校正像差。因此，非球面是一种强大的光学设计工具。但非球面的选用必须非常慎重，因为它在可加工性、制造成本和装调等方面存在较大的局限性。

非球面一般用于补偿源自系统其他部分的像差，但有时候非球面也用于避免仅在特定表面处发生像差的情况。非球面一般主要用来控制球差或畸变。非球面不仅可以补偿初级像差，而且还可以补偿高阶像差。在补偿球差时，非球面应置于孔径光阑附近；而在补偿畸变时，非球面应远离光阑，这样可使得倾斜光束能交于非球面的不同区域。

目前存在多种表征非球面的方式。如图 12-21 所示，我们采用矢高来表征旋转对称非球面，它主要基于圆锥常数 κ 和附加的偶次幂级数（a_4、a_6 等）。如果非球面顶点处的曲率为 c，则非球面的矢高 z 可以由如下式子进行表示：

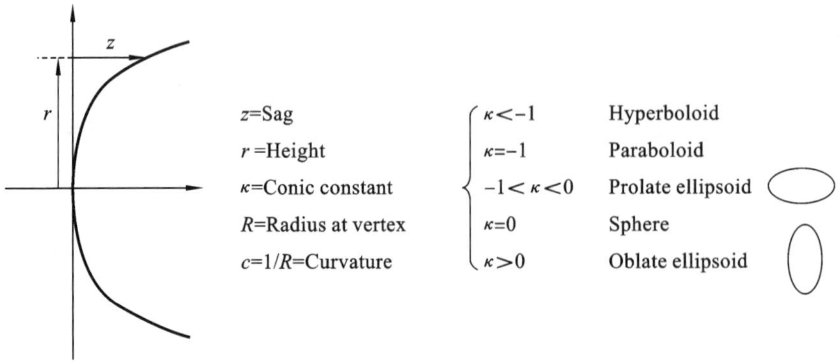

图 12-21 旋转对称非球面

$$z=\frac{cr^2}{1+\sqrt{1-(1+\kappa)c^2r^2}}+a_4r^4+a_6r^6+a_8r^8+\cdots \tag{12-43}$$

$$r=\sqrt{x^2+y^2} \tag{12-44}$$

2. 非球面像差的赛得和数贡献

为了进一步理解非球面中的圆锥常数以及高阶非球面系数等对像差的影响，我们将传统的球面矢高进行级数展开，可以得到如下方程：

$$z=\frac{1}{2}cr^2+\frac{1}{8}c^3r^4+\frac{1}{16}c^5r^6+\cdots \tag{12-45}$$

在保持轴向曲率不变的前提下，我们可以仅通过一个参数来描述以轴对称方式对该表面进行非球面化的效果，即额外增加一个附加的四次项系数 G。这是因为高次项部分不会影响初级赛得像差。这样，非球面的矢高可以展开为

$$z=\frac{1}{2}cr^2+\left(\frac{1+\kappa}{8}c^3+a_4\right)r^4+\cdots \tag{12-46}$$

因此，非球面附加的四次项系数 G 为

$$G=\frac{1}{8}\kappa c^3+a_4 \tag{12-47}$$

非球面项只影响孔径的四次幂项以及更高阶项。因此可以看出，如果孔径光阑或光瞳处于非球面表面，则非球面化的唯一效果是改变球差，因为所有其他赛得像差取决于比孔径四次方更低阶的项。准确地说，瞳孔中(x,y)处的波前相对于中心向前推进$(n'-n)G(x^2+y^2)^2$，因此非球面在波前传输的面型变化上相当于在 S_{I} 上增加额外一个项：

$$\delta S_{\mathrm{I}}=\sum 8Gy^4\Delta(n) \tag{12-48}$$

如果非球面不在孔径光阑处或光瞳处，则非球面会引入额外的彗差、像散和畸变。而其本质上是基于光阑发生偏移之后引入的额外像差。因此，结合像差的光阑偏移方程，非球面引入的其他额外像差可以分别表示为

$$\begin{cases}\delta S_{\mathrm{II}}=\dfrac{\bar{y}}{y}\delta S_{\mathrm{I}}\\[2ex] \delta S_{\mathrm{III}}=\left(\dfrac{\bar{y}}{y}\right)^2\delta S_{\mathrm{I}}\\[2ex] \delta S_{\mathrm{V}}=\left(\dfrac{\bar{y}}{y}\right)^3\delta S_{\mathrm{I}}\end{cases} \tag{12-49}$$

12.3.7　薄透镜像差的赛得和数

前面我们已经推导了每一个光学折射面的主要像差系数。但更多情况下我们希望知道每一个薄透镜对像差的贡献，这对光学设计和像差优化非常有利。薄透镜厚度为零的这一假设能够极大地简化像差的计算方程。虽然现实世界中没有真正意义上的薄透镜，但薄透镜理论计算的结果在很多情况下都能很好地逼近实际情况。为了进一步推导薄透镜的像差系数，我们需要对薄透镜两个表面的贡献进行赛得求和，并且使用薄透镜的相关参数进行表达。这些薄透镜参数主要包括形状系数 X（表征透镜的弯曲情况）和物像共轭参数 Y（表征物像的共轭性质，又称位置参数，或放大率参数）。

如图 12-22 所示的薄透镜，该透镜的形状系数 X 可以定义为

$$X=\frac{c_1+c_2}{c_1-c_2} \tag{12-50}$$

其中，c_1 和 c_2 分别代表透镜前后表面的曲率半径。透镜成像的物像共轭参数 Y 定义如下：

$$Y=\frac{u'+u}{u'-u}=\frac{1+m}{1-m} \tag{12-51}$$

这里，u 和 u' 分别代表边缘光线通过透镜前和后的近轴光线角。

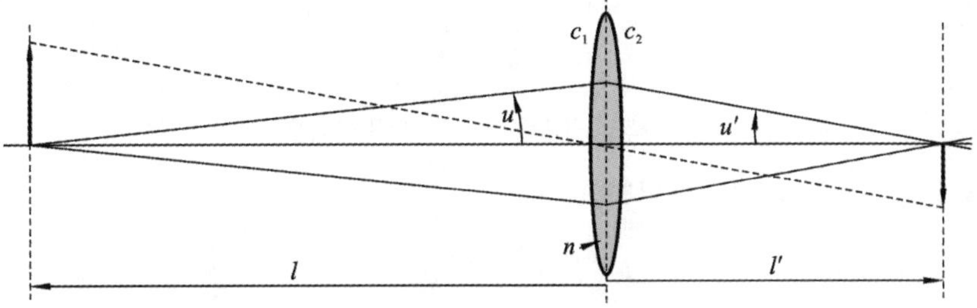

图 12-22　薄透镜成像示意图

如果透镜材料的折射率为 n，则该薄透镜的光焦度为

$$\phi=(n-1)(c_1-c_2) \tag{12-52}$$

计算透镜的色差时我们需要用到材料的阿贝数，因此阿贝数 V 一般定义为

$$V=\frac{n-1}{\delta n} \tag{12-53}$$

为了得到薄透镜本身的像差贡献，我们假定光阑位于薄透镜处，这样主光线在透镜处的高度为零。基于这个假设，我们可以求得薄透镜的主要像差系数如下：

$$S_{\mathrm{I}}=\frac{1}{4}y^4\phi^3\left(\frac{n+2}{n(n-1)^2}X^2-\frac{4(n+1)}{n(n-1)}XY+\frac{3n+2}{n}Y^2+\frac{n^2}{(n-1)^2}\right) \tag{12-54}$$

$$S_{\mathrm{II}}=\frac{1}{2}Жy^2\phi^2\left(\frac{n+1}{n(n-1)}X-\frac{2n+1}{n}Y\right) \tag{12-55}$$

$$S_{\mathrm{III}}=Ж^2\phi \tag{12-56}$$

$$S_{\mathrm{IV}}=Ж^2\phi\frac{1}{n} \tag{12-57}$$

$$S_{\mathrm{V}}=0 \tag{12-58}$$

$$C_{\mathrm{I}} = y^2\phi \frac{1}{V} \tag{12-59}$$

$$C_{\mathrm{II}} = 0 \tag{12-60}$$

同样，为了计算赛得和数，必须使用最大孔径和最大视场的近轴光线。由于拉格朗日不变量 Ж 的线性因子包含孔径和视场，因此可以容易知道光学系统的赛得和数依赖系统孔径和视场的大小。

12.3.8 平行平板像差的赛得和数

在光学系统中，以玻璃窗或棱镜的形式存在的等效平行平板非常常见，其赛得和数的计算亦比较简单。如图 12-23 所示，我们假设平行平板的厚度为 d，折射率为 n，平行平板周围介质折射率为 n_0。令入射光与水平方向夹角为 u，与平行平板第一表面相交于高度 h。

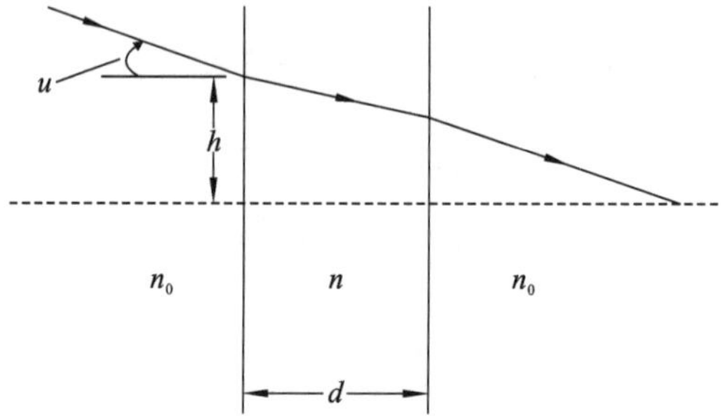

图 12-23 平行平板像差的赛得和数

根据式(12-19)～式(12-25)可以得到：

$$S_{\mathrm{I}} = -\frac{n_0(n^2-1)}{n^3}u^4 d \tag{12-61}$$

$$S_{\mathrm{II}} = \frac{\bar{u}}{u}S_{\mathrm{I}} \tag{12-62}$$

$$S_{\mathrm{III}} = \left(\frac{\bar{u}}{u}\right)^2 S_{\mathrm{I}} \tag{12-63}$$

$$S_{\mathrm{IV}} = 0 \tag{12-64}$$

$$S_{\mathrm{V}} = \left(\frac{\bar{u}}{u}\right)^3 S_{\mathrm{I}} \tag{12-65}$$

$$C_{\mathrm{I}} = -n_0 \frac{\delta n}{n^2}u^2 d \tag{12-66}$$

$$C_{\mathrm{II}} = -n_0 \frac{\delta n}{n^2}u\bar{u}d \tag{12-67}$$

其中，$\bar{u}$ 为主光线的会聚角，可以很容易地被拉格朗日不变量替代，但这样就会引入入射光高度。式(12-61)～式(12-67)表明，平行平板像差的赛得和数不随平行平板沿光轴方向的移动而改变，即与入射高度无关，事实上对于有限物距的入射光也是如此。同时我们也可以看到，在平行光路中，平行平板不引入像差，且像差的大小与平板的厚度成线性关系。

12.3.9　泽尼克多项式

很多情况下，人们使用 Zernike(泽尼克)多项式来描述圆形孔径的波前像差。它们代表了一系列曲面形变。通过这些曲面形变，任意波像差可以扩展成具有确定尺寸的离散形状。这使得对波像差进行分类并定量地描述形变大小成为可能。

Zernike 多项式表示恒定权重函数下的圆形区域的标准正交基。因此，原则上，为了描述复杂的表面形状，分别需要无数个基本函数和无穷大的阶数。然而，在实践中，对于足够光滑的表面，我们可以仅保留有限的某些项，通常为 36 个。

Zernike 多项式在出射光瞳中定义，并且为了简化符号，下面将省略下标 p(代表光瞳)。Zernike 多项式基本上在极坐标系中(也可以在直角坐标系中)定义，由径向项 $R(\rho)$ 和依赖于方位角 φ 的项组成。因此，Zernike 多项式可以定义为

$$Z_n^m(\rho,\varphi)=R_n^m(\rho)\cdot\begin{cases}\sin(m\varphi) & m>0\\ \cos(m\varphi) & m<0\\ 1 & m=0\end{cases} \tag{12-68}$$

其中，光学孔径是归一化的，这样半径 r 取值为 0～1，而方位角 φ 值是从 y 坐标开始顺时针进行测量得到的。因此，有：

$$x=\rho\cdot\sin\varphi,\quad y=\rho\cdot\cos\varphi \tag{12-69}$$

下标 n 和 m 分别代表径向项和方位角项的阶数。n 和 m 的选取遵循以下规则：①n 和 m 要么均为奇数，要么均为偶数，即 $n-m$ 是偶数；② $|m|\subseteq n$ 永远成立。

$R(\rho)$可以作为雅可比多项式的特例推导出来，它们的正交性和归一化性质由下式给出：

$$\int_0^1 R_n^m(\rho)R_{n'}^m(\rho)\rho\mathrm{d}\rho=\frac{1}{2(n+1)}\delta_{nn'} \tag{12-70}$$

其中，$R_n^m(1)=1$。这样，径向项可以很容易分解成如下表达式：

$$R_{2n-m}^m(\rho)=Q_n^m(\rho)\rho^m \tag{12-71}$$

其中，$Q_n^m(\rho)$是 $2(n-m)$ 阶多项式。这样，$Q_n^m(\rho)$可以表示为

$$Q_n^m(\rho)=\sum_{s=0}^{n-m}(-1)^s\frac{(2n-m-s)!}{s!(n-s)!(n-m-s)!}\rho^{2(n-m-s)} \tag{12-72}$$

Zernike 多项式在单位圆区域内也是正交的。根据其正交特性，我们可以得到如下表达式：

$$\int_0^1\int_0^{2\pi}Z_n^m(\rho,\varphi)\cdot Z_{n'}^{m'}(\rho,\varphi)\mathrm{d}\varphi r\mathrm{d}r=\frac{\pi\cdot(1+\delta_{m0})}{2(n+1)}\cdot\delta_{nn'}\cdot\delta_{mm'} \tag{12-73}$$

因此，波前像差最终的 Zernike 多项展开式可以表达成如下式子：

$$W=\Delta\overline{W}+\sum_{n=1}^{\infty}\left[A_nQ_n^0(\rho)+\sum_{m=1}^{n}Q_n^m(\rho)\rho^m(B_{nm}\cos m\varphi+C_{nm}\sin m\varphi)\right] \tag{12-74}$$

其中，$\Delta\overline{W}$是平面波前像差，A_n、B_{nm} 和 C_{nm} 是单独的多项式系数。对于旋转对称系统来说，波前像差是关于子午面对称的，因此只有关于 φ 的偶函数项是合理的。然而，大多数情况下波前像差不具有对称性，因此该展开中包含了两种三角函数项。

表 12-1 列出了前 36 项 Zernike 系数及 1 个常数项。注意，表中 Zernike 多项式的顺序并不是被普遍所接受的，不同的人会使用不同的定义。第 0 项是常数项，第 1 项和第 2 项代表波前倾斜，第 3 项代表离焦项。因此，第 1 项至第 3 项表示波前的高斯或近轴特性。第 4 项和第

5 项表征波前的像散加离焦。第 6 项和第 7 项表示彗差和倾斜，而第 8 项表示三阶球差和离焦。同样，第 9 项至第 15 项表示五阶像差，第 16 项至第 24 项表示七阶像差，第 25 项至第 35 项表示九阶像差。

表 12-1 Zernike **多项式系数及常数项**

n	m	No.	Polynomial
0	0	0	1
1	1	1	$\rho\cos\varphi$
	−1	2	$\rho\sin\varphi$
	0	3	$2\rho^2-1$
2	2	4	$\rho^2\cos2\varphi$
	−2	5	$\rho^2\sin2\varphi$
	1	6	$(3\rho^2-2)\rho\cos\varphi$
	−1	7	$(3\rho^2-2)\rho\sin\varphi$
	0	8	$6\rho^4-6\rho^2+1$
3	3	9	$\rho^3\cos3\varphi$
	−3	10	$\rho^3\sin3\varphi$
	2	11	$(4\rho^2-3)\rho^2\cos2\varphi$
	−2	12	$(4\rho^2-3)\rho^2\sin2\varphi$
	1	13	$(10\rho^4-12\rho^2+3)\rho\cos\varphi$
	−1	14	$(10\rho^4-12\rho^2+3)\rho\sin\varphi$
	0	15	$20\rho^6-30\rho^4+12\rho^2-1$
4	4	16	$\rho^4\cos4\varphi$
	−4	17	$\rho^4\sin4\varphi$
	3	18	$(5\rho^2-4)\rho^3\cos3\varphi$
	−3	19	$(5\rho^2-4)\rho^3\sin3\varphi$
	2	20	$(15\rho^4-20\rho^2+6)\rho^2\cos2\varphi$
	−2	21	$(15\rho^4-20\rho^2+6)\rho^2\sin2\varphi$
	1	22	$(35\rho^6-60\rho^4+30\rho^2-4)\rho\cos\varphi$
	−1	23	$(35\rho^6-60\rho^4+30\rho^2-4)\rho\sin\varphi$
	0	24	$70\rho^8-140\rho^6+90\rho^4-20\rho^2+1$
5	5	25	$\rho^5\cos5\varphi$
	−5	26	$\rho^5\sin5\varphi$
	4	27	$(6\rho^2-5)\rho^4\cos4\varphi$
	−4	28	$(6\rho^2-5)\rho^4\sin4\varphi$

续表

n	m	No.	Polynomial
5	3	29	$(21\rho^4-30\rho^2+10)\rho^3\cos3\varphi$
	-3	30	$(21\rho^4-30\rho^2+10)\rho^3\sin3\varphi$
	2	31	$(56\rho^6-105\rho^4+60\rho^2-10)\rho^2\cos2\varphi$
	-2	32	$(56\rho^6-105\rho^4+60\rho^2-10)\rho^2\sin2\varphi$
	1	33	$(126\rho^8-280\rho^6+210\rho^4-60\rho^2+5)\rho\cos\varphi$
	-1	34	$(126\rho^8-280\rho^6+210\rho^4-60\rho^2+5)\rho\sin\varphi$
	0	35	$252\rho^{10}-630\rho^8+560\rho^6-210\rho^4+30\rho^2-1$
6	0	36	$924\rho^{12}-2772\rho^{10}+3150\rho^8-1680\rho^6+420\rho^4-42\rho^2+1$

12.3.10　Aldis 定理

Aldis 定理是一个值得注意的像差公式，该公式用于计算任意光线的高斯像面相对于相关联的近轴主光线存在的垂轴或横向像差 $\mathrm{d}x'$ 和 $\mathrm{d}y'$。当前，可以通过简单的光线追迹获得该结果。Aldis 定理的突出特点是这些公式给出了垂轴像差光学表面贡献总和的表达式。这对于定位像差的来源非常有用，尤其是在与 Seidel 三阶公式协同使用时会更加有效，因为 Aldis 定理给出了整个像差的大小，包括所有阶数。

令要分析的系统具有 k 个球面。要使用 Aldis 定理，只需通过系统追迹两条光线，即一条近轴光线和一条远轴光线。从轴上物点发出的具有任意孔径的近轴光线（该孔径在公式中被抵消）提供了该系统任一个表面的折射不变量 $A_j=n_ji_j=n_j(y_jc_j+u_j)$ 以及最终的孔径角 u'_k。此外，必须基于所选择的近轴孔径以及要计算的像差的视场来计算拉格朗日不变量 $Ж$。例如，在像空间中，如果近轴像高为 y'，那么 $Ж$ 可计算为 $Ж=n'_ku'_ky'$。

现在追迹与 y' 相关的物点发出的一条远轴光线来计算其横向像差 $\mathrm{d}x'$ 和 $\mathrm{d}y'$。追迹该条远轴光线得到每个表面上的入射点坐标 x_j,y_j,z_j 和每个空间中的方向余弦 L_j,M_j,N_j。

令 $\Delta(x)=x'-x$ 表示物理量 x 经过表面折射后的增量。利用这些物理量，根据 Aldis 定理，横向像差 $\Delta x'$ 和 $\Delta y'$ 为

$$\Delta x'=-\frac{1}{n'_ku'_kN'_k}\sum_{j=1}^{k}\left[A_jz_j\Delta(L_j)+\frac{A_jx_j}{N'_j+N_j}\Delta(L_j^2+M_j^2)\right] \tag{12-75}$$

$$\Delta y'=-\frac{1}{n'_ku'_kN'_k}\sum_{j=1}^{k}\left[A_jz_j\Delta(M_j)+\frac{A_jy_j-H}{N'_j+N_j}\Delta(L_j^2+M_j^2)\right] \tag{12-76}$$

Aldis 定理的证明并不是很困难，但是很冗长。此外，Aldis 定理有一个十分有用的特征，它仅与纵向球差有关。

Seidel 表面贡献和 Aldis 表面贡献之间的差异可以通过一个非常简单的示例来证明。为此，将以消色差透镜的球差为例来比较两个理论的异同（见图 12-24）。

在表 12-2 中，根据式(12-19)计算 Seidel 表面贡献以及根据式(12-76)计算 Aldis 表面贡献。由于 Aldis 贡献取决于所选的光线，因此在表 12-2 中，给出了两条光线的 Aldis 贡献，即全光圈($\rho=1$)和一半光圈($\rho=0.5$)。

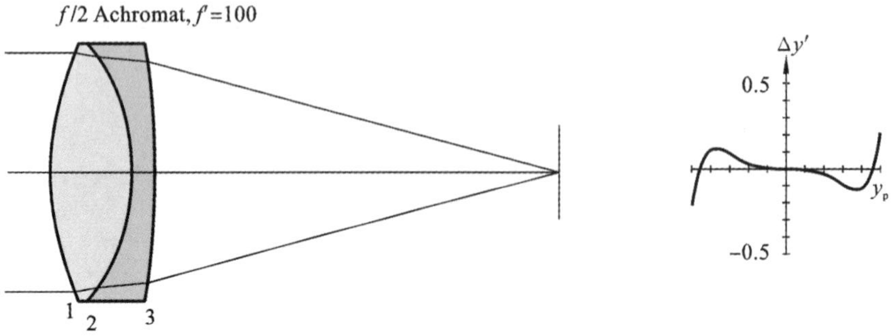

图 12-24 消色差透镜

表 12-2 图 12-24 中消色差透镜的 Seidel 和 Aldis 表面贡献

Surface	Seidel S_I	Aldis $\Delta y'(\rho=0.5)$	Aldis $\Delta y'(\rho=1)$
1	0.455	−0.118	−1.047
2	−0.730	0.209	2.604
3	0.577	−0.151	−1.345
Sum	0.302	−0.060	0.212

由于 Seidel 和 Aldis 的贡献量是完全不同的类型，因此很难直接进行比较。当根据式(12-19)计算相应的横向像差时，可以获得更多的见解。结果如图 12-25 所示。可以看出，Seidel 和 Aldis 之间的主要区别出现在表面 2(胶合面)上。从图 12-25 中可以看出，该表面处的边缘光线具有最大入射角，因此表面 2 贡献了最大量的五阶像差。

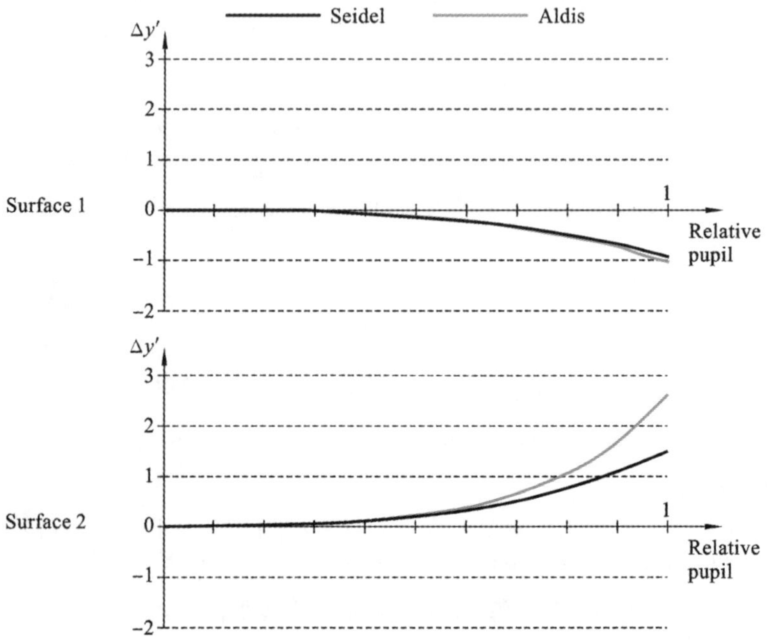

图 12-25 图 12-24 中消色差透镜的 Aldis 与 Seidel 表面贡献

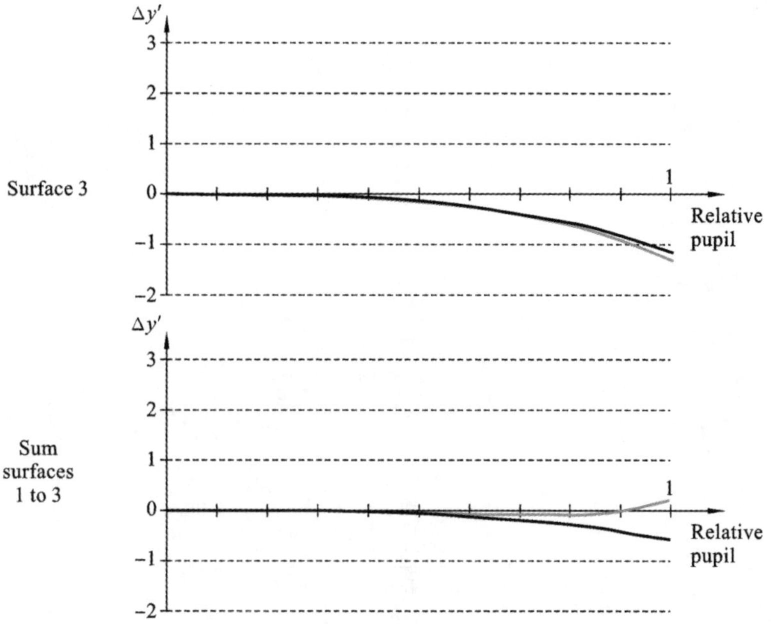

续图 12-25

12.4 离焦

12.4.1 离焦定义

离焦是指焦平面不处于最佳像点处，离焦并不是一种实际的像差。离焦的产生是因为选择了错误的参考像点，可以通过重新对准系统焦点来校正。离焦的产生如图 12-26 所示。

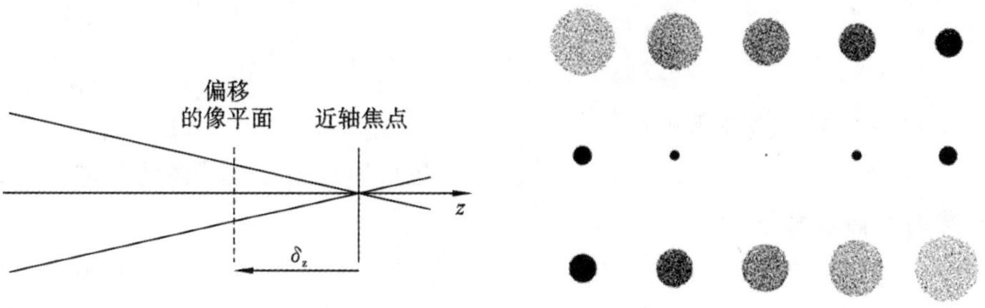

图 12-26 离焦与离焦光斑

已知 ε_z是轴向像差，δ_z是从近轴焦点到像平面的位移，$r_p y_p$的积是基于归一化的 y_p的物理距离。可以发现离焦造成的垂轴位移满足 $\varepsilon_x \propto y_p$ 和 $\varepsilon_x \propto x_p$，根据几何关系可知，由于离焦量$\delta_z$相对较小，$y$ 方向的垂轴位移可由式(12-77)进行计算：

$$\frac{\varepsilon_y}{-\delta_z} = \frac{r_p y_p}{R - \delta_z} = \frac{r_p y_p}{R} \tag{12-77}$$

因此，整理可得：

$$\varepsilon_y = -\delta_z y_p \left(\frac{r_p}{R}\right) \tag{12-78}$$

其中，有：

$$r_p \approx D/2 \tag{12-79}$$

$$R \approx f \text{ 或 } z' \tag{12-80}$$

因此，我们有：

$$\frac{R}{r_p} \approx 2f/\#_W \tag{12-81}$$

$$\frac{R}{r_p} \approx -\frac{1}{n'u'} = -\frac{1}{\omega'} \tag{12-82}$$

代入到式(12-78)中，可以得到：

$$\varepsilon_y = -\frac{\delta_z y_p}{2f/\#_W} = -\left(\frac{\delta_z y_p}{2f/\#}\right) \tag{12-83}$$

$$\varepsilon_x = -\frac{\delta_z x_p}{2f/\#_W} = -\left(\frac{\delta_z x_p}{2f/\#}\right) \tag{12-84}$$

12.4.2 离焦的波像差理论

1. 球面波前的矢高表征

如图 12-27 所示，球面波前的矢高为 z，r_p 是球面波前的孔径半径，ρ 与 r_p 的积基于归一化的 r_p 的物理距离，R 为球面波前的曲率半径。根据几何原理，我们有如下几何关系：

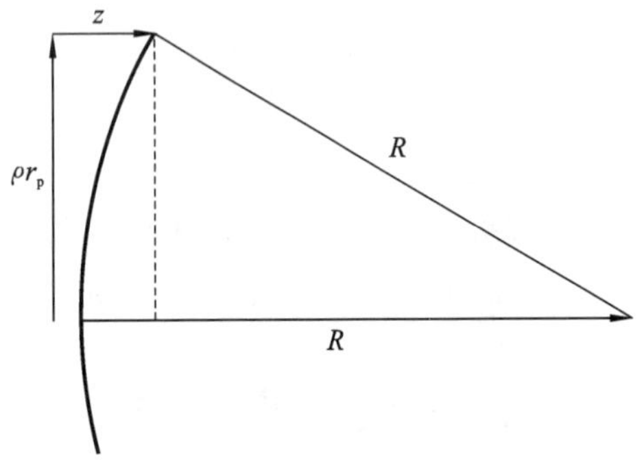

图 12-27 球面波前的矢高

$$(\rho r_p)^2 + (R - z)^2 = R^2 \tag{12-85}$$

整理，可以得到：

$$\rho^2 r_p^2 + R^2 - 2Rz + z^2 = R^2 \tag{12-86}$$

由于 $z^2 \ll \rho^2 r_p^2$，上式可化简为

$$\rho^2 r_p^2 - 2Rz = 0 \tag{12-87}$$

因此

$$z = \frac{\rho^2 r_p^2}{2R} \tag{12-88}$$

上述近似可以成为圆或球面的抛物面近似。

2. 离焦的波像差表征

图 12-28 所示的为离焦产生波像差示意图，图中波前像差 W 是参考波前和实际波前之间的光程差，R 是参考球面的半径，W_R 是参考波前，满足式(12-89)，W_A 是实际波前，满足式(12-90)。

$$W_R = z_R = \frac{\rho^2 r_p^2}{2R} \tag{12-89}$$

$$W_A = z_A = \frac{\rho^2 r_p^2}{2(R - \delta_z)} \tag{12-90}$$

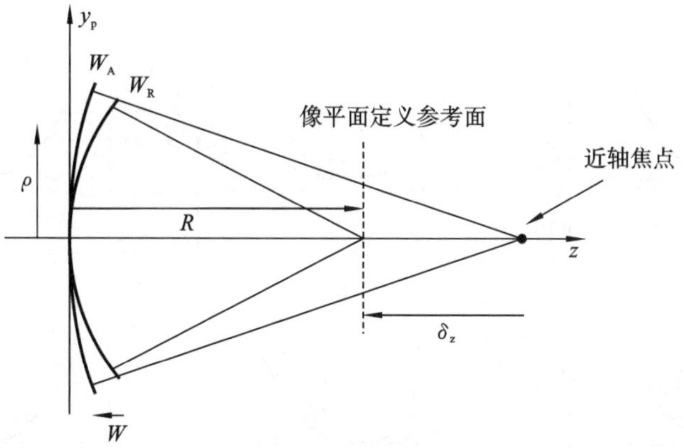

图 12-28　离焦产生波像差

波前像差可由下式进行计算：

$$W = W_A - W_R = \frac{\rho^2 r_p^2}{2(R-\delta_z)} - \frac{\rho^2 r_p^2}{2R} \tag{12-91}$$

$$W = \frac{\rho^2 r_p^2}{2}\left(\frac{1}{R-\delta_z} - \frac{1}{R}\right) \tag{12-92}$$

$$W = \frac{\rho^2 r_p^2}{2}\left(\frac{\delta_z}{R(R-\delta_z)}\right) \tag{12-93}$$

由于 $\delta_z \ll R$，上式可以化简为

$$W = \frac{\delta_z r_p^2}{2R^2}\rho^2 \tag{12-94}$$

定义 $W_{020} = \frac{\delta_z r_p^2}{2R^2}$ 为光瞳边缘 $\rho=1$ 处波像差的最大值，则上式可以表示为

$$W = W_{020}\rho^2 \tag{12-95}$$

3. 离焦的波前像差曲线和垂轴像差曲线

在含有离焦 W_{020} 的光学系统中，实际像平面与近轴像平面相距 δ_z。在近轴焦点处，参考波前与实际波前没有差别。更为重要的是，离焦使得像平面或者参考像点改变位置平衡像差来得到更好的成像质量。以球差为例，近轴焦点内侧的像平面图像质量更好。为了分辨这个移动是使用者的决定，记为 ΔW_{20}。离焦不是一种真正的像差。

波前像差 ΔW 可由式(12-96)表示：

$$\Delta W = \Delta W_{20}\rho^2 = \Delta W_{20}(x_p^2 + y_p^2) \tag{12-96}$$

因此，波前像差 W 与 x_p^2 或 y_p^2 成正比。图 12-29 所示的为离焦的波前像差曲线，根据式(12-96)，波前像差曲线为二次曲线。

由于光线在传播过程中始终垂直于波前，垂轴像差与波前像差的斜率成正比，因此假设：

$$\varepsilon_y = A\,\frac{\partial W(x_p, y_p)}{\partial y_p} \tag{12-97}$$

$$W(x_p, y_p) = W_{020}\rho^2 = \frac{\delta_z r_p^2}{2R^2}(x_p^2 + y_p^2) \tag{12-98}$$

$$\frac{\partial W(x_p, y_p)}{\partial y_p} = 2W_{020}\,y_p = \frac{\delta_z r_p^2}{R^2}\rho^2 y_p \tag{12-99}$$

通过光线分析可知：

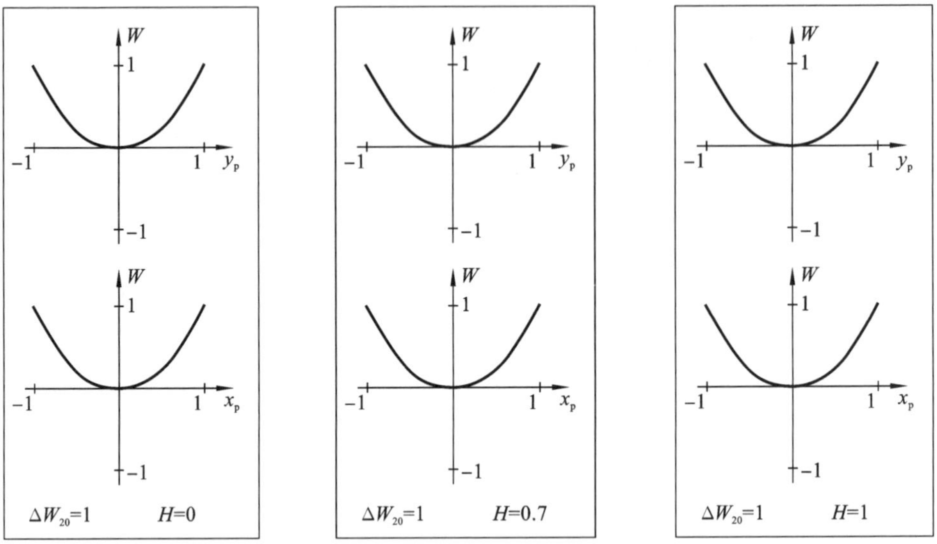

图 12-29 离焦的波前像差曲线

$$\varepsilon_y = -\delta_z y_p \left(\frac{r_p}{R}\right) \tag{12-100}$$

联立式(12-97)和式(12-100)可以得到：

$$\varepsilon_y = -\frac{\delta_z r_p}{R} y_p = A\frac{\partial W(x_p, y_p)}{\partial y_p} = A\frac{\delta_z r_p^2}{R^2} y_p \tag{12-101}$$

因此，$A = -\dfrac{R}{r_p}$，垂轴像差可由式(12-102)和式(12-103)进行计算，该结果具有一般性：

$$\varepsilon_y = -\frac{R}{r_p}\frac{\partial W(x_p, y_p)}{\partial y_p} \tag{12-102}$$

$$\varepsilon_x = -\frac{R}{r_p}\frac{\partial W(x_p, y_p)}{\partial x_p} \tag{12-103}$$

图 12-30 所示的为离焦的垂轴像差曲线，根据式(12-102)与式(12-103)，离焦的垂轴像差曲线为过原点的直线。

12.4.3 离焦的 MTF 曲线

在实际光学系统中，如果发生离焦，则了解 MTF 曲线通常是有意义的。MTF 曲线表征了离焦或离焦公差导致的分辨率下降。

离焦对于 MTF 曲线的影响如图 12-31 所示，随着离焦量的增加，MTF 曲线呈迅速下降趋势。

图 12-31 中，A 对应焦点处光程差 OPD＝0；B 对应光程差 OPD＝$\lambda/4$；C 对应光程差 OPD＝$\lambda/2$；D 对应光程差 OPD＝$3\lambda/4$；E 对应光程差 OPD＝λ；F 对应光程差 OPD＝$5\lambda/4$。

12.4.4 离焦的来源

当一个透镜聚焦于无穷远处的物体时，则该透镜对任何一个比无穷远处更近的物体的成

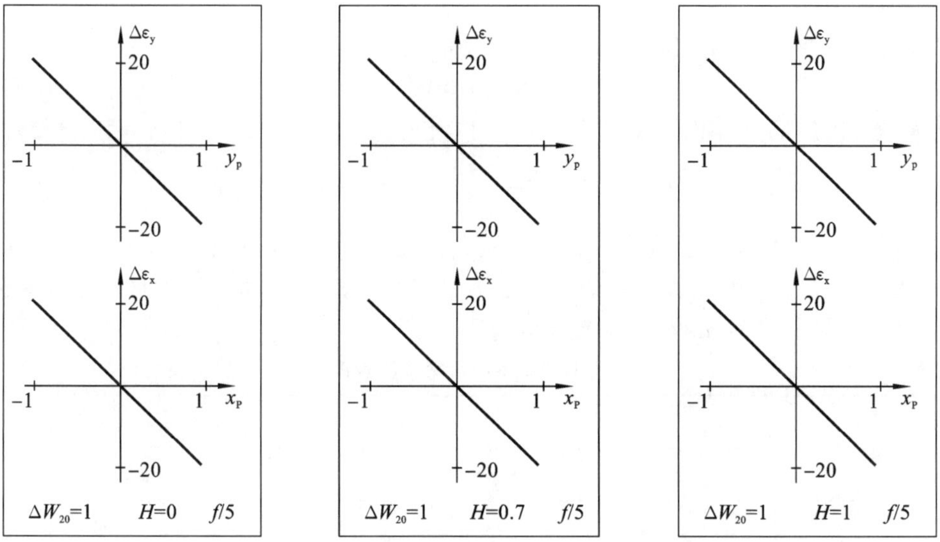

图 12-30　离焦的垂轴像差曲线

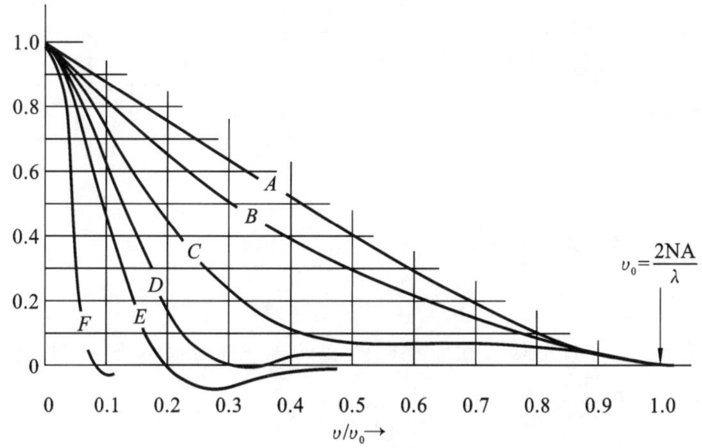

图 12-31　离焦的 MTF 曲线

像都会产生离焦。对此我们需要添加一个调焦机构以重新对准焦点。

当温度发生变化时，光学系统的结构尺寸与折射率均发生变化，导致像点偏离原本位置，造成离焦。对于温度变化产生的离焦，可以通过合理的设计，选取适当的材料来避免。

此外，对焦程序的错误也会导致离焦，对焦点位置测量的不准确或测量精度不足均会导致焦点位置误差。因此，需要合理设计焦点位置测量程序和焦点位置分辨率，避免产生焦点位置误差使图像质量降低到超出图像质量规范的水平。

12.4.5　焦深

1978 年，瑞利在观察和研究光谱仪成像质量时，提出了一个简单的判断："实际波面与参考球面之间的最大波像差不超过 $\lambda/4$ 时，此波面可以看作是无缺陷的。"这个判断被称为瑞利准则（或称瑞利判据）。瑞利准则表示，对于接近衍射极限的光学系统，总的波前误差必须小于四分之一波长。

已知最大波像差 ΔW_{20} 与离焦 δ_z 之间的关系满足式(12-104)：

$$\delta_z = 8\,(f/\#)^2 \Delta W_{20} \tag{12-104}$$

且瑞利准则可以表示为 $\Delta W_{20}=\lambda/4$，其中，λ 可以设为 0.5 μm，则式(12-104)可以计算如下：

$$\delta_z \approx 8\,(f/\#)^2 \frac{0.5\ \mu\text{m}}{4} = (f/\#)^2 \approx (f/\#)^2 \text{in}\ \mu\text{m}$$

因此，像方焦点的位置在理想成像位置的一定公差范围($\pm\delta_z$)内仍然可以有好的图像质量。很显然，光学系统焦比越大，其容忍的公差范围也越大。表 12-3 所示的为最大波像差分别为 0.5 μm(即 1λ)与 0.125 μm(即 λ/4)时的焦深。

表 12-3 不同焦比下的焦深

$f/\#$	u'	δ_z for$\Delta W_{20}=0.5\ \mu$m(1λ)	δ_z for$\Delta W_{20}=0.125\ \mu$m(λ/4)
5.0	−0.1	100 μm	25 μm
3.5	−0.143	49 μm	12.5 μm
3.0	−0.166	36 μm	9.0 μm
2.5	−0.2	25 μm	6.25 μm
2.0	−0.25	16 μm	4.0 μm
1.0	−0.5	4 μm	1.0 μm

12.5 波前倾斜

如图 12-32 所示，当一个与参考球面相同的波前在子午平面上倾斜时，该波前的小角度倾斜导致了波前像差。

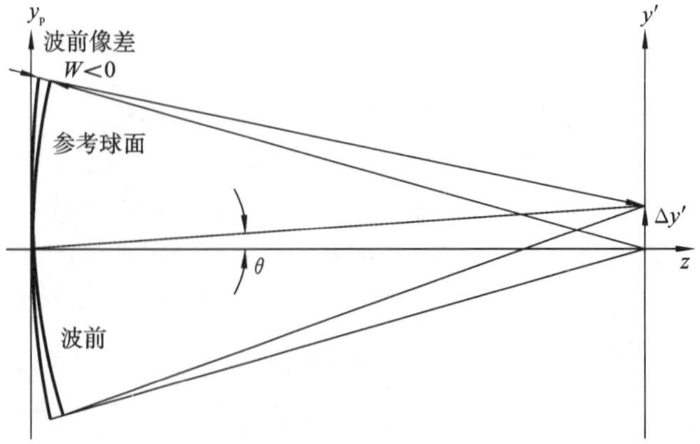

图 12-32 相对于参考球面的波前倾斜

12.5.1　波前倾斜的定义

如图 12-33 所示，从某种意义上讲，波前倾斜可以理解为描述了实际系统的放大倍率和近轴放大倍率的差别。因此，波前倾斜并不导致成像的模糊，其效应相当于像的横向位移，该位移取决于视场位置。如图 12-33 所示，参考像点在像面上的位置可以由式(12-105)来表示：

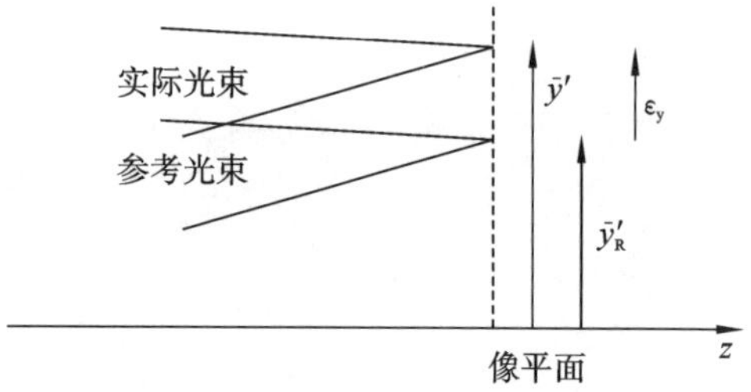

图 12-33　波前倾斜导致图像位移

$$\overline{y'_R} = m_R \overline{y} \tag{12-105}$$

而实际光束发生了倾斜之后，则对应的像点位置可以表示为

$$\overline{y'} = m_A \overline{y} \tag{12-106}$$

因此，二者的差别即为波前倾斜引起的垂轴像差，其可以表示为

$$\varepsilon_y = \overline{y'} - \overline{y'_R} = (m_A - m_R)\overline{y} \tag{12-107}$$

$$\varepsilon_y = \Delta m\overline{y} = \Delta mh \tag{12-108}$$

因此，上式表明，波前倾斜相当于放大倍率的误差而导致的主光线的偏移，偏移的大小仅随视场高度的增加而增加，而与光瞳无关。

12.5.2　波前倾斜的波像差理论

如图 12-34 所示，倾斜球面波前与参考球面之间存在倾斜角 α，导致曲率中心位移 ε_y，实际上 ε_y 相对于 R 来说很小。

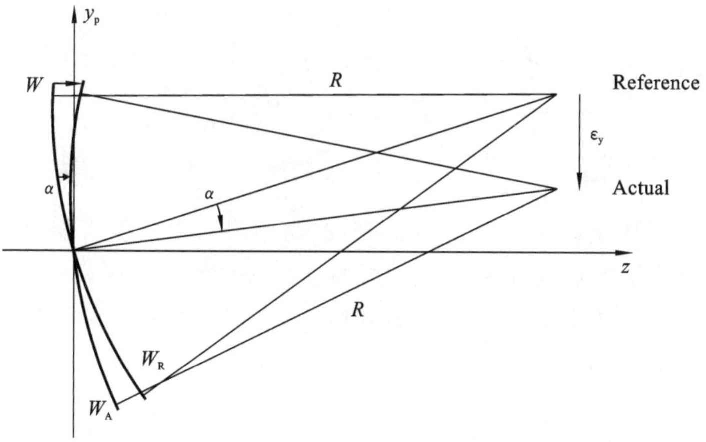

图 12-34　波前倾斜导致波前曲率中心偏移

根据几何关系，我们有：

$$W \propto y_p \tag{12-109}$$

$$W(y_p) = -\alpha \cdot (r_p y_p) \tag{12-110}$$

其中，$\alpha = -\dfrac{W(y_p)}{r_p y_p}$，并且 $\varepsilon_y = \alpha R$，因此：

$$\varepsilon_y = -\frac{W(y_p)R}{r_p y_p} \tag{12-111}$$

已知放大倍率误差 $\varepsilon_y = \Delta mh$，等同于：

$$\varepsilon_y = -\frac{W(y_p)R}{r_p y_p} = \Delta mh \tag{12-112}$$

$$W(y_p) = -\frac{\Delta mhr_p y_p}{R} \tag{12-113}$$

定义

$$W_{111} = -\frac{\Delta mr_p}{R}, \quad \Delta m = -\frac{R}{r_p}W_{111} \tag{12-114}$$

其中，系数可以表示为

$$\frac{R}{r_p} \approx 2f/\#, \quad \frac{R}{r_p} \approx -\frac{1}{\omega'} \tag{12-115}$$

因此，代入式(12-113)中可以得到如下关于波前倾斜的波像差表达式：

$$\varepsilon_y = -\frac{R}{r_p}\frac{\partial W(x_p, y_p)}{\partial y_p} = -\frac{R}{r_p}W_{111}h \approx -2(f/\#)W_{111}h \tag{12-116}$$

$$\varepsilon_x = -\frac{R}{r_p}\frac{\partial W(x_p, y_p)}{\partial x_p} = 0 \tag{12-117}$$

12.5.3　归一化视场下波前倾斜的波像差理论

视场高度 h 很容易通过视场的最大值 h_{max} 来归一化，归一化视场高度 H 可以由式(12-118)进行计算：

$$H = \frac{h}{h_{max}} \tag{12-118}$$

因此，归一化视场高度 H 的取值范围为 $-1\sim1$，式(12-113)可以写为

$$W(y_p) = W_{111}Hy_p = W_{111}H\rho\cos\varphi \tag{12-119}$$

其中，$W_{111} = -\frac{\Delta mr_p h_{max}}{R}$，$\Delta m = -\frac{R}{r_p}\frac{W_{111}}{h_{max}}$。尽管波前倾斜不是一种真正的像差，而且可以通过选择合适的放大倍率比例因子来进行修正，但波前倾斜系数常被写作 $W_{111} = \Delta W_{11}$。如图12-35所示，子午平面内波前倾斜的波像差曲线为过原点的直线，其斜率与 H 成正比。

当光学系统归一化视场高度用 H 来表示时，波前倾斜的垂轴像差曲线可以由式(12-120)和式(12-121)来进行描述：

$$\varepsilon_y = -\frac{R}{r_p}W_{111}H \approx -2(f/\#)W_{111}H \tag{12-120}$$

$$\varepsilon_x = 0 \tag{12-121}$$

因此，如图 12-36 所示，波前倾斜的垂轴像差仅与 H 有关，其随 H 的增加而增加。

如图 12-37 所示，H 大于 0 代表像高为正，此时正的误差 ε_y 让光线远离光轴；H 小于 0 时，正的误差 ε_y 让光线靠近光轴。在设计光学系统时，H 通常选择 0、0.7 和 1 三个值，$H=0$ 对应位置在坐标轴上，$H=1$ 则对应整个视场，而 $H=0.7$ 时视场分为两个面积相等的区域。同样，基于面积等分原则，光瞳性质分析也通常选择 $\rho=0.7$ 作为中间值。

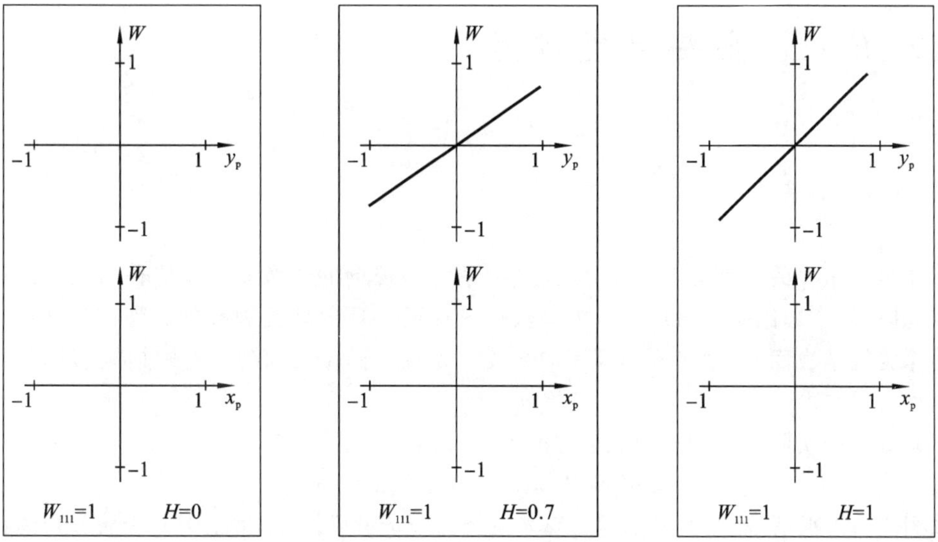

图 12-35　波前倾斜的波像差曲线图

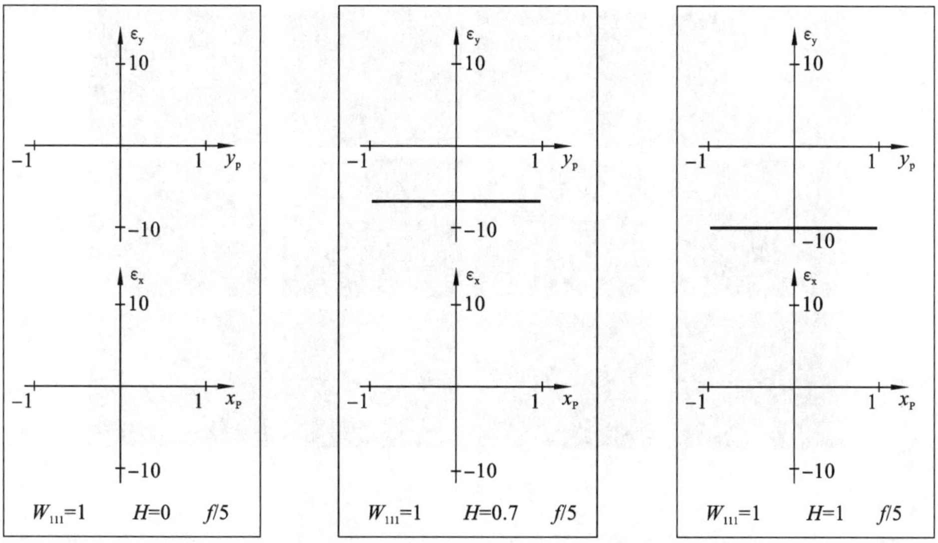

图 12-36　波前倾斜的垂轴像差曲线图

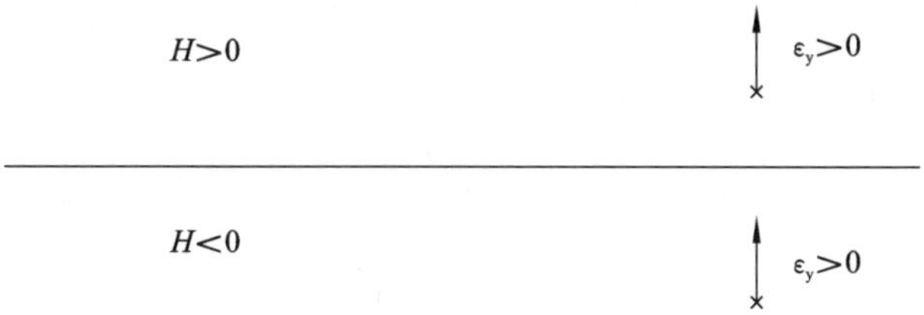

图 12-37　归一化视场高度与垂轴像差

12.6 主要单色像差

12.6.1 球差

球差是最重要的一种像差类型，影响光学系统全视场的成像质量。这种像差之所以被称为球差，其中一个原因是它可以通过大多数折射球面或反射球面观察到。当在光学系统中使用球面作为光学表面时，来自不同高度的光线在光轴不同位置聚焦，导致轴向模糊，从而产生球差。

球差导致的实际波前与理想波前之间的轴向偏离为

$$\Delta W = W_{040}\rho^4 = W_{040}(x^2+y^2)^2 \tag{12-122}$$

如图 12-38 所示，轴上点发出的同心光束经透镜折射后，由于透镜中心区域和边缘区域对光线会聚能力不同，因此不同孔径角的光束会交光轴于不同点，相对于理想像点的位置有不同的偏离，这种偏离称为球面像差，简称球差。

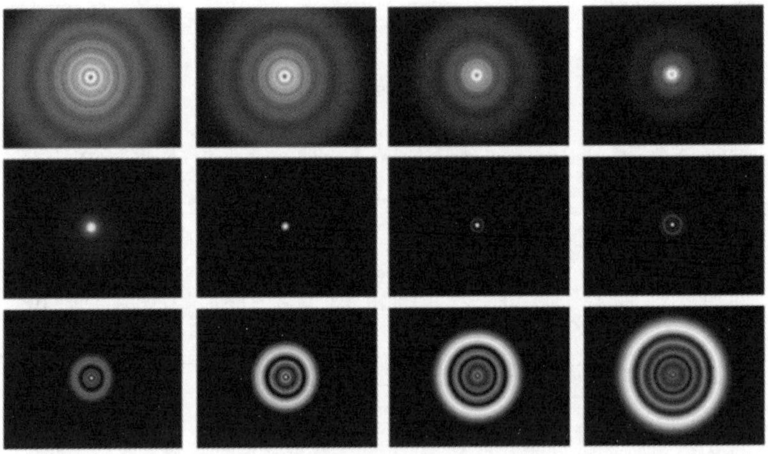

图 12-38 球差

最常见的校正球差的方法是使用组合的正负透镜，即双胶合或双分离透镜，两片透镜产生的球差相抵消。

12.6.2 彗差

彗差这个名字来源于该像差有着像彗星的尾巴一样的外观。位于光轴外的某一轴外物点向光学系统发出单色光束，经过含有彗差的光学系统后，在理想平面处不能成清晰点，而是成拖着明亮尾巴的彗星形光斑。

彗差导致的实际波前与理想波前之间的轴向偏离为

$$\Delta W = W_{131}H\rho^3\cos\varphi \tag{12-123}$$

如图 12-39 所示，轴外点发出的子午光束对于辅轴来说相当于是轴上点光束。上光线、下光线、主光线与辅轴的夹角不同，所以具有不同的球差值，不能相交于一点，从而形成彗差。

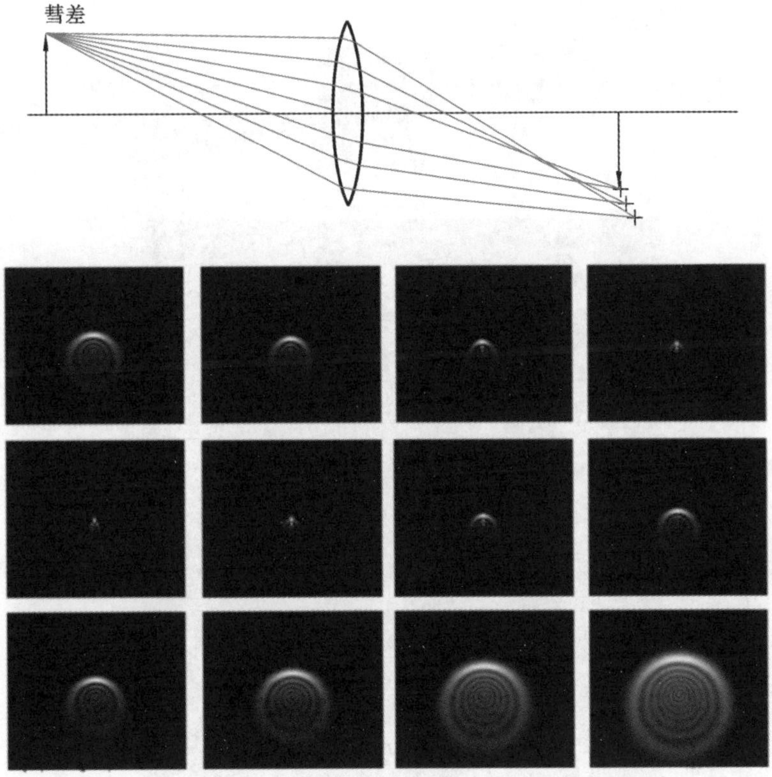

图 12-39　彗差

彗差是轴外像差之一，其危害是使物面上的轴外点成像为彗星状的弥散斑，破坏轴外成像的清晰度。彗差随视场的大小而变化，对于同一视场，彗差又随孔径的变化而变化。因此，彗差是和视场及孔径都有关的一种垂轴像差。

12.6.3　像散

由于轴外物点不在光学系统的光轴上，因此它所发出的光束与光轴有一倾斜角。轴外物点发出的光束经过含有像散的光学系统后，其子午细光束与弧矢细光束的会聚点不重合，形成像散（见图 12-40）。

像散导致的实际波前与理想波前之间的轴向偏离为

$$\Delta W = W_{222}\ H^2\ \rho^2 \cos^2 \varphi \tag{12-124}$$

像散在最佳焦平面两侧表现为长轴分别在弧矢面内与子午面内的椭圆或线状成像光斑。

对于离轴较远的物体来说，这种现象更为明显，像散是透镜安装不当或制造工艺不对称的直接后果。

12.6.4　场曲

理想光学系统对垂轴的平面物体成像时，产生一个垂轴的平面像。而实际光学系统对垂

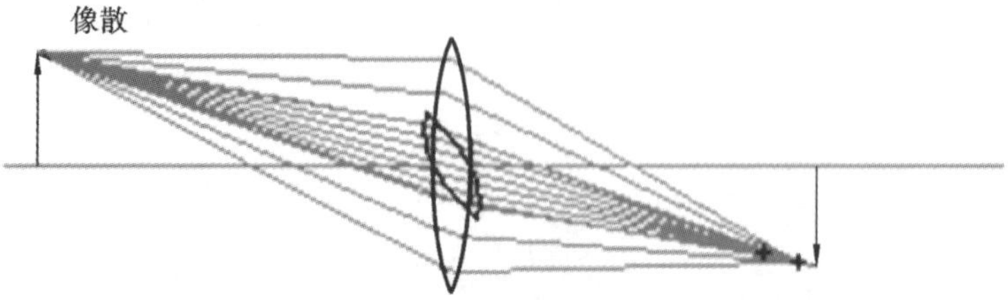

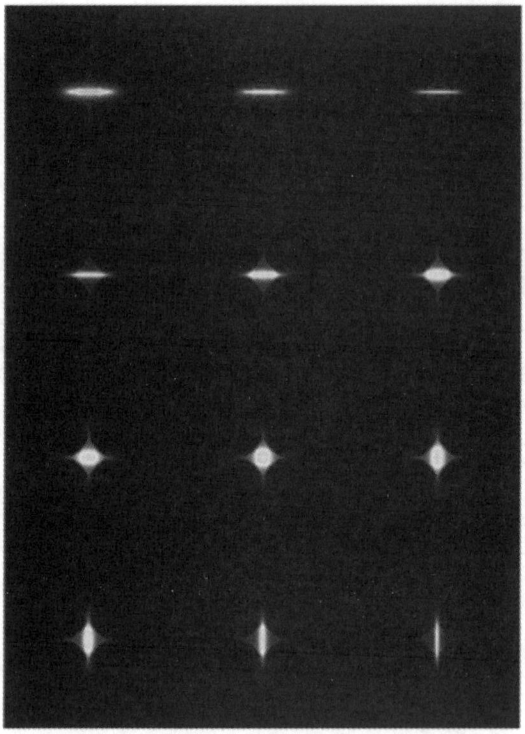

图 12-40 像散

轴的平面物体成像时，产生弯曲的像面，与理想垂轴平面像不重合，称像点相对于高斯像面的距离为场曲。

场曲导致的实际波前与理想波前之间的轴向偏离为

$$\Delta W = W_{220} H^2 \rho^2 \tag{12-125}$$

场曲的存在使光学系统的像面弯曲。因此，虽然每个特定物点均有清晰的像点与之对应，但由于整个像平面是一个曲面，将物体沿着光轴移动到不同位置时，可以在光屏看到清晰成像的物体的不同部分，而其他部分不清晰(见图 12-41)。

12.6.5 畸变

畸变是由放大率的径向变化造成的。在一对共轭的物像平面上，光学系统的放大率随视场变化而变化，主光线和高斯像面交点的高度不等于理想像高，其差别就是系统的畸变(见图 12-42)。

畸变导致的实际波前与理想波前之间的轴向偏离为

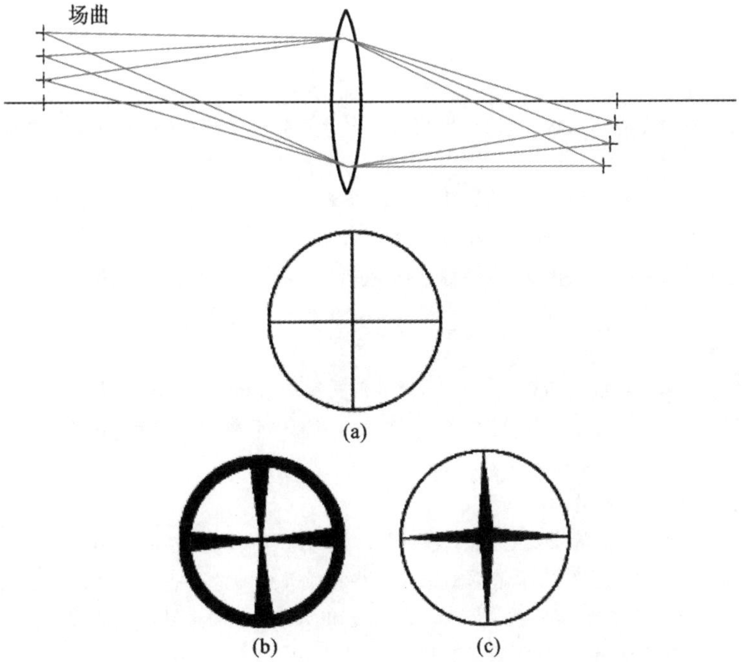

图 12-41 场曲

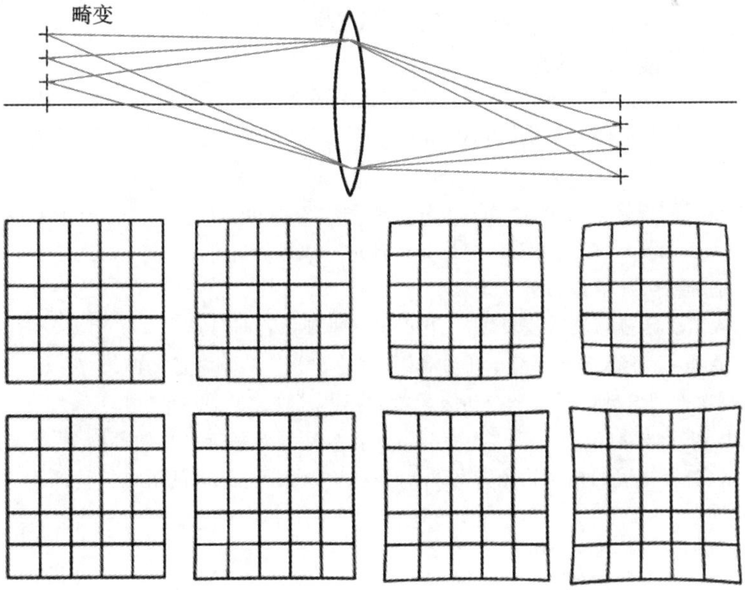

图 12-42 畸变

$$\Delta W = W_{311} H^3 \rho\cos\varphi \tag{12-126}$$

含有畸变的光学系统将正方形成像为一个枕状物或桶状物。当实际像高比理想像高大时，称为正畸变，反之则称为负畸变。

畸变仅引起像的变形，使像对物产生失真，而对成像的清晰度没有影响，因此可以在图像采集之后再对图像进行数字校正。

习　题

12.1 对于所有的一阶像差和三阶像差，请写出它们对应的波前像差 W，并以此为基础计算各自对应的垂轴像差 ε_x 和 ε_y。

12.2 对于所有的一阶像差和三阶像差，请证明弧矢波像差(W vs x_p；$y_p=0$)是对称的(偶函数)，而对应的弧矢垂轴像差(ε_x vs x_p；$y_p=0$)则是反对称的(奇函数)。

12.3 对一个完美的成像系统引入离焦时，在像平面会产生一个圆形像斑或者点扩散函数。请计算出该离焦像斑直径相对于离焦 δ_z 的函数表达式。(结果是透镜焦比的表达式，且假设物在无穷远处，并忽略系统的衍射效应。)

12.4 请基于三阶球差赛得和数表达式式(12-19)推导薄透镜三阶球差赛得和数表达式式(12-54)。

12.5 请基于三阶彗差赛得和数表达式式(12-20)，推导薄透镜三阶彗差赛得和数表达式式(12-55)。

12.6 考虑一个七阶像差(W_{442})。

(1) 写出该像差的波前函数表达式 W。

(2) 写出该类型像差的垂轴像差的函数表达式(ε_x 和 ε_y)；将结果表达为 x_p 和 y_p 的表达式。

(3) 基于这些结果，进一步写出子午垂轴像差曲线和弧矢垂轴像差曲线的函数表达式。

(4) 画出此像差在归一化视场高度 $H=0$，$H=0.7$ 和 $H=1$ 时的垂轴像差曲线。务必标出图注以及给出单位。假设系统焦比是 $f/5$，且 $W_{442}=1\ \mu\text{m}$。

12.7 请基于离焦的定义，推导离焦波像差系数 W_{020} 与离焦 δ_z 和光学系统焦比 $f/\#$ 之间的关系。对于焦比为 5 的光学系统，像平面离焦为 1 μm 时，系统离焦波像差系数是多少？

12.8 已知系统存在 W_{040}，现在引入一定量的 W_{020} 对系统像差进行补偿。

(1) 请写出系统的波像差表达式。

(2) 请推导出系统波前像差的 RMS 值，并求出当 W_{020} 为多少时，系统波前像差 RMS 值达到最小。

(3) 请推导出系统几何像斑尺寸的 RMS 值，并进一步求出当 W_{020} 为多少时，系统几何像斑尺寸 RMS 值达到最小。

12.9 已知一个厚透镜的规格参数为：$R_1=100$ mm，$R_2=-200$ mm，厚度 TH=15 mm，入瞳 EP=20 mm(位于透镜第一个表面处)。该透镜对无穷远处物体进行成像。

(1) 请求出系统三阶赛得和数系数 S_{I}。

(2) 给出系统三阶球差的波像差表达式，并求出其垂轴像差曲线。

(3) 请基于 Aldis 理论求解该系统的垂轴像差，并绘出相应的垂轴像差曲线。

12.10 请基于赛得像差理论推导平行平板初级像差的赛得和数。

12.11 某一棱镜由 BK7 玻璃($n_d=1.5163$，$V=64.1$)制成，其等效平行平板的厚度为 74 mm，置于一个胶合物镜之后，该胶合物镜的相对孔径为 $f/3.5$，视场角为 $2\omega=\pm 4^\circ$，试求该棱镜产生的各种初级像差的赛得和数系数。

第 13 章
球　差

13.1　球差概述

13.1.1　球差定义

球面像差是最重要的一种像差类型，影响到光学系统整个像场的成像质量。这种像差之所以被称为球差，其中一个原因是它可以通过大多数折射球面或反射球面观察到。当在光学系统中使用球面作为光学表面时，来自不同高度的光线在光轴不同位置处聚焦，导致轴向模糊，产生球差。

如图 13-1 所示，轴上点发出的同心光束经透镜折射后，由于透镜中心区域和边缘区域对光线会聚能力不同，不同孔径角的光束交光轴于不同点，相对于理想像点的位置有不同的偏离，这种偏离称为球面像差，简称球差。

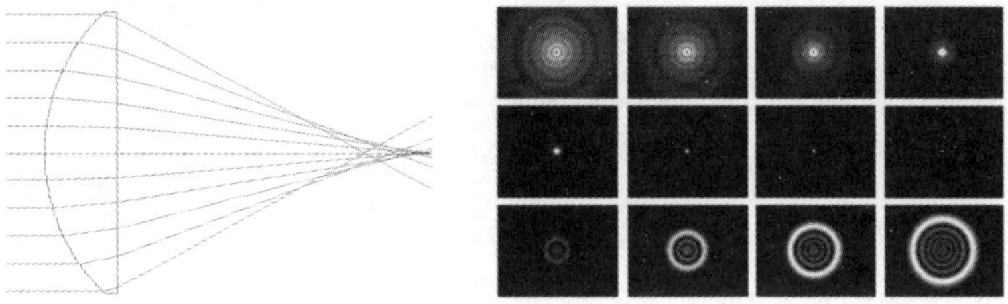

图 13-1　球差

13.1.2　球差的波像差理论

对于球差，波前像差（即波像差）与光瞳径向坐标 ρ 的四次方成正比，由式(13-1)进行计算。因此其垂轴像差必与径向坐标 ρ 的三次方成正比，子午方向和弧矢方向的垂轴像差分别由式(13-2)和式(13-3)进行计算。

$$W = W_{040}\rho^4 = W_{040}\ (x_p^2 + y_p^2)^2 \tag{13-1}$$

$$\varepsilon_y = -4\frac{R}{r_p}W_{040}\rho^3\cos\varphi \tag{13-2}$$

$$\varepsilon_x = -4\frac{R}{r_p}W_{040}\rho^3\sin\varphi \tag{13-3}$$

1. 球差的波前像差及其特性曲线

如图 13-2 所示，根据式(13-1)可知，球差的波前像差与视场无关，其是关于光瞳径向坐标的四次函数。因此，球差引起的波前像差在各个视场上的波前曲线如图 13-2 所示。

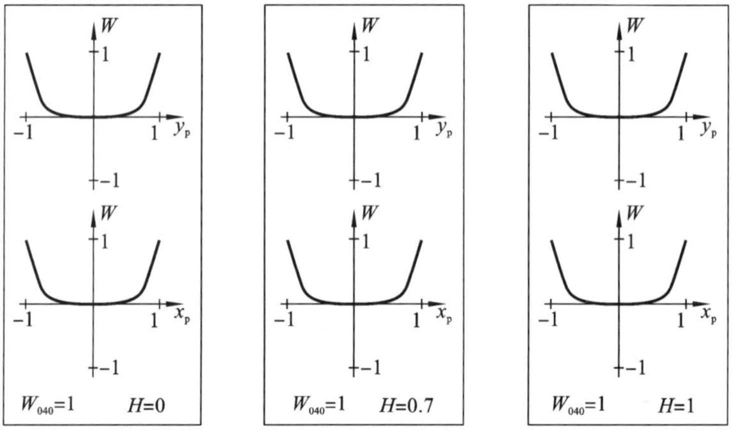

图 13-2 球差——波前像差曲线图

2. 球差的垂轴像差及其特性曲线

在绘制球差的垂轴像差曲线时，取 $x_p=0$(即 $\varphi=0°$)和 $y_p=0$(即 $\varphi=90°$)两种特殊情况，分别绘制子午平面与弧矢平面内的垂轴像差曲线。

由式(13-2)与式(13-3)可以得知，球差在子午方向和弧矢方向的垂轴像差都与对应的光瞳径向坐标的三次方成正比，而与视场大小无关。因此，球差在各个视场方向上的垂轴像差曲线如图 13-3 所示。

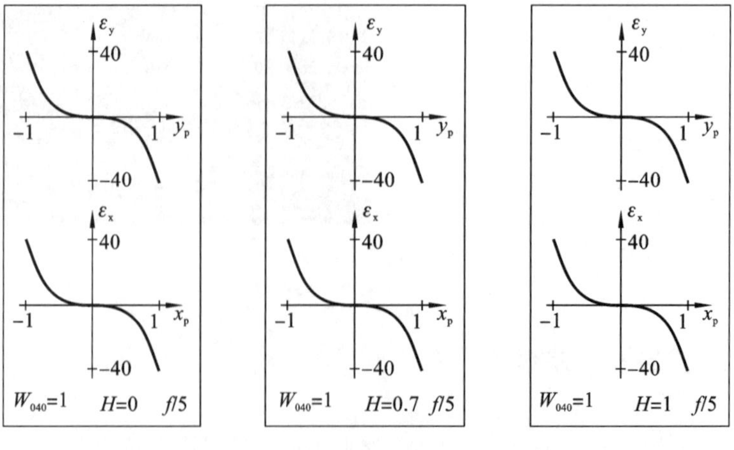

图 13-3 球差——垂轴像差曲线图

3. 球差的轴向像差及其特性曲线

如图 13-4 所示，轴向球差(即球差的轴向像差)是近轴焦点到边缘光线焦点(简称边缘焦点)的距离(实际边缘光线和光轴的交点)。球差的轴向像差 ε_z 和光瞳高度 y_p 的平方有关。实际边缘光线的孔径角为 U'，在球差未被矫正的光学系统中，LA<0。

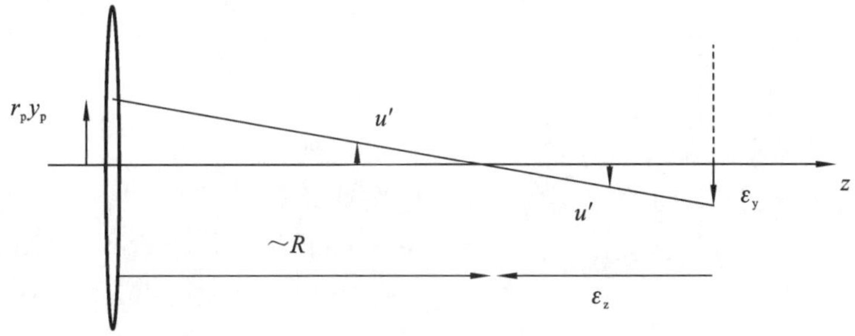

图 13-4 轴向球差(ε_z)与垂轴球差(ε_y)

根据图 13-4 所示的几何关系，轴向球差 ε_z 与垂轴球差 ε_y 满足如下关系：

$$\tan U' = -\frac{\varepsilon_y}{\varepsilon_z} \approx -\frac{r_p y_p}{R} \tag{13-4}$$

而根据式(13-2)，近轴焦点处子午面上系统在 y_p 方向的垂轴像差为

$$\varepsilon_y = -4\frac{R}{r_p}W_{040}y_p^3 \tag{13-5}$$

把式(13-5)代入到式(13-4)中，可以得到：

$$\varepsilon_z \approx -16\,(f/\#)^2 W_{040}y_p^2 \tag{13-6}$$

其中，$f/\#$ 是系统焦比。很明显，系统的轴向球差 ε_z 与 y_p^2 成正比，其分布曲线如图 13-5 所示。因此，系统的最大轴向球差可以表示为

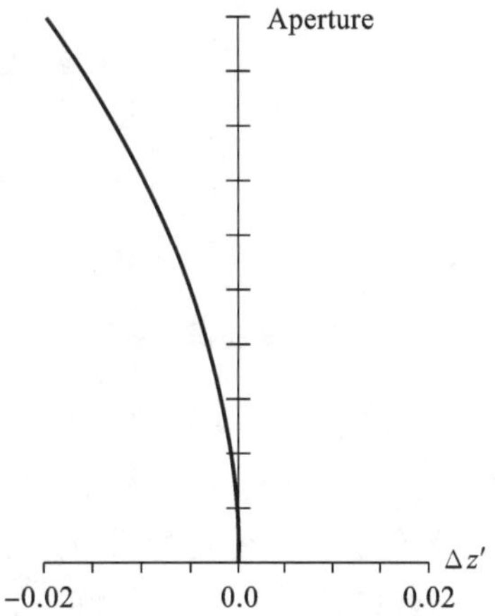

图 13-5 球差的轴向像差特性曲线

$$\mathrm{LA} = \varepsilon_z(y_p = 1) \approx -16\,(f/\#)^2 W_{040} \tag{13-7}$$

13.1.3 球差的焦散面

焦散面是从点光源发出的同心光束经光学系统后，其出射光束(折射光束或反射光束)包含的所有光线的包络面。图 13-6 所示的为球差的焦散面。图中外缘加粗轮廓曲线即为球差

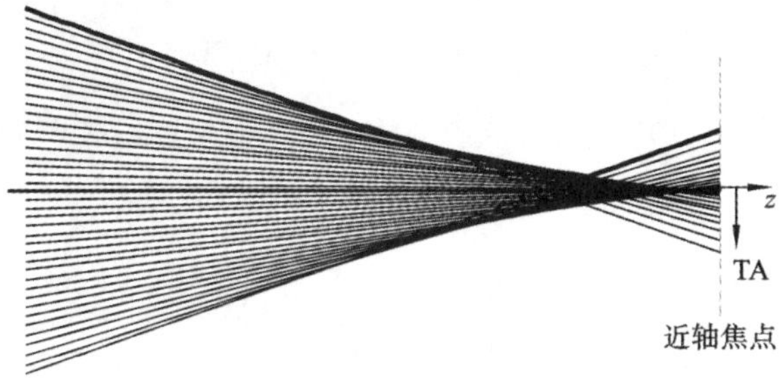

图 13-6 球差焦散面示意图

截面图的焦散曲线，焦散曲线绕光轴旋转一周则得焦散面。很显然，当系统存在球差时，光束不能会聚到一点，而是形成一个先缩小后扩大的双重漏斗状，最狭处仍有显著的横截面积。由于焦散面的可视化特点，透镜或反射镜球差的光线聚焦特点常用焦散面加以表述。在有像散性像差时，焦散面不再有对称轴，而只有一个包含远轴物点和光轴的对称平面。

13.1.4 球差和离焦

1. 球差系统的焦点定义

如图 13-7 所示，根据不同的定义标准，在存在球差的系统中，焦点可以分为近轴焦点(Paraxial focus)、中点焦点(Middle focus)、最小均方根焦点(Minimum RMS WFE)、最小圆焦点(Minimum spot size)和边缘焦点(Marginal focus)。顾名思义，近轴焦点为系统近轴光线会聚的焦点，边缘焦点则为系统边缘光线会聚的焦点，最小均方根焦点则是整个焦散面中横截面像斑尺寸 RMS 值最小的位置，最小圆焦点则是边缘光线与焦散面相交的位置处，中点焦点则位于边缘焦点和近轴焦点的中点位置处。

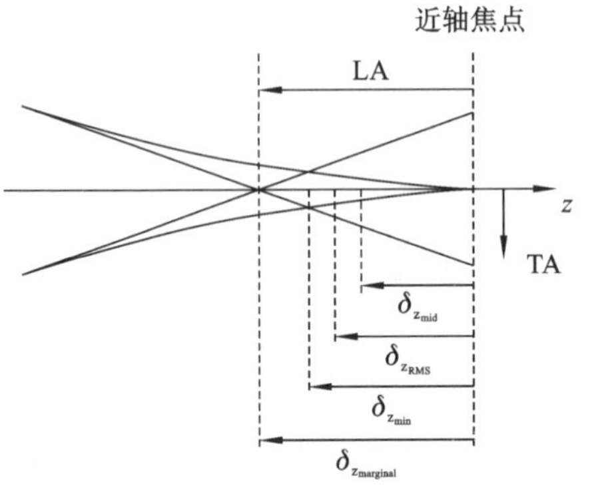

图 13-7　存在球差时系统不同焦点示意图

对于含有球差的光学系统，最佳像点并非近轴焦点。因此，在含有球差的光学系统中，可以通过移动像平面到偏离近轴焦点的地方来获得更好的成像质量。而往往不同的应用需求决定系统不同的最佳焦点选择。例如，中点焦点对应于系统波前误差均方根值最小的条件，它是观察孤立的点光源(如恒星等)的最佳选择。因此，中点焦点常作为望远镜的像质评价标准。

2. 球差和离焦的像差平衡

球差和离焦下的波前像差可由式(13-8)表示，垂轴像差可由式(13-9)和式(13-10)表示。

$$W = W_{040}\rho^4 + \Delta W_{20}\rho^2 \tag{13-8}$$

$$\varepsilon_y = -4\frac{R}{r_p}W_{040}\rho^3\cos\varphi - 2\frac{R}{r_p}\Delta W_{20}\rho\cos\varphi \tag{13-9}$$

$$\varepsilon_y = -4\frac{R}{r_p}W_{040}\rho^2 y_p - 2\frac{R}{r_p}\Delta W_{20}y_p \tag{13-10}$$

在子午面上($\varphi=90°$，即有 $x_p=0$)，我们有如下关系：

$$\varepsilon_y = -4\frac{R}{r_p}W_{040}y_p^3 - 2\frac{R}{r_p}\Delta W_{20}y_p \tag{13-11}$$

同理，对于弧矢面上($\varphi=0°$，即有 $x_p=0$)，系统垂轴像差可以表示为

$$\varepsilon_x = -4\frac{R}{r_p}W_{040}\rho^3\sin\varphi - 2\frac{R}{r_p}\Delta W_{20}\rho\sin\varphi \tag{13-12}$$

$$\varepsilon_x = -4\frac{R}{r_p}W_{040}x_p^3 - 2\frac{R}{r_p}\Delta W_{20}x_p \tag{13-13}$$

球差的垂轴像差能够通过合适的离焦，适当得到平衡。根据前一章的相关推导，系统离焦的轴向位移表达式为

$$\delta_z = 8\,(f/\#)^2 \Delta W_{20} \tag{13-14}$$

根据近轴焦点的定义，我们知道 $\Delta W_{20}=0$，因此所需离焦为 0，即有 $\delta_z=0$。而对于边缘焦点，要求 $y_p=1$ 时，$\varepsilon_y=0$。因此，有如下关系：

$$\varepsilon_y(y_p=1) = -4\frac{R}{r_p}W_{040} - 2\frac{R}{r_p}\Delta W_{20} = 0 \tag{13-15}$$

联立式(13-14)和式(13-15)，可以求得边缘焦点的离焦位置为

$$\begin{cases}\Delta W_{20} = -2W_{040} \\ \delta_{z_{\text{marginal}}} = -16(f/\#)^2 W_{040}\end{cases} \tag{13-16}$$

而中点焦点位于边缘焦点和近轴焦点的中点位置。值得注意的是，在这一位置处，系统波前误差的均方根值也最小。根据这个定义，可以得知中点焦点的离焦位置为

$$\begin{cases}\Delta W_{20} = -W_{040} \\ \delta_{z_{\text{mid}}} = \delta_{z_{\text{RMS}}} = -8(f/\#)^2 W_{040}\end{cases} \tag{13-17}$$

而对于最小圆焦点，其定义为边缘光线和焦散面的交点位置。因此，在最小圆焦点处，我们有如下关系：

$$\begin{cases}\Delta W_{20} = -1.5W_{040} \\ \delta_{z_{\text{min}}} = -12(f/\#)^2 W_{040}\end{cases} \tag{13-18}$$

对于最小均方根焦点，该焦点处像斑尺寸具有最小的均方根值。因此，该焦点的离焦位置为

$$\begin{cases}\Delta W_{20} = -\dfrac{4}{3}W_{040} \\ \delta_{z_{\text{RMS}}} = -\dfrac{32}{3}(f/\#)^2 W_{040}\end{cases} \tag{13-19}$$

3. 球差和离焦的波前结构

图 13-8 和图 13-9 的左图分别展示了中点焦点和边缘焦点处球差的波前像差曲线图和离焦的波前像差曲线图。在如图 13-7 所示的中点焦点处，我们有 $\Delta W_{20} = -W_{040}$。离焦波前与球差波前相叠加，波前像差曲线由图 13-8 左图转换成了图 13-8 右图。

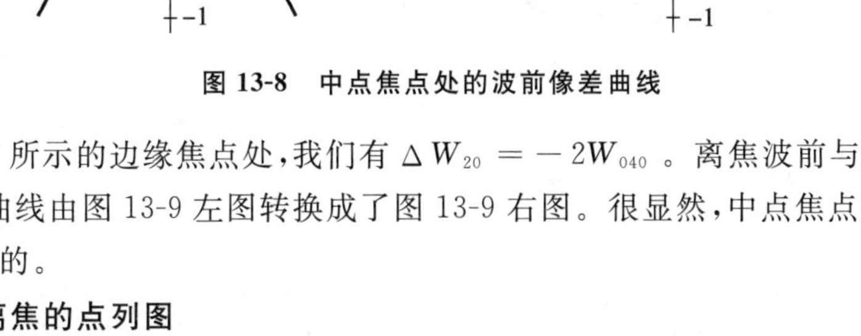

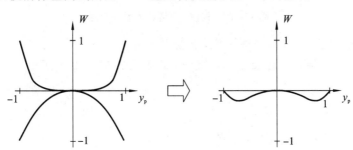

图 13-8 中点焦点处的波前像差曲线

在如图 13-7 所示的边缘焦点处，我们有 $\Delta W_{20} = -2W_{040}$。离焦波前与球差波前相叠加之后，波前像差曲线由图 13-9 左图转换成了图 13-9 右图。很显然，中点焦点的波前像差要明显好于近轴焦点的。

4. 球差和离焦的点列图

球差是由透镜中心区域与边缘区域对入射光线会聚能力不同造成的，因而轴上同一物点发出的光经过透镜后无法会聚在一点，而是在透镜像平面上形成一个圆形对称的弥散斑。图

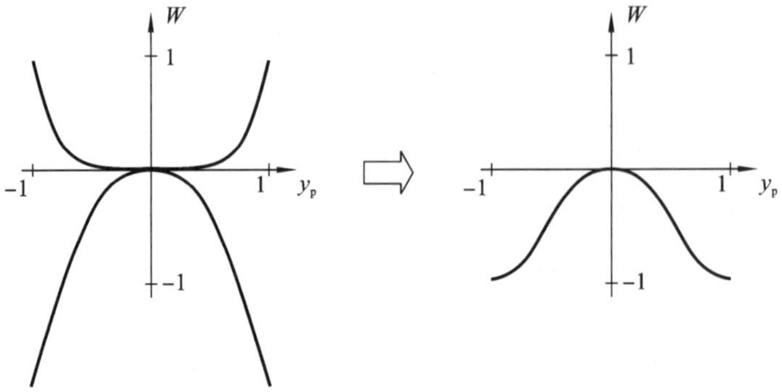

图 13-9　边缘焦点处的波前像差曲线

13-10 所示的为不同焦点处的球差点列图。从点列图中，我们可以直观地看出，最小圆焦点是几何像斑尺寸最小的焦点，而最小均方根焦点是像斑尺寸 RMS 值最小的焦点。而近轴焦点虽然代表了理想像平面的位置，但很明显不是系统最佳的焦点。

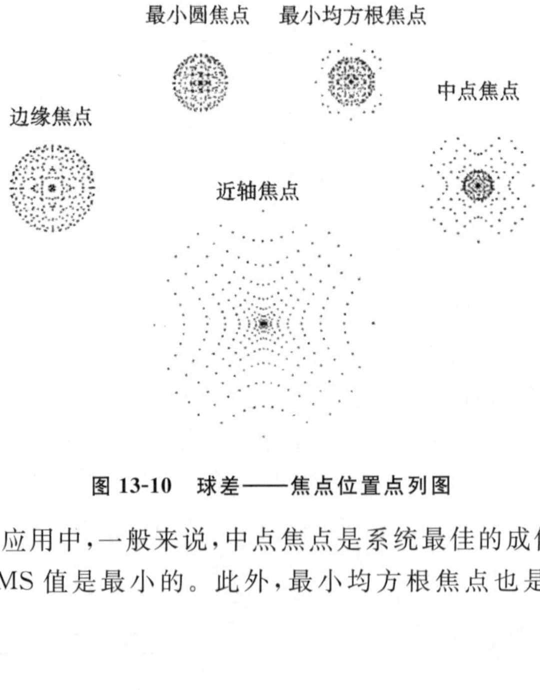

图 13-10　球差——焦点位置点列图

在绝大多数的科学应用中，一般来说，中点焦点是系统最佳的成像位置。因为在该焦点处，系统波前像差的 RMS 值是最小的。此外，最小均方根焦点也是一个十分重要的评价标准。

13.2　折射面球差

13.2.1　折射面球差分布公式

直接度量球差十分简单。可以直接从物到像追迹一条边缘光线（子午平面），使该光线穿过镜头的指定区域，并找到像的距离 L'，将其与来自相同物点的相应近轴光线所产生的像的距离的 l' 进行直接比较，由镜头导致的该光线产生的轴向球差可以简单计算为

$$\text{Longitudinal Spherical Aberration} = LA' = L' - l' \tag{12-20}$$

为了进一步推导出单折射球面的球差分布公式，图 13-11 给出了入射到同一个单折射球面的边缘光线和近轴光线。长度 S 表征的是近轴物点到边缘光线的距离。边缘光线由图中的 Q(球面顶点到边缘光线的距离)和 U(光轴与边缘光线的夹角)表征，近轴光线由单折射球面处的光线高度 y 和近轴光线角 u 来表征。那么，根据图示的几何关系，我们有：

$$S = Q - l\sin U \tag{13-21}$$

上式中两边乘以 u，可以得到：

$$Su = Qu - y\sin U \tag{13-22}$$

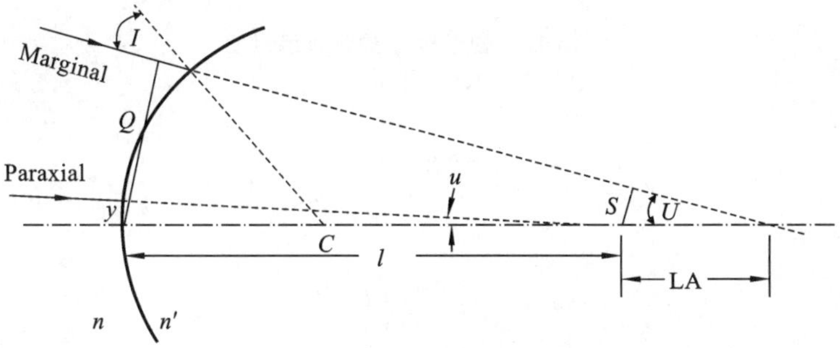

图 13-11　单折射球面的球差贡献

如果定义 c 为球面的曲率，那么我们现在可以用 $i - yc$ 来替代式(13-22)右边的 u，用 $\sin I - Qc$ 来代替式(13-22)右边的 $\sin U$。且两边乘以折射率 n，得到：

$$Snu = Qni - yn\sin I \tag{13-23}$$

对折射之后的边缘光线和近轴光线(所有物理量均带撇)进行同样的处理，并减去相等的量，我们可以得到：

$$S'n'u' - Snu = (Q' - Q)ni \tag{13-24}$$

对光学系统的每一个面我们都可以得到如上的表达关系，并将它们相加。由于前一个面的折射量就是后一个面的入射量，即 $(S'n'u')_1 = (Snu)_2$，则经过大量的消除，我们可以得到 k 个光学表面的表达式为

$$(S'n'u') - (Snu) = \sum (Q' - Q)ni \tag{13-25}$$

再根据图 13-11 所示的几何关系，我们可以得到：

$$LA = -S/\sin U, \quad LA' = -S'/\sin U' \tag{13-26}$$

因此，我们可以得到：

$$LA' = LA \cdot \left(\frac{n_1 u_1 \sin U_1}{n'_k u'_k \sin U'_k}\right) - \sum \frac{(Q' - Q)ni}{n'_k u'_k \sin U'_k} \tag{13-27}$$

求和符号下的物理量是每个表面对该特定光线球差的贡献量。第一项是物体像差通过光学系统向像空间的传递，它可以被认为是物体本身对最终像差的贡献。

为了进一步理解光学表面球差的分布公式，我们将对式(13-27)的 Q 值进行进一步推导。如图 13-12 所示，$|PA|$ 为从表面顶点 A 到光线与光学表面交点 P 的弦长。

在三角形 APB 中，我们有如下关系：

$$\frac{|PA|}{\sin U} = \frac{-L}{\sin(\alpha + I)} \tag{13-28}$$

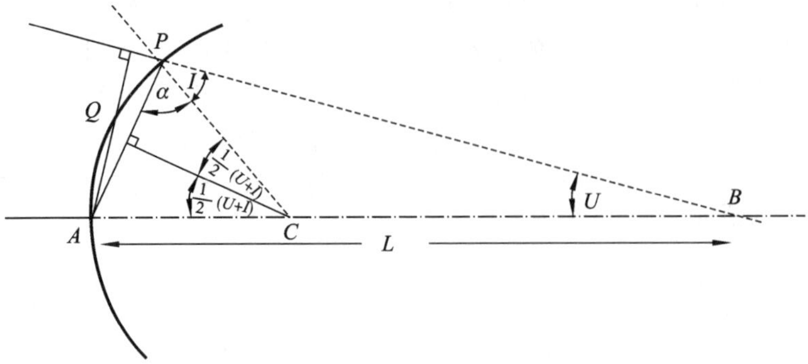

图 13-12　物理量 Q 的计算示意图

因此，整理可得：

$$|PA| = \frac{-L\sin U}{\sin(\alpha + I)} = \frac{Q}{\sin(\alpha + I)} \tag{13-29}$$

其中，α 可以表示为

$$\alpha = 90^\circ - \frac{1}{2}(I - U) \tag{13-30}$$

因此，我们有如下关系：

$$\alpha + I = 90^\circ + \frac{1}{2}(I + U) \tag{13-31}$$

代入到式(13-29)中，得到：

$$Q = |PA| \cos\frac{I + U}{2} \tag{13-32}$$

因此，我们有：

$$\begin{aligned}(Q - Q') &= |PA| \cdot \left[\cos\frac{I + U}{2} - \cos\frac{I' + U'}{2}\right] \\ &= |PA| \cdot \left[-2\sin\frac{I + U + I' + U'}{4}\sin\frac{I + U - I' - U'}{4}\right]\end{aligned} \tag{13-33}$$

根据图 13-12 所示的几何关系，我们有：

$$I - U = I' - U' \tag{13-34}$$

整理，可得：

$$I - I' = U - U',\quad I + U' = I' + U \tag{13-35}$$

把上面两式代入式(13-33)，可得：

$$(Q - Q') = 2|PA| \cdot \sin\frac{I' - I}{2}\sin\frac{I' + U}{2} \tag{13-36}$$

因此，最终折射面的球差分布公式可以写成：

$$\mathrm{LA}' = \mathrm{LA} \cdot \left(\frac{n_1 u_1 \sin U_1}{n'_k u'_k \sin U'_k}\right) + \sum \frac{2ni \cdot |PA| \cdot \sin\frac{I' - I}{2}\sin\frac{I' + U}{2}}{n'_k u'_k \sin U'_k} \tag{13-37}$$

结合式(13-37)所表征的折射球面的球差分布公式，不难证明在以下四种情况下，折射球面不会引入球差：① $|PA| = 0$；② $ni = n'i' = 0$；③ $I' - I = 0$；④ $I' + U = 0$。

13.2.2　折射面消球差条件

根据前面的推导我们知道，对于图 13-11 所示的折射球面，在以下四种情况下，折射球面不产生球差。

(1) $|PA| = 0$ 。

如图 13-13 所示，显然折射球面无法对入射到球面顶点的光线产生球差。因此，如果近轴物体和图像都位于折射球面的顶点处，那么入射光束不会引入球差。那么对于每一条入射光线，都会有如下关系：

$$U = -I,\quad U' = -I' \tag{13-38}$$

根据正弦条件，我们有：

$$\frac{n\sin U}{n'\sin U'} = \frac{n\sin I}{n'\sin I'} = 1 \tag{13-39}$$

这种情况下，近轴放大率可以用下式计算：

$$m = \frac{nu}{n'u'} = \frac{ni}{n'i'} = 1 \tag{13-40}$$

满足正弦条件，我们得到了一个消球差条件。

(2) $ni = n'i' = 0$ 。

这种情况是唯一一种近轴的情况。满足这一条件的情况共有两种。第一种是 $i = i' = 0$ ，这意味着相对于该光学表面的中间物体和中间像均位于该光学表面的球心位置处。因此，近轴光线通过该光学表面之后不发生任何偏转。这与情况(3)有些相似，但这里的入射光束可能会存在大量的球差，这是因为我们进行了近轴近似，因此也意味着边缘光线不一定能垂直于光学表面入射。然而，只要能够满足条件 $i=i'=0$，那么该光学表面对球差的贡献一定为零。这种结构被称为同心面。如图 13-14 所示，在满足同心条件时，近轴高斯成像的物方截距和像方截距均等于曲率半径，即有如下关系：

$$l' = l = r \tag{13-41}$$

而且，同心面成像的放大率为

$$m = \frac{nl'}{n'l} = \frac{n}{n'} \tag{13-42}$$

当然，满足情况(2)的条件下，还存在另一种微不足道的可能性，即 $n=n'$。此时，折射球面相当于一个虚拟面，对入射光线不产生额外的影响。

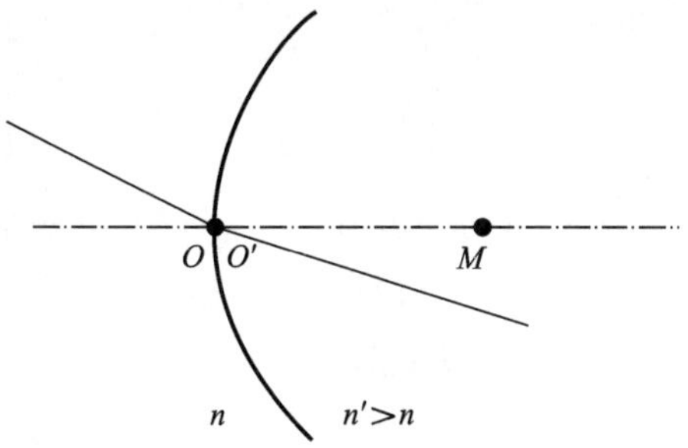

图 13-13　情况 1:物点与像点均位于折射球面顶点处

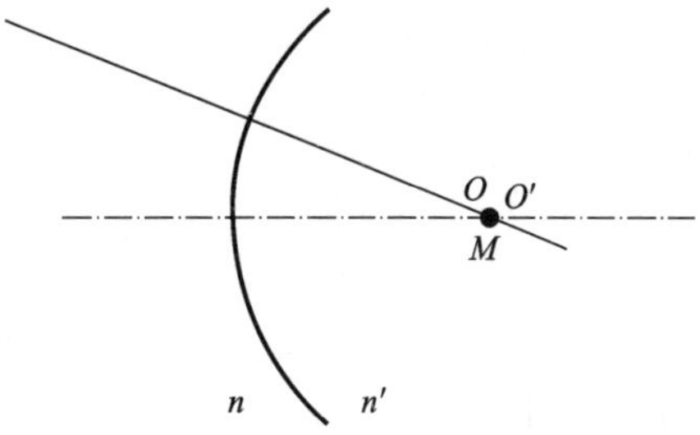

图 13-14　情况 2:光线垂直于球面入射

(3) $I'-I=0$ 。

与情况(2)相似,满足这一条件的情况共有两种,第一种是 $I=I'=0$,光线垂直于球面入射,球面对球差无贡献,但对于不满足这一条件的其他光线,球面的贡献通常不为零。第二种情况则是 $n=n'$,此时折射球面相当于一个虚拟面,对入射光线不产生影响,因此对球差贡献为零。

(4) $I'+U=0$ 。

这是最重要的一种情况,在光学设计中有着重要的作用。从图 13-15 中可以看出,对于半径为 r 且折射率为 n 和 n' 的折射球面,有三种特殊的物体位置满足消球差条件:物体在表面顶点处;物在球面曲率中心处;物位于齐明点上。对于所有位于其他位置处的物,球差必不为零。齐明物点的位置可以由下式进行计算:

$$l=\frac{n+n'}{n}r \tag{13-43}$$

因此,齐明共轭点的近轴放大率为

$$m=\left(\frac{n}{n'}\right)^2 \tag{13-44}$$

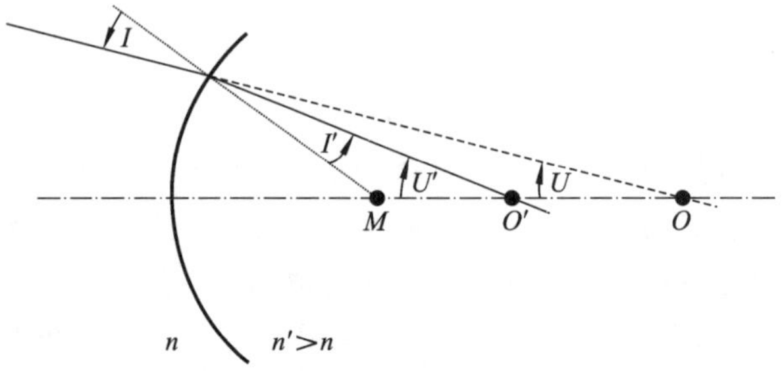

图 13-15　情况 4:齐明条件

13.2.3　单折射面齐明条件消球差的物像共轭关系

齐明面上所有光线均满足 $I'+U=0$,根据光线追迹公式,通过该光学表面成像的中间物的物方截距 l、中间像的像方截距 l',以及该表面的曲率半径 r 和物像放大倍率 m 满足如下关系:

$$I'+U=I+U'=0 \tag{13-45}$$

$$l=\frac{n+n'}{n}r \tag{13-46}$$

$$l'=\frac{n+n'}{n}r \tag{13-47}$$

上面三式表明任意一个具有物方折射率 n 、像方折射率 n' ,以及半径 r 的折射球面都可以作为适当的物像位置的齐明面。而式(13-46)与式(13-47)表明,对于任何给定的物方截距 l(或像方截距 l')、物方折射率 n 和像方折射率 n',可以通过齐明条件确定球面的曲率半径 r。具体推导过程如下:

$$nl=n'l' \tag{13-48}$$

$$\frac{1}{l}+\frac{1}{l'}=\frac{1}{r} \tag{13-49}$$

$$m=\frac{nl'}{n'l}=\left(\frac{n}{n'}\right)^2 \tag{13-50}$$

$$\frac{n\sin U}{n'\sin U'}=\frac{n\sin I}{n'\sin I'}=\left(\frac{n}{n'}\right)^2=m \tag{13-51}$$

式(13-50)和式(13-51)代表了正弦条件，图 13-16 所示的分别为具有正负曲率半径与正负光焦度的折射球面。由式(13-46)与式 (13-47)可知，物点、像点和曲率中心始终位于折射球面的同一侧，因此齐明面总是虚拟成像，要么是虚物，要么是虚像。这也可以从放大率公式中得到印证。根据式(13-50)，齐明条件下，光学表面成像的放大率总是正的。如图 13-16 所示，齐明面的作用是改变物像放大率，或者换句话说，根据实际需求来增加或减少光束的会聚或发散效果。因此，齐明面在实际的光学设计中具有十分广泛的应用。

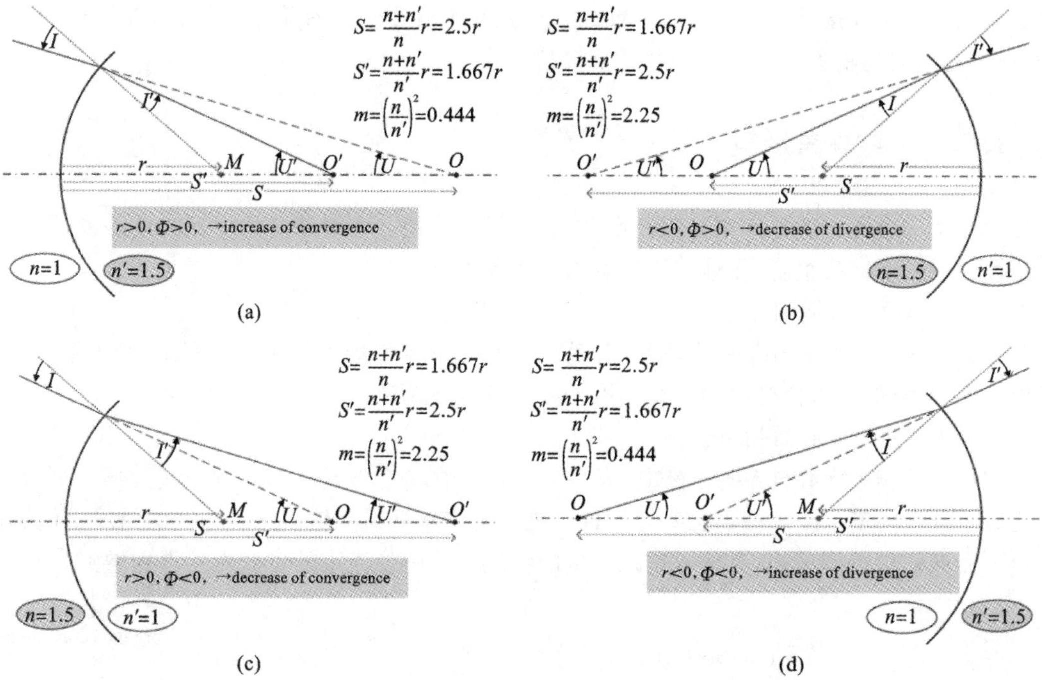

图 13-16　具有正负曲率半径与正负光焦度的折射球面

13.2.4　单折射球面球差与物距的关系

从前面的分析得知，当物体位于单折射球面表面顶点、球心和齐明点处时，单折射球面的球差为零。我们现在可以进一步探究当物体位于这些点之间的任何区域时单折射球面球差与物距之间的关系。例如，假设半径为 10 mm 的曲面的左侧为空气，右侧为折射率为 1.5 的玻璃。我们让光线以 11.5°的固定倾斜角进入此表面，并随着物体沿轴移动，计算该物体通过单折射球面所成像的球差。结果如图 13-17 所示。

如果物体位于顶点 A 和齐明点 B 之间，那么该单折射球面会导致过度校正球差。在前面所述情况下，当物距约为表面半径的两倍时，此过度校正球差达到峰值。如图 13-17 所示，该

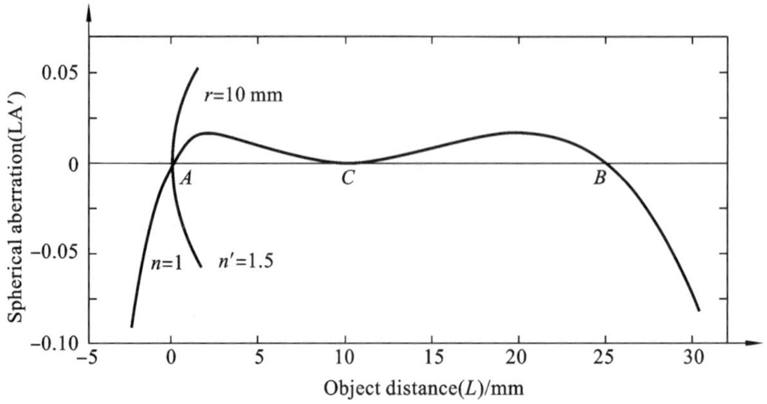

图 13-17 物距对单折射球面球差的影响

峰值所处位置比较接近齐明点所在位置处。在表面本身附近还有第二个峰值，在给出的示例中，该值对应的物距 L 约为表面半径的 0.2 倍。

13.2.5 零球差透镜

通过将一个同心面和一个齐明面组合起来，可以构造一个对球差无贡献的单透镜，即零球差透镜。根据不同的组合，零球差透镜有以下四种类型。

(1) 齐明面与齐明面相组合。

在如图 13-18 所示的齐明透镜中，前后两个面均满足消球差的不晕条件。该组合齐明透镜能够完全消球差，且使光路中的光线沿轴向平移一段距离。

(2) 齐明面与同心面相组合。

在如图 13-19 所示的齐明透镜中，第一个面满足消球差的不晕条件，光束通过第一个齐明面之后与透镜的第二个表面满足共心条件。该组合齐明透镜在输入焦距为正的情况下能够使光束的会聚作用得到增强，在输入焦距为负的情况下能够使光束的发散作用得到增强。

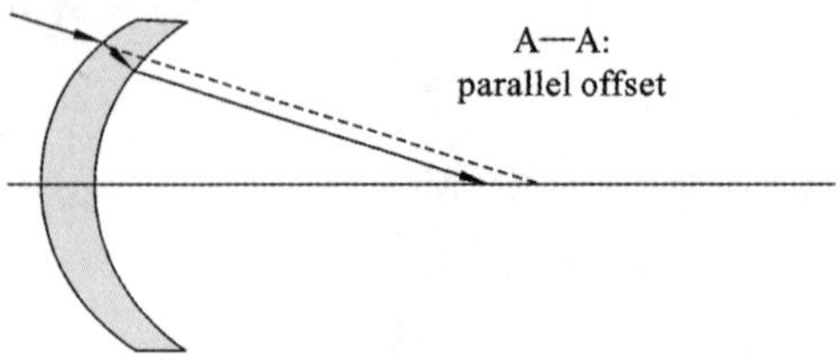

图 13-18 齐明面—齐明面透镜

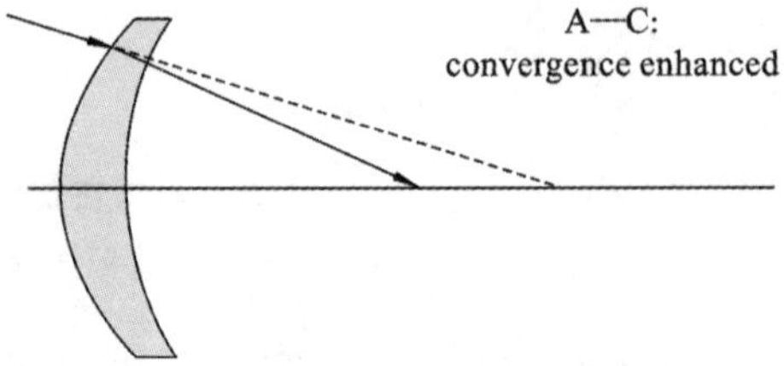

图 13-19 齐明面—同心面透镜

(3) 同心面与齐明面相组合。

在如图 13-20 所示的齐明透镜中，光束进入第一个面时与该面满足共心条件而不发生折射效应，第二个面则满足消球差的不晕条件。该组合在输入焦距为正的情况下能够使光束的会聚作用得到减弱，在输入焦距为负的情况下能够使光束的发散作用得到减弱。

(4) 同心面与同心面相组合。

在如图 13-21 所示的齐明透镜中，该透镜的前后两个光学表面均与入射光束满足共心条件，因此对光束无光学作用，光路中的光线通过透镜后不发生变化。很显然，这种共心透镜也不会给系统带来额外的球差。

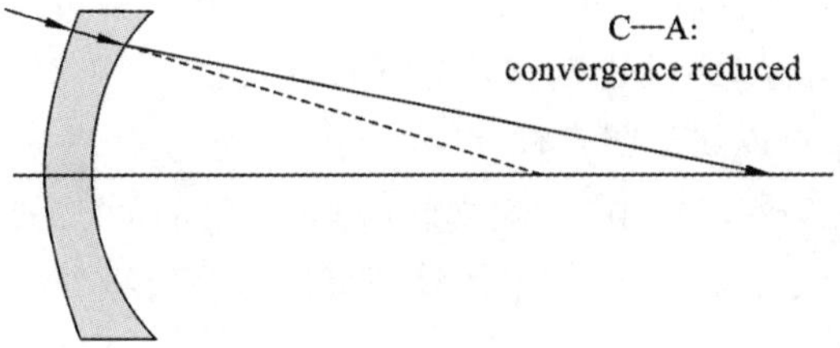

图 13-20　同心面—齐明面透镜

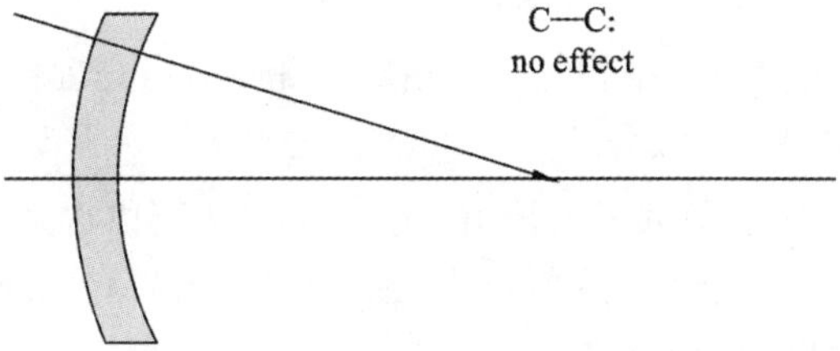

图 13-21　同心面—同心面透镜

13.3　带球差

前面已经提到，通过正负透镜相组合的形式设计透镜，可以使边缘光线的焦点与近轴光线的焦点相重合，即消除球差。然而在一般情况下，穿过透镜中间区域(边缘焦点与中点焦点间)的光线的焦点比近轴光线和边缘光线的焦点更靠近透镜。图 13-22 所示的为入瞳高度与球差之间的关系曲线，可以看到存在着残余球差，这种残差被称为带球差，可以由一个只包含 Y 的偶数幂级数的式子表示：

$$LA' = aY^2 + bY^4 + cY^6 + \cdots \tag{13-52}$$

这些项被称为一级，二级，三级……带球差，透镜的实际带球差是它们的总和。

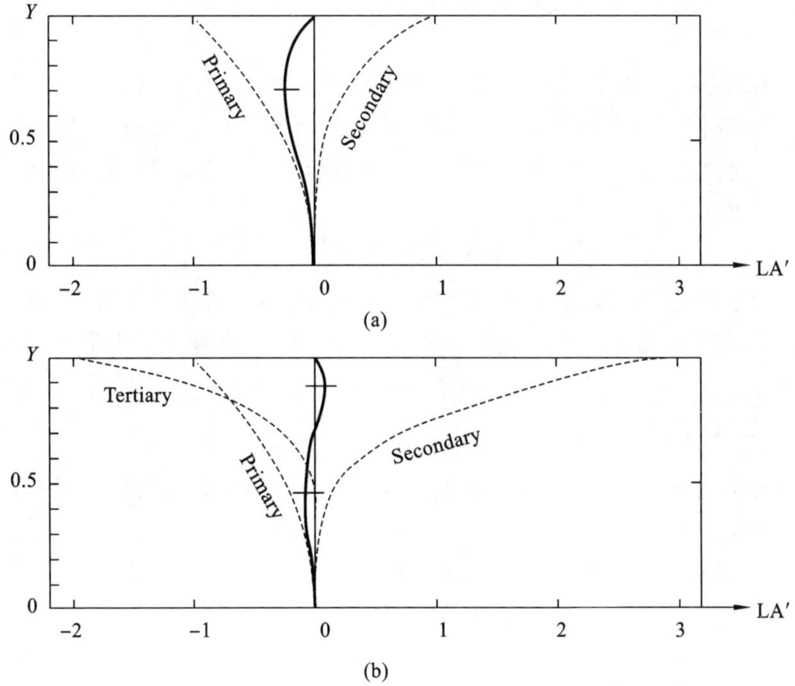

图 13-22　不同级次带球差的相互关系

(a)仅包含一、二级；(b)包含一、二和三级

如图 13-22(b)所示，可以看到各级带球差随入瞳高度的变化，当入瞳高度 Y 很小时，二级

项与三级项可以忽略不计，一级项就可以代表整个带球差。当 Y 开始增大，二级项与三级项也开始增大，最终占主导地位。如图 13-22(a)所示，一级项为负，二级项为正，并且在透镜边缘处二者大小相等符号相反。现在只考虑前两项带球差，并且边缘球差为零时，即当 $Y=1$ 时，$LA'=a\rho^2+b\rho^4=0$。这意味着 $a=-b$。此时可以通过解方程 $\mathrm{d}\,LA'/\mathrm{d}\rho=2a\rho+4b\rho^3=0$ 来计算残差的峰值，代入 $a=-b$ 可以得到 $\rho=1/\sqrt{2}\approx 0.707$。在实际透镜中，当 $\rho=0.707\rho_m$ 时会出现峰值带状残余球差。当只有三级和五级球差时，带球差的峰值等于透镜边缘处一级项的四分之一。

由于三级项和二级项相差不大，三级项有可能为正并与二级项相叠加，使最大带球差出现在比 0.707 更高的入瞳高度上，并使透镜边缘像差快速增加。同样的，如图 13-22(b)所示，如果三级项为负并与二级项相抵消，则可以消除边缘球差与带球差，相差曲线更加平坦。分析表明，在这种情况下，最大残差的位置可以由下式计算：

$$\frac{\rho}{\rho_m}=\sqrt{\frac{1\pm 1/\sqrt{3}}{2}}\approx 0.8881 \quad \text{or} \quad 0.4597 \tag{13-53}$$

上述最大残差的位置在图 13-22(b)中以短横线形式标注。

13.4 初级球差

13.4.1 单折射面的初级球差分布公式

为了分离出球差的初级项，我们必须假设光线在光学表面的光线高度 Y 是一个无穷小量。然而，一方面我们不能直接运用式(13-27)来直接计算光学表面的初级球差，同时也不能采用普通的光线追迹公式来追迹近轴光线去计算初级球差。但是，我们可以通过如下极限来计算光学表面初级球差：

$$LA'_p=\lim_{y\to 0}(LA'_y) \tag{13-54}$$

当系统孔径足够大使得偏离光轴的光线产生球差，但又不至于产生高级球差时，则可以得到初级球差公式，将近轴近似 $y=PA$ 代入到式(13-37)中，初级球差可由下式表示：

$$LA'_p=LA_p\left(\frac{n_1u_1^2}{n'_ku'^2_k}\right)+\sum\frac{2y\cdot\frac{1}{2}(i'-i)\cdot\frac{1}{2}(i'+u)ni}{n'_ku'^2_k} \tag{13-55}$$

其中，LA_p 是物空间存在的初级球差，通过轴向放大率公式传递到像空间。求和符号中的物理量即为每个光学表面产生的初级球差。

因此，光学表面对初级球差的贡献可以写为

$$SC=yni(u'-u)(i+u')/2n'_ku'^2_k \tag{13-56}$$

13.4.2 薄透镜的初级球差

1. 薄透镜的初级球差分布公式

我们用光学表面的物像距离和曲率半径来替换式(13-56)中的角度，那么可以得到：

$$\mathrm{SphLC} = \frac{ny^4 f^2}{2n'_k y_1^2}\left(\frac{n}{n'} - 1\right)\left[\left(\frac{1}{r} - \frac{1}{l}\right)\frac{n}{n'} - \frac{1}{l}\right]\left(\frac{1}{r} - \frac{1}{l}\right)^2 \tag{13-57}$$

其中，f 为系统的有效焦距，无论是薄透镜还是厚透镜，只需要将两个表面对最终球差的贡献简单叠加，透镜边缘的球差都可以通过上式进行计算，因此可以得到：

$$\mathrm{SphT} = \frac{(n-1)l'_2}{2n^2 y_2}\left[\left(\frac{1}{r_1} - \frac{n+1}{l_1}\right)\left(\frac{1}{r_1} - \frac{1}{l_1}\right)^2 y_1^4 - \left(\frac{1}{r_2} - \frac{n+1}{l'_2}\right)\left(\frac{1}{r_2} - \frac{1}{l'_2}\right)^2 y_2^4\right] \tag{13-58}$$

对于薄透镜，可以得到：

$$\mathrm{SphT} = \frac{(n-1)\kappa l'_2 y^3}{2n} \times \{[n^2\kappa - c_1 + (n+1)\nu_1][n\kappa - 2(c_1 - \nu_1)] + n(c_1 - \nu_1)^2\} \tag{13-59}$$

其中，$\nu_1 = 1/l_1$；$c_1 = 1/r_1$；$c_2 = 1/r_2$；$\kappa = c_1 - c_2$。

可以看出，球差的大小既取决于透镜的形状，也取决于物像位置。下面给出一个由 Conrady(1957)给出的薄透镜球差表达式：

$$\mathrm{SphT} = -l'_k y^3 (G_1\kappa^3 - G_2\kappa^2 c_1 + G_3\kappa^2\nu_1 + G_4\kappa c_1^2 - G_5\kappa c_1\nu_1 + G_6\kappa\nu_1^2) \tag{13-60}$$

当物距为无穷远时，$l'_k = f$，当物距为有限远时，$l'_k = [\kappa(n-1) + \nu_1]^{-1}$，并且有：

$$G_1 = \frac{n^2(n-1)}{2}, G_2 = \frac{(2n+1)(n-1)}{2}, G_3 = \frac{(3n+1)(n-1)}{2} \tag{13-61}$$

$$G_4 = \frac{(n+2)(n-1)}{2n}, G_5 = \frac{2(n^2-1)}{n}, G_6 = \frac{(3n+2)(n-1)}{2n} \tag{13-62}$$

可以看出，球差随系统孔径的立方的增加而增加，对于焦距固定的透镜，球差的大小仅取决于透镜的形状与物像位置。因此对于给定的物距可以求出最小球差对应的透镜形状，而对于给定的透镜形状，可以求出最小球差对应的物体位置。如下式所表示的，球差最小的薄透镜的曲率 c_1 为

$$c_1 = \frac{n(n+1/2)\kappa + 2(n+1)\nu}{n+2} = \frac{G_2\kappa + G_5\nu}{2G_4} \tag{13-63}$$

其中，$\nu = 1/l$，其为物距的倒数。对于物在无穷远处的特殊情况，有

$$c_1 = \frac{n(n+1/2)\kappa}{n+2} \tag{13-64}$$

例如，对于一个焦距恒定为 100 mm 的薄透镜，其横向球差是曲率 c_1 的函数，对式(13-60)进行微分可以得到球差的最大值与最小值，并且该值取决于物体位置。

当物体位于无穷远处时，单表面的球差贡献与曲率 c_1 的关系如图 13-23 所示，当每个表面的球差贡献 SphT 几乎相等时，可以得到最小球差。当入射光线的入射角与最终折射光线的折射角相等时，该透镜的弯曲度与获得最小球差的最佳透镜弯曲度十分接近，但不完全相等。如图 13-24 所示，可以看到，无论曲率 c_1 为什么值，对于任意物距，横向球差均不为零，不与 c_1 轴相交。

我们可以看到，在图 13-24 中，最小横向球差的大小随着入射光束的收敛而减小。我们还注意到，最小横向球差对应的最佳透镜曲率是物体位置的函数。需要注意的是，对于曲率已优化的具有最小球差的单个透镜，其球差值也取决于折射率。折射率越高，球差越小。

然而，如果透镜由两个接触的薄透镜形成，一个正透镜和一个负透镜分别由不同折射率的玻璃制成，则可以使球差曲线穿过 c_1 轴。图 13-25 所示的为包含 BK7 玻璃的焦距为 100 mm，

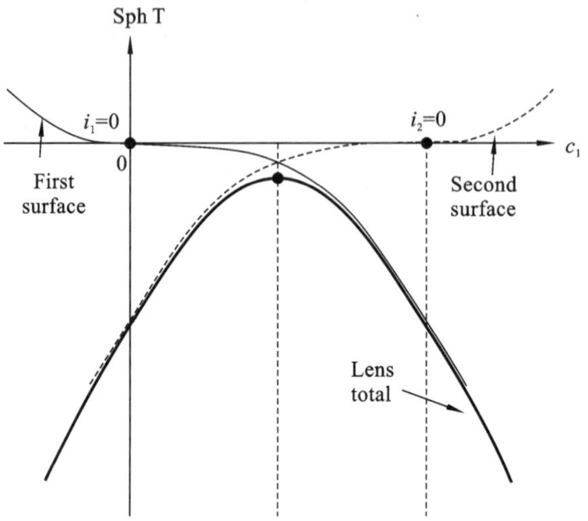

图 13-23 透镜的每一面对薄透镜总横向球差的贡献

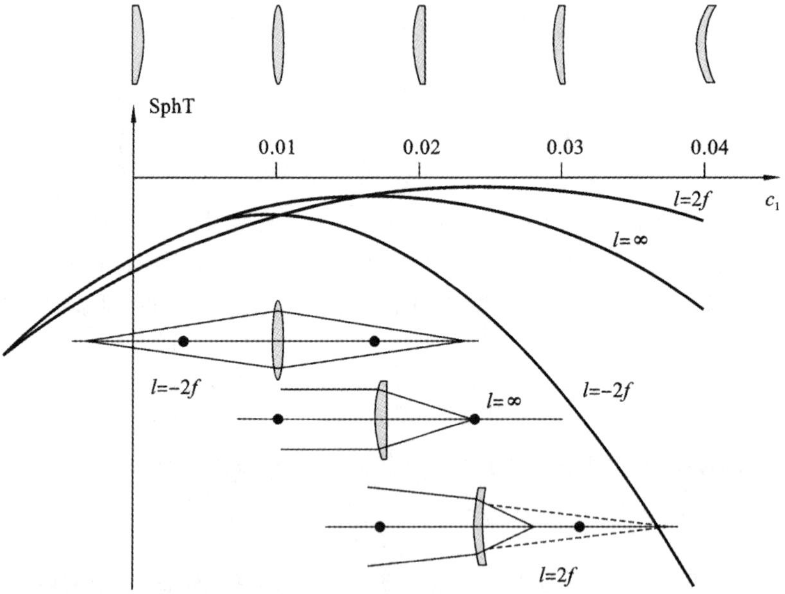

图 13-24 三种不同物体位置的薄透镜的横向球差与前表面曲率的关系

直径为 20 mm 的透镜的横向球差与曲率 c_1 的关系曲线，这种透镜由两片薄透镜密接而成。在图 13-25(a)中，两片薄透镜材质均为 BK7 玻璃($n_d=1.5168$)。在图 13-25(b)中，正透镜由 BK7 玻璃制成，而负透镜由 F2 玻璃($n_d=1.6200$)制成。图中展示了两片透镜及其组合贡献的球差。只有当两种玻璃不同时，才有两种满足零球差的情况出现。通过选择正确的玻璃组合，可以制作抛物面图，只需球差与 c_1 轴相交即可。另外，只有一种情况可以完全消除球差。

2. 球差与透镜弯曲度、折射率的关系

(1) 球差与透镜弯曲度(形状系数)的关系。

透镜可以在不改变光焦度的条件下改变弯曲度，但是透镜的像差随着弯曲度的变化而改变。因此，调整透镜弯曲状况是控制球差的一种重要工具，弯曲状况描述了透镜前后表面的光

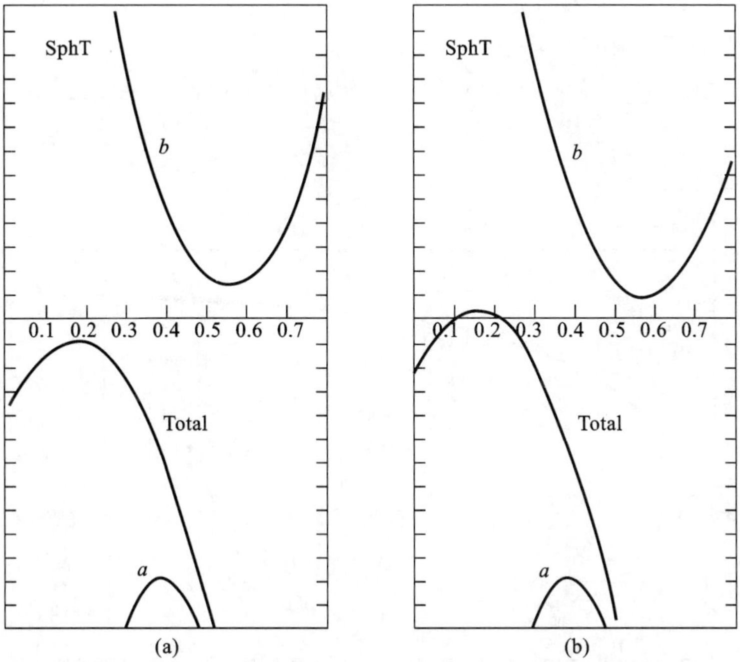

图 13-25 薄透镜与双胶合薄透镜中,各个表面与单个薄透镜对球差的贡献

焦度分布,即透镜的形状,记为形状系数 X。单透镜的形状系数可以定义为

$$X=\frac{r_1+r_2}{r_2-r_1}=\frac{c_1+c_2}{c_1-c_2}$$

式中,r_1 和 r_2 分别是透镜前后表面的曲率半径,c_1 和 c_2 则是相应表面的曲率。

球差及像面上的像斑直径与透镜弯曲度的关系曲线如图 13-26 所示,其中,透镜材料的折射率为 1.5。

如图 13-26 所示,无论透镜弯曲度如何变化,球差的最小值仍然大于零,通常球差无法通过单透镜完全矫正。当透镜相对于物像共轭位置具有对称(或类对称)的结构特征时,即每条光线在两个光学表面上的相对弯折度接近相等时,单透镜的球差处于最小值。

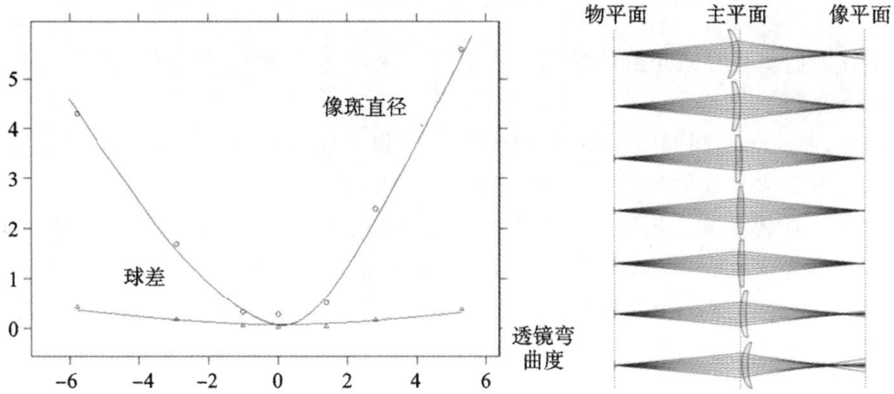

图 13-26 球差及像斑直径与透镜弯曲度关系曲线

(2) 球差与折射率的关系。

在对单透镜球差与折射率的关系进行阐述之前，先定义“最佳形状”为在某一材料折射率下，可以使单透镜球差最小的单透镜的参数。

如图 13-27 所示，$n=1.9$ 时的最小球差，约为 $n=1.5$ 时的一半，高折射率材料有助于降低球差。

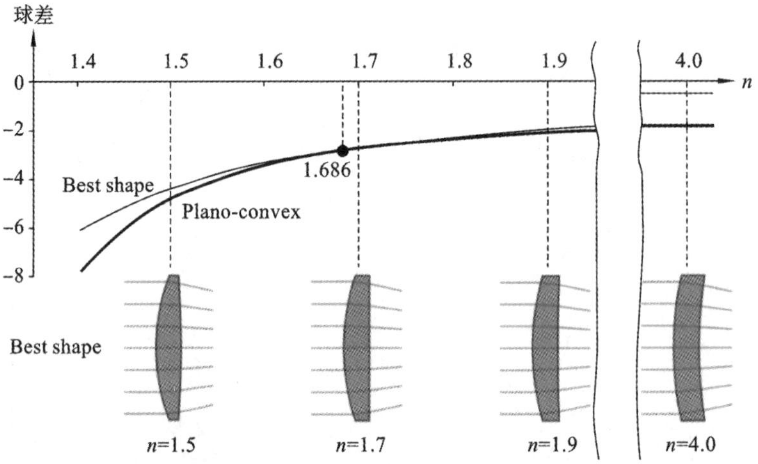

图 13-27　不同折射率的透镜材料制成的最佳形状单透镜的球差

另外，由图 13-27 可见，在常用玻璃材料范畴内，平凸透镜是最接近“最佳形状”的单透镜构型，但对于折射率高达 $n=4$ 的红外材料，情况有所不同，$n=4$ 的红外材料所对应的“最佳形状”为半月板状，且该透镜的球差(绝对值)小于同等折射率平凸透镜的球差的三分之一。图 13-27 中标注的 $n=1.686$ 所对应的“最佳形状”恰好为平凸透镜。

3. 透镜数目与球差的关系

当将球差最小的单个透镜分为两个透镜，使该组合具有与原始镜头相同的光焦度时，球差会大大降低。为了说明这一事实，让我们考虑一个直径为 D，焦距为 f 的平凸单透镜，该透镜已针对最小球差进行了优化，如图 13-28(a)所示。要将镜头分为两部分，需要执行以下三个步骤。

(1) 我们将透镜放大为原来的两倍，从而获得具有两倍孔径、两倍焦距和两倍球差的透镜。

(2) 现在我们将孔径减小到原始值。焦距没有变化，但是横向球差为原来的 1/16，因为横向球差随光圈的四次方增加。

(3) 最后，将两个相同的镜头彼此接触放置，该组合使透镜球差翻倍，并将焦距减小一半至原始值。现在球差仅是初始镜片中像差的 1/8，如图 13-28(b)所示。

如果第二片透镜根据会聚光束情况弯曲到其最佳形状，则可以对透镜组的球差进行进一步的改进。如图 13-28(c)所示，将图 13-28(b)中各个表面进行优化后，球差进一步减小；如图 13-28(d)所示，将图 13-28(c)中的两片透镜增加到三片并优化到最佳结构后，球差较图 13-28(c)大大减小；如图 13-28(e)所示，每进行一步相同操作，球差就会大大减小。

13.4.3　平行平板的球差

从图 13-29 中可以清楚地看出，将厚的平行平板插入会聚角为 U 的光线的路径中引起的

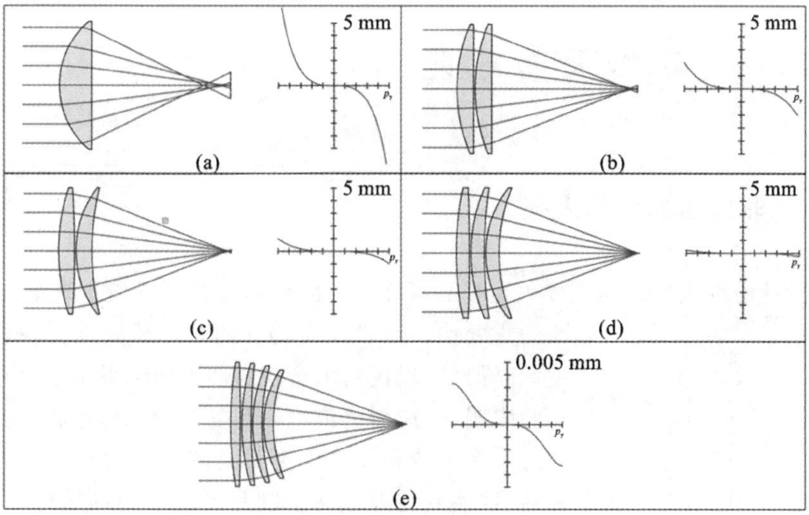

图 13-28　透镜数目与球差

纵向像位移为 $S=BB'$，由下式给出：

$$S=\frac{Y}{\tan U'}-\frac{Y}{\tan U}=\frac{Y}{\tan U'}\left(1-\frac{\tan U'}{\tan U}\right) \tag{13-65}$$

由于 $Y/\tan U'$ 等于平行平板的厚度 t，这样上式可以简化为

$$S=t\left(1-\frac{\tan U'}{\tan U}\right)=\frac{t}{n}\left(n-\frac{\cos U}{\cos U'}\right) \tag{13-66}$$

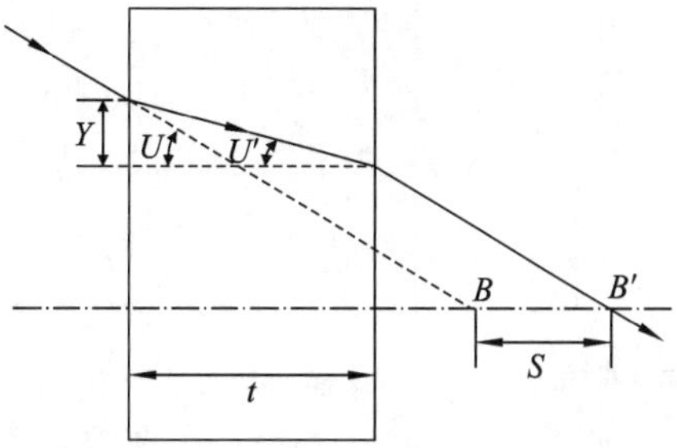

图 13-29　平行平板引起像的偏移

其中，n 是平行平板的折射率。对于近轴光线，上式可以进一步简化为

$$s=\frac{t}{n}(n-1) \tag{13-67}$$

由于 $\sin U=n\sin U'$，$\cos^2 U'+\sin^2 U'=1$，我们可以得到：

$$\frac{\cos U}{\cos U'}=\frac{n\cos U}{\sqrt{n^2-\sin^2 U}} \tag{13-68}$$

那么平行平板严格的轴向球差表达式为

$$\mathrm{LA}=S-s=\frac{t}{n}\left(1-\frac{n\cos U}{\sqrt{n^2-\sin^2 U}}\right) \tag{13-69}$$

由此可见，平行平板比其“等效空气厚度”占据了更多的空间。因此，光学系统中包含平行平板玻璃板会影响最终的图像质量。在实际应用中，需要考虑平行平板玻璃板引起的像差的典型示例主要包括显微镜盖玻片和用于红外探测器的杜瓦窗。此外，系统中的反射棱镜就像是一块很厚的平行平板。因此，在会聚光束中，棱镜具有过校正球差、轴向色差和像散的作用，同时会欠校正彗差、畸变和横向色差。

13.5 非球面与球差

13.5.1 非球面的数学表征

在光学设计中引入非球面镜极大地提高了光学表面精确公差分析和非球面表面高精度检测的重要性。但非球面具有两个主要缺点:成本高和加工难度大。但是,现代技术已在这两方面取得了十分重要的进展。经验表明,非球面透镜由于其复杂的几何形状,通常比常规球面透镜在制造和设计中更具挑战性,但是其具有更加优越的性能,这使其在很多高精度和低成本的场景中获得了广泛应用。当今许多高精度的光学设计都使用了球面光学器件,其性能已经达到或接近理论极限。为了超越这一障碍,设计人员引入了非球面光学元件,在不增加重量和尺寸的情况下实现进一步消除像差和畸变,从而满足人们不断增长的性能需求以及实现更小更轻的理想目标。

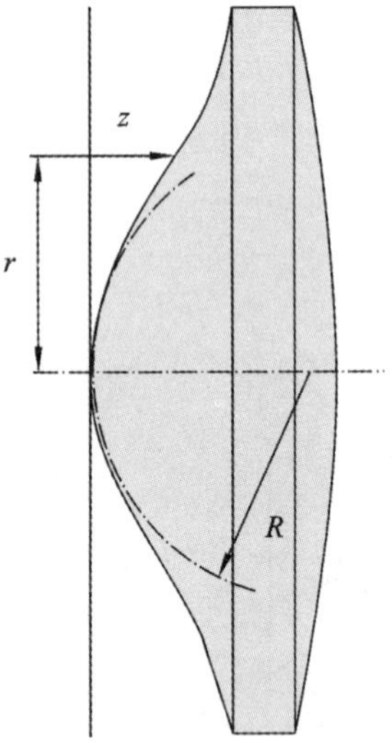

图 13-30 非球面与球面比较

在研究非球面的性质之前,我们需要以特定方式定义非球面。对于球面来说,仅需要一个参数,即曲面的曲率即可定义。这显然不适合非球面,因为非球面的局部曲率会在整个表面上发生变化。因此,非球面通常由解析公式定义,通常以矢高的形式来表征整个表面上所有点的坐标位置。

严格来说,非球面可以指任何非球面的表面。而非球面最常见的形式则是旋转对称表面,如图 13-30 所示。非球面通常可以由圆锥曲线加非球面多项式的形式来进行描述,因此其矢高可以定义为

$$z(r)=\frac{cr^2}{1+\sqrt{1-(\kappa+1)c^2r^2}}+a_4r^4+a_6r^6+a_8r^8+a_{10}r^{10}+\cdots \tag{13-70}$$

其中,c 是顶点的基本曲率,κ 是圆锥常数,r 是从光轴垂直测量的径向坐标,a_i 是高阶非球面项的系数。非球面系数($a_4,a_6,a_8,a_{10}\cdots$)可以校正三阶、五阶、七阶、九阶等球差。当在光瞳附近使用非球面时,非球面主要用于纠正球差。当把非球面用在距离光瞳较远的位置时,非球面则主要用来矫正像散。

在式(13-70)中的高阶非球面项为零的情况下,旋转对称非球面蜕化为标准的圆锥曲面,其矢高由式(13-70)中的第一项来定义。公式中的圆锥常数 κ 实质上定义了该圆锥曲面的表面轮廓,而具有不同圆锥常数的表面可以具有相同的曲率。表 13-1 列出了一系列圆锥常数值及其相关的表面类型。不管它们是反射面还是折射面,对于这些圆锥曲面来说,它们独特的性质在于每种曲面都存在一组特定的共轭点没有球差。

表 13-1　圆锥常数类型

圆锥常数 κ	表面类型
0	球面
$k<-1$	双曲面
$k=-1$	抛物面
$-1<k<0$	椭球面
$k>0$	扁平椭球面

如果非球面不是旋转对称的，则需要用另外的形式来描述，例如在两个正交方向上分别具有两个基本曲率和两个圆锥常数的双圆锥表面，或者在非球面项之外具有附加高阶项的变形非球面。除此之外，还存在具有两个半径的环形面或者复曲面形式，其有效形状类似甜甜圈。

大多数光学系统都是基于球面元件进行设计的，因为它们更易于制造。但是，在某些情况下，非球面元件比球面元件具有明显的优势。将非球面光学表面整合到现代系统设计中，无论是用于高性能系统还是用于低档商业产品，都构成了从球面透镜到非球面透镜的不断增长的产业转移。其中一些优势包括：①消除球面像差并减少其他光学像差；②替换更为复杂的多镜头系统，使相应设备比多镜头设备更小、更轻、更便宜；③较少的光学表面可产生更高的透过率。

由于非球面的表面数量少且通常具有较大的孔径，因此其广泛用于各种折射和反射应用中。新技术允许利用日益复杂的非球面来经济有效地解决光学问题，其广泛应用于小到微型光刻技术中使用的微型透镜，以及大到大型(10 米级的)望远镜，还包括激光核聚变中控制强激光脉冲的高聚焦透镜。随着许多军用和商用飞机的应用需求加大，非球面光学元件也逐渐应用于高精度的国防项目，包括平视显示器以及飞行模拟器中使用的高分辨率图像获取系统。

如今，随着新型塑料材料技术和低成本成型工艺的显著发展，非球面折射光学器件也在消费行业中崭露头角。它们广泛应用于多种照明系统，包括投影系统和显微镜系统中的聚光镜，以及路灯和探照灯等。非球面镜片有时也用于眼镜，以提供比传统眼镜镜片更宽广的校正视场等。

13.5.2　非球面与球差校正

通常来说，球面会产生球差。如图 13-31 所示，在单透镜中，通过使其中一个光学表面为非球面，可以减小甚至消除球差。但是，在使用非球面之前，应确保使用非球面具有必要性，并且能够带来与使用非球面付出的成本相匹配的性能提升。另外，不能使用比所需校正像差更高阶的非球面。

一般来说，使用球面作为折射面就会产生像差。前面章节中我们讨论了单折射球面球差为零的三种情况。在使用非球面作为折射面以避免产生球差时，非球面的形状也取决于物体的位置。非球面不仅包括二次曲线(双曲线、扁椭圆和长椭圆)，还包括一个附加的幂级数。非球面仅有二次曲线而没有幂级数的唯一情况，发生在物或像位于无穷远处时。对于无穷远处的物或像，非球面的圆锥常数仅取决于表面前后的折射率。

对于物在无穷远处的情况，非球面的圆锥常数由以下公式确定：

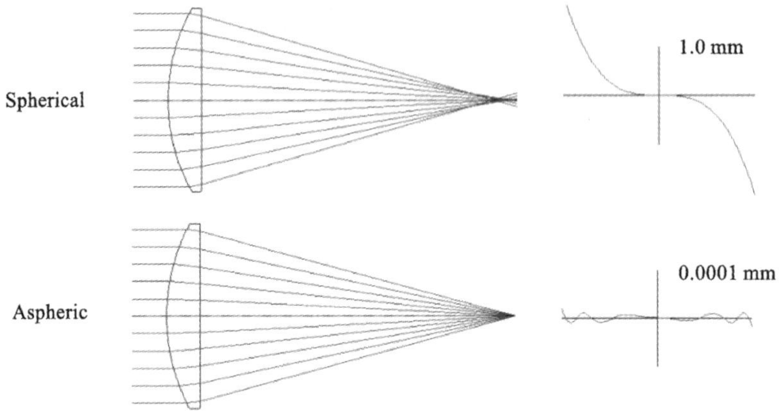

图 13-31 非球面折射面消球差

$$\kappa = -\left(\frac{n}{n'}\right)^2 \tag{13-71}$$

图 13-32 所示的是当物在无穷远处时，纯二次曲线横截面构成的非球面能够完全消球差的情况。

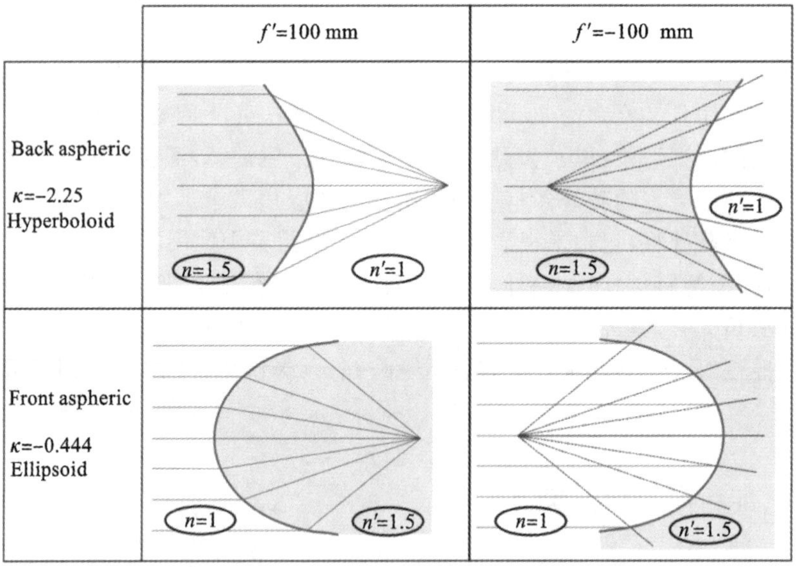

图 13-32 非球面对无穷远处物体消球差

习 题

13.1 追迹两条光线，它们通过一个系统的轴向球差分别为−1 和−0.5；且假设这两条光线在像空间的斜率($\tan U'$)分别为−0.05 和−0.035。请求出这两条光线在如下两个平面上的垂轴像差：(a)近轴焦平面；(b)位于近轴焦平面前面 0.2 mm 的平面。

13.2 请写出单折射球面初级球差的赛得和数，并根据赛得和数推导出单折射球面齐明点的物像距离。

13.3 请列举单折射球面消球差的几种情况。

13.4 对于具有三阶球差 $W_{040}=5\ \mu\text{m}$ 的 $f/5$ 系统，如果聚焦瞳孔半径为 0.5 μm 区域内的光束，那么所需的像面偏移(从近轴焦点开始)是多少?

13.5 请给出五阶球差 W_{060} 的轴向像差(ε_z vs y_p)的一般表达式。对于 $W_{060}=1\ \mu m$ 的 $f/2$ 系统,请绘出此像差曲线图。

13.6 可以通过平衡三阶和五阶球差来获得更好的图像质量。对于仅存在三阶球差和五阶球差的系统,边缘平衡球差的条件是 $W_{040}=-1.5\,W_{060}$,请推导该表达式。(边缘平衡意味着对于来自瞳孔边缘的光线,垂轴光线像差为零。)

13.7 请推导出反射球面初级球差赛得和数的表达式。

13.8 请推导出薄透镜初级球差赛得和数的表达式。

13.9 请基于薄透镜球差公式解释为什么增加透镜的数目能够有效降低球差。

13.10 当一个存在球差的系统满足如下离焦条件时,可得到系统最小像斑尺寸 RMS:

$$\Delta W_{20}=-1.33W_{040}$$

$$\delta_z=0.67\text{LA}=-10.67(f/\#)^2 W_{040}$$

(1) 请推导如上两个方程。注意像斑尺寸 RMS 中的尺寸是指径向尺寸,即:

$$(\varepsilon_r)^2=(\varepsilon_x)^2+(\varepsilon_y)^2$$

(2) 请给出最小的径向尺寸 RMS。

(3) 请比较该像斑尺寸 RMS 与近轴焦点处像斑的径向尺寸 RMS。

13.11 请设计一个工作在空气中的基于共心—齐明构型的无球差透镜。已知该透镜第一个面为共心面,曲率半径为 100 mm,且透镜材料折射率为 1.6,透镜的中心厚度为 100 mm。请求出第二个面满足齐明条件时所需的曲率半径,并求出像的位置。系统的垂轴放大率和轴向放大率分别为多少?

13.12 已知系统存在五阶球差 W_{060},现在对系统引入一定的离焦量 ΔW_{20} 进行像差补偿。

(1) 请写出该系统的波前像差表达式。

(2) 请推导出该系统波前像差 RMS 值的表达式,并证明当离焦量为多少时,系统波前像差 RMS 值达到最小。

(3) 请推导出该系统几何像斑尺寸 RMS 值的表达式,并证明当离焦量为多少时,系统几何像斑尺寸 RMS 值达到最小。

第 14 章 彗差

14.1 彗差概述

14.1.1 彗差定义

彗差是一种轴外像差，其与像散和畸变等轴外像差相比只是视场的函数不同，彗差既是视场的函数，又是孔径的函数，在孔径一定的情况下，彗差与视场成正比，在视场一定的情况下，彗差与孔径的平方成正比。

当透镜外侧区域比包含主射线的透镜内部区域具有更高或更低的放大率时，就会产生彗差。

如图 14-1 所示，在有彗差的光学系统中，入射到入瞳中心的主光线的成像高度与入射到入瞳上、下边缘的边缘光线成像高度不同，因此可以将上、下边缘光线的像方交点到主光线的垂直于光轴方向的高度之差定义为光学系统的彗差。

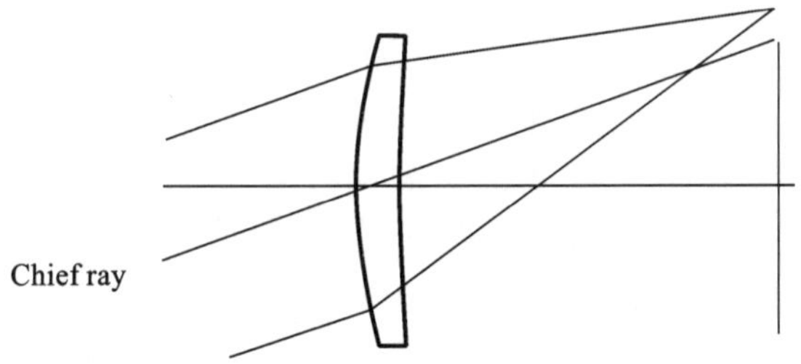

图 14-1　彗差示意图

当主光线交点位于上、下边缘光线交点之上时，彗差为负值，此时彗差为欠校正。当主光线交点位于上、下边缘光线交点之下时，彗差为正值，此时彗差为过校正。

显然，彗差使轴外点的像斑扩大，影响分辨率。

14.1.2　彗差波前像差和垂轴像差曲线

图 14-2 所示的为彗差波前像差曲线，彗差的波前像差（或简称波像差）可由式(14-1)进行计算：

$$W = W_{131} H\rho^3 \cos\varphi = W_{131} H\rho^2 y_p \tag{14-1}$$

在极坐标下，彗差的垂轴像差可以由式(14-2)和式(14-3)计算：

$$\varepsilon_y = -\frac{R}{r_p} W_{131} H\rho^2 (2 + \cos 2\varphi) \tag{14-2}$$

$$\varepsilon_x = -\frac{R}{r_p} W_{131} H\rho^2 \sin 2\varphi \tag{14-3}$$

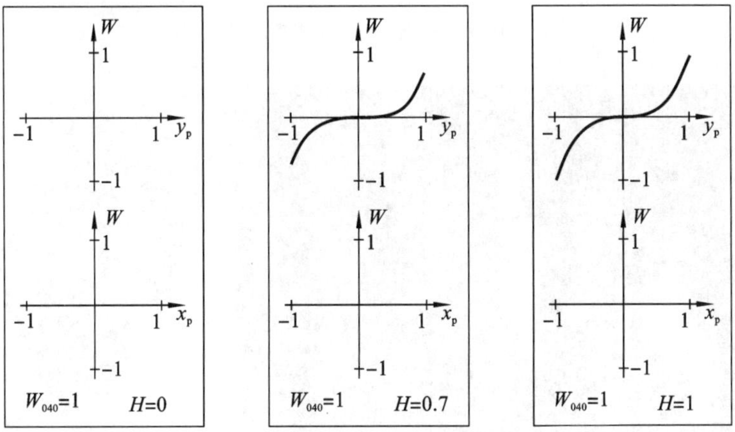

图 14-2　彗差波前像差曲线

在子午平面（或称子午面），即 $y-z$ 平面上，波前像差与 y_p^3 成正比。而在弧矢平面（或称弧矢面），即 $x-z$ 平面上，$y_p=0$、$\cos\varphi=0$，因此波前像差为零。另外，彗差是由于系统的放大率随光瞳的位置改变而导致的。整个图像的光斑在近轴像位置的一侧时会产生非对称的光斑，像斑线性地随像高 H 的增加而增加。

根据式(14-2)和式(14-3)，在 y 方向与 x 方向上，彗差的垂轴像差可以由式(14-4)和式(14-5)计算。

$$\varepsilon_y = -3\frac{R}{r_p} W_{131} H y_p^2 \tag{14-4}$$

$$\varepsilon_x = 0 \tag{14-5}$$

图 14-3 所示的为彗差垂轴像差曲线，在子午平面，即 $y-z$ 平面上，彗差与 y_p^2 成正比，因此子午彗差的垂轴像差曲线为彗差关于孔径的二次函数。而在弧矢平面，即 $x-z$ 平面上，彗差的 x 分量为零，因此 $\delta W/\delta x=0$，弧矢彗差的垂轴像差曲线与 x 轴重合。

14.1.3　彗差像斑

彗差之所以被称为彗差，是由于该像差会形成形如彗星尾巴的像斑（如图 14-4 所示）。

如图 14-5 所示，当光线通过透镜时，通过透镜不同区域的光线将聚焦在所形成的彗差像

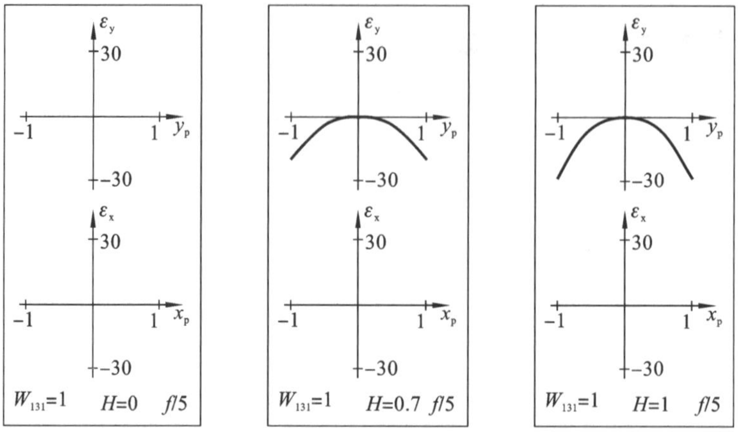

图 14-3　彗差垂轴像差曲线

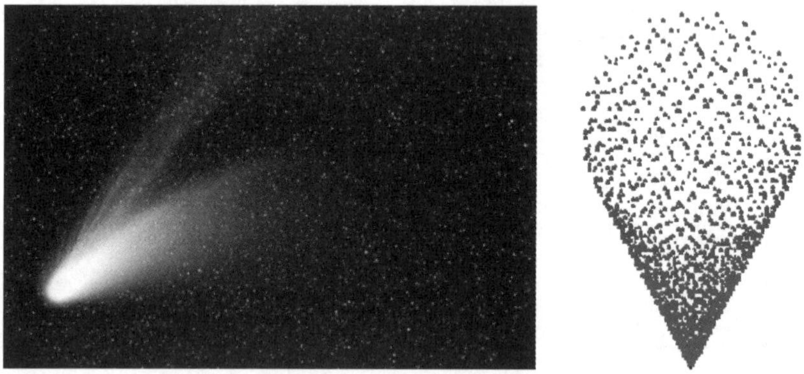

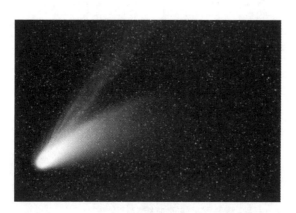

图 14-4　海尔—波普彗星与彗差点列图

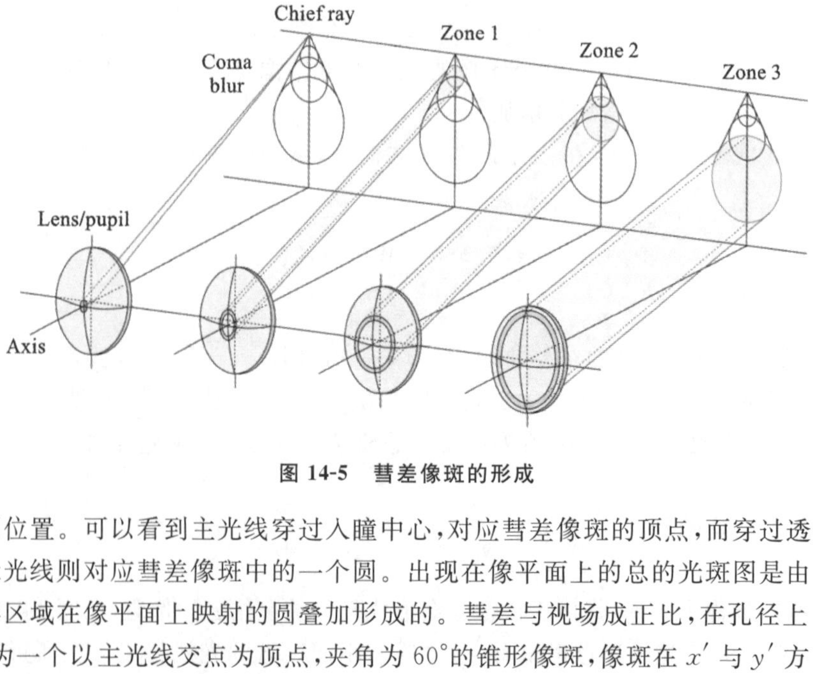

图 14-5　彗差像斑的形成

斑中的不同位置。可以看到主光线穿过入瞳中心，对应彗差像斑的顶点，而穿过透镜边缘环状区域的边缘光线则对应彗差像斑中的一个圆。出现在像平面上的总的光斑图是由光瞳中不同半径的环形区域在像平面上映射的圆叠加形成的。彗差与视场成正比，在孔径上占据不同位置，其叠加为一个以主光线交点为顶点，夹角为 60°的锥形像斑，像斑在 x' 与 y' 方向上的展开宽度之比为 2∶3。

如图 14-6(a)所示，考虑光瞳中半径为 ρ 的环形区域，该环形区域映射到像平面为一个双重圆环。如图 14-6(b)所示，映射的双重圆环偏离近轴像点，圆环的直径与偏移的位移均与 r^2 成正比，由式(14-6)和式(14-7)计算。根据图 14-6 所示的映射关系，光瞳面环带上一对弧矢光线聚焦于像面环带离近轴像点最近的位置，而光瞳面环带上一对子午光线则聚焦于像面环带上离近轴像点最远的位置。

$$\text{直径} = 2\frac{R}{r_{\mathrm{p}}}W_{131}H\rho^2 \tag{14-6}$$

$$\text{位移} = -2\frac{R}{r_{\mathrm{p}}}W_{131}H\rho^2 \tag{14-7}$$

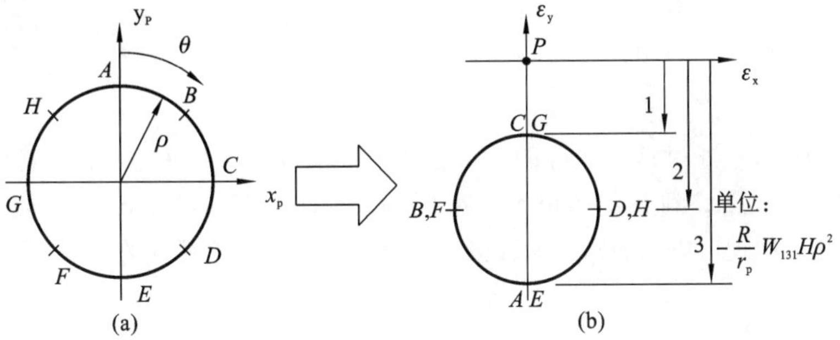

图 14-6 光瞳到像平面映射

(a)光瞳面环带；(b)像面环带

14.1.4 彗差像斑弧矢和子午尺寸

对于子午光线($\varphi=90^\circ$，即有 $x_{\mathrm{p}}=0$)，根据式(14-2)和式(14-3)，彗差的垂轴像差可以由式(14-8)和式(14-9)计算：

$$\varepsilon_{\mathrm{y}} = -3\frac{R}{r_{\mathrm{p}}}W_{131}Hy_{\mathrm{p}}^2 \tag{14-8}$$

$$\varepsilon_{\mathrm{x}} = 0 \tag{14-9}$$

对于弧矢光线($\varphi=0^\circ$，即有 $y_{\mathrm{p}}=0$)，根据式(14-2)和式(14-3)，彗差的垂轴像差可以由式(14-10)和式(14-11)计算：

$$\varepsilon_{\mathrm{y}} = -\frac{R}{r_{\mathrm{p}}}W_{131}Hx_{\mathrm{p}}^2 \tag{14-10}$$

$$\varepsilon_{\mathrm{x}} = 0 \tag{14-11}$$

从如上垂轴像差曲线的推导过程可以看出，弧矢光线有 y 方向的误差，但是没有 x 方向的。垂轴像差曲线图在这里有欺骗性。如图 14-7 所示，因为 $\varepsilon_{\mathrm{y}}\propto y_{\mathrm{p}}^2$，来自 $\pm y_{\mathrm{p}}$ 的子午光线会聚焦在近轴像平面内 x 坐标为零的位置。

为了准确表示彗差的大小，引入子午彗差与弧矢彗差两个概念。子午彗差是指子午面内的边缘光线对的像方交点到近轴主光线像点的垂轴距离，弧矢彗差是指弧矢面内的边缘光线对的像方交点到近轴主光线像点的垂轴距离。子午(切向)彗差C_{T}和弧矢(横向)彗差C_{S}由式(14-12)和式(14-13)计算：

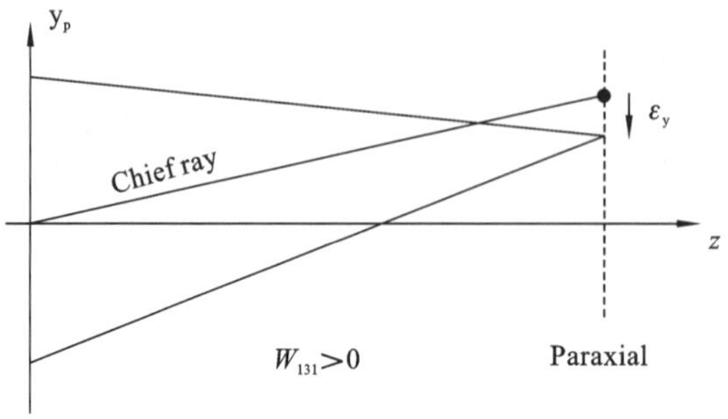

图 14-7 子午光线对聚焦示意图

$$C_T = -3\frac{R}{r_p}W_{131} \tag{14-12}$$

$$C_S = -\frac{R}{r_p}W_{131} \tag{14-13}$$

如图 14-8 所示，在通过透镜边缘的边缘光线形成的圆形像斑中，子午光束会聚于点 T，弧矢光束会聚于点 S。点 C 到点 T 的距离称为子午彗差尺寸，点 C 到点 S 的距离称为弧矢彗差尺寸。根据平面几何原理可以很容易证明弧矢彗差尺寸为子午彗差尺寸的 1/3，即 $\Delta y_{\tan}=3\Delta y_{\text{sag}}$。

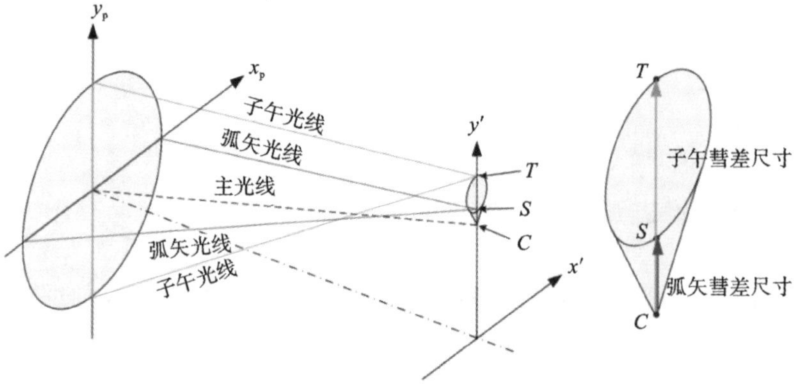

图 14-8 子午彗差与弧矢彗差

彗差像斑中所有的光线均分布在以点 C 为顶点，以 ST 为直径的圆内，顶角为 60°的圆锥形区域内，55%的光能量分布在前 1/3（以 CS 为高的三角形）的区域内。因此，我们通常将弧矢彗差（有时候也称为正弦差）作为彗差的度量标准。假定 H 代表正的像高，彗差像斑的朝向取决于彗差的符号，彗差尾巴会朝向（$W_{131}>0$）或者远离（$W_{131}<0$）光轴。

14.1.5 离焦条件下的彗差像斑

图 14-9 所示的为离焦条件下的彗差像斑。可以明显地看到，在仅有彗差像差的光学系统中，相对于理想像面的任何离焦都不能改善该系统的成像效果。从图中还可以发现另一个有趣的现象，虽然不同离焦下彗差像斑的尺寸各不相同，但在一定离焦范围内，子午方向（纵向）的分辨率是几乎恒定的，在存在离焦的情况下，该方向上的能量分布扩散不十分明显；而弧矢方向（横向）的最佳分辨率明显出现在没有离焦的位置，在存在离焦的情况下，该方向的能量分布扩散十分明显。

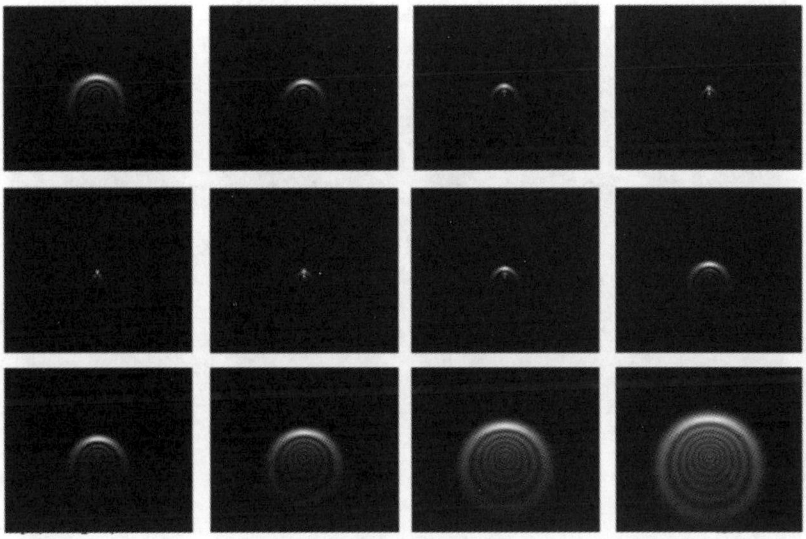

图 14-9 彗差的离焦像斑图像

14.1.6 彗差的 PSF

对光学系统来讲，当输入物为一点光源时，其输出像的光场分布称为点扩散函数(PSF)，也称点扩展函数。在数学上点光源可用 δ 函数(点脉冲)代表，输出像的光场分布叫作脉冲响应，所以点扩散函数也就是光学系统的脉冲响应函数。如图 14-10 所示，从彗差的 PSF 曲线中可以看出，最小的彗差对应着最小的彗差 RMS，对应着 PSF 曲线中具有最高峰值(即系统的 Strehl Ratio 具有最大值)的曲线。在系统像差为 0 时，光学系统 PSF 对应的是艾里斑分布函数。

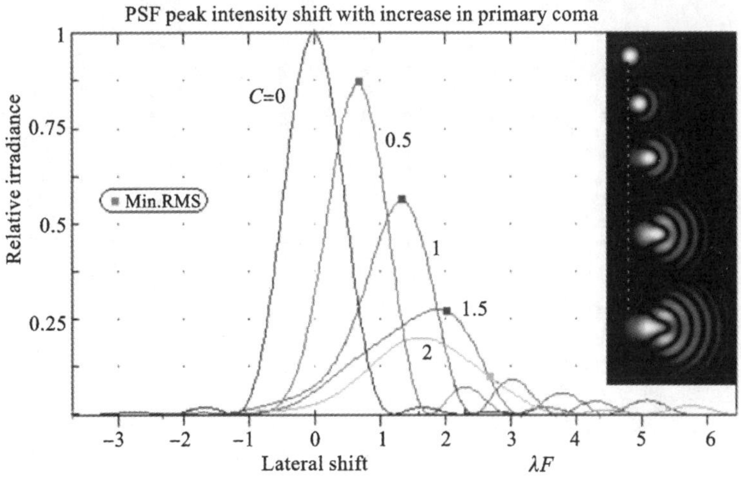

图 14-10 彗差的 PSF 曲线

图 14-11 所示的为彗差对轴外物点的成像光斑，由于彗差的存在，光学系统对轴外物点的成像光斑中存在不止一个能量分布峰值。因此，从能量分布的角度看，彗差使成像质量下降。

一般认为，当 PV 值为 0.76λ 以上，或 RMS 值为 0.134λ 以上时，PSF 的峰值开始偏离最

$W_{131}=0.3\lambda$ \qquad $W_{131}=1.0\lambda$ \qquad $W_{131}=2.4\lambda$ \qquad $W_{131}=5.0\lambda$ \qquad $W_{131}=10.0\lambda$

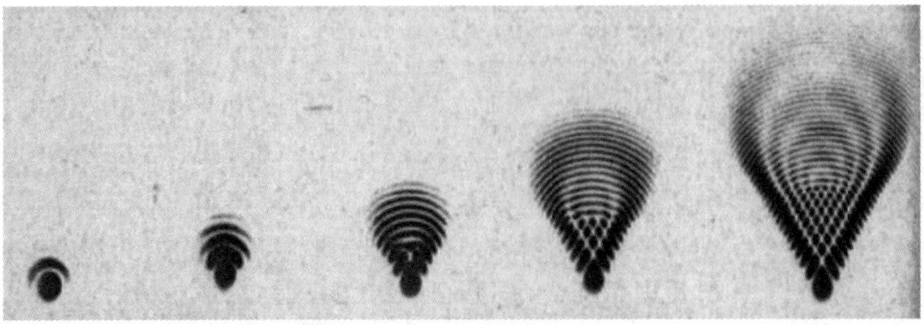

图 14-11　彗差的轴外光斑

佳成像位置。

14.1.7　彗差与视场、焦比之间的关系

如图 14-12 所示,以抛物面镜作为反射镜的牛顿式反射望远镜可以对轴上点成完善像,但对轴外物点的成像伴随着明显的彗差、像散和场曲,其中,彗差为主要像差,彗差的存在限制了可用视场的范围。如图 14-13 所示,彗差的大小与视场(绝对值)成正比。

焦点

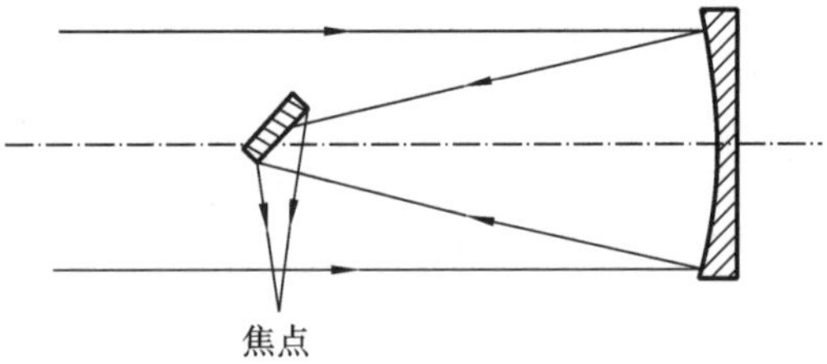

图 14-12　牛顿式反射望远镜

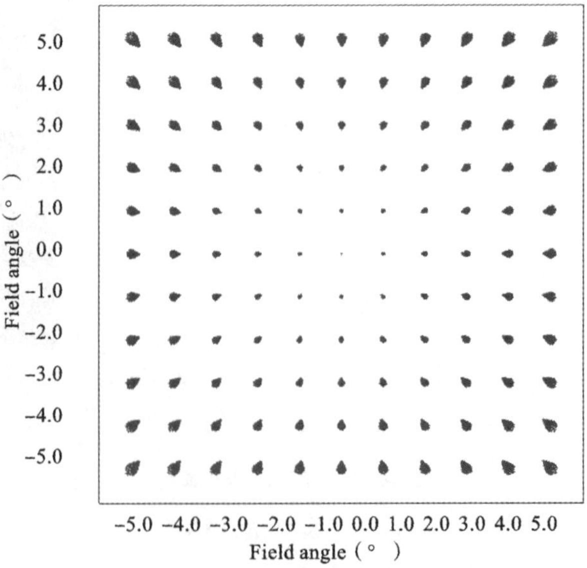

图 14-13　彗差在视场内的分布

如图 14-14 所示，彗差的大小与系统焦比的平方成反比。因此，对于牛顿式反射望远镜来说，在同样的入瞳直径下，使用长焦距的抛物面反射镜可以显著减小系统彗差。

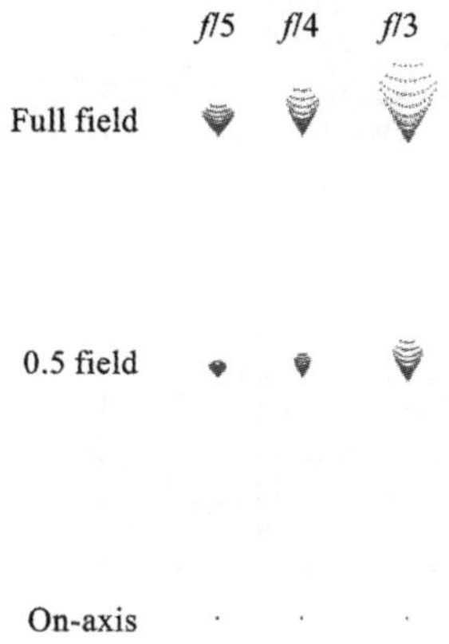

图 14-14　不同焦比下的彗差散斑图

14.2　正弦差与轴向彗差

14.2.1　光学正弦定理

拉格朗日定理仅适用于近轴光线，而光学正弦定理则适用于边缘光线。光学正弦定理给出了由通过透镜的单个区域的一对弧矢光线形成的图像高度的表达式。它适用于任何大小的区域，但只局限于光线倾斜度非常小的情况。该倾斜度限制有效地消除了除了彗差之外的其他所有像差。其中，彗差是由所选区域产生的图像高度与拉格朗日定理给出的近轴图像高度之间的差异来表征的。根据前面所述，彗差也可以被认为是从一个区域到另一个区域所产生图像的放大率的变化。

为了推导光学正弦定理，我们考虑图 14-15 中的斜视图，其显示了穿过单个折射表面的一对弧矢光线，图 14-15 显示了通过相同区域的边缘光线的路径。类似地，入射和出射的边缘光线与光轴的夹角分别为 U 和 U'。

如图 14-15(a)所示，透镜某区域内一对弧矢光线在连接物点和表面曲率中心的辅助轴上相交。h'_s 是该区域的这对弧矢光线所成图像的高度，即光瞳面上 90°和 270°光线的交点的高度。该值与该区域的任何其他光线的高度无关，尤其是与任何形式的子午光线无关。因此，由图 14-15 中所示的相似三角形，可得如下关系：

$$\frac{h'_s}{h} = \frac{CS}{CB_0} = \frac{L'-r}{L-r} = \left(\frac{P'}{\sin U'}\right)\left(\frac{\sin U}{P}\right) = \frac{n\sin U}{n'\sin U'} \tag{14-14}$$

因此，我们有：

$$h'_s n' \sin U' = hn\sin U \tag{14-15}$$

这就是所谓的光学正弦定理。如上，我们针对单折射球面，推导得到了边缘光线所对应的系统放大率公式。接下来我们会基于光线偏斜度守恒定律进一步证明光学正弦定理适用于任何旋

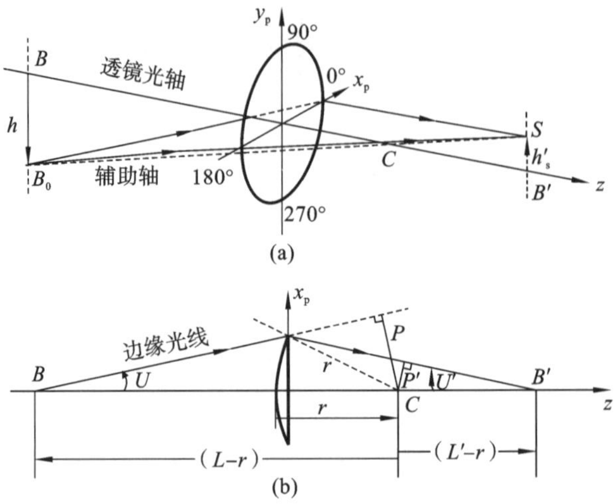

图 14-15 正弦定理的推导

(a)斜视图;(b)平面图

转对称的光学系统。

14.2.2 光线偏斜度守恒定律与正弦定理

如图 14-16 所示,r 为物空间中的一条偏斜光线,OP 为同时垂直于光轴和光线 r 的直线,显然 OP 为光线 r 与光轴之间最近的距离,将这一距离定义为 S,并定义光轴与光线 r 之间的夹角为 θ 。

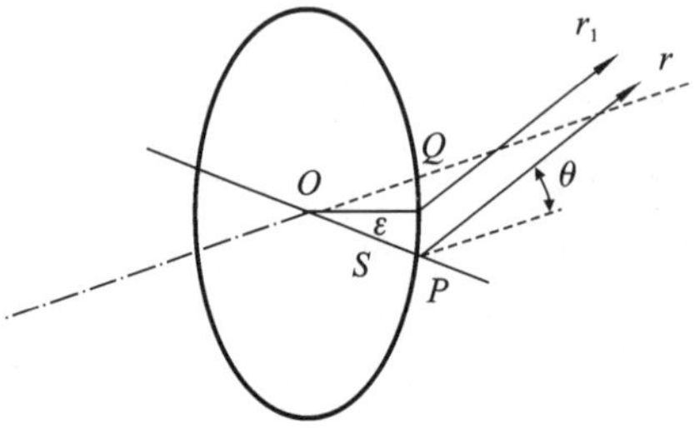

图 14-16 光线的偏斜度

如果将整条光线绕光轴旋转角度 ε,则得到一条新的可以存在的光线 r_1。假设 ε 很小,并设 Q 为旋转后 P 的新位置,设 R 为点 P 到新光线 r_1 的垂点,Q'、R'、P' 分别代表 Q、R、P 对应到像空间的共轭像点。由于光线 r_1 是由光线 r 旋转得到的,可以得到(其中,中括号表示光从物空间物点传播到像空间对应共轭像点所经历的光程大小):

$$[PP'] = [QQ'] \tag{14-16}$$

因为 PR 垂直于两条光线,可以得到:

$$[PP'] = [RR'] \tag{14-17}$$

即

$$(n'S'\sin\theta')\varepsilon = (nS\sin\theta)\varepsilon \tag{14-18}$$

至此我们得到,在光学系统中,$\Phi = nS\sin\theta$ 是守恒的。

设点(x,y,z)为偏斜光线上方向余弦为(L,M,N)的任意一点,则光线方程可以写作:

$$x' = x + \frac{L}{N}(z' - z) \tag{14-19}$$

$$y' = y + \frac{M}{N}(z' - z) \tag{14-20}$$

其中，(x', y', z')是当前点的坐标，因此从光轴（z 轴）到该点的垂直距离的平方可由下式进行计算：

$$x^2 + y^2 + 2\frac{(Lx + My)}{N}(z' - z) + \frac{L^2 + M^2}{N^2}(z' - z)^2 \tag{14-21}$$

当 z' 的导数为零，即 $z' - z = -\dfrac{N(Lx + My)}{L^2 + M^2}$ 时，有：

$$S^2 = \frac{M^2x^2 - 2LMxy + L^2y^2}{L^2 + M^2} \tag{14-22}$$

因此，当 $\sin\theta = \sqrt{1 - N^2}$ 时，有：

$$\Phi = n(Mx - Ly) \tag{14-23}$$

该结果可以用作对偏斜光线轨迹的算术检查。

如图 14-17 所示，$y-z$ 平面中有一轴外物点 P_1，其 x 坐标为 0。设一条从该点出发的偏斜光线在系统的像空间与 $y-z$ 平面再次相交于点 P'_1，设 y 和 y'_s 分别为点 P_1 和点 P'_1与光轴之间的距离，则有：

$$n'L'y'_s = nLy \tag{14-24}$$

假设这一偏斜光线非常靠近 $y-z$ 平面，使从点 P_1 到点 P'_1 的光线拥有相同的 N 值（z 方向余弦），设 U 和 U' 为偏斜光线与 $y-z$ 平面的夹角，则偏斜不变量可以表示为

$$n'U'y'_s = nUy \tag{14-25}$$

最后，考虑两个轴上点 P 与 P'，他们是会聚角为 U 和 U' 的光线的一对共轭点。现在令点 P 沿垂直于 $x-z$ 平面方向平移一小段距离到 P_1，且 P_1 在像空间的共轭点为 P'_1。假设物点 P_1 通过一组弧矢面上的光线经过光线系统后成像到像点 P'_1。由于 P_1 距离 P 很近，我们可以近似认为这些弧矢光线分别垂直于各自光学空间中的线段 PP_1 或者 $P'P'_1$，因而这些线段即为这些光线与光轴之间的最短距离。因此，偏斜不变量可以写作

$$n'y'_s\sin U' = ny\sin U \tag{14-26}$$

即正弦定理，该结果给出了大孔径角下近距离物体成像的放大率，而式(14-25)则给出了小孔径角下远距离物体成像的放大率。注意矢高 PP_1 和 $P'P'_1$ 必须与包含光线的平面垂直，只有这时式(14-26)才成立。

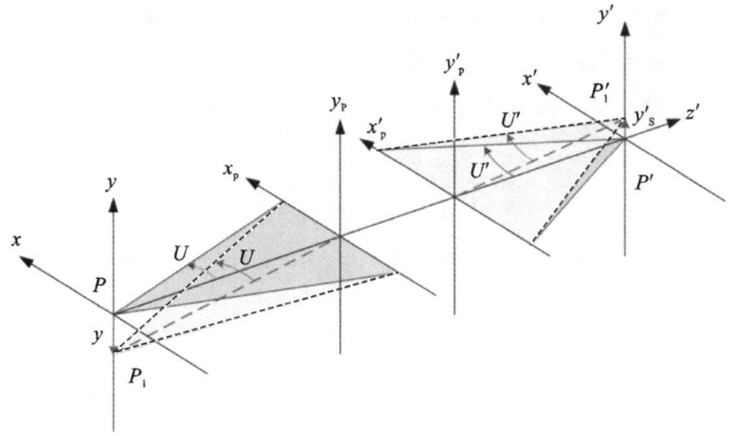

图 14-17　偏斜度与正弦定理

14.2.3 阿贝正弦条件

从一个镜头区域到另一个镜头区域所产生的图像高度不同而导致的像差，或者说彗差，可以认为是由系统的放大率随光瞳半径改变造成的。因此，阿贝意识到对于一个球差已实现校正的镜头（如显微镜物镜），如果近轴放大率（$m=nu/n'u'$）与边缘光线放大率（$M=n\sin U/n'\sin U'$）相等，那么中心视场附近将不会有彗差。根据这一条件，则有：

$$\frac{u}{\sin U}=\frac{u'}{\sin U'} \tag{14-27}$$

这就是著名的阿贝正弦条件。其中，u 和 u' 是从物点和像点发出的近轴光线角（光线斜率），U 和 U' 是通过轴向物点和像点的边缘光线与光轴的夹角。

对于无穷远物共轭成像，正弦条件的形式会发生变化。那根据拉格朗日定理，无穷远共轭像高为

$$h'=-\frac{n}{n'}f'_{\mathrm{R}}\tan U_{\mathrm{pr}} \tag{14-28}$$

其中，U_{pr} 是近轴主光线在物空间与光轴的夹角，f'_{R} 为像方焦距。f'_{R} 也是沿着近轴光线从像方主平面到焦点的距离，因此 $f'_{\mathrm{R}}=y_1/u'_k$。对于边缘光线，我们可推得一个类似的表达式：

$$F'=Y_1/\sin U'_k \tag{14-29}$$

其中，F' 是沿着边缘光线等效折射面与光线与光轴交点之间的距离。因此，对于无穷远共轭成像的无球差透镜，阿贝正弦条件变为如下表达式：

$$F'=f'_{\mathrm{R}} \tag{14-30}$$

满足该条件的透镜称为齐明透镜，也叫不晕透镜。在齐明透镜中，等效的折射面为以焦点为圆心的半球面的一部分。因此，理论上齐明透镜最大的孔径为 $f/0.5$。当然，该孔径的齐明透镜在实际中是无法实现的。目前能实现的最大孔径约为 $f/0.65$，此时出射光线与光轴的最大夹角约为 50°。

对于有限远共轭成像的物体，如显微镜物镜，则没有类似齐明透镜的定义。在这种情况下，我们可以假设透镜存在两个主平面（物方主平面和像方主平面），两个主平面实际上是以轴向共轭点为中心的球体的一部分。同时也假设边缘光线都是从一个主平面沿着平行于透镜光轴的方向抵达另一个主平面的。这个假设类似于我们在理想光学系统中对近轴光线的定义。

如果物空间或像空间的折射率不是 1.0，那么我们必须在焦比（或相对孔径）$f/\#$ 中包括实际折射率，即：

$$f/\#=\frac{f'_{\mathrm{R}}}{2y}\cdot\left(\frac{n}{n'}\right) \tag{14-31}$$

因此，如果像空间填充有折射率为 1.5 的介质，则最高可能的相对孔径将为 $f/0.33$。为了实现超大相对孔径，接收器、胶片、CCD 或光电管等必须浸入在致密介质中。类似地，当相机用于水下拍摄时，由于水的折射率是 1.33，因此镜头的有效相对孔径将减小为原来的 1/1.33。

当物不在无穷远处时，此时系统焦比为有效焦比或者工作焦比，其计算公式为

$$(f/\#)_{\mathrm{working}}=(f/\#)_{\infty}\cdot(1-m) \tag{14-32}$$

这里，m 是系统共轭成像放大率。当一个镜头的共轭成像放大率为 −1 时，其工作焦比为系统焦比的两倍。透镜的数值孔径的定义是 $\mathrm{NA}=n'\sin U'$。如果一个透镜满足齐明条件，那么很

显然该透镜满足 $f/\# = 1/(2NA)$。

14.2.4　零球差条件下系统的彗差

在第13章中，我们证明了单折射球面在以下三种情况下球差为零：①物体位于表面本身时；②物体位于表面的曲率中心时；③物体处于齐明点时。碰巧的是，这些消球差的每一种情况都有可能满足阿贝正弦条件，从而证明了所有这些情况是“齐明”的。因为在每种情况下，比值 $\sin U/\sin U'$ 都是常数。因此，我们有如下结论。

(1) 物体在表面处：$U=I, U'=I'$；因此有 $\sin U/\sin U'=n'/n$。

(2) 物体在曲率中心处：$U=U'$；因此有 $\sin U/\sin U'=1$。

(3) 物体在齐明点处：$I=U', I'=U$；因此有 $\sin U/\sin U'=n/n'$。

很明显齐明透镜能够完全校正球差和彗差，因此完全证明了其“齐明”的称号。值得注意的是，齐明透镜在单独使用时仍然会引入色差和像散。这也完全在情理之中。

14.2.5　正弦差

前面我们知道，彗差来源于近轴光线和边缘光线的放大率的差异性，它表征的是小视场成像宽光束的不对称性。一般来说，我们用正弦差来度量这种不对称性(彗差)。

1. 正弦差定义及计算公式

如图14-18所示，B'表示非常小倾斜度下透镜近轴像平面中的倾斜像点，其高度 h' 由拉格朗日方程给出。点 S 表示通过透镜的某个区域的弧矢光束所形成的像点，其高度 h'_s 可由正弦定理计算得到。假设点 S 位于与边缘光线像点 M 相同的焦平面上。由于倾斜度非常小，主光线可以通过近轴公式来进行追迹，如图所示，它通过出瞳 EP' 的中心。

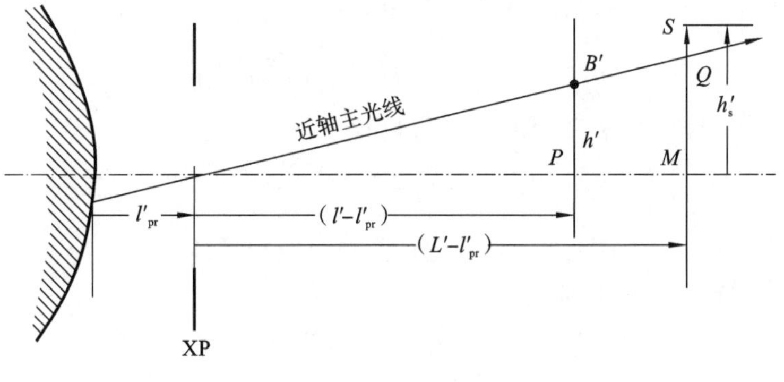

图14-18　正弦差示意图

如图14-18所示，我们用 QS/QM 这一无量纲的物理量来表征系统弧矢彗差的大小，这个比值我们也称为“正弦差”(简称OSC)。这样，我们就有：

$$\mathrm{OSC} = \frac{QS}{QM} = \frac{SM - QM}{QM} = \frac{SM}{QM} - 1 \tag{14-33}$$

其中，长度 SM 是利用正弦定理计算得到的弧矢像高 h'_s；长度 QM 可以由近轴像高 h' 通过式(14-34)计算得到：

$$QM = h'\left(\frac{L' - l'_{pr}}{l' - l'_{pr}}\right) \tag{14-34}$$

这样,我们就有:

$$\mathrm{OSC} = \frac{h'_s}{h'}\left(\frac{l' - l'_{pr}}{L' - l'_{pr}}\right) - 1 \tag{14-35}$$

对于有限远共轭成像,我们可以把拉格朗日定理和正弦定理计算得到的像高 h' 和 h'_s 代入式(14-35)中,可以得到:

$$\mathrm{OSC} = \frac{u'}{u} \cdot \frac{\sin U}{\sin U'}\left(\frac{l' - l'_{pr}}{L' - l'_{pr}}\right) - 1 = \frac{M}{m}\left(\frac{l' - l'_{pr}}{L' - l'_{pr}}\right) - 1 \tag{14-36}$$

其中,M 和 m 分表表征边缘光线和近轴光线的成像放大率。

式(14-36)括号中的物理量包含了透镜的球差、出瞳的位置等信息,因此可以改写为

$$\left(\frac{l' - l'_{pr}}{L' - l'_{pr}}\right) = \left(\frac{L' - l'_{pr} - \mathrm{LA}'}{L' - l'_{pr}}\right) = \left(1 - \frac{\mathrm{LA}'}{L' - l'_{pr}}\right) \tag{14-37}$$

对于无穷远物共轭成像,M/m 可以替换为 F'/f'_R。这样,对于无穷远物共轭成像来说,式(14-36)变为:

$$\mathrm{OSC} = \frac{F'}{f'_R}\left(1 - \frac{\mathrm{LA}'}{L' - l'_{pr}}\right) - 1 \tag{14-38}$$

Conrady 指出,对于望远镜和显微镜物镜来说,OSC 的最大允许公差为 0.0025。这些系统的容差较大,因为在这些系统中,总是可以把感兴趣的目标移动到视场中心进行详细研究。对于摄像系统来说,对应的公差要求要严格得多。

2. 给定正弦差求解光阑位置

由于出瞳位置(l'_{pr})出现在 OSC 的公式中,很明显如果系统存在一定球差,当我们沿着光轴移动光阑时,OSC 将会改变。如果系统球差已校正,则移动光阑对彗差没有影响。这样,我们可以通过式(14-36)和式(14-38)解出给定任意彗差的光阑位置。

对于有限远物共轭成像来说,光阑位置可以计算为

$$l'_{pr} = L' - \frac{\mathrm{LA}'}{\Delta m/M - (m \cdot \mathrm{OSC}/M)} \tag{14-39}$$

对于无限远物共轭成像来说,光阑位置可以计算为

$$l'_{pr} = L' - \frac{\mathrm{LA}'}{\Delta F/F' - (f'_R \cdot \mathrm{OSC}/F')} \tag{14-40}$$

这些公式可用于设计用在低成本相机上的简单目镜和摄影镜头。

3. 折射光学表面的正弦差贡献

我们进一步给出折射球面对彗差的贡献。在 OSC 的推导中,如图 14-19 所示,我们追迹边缘光线和近轴主光线。根据第 13 章的推导结果,我们有:

$$(Snu_{pr})'_k - (Snu_{pr})_1 = \sum (Q - Q')ni_{pr} \tag{14-41}$$

从图 14-19 中可以看出,$S' = (L' - l'_{pr})\sin U'$,对入射光线可以作类似的处理。式(14-41)两边都除以拉格朗日不变量,并替换掉 S 和 S',可以得到:

$$\left[\frac{(L' - l'_{pr})\sin U' n' u'_{pr}}{h'n'u'}\right]_k - \left[\frac{(L - l_{pr})\sin U n u_{pr}}{hnu}\right]_1 = \sum \frac{(Q - Q')ni_{pr}}{(h'n'u')_k} \tag{14-42}$$

根据图 14-19 所示的几何关系,我们有 $h'/u'_{pr} = (l' - l'_{pr})$,以及 $h/u_{pr} = (l - l_{pr})$。这样,通过拉格朗日定律和正弦定理,我们得到:

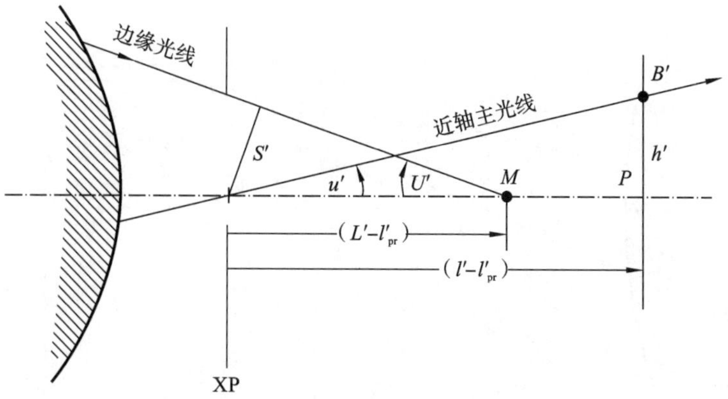

图 14-19　折射球面的 OSC 贡献

$$\left[\frac{\sin U'}{u'}\right]_k = \frac{hn\sin U}{h'_s n'}\left(\frac{h'n'}{hnu}\right) = \frac{\sin U_1}{u_1}\left(\frac{h'}{h'_s}\right)_k \tag{14-43}$$

把所有这些表达式代入到式(14-42)中，我们可以得到：

$$-\left[\left(\frac{L'-l'_{pr}}{l'-l'_{pr}}\cdot\frac{h'}{h'_s}\right)_k\frac{\sin U_1}{u_1}\right]+\left[\frac{L-l_{pr}}{l-l_{pr}}\cdot\frac{\sin U}{u}\right]_1 = \sum\frac{(Q-Q')ni_{pr}}{(h'n'u')_k} \tag{14-44}$$

根据图示的几何关系，我们有：

$$\left(\frac{L'-l'_{pr}}{l'-l'_{pr}}\cdot\frac{h'}{h'_s}\right)_k = \frac{QM}{SM} = \frac{SM-QS}{SM} = 1-\frac{\mathrm{coma}'_s}{SM} = 1-\mathrm{OSC(approx)} \tag{14-45}$$

这样，式(14-44)可变为

$$(\mathrm{OSC}-1)+\left(\frac{L-l_{pr}}{l-l_{pr}}\right)_1 = \frac{u_1}{\sin U_1}\sum\frac{(Q-Q')ni_{pr}}{(h'n'u')_k} \tag{14-46}$$

进一步整理，可得：

$$\begin{aligned}\mathrm{OSC} &= \left(1-\frac{L-l_{pr}}{l-l_{pr}}\right)_1+\frac{u_1}{\sin U_1}\sum\frac{(Q-Q')ni_{pr}}{(h'n'u')_k}\\ &= \frac{-\mathrm{LA}_1}{(l-l_{pr})_1}+\frac{u_1}{\sin U_1}\sum\frac{(Q-Q')ni_{pr}}{(h'n'u')_k}\end{aligned} \tag{14-47}$$

从彗差计算公式式(14-47)中可以看出，物空间中的任何球差都会对正弦差贡献。此外，对于无穷远物共轭成像来说，式(14-47)中求和之外的因子 $u_1/\sin U_1$ 变为 y_1/Q_1。

14.2.6　轴向彗差定义及表征

通常情况下，彗差一般看作是垂轴像差(横向像差)。为了更加便于表征，在某些情况下我们也可以把彗差理解为轴向像差。图 14-20 是轴向彗差定义示意图。轴向彗差由带彗差光锥束中上、下彗差光线与主光线之间的交点决定。其中，上、下彗差光线又被称为子午(或切向)彗差光线。根据图中所示的几何关系，轴向彗差可以表征为如下表达式：

$$\delta_{z_{\mathrm{coma}}} = \frac{s'_{\mathrm{up}}-s'_{\mathrm{low}}}{2} \tag{14-48}$$

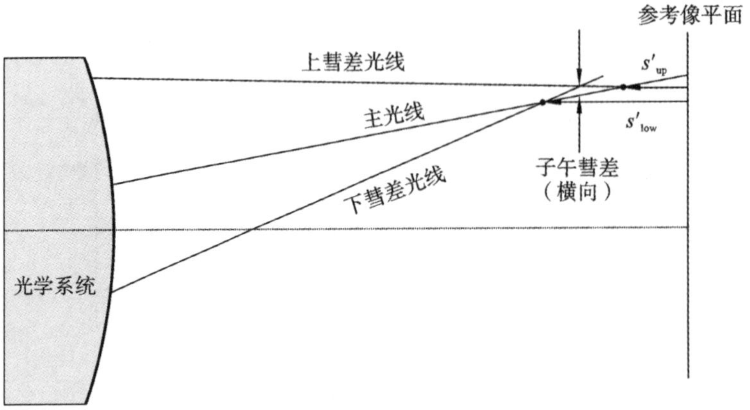

图 14-20 轴向彗差定义及表征

14.3 彗差的产生与校正

14.3.1 消彗差条件

根据前面所述，彗差的波前像差可由式 $W=W_{131}H\rho^3\cos\theta=W_{131}H\rho^2y_p$ 进行计算。其中，波前彗差的分布系数为

$$W_{131}=-\frac{1}{2}A\overline{A}\Delta\left\{\frac{u}{n}\right\}y \tag{14-49}$$

因此在以下四种条件下，彗差为零：①$y=0$ 时，如图 14-21(a)所示，当表面在像面处时，即光束成像于光学表面顶点处时，系统满足消彗差条件；②$A=0$ 时，如图 14-21(b)所示，当入射光线的交点与光轴上的球面曲率中心相重合时，该位置不存在彗差；③ $\overline{A}=0$ 时，如图 14-21(c)所示，离轴光束同心，所有视场的主光线穿过曲率中心，在这种情况下，各个视场均不存在彗差；④如图 14-21(d)所示，当物点与像点为一对齐明点时，不仅球差得到了校正，彗差也会得到矫正。

14.3.2 彗差校正与对称性

所有与视场奇数次方成正比的像差都可以通过对称结构得到完全校正，彗差就是其中一种。初级彗差与视场成正比，因此各级彗差都与视场的奇数次方成正比，则彗差可以由对称结构完全消除。同时得到校正的还有畸变和倍率色差。

如图 14-22(a)所示，光学系统前有一光阑，此时除彗差以外的所有像差均已经得到良好的校正，像差曲线与彗差像差曲线高度相似，彗差为主要像差。

如图 14-22(b)所示，将两套图 14-22(a)中的光学系统背对背放置组成光学系统，由像差曲线可以看到，彗差已经被完全消除。

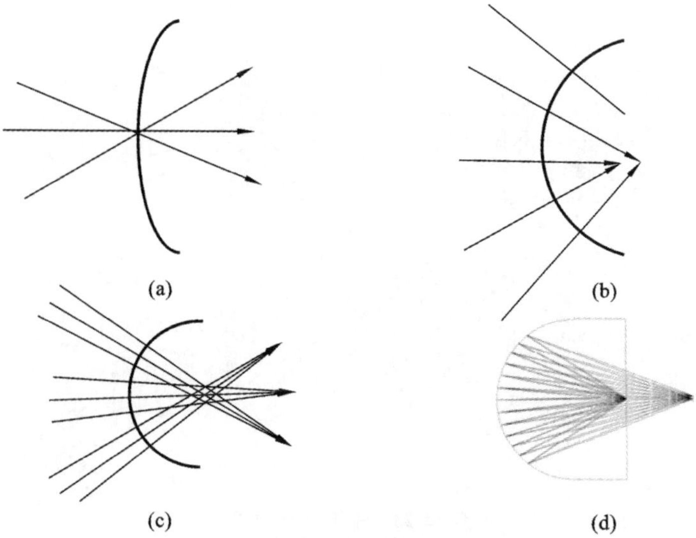

图 14-21　消彗差条件

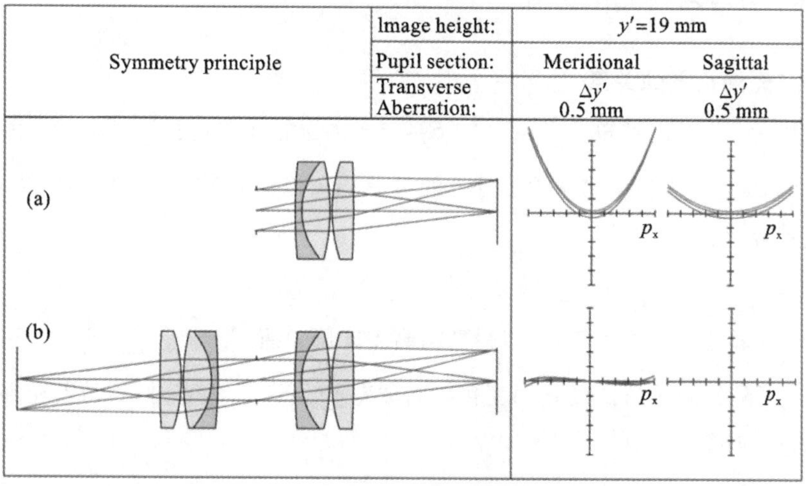

图 14-22　基于对称原理的彗差校正

14.3.3　彗差校正——阿贝正弦条件

根据前面对球差分布系数和彗差分布系数的推导，我们可以得出结论，如果一个透镜做了球差的校正，在满足阿贝正弦条件下，也会对彗差实现校正。这类透镜我们也称为齐明透镜。只要入射光束不含球差与彗差，齐明面或齐明透镜就不会产生任何球差或彗差。这意味着光学系统中位于齐明透镜前面的部分必须进行球差与彗差的校正。

如图 14-23 所示，图 14-23(b)中的干涉测试透镜是在图 14-23(a)的基础上添加一个齐明—共心透镜得到的，证明齐明—共心透镜不仅可以用于球差的校正，也可用于彗差的校正。

齐明面和齐明透镜的意义在于不产生球差和彗差，而不是补偿系统中其他部分出现的像差。

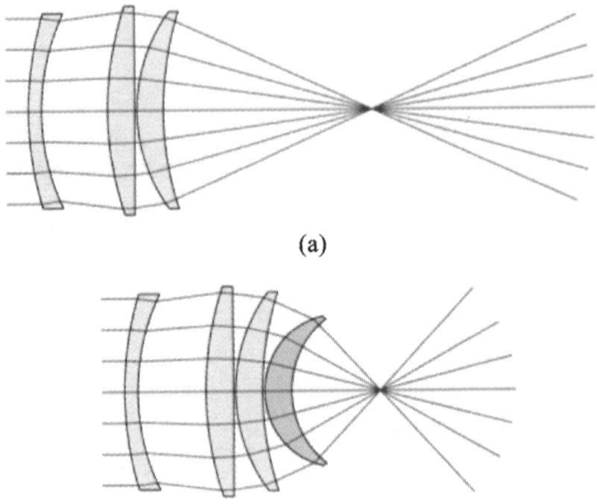

(a)

(b)

图 14-23 干涉标准透镜

14.3.4 消彗差与光阑位置

1. 彗差与光阑位置的关系

由初级像差相关理论可知 $\sum S_{\text{I}}$、$\sum S_{\text{IV}}$ 与光阑位置无关，而 $\sum S_{\text{II}}$、$\sum S_{\text{III}}$、$\sum S_{\text{V}}$ 与光阑位置有关，因此将移动后的光阑位置处的彗差初级像差系数记为 $\sum S_{\text{II}}^{*}$ 以示区分，可由式(14-50)进行计算：

$$\sum S_{\text{II}}^{*} = \delta E \cdot \sum S_{\text{I}} + \sum S_{\text{II}} \tag{14-50}$$

使新光阑位置处的彗差为零，可以得到消彗差光阑位置，当球差 $\sum S_{\text{I}}$ 为零时，彗差 $\sum S_{\text{II}}^{*} = \sum S_{\text{II}}$ 不随光阑位置的变化而变化。当球差 $\sum S_{\text{I}}$ 不为零时，消彗差光阑位移参量可由式(14-51)进行计算：

$$\delta E = -\frac{\sum S_{\text{II}}}{\sum S_{\text{I}}} \tag{14-51}$$

2. 虚拟光阑法校正系统彗差

如图 14-24 所示，对于任意系统，只要球差不为零，就可以确定一个光阑位置，使彗差消失。这个光阑位置被称为消彗差光阑位置(也称自然光阑位置)。在这一位置，球差可能被校正，消彗差光阑位置得到校正后，由于彗差随光阑位置的变化率与球差的大小成正比，此时无论光阑位置如何变化，彗差不发生改变。因此光阑可以移动至最初位置而彗差的校正不受影响。

3. 彗差校正——光阑与非球面

光阑的位置决定了主光线与轴外偏斜光线的路径，因此光阑的位置可以影响轴外像差，例如彗差、像散、畸变以及倍率色差等。

彗差是一种轴外(离轴)像差，它随光阑位置的变化而变化，如图 14-25 所示，当光阑从左向右移动时，与透镜的距离不断缩小，边缘光线的像方交点从主光线下方移动到了主光线上

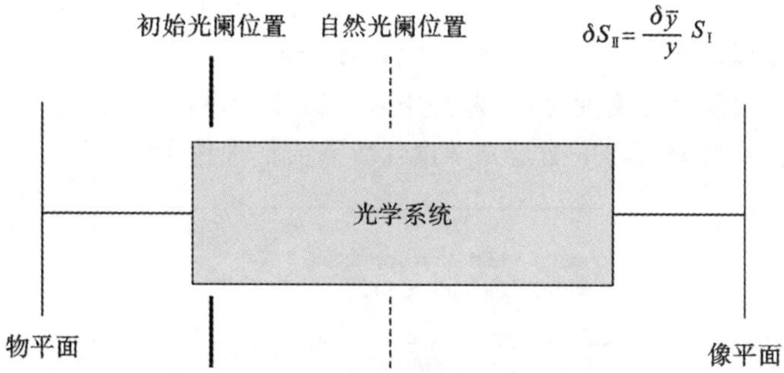

图 14-24　虚拟光阑法校正系统彗差

方，彗差由欠校正的负值转为过校正的正值。一般来说，光阑处在一个“类对称”的位置处，系统的彗差最小。

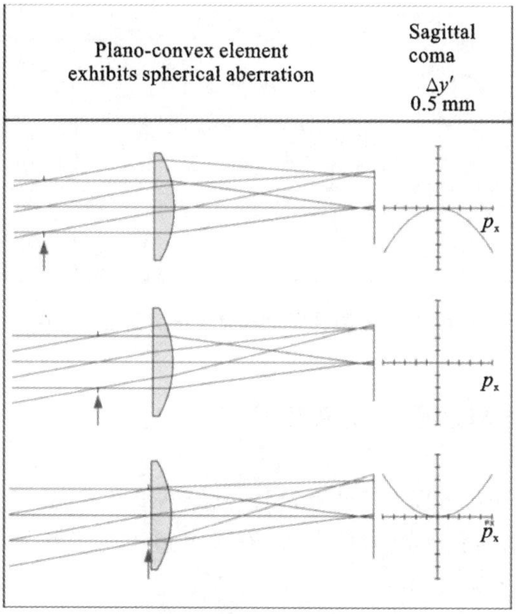

图 14-25　光阑位置对透镜彗差的影响

光阑位置的变化可以使彗差由欠校正的负值转为过校正的正值，这与透镜弯曲度对彗差的影响相似。但如图 14-26 所示，实际上光阑位置的选择相比透镜弯曲度的选择更加受限，因为光阑必须放置在光学表面与光学表面之间，而不能放置在透镜内部。

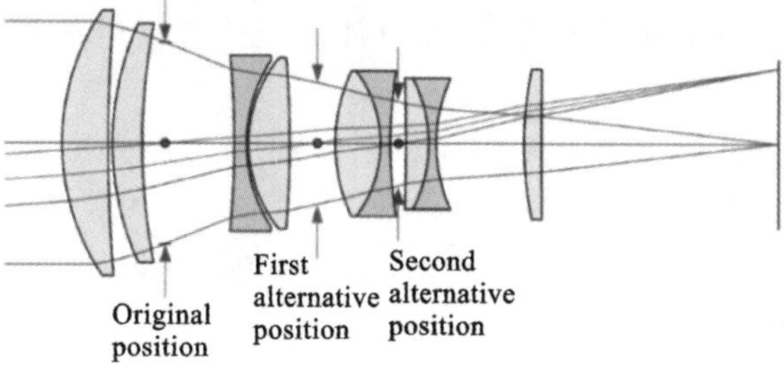

图 14-26　具有初始光阑位置和两个可选光阑位置的照相远摄镜头

理论上彗差随光阑位置的变化率与球差的大小成正比，图 14-27 表现出了这种关系。图 14-27 展现了使用非球面构建的消球差平凸透镜，由于此时球差为零，彗差随光阑位置的变化率为零，因此无论光阑位置如何变化，彗差都不发生改变。由此可见，在通过移动光阑位置来校正系统彗差时，彗差与球差的平衡是光学设计者需要仔细权衡的。

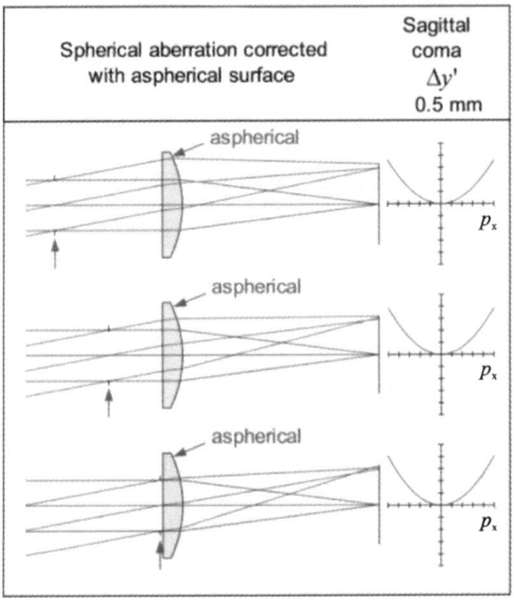

图 14-27 光阑位置对非球面透镜彗差的影响

14.3.5 彗差校正与透镜形状系数

薄透镜的彗差可由式(14-52)进行计算，因此彗差与共轭参数 M 和形状系数(或称弯曲系数)X 均成线性关系，无论共轭参数为多少，总有一个适当的形状系数使彗差为零，这一形状系数可由式(14-53)进行计算。

$$S_{\mathrm{II}} = \frac{H\phi^2 h^2}{2}\left(\frac{2n+1}{n}M - \frac{n+1}{(n-1)n}X\right) \tag{14-52}$$

$$X = \frac{(2n+1)(n-1)}{(n+1)}M \tag{14-53}$$

式(14-52)表明，当光阑位于透镜处时，彗差的大小主要取决于透镜的形状系数。如图 14-28所示，对于具有不同形状系数的单透镜，尽管此时像差主要为球差，但仍然可以看出彗差随透镜形状系数的变化而连续变化，因此设计适当的透镜形状系数是控制彗差的有效途径。

图 14-28 也展示了透镜不同形状系数对透镜球差的影响。从透镜形状系数分别对彗差与球差的不同影响情况可以看出，球差为零时透镜的彗差也接近为零，这是我们在进行光学设计时所希望看到的。然而，彗差为零时球差并不是严格达到最小值，因此二者在实际光学设计时也仍然需要一定的权衡。

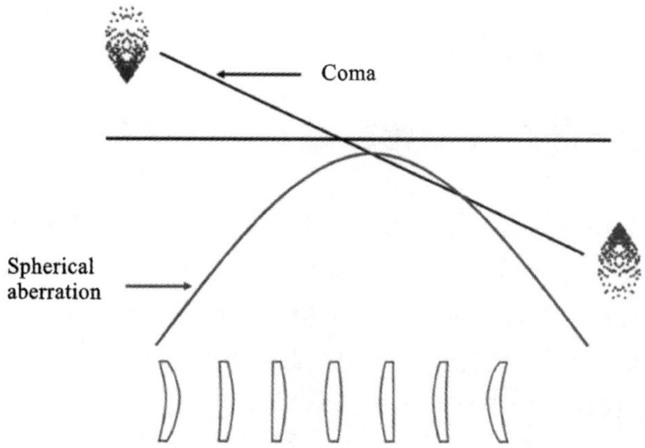

图 14-28　不同形状系数对单透镜球差和彗差的影响

14.4 典型消彗差系统

14.4.1 消彗差示例 I ——施密特改正镜

图 14-29 所示的为一个施密特系统，为了校正球面反射镜系统的彗差，德国人施密特将光阑移动到了球面反射镜的曲率中心，这种结构后来被称为施密特系统。为了补偿球面反射镜带来的球差，施密特在光阑平面上放置了非球面折射改正板。该改正板是一块没有光焦度的非球面平板，它可以校正初级球差，并且由于其对称设计，其还可以对初级彗差和初级像散进行进一步有效的矫正。

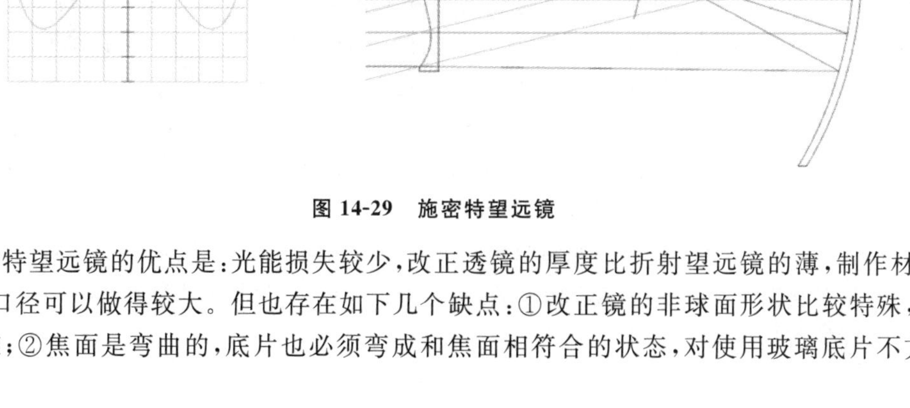

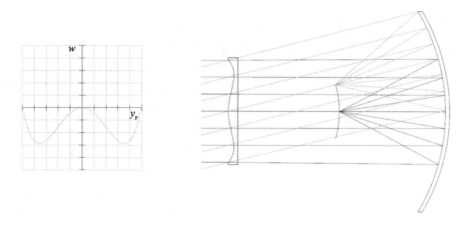

图 14-29　施密特望远镜

施密特望远镜的优点是：光能损失较少，改正透镜的厚度比折射望远镜的薄，制作材料容易得到，口径可以做得较大。但也存在如下几个缺点：①改正镜的非球面形状比较特殊，加工比较困难；②焦面是弯曲的，底片也必须弯成和焦面相符合的状态，对使用玻璃底片不方便；

③焦面位于光路中间，增大视场就必然会使光的损失增加，而且底片装卸也不方便；④镜筒长度比主镜焦距相同的反射望远镜的长，镜筒长度约为焦距的两倍。

14.4.2 消彗差示例Ⅱ——两镜系统

图 14-30 所示的为 RC 望远镜，该望远镜在卡塞格林望远镜的基础上发展而来，消除了初级彗差。任何一种校正了球差与彗差的光学系统都可以被称为齐明系统，因此 RC 系统也被称为齐明卡塞格林望远镜。与传统的卡塞格林望远镜相比，RC 结构的望远镜与其最主要的区别在于两片反射镜是双曲面反射镜，其主副镜圆锥常数可分别由式(14-54)和式(14-55)进行计算。RC 望远镜中仅存在场曲与像散。

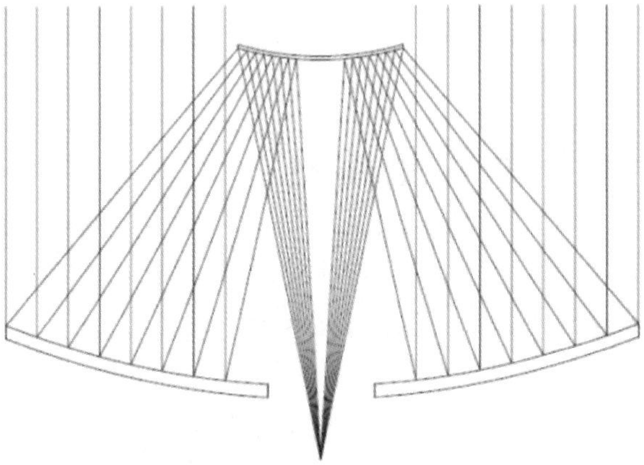

图 14-30　RC 望远镜

$$\kappa_1 = -1 + \frac{2s_2}{d_1 m_2^3} \tag{14-54}$$

$$\kappa_2 = -\left[\left(\frac{m_2 - 1}{m_2 + 1}\right)^2 + \frac{2f}{d_1\ (m_2 + 1)^3}\right] \tag{14-55}$$

图 14-31 所示的为格里高利望远镜，与卡塞格林望远镜相同，格里高利望远镜使用一个抛物面反射镜作为主镜，但副镜为一个椭球面。常规的格里高利望远镜不满足消彗差条件，即不满足齐明条件。如果要实现齐明条件，格里高利望远镜的主镜需要同样采用椭球面的设计。满足齐明条件的格里高利望远镜也称为齐明—格里高利望远镜(简称 AG 望远镜)。

格里高利望远镜可以在不使用转向棱镜的情况下成正立像，另外，格里高利望远镜会产生一个向外弯曲的焦面，而望远镜与目镜具有相反的场曲。因此里高利望远镜的剩余像散几乎可以被目镜固有的像散完全补偿，从而提供一个在中心和像场边缘同样清晰的图像，有利于目视观测。格里高利望远镜通常被应用在以下几个场合：①太阳观测，由于格里高利望远镜的副镜位于主焦点之后，因此可以设置视场光阑，便于将非观测区域的光反射出望远镜；②需要利用向内弯曲的焦面时，常选用格里高利望远镜。

相比 RC 望远镜，AG 望远镜的镜筒更长，望远镜整体的造价也因此更高。此外，由于 AG 望远镜的副镜相对于主镜的共轭成像位置位于地面之上，因此其更适合作为自适应光学校正观测望远镜的首选方案。

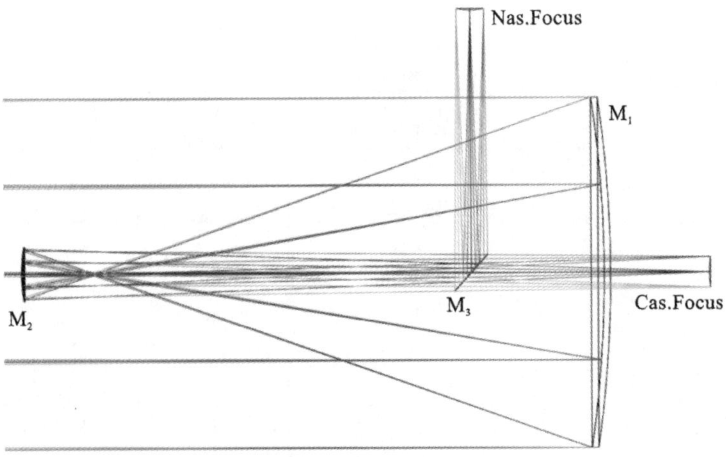

图 14-31 格里高利望远镜

14.4.3 消彗差示例Ⅲ——消色差透镜

如图 14-28 所示，通过合理设计单透镜的形状系数可以将单片透镜的彗差校正为零。因此，与球差的矫正不同，采用多片透镜校正彗差往往会带来不必要的成本。但采用多片透镜校正彗差也有一定的优势。例如，在两片式消色差透镜中，可以通过调整第一片透镜的形状系数，或者第二片透镜的形状系数，抑或调整全部两片透镜的形状系数来矫正彗差。因此，多片透镜的设计能够提供更高的设计自由度，使得每个光学表面贡献的彗差最小化。

当需要通过设计透镜形状系数来同时控制球差与彗差时，消色差透镜是一种合理的选择。消色差透镜组合中，冕牌玻璃制作的正透镜与火石玻璃制作的负透镜的光焦度分配是由校正色差的需求所决定的。然而，我们可以通过设计这种双胶合消色差透镜中两片透镜的形状系数来矫正彗差与球差。

如图 14-32(a)和图 14-32(c)所示，这两种结构很好地矫正了球差，但彗差仍然十分明显。如图 14-32(b)所示，当彗差得到了很好的校正时，球差又十分明显。因此，为了同时校正球差与彗差，需要进一步考虑两片透镜拥有的独立的形状系数的情况。如图 14-32(d)所示，通过将双胶合消色差透镜分为独立的两片透镜，分别调整其形状系数，可以同时校正球差与彗差，但这并非唯一的途径。如图 14-32(e)所示，通过选择合适的玻璃组合(例如两种肖特玻璃：SK12 和 SF2)，可以在不拆分消色差透镜的情况下同时校正球差与彗差。

14.4.4 消彗差示例Ⅳ——渐晕系统

一般来说，对大视场光学系统像差的校正非常复杂。增大光学系统的视场，会显著增加光学系统彗差的校正难度。对于大视场系统来说，引入额外的渐晕会有效改善系统彗差的校正，但是会导致系统光通量的下降。但对于摄影系统来说，光通量的下降在一定程度上是可以接受的。

图 14-33(a)所示的为一个不含渐晕的双高斯物镜，最大视场的光束与中心视场光束大小相同。另外，图中所有的垂轴像差曲线的度量尺度相同。从图中所示的像差曲线结果可以看

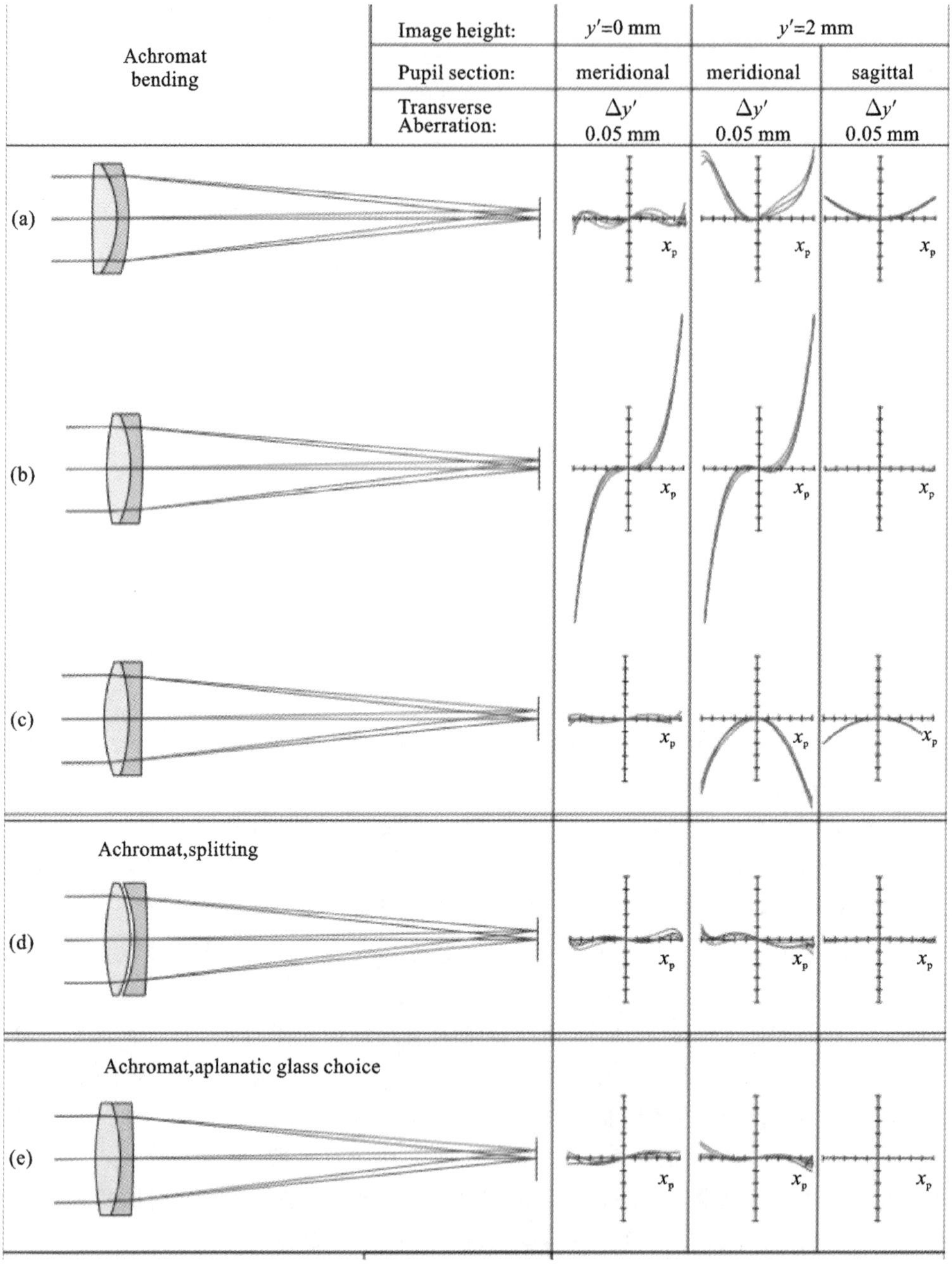

图 14-32 消色差透镜

出，大视场的无渐晕系统的像差校正性能不太理想。

图 14-33(b)所示的为一个包含渐晕的双高斯物镜，该光学系统滤除了约 60%的对应最大视场的光线，而对中心视场的光束无影响。因此，像面边缘处的能量密度约为中心处的 40%。因此，该渐晕系统的边缘视场的像差曲线对应于无渐晕系统边缘视场的垂轴像差曲线在横坐标上被截取的中心部分，整个系统的像差相应地得到了优化，系统的体积与重量也进一步减小。

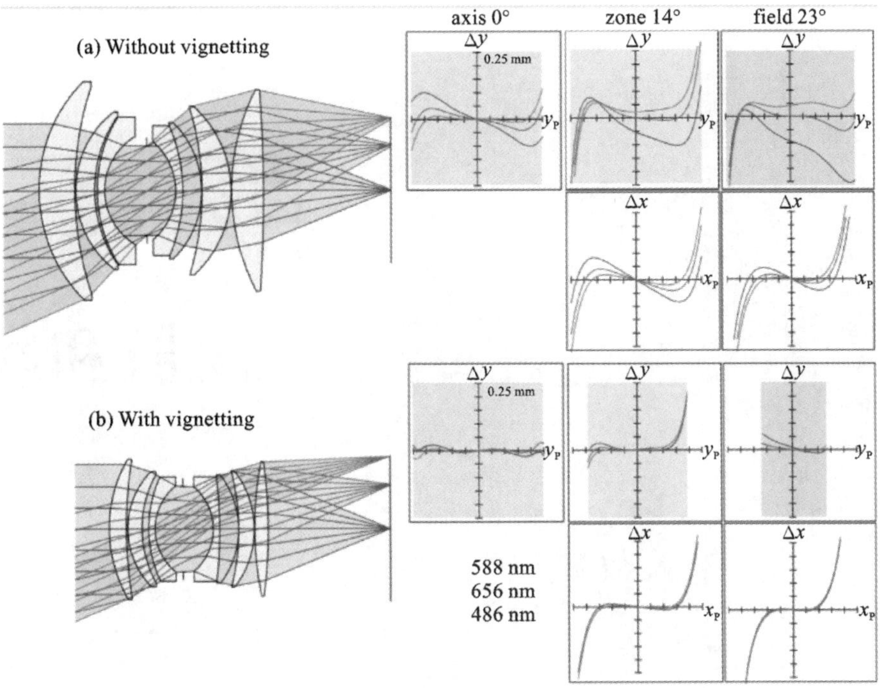

图 14-33　双高斯物镜中的渐晕效应

习　题

14.1　一个透镜的子午彗差 $coma_T = 1.0$。请分别画出将光瞳面边缘环带、0.707 环带和 0.5 环带区域均匀划分的 12 条光线(即分别将每个环带等分成 12 份)在焦平面上的交点。

14.2　请利用近轴光线和远轴光线所产生的放大率公式证明折射球面的一对齐明点不存在彗差。

14.3　已知一个薄透镜的物像共轭参量为 M,且薄透镜置于空气中,其折射率为 1.5,试问该透镜形状系数为多少时其彗差最小,且最小值是多少?

14.4　单个薄透镜能够完全消初级彗差和初级球差吗? 试证明之。

14.5　已知一个工作在 $f/5$ 的系统存在彗差 W_{131},请从波像差表达式出发推导出该系统弧矢彗差和子午彗差的表达式。

14.6　已知一个工作在 $f/5$ 的系统存在彗差 W_{131},请从波像差表达式出发推导出该系统轴向彗差的表达式。

14.7　已知一个系统存在彗差 W_{131},现在对系统引入一定的离焦量 ΔW_{20} 进行像差补偿。

(1) 请写出该系统的波前像差表达式。

(2) 请推导出该系统波前像差 RMS 值的表达式,并证明当离焦量为多少时,系统波前像差 RMS 值达到最小。

(3) 请推导出该系统几何像斑尺寸 RMS 值的表达式,并证明当离焦量为多少时,系统几何像斑尺寸 RMS 值达到最小。

14.8　已知一个反射镜的曲率半径为 R,入射孔径为 D,当其对无穷远物进行成像时,最大视场为 $\pm\theta$(θ 足够小,满足傍轴近似),请求出该反射镜初级彗差的赛得和数表达式。

第 15 章

像散和场曲

15.1 像散概述

15.1.1 像散定义

由于轴外物点不在光学系统的光轴上,因此它所发出的光束相对于光轴有一倾斜角。光学系统带有像散,光学系统的水平方向和垂直方向光焦度不同,使子午细光束与弧矢细光束的会聚点不在一个点上(见图 15-1 与图 15-2),形成轴外物点的子午像与弧矢像。像散定义为子午焦平面和弧矢焦平面之间的纵向距离。

对于正的像散,子午光束的焦点比弧矢光束的焦点更靠近透镜;对于负的像散,子午光束的焦点比弧矢光束的焦点更远离透镜。

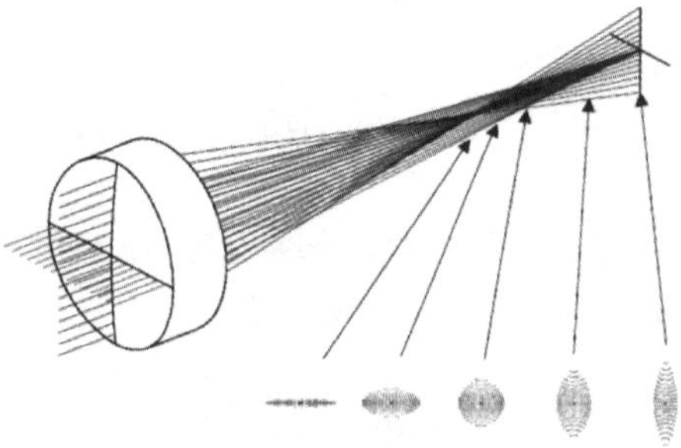

图 15-1 光学系统像散示意图(1)

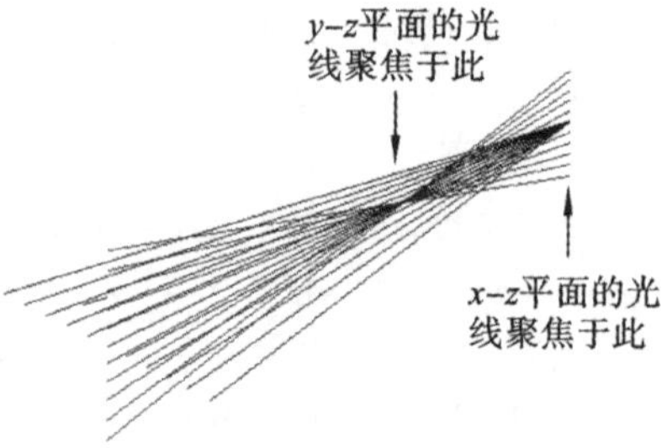

图 15-2 光学系统像散示意图(2)

15.1.2 像散来源

在光学系统中,包含光轴的平面被称为子午平面(或子午面),子午平面可以是通过光轴的任何平面。对于包含一个轴外物点的子午平面,位于这个平面内的光线称为子午光线。位于子午面外的光线为斜光线，穿过入瞳中心的子午光线为主光线。

如果一个平面包含主光线，且垂直于子午面，则称该面为弧矢平面（或弧矢面），该面上的斜光线叫作弧矢光线。

如图 15-3 所示，对于含有像散的光学系统，弧矢平面上没有波前像差，但在子午平面上存在曲率增量，即光学表面制造过程中，球面光学表面包含一定的圆柱形分量，而非完全球形。在这种情况下，入射到光学表面的波前在子午与弧矢两个相互正交的方向上具有不同的曲率半径，导致这两个方向的光焦度不同，子午像与弧矢像不重合，形成像散。

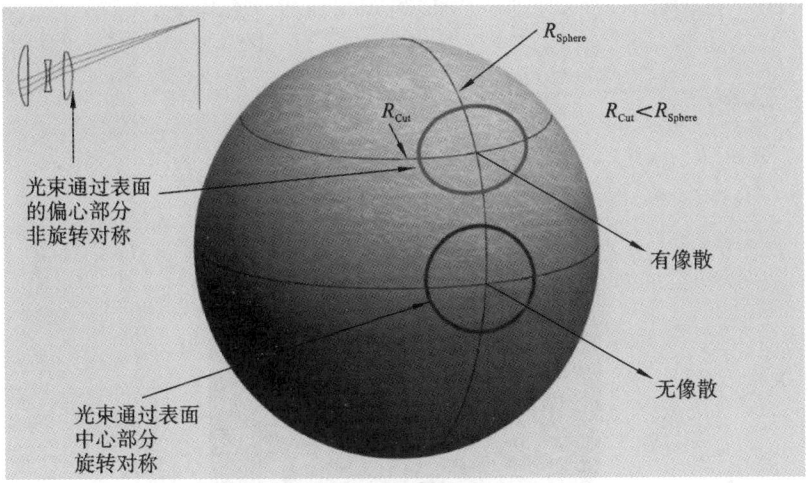

图 15-3 像散的产生

在含有像散的光学系统中，由子午面内的物点发出的扇形子午光束所形成的像通常是一条直线段，这个线状像称作子午像，垂直于子午面并位于弧矢面内。同样地，由弧矢面内物点发出的扇形弧矢光束所形成的像也是一条直线段，它处在子午面内，叫作弧矢像。在子午焦线和弧矢焦线之间，点源的像为一个椭圆或圆形弥散。

像散是轴外点像差，如果光学系统的加工和装配没有偏心，且没有倾斜放置平行平板与棱镜，则光学系统对轴上点没有像散，因此轴上点像散是透镜安装不当或制造工艺不对称的直接后果。对于离轴较远的物体来说，像散的影响更为明显。

15.1.3 像散的离焦光斑

如图 15-4 所示，当轴外物点通过一个有像散的光学系统时，沿光轴不同位置处细光束截面形状会发生变化。

如图 15-4 和图 15-5 所示，在有像散的光学系统中，光束截面的椭圆纵横比随轴向位置的变化而变化，在子午焦平面和弧矢焦平面上退化为焦线，子午焦平面和弧矢焦平面中间的位置为圆形光斑，此时光束截面为最小圆形像斑（散斑），在这个中间焦点位置，所有的光线都通过一个直径为焦线长度一半的圆形光斑，对应着该光学系统的最佳成像质量。

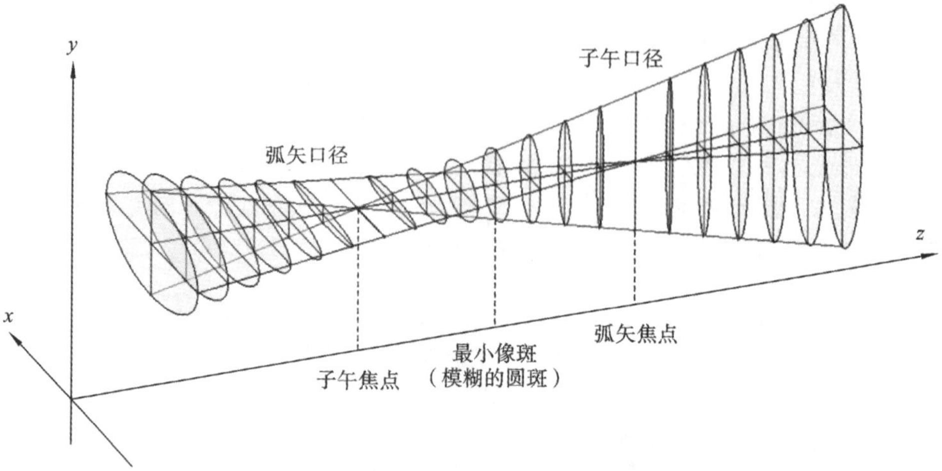

图 15-4 弧矢像点与子午像点

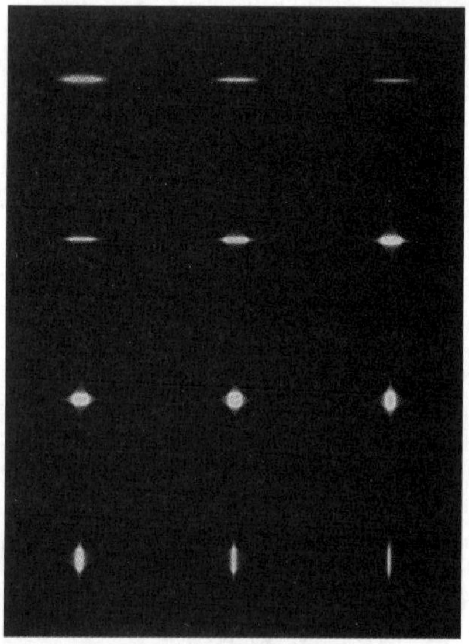

图 15-5 像散的离焦光斑

15.1.4 像散的波像差及其特性曲线

像散下的波前像差可以由式(15-1)进行计算：

$$W = W_{222}\rho^2\cos^2\varphi = W_{222}H^2 y_p^2 \tag{15-1}$$

如图 15-6 所示，像散的波像差曲线为二次曲线，波像差随视场的增加而增加。由式(15-1)可知，波前像差是 y_p 的二次函数，其系数与 H^2 成正比。

15.1.5 像散的垂轴像差及其特性曲线

像散的垂轴像差可由式(15-2)和式(15-3)来进行表示：

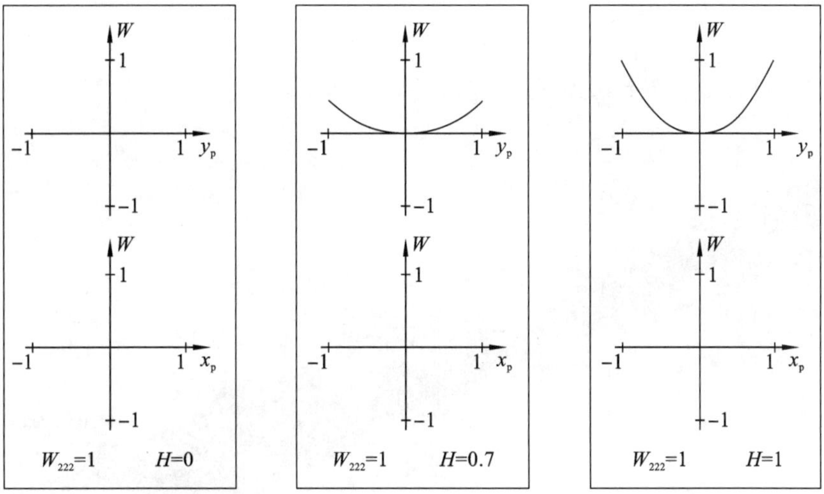

图 15-6　像散的波像差曲线

$$\varepsilon_y = -2\frac{R}{r_p}W_{222}H^2 y_p \tag{15-2}$$

$$\varepsilon_x = 0 \tag{15-3}$$

根据式(15-2)和式(15-3)可知，垂直方向像散的垂轴像差与 y_p成正比，水平方向像散的垂轴像差为零。像散与视场有关，是单方向的离焦。

如图 15-7 所示，垂直方向像散的垂轴像差曲线为过原点的直线，水平方向像散的垂轴像差曲线与 x 轴重合。

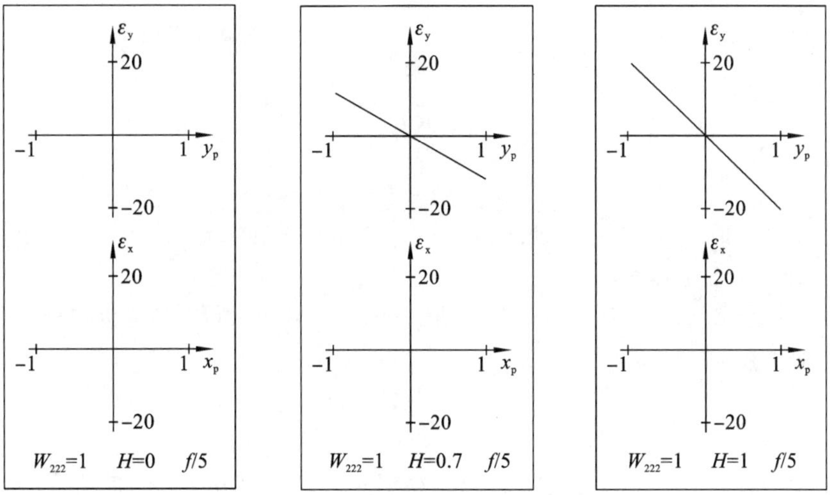

图 15-7　像散的垂轴像差曲线

15.1.6　像散和离焦波前

像散是单方向的离焦，当像散和离焦结合在一起考虑时，其波像差可以由式(15-4)计算：

$$W = W_{222}H^2 y_p^2 + \Delta W_{20}\rho^2 \tag{15-4}$$

那么，系统轴向离焦位移量为

$$\delta_z = 8(f/\#)^2 \Delta W_{20} \tag{15-5}$$

因此，像散在不同离焦条件下，其波前结构如图 15-8 所示。

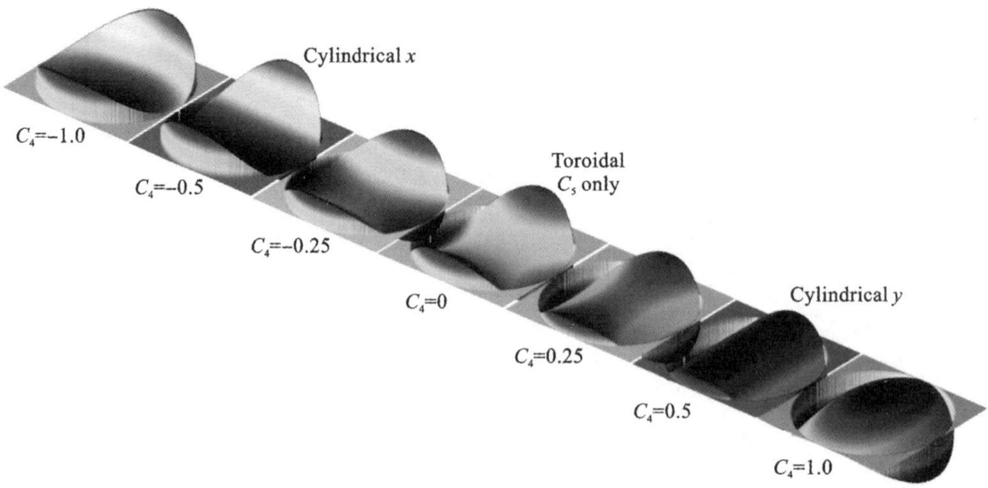

图 15-8　像散离焦波前

当系统同时存在像散和离焦时，该系统的垂轴像差为

$$\varepsilon_y = -2\frac{R}{r_p}W_{222}H^2 y_p - 2\frac{R}{r_p}\Delta W_{20} y_p \tag{15-6}$$

$$\varepsilon_x = -2\frac{R}{r_p}\Delta W_{20} x_p \tag{15-7}$$

当离焦为零，即在弧矢焦面上 $\Delta W_{20} = 0, \delta_z = 0$ 时，垂轴像差可以由式(15-8)和式(15-9)计算：

$$\varepsilon_y = -2\frac{R}{r_p}W_{222}H^2 y_p \tag{15-8}$$

$$\varepsilon_x = 0 \tag{15-9}$$

根据式(15-8)和式(15-9)可知，此时 x 方向上不存在垂轴像差，只有 y 方向上存在垂轴像差，任一物点在子午面上成线状像。

同样在子午焦面上，y 方向上不存在垂轴像差($\varepsilon_y=0$)，由式(15-6)可以得到子午焦面相对于弧矢焦面的离焦：

$$\Delta W_{20} = -W_{222}H^2 \tag{15-10}$$

$$\delta_z = -8(f/\#)^2 W_{222}H^2 \tag{15-11}$$

将式(15-10)代入式(15-6)、式(15-7)可以得到此时 x 和 y 方向上的垂轴像差：

$$\varepsilon_y = 0 \tag{15-12}$$

$$\varepsilon_x = 2\frac{R}{r_p}W_{222}H^2 x_p \tag{15-13}$$

根据式(15-12)和式(15-13)可知，此时 x 方向上不存在垂轴像差，只有 y 方向上存在垂轴像差，任一物点在弧矢面上成线状像。

在子午焦面与弧矢焦面中间存在一个中间焦平面(或中间焦面)，在该焦平面上，水平方向与垂直方向的垂轴像差在光瞳坐标 $x_p = y_p$ 时满足：

$$\varepsilon_x = -\varepsilon_y \tag{15-14}$$

由式(15-6)和式(15-7)可以得到子午焦面相对于弧矢焦面的离焦：

$$\Delta W_{20} = -\frac{1}{2}W_{222}H^2 \tag{15-15}$$

$$\delta_z = -4\,(f/\#)^2 W_{222}H^2 \tag{15-16}$$

将式(15-15)代入式(15-6)和式(15-7)可以得到此时 x 和 y 方向上的垂轴像差：

$$\varepsilon_y = -\frac{R}{r_p}W_{222}H^2 y_p \tag{15-17}$$

$$\varepsilon_x = \frac{R}{r_p}W_{222}H^2 x_p \tag{15-18}$$

因此，中间焦平面在子午焦点和弧矢焦点之间中点位置的球像面上。物点在中间焦平面像平面上会产生一个球形的模糊像斑。其半径可以由式(15-19)计算：

$$D = \frac{R}{r_p}W_{222}H^2 \tag{15-19}$$

图 15-9 所示的为子午焦面、中间焦面以及弧矢焦面处的像斑。分别对应子午焦点、中间焦点和弧矢焦点。弧矢焦点是弧矢光线聚焦，然后在子午面上形成的直线像点。子午焦点是切向或是子午光线聚焦，在与子午面正交的面上形成的直线像点。位于这两个线焦点中间的圆形焦点被称为中间焦点。

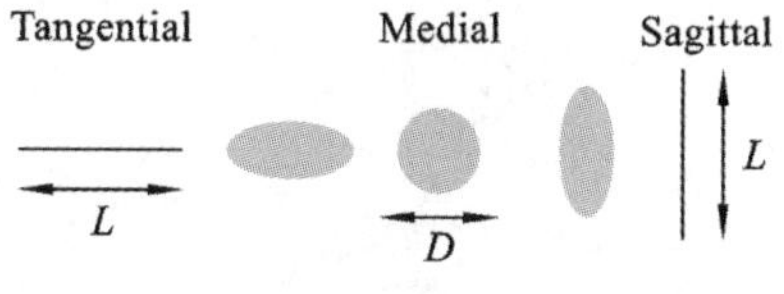

图 15-9　含有像散的光学系统中不同焦点位置处的像斑

这里的每个焦点都位于不同的曲像平面上。在只存在像散时有：

(1) 弧矢焦点，$\Delta W_{20} = 0, \delta_z = 0$；

(2) 中间焦点，$\Delta W_{20} = -\frac{1}{2}W_{222}H^2, \delta_z = -4\,(f/\#)^2 W_{222}H^2$；

(3) 子午焦点，$\Delta W_{20} = -W_{222}H^2, \delta_z = -8\,(f/\#)^2 W_{222}H^2$。

图 15-10 所示的为像散在不同离焦下的干涉条纹图像，中间图像对应中间焦点处的最小圆形散斑，此时干涉条纹数量最少，成像质量最好。

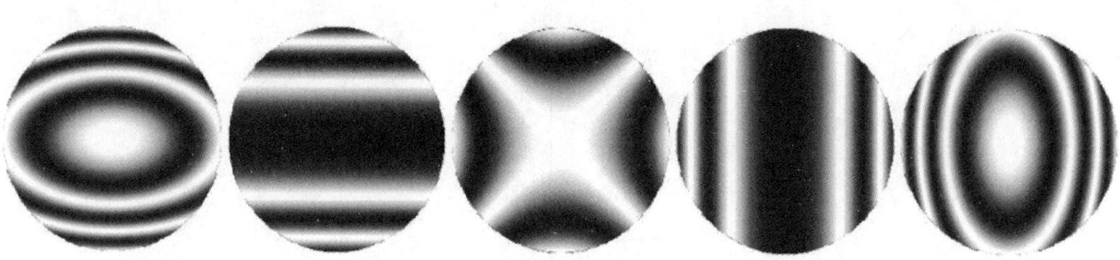

图 15-10　不同离焦下像散的干涉条纹

15.1.7　像散下轮毂成像

图 15-11 表现了像散对轮毂成像的影响，列出了轮毂在子午像面和弧矢像面所形成的图像，将轮毂视为切向线与径向线的组合。在光学系统的子午焦点处，光学系统只对切向线聚

焦,轮毂成像为锐利的切向线和弥散的径向线。而在光学系统的弧矢焦点处,光学系统只对径向线聚焦,轮毂成像为锐利的径向线和弥散的切向线。这里讨论的像散是一个围绕光轴旋转对称的光学系统的像散。

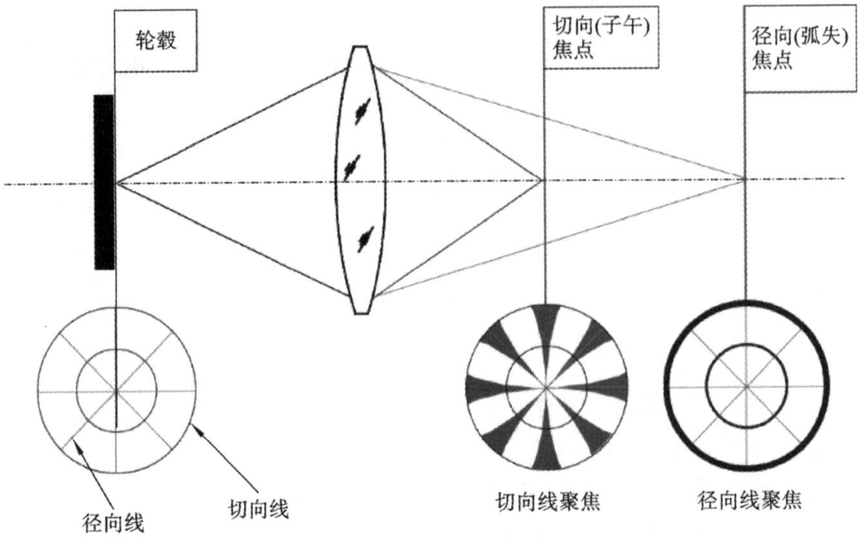

图 15-11 像散下轮毂成像示意图

15.1.8 像散与视场

图 15-12 所示的为像散与视场的关系曲线。像散与视场的平方成正比,当视场由小变大时,子午细光束像点和弧矢细光束像点偏离高斯像面的程度逐渐变高。

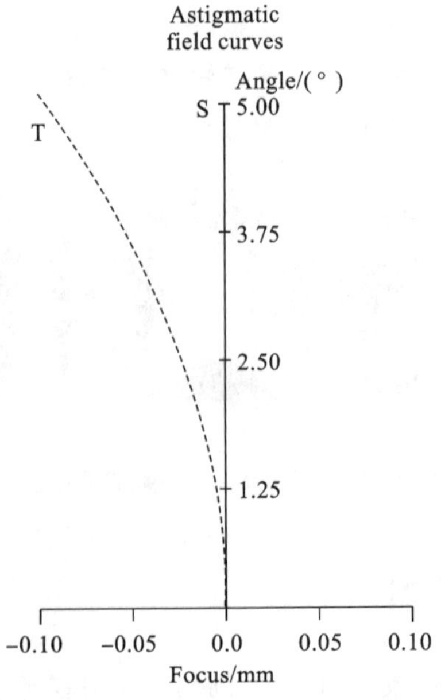

图 15-12 像散与视场关系曲线

图 15-13 所示的分别是子午焦点、中间焦点和弧矢焦点处像散的点扩散函数。

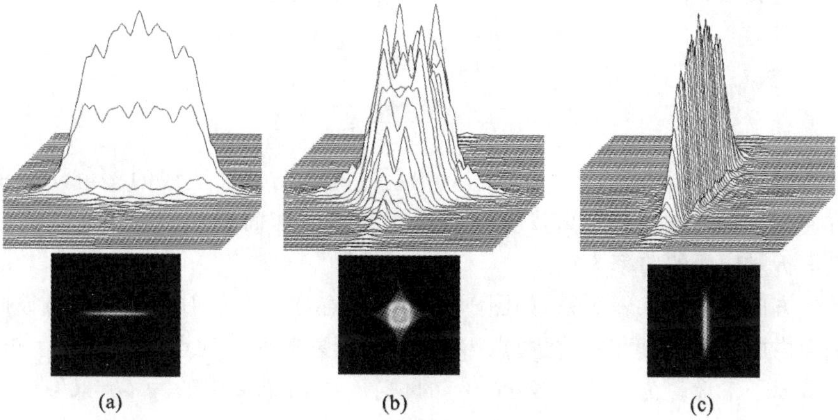

图 15-13　像散的点扩散函数

(a)子午焦点;(b)中间焦点;(c)弧矢焦点

需要注意的是,最小波前像差往往并不对应着 PSF 峰值。如图 15-13(b)所示,尽管中间焦点对应最小圆形散斑,即最小的 RMS,但此处的 PSF 峰值略低于子午焦点处与弧矢焦点处的 PSF 峰值。

15.2　像散的产生与校正

15.2.1　科丁顿方程

如图 15-14 所示,对于轴外物点发出的细束倾斜光束来说,单折射球面的有效曲率半径取决于离轴光线交于球面处的方位角。很显然,轴外交点处该单折射球面弧矢方向和子午方向的有效曲率半径是不一致的。因此,该细束光束通过单折射球面之后会产生两个像点,即弧矢像点和子午像点。值得注意的是,即便是对于主光线周围的无穷小孔径角的细束光束来说,两个方向上的像点位置也已经发生了分离,即出现像散现象。

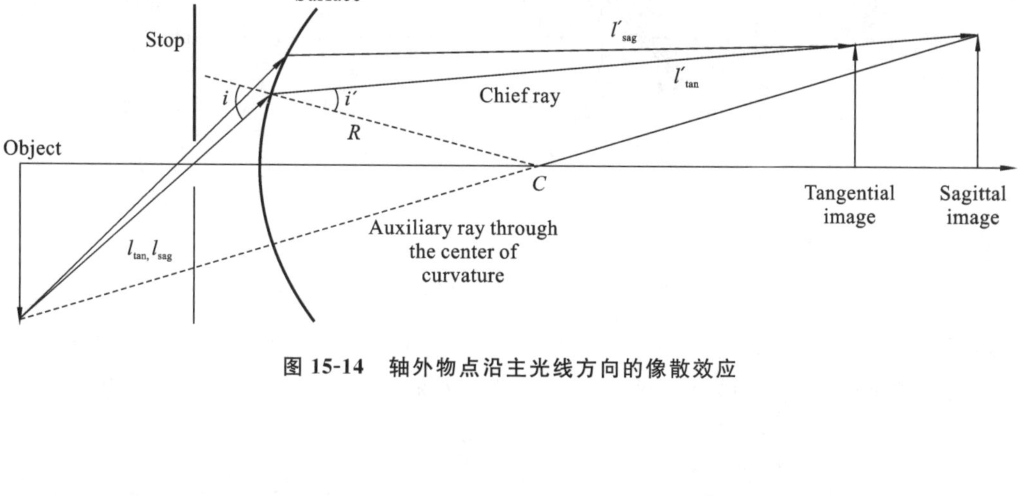

图 15-14　轴外物点沿主光线方向的像散效应

主光线方向上的两个像点间的距离可以由科丁顿方程推算得到。式(15-20)描述了子午方向的成像共轭关系，而式(15-21)则描述了弧矢方向的物像共轭关系：

$$\frac{n'\cos^2 i'}{l'_{\tan}}-\frac{n\cos^2 i}{l_{\tan}}=\frac{n'\cos i'-n\cos i}{R} \tag{15-20}$$

$$\frac{n'}{l'_{\mathrm{sag}}}-\frac{n}{l_{\mathrm{sag}}}=\frac{n'\cos i'-n\cos i}{R} \tag{15-21}$$

其中，i 是入射主光线与球面法线的夹角，i' 是出射主光线与球面法线的夹角，l 表示轴外物点沿主光线方向到单折射球面的距离，l' 是主光线与单折射球面交点沿着主光线到对应像点的距离。R 表示折射球面的曲率半径。

对于子午方向的成像共轭关系，如图 15-15 所示，存在一个折射球面与两条彼此非常接近的位于子午面内的光线，这两条光线由点 B 发出，在折射球面上的点 P 附近发生折射，最终相交于点 B_{T}，形成子午像。为了得到交点 B_{T} 的位置，我们定义中心角 $\theta=\overline{U}+\overline{I}$，因此可以得到：

$$\mathrm{d}\theta=\mathrm{d}\overline{U}+\mathrm{d}\overline{I} \tag{15-22}$$

设点 B 到点 P 的距离为 t，因此矢高 PQ 可以由下式进行计算：

$$PQ=t\mathrm{d}\overline{U}=PG\cos\overline{I}=r\cos\overline{I}\mathrm{d}\theta=t(\mathrm{d}\theta-\mathrm{d}\overline{I})=r\cos\overline{I}\mathrm{d}\theta \tag{15-23}$$

因此，可以得到：

$$\mathrm{d}\overline{I}=\left(1-\frac{r\cos\overline{I}}{t}\right)\mathrm{d}\theta \tag{15-24}$$

类似地，对于折射后的光线：

$$\mathrm{d}\overline{I}'=\left(1-\frac{r\cos\overline{I}'}{t}\right)\mathrm{d}\theta \tag{15-25}$$

对折射定律进行微分后可以得到：

$$n\cos\overline{I}\mathrm{d}\overline{I}=n'\cos\overline{I}'\mathrm{d}\overline{I}' \tag{15-26}$$

最终得到：

$$\frac{n'\cos\overline{I}'^2}{t'}-\frac{n\cos\overline{I}^2}{t}=\frac{n'\cos\overline{I}'-n\cos\overline{I}}{r} \tag{15-27}$$

当物高为零时，这一表达式等效于高斯公式，此时 $\overline{I}$ 和 $\overline{I}'$ 均为零。

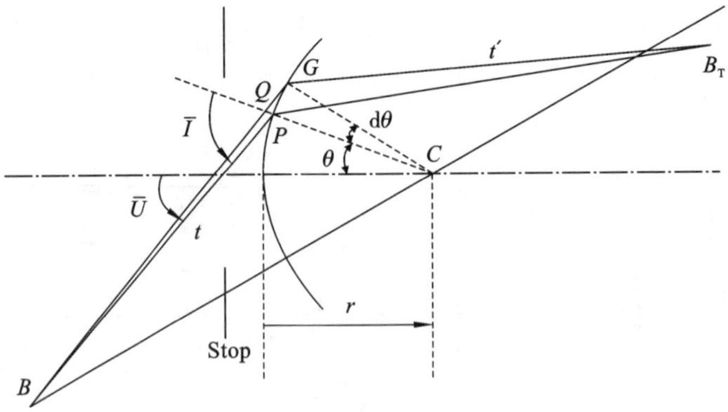

图 15-15　子午方向成像共轭关系

对于弧矢方向的成像共轭关系，如图 15-16 所示，弧矢像位于辅助轴上，只需要找到折射主光线与辅助轴的交点就可以得到弧矢像的位置。根据几何关系可知，三角形 BPB_{S} 的面积

等于三角形 PCB_S 与三角形 BPC 的面积之和，这一关系可以由下式表示：

$$\frac{1}{2}ss'\sin(\pi-\overline{I}+\overline{I}')=-\frac{1}{2}sr\sin(\pi-\overline{I})+\frac{1}{2}s'r\sin I' \tag{15-28}$$

因此，有：

$$-ss'\sin(\overline{I}-\overline{I}')=-sr\sin\overline{I}+s'r\sin I' \tag{15-29}$$

运用折射定律，经过一些代数运算，最终得到：

$$\frac{n'}{s'}-\frac{n}{s}=\frac{n'\cos\overline{I}'-n\cos\overline{I}}{r} \tag{15-30}$$

同样地，当 $\overline{I}$ 和 $\overline{I}'$ 均为零时，上述公式等价于高斯公式，这些方程常用于评价光学系统的像散。

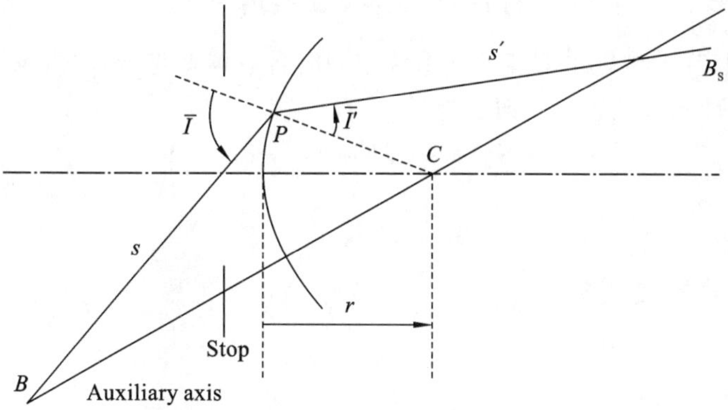

图 15-16　弧矢方向成像共轭关系

15.2.2　单折射面的像散分布系数

像散是弧矢像场与子午像场之间存在差异导致的。单折射面的像散波前像差的分布系数可以计算为

$$W_{222}=-\frac{1}{2}\overline{A}^2\Delta\left\{\frac{u}{n}\right\}y \tag{15-31}$$

因此，对于单折射面成像系统来说，其像散为零的条件主要有三个：① $y=0$，边缘光线高度为零，即物位于折射球面顶点位置处，如图 15-17(a)所示；② $\overline{A}=0$，主光线入射角为零，即光阑位于球心位置处，如图 15-17(b)所示；③ $\Delta(u/n)=0$，满足齐明条件，如图 15-17(c)所示。

实际上，图 15-17(c)所示的为一个同心齐明透镜，该透镜的第一个入射面为齐明面，满足 $\Delta(u/n)=0$，因此该面对像散无贡献。该透镜第二个面为同心面，入射光束均垂直于折射球面入射，满足 $\overline{A}=0$ 的条件，因此该面也对像散无贡献。因此，同心齐明透镜是光学设计中经常使用的无像散光学元件。

15.2.3　薄透镜的像散分布系数

薄透镜的像散分布系数为

$$S_{\mathrm{III}}=Ж^2\phi \tag{15-32}$$

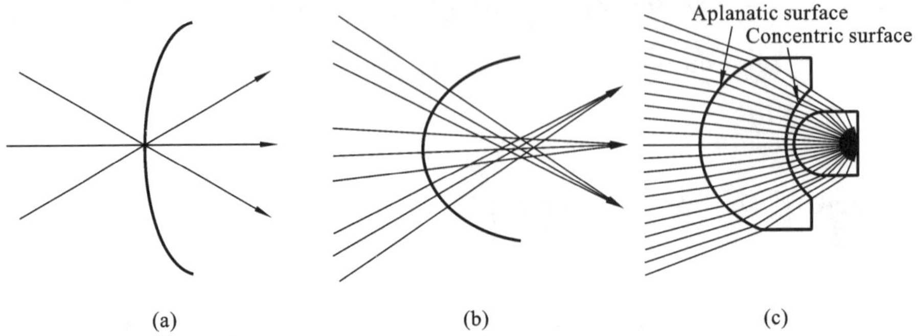

图 15-17 三种无像散的情况

当光阑位置固定时，像散也固定。在系统中同时含有球差与彗差时，像散分布系数可以由式(15-33)计算，移动光阑位置可以改变像散。

$$S_{\mathrm{III}}^{*}=S_{\mathrm{III}}+2\cdot\delta E\cdot S_{\mathrm{II}}+\delta E^{2}\cdot S_{\mathrm{I}} \tag{15-33}$$

其中，δE 为光阑位移参量。

15.2.4 像散的校正方法

1. 改变光阑位置

已知单折射面的像散分布系数为

$$W_{222}=-\frac{1}{2}\overline{A}^{2}\Delta\left\{\frac{u}{n}\right\}y \tag{15-34}$$

因此，改变光阑位置能够改变主光线在折射球面上的入射角，即 $\overline{A}$ 的大小，进而影响系统像散的分布情况。图 15-18 所示的光阑位置可以使彗差和像散同时得到校正。此外，根据式(15-34)，如果系统存在球差和彗差，改变光阑位置同样能够改变系统像散的大小，进而能够找到一个合适的光阑位置来消除系统像散。

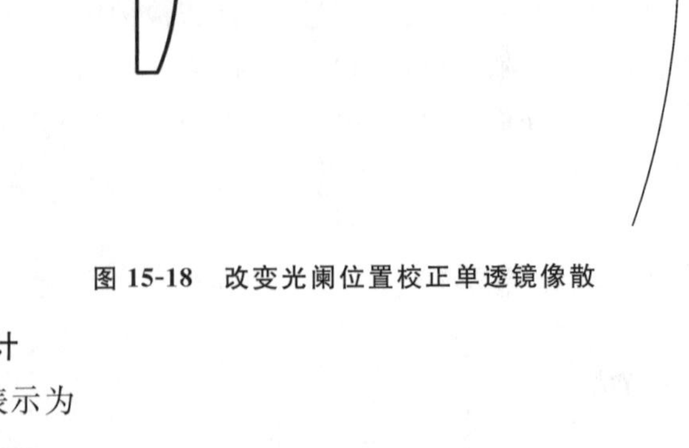

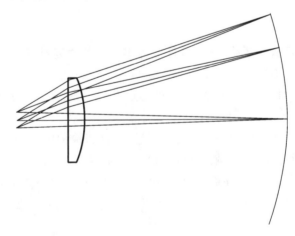

图 15-18 改变光阑位置校正单透镜像散

2. 对称式系统设计

波像差用幂级数表示为

$$W(H,\rho,\varphi)=W_{200}H^2+W_{020}\rho^2+W_{111}H\rho\cos\varphi+W_{040}\rho^4+W_{131}H\rho^3\cos\varphi+W_{222}H^2\rho^2\cos^2\varphi+W_{220}H^2\rho^2+W_{311}H^3\rho\cos\varphi+W_{400}H^4+\cdots \tag{15-35}$$

彗差是一种与光阑位置相关的特殊像差，所有与光瞳坐标的奇数次方成正比的像差都可以通过对称结构得到完全校正，彗差就是其中一种。初级彗差与视场成正比，因此各级彗差都与视场的奇数次方成正比，因此彗差可以由对称结构完全消除。

在如图 15-19 所示的对称结构光学系统中，通过合理地设置光阑，可以消除彗差。

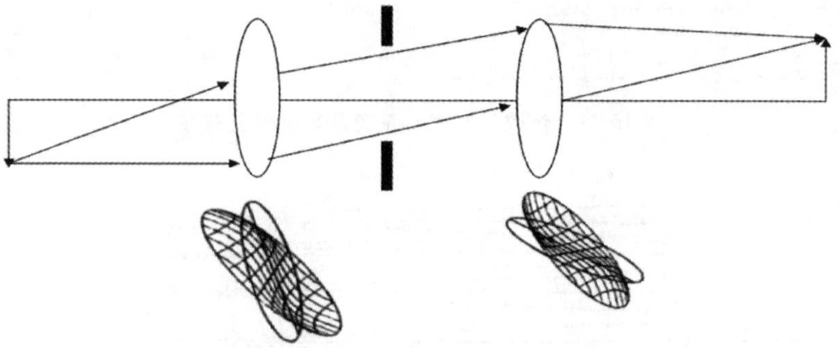

图 15-19　对称结构光学系统

3. 增加设计自由度

图 15-20 所示的为一光学系统及其波像差曲线，在这种情况下，我们可以增加一个透镜，它产生的像散与原光学系统的正好相反。新增透镜的球差和彗差则可以由具有自由度的系统来修正。而且通过合理设计可以将新增透镜对彗差和球差的影响减到很小。图 15-21 所示的为修改后的光学系统及其波像差曲线，可以看出像散得到了校正，彗差和球差也较小。

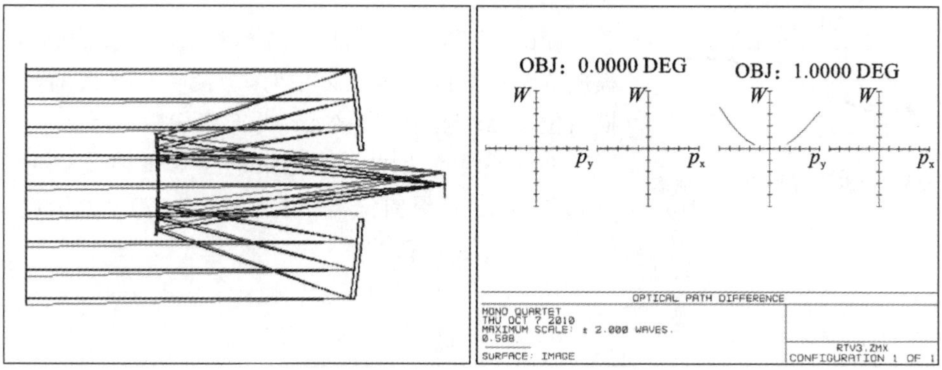

图 15-20　光学系统及其波像差曲线

4. 像平面附近的球壳或非球面透镜

如图 15-22 所示，通过在像平面附近添加球壳或非球面透镜可以校正像散。

15.2.5　倾斜平行平板像散

1. 倾斜平行平板像散的来源

当在平行光中引入平行平板时，平面平行平板不会引入任何像差。但是当在会聚光束中

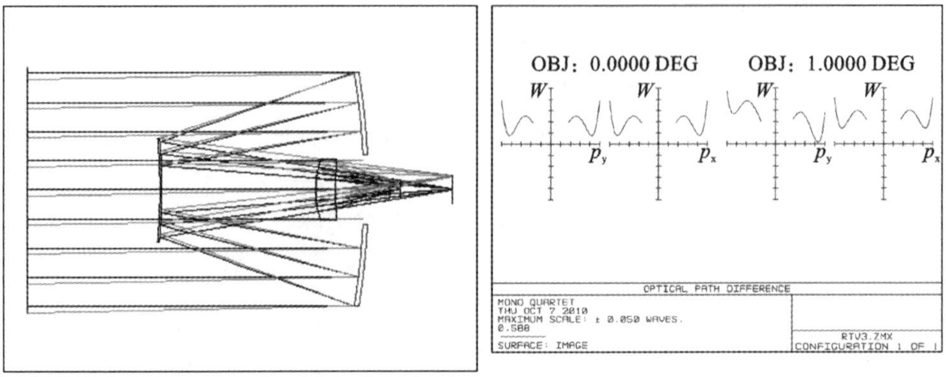

图 15-21 修改后的光学系统及其波像差曲线

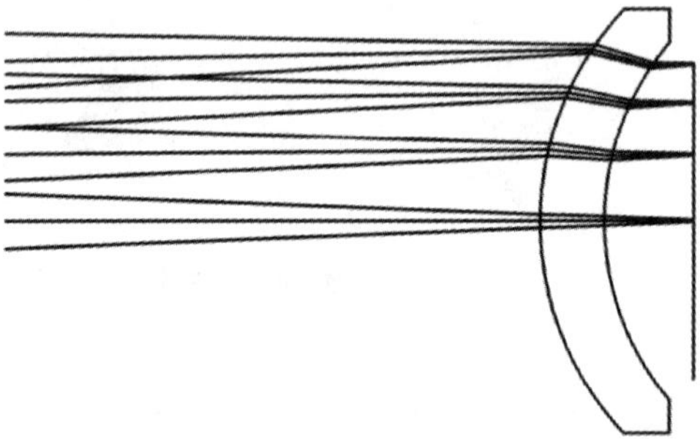

图 15-22 像平面附近的球壳或非球面透镜

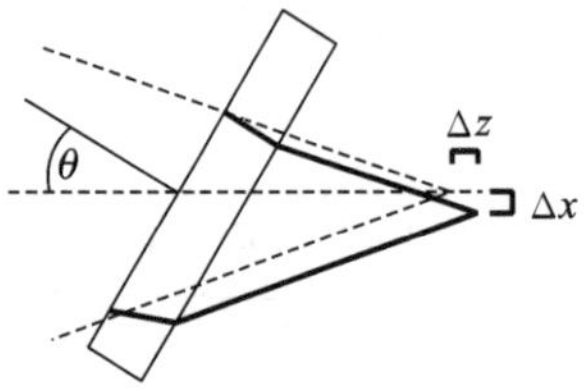

图 15-23 倾斜平行平板引入像散

放置倾斜平行平板时，就会引入球差、像散、慧差、位置色差和倍率色差。

如图 15-23 所示，将厚度为 t，折射率为 n 的倾斜平行平板放置于发散或会聚光束中时，会使会聚光束的焦点产生横向位移 Δz 与纵向位移 Δx，并产生像散 Ast。

平行平板产生的会聚光束的焦点横向位移可以用式(15-36)来表示，纵向位移可以用式(15-37)来表示：

$$\Delta z \approx \frac{t(n-1)}{n} \tag{15-36}$$

$$\Delta x \approx \frac{\theta t(n-1)}{n} \tag{15-37}$$

因此，平行平板产生的像散可以用式(15-38)表示：

$$\text{Ast} = \frac{1}{\sqrt{n^2 - \sin^2\theta}}\left[\frac{n^2\cos^2\theta}{n^2 - \sin^2\theta} - 1\right] \approx \frac{-t\theta^2(n^2-1)}{n^3} \tag{15-38}$$

2. 倾斜平行平板像散的校正

如上一节分析可知，光路中的倾斜平行平板（如半透半反分束元件等）会给光学系统带来严重的像散。与常规光学元件的像散像差一样，它可通过以下方法进行校正：①添加圆柱形透镜，通过改变某一个方向的系统光焦度，使光学系统子午方向和弧矢方向的系统光焦度一致；②添加倾斜的球面透镜，透镜倾斜的方向与平板倾斜的方向必须满足正交关系。

一般情况，还可以在光路中添加另一个倾斜的在正交平面中的平行平板来校正倾斜平板引入的像散，如图 15-24 所示。

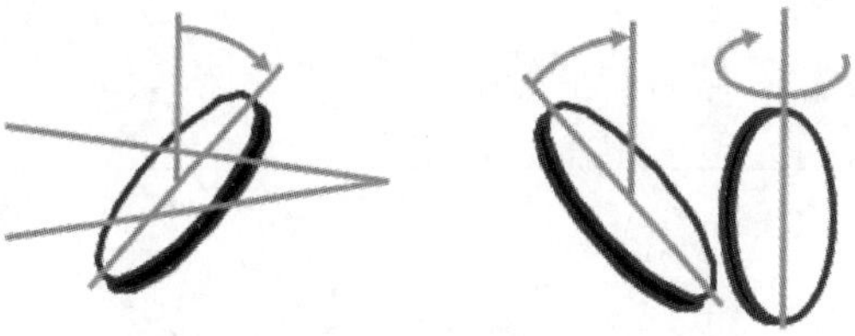

图 15-24　添加平行平板校正像散

除此之外，平行平板的像散可以通过添加一个小型的楔状结构来减小。如图 15-25 所示，添加楔状结构后，点列图中的散斑尺寸明显减小。

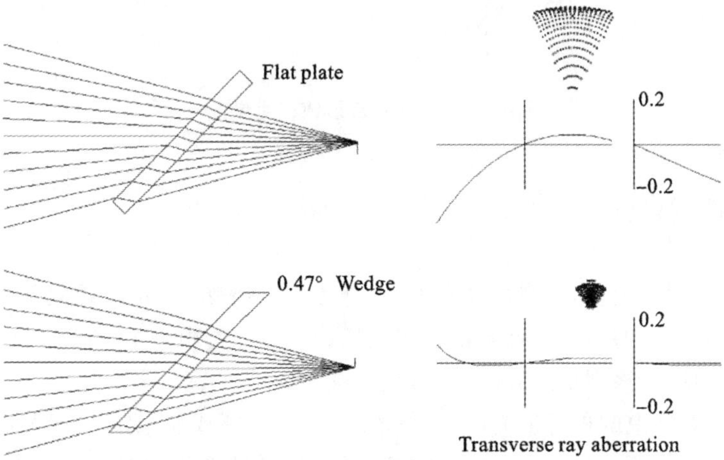

图 15-25　添加一个小型楔状结构减小像散

15.2.6　倾斜反射镜的像散

图 15-26 所示的为一个倾斜的反射镜，轴外物点与反射镜之间的连线与反射镜的光轴之间的夹角为 i。则子午方向与弧矢方向上，该倾斜反射镜的有效焦距为

$$f_{\tan}=\frac{R\cdot\cos i}{2} \tag{15-39}$$

$$f_{\text{sag}}=\frac{R}{2\cos i} \tag{15-40}$$

因此，倾斜的反射镜引入的像散为

$$\Delta s'_{\text{ast}}=\frac{s^2\cdot R\cdot\sin^2 i}{2\cos i\cdot\left(s-\dfrac{R\cos i}{2}\right)\cdot\left(s-\dfrac{R}{2\cos i}\right)} \tag{15-41}$$

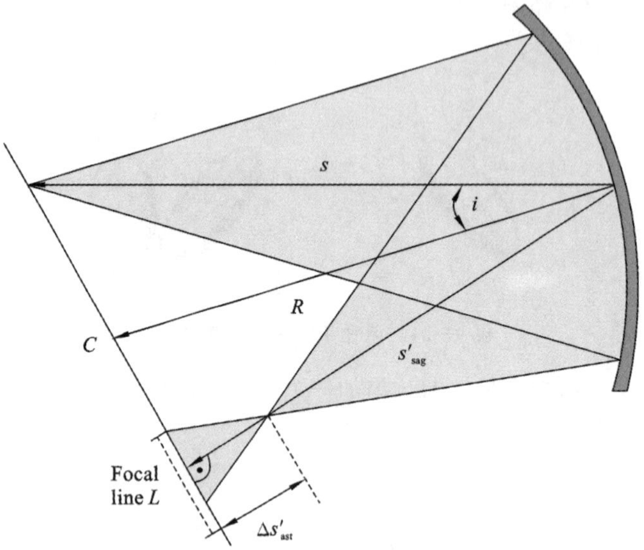

图 15-26　倾斜反射镜产生像散

15.2.7　视觉像散

在旋转对称光学系统中，当视场高度为零，即为中心视场时，系统像散不存在。系统弧矢方向和子午方向光焦度的不对称性是由非零视场处瞳孔在其中一个方向上出现明显缩短而造成的。当以倾斜角度观察圆形瞳孔时，它将呈椭圆形。

另一方面，我们常说的视觉散光(也称像散)是由于角膜或晶状体的缺陷而引起的，即它们二者的形状中，一个或两个并非旋转对称的，而是具有圆柱形状的组成分量。结果，眼睛的近轴屈光度会随子午截面(不同方向)而发生变化。在这种情况下，轴上也会出现直线状图像。这种类型的误差不会随视场而改变。此外，存在加工缺陷的光学系统可能会出现这种类型的误差。

为了区别这两种不同类型的“像散”误差或者像差，我们在像散这个术语前面分别加不同的形容词来描述这两类不同的条件。前面一种由离轴视场引起的像散称为“像差像散”，后一种由加工问题引起的像散称为“视觉像散”。

视觉像散或轴上像散对应的像差用 W_{022} 表示，由式(15-42)计算：

$$W = W_{022}\rho^2\cos^2\varphi = W_{022}y_{\mathrm{p}}^2 \tag{15-42}$$

15.3　场曲

15.3.1　场曲定义

场曲描述的是光学系统成曲面像的现象。理想光学系统对垂轴的平面物体成垂轴的平面像，实际光学系统对平面物体所成的像不在一个平面内（如图 15-27 所示），称平面物体成弯曲像面的成像缺陷为场曲像差。当光学系统不存在像散时，场曲导致的弯曲的焦面被称为佩兹伐曲面。

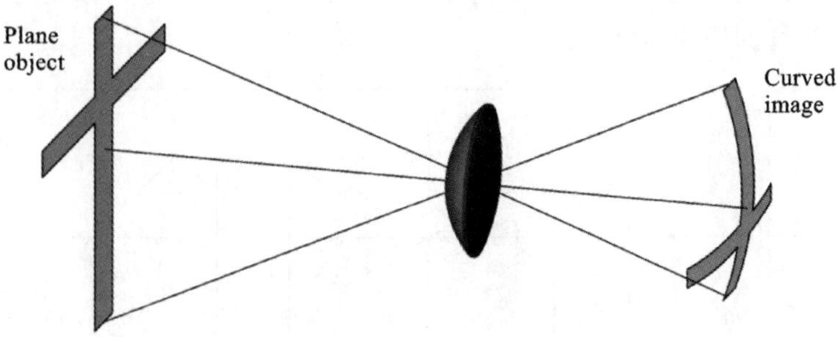

图 15-27　场曲影响成像

15.3.2　场曲的波像差理论

1. 场曲的波前像差及其特性曲线

场曲波前像差可由式(15-43)进行计算：

$$W = W_{220}H^2\rho^2 = W_{220}H^2(x_p^2 + y_p^2) \tag{15-43}$$

其波前像差的曲线图如图 15-28 所示。在 y 方向上，$x_p=0$，场曲的波前像差是 y_p 的二次函数。在 x 方向上，$y_p=0$，场曲的波前像差是 x_p 的二次函数。场曲的波前像差随视场的增加而增加。

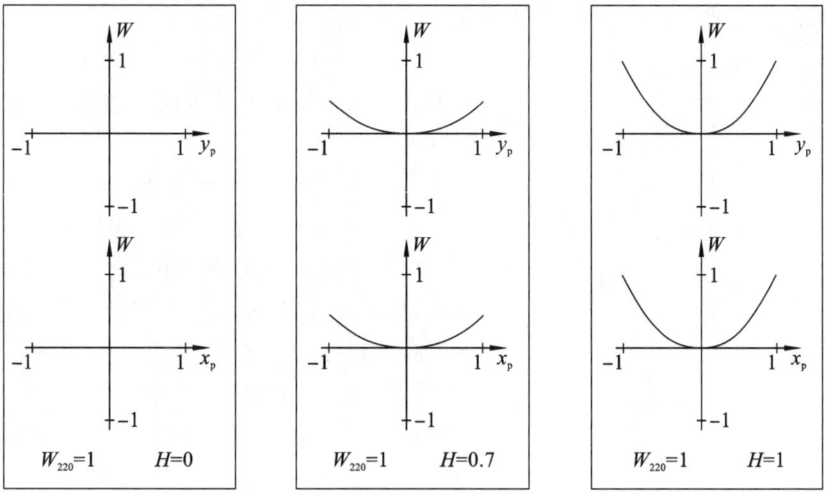

图 15-28　场曲——波前像差曲线图

2. 场曲的垂轴像差、轴向像差及其特性曲线

场曲的垂轴像差可以由式(15-44)和式(15-45)进行计算，其与入射光瞳的孔径成正比，因此不同视场下场曲的垂轴像差曲线均为过原点的直线。

$$\varepsilon_y = -2\frac{R}{r_p}W_{220}H^2 y_p \tag{15-44}$$

$$\varepsilon_x = -2\frac{R}{r_p}W_{220}H^2x_p \tag{15-45}$$

图 15-29 所示的为场曲的垂轴像差曲线。根据式(15-44)和式(15-45)可知，在 y 方向上，$x_p=0$，场曲的垂轴像差与 y_p 成正比。在 x 方向上，$y_p=0$，场曲的垂轴像差与 x_p 成正比。场曲的垂轴像差随视场的增加而增加。

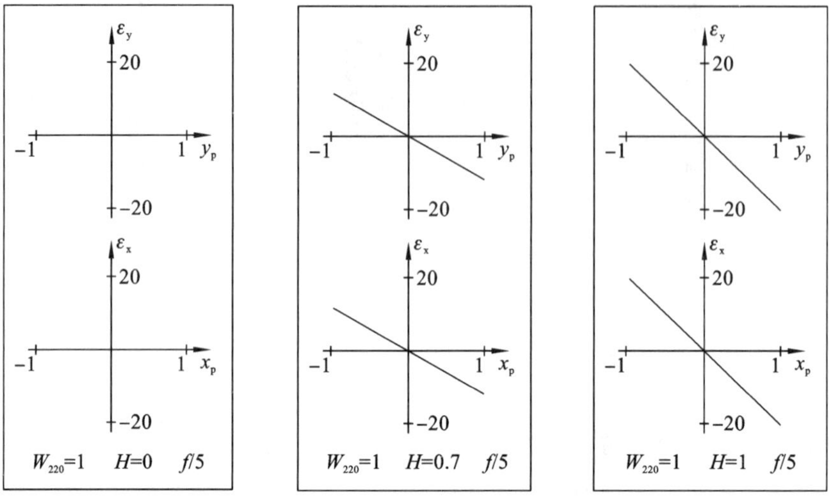

图 15-29 场曲的垂轴像差曲线

场曲可以通过离焦进行一定补偿，以获得理想的成像效果。这种离焦的波前可以由式(15-46)进行计算：

$$W = \Delta W_{20}\rho^2 \tag{15-46}$$

因此，在同时含有场曲和离焦的系统中，波前像差可以由式(15-47)计算：

$$W = W_{220}H^2\rho^2 + \Delta W_{20}\rho^2 \tag{15-47}$$

如果要求某一像面上的波前像差为零，即 $W=0$，则可以得到：

$$\Delta W_{20} = -W_{220}H^2 \tag{15-48}$$

$$\delta_z = -8\,(f/\#)^2W_{220}H^2 \tag{15-49}$$

从上述式子中可以看出，对于只有场曲的光学系统，其在一特定球面上成完美的像。这个表面被称为佩兹伐曲面。对于正的单透镜而言，其拥有正的 W_{220} 系数，像表面向内凹陷。随着像散的增加，佩兹伐曲面的形状(或半径)将会改变。但是无论是哪种情况，佩兹伐曲面只取决于系统透镜的结构，即光焦度分布和相应的折射率分布。

图 15-30 所示的为场曲的轴向像差曲线，场曲的存在使完善像出现在曲面上。对于近轴像平面而言，近轴像平面上的像斑尺寸随 H^2 的增加而增加。

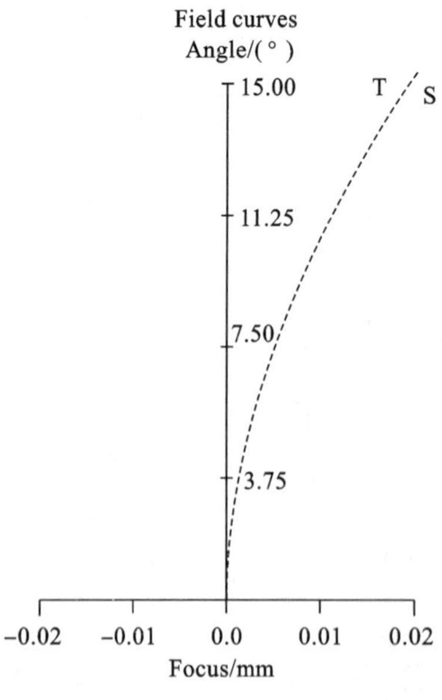

图 15-30 场曲的轴向像差曲线

15.3.3　场曲和像散

当系统中同时含有场曲、像散和离焦时，波前像差可以由式(15-50)计算。垂轴像差可以由式(15-51)和式(15-52)进行计算。

$$W = W_{222}H^2\rho^2\cos^2\theta + W_{220}H^2\rho^2 + \Delta W_{20}\rho^2 \tag{15-50}$$

$$\varepsilon_y = -2\frac{R}{r_p}W_{222}H^2y_p - 2\frac{R}{r_p}W_{220}H^2y_p - 2\frac{R}{r_p}\Delta W_{20}y_p \tag{15-51}$$

$$\varepsilon_x = -2\frac{R}{r_p}W_{220}H^2x_p - 2\frac{R}{r_p}\Delta W_{20}x_p \tag{15-52}$$

1. 近轴焦平面及特性曲线

在系统的近轴焦平面上，我们有 $\Delta W_{20}=0$，近轴焦点处的波前像差曲线图如图 15-31 所示。

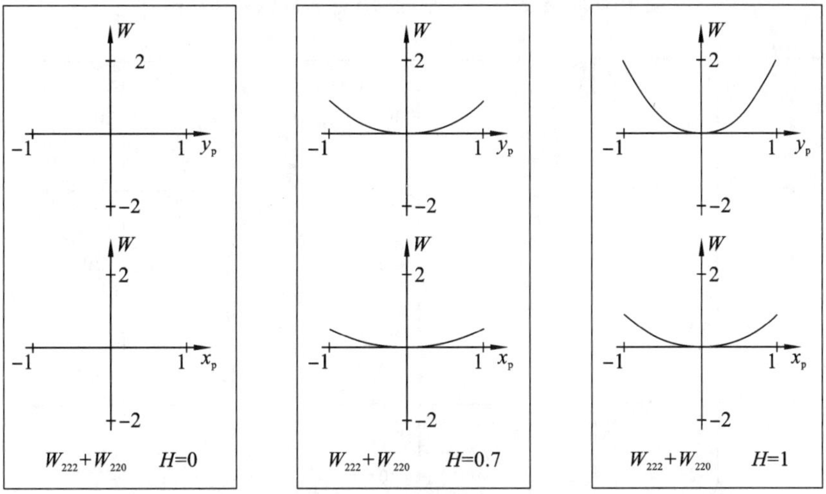

图 15-31　像散场曲系统近轴焦点波前像差曲线图

当 $\Delta W_{20}=0$ 时，对应的垂轴像差表达式如式(15-51)和式(15-52)所示。因此，像散场曲系统在近轴焦点处的垂轴像差曲线图如图 15-32 所示。

2. 弧矢焦曲面及特性曲线

由弧矢焦曲面的定义可知，在弧矢焦曲面上必满足 $\varepsilon_x=0$，将这一条件代入到式(15-52)中可以得到相应的离焦曲面，即弧矢焦曲面的位置与形状：

$$\Delta W_{20} = -W_{220}H^2 \tag{15-53}$$

$$\delta_z = -8\,(f/\#)^2W_{220}H^2 \tag{15-54}$$

图 15-33 所示的为弧矢焦曲面的垂轴像差曲线，根据弧矢焦曲面的定义可知，x 方向的垂轴像差 $\varepsilon_x=0$。y 方向的垂轴像差由式(15-55)进行计算，其与 y_p 成正比，垂轴像差曲线为过原点的直线，斜率(绝对值)随视场的增加而增加。

$$\varepsilon_y = -2\frac{R}{r_p}W_{222}H^2y_p \tag{15-55}$$

3. 子午焦曲面及特性曲线

由子午焦曲面的定义可知，在子午焦曲面上必满足 $\varepsilon_y=0$，将这一条件代入式(15-51)可以

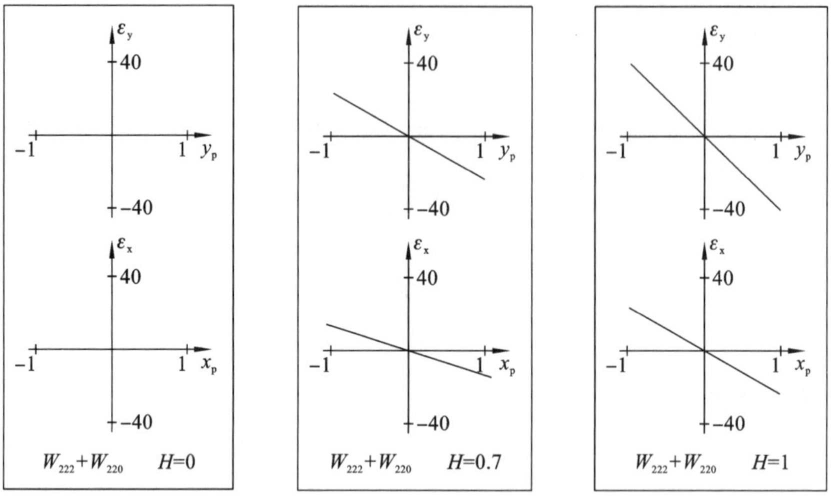

图 15-32 像散场曲系统近轴焦点垂轴像差曲线图

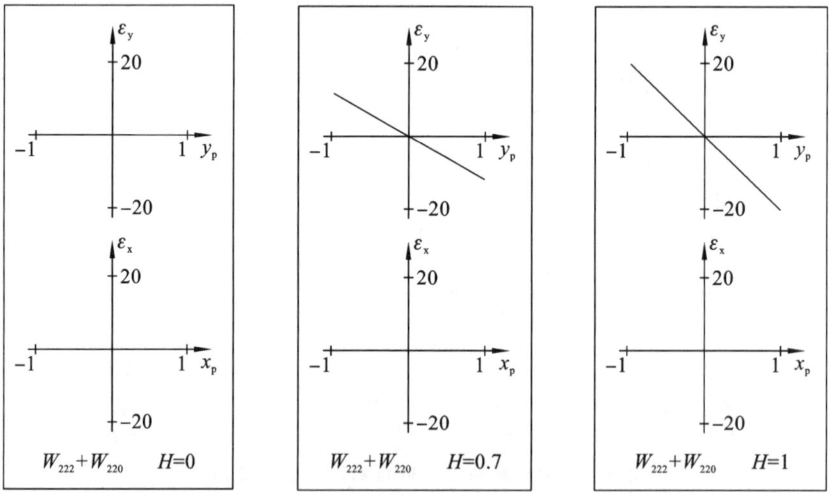

图 15-33 弧矢焦曲面的垂轴像差曲线

得到相应的离焦曲面，即子午焦曲面的位置与形状：

$$\Delta W_{20}=-(W_{220}+W_{222})H^2 \tag{15-56}$$

$$\delta_z=-8\,(f/\#)^2(W_{220}+W_{222})H^2 \tag{15-57}$$

图 15-34 所示的为子午焦曲面的垂轴像差曲线，根据子午焦曲面的定义可知，y 方向的垂轴像差 $\varepsilon_y=0$。x 方向的垂轴像差由式(15-58)计算，其与 x_p 成正比，垂轴像差曲线为过原点的直线，斜率随视场的增加而增加。

$$\varepsilon_x=2\frac{R}{r_p}W_{222}H^2x_p \tag{15-58}$$

4. 中间焦曲面及特性曲线

在弧矢焦曲面与子午焦曲面之间存在一中间焦曲面，在中间焦曲面处，水平方向与垂直方向的垂轴像差在光瞳坐标 $x_p=y_p$ 时满足：

$$\varepsilon_x=-\varepsilon_y \tag{15-59}$$

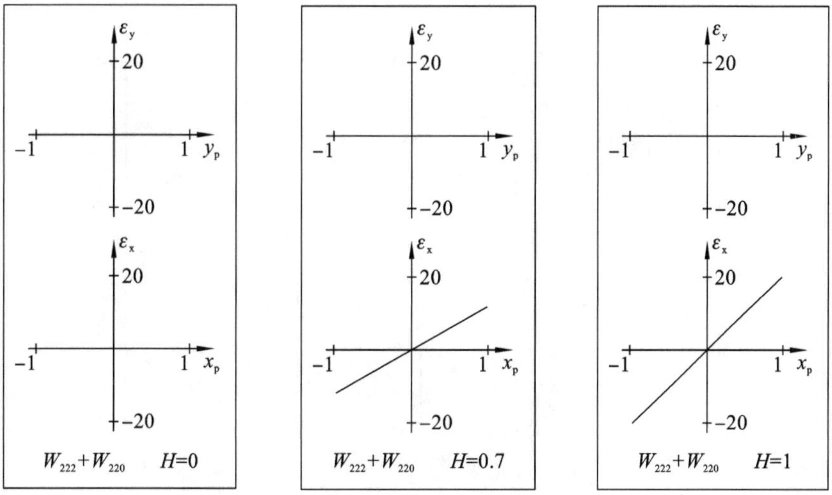

图 15-34 子午焦曲面的垂轴像差曲线

将上述关系代入式(15-51)和式(15-52)可以得到对应的离焦曲面：

$$\Delta W_{20}=-(W_{220}+\frac{1}{2}W_{222})H^2 \tag{15-60}$$

$$\delta_z=-8\,(f/\#)^2(W_{220}+\frac{1}{2}W_{222})H^2 \tag{15-61}$$

从上述式子中可以看出，像散的像曲面的曲率加上了场曲 W_{220} 的影响。换句话说，场曲使像散的像曲面偏斜。而像散光斑的外观和尺寸不会被像散改变。

图 15-35 所示的为中间焦曲面的垂轴像差曲线，中间焦曲面处 y 方向的垂轴像差由式(15-62)计算，其与 y_p 成正比，垂轴像差曲线为过原点的直线，斜率(绝对值)随视场的增加而增加。x 方向的垂轴像差由式(15-63)计算，其与 x_p 成正比，垂轴像差曲线为过原点的直线，斜率随视场的增加而增加。

$$\varepsilon_y=-\frac{R}{r_p}W_{222}H^2y_p \tag{15-62}$$

$$\varepsilon_x=\frac{R}{r_p}W_{222}H^2x_p \tag{15-63}$$

15.3.4 佩兹伐曲面

1. 佩兹伐曲面的定义

在含有像散和畸变的光学系统中，存在佩兹伐曲面，其位置可以由式(15-64)或式(15-65)表示：

$$\Delta W_{20}=-W_{220}H^2+\frac{1}{2}W_{222}H^2=-\left(W_{220}-\frac{1}{2}W_{222}\right)H^2 \tag{15-64}$$

$$\delta_z=-8\,(f/\#)^2\left(W_{220}-\frac{1}{2}W_{222}\right)H^2 \tag{15-65}$$

佩兹伐曲面是光学系统非常重要的一个指标，它表征的是在有像散存在的条件下光学系统最基本的场曲：

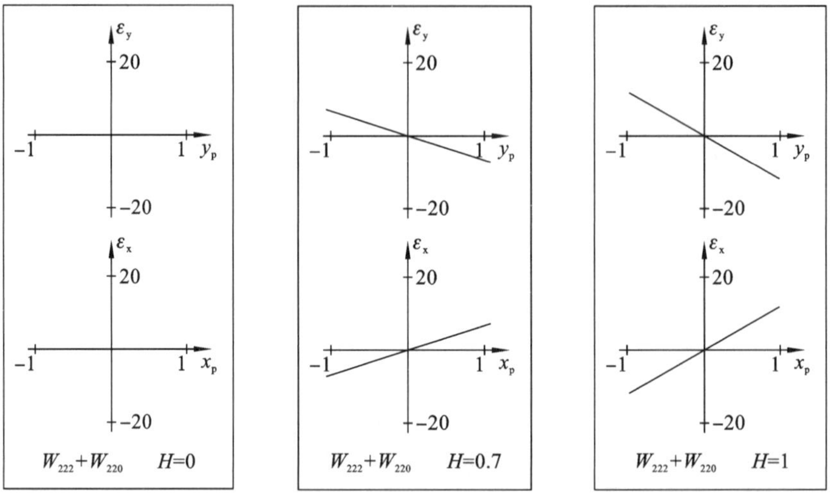

图 15-35　中间焦曲面的垂轴像差曲线

$$W_{220}-\frac{1}{2}W_{222}\propto\sum_{\text{Surfaces}}C_i\left(\Delta\frac{1}{n_i}\right)\tag{15-66}$$

该值只取决于光学表面的曲率和系统的折射率。

如图 15-36 所示，当光学系统不存在像散（$W_{222}=0$）时，子午焦曲面、中间焦曲面、佩兹伐曲面和弧矢焦曲面相重合，并且 $\Delta W_{20}=-W_{220}H^2$ 。系统仍然存在像面弯曲，此时系统在佩兹伐曲面上完美成像。

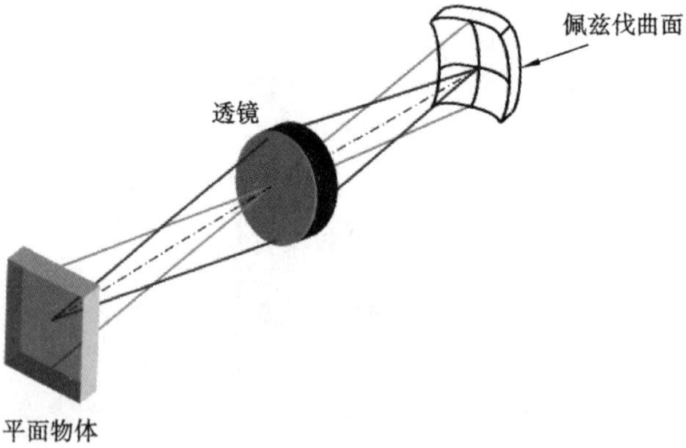

图 15-36　佩兹伐曲面

2. 佩兹伐曲面的成像性质

在含有像散和场曲的光学系统中，佩兹伐曲面的位置可以由式(15-67)表示：

$$\Delta W_{20}=-\left(W_{220}H^2-\frac{1}{2}W_{222}H^2\right)\tag{15-67}$$

为得到佩兹伐曲面处的垂轴像差，可以将上式代入式(15-51)和式(15-52)，得到：

$$\varepsilon_y=-3\frac{R}{r_p}W_{222}H^2y_p\tag{15-68}$$

$$\varepsilon_x=-\frac{R}{r_p}W_{222}H^2x_p\tag{15-69}$$

由此可见，佩兹伐曲面上 y 方向的垂轴像差是 x 方向的垂轴像差的 3 倍。因此，佩兹伐曲面上的像斑是一个长短轴比例为 3∶1 的椭圆形散斑。即便弥散光斑仍然存在，佩兹伐曲面并非是一个足够好的像面，但佩兹伐曲面代表了系统的基础场曲，该值只取决于系统的结构参量，即各光学表面的曲率半径和所有光学材料的折射率。

15.3.5　像散系统的最佳成像曲面

如图 15-37 所示，在含有像散和场曲的光学系统中，存在以下四个成像曲面。

(1) 弧矢焦曲面(S)：$\Delta W_{20} = -W_{220}H^2$；

(2) 中间焦曲面(M)：$\Delta W_{20} = -W_{220}H^2 - \frac{1}{2}W_{222}H^2$；

(3) 子午焦曲面(T)：$\Delta W_{20} = -W_{220}H^2 - W_{222}H^2$；

(4) 佩兹伐曲面(P)：$\Delta W_{20} = -W_{220}H^2 + \frac{1}{2}W_{222}H^2$。

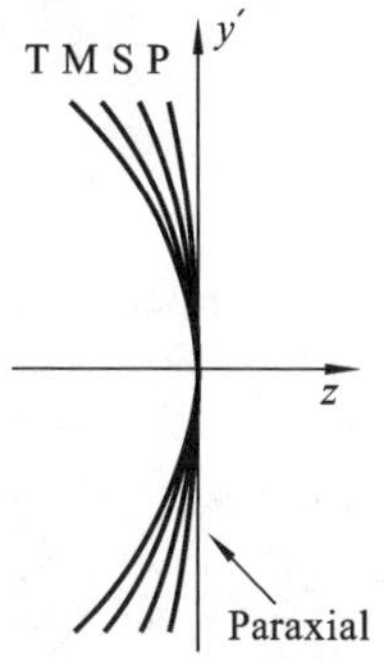

图 15-37　子午焦曲面、中间焦曲面、弧矢焦曲面以及佩兹伐曲面

不论 W_{220} 和 W_{222} 是正是负，这四个成像曲面等间隔，该间隔对应的离焦系数由式(15-70)计算，并且相应的顺序不发生调换：T-M-S-P 或是 P-S-M-T。

$$\Delta W_{20} = \frac{1}{2}W_{222}H^2 \tag{15-70}$$

$$\delta_z = 4\,(f/\#)^2 W_{222}H^2 \tag{15-71}$$

在如图 15-37 所示的情况中，焦曲面位于佩兹伐曲面的左侧，此时像散值为正值，即 $W_{222}>0$，系统为欠校正像散。在这种情况下，佩兹伐曲面内向弯曲，各成像曲面的排列顺序为 T-M-S-P。对应地，当焦曲面位于佩兹伐焦面的右侧时，像散值为负值，即 $W_{222}<0$，系统为过校正像散。在这种情况下，佩兹伐曲面背向弯曲，各成像曲面的排列顺序为 P-S-M-T。通常正透镜可以产生欠校正像散，而负透镜可以产生过校正像散。

15.3.6　场曲对成像的影响

如图 15-38 所示，当光学系统存在严重的场曲时，就无法对一个较大的平面物体的各个位置同时成清晰像。当沿轴向调整像面位置时，清晰成像的位置逐渐从中心向边缘移动。

15.3.7　场曲的实际应用

图 15-39(a)所示的为人眼结构示意图，由于场曲并不影响实际成像的清晰度，曲面结构的视网膜有利于通过含有场曲的光学系统在整个视场内获得清晰的成像。图 15-39(b)则为美国 NASA 发射的开普勒空间望远镜的探测器。为了校正该望远镜系统场曲对成像质量的影响，该探测器由一系列的平面探测器拼接在一个曲面上，达到了自然校正场曲的效果。随着技术的进步，具备一定曲率半径的曲面 CCD 或 CMOS 也逐渐成为了可能，可预见这将为光学系统设计带来革命性的影响。

在现代大型望远镜中，随着光纤技术的进步，光纤光谱仪在天文仪器中占据着越来越重要

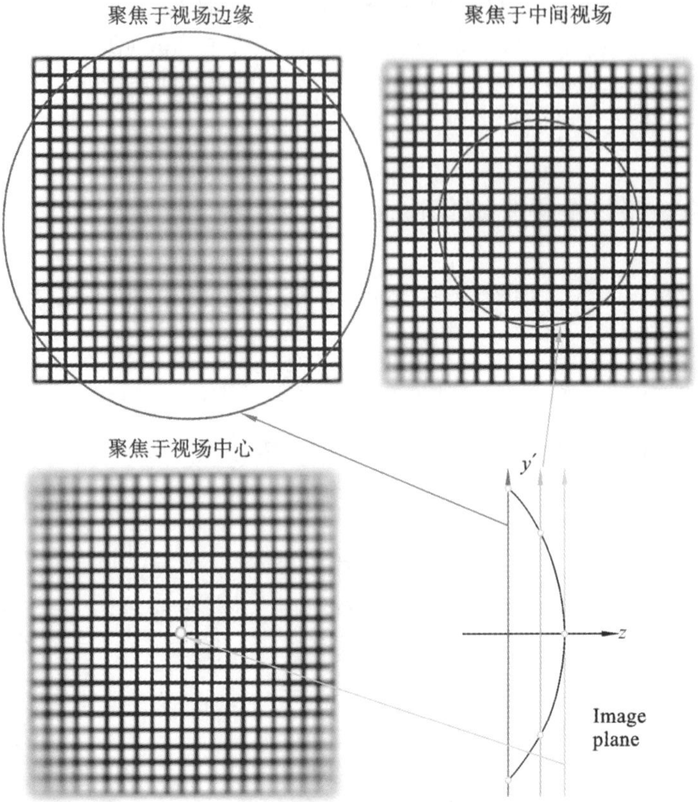

图 15-38　含有场曲的光学系统对物体的成像

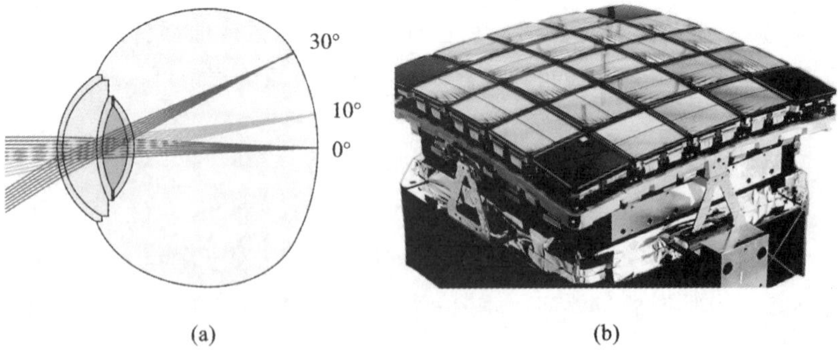

图 15-39　佩兹伐曲面的实际应用

(a)人眼;(b)开普勒空间望远镜曲面面阵探测器

的位置。在如图 15-40 所示的光纤光谱望远镜中,由于采用光纤接收光信息,接收端可以分布在望远镜的佩兹伐曲面上,因此无需对望远镜的场曲进行校正。

15.3.8　矫平中间焦曲面

在四个成像曲面中,一般来说中间焦曲面是最佳的,最好的成像质量出现在中间焦点处,为圆形像斑。因此中间焦曲面是需要矫平的对象。

中间焦曲面对应 $\Delta W_{20}=-W_{220}H^2-\frac{1}{2}W_{222}H^2$，如图 15-41 所示，通过调整场曲和像散的大小，可以获得矫平的像平面（中间焦平面），使其与近轴像平面重合，使 $\Delta W_{20}=0$。

图 15-40　光纤光谱望远镜

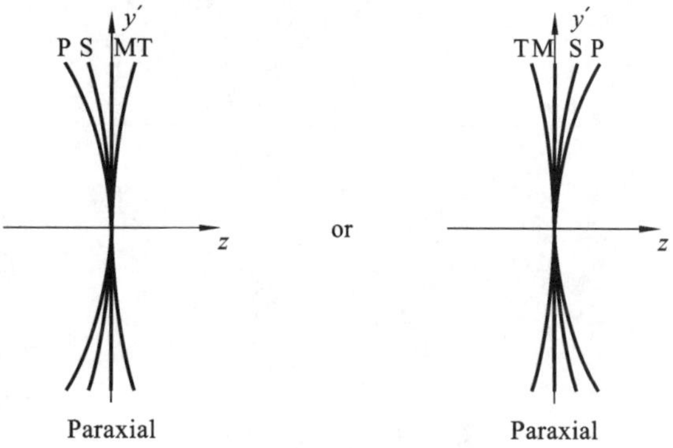

图 15-41　矫平像曲面

15.4　场曲校正

15.4.1　场曲的计算公式

场曲系数的 Seidel 表达公式为

$$W_{220}=-\frac{1}{4}\sum_{i=1}^{k}\left(\text{Ж}^2 P-\overline{A}^2\Delta\left\{\frac{u}{n}\right\}y\right)_i \tag{15-72}$$

其中，有

$$P=C\cdot\Delta\left(\frac{1}{n}\right) \tag{15-73}$$

佩兹伐和可以由式(15-74)计算：

$$\frac{1}{n'\rho'}-\frac{1}{n\rho}=-\sum_{i=1}^{k}\left(\frac{n'-n}{n'nr}\right)_i \tag{15-74}$$

其中，k 是系统中光学表面的数量，r 是曲面顶点的曲率半径，ρ 是物面曲率半径，ρ' 是像面曲率半径。对于薄透镜组，系统的佩兹伐和可以表示为

$$\frac{1}{\rho'}=-\sum_{i=1}^{k}\frac{\phi_i}{n_i} \tag{15-75}$$

15.4.2　场曲校正 Ⅰ——厚弯月透镜

图 15-42 所示的为厚弯月透镜，厚弯月透镜可用于平坦像场以及引入正的佩兹伐场曲，而不会为光学系统引入额外的光焦度。

有三种不同的厚弯月透镜。

(1) Hoegh 厚弯月透镜。

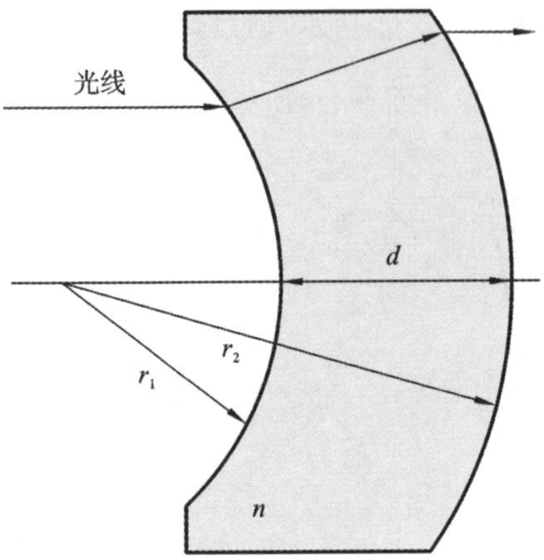

图 15-42 厚弯月透镜

前后表面半径相等的厚弯月透镜可以使像场平坦，但会引入光焦度，由式(15-76)给出：

$$\delta=\frac{(n-1)^2 d}{n r^2} \tag{15-76}$$

(2) 同心厚弯月透镜。

前后表面有相同的球心，即前后表面满足式(15-77)：

$$r_2=r_1-d \tag{15-77}$$

该厚弯月透镜引入的光焦度为

$$\delta=-\frac{(n-1)d}{n r_1(r_1-d)} \tag{15-78}$$

对佩兹伐和的贡献为

$$\frac{1}{r_{\mathrm{p}}}=\frac{(n-1)d}{n r_1(r_1-d)} \tag{15-79}$$

无论 r_1 是正是负，同心厚弯月透镜都可以引入正的佩兹伐场曲，可以补偿负的佩兹伐场曲。

(3) 无光焦度厚弯月透镜。

当厚弯月透镜前后表面曲率半径满足

$$r_2=r_1-d\frac{n-1}{n} \tag{15-80}$$

厚弯月透镜的光焦度为零，且具有正的佩兹伐和贡献：

$$\frac{1}{r_{\mathrm{p}}}=\frac{(n-1)^2 d}{h r_1[n r_1-d(n-1)]}>0 \tag{15-81}$$

15.4.3 场曲校正Ⅱ——凸凹结构透镜组

多片透镜组成的光学系统的光焦度为每片透镜的光焦度之和，可以由式(15-82)进行计算：

$$\frac{1}{f}=\sum_{j=1}^{k}\frac{h_j}{h_1}\cdot\frac{1}{f_j} \tag{15-82}$$

另外，总的佩兹伐和也是每一片透镜的贡献相加的结果，其权重为每片透镜折射率的倒数，由式(15-83)进行计算：

$$\frac{1}{r_{\mathrm{p}}}=-n'\cdot\sum_{k}\frac{1}{n_k\cdot f_k} \tag{15-83}$$

因此，通过将小边缘光线高度的低折射率高光焦度的负透镜与大边缘光线高度的高折射率低光焦度的正透镜相结合可以校正佩兹伐场曲。图 15-43 所示的为平板投影镜头，深色的为正透镜，其余的为负透镜。这种设计理念在光学系统上体现为粗细不均的外观。

15.4.4 场曲校正Ⅲ——场曲矫平镜

如图 15-44 所示，场曲矫平镜是一种校正场曲，使像面平坦的重要工具，一般放置在靠近像面的位置。

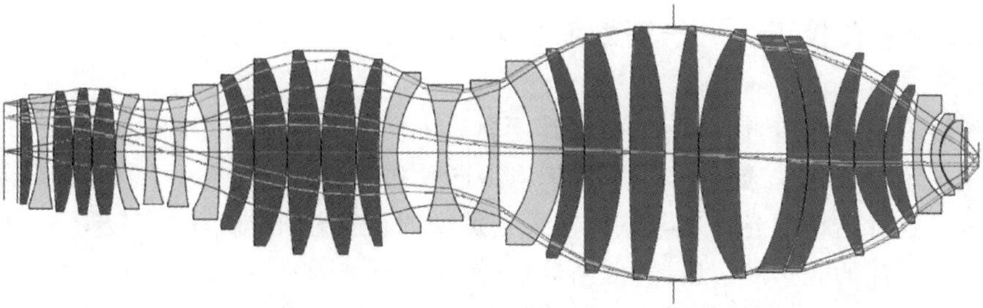

图 15-43 凸凹结构透镜组校正场曲

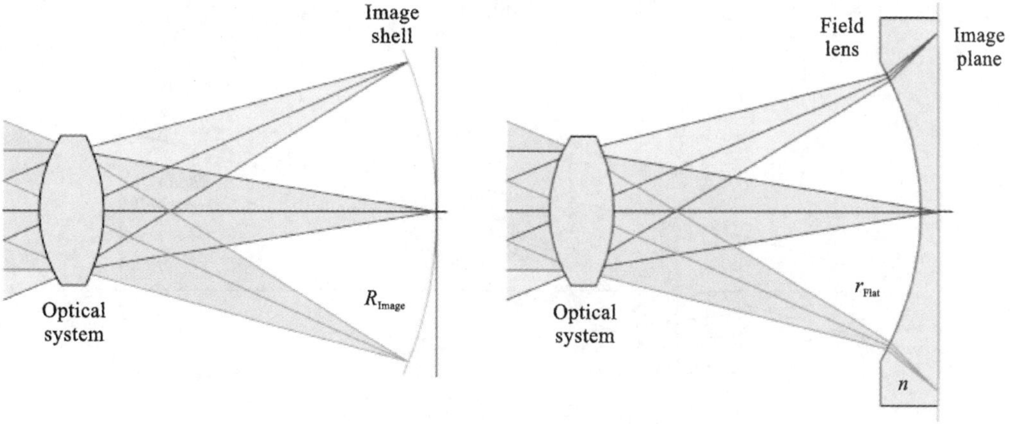

图 15-44 场曲矫平镜的工作原理

如果前面光学系统的像面曲率半径已知，场曲矫平镜所选用的玻璃材料折射率已知，则具有平面后表面和球面前表面的场曲矫平镜的前表面曲率半径可以由式(15-84)求出：

$$r_{\text{Flat}}=\frac{n-1}{n}R_{\text{Image}} \tag{15-84}$$

1839 年，佩兹伐设计了一种透镜组，如图 15-45 所示，它使用一个消色差透镜作为前镜组，一个双分离物镜作为后镜组。这种结构在放映机和人像镜头中有着广泛的应用，可以很好地校正球差和彗差，但对佩兹伐和的校正不足，导致视场受到像散的限制，这一光学结构的像面向内弯曲，可以通过在靠近图像平面的位置放置场曲矫平镜来校正场曲。

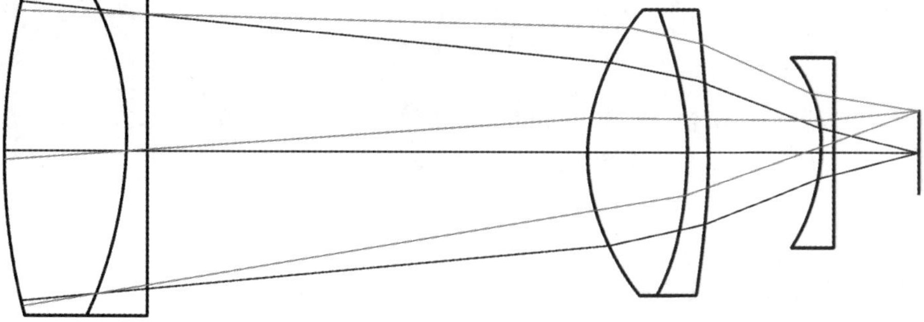

图 15-45 场曲矫平镜校正场曲

15.4.5 场曲校正Ⅳ——新型消色差透镜组

单透镜存在倍率色差,因此消色差设计通常针对倍率色差进行校正。图 15-46 所示的为被广泛使用的新型消色差透镜组,这种透镜组由两片透镜组成,其中一个具有高阿贝数(例如冕牌玻璃),且这片透镜的光焦度与该透镜组光焦度的正负性相同,另一片透镜则具有与整个透镜组正负性相反的光焦度,且具有低阿贝数(例如燧石玻璃)。在设计新型消色差透镜组时,每片透镜的光焦度、玻璃材料和形状均可作为变量。当两片薄透镜组合在一起时,消色差条件为

$$\frac{f_1}{V_1}+\frac{f_2}{V_2}=0 \tag{15-85}$$

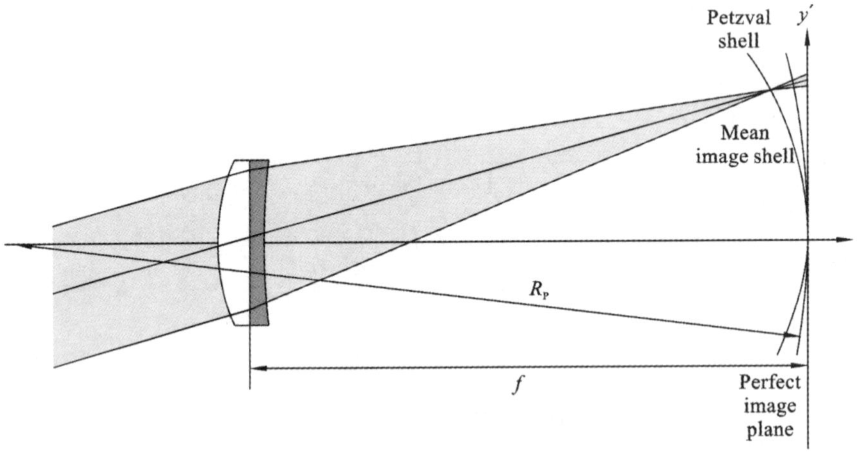

图 15-46 新型消色差透镜组校正场曲

通常光学系统的佩兹伐和不为零,存在场曲,佩兹伐和由式(15-86)表示:

$$\frac{1}{R_p}=-\sum_j \frac{1}{n_j f_j} \tag{15-86}$$

因此,只有当透镜组中两片薄透镜满足如下条件时,场曲才会得到校正:

$$\frac{f_1}{n_1}+\frac{f_2}{n_2}=0 \tag{15-87}$$

由式(15-86)和式(15-87)可知,当透镜组玻璃材料满足以下条件时,场曲和倍率色差才有可能同时得到校正:

$$\frac{V_1}{V_2}=\frac{n_1}{n_2} \tag{15-88}$$

式(15-88)表明玻璃组合的材料阿贝数与对应的折射率成线性关系时,可以实现场曲校正。如图 15-47 所示,可以在玻璃图中绘制与式(15-88)对应的直线来寻找满足上述条件的玻璃组合。

15.4.6 场曲校正Ⅴ——折反混合系统

在折反混合系统中,凹面反射镜对场曲进行了极大的校正。图 15-48 所示的为折反式平

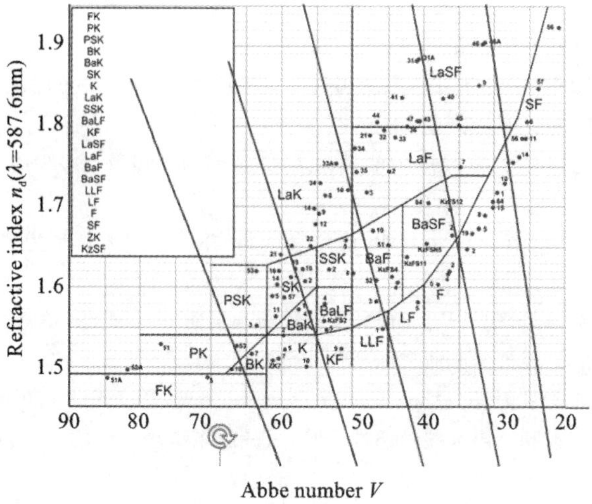

图 15-47　可用于校正场曲的消色差透镜组的玻璃组合在玻璃图上的分布

板投影系统及其各个表面的赛得和数贡献。可以清楚地看到凹面反射镜对佩兹伐和有着强烈的负作用。

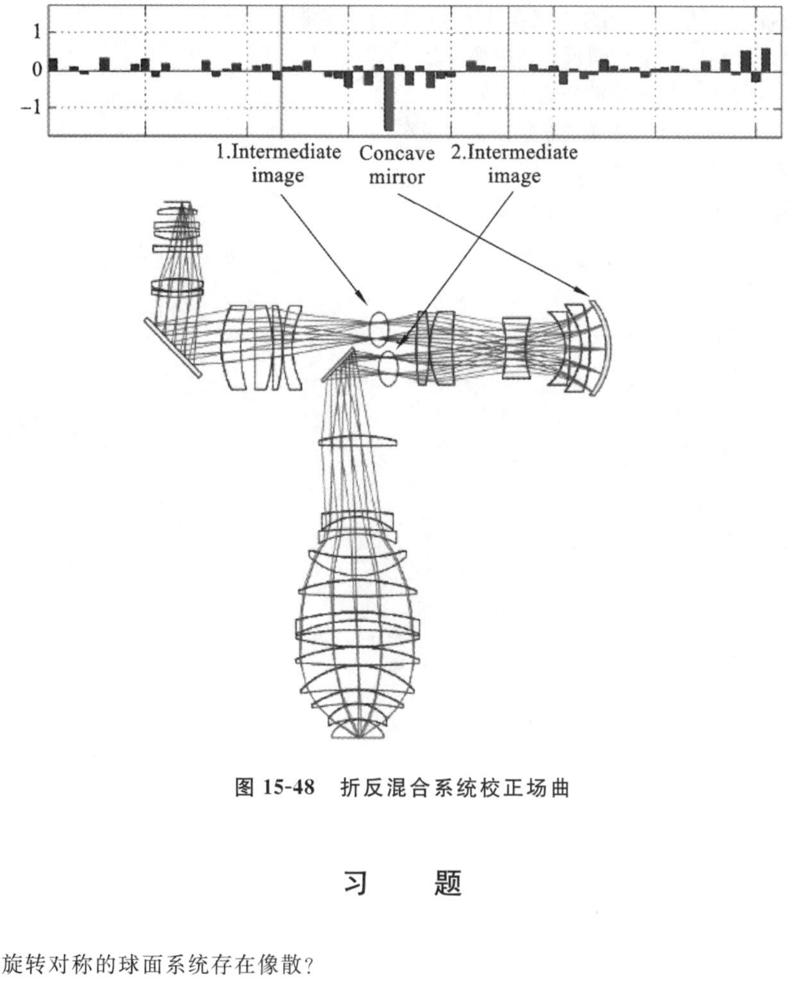

图 15-48　折反混合系统校正场曲

习　　题

15.1　为什么旋转对称的球面系统存在像散？

15.2 一个正焦系统存在像散 W_{222}，假设 $W_{222}>0$，一束倾斜平行光束进入该光学系统，则最先得到的焦点是弧矢焦点还是子午焦点？请解释。

15.3 已知一个系统存在像散 W_{222}，现在对系统引入一定的离焦量 ΔW_{20} 进行像差补偿。

(1) 请写出该系统的波前像差表达式。

(2) 请推导出该系统波前像差 RMS 值的表达式，并证明当离焦量为多少时，系统波前像差 RMS 值达到最小。

(3) 请推导出该系统几何像斑尺寸 RMS 值的表达式，并证明当离焦量为多少时，系统几何像斑尺寸 RMS 值达到最小。

15.4 一个系统存在像散 W_{222} 和场曲 W_{220}，那么像散 W_{222} 和场曲 W_{220} 满足什么条件时，系统能够分别矫平子午焦曲面、中间焦曲面、弧矢焦曲面和佩兹伐曲面？

15.5 一个厚透镜系统规格参数为：$R_1=350$ mm，$R_2=-250$ mm，厚度 TH＝25 mm，折射率 $n=1.6$。那么当该透镜工作在无穷远到有限远共轭条件下时，只考虑系统场曲的情况下，该系统佩兹伐曲面半径是多少？

15.6 请解释为什么折反射系统具备较好的消场曲条件。

15.7 假设一个光学系统的佩兹伐场曲为 R，现在考虑在像平面前放置一个像场改正镜来校正该场曲，如果已知该改正镜后表面(靠近像平面)的曲率半径为 r_0，且改正镜折射率为 n，那么该改正镜前表面的曲率半径 r 需要设计为多少？

15.8 假设一个光学系统的佩兹伐场曲为 R，如果考虑用同心厚弯月透镜来校正该场曲，且已知前表面曲率半径为 r_0，透镜折射率为 n，那么该弯月透镜所需的厚度是多少？

15.9 从康丁顿方程出发，推导倾斜反射镜的像散公式式(15-41)。

15.10 请推导倾斜平行平板的像散公式式(15-38)。

15.11 假设一个 $f/2$ 系统弧矢焦点的全视场长度为 32 μm。

(1) 该系统的像散系数是多少个波长？假设 $\lambda=0.5$ μm。

(2) 该系统弧矢焦点和子午焦点的间距是多少？

第 16 章

畸变与组合像差

16.1 畸变

16.1.1 畸变现象

当系统的放大率随图像高度的变化而变化时，就会产生畸变，但由于物像之间仍然保持着点对点的映射关系，畸变仅仅是光学系统所成图像中的纯粹的几何图形的像差，不会伴随任何分辨率或对比度的下降。图 16-1 表现了畸变现象对拍摄自然场景的影响，在严重的畸变下，任何与原点相交的直线的图像都保持了直线，任何其他直线所成的图像都是曲线，但清晰度不受影响。

图 16-1 畸变下的自然景物

由于畸变不影响成像的清晰度，因此可以在完成图像采集之后再对畸变进行数字校正。

16.1.2 畸变定义

如图 16-2(a)所示，大部分光学系统都需要将直线状物体成像为直线图像，即要求系统放大率 $m = l'/l = h'/h$ 为一个常量。如图 16-2(b)所示，对于物在无穷远处的光学系统，意味着像高 $h' = f \cdot \tan\theta$ 对所有视场角均成立。如果上述条件不满足，则会产生畸变，此时系统放大率或焦距随视场的变化而变化。

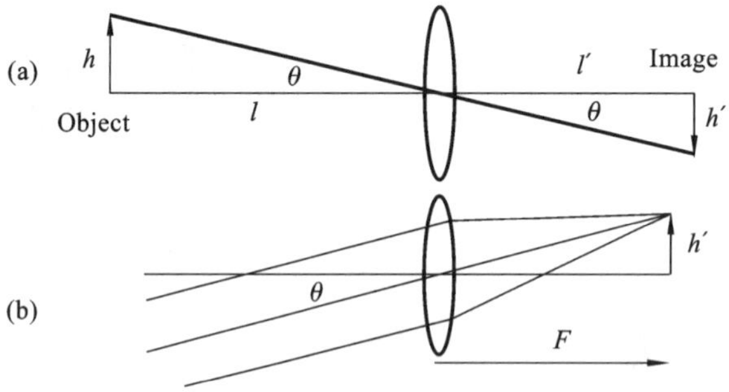

图 16-2 透镜对直线物体成像以及透镜对无穷远处物体成像

畸变是一种轴外像差，是轴外物点发出的主光线与像面的交点高度和理想像高之差。从轴外点出发追迹一条主光线，求出其在高斯像面上的截点高度，再求出同一物点同一视场下的理想像高，两者之差就是光学系统在这一视场下的畸变值。

16.1.3 畸变的波像差理论

式(16-1)为波前像差的幂级数表示，其中，后六项为三阶像差，三阶像差中的前五项称为赛得像差，畸变即最后一项赛得像差，由式(16-2)表示。

$$
\begin{aligned}
W(H,\rho) =& W_{111} H\rho\cos\varphi + W_{020}\rho^2 + W_{200} H^2 + W_{040}\rho^4 + \\
& W_{131} H\rho^3\cos\varphi + W_{222} H^2\rho^2\cos^2\varphi + \\
& W_{220} H^2\rho^2 + W_{311} H^3\rho\cos\varphi + W_{400} H^4
\end{aligned}
\tag{16-1}
$$

$$
\text{Distortion} = W_{311} H^3 \rho\cos\varphi \tag{16-2}
$$

因此，畸变的波前像差可以由式(16-3)进行计算，垂轴像差可以由式(16-4)和式(16-5)进行计算。

$$
W = W_{311} H^3 \rho\cos\varphi \tag{16-3}
$$

$$
\varepsilon_y = -\frac{R}{r_p} W_{311} H^3 \tag{16-4}
$$

$$
\varepsilon_x = 0 \tag{16-5}
$$

图 16-3 所示的为畸变的波前像差曲线，根据式(16-3)可知，在给定视场 H 的条件下，畸变的波像差是关于 y_p 的线性函数，其斜率随视场 H 的增加而增加。

图 16-4 所示的为畸变的垂轴像差曲线，根据式(16-4)和式(16-5)可知，畸变的垂轴像差只与视场有关。

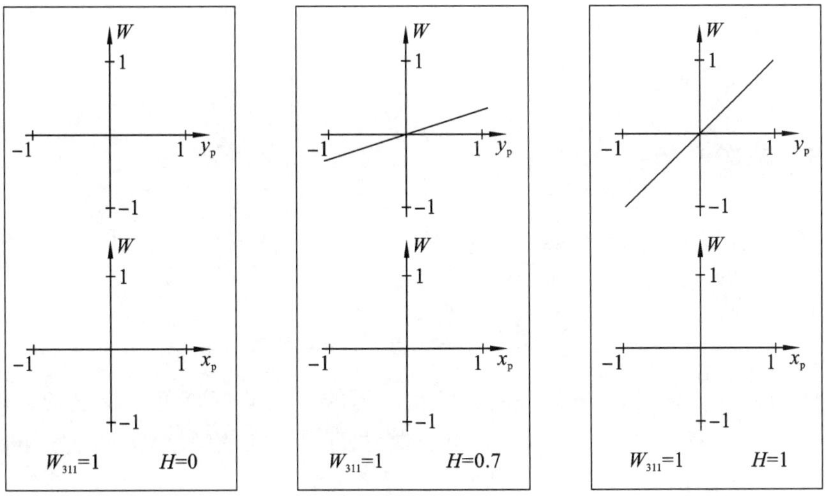

图 16-3　畸变的波前像差曲线图

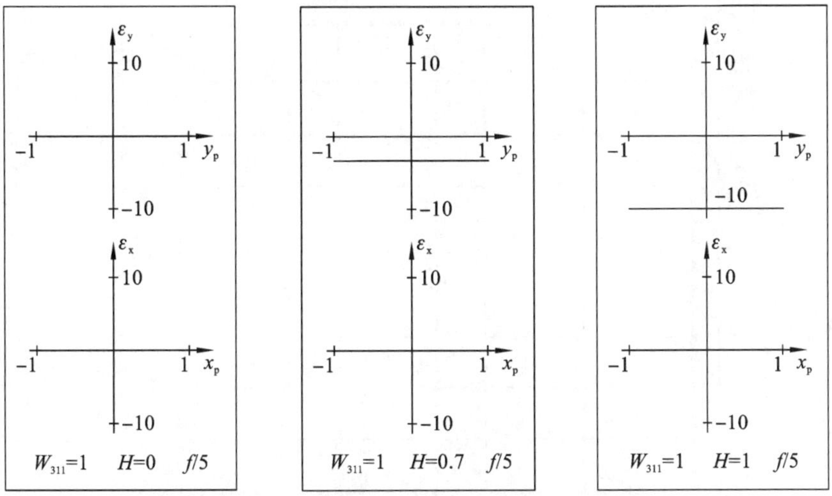

图 16-4　畸变的垂轴像差曲线图

16.1.4　畸变与放大率

畸变的本质是放大率误差随视场二次项发生变化，对于近轴光线，不存在畸变，像高满足式(16-6)：

$$h' = y'_{\max} H \tag{16-6}$$

而对于实际光线来说，垂轴像差的存在使实际光线与理想像平面的交点高度与主光线在理想像平面的交点高度不同，实际光线的像高满足：

$$h' = y'_{\max} H + \varepsilon_y \tag{16-7}$$

$$h' = y'_{\max} H - \frac{R}{r_p} W_{311} H^3 \tag{16-8}$$

$$h' = \left(y'_{\max} - \frac{R}{r_p} W_{311} H^2\right) H \tag{16-9}$$

因此,实际的放大率包含放大率的误差 $-\frac{R}{r_p}W_{311}H^2$,该放大率误差与视场的平方成正比,随视场二次项发生变化。

16.1.5 畸变度量

畸变是实际像高 H 与理想像高 h 之差,通常用百分比的形式来表示畸变,称为相对畸变,可由式(16-10)进行计算:

$$\text{Distortion}=\frac{H-h}{h}\times 100\% \tag{16-10}$$

一般对于目视系统来说,相对畸变在 2%及以下的低阶畸变是可以容忍的。可以通过比较一个无畸变的理想网格和一个变形的实际网格之间的区别使畸变可视化。图 16-5 所示的为相对畸变为 2.5%的网格示例。

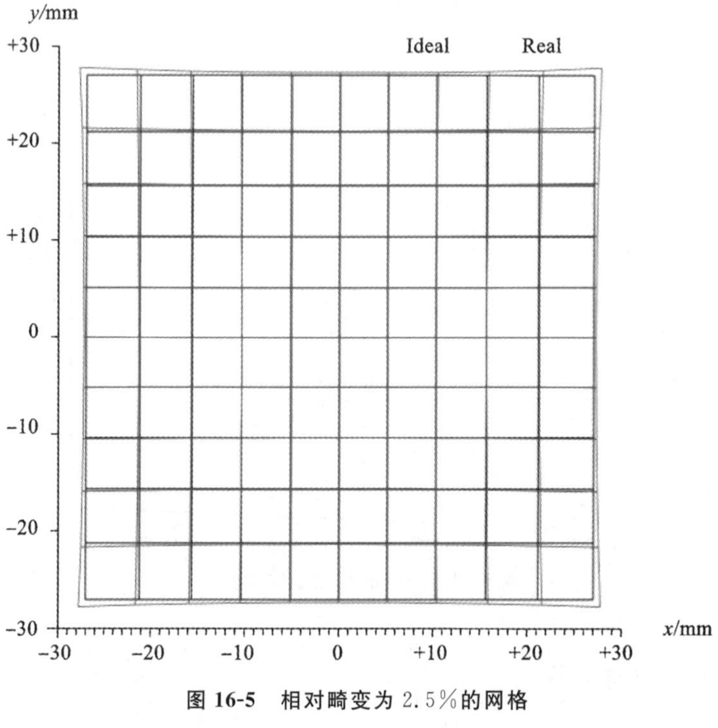

图 16-5 相对畸变为 2.5%的网格

图 16-6 所示的为含有畸变的光学系统对正方形物所成的像。对于该图所展示的情形,相对畸变可由式(16-11)进行计算:

$$V=\frac{y_{\text{Real}}-y_{\text{Ideal}}}{y_{\text{Ideal}}} \tag{16-11}$$

除相对畸变外,还有一些其他常用方式,例如 TV 畸变,可用来量化畸变,TV 畸变量化了靠近图像边缘的直线的弯曲情况,可以由式(16-12)进行计算:

$$V_{\text{TV}}=\frac{\Delta H}{H} \tag{16-12}$$

在实际应用中,不同的应用场景对畸变的要求不同。例如在需要对几何图形进行精确测

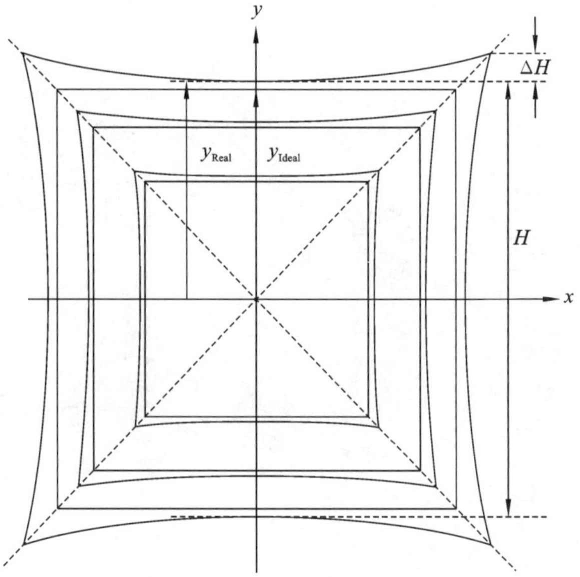

图16-6 畸变下的正方形图像

量时，即使1%的畸变也会带来严重后果。而对于生物样本的成像来说，10%的畸变也是可以接受的。

16.1.6 畸变特性

畸变带来的垂轴方向的位移与视场高度的立方成正比，如图16-6所示，我们可以假设一个中心位于光轴上的正方形，并沿径向按畸变的规律移动每个点，移动量与中心距离的立方成正比，可以发现中心十字线上的图像不受畸变的影响，仍然为直线。

畸变是一种垂轴像差，当光学系统结构对称，且物与像处在放大率为－1的共轭位置时，畸变为零。另外，对于一般的光学系统，当物像位置互换时，物像之间产生的畸变量绝对值相同，但符号相反。因此，如果用一个电影物镜拍摄电影，再用该物镜作为投影物镜放映电影，当物像关系恒定时，畸变就会自动消除。

畸变和其他像差不同，一般像差会使平面像面的点扩散为弥散斑，使图像模糊，对比度降低，分辨率降低。而畸变则不同，它既不影响图像的对比度，也不降低系统的分辨率，它只是使图像的大小和形状发生某些变化。因此对于不用作测量用的光学系统来说，如照相物镜，对畸变的要求并不高，只要将畸变控制在人眼不易发现的程度即可。

16.1.7 畸变类型

由式(16-2)可以看出，畸变与系统焦比无关，与像高(即视场)的三次方成正比，而相对畸变则与像高的平方成正比。因此，像高不同，视场不同，畸变量也不同，并且畸变量不随像高作线性变化。因此含有畸变的光学系统对形如正方形的物体成像时，所成图像并非规则的正方形，而是有两种可能的形状。

如图16-7(a)所示，当视场边缘的像高大于理想像高时，畸变为正值，称为过校正畸变，即枕形畸变。如图 16-7(b)所示，当视场边缘的像高小于理想像高时，畸变为负值，称为欠校正畸变，即桶形畸变。

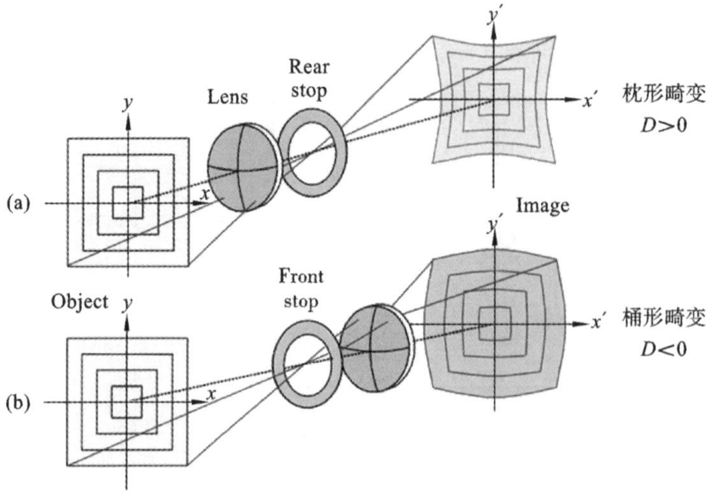

图 16-7 畸变类型

(a)枕形畸变；(b)桶形畸变

桶形畸变是因为实际的放大率随着 H 的增大，变得比近轴放大率小，正方形的角朝着坐标轴压缩产生的。因此，对于桶形畸变，存在以下特性：

$$\begin{cases} W_{311} > 0 \\ H > 0 \text{ 时 } \varepsilon_y < 0 \end{cases}$$

枕形畸变是因为实际的放大率随着 H 的增大，变得比近轴放大率大，正方形的角朝着坐标轴拉伸产生的。因此，对于枕形畸变，存在以下特性：

$$\begin{cases} W_{311} < 0 \\ H > 0 \text{ 时 } \varepsilon_y > 0 \end{cases}$$

16.1.8 高阶畸变

三阶畸变可由式(16-2)进行计算，而五阶畸变可由式(16-13)进行计算，当系统中同时存在三阶畸变和五阶畸变时，如图 16-8 所示，系统对正方形成像时，靠近图像边缘的直线会被扭曲为带有拐点的曲线，这种现象常常由对畸变进行校正后的剩余畸变造成。

$$D_5 = W_{511} H^5 \rho\cos\varphi \tag{16-13}$$

16.1.9 一般非对称畸变

除枕形畸变与桶形畸变外，还存在一些非对称畸变，如图 16-9 所示的梯形畸变和弯曲畸变等。枕形畸变与桶形畸变出现在旋转对称系统中，而非对称畸变只能出现在非对称系统中。相比旋转对称系统中的畸变，非旋转对称系统中的一般非对称畸变的校正更为困难。

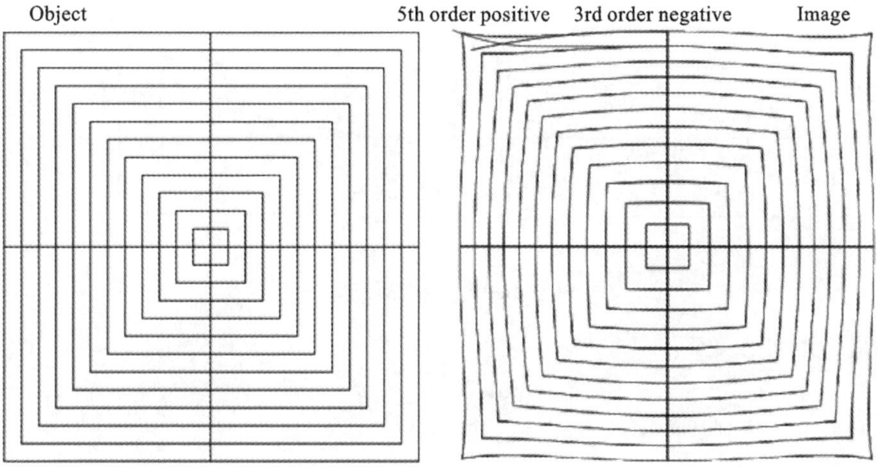

图 16-8　含有三阶畸变与五阶畸变的正方形物体成像

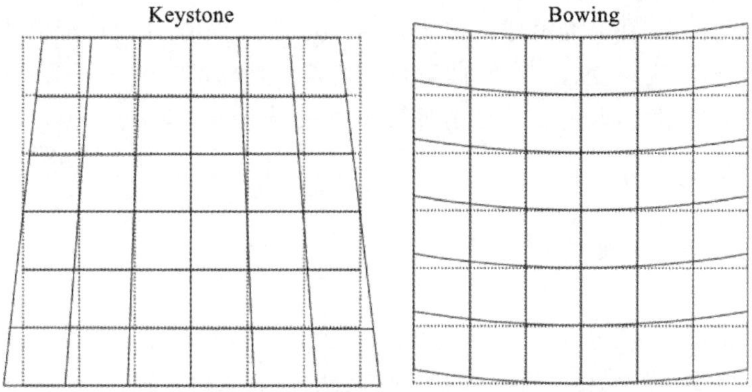

图 16-9　梯形畸变和弯曲畸变

16.2　畸变的产生与效果

16.2.1　畸变的产生原因

在理想光学系统中，物像共轭面上的放大率是常数，所以像与物总是相似的，这要求在出瞳位置不变的情况下，系统前后的主光线与光轴夹角的正切值之比为常量，即满足式(16-14)，记为正切条件。

$$\frac{\tan w'}{\tan w} = \text{const} \tag{16-14}$$

但在实际光学系统中只有近轴区域才有这样的性质，当光学系统的放大率随视场高度 y 的变化而变化时，就会产生畸变(见图 16-10)。

畸变产生的另一个解释是主光线存在球差，即光瞳成像存在轴向球差。根据几何原理可

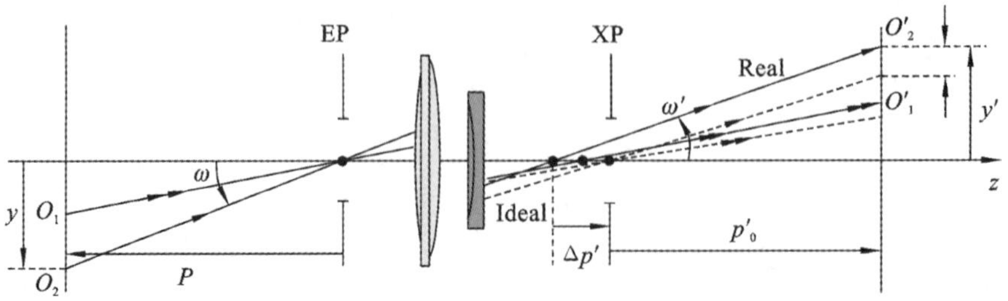

图 16-10 畸变的产生

以很容易地得出如下关系：

$$y = p\tan w, \quad y' = p'\tan w' \tag{16-15}$$

因此我们可以得到放大率的一般表达式：

$$m = \frac{y'}{y} = \frac{p' \cdot \tan w'}{p \cdot \tan w} = \left(\frac{p'_0}{p} + \frac{\Delta p'}{p}\right) \cdot \frac{\tan w'}{\tan w} \tag{16-16}$$

在正常成像中，畸变与出瞳的光瞳球差成正比。因此，如果设计要求光学系统对任意物体位置的畸变都做到校正，那么光瞳球差必须为零。同时，在光瞳球差已经为零的前提下，如果满足所谓的正切条件，则畸变为零。因此满足正切条件是校正畸变的必要不充分条件。

所以如果想消除畸变，既需要满足正切条件，即主光线与光轴之间的夹角满足式(16-14)，又要将光瞳球差校正为零。

16.2.2 畸变与光阑位置

在一个光学系统中，一定有一个限制光束口径的元件，在光学上称为光阑。所以，光阑是限制光学系统成像光束的元件，光阑在物空间所成的像是入射光瞳，光阑在像空间所成的像是出射光瞳，入射光瞳和出射光瞳是一对共轭像。

对于一个光学系统，光阑的所在位置会影响参与成像的光束，进而影响成像的质量。另一方面，不同的光阑位置也影响光线和光学透镜表面夹角。

对于单个薄透镜，当光阑与之重合时，主光线通过主点后，沿理想成像的路径射出，主光线不发生偏转，与高斯像面的交点等于理想像高，不发生畸变。

但当光阑与薄透镜不重合时，主光线不再通过主点，通过透镜后的主光线发生偏转。此时透镜的光焦度和光线与透镜的相交位置对畸变的产生有很大的影响，其中，光线与透镜的相交位置不仅取决于视场高度，还取决于光阑的位置。因此光阑位置将对畸变产生明显的影响。

图 16-11 与图 16-12 分别罗列了正透镜与负透镜中光阑在前和光阑在后的典型案例，这些案例所产生的畸变符号如表 16-1 所示。

表 16-1 不同光焦度与光阑位置下的薄透镜畸变

Lens	Stop	Distortion	Example
Positive lens	Rear stop	$W_{311}>0$	Tele lens
Negative lens	Front stop	$W_{311}>0$	Loupe
Positive lens	Front stop	$W_{311}>0$	Retro focus lens
Negative lens	Rear stop	$W_{311}>0$	Reversed binocular

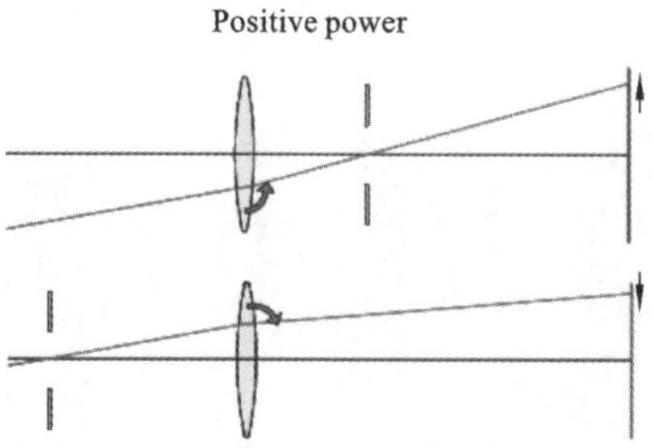

图 16-11　不同光焦度与光阑位置下的薄透镜畸变(1)

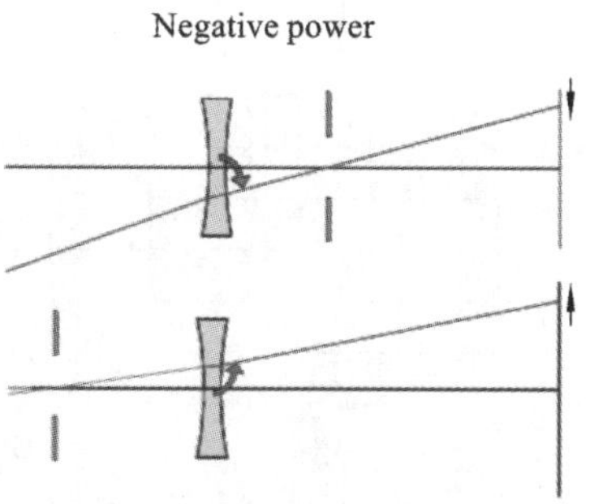

图 16-12　不同光焦度与光阑位置下的薄透镜畸变(2)

16.2.3　倒置远摄系统的畸变

需要注意的是，图 16-11、图 16-12 所示的案例中，畸变不仅取决于薄透镜的光焦度和主光线与透镜的相交位置，还取决于透镜的弯曲系数。当需要设计非对称光学系统时，对透镜的弯曲就成为了校正畸变的主要手段，倒置远摄系统就是其中一个典型例子。图 16-13 所示的为一个倒置远摄系统，其具有一个负前组透镜和一个正后组透镜，其包含很多片透镜，不便于分析，可以用两片薄透镜代表倒置远摄系统进行分析。

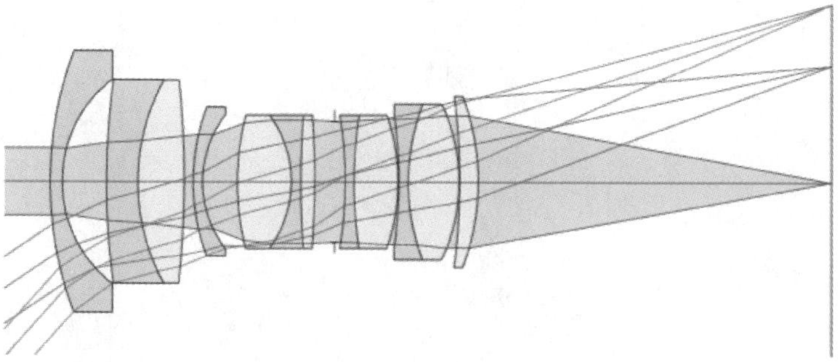

图 16-13　倒置远摄系统

倒置远摄系统的基本光焦度分布及其对畸变的影响如图 16-14 所示。

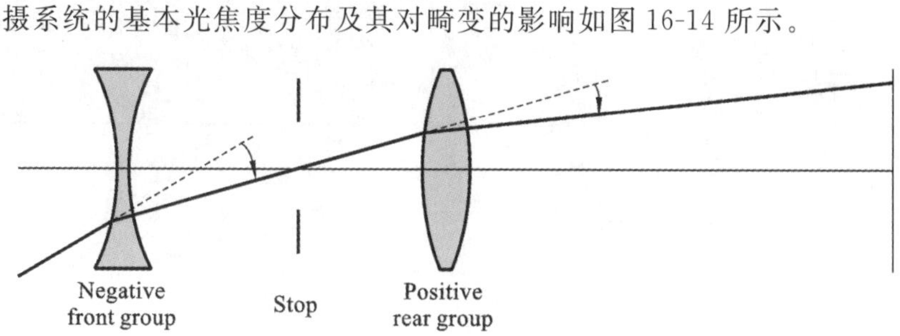

图 16-14　简化以便于分析的倒置远摄系统

如图 16-15 所示，图 16-13 所示的系统的相对畸变约为 -15%，表现为典型的桶形畸变。减少倒置远摄系统的桶形畸变的最常用方法是在前组引入一个或多个正透镜，并通过适当弯曲透镜来增强对畸变的补偿。这一过程伴随的体积、重量和成本的增加是不可避免的。

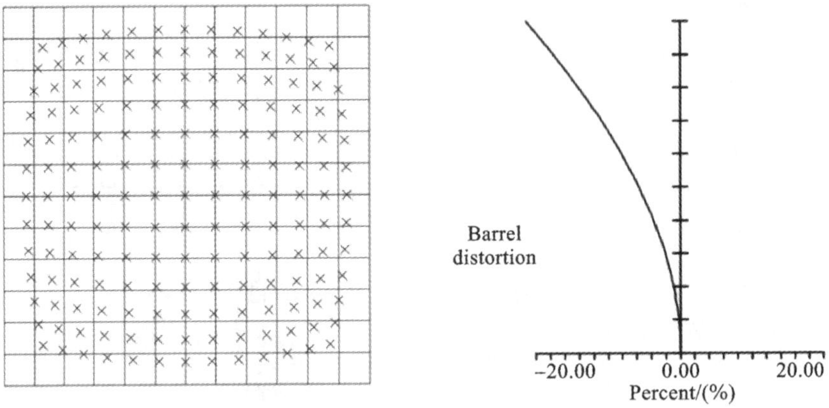

图 16-15 倒置远摄系统的畸变

16.2.4 Scheimpflug 成像的畸变

在如图 16-16 所示的被简化为单薄透镜的光学系统中，对于倾斜角为 θ 的物，只有在倾斜角为 θ' 的像平面(即满足 Scheimpflug 条件的像平面)上才能得到一个清晰的图像，式(16-17)和式(16-18)为 Scheimpflug 条件，其中，d 和 d' 分别是物体和图像平面与系统主平面的交点高度。

$$\tan\theta = \frac{s}{d} \tag{16-17}$$

$$\tan\theta' = \frac{s'}{d'} \tag{16-18}$$

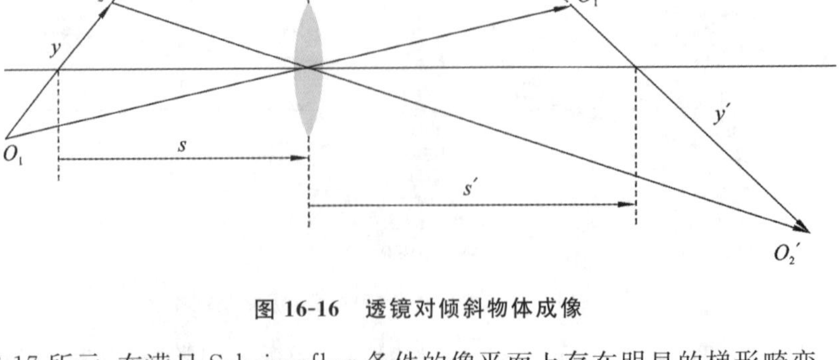

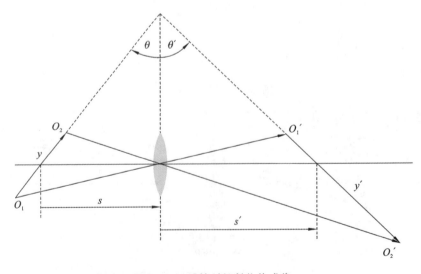

图 16-16 透镜对倾斜物体成像

如图 16-17 所示，在满足 Scheimpflug 条件的像平面上存在明显的梯形畸变。

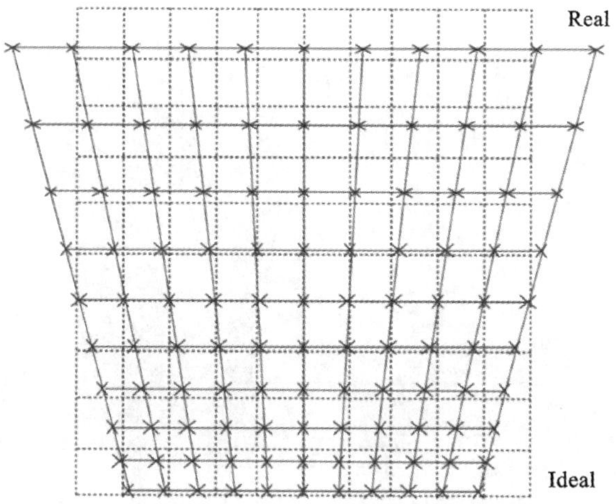

图 16-17　Scheimpflug 像面上的梯形畸变

16.2.5　鱼眼镜头畸变

图 16-18 所示的为一个鱼眼镜头，鱼眼镜头的特点在于拥有 2×90°甚至更广的视场角，可以同时对非常大的视场角成像。鱼眼镜头有着非常大的畸变，然而对于鱼眼镜头来说，大的畸变并非是像差，而是一种必要的特性。其畸变如图 16-19 所示。

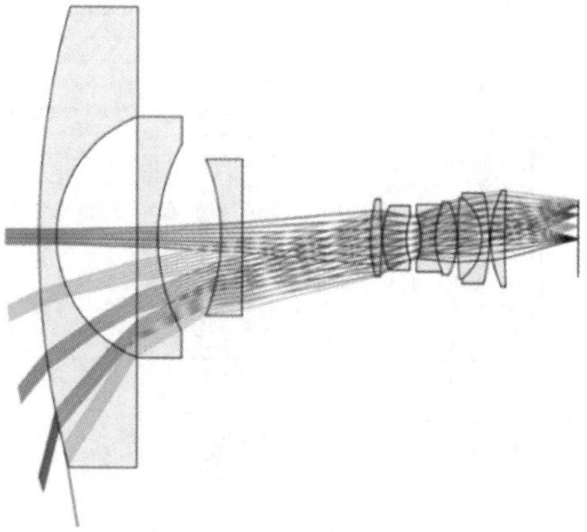

图 16-18　鱼眼镜头

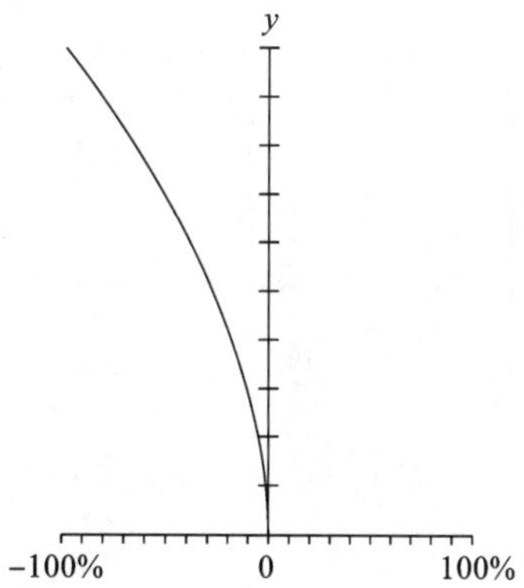

图 16-19　鱼眼镜头畸变曲线

16.2.6　头戴显示系统畸变

近年来头戴显示系统十分热门，在游戏、军用等虚拟现实领域中拥有广阔的发展空间。但由于头戴显示系统对体积和重量提出了较高的要求，并且属于非旋转对称系统，其畸变特别是非对称系统引入的梯形畸变的优化十分具有挑战性。这迫使光学设计者动用了尽可能多的自由度，包括三维折叠、衍射元件和自由曲面等。使用四个面均为自由曲面的棱镜有助于头戴显示系统的小型化，图 16-20 中所展示的就是这种棱镜。

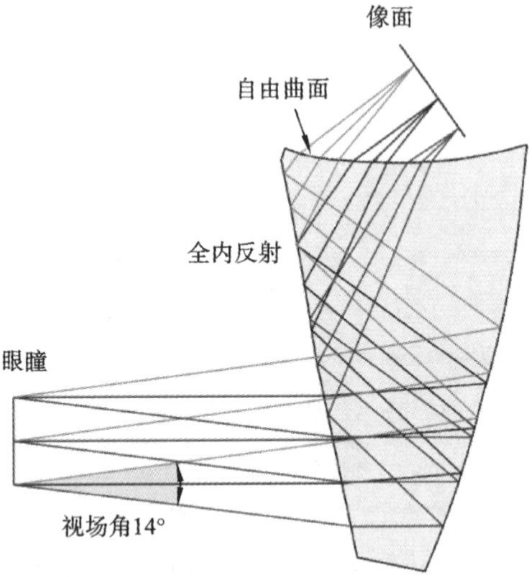

图 16-20　头戴显示系统

从图 16-21 和图 16-22 中可以看到彗差以及像散随视场的变化。

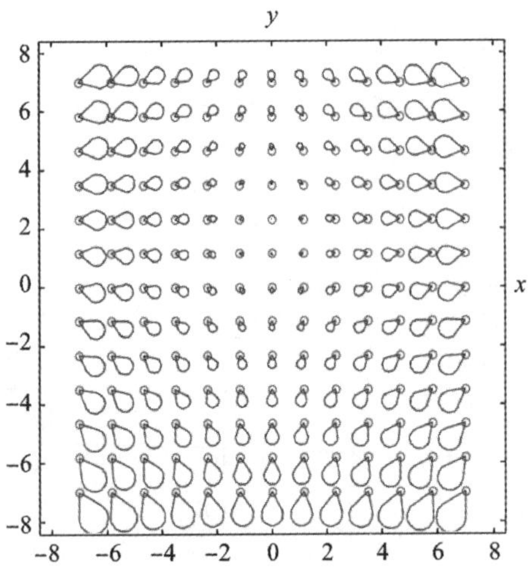

图 16-21　彗差随视场的变化

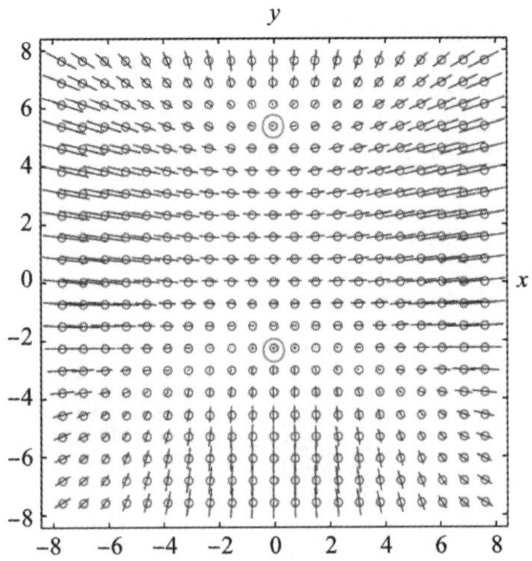

图 16-22　像散随视场的变化

16.2.7　光谱仪畸变

图 16-23 所示的为光栅光谱仪，光谱仪是将入射光按不同波长或频率分解的装置，在高分辨率光谱成像技术中，为了提高空间分辨率和光谱分辨率，要尽可能减小光谱成像系统的光谱 smile 弯曲畸变效应和光谱梯形畸变效应。

光谱 smile 弯曲畸变是指一条垂直于狭缝的直线在以不同波长大小的光成像时，得到的像不再是一条与狭缝平行的直线，而是一条曲线。

光谱梯形畸变是指系统对轴外物点成像时，不同波长的光有不同的放大率，从而导致成像光谱发生畸变。一般情况下，波长较长的光(例如红光)通过狭缝成像要比短长较短的光通过狭缝成像的放大率大，使得轴外视场点在不同波长下的像点在垂直于狭缝的方向上不再是一

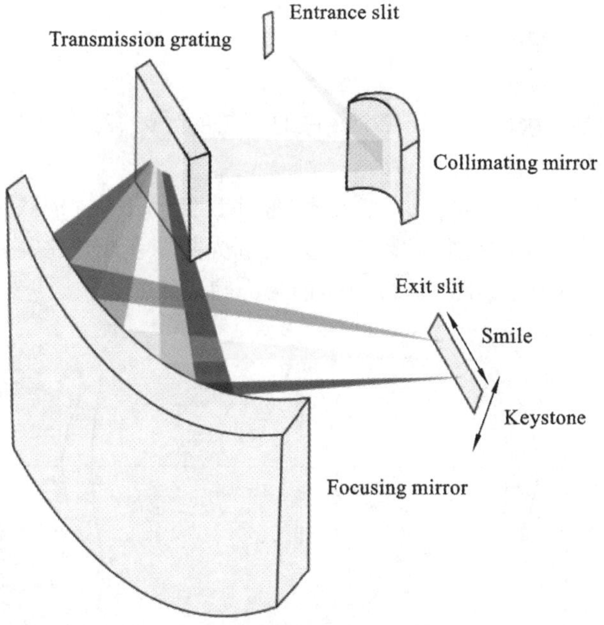

图 16-23　光栅光谱仪

条直线，而是一条斜线。

两者共同作用所形成的畸变图像如图 16-24 所示。

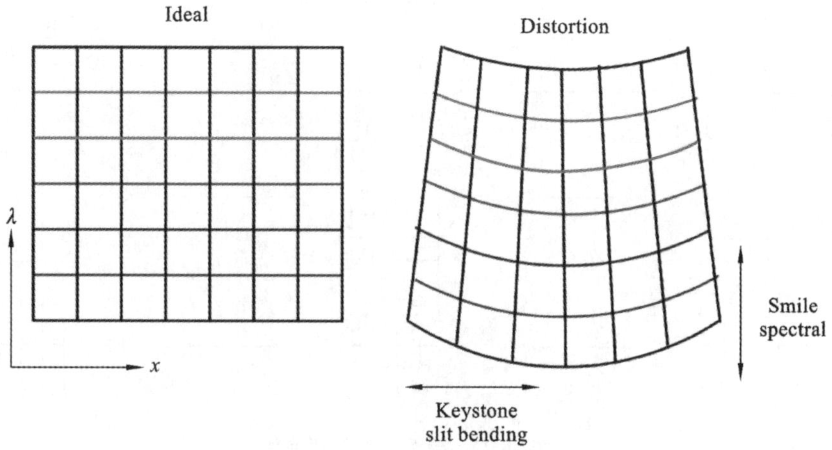

图 16-24　光栅光谱仪的光谱弯曲与光谱畸变

16.2.8　光瞳像差与畸变

五种初级像差中，除球差和场曲，其他像差都与主光线在各光学表面的入射角和光线高度有关。由于光阑影响主光线和各个光学表面的交点，所以这些像差和对应的光阑像差之间存在联系，或者说系统像差和对应的光阑像差之间可以通过一个公式进行转换。而球差和场曲则不满足此条件。因此，光阑球差和光阑场曲会独立地对光学系统的成像性能施加影响。这也同时说明，光学系统的球差和场曲与光阑像差无关。

由于球差和光阑像差相互独立，根据光学像差原理，可知轴向色差也和光阑色差相互独立。

佩兹伐场曲与光学系统的材料及各个元件的光焦度分配有关，所以光学系统像面上的佩兹伐场曲和出瞳面上的佩兹伐场曲一致。

然而，系统畸变的产生与光瞳（或者说光阑）像差有着十分紧密的联系。对于正常成像时，球面光瞳像差影响光学系统的畸变。事实上，畸变和光瞳球差成正比关系，如果畸变与物体位置无关，则光瞳球差必须为零。图 16-25 所示的为光瞳成像光路。

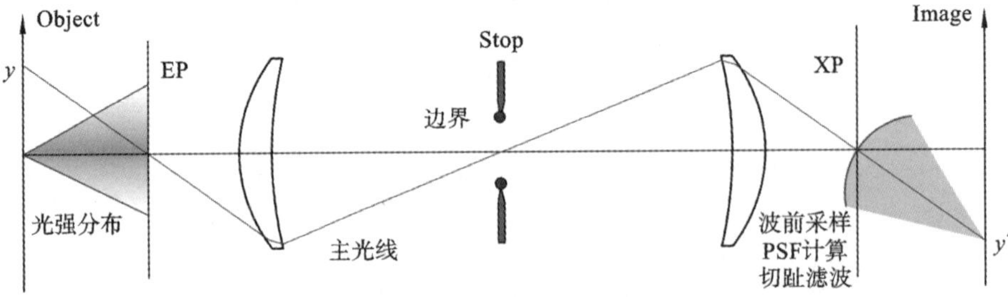

图 16-25 光瞳成像光路

图 16-26 所示的为光瞳成像畸变网格。其中，图 16-26(a)是入瞳面为正常网格时，光阑面和出瞳面上的畸变分布情况；图 16-26(b)是光阑面为正常网格时，入瞳面和出瞳面上的畸变分布情况；图 16-26(c)是出瞳面为正常网格时，入瞳面和光阑面上的畸变分布情况。

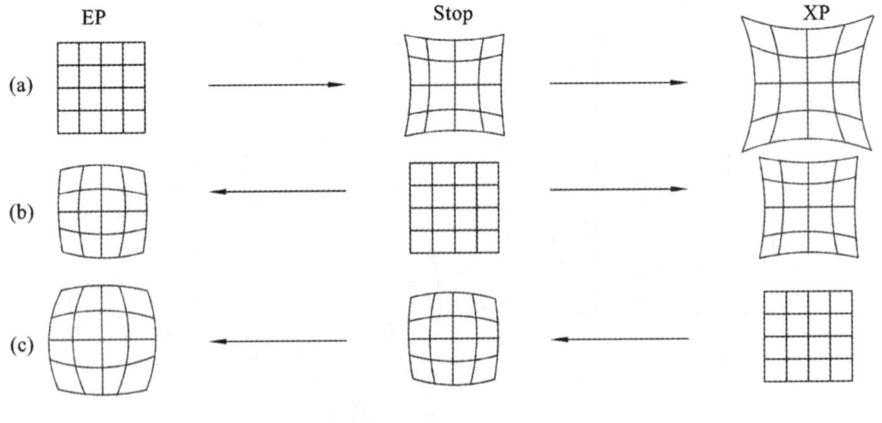

图 16-26 光瞳成像畸变网格

16.2.9 不同畸变的视觉效果

图 16-27 所示的为不同相对畸变值下，梯形畸变、桶形畸变，以及枕形畸变对实际视觉效果的影响。从图中可以明显地看出，畸变下对直线进行成像时，畸变会更为显著，但任何与原点相交的直线的图像都保持了直线。

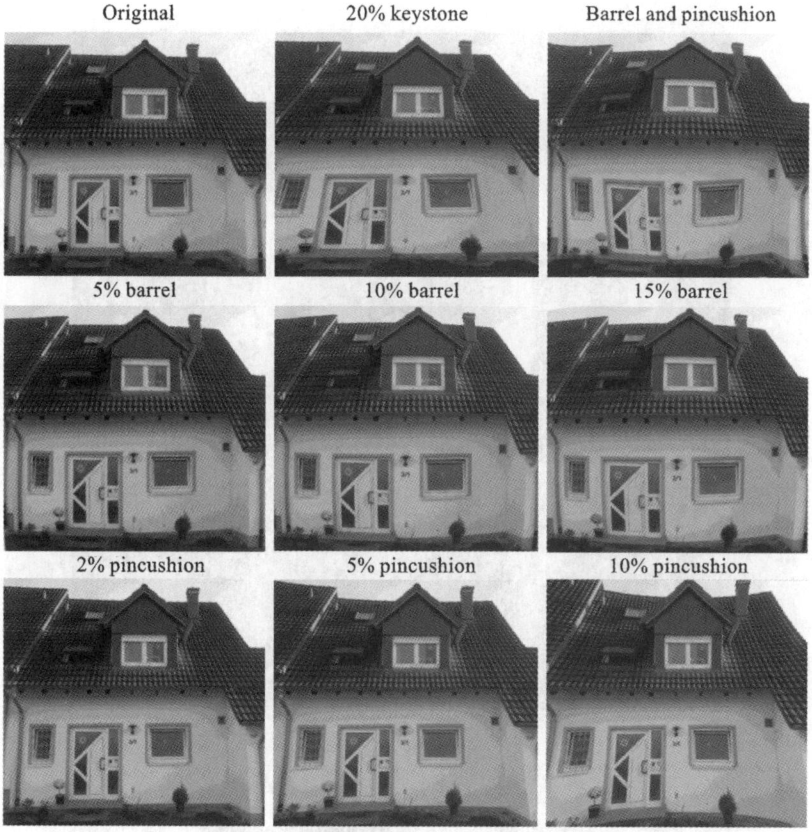

图 16-27　不同畸变下的实际视觉效果

16.3　像差成像性能与组合像差

16.3.1　五种像差的成像性能比较

像差分为单色像差和色差，单色像差中包含球差、彗差、像散、场曲和畸变。图 16-28 所示的为目标物，图 16-29 至图 16-33 分别表现了五种像差对实际成像的影响。

如图 16-29 所示，由于球差是轴上点像差，在球差作用下，整个视场内的图像都被同样程度地模糊了。

如图 16-30 所示，彗差随视场的增加成线性增长，彗差作用下，图像的模糊度也成线性增加。

如图 16-31 所示，像散随视场的平方线性增长，因此视场外侧的图像模糊得更为剧烈。

如图 16-32 所示，场曲对图像的模糊程度随视场的四次方线性增长。

如图 16-33 所示，畸变不影响成像的清晰度，但会使成像的几何形状发生变化。

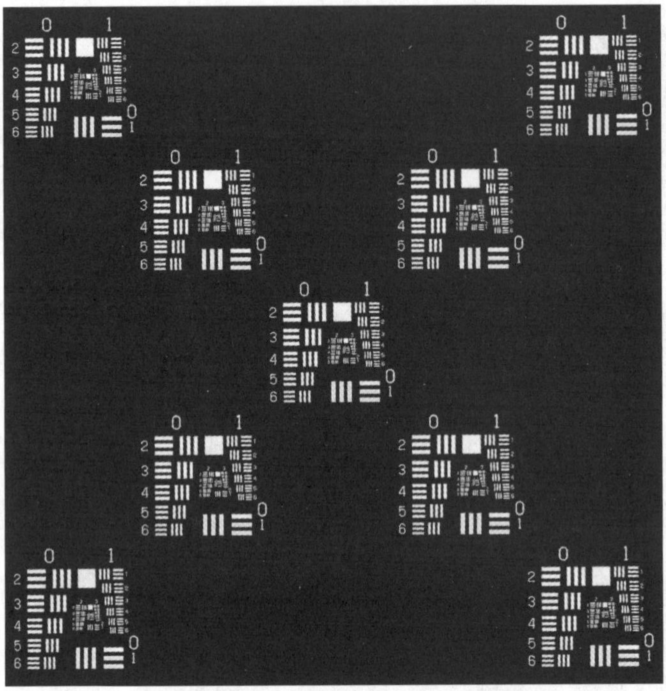

图 16-28 目标物

图 16-29 球差对成像的影响

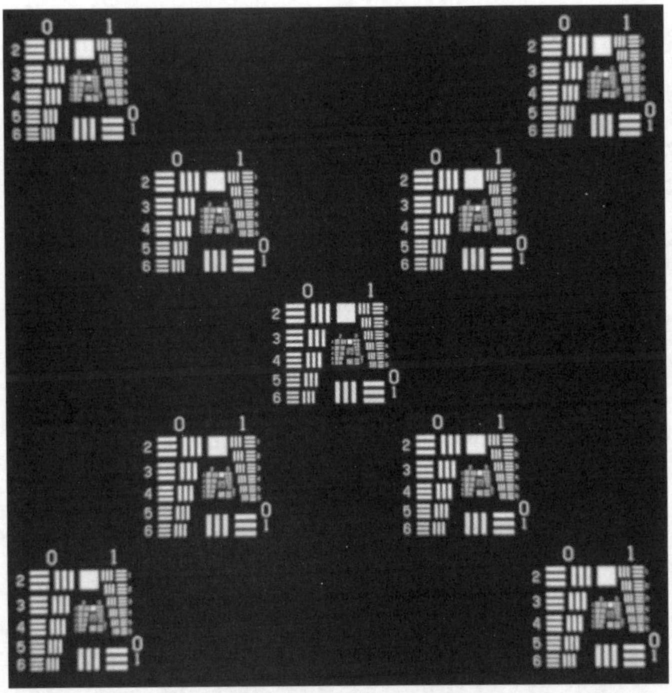

图 16-30　彗差对成像的影响

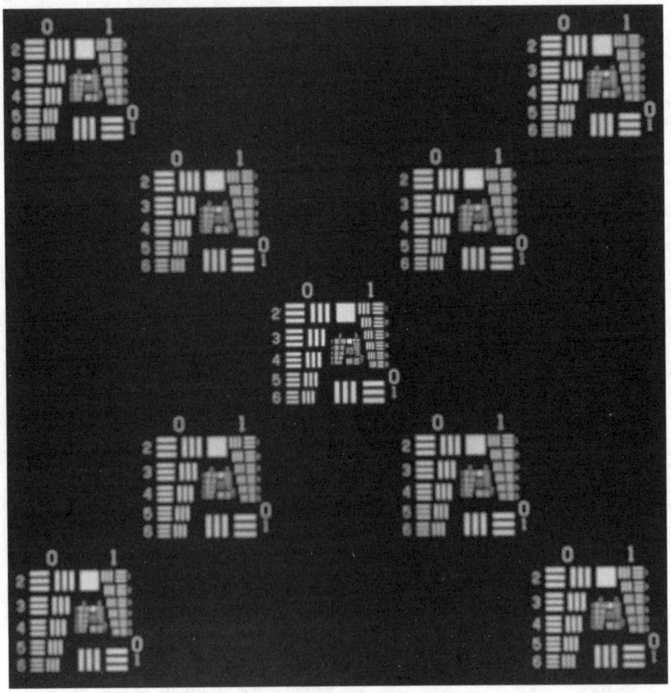

图 16-31　像散对成像的影响

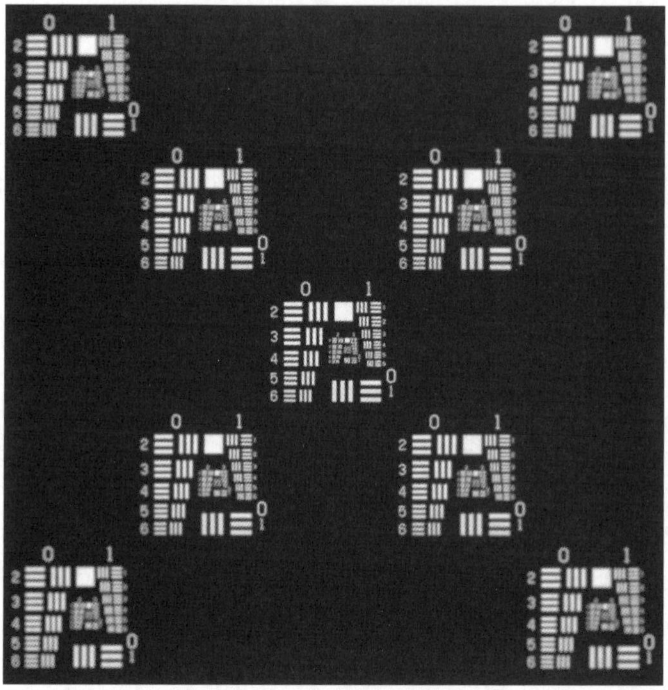

图 16-32　场曲对成像的影响

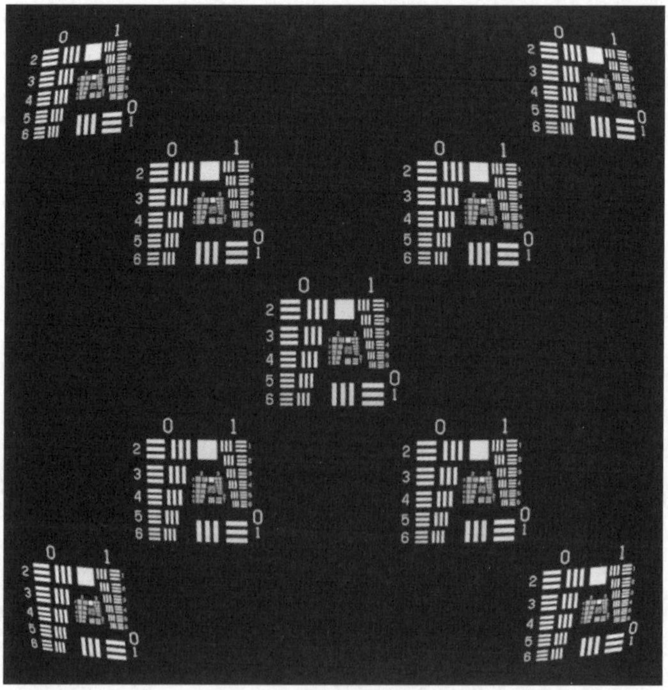

图 16-33　畸变对成像的影响

16.3.2　组合像差的点列图

图 16-34 所示的为不同程度的球差、彗差和像散的组合像差的点列图，需要注意的是，图中所有的点列图均为在不同的像差组合下再加入一定的离焦量得到的最小 RMS 半径下的点列图。

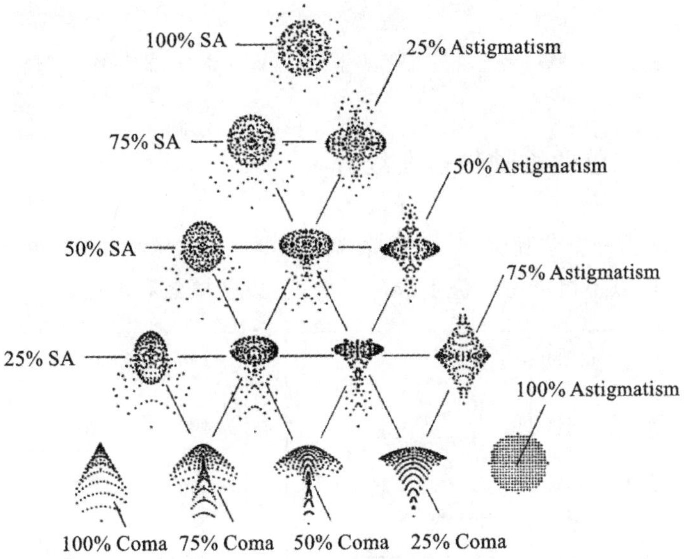

图 16-34　组合像差点列图

16.3.3　组合像差的垂轴像差曲线及其特征

现在我们继续研究波像差及其像差曲线的性质。对于前面给出的波像差的展开公式，如果我们只取一阶像差和三阶像差的展开项，那么旋转对称光学系统的波前像差可以表示为式(16-19)：

$$W = W_0 + \Delta W_{20}(x_p^2 + y_p^2) + \Delta W_{11} y_p + W_{040}(x_p^2 + y_p^2)^2 + W_{131} H(x_p^2 + y_p^2) y_p \\ + W_{222} H^2 y_p^2 + W_{220} H^2 (x_p^2 + y_p^2) + W_{311} H^3 y_p \tag{16-19}$$

那么，根据上式，子午平面内 y 方向的垂轴像差(令 $x_p = 0$)可以表示为式(16-20)。其中，波前倾斜和畸变拥有十分类似的性质，离焦和场曲也有十分相似的性质，因此它们之间的区分变得相对比较复杂。

$$\varepsilon_y(x_p = 0) = -\frac{R}{r_p}\Delta W_{11} H - 2\frac{R}{r_p}\Delta W_{20} y_p - 4\frac{R}{r_p} W_{040} y_p^3 - 3\frac{R}{r_p} W_{131} H y_p^2 \\ - 2\frac{R}{r_p} W_{222} H^2 y_p - 2\frac{R}{r_p} W_{220} H^2 y_p - \frac{R}{r_p} W_{311} H^3 \tag{16-20}$$

在这个基础上，进一步对子午平面内 y 方向的垂轴像差曲线进行求导以得到曲线的斜率，该斜率可以表示为

$$\varepsilon_y^0(x_p=0)=-2\frac{R}{r_p}\Delta W_{20}-12\frac{R}{r_p}W_{040}y_p^2-6\frac{R}{r_p}W_{131}Hy_p-2\frac{R}{r_p}W_{222}H^2 -2\frac{R}{r_p}W_{220}H^2 \tag{16-21}$$

类似地，弧矢平面内 x 方向的垂轴像差曲线及其斜率可以分别表示为式(16-22)和式(16-23)。

$$\varepsilon_x(y_p=0)=-2\frac{R}{r_p}\Delta W_{20}x_p-4\frac{R}{r_p}W_{040}x_p^3-2\frac{R}{r_p}W_{220}H^2x_p \tag{16-22}$$

$$\varepsilon_x^0(y_p=0)=-2\frac{R}{r_p}\Delta W_{20}-12\frac{R}{r_p}W_{040}x_p^2-2\frac{R}{r_p}W_{220}H^2 \tag{16-23}$$

16.3.4 组合像差的垂轴像差曲线分析

图16-35所示的为一个焦比为 $f/10$ 的系统在视场 $H=1$ 时的垂轴相差曲线图。因为图中只给定了 $H=1$，所以不可能分辨波前倾斜和畸变，以及离焦和场曲。

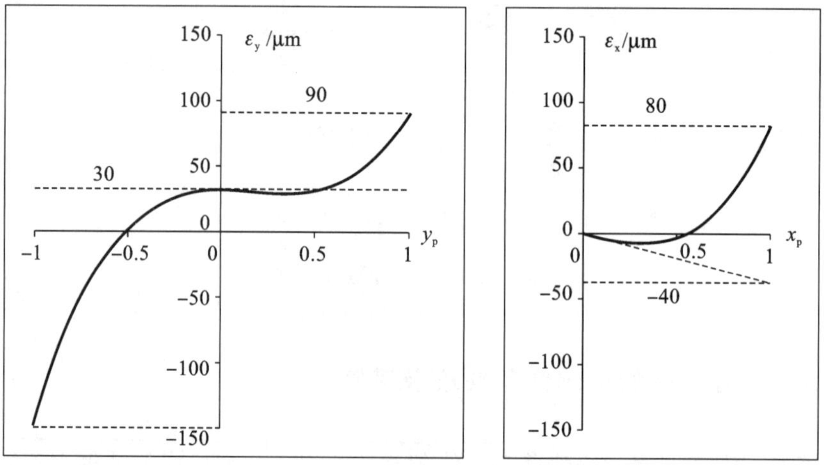

图16-35 焦比为 $f/10$ 的系统在视场 $H=1$ 时的垂轴相差曲线图

根据给出的垂轴像差曲线可知 $\frac{R}{r_p}=20$，可以分析得到如下结果。

(1) 波前倾斜(或畸变)，原点处 y 曲线的偏移($H=1$)为

$$\varepsilon_y(y_p=0)=-\frac{R}{r_p}\Delta W_{11}H=30\ \mu\text{m}$$

$$\Delta W_{11}=-1.5\ \mu\text{m}$$

(2) 离焦(或场曲)，原点处 x 曲线的斜率为

$$\varepsilon_x^0(x_p=0)=-2\frac{R}{r_p}\Delta W_{20}=-40\ \mu\text{m}$$

$$\Delta W_{20}=1.0\ \mu\text{m}$$

(3) 球差，x 曲线有球差和离焦为

$$\varepsilon_x(x_p=1)=-2\frac{R}{r_p}\Delta W_{20}-4\frac{R}{r_p}W_{040}=80\ \mu\text{m}$$

$$W_{040}=-1.5\ \mu\text{m}$$

(4) 像散,原点处 y 曲线的斜率(包含波前倾斜引起的偏移)为

$$\varepsilon_y^0(y_p=0)=-2\frac{R}{r_p}\Delta W_{20}-2\frac{R}{r_p}W_{222}H^2=0\ \mu\text{m}$$

$$W_{222}=-1.0\ \mu\text{m}$$

(5) 彗差,彗差的所有项为

$$\varepsilon_y(y_p=1)=-\frac{R}{r_p}\Delta W_{11}H-2\frac{R}{r_p}\Delta W_{20}-4\frac{R}{r_p}W_{040}-2\frac{R}{r_p}W_{222}H^2-3\frac{R}{r_p}W_{131}H=90\ \mu\text{m}$$

$$W_{131}=1.0\ \mu\text{m}$$

图 16-36 所示的为焦比为 $f/5$ 的系统在视场 $H=1$ 和 $H=0$ 时的垂轴相差曲线图。因为图中只给定了 $H=1$ 和 $H=0$,所以不可能分辨波前倾斜和畸变。

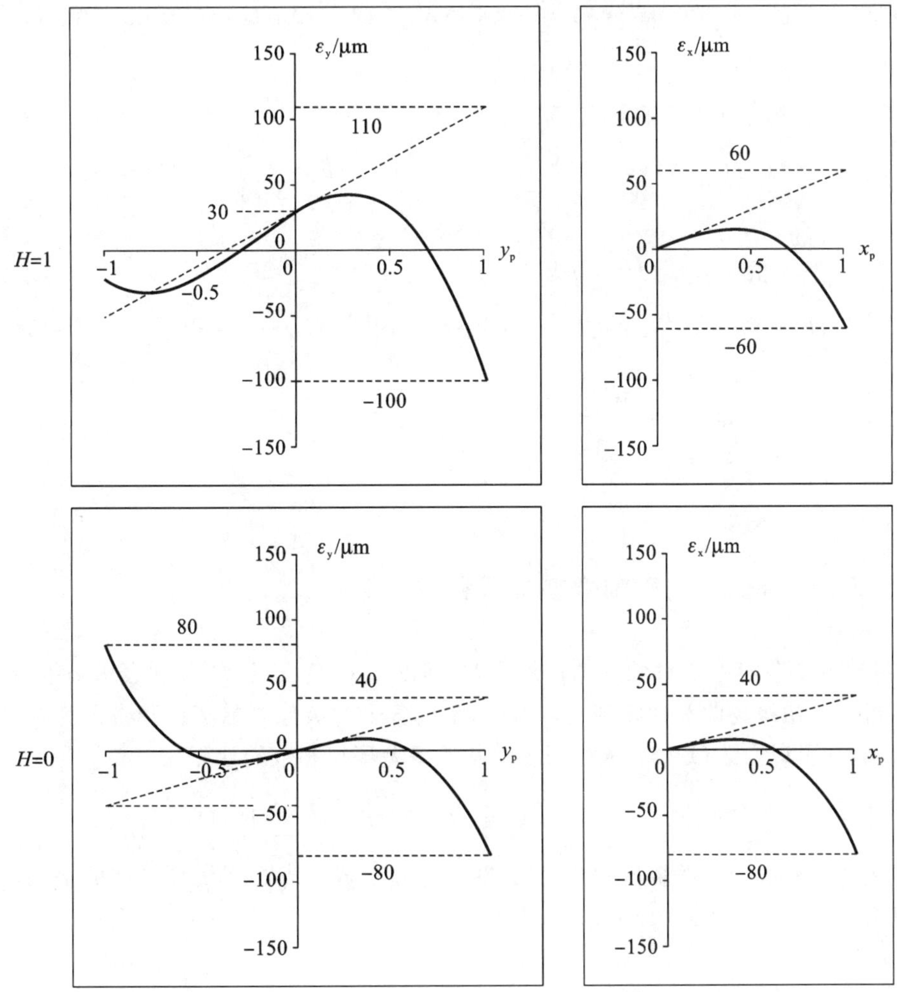

图 16-36　焦比为 $f/5$ 的系统在视场 $H=1$ 和 $H=0$ 时的垂轴相差曲线图

根据给出的垂轴像差曲线可知 $\frac{R}{r_p}=10$,可以分析得到如下结果。

(1) 波前倾斜(或畸变),原点处 y 曲线的偏移($H=1$)为

$$\varepsilon_y(y_p=0,H=1)=-\frac{R}{r_p}\Delta W_{11}H=30\ \mu\text{m}$$

$$\Delta W_{11} = -3.0\ \mu\text{m}$$

(2) 离焦,原点处 x 曲线的斜率($H=0$)为

$$\varepsilon_x^0(x_p = 0, H = 0) = -2\frac{R}{r_p}\Delta W_{20} = 40\ \mu\text{m}$$

$$\Delta W_{20} = -2.0\ \mu\text{m}$$

(3) 球差,曲线有球差和离焦($H=0$)为

$$\varepsilon_x(x_p = 1, H = 0) = -2\frac{R}{r_p}\Delta W_{20} - 4\frac{R}{r_p}W_{040} = -80\ \mu\text{m}$$

$$W_{040} = 3.0\ \mu\text{m}$$

(4) 场曲,原点处 x 曲线的斜率($H=1$)为

$$\varepsilon_x^0(x_p = 0, H = 1) = -2\frac{R}{r_p}\Delta W_{20} - 2\frac{R}{r_p}W_{220}H^2 = 60\ \mu\text{m}$$

$$W_{220} = -1.0\ \mu\text{m}$$

(5) 像散,原点处 y 曲线的斜率($H=1$)为

$$\varepsilon_y^0(y_p = 0, H = 1) = -2\frac{R}{r_p}\Delta W_{20} - 2\frac{R}{r_p}W_{220}H^2 - 2\frac{R}{r_p}W_{222}H^2 = 80\ \mu\text{m}$$

$$W_{222} = -1.0\ \mu\text{m}$$

(6) 彗差,彗差的所有项($H=1$)为

$$\varepsilon_y(y_p = 1, H = 1) = -\frac{R}{r_p}\Delta W_{11}H - 2\frac{R}{r_p}\Delta W_{20} - 4\frac{R}{r_p}W_{040} - 2\frac{R}{r_p}W_{220}H^2 - 2\frac{R}{r_p}W_{222}H^2 - 3\frac{R}{r_p}W_{131}H = -100\ \mu\text{m}$$

$$W_{131} = 3.0\ \mu\text{m}$$

16.3.5 组合像差的垂轴像差赛得和数表征

Seidel 推导出仅存在五种独立的初级像差,即以 S、C、A、P 和 D 分别表示初级球差、初级彗差、初级像散、初级场曲和初级畸变。那么,系统各个初级像差的赛得和数即为在各个面进行独立求和,即可以由式(16-24)来进行系统初级像差赛得和数的计算。

$$S' = \sum_{j=1}^{k} S_j, C' = \sum_{j=1}^{k} C_j, A' = \sum_{j=1}^{k} A_j, P' = \sum_{j=1}^{k} P_j, D' = \sum_{j=1}^{k} D_j \tag{16-24}$$

在得到各个初级像差的赛得和数之后,赛得像差造成像点在系统焦平面的垂轴方向上的偏移可以由式(12-25)和式(12-26)来表示。

$$\Delta x' = \frac{x'_p(x'^2_p + y'^2_p)s'^4}{2n'R'^3_p}S' - \frac{[2x'_p(x'x'_p + y'y'_p) + x'(x'^2_p + y'^2_p)]s'^3 s'_p}{2n'R'^3_p}C' + \frac{x'(x'x'_p + y'y'_p)s'^2 s'^2_p}{n'R'^3_p}A' + \frac{x'_p(x'^2_p + y'^2_p)s'^2 s'^2}{2n'R'^3_p}P' - \frac{x'(x'^2 + y'^2)s's'^3_p}{2n'R'^3_p}D' \tag{16-25}$$

$$\Delta y' = \frac{y'_p(x'^2_p + y'^2_p)s'^4}{2n'R'^3_p}S' - \frac{[2y'_p(x'x'_p + y'y'_p) + y'(x'^2_p + y'^2_p)]s'^3 s'_p}{2n'R'^3_p}C'$$

$$+\frac{y'(x'x'_{\mathrm{p}}+y'y'_{\mathrm{p}})s'^2s_{\mathrm{p}}'^2}{n'R_{\mathrm{p}}'^3}A'+\frac{y'_{\mathrm{p}}(x_{\mathrm{p}}'^2+y_{\mathrm{p}}'^2)s'^2s'^2}{2n'R_{\mathrm{p}}'^3}P'-\frac{y'(x'^2+y'^2)s's_{\mathrm{p}}'^3}{2n'R_{\mathrm{p}}'^3}D' \tag{16-26}$$

赛得像差表现为光学表面像差的总和，为像差的矫正提供参考。

16.3.6　像差平衡与光学设计

有时某一像差无法得到校正，就需要用其他像差来补偿，即进行像差平衡。像差平衡时轴上点与轴外点相配合，各种像差的正负性相配合，各视场的像差相配合，最终使所有像差在一个统一的像面上达到最小，获得最佳图像质量。

通过观察式(16-24)可以发现一个有趣的规律，即式中五种像差的赛得和数均为各光学表面像差贡献的简单相加。因此对光学系统中各个表面贡献的图形化对于了解哪些表面贡献了多少不同的像差是非常有帮助的。图 16-37 显示了摄影镜头的横截面，柱状图给出了该光学系统每一个光学表面的像差贡献。应注意的是，图中各种像差的纵坐标系是不同的。从右边的柱状图中可以看出，良好的光学设计需要实现各个光学面的像差贡献叠加之后的总和为零，或趋近于零。

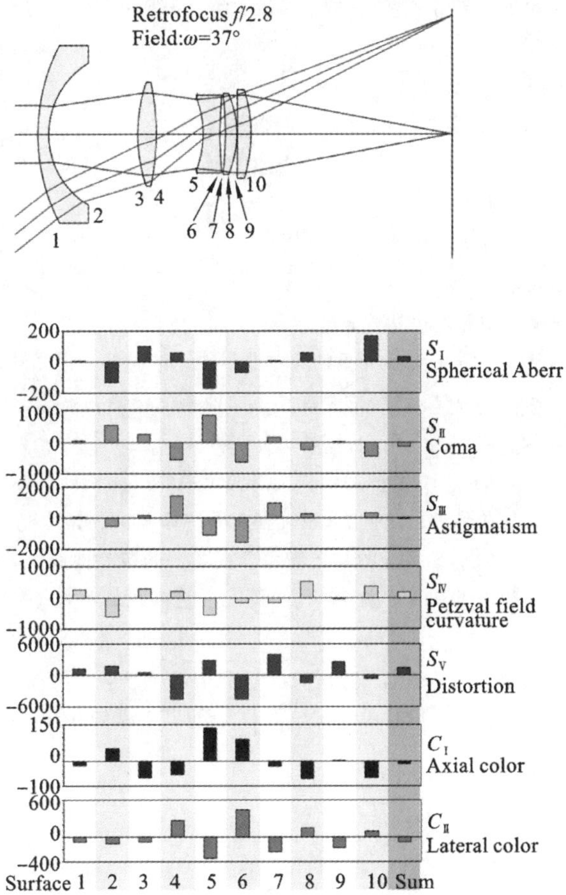

图 16-37　像差赛得和数图

此外，将某些像差组合起来可以得到更好的成像质量。例如对于含有球差的光学系统，最佳的成像质量并不出现在近轴焦点处，因此球差可以和离焦组合起来获得最小 RMS 半径。其他可以提高整体的成像质量的像差组合还有：像散和场曲、三阶和五阶球差、位置色差和色球差等。

总而言之，光学设计是艺术与科学的交汇，是关于如何将一个系统组合在一起，从而在所需视场和波长范围内获得可接受的图像质量的学科。

习　题

16.1 如果一个系统存在 W_{311}，请论证该像差不影响系统的成像质量(提示：通过求解其几何光斑尺寸来证明)。

16.2 为什么畸变不能视作轴向像差?

16.3 现在要求设计一款航拍相机，要求图像最大的畸变值为 0.1%，即意味着实际图像位置(真实主光线)与近轴图像位置(近轴主光线)相差不超过图像高度的此百分比。镜头的焦距为 1000 mm，最大图像尺寸为 ±10 cm，且镜头焦比为 $f/5$。假设物体在无穷远处。请问，畸变系数 W_{311} 的最大允许值是多少(假设 $\lambda=0.5\ \mu m$)?

16.4 在以下情况下绘制系统的垂轴像差曲线(假设系统只存在三阶像差)。

(1) 垂轴球差 SA=1。

(2) 子午彗差 Coma=1。

(3) 垂轴球差 SA=1 且子午彗差 Coma=1。

(4) 通过所绘制的垂轴像差曲线，估计(3)中系统焦散面中的最小光斑尺寸。

16.5 一个 $f/10$ 光学系统存在以下一阶和三阶像差：$\Delta W_{20}=2\ \mu m$，$W_{040}=2\ \mu m$，$W_{131}=1\ \mu m$，$W_{220}=3\ \mu m$，$W_{222}=-3\ \mu m$，$W_{311}=-2\ \mu m$。

(1) 写出波前像差的表达式。

(2) 提供子午和弧矢垂轴像差的表达式。

(3) 绘制 $H=0$ 和 $H=1$ 时子午和弧矢垂轴像差曲线图。请确保标记光轴并提供曲线图的尺寸比例。

16.6 现给出如图 16-38(a)所示的 $f/10$ 系统的全视场下的像差曲线图。虚线标明的是曲线原点处的斜率。系统只存在一阶像差和三阶像差。请问：该系统存在哪些像差？计算每种像差的波前像差系数。

16.7 现给出如图 16-38(b)所示的 $f/10$ 系统的全视场下的像差曲线图。虚线标明的是曲线原点处的斜率。系统只存在一阶像差和三阶像差。请问：该系统存在哪些像差？计算每种像差的波前像差系数。

16.8 现给出如图 16-38(c)所示的 $f/5$ 系统的零视场和全视场下的像差曲线图。虚线标明的是曲线原点处的斜率。系统只存在一阶像差和三阶像差。请问：该系统存在哪些像差？计算每种像差的波前像差系数。

16.9 现给出如图 16-38(d)所示的 $f/5$ 系统在 $H=0$，$H=0.7$ 和 $H=1$ 时的像差曲线图。虚线标明的是曲线原点处的斜率。系统只存在一阶像差和三阶像差。请问：该系统存在哪些像差？计算每种像差的波前像差系数。

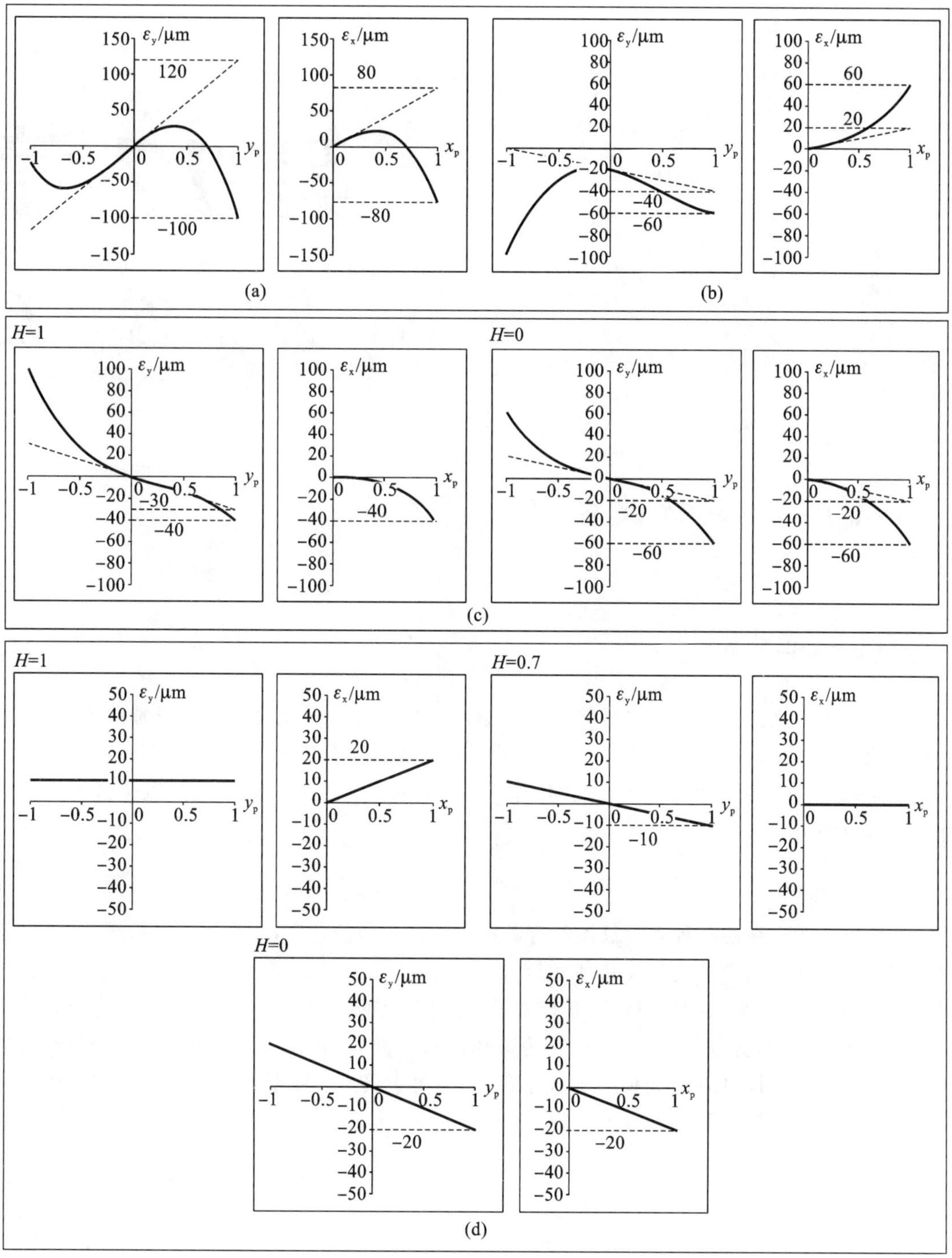

图 16-38

第 17 章 色 差

17.1 色散效应

17.1.1 色散来源

色散的根本来源在于折射材料的折射率随入射光的波长变化而变化。以轴向色差为例，由薄透镜光焦度公式式(17-1)可以看出，当折射率随波长发生变化时，透镜对不同波长光的光焦度不同，不同波长的光的焦点位置也不同。这种不同波长的光在光轴上焦点位置的差异被称为轴向色差或位置色差。

$$\phi = \frac{1}{f} = (n-1)\left(\frac{1}{r_1} - \frac{1}{r_2}\right) \tag{17-1}$$

色散效应的存在使各种光学仪器都有其特定的波长使用范围，在设计光学系统之前，也必须知道将要设计的光学系统的波长使用范围。图 17-1 所示的为某一材料对不同波长光的折射率变化曲线，对于常见的目视观测系统来说，常用蓝色的 F 光($\lambda=486.1$ nm)作为截止的短波波长，用红色的 C 光($\lambda=656.3$ nm)作为截止的长波波长，再用 d 光($\lambda=587.6$ nm)作为中间波长。通常在设计时对 F 光和 C 光校正色差，而对更接近人眼明视视觉最灵敏波长的 d 光校正单色像差。

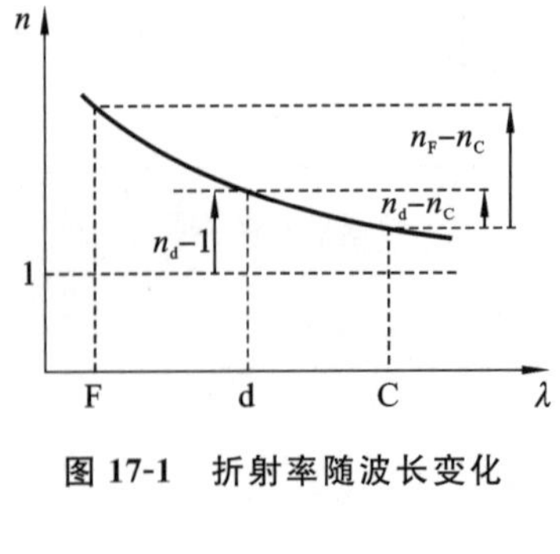

图 17-1 折射率随波长变化

通常折射材料对短波长的光折射率高，对长波长的光折射率低，折射材料对可见光波段内不同波长光的折射率之差为可见光波段内平均折射率的0.5%～1.5%，其中，0.5%对应低色散材料，1.5%对应高色散材料。

17.1.2　阿贝数定义

阿贝数是德国物理学家恩斯特·阿贝发明的物理量，也称色散系数，用来衡量透明介质的光线色散程度，由式(17-2)进行计算。

$$\nu = V = \frac{n_d - 1}{n_F - n_C} = \frac{\text{折射率}}{\text{主色散}} \tag{17-2}$$

阿贝数是用来表示透明介质色散能力的指数。光学玻璃的阿贝数通常为25～65。一般来说，介质的折射率越大，色散越严重，阿贝数越小；反之，介质的折射率越小，色散越轻微，阿贝数越大。

图17-2所示的为两种常见玻璃材料的折射率随波长变化的曲线。其中，上方曲线对应火石玻璃，折射率较高，色散较大；下方曲线对应冕牌玻璃，折射率较低，色散较小。

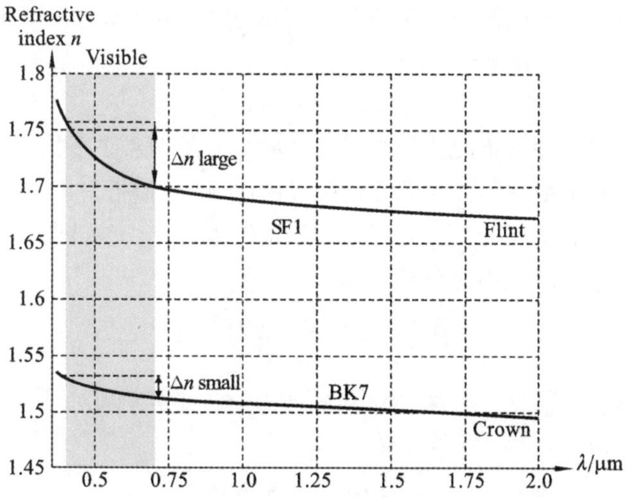

图17-2　冕牌玻璃与火石玻璃的折射率变化曲线

图17-3所示的为根据不同玻璃材料的阿贝数与折射率绘制的玻璃图，图中的曲线为玻璃线，玻璃线代表了最基本的二氧化硅玻璃在玻璃图中的分布情况。玻璃线将玻璃图分划成两个主要部分，即低色散的冕牌玻璃与高色散的火石玻璃。在玻璃图中距离玻璃线较远的玻璃硬度较低，意味着在加工过程中更加难以抛光。而低折射率玻璃具有低密度，同时对蓝光有更高的透过率。

通过在玻璃材料中掺入氧化铅可以提高玻璃的折射率，而掺入氧化钡则可以在提高折射率的同时，避免色散的显著上升。当前玻璃材料的新配方仍在研究中，这些玻璃材料使用钛等元素替代有毒有害的铅和砷，这类环保玻璃的名称往往带有N、H、S或E前缀。

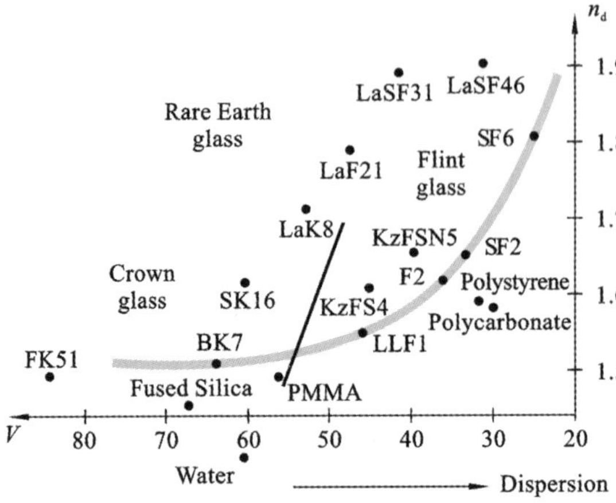

图 17-3　玻璃图

17.1.3　部分色散定义

部分色散是指折射材料在两个选定波长之间的色散，例如对于 d 光和 C 光，部分色散由式(17-3)进行计算。

$$\Delta n_{dC} = n_d - n_C \tag{17-3}$$

相对部分色散是指两种选定的波长之间的色散与另外两种波长之间的色散之比，用于测量整个波长范围内材料折射率随波长的变化曲线的斜率(类似折射率关于波长的二阶导数)。例如对于常用的以 F 光作为截止短波波长，以 C 光作为截止长波波长的波段，会选择两个波长 λ_1 与 λ_2，再用式(17-4)计算相对部分色散。

$$P_{\lambda_1,\lambda_2} = \frac{n(\lambda_1) - n(\lambda_2)}{n_F - n_C} \tag{17-4}$$

对于目视观测设备，式(17-4)中的 $n(\lambda_1)$ 和 $n(\lambda_2)$ 也可以分别是 d 光与 C 光的折射率，因此相对部分色散可以由式(17-5)进行计算。

$$P = P_{d,C} = \frac{n_d - n_C}{n_F - n_C} \tag{17-5}$$

如图 17-4 所示，为了考虑工作在不同波段的不同光学系统，通常在玻璃目录中会给出以下几种波长组合的相对部分色散。

(1) 远红外波段：$\lambda_1 = 656$ nm，$\lambda_2 = 1014$ nm。

(2) 近红外波段：$\lambda_1 = 656$ nm，$\lambda_2 = 852$ nm。

(3) 短波可见光波段：$\lambda_1 = 486$ nm，$\lambda_2 = 546$ nm。

(4) 近紫外波段：$\lambda_1 = 435$ nm，$\lambda_2 = 486$ nm。

(5) 远紫外波段：$\lambda_1 = 365$ nm，$\lambda_2 = 435$ nm。

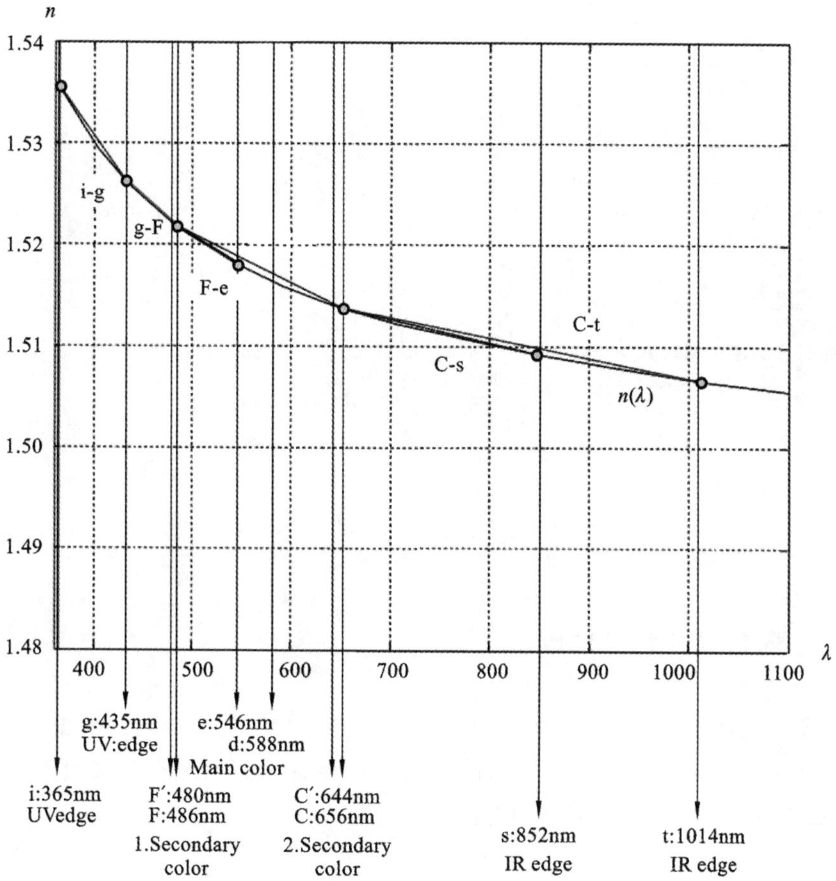

图 17-4　部分色散关于波长的变化曲线

17.2　棱镜的色散

17.2.1　棱镜色散公式

如图 17-5 所示，在入射光线与出射光线之间的偏转角度满足最小值的条件下，光线通过棱镜前后的路径是对称的，即 $\theta' = -\theta$。当棱镜顶角为 α 时，通过棱镜的光线能够偏转的最小角度可由式(17-6)进行计算。

$$\delta_{\min} = \alpha - 2\sin^{-1}[n\sin^{-1}(\alpha/2)] \tag{17-6}$$

可以通过测量最小偏转角与棱镜顶角计算棱镜材料的折射率，折射率仅由这两项决定，由式(17-7)进行计算。

$$n = \frac{\sin[(\alpha - \delta_{\min})/2]}{\sin(\alpha/2)} \tag{17-7}$$

图 17-6 所示的棱镜分光计的精度可以达到 10^{-6}，光谱的细节分辨能力取决于棱镜的几何

结构与折射材料的折射率色散曲线。在最小偏转角附近，由 F 光到 C 光的平均棱镜色散可由式(17-8)进行估算。

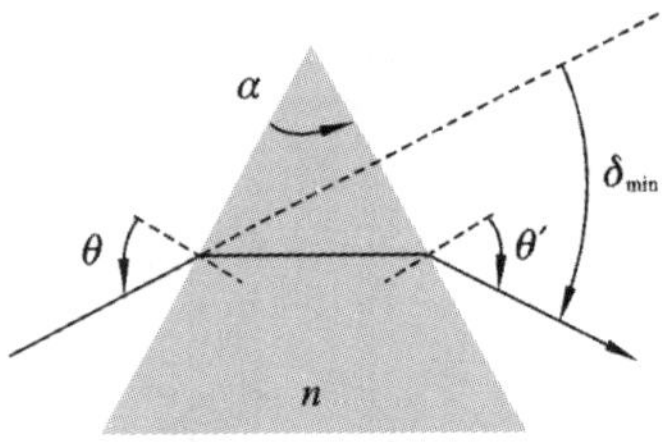

图 17-5 棱镜偏转入射光

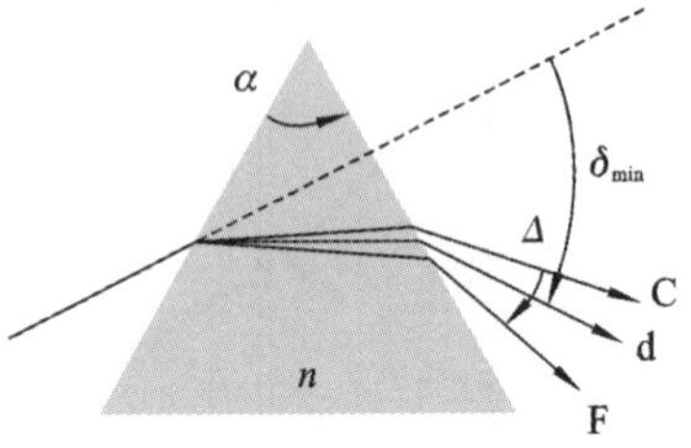

图 17-6 棱镜的色散效应

$$\frac{\mathrm{d}\delta}{\mathrm{d}\lambda}=\frac{\mathrm{d}\delta}{\mathrm{d}n}\frac{\mathrm{d}n}{\mathrm{d}\lambda}\approx\frac{\mathrm{d}\delta_{\min}}{\mathrm{d}n}\frac{\Delta n}{\Delta\lambda}\approx\frac{\mathrm{d}\delta_{\min}}{\mathrm{d}n}\frac{(n_{\mathrm{F}}-n_{\mathrm{C}})}{(\lambda_{\mathrm{F}}-\lambda_{\mathrm{C}})}\tag{17-8}$$

其中，有

$$\frac{\mathrm{d}\delta_{\min}}{\mathrm{d}n}=\frac{-2\sin(\alpha/2)}{\cos[(\alpha-\delta_{\min})/2]}\tag{17-9}$$

17.2.2 薄棱镜的色散效应

图 17-7 所示的薄棱镜的顶角 α 很小，因此，入射光束与出射光束之间的偏转角与入射光束的入射角(或者入射方向)近似无关。如果考虑入射光束为平行入射的准直光束，则其通过薄棱镜后的偏转角可由式(17-10)进行估算。很显然，该偏转角只与棱镜的顶角和材料折射率有关。

$$\delta\approx-(n-1)\alpha\tag{17-10}$$

如图 17-8 所示，δ 表示 d 光经过薄棱镜的偏转角，由式(17-11)进行估算。薄棱镜的色散 Δ 代表整个从 C 光到 F 光的光谱区域的偏转角范围，可以由式(17-12)进行估算。ε 表示从 C 光到 d 光的光谱区域的偏转角范围，可以由式(17-13)进行计算。

$$\delta=-(n_{\mathrm{d}}-1)\alpha\tag{17-11}$$

$$\Delta\approx-(n_{\mathrm{F}}-n_{\mathrm{C}})\alpha,\Delta=\frac{\delta}{V}\tag{17-12}$$

$$\varepsilon\approx-(n_{\mathrm{d}}-n_{\mathrm{C}})\alpha,\varepsilon\approx P\Delta=P\frac{\delta}{V}\tag{17-13}$$

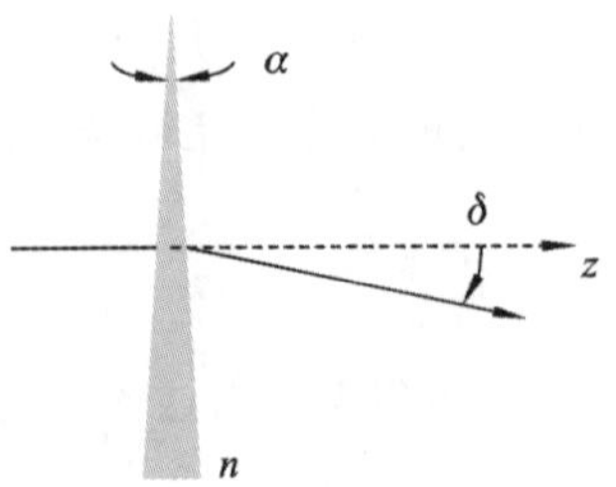

图 17-7 薄棱镜偏转入射光

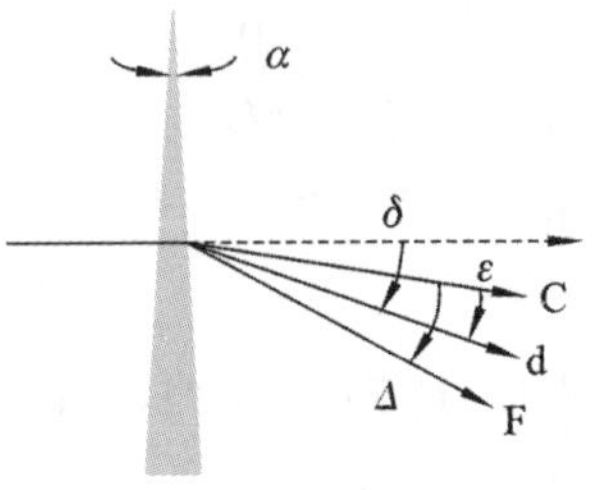

图 17-8 薄棱镜的色散效应

17.2.3 彩虹的形成

彩虹是光线经过空气中雨滴时发生了折射、反射以及色散等效应的结果。入射光在雨滴表面发生两次折射效应和一次或多次菲涅耳反射效应。对于主彩虹，光线在雨滴内部只发生一次菲涅耳反射，如图 17-9(a)所示。对于霓虹，光线在雨滴内部有两次反射，如图 17-9(b)所示。在这两种情况下，蓝光的偏折程度都大于红光的。

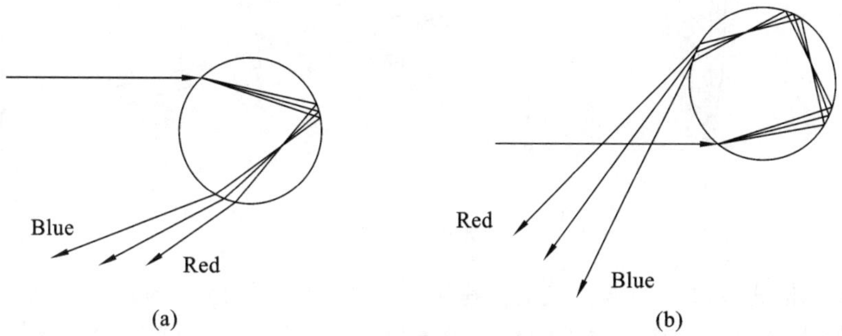

图 17-9 彩虹的形成

(a)主彩虹；(b)二级彩虹(也称霓虹)

如图 17-10 所示，对于主彩虹，将红光指向观察者的水滴高于将蓝光指向观察者的水滴，因此主彩虹呈现的颜色为上红下蓝。而对于霓虹，因为光线在水滴内旋转的方向与主彩虹的是相反的，所以霓虹呈现的颜色是相反的。主彩虹的高度约为 42°，霓虹的高度约为 51°。

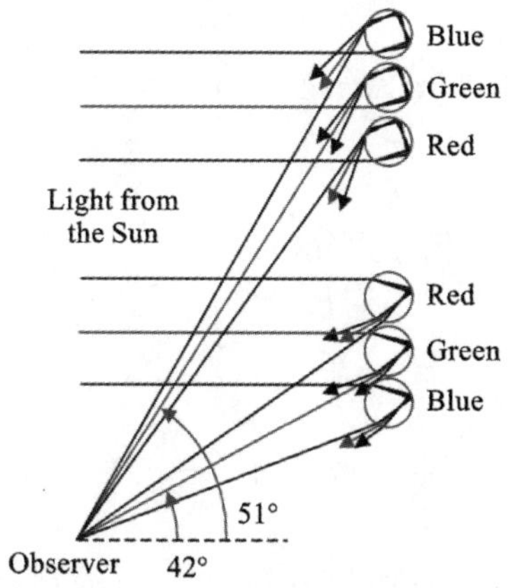

图 17-10 主彩虹和霓虹彩带的形成原理

17.3 轴向色差

17.3.1 色差类型

如图 17-11 所示，色差可以分为轴向色差(Axial chromatic aberration)与倍率色差

(Transverse chromatic aberration)。

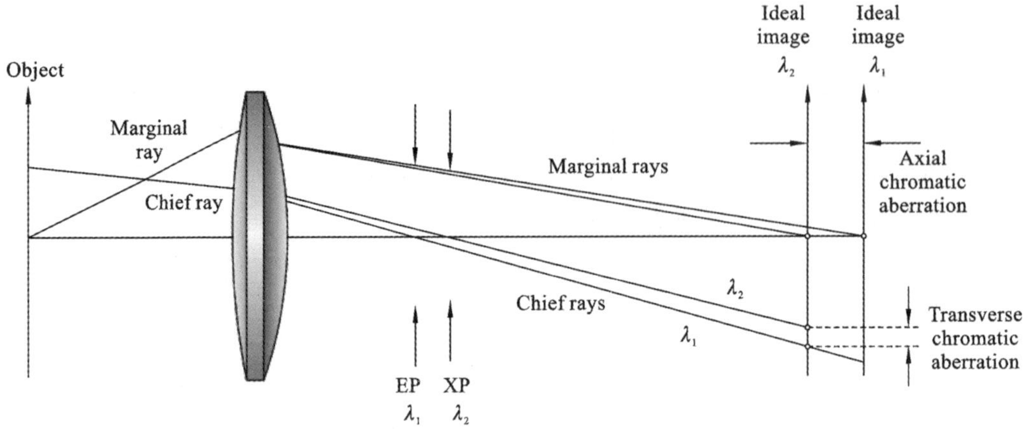

图 17-11 轴向色差与倍率色差

轴向色差是指透镜对不同波长光的光焦度的不同,使不同波长的边缘光线与光轴的交点位置不同,导致各个波长光成像焦平面的位置不同。不同波长光焦平面之间的轴向距离就是轴向色差。

倍率色差是由光学系统对不同色光放大率的差异导致的,倍率色差使不同波长光形成的图像尺寸不同,定义为轴外点发出的两种色光的主光线在高斯像面上截点的高度之差。

17.3.2 单折射球面的轴向色差分布

为了推导单折射球面的近轴轴向色差分布,我们先回顾一下单折射球面的成像公式:

$$\frac{n'}{l'}-\frac{n}{l}=\frac{n'-n}{r} \tag{17-14}$$

对于单色光 F 光和 C 光而言,其成像方程分别为

$$\frac{n'_F}{l'_F}-\frac{n_F}{l_F}=\frac{n'_F-n_F}{r},\quad \frac{n'_C}{l'_C}-\frac{n_C}{l_C}=\frac{n'_C-n_C}{r} \tag{17-15}$$

二者相减,可得:

$$\frac{n'_C}{l'_C}-\frac{n'_F}{l'_F}-\frac{n_C}{l_C}+\frac{n_F}{l_F}=\frac{(n'_C-n'_F)-(n_C-n_F)}{r} \tag{17-16}$$

现在,我们令 $(n_F-n_C)=\Delta n$;这样就有 $n_F=n_C+\Delta n$ 以及 $n'_F=n'_C+\Delta n'$。因为对于所有光学玻璃而言,n_F 和 n_C 之间的差异是 n_d 的一小部分,并且 d 线距离 F 线和 C 线之间的中线并不远,因此用 $n_d=n$ 替换表达式中的 n_F 和 n_C 仅会引入很小的误差。类似地,对带撇的物理量我们也作同样的处理。对于表达式中的分母,如果我们也将 l'_F 和 l'_C 替换为 $l'_d=l'$,而且对未带撇的量也作同样处理,那么我们可以得到:

$$\frac{n'}{l'^2}(l'_F-l'_C)-\frac{n}{l^2}(l_F-l_C)=\Delta n\left(\frac{1}{r}-\frac{1}{l}\right)-\Delta n'\left(\frac{1}{r}-\frac{1}{l'}\right) \tag{17-17}$$

下一步,我们将上式两边乘以 y^2,注意 $1/r-1/l=i/y$。那么,有

$$n'u'^2\Delta l'_{FC}-nu^2\Delta l_{FC}=yi\Delta n-yi'\Delta n'=yni(\Delta n/n-\Delta n'/n') \tag{17-18}$$

该式的化简过程中,我们考虑了近轴折射定律,即 $ni=n'i'$。现在我们可以针对系统的每一个

面写出如上的轴向色差表达式，并考虑 $n_1' \equiv n_2$，$u_1' \equiv u_2$ 和 $\Delta l'_{FC_1} \equiv \Delta l_{FC_2}$。因此，对于一个存在 k 个光学表面的系统，其轴向色差表达式可以写成：

$$(n'u'^2\Delta l'_{FC})_k - (nu^2\Delta l_{FC})_1 = \sum yni(\Delta n/n - \Delta n'/n') \tag{17-19}$$

上式两边都除以 $(n'u'^2)_k$，整理可得

$$\Delta l'_{FC_k} = \Delta l_{FC_1}\left(\frac{n_1 u_1^2}{n'_k u'^2_k}\right) + \sum \frac{yni}{n'_k u'^2_k}\left(\frac{\Delta n}{n} - \frac{\Delta n'}{n'}\right) \tag{17-20}$$

其中，第一项是物方空间的色差向像空间的传递，该项系数 $n_1 u_1^2/n'_k u'^2_k$ 为系统的轴向放大率，求和符号内的物理量是各个光学表面对系统轴向傍轴色差的贡献量。因此，我们可以写出光学系统所产生的轴向傍轴色差为

$$\Delta L'_{FC} = \sum \frac{yni}{n'_k u'^2_k}\left(\frac{\Delta n}{n} - \frac{\Delta n'}{n'}\right) \tag{17-21}$$

17.3.3　薄透镜(组)的轴向色差

通常折射材料对短波长的光的折射率高，对长波长的光的折射率低。这样一来，当一束白光通过透镜时，短波长的光折射得更厉害，光焦度较大，焦距较短，在光轴上的交点更靠近透镜。长波长的光折射得较弱，光焦度较小，焦距较长，在光轴上的交点更远离透镜。轴向色差在轴向上进行度量。

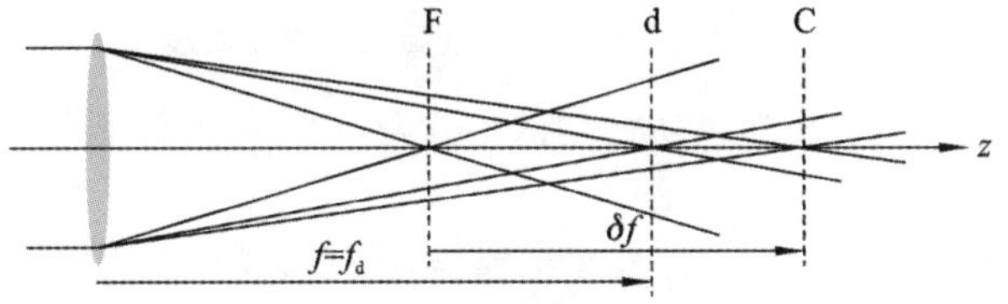

图 17-12　薄透镜产生轴向色差

图 17-12 所示的为一个薄透镜，该薄透镜的光焦度可以由式(17-22)计算得到：

$$\phi = \frac{1}{f} = (n-1)(c_1 - c_2) = (n-1)c \tag{17-22}$$

式中，$c = c_1 - c_2$ 表示透镜的总曲率。这样透镜的高斯成像方程可以写成：

$$\frac{1}{l'} = \frac{1}{l} + (n-1)c \tag{17-23}$$

分别针对 F 光和 C 光重写如上成像方程，并相减，得到：

$$\frac{l'_C - l'_F}{l'^2} - \frac{l_C - l_F}{l^2} = (n_F - n_C)c = \frac{1}{fV} \tag{17-24}$$

其中，f 代表薄透镜的焦距，V 代表透镜材料的阿贝数。上式两边乘以$(-y^2)$，得到：

$$\Delta l'_{FC}\left(\frac{y^2}{l'^2}\right) - \Delta l_{FC}\left(\frac{y^2}{l^2}\right) = -\frac{y^2}{fV},\quad \Delta l'_{FC}u'^2 - \Delta l_{FC}u^2 = -\frac{y^2}{fV} \tag{17-25}$$

因此，对于一个独立的薄透镜，如果忽略物方像差，则其轴向色差为

$$\Delta l'_{FC} = -\frac{y^2}{fV}\left(\frac{l'^2}{y^2}\right) = -\frac{l'^2}{fV} \tag{17-26}$$

如果物体位于无穷远处，那么像距即为焦距，则薄透镜轴向色差公式变为

$$\Delta l'_{FC}=-\frac{f}{V} \tag{17-27}$$

因此，无穷远处物体通过单个薄透镜产生的轴向色差等于透镜的焦距除以玻璃的阿贝数。根据使用玻璃材料的不同，该轴向色差的大小为透镜焦距的1/75～1/25。

如图17-13所示，在含有轴向色差的光学系统中，不同波长的光有着各自的最佳像面，每个波长的入射光在最佳像面上成像为理想像点，在其他波长的最佳像面上成像为离焦光斑。

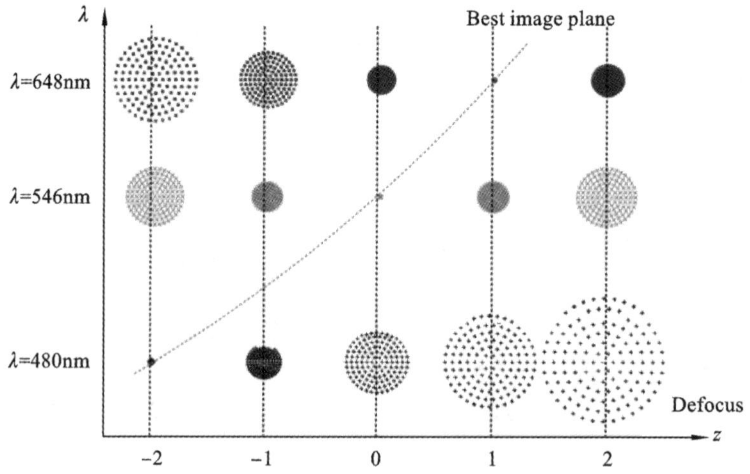

图 17-13 最佳像面位置随波长变化曲线

一个透镜的轴向色差是这个透镜所使用的玻璃材料的色散的函数，色散是衡量折射材料的折射率随波长变化的物理量。

对于密接的薄透镜组，我们可以对每一个薄透镜给出式(17-25)所表征的轴向色差的大小。然后将它们相加，并进行同项消除，得到：

$$\frac{\Delta l'_{FC}}{l'^2}-\frac{\Delta l_{FC}}{l^2}=-\sum c\Delta n=-\sum\frac{\phi}{V} \tag{17-28}$$

上式左边定义为系统残余色差R，对于具有实物的消色差透镜系统来说其值为零。如果我们定义一个薄透镜系统的光焦度为Φ，那么我们有：

$$\Phi=\sum\phi=\sum Vc\Delta n,\quad R=-\sum c\Delta n \tag{17-29}$$

17.3.4 轴向色差计算示例

例 17.1 已知N-BK7玻璃的阿贝数为64.4，求使用N-BK7玻璃制成的焦距为100 mm的透镜的轴向色差导致的焦点散布区域。

答：100/64.4≈1.55 (mm)。应该注意的是，如果这个透镜的相对孔径为$f/2$，焦比为2，则衍射离焦容限为DOF$(f/2)=\pm2\lambda\,(f/\#)^2=\pm0.004$ mm。

例 17.2 已知锗玻璃的阿贝数为942(对于8～12 μm的波长)，求使用锗玻璃制成的焦距为100 mm的透镜的轴向色差导致的焦点散布区域。

答：100/942≈0.11 (mm)。应该注意的是，如果这个透镜的相对孔径为$f/2$，焦比为2，则衍射离焦容限为DOF$(f/2)=\pm2\lambda\,(f/\#)^2=\pm0.08$ mm。

例 17.3　今要设计一个工作在 8～12 μm 波段的 $f/2$ 锗单透镜，求其在不需要校正色散的条件下能够达到的最大焦距。

答：已知对于 8～12 μm 的波长，锗玻璃的阿贝数为 942。因此，轴向上不同波长光焦点位置之差为 $F/V = F/942$ 。波前像差为 $\lambda/4$ 条件下的离焦容限为 $\pm 2\lambda(f/\#)^2$。因此，可以得出，最大焦距 $F=4\times 942\times\lambda\times(f/\#)^2=150$ mm。

17.3.5　轴向色差的波前像差理论

色差是一种离焦像差，这种离焦由式(17-30)计算，其中，系数 ${}_{\lambda}W_{20}$ 是关于波长的函数，因此这种离焦也是关于波长的函数。

$$W = {}_{\lambda}W_{20}\rho^2 \tag{17-30}$$

如果把 d 光作为参考标准，使 ${}_{d}W_{20}\equiv 0$，则可以通过离焦来补偿色差，可以确定一个特定波长在色差条件下的最佳像平面。把一个特定的波长的波前误差校正到 0：

$$W(\lambda) = {}_{\lambda}W_{20}\rho^2 + \Delta W_{20}(\lambda)\rho^2 = 0 \tag{17-31}$$

$$\Delta W_{20}(\lambda) = -{}_{\lambda}W_{20} \tag{17-32}$$

因此这一最佳像平面的位置是波长的函数，参考的位置是关于 d 光的焦点处：

$$\delta_z = 8(f/\#)\Delta W_{20} \tag{17-33}$$

$$\delta_z(\lambda) = -8(f/\#)^2\,{}_{\lambda}W_{20} \tag{17-34}$$

考虑 $\delta_z(\lambda) = n_k \cdot \Delta l'_{FC}$（离焦光程差），联立式(17-21)，可推得：

$${}_{\lambda}W_{20} = \frac{1}{2}\sum yni\left(\frac{\delta n'}{n'} - \frac{\delta n}{n}\right) = \frac{1}{2}\sum Ay\Delta\left(\frac{\delta n}{n}\right) \tag{17-35}$$

17.3.6　轴向色差的校正

轴向色差可以通过两片透镜的组合得到校正。在如图 17-14 所示的透镜组中，正透镜有较低的色散，即较高的阿贝数，负透镜有较高的色散，即较低的阿贝数。该透镜组可以校正初级色差，使截止的长波长的红光与短波长的蓝光在光轴上的焦点相重合。

如图 17-15 所示，为了加工装调的方便，我们一般采用双胶合（薄）透镜组来进行消色差设计。消色差双胶合透镜组通过组合一片光焦度为 ϕ_1、材料阿贝数为 V_1 的正透镜与一片光焦度为 ϕ_2、材料阿贝数为 V_2 的负透镜来校正轴向色差。那么，根据式(17-29)，我们有：

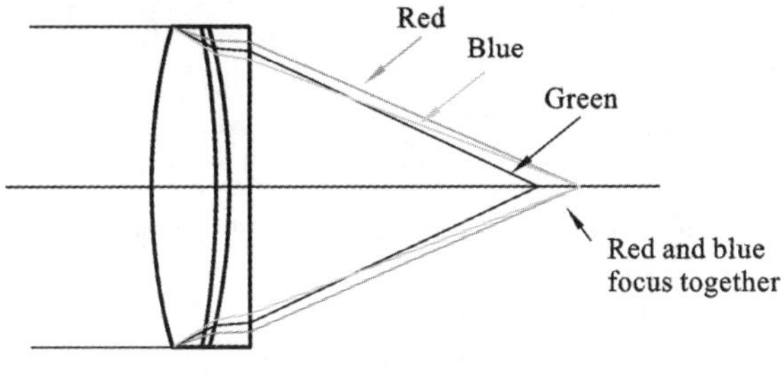

图 17-14　消色差透镜组

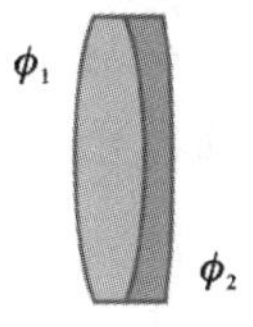

图 17-15　双胶合透镜组

$$\begin{cases}\dfrac{1}{F'}=\Phi=V_1(c\Delta n)_1+V_2(c\Delta n)_2\\-R=(c\Delta n)_1+(c\Delta n)_2\end{cases}\tag{17-36}$$

求解方程组(17-36),可以得到:

$$\begin{cases}c_1=\dfrac{1}{F'(V_1-V_2)\Delta n_1}+\dfrac{RV_2}{(V_1-V_2)\Delta n_1}\\c_2=\dfrac{1}{F'(V_2-V_1)\Delta n_2}+\dfrac{RV_1}{(V_2-V_1)\Delta n_2}\end{cases}\tag{17-37}$$

如上所推导的(c_1,c_2)方程可以用于设计任意的消色差双胶合薄透镜组。

在大多数实际情况中,残余色差 R 为零,因此仅需要考虑第一项。而且消色差的条件与物距无关,因此我们常说薄透镜系统的消色差性能在物距方面是"稳定的"。还要注意的是,c_1 和 c_2 并不明确取决于每种材料的折射率。

由于薄透镜的焦距公式为 $f'=1/[c(n-1)]$,因此在考虑 $R=0$ 的条件下,式(17-37)所表达的(c_1,c_2)方程可以转化为如下对应的焦距表达式:

$$f_1'=F'\frac{V_1-V_2}{V_1},\quad f_2'=F'\frac{V_2-V_1}{V_2}\tag{17-38}$$

此外,我们也可以从薄透镜光焦度的计算公式出发,推导消色差双胶合透镜组的光焦度分配公式。图 17-15 所示的整个双胶合透镜组的光焦度 ϕ 为两片薄透镜光焦度之和,即有:

$$\phi=\phi_1+\phi_2\tag{17-39}$$

不同波长光的光焦度变化量也等于各片透镜变化量之和,可以由式(17-40)进行计算:

$$\delta\phi=\delta\phi_1+\delta\phi_2\tag{17-40}$$

对于透镜组中任意一片单透镜来说,其对不同波长光的光焦度之差可以由式(17-41)计算,整个双合透镜组对不同波长光的光焦度之差则可以由式(17-42)计算:

$$\delta\phi_{FC}=\frac{\phi_d}{V}=\frac{\phi}{V}\tag{17-41}$$

$$\delta\phi_{FC}=\frac{\phi_1}{V_1}+\frac{\phi_2}{V_2}\tag{17-42}$$

因此,根据式(17-42)可以得出,对于双胶合或有着微小间隙的薄透镜组,消色差(即 $\delta\phi_{FC}=\phi_F-\phi_C=0$)的条件为:

$$\frac{\phi_1}{V_1}+\frac{\phi_2}{V_2}=0\tag{17-43}$$

联立式(17-39)和式(17-43),我们可以求得:

$$\frac{\phi_1}{\phi}=\frac{V_1}{V_1-V_2},\quad \frac{\phi_2}{\phi}=-\frac{V_2}{V_1-V_2}\tag{17-44}$$

这与我们前面推导的结果式(17-38)相符。因此,当双胶合透镜组光焦度和两种玻璃已确定时,由式(17-44)可以算出消色差透镜组中两片透镜应有的光焦度。

从式(17-44)中可以看出,无法使用两片由具有相同阿贝数的材料制成的薄透镜组成消色差透镜组,只有将由两种不同玻璃组成的正负透镜组合才能消色差。为了使两片透镜的光焦度维持在合理范围内而不致太大,两种玻璃的阿贝数之差应尽可能大,通常选用冕牌玻璃与火石玻璃的组合。

17.3.7　消色差胶合透镜设计

为了校正一个系统中两种色光之间的轴向色差，例如校正 F 光与 C 光的轴向色差，需要使两种色光对应的光焦度相同，这需要两种由不同玻璃材料制成的两片透镜相互组合成为消色差胶合透镜。消色差胶合透镜有六个设计自由度，分别是三个表面的曲率半径，两片透镜的材料折射率，以及两片透镜的材料阿贝数之比。

对于 $V_1=60$ 的普通冕牌玻璃和 $V_2=36$ 的普通火石玻璃，我们有 $V_1-V_2=24$，并且冕牌透镜的光焦度被计算为是胶合透镜光焦度的约 2.5 倍，而火石透镜的光焦度是胶合透镜的约 −1.5 倍。因此，要使薄透镜消色差，需要使用比该薄透镜本身光焦度强 2.5 倍的冕牌透镜（见图 17-16）。因此，尽管对于单个透镜而言，相对孔径 $f/1$ 不算过强，但实际上我们不可能使用相对孔径大于 $f/1.5$ 的透镜实现消色差。

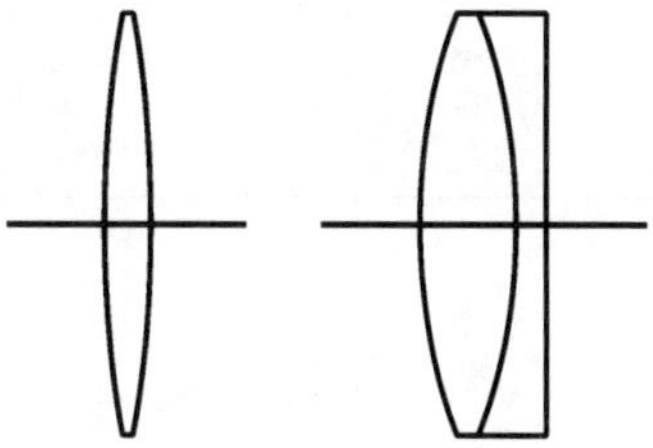

图 17-16　一个 $f/3.5$ 薄透镜和一个等光焦度的消色差胶合透镜

同时要注意，色差仅取决于透镜的光焦度，而与透镜表面弯曲度的分配无关。因此，试图通过手动修改其中一个表面曲率来校正色差往往不会十分有效，因为通常只有透镜发生非常大的曲率变化才能产生明显的色差变化。

图 17-17 所示的为三种不同材料制成的消色差透镜组中，球差相对于弯曲系数的变化曲线。这里的弯曲系数是指第一个表面的弯曲系数，其变化不影响轴向色差的校正。可以看出，如果组成消色差透镜组的玻璃材料的折射率之差太小，则无法校正球差，对应最下方曲线。如果折射率之差足够大，则有两种校正球差的方案，对应最上方曲线。当折射率之差为一特定值时，只有一种方案可以校正球差，这个方案非常重要，因为此时不仅球差得到了校正，彗差也得到了校正，称这种胶合透镜满足齐明条件。表 17-1 所示的为各个可以用来组成这种胶合透镜的玻璃组合及其残余像差，其中包括了二级光谱（17.3.8 节会重点介绍）。

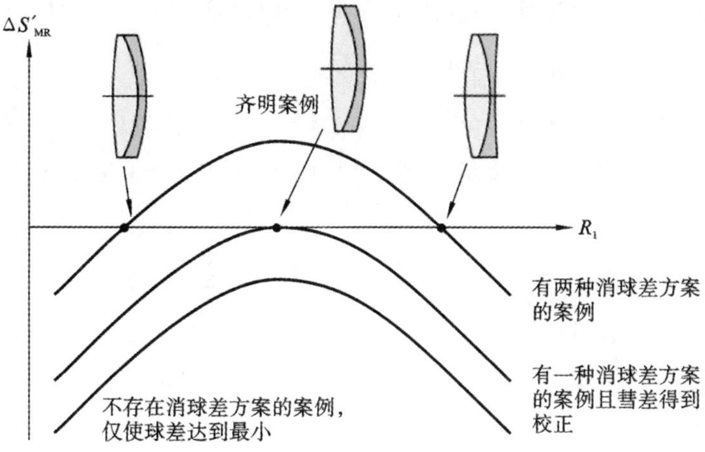

图 17-17　消色差透镜组的球差

表 17-1 双胶合透镜玻璃组合

Flint	Crown	Vendor crown	Coma z_8	Zonal spherical/mm	Secondary spectrum/mm
SF66	FEL4	Hoya	-7×10^{-9}	−0.0148	0.0586
SF15	BAL15	Ohara	9×10^{-8}	−0.0182	0.0487
SF6	N-BALF5	Schott	2×10^{-7}	−0.0169	0.0531
SF57	KZF2	Schott	-2×10^{-7}	−0.0180	0.0600
SF58	S-TIL2	Ohara	-3×10^{-6}	−0.0170	0.0578
SF1	ADC2	Hoya	2×10^{-7}	−0.0154	0.0492
SF11	ADF1	Hoya	5×10^{-7}	−0.0156	0.0648

17.3.8 二级光谱

在设计消色差胶合透镜时，应同时做到消除彗差，使球差尽可能小并且使二级光谱尽可能小。这一节我们将继续介绍二级光谱。

在如图 17-18 所示的消色差透镜组中，通过合理分配光焦度与选择适当的玻璃材料，可以对两种色光校正轴向色差，使其像面重合。但对于中间波长的绿光仍然存在色差，焦点与公共焦点不重合，这种剩余色差被称为二级光谱。从图中可以看到，中间波长的光的焦点与透镜之间的距离较公共焦点更近。

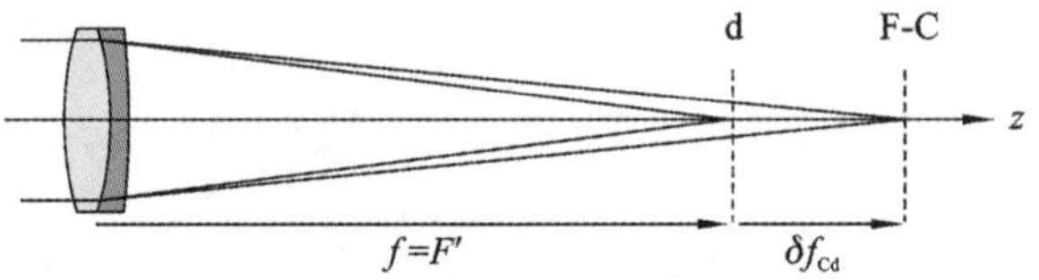

图 17-18 消色差透镜组的二级光谱

单折射面中波长为 λ 的光与 F 光之间的轴向位移可以由式(17-45)计算：

$$\Delta L'_{\lambda F}=-\frac{y^2c}{u'^2_k}(n_\lambda-n_F)=\Delta L'_{FC}\cdot\left(\frac{n_\lambda-n_F}{n_F-n_C}\right) \tag{17-45}$$

上式括号中的量是玻璃的另一种固有性质，称为从 λ 到 F 的相对部分色散，它通常写成 $P_{\lambda,F}$。因此，对于一连串密接薄透镜组，我们可以进行以下求和得到系统 λ 光与 F 光之间的轴向位移：

$$l'_\lambda-l'_F=\sum P_{\lambda,F}\cdot\Delta L'_{FC}=-\frac{1}{u'^2_k}\sum\frac{Py^2}{f'_R V} \tag{17-46}$$

对于一个由两片薄透镜组成的消色差透镜组，满足式(17-47)：

$$f_a\cdot V_a=f_b\cdot V_b=F'\cdot(V_a-V_b) \tag{17-47}$$

因此，代入到式(17-46)中，可得：

$$l'_\lambda-l'_F=-F'\frac{P_a-P_b}{V_a-V_b} \tag{17-48}$$

对于任何特定的一对波长，比如 F 和 g，我们可以绘制玻璃材料相对部分色散 $P_{g,F}$ 和阿贝数 V 关系图，如图 17-19 所示。从图中可以看出，几乎所有常见类型的玻璃都位于一条直线上，对于重火石玻璃而言该直线有略微上升趋势。在这条线下面是“短性”玻璃，其透过光谱显示出相对非常短的蓝色端，这些大多是镧冕玻璃和所谓的短性火石玻璃（KzF 和 KzFS 类）。线上方是一些“长性”冕牌玻璃，具有异常拉长的蓝端光谱（该区域还包含一些塑料和晶体，如萤石等）。可以看出，钛火石玻璃也落在了直线上。如果我们在该图中连接代表用于制作消色差双胶合透镜的两种玻璃的两个点，则该直线的斜率由下式给出：

$$\tan\psi = \frac{P_a - P_b}{V_a - V_b} \tag{17-49}$$

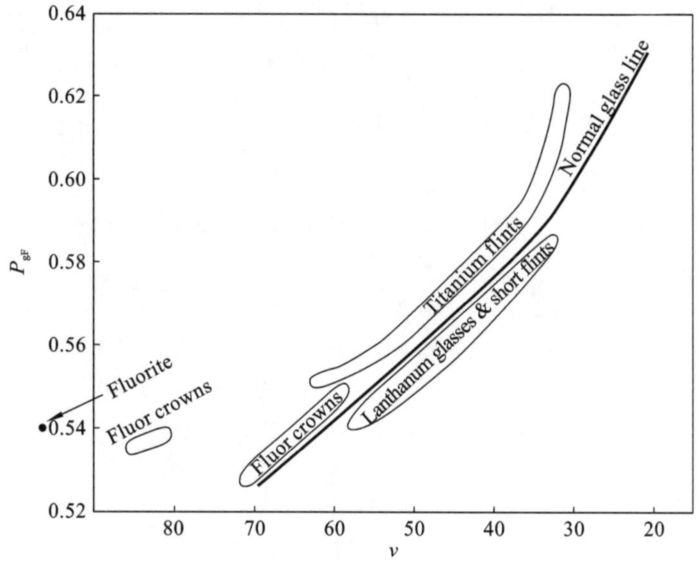

图 17-19 玻璃 $P_{g,F}-V$ 图

很显然，胶合透镜组的二级光谱由 F' 和 $\tan\psi$ 所决定。然而，根据玻璃材料 $P_{g,F}$-V 图可知，大多数普通玻璃均位于同一直线上，即斜率基本一致。因此，通过选择合理的普通玻璃类型能够有效校正轴向色差，但透镜组的二级光谱将大致相同而无法得到有效校正。

图 17-20 所示的为单透镜与消色差透镜组的焦点位置关于波长的变化曲线。从图中可以看出，单透镜的焦点位置随波长单调变化，而消色差透镜组可以对 F 光与 C 光的色差进行校正，使其焦点重合，在图中表现为纵坐标相同。但对于中间波长的 d 光，由于二级光谱的存在，d 光焦点与公共焦点不重合，与单透镜中 d 光焦点位置相近。从图中可以看出，虽然二级光谱不可能被完全校正，但是消色差透镜组能够使二级光谱曲线变得倾斜，从而相比单透镜而言使

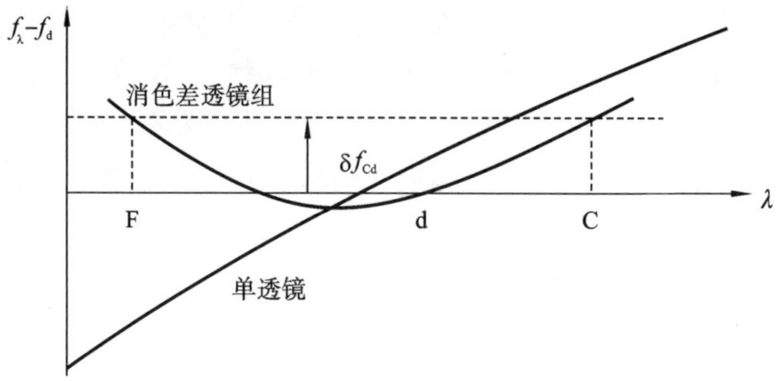

图 17-20 单透镜与消色差透镜组的焦点位置关于波长的变化曲线

整体的色差水平得到了有效校正。

一般的消色差系统只能对两种色光校正轴向色差，只有对成像质量要求很高的系统才会对二级光谱进行校正，对三种色光校正色差的系统被称为复消色差光学系统。

17.3.9　复消色差透镜组的设计

对于含有多片透镜的复消色差透镜组，其光焦度为各单片透镜光焦度之和（式(17-50)），满足消色差条件（式(17-51)）且二级光谱也得到校正（式(17-52)）。

$$\sum V\Delta c\Delta n = \phi \tag{17-50}$$

$$\sum \Delta c\Delta n = 0 \tag{17-51}$$

$$\sum P\Delta c\Delta n = 0 \tag{17-52}$$

其中，Δc 表示每个透镜的前后表面曲率之差。对于由三片透镜组成的复消色差透镜组，上述三个等式可以表示为

$$(\Delta c_a\Delta n_a)+(\Delta c_b\Delta n_b)+(\Delta c_c\Delta n_c)=\phi \tag{17-53}$$

$$V_a(\Delta c_a\Delta n_a)+V_b(\Delta c_b\Delta n_b)+V_c(\Delta c_c\Delta n_c)=0 \tag{17-54}$$

$$P_a(\Delta c_a\Delta n_a)+P_b(\Delta c_b\Delta n_b)+P_c(\Delta c_c\Delta n_c)=0 \tag{17-55}$$

根据以上三个等式，可以计算出各单片透镜应有的光焦度：

$$\Delta c_a = \frac{1}{F\cdot E\cdot(V_a - V_c)}\left(\frac{P_b - P_c}{\Delta n_a}\right) \tag{17-56}$$

$$\Delta c_b = \frac{1}{F\cdot E\cdot(V_a - V_c)}\left(\frac{P_c - P_a}{\Delta n_b}\right) \tag{17-57}$$

$$\Delta c_c = \frac{1}{F\cdot E\cdot(V_a - V_c)}\left(\frac{P_a - P_b}{\Delta n_c}\right) \tag{17-58}$$

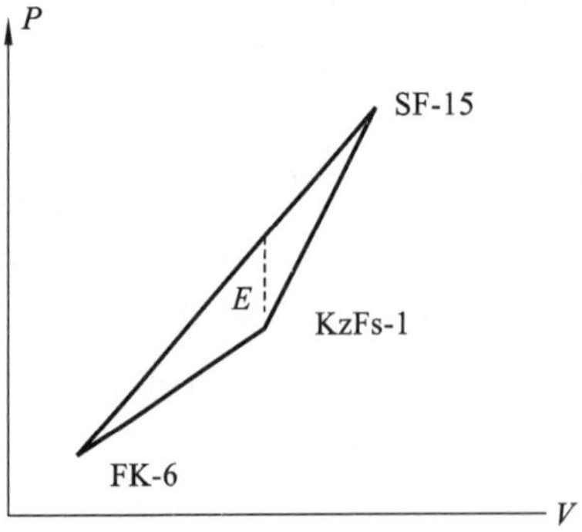

图 17-21　P—V 图中 E 的几何意义

上述三个等式中，F 为整个透镜组的焦距，而 E 则代表了图 17-21 所示的 P—V 图中，由（P_a，V_a）、（P_b，V_b），和（P_c，V_c）三个点围成的三角形的矢高，由式(17-59)计算：

$$E = \frac{V_a(P_b - P_c)+V_b(P_c - P_a)+V_c(P_a - P_b)}{(V_a - V_c)} \tag{17-59}$$

在应用式(17-56)、式(17-57)和式(17-58)时，为了使复消色差方程组有解，三种玻璃材料在 P—V 图中所围成的三角形的面积不能为零。并且为了尽可能降低各单片透镜的光焦度以减小高级像差，三种玻璃所围成的三角形面积应尽可能大。

17.3.10　色球差

当通过设计合理的光学系统使二色波面在孔径边缘相交时，边缘环带上两种色光之间的

色差得到校正，但由于各个波长光线的球差各不相同，二色波面相对于参考球面的偏离程度不同，在除边缘环带之外的中间各个环带上仍然存在剩余波色差，称为色球差。

图 17-22(a)所示的为由 BK7 玻璃制成的单透镜及其轴向像差曲线，无论是在轴向上还是在边缘环带上，各个色光的波面互不重合，呈现出明显的轴向色差。图 17-22(b)所示的为正负透镜玻璃分别为 BK7 和 F2 的双胶合透镜组及其轴向像差曲线，该透镜组中红光和绿光的波面在边缘环带处重合，红光和蓝光的波面在中心处重合，但由于色球差的存在，其他环带处的不同色光的波面不相重合。

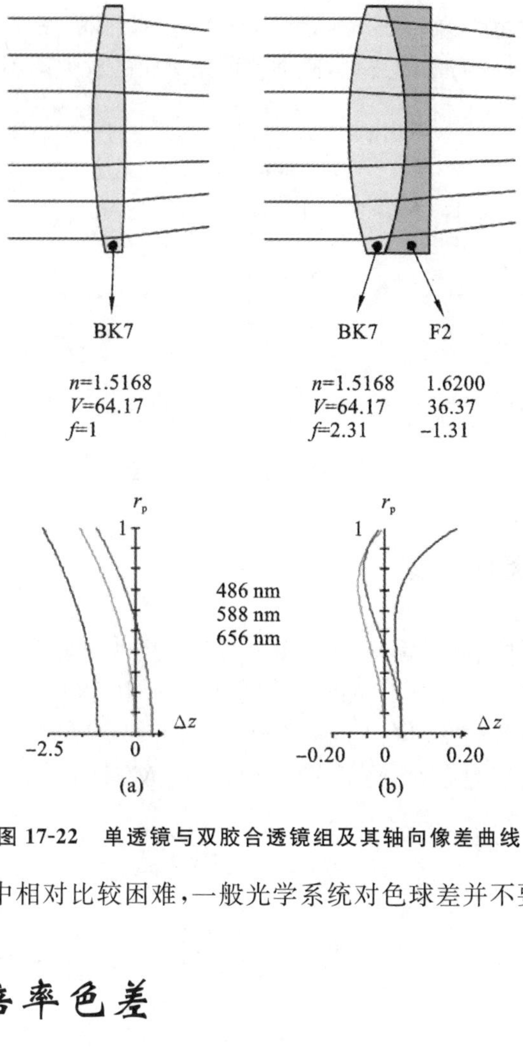

图 17-22　单透镜与双胶合透镜组及其轴向像差曲线

色球差在色差校正中相对比较困难，一般光学系统对色球差并不要求严格校正。

17.4　倍率色差

17.4.1　倍率色差的定义

如图 17-23 所示，由于光学系统对不同波长光的放大率不同，物发出的不同波长的光线的成像高度差异被称为倍率色差。一般来说，倍率色差也称为横向色差，或者垂轴色差。如果对轴外物点发出的主光线进行追迹，求出其中 F 光与 C 光在近轴像面上的截点高度 $\overline{y}'_F$ 和 $\overline{y}'_C$，则倍率色差可由式(17-60)进行计算。倍率色差为正时为校正过头,倍率色差为负时为校正不足。

$$\Delta \bar{y}'_{CHV} = \bar{y}'_F - \bar{y}'_C \tag{17-60}$$

倍率色差是一个相对值,是相对于主要波长(例如 d 光)的图像尺寸给出的,可以用类似于表示畸变的方式表示:

$$\delta \bar{y}'_{CHV} = \frac{\bar{y}'_F - \bar{y}'_C}{\bar{y}'_d} \tag{17-61}$$

如图 17-23 所示,倍率色差是由主光线的色散引起的,主光线经过透镜边缘时,由于透镜边缘部分的形状和光学特性近似于棱镜,导致主光线产生色散,在像平面中,不同波长的主光线角度的差异导致光线成像高度的变化,使每种色光对应的放大率不同,产生倍率色差。

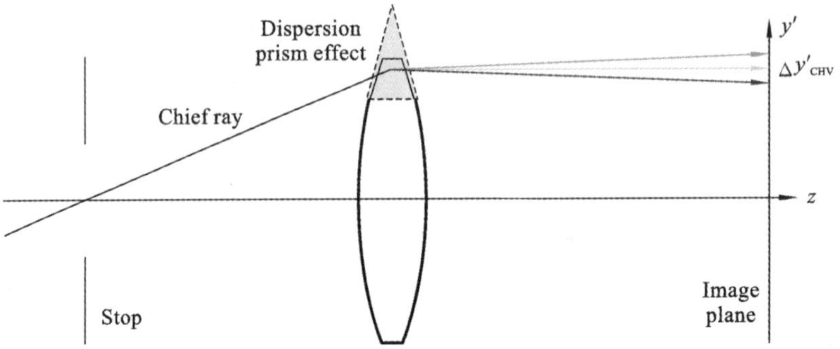

图 17-23 倍率色差的产生

17.4.2 倍率色差的性质

当光学系统校正了轴向色差后,轴上点发出的色光经过光学系统后交光轴于一点,像面重合。但是对于轴外点,光学系统对不同色光的焦距不同,由式(17-62)可知焦距不同意味着放大率不同,这导致不同波长的图像有不同的像高(见图 17-24)。各个波长的图像在像面上叠加起来,在像的边缘表现为彩色条纹,降低了轴外成像的 MTF,使轴外成像的分辨率和对比度降低。

$$m = -l'_F / f'_R \tag{17-62}$$

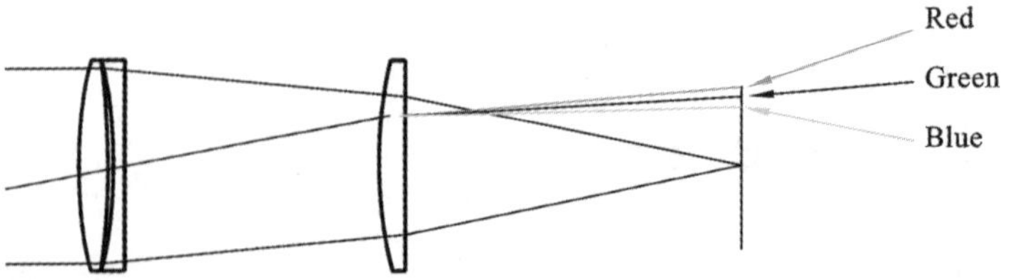

图 17-24 倍率色差

倍率色差的校正是指对规定的两种色光在某一视场下使倍率色差为零,倍率色差的校正需要多片不同阿贝数的玻璃组合。同时倍率色差在很大程度上也取决于光阑的位置。

从倍率色差的定义我们知道,倍率色差是像高在不同色光上的差别,故不同色光的级数展开式与畸变的形式相同。但不同色光的理想像高不同,因此展开式中含有物高的一次项,为初级倍率色差。初级倍率色差表征的是近轴区轴外物点两种色光的理想像高之差。而高级倍率色差则是由不同色光的畸变差别所致的,所以也称作色畸变。

17.4.3　倍率色差的计算公式

由前面所述可知,倍率色差是由各种色光的折射率不同而使放大率不同引起的,所以初级倍率色差的计算公式可以由放大率公式的微分得到。单折射面的放大率公式为

$$m=\frac{\bar{y}'}{\bar{y}}=\frac{nl'}{n'l} \tag{17-63}$$

对上式取对数并进行微分,并经过详细计算和处理,我们可以最终得到光学系统的倍率色差分布公式如下:

$$n'_k u'_k \Delta\bar{y}'_{FC_k}-n_1 u_1 \Delta\bar{y}_{FC_1}=-\sum n\bar{i}\cdot y\cdot\Delta\left(\frac{\delta n}{n}\right)=-\sum C_{\text{II}} \tag{17-64}$$

式中,C_{II} 为初级倍率色差分布公式,它表征了各个折射面对光学系统总的初级倍率色差的贡献量。式(17-64)可以继续整理为:

$$\Delta\bar{y}'_{FC_k}=\frac{n_1 u_1}{n'_k u'_k}\Delta\bar{y}_{FC_1}-\frac{1}{n'_k u'_k}\sum C_{\text{II}} \tag{17-65}$$

由式(17-65)可知,物空间的初级倍率色差 $\Delta\bar{y}_{FC_1}$ 乘以系统的垂轴放大率 $n_1 u_1/n'_k u'_k$ 后便可以反映到像空间总的倍率色差中去。若对实物成像,物空间倍率色差为零,则式(17-65)可以写成:

$$\Delta\bar{y}'_{FC_k}=-\frac{1}{n'_k u'_k}\sum C_{\text{II}} \tag{17-66}$$

因此,对于由 k 个薄透镜组成的光学系统,而且也考虑对实物成像,其初级倍率色差可以写成:

$$\Delta\bar{y}'_{FC_k}=-\frac{1}{n'_k u'_k}\sum C_{\text{II}}=-\frac{1}{n'_k u'_k}\sum y\bar{y}\frac{\phi}{V} \tag{17-67}$$

由上式可知,如果光阑在透镜上($\bar{y}=0$),则该薄透镜组不产生倍率色差。对于密接薄透镜组,若系统已校正轴向色差,则倍率色差也同时得到校正。但是若系统由具有一定间隔的两个或多个薄透镜组成,则只有对各个薄透镜组分别校正轴向色差,才能同时校正系统的倍率色差。

17.4.4　倍率色差的波像差理论

已知倾斜的波像差为 $W=W_{11}H\rho\cos\theta$,考虑到色差时,倾斜的波像差可以由式(17-68)计算,垂轴像差可以由式(17-69)和式(17-70)计算

$$W(\lambda)={}_{\lambda}W_{11}H\rho\cos\theta \tag{17-68}$$

$$\varepsilon_y(\lambda)=-\frac{R}{r_p}\,{}_{\lambda}W_{11}H \tag{17-69}$$

$$\varepsilon_x=0 \tag{17-70}$$

把 d 光作为参考标准,使${}_{d}W_{11}\equiv 0$,则 F 光与 C 光之间存在的系数差异可以由式(17-71)计算:

$$\delta_{\lambda} W_{11} = {}_{F}W_{11} - {}_{C}W_{11} \tag{17-71}$$

图 17-25 所示的为不同视场下，倍率色差的垂轴像差曲线，在中心视场处 $H=0$，不同波长的光线会集于一点，不存在倍率色差。随着视场的增加，d 光作为参考标准倍率色差始终为零，而 C 光与 F 光之间的倍率色差随视场的增加而增加。

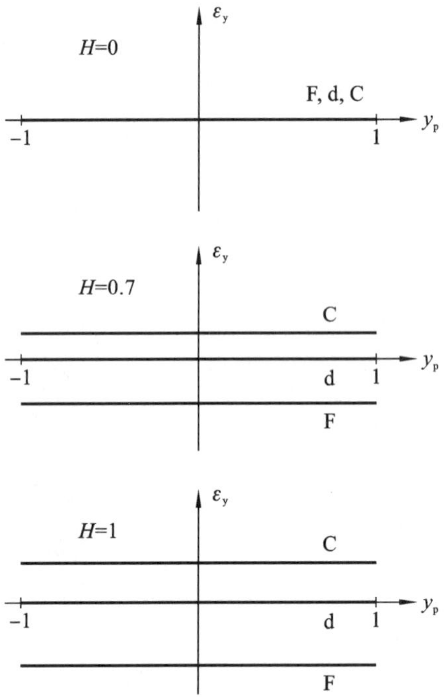

图 17-25 倍率色差垂轴像差曲线

17.4.5 对称性与倍率色差校正

倍率色差与彗差和畸变相同，其可以被对称系统完全消除。如图 17-26 所示，当光学系统结构对称，且放大率为 −1 时，光阑位置在系统的对称中心处，光阑前的部分与光阑后的部分产生数值相等符号相反的倍率色差，倍率色差会自动消除。

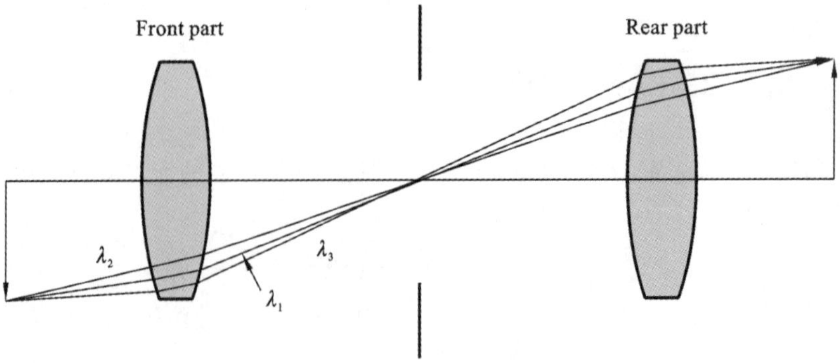

图 17-26 对称结构校正横向色差

在对称系统中，波像差中的对称项（例如球差、像散、场曲和轴向色差）为前后透镜组的累加，非对称项（例如畸变、彗差和横向色差）则相互抵消而消失。所谓对称项，指的是波像差函数关于光瞳半径为偶次幂函数；而所谓非对称项，则指的是波像差函数关于光瞳半径为奇次幂函数。

17.4.6　移动光阑法校正横向色差

位于两个不同位置处的两个光阑的横向色差与纵向色差有如下关系：

$$ {}_{\lambda}W_{11}^{a} = {}_{\lambda}W_{11}^{b} + \delta E \cdot {}_{\lambda}W_{20} \tag{17-72} $$

其中，δE 是光阑移动参量，对于任意一个表面都是恒定不变的。如果定义 y 是该光学表面边缘光线高度，$\bar{y}$ 是该光学表面主光线高度，那么该光阑移动参量可以由下式表征：

$$ \delta E = \frac{\bar{y}_{\text{new}} - \bar{y}_{\text{old}}}{y} \tag{17-73} $$

因此，如果系统中存在纵向色差，则必然存在一个光阑位置使横向色差为零。而如果系统中不存在纵向色差，则横向色差与光阑位置无关。

图 17-27(a)所示的为一个对 e 光校正横向色差的由四片透镜组成的光学系统，四片透镜均由 N-BK7 玻璃制成，如果要求同时再对 C 光和 F 光校正横向色差，首先需要确定系统含有纵向色差。

如图 17-27(b)所示，只有当系统含有纵向色差时，才可以找到一个使横向色差为零的光阑位置。确定光阑位置后，将系统的纵向色差校正为零，此时横向色差与光阑位置无关，如图 17-27(c)所示，光阑可以移动回初始位置。

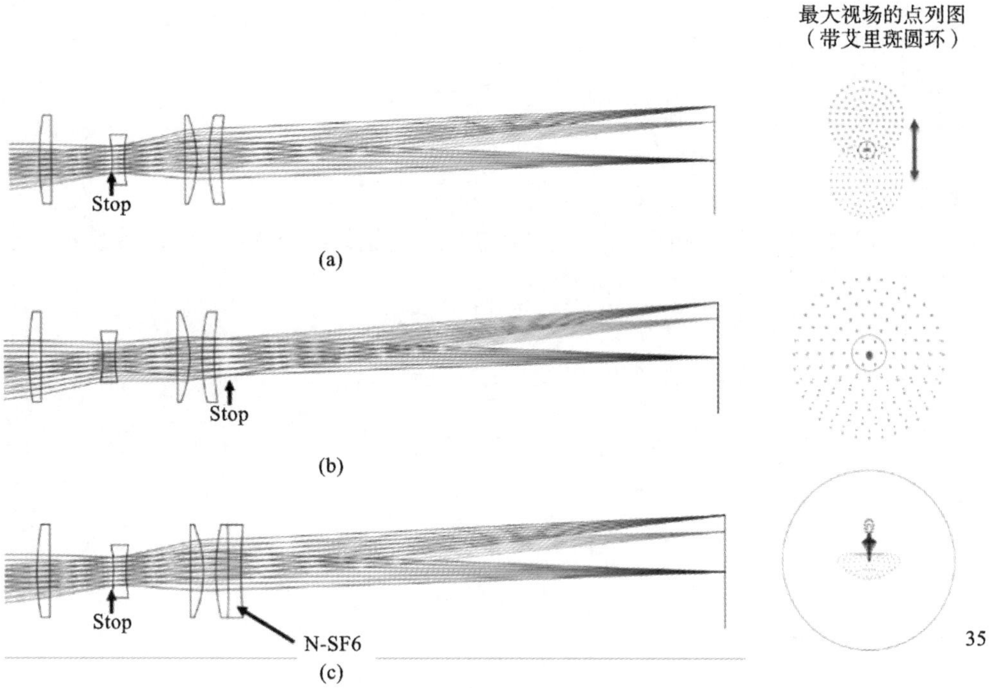

图 17-27　移动光阑法校正横向色差

(a)首先确保系统存在纵向色差；(b)然后找到系统横向色差消失的光阑位置；

(c)校正系统的纵向色差，最后移回光阑到原来位置

17.5 其他消色差透镜

17.5.1 分离消色差透镜组

在 19 世纪早期，由于难以获得大型火石玻璃坯，制造用于天文物镜的大型消色差透镜组是存在较大技术难度的。当时引入了一种简单的解决方案，这种解决方案被称为“分离式物镜”，其包括一个正的冕牌透镜和一个较小的负火石透镜，二者之间间隔一定的距离。这实际上是远摄镜头，因为镜头总长明显小于有效焦距。当用作望远镜物镜时，分离式物镜具有以下优点：物镜的两侧都暴露在大气中，从而允许更快和更均匀的热跟踪以保持图像的清晰度和空间稳定性。高斯认识到，通过选择两个镜头之间的合适间距，可以校正两种不同颜色的色差。

在图 17-28 中，我们展示了分离消色差透镜组的结构示意图，其由间隔为 d 的两块透镜组成。我们发现，第二块火石透镜的光焦度必须得到明显的强化。我们可以用比例系数 k 表示间隔 d 与第一块冕牌透镜焦距的比值，即 $k=d/f_a$。由于消色差透镜组中两个透镜的色差贡献加起来必须为零，因此可以得到：

$$\frac{y_a^2}{f_aV_a}+\frac{y_b^2}{f_bV_b}=0 \tag{17-74}$$

根据图 17-28 所示的几何关系，很明显有如下表达式：

$$y_b=y_a(f_a-d)/f_a,\quad y_b=y_a(1-k) \tag{17-75}$$

结合式(17-74)和式(17-75)，我们可得到：

$$f_bV_b=-f_aV_a(1-k)^2 \tag{17-76}$$

由于系统必须有一个给定的系统焦距 F'，因此我们有：

$$\frac{1}{F'}=\frac{1}{f_a}+\frac{1}{f_b}-\frac{d}{f_af_b}=\frac{1}{f_a}+\frac{1-k}{f_b} \tag{17-77}$$

结合式(17-76)和式(17-77)，我们可以得到分离消色差透镜组两个透镜元件的焦距分别为

$$\begin{cases} f_a=F'\left[1-\dfrac{V_b}{V_a(1-k)}\right] \\ f_b=F'(1-k)\left[1-\dfrac{V_a(1-k)}{V_b}\right] \end{cases} \tag{17-78}$$

很显然存在几何关系 $\frac{y_a}{F'}=\frac{y_b}{l'}$，那么系统的后焦长为 $l'=\frac{y_b}{y_a}F'$。

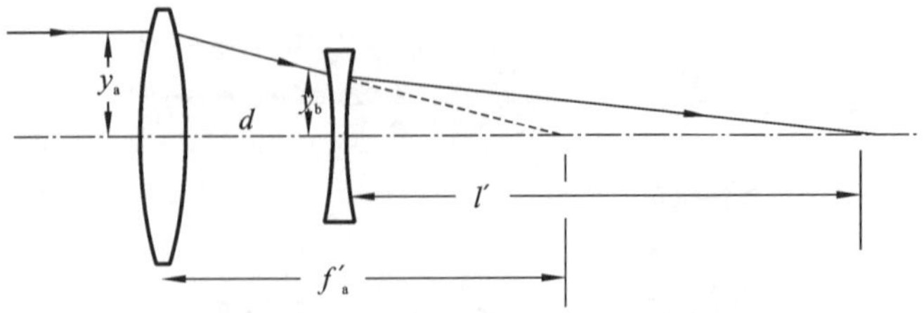

图 17-28 分离消色差透镜组

将所得到的 f_a、f_b 和 y_b 代入到式(17-46)，可以得到分离消色差透镜组的二级光谱为

$$l'_\lambda - l'_F = -\frac{F'(1-k)}{V_a(1-k)-V_b}(P_a - P_b) \tag{17-79}$$

17.5.2 单材料消轴向色差

众所周知，轴向色差和倍率色差均可以由一对彼此相隔一定距离的单材料薄透镜组来实现校正。

对于如图 17-29 所示的四种由两片分离的薄透镜组成的透镜组，通过合理地设置各透镜的焦距，使其满足式(17-80)，则轴向色差可以通过同一种玻璃材料得到校正。

$$_\lambda W_{20} = \frac{1}{2}\sum \frac{y^2}{fV} = 0 \tag{17-80}$$

对于正的薄透镜组，k 必须大于 1 才能组成一个正的系统，而 k 代表两片透镜的间距与第一片透镜焦距之比，这使整个系统长度较长，如图 17-29(a)所示。而对于负的薄透镜组，不存在上述限制，可以得到长度较长或者较短的系统。如图 17-29(b)和图 17-29(c)所示，负透镜可以在前，也可以在后。如图 17-29(d)所示，系统的长度也可以设计得较长。

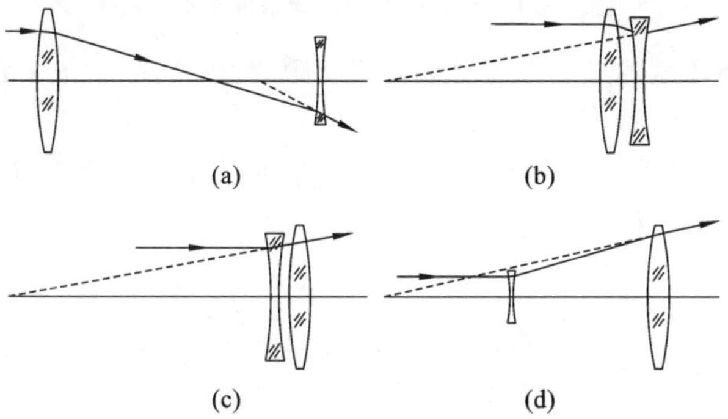

图 17-29 双分离无轴向色差系统

对于厚透镜，可采用与上述分离薄透镜类似的方法来校正轴向色差。图 17-30 所示的为

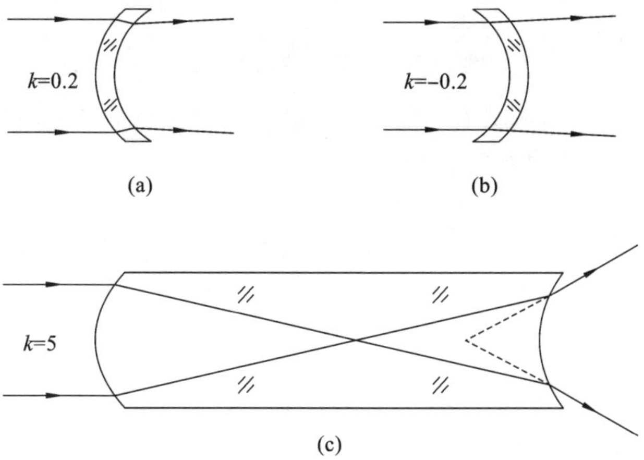

图 17-30 厚透镜校正轴向色差

三种不同 k 的取值下校正轴向色差的厚透镜，其中，k 代表厚透镜的厚度与前表面曲率半径之比。只有当透镜很厚时，厚透镜才会具有正的焦距，并且焦点在透镜内部。这种情况下，光线离开厚透镜后表面后必然发散。

17.5.3 单材料消倍率色差

在如图 17-31 所示的由一种玻璃材料组成的双薄透镜组系统中，只要合理改变光阑位置、进行光焦度分配、设置薄透镜组之间的距离等，使该系统满足式(17-81)，则倍率色差可以被校正。

$$ {}_{\lambda}W_{11} = \sum \frac{\bar{y}y}{fV} = 0 \tag{17-81} $$

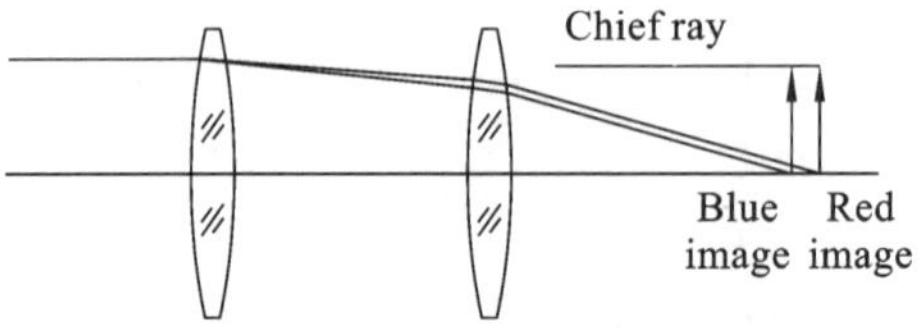

图 17-31 单材料双薄透镜组消倍率色差

结果表明，如果薄透镜的焦距平均值等于其间距，且该系统的出瞳无穷大，则该系统对倍率色差进行了校正。

同样，对于如图 17-32 所示的厚度为 t 的厚透镜，其倍率色差也可以通过合理调整前后两个表面的曲率以及厚度来得到校正。

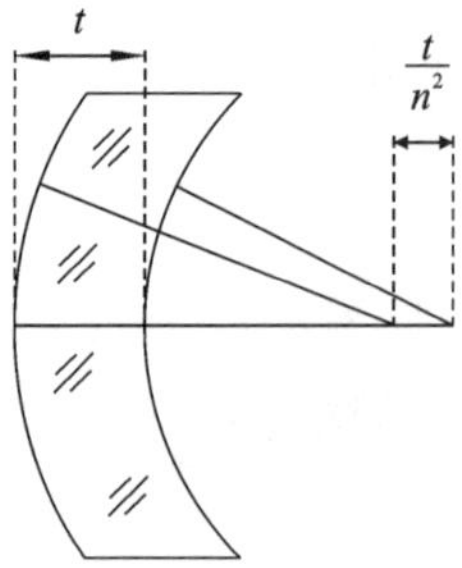

图 17-32 厚透镜校正倍率色差

与双薄透镜组的情况相同，只有当像空间上的主光线平行于光轴，即当出瞳为无穷大时，才能对厚透镜中的倍率色差进行校正。

习 题

17.1 设有一个焦距为 100 mm 的薄透镜，薄透镜材料为 BK7(517642)。

	n_F	n_d	n_C
BK7	1.52237	1.51680	1.51432

(1) 该薄透镜总的轴向像差是多少？

(2) 如果该透镜焦距 100 mm 是相对于 d 光而言的，那么对应的 F 光和 C 光焦距是多少？

(3) 画出 d 光焦点处 d 光、F 光和 C 光的轴上像点的垂轴色差曲线。假设该透镜口径为 20 mm，且假设该透镜除了色差之外无其他像差。注意在图中给出显示比例。

17.2 一个焦距为200 mm的双胶合薄透镜由如下两种玻璃材料组成。下面给出了两种玻璃材料在F,d和C光处的折射率。假设该系统焦比为$f/10$,且不存在除色差外的其他像差。

		n_F	n_d	n_C
Glass 1：	FK5	1.49227	1.48749	1.48535
Glass 2：	F2	1.63208	1.62004	1.61503

(1) 给出两个薄透镜的焦距。

(2) 求出该双胶合薄透镜的二级光谱引起的轴向色差。并标明三种色光对应焦点的相对位置。

(3) 画出d光焦点处该双胶合薄透镜的垂轴色差曲线。注意给出显示比例。

17.3 请解释彩虹的形成原因。

17.4 请解释为什么常规玻璃材料组合无法消除二级光谱。

17.5 为什么单材料透镜或透镜组能够校正轴向色差?为什么单材料透镜或透镜组能够校正倍率色差?

17.6 双胶合透镜校正色差的原理是什么?请解释为什么双胶合透镜存在二级光谱。

17.7 一个双胶合透镜由用如下两种材料构成的两个薄透镜组合而成,该双胶合透镜的焦距为100 mm。请求出该双胶合透镜中的每个薄透镜为实现校正初级色差所需的焦距,并计算该双胶合透镜的二级光谱。

N-BaK4	Glass code:569560	$P=0.303$
N-SF2	Glass code:648338	$P=0.292$

17.8 用BK7($n_d=1.5163, n_F=1.5220, n_C=1.5139$)和F4($n_d=1.6199, n_F=1.6321, n_C=1.6150$)两种玻璃组合成消球差、消色差胶合望远系统,要求焦距为100 mm,试求各面的曲率半径。

17.9 仍用上题的玻璃组合,设计消球差、消色差和消正弦差的分离式望远系统,焦距为100 mm,两个透镜间的空气间隔为0.5 mm,试求各个面的曲率半径。

17.10 现用单材料BK7玻璃设计一个双透镜组,透镜组焦距为200 mm,且两个透镜的间距为20 mm,如果要校正轴向色差,则两个透镜的光焦度分别是多少?

17.11 对于上题中的双透镜组,如果要校正倍率色差,则两个透镜的光焦度分别是多少?

第 18 章 像质评价

18.1 像差与像质

18.1.1 概述

在光学系统设计中不可能使所有的像差都校正为零。因此，一方面需要研究光学系统有残存的像差时，应校正到怎样的状态，即像差校正的最佳校正方案；另一方面应研究残存像差允许保留的量值，即像差容限。这两方面都属于光学系统的像质评价。

评价一个光学系统的质量，一般是根据物空间的一点发出的光能量在像空间中的分布状况决定的。按几何光学的观点来看，理想光学系统对点物成像，在像空间中，光能量集中在一个几何点上，因光学系统存在像差而使能量分散。因此，认为理想光学系统可以分辨无限细小的物体结构。而实际上由于衍射现象的存在，这是不可能达到的。所以，几何光学的方法是不能描述能量的实际分布的。因此，人们提出了许多种对光学系统的评价方法，这是本章主要讨论的内容。

评价方法与所设计光学系统的像差特性有关，对小像差光学系统和大像差光学系统所采用的评价方法是不同的。例如显微镜系统和望远镜系统属于小像差系统，可用波像差评价成像质量；普通照相物镜属于大像差系统，可用本章即将讨论的点列图等方法来评价其成像质量。

本章所讨论的光学系统质量主要针对光学系统的设计质量。因此，光学系统的质量评价方法应和光学仪器产品的检验方法相对应。目前，各种评价方法均有相应的检验方法和仪器。我国光学工厂中对光学系统质量检验采用较多的方法是分辨率法和星点法。

分辨率法简单方便，可用数量表示。它表示了光学系统对物体细节能够分辨的极限，对线条本身的成像质量不能做出很好的描述。为弥补这一缺陷，在检测分辨率的同时，还要目测分辨率板上粗线条的成像质量，即看粗线条像的边缘是否清晰，黑白是否分明，边缘上是否有颜色，条纹边缘是否有“毛刺”或像尾巴一样的影子，各个方向上成像情况是否一致等。而这也是主观估计，不能用数字表示，检测结果因人而异。因此，这种方法不是很严格。

星点法使一点光源通过被检测光学系统成像，观察其光能量分布情况来判据系统的成像质量。这也是一种主观检验方法，不同检验人员对同一系统可能得到不同的检验结果，它是不能用数字表示的。

以上两种方法虽各有局限性，但是它们在一定程度上都客观地反映了光学系统的成像质量，在光学工业中曾起了重要作用。

近年来，常用光学传递函数评价光学系统，光学传递函数检测仪器是检验光学系统成像质量较为适用的仪器。对于光学传递函数的概念，本章将作较详细的介绍。

18.1.2　像差对像质的影响

所有波前像差的共同点是，它们会导致像点中的能量效率降低。因此，图像对比度和分辨率会有一定的损失。那么，多大范围的图像质量下降是可以接受的呢？目前，光学理论已经开发出测量各种像差大小以及它们对对比度和分辨率的影响的方法。这些方法基于复杂的衍射计算，但是最终结果的表达形式非常简洁，能够为人们提供了解和测量波前像差影响所需的基本手段。

图像对比度可由其图像成分的相对强度来定义。两个相邻表面的对比度为

$$c=\frac{(1-i)}{(1+i)} \tag{18-1}$$

其中，1 是较亮表面的归一化辐照强度，i 是较暗表面的相对辐照强度。因此，名义上的对比度是一个相对物理量，与辐照水平无关。值得注意的是，绝对辐照情况和对比度水平都会决定光学系统对细节的分辨和探测能力。而光学系统的波像差则会使得像斑能量向外分散，从而降低成像对比度，进而减低光学系统的分辨率和探测能力。

在光学系统中，主要存在衍射效应和像差效应这两种现象会对系统的成像质量产生影响。通常所说“衍射”，指的是无像差光圈中的衍射。而所谓的光学像差则会进一步加剧衍射效应对成像质量的影响。因此，在无像差（仍然不是“完美”）光圈中，系统衍射效应的影响最小。

给定像差对图像质量的影响主要取决于四个因素：①像源类型（点源或者扩展源）；②放大率；③亮度；④非相干对比度。例如，大像差在低倍率系统下可能是完全不可见的；反之亦然，很小的像差可能会在高倍率光学系统中显著降低图像质量。

而对于点源和扩展源，二者的成像尺寸不同，且二者的亮度和固有对比度会对理想光圈或像差光圈中的图像特性有很大影响（因为即使是在完美光圈中，最小衍射本身也起像差的作用）。通常，图像越亮，显示的瑕疵越多；而固有对比度越高，像差的影响就越小。

18.2　像质标准

18.2.1　光学系统“衍射受限”判据

1879 年，瑞利在观察和研究光谱仪成像质量时，提出了一个简单的判据：“实际波面和参考球面之间的最大波像差不超过 $\lambda/4$ 时，此波面可看成是无缺陷的”。这个判据称为瑞利判

据。这个判据提出了两个标准：首先在瑞利看来，有特征意义的是波像差的最大值，而参考球面选择的标准是使波像差的最大值为最小，这实际上是最佳像面位置的选择问题；其次是提出在这种情况下，波像差的最大允许值不超过 $\lambda/4$ 时，认为成像质量是好的。瑞利以波像差 $W\leqslant\lambda/4$ 作为像质良好的标准，虽然不是从点像的光强分布观点提出来的，但是结论与后来提出的斯特涅尔判据，即“当中心点亮度（也称斯特涅尔比）S. R. $\geqslant$ 0.8 时认为像质是完善的”，是相一致的。因此，当波像差 $W\leqslant\lambda/4$ 时，S. R. $\geqslant$0.8。

从光波传播光能的观点看，瑞利判据是不够严密的。因为它不考虑波面上的缺陷部分在整个面积中所占的比重，而只考虑波像差的最大值。例如透镜中的小气泡或表面划痕等，可引起很大的局部波像差，这按瑞利判据是不允许的，但是实际上这些相对于整个波面接近于零的缺陷，对成像质量并无明显影响。

可以依据光线光路计算结果作出几何像差曲线，并按图形积分方便地求得波像差曲线，这样就使得瑞利判据的优越性突显，不需进行许多计算，便可判定成像质量的优劣。瑞利判据的另一个优点是不需对通光孔作什么假定，只要计算出波像差曲线，便可用瑞利判据进行评价。正是由于上述原因，瑞利判据在实际中得到了广泛的应用。

对于小像差系统，如望远镜和显微物镜，利用上述两种方法来评价成像质量，可认为已经很好地解决了问题。瑞利判据可直接用来确定球差、正弦差和位置色差的容限。像质判据列表如表 18-1 所示。

表 18-1　像质判据列表

判据类型		像差标准
瑞利判据		波像差（光程差）小于 1/4 波长
Danjon/Couder 判据		(1)最小几何像斑小于艾里斑； (2)PV 值小于 1/4 波长，大部分区域波前像差显著小于此数值
艾里斑判据		最小几何像斑不大于艾里斑
Maréchal 判据		S. R. >0.82($W_{RMS}<1/14\lambda$)
斯特涅尔判据		S. R. $\geqslant$0.80($W_{RMS}<1/13.4\lambda$)
二级光谱判据（含单色像差的消色差透镜）	Conrady	最小焦距 $f_{min}=D^2/10000\lambda$
	Sidgwick	最小焦距 $f_{min}=D^2/16000\lambda$
	Rutten/Venrooij	F/C 光最大焦斑尺寸是 e 光艾里斑尺寸的 3 倍 （最小焦距 $f_{min}=D^2/14600\lambda$）
	多波长 PSF	最小焦距 $f_{min}=D^2/17000\lambda$

瑞利判据的一般性质无法充分解决光学制造中较小尺寸/较高坡度的表面变形以及变形接近最大可容许误差($\lambda/4$)的波前区域范围所导致的特殊情况。为了弥补这一点，Danjon 和 Couder 将其扩展到以下两个条件：①波前需要在大部分孔径上具有缓和的倾斜度，最小的几何模糊不超过 Airy 光盘；②波前的任何部分的偏差都不能超过 1/4 波长，并且绝大多数区域的波前像差应该大大小于此数值。

基于像差几何像斑尺寸与艾里斑尺寸的相关判据，仍被广泛用于评估光学设计的成像质量。虽然这一简单判据对于光学系统性能的快速评估很有用，但该判据仍然显得比较随意且不够准确,因为它假设一个光学系统只要它的几何像斑尺寸小于它的艾里斑尺寸,那这个光学系统就是完全校正的,或者说"衍射受限"的。简而言之,光线的分布与衍射图像之间并没有有效的因果关系。举例来说,初级像散在其最佳焦点处产生等同于艾里斑尺寸的几何像斑时,它会使系统整体图像对比度降低 46%(S. R. =0.54),而在最佳焦点位置具有相等几何像斑尺寸的球差则只会使图像对比度降低 2%(S. R. =0.98)。因此,为了有效地使用瑞利判据,需要注意其特定限制条件。

传统的"衍射受限"标准是一个相对较新的概念,它起源于 1947 年 André Maréchal 出版的著作。基于衍射原理,Maréchal 可以采用更广泛的方法,来分别确定各独立单色像差和组合单色像差对衍射图像强度分布的影响。请注意,衍射受限标准是对整体成像质量的度量,不应与衍射分辨率极限相混淆,后者仅适用于点源分辨率,通常是光学系统所求的最低光学质量。

色差(特别是二级光谱)的容限仍取决于基于瑞利 1/4 波长标准的两个标准。一个较早的标准是 Conrady 提出来的。考虑到人眼对 F/C 光灵敏度较低,他假定 F/C 组合色光焦点和最佳(e 光)焦点之间的最大可接受间隔(即离焦误差)是瑞利公差的 2.5 倍,即 0.625 个波长。将此离焦值应用到标准消色差透镜($f/2000$,f 为焦距)可能的最小二级光谱上,Conrady 将相应的焦距确定为 $f_{\min}=D^2/10000\lambda$,或相应的焦比 $f/\#_{\min}=D/10000\lambda$(其中,$D$ 为透镜孔径,λ 为波长,二者单位相同)。

之后,Sidgwick 提出了一个更宽容的标准,假设最大可接受的像差是 F/C 焦点与最亮的 e 光焦点之间的间隔可以达到四倍的瑞利公差或 1 个波长。这导致相应的最小焦距 $f_{\min}=D^2/16000\lambda$ 或 $f/\#_{\min}=D/16000\lambda$。

最新的替代标准是,Rutten 和 Venrooij 认为最大可接受的二级光谱值是 F/C 光的最大焦斑尺寸可以达到 e 光艾里斑尺寸的 3 倍。根据这个标准,意味着消色差透镜最小焦比 $f/\#_{\min}=D/14640\lambda$。

然而,这些标准仍然还没有解决其他类型色差(球差和横向色差)的容限问题。类似于用于单色像差的"衍射受限"标准,更准确的公差要求是使多光谱斯特涅尔比达到 0.80 或更高。据此,在最佳焦点位置处(通常为 e 光处),标准双胶合消色差透镜的最小可容许焦比约为 $D/13000\lambda$(例如,对于 $D=100$ mm 和 $\lambda=0.00055$ mm,$f/\#_{\min}\approx14$),位于 Sidgwick 和 Conrady 的估计之间。如果从 e 光焦点转移到最佳多光谱焦点,那么则具有更高的峰值衍射强度,可以将焦比进一步放宽到 $f/\#_{\min}=D/17000\lambda$ 的公差。因此,对于 100 mm 孔径透镜,公差约为 $f/11$。对于一个接近完全消球差的消色差透镜,其点扩散函数中心最大值会被略微放大,从而获得在同等斯特涅尔比条件下相对更高的能量集中度,因而其在绝大多数 MTF 范围内的对比度会得到改善,因此这类透镜的衍射极限阈值可以进一步放宽到 $f/\#_{\min}=D/20000\lambda$。

18.2.2　分辨率

物体的细节是由具有不同光亮度的点(或线条)构成的,且这些细节的背景光亮度也不同。而分辨率检测是对黑白相间的条纹进行观察。因此,分辨率检测和实际上对物体的观测有着很大区别,即使用一块分辨率板检测同一光学系统,而若采用不同的接收器和照明条件,也将得到不同的检测结果。因此,用分辨率检测的方法评价光学系统成像质量是有一定局限性的。这是因为分辨率主要和相对孔径、照明条件、观测对象和光能接收器有关,而和像差的关系并不密切。只有当系统的像差很大时，才会影响光学系统的分辨率，所以成像分辨率仅是光学系统工作条件（主要是通光孔径 D 或者光束孔径角 u）的标志，不能准确反映像差存在情况。

在大像差系统中，如照相物镜，分辨率常作为成像质量指标之一，但是目测检验分辨率时，有时会出现目视分辨率很高的物镜的使用效果却不好的情况。这是因为在测试时被测目标是高对比度线条，而实际被拍摄物体常是低对比度的，因此出现不一致的效果。这也说明分辨率本身和系统的像差没有直接联系。有时目测照相物镜分辨率时，会出现系统分辨能力截止于某一较低的频率，但更高频率的图案反而能够被分辨的现象，这是一种无意义的"伪分辨"现象。

对于有些物体，可把物上每一点看成是一个独立的光源，从各点上发出的振动是互不相干的，物体上的每个点在像面上产生自己的衍射斑，不同点的衍射斑重叠时，互不发生干涉作用，而只是简单的光强度的叠加，从而可以按瑞利的规定来计算分辨率。在大多数情况下，被观察物体本身是不发光的，而是由外加光源照明，如果照明光束是平行的相干光，即在聚光镜的焦平面上安放点光源。此时物体上各点发出的光振动是相干的。阿贝建立了完全相干情况下的显微镜分辨率理论，由于推导过程烦琐，现给出相干光照明情况下的分辨率公式：

$$\sigma = 0.77 \frac{\lambda}{\mathrm{NA}} \tag{18-2}$$

另外，分辨率也和照明条件有关。如用柯拉照明时，物体上每一点都接收了光源上发出的光振动，因此物体上每一点发出的光振动可分为两部分：一部分是由光源上同一点引起的，因而物体上各点发出的光振动是相干的；另一部分是由光源上不同点引起的，则物体上各点发出的光振动是不相干的，这种情况为部分相干光照明，既不同于非相干光照明下的分辨率，也不同于相干光照明下的分辨率。

通常用检测分辨率的方法来评价大像差系统的成像质量，而分辨率板是由明暗相间的线条或扇形组成的，如图 18-1 所示。

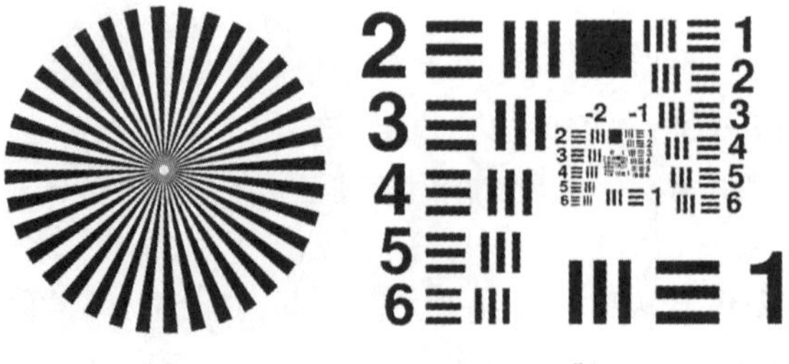

(a) (b)

图 18-1 大像差系统像质评价的分辨板示意图

(a)西门子星条目标；(b)USAF 目标

18.3 像质评价

18.3.1 点列图

由于存在像差，由一点发出的许多光线经光学系统以后，与像面的交点不再是同一点，而是形成散开的图形，称该图形为点列图。可以用点列图中这些点的密集程度衡量系统的质量。

对于像差超过瑞利判据几倍的光学系统，用几何光线追迹可以相当精确地表示出点物的成像情况。做法是把光学系统入射光瞳的一半分成为大量的等面积的小面元，并把发自物点且穿过每一小面元中心的光线，认为是代表着通过入瞳上小面元的光能量，即圆点的密度代表像面上的光强或光亮度。追迹的光线越多，圆点越多，点列图就越能精确地反映像面上光强的分布情况。这种方法只能适用于大像差系统，主要是照相物镜。实验证明，像差很大时，几何光线所决定的光能量分布与实际情况基本符合，光线与像面的交点弥散情况，可以决定光强度的分布。

图 18-2 列举了入瞳上选取光线的方法，可以按直角坐标或极坐标来确定每条光线的坐标。对轴外点发出的光束有拦光时，只计算通光面积内的点阵。

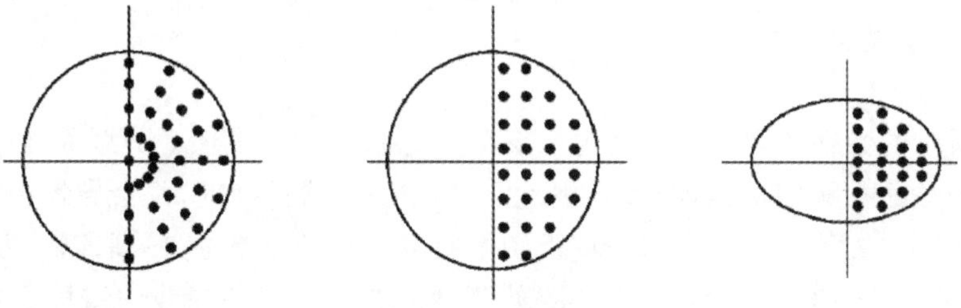

图 18-2 入瞳上选取光线的方法示意图

作点列图需作大量光线的光路计算。为了适当减小计算工作量，有一部分光线和像面交点的坐标可由内插法来确定。

在对照相物镜进行计算所得到的点列图上，可认为对于 30%以上的光线所集中的图形区域，其直径(以 mm 为单位)的倒数为该系统所能分辨的线数。

如果用点列图对照相物镜进行精细、全面的分析，则应对物镜的不同视场、不同波长的光线和离焦的情况作点列图。只有用计算机才可能完成这样大的计算工作量。

作为光学质量的初步指标，光学设计人员通常认为，如果系统的光线像斑的几何光斑半径不超过艾里斑半径，则该系统接近“衍射受限”标准。这被称为光学设计的黄金法则，但它仍然是光学成像质量的一个非常宽松的指标。图 18-3 所示的光线点列图很好地说明了几何光斑尺寸作为光学成像质量评价标准的不可靠程度。

表征几何像斑的另一个重要的方式是 RMS 像斑尺寸，它给出像斑的统计尺寸，表示从中心光斑到大量单个光线的距离的平均分布情况。请勿将其与 RMS 波前误差相混淆，后者是评价光学质量的更为准确的指标。虽然 RMS 像斑尺寸作为光学质量指标的不确定性可能比普通的几何光斑尺寸要小一些，但它仍主要由光线的几何像差大小决定，因此可靠性并不明显。几种像差艾里斑内的点列图如图 18-3 所示。

与 RMS 像斑尺寸直接相关的是光斑的几何点扩散函数(PSF)，它由图像平面中光线的分布确定，即所谓的光线或几何辐照度(与衍射 PSF 给出的实际能量分布相反)。光线在数量上达到平衡的点称为质心(重心)。对于像球差这样的轴向对称像差，或像散这样的中心对称像差，其与主光线(中心)的位置重合；对于非对称像差(例如彗差)，其会根据光线分布的形式从其偏移。

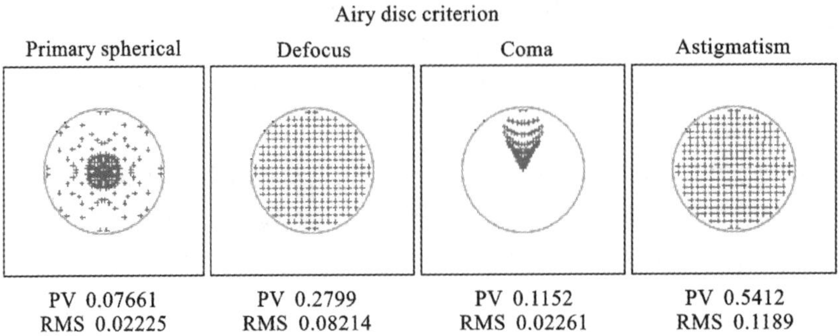

图 18-3 几种像差艾里斑内的点列图

18.3.2 像差曲线

图 18-4 所示的为存在像差的望远镜系统与理想系统的比较图。光学系统所形成的波前偏离理想球面(物镜所形成的波前)或理想平面(目镜所形成的波前)都会导致光学像差。像差会干扰能量到像点的最佳会聚,结果会降低图像质量。测量像差主要采取以下方式:①测量波前相对理想参考球面波前的偏离;②在焦点处测量从波前发出的光线的线性或角度偏差。第一种即为波前像差,第二种即为光线像差。光线像差(纵向、横向和角度)是由波阵面变形引起的,但该数值与光程差(OPD,干涉像空间中的波之间产生的相位差)没有内在联系,OPD 是能量(重新)分布的决定因素。

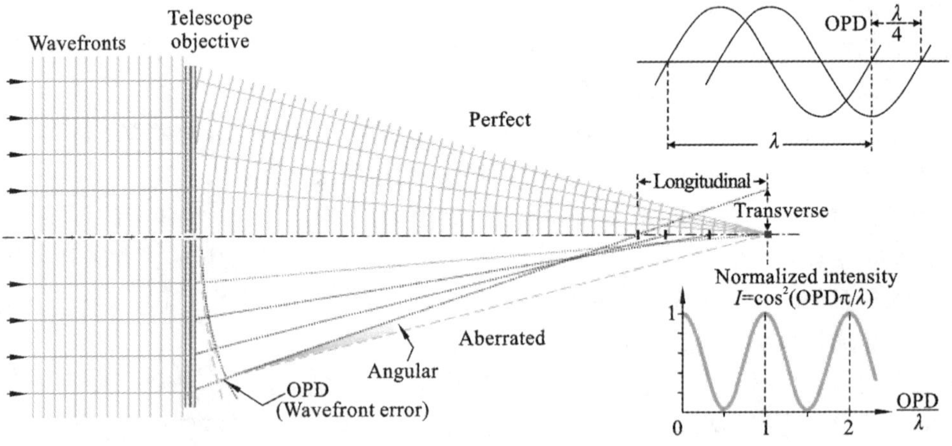

图 18-4 理想和存在像差的望远镜中光线和波前的几何形状

两种像差形式都有各自的意义。虽然波前像差与决定图像质量的物理基本原理直接相关,但光线像差为光学系统成像质量水平的初始评估提供了更为方便的图形界面化表征。由于波前和从其发出的光线是直接相关的,所以相对于艾里斑尺寸,波前像差的大小与相应的横向光线像差的大小之间的关系是恒定的。对于任何给定的相对孔径,这都是正确的。显然,对于任何给定的波前像差,相对纵向像差与相对孔径的变化成反比。

1. 波前像差

波前像差 W 是参考波前和实际波前之间的光程差。尽管波前像差严格地说属于几何光学范畴，但它与物理光学有着密切的关系。波像差是计算衍射图像的重要因素。例如，一个目标点通过无像差系统成像时，不会在像面上形成一个单一的图像点，而是形成一个艾里斑。因此非常小的像差不会显著改变艾里斑。在这种情况下，图像质量更多地取决于衍射效应而不是几何像差。在波像差领域，我们一般使用波前的峰谷值(Peak to Valley 值，即 PV 值)来定量评价波前像差的大小，这也是最简单的方式。

波前像差通常以参考球面作为一条直线来进行描述。注意不要将波前像差与波前本身相混淆。图 18-5 显示了三种常见像差(离焦、初级球差和彗差)的波前和波前像差之间的关系。注意，朝着焦点收敛的实际波前总是类似球形的，而且与球形的偏差通常只有几微米，因此波前偏差的图形表征总是被夸大。

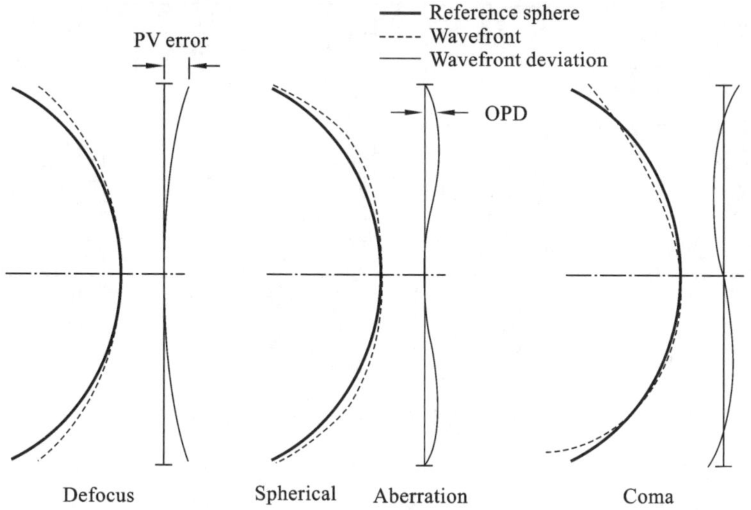

图 18-5　三种像差的波前和波前像差

相对于参考球的最大正波前和负波前偏差值决定了波前像差峰谷值。然而，如果仅仅得知单纯的 PV 值，我们无法推得其对图像质量的影响，除非已知整个波前的形变。PV 值所表征的唯一有用信息就是，它近似于最坏的情况。也就是说，如果指定的 PV 值影响了大部分或全部区域的波前，则它不会比具有这种 PV 值水平的球差的波前表现出更糟的结果(假定较大尺度的表面粗糙度并不明显)。

波前质量评价的一个潜在重要指标是坡度，即波前误差在其半径范围内的变化趋势。波前斜率通常表示为光程差与半径值的变化，即 $\Delta W/\Delta x$。波前像差用 $f(x)$表示，x 为瞳孔区域半径，则可以确定其一阶导数 $f'(x)$。对于波前的任何点，斜率由该点波前的切线确定。图 18-6 显示了光学系统最佳焦点(左)和近轴焦点(中)处的初级球差的波前结构，以及高阶球差补偿(右)的波前结构。图中也分别给出了各个波前结构对应的波前斜率分布曲线。

2. 光线像差

波前的偏差不可避免地会引起光线的偏差，因为光线与波前正交。由波前误差引起的光线偏差表现为像差光线的角度偏差，从而在像平面上产生光线的线性偏差，通常以高斯像点或最佳(衍射)焦点为参考点。

根据费马原理，光线在均匀介质中保持直线传播；在不同介质中，光线总是沿着光程为极值或者与相邻路径相等的路径进行传播。例如，经点源与由正透镜形成的共轭点(或焦点)的

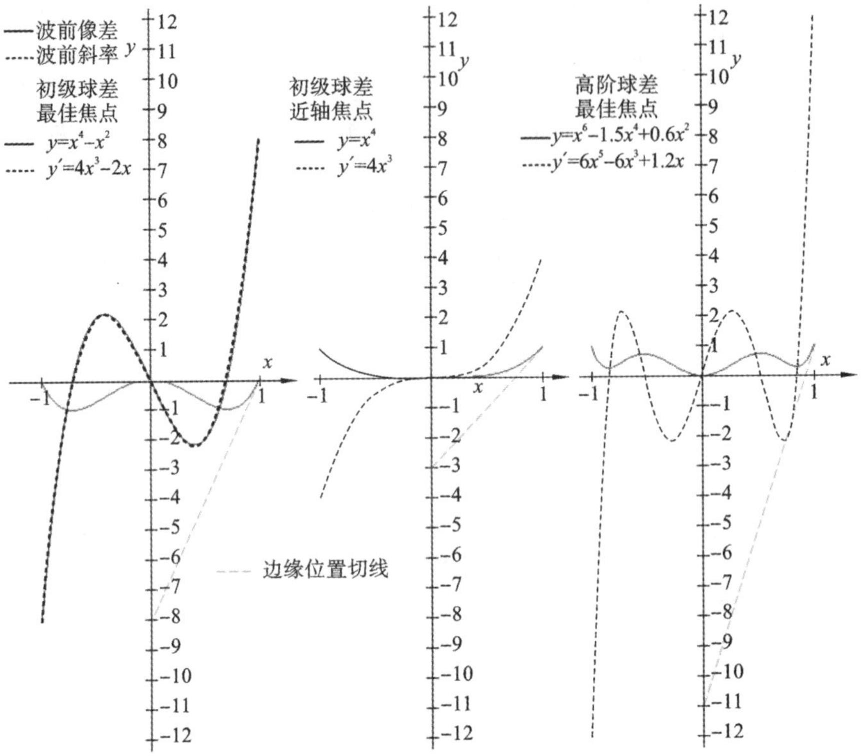

图 18-6 波前像差和波前斜率的曲线

光线将遵循不同的传播路径,具体路径取决于其初始方向。为了实现物像之间无像差共轭,所有光线的光程必须保持恒定。因此,各条光线的光程的变化会导致对应点同相波前的光程差、波前畸变和焦点处的相位失配。而光线像差表征的是各条光线与理想像点之间的线性光线偏差,它不会传递有关其周围实际能量分布的任何信息。

但是,几何光学为确定光学系统的基本属性提供了方便的方法。由 Carl Friedrich Gauss 提出的高斯近似或近轴近似,追迹到了离光轴足够近的光线,以使入射角正弦值和光线角正切值可以被角度本身代替。这就是所谓的"一阶"光学,用于确定近轴焦点位置。高斯焦点与完美光学表面或系统的焦点重合。然而,最佳焦点(或者衍射焦点)才是光学系统最佳的实际成像位置,而像差的存在通常会使其偏离理想的高斯焦点。

光线与理想像点的偏离有两种形式:轴向(沿着光轴测量,像差光线同光轴的交点与理想像点的距离)和横向(在焦平面上从理想像点到其上方或下方的光线高度测量)。前者定义轴向光线像差,而后者定义垂轴光线像差。

图 18-7 系统化地表示出了光线像差来源及其表征方式。如图 18-7 所示,光线的垂轴像差可以通过绘制选定数量的光线与焦平面的交点来图形化表示。这些也被称为光线点列图。呈现光线的垂轴像差的另一种形式是垂轴像差曲线图;类似地,可以将轴向像差绘制为光瞳中光线高度的函数。垂轴像差可以用角度形式表示,即垂轴像差与光学系统焦距的比值。

如前所述,光线像差并不是衍射像斑中能量重新分布的可靠评价指标。这一结论对于理解像差对图像质量的影响是十分关键的。光线像差的几何或角度形式与成像的物理原理方面(即波的扰动)之间并没有直接关系。但是,光线像差能给成像质量带来一个简单直观的印象。并且当光线像差由已知形式的波前像差产生时,光线像差与 RMS 波前像差的关系也是已知

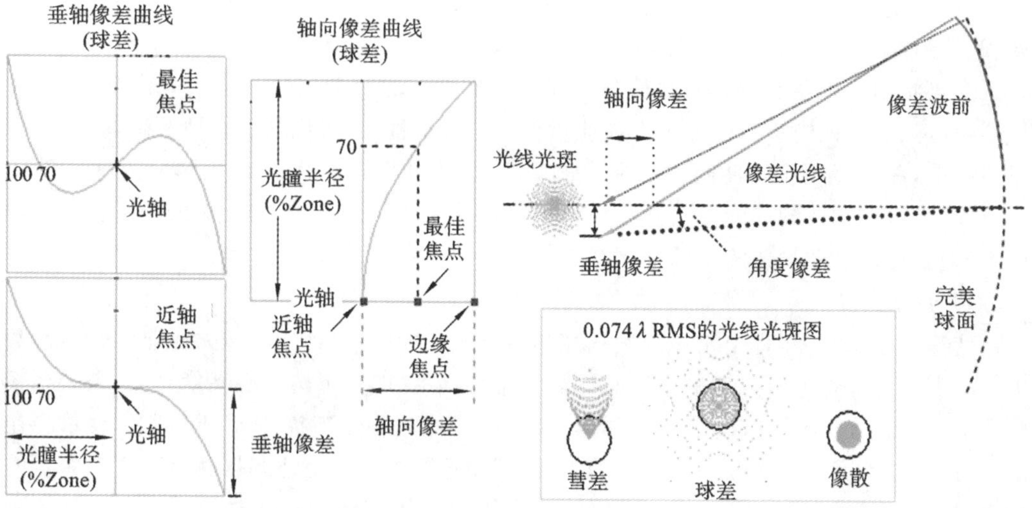

图 18-7　光线像差来源及其表征

的，因此，其与特定程度的图像劣化存在一定关系。

18.3.3　点扩散函数

1. 点扩散函数定义

对光学系统来讲，输入物为一点光源时，其输出像的光场分布称为点扩散函数(PSF)，它描述了一个成像系统对点源或点对象的响应，可以用该指标来衡量重建后的图像的分辨率。图 18-8 表示的是不同像斑(无像差和有像差)所对应的点扩散函数曲线图。

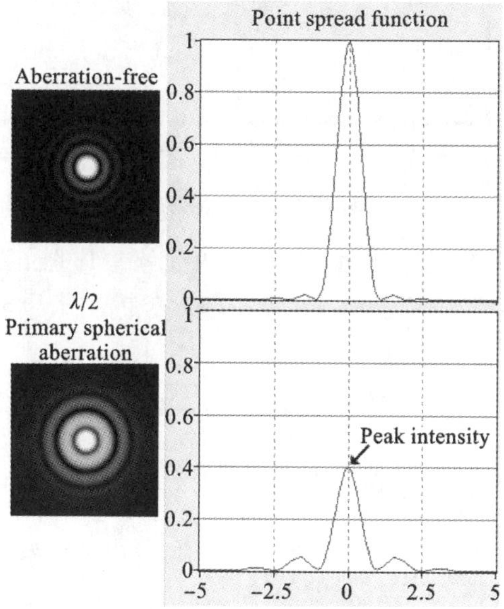

图 18-8　点扩散函数

PSF 更加一般的术语称呼是系统点响应函数，PSF 是一个聚焦光学系统的冲击响应。函数上讲，PSF 是成像系统传递函数的空间域表达。PSF 是一个重要的概念，傅里叶光学、天文成像、医学影像、电子显微学和其他成像技术（比如三维显微成像和荧光显微成像）中都有其身影。一个点状物体扩散（模糊）的度是一个成像系统质量的度量。在非相关成像系统中（荧光显微、望远镜、显微镜……），成像过程在能量传递上是线性的，可以通过线性系统理论来表达。这里指的是，A 和 B 两个物体同时成像的时候，成像结果等同于 A、B 两物体独立成像的结果之和。或者说，A 物体的成像不会受 B 物体成像的影响，反之亦然（这是由光的独立传播理论所决定的）。更为复杂物体的图像可以看作是真实物体和 PSF 的卷积。

2. 中心点亮度

斯特涅尔于 1894 年提出了一个判据光学系统质量的指标，即用有像差时点源响应函数的最大中心亮度与无像差时点源响应函数的最大中心亮度（即艾里斑中心亮度）之比来表示系统成像质量（如图 18-9 所示），这个比值称为中心点亮度，也称斯特涅尔比，以 S. R. 表示。在像差不大时，中心点亮度和像差有较简单的关系，利用这种关系和上述判据就可以决定像差的最佳校正方案及像差公差。设通光孔为圆孔，其半径为 1，由有像差存在时像面上点引起的光振动公式可得：

$$\text{S. R.}=\frac{|\Phi_{\mathrm{P}}(W\neq 0)|^2}{|\Phi_{\mathrm{P}}(W=0)|^2}=\frac{1}{\pi}\left|\int_0^1\int_0^{2\pi}\mathrm{e}^{\mathrm{j}kW}r\,\mathrm{d}r\,\mathrm{d}\varphi\right|^2 \tag{18-3}$$

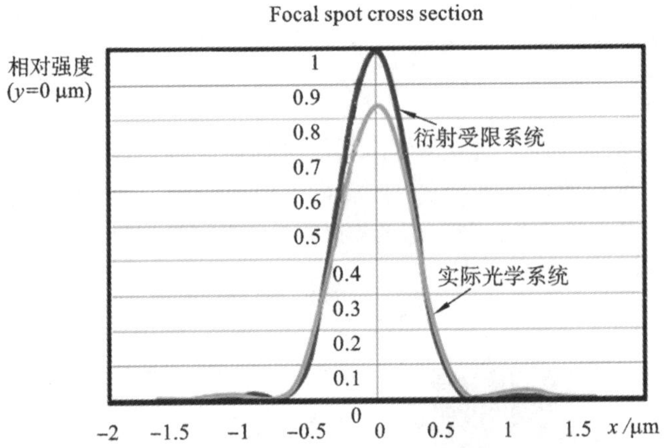

图 18-9　中心点亮度

式中，$\Phi_{\mathrm{P}}(W\neq 0)$ 为有像差时的光振动；$\Phi_{\mathrm{P}}(W=0)$ 为无像差时的光振动。当波像差很小时，可把积分指数函数作泰勒展开，当 $|W|<1/k=1/2\pi$ 时，对指数展开式取三项后，再用牛顿二项式可得：

$$\begin{aligned}\text{S. R.}&=\frac{1}{\pi^2}\left|\int_0^1\int_0^{2\pi}\left(1+\mathrm{j}kW-\frac{k^2}{2}W^2\right)r\,\mathrm{d}r\,\mathrm{d}\varphi\right|^2\\&\approx\left|1+\mathrm{j}k\overline{W}-\frac{k^2}{2}\overline{W^2}\right|^2\approx 1-k^2[\overline{W^2}-(\overline{W})^2]\end{aligned} \tag{18-4}$$

式中，$\overline{W}$ 和 $\overline{W^2}$ 分别为波像差的平均值和平方平均值，可用下式表示：

$$\begin{aligned}\overline{W}&=\frac{1}{\pi}\int_0^1\int_0^{2\pi}Wr\,\mathrm{d}r\,\mathrm{d}\varphi\\\overline{W^2}&=\frac{1}{\pi}\int_0^1\int_0^{2\pi}W^2r\,\mathrm{d}r\,\mathrm{d}\varphi\end{aligned} \tag{18-5}$$

由于计算波像差 W 时，参考球面半径是任意选择的，因此，W 中有任意常数项，适当选择常数总可以使 $\overline{W}=0$。这样选择后，S.R.就只与波像差的平方平均值有关了。

讨论理想光学系统成像时，由于存在衍射效应，点像的衍射图样中，艾里斑上集中全部能量的83.8%，其各级亮环占16.2%。当光学系统有像差存在时，能量分布情况发生变化，将导致中心点光能量降低。随着波像差的增大，衍射斑的光能量分布情况如表18-2所示。

表18-2 波像差变化与衍射斑的光能量分布的关系

波像差 W	中心亮斑能量所占百分数/(%)	外面各环能量所占百分数/(%)	S.R.
0	84	16	1.00
1/16	83	17	0.99
1/8	80	20	0.95
1/4	68	32	0.81

斯特涅尔指出，当中心点亮度 S.R. $\geqslant 0.8$ 时，系统可以认为是完善的。这就是衡量光学系统像质的斯特涅尔判据。这是一个比较严格的、可靠的像质评价方法。但是由于其计算繁杂，实际上应用非常不便，因此很少用它。

斯特涅尔比是表达波前像差对图像质量影响的最简单而有意义的方法，其表征的是像差波前与完美波前的峰值衍射强度之比(数学描述见前面章节)。该比值表示存在波前像差时光学系统的成像质量。通常，它用于定义一般观测的最大波前像差可接受水平，即所谓的衍射极限水平，通常设置为 S.R.$=0.8$。

偏移理想球面的波前像差与形成衍射图样的所有波干涉点处的相位误差直接相关。换句话说，偏离理想球面的波前决定衍射图案强度分布的变化。但是，它不是峰谷值的像差，因为峰谷值仅指定了偏差的峰值，而没有告知其在波前区域的范围。所以我们一般选择波前偏差的方均根值或 RMS 波前像差来表征波前的平均偏差。该平均波前偏差决定了衍射像斑光强分布的峰值强度，因此也直接决定了斯特涅尔比的数值。请注意，RMS 波前像差仅在像差影响相对较大的波前区域才能准确表示波前像差的大小，通常是圆锥曲面系统所产生的像差情况。

对于相对较小的误差(RMS 大约为 0.15λ 或者更小)，无论像差的类型如何，RMS 波前像差以及所产生的斯特涅尔比都能准确反映能量分布的总体变化。误差足够大时，RMS 误差和斯特涅尔比之间的相关性就会消失。相较较低的误差，更大的 RMS 误差能产生更高的 PSF 峰值强度和更好的图像质量。

尽管斯特涅尔比提供了关于波像差影响像质的非常有用的定量信息，但它不具有一般性。斯特涅尔比没有给出关于不同角度大小的细节对比度如何变化的具体表征，也没有给出如何影响分辨率极限的具体表征。同样，还有一些其他因素也会影响衍射光斑的强度分布，例如光瞳的遮拦及切趾滤波等，但它们并非源于波前像差。斯特涅尔比没有考虑这些因素的影响。然而，各种形式的遮拦会引起光瞳的透过率发生变化，我们可以通过 PSF 来表征其对光学系统成像的影响。

3. 能量集中度

描述像差影响的更通用的指标是能量集中度，即给定半径的圆或者给定边长的方块所包含的点图像能量的多少。如果指定的范围不止一个半径，能量集中度将给出强度分布的更多详细信息，甚至是关于半径的连续分布函数。因此，能量集中度能更直观地表达像点的光强分布情况，它在点列图的基础上描绘能量随弥散半径的变化。

图 18-10 显示了衍射图样半径的点扩散函数和给定半径的环绕能量集中度曲线，其峰值强度确定了斯特涅尔比。在存在像差的情况下，能量散布得更宽，因此在给定半径内环绕的能量会减小。能量集中度曲线给出了艾里斑所包含的能量大小，通过该曲线可以得到任意光斑半径所包含的能量。该曲线同时也能反映出中心圆盘尺寸大小所发生的变化，以及提供其他特别有用的信息。而另一个半径为 $2.5\lambda F$（此处 F 为系统 F 数）的圆所包含的能量值将会进一步指出多少能量会从中心亮斑迁移到第一个亮环中。如果系统存在非旋转对称像差，则会使能量集中度分布曲线变得更加复杂。因为任何半圆所包含的能量都会随瞳面上方位角的变化而发生显著变化。因此，如果要给出像斑在这一方面的能量分布特性，我们需要在每一个瞳面径向角度上都给出相应的能量集中度曲线，或者需要提供其他某种图形化的能量分布表示方法。很显然，能量集中度远没有斯特涅尔比清晰明了。

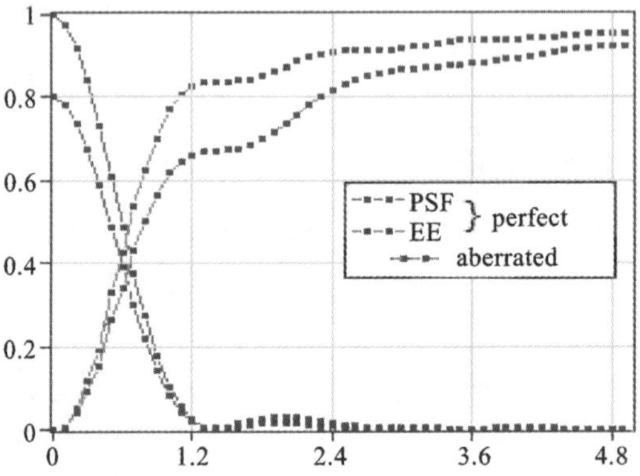

图 18-10　点扩散函数和能量集中度曲线

18.3.4　光学传递函数

调制传递函数（MTF）通常用于描述点扩散函数和正弦强度分布图样特征物体的高斯（几何）图像之间进行卷积的情况。其中，物体实际上是由连续的暗线和亮线相间的条纹组成的，并从最大值（在亮线的中间）到最小值（在暗线的中间）之间反复变化。该卷积积分将系统在高斯图像上产生的所有 PSF 斑点在每个高斯像点处的能量进行叠加，因此描述了正弦图案物体对应的衍射图像。由像差、光瞳遮拦和其他因素而导致的 PSF 变化会影响该衍射图像的成像质量，尤其是其对比度水平和相位分布情况。通常，与 PSF 卷积会使光强变化变得更加平滑，即正弦（或任何其他）图案的强度分布变平，从而降低对比度而充当低通滤波器（即限制了系统分辨率）的作用。图 18-11 表征了检验光学系统调制传递函数的成像过程。

MTF 是描述此成像过程的复函数，即光学传递函数（OTF）的一部分，其表示 OTF 的振幅大小。OTF 另一个组成部分为相位传递函数（PTF）。尽管 OTF 仅限于描述系统 PSF 对这类单一形式的物体（正弦强度分布）成像的影响，但它通常仍然可以被认为是一个非常重要的成像评价指标。

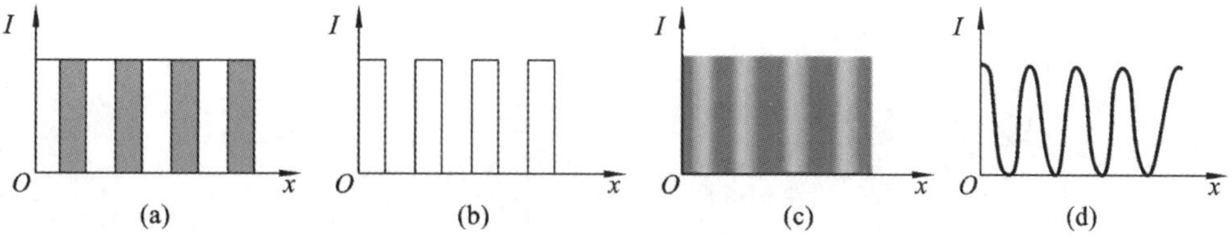

图 18-11　调制传递函数分划板图案原理示意图

1. 基本概念

正弦光栅相邻两个极大值(或极小值)之间的距离 T 称为空间周期,单位为毫米。这里用“空间”两字是为了和“时间”相区别,过去物理上许多波动(如电磁波、交流电等)都是对时间而言的,每变动一周的时间叫作周期,单位为秒。在光学传递函数中,正弦波光栅是沿着某个长度方向(空间)的条纹强度变化的,这种正弦波叫作空间波。单位距离内的空间周期数叫作空间频率。空间频率也可以看成是每毫米内包含的亮线条或暗线条的条数。相邻的一根亮线条与一根暗线条叫作一个“线对”,空间频率用 ν 表示,单位为 lp/mm。由定义可知:

$$\nu = \frac{1}{T}$$

$$\omega = 2\pi\nu = \frac{2\pi}{T} \tag{18-6}$$

空间圆频率 ω 的单位是 rad/mm。

为了表达正弦光栅线条的明暗对比程度,定义对比度 M 为

$$M = \frac{(I_{\max} - I_{\min})}{(I_{\max} + I_{\min})} \tag{18-7}$$

由于条纹强度不可能为负数,所以必然有

$$0 < M \leqslant 1$$

在讨论光学传递函数时,为排除物与像之间的 ν 的差异,只是将实际像与理想像比较,而不去直接同物体比较。所谓理想成像是指像的位置由高斯光学成像的位置决定,大小也由高斯光学决定。像的条纹强度分布不考虑光学系统的衍射和光吸收的影响,以及表面反射的损失,也即认为像的对比度和物体的是完全一样的,今后以 M 代表物体的对比度,同时也代表理想的对比度。

实际上由于衍射作用与像差的存在,实际像的对比度会降低。理想像与实际像的直流分量都是一样的。如图 18-12(a)所示,实线代表理想条纹强度分布,虚线代表实际条纹强度分布。由图可以看出,经成像后亮线条会变暗,暗线条会变亮。这样看起来线条就没有原来那样明晰,实际像的正弦曲线振幅就比原来的小,设实际像的对比度为 M',实际像的对比度会降低,而降低的程度随光学系统成像质量情况的不同而不同。M'是空间频率 ν 的函数,这里 ν 代表实际像的空间频率,也代表理想的空间频率(反映物体的情况)。对比度降低的情况用 M'与 M 比较,因而定义对比度传递函数 $T(\nu)$ 为

$$T(\nu) = \frac{M'}{M} \tag{18-8}$$

$T(\nu)$值小于 1,其只是体现了光能分配的改变,而不体现光能的损失,如图 18-12(a)所示,亮线条降低的光能,正好等于暗线条增加的光能。

正弦波光栅成像后,除了对比度降低之外,还可能产生相位移动。就是实际成像的线条位

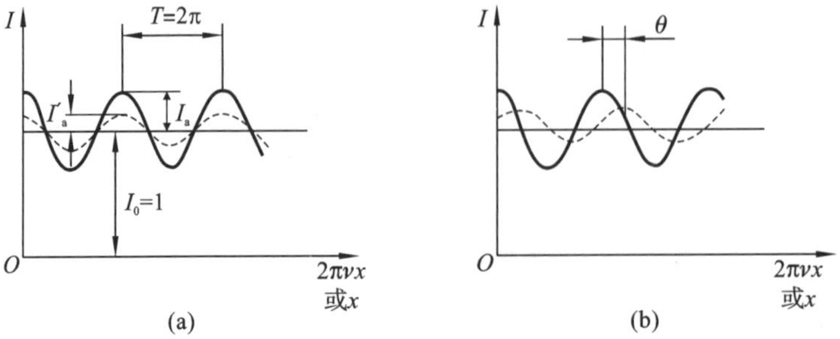

图 18-12 调制传递函数和相位传递函数示意图

置不在理想成像的线条位置上，而是沿 x 方向移动一段距离。为了表达实际像对理想像的位移，最好借用弧度值来表示，即用"相位"表示。图 18-12(b)中的虚线即为相位移动 θ 弧度的情况。这种现象叫作"相位传递"，这个移动量也随着 ν 的不同而不同，相应函数称为相位传递函数，简写为 PTF，记为 $\theta(\nu)$。

为了综合调制传递函数和相位传递函数，首先给出由实线表示的理想成像的条纹强度分布：

$$I(x) = 1 + M\cos 2\pi\nu x$$

由虚线表示的实际成像的条纹强度分布为

$$I'(x) = 1 + M'\cos[2\pi\nu x - \theta(\nu)]$$

这两个式子的区别在于 M 与 M' 的不同，以及多了一个相位因子 $\theta(\nu)$，这些变化综合起来可用下式表示：

$$D(\nu) = T(\nu)e^{-j\theta(\nu)} \tag{18-9}$$

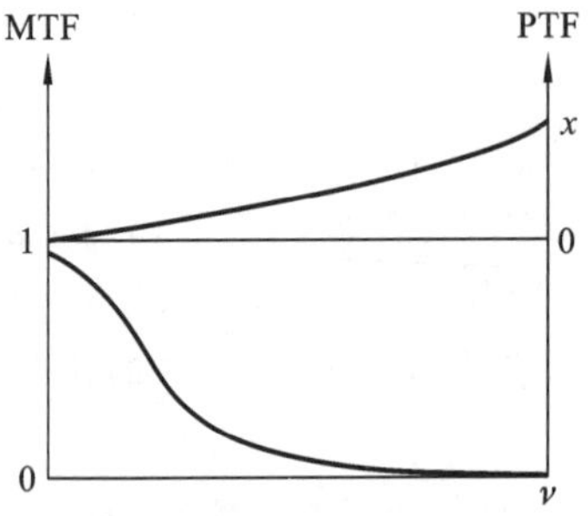

图 18-13 光学传递函数

$D(\nu)$即为光学传递函数，其由调制传递函数和相位传递函数组成。相位传递函数一般不影响像的清晰度，实际用得更多的是调制传递函数。

OTF 是 ν 的函数，各个 ν 都有自己的 $T(\nu)$ 与 $\theta(\nu)$ 值，因此对于某光学系统的 OTF 往往画成图 18-13 所示的曲线。该图横坐标为 ν(lp/mm)，纵坐标下半部分为 MTF，分格由 0 到 1，上半部分为 PTF，分格用弧度。

2. 光学传递函数表达式

无论是电网络系统还是光学系统，有一组输入(称为激励函数)，则相应地有一组输出(称为响应函数)。光学成像系统的输入和输出可以都是一个二维自变量的实值函数(光强分布)，也可以都是复值函数(复振幅分布)。对系统输入 N 个激励函数，系统输出 N 个响应函数。如果把 N 个激励函数相叠加输入到系统中，而由系统输出的是与之相应的 N 个响应函数的叠加，则这样的系统称为线性系统。光学系统用非相干光成像时，其像为目标上各个发光点或发光线通过光学系统产生的光强分布的叠加。因此，目标为自发光或被非相干光照明时，光学系统具有线性系统的性质。当用相干光成像时，由于干涉，目标上各个发光点或发光线通过系统的输出为复振幅分布，则不能进行简单的叠加。

线性系统的优点在于对于任一复杂的输入函数的响应，其都能用输入函数分解成的许多"基元"激励函数的响应表示出来。前面曾指出：在讨论光学系统的光学传递函数时，只是研究成像质量，而不考虑系统的几何成像特性，为了排除物与像之间的放大率的影响，只将实际成像和理论成像相比较。若对光学系统输入一个二维的激励函数(物面),将其分解成许多物点作为“基元”激励,则在理想像面上相应的理想点都是几何点,具有δ函数的性质。设理想像面坐标为(x,y),其上光强分布为$o(x,y)$(称为物光强分布或物函数),则在点(x,y)处的光强为$o(x,y)\cdot\delta(x,y)$。由于系统存在衍射及像差,对应δ函数的实际像点为一光强分布,以$h(x',y')$表示,称为点扩散函数。

在理想像平面上有一点(x_1,y_1),该点的δ函数表示为$\delta(x_1-x,y_1-y)$,它的光强为$o_1=o(x,y)\cdot\delta(x_1-x,y_1-y)$,对应的点扩散函数为$h(x_1'-x,y_1'-y)$,实际像光强分布为

$$i_1(x_1',y_1')=o_1\cdot h(x'-x,y'-y)$$

对于另外一点(x_2,y_2),光强为o_2,则有

$$i_2(x_2',y_2')=o_2\cdot h(x_2'-x,y_2'-y)$$

由于是线性系统,以上两点叠加后的实际像光强分布为

$$i=i_1(x_1',y_1')+i_2(x_2',y_2')=o_1\cdot h(x_1'-x,y_1'-y)+o_2\cdot h(x_2'-x,y_2'-y)$$

如果像面上的点扩散函数都一样,即物面上任一点通过光学系统都成像为相同的弥散斑,则可得

$$h(x_1'-x,y_1'-y)=h(x_2'-x,y_2'-y)=h(x'-x,y'-y)$$

这样的性质称为空间不变性。显然,具有空间不变性的光学系统必须满足等晕条件,或者说在等晕区内才能实现空间不变线性系统的性质。因此,不是在光学系统的任意大的成像空间内都是具有这种空间不变性的。

对于等晕区内的物面(理解为理想像),其光强分布为$o(x,y)$,则像光强分布$i(x',y')$可用下式表示:

$$i(x',y')=\iint_{\infty}h(x_1'-x,y_1'-y)\cdot o(x,y)\mathrm{d}x\mathrm{d}y \tag{18-10}$$

在数学上称式(18-10)为像光强分布函数,其等于物光强分布函数和点扩散函数的卷积,可写为

$$i(x',y')=o(x,y)*h(x_1'-x,y_1'-y) \tag{18-11}$$

式中,“$*$”为卷积符号。

式(18-11)的含义是:将物体分解为点阵,把每个点通过光学系统形成的点扩散函数对像分布函数的贡献作积分,而求得像光强分布函数。但是用这种方法进行实际计算时有两方面困难。首先,如果把光瞳形状、像差校正状况、像面离焦等因素考虑进去,点扩散函数的计算非常繁杂;其次,物体本身的光强分布不能用显函数或精确图形来表示。所以上述卷积积分难以实现。

为了使卷积积分可以求解,采用频谱分析的方法。因为物和像的分布函数都是二维空间的函数。由式(18-11)可知,像光强分布$i(x',y')$是物光强分布$o(x,y)$和点扩散函数$h(x'-x,y'-y)$的卷积。无论是物光强分布函数$o(x,y)$或像光强分布函数$i(x',y')$,都可以分解为不同空间频率的正弦波分量的总和。因此,研究光学系统的成像特性,实际上只要分析它对不同空间频率正弦波分量的传递能力即可。

对$o(x,y)$,$i(x',y')$和$h(x,y)$进行傅里叶变换,即把这些函数变为不同空间频率的函数,得到这些函数的频谱(或称为傅里叶谱)。设N_x,N_y为坐标轴x,y方向的空间频率,则$o(x,y)$,$h(x,y)$和$i(x',y')$的傅里叶变换可写为$O(N_x,N_y)$,$D(N_x,N_y)$和$I(N_x,N_y)$,或写为$O(N)$,$D(N)$和$I(N)$。

对式(18-11)两边作傅里叶变换，并应用卷积定理，可写出系统的输入和输出的频谱$O(N)$和$I(N)$之间的关系式：

$$I(N)=O(N)\cdot D(N) \tag{18-12}$$

式(18-12)表示，光学系统的成像过程，就是物光强分布$o(x,y)$的每个正弦分量$O(N)$乘上一个相应的因子$D(N)$构成像光强分布$i(x',y')$的对应正弦分量$I(N)$。因此，光学系统的成像特性完全由$D(N)$反映出来。$D(N)$描述了光学系统对各种正弦分布的传递情况，用它可以全面地评价光学系统的成像质量。

3. 光学传递函数在像质评价中的应用

1) OTF 曲线

光学系统的光学传递函数与以下各种参数有关：焦面位置d、视场角ω、用于测量和计算光学传递函数的色光波长λ和F数等。对以上各种不同参数均可绘出 OTF 曲线。最常用的 OTF 曲线如图 18-14 所示，横坐标为空间频率ν。

OTF 应包括 MTF 与 PTF 两部分，但一般都只应用 MTF。其原因为可以省去一半数据，更重要的是，测量 PTF 的方法研究得还不充分，PTF 的精度也远不如 MTF 的。用 MTF 评价像质，已经取得了与实际比较接近的结果。除了畸变之外，MTF 能反映出其他所有的像差。

2) 根据 MTF 确定像质

(1) 比较分析 MTF 曲线。

设有两个镜头Ⅰ与Ⅱ，它们的 MTF 曲线如图 18-15 所示。一般认为人眼对比阈为 0.03 左右，因此像对比降到 0.03 的那一个频率可认为是目视分辨率，由图 18-15 可见，镜头Ⅱ的分辨率比镜头Ⅰ的高，但当对比$M=0.1$时，镜头Ⅰ比镜头Ⅱ好，因此如果作为摄影镜头，则镜头Ⅰ比镜头Ⅱ好，因为从 MTF 曲线看，在低频部分的一个较宽的范围内，MTF 值下降缓慢，低对比传递能力强，用镜头Ⅰ拍出的影像层次丰富，真实感强。

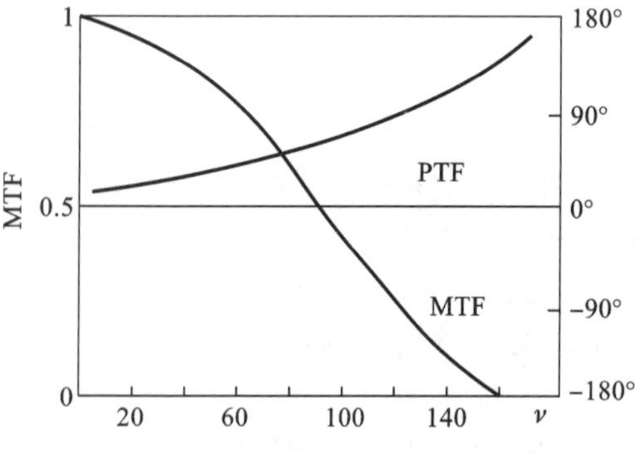

图 18-14 常用的 OTF 曲线

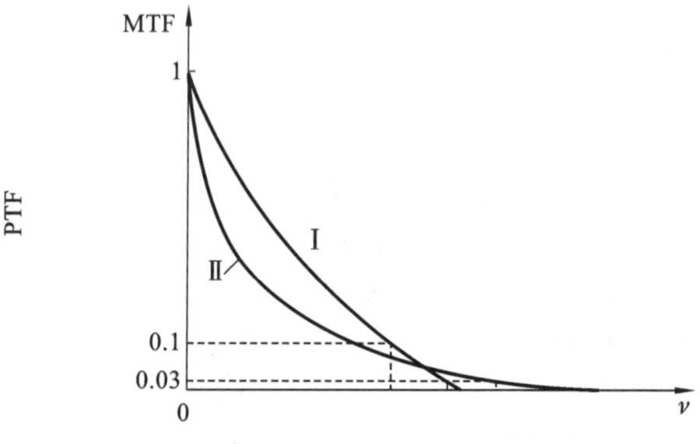

图 18-15 比较分析 MTF 曲线图

(2) 特征频率的 MTF 值。

根据镜头工作情况，应确定一个或几个特征频率ν_k，其对应的 MTF 值作为评价指标。如图 18-16 所示，假定选定的频率为 50 lp/mm，如果要求 MTF 值大于 0.7 为合格，则镜头Ⅰ合格，镜头Ⅱ不合格。

对于各类摄影物镜，一般情况下根据两三个特征频率下的 MTF 值便可较好地确定它们的像质。

(3) 特定的 MTF 值对应的频率。

根据 MTF 值降低到某值时，相对应的频率应不小于某个规定值来评价。如图 18-17 所示，假如要求的指标是 MTF 为 0.8 时，频率应不小于 30 lp/mm，则镜头Ⅰ合格，镜头Ⅱ不合格。

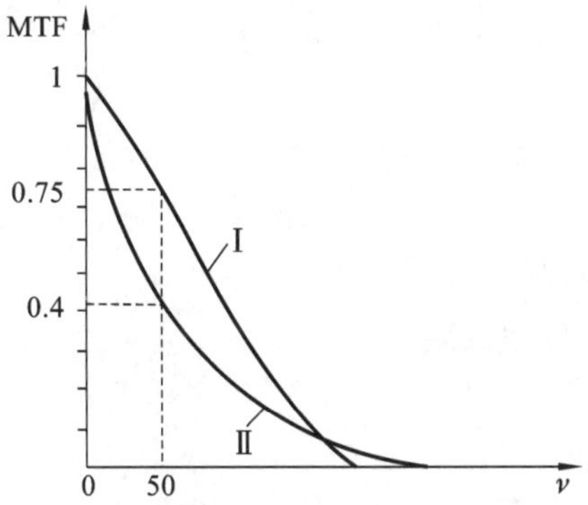

图 18-16　特征频率的 MTF 值示意图

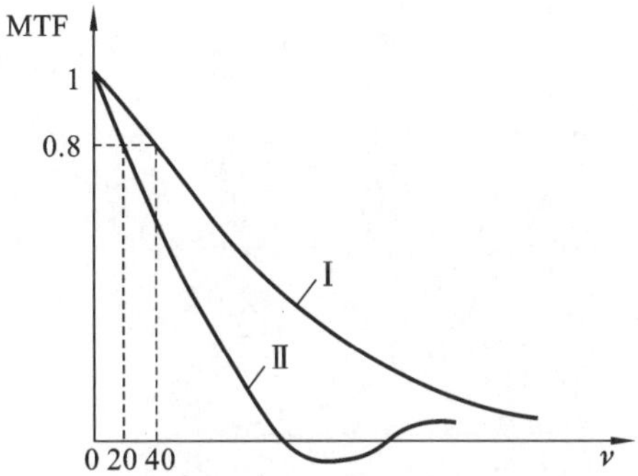

图 18-17　特定 MTF 值对应的频率示意图

有人建议以 $T(\nu)=0.5$ 所对应的频率作为大像差系统的像质指标，它的测定更为简单，甚至可以不使用 MTF 测量仪器，只需用低对比分辨率板测量分辨率即可。

(4) MTF 积分值。

上述几种办法都只反映了 MTF 曲线上少数点的情形，MTF 积分值可反映曲线整体性质，该积分值即为 MTF 曲线与坐标轴所围成的面积，如图 18-18(a)所示。该值代表光学系统所能传输信息的多少(称为信息容量)。显然，此面积越大，镜头质量越好，成像越清楚。MTF 积分值的应用可从以下几方面来讨论。

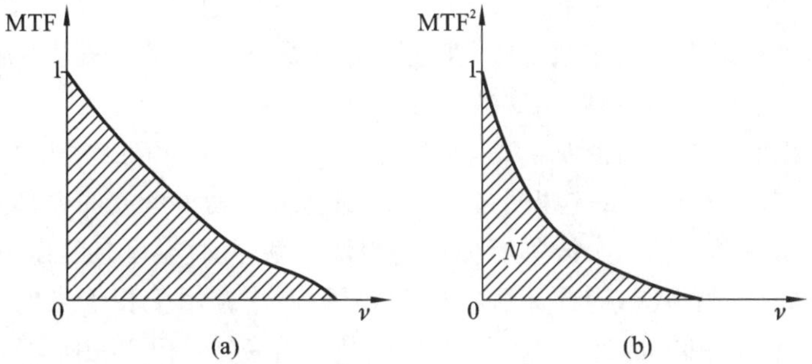

图 18-18　积分值示意图

①MTF 积分值代表了点像或线像的中心点亮度，也就是前述的光学系统中心点亮度(S. R.)。

②加权积分指标 V 的定义为

$$V=\frac{\int T(\nu)W(\nu)\,\mathrm{d}\nu}{\int W(\nu)\,\mathrm{d}\nu}$$

当权函数 $W(\nu)$ 为常数时，V 就是 S. R.。此外，常常选 $W(\nu)$ 为接收器件(如人眼或底片)的 MTF，以这种方式将接收器件的作用一并考虑在内，有人把 V 也称为信息容量。实践证明，在使用二维函数时，V的大小能很好地反映系统的像质，只是使用起来稍麻烦些。

③平方积分N的定义为

$$N=\int[T(\nu)]^2\mathrm{d}\nu$$

如图18-18(b)所示，这相当于$T(\nu)$自身作为权函数，强调了低频部分的作用。

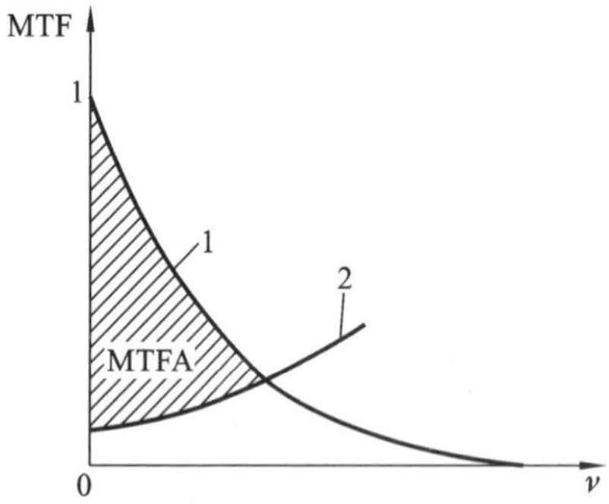

图18-19 调制传递函数面积示意图

④调制传递函数面积MTFA指的是图18-19中两条曲线间的面积。曲线1是MTF曲线，曲线2是接收器的分辨率极限曲线。MTFA是一种兼顾接收器特性的指标，其值越大，表示镜头质量越好，并且有可能直接测量MTFA值。

4. 相干光传递函数

如前所述，光学传递函数是针对非相干光定义的，因此其元素(包括MTF)也是如此。尽管进入一般光学系统(如望远镜等)的光通常是不相干的，但不能认为它是完全不相干的，并且其不相干的程度也有所不同。一般来说，空间相干性可能会随着成像物体的大小而变化。光学系统(如望远镜等)在对点光源成像时，非相干光和相干光之间的相对强度分布没有差异，只要它在非相干光中接近单色即可；但是在对多个相邻点光源和扩展物体进行成像时，则存在显著差异。在这种情况下，我们有可能会关心照明光源从非相干光变为相干光时对系统成像对比度的影响。

在比较相干光和非相干光的传递函数时，困难来自于两者的不同性质。非相干光下的物体图像是通过将点源图像强度分布(系统PSF)叠加在物体的高斯图像上而形成的，这里的叠加是将每个点源图像的强度分布直接相加；而相干光下图像则是在高斯像面上的每个点叠加所有点源图像的振幅分布(相干扩展函数，CSF)而形成的，这里的叠加是指将每个点源图像的复振幅进行叠加，得到最终的复振幅分布(在这种情况下，我们讨论的是振幅图像)。对这个复杂幅度图像进行平方就会得到物体图像的强度分布。

换句话说，非相干光中的图像是高斯(强度)图像与系统PSF的卷积，而相干光中的图像是高斯(振幅)图像与系统CSF的卷积。前者中的强度形式是单个波的叠加形式，它们是随机变化的相位关系，而后者中的单个波具有恒定的相位关系，并且会干扰复杂的振幅的建立。

由于形成图像的机制不同，因此无法将标准OTF形式应用于相干光的标准传递函数，即描述幅度而不是强度的相干传递函数(称为振幅传递函数(ATF)，用于区分相干传递函数(CTF))。更重要的是，相干光在不同的物体强度轮廓下会发生不同的衍射，这导致ATF比OTF更加受制于正弦物体幅度分布的特殊情况。例如，如果将正弦波模式替换为方波模式(轮廓为鲜明的黑白条)，则相干光的衍射方式会有所不同，并且可能会产生模糊的边缘(吉布斯效应或环形边缘)。

最后，ATF忽略了由于物体表面不平坦而引起的相位干扰，从而产生了亮点和暗点的随机干涉图样(斑点结构)，这会显著降低图像的清晰度。因此，ATF作为评价成像质量的一般指标远没有OTF有用。对于相同的正弦模式的OTF(在这里是幅度而不是强度)，ATF给出了非常不同的传输曲线。

18.4 光学系统成像质量测试

18.4.1 星点法

在理想光学系统中，任何一个物点发出的光线经系统作用后，所有的出射光线仍然相交于一点。但在实际光学系统中，物空间的一个物点发出的光线经实际光学系统后，不再会聚于像空间一点，而是形成一个弥散斑，弥散斑的大小与系统的像差有关，弥散斑的性质反映了光学系统成像的质量。

星点法是常用的一种评价光学系统成像质量的方法，它是通过观察点光源经光学系统所成像斑的不同形状来评价系统的成像质量的。星点法能够分析与光束结构有关的各种几何像差和装配加工的某些误差，其优点是所使用的设备简单，现象直观，灵敏度高，但它只是一种定性的相互比较的检验方法，无法做定量的检验。

星点法检验的原理：光学系统对相干照明物体或自发光物体成像时，可将物光强看作无数个具有不同强度的独立发光点的集合。每一发光点经过光学系统后，由于受衍射、像差以及其他工艺瑕疵的影响，在像面处得到的星点像光强分布是一个弥散斑，即点扩散函数。在等晕区内，每个光斑都有相同的分布规律，像面光强分布是所有星点像光强的叠加结果。因此，星点像光强分布规律决定了光学系统成像的清晰程度，也在一定程度上反映了光学系统的成像质量。

由光的衍射理论可以知道，一个光学系统对一个无穷远处的点光源成像，其实质就是光波在其光瞳面上的衍射结果，焦面上的衍射像的振幅分布就是光瞳面上的振幅分布函数的傅里叶变换，光强分布则是振幅模的平方。

无像差星点衍射像如图 18-20 所示，在焦点处，中心圆斑最亮，外面环绕着一系列亮度迅速减弱的同心圆环。衍射光斑的中央亮斑集中了全部能量的 80%以上，其中，第一亮环的强度不到中心圆斑最大强度的 2%，在焦点对称的前后截面上，衍射图样完全相同。

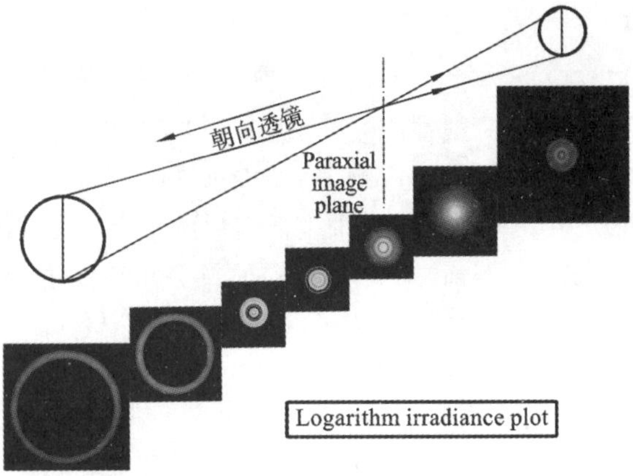

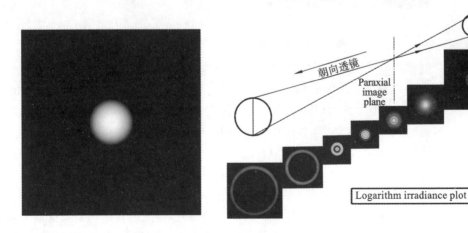

图 18-20 无像差的衍射图案

光学系统的像差和缺陷会引起光瞳函数的变化，从而使对应的星点像产生变形和改变其光能分布。待检系统的缺陷不同，星点像的变化情况也不同。故通过将实际星点像和理想星点像进行比较，可以得出待检系统的缺陷并由此评价像质。

18.4.2 傅科刀口检验法

傅科刀口检验法又称阴影法，此巧妙的测试方法由法国科学家 Leon Foucault 于 1858 年发明，它是在球面镜的曲率中心处，在光轴的一侧放一个人造星点，由于反射作用，在光轴的另一侧形成人造星点的反射像，在曲率中心附近找到反射像以后，可以用刀口来切割成像光束，用肉眼能观察到一块不规则表面的阴影效应。傅科刀口检验法能够根据观察的阴影图形状确定波面的局部误差的方向和位置，还能简单定量测量某些几何像差（如球差、色差、彗差和像散等），且灵敏度很高。

傅科刀口检验法的原理如图 18-21 所示。由镜面反射出的光承载着有关反射面几何特性的信息：如果它是完美的球形，则来自整个表面的光将会聚成一个没有像差的焦点；如果表面偏离球形，则焦点位置将随区域高度而变化。一块不透明的、一般带有笔直的锋利的边缘的薄板（通常是某种金属刀片，称为刀片，简称 KE）在聚焦位置附近垂直于聚焦光移动，从而在整个表面上产生阴影。阴影的形状立即表明一个表面是否为球形，并且整个表面都有唯一的焦点。

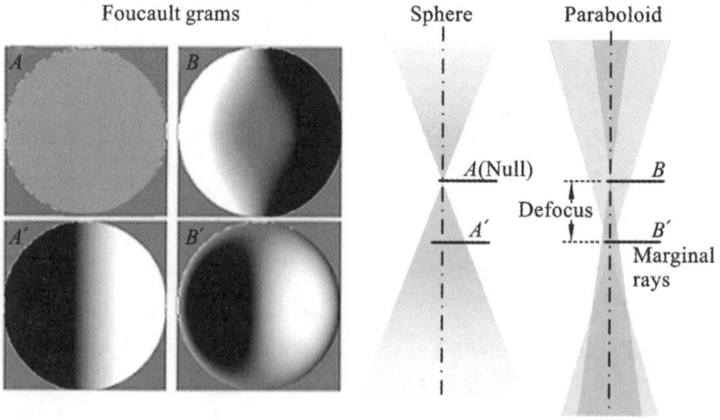

图 18-21 傅科刀口检验法的原理

如果被测面（或被测波前）是一个球面，当刀片边缘逐渐横切来自焦点的会聚或发散光束时（A'），则会有一条笔直的刀片边缘阴影沿着平面移动。如果刀片边缘恰好在焦点处横切会聚锥形光束（A），则会在平面上散布形成一个均匀的浅灰色阴影，从而产生所谓的零值。如果被测面（或被测波前）是一个非球面，则会形成一个与其圆锥系数相对应的一个散斑。当刀片边缘横切光束的位置从光束的近轴光线焦点（B）移动到光束的边缘光线焦点（B'）时，观察平面上会产生一系列不同形式的阴影。其中，观察平面上存在一个单独外缘区域为零值区，剩下部分被划分为亮区和暗区。

由于在对远距离物体成像时，球面镜表面存在固有的像差，因此抛物面镜是望远镜镜面的首选表面。因此，傅科刀口检验法最常用于制造抛物面镜。理想情况下，抛物面应使用准直光束进行测试（即对无穷远处物体进行测试），这对于该圆锥曲面是零位检测。但是，由于在实际中产生准直光束较为困难，通常在曲率中心（顶点半径）处用光源进行测试。由于对于这种设置中的非球形表面，每个区域的焦点位置都有所不同，因此该测试包括从与理想抛物面对应的区域中提取实际测得的带状焦点的偏离程度。

18.4.3　Ronchi 检验法

自从 1923 年意大利物理学家威斯科·郎奇（Vasco Ronchi）提出了 Ronchi 检验法以后，人们一直广泛地应用这种检验法对光学表面进行定性的检验，特别是对大口径的天文仪器。Ronchi 检验法比较简单，检验结果也比较容易识别，比较适合工艺过程中的检测。此法最大的好处就是它的灵敏度可以通过改变 Ronchi 光栅的频率来调节，也就是说，当误差还很大时，可以用低频的 Ronchi 板，随着误差的减少，逐渐改用高频的 Ronchi 板。Ronchi 检验法也可以用于抛光阶段的检验，只是现有的哈特曼、干涉仪等测试方法已经可以达到很高的精度，不再使用此方法，但是哈特曼和干涉仪测试方法关于初抛光的误差大而不能使用，而 Ronchi 在这阶段具有明显优势。

Ronchi 检验法的原理如图 18-22 所示：将一个 Ronchi 光栅放置在被检反射镜面的曲率中心附近，光源经光栅后由被检反射镜反射，光栅的像又回落在光栅上，产生莫尔条纹，没有像差时，条纹是正常的，但是当被检面存在像差时，莫尔条纹的形状则会受到相应的影响，形状发生变化。于是，就可以根据条纹的变形来计算出被检测镜面的面形误差。Ronchi 检验法常常用几何光学的观点来概念性地解释，将形成的条纹看作是光栅带的阴影，可以将这些条纹看作是由衍射和干涉共同作用的结果。在光栅的频率不是很高的时候，二者的解释会得到同样的结果。

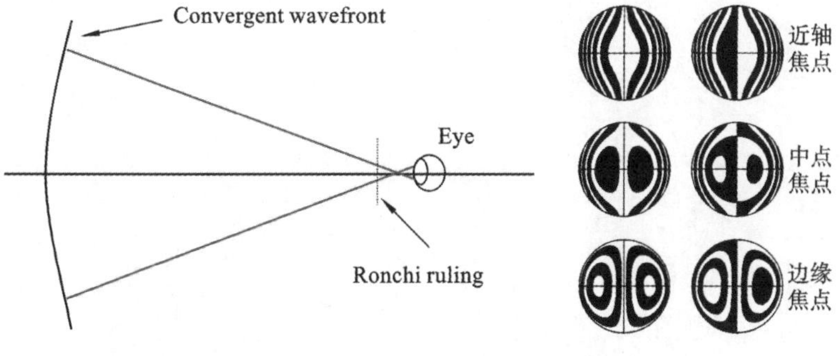

图 18-22　Ronchi 检验法的实验原理图

习　题

18.1　试论述瑞利判据用于光学系统像质评价的原理。

18.2　请讨论几何像斑尺寸和 RMS 像斑尺寸各自的特点。哪一个更能准确反映系统的成像质量？

18.3　根据 Sidgwick 提出的消色差透镜衍射受限的判据是其最小焦距应该满足条件 $f_{min}=D^2/16000\lambda$，如果设计一个口径为 200 mm，工作波长为 550 nm 的系统，则其满足衍射受限成像能容许的最小焦比是多少？

18.4　试论述中心点亮度的基本概念。

18.5　试论述分辨率在像质评价中的应用及其局限性。

18.6 试论述点列图的原理及应用。

18.7 试论述光学系统的清晰度及边界曲线。

18.8 试论述光学传递函数的基本概念、特点及测试原理。

18.9 试求光学传递函数的表达式和复合系统的光学传递函数的表达式。

18.10 试论述光学传递函数在像质评价中的应用。

18.11 请解释傅科刀口检验法的工作原理。

18.12 请描述 Ronchi 检验法的工作原理。

第 19 章 光学设计与像差平衡

19.1 概述

光学系统的性能指标焦距 f、视场角 ω、相对孔径 D/f 确定后，光学设计工作应包括：结构形式选择及初始结构参数的确定，像差校正，像质评价及光学公差的制定等。其中，在像差校正过程中要作大量的光路计算，计算机在光学设计中的应用，首先解决了光路计算及"单因素的像差校正"问题，即人工提出某个因素(曲率半径、空气间隔、透镜厚度和光学材料的折射率)的修改。之后，多因素像差校正使计算机按照一定的程序自动改变系统的曲率半径、空气间隔或透镜厚度，甚至光学材料的折射率，即实现像差自动校正。目前用计算机进行像差校正不能自动改变系统结构形式，只是充分发挥现有结构形式的潜力，使其像差和性能指标达到预定的目标值，故常称之为"像差自动平衡"。

像差自动校正程序中规定了对某些参数值的限制，如不允许正透镜的边缘厚度和负透镜的中心厚度太薄、工作距离不能太短等。这些条件称为边界条件。

在进行像差自动校正时，首先要构成表征各种像差及性能指标与结构参数的关系的"评价函数"。当其趋近于极小值时，就表示像差和性能指标趋近于目标值。在像差自动校正的过程中，结构参数每改变一次称为一次"迭代"。每次迭代后，评价函数趋向极小值，在数学上称为"收敛"，背离极小值称为"发散"。因此，设计人员应该随时注意，当出现发散或收敛速度很慢的情况时，必须进行人工干预，改变评价函数中的某些因子或自变量的阻尼因子，以提高收敛速度。如果无效，就要判断所选结构形式是否有校正的可能性，是否有必要调换光学材料或改变结构形式等。

像差自动校正工作已有几十年的历史了。1950 年，美国哈佛大学的贝克开始组织光学自动设计研究组，技术发达的国家也先后开展了这一工作，先后出现了许多方法，如逐个变更法、最迅速下降法、最佳梯度法和最小二乘法，但都没有取得较为理想的结果。1950 年，英国伦敦大学的文恩发表了阻尼最小二乘法，使评价函数收敛速度大为提高，使像差自动校正技术成为应用得比较普遍的方法之一。

以前计算很困难的系统，如变焦距系统，现在可以较顺利地进行计算了，在计算过程中可以方便地对不同方案进行比较，以选取最合理的结构形式；可以应用严格的评价方法进行计算,保证设计质量。

19.2 像差自动校正的评价函数

评价函数表征了各种像差和结构参数的关系,当改变结构参数使各种像差趋向目标值时,评价函数便趋近于极小值,因此评价函数在一定程度上表示了系统的成像质量。像差自动校正可同时对多种像差进行多因素校正,有了评价函数就相当于给计算机提供了单一的评价标准,便于计算机判断,所以评价函数一般来说是像差自动校正的根据。

评价函数的构成应能正确地反映光学系统的成像质量和便于计算,前者可使计算结果符合像质评价标准的要求,后者可使评价函数有比较快的收敛速度。

求取光学系统的结构参数使评价函数为最小的问题,在数学上是最优化过程。从数学处理来看,构成评价函数并使之最小化的过程要比将各种像差校正到一定公差范围内要简单得多,所以,大多数的像差自动校正程序都采用了使评价函数最优化的方法。

19.2.1 由几何像差构成评价函数

假定光学系统有 N 个结构参数,包括曲率半径、间隔、厚度及折射率等,统一记为 $x(x_1,x_2,\cdots,x_N)$。改变结构参数,系统的各种像差随之改变,即像差是结构参数 x 的函数,故评价函数又是结构参数的复合函数。设一光学系统要考虑 M 种像差,记做 $f_1,f_2,\cdots,f_M$,则它们与结构参数的关系可写为

$$
\begin{aligned}
f_1(x) &= f_1(x_1,x_2,\cdots,x_N)\\
f_2(x) &= f_2(x_1,x_2,\cdots,x_N)\\
&\cdots\\
f_M(x) &= f_M(x_1,x_2,\cdots,x_N)
\end{aligned}
\tag{19-1}
$$

也可以写成 $f_i(x)=f_i(x_1,x_2,\cdots,x_N),i=1,2,\cdots,M$。

修改结构参数 $x_1,x_2,\cdots,x_N$ 使 M 种像差同时为零,一般是不可能的,而且根据光学系统的要求也不需要各种像差都为零。有些像差对该光学系统影响较大,应严格控制,而另一些像差影响较小,可以放宽控制。例如,望远物镜主要要求轴上点像质好,而照相物镜则要求轴上点和轴外各视场的像差比较均匀地校正,随着视场的增大,轴外像差相对轴上像差而言可以适当放宽一些。根据使用要求不同,各种像差的相对重要性是不同的,即在评价函数中所占的比重是不同的,故对于重要的像差应乘上一个较大的系数,这个系数是由设计人员添加的,称其为人工权因子,以 t_i 表示。

另外,考虑到各种像差的数量级和单位有很大的差别,例如对于一个焦深为 0.1 mm 的小像差系统,其球差和场曲小于 0.1 mm 就可以了,但对波色差 $\sum(D-d)\mathrm{d}n$ 来说,要小于 0.00025 mm 才认为满意,而正弦差则允许为 0.0025。由此可见,有的像差以 mm 为单位,有的没有单位(如正弦差),而且在数量级上相差悬殊,即所谓量纲不统一。为统一量纲,必须对每种像差也乘上一个系数。其在计算过程中按程序规定由计算机自动乘上,称为自动权因子,以 S_i 表示。

人工权因子 t_i 和自动权因子 S_i 的乘积称为权因子，以 m_i 表示，即

$$m_i = t_i S_i, i = 1, 2, \cdots, M \tag{19-2}$$

因此，评价函数需采用像差加权的方法来构成，如取

$$f(x) = m_1 f_1^2(x) + m_2 f_2^2(x) + \cdots + m_M f_M^2(x) \tag{19-3}$$

或

$$f(x) = m_1^2 f_1^2(x) + m_2^2 f_2^2(x) + \cdots + m_M^2 f_M^2(x) \tag{19-4}$$

构成评价函数的像差 $f_i(x)$ 可能是正值，也可能是负值，所以评价函数中的 $f_i(x)$ 取平方，使之不会互相抵消。

构成评价函数的诸像差 $f_i(x)$ 可以是几何像差，也可以是反映成像质量的其他量，如点列图、波像差、光学传递函数等。另外，常把光学系统的焦距、放大率、后工作距离等也看作要求校正的像差来处理。

为了简单，以 f_i 表示像差 $f_i(x)$，某些光学系统的像差不可能为零，而为某一正值或负值，这就是像差的目标值，以 f_i^* 表示，它是由设计者给出的，$(f_i - f_i^*)$ 就是实际像差与目标值的差，称为剩余像差。像差的最佳校正状态为校正目标，常以剩余像差加权平方和作为评价函数：

$$f(x) = m_1 (f_1 - f_1^*)^2 + m_2 (f_2 - f_2^*)^2 + \cdots + m_M (f_M - f_M^*)^2 \tag{19-5}$$

或

$$f(x) = m_1^2 (f_1 - f_1^*)^2 + m_2^2 (f_2 - f_2^*)^2 + \cdots + m_M^2 (f_M - f_M^*)^2 \tag{19-6}$$

采用这种评价函数的优点是其与传统的光学设计评价方法相一致，以便于用像差理论进行分析并可及时进行人工干预，即发现发散或收敛缓慢时，如不是初始结构选取不当，则可暂停校正，由设计者修改人工权因子或修改某些结构参数，再令其继续校正下去。受控制的像差个数、人工权因子及像差目标值都是由设计者给出的，给定的像差目标值尽可能要考虑轴上、轴外各点像差(包括各色光的子午、弧矢平面上的像差目标值)的离焦方向一致，即离焦后，轴上、轴外各点像差均可减小。当然，有些光学系统轴上、轴外各点像差不可能与离焦方向一致，则应该在整个视场范围内使像质比较均匀为宜。因此，使用像差自动校正程序需要积累一定的经验。

19.2.2　由点列图构成评价函数

点列图用于光学系统像质评价的问题已在第 18 章做了概述。点列图计算的工作量相当大，为了在像差自动平衡中提高计算速度，必须精心挑选最少量的光线来描绘点列图，并用有关的量值构成评价函数。

目前使用较多的量值是由垂轴像差和畸变两部分组成的，前者反映像的清晰程度，后者反映像的变形程度。程序还应考虑透镜的边缘或中心厚度、后工作距离和焦距等参量(称为边界条件)与目标值的差值，其形式也可用加权平方和来表示，可记做 $f_B(x)$。

像差构成的评价函数 $f(x)$ 包括垂轴像差和畸变。有的程序还包括主色光的细光束场曲和像散。只包括垂轴像差和畸变的评价函数为

$$f(x) = \frac{1}{1+m}(f_1 + m f_2) + f_B(x) \tag{19-7}$$

式中，m 为畸变权重；f_1 为垂轴像差，用加权平方和表示；f_2 为畸变值，也用加权平方和表示；

$f_B(x)$为边界条件与目标值的差值,用加权平方和表示。已知

$$f_1 = \frac{1}{a_0}\sum_{j=1}^{e} a_j \sum_{l=1}^{s} I_l \sum_{K=1}^{n} [(y - y_e)^2 + z^2] \tag{19-8}$$

式中,e 为视场角的个数;s 为波长的个数;n 为每个视场角每个波长所取空间光线数; a_j,I_l 为相应的权重,而

$$a_0 = n\sum_{j=1}^{e} a_j \sum_{l=1}^{s} I_l \tag{19-9}$$

$$y_e = \frac{\sum_{l=1}^{s} I_l \sum_{K=1}^{n} y}{n\sum_{l=1}^{s} I_l} \tag{19-10}$$

其中,y_e 为基准点(重点)的坐标。已知

$$f_2 = \frac{1}{b_0}\sum_{j=1}^{e} b_j \ (y_e - \cot\omega_j)^2 \tag{19-11}$$

式中,b_j 为相应的权重,而

$$b_0 = \sum_{j=1}^{e} b_j \tag{19-12}$$

$$C = \frac{\sum_{j=1}^{e} y_e b_j \tan\omega_j}{\sum_{j=1}^{e} b_j \tan^2\omega_j} \tag{19-13}$$

在具体计算时,由于所计算光线具有对称性,因此只要取 $z\geqslant 0$(或$\leqslant 0$)的那半个入瞳平面上的光线即可。通常取 10 条左右,至于权重 a_j,I_l 和 m,应根据使用要求来选定,开始时可都取为 1,在计算过程中若发现不合适再进行调整。由于点列图所构成的评价函数中的权重因子比较少,所以权重因子取得恰当与否很容易看清楚。还需要指出的是,在点列图所构成的评价函数中,像差的目标值都是零,这给使用者带来了一定的方便。

19.2.3 由波像差构成评价函数

对于要求进行高质量校正的光学系统,如傅里叶变换物镜等,像质的判断并不取决于个别的几何像差或者是点列图,而是取决于波面变形情况,所以需采用以波像差为基础的评价函数。实践证明,其对于要求近乎理想成像的系统,在像差自动校正的最后阶段是很有效的,因而可作为精调程序的评价函数。

计算波像差时,参考球面的选择有不同情况,如定焦系统的参考球面,其球心选在主光线与像面的交点上。

用波像差构成的评价函数与用点列图构成的评价函数具有相同的形式,只需用波像差代替垂轴像差即可。由于参考球面是以主光线在像面上的交点为球心的,所以主光线上对应的波色差为零,不计算在波像差构成的评价函数中。因为其他色光的波像差都是用该色光的参考球面来度量的,所以主色光和其他色光的波像差基准是有差别的,为了反映和控制这个差别,可将倍率色差加到评价函数里。

主光线与像面的交点为球心的波像差,没有包括畸变,为此需将畸变以单独的变量形式加

到评价函数中。以波像差为主体构成的评价函数应该是

$$f(x)=\sum_{l=1}^{s}\sum_{K=1}^{m}[m_iW_i(x,h)]^2+[m_\omega^2(\mathrm{d}Y'_z-\mathrm{d}Y'^{*}_z)_\omega^2]_l \\ +[m_{0.85\omega}^2(\mathrm{d}Y'_z-\mathrm{d}Y'^{*})_{0.85\omega}^2]_l+m_\omega^2(\mathrm{d}Y'_{FC}-\mathrm{d}Y'^{*}_{FC})_\omega^2+f_B(x) \tag{19-14}$$

式中，带 * 号的量为目标值：$W_i(x,h)$，$\mathrm{d}Y'_z$和 $\mathrm{d}Y'_{FC}$分别为波色差、畸变和倍率色差；$f_B(x)$ 为由像差处理的边界条件与其目标值的差值的加权平方和所表示的评价函数。

用波像差构成的评价函数，既适用于大像差系统，也适用于小像差系统，但相应的计算工作量很大，花费时间较多，故其多用于设计的最后阶段，即精校阶段。

19.2.4　由光学传递函数构成评价函数

在像差平衡的最后阶段，为使光学系统的成像质量进一步提高，可采用由光学传递函数构成的评价函数。光学传递函数构成的评价函数要对几个视场的物点和规定的空间频率进行对比传递函数的计算，还要考虑一些不能由光学传递函数表示的有关量，如畸变、倍率色差、位置色差、二级光谱和作为像差的像方孔径角，然后用这些量构成如式(19-5)或式(19-6)所示的评价函数。通常需要计算对比传递函数的视场有：零视场、0.707 视场和全视场。从目前所用的像差自动校正程序来看，用得最多的是由几何像差构成的评价函数，其次是由点列图构成的评价函数。

19.3　阻尼最小二乘法光学自动设计原理

19.3.1　概述

阻尼最小二乘法最早是由赖温博格提出来的，1959 年，维恩首先把它用于光学自动设计。目前它已经成为一种最成熟、使用最广泛的光学自动设计方法。国内外很多著名的光学自动设计软件中都采用或包含了阻尼最小二乘法。从数学原理上说，阻尼最小二乘法是一个平方和形式的函数的最优化问题，这是最优化方法中研究得比较透彻的问题。它可以适用于各种不同类型的像质评价方法，对像差参数也没有严格的要求。阻尼最小二乘法中的像差参数的个数既可以多于自变量的个数，也可以少于自变量的个数，因此其对边界条件的处理比较方便，当然，权因子的选择和局部极值的处理比较麻烦。

为了使讨论简单，将式(19-3)写成

$$f(x)=f(x_1,x_2,\cdots,x_N)=f_1^2(x)+f_2^2(x)+\cdots+f_M^2(x)=\sum_{i=1}^{M}f_i^2(x) \tag{19-15}$$

式中，$f_i^2(x)$ 已将权因子 m_i 包括进去了。考虑了权因子 m_i 的像差称为规化像差。

19.3.2　阻尼最小二乘法的原理

$f_i(x)$ 是结构参数 $(x_1,x_2,\cdots,x_N)$ 的非线性函数，$f(x)$是 $(x_1,x_2,\cdots,x_N)$ 更为复杂的

函数。为了便于求其极小值，在初始结构参数 $(x_1^0, x_2^0, \cdots, x_N^0)$ 附近对规化像差 $f_i(x)$ 按泰勒级数展开，并只取到线性项，有

$$f_i(x) = f_i(x^0) + \sum_{j=1}^{N} \frac{\partial f_i(x^0)}{\partial x_j}(x_j - x_j^0) \tag{19-16}$$

式中，x_j^0 是初始结构参数；x_j 是迭代后系统的结构参数，$j=1,2,\cdots,N$；$f_i(x^0) = f_i(x_1^0, x_2^0, \cdots, x_N^0)$ 是初始系统的规化像差，简单表示为 f_i^0；$\dfrac{\partial f_i(x^0)}{\partial x_j}$ 为第 i 种像差对于第 j 个初始结构参数的变化率，记为 a_{ij}，$i=1,2,\cdots,M$。上式的意义是：当各结构参数由初始值 x_j^0 变到 x_j^1 时，规化像差由 f_i^0 变到 f_i^1，$x_j - x_j^0$ 记为 Δx_j，则式(19-16)中的各种规化像差可写成代数形式：

$$\begin{cases} f_1(x) = f_1^0 + a_{11}\Delta x_1 + a_{12}\Delta x_2 + \cdots + a_{1N}\Delta x_N \\ f_2(x) = f_2^0 + a_{21}\Delta x_1 + a_{22}\Delta x_2 + \cdots + a_{2N}\Delta x_N \\ \cdots \\ f_M(x) = f_M^0 + a_{M1}\Delta x_1 + a_{M2}\Delta x_2 + \cdots + a_{MN}\Delta x_N \end{cases} \tag{19-17}$$

把它写成矩阵形式为

$$\boldsymbol{f} = \boldsymbol{f}^0 + \mathbf{A}\boldsymbol{\Delta x} \tag{19-18}$$

式中，

$$\boldsymbol{f} = \begin{bmatrix} f_1(x) \\ f_2(x) \\ \cdots \\ f_M(x) \end{bmatrix}, \boldsymbol{f}^0 = \begin{bmatrix} f_1^0(x) \\ f_2^0(x) \\ \cdots \\ f_M^0(x) \end{bmatrix}, \boldsymbol{\Delta x} = \begin{bmatrix} \Delta x_1 \\ \Delta x_2 \\ \cdots \\ \Delta x_N \end{bmatrix}, \mathbf{A} = a_{11} \begin{bmatrix} a_{11} & a_{12} & \cdots & a_{1N} \\ a_{21} & a_{22} & \cdots & a_{2N} \\ \cdots & \cdots & \cdots & \cdots \\ a_{M1} & a_{M2} & \cdots & a_{MN} \end{bmatrix}$$

根据多元函数的极值理论，评价函数 $f(x)$ 的极小值应满足

$$\frac{\partial f(x)}{\partial x_1} = 0, \frac{\partial f(x)}{\partial x_2} = 0, \cdots, \frac{\partial f(x)}{\partial x_N} = 0$$

即

$$\begin{cases} \partial[a_{11}f_1(x) + a_{21}f_2(x) + \cdots + a_{M1}f_M(x)] = 0 \\ \partial[a_{12}f_1(x) + a_{22}f_2(x) + \cdots + a_{M2}f_M(x)] = 0 \\ \cdots \\ \partial[a_{1N}f_1(x) + a_{2N}f_2(x) + \cdots + a_{MN}f_M(x)] = 0 \end{cases}$$

写成矩阵形式：

$$\mathrm{grad} f(x) = 2\mathbf{A}^{\mathrm{T}}\boldsymbol{f} = 0 \tag{19-19}$$

式中，$\mathbf{A}^{\mathrm{T}}$ 是矩阵 $\mathbf{A}$ 的转置矩阵。将式(19-18)代入式(19-19)，得

$$\begin{cases} \mathrm{grad} f(x) = 2\mathbf{A}^{\mathrm{T}}(\mathbf{A}\boldsymbol{\Delta x} + \boldsymbol{f}^0) = 0 \\ \mathbf{A}^{\mathrm{T}}\mathbf{A}\boldsymbol{\Delta x} = -\mathbf{A}^{\mathrm{T}}\boldsymbol{f}^0 \\ (\mathbf{A}^{\mathrm{T}}\mathbf{A})^{-1}\mathbf{A}^{\mathrm{T}}\mathbf{A}\boldsymbol{\Delta x} = -(\mathbf{A}^{\mathrm{T}}\mathbf{A})^{-1}\mathbf{A}^{\mathrm{T}}\boldsymbol{f}^0 \\ \boldsymbol{E}\boldsymbol{\Delta x} = -(\mathbf{A}^{\mathrm{T}}\mathbf{A})^{-1}\mathbf{A}^{\mathrm{T}}\boldsymbol{f}^0 \end{cases}$$

式中，$\boldsymbol{E}$ 为单位矩阵，故有

$$\boldsymbol{\Delta x} = -(\mathbf{A}^{\mathrm{T}}\mathbf{A})^{-1}\mathbf{A}^{\mathrm{T}}\boldsymbol{f}^0 \tag{19-20}$$

式中，$\boldsymbol{\Delta x}$ 称为步长，即评价函数 $f(x)$ 趋向极值时，初始结构参数的增量，则可得评价函数趋向极值的过程中，经过一次迭代后的一组解 $\boldsymbol{x}^1 = \boldsymbol{x}^0 + \boldsymbol{\Delta x}$，即

$$\boldsymbol{x}^1 = \boldsymbol{x}^0 - (\mathbf{A}^{\mathrm{T}}\mathbf{A})^{-1}\mathbf{A}^{\mathrm{T}}\boldsymbol{f}^0 \tag{19-21}$$

在具体计算时，矩阵 $\mathbf{A}$ 的每一个元素 a_{ij} 为偏导数 $\dfrac{\partial f_i(x^0)}{\partial x_j}$，可用差商来代替：

$$a_{ij} = \frac{\partial f_i(x^0)}{\partial x_j} = \frac{f_i(x+\Delta x_j)}{\Delta x_j}, i = 1,2,\cdots,M; j = 1,2,\cdots,N \tag{19-22}$$

即先对光学系统初始结构算出要控制的各种像差 $f_i(x)(i=1,2,\cdots,N)$，再对初始结构的每一独立变数 x_j 给以增量 $\Delta x_j(j=1,2,\cdots,N)$，算出各种新的像差值 $f_i(x+\Delta x_j)$，代入式(19-22)即可。

在最小二乘法中，有时可以对像差函数作线性处理。如果初始点非常接近极小值点，则在其附近，评价函数的性质接近二次函数，因而像差 $f_i(x)$ 可以作线性处理。但是在初始点远离极小值点时，像差 $f_i(x)$ 的非线性程度很高，就不能作线性处理。这时，用最小二乘法就不能使评价函数收敛。其次，在解方程组时，可能出现矩阵 $\mathbf{A}^{\mathrm{T}}\mathbf{A}$ 的行列式值 $|\mathbf{A}^{\mathrm{T}}\mathbf{A}|$ 很小的情况，由式(19-20)可知，$\boldsymbol{\Delta x}$ 可能很大，远远超过像差的线性范围，导致迭代后的评价函数 $f(x)$ 大于迭代前的评价函数 $f(x^0)$，造成评价函数发散，而不能取得预期结果。

19.3.3　阻尼最小二乘法的操作步骤

为了使最小二乘法在非线性严重时采用线性处理，必须对它的解 $\mathrm{D}x_j$ 加以控制，使之在迭代过程中处于线性范围内。为此，在原定义的评价函数 $f(x)$ 中，加入一个步长 $\mathrm{D}x_j$ 的平方和项，得新评价函数如下：

$$y(x) = f(x) + P\sum_{j=1}^{N} I_j\ (\Delta x_j)^2 \tag{19-23}$$

式中，$f(x)$ 为最小二乘法的原评价函数。当对新的评价函数 $y(x)$ 作最优化处理时，像差和步长 Δx_j 同时减小。Δx_j 减小的程度由常数 P 和 I_j 的大小决定，P 和 I_j 起着控制解的大小的作用。也就是说，P 和 I_j 对解起着阻尼作用，称之为阻尼因子。式(19-23)的意义是：将最小二乘法的概念同时用于像差 $f_i(x)$ 和步长 Δx_j，使像差的平方和 $\sum\limits_{i=1}^{M} f_i^2(x)$ 和步长的平方和 $\sum\limits_{j=1}^{N} \Delta x_j^2$ 同时取得极小值。

对新的评价函数 $y(x)$ 求其极小值和对 $f(x)$ 求极小值相似，即求满足方程 $\mathrm{grad}y(x)=0$ 条件下的 $\boldsymbol{\Delta x}$：

$$\begin{cases} \dfrac{\partial y(x)}{\partial x_1} = \dfrac{\partial f(x)}{\partial x_1} + 2PI_1\Delta x_1 \\ \dfrac{\partial y(x)}{\partial x_2} = \dfrac{\partial f(x)}{\partial x_2} + 2PI_2\Delta x_2 \\ \qquad\cdots \\ \dfrac{\partial y(x)}{\partial x_N} = \dfrac{\partial f(x)}{\partial x_N} + 2PI_N\Delta x_N \end{cases}$$

因此，

$$
\begin{aligned}
\operatorname{grad} y(x) &= \operatorname{grad} f(x) + 2P \begin{pmatrix} I_1 \Delta x_1 \\ I_2 \Delta x_2 \\ \vdots \\ I_N \Delta x_N \end{pmatrix} \\
&= \operatorname{grad}\phi(x) + 2P \begin{pmatrix} I_1 & \ddots & & & 0 \\ \ddots & I_2 & \ddots & & \\ & \ddots & \ddots & \ddots & \\ & & \ddots & \ddots & \ddots \\ 0 & & & \ddots & I_n \end{pmatrix} \begin{pmatrix} \Delta x_1 \\ \Delta x_2 \\ \vdots \\ \Delta x_N \end{pmatrix} \\
&= \operatorname{grad}\phi(x) + 2P\boldsymbol{I}\boldsymbol{\Delta x}
\end{aligned} \tag{19-24}
$$

式中，$\boldsymbol{I}$ 为对角线矩阵。将式(19-19)代入式(19-24)，得

$$
\operatorname{grad} y(x) = 2\ (\boldsymbol{A}^{\mathrm{T}}\boldsymbol{A} + P\boldsymbol{I})^{-1}\boldsymbol{A}^{\mathrm{T}}\boldsymbol{f}^0 = 0
$$

或

$$
(\boldsymbol{A}^{\mathrm{T}}\boldsymbol{A} + P\boldsymbol{I})^{-1}\boldsymbol{\Delta x} = -\boldsymbol{A}^{\mathrm{T}}\boldsymbol{f}^0 \tag{19-25}
$$

同上述最小二乘法一样，满足 $y(x)$ 的近似极小值的步长为

$$
\begin{cases} \boldsymbol{\Delta x} = -\ (\boldsymbol{A}^{\mathrm{T}}\boldsymbol{A} + P\boldsymbol{I})^{-1}\boldsymbol{A}^{\mathrm{T}}\boldsymbol{f}^0 \\ \boldsymbol{x}^1 = \boldsymbol{x}^0 - (\boldsymbol{A}^{\mathrm{T}}\boldsymbol{A} + P\boldsymbol{I})^{-1}\boldsymbol{A}^{\mathrm{T}}\boldsymbol{f}^0 \end{cases} \tag{19-26}
$$

由式(19-26)可知，当 P 和 $\boldsymbol{I}$ 增大时，步长 $\boldsymbol{\Delta x}$ 减小，以式(19-26)求出的 $\boldsymbol{x}^1$ 作为新的初始结构参数，重复上述过程，就能使评价函数进一步收敛，直到合乎要求为止。需要多次重复的原因是 $f_j(x)$具有非线性，用泰勒级数展开只取到一次项，在有阻尼的情况下求得 $\boldsymbol{x}^1 = \boldsymbol{x}^0 + \boldsymbol{\Delta x}$，在 $\boldsymbol{x}^1$ 处的 $\operatorname{grad} y(x)$ 值一般不等于零，即没有使评价函数 $y(x)$为极小值，故必须多次重复才能使评价函数趋近于极小值。

当像差数大于或小于自变量数时，均可以使用阻尼最小二乘法，该方法可以用在各种不同的像质评价方法的自动校正程序中。例如，像差参数可以是单项独立几何像差、垂轴像差、波像差和光学传递函数等。国外主要采用的是垂轴像差，国内主要采用的则是单项独立几何像差，这比较符合绝大多数光学设计人员的习惯。用不同的像差参数构成评价函数，必须采用不同的权因子。

19.3.4 阻尼最小二乘法的特点

阻尼最小二乘法的一个突出优点是通过对阻尼因子进行优选，恰当处理了非线性，因而加快了收敛速度。

阻尼最小二乘法中，一般受控像差个数大于自变量个数(也可小于自变量个数)。虽然计算量增加了，但却可以控制和平衡数量较多的像差，对边界条件的要求也可纳入控制，减少计算过程中过多的人工干预，从而可以提高设计的自动化程度，加快设计速度。

它的主要缺点是：有时容易陷入局部极值。解决的办法是改变评价函数的结构，如增加或减少受控像差的数目、增加或减少自变量数目、调整边界条件的目标值以及改变阻尼因子等。也可以通过改变初始点来绕过局部极值，如果初始点选择得好，就可以避免陷入局部极值。也可临时更换最优化方法跳过局部极值后再回到阻尼最小二乘法继续校正下去。

1. 阻尼因子

1）阻尼因子 P

一般来说，结构参数改变量和像差值改变量不成线性关系，这时可用阻尼因子 P 来阻尼结构参数的变化量。P 取得过大，会使评价函数收敛过慢，耗费机时。反之，可能导致评价函数发散，阻尼因子 P 必须选取适当。P 值可由以下线性化因子 q 来决定：

$$q=\frac{f_1-f_2}{f_1-f_L} \tag{19-27}$$

式中，$f_1=\sum\limits_{i=1}^{M}(f_i^0)^2$ 相当于初始结构的评价函数；$f_2=\sum\limits_{i=1}^{M}(f_i^1)^2$ 相当于结构参数改变后的评价函数；f_L 是把 $f_2(x)$ 展开为泰勒级数取一次项求得的，相当于 $f_2(x)$ 的线性部分。

经验表明，当 $0.5\leqslant q\leqslant 0.9$ 时，认为解的线性程度适宜，下次迭代时，保持阻尼因子 P 不变。

当 $q<0.5$ 时，认为线性程度较差，应减小步长，取大的阻尼因子，把原来 P 值增大为 $4P$。

当 $q>0.9$ 时，认为线性程度很好，可以增大步长，加快收敛速度，下次迭代时以 $P/4$ 代替 P。

根据线性化因子 q 来选择阻尼因子 P 的过程由计算机按程序自动完成。P 的初始值一般可人工选择，在像差自动校正前期可取 1，在校正的后期可取得大一些，使程序起到精调作用。实践表明，这样做效果较好。

2）阻尼因子 I_j

结构参数对像差影响是不一样的，对于灵敏的参数 $\mathrm{D}x_j$，希望取小的步长，否则，也会造成发散现象，即 $f(x^1)>f(x^0)$，因此取

$$I_j=\left\{\sum_{i=1}^{M}a_{ij}^2\right\}^{1/2}=\left\{\sum_{i=1}^{M}\left(\frac{\partial f_i}{\partial x_i}\right)^2\right\}^{1/2} \tag{19-28}$$

不难理解，式(19-28)是所有像差对某个参数的变化率，变化率大即表示参数 x_j 较灵敏。对一个灵敏的参数应加上一个较大的阻尼，使在该方向上取较小的步长。

I_j 最简单的取法是 $I_j=1$，即把所有的变数 x_j 对 $y(x)$ 的影响看作是相近的。阻尼因子 P 和 I_j 的取法是多种多样的，主要目的是使评价函数既能收敛而又执行得不太慢，以有利于求出极小值。

2. 自动权的确定

第 i 种像差对于第 j 个结构参数的变化率可用偏导数 $\partial f_i/\partial x_i$ 表示，因此第 i 种像差对于第 N 个结构参数同时改变时的总变化率可写成 $\sum\limits_{j=1}^{N}\left(\dfrac{\partial f_j}{\partial x_j}\right)^2$，或记为 $|\mathrm{grad}f_i|^2$。对于某一像差 f_i，总变化率 $|\mathrm{grad}f_i|^2$ 的值越大，则表示像差变化越快；反之，则像差变化越慢。现取自动权因子

$$S_i=\frac{1}{|\mathrm{grad}f_i|^2} \tag{19-29}$$

以平衡各像差的差异。构成评价函数的各种像差所用的单位不同，如有的像差用绝对值表示，有的像差(如畸变)用相对值表示；在数量上也有很大的差别，如几何像差和波像差。如果不考虑权，数量级小的或者变化慢的像差在评价函数中占的比例就很小，往往容易被忽略而得不到校正，所以要给它们以相对足够大的权；反之，给以相对较小的权，这样就可以使它们在评价函

数中处于同等地位，在像差自动校正过程中受到同等程度的重视，使各种像差能同时校正好。由式(19-2)可得

$$m_i = \frac{t_i}{|\mathrm{grad} f_i|^2}, i = 1,2,\cdots,M \tag{19-30}$$

为了避免由于各权因子 m_i 的变化引起的评价函数的很大变化，从而不能精确地表示光学系统的成像质量，则可要求诸权之和为 1，即

$$\sum_{i=1}^{M} \overline{m_i} = 1 \tag{19-31}$$

$\overline{m_i}$ 称为规化权因子。

令式(19-30)中的实际 m_i 乘上 C 后等于 $\overline{m_i}$，即

$$C\sum_{i=1}^{M} m_i = \sum_{i=1}^{M} \overline{m_i} = 1 \tag{19-32}$$

就可求得权因子规化常数：

$$C = \frac{1}{\sum_{i=1}^{M} m_i} \tag{19-33}$$

可得规化权因子：

$$\overline{m_i} = \frac{Ct_i}{|\mathrm{grad} f_i|^2} \tag{19-34}$$

19.4 边界条件

在像差自动平衡过程中，边界条件的处理对程序的收敛效果影响较大。例如对于某些负透镜的轴向最小厚度和某些正透镜的边缘最小厚度，其值越小，对像差校正就越有利，但是该值太小又不利于加工，对后工作距离等也会有更高的要求。这些限制就构成了光学系统的边界条件，又称为约束条件。以 b_k 和 a_k 分别表示规定的上限和下限，则边界条件 $b_k(x)$ 必须满足以下关系：

$$a_k \leqslant b_k(x) = b_k(x_1, x_2, \cdots, x_N) \leqslant b_k, k = 1,2,\cdots,l \tag{19-35}$$

19.4.1 边界条件的分类与处理

边界条件一般分为两类。一类为自变量边界条件，其本身就是光学系统结构参数，主要是指透镜中心厚度、光学材料折射率；另一类为像差量边界条件，如正透镜的边缘厚度、光学系统后截距等，其是结构参数自变量的函数。

第一类边界条件处理可采用“冻结”和“释放”自变量的方法。用阻尼最小二乘法求出的新解，如满足边界条件，则该解仍作为自变量参加下一次迭代；若违反边界条件，则将此解废除，仍返回到原来的迭代点，将违反边界条件的自变量剔除掉。即把矩阵 A 中有关该自变量的相应的列取消，使违反边界条件的自变量暂不参与迭代，即为对该自变量“冻结”。在没有这个自变量的情况下进行数次迭代以后，仍把该量作为自变量参与运算，这就叫作“释放”，一般把违反边界条件的自变量“冻结”4～6 次后即可“释放”。这种作法比较合理，但程序处理比较复

杂。另外也可在每次迭代中，对凡是违反边界条件的自变量用它规定的下限值来处理。

像差量边界条件是多个自变量的函数，这类量违反边界条件时，也将对应解废掉，然后把该量当作像差处理，给以一个较大的权，再用阻尼最小二乘法求新解，对这种违反边界条件的像差量控制数次（一般可取3～4次），重新检验是否违反边界条件，如仍违反则仍作像差处理，连续控制到不违反时将此量释放。

19.4.2　其他边界条件

北京理工大学光电工程系的共轴光学系统设计软件SOD88中的阻尼最小二乘法程序中，主要有下列边界条件。

1）光焦度

它是光学系统最基本的参量之一。为了方便使用，控制的是焦距而不是光焦度。由于光焦度必须与要求的一样，所以它的处理和像差的处理完全相同，把实际光焦度与要求的光焦度之差作为像差看待，在每次迭代时都加入。

2）垂轴放大率

垂轴放大率表示系统对有限距离的物体成像时的特性。对于有限距离的物体成像，对光焦度和垂轴放大率一般只需要提出一个要求就可以。

3）共轭距

共轭距是指物平面到像平面的距离。物距一定时，放大率和共轭距是相关的，控制了共轭距就不能再控制放大率。

4）后工作距离

后工作距离指像距，指的是光学系统最后一面到像面的距离。当物体在无穷远处时，其就是像方截距。当物体位于有限远距离处且焦距一定时，像距也就得到了控制。一般控制它的最小值，当其大于允许的最小值时即不做控制。

5）镜筒长度

镜筒长度是指第一折射面到像面的距离，一般控制镜筒长度的目的是限制系统的体积。

6）筒长

筒长是指系统第一折射面到最后一折射面的轴向长度。通常控制它的最大限制值，使系统的结构紧凑。

7）玻璃总厚度

玻璃总厚度是指光学系统中各透镜轴向厚度之和。一般只给最大限制值，以限制系统的质量，减少光吸收和降低成本。当该值小于最大限制值时不加控制。

8）出瞳距离

出瞳距离对于某些光学系统是非常重要的特性参数。在一些组合系统中要求前一组系统的出瞳和后一组系统的入瞳重合，因此在设计这样的透镜组时，对系统的入瞳距离和出瞳距离有一定的要求。一般入瞳距离保持不变，作为已知量输入，把出瞳距离作为边界条件处理。

9）主视场、主光线在出瞳上的高度

有时需要控制主视场、主光线在出瞳上的投射高度。

10）玻璃违背量

玻璃常数的边界条件是用玻璃三角形来限制的。若新确定的光学常数越出三角形的任何一边之外，则程序就以此点至这条边的垂直距离作为违背量加入评价函数，在下次迭代中对其加以控制。

11）离焦量最大允许值

以垂轴像差平方和的形式构成的评价函数，在一定意义上代表了像点能量的弥散情况，因此，要求的评价函数的极小值，应该是对最佳像平面而言的，而不能按理想像平面衡量。在自动迭代中，如果对离焦量不加限制，则在校正开始时，由于系统像质不好，就可能解出一个很大的离焦量，反而阻碍像差的进一步校正，因此必须对离焦量进行限制。

除了上面这些边界条件，还有其他的边界条件。这些边界条件的处理是由计算机按规定程序自动控制的。可首先采用阻尼最小二乘法优化出初始结构，再用适应法作进一步的像差平衡，这能弥补两种优化方法的不足，这种将两种优化思想人为地在程序外部相结合的方法，即为复合优化方法。

19.5 光学设计软件及流程

常用的光学设计软件有 ZEMAX、CODE V 等。ZEMAX 是由美国焦点软件公司开发出来的一套光学设计软件，它有三个不同的版本，即 ZEMAX-8E（标准版）、ZEMAX-XE（扩展版）和 ZEMAX-EE（工程版）。CODE V 是美国 ORA 公司研制的大型光学工程软件。二者的使用方法大同小异，各有优劣。

在本课程中，我们以 ZEMAX 设计软件为例，介绍光学设计的基本操作步骤与优化步骤。

19.5.1 光学设计的基本操作步骤

ZEMAX 软件可以模拟并建立反射、折射、衍射、分光、镀膜等光学系统模型，可以分析光学系统的成像质量。此外，ZEMAX 软件还提供了优化功能，可用于改善光学设计，而公差容限分析功能可分析设计在装配时可能造成的光学特性误差。

ZEMAX 软件的界面简单易用，其中的很多功能能够通过选择对话框和下拉菜单来实现，同时其也提供了快捷键以便使用者快速使用菜单命令。

使用 ZEMAX 程序进行光学设计的基本操作步骤如下。

1）新建镜头

这一步骤的关键是正确输入拟设计镜头（或系统）的光学性能参数和初始结构参数。

2）调用镜头

即从储存于 ZEMAX 软件包内的透镜数据库中调用合适的镜头数据，作为设计镜头的初始结构。从透镜数据库中调用镜头数据的操作较为简捷。

3）光路计算与优化计算

只要把设计参数正确输入到 ZEMAX 程序中，系统就可以计算出结果，并将结果显示在相应的编辑表中。优化计算同样如此。

4）像质评价

像质评价结果可以从 ZEMAX 报告图中直观看到，如要得到准确数值，可调出相应的文本编辑表进行详细分析。

ZEMAX中关于像差的优化方式有优化(Optimization)、全局优化(Global search)和锤形优化(Hammer optimization)。锤形优化是ZEMAX全局优化中的一种算法,它尽力寻找当前设计结构的更好形式。锤形优化一般用在设计的最后阶段,用来确保事实上选择了最好的结构。当评价函数处于局部极小值时,利用锤形优化可以自动重复一个优化过程,来脱离局部极值点。

ZEMAX的优化功能可以改善具有合理起始点和参变量的镜头设计。即给出一个合理的光学系统的初始结构,才有优化的空间和可能。

19.5.2 光学设计的优化步骤

首先从专利库中选择或通过像差理论计算出可以进行光线追迹的合理光学系统,然后设定曲率、厚度、玻璃材料、圆锥系数等变量数据。一个合理的评价函数的设定直接关系着系统优化的可能性、速度和结果。

1) 评价函数的选择

在ZEMAX中,可以选择默认的评价函数。它的优化类型有均方根、峰谷值、波前像差、像点半径、像点X方向大小(Spot X)、像点Y方向大小(Spot Y)等。根据系统的要求和像差容限选择评价函数。默认的优化参考点有Centroid、Chief等。Centroid是以质心为参考的。Chief是以主波长的主光线为参考的。如果光学系统接近衍射极限(假定峰谷值波前误差小于2个波长),就使用波前像差,否则使用像点半径。通常用以质心为参考的评价函数。然而,最好的方法总是用不同的评价函数来重新优化最后的方案,来检验哪个评价函数能为要设计的系统提供一个最好的结果。

在ZEMAX中,评价函数定义如下:

$$\mathrm{MF}^2 = \frac{\sum \omega_i\ (V_i - T_i)^2 + \sum \omega_j\ (V_j - T_j)^2}{\sum \omega_i} \tag{19-36}$$

式中,ω_i 和 ω_j 是权重;V_i 和 V_j 是目标值;T_i 和 T_j 是实际操作数。所有 i 的总和包括正权重的操作数,而所有 j 的总和包括拉格朗日乘数操作数。

2) 目标值的确定

目标值是指定参数达到的值。将操作数的目标值和实际值的差值平方,所有操作数的差值平方和产生评价函数值。操作数目标值和目标值的差值越大,其对评价函数的贡献就越大。

3) 权重的确定

除了在特殊情况下权重选−1外,权重可以是大于0的任何数。当一个操作数的权重为0时,在计算时将忽略这个操作数。如果权重大于0,这个操作数将被作为一个“像差”,随着评价函数的运行被最小化。如果权重小于0,ZEMAX将把这个权重严格地设为−1,这表明这个操作数将被作为一个拉格朗日乘数。拉格朗日乘数将强迫优化法则去寻找一个符合指定约束的解决方案,而不管其对其他操作数的影响。除非强制要求使用拉格朗日乘数,否则一般将不用它。一般情况下,拉格朗日乘数会降低优化速率。

ZEMAX不像SOD88一样使用由单个像差构成的评价函数,它采用操作数。优化操作数包括基本光学特性、像差、MTF数据、包围圆能量、镜头数据约束、参数数据约束、额外数据约束、玻璃数据约束、近轴光线数据约束、实际光线数据约束、元素位置约束、系统数据改变和通常的数学操作。还有一些特殊用途的操作数，如变焦系统的多重结构数据、高斯光束的高斯光束数据，材料的梯度折射率控制的操作数，鬼像的控制操作数，带 ZEMAX 程序语言宏指令的优化操作数。用户还可以自定义操作数，随着特殊光学系统的发展和软件水平的进步，会出现更多、更全面的优化操作数。

光学系统的初始结构确定后，先观察初始结构的各种像差曲线和其光学特性，再根据设计要求和现有系统的光学特性和像差大小确定评价函数。通常像差要求的大多数系统可采用默认的评价函数。默认的评价函数不会适合每一个系统，可以在其基础上进行修改。首先确定优化变量，多为透镜每一面的曲率、透镜厚度和透镜折射率等。注意，厚度有时候变化太大、太快，会改变初始结构的形状和特性，要注意加工的合理性，也可以通过在评价函数中设定边界面进行限制。折射率的变化也不能太随意，因为不存在任意折射率和阿贝系数的材料，所以设定折射率作为变量时要给定边界条件或材料的变化区域。要注意系统优化的趋势，观察像差变化的情况，以便于人工干预并调整优化变量和优化函数。调整优化变量和优化函数后，如果还不能得到满意的优化结果，就需要更换系统结构。

习　题

19.1　什么是评价函数？评价函数由哪些因素构成？各有什么作用？

19.2　规划像差和规划权因子各有什么意义？

19.3　何谓阻尼最小二乘法？阻尼因子一般如何确定？

19.4　何谓边界条件？试举例说明哪些属于像差量边界条件？哪些属于自变量边界条件？

19.5　光学设计的流程如何？

19.6　在 ZEMAX 中，不同的权重分别代表什么意义？

19.7　在有 ZEMAX 等商业软件的条件时，用像差自动校正方法优化设计一平视场显微物镜结构，要求放大率 $m=-10$，数值孔径 NA＝0.25，共轭距离 $L=195$ mm，像方线视场 $2h'=18$ mm，工作距离 $l\geqslant 5$ mm。

19.8　在有 ZEMAX 等商业软件的条件时，用像差自动校正方法设计一个定焦的 VGA 数码相机镜头。设计要求如下：元件数为 1～3 个；材料为普通光学玻璃或塑料；图像传感器为 Agilent FDCS-2020；焦距为 6 mm；景深大于等于 0.75 m；$f/\#$ 为 $f/3.5$；几何畸变小于 4%。在离焦范围内，调制传递函数（中心区域为 CCD 内 3 mm）满足低频 17 lp/mm＞90%（中心），17 lp/mm＞85%（边缘），高频 51 lp/mm＞30%（中心），51 lp/mm＞25%（边缘）。整个系统的渐晕要求为边缘相对照度大于 60%。

第 20 章

人眼和目镜系统

20.1 关于人眼

20.1.1 人眼结构

人眼相当于一个外表大体为球形的光学成像仪器，其内部构造如图 20-1 所示。其主要结构包括：泪膜、角膜、前房、虹膜、睫状体、晶状体、玻璃体、视网膜、脉络膜、黄斑、盲点和巩膜。

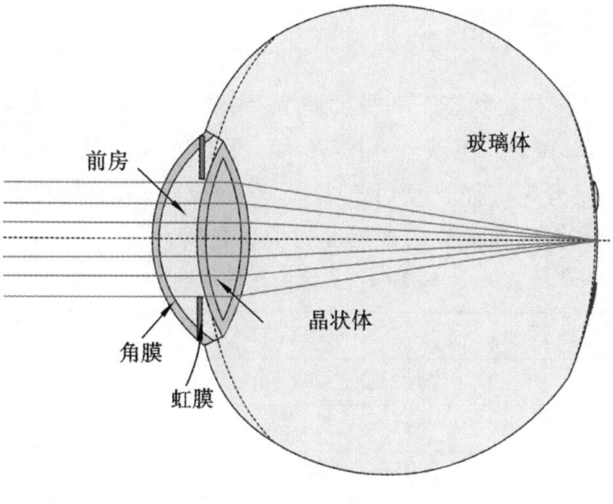

图 20-1 人眼结构

泪膜：是泪液覆盖于眼睛前表面形成的一层液体薄膜。自内向外分为三层：黏蛋白层、水液层和脂质层。泪膜的生理作用是润滑眼球表面和保持角膜的屈光性。

角膜：为眼球前面的一层坚韧的膜，其由角质构成。角膜折射率约为 1.377，是眼睛的主要的折光介质。

前房：位于角膜与晶状体之间，充满折射率为 1.377 的透明液体(称为房水)。房水的生理作用是维持眼内组织代谢和调节眼压。

虹膜：位于晶状体前面，中央是一个圆孔，称为瞳孔。虹膜的生理作用是根据环境亮度控制瞳孔的扩大与缩小，以调节进入眼睛的光能量。

睫状体：位于虹膜根部与脉络膜之间，其通过收缩对晶状体起到调节作用。

晶状体：是由多层薄膜构成的一个双凸透镜，是重要的眼屈光介质。改变晶状体前表面曲率，可使得与人眼具有不同距离的物体的像都能落到视网膜上。

玻璃体：位于晶状体与视网膜之间，起支持、减震和代谢的作用。

视网膜：眼睛后方内壁与玻璃体紧贴的部分，由视神经末梢组成。视网膜是光学系统成像的接收器。

脉络膜：位于视网膜和巩膜之间，包含丰富的黑色素，吸收透过视网膜的光线，把后房变成暗室。

黄斑：黄斑是距盲点中心 15°30′、面向太阳穴方向的一个椭圆区域，大小为 1 mm(水平方向)×0.8 mm (垂直方向)。黄斑的中心有一个 0.3 mm×0.2 mm 的凹部，称为中心凹。中心凹密集了大量的感光细胞，是视网膜上视觉最灵敏的区域。当眼睛观察外界物体时，会本能地转动眼球，使像成在中心凹上。通过眼睛节点和中心凹的直线是眼睛的视轴。眼睛的视轴和光轴成约 5°的夹角。

盲点：神经进入眼腔处附近的视网膜上，有一个椭圆形的区域，该区域内没有感光细胞，不产生视觉，称为盲点。通常人们感觉不到盲点的存在，这是因为眼球在眼窝内会不时转动。

巩膜：是一层不透明的乳白色外皮，由紧密且相互交错的胶原纤维组成，将整个眼球包围起来。

20.1.2　人眼的光学参数

表 20-1 展示了人眼在放松状态下和视度调节(或聚焦)状态下的光学参数。

屈光度是屈光力的单位，以 D(或者 dpt)表示。平行光线经过某屈光物质，若焦点在 1 m 处，则该屈光物质的屈光力为 1 屈光度(或 1D)。对透镜而言，屈光度是透镜光焦度的单位。如一透镜的焦距为 1 m 时，则此镜片的光焦度为 1 屈光度。

表 20-1　人眼的光学参数

参数名称	放松状态	视度调节状态
屈光力/光焦度	58.63 dpt	70.57 dpt
空气中焦距	17.1 mm	14.2 mm
晶状体屈光力	19 dpt	33 dpt
最大视野	108°	—
中央凹视野	5°	—
瞳孔直径	2～8 mm	—
F 数	6.8～2.4	—
眼球直径	24 mm	—
旋转点到前端顶点的距离	13.5 mm	—

续表

参数名称	放松状态	视度调节状态
最敏感可见光波长	555 nm	—
前端顶点到物方节点的距离	7.33 mm	—
前端顶点到物方主平面的距离	1.6 mm	—
前端顶点到入瞳的距离	3.0 mm	—

20.1.3　人眼的神经元结构

人眼的视网膜相当于光探测面。在中心区域，视锥细胞以高分辨率和高颜色灵敏度来检测光。在周边区域，视杆细胞以低分辨率(无颜色灵敏度)和高亮度灵敏度来检测更大视场的光。具体参数由表 20-2 给出。

表 20-2　人眼的神经元结构参数

参数名称	视锥细胞	视杆细胞
所在区域	中央凹内	中央凹外
覆盖视场	小，5°	大，108°
分辨率	高	低
亮度灵敏度	低，适合白天视觉	高，适合夜晚视觉
颜色灵敏度	有	无
总数	5000000	120000000
亮度极限	683 lm · W^{-1}	1699 lm · W^{-1}
最大光谱灵敏度	555 nm	507 nm

20.2　人眼的光学系统

眼睛作为一个光学系统，其各种有关参数可由专门的仪器测出。根据大量的测量结果可以定出眼睛的各光学常数，包括角膜、房水、晶状体和玻璃体的折射率，各光学表面的曲率半径，以及各组件之间的间距。满足这些光学常数的眼模型称为标准眼。标准眼设计的目的是建立一个适用于眼球光学系统研究的模拟人眼的光学结构。在标准眼的设计中会忽略很多非重点的复杂部分，由于所针对的研究领域有差异，不同的标准眼所简略的部分也有所不同。

20.2.1　Christian Huygens 眼模型

眼睛的第一个物理模型是由 Christian Huygens 提出的，这个模型没有考虑晶状体，眼睛的屈光能力全部由角膜承担。而后逐步发展到有晶状体的模型眼、角膜和晶状体的非球面面形模型眼、晶状体同心多层结构模型眼等。由于活体角膜的参数容易测量，所以在各种眼模型中，角膜的参数变化不大。但是，活体晶状体前后表面半径和折射率的测量存在一定的难度，因此各模型中晶状体的结构存在较大差别。

20.2.2 Gullstrand 精密眼模型

Gullstrand 精密眼模型把眼的光学系统看成是同轴和同中心的透镜系统，包括角膜系统和晶状体系统，如图 20-2 所示。由于房水和玻璃体的折射率非常接近，因此将它们视为一种折射率为 1.336 的屈光介质。从而得知，该屈光系统有 6 个折射面，包括角膜前后表面、晶状体皮质前后表面、晶状体核前后表面。同时，系统有三对基准点，分别为两个焦点、两个主点和两个节点。具体的光学结构数据如表 20-3 所示。

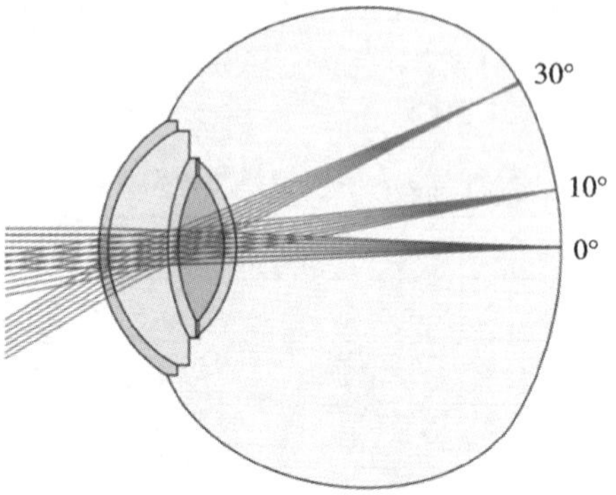

图 20-2 Gullstrand 精密眼模型

表 20-3 Gullstrand 精密眼模型的光学结构数据

		Relaxed			Accommodated		
No	Notation	Radius r /mm	Thickness d /mm	Index n	Radius r /mm	Thickness d /mm	Index n
1	cornea	7.70	0.50	1.376		0.50	1.376
2	anterior chamber	6.80	3.10	1.336		2.7	1.336
3	front lens capsule	10.0	0.546	1.386	5.33	0.6725	1.386
4	crystalline lens	7.911	2.419	1.406	2.655	2.655	1.406
5	rear lens capsule	−5.76	0.635	1.386	−2.655	0.6725	1.386
6	vitreous humor	−6.00	17.185	1.336	−5.33	16.80	1.336
7	image	−17.2			−17.2		

20.2.3 Le Grand 眼模型

如图 20-3 所示，Le Grand 眼模型是在 Gullstrand 精密眼模型的基础上，通过近轴近似简化而来的。将 6 个折射面简化为 4 个折射面，即晶状体由前后两个表面组成。该模型的光学结构数据如表 20-4 所示。其优点是在近轴部分，能很好地描述眼睛的性质，因此被广泛应用在一级近似计算中。

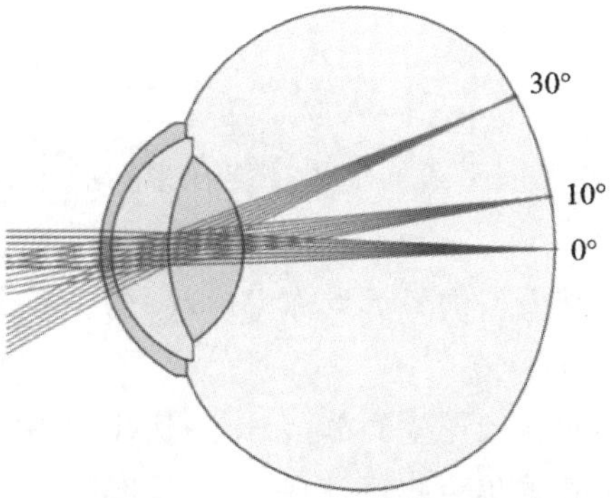

图 20-3　Le Grand 眼模型

表 20-4　Le Grand 眼模型的光学结构数据

		Relaxed			Accommodated		
No	Notation	Radius *r* /mm	Thickness *d* /mm	Index *n*	Radius *r* /mm	Thickness *d* /mm	Index *n*
1	cornea	7.80	0.55	1.3771	7.80	0.55	1.3771
2	anterior chamber	6.50	3.05	1.3374	6.50	2.65	1.3374
3	crystalline lens	10.20	4.00	1.420	6.0	4.5	1.427
4	vitreous humor	−6.00	16.60	1.336	−5.5	14.23	1.336
5	image	−17.2			−17.2		

20.2.4　简化眼模型

简化眼模型是对 Gullstrand 精密眼模型进一步简化而来的，如图 20-4 所示。简化眼模型将眼的光学系统简化为仅有一个折射面的光学结构。该结构的设计原理为：眼球的两主点相近，两节点也相近，取其平均值，将两主点、两节点分别合二为一，形成只有一个主点和一个节点的系统。眼球也因此可以用一个理想球面来代替。这样的系统仅有一个折射面和四个基点（两焦点、一主点和一节点）。

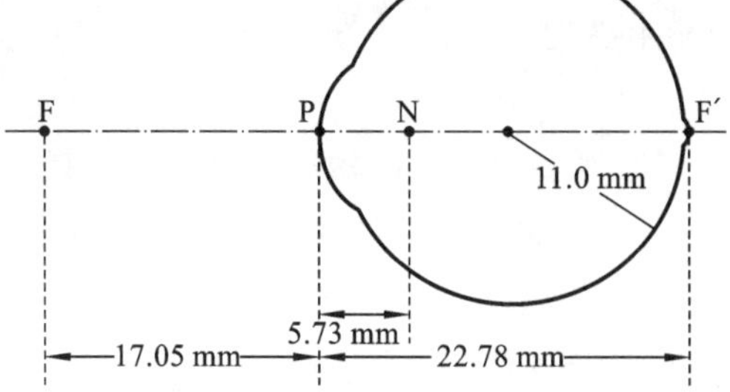

图 20-4　简化眼模型

20.2.5 人眼的调节

人眼的调节即为人眼为使不同距离的物体都能在视网膜上成清晰的像，相应地改变眼睛中晶状体的折光度。

肌肉在完全放松时，眼睛能看清的最远点称为远点。肌肉在最紧张时，眼睛能看清的最近点称为近点（国际上规定为 250 mm）。

眼睛观察近距离物体时，会自动产生调节信号，晶状体周围肌肉向内收缩，使得晶状体的表面曲率半径变小，从而使眼睛的焦距缩短，后焦点向视网膜前移，从而使有限距离处物体正好成像在视网膜上。

20.3 人眼的功能调节

20.3.1 人眼的环境适应性

眼睛的适应性是指眼睛在不同亮度条件下具有适应的能力。眼睛视觉与环境的亮度有密不可分的关系。当环境亮度为 10 cd·m^{-2}以上时，视觉活动只与视锥细胞有关，此时称为明视觉。当环境亮度为 5×10^{-3} cd·m^{-2}以下时，视觉活动只与视杆细胞有关，此时称为暗视觉。

在眼睛的适应过程中，瞳孔的大小会在平均值附近变化。瞳孔位于角膜和晶状体之间，利于校正彗差和畸变。眼睛通过改变瞳孔的大小，使得焦深在 0.1 dpt 和 0.5 dpt 之间变化。瞳孔直径随辐射亮度的变化曲线如图 20-5 所示。

眼睛的光谱灵敏度取决于亮度。因此，在不同的环境亮度下，视觉对光谱的敏感度也不同。以波长为横坐标，以引起一定感觉的光能量的倒数为纵坐标，所得到的曲线称为相对光谱敏感曲线。对于明视觉（视锥细胞）和暗视觉（视杆细胞），有两种不同的曲线。暗视觉最敏感光波长在 500 nm 附近，明视觉最敏感光波长在 550 nm 附近，如图 20-6 所示。

20.3.2 人眼的视角分辨率

人眼的视角分辨率是指眼睛刚能分清的两物点在视网膜上所成的像的距离张角。眼睛的分辨率是眼睛性能的重要指标，其是由视神经细胞决定的奈奎斯特极限、光瞳直径决定的衍射极限和眼睛光学系统的像差决定的。

奈奎斯特极限是两个视锥细胞的中心间距，通常为 4 μm。当眼睛在无调节的自然状态下时，眼睛的节点到视网膜的距离 $f'_R=17.05$ mm，由奈奎斯特极限确定的$y'_{min}=0.004$ mm。由

$$\tan\omega_{min}=y'_{min}/f'_R \tag{20-1}$$

得到视角分辨率为

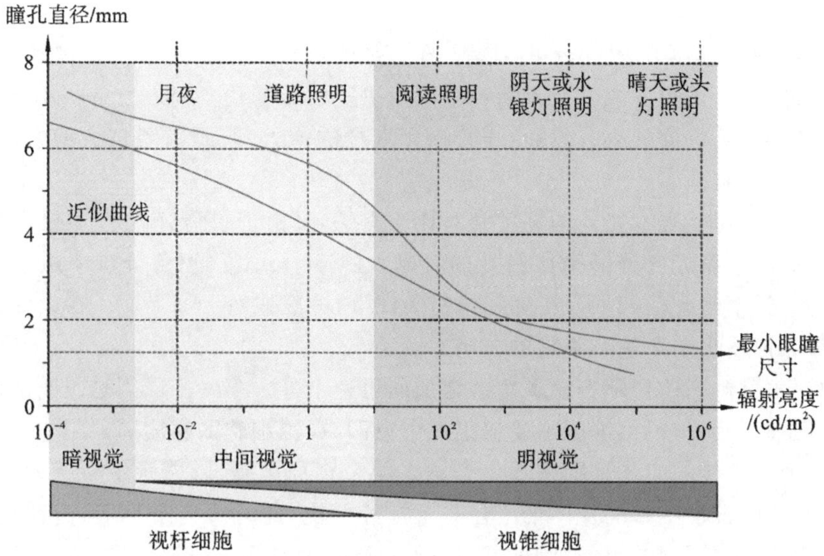

图 20-5　瞳孔直径随辐射亮度的变化曲线

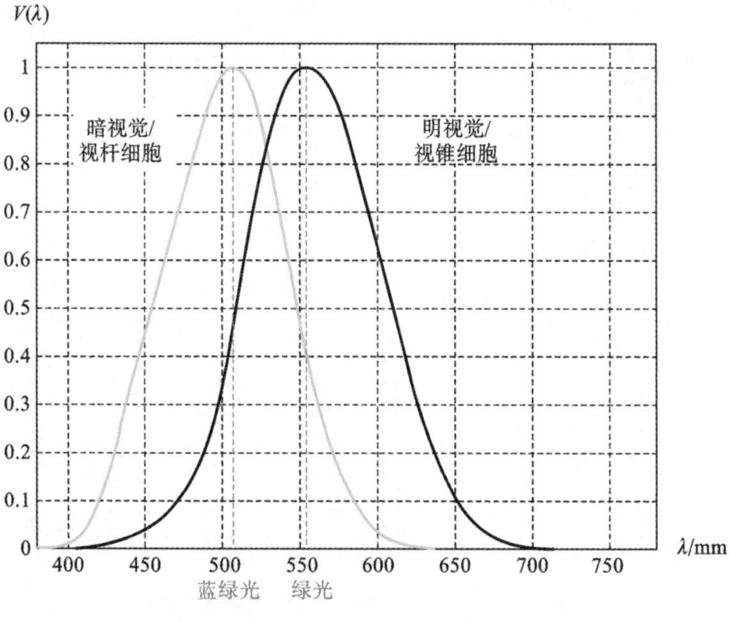

图 20-6　暗视觉和明视觉相对光谱敏感曲线

$$\omega_{\min} = \frac{0.004}{17.05} \times 206000'' \approx 48'' \tag{20-2}$$

式中，206000″为一个弧度对应的秒数。以上求得的是对应视轴周围很小范围内的视角分辨率。当物体偏离视轴时，由奈奎斯特极限决定的分辨率迅速下降。

与此同时，眼睛的像差也会影响视角分辨率。随着瞳孔直径的增大，眼睛的像差也增大。当入瞳直径为 D 时，理想光学系统的极限分辨角为

$$\omega = 1.22\lambda / D \tag{20-3}$$

对中心波长为 555 nm 的光线，眼睛的衍射极限分辨角为

$$\omega=\frac{1.22\times 0.000555}{D}\times 206000''\approx\frac{139''}{D} \tag{20-4}$$

在白天，当瞳孔直径 $D=2$ mm 时，眼睛的衍射极限分辨角约为 $70''$。由眼睛光学系统的衍射极限所决定的分辨角要大于奈奎斯特极限所决定的分辨角。当 $D=3\sim 4$mm 时，由衍射极限所决定的分辨角将会减小。然而，随着瞳孔直径的增大，眼睛像差也会增大，此时眼睛的像差决定了视角分辨率。

眼睛的分辨率与被观察物体的亮度和对比度有关，又由于眼睛有色差，其还受照明光的光谱成分的影响，故单色光的分辨率比白光的较高，在 555 nm 黄光下，分辨率最高。根据实际统计，眼睛的分辨率为 $50''\sim 120''$，在良好照明条件下，一般取 $\omega=60''=1'$。在设计目视光学仪器等时，必须保证输出图像达到眼睛的分辨率。

眼睛的视角分辨率还会随着视场角的增加而迅速下降。第一个原因是眼睛的高分辨率成像主要由视锥细胞负责，视锥细胞主要聚集在中央凹，视锥细胞的密度随着距中央凹的距离的增加而减小，因此最佳的成像范围在 $2\omega=4°$内。第二个原因是，随着距中心凹的距离的增加，大量远离中心凹的视杆细胞的受体聚集在一个神经元内，此时决定奈奎斯特极限的是多个视杆细胞的尺寸，而不是单个视杆细胞的尺寸，这也降低了空间分辨率。图 20-7 展示了视角分辨率随视场角的变化曲线，可以看出：在 0° 视场，眼睛的视角分辨率可以达到 40 cyc/°（周期/度），而在 10°视场时仅能达到 12 cyc/°的视角分辨率。

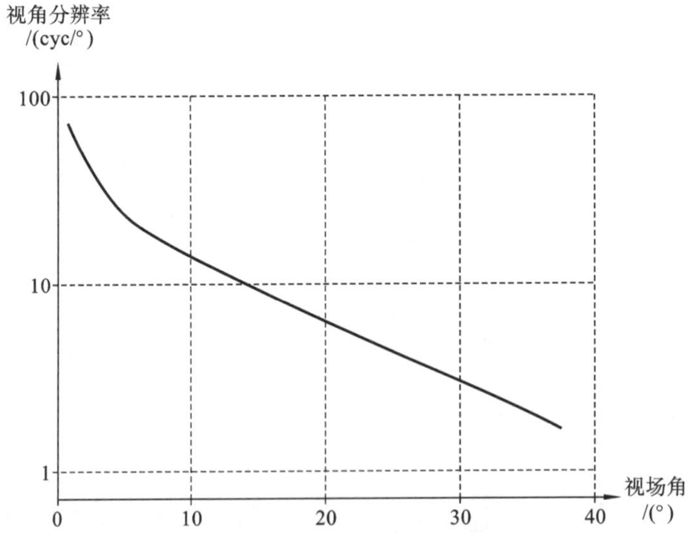

图 20-7 视角分辨率随视场角的变化曲线

20.3.3 人眼的缺陷与校正

正常眼的视力良好，没有缺陷，此时眼睛的远点在无穷远处且色彩分辨能力良好，没有散光。正常眼的屈光力正常，无球面像差缺陷。人眼常见的主要缺陷有近视、远视和散光等。

1. 近视

近视，即为平行光线经人眼光学系统后聚焦在视网膜的前方的现象。近视眼只能清晰且高分辨率地看到近距离的物体。近视眼在视度调节时，无法适应远方的物体。造成近视眼的原因是眼轴过长、角膜曲率半径过短或者晶状体曲率过大。图 20-8 所示的分别为(a)正常眼，(b)眼轴过长，(c)角膜曲率半径过短和(d)晶状体曲率过大。

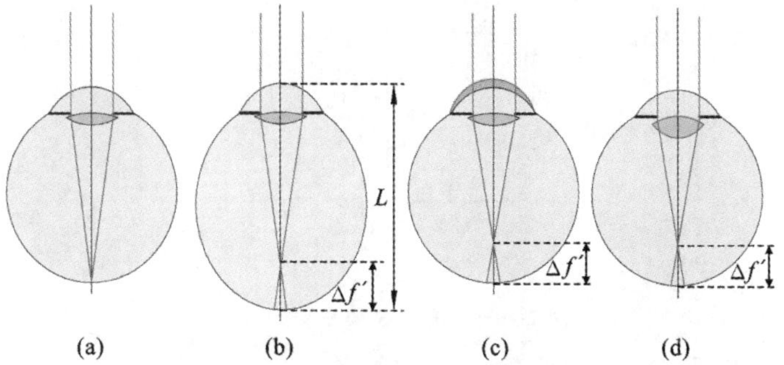

图 20-8　正常眼和三种近视眼

近视眼的像方焦点位于视网膜的前方，在视网膜上不能获得无穷远处物体的清晰像，近视眼只能看清一定距离内的物体。眼睛能看清的最远的距离称为远点。正常人眼的远点在无穷远处，而近视眼的远点在有限远处。

近视眼依靠调节，只能看清远点以内的物体。通常用近视眼的远点距离所对应的视度表示近视的程度。例如，当远点距离为 0.5 m 时，近视为－2 个视度，和医学上的近视 200°相对应。如果眼睛的调节能力不变，则近视眼的明视距离和近点距离也将相应缩短。近视度的视度加－4(正常人眼的明视距离视度)就等于近视眼的明视距离视度。同理，近视的视度加正常人眼的近点视度(最大调节视度)就等于近视眼的近点视度。例如，近视为－2 个视度的人，假定他的调节能力为－10 个视度，则他的近点为

$$l_{近}=\left|\frac{1}{-2-10}\right|\ \mathrm{m}\approx 0.083\ \mathrm{m}=83\ \mathrm{mm}$$

为了矫正近视眼，可以在眼睛前加一个凹透镜，如图 20-9 所示，使凹透镜的像方焦点和近视眼的远点一致，这样可以使近视镜—近视眼光学系统的远点和正常眼的一样在无穷远处。此时，近视眼的视网膜与无穷远处互为共轭关系。显然，镜片距离眼球越近，它的像方焦距就越大，屈光力就越小。因此，矫正近视眼的镜片的度数，不仅与近视的程度有关，还与镜片到眼睛的距离有关。

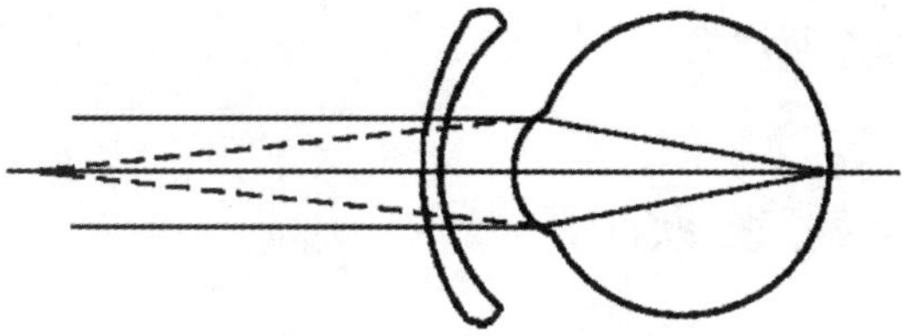

图 20-9　近视眼的矫正

2. 远视

远视，即为平行光线经人眼光学系统后聚焦在视网膜的后方的现象。远视眼只能清晰且高分辨率地看到远距离的物体。远视眼在视度调节时，无法适应近处的物体。造成远视眼的原因是眼轴过短、角膜曲率半径过长或者晶状体曲率过小。图 20-10 所示的分别为(a)正常眼，(b)眼轴过短，(c)角膜曲率半径过长和(d)晶状体曲率过小。

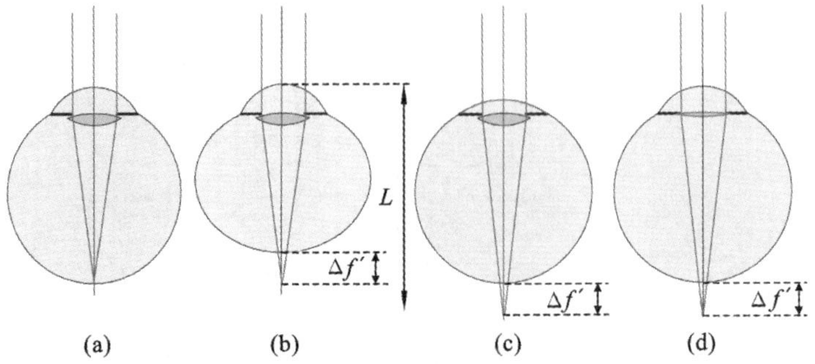

图 20-10 正常眼和三种远视眼

远视眼的远点为一虚像点，位于视网膜之后，依靠眼睛的调节，远视眼有可能看清无穷远处的物体，但它所能看清的近点距离将增加。例如，当调节能力为－10 个视度和远视为＋2 个视度时，近点为

$$l_{近}=\left|\frac{1}{2-10}\right|\ \text{m}=0.125\ \text{m}=125\ \text{mm}$$

为了矫正远视眼，可以在眼睛前加一个凸透镜，使凸透镜的像方焦点和远视眼的远点一致，这样可以使远视镜—远视眼光学系统的远点和正常眼的一样在无穷远处。此时，远视眼的视网膜与无穷远处互为共轭关系。显然，镜片距离眼球越近，它的像方焦距就越小，屈光力就越大。因此，和矫正近视眼一样，矫正远视眼的镜片的度数，由远视的程度和镜片到眼睛的距离共同决定。

3. 散光

眼睛结构上的其他缺陷(如晶状体位置不正、角膜和晶状体等各折射面的曲率不对称)会造成散光。散光，即为眼睛在水平和垂直的横截面上的光焦度不同。散光分为规则散光和不规则散光。各折光成分最大折光能力方向和最小折光能力方向的主截线相互垂直的称为规则散光，否则称为不规则散光。

为矫正散光可采用柱面透镜、球柱透镜和环曲面透镜。如果散光眼的两条主截线的一条不需要矫正，则可使用柱面透镜。两条主截线都需要矫正的，此时可用球柱透镜。环曲面透镜的特点为：透镜的一面是球面，另一面是环曲面，即给柱面的无曲率方向也加上了一定的曲率。环曲面透镜在外观和成像方面均优于球柱透镜。

20.4 目镜系统

20.4.1 关于目镜系统

目镜，顾名思义，就是以人眼为接收端的光学系统。常用的目镜系统主要有望远镜系统和显微镜系统。目镜系统中最重要的参数是放大率，即为所看到的像对眼睛所张角度与物体直接对眼睛所张角度的比值，以 m 表示。

对于望远镜系统，其放大率为

$$m_{\text{telescope}}=\frac{f_{\text{objective}}}{f_{\text{eyepiece}}} \tag{20-5}$$

其中，$f_{\text{objective}}$为物镜焦距，f_{eyepiece}为目镜焦距。

对于显微镜系统或其他观察物体的距离设定在眼睛的明示距离上的目镜系统，其放大率为

$$m_{\text{eyepiece}}=\frac{250\ \text{mm}}{f_{\text{eyepiece}}} \tag{20-6}$$

其中 250 mm 为正常眼的明视距离，f_{eyepiece}为目镜焦距。

20.4.2 目镜系统设计的相关要求

设计目镜本身就是一门艺术，同时也是一个极为复杂的过程，这是由于人类视觉有着极为复杂的特性。由于人眼是具有高度自适应能力的光学系统，因此目镜的设计和校正是具有经验性的问题。

除了简单的放大镜，目镜总是与其他光学设备一起使用，包括最常见的天文/地面望远镜和显微镜物镜。这也就意味着在光路上有不同的入瞳和出瞳，一个由物镜形成，一个为人眼的虹膜。因此，目镜的设计必须使得物镜的出瞳和目镜的入瞳在同一位置。对于近轴光线，可以很容易做到这一点，但由于目镜中存在固有像差，通常难以在所有轴外场实现。

可将物镜和目镜作为一个整体一起校正，用目镜来平衡物镜的某些像差。这种情况下，不能单独使用目镜或是使用不匹配的物镜。例如，通过合理设计显微镜目镜来补偿物镜的一些像差，这种方法同样可以用于某些天文/地面望远镜。

更常见的情况是目镜被设计为单独的光学元件。目镜被设计为针对单独的光学系统和具有固定的镜筒长度，以此达到目镜的可替换性。知道镜筒长度、物镜出瞳的位置和光束的几何形状就可以确定目镜。

根据经验，人眼的视角分辨率在光轴处约为 1′。然而在很小的离轴角度下，眼睛的分辨率也会迅速降低，这样就会导致轴外视觉的图像质量很差。由于观测者人眼的视度调节，观测者可以重新获得视场边缘的物体的清晰视野，因此，目镜系统的设计对于场曲和像散的考虑更为突出。

20.4.3 目镜系统出瞳距离

目镜的出瞳距离是从目镜的最后表面到人眼的第一表面(角膜)的距离，这通常也是目镜的出射光瞳。如果出瞳距离太短，观察者将被迫把眼镜放到非常接近目镜的位置，以便看到未被观察到的图像。所以对于戴眼镜的观察者，长出瞳距离更为合适。作为参考值，出瞳距离应该大于 15 mm。对于戴眼镜的观察者，合适的出瞳距离应该为 20 mm。

20.4.4 视度调节

目镜的视度调节是指通过改变目镜的前后位置使不同视力的人能适应目镜系统。通过视度调节，不同视力的人眼通过目镜系统观测目标物体时，能够使所成像恰好聚焦于视网膜上。

适应不同物距的能力还取决于观察者的年龄，婴儿约为 15 dpt，70 岁的人约为 1.5 dpt。因此，在设计目镜时，应将像差控制在远低于 1 dpt 的范围内，以便使得大多数观察者能舒适地使用目镜。

20.4.5 目镜出瞳大小

目镜的出瞳是人眼的瞳孔。人眼的瞳孔直径会随着环境亮度的变化表现出很大的可变性。在明亮的白天，瞳孔直径可以小于 2 mm，而在环境亮度低的夜晚，瞳孔直径可达 6～8 mm。

20.4.6 典型目镜系统的光学设计

传统目镜的进化史可以由图 20-11 表示，几乎所有的传统目镜都在 1950 年前开发出来，传统目镜只涉及球面表面的传统折射元件。

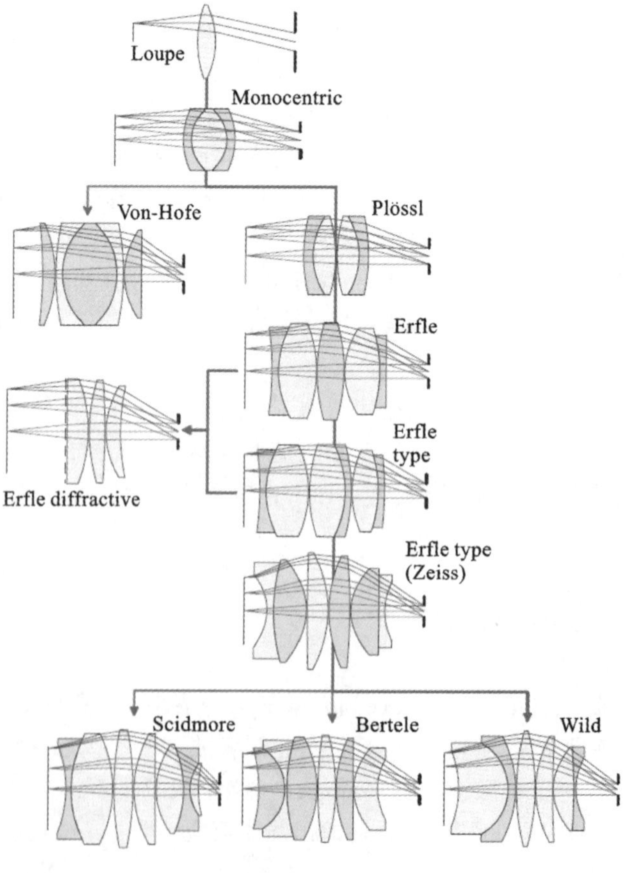

图 20-11 目镜的进化史的第一部分

放大镜：最简单的目镜，由单个镜头组成。其很少用于光学仪器，它的主要用途是放大图像。

单中心目镜：1865 年，Steinheil 通过使用两种具有不同色散的镜片以减少色差来减小单镜头目镜的横向色差。其所有透镜表面都是具有共同中心的球体，视场在 ±15°左右，纵向和横向的色差都得到了很好的校正，但由于这种设计具有相当大的厚度，横向色差仍然存在。

Von-Hofe 目镜：可以认为是对单中心目镜的改进，通过在单中心目镜的三连镜中间添加正透镜，将视场提升到 ±34°。此时各个透镜的表面不再严格同心，对比单中心目镜，Von-Hofe 校正了彗差和散光，横向色差也有改善。

Plössl 目镜：包含两个消色差双合透镜，凸透镜紧贴。所有与空气介质接触的透镜都是凸面的，可以尽量减小出瞳的像差和畸变。

Erfle 目镜：在 Plössl 目镜的两个凸透镜之间插入额外的双凸透镜，进一步减小了横向色差。

加入衍射的 Erfle 目镜：使用了衍射(或全息)表面，降低了设计的复杂性，更好地校正了色散，同时降低了所有正透镜的强屈光力。

Zeiss 改进的加入衍射的 Erfle 目镜：基本上仍是 Erfle 目镜，将 Erfle 目镜的双凸透镜分为两个透镜，以增加视场并改进出瞳的球差。

Scidmore 目镜：仅使用两种玻璃，使用更高折射率的双凸透镜，使视场增加到 ±45°，但是增大了场边缘的散光。

Wild 目镜：是 Erfle 目镜和 Bertele 目镜的混合。大量使用了薄透镜，呈现出小的佩兹伐场曲，很好地校正了散光。

然而，后来演变出了新的设计变量，如非球面表面、全息图表面和梯度折射率(GRIN)材料。这些新设计给传统目镜带来了全新的变化，在大多数情况下，非球面表面和全息图表面有助于减少镜片的数量，从而降低了目镜系统的复杂性和成本，并提高了图像性能。图 20-12 展示了这一类新目镜的进化史，并将其分为两组。第一组可以认为是对单透镜目镜(放大镜)的连续改进，而第二组是有空气介质的目镜。

Huygens 目镜：由 Christian Huygens 在 1703 年设计，其满足条件

$$d=\frac{f_1+f_2}{2} \tag{20-7}$$

其中，d 是两个镜片的距离，f_1、f_2 分别是两个镜片的焦距。由两个独立镜头组成的系统至少可以在近轴区域避免色差。

Ramsden 目镜：1783 年，Ramsden 设计并发表的目镜是两种分离镜片，满足条件

$$f_1=f_2,\quad d=f_1=f_2,\quad f=\frac{d}{2}=\frac{f_1}{2}=\frac{f_2}{2} \tag{20-8}$$

因此，Ramsden 目镜也满足 Huygens 目镜的条件，但焦点在第一个镜片的前表面充当场镜。这种设计使得镜片上的缺陷(划痕或灰尘)清晰可见，影响成像，且出瞳距离为 0。这种缺点使得 Ramsden 目镜毫无意义，其被 Kellner 目镜取代。

Kellner 目镜：将 Ramsden 目镜的镜片替换为消色差双胶合透镜，减小了横向色差。

非球面目镜：非球面的表面提供了一个校正目镜中像散和畸变的方法，这在球面表面镜片中是不能做到的。通过注塑技术制造的非球面表面能拥有足够的精度。其主要的作用是校正像散和畸变，同时校正散光和佩兹伐场曲，还能提供±34°的视场和 1.4 倍焦距的大出瞳距离。

Kerber 目镜：利用 Smyth 透镜对 Kellner 目镜进行了改进，有效地减小了佩兹伐场曲。然而由于 Kerber 目镜的总长度较长，因此其仅用于短焦距系统。

König 目镜：可以认为是 Abbe 无畸变目镜的简化形式。其用更简单的凹—凸镜和双凹

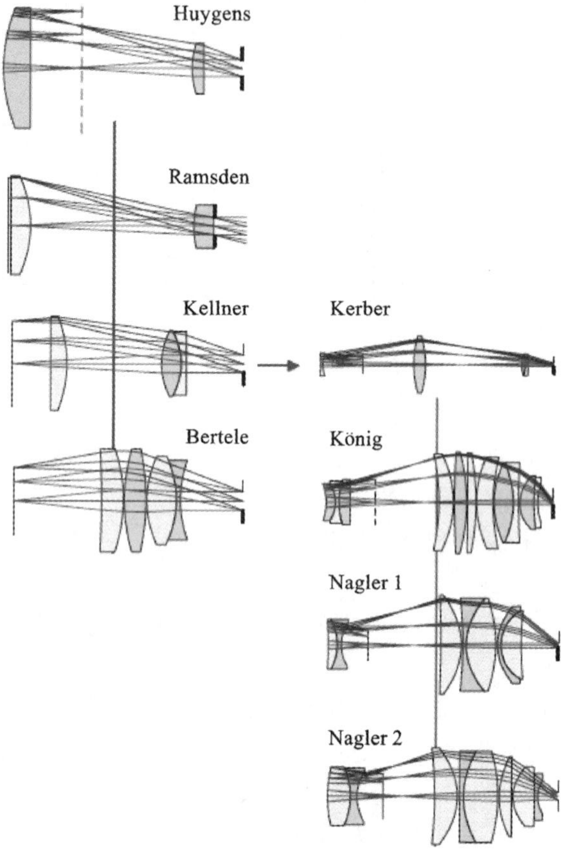

图 20-12 目镜的进化史的第二部分

镜代替焦点侧的三联目镜，略微牺牲了轴向色散和畸变的校正，提供了非常低的场曲。

Bertele 目镜：基本设计类似于 König 目镜，由 Bertele 在 1924 年设计。其使用了厚的凹—凸镜，可以在相对宽的范围内控制佩兹伐场曲在一个较小的范围。其佩兹伐场曲和为

$$P = \frac{n-1}{n} \cdot \frac{r_2 - r_1}{r_1 r_2} \tag{20-9}$$

Nagler 1 目镜：利用在焦点前方加入一个负屈光度的 Smyth 透镜来控制目镜中的像差，尤其是像散和场曲。加入的 Smyth 透镜是实现宽视场角和散光校正的关键，然而主要的问题是造成了相当大的失真。另一个问题是出瞳的球差与传统的纵向球差不同，该目镜的出瞳球差造成的影响是出射光束与轴向的出瞳不重合。这将导致出射光束不会进入出瞳(人眼)，或是造成非常严重的渐晕。每当观察者移动眼睛，所看到的视场部分会交替地变暗和变亮，特别是在观察视场边缘处的物体时，称此为 Kidney Bean 效应。

Nagler 2 目镜：对 Nagler 1 目镜进行改进，将平—凸镜换成了双凸镜。这种改动将 Kidney Bean 效应降到了可接受的水平。

变焦目镜可以提供可变的焦距，通常在 2～3 倍焦距范围内变化。图 20-13 展示了典型的变焦目镜系统的原理，观测者一侧的透镜组保持静止，而另外两组沿光轴移动。第一个移动组对应广角目镜中已知的 Smyth 镜头。第二组沿轴向移动，使得固定物平面超出所需的变焦范围。

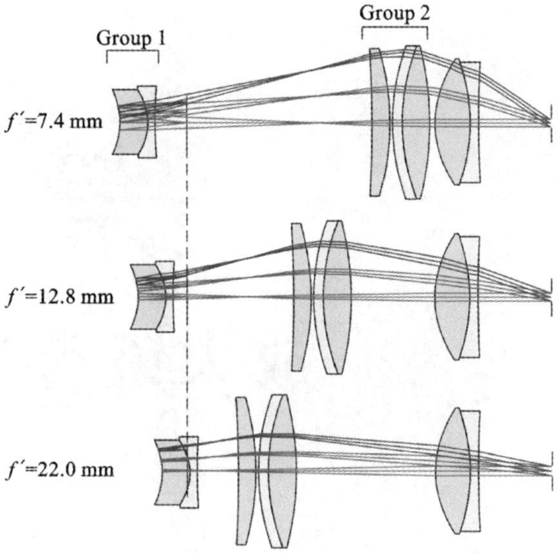

图 20-13　变焦目镜

习　题

20.1　假设人眼在傍晚时瞳孔直径一般为 6 mm，请问人眼的衍射极限分辨角为多少？

20.2　人眼的缺陷主要分为哪几种？分别如何校正？

20.3　对正常人眼来说，观察前方 1 m 远的物体时，眼睛需调节多少视度？

20.4　晚间在灯下看书时，纸面被灯光所照明的照度为 50 lx，眼睛的瞳孔直径为 4 mm，设纸面为理想的漫反射表面，求视网膜上的照度。

20.5　一目镜的焦距为 15 mm，请问该目镜的放大率是多少？

20.6　人眼有哪几种功能调节能力？

第21章

放大镜与显微系统

21.1 放大镜

21.1.1 放大镜概述

简单的单透镜可用作放大镜，放大镜是最简单的微观目标的观测仪器。如果镜片足够靠近眼睛，则像在无穷远处。被观察的物体的像的大小，取决于物体本身的大小及其到眼睛的距离，同时，被观察的物体必须处于眼睛的近点以外。细小的物体位于近点处时，其视角仍小于极限视角分辨率，此时人眼必须借助放大镜或者显微镜将其放大，使其放大后的像的视角大于人眼的极限视角分辨率，从而被人眼清晰地观察到。

21.1.2 放大镜的工作原理

放大镜可以为简单的单凸透镜，其主要利用了凸透镜对光的折射作用。被观测物通过凸透镜后所成的像会被放大，当这个像落在人眼的视网膜上时，人眼看到的被观测物的像就会比人眼直接看到的被观测物大，此时，放大镜起到了放大物体的像的作用。

21.1.3 放大镜的视觉放大率

如图21-1所示，对于传统的视距为人眼明视距离的简单放大镜，其放大率是所看到的像对眼睛所张角度的正切与物体直接对眼睛所张角度的正切的比值，该比值称为视觉放大率，由Γ表示。图21-1所示的为把物体放在放大镜物方焦点附近，即$AB=y$，其放大虚像$A'B'=y'$对眼睛张角的正切为

$$\tan\omega' = \frac{y'}{-l' + f'_{\mathrm{R}} + l'_{\mathrm{Fp}}} \tag{21-1}$$

由图21-1可知

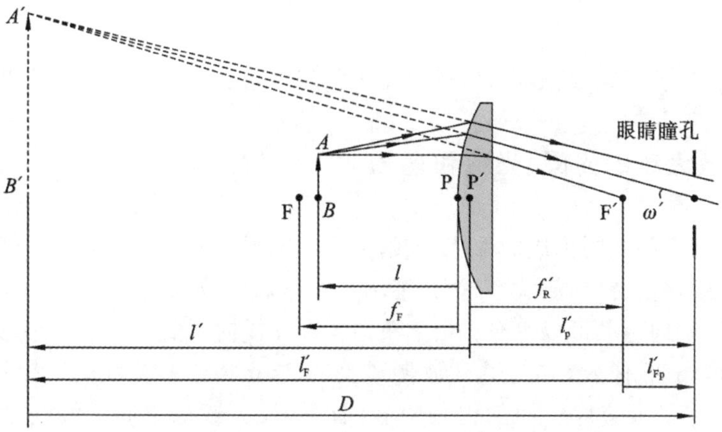

图 21-1　简单放大镜

$$y'/y = l'/l \tag{21-2}$$

把高斯公式 $\frac{1}{l'} = \frac{1}{l} + \frac{1}{f'_R}$ 和式(21-2)一并代入式(21-1)中，得

$$\tan\omega' = \frac{y(f'_R - l')}{f'_R(-l' + f'_R + l'_{Fp})} \tag{21-3}$$

用眼睛直接观察物体时，物体对眼睛的张角的正切为

$$\tan\omega = \frac{y}{-l + f'_R + l'_{Fp}} \tag{21-4}$$

于是可得视觉放大率为

$$\Gamma = \frac{\tan\omega'}{\tan\omega} = \frac{(f'_R - l')(-l + f'_R + l'_{Fp})}{f'_R(-l' + f'_R + l'_{Fp})} \tag{21-5}$$

式中，$-l + f'_R + l'_{Fp}$ 是眼瞳到物体的距离，以符号 D 替代；$f'_R + l'_{Fp}$ 是眼瞳到放大镜的距离，以 l'_p 表示，则视觉放大率可改写为

$$\Gamma = \frac{(f'_R - l')D}{f'_R(l'_p - l')} \tag{21-6}$$

若把放大虚像调焦到无穷远处，即令 $l' = \infty$，则式(21-6)变为

$$\Gamma_0 = D/f'_R \tag{21-7}$$

若被观察物体的距离设定为眼睛的明视距离，即 $D = 250$ mm，则视觉放大率为

$$\Gamma_0 = 250\ \text{mm}/f'_R \tag{21-8}$$

上式表明，放大镜的放大率只取决于放大镜的焦距，焦距越短，放大率越大。

目视仪器中的目镜和放大镜的功能相同，也用视觉放大率表示放大效果。把式(21-8)用于 $\Gamma_0 = 5$，$f'_R = 50$ mm 的目镜。若观察者把放大虚像也调节到明视距离处，即 $l'_p - l' = D = 250$ mm，则式(21-6)可改写为

$$\Gamma = \frac{f'_R - l'}{f'_R} \tag{21-9}$$

将 $l' = l'_p - D$ 代入上式，得：

$$\Gamma = \frac{D}{f'_R} + 1 - \frac{l'_p}{f'_R} \tag{21-10}$$

若使眼睛紧贴着放大镜，则 $l'_p = 0$，得

$$\Gamma = \frac{D}{f'_{\mathrm{R}}} + 1 = \Gamma_0 + 1 \tag{21-11}$$

该式适用于小倍率(长焦距)的放大镜,可得比正常放大率更大一点的视觉效果。

21.1.4 放大镜的光阑、光瞳和视场

对于放大镜与人眼共同构成的系统,眼睛为孔径光阑,放大镜为渐晕光阑,无专门的视场光阑限定最大视场,放大镜的放大率越大,视场越小。由于放大镜孔径光阑为人眼,因此该系统的球差、彗差和轴向色散可以忽略。由于单透镜存在横向色散,因此不可避免地会产生边缘彩色条纹。同时,场曲、像散和畸变由出瞳距离决定,这意味着人眼和放大镜的位置很重要。

图 21-2 给出了放大镜像空间的视场限制,其中,放大镜像空间的线渐晕系数分别为 0、50%和 100%,视场角的正切分别为

$$\begin{cases} \tan\omega'_1 = \dfrac{h - a'}{l'_{\mathrm{p}}} \\ \tan\omega' = \dfrac{h}{l'_{\mathrm{p}}} \\ \tan\omega' = \dfrac{h + a'}{l'_{\mathrm{p}}} \end{cases} \tag{21-12}$$

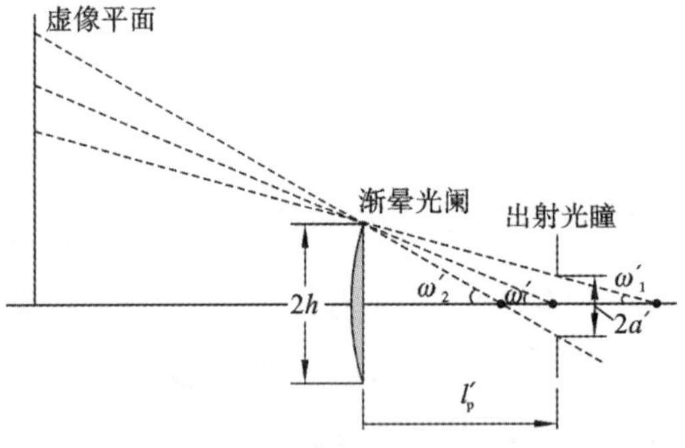

图 21-2 放大镜像空间的视场限制

通常,放大镜的视场用物平面上的圆直径或线视场 $2y$ 来表示,如图 21-3 所示。

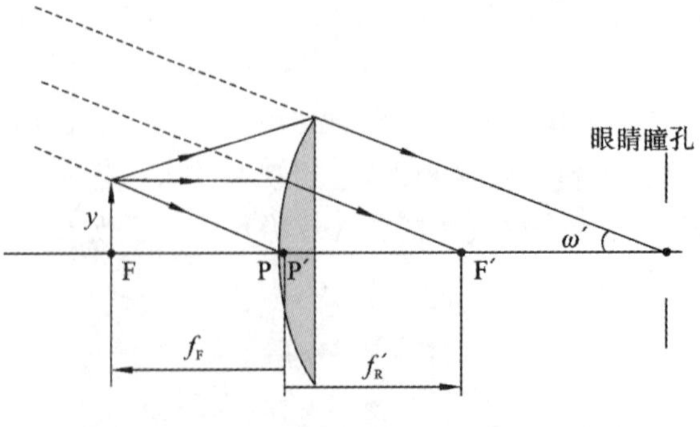

图 21-3 放大镜的像空间调到无穷远处

当物平面位于放大镜的物方焦点上时,像平面在无穷远处,得

$$2y = 2f'_{\mathrm{R}}\tan\omega' \tag{21-13}$$

将式(21-8)中的 f'_R 和式(21-12)中的渐晕系数为 50%的 $\tan\omega'$ 代入上式，得

$$2y = \frac{500h}{\Gamma_0 l'_p} \tag{21-14}$$

放大镜的校正方法取决于视觉放大率。对于低视觉放大率的透镜，重要的是场曲、彗差、像散、畸变和横向色差的校正。当视觉放大率增加到 6～15 时，球差也会产生重大影响。

21.2　显微镜及其特性

21.2.1　显微镜的成像原理

经典的复合式显微镜是一个两段式成像系统，区别于放大镜的一级放大，显微镜为二级放大，放大率可以达到千倍。图 21-4 展示了显微镜系统的工作原理。其中，上排展示的是显微镜中视场范围的成像光路，下排展示的是显微镜中瞳孔平面的照明光路。图 21-4 完整地同时展示了在明场照明条件下显微镜系统的成像光路和照明光路的共轭关系。

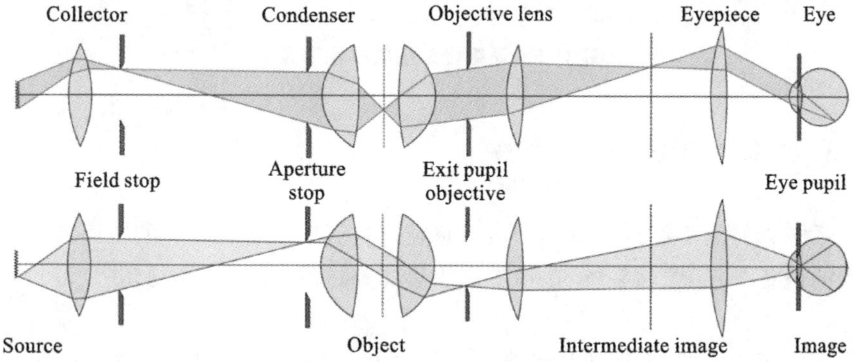

图 21-4　显微镜系统

在显微镜中，对照明和瞳孔成像的考虑变得尤为重要，同时，对于图像的构建和分辨率的考虑也是必要的。照明孔径对出瞳孔径的适应限定了相干性。

21.2.2　显微镜的放大率

显微镜的物镜的垂轴放大率为

$$m_1 = -\frac{l'_1}{f'_{R1}} = -\frac{\Delta}{f'_{R1}} \tag{21-15}$$

式中，f'_{R1} 为物镜的焦距，Δ 为光学筒长。目镜的特性等同于放大镜的，其对物镜所成的像再次放大，如图 21-5 所示。目镜的视觉放大率由式(21-16)给出，即

$$\Gamma_2 = 250\ \text{mm}/f'_{R2} \tag{21-16}$$

式中，f'_{R2} 为目镜的焦距。显微镜的总视觉放大率为

$$\Gamma = m_1\Gamma_2 = -\frac{250\ \text{mm}\times\Delta}{f'_{R1}f'_{R2}} \tag{21-17}$$

上式表明，显微镜的视觉放大率与光学筒长 Δ 成正比，与物镜和目镜的焦距成反比。式(21-17)中的负号表示显微镜给出的是倒像。将 $f'_{R}=-f'_{R1}f'_{R2}/\Delta$ 代入式(21-17)，则有

$$\Gamma=\frac{250\ \mathrm{mm}}{f'_{R}} \tag{21-18}$$

比较式(21-18)和放大镜的视觉放大率公式式(21-8)，可知显微镜的实质等同于放大镜，只是在性能指标上有所差异而已，其是一个复杂化了的放大镜。

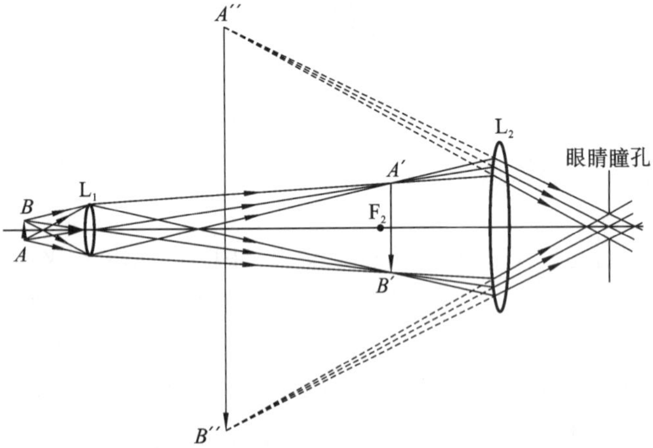

图 21-5 显微镜系统的成像示意图

21.2.3 显微镜系统的整体结构

显微镜系统具有以下组件：①检测/成像路径，包括物镜、带有镜片的镜筒和分束器、目镜、用于检测光的设备等；②照明系统，包括带有收集器和过滤器的灯、视场光阑、带孔径光阑的聚光镜等。

照明系统的布局有两种(取决于被观测的探针)，分别为落射照明和透射照明。落射照明的设计中，物镜通常用作照明系统的最后一个器件；透射照明的设计中，使用特殊的聚光透镜作为照明系统的最后一个器件。

图 21-6 展示了完整的经典立式复合显微镜系统的整体结构。对于透射照明，光来自显微镜支架底部的灯。光通过一系列滤光器，并通过聚光透镜与物平面相匹配。入射光在物平面上方始终通过物镜。落射照明的照明路径来自右侧，并且可选择在分束器的作用下在观察路径中耦合。显微镜镜筒中的透镜将来自物镜的光聚焦到像平面中间。光路在双目镜筒中分别分成光检测部分和用于目视观察的通道。为了目视观察，光路被进一步分成用于双目目镜的两个通道。

图 21-7 展示了完整的倒置显微镜系统的整体结构。使用倒置显微镜，可以从盖玻片下方观察物体，例如观察被液体覆盖的样品的情况。倒置显微镜系统的物镜朝上，在透射照明时，照明光来自顶部。和立式复合显微镜系统一样，倒置显微镜系统同样需要额外的中继光学器件来克服镜筒和目镜光学器件之间的长路径造成的影响。

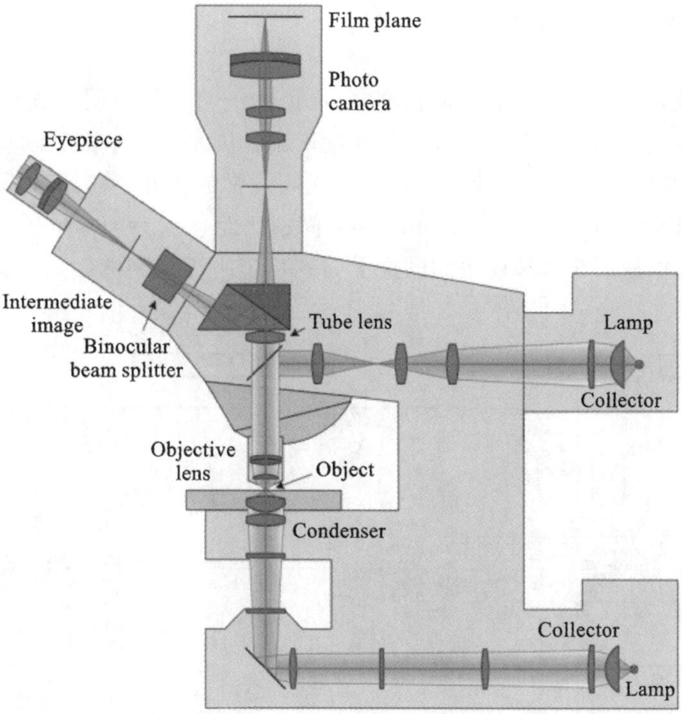

图 21-6　立式复合显微镜系统

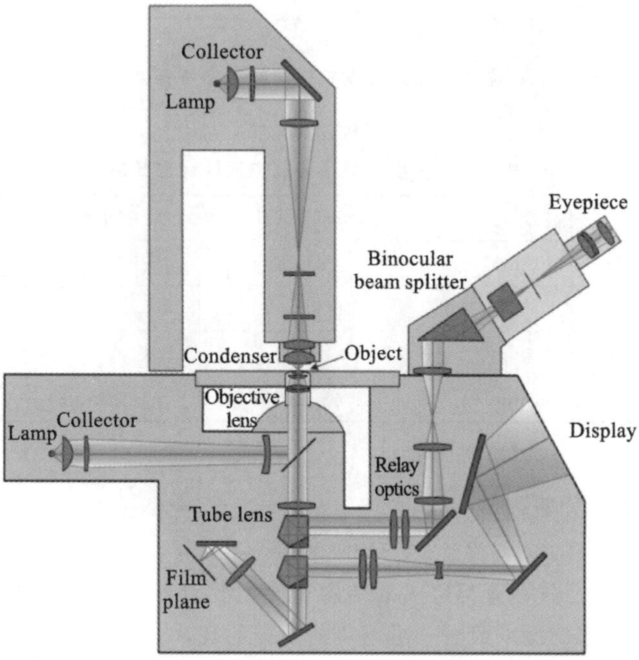

图 21-7　倒置显微镜系统

21.2.4 显微镜的机械筒长

显微镜的机械筒长是标准化的几何长度，以保证物镜、目镜、照明装置和筒镜可更换。图21-8展示了显微镜机械筒的各参考长度。物镜的匹配长度是从物平面到物镜肩的距离，为45 mm或60 mm，后者可作为镜筒的参考平面。后光阑通常放置在参考平面后3.5 mm处。物镜的像方焦平面与筒镜的距离是92.5 mm，通常筒镜焦距 $f_{\text{Tube}}=165$ mm。镜筒的前平面到后平面的距离称为机械筒长。镜筒中间的像平面到目镜平面之间的距离称为目镜匹配长度，标准为10 mm。

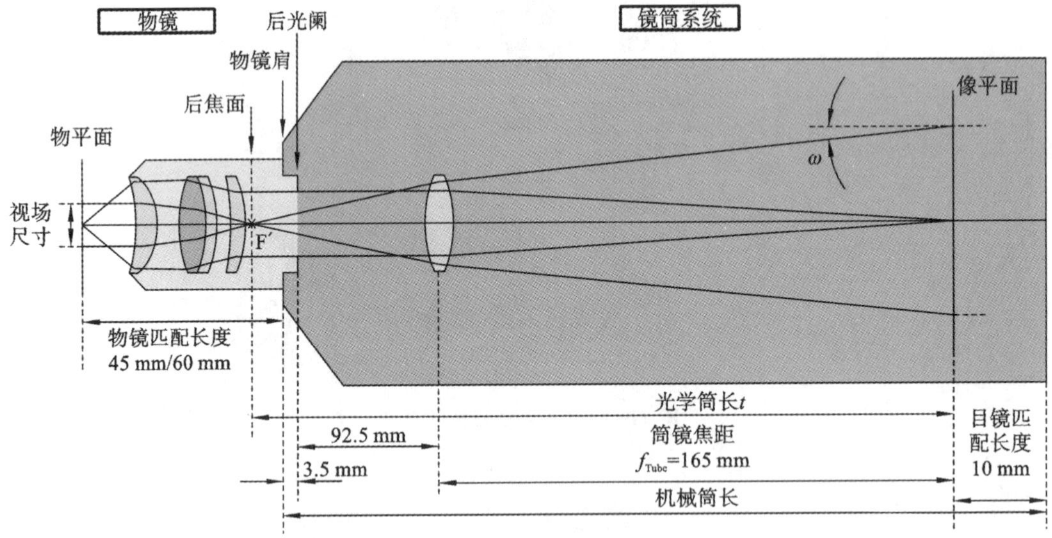

图 21-8 显微镜机械筒的各参考长度

表21-1列出了主要的显微镜制造商的标准长度。

表 21-1 主要的显微镜制造商的标准长度

生产厂家	机械筒长	物镜匹配长度	中间像直径	色彩校正
Leica	200 mm	45 mm	—	筒镜
Nikon	210 mm	60 mm	—	物镜
Olympus	180 mm	—	—	物镜
Zeiss	160 mm	45 mm	25 mm	筒镜

21.2.5 显微镜的孔径光阑

显微镜孔径光阑的位置设置与镜头的结构和使用要求有关：单组低倍显微镜物镜以镜框为孔径光阑；结构复杂的物镜以最后一组透镜的镜框为孔径光阑；测量用的显微镜为了提高测量精度，常把孔径光阑设在物镜的像方焦平面上，以形成远心光路，减小因视差所形成的测量误差。

远心物镜的入射光瞳位于无穷远处，出射光瞳在显微镜的像方焦点上，焦点相对于目镜像

方焦点的距离为

$$d' = -\frac{f_{F2} f'_{R2}}{\Delta} \tag{21-19}$$

由于孔径光阑位于物镜的像方焦平面上，显微镜的光学筒长 Δ 等于孔径光阑到目镜物方焦点的距离，且为正值，于是 $l'_{F2}>0$，即出射光瞳在目镜像方焦点的后面。

当孔径光阑位于物镜像方焦点附近时，就构成了近似的远心光路，设光阑距焦点 l'_{F1} 如图 21-9 所示。

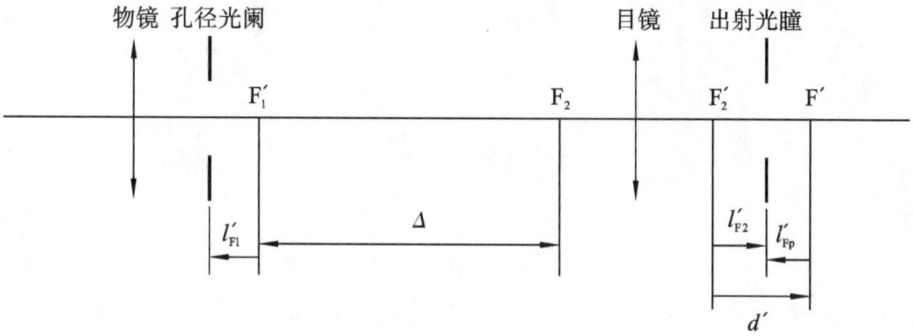

图 21-9　近似的远心光路示意图

整个系统的出射光瞳相对于目镜像方焦点的位置为

$$l'_{F2} = -\frac{f_{F2} f'_{R2}}{\Delta - l'_{F1}} = \frac{f'^2_{R2}}{\Delta - l'_{F1}} \tag{21-20}$$

该位置相对于显微镜像方焦点的距离为

$$l'_{Fp} = l'_{F2} - d' = \frac{f'^2_{R2}}{\Delta - l'_{F1}} - \frac{f'^2_{R2}}{\Delta} = \frac{l'_{F1} f'^2_{R2}}{\Delta(\Delta - l'_{F1})} \tag{21-21}$$

上式分母中的 l'_{F1} 与 Δ 相比为一小量，可以略去，得

$$l'_{Fp} = \frac{l'_{F1} f'^2_{R2}}{\Delta^2} \tag{21-22}$$

由于 l'_{F1} 和 f'^2_{R2}/Δ^2 均为微小量，故 l'_{Fp} 也是微小量。这表明孔径光阑位于物镜的像方焦点附近时，整个显微镜的出射光瞳近似地与显微镜系统的像方焦平面重合。使用显微镜观察物体时，眼睛必须与出瞳重合，否则就会出现视场渐晕现象。

显微镜出射光瞳直径的要求也与其和眼瞳的配合有关。图 21-10 给出了显微镜像方空间的光路图。设出射光瞳和显微镜的像方焦平面重合，$A'B'$ 是物体通过显微镜成的虚像，大小以 y' 表示。

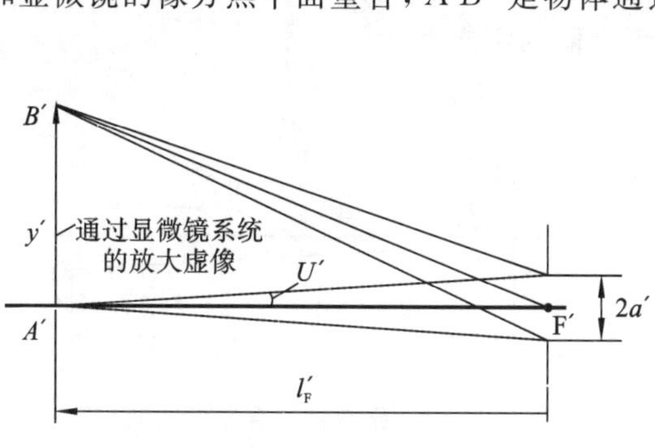

图 21-10　显微镜像方空间的光路图

由图 21-10 可得，出射光瞳的半径为

$$a' = -l'_F \tan U' \tag{21-23}$$

因显微镜的像方空间角 U' 很小，故可以用正弦代替正切，得

$$a' = -l'_F \sin U' \tag{21-24}$$

由像差理论可知，显微镜物镜应满足正弦条件，即

$$n' \sin U' = \frac{y}{y'} n \sin U \tag{21-25}$$

式中，有

$$\frac{y}{y'} = \frac{1}{m} = -\frac{f'_R}{l'_F} \tag{21-26}$$

当 $n' = 1$ 时，有

$$\sin U' = -\frac{f'_R}{l'_F} \cdot n \sin U \tag{21-27}$$

代入式(21-24)，得

$$a' = f'_R \cdot n \sin U = f'_R \cdot \mathrm{NA} \tag{21-28}$$

式中，NA 为显微镜的数值孔径。将式(21-18)代入式(21-28)中，得

$$a' = \frac{\mathrm{NA}}{\Gamma} \times 250\ \mathrm{mm} \tag{21-29}$$

式(21-29)表明，显微镜的视觉放大率 Γ 和物镜数值孔径 NA 确定后，可直接获得出射光瞳的直径 $2a'$。

21.2.6 显微镜的视场光阑和视场

通常情况下，显微镜的视场光阑设置在物镜的像平面上。由于显微镜的视场很小，而且要求像面上有均匀的照度，所以不设渐晕光阑。

为使显微镜物镜的光学结构合理，且优先保证目标细节的分辨能力，故只能通过减小视场来取得较大孔径。通常，显微镜线视场不超过物镜焦距的 1/20。

21.2.7 显微镜的景深

如图 21-11 所示，$A'B'$ 是显微镜对准平面的像平面，称为景像平面，$A'_1B'_1$ 是对准平面前的某一平面的像平面，两者之间的距离为 $\mathrm{d}l'$。

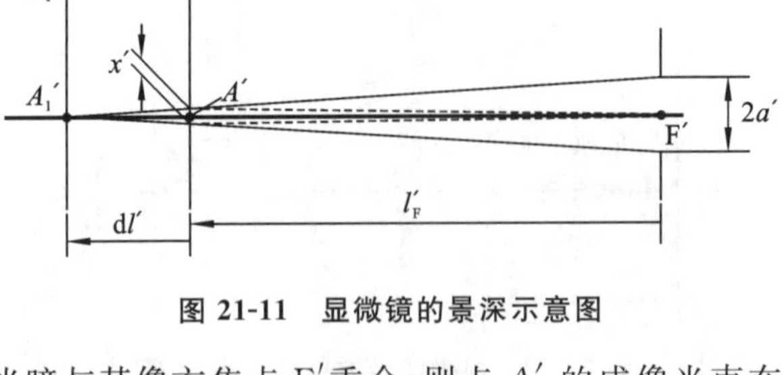

图 21-11 显微镜的景深示意图

若显微镜的出射光瞳与其像方焦点 F′重合，则点 A'_1 的成像光束在景像平面上的投影是一个直径为 x' 的弥散斑，可得

$$\frac{x'}{2a'}=\frac{\mathrm{d}l'}{l'_{\mathrm{F}}+\mathrm{d}l'} \tag{21-30}$$

式中，$\mathrm{d}l'$与 l'_{F}相比只是一个小量，于是略去分母中的 $\mathrm{d}l'$，得

$$\mathrm{d}l'=\frac{l'_{\mathrm{F}}x'}{2a'} \tag{21-31}$$

若把直径为 x'的弥散斑视为“点”，则必须满足 x' 对出射光瞳中心的张角 ε' 小于眼睛的极限视角分辨率。与极限值对应的间距 $2\mathrm{d}l'$即为显微镜成清晰像的深度，其值为

$$2\mathrm{d}l'=\frac{l'_{\mathrm{F}}x'}{a'}=\frac{l'^{2}_{\mathrm{F}}\varepsilon'}{a'} \tag{21-32}$$

在物空间与之对应的距离 $2\mathrm{d}l$ 即为景深：

$$2\mathrm{d}l=\frac{2\mathrm{d}l'}{\overline{m}}=\frac{nf'^{2}_{\mathrm{R}}\varepsilon'}{a'} \tag{21-33}$$

式中，$\overline{m}$ 为轴向放大率，即

$$\overline{m}=\frac{\mathrm{d}l'}{\mathrm{d}l}=-m^{2}\frac{f'_{\mathrm{R}}}{f_{\mathrm{F}}}=-\frac{l'^{2}_{\mathrm{F}}}{f'^{2}_{\mathrm{R}}}\cdot\frac{f'_{\mathrm{R}}}{f_{\mathrm{F}}}=-\frac{l'^{2}_{\mathrm{F}}}{f_{\mathrm{F}}f'_{\mathrm{R}}}=\frac{n'l'^{2}_{\mathrm{F}}}{nf'^{2}_{\mathrm{R}}}=\frac{l'^{2}_{\mathrm{F}}}{nf'^{2}_{\mathrm{R}}} \tag{21-34}$$

把式(21-28)、式(21-18)代入式(21-33)，得

$$2\mathrm{d}l=\frac{nf'_{\mathrm{R}}\varepsilon'}{\mathrm{NA}}=\frac{n\varepsilon'}{\Gamma\cdot\mathrm{NA}}\times 250\ \mathrm{mm} \tag{21-35}$$

式(21-35)表明，显微镜的放大率越高，数值孔径越大，景深越小。

21.3　显微镜的分辨率和有效放大率

21.3.1　点扩散函数

任何光学系统都是孔径受限的，讨论光学系统的分辨率应以衍射理论为依据。

由于衍射现象的存在，点光源在通过光学系统时，会在高斯像面上形成一个衍射光斑，称为艾里斑。艾里斑是由同心环包围的明亮圆盘，其强度逐渐减小，它的光强分布为

$$I=\left[\frac{2\mathrm{J}_{1}(x)}{x}\right]^{2} \tag{21-36}$$

式中，$\mathrm{J}_1(x)$为一阶一类贝塞尔函数。图 21-12 绘制了夫琅禾费衍射光强分布曲线，表 21-2 列出了艾里斑半径坐标 x 对应的光强 I 。若把弥散斑光能总量看作 100，则各级最强能量分布如表 21-3 所示。

表 21-2　艾里斑半径坐标 x 对应的光强 I

x	$I=\left[\frac{2\mathrm{J}_{1}(x)}{x}\right]^{2}$	注释
0	1	零级主最强
$0.61\pi=1.916$	0.368	第一暗环半径一半处
$1.22\pi=3.83$	0	第一暗环

续表

x	$I=\left[\frac{2J_1(x)}{x}\right]^2$	注释
$1.635\pi=5.137$	0.0175	1 级次最强
$2.233\pi=7.015$	0	第二暗环
$2.679\pi=8.416$	0.0042	2 级次最强
$3.328\pi=10.455$	0	第三暗环
$3.699\pi=11.621$	0.0016	3 级次最强

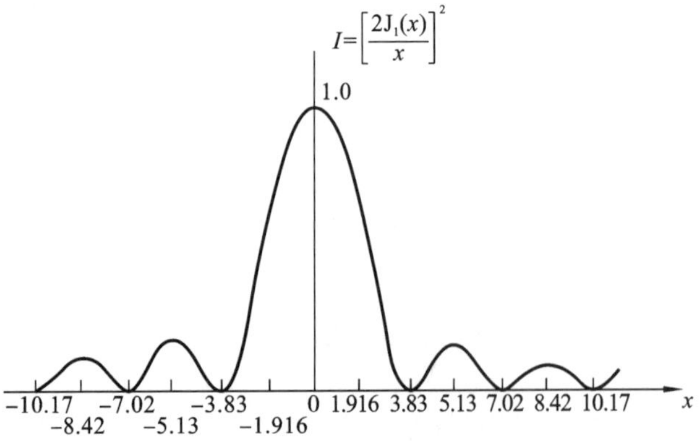

图 21-12　夫琅禾费衍射光强分布曲线

表 21-3　各级最强能量分布

各级最强	光能量
零级主最强(中心亮斑)	83.78
1 级次最强(第一亮环)	7.22
2 级次最强(第二亮环)	2.77
3 级次最强(第三亮环)	1.46
4 级次最强(第四亮环)	0.91
5 级到 50 级次最强	3.46
像面上其余部分	0.40
总和	100

艾里斑的直径是中心亮斑到第一最小值的距离，为

$$d=\frac{1.22\lambda}{n\cdot\sin u}=\frac{1.22\lambda}{\mathrm{NA}} \tag{21-37}$$

式中，NA 为数值孔径。

式(21-36)也称为点源的点扩散函数，其表现的是点源物在像方的强度分布，这意味着点扩散函数是与衍射后像方强度分布直接相关的度量。

21.3.2　光学仪器的分辨率

光学系统中的横向分辨率可以根据其分辨两个相邻的自发光点的像的能力来定义。当两个艾里斑太近时，它们会形成连续的强度分布，无法区分。瑞利分辨率定义如下：当一个艾里斑的中心与另一个艾里斑的第一暗环重合时（如图 21-13 所示），我们认为系统刚好能分辨出是两个像，因而这两个点是可分辨的点，它们之间的距离就是瑞利分辨率。

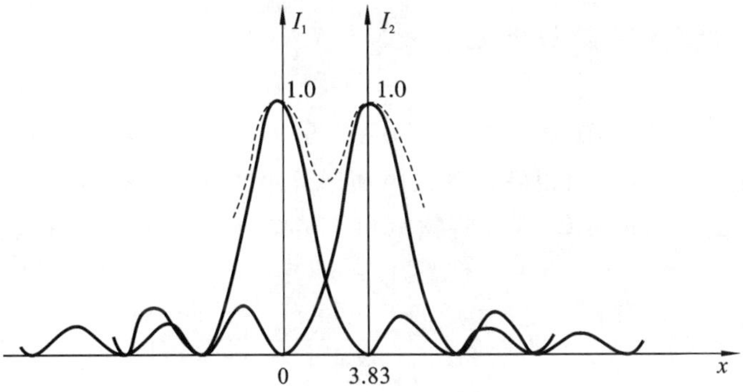

图 21-13　瑞利分辨率示意图

当照射光源的 NA 小于物镜的 NA 时，物镜的光瞳被部分填充，且此时的分辨率为

$$d=\frac{1.22\lambda}{n\cdot\sin\theta_{\mathrm{ill}}+n\cdot\sin\theta_{\mathrm{obj}}} \tag{21-38}$$

当物面在无穷远处时，两点对光学系统的张角可用于表示两分辨点的间距，其值为

$$\varphi=\frac{1.22\lambda}{D} \tag{21-39}$$

式中，λ 为波长，D 为光学系统入射光瞳直径。若使 $\lambda=556$ nm，并以角秒表示角距离，得

$$\varphi''=\frac{1.22\times 556\ \mathrm{nm}}{D}\times 206265''\approx\frac{140''}{D/\mathrm{mm}} \tag{21-40}$$

轴向分辨率为

$$z_{\min}=2\,\frac{n\cdot\lambda}{\mathrm{NA}^2} \tag{21-41}$$

式(21-41)表明轴向分辨率比横向分辨率更受 NA 的影响。

21.3.3　显微镜的分辨率

显微镜的分辨率需要同时考虑到光的衍射和光学系统的 NA。如果两个距离为 d 的点光源至少有两个相邻衍射级，则可以说它们是可分辨的。对于图 21-12 所示的夫琅禾费衍射光强分布，这种分布的强度下降 26%，这两点的距离为

$$d=\frac{0.61\lambda}{n\cdot\sin u}=\frac{0.61\lambda}{\mathrm{NA}} \tag{21-42}$$

式中，NA 为数值孔径。式(21-42)表明光学系统的横向分辨率随着 NA 的增加而提高，随着波长的增加而减小。式(21-42)在被观测物是自发光物或照射角度大于等于物镜孔径角时有效。

亥姆霍兹和阿贝针对不发光的点（即被照明的点）进行研究后，给出了相应的分辨率公式：

$$\sigma=\frac{\lambda}{\mathrm{NA}} \tag{21-43}$$

式中，σ 表示最小分辨距离。在斜射光照明时，最小分辨距离为

$$\sigma_0 = \frac{0.5\lambda}{\mathrm{NA}} \tag{21-44}$$

由式(21-44)可知,显微镜的分辨率取决于数值孔径 NA,数值孔径越大,分辨率越高。

21.3.4 显微镜的有效放大率

目视观察时,人眼的极限视角分辨率可以认为是 1.5 弧分。对于距离人眼 250 mm(眼睛的明视距离)的物体,1.5 弧分可以转换为人眼横向分辨率 $d_{\mathrm{eye}}=0.1$ mm。由于显微镜物镜本身通常不能够提供足够的放大率,因此将物镜和目镜结合在一起计算有效放大率。显微镜分辨率是

$$d = \frac{d_{\mathrm{eye}}}{m_{\min}} = \frac{d_{\mathrm{eye}}}{m_{\mathrm{objective}}m_{\mathrm{eyepiece}}} \tag{21-45}$$

式中,$m_{\mathrm{objective}}$ 为物镜放大率,m_{eyepiece} 为目镜放大率。

因此,最小放大率是

$$m_{\min} = \frac{2d_{\mathrm{eye}} \cdot \mathrm{NA}}{\lambda} \tag{21-46}$$

所以,显微镜最小放大率 $m_{\min}$ 可以认为是 250~500 倍的 NA(取决于波长)。对于较小的放大率,图像将显得更亮。对于较大的放大率,对比度降低并且分辨率没有提升。虽然理论上使用较大的放大率不会提供额外的信息,但是实际上将其增大到 1000NA 时是可以更舒适地观测的。因此,可以认为显微镜的有效放大率为 500NA~1000NA。显微镜的有效放大率还取决于物镜数值孔径,当使用的显微镜放大率小于 500NA 时,即使分辨率足够让物镜将细节分辨出来,由于放大率不够大,人眼依旧看不到这些细节。当显微镜放大率大于 1000NA 时,图像虽然被放大,但不能被分辨出来,称对应的放大率为空放大率。

21.4 显微镜物镜

21.4.1 显微镜物镜的结构特征及光学特性

显微镜物镜如图 21-14 所示,显微镜物镜的放大率以围绕物镜的色环的形式编码。

图 21-14 显微镜物镜

由于显微镜的像的直径具有恒定尺寸,显微镜的筒镜具有固定焦距,所以显微镜物镜的焦距直接关系到显微镜总放大率,如图 21-15 所示。要注意的是,显微镜物镜的放大率和数值孔径之间不严格相关,但是如果放大率增加,则需要增大数值孔径来获得较好的分辨率,如图 21-16 所示。因此,数值孔径通常随着放大率的增加而增加。

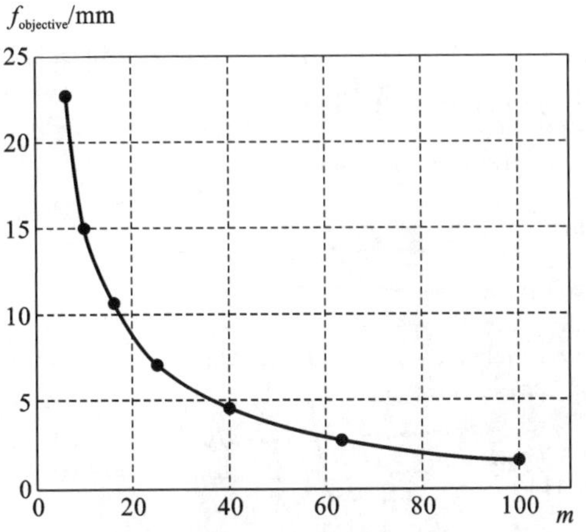

图 21-15　显微镜物镜焦距和显微镜总放大率的关系

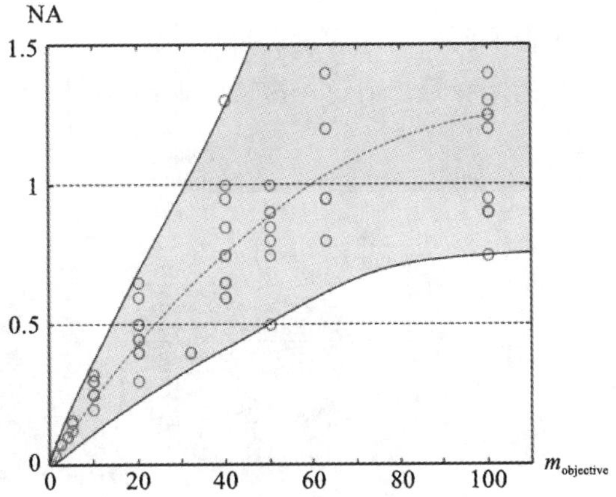

图 21-16　显微镜物镜放大率和数值孔径的关系

21.4.2　显微镜物镜的组成

显微镜物镜由前、中、后三组镜头组成，结构如图 21-17 所示。

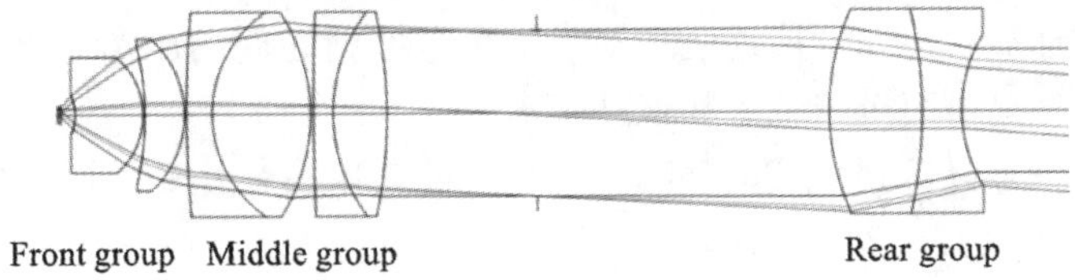

图 21-17　显微镜物镜的组成

前组镜头由多个非球面镜组成，可以防止产生更大的球差和彗差。前组镜头折光能力较强。中组镜头采用接合镜头，利用接合表面校正或补偿球差、彗差和轴向色差。中组镜头常使用具有反常色散的材料。后组镜头通常由弯月透镜组成，可以校正场曲、像散和横向色差。

21.4.3　显微镜物镜的基本类型

显微镜物镜是小视场、大孔径的光学镜头。物镜主要以校正轴上点的像差为主，兼顾轴外视场像差的校正。按像差校正情况，显微镜物镜主要分为消色差物镜、复消色差物镜和平视场物镜等。

1. 消色差物镜

对于具有低数值空间和低放大率的最简单的显微镜物镜，可以使用简单的消色差物镜。通常消色差物镜对于 0.1 以下的数值孔径是衍射受限的，与此同时，消色差物镜的性能受到视场校正的限制，视场的校正受到佩兹伐场曲和散光的影响。通常这种低 NA 和低放大率的简单物镜的结构形式为双胶合物镜，放大率为 3～6，NA 为 0.1～0.15。

2. Lister 物镜

对于中倍的消色差物镜，放大倍率为 6～10。Lister 物镜系统由两个相距一定距离的消色差物镜组成，受衍射限制，其可达到的数值孔径为 0.25。图 21-18 展示了放大倍率为 10，

NA＝0.25 的 Lister 物镜。Lister 物镜具有两对共轭平面，一对是实物实像平面，另一对是实物虚像平面。两片物镜之间有一定的空气介质，用于校正系统的场曲和第二胶合表面的散光。孔径光阑在第二消色差物镜附近，因此主光线在物方空间是远心的。

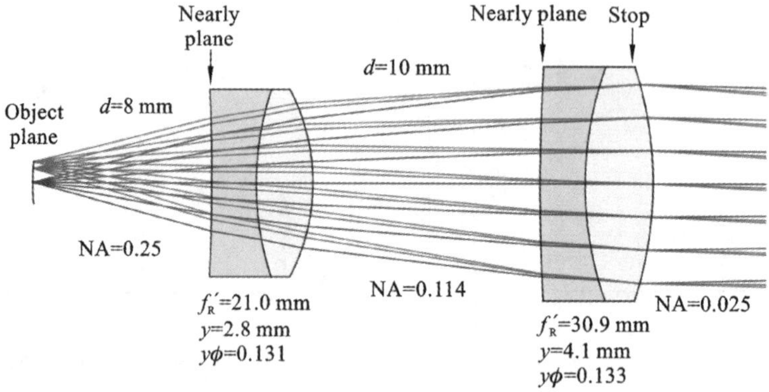

图 21-18 Lister 物镜

3. Amici 物镜

Amici 物镜在物方放置一个厚的单透镜，它的前表面几乎是平面，第二表面为齐明透镜。通过这种设计，可以在小视场和一个波长的衍射极限内达到 0.65 的数值孔径。实际上，该镜片常被设计成超半球形状。如果该透镜和第一消色差物镜之间的距离过大，则会出现大的横向色差。前透镜的球差由两个消色差物镜补偿。

通常 Amici 物镜可以达到 40 以上的放大率，数值孔径 NA 大于 0.65。图 21-19 展示了一个放大率为 40，NA 为 0.65 的 Amici 物镜。

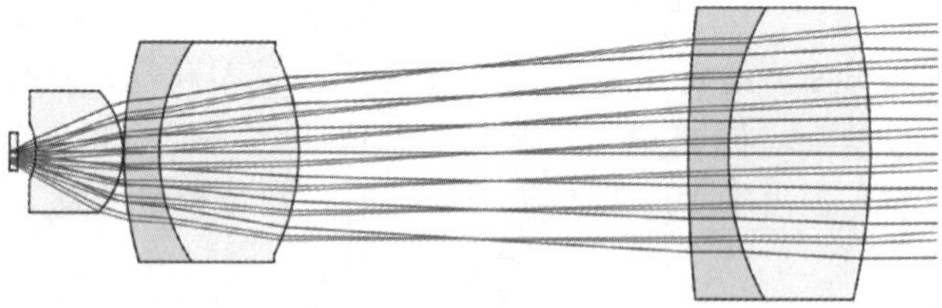

图 21-19 Amici 物镜

4. 浸液物镜

浸液物镜通过浸没高折射率的液体来提高物镜的 NA，从而提高分辨率。如果物镜在空气介质中，则可做到的最高数值孔径约为 0.95。将物镜浸没在高折射率液体中的浸液物镜的 NA 可达到 1.25～1.4。

如果需要实现更高要求的色彩校正，可以使用额外的消色差透镜或三重胶合透镜和具有反常色散的特殊材料。如果需要增加数值孔径，可以在前组镜头中加入额外的非球面物镜。

图 21-20 展示了放大率为 100，NA 为 1.3，浸没液为油的浸液物镜的结构图。图 21-21 展示了浸液物镜的横向结构。

ISO 8036 光学标准对于浸液的标准为

$$n_e = 1.5180 \pm 0.0005 \ (n_D = 1.515)$$

$$V_e = 44 \pm 3$$

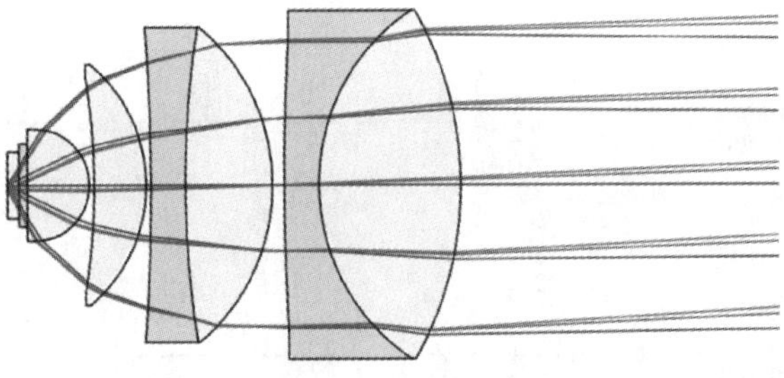

图 21-20　浸液物镜

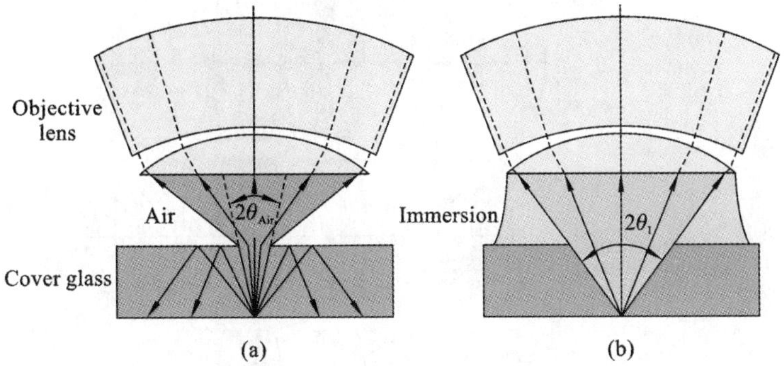

图 21-21　浸液物镜的横向结构

温度＝(23±0.1) ℃

5. 复消色差物镜

复消色差物镜主要用在专业显微镜上，如金相显微镜。它除了可校正轴上点的三种像差外，还可校正二级光谱，故称其为复消色差物镜。倍率色差用目镜的值予以补偿。为了校正二级光谱，可选用特种玻璃和萤石材料作为某些单片透镜的材料，这种物镜结构较为复杂，如图 21-22 所示。图中有阴影线的透镜就是用萤石制造的，高倍复消色差物镜的放大率为 90，数值孔径为 1.3。

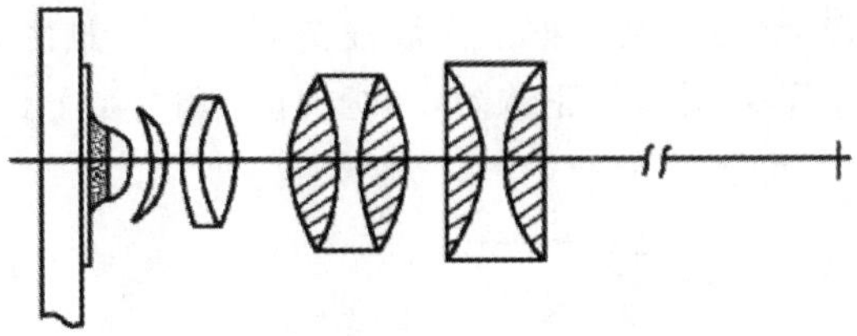

图 21-22　高倍复消色差显微镜物镜结构

6. 平视场物镜

平视场物镜主要用于显微照相和显微投影，对校正像面弯曲有较高要求。平视场消色差物镜的倍率色差不大，不必用特殊目镜补偿。而平视场复消色差物镜则必须用目镜补偿它的倍率色差。图 21-23 展示了一些平视场物镜对于佩兹伐场曲的校正方案，其基本上都是通过用厚弯月消色差物镜实现的。

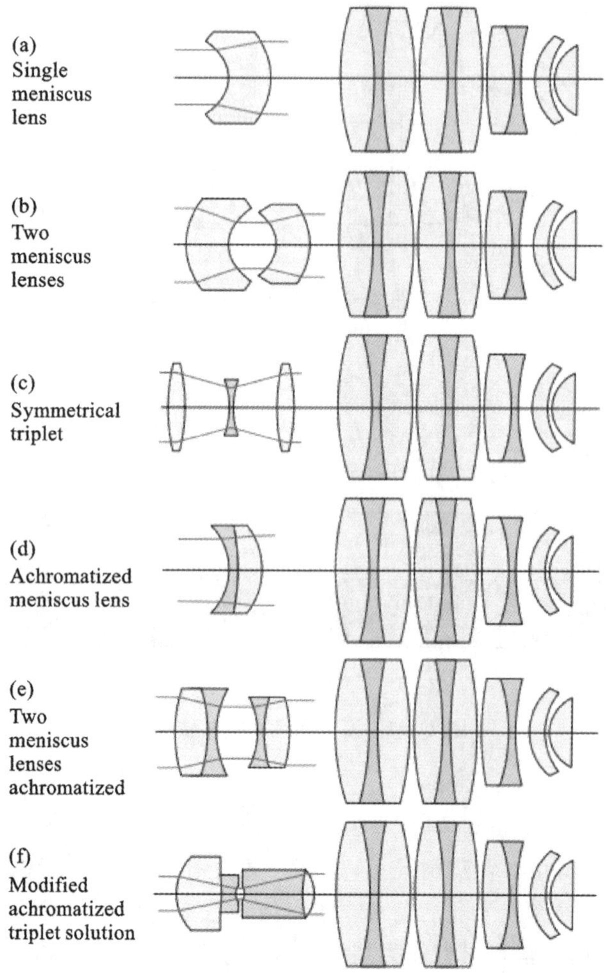

图 21-23 平视场物镜

7. 反射式物镜和折反射式物镜

反射式物镜具有不产生色差，又能把工作波段扩展到非可见区和加大工作距离的优点。反射式物镜如图 21-24 所示，它既能校正球差，又能校正正弦差，且不产生色差，常用作紫外显微镜物镜，这种物镜的 NA 可达 0.5。

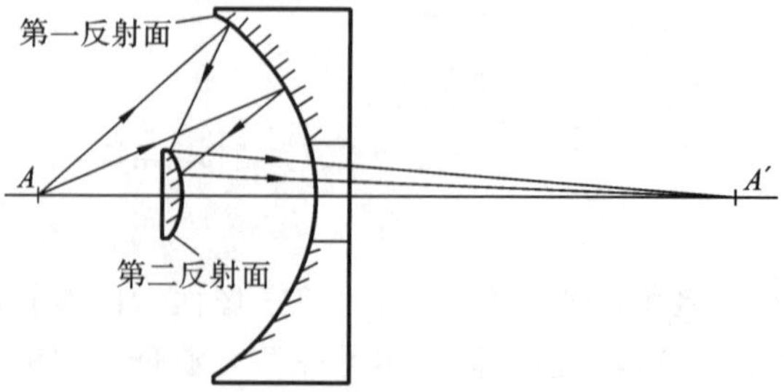

图 21-24 反射式物镜结构

折反射式物镜开发出并应用于显微镜成像已经很长一段时间了，并且近来越来越受关注。

折反射式物镜在校正色彩、改善场曲和提升工作距离方面有良好的表现。折反射式物镜对于场曲的控制得益于平视场物镜。同时，其具有紫外线光谱范围内的大视场。与反射式物镜相比，折反射式物镜的数值孔径有所增大。如图 21-25 所示，半球透镜产生的色差可由折射面所产生的色差来补偿，此时的折射透镜宜用透紫外光的石英玻璃或萤石材料。当把该镜头构成浸液物镜时，数值孔径可达 1.35，其能够用于紫外光成像，提高分辨率。

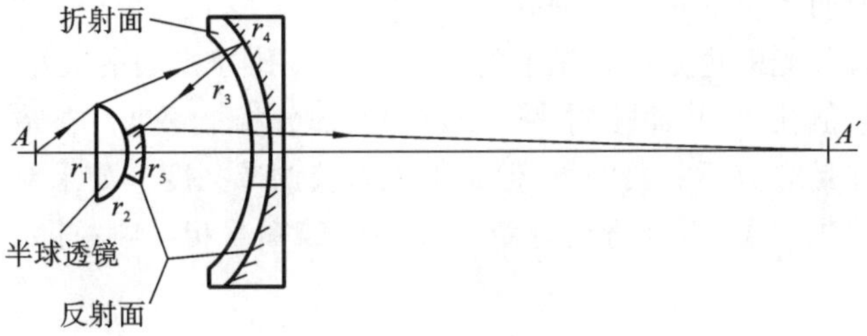

图 21-25　折反射式物镜结构

21.5　显微镜的照明系统

21.5.1　临界照明

观察透明物体可以用透射照明的方式，透射照明的方式有两种：临界照明和科勒照明。

对于临界照明，聚光镜所成的光源像直接与物平面重合。由于光源像在物平面上，可能会导致照明成像不均匀，容易造成不理想的观察效果。

透射照明中，为使物镜的孔径角得以充分利用，聚光镜应有与物镜相同或比物镜稍大的数值孔径。

通常，在临界照明中，观察路径上的各个镜的视场尺寸和数值孔径必须匹配。因此，对于集光镜、聚光镜和物镜，要求它们的聚光率是相等的。在实际系统中，聚光镜通常有可分离的高孔径部分和低孔径部分。如果为了匹配物镜需要作出调整，可以去除后者。

视场光阑必须与物镜的视场孔径匹配。原则上，孔径光阑会改变照明的亮度，与此同时，它也改变了照明的部分相干性，从而改变了成像性能。因此，在调节照明亮度时，尽量改变光源，而非改变孔径光阑。集光器分离成高孔径部分和在视场孔径光阑附近的辅助透镜部分的设计也被广泛使用，如图 21-26 所示。

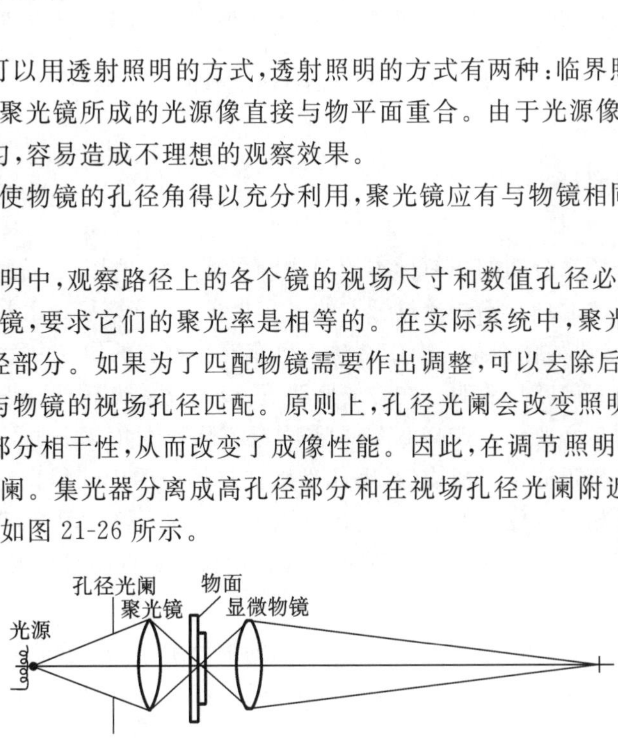

图 21-26　临界照明示意图

21.5.2 科勒照明

科勒照明是显微镜中最常用的照明方式。在科勒照明中，照明系统的视场光阑在物平面上成像。视场光阑设计成可调节的，以便使照明区域的大小可以适应观察者。光源经聚光镜和前组物镜成像在照明系统的视场光阑处。

聚光镜前面的孔径光阑也是可以调节的。通过调节孔径光阑的大小，可以调节照明系统相对于观察孔径的数值孔径，从而控制显微镜成像的部分相干程度。在暗视场情况下，孔径光阑有助于调节照明并且避免不需要的光，但是不能直接调节亮度。如果要调节亮度，改变调节灯的电压是更好的解决方案，否则将会导致亮度和分辨率互相影响。图 21-27 展示了科勒照明的原理图。

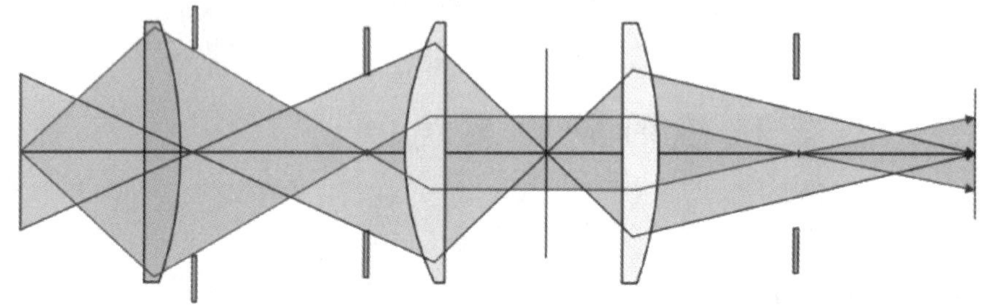

图 21-27 科勒照明原理图

21.5.3 暗场照明

暗场照明适用于离散分布的颗粒标本的观测。在某种程度上，暗场照明可以提高显微镜的分辨率。暗场照明的原理是不让透过标本的光直接进入物镜，只让由颗粒散射的光进入物镜。这样，使得物镜形成的像面是一个暗背景上分布着亮颗粒的像。由于对比度好，暗场照明分为单向暗场照明和双向暗场照明。在暗场照明下，聚光镜系统不同于亮场照明的，此时在观察孔外使用环形照明是必要的。在高 NA 情况下，还需要以大角度来照射。

由于照明系统的校正通常不能成像，因此难以在暗场照明中获得良好的光路分离。如果对视场光阑的像进行相当程度上的加宽，则光可以进入成像光路。因此，带有内部可变光阑的特殊物镜可用于调整 NA，利用它可以在暗场显微镜中获得良好的对比度。

1. 单向暗场照明

单向暗场照明中，照明器发出的光线经不透明的物反射后，只有散射光线进入物镜成像。这种照明方式对观察微粒的存在和运动是有效的，但对物体细节的再现存在失真。

2. 双向暗场照明

双向暗场照明在最后一片聚光镜和载物玻璃片中浸没油液，在聚光镜前面放置一个环形光阑。当盖玻片和物镜之间没有浸液时，环形光阑的光孔射出来的光束在进入盖玻片之前会把物体照亮，随后光束进入盖玻片，并在盖玻片内发生全反射。进入物镜的只有标本上的颗粒散射的光线，形成暗场照明。这属于对称照明，在一定程度上消除了单向暗场照明存在的失真。

在暗场照明中有一个经典的模型——心形聚光镜，其将球面镜组合成心的形状（见图21-28），以获得消除球差的环形照明，其原理如图 21-29 所示。

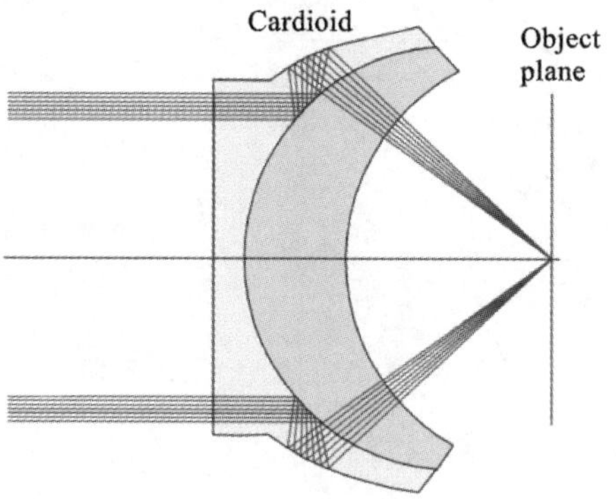

图 21-28　心形聚光镜

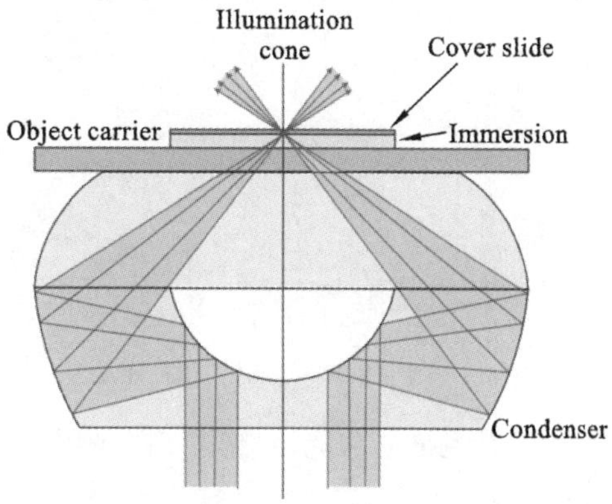

图 21-29　心形聚光镜原理图

暗场落射照明聚光镜采用玻璃环镜片设计（与心形聚光镜十分相似，见图 21-30），其更多地使用简单环形透镜（见图 21-31）。

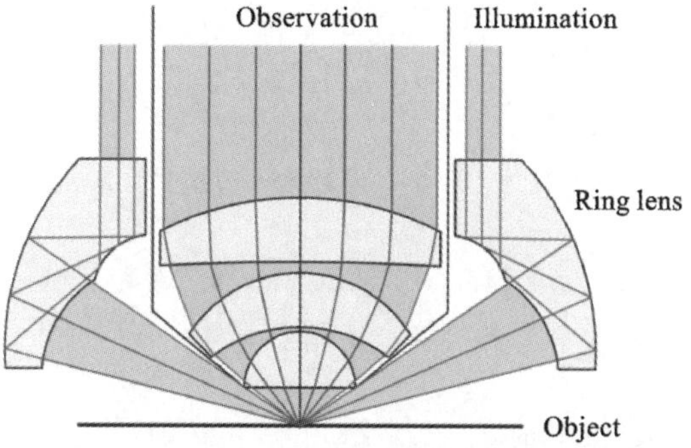

图 21-30　暗场落射照明聚光镜

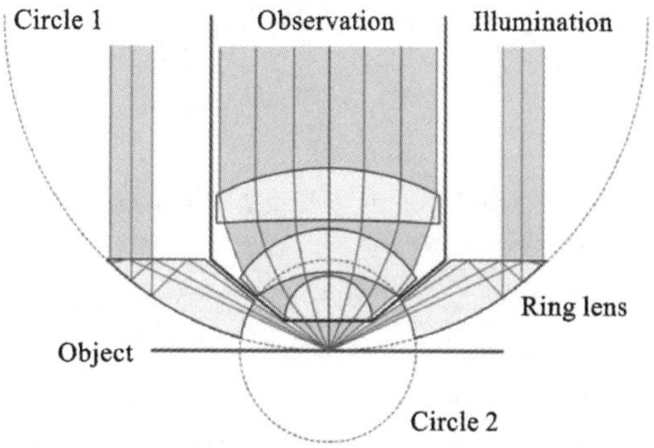

图 21-31　简单环形透镜

TIRF 照明是近几年开发的基于全内反射的一种特殊的照明方式。在全内反射显微镜中，仅使用那些全内反射下落到盖玻片上的光线。在这种设计中，必须要将照明光传输到围绕物镜观察路径的非常小的环形通道中。图 21-32、图 21-33 展示了两种常用的 TIRF 照明系统。

21.5.4　集光（准直）镜头与聚光镜头

准直镜头，顾名思义，即为可以将通过孔径光阑的每一点的光线变成一束平行的准直光柱的镜头。在显微镜照明系统中，可以将集光镜作为准直镜，这是因为集光镜将光源发出的大部分光集中，然后准直发射。在实际中，只要光束聚焦到很远的距离，就可以认为光束已准直，认为其是平行光束。

照明系统中，聚光镜的作用是最大限度地将光线聚集起来，并透射到显微镜的成像系统

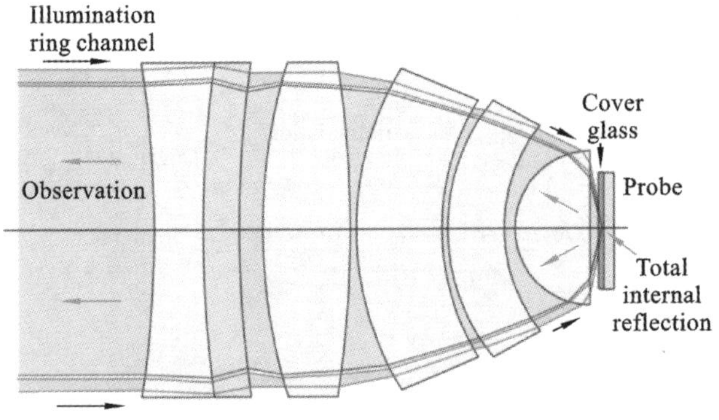

图 21-32 落射 TIRF 照明

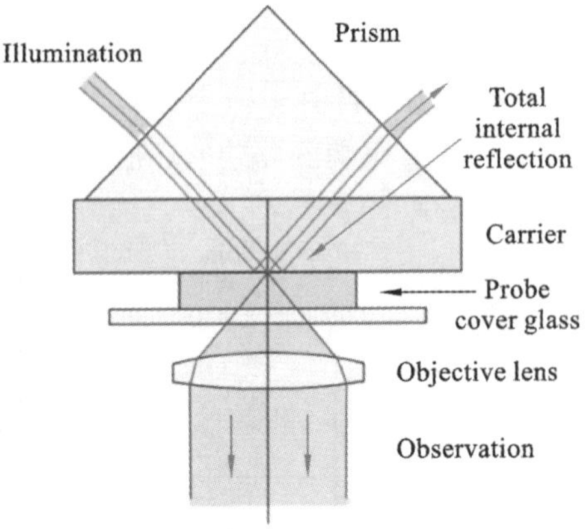

图 21-33 反射 TIRF 照明

中。基于聚光镜的功能，对聚光镜成像质量的要求也仅限于球差和色差，以和显微镜物镜的像差相适应。

为减小聚光镜的色差，在设计时，要注意对聚光镜材料的选择。在选择材料时，应选用低色散的光学玻璃。球差的存在将会影响聚光镜对光线的聚集能力，使照明效果变差。聚光镜中最主要的结构是有聚光能力的凸透镜，减小球差的关键在于让每一个镜片所负担的光焦度合理。

习 题

21.1 有一焦距为 50 mm、口径为 50 mm 的放大镜，眼睛到它的距离为 125 mm，求放大镜的视觉放大率及视场。

21.2 已知 $m_{\text{eyepiece}}=15$，则其焦距为多少？已知 $m_{\text{objective}}=-2.5$，其共轭距离 $L=180$ mm，求其焦距及物方、像方截距。试问显微镜的总放大率为多少？总焦距为多少？其与放大镜比较，有什么相同点和不同点？

21.3 影响显微镜横向分辨率的主要因素有哪些？如何增大显微镜的横向分辨率？

21.4 显微镜的轴向分辨率的表达式是什么？主要由哪些因素决定？如何增大显微镜的轴向分辨率？

21.5 哪些因素影响显微镜的景深？如何增大显微镜的景深？

21.6 请简述科勒照明和临界照明的工作原理。二者有何区别？

21.7 为什么在有些情况下显微镜需要选用暗场照明？

21.8 已知显微镜 $m_{\text{eyepiece}}=10$，$m_{\text{objective}}=-2$，NA=0.1，物镜共轭距为 180 mm，物镜框为孔径光阑。

(1) 求出射光瞳的位置及大小。

(2) 设物体 $2h=8$ mm，允许边缘视场拦光 50%，求物镜和目镜的通光口径。

21.9 欲辨别 0.0005 mm 的微小物体，则显微镜的放大率最小应为多少？数值孔径取多少较为合适？

21.10 有一生物显微镜，物镜数值孔径 NA=0.5，物体大小 $2h=0.4$ mm，照明灯灯丝面积为(1.2×1.2) mm^2，灯丝到物面距离为 100 mm，采用临界照明，求聚光镜的焦距和通光口径。

21.11 一显微镜物镜焦距为 4 mm，中间像成在物镜第二个焦点后 160 mm 处，如果目镜放大率为 20，试求显微镜的总放大率。

21.12 现在需要设计一款高分辨率的水浸物镜。已知该物镜相对孔径为 $f_F/0.5$，那么该物镜的数值孔径是多少？其能够分辨的最小距离为多少？

第22章 望远系统

22.1 望远镜光学系统

22.1.1 望远镜光学结构和工作原理

望远镜是人眼观察远处物体的重要观测工具,它的主要作用是使远处物体所成的像更亮、更清晰。望远镜的成像可以分为会聚光能量、提高分辨率、放大三个步骤。望远镜的工作原理是收集来自远处的光,然后形成实像,可使用目镜观察所成像,也可使用摄影胶片、CCD及其他光电传感器捕获图像。望远镜的特征为具有长焦距、大空间和相对窄的视野。

传统上将望远镜和目镜结合使用,可以直观地观察远处物体并提供放大、清晰的像。图22-1展示了两种折射望远镜的基本结构。

22.1.2 望远镜的分类

折射式望远镜主要分为开普勒望远镜和伽利略望远镜两类。

开普勒望远镜结构如图22-1(a)所示。在开普勒望远镜中,物镜组和目镜组都是凸透镜的形式,所成像是上下左右颠倒的。开普勒望远镜的孔径光阑为物镜,出瞳在目镜后,便于人眼观察。远处物体通过物镜所成像通过目镜后成像在无穷远处,人眼可以在放松状态下观察所成像。开普勒望远镜的特点是在物镜和目镜之间有一个实像面,可以放置分划板作为视场光阑,也可以将分划板作为测量仪器。开普勒望远镜可以有较大的视觉放大率。

伽利略望远镜结构如图22-1(b)所示。远处物体通过物镜形成的像通过目镜后成像在无穷远处。和开普勒望远镜一样,从目镜出射的光线为平行光束,便于人眼观察,人眼可以在放松状态下观察所成像。伽利略望远镜的优点是结构紧凑,光能损失少,物体的像是正立的像。但是伽利略望远镜在物镜和目镜中间没有实像,因此不能设置分划板,不能用于瞄准和测量。

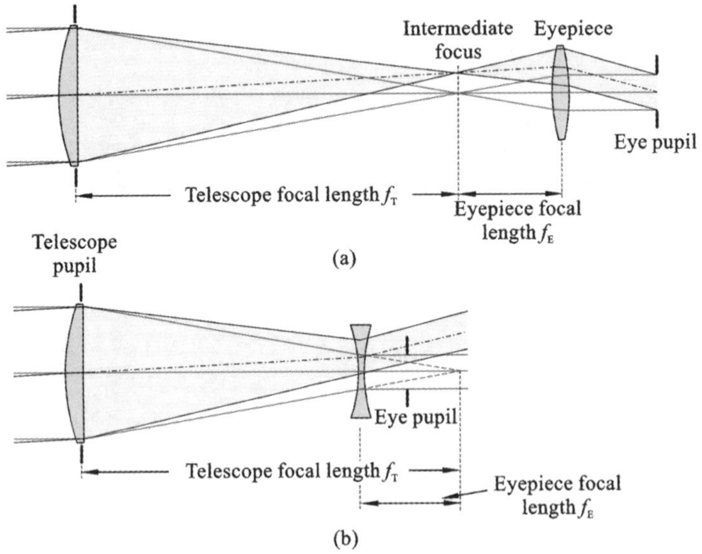

图 22-1　折射望远镜基本结构

(a) Keple; (b) Galilei

22.1.3　望远镜的视觉放大率

望远镜是用于观察远处物体的目视光学仪器，望远镜的放大效果是视角的放大，可用视觉放大率描述。视觉放大率定义为物体在望远镜中所成像对眼睛的张角与物体本身对眼睛张角的比值。由定义可知，望远镜的视觉放大率为

$$\Gamma = \frac{\omega'}{\omega} = \frac{f_{\mathrm{T}}}{f_{\mathrm{E}}} \tag{22-1}$$

式中，ω 是物方视场角，ω' 是像方视场角，f_{T} 是物镜焦距，f_{E} 是目镜焦距。由于在数值上望远镜的视觉放大率和角放大率是等值的，则有：

$$\Gamma = \frac{\omega'}{\omega} = \frac{f_{\mathrm{T}}}{f_{\mathrm{E}}} = \frac{D_{\mathrm{EP}}}{D_{\mathrm{XP}}} \tag{22-2}$$

式中，D_{EP}是入瞳直径，D_{XP}是出瞳直径。

22.1.4　望远镜的分辨率和工作放大率

望远镜的极限分辨率可用望远镜系统可分辨的极限分辨角来进行表示。望远镜极限分辨率公式为

$$\psi'' = \frac{140''}{D_{\mathrm{EP}}/\mathrm{mm}} \tag{22-3}$$

式中，D_{EP}是入瞳直径。若人眼对细节的极限分辨率为 $60''$，为了使望远镜所能分辨的细节也能被眼睛分辨，则望远镜的视觉放大率应满足：

$$\psi'' \cdot \Gamma = 60'' \tag{22-4}$$

则可以得到望远镜能识别极限分辨角时的视觉放大率为

$$\Gamma \approx \frac{D_{\mathrm{EP}}/\mathrm{mm}}{2.3} \tag{22-5}$$

这个放大率称为正常放大率。设计望远镜时往往把视觉放大率的数值选得大一些，以缓解眼睛疲劳，放大比例选 1.5～2 倍，对应的分辨率就是望远镜极限分辨率的 1.5～2 倍，此时得出的视觉放大率称为工作放大率。

22.2 望远镜的光阑、视场角和出瞳距

22.2.1 望远镜的光阑

开普勒望远镜的孔径光阑即为物镜，出射光瞳在目镜后。目镜作为渐晕光阑，允许存在50％以下的渐晕。若在物镜和目镜中设有分划板，则分划板框为视场光阑。

伽利略望远镜以眼瞳作为孔径光阑和出射光瞳，物镜为渐晕光阑，不设专门的视场光阑，因此，伽利略望远镜的渐晕系数可大于50％。

22.2.2 望远镜的视场角

1. 伽利略望远镜的视场角

如图 22-2 所示，可根据下式计算伽利略望远镜视场角：

$$\tan\omega = \frac{D}{2l_{\mathrm{p}}} \tag{22-6}$$

式中，l_{p} 为物镜到入射光瞳的距离。l_{p} 的计算公式为

$$l_{\mathrm{p}} = \Gamma^2 l'_{\mathrm{p}} = \Gamma^2 (l'_{\mathrm{p2}} - l'_{\mathrm{c2}}) \tag{22-7}$$

式中，l'_{p2} 是目镜到出瞳的距离，l'_{c2} 是目镜后主面到出射窗的距离，它也是物镜框通过目镜成像的截距，按高斯公式可得：

$$l'_{\mathrm{c2}} = \frac{-Lf'_{\mathrm{R2}}}{-L + f'_{\mathrm{R2}}} = \frac{-Lf'_{\mathrm{R2}}}{-f'_{\mathrm{R1}}} = -\frac{L}{\Gamma} \tag{22-8}$$

式中，$L = f'_{\mathrm{R1}} + f'_{\mathrm{R2}}$ 为显微镜筒长。将式(22-8)代入式(22-7)可得：

$$l_{\mathrm{p}} = \Gamma^2 \left(\frac{L}{\Gamma} + l'_{\mathrm{p2}}\right) = \Gamma(L + \Gamma l'_{\mathrm{p2}}) \tag{22-9}$$

将式(22-9)代入式(22-6)可得：

$$\tan\omega = \frac{D}{2\Gamma(L + \Gamma l'_{\mathrm{p2}})} \tag{22-10}$$

由式(22-10)可知，在物镜直径确定的条件下，视觉放大率越大，视场角越小。若要求获得较大视场角，则望远镜的视觉放大率不能太大。

2. 开普勒望远镜的视场角

开普勒望远镜的物镜就是孔径光阑，出瞳在目镜后面，为眼睛的观察提供了有利位置。开

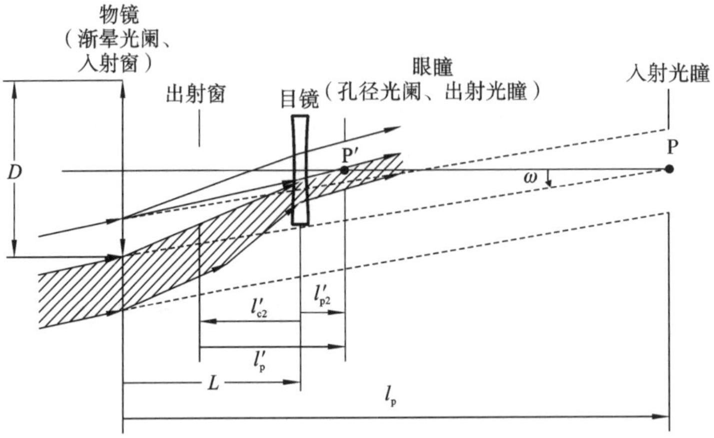

图 22-2　伽利略望远镜的光束限制

普勒望远镜的最大特点是在物镜和目镜之间有一个实像面，可放置分划板，分划板框为视场光阑，如图 22-3 所示。开普勒望远镜的视场角可以从图 22-3 中求出：

$$\tan\omega=\frac{y'}{f'_{R1}} \tag{22-11}$$

式中，y' 为分划板的半径，f'_{R1} 为物镜焦距。

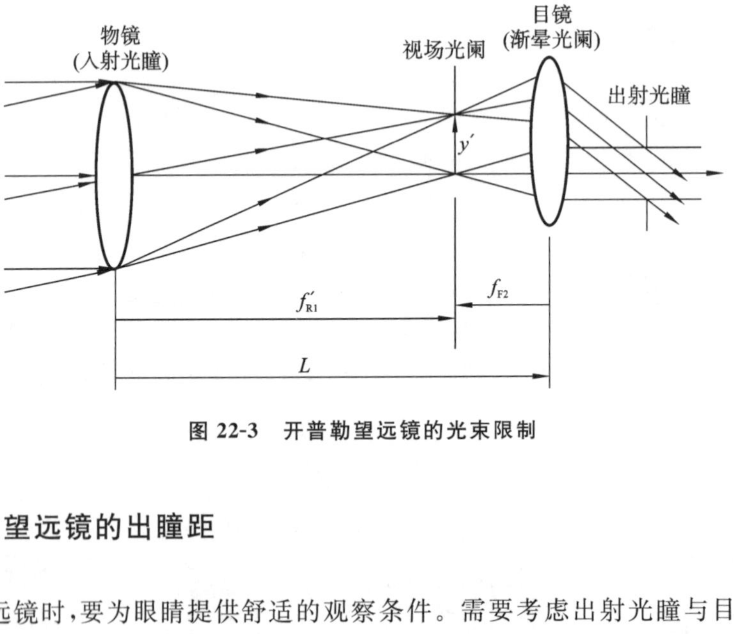

图 22-3　开普勒望远镜的光束限制

22.2.3　望远镜的出瞳距

在设计望远镜时，要为眼睛提供舒适的观察条件。需要考虑出射光瞳与目镜最后一面间的距离，称之为镜目距。使用望远镜时，眼瞳处于出射光瞳的位置上，为了让其不与睫毛相碰，应使镜目距不得小于 5 mm。若在振动条件下使用望远镜，则必须加大镜目距。军用望远镜的镜目距不得小于 16 mm，带防毒面的望远镜要求有更长的镜目距。

22.3　望远物镜

22.3.1　望远物镜的主要光学参数

望远物镜的光学特性主要用相对孔径或入瞳直径、焦距和视场表示。

在成像质量上，望远镜的视场较小，只需校正球差、色差和正弦差等轴上点像差即可，对于长焦距的望远镜应加入二级光谱的校正。

22.3.2　折射式物镜

典型的折射式望远物镜包括双胶合物镜、双分离物镜、三片型物镜和摄远物镜。

1）双胶合物镜

双胶合物镜的特点是结构简单，制造和装配方便，光能损失较小。如果玻璃选择得当，其可以同时校正球差、正弦差和色差。当高级球差得到平衡时，胶合面的曲率较大，剩余的带球差偏大。因而，双胶合物镜只适用于小孔径的场合。考虑到胶合面有脱胶的可能，双胶合物镜的口径不宜过大，最大口径为 100 mm。双胶合物镜能适应的视场角不超过 10°。

2）双分离物镜

相较于双胶合物镜，双分离物镜对玻璃的选择有更大的自由度。正、负透镜间的间隙也可以作为校正像差的参量。因此，双分离物镜所适应的孔径更大。但是，双分离物镜的装配和校正较为麻烦，有较大的色球差。双分离物镜所适应的视场与双胶合物镜的相同。

3）三片型物镜

三片型物镜校正像差的参数增多了。物镜由一个胶合透镜和一个单片透镜组成。光焦度由两组透镜承担，胶合面的曲率半径有所增大，这有利于高级球差和色球差的校正，该结构适用于相对孔径大于 1/2 的系统。这种物镜的装配和校正工艺较为复杂，成本较高。其次，由于面数增多，光能损失也有所增加。

4）摄远物镜

摄远物镜可以用于高倍率望远物镜中，以克服其焦距较长、空间尺寸和质量均大的缺点。

摄远物镜由分别具有正、负光焦度的两组透镜组成，正光焦度组在前，负光焦度组在后。物镜的像方主平面移到了整个物镜的前方，由物镜第一面到焦平面的距离构成的机械筒长 L 小于物镜焦距。

由于前组承担了比整个物镜还要大的相对孔径，因此必须采用能校正球差和正弦差的复杂结构。摄远物镜要求前组和后组各自校正位置色差，以校正整个物镜的倍率色差，故后组也要用两片透镜的结构。摄远物镜的正、负透镜组是分离的，所以它可以校正场曲，适用于较大的视场。

22.3.3 反射式物镜

天文望远镜必须增大孔径，以实现分辨率和信号接收能力的提高。普通天文望远镜的孔径可达几百毫米，有的望远物镜的孔径为几米。若物镜的结构采用透镜形式，会给玻璃的熔炼等制造过程带来难以克服的困难。装配后，由于其有自重，因而其面型也可能发生改变。而若采用反射式结构，不但可克服上述缺点，而且因为光线不经过玻璃材料，不产生色差，望远镜可以在更大的光谱范围内正常工作。但是，反射镜对光程的影响是双倍的，因此，加工面型时对精度的要求很严格。

1. 牛顿式望远镜

最早的天文望远物镜是由单个抛物面做成的，它使星点在抛物面的焦点上成理想像，这种系统称为牛顿系统。牛顿式望远镜（见图 22-4）能够对球差实现较好校正，但其他像差较为严重，故只能用于小视场的观测。牛顿式望远镜的眼望方向与镜筒的指向方向相反，给观测带来不便，寻星比较困难。为扩大视场，可在单镜系统中增设一个反射镜，形成双反射系统。

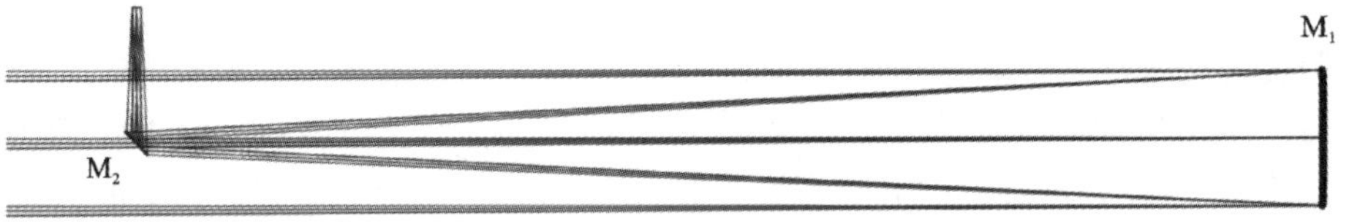

图 22-4 牛顿式望远镜

2. 卡塞格林系统

如图 22-5 所示，卡塞格林系统由一个抛物面主反射镜和一个双曲面副反射镜组成。抛物面的焦点和双曲面的虚焦点重合，双曲面的虚焦点与双曲面的实焦点是一对共轭点，星点经两个面反射后成像在虚焦点处。这种结构的特点是结构紧凑，成倒像。主反射镜和副反射镜的场曲可以相互补偿，有利于大视场观测。

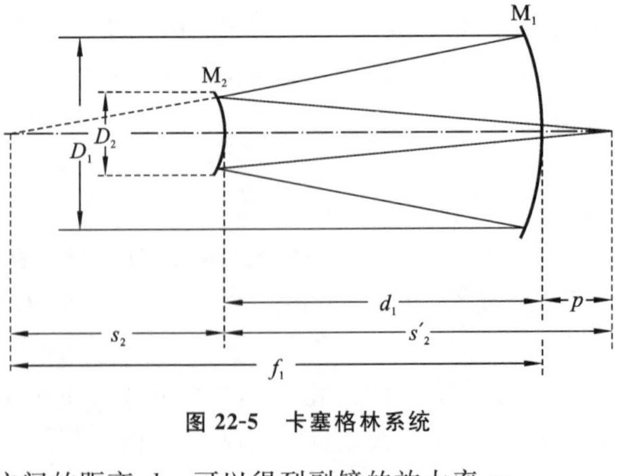

图 22-5 卡塞格林系统

选择主镜和副镜之间的距离 d_1 ，可以得到副镜的放大率 m_2 ：

$$m_2 = \frac{s'_2}{s_2} = \frac{p + d_1}{f_1 - d_1} \tag{22-12}$$

对于经典的卡塞格林系统，主镜的圆锥常数 $\kappa_1 = -1$，副镜的圆锥常数 κ_2 是副镜放大率

m_2 的函数：

$$\kappa_2 = -\varepsilon^2 = -\left(\frac{m_2 - 1}{m_2 + 1}\right)^2 \tag{22-13}$$

式中，ε 是圆锥面的数值偏心率。

3. RC 系统

RC(Ritchey-Chretien)系统是对卡塞格林系统的重要改进，由 G. W. Ritchey 和 H. Chretien 在 1910 年设计。设计者在对卡塞格林系统的改进中得出结论：在卡塞格林系统中不需要对主镜和副镜进行单独校正，只校正最终焦点即可。

RC 系统的设计消除了卡塞格林系统望远镜的三阶彗差。校正了球差和彗差的光学系统称为齐明系统，因此 RC 系统可以被称为齐明卡塞格林系统。在齐明卡塞格林系统中虽然没有球差和彗差，但依然存在场曲和像散。RC 系统与卡塞格林系统的主要区别在于使用了非球面镜。在 RC 系统中，圆锥常数为

$$\begin{aligned}
\kappa_1 &= -1 + \frac{2s_2}{d_1 m_2^3} \\
\kappa_2 &= -\left[\left(\frac{m_2 - 1}{m_2 + 1}\right)^2 + \frac{2f_{\mathrm{F}}}{d_1\ (m_2 + 1)^3}\right]
\end{aligned} \tag{22-14}$$

世界上许多著名的大型望远镜都是 RC 系统望远镜，典型的有 Keck 望远镜、TMT 和 VLT 等。

1) Keck 望远镜

Keck 望远镜(见图 22-6)是典型的 RC 系统望远镜，其是目前世界上最大的望远镜之一。Keck 望远镜有两台，Keck Ⅰ于 1991 年建成，Keck Ⅱ于 1996 年建成。Keck 望远镜的主镜片由 36 块口径为 1.8 m 的六角形小镜片组成，组合后的效果相当于一架口径为 10 m 的反射望远镜。Keck 望远镜主焦点的焦比为 $f/1.75$，其卡焦和耐焦的焦比为 $f/15$。Keck 望远镜是分段式大型望远镜的先驱。

图 22-6　Keck **望远镜**

2) TMT

TMT(Thirty Meter Telescope)，即三十米望远镜(见图 22-7)，是由美国加州大学和加州

理工学院负责研制的新一代地基巨型光学—红外天文观测设备，同时其也是一座由美国、加拿大、日本、中国、巴西、印度等国参与建造的地面大型光学望远镜。顾名思义，TMT 的主望远镜口径为 30 m，其是全球最大的望远镜之一。TMT 同 Keck 望远镜一样，采用 RC 系统设计，其主镜由 492 块六边形镜面拼接而成，30 m 的集光口径仅次于 E-ELT 的 39 m。TMT 主焦点的焦比为 $f/1.0$，耐焦的焦比为 $f/15$。每块拼接镜的直径为 1.44 m，厚度为 45 mm。TMT 配备有自适应光学系统及精密控制等先导高科技技术，能观测红外线等。其工作在 0.31～28 μm 波段，在波长大于 0.8 μm 的光谱范围内，自适应光学系统使它的观测清晰度比哈勃空间望远镜的高 10 倍；巨大的主镜使它的观测清晰度比现行的大型地面光学望远镜的高 10～100 倍。

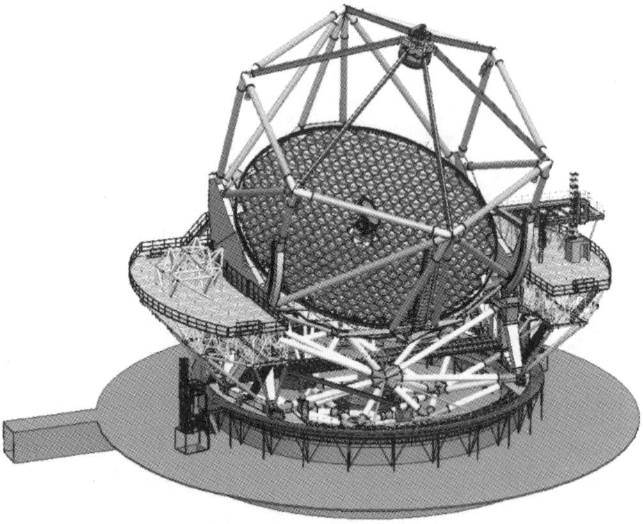

图 22-7 TMT

3）VLT

VLT（Very Large Telescope），即甚大望远镜（见图 22-8），是欧洲南方天文台建造的位于智利帕瑞纳天文台的大型光学望远镜，其由 4 台相同的口径为 8.2 m 的望远镜组成。VLT 的 4 台望远镜既可以单独使用，也可以组成光学干涉仪用于高分辨率观测。作为干涉仪工作时，甚大望远镜将具有口径为 16 m 的望远镜的聚光能力和口径为 130 m 的望远镜的角分辨能力。VLT 采用 RC 系统设计，主透镜口径为 8.2 m，主焦点的焦比为 $f/1.766$，卡焦的焦比为 $f/15$，耐焦的焦比为 $f/13.4106$。

图 22-8 VLT

4. 格里高利系统

如图 22-9 所示，格里高利系统由一个抛物面主反射镜和一个椭球面副反射镜构成。抛物

面的焦点 F_{M_1} 和椭球面的一个焦点 F_{M_2} 重合，平行光聚焦在 F_{M_1} 上，然后经过椭球面成像在另一个焦点 F'_{M_2} 上。格里高利系统不存在球差，但仍存在彗差、场曲和像散。

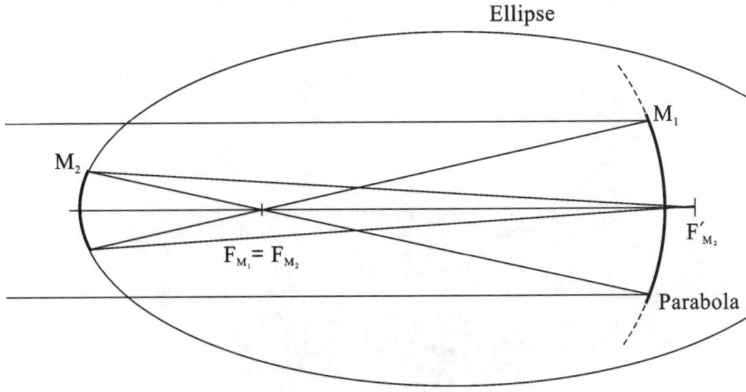

图 22-9　格里高利系统光学结构

5. 等晕格里高利系统

对格里高利系统改进，将主反射镜由抛物面改为椭球面，副反射镜仍使用椭球面，改进后的系统称为等晕格里高利(Aplanatic Gregorian，AG)系统。AG 系统消除了球差和彗差，但仍存在像散和一定的场曲。

对比 AG 系统和 RC 系统，可以分别得出两个系统的特点。AG 系统拥有更长的镜筒，焦面在望远镜外，副镜为凹面镜，副镜的共轭高度为正。RC 系统拥有更短的镜筒和更低的成本，焦面在望远镜内，要求的圆顶较小，可以借助其进行更好的圆顶观察。

通常来说，RC 系统由于其更低的成本和更高的可靠性而更适用于现代大型望远镜。AG 系统有诸多适用场合，如作为太阳望远镜，世界上许多著名的大型望远镜都是 AG 系统望远镜，典型的有 LBT 和 GMT 等。

1) LBT

LBT(Large Binocular Telescope)，即大型双筒望远镜(见图 22-10)，由美国亚利桑那州立大学建造，安装在美国亚利桑那州海拔为 3190 m 的格雷厄姆山上。LBT 采用 AG 系统设计，其由两个望远镜组成，每个望远镜的口径都为 8.417 m，主焦点的焦比为 $f/1.142$，耐焦的焦比为 $f/15$。LBT 具有口径为 11.8 m 的望远镜的聚光能力和口径为 22.8 m 的望远镜的干涉测量角分辨能力。LBT 为自适应光学望远镜，可补偿由大气湍流或其他因素造成的成像过程中的波前畸变。

2) GMT

GMT(Giant Magellan Telescope)，即巨型麦哲伦望远镜(见图 22-11)，位于智利的拉斯坎帕纳斯天文台。参与研制的机构有华盛顿卡内基科学研究所天文台、哈佛大学、麻省理工学院、史密松森天文台、德州农工大学、亚利桑那州立大学、密歇根大学、德克萨斯大学奥斯汀分校、澳大利亚国立大学。GMT 采用 AG 系统设计，其由 7 块镜片组成，每块镜片的口径为 8.4 m，组成后，可等效为口径为 21.4 m 的主镜。

6. 共轴三反系统

如图 22-12 所示，共轴三反系统由卡塞格林无焦望远镜系统改进而成，其中，M_1 为抛物面镜，M_2 和 M_3 为球面镜。将 M_3 放置在距 M_2 镜 $2R_3$ 处，即 M_2 位于 M_3 的曲率中心处，则 M_3 可以补偿系统的球差。当 $R_2=R_3$ 时，M_2 和 M_3 的球差相互抵消，因此，整个系统不存在球差，

图 22-10 LBT

图 22-11 GMT

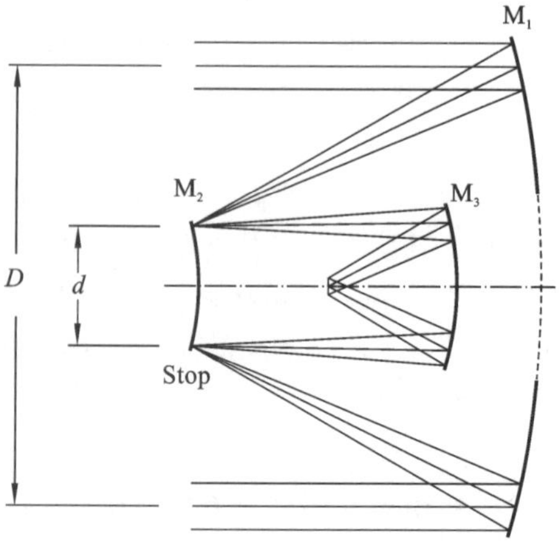

图 22-12 共轴三反系统结构图

也不存在彗差和像散，但仍存在场曲。共轴三反系统的最大优点是具有出色的成像性能，其缺点有：因其焦平面在望远镜内部，所以仪表空间有限，需要相对大的挡板来保护 M_3 免受视场外光线的影响，需要其他光学元件如滤光片和大气色散校正器，但这会降低系统成像性能，使焦比和焦距的选择受限。典型的采用共轴三反系统进行设计的大型望远镜有大口径全天巡视望远镜等。

LSST(Large Synoptic Survey Telescope)，即大口径全天巡视望远镜(见图 22-13)，是设置在智利北部科金博大区的海拔为 2682 m 的伊尔佩恩峰的广视野巡天反射望远镜。LSST 采用共轴三反系统设计，其使用三块镜片，主镜口径为 8.4 m，第一副镜口径为 3.4 m，第二副镜口径为 5.0 m。LSST 相当于口径为 6.68 m 的望远镜。

图 22-13　LSST

7. SYZ 系统

针对“十三五”期间立项建设的“大型光学红外望远镜”，国家发展和改革委员会颁布的相关指南要求建设一架 12 米级口径的光学红外望远镜，使最暗天体成像极限亮度达 28 星，最暗天体光谱极限亮度达 25 星。根据这一设计要求，华中科技大学提供了一个基于经典 RC 系统的“三镜”方案；而中国科学院南京天文光学技术研究所则创新性地提出了一个基于共轴三反系统的“四镜”方案(也称为 SYZ 系统)，其结构图如图 22-14 所示。

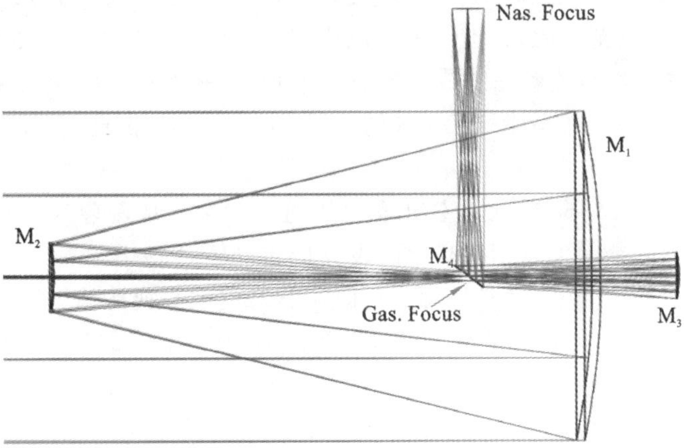

图 22-14　SYZ 系统结构图

四镜系统通过增加镜面数来提高大视场的成像质量(仅仅是设计像质，实际上因受各种客观因素的限制无法实现），则相应地必将大大降低系统通光效率，增加系统反射损失，同时更加复杂的结构也会导致造价的提升以及其他一系列的工程问题，具体主要体现在如下几个方面。

第一，四镜系统增加了一面额外的反射镜。如果采用成熟的镀铝膜技术（而铝膜在两年内的平均反射率为87%左右），则相比三镜系统至少增加了13%的反射损失。

第二，M_4 中心开孔存在一个极大的漏光损失（15 角分对应 12%的漏光损失，20 角分对应25%的漏光损失）。为了减小 M_4 中心开孔的漏光损失，对不同视场进行天文观测，需要更换不同开孔大小的 M_4（漏光仍然无法避免）。多个 M_4 的加工制造以及切换无疑增加了望远镜的建设成本和运营风险。

第三，由于主镜下悬吊了一个反射镜，因此其相比三镜系统增加了镜筒长度，在增加圆顶造价成本的同时也进一步增加了空气在镜筒内的湍流，从而影响望远镜的成像质量，降低科学产出。

第四，四镜系统面临同轴上三个非球面镜之间的装调问题，其装调难度远大于三镜系统的。

第五，四镜系统中副镜（凸镜）设计尺寸大（超过三镜系统的副镜至少 50%），且圆锥常数较三镜系统的而言大很多，非球面度明显更高。由于凸镜本身不易检测和加工，因此四镜系统的副镜加工难度非常大，需要更长的加工时间，这也进一步增加了加工成本。

第六，四镜系统具有更加复杂的机械结构和更长的光路，因此四镜系统抗外力（如圆顶内气流、风力和重力等）影响的能力远不如三镜系统的，这会极大地增加工程化难度和成本。

第七，四镜系统没有在大型望远镜上成功实践，技术风险较大。四镜系统在设计和建造上会耗费巨大的时间成本和试错成本。

四镜系统最大的设计优势是其在全视场范围内有较为优秀的像质。然而，由于望远镜必须穿透大气层对天体进行成像，因此在实际观测条件下，四镜系统的观测能力会受到多方面条件的约束。如下我们分别考虑大气湍流主导观测、极限自适应光学校正观测和近地自适应光学校正观测这三种情况下三镜系统和四镜系统的科学产出能力。

首先，在大气湍流主导条件下进行天文观测。如果用 12 m 望远镜在没有自适应光学校正的情况下进行观测，那么望远镜的成像质量完全由望远镜所在台址的大气湍流情况（即大气视宁度）主导。目前，根据已有的观测数据，阿里地区的大气视宁度大概为 0.9 角秒。而三镜设计即便在 20 角分的视场范围内，其设计像质也优于 0.2 角秒。因此，在大气湍流主导条件下进行观测时，三镜系统和四镜系统的成像质量基本相当，观测性能完全由系统的通光效率决定。显然，四镜系统的通光效率比三镜系统的要低 25%～35%，因此，其观测能力不如三镜系统的。

其次，在极限自适应光学（ExAO）校正条件下进行观测。地基望远镜只有通过极限自适应光学进行校正之后才能够实现衍射极限的设计像质。然而，极限自适应光学的校正视场范围一般只能在数角秒到一角分之间。因此，我们一般采用中心视场的像斑中心亮度来评估望远镜在 ExAO 校正条件下的观测能力。根据前面介绍，四镜系统的 M_4 必须中心开孔。三镜系统和四镜系统在中心视场范围内均能够实现衍射极限的光学设计。然而，四镜系统的 M_4 中心开孔会带来严重的衍射效应，会使得艾里斑能量向高衍射级次的环带迁移，从而严重降低中心视场的像斑中心亮度。举一个例子，如果四镜系统采用 14 角分的开孔设计，考虑镜面反射损失，其耐焦的像斑中心亮度要比三镜系统的像斑中心亮度至少低 32%，而比三镜系统的卡焦的像斑中心亮度至少低 40%。因此，我们可以得出结论，在 ExAO 校正条件下的观测中，四镜系统的光学性能远不如三镜系统的。

最后，在近地自适应光学(GLAO)校正条件下进行观测。GLAO是最近几年国际上发展起来的一种新型的自适应光学技术。它通过仅校正靠近地表层的大气湍流来实现较大视场范围内望远镜成像质量的提升。其理论上的校正视场范围能够达到10角分，甚至15角分。但是，GLAO校正能力有限，无法达到衍射极限的成像质量。因此，即便在15角分以内，无论是三镜系统还是四镜系统，最终的成像质量也由经GLAO校正之后的大气扰动所主导，二者的成像质量依然相当，望远镜的观测性能也主要由望远镜的通光效率和有效口径所决定。而且，GLAO是一种难以实现且不稳定的大气改正，这主要体现在如下几个方面。第一，GLAO系统的表现能力随着大气状况的变化而变化，因此在一晚上的不同时间段，表现性能会有所不同。第二，GLAO系统的性能严重依赖于是否存在有明显湍流的接地层大气，目前没有证据表明阿里地区存在明显的湍流分层。第三，GLAO系统的校正能力依赖于副镜的共轭高度，而四镜系统副镜相对于主镜的共轭高度与RC系统的一样均在地表层以下，在设计上GLAO系统与RC系统相比并没有优势。第四，实现宽场(视场大于5角分)GLAO系统是世界性难题，目前并无先例。目前，世界上具有最宽视场范围(4角分)的GLAO系统是通过LBT在红外波段实现的，该望远镜实现了副镜和接地层大气之间的共轭。第五，建造研发一个拥有500个促动器的1.8 m自适应副镜极具挑战性。目前，自适应控制的副镜最大尺寸约为1.1 m (VLT)。第六，四镜系统在增大GLAO校正视场方面跟RC系统相比没有任何明显的优势，而在目前已实现的GLAO校正视场范围内(小于4角分)，其成像质量反而不如RC系统的。因此，即便我们国家具备与目前最先进的LBT同样的GLAO技术能力，但四镜系统的GLAO观测性能依然不如三镜系统的。

此外，四镜系统额外增加的中继镜M_3给系统增加了多方面难以克服的约束。对于M_3离主镜距离较远的情况——望远镜整体平台升高，从而增大镜筒长度，增加圆顶造价；M_3离主镜距离较近的情况——耐焦距离主镜边缘很远，耐焦平台的重力稳定性难以保证。

总而言之，在同等工程条件下，四镜系统的总体性能不如三镜系统的。

8. TMA

TMA(Three-mirror Off-axis Anastigmat)，即离轴三反系统，其典型光路如图22-15所示，该系统的主要特点如下。

(1) TMA提供了更大的线视场，视场长轴部分可达20°甚至30°。

(2) TMA有装配的“实”出瞳，能够用来更好地控制杂散光。因此，在红外(热)成像系统中，该出瞳可以充当“冷光阑”。

(3) TMA镜面优先沿公共轴对齐，在轴外部分，同样适用于未被遮挡的光线。

(4) TMA表面通常是具有高阶项的陡峭非球面，在制造镜片方面，这是一个缺点，但由于其在宽视场范围内的成像性能很好，该缺点通常能够被接受。

22.3.4　折反射式物镜

为了扩大视场，可以把反射式物镜中的反射镜改成高次曲面，或者在光路中加入轴外像差的校正板，这就构成了折反射式物镜。由于有了像差的补偿装置，主镜可以采用球面反射镜，这种装置的工艺性能更理想。比较典型的结构有施密特物镜和马克苏托夫物镜。

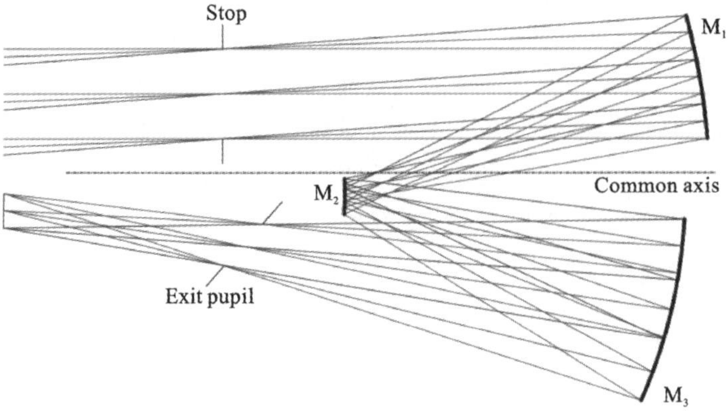

图 22-15 离轴三反系统

1. 施密特物镜

如图 22-16 所示，施密特物镜是由一个球面反射镜和一块像差校正板构成的。校正板是一个透明元件，一面为平面，另一面为非球面，放在球面反射镜的球心位置上。光线经过校正板时，近轴的光束成会聚状态，边缘光束呈发散状态。会聚和发散的程度与反射镜的球差相匹配，达到校正球差的目的。校正板的厚度很薄，故产生的色差极小。在校正板上，即球面反射镜的球心上设置光阑，于是球面反射镜和校正板都不产生彗差和像散，整个系统只存在场曲。

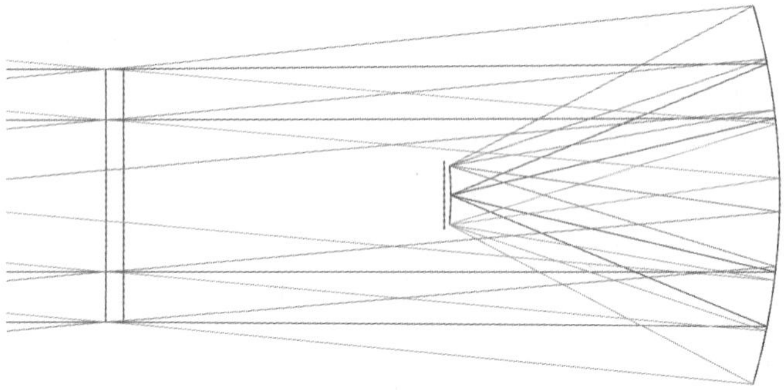

图 22-16 施密特物镜

施密特物镜的最大缺点是结构较长，其值等于球面反射镜焦距的两倍，而且因为成像点在两镜中间，所以施密特物镜不能用于目视。为了让其可用于目视，可以在光路中加一个凸的副镜，在主反射镜的中心开一个圆孔，把通过副镜反射形成的像引导到主镜中心圆孔的后方，这种系统称为施密特—卡塞格林系统。另一种解决方案是在光路中加一个 45°倾斜的平面反射镜，把主反射镜会聚的像引到系统的侧面。

2. 马克苏托夫物镜

如图 22-17 所示，马克苏托夫物镜中使用了一块厚弯月透镜，用以校正主反射镜的像差，称该透镜为马克苏托夫校正板。根据像差理论，当厚弯月透镜半径 r_1、r_2 和厚度 d 满足关系式

$$r_2 - r_1 = \frac{1 - n^2}{n^2} d \tag{22-15}$$

时，不产生色差，只产生单色像差，设计中使其值与主反射镜的单色像差平衡。若把光阑和厚弯月透镜设在主反射镜的球心附近，可以进一步减小物镜的轴外像差。为了让物镜可用于目

视，马克苏托夫物镜也可以作成马克苏托夫—卡塞格林系统。

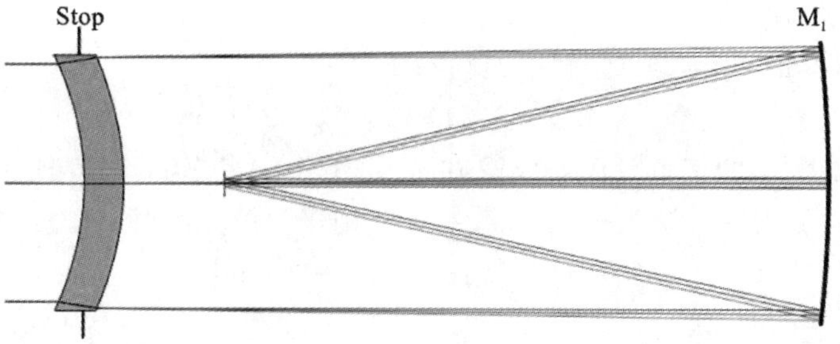

图 22-17　马克苏托夫物镜

22.4　望远系统的外形尺寸计算

22.4.1　由物镜和目镜组成的望远系统

天文望远镜大多由物镜和目镜组成，物镜和目镜之间不设转像系统。以开普勒望远镜为例说明计算过程，如图 22-18 所示，物镜和目镜都是正透镜（组），所成像为倒像。在物镜的像平面上设视场光阑。物镜框是系统的孔径光阑，也是系统的入射光瞳。出射光瞳靠近目镜的像方焦点。

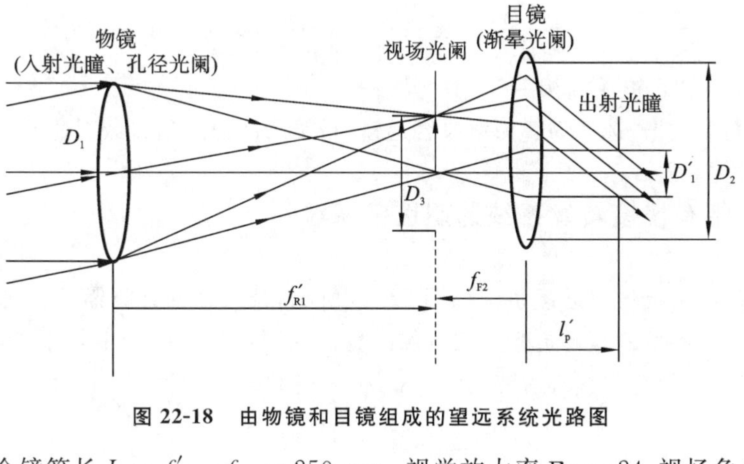

图 22-18　由物镜和目镜组成的望远系统光路图

现计算一个镜筒长 $L=f_{R1}'-f_{F2}=250\ \text{mm}$，视觉放大率 $\Gamma=-24$，视场角 $2\omega=1°40'$ 的开普勒望远镜的外形尺寸，计算步骤如下。

（1）求物镜和目镜的焦距 f_{R1}'、f_{R2}'。

求解方程组

$$\begin{cases} L=f_{R1}'-f_{F2}=250\ \text{mm} \\ \Gamma=-\dfrac{f_{R1}'}{f_{R2}'}=-24 \\ f_{F2}=-f_{R2}' \end{cases}$$

得 $f'_{R1}=240\ \text{mm}$，$f'_{R2}=10\ \text{mm}$ 。

(2) 求物镜的口径 D_1 。

由式(22-5)求得正常放大率所对应的口径：

$$D_1 \approx (2.3\times 24)\ \text{mm}=55.2\ \text{mm}$$

若 $\Gamma=-24$(放大率的正负只代表成像方向)是工作放大率，假设其比正常放大率放大了 1.5 倍，此时的正常放大率应该为 $-24/1.5=-16$，则正常放大率对应口径应为

$$D_1 \approx (2.3\times 16)\ \text{mm}=36.8\ \text{mm}$$

(3) 求出射光瞳直径 D'_1 。

$$D'_1=\frac{D_1}{\Gamma}=\frac{36.8\ \text{mm}}{24}=1.53\ \text{mm}$$

(4) 求视场光阑的直径 D_3 。

$$D_3=2f'_{R1}\tan\omega=2\times 240\ \text{mm}\times\tan 50'\approx 6.98\ \text{mm}$$

(5) 求目镜的视场角 $2\omega'$ 。

$$\tan\omega'=\Gamma\tan\omega=-24\times\tan 50'\approx -0.349$$

$$2\omega'\approx -38°29'$$

(6) 求镜目距 l'_p。

$$l'_p=f'_{R2}+\frac{f_{F2}f'_{R2}}{-f'_{R1}}=10\ \text{mm}+\frac{-10\ \text{mm}\times 10\ \text{mm}}{-240\ \text{mm}}\approx 10.42\ \text{mm}$$

(7) 求目镜的通光口径 D_2 。

$$D_2=D'_1+2l'_p\tan\omega'=1.53\ \text{mm}+2\times 10.42\ \text{mm}\times 0.349\approx 8.8\ \text{mm}$$

(8) 求视度调节量 x。

$$x=\pm\frac{5f'^2_{R2}}{1000}=\pm\frac{5\times 10^2\ \text{mm}^2}{1000\ \text{mm}}=\pm 0.5\ \text{mm}$$

(9) 选择物镜和目镜的结构。

根据上述光学数据，选择物镜为双胶合透镜，目镜为凯涅尔透镜或对称透镜。

22.4.2 带有棱镜转像系统的望远镜系统

带有棱镜转像系统的望远镜系统如图 22-19 所示，其尺寸的计算需要考虑棱镜尺寸的计算。加入棱镜系统的目的是转折光路和正像。棱镜展开后视为一个平行平板，对物镜成的像既不放大也不缩小，像的位置有后移，其值 Δl 为

$$\Delta l=\left(1-\frac{1}{n}\right)d \tag{22-16}$$

式中，d 为棱镜展开的长度，n 是棱镜材料的折射率。为计算方便，应将平板玻璃换算成等效空气板，如图 22-20 所示。

光线 PQ 通过平板玻璃板后，交出射面 CD 于点 H。过点 H 引一条平行于光轴的直线 GH，交入射光线 PQ 的延长线于点 G，再过点 G 作一个垂直平面 EF。在不考虑位移量 Δl 的情况下，入射光线在面 EF 上的出射高度等于实际的出射高度 HM。外形尺寸计算中，暂不考虑平板玻璃的像面后移，用空气平行平板 $ABFE$ 替代平板玻璃 $ABDC$。平板 $ABFE$ 称为等效空气板，它的厚度用 τ 表示，称为等效空气板厚度。由图 22-20 可算出等效空气板厚度为

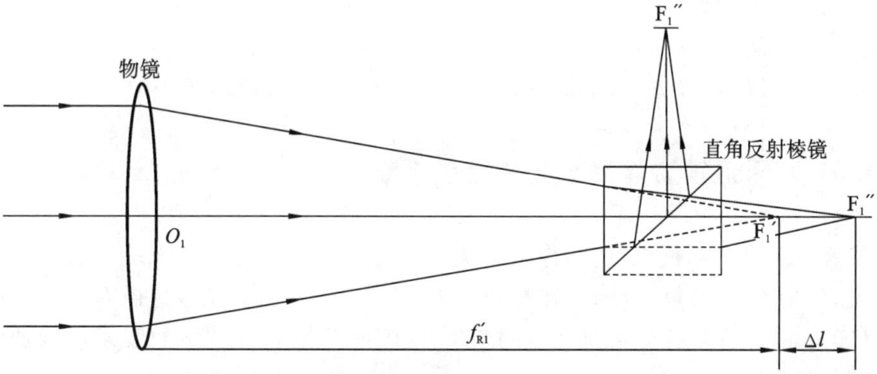

图 22-19　带有棱镜转像系统的望远镜系统

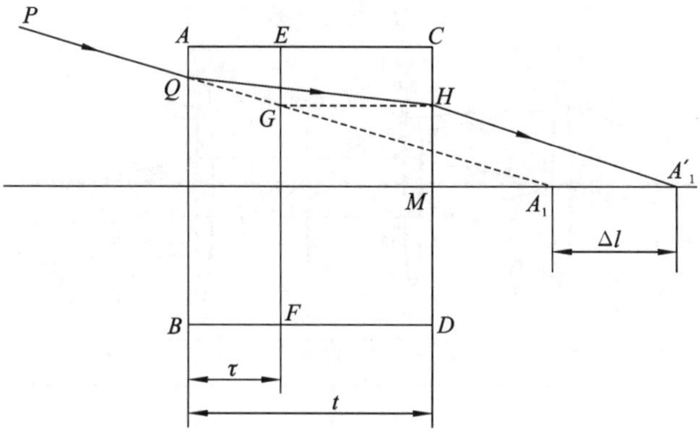

图 22-20　将平板玻璃换算成等效空气板

$$\tau = t - GH = t - \Delta l = t - \left(1 - \frac{1}{n}\right)t = \frac{t}{n}$$

试计算视觉放大率 $\Gamma=8$，视场角 $2\omega=6^\circ$，出射光瞳直径 $D'_1=4$ mm，使用了棱镜转像系统的望远镜的外形尺寸。计算步骤如下。

(1) 求物镜的口径 D_1。

根据给出的视觉放大率和出瞳直径计算物镜的口径：

$$D_1 = \Gamma D'_1 = 8 \times 4 \text{ mm} = 32 \text{ mm}$$

(2) 求目镜的视场角 $2\omega'$。

根据给出的视觉放大率和视场角计算目镜的视场角：

$$\tan\omega' = \Gamma\tan\omega = 8 \times \tan 3^\circ \approx 0.419$$

$$2\omega' \approx 45^\circ$$

(3) 选取物镜和目镜的结构。

根据目镜的视场角，选择凯涅尔目镜。物镜视场角较小，采用双胶合物镜结构。

(4) 计算物镜和目镜的焦距 f'_{R1}、f'_{R2}。

双胶合物镜选取的相对孔径常小于 1/4，则有

$$f'_{R1} = 4 \times 32 \text{ mm} = 128 \text{ mm}$$

$$f'_{R2} = \frac{f'_1}{\Gamma} = \frac{128 \text{ mm}}{8} = 16 \text{ mm}$$

核算凯涅尔目镜的镜目距，其值为 $(0.5\sim0.6)f'_{R2}=8\sim9.6\ \text{mm}$，基本满足要求。

(5) 求视场光阑的直径 D_3。

$$D_3=2f'_{R1}\tan\omega=2\times128\ \text{mm}\times\tan3^\circ=13.416\ \text{mm}$$

22.4.3 基于透镜转像系统的望远镜系统

现在计算一个具有双镜组的、转像倍率为 −1 的转像系统的望远镜结构的外形尺寸。已知视觉放大率 $\Gamma=6$，视场角 $2\omega=8^\circ$，镜筒长度 $L=1000\ \text{mm}$，出射光瞳直径 $D'=4\ \text{mm}$，入瞳距离 $l_p=-100\ \text{mm}$，允许轴外光束有 2/3 的渐晕(即渐晕系数 $K=1/3$)，要求转像透镜的通光口径与物镜像面的直径相等。

按上述条件画出如图 22-21 所示的光路图，K 的意义已在图中注出。

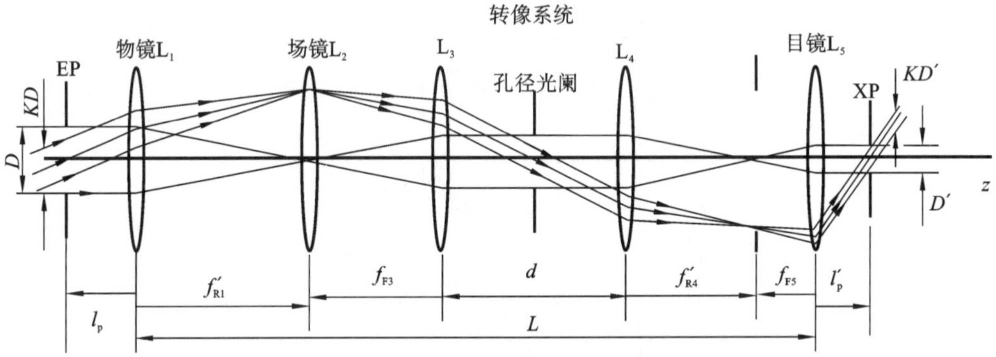

图 22-21 带有透镜转像系统的望远镜系统

设场镜 L_2 位于物镜的焦面上，轴上点的光线在转像系统中沿平行光轴的方向入射。这个系统可分解成两个望远系统，一个望远系统由物镜 L_1、场镜 L_2 和转像系统前组 L_3 组成，另一个望远系统由转像系统后组 L_4 和目镜 L_5 组成。

(1) 确定物镜的焦距 f'_R。

根据图 22-21 中的几何关系可写出筒长：

$$L=f'_{R1}-f_{F3}+d+f'_{R4}-f_5=f'_{R1}+f'_{R3}+d+f'_{R4}+f'_{R5} \tag{22-17}$$

L_1 是物镜，L_5 是目镜，所以有

$$\Gamma=f'_{R1}/f'_{R5} \tag{22-18}$$

当转像倍率为 −1 时，考虑到转像系统的成像质量以及场镜和分划板通光口径的均匀性，应将转像系统做对称结构，即

$$f'_{R3}=f'_{R4} \tag{22-19}$$

由于 L_1、L_2 和 L_3 又组成了一个望远系统，所以有

$$f'_{R1}/f'_{R3}=D/D_3 \tag{22-20}$$

当转像系统的通光口径与物镜的像面直径相等时，有

$$D_3=D_2=2f'_{R1}\tan\omega \tag{22-21}$$

把式(22-21)代入式(22-19)、式(22-20)，得

$$f'_{R3}=f'_{R4}=\frac{2\tan\omega}{D}f'^2_{R1} \tag{22-22}$$

当 $K=1/3$，$\beta=-1$ 时，有

$$d=\frac{(1-K)D}{u_3'}=\frac{(1-K)D_3}{D_2/2f_{R3}'}=\frac{4(1-K)\tan\omega}{D}f_{R1}'^2 \tag{22-23}$$

将式(22-18)～式(22-21)代入式(22-17)，求得焦距 f_1' 的解析方程为

$$\frac{4(2-K)\tan\omega}{D}f_{R1}'^2+\left(1+\frac{1}{\Gamma}\right)f_{R1}'-L=0 \tag{22-24}$$

该二次方程有两个解，应选择 $f_{R1}'>0$ 且 $f_{R1}'<L$ 的解。求得

$$f_1'\approx 198.84\ \text{mm}$$

根据 $D=\Gamma D'=24\ \text{mm}$，有

$$f_{R3}'=f_{R4}'=\frac{2\tan4^\circ}{24\ \text{mm}}\times(198.84\ \text{mm})^2\approx 230.39\ \text{mm}$$

$$d=\frac{4\left(1-\frac{1}{3}\right)\tan4^\circ}{24\ \text{mm}}\times(198.84\ \text{mm})^2\approx 307.19\ \text{mm}$$

$$f_{R5}'=\frac{198.84\ \text{mm}}{6}\approx 33.14\ \text{mm}$$

$$L=(198.84+230.39+307.19+230.39+33.14)\ \text{mm}=999.95\ \text{mm}\approx 1000\ \text{mm}$$

筒长满足设计要求。

(2) 确定场镜的焦距。

为了使光瞳在系统中互相衔接，场镜应该使物镜的出射光瞳与转像系统的入射光瞳重合。当光阑位于转像系统的中间时，入射光瞳位置可由高斯公式求出：

$$\frac{1}{l_{p3}'}=\frac{1}{l_{p3}}+\frac{1}{f_{F3}}$$

将 $l_{p3}'=d/2=153.60\ \text{mm}$ 和 $f_{R3}'=230.39\ \text{mm}$ 代入上式，求得 $l_{p3}\approx 460.84\ \text{mm}$。转像系统的入射光瞳到场镜的距离为

$$l_{p2}'=l_{p3}+f_{R3}'=460.84\ \text{mm}+230.39\ \text{mm}=691.23\ \text{mm}$$

由于 $l_p=-100\ \text{mm}$，则入射光瞳经物镜成像的像距为

$$l_{p1}'=\frac{l_p f_{R1}'}{f_{R1}'+l_p}\approx -201\ \text{mm}$$

$$l_{p2}=l_{p1}'-f_{R1}'\approx -400\ \text{mm}$$

(3) 求出射光瞳的位置。

转像系统的孔径光阑经 L_4 和 L_5 成的像就是系统的出射光瞳。其位置可由下式计算：

$$l_{p4}'=\frac{l_{p4}f_{R4}'}{l_{p4}+f_{R4}'}=\frac{(-153.60\ \text{mm})\times 230.39\ \text{mm}}{-153.60\ \text{mm}+230.39\ \text{mm}}\approx -460.84\ \text{mm}$$

$$l_{p5}=l_{p4}'-(f_{R4}'+f_{R5}')=-460.84\ \text{mm}-(230.39\ \text{mm}+33.14\ \text{mm})=-724.37\ \text{mm}$$

$$l_p'=l_{p5}'=\frac{l_{p5}f_{R5}'}{l_{p5}+f_{R5}'}=\frac{(-724.37\ \text{mm})\times 33.14\ \text{mm}}{-724.37\ \text{mm}+33.14\ \text{mm}}\approx 34.73\ \text{mm}$$

(3) 求系统的口径。

按轴外光线所需高度计算物镜通光口径，则：

$$D_1=KD-2l_p\tan\omega=\frac{1}{3}\times 24\ \text{mm}+2\times 100\ \text{mm}\times\tan4^\circ\approx 21.99\ \text{mm}$$

该值小于轴上点所要求的口径，则选 $D_1=24\ \text{mm}$。场镜的通光口径为

$$D_2 = 2f'_{R1}\tan\omega = 2 \times 198.84\ \text{mm} \times \tan4^\circ \approx 27.8\ \text{mm}$$

转像系统的通光口径为

$$D_3 = D_4 = D_2 = 27.8\ \text{mm}$$

分划板上的视场光阑的直径为

$$D = D_2 = 27.8\ \text{mm}$$

目镜的通光口径为

$$D_5 = KD' + 2l'_p\tan\omega' = \frac{1}{3} \times 4\ \text{mm} + 2 \times 34.73\ \text{mm} \times \tan4^\circ \approx 6.19\ \text{mm}$$

以上计算了一个具有双透镜组、转像倍率为-1的转像系统的望远镜结构的外形尺寸，包括各个组件的横向尺寸(口径等)和纵向尺寸(物距、像距和焦距等)，以便对各个组件进行结构设计和像差校正。

习　题

22.1　现代主流大型地基望远镜主要选用哪两种构型？其各自的结构特征是什么？

22.2　卡塞格林系统存在哪些像差？

22.3　四镜方案(也称 SYZ 系统)为什么不适用于地基望远镜的方案设计？

22.4　一望远镜物镜焦距为 1 m，系统焦比为 $f/12$，测得出射光瞳直径为 4 mm，试求望远镜的放大率 m 和目镜的焦距。

22.5　拟制一个放大倍率为 6 的望远镜，已有一焦距为 150 mm 的物镜，问组成开普勒和伽利略望远镜时，目镜的焦距各为多少？筒长(物镜到目镜的距离)各为多少？

22.6　为看清 10 km 处相隔 100 mm 的两个物点，则：(1)望远镜的正常放大率至少为多少？(2)筒长为 465 mm 时，求物镜和目镜的焦距。(3)为了满足正常放大率的要求，保证人眼的分辨率(60″)，物镜的直径应为多少？(4)假设物方视场范围为 $2\omega=2^\circ$，请求出像方视场范围，并求出该望远镜能够看清 10 km 处多大范围？在不拦光的情况下，目镜的口径应为多少？

第23章

摄影和投影光学系统

23.1 摄影光学系统

以感光胶片或光电成像器件为接收器的光学成像系统称为摄影光学系统，如照相机、摄像机和光学信息存储装置中用到的光学成像系统。

23.1.1 摄影光学系统性能

摄影光学系统是成像的摄影镜头和像接收器的总称。描述镜头的光学性能的重要参数有焦距 f'_R、F 数(焦比)和视场角等，F 数的含义如下

$$f/\# = \frac{f'_R}{D_{EP}} \approx \frac{1}{2NA} \tag{23-1}$$

式中，D_{EP} 为入瞳直径，NA 为数值孔径。F 数的倒数 D_{EP}/f'_R 称为相对孔径。系统的使用性能包括像的分辨率(也称为解像力)、像面的照度、摄影的范围，以及焦深和景深。

摄影镜头的相对孔径决定了镜头的分辨率和采光能力。镜头的焦距能够决定物像的比例关系，长焦镜头拍到的像大于短焦镜头拍到的像。所以，长焦镜头适用于特写画面或细节的拍摄；短焦镜头适用于大场景画面的拍摄。景物在无穷远和有限远处时，焦距和物像的关系分别表述如下：

$$y' = -f'_R \tan\omega' \tag{23-2}$$

$$y' = my = \frac{f'_R}{l_F} y \tag{23-3}$$

式中，y 是物高，y' 是像高，l_F 是镜头物方焦点到有限远处的景物的距离，m 是景物所处位置的垂轴放大率。以上两式说明，在一定视角或一定物高的条件下，像的大小与焦距成正比；在一定像面大小的条件下，视角或拍摄范围与焦距成反比。

23.1.2 摄影镜头的分类

摄影镜头的种类很多，焦距大小因应用场合而异：显微镜头的焦距只有几毫米；航空摄影

镜头的焦距较长，可达数米；日常用的照相和电影摄影镜头的焦距介于两者之间；变焦镜头的焦距可在一定范围内改变，它在照相时可以获得成像比例和拍摄视角变化的摄影效果。

摄影系统中，接收器的面积限定了成像面的大小，镜头焦距一定时，它也限定了摄影视角的大小。由式(23-2)和式(23-3)可知，长焦镜头的视场角小于短焦镜头的视场角。表 23-1 列举了照相机中常见的几种胶片的尺寸。

表 23-1 照相机中常见的几种胶片的尺寸

胶片种类	长(mm)×宽(mm)	胶片种类	长(mm)×宽(mm)
135″胶片	36×24	120″胶片	60×60
35 mm 电影胶片	22×16	16 mm 电影胶片	10.4×7.5
航空摄影胶片 1	180×180	航空摄影胶片 2	230×230

数码照相机图像传感器的尺寸用英制单位表示，它们对应的光敏面积为 1/3 英寸(4.27 mm×3.2 mm)、1/2 英寸(6.4 mm×4.8 mm)、1/1.8 英寸(7.1 mm×5.3 mm)、1 英寸(12.8 mm×9.6 mm)，高档相机上有尺寸为(22.7 mm×15.1 mm)、(27.6 mm×15.1 mm)、(27.6 mm×18.4 mm)、(36 mm×24 mm)等规格的图像传感器。

按视场角大小分类，普通照相镜头分类如表 23-2 所示。

表 23-2 普通照相镜头分类

镜头类型	视场角
长焦镜头	10°左右
标准镜头	40°～50°
准广角镜头	50°～60°
广角镜头	60°～70°
复眼镜头	180°以上

23.1.3 摄影镜头的分辨率

成像系统的分辨率是指该系统对黑白条纹密度的分辨能力。照相镜头用分辨率板检测其分辨率，分辨率板上分布着间隔按等比级数递增(减)的多组黑白条纹。成像系统能分辨的最高密度值为该系统的极限分辨率，以线对/毫米(lp/mm)为单位。

成像系统由镜头和接收器构成，系统的分辨率 N 由镜头的分辨率N_1和接收器的分辨率N_τ两部分决定，由下列经验公式表示：

$$\frac{1}{N}=\frac{1}{N_1}+\frac{1}{N_\tau} \tag{23-4}$$

镜头的分辨率有理论分辨率和实际分辨率之分。理论分辨率是由衍射理论和瑞利准则定义的，其值仅与相对孔径的数值有关。若以可分辨的最小距离 σ 表示，则镜头的理论分辨率为

$$\sigma=\frac{1.22\lambda}{D_{EP}/f'_R} \tag{23-5}$$

其中，λ 为摄影波长。若以 N_1 表示理论分辨率，则有

$$N_1=\frac{1}{\sigma} \tag{23-6}$$

当 $\lambda=0.55\ \mu m$ 时，镜头的分辨率为

$$N_1=\frac{1490}{f'_R/D_{EP}}=\frac{1490}{f/\#}\ (\text{lp/mm}) \tag{23-7}$$

可见，理论分辨率和镜头的相对孔径成正比。

镜头的实际分辨率除了与相对孔径有关外，还与镜头的成像质量有关。由于有像差的存在，光能的实际分布有别于理论衍射斑，光能由零级衍射环向外扩散，造成分辨率的下降，故镜头的实际分辨率低于理论分辨率。像差越大，光能分散得越厉害，实际分辨率也就下降得越多。当镜头存在视场像差时，轴外视场的分辨率低于中心视场的分辨率，而且会出现子午和弧矢方向上的分辨率差异。

23.1.4　摄影系统的光谱能量特性

胶片上光化学反应的程度或图像传感器上光电效应发生的程度与器件上获取的光能量大小有关。由于这两种器件的响应都是积分性质的，所以响应的程度与光能量的大小和拍照所用的曝光时间的乘积有关，该乘积称为曝光量。在合理的曝光条件下，图像传感器上的响应与曝光量成正比关系。

光能量的大小用像面的照度表示。小视场、大孔径的完善成像系统的光照度由式(23-8)表示：

$$E'_0=\pi\eta L\left(\frac{n'_k}{n_1}\right)\sin^2U' \tag{23-8}$$

式中，η 为光学系统的通过系数，即出射光能量和入射光能量的比值，L 为辐亮度。上式同样适用于摄影光学系统的中心视场，如图 23-1 所示，$A'B'$ 是系统的成像面，$P'_1P'P'_2$ 是镜头的出射光瞳，直径为 $2a'$。设焦点 F' 到出射光瞳的距离为 l'_{Fp}，焦点到像面的距离为 l'_F，于是有

$$\sin U'=\frac{a'}{l'_F-l'_{Fp}}\cdot\frac{a'}{f'_R\left(\dfrac{l'_F}{f'_R}-\dfrac{l'_{Fp}}{f'_R}\right)}=\frac{a'}{f'(m_p-m)} \tag{23-9}$$

式中，m_p 和 m 分别是出瞳平面和像平面位置上的垂轴放大率。

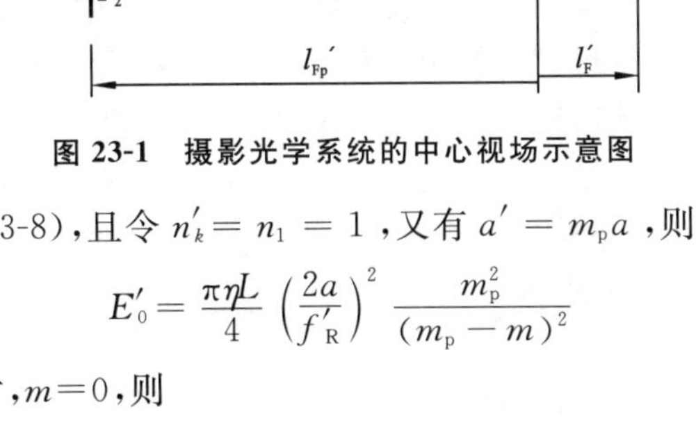

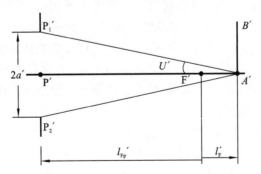

图 23-1　摄影光学系统的中心视场示意图

将式(23-9)代入式(23-8)，且令 $n'_k=n_1=1$，又有 $a'=m_pa$，则

$$E'_0=\frac{\pi\eta L}{4}\left(\frac{2a}{f'_R}\right)^2\frac{m_p^2}{(m_p-m)^2} \tag{23-10}$$

当物体在无穷远处时，$m=0$，则

$$E_0' = \frac{\pi\eta L}{4}\left(\frac{2a}{f_R'}\right)^2 = \frac{\pi\eta L}{4}\left(\frac{D}{f_F}\right)^2 \tag{23-11}$$

当物体在有限远处时，由于 $m<0$，且通常有 $m_p>0$，则 $\frac{m_p}{m_p-m}<1$，于是

$$E_0' < \frac{\pi\eta L}{4}\left(\frac{D}{f_F}\right)^2 \tag{23-12}$$

特别是物像处于对称位置时，$m=-1$，当镜头采用对称结构时，$m_p=1$，于是

$$E_0' = \frac{\pi\eta L}{16}\left(\frac{D}{f_F}\right)^2 \tag{23-13}$$

与物体在无穷远处时的照度相比，物在有限远处时，像面照度减少了 3/4。

用 F 数（光圈数）来表示，式(23-10)可表示为

$$E_0' = \frac{\pi\eta L}{4}\frac{m_p^2}{(f/\#)^2(m_p-m)^2} \tag{23-14}$$

对于结构对称的照相镜头（$m_p=1$），有

$$E_0' = \frac{\pi\eta L}{4}\frac{1}{(f/\#)^2(1-m)^2} \tag{23-15}$$

其中，$(f/\#)(1-m)$ 为镜头的有效光圈，其定义了拍摄条件下的光度特性。式(23-15)表明，接收器上的光照度取决于系统的光吸收程度、反射损失，以及镜头的有效光圈。把上述因素综合到一起再定义：

$$T = \frac{f/\#}{\sqrt{\eta}} \tag{23-16}$$

此为镜头的 T 值光圈。用 T 值光圈表示摄影系统的照度特性公式为

$$E_0' = \frac{\pi L}{4}\frac{1}{T^2(1-m)^2} \tag{23-17}$$

轴外视场的光照度与视场角有关。在光阑像差可以忽略的情况下，两者的关系是：

$$E' = E_0'\cos^4\omega' \tag{23-18}$$

视场角 $2\omega'=50°\sim60°$ 处的光照度 $E'\approx60\%\cdot E_0'$，视场 $2\omega'=120°$ 处的光照度 $E'=6.25\%\cdot E_0'$。可见，广角镜头接收器上的照度分布差异极大，这是轴外视场的有效通光口径减小的缘故。在同一个曝光参数下，广角镜头很难得到理想的照片，当中心曝光适度时，视场边缘就会曝光不足；或者当边缘曝光适度时，视场中心就会曝光过度。

镜头的光谱特性指的是各波段的光的透过率特性，它直接影响彩色照相中的颜色的还原效果。为此，希望镜头对光谱的透过是等比例的，特别不希望出现选择性的透过。镜头的光谱特性可以用光谱透过率曲线表示。

影响镜头光谱特性的因素有膜层和镜头材料对光谱产生的选择吸收，以及光学设计对色差的校正效果。组成镜头的材料对各种光谱有不同的吸收比例，从而改变了景物原有的光谱功率分布关系。高折射率的玻璃利于短波光的透过，大口径和广角镜头中采用了较多的高折射率的材料，使镜头中通过的蓝绿光的比例增加。除了特殊用途的镜头外，常用的镜头对短波的紫外光都有截止作用，短波光截止较多的镜头照出的相片偏红，如图 23-2 所示。为了增加镜头的透过能力，采用了表面镀膜技术，单层膜对光谱的选择吸收很严重。多层膜的采用会使光谱的选择吸收有所改善。

许多专用的仪器，如制版相机、水下摄像机、航空照相机，都是在特定波长下工作的，在光

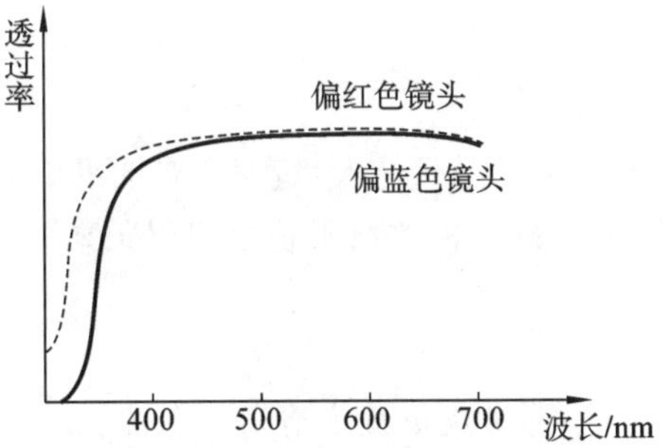

图 23-2　镜头光谱透过率曲线

学设计中对工作波段进行像差校正时，在光谱特性的设计上应尽可能地提高镜头在该波段的光谱透过率。

23.1.5　摄影光学系统几何焦深和景深

理论上，与物体位置对应的像面应该是唯一的，即镜头与像面的位置是确定的，但是出于接收器本身的粒度特征，只要成像弥散斑不超过允许的范围，立体物的图像在一定深度范围内仍视为清晰的。接收器感觉为清晰像的最大离焦量，即像面相对于镜头在光轴方向上移动的范围，称为镜头的几何焦深。

几何焦深取决于接收器对图像清晰程度的判断能力。设弥散斑直径小于 d' 时，接收器感觉为点像，则如图 23-3 所示，几何焦深 $2\Delta l'$ 可表示为

$$2\Delta l' = \frac{d'}{\tan U'} \tag{23-19}$$

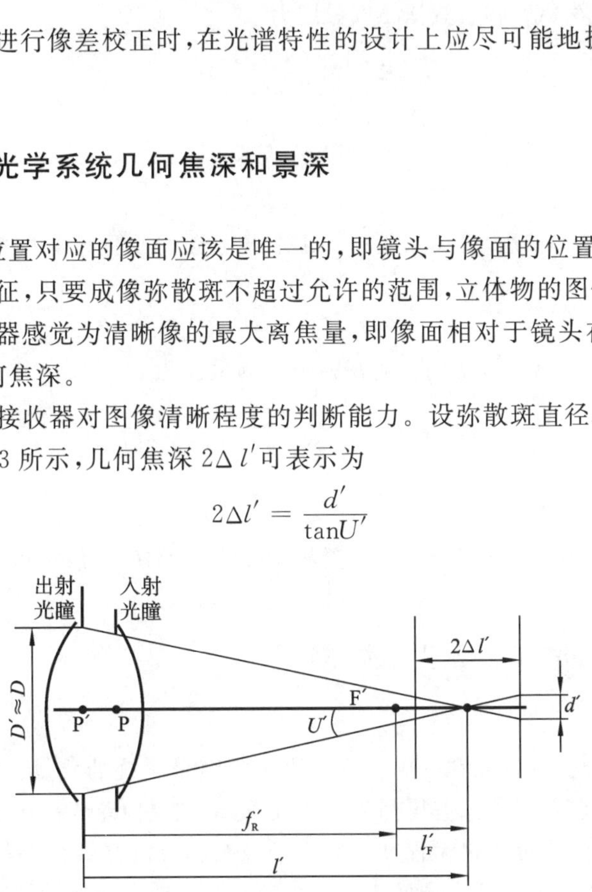

图 23-3　镜头几何焦深示意图

在对称式镜头中，入射光瞳和出射光瞳的直径近似相等，$\tan U'$ 可表示为

$$\tan U' \approx \frac{D}{2l'} = \frac{D}{2f'_{\mathrm{R}}}\frac{f'_{\mathrm{R}}}{l'} = \frac{1}{2(f/\#)} \cdot \frac{f'_{\mathrm{R}}}{l'_{\mathrm{F}}+f'_{\mathrm{R}}} = \frac{1}{2(f/\#)(1-m)} \tag{23-20}$$

则几何焦深为

$$2\Delta l' = 2d'(f/\#)(1-m) \tag{23-21}$$

几何焦深区别于物理焦深。物理焦深以瑞利准则为依据，瑞利准则认为光程差小于或等于四分之一波长的光学系统是完善的系统，该系统的成像效果可以维持衍射极限的数量要求。物理焦深就是引起波像差变化为四分之一波长时所对应的离焦量。对应四分之一波长光程差

的焦深为

$$2\Delta l' = \pm \frac{\lambda}{2n\sin^2\theta} \tag{23-22}$$

透视条件下观察物体时的系统景深只与入瞳直径、对准平面的位置有关，而与镜头的焦距无关。人们观察照片时，常把被观察目标放在眼睛的明视距离 D 上。此时，直径为 d' 的弥散斑对人眼的张角为

$$\varepsilon = d'/D \tag{23-23}$$

当 ε 为眼睛的极限分辨角时，弥散斑可视为清晰的点像。d' 在对准平面上对应的直径为

$$d = d'/m \tag{23-24}$$

从而得到对应的前景深 Δl_1 和后景深 Δl_2 分别为

$$\Delta l_1 = \frac{p\varepsilon D}{2dm - \varepsilon D} \tag{23-25}$$

$$\Delta l_2 = \frac{p\varepsilon D}{2dm + \varepsilon D} \tag{23-26}$$

式中，d 是入瞳直径。

通常，物体距离镜头较远，镜头焦距 f'_R 相对于对准平面距离 p 只是一个小量，略去后得 $l_F = p - f'_R \approx p$，则

$$m = -f_F/l_F \approx f'_R/p \tag{23-27}$$

代入式(23-25)和式(23-26)后，得到在明视距离处的景深为

$$\Delta l_1 = \frac{p^2\varepsilon D}{2df'_R - p\varepsilon D} \tag{23-28}$$

$$\Delta l_2 = \frac{p^2\varepsilon D}{2df'_R + p\varepsilon D} \tag{23-29}$$

上两式表明，照片在明视距离被观察时，景深与镜头的焦距有关，焦距越大，景深越小。

23.2 摄影镜头类型

在摄影系统中，镜头的性能在一定程度上决定了整个系统的质量。优质的摄影镜头具有大孔径或大视场的特点。要求像差得到良好的校正，即初级像差与高级像差得到适当的平衡。像差平衡的镜头的成像质量在很大程度上取决于镜头固有的高级像差的量。所以，在镜头设计中，高级像差的控制是保证镜头成像质量的关键。为了使高级像差控制在一定范围内，镜头的选型极为重要。经验和理论研究表明，镜头的高级像差与其结构形式和结构参数相关。高性能镜头的结构均较为复杂，变焦距镜头更是如此。

23.2.1 大孔径镜头

1. 佩兹伐镜头

佩兹伐镜头是1841年由匈牙利数学家佩兹伐设计的，它是国内外第一个利用像差理论设计的镜头，该镜头至今还在广泛地被应用。1878年以后，其后组胶合在一起，构成了如图23-4所示的形式。

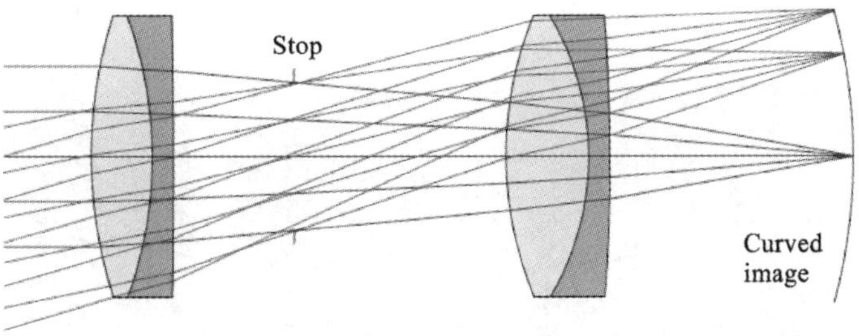

图 23-4　佩兹伐镜头光学结构

最初设计的佩兹伐镜头没有考虑场曲的校正，两个分开的镜组都是正光焦度镜组，两个镜组的场曲比单一镜组的场曲大很多，但是，两个镜组的球面半径可以大一些，所以球差的校正很容易。镜头的场曲是依靠像散的平衡得到部分补偿的。

为了减小场曲，可以尽量提高正透镜的折射率，同时减小负透镜的折射率。由于胶合面两边的折射率差减小了，胶合面的弯曲程度加大，因此高级球差就可能增大。为此，可以把胶合面改为双分离的结构。

当镜头没有长后工作距的要求时，可以在焦面附近设置一块负透镜，这有利于场曲的校正，如图 23-5 所示。适当地弯曲负透镜，还能降低畸变。目前，佩兹伐镜头常用作放映镜头，它有较大的相对孔径，但是视场偏小，光学参数是 $D/f'_{R} \approx 1/2, 2\omega \approx 16°$。

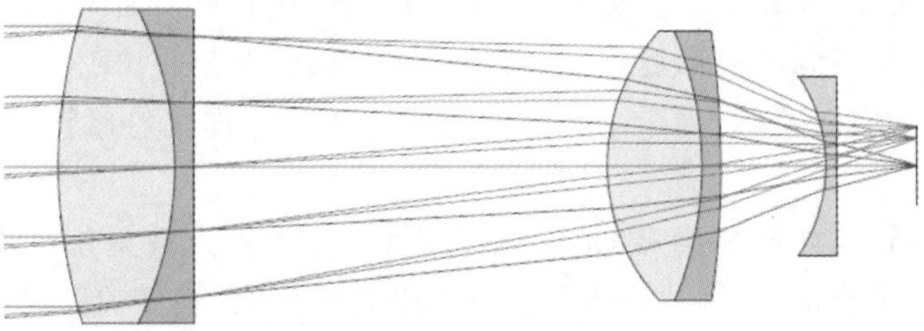

图 23-5　校场曲佩兹伐镜头光学结构

2. 库克镜头

库克镜头由三片薄透镜组成，中间的透镜是负透镜，两边是正透镜，如图 23-6 所示。库克镜头的光学性能指标比较适中，相对孔径 $D/f'_{R} = 1/5 \sim 1/4$，视场角 $2\omega = 40° \sim 50°$。

库克镜头中有八个变量参加像差的校正，即六个球面半径和两个间隔。从数学理论上讲，它是能够校正全部七种像差的最简单的薄透镜系统结构。

库克镜头的结构配置使它有校正场曲的可能性，中间是负透镜，两侧是与其保持一定距离的正透镜，这是校正场曲最理想的结构；用“两正一负”的结构承担总光焦度，比“一正二负”的结构方案更加合理，有利于球差的校正；库克镜头的光阑设在负透镜上，从而组成对称的结构，有利于垂轴像差的校正。

库克镜头可以用七个初级像差公式和光焦度公式求解初始结构。初始值应设置得当，否则或许会出现矛盾方程。为了减轻初学者的设计负担，可采用对称结构的思路来进行设计。

首先，把中间的负透镜用一个平面分成两半，它们分别和两边的正透镜组成一个对称镜头的一半。在半部系统中，有四个参数是可变的，包括两个透镜的光焦度、透镜间的间隔及正透镜的弯曲系数。用这四个参数校正四种轴向像差，即球差、色差、场曲和像散。然而，镜头还有

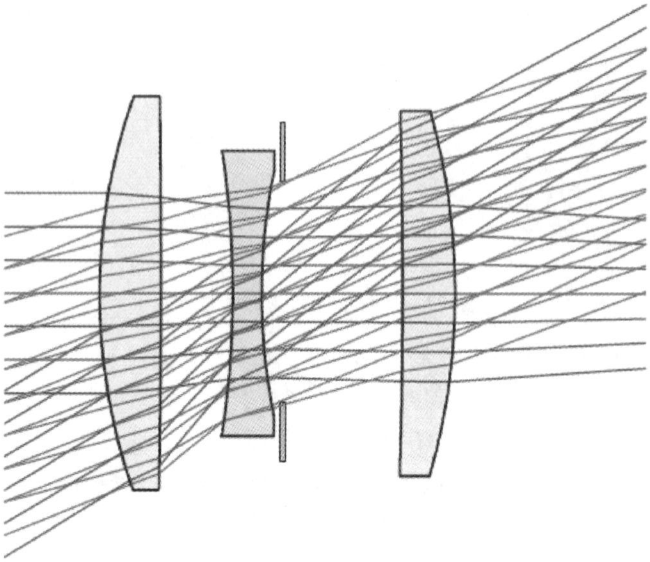

图 23-6 库克镜头光学结构

光焦度的要求，为此必须增加一个变量，才能使方程有解，这个变量就是材料的选择。由于材料的种类是有限的，光学参数是离散的，所以，合理地选择材料对库克镜头的设计是很重要的，但也是不容易的。实践证明，负透镜选色散较大的材料，有利于场曲得到校正条件下的光焦度分配，此时各组透镜所得到的光焦度偏小，有利于四种轴向像差的校正。

半部系统校正轴向像差后，合成一个对称镜头。依靠对称性，再经过细微调整，垂轴像差也能得到校正。

在剩余像差中，轴外球差是很突出的。像差平衡时，后组正透镜往往弯向像平面，当光线进入该透镜时，入射角非常大，因此在像面上的离散程度偏大，轴外的高级球差比较严重，这是一种过校正状态。

3. 天塞镜头和海利亚镜头

改进库克镜头像质的关键在于减小或校正它的轴外球差。目前采用两种方法。

第一种叫作天塞镜头，这种镜头在库克镜头后面的正透镜上增设一个胶合面，使胶合面上产生负像散，其值远大于其他的像差，轴外球差得以校正。这种结构称为天塞镜头，如图23-7所示。天塞镜头的光学性能略优于库克镜头的：相对孔径 $D/f'_R = 1/3.5 \sim 1/2.8$，视场角 $2\omega = 55^\circ$。

天塞镜头的前组正透镜加上胶合面便形成海利亚镜头，如图 23-8 所示。其结构更趋于对称，可使视场增大，可用于航空摄影。

库克镜头的第二种改进方案是：用透镜分裂的方式代替单透镜，以增大透镜的弯曲半径，如图 23-9 所示。

4. 松纳镜头

松纳镜头虽然与库克镜头的设计思想不同，但仍可看作是库克镜头的变形。若在库克镜头第一块正透镜后面增加一块不晕透镜，就形成了松纳镜头，如图 23-10 所示。不晕透镜既不产生球差，又压低了进入负透镜的光线的高度，从而减小了负透镜的负担，有利于高级球差的减小。但是，不晕透镜的引入增大了场曲，而且破坏了结构的对称性，不利于轴外像差，特别是

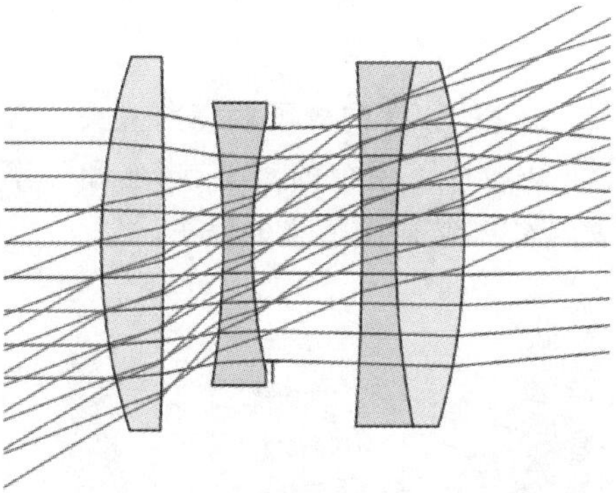

图 23-7　天塞镜头光学结构

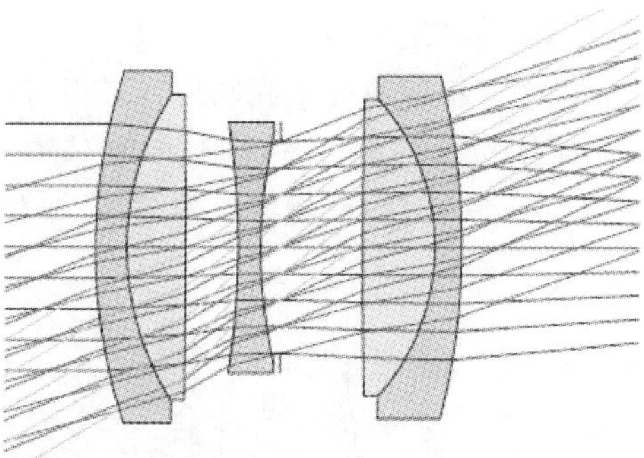

图 23-8　海利亚镜头光学结构

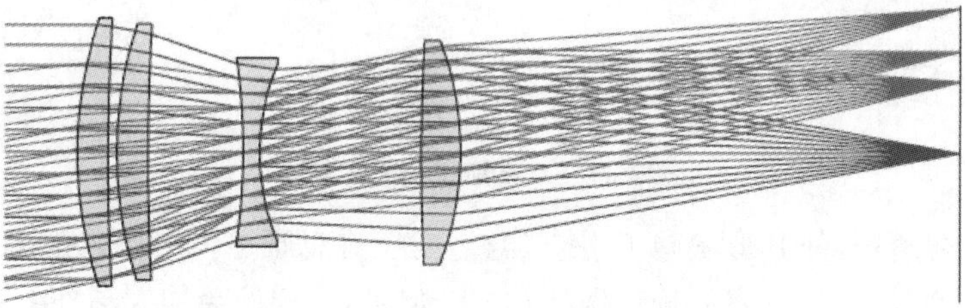

图 23-9　用透镜分裂的方式改进库克镜头

垂轴像差的校正。所以，松纳镜头只适用于视场角 $2\omega=20^{\circ}\sim30^{\circ}$ 的场合。

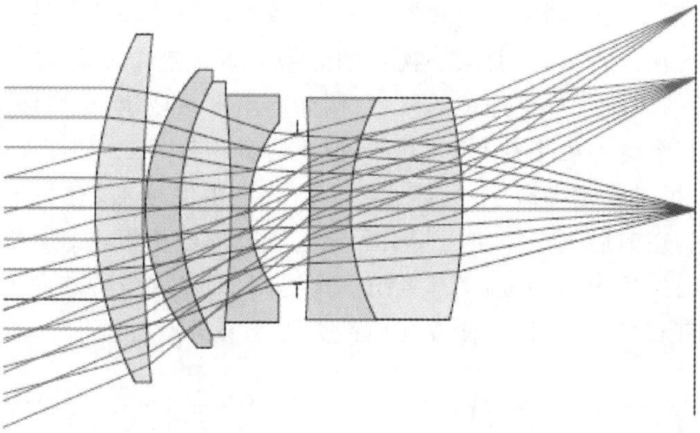

图 23-10　松纳镜头光学结构

5. 双高斯镜头

双高斯镜头是摄影镜头中常见的一种镜头，其基本结构适用于相对孔径 $D/f'_{R}=1/2$，视场角 $2\omega=40^{\circ}$ 的场合。

双高斯镜头属于对称型的结构，它的设计思路是从半部结构开始的，对于半部系统，需考虑的像差是球差、场曲、像散和位置色差。它的后半组雏形是一块厚透镜，两个球面半径相等。按像差理论分析，这个结构可以校正场曲；在透镜前适当的位置放置光阑，就可能校正像散：在透镜内加上一个胶合面，利用胶合面两边的色散差可使位置色差得到校正；最后考虑球差的校正，为此加入由两块薄透镜组成的无焦系统，令它产生与厚透镜球差正负相反的球差。当把靠近厚透镜的一块薄透镜与其合为一体后，便组成了已校正了球差、场曲、像散和位置色差的双高斯镜头的后半组结构。

将两个半组按对称于光阑的方式组合起来，如图 23-11 所示，就构成了双高斯镜头。若 $m=-1$，物像处于对称位置，则对称的双高斯镜头就能自动地校正系统的彗差、畸变和倍率色差。镜头用于无穷远处物体成像时，必须对对称的双高斯镜头结构做适当的修正。

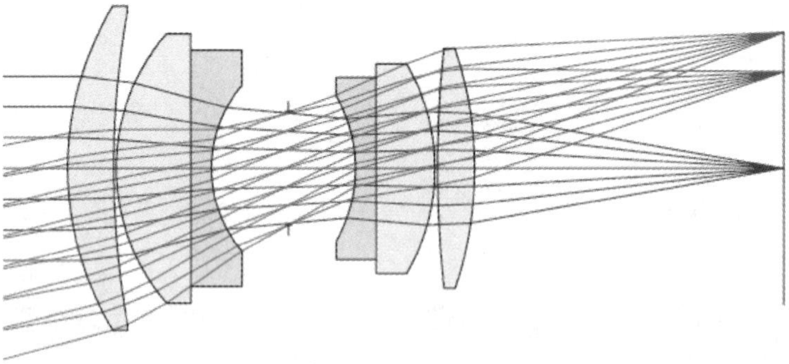

图 23-11　双高斯镜头光学结构

弯曲后组的薄透镜，使其形状趋于平凸，当它接收前面厚透镜射出来的轴上平行光时，可以产生较小的球差，从而为球差的校正做出贡献。但是，这样做会加大轴外上光线在薄透镜上的入射角度，于是使负像散加大。为了恢复像散的平衡状态，需要把光阑向厚透镜靠近，使厚透镜的前球面产生更大的正像散，从而平衡趋于负值的像散。但是，光阑偏离了厚透镜的前球面的球心，使轴外光线在该面上的入射角度加大，从而造成较大的轴外球差。

综上所述，双高斯镜头的轴上球差和轴外球差，或者说球差和像散是一对矛盾点。这也是双高斯镜头适应了大孔径要求后，要减小视场的原因。解决这个矛盾的方法有三种：其一，选用高折射率、低色散的玻璃作为正透镜的材料，例如选用钢系玻璃，可以使折射面曲率减小，对轴上点和轴外点的高级球差校正都有利；其二，把正透镜一分为二，如图 23-12 所示，这样可使透镜的光焦度分散，折射面曲率减小，且使透镜弯曲的自由度增加，有利于轴上点和轴外点高级球差的校正；其三，在前后两个半组之间引入无光焦度的校正板，如图 23-13 所示，校正板分担了厚透镜内侧球面的负担，且使前半部系统远离光阑，即光阑位置趋向于球心，对轴外像差，特别是像散的校正有利，这种结构可使双高斯镜头的视场角提高到 50°～60°。

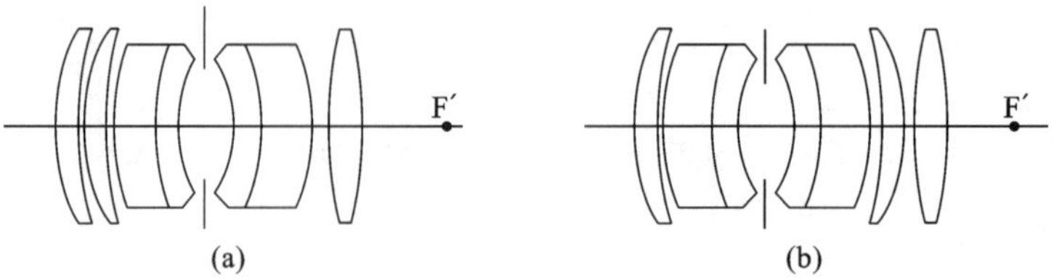

图 23-12　双高斯镜头的正透镜分裂示意图

23.2.2　广角镜头

广角镜头多为短焦距镜头，可获得大视场范围内的成像。

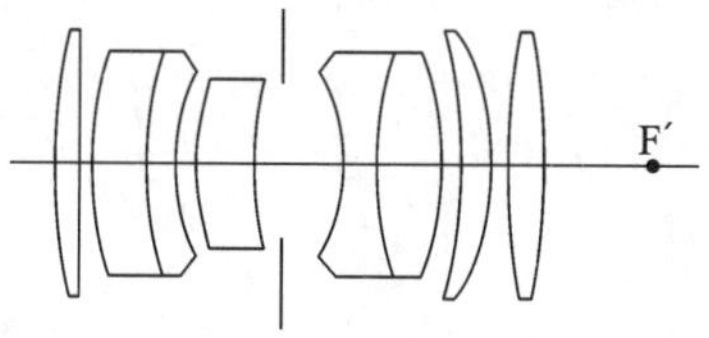

图 23-13　双高斯镜头加入无光焦度的校正板

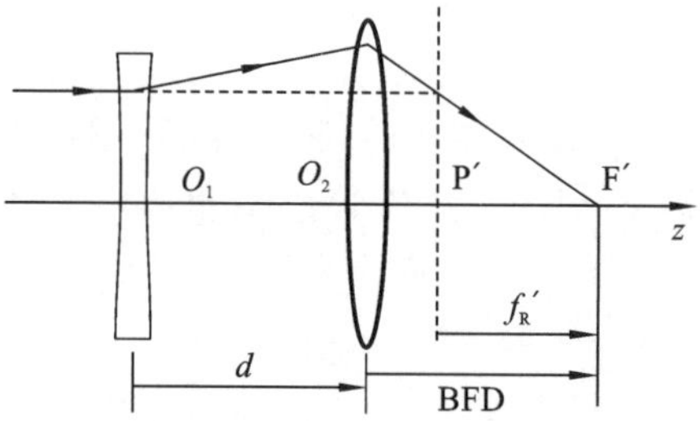

图 23-14　反远距镜头光学结构

1. 反远距镜头

短焦距镜头若采用上述普通镜头结构，可能会出现后工作距过短的弊病，对于单反照相机或电影摄影机来说，满足不了反射元件或分幅遮光板的空间需要。为此，短焦距镜头采用了如图 23-14 所示的反远距结构。反远距镜头由两个镜组组成，靠近物方的前组为负透镜组，后组为正透镜组，两者相隔一定的距离。这种结构使像方主面向系统的后方移动，从而得到比焦距更长的后工作距，两镜组的间隔越大，像方主面向后移动的距离越大，镜头的后工作距越长。

反远距镜头的孔径光阑多设在后组上，则前组承担了较大的视场负担。由于前组是负光焦度镜组，轴外光线通过前组后倾角变小，因此后组的视场负担减小。轴上点光束通过前组后变成发散光束，入射到后组的入射高度提高，后组所负担的孔径变大，则后组的相对孔径大于整个系统的相对孔径。

反远距镜头的具体结构与其光学性能有关。小视场的广角镜头可用单片透镜做成前组。视场加大时，改用两片、三片透镜或更复杂的结构，甚至采用负透镜加鼓形厚透镜的结构，如图 23-15 所示。与前组相比，反远距镜头的后组在成像关系上处于更对称的位置，因此它更有理由把像差校正的重点放在与孔径有关的像差上。后组可以采用三片库克镜头、佩兹伐镜头或更复杂的形式。

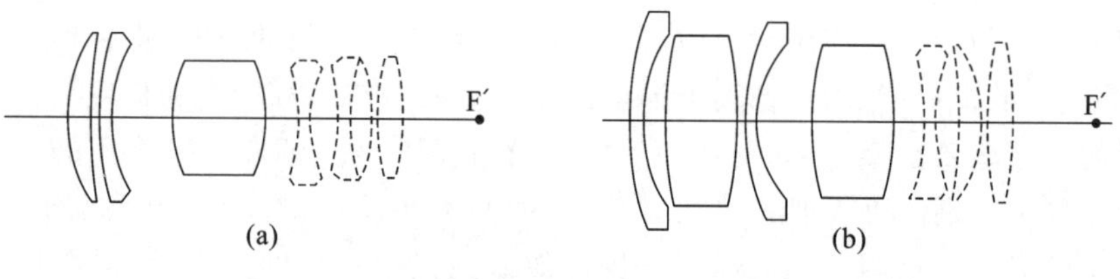

图 23-15　负透镜加鼓形厚透镜为前组的反远距光学结构

广角镜头视场角大，因此像面上照度分布不均匀，尤其是用遮拦光线的手段提高轴外的像质时，视场边缘的照度衰减得更明显。

反远距镜头有短焦距、大视场和长的后工作距，而且其像方视场角小于物方视场角，这有利于像面照度的分布。而它的像方视场角与系统的光焦度分配及光阑位置设置有关。

在图 23-16 中，设 ϕ_2 为后组光焦度，当总光焦度 ϕ 为定值时，前、后组之间的间隔 d 和前组光焦度 ϕ_1 的关系为

$$d=\frac{1+\dfrac{\phi_2-\phi}{\phi_1}}{\phi_2} \tag{23-30}$$

由式(23-30)可以看到：加大 $|\phi_1|$ 的数值，为保证总光焦度不变，间隔 d 要加大。对前组

的第二近轴光线应用薄透镜物像公式 $\omega' - \omega = h_{z1}\phi = d\omega'\phi_1$，则

$$\omega'(1 - d\phi_1) = \omega \tag{23-31}$$

可见，ω 为定值时，$|\phi_1|$ 和 d 同时增大，必然导致 ω' 的减小。当光阑置于前组的前焦点附近时，$\omega' \approx 0$。ω' 减小了，后组的尺寸也相应减小。

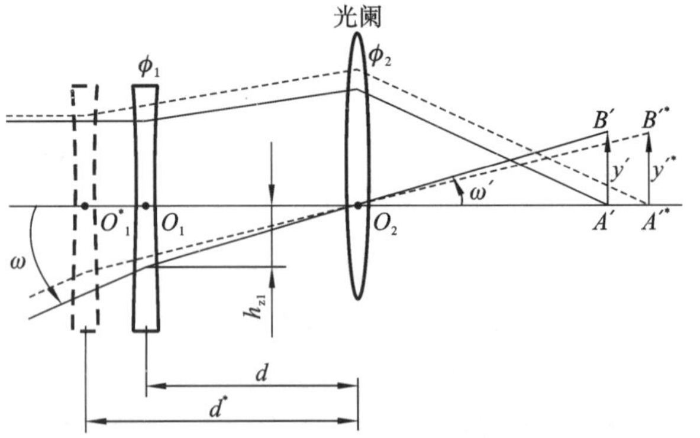

图 23-16 反远距镜头像方视场角与系统的光焦度分配关系示意图

2. 超广角镜头

视场角 $2\omega > 90°$ 的镜头称为超广角镜头。由于视场大，照度分布更不均匀。对于 $2\omega = 120°$ 的镜头，在不考虑渐晕的情况下，边缘视场的照度只有中心视场照度的 6.25%。对大多数接收器来说，这样的照度差异超出了线性接收范围，很难得到理想的摄影效果。

1）像差渐晕的概念

照度分布的均匀性是超广角镜头设计的关键。采用反远距镜头结构，减小像方视场角，是改善照度分布的有效方法。但是，超广角镜头的视场太大，彗差、畸变和倍率色差较为严重，非对称的反远距镜头结构很难满足垂轴像差的校正。从像差校正的角度考虑，多数超广角镜头采用了对称式的结构。

解决照度不均匀的问题有两种思路，其中一种是用像差渐晕的方法，即保留光阑彗差的方法，以使轴外光束的口径增大，使像面上照度的余弦分布规律由高阶变为低阶。

下面说明像差渐晕的概念，如图 23-17 所示，图中画出的是超广角镜头用的一种反远距镜头结构，AP_1 和 BP_1 是经过入射光瞳面上点 P_1 的两条光线：AP_1 是轴上点发出的光线，BP_1 是轴外点发出的光线。这两条光线经过未校正像差的光学系统的前组后，与出射光瞳面分别交于点 P_1' 和 P_1'' 上。设计应使点 P_1' 的高度高于点 P_1'' 的高度。如果把入射光瞳视为"物"，而把视场视为"入射光瞳"，线段 $P_1'P_1''$ 就可以看成是以轴外点 P_1 为物点，以 AP_1 和 BP_1 为不同孔径光线形成的彗差，称为光阑彗差，用 K_{rz} 表示。可以看到，镜头存在如图中所表示的光阑彗差，且出射光瞳直径一定时，能允许轴外光以更多的光线通过镜头，在图中以阴影线部分表示。

2）对称式超广角镜头

对称式超广角镜头是由对称于光阑的两个反远距镜组组成的。最外面的两块负透镜设计成球壳的形状。两部分的光阑彗差取相等值，但是符号相反，于是通过入射光瞳和出射光瞳的光束截面是相同的。由于光阑彗差的存在，轴外光束的通光口径大于轴上光束的通光口径，由此形成的像差渐晕系数 K_2 大于 1，如图 23-18 所示。

镜头存在光阑像差时，轴外视场的照度表示为

$$E' = E_0' K_1 K_2 \cos^4\omega' \tag{23-32}$$

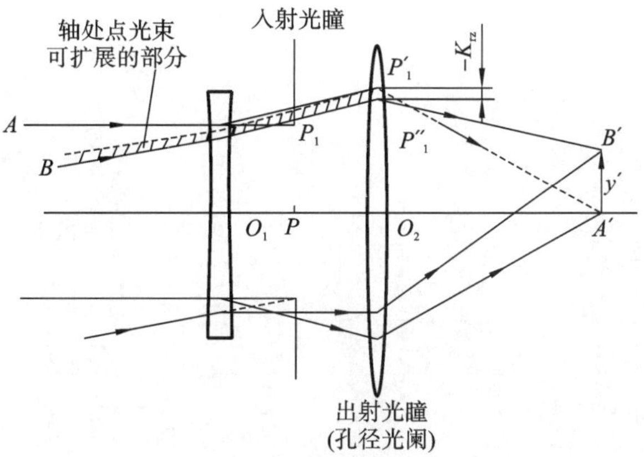

图 23-17　像差渐晕的概念示意图

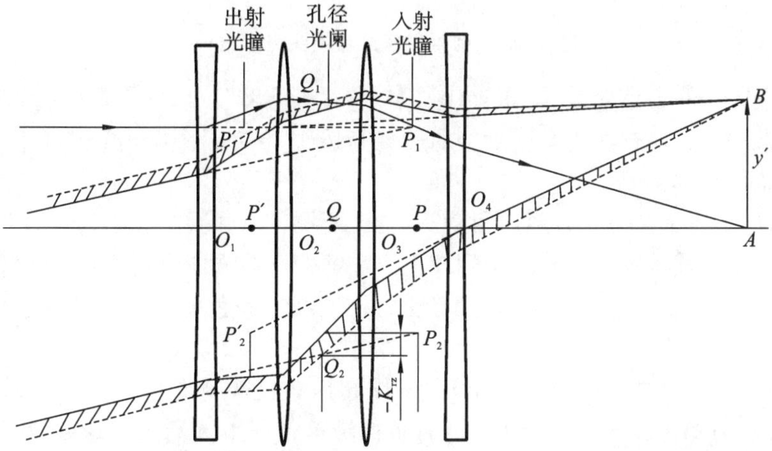

图 23-18　由对称于光阑的两个反远距镜组组成的对称式超广角镜头

式中，E' 为轴外视场的照度，E'_0 为中心视场的照度，K_1 为几何渐晕系数，其值小于或等于 1，K_2 为像差渐晕系数，光阑彗差存在时，K_2 大于 1。使用光阑彗差提高轴外视场的像面照度的同时，加大了轴外光束的口径，系统的像质受到损坏，设计时需注意。

借助光阑彗差概念设计的镜头以鲁沙尔镜头为代表，如图 23-19 所示。其中，图 23-19(a)为双胶合透镜结构，图 23-19(b)为三胶合透镜结构。

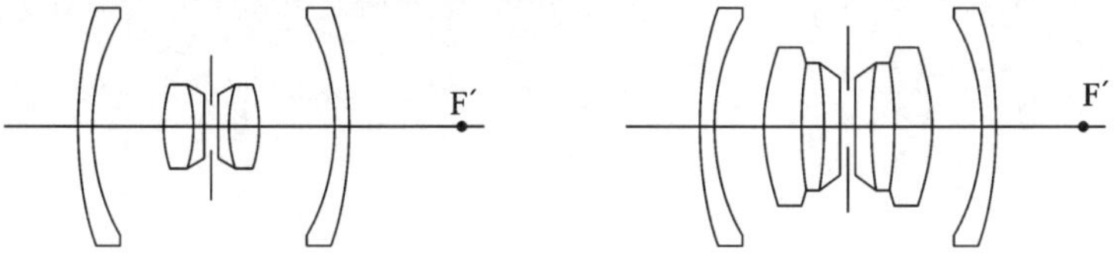

图 23-19　鲁沙尔镜头的两种结构

3）用镀膜的方法改善像面的照度分布

另一种改善像面的照度分布的方法是用镀膜的方法。这种技术最早出现在瑞士，用此技术设计的镜头称为阿维岗超广角镜头，如图 23-20 所示。

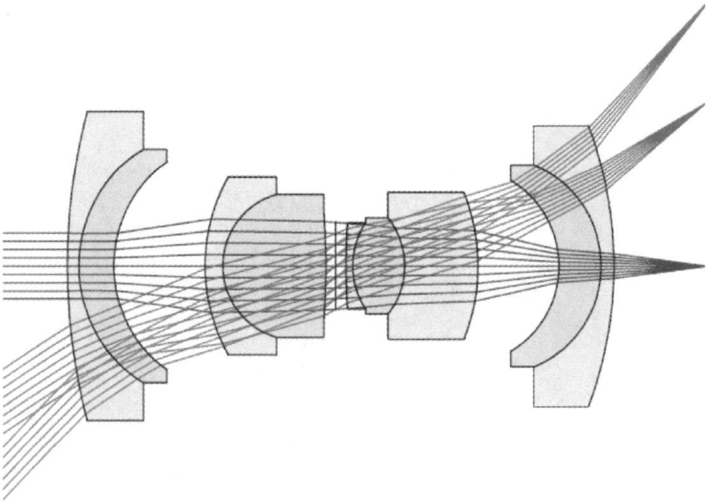

图 23-20 阿维岗超广角镜头光学结构

该镜头包括 4～6 个球壳透镜，相对孔径 $D/f'_R=1/5.6$ 时，成像质量比较理想。滤光镜上镀有不均匀的透光膜，使视场中心附近的照度分布按 $\cos^2\omega$ 的规律变化，超过 90°视场角时，照度分布呈 $\cos^3\omega$ 的规律变化。

海普岗超广角镜头是另一种超广角镜头，它由两块弯向光阑的正透镜组成，如图 23-21 所示。由于结构对称，其垂轴像差容易得到校正。透镜的弯曲方向也利于轴外光线的像差校正，间距的变化可用来校正像散。但是，它没有能力校正球差和色差，所以，其只适用于孔径很小的场合。

若在结构中加入无光焦度的透镜组，海普岗超广角镜头就有可能校正球差和色差，如图 23-22 所示，称其为托普岗超广角镜头。弯月负透镜可以产生大量的正球差，配以火石玻璃的高色散作用，校正球差和色差是可能的。

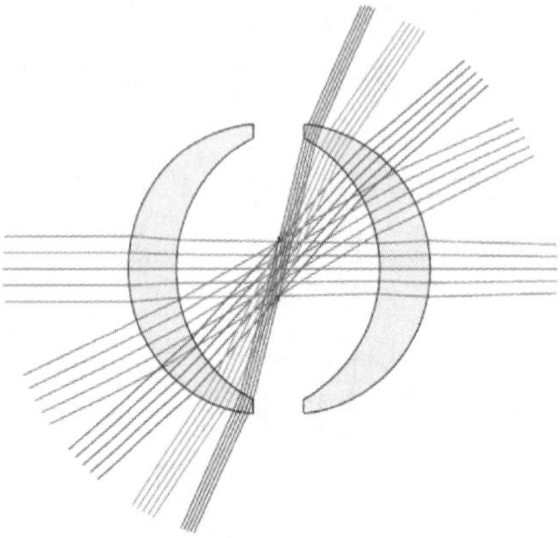

图 23-21 海普岗超广角镜头光学结构

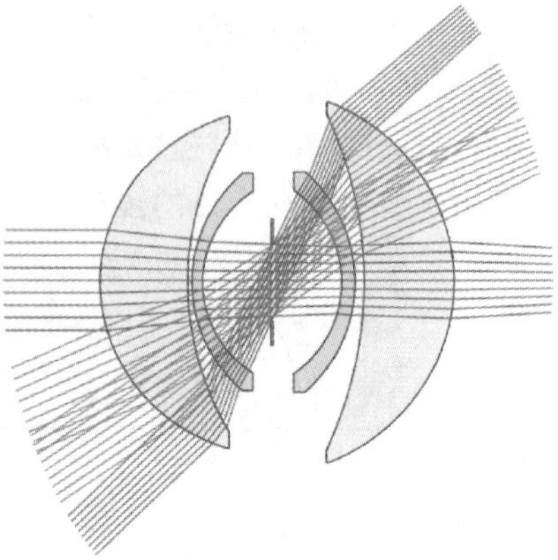

图 23-22 托普岗超广角镜头光学结构

与鲁沙尔镜头相比，托普岗超广角镜头的几何渐晕更严重，像面照度更不均匀，外侧的透镜又是正透镜，主光线通过光阑中心时与光轴的夹角很大，因而轴外的高级像差很严重。显然，托普岗超广角镜头的光学性能不能与鲁沙尔镜头的相比，它的视场角 $2\omega=90°$，最大相对

孔径 $D/f'_R = 1/6.3$ 。

3. 长焦距镜头

长焦距镜头是一种特写镜头，适用于远距摄影。与短焦距镜头相比，长焦距镜头成像的比例更大。普通照相机上用的长焦距镜头的焦距可达 600 mm。高空摄影相机的镜头的焦距可达几米。

1）远距型长焦距镜头

为缩短结构长度，可采用如图 23-23 所示的远距型的形式。由于正、负透镜是分离的，且负透镜在像面一侧，主面可以前移，机械筒长 L 小于焦距 f'_R，L/f'_R 称为摄远比，其值小于 1。

2）折反射式长焦系统

折反射式长焦系统的结构更为紧凑，从而可缩短机械筒长，如图 23-24 所示。这类镜头的摄远比能达到 0.2～0.4。折反射式镜头中最大的问题是孔径中心被遮拦，像面的照度下降。但是，从衍射的角度上看，中心光束的拦截有利于镜头分辨率的提高。结构上，折反射式镜头要加防杂光光阑，以免非成像光束射入像平面。

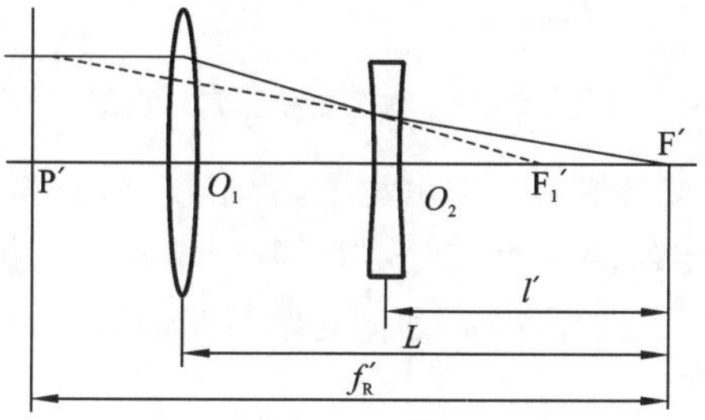

图 23-23　远距型光学系统示意图

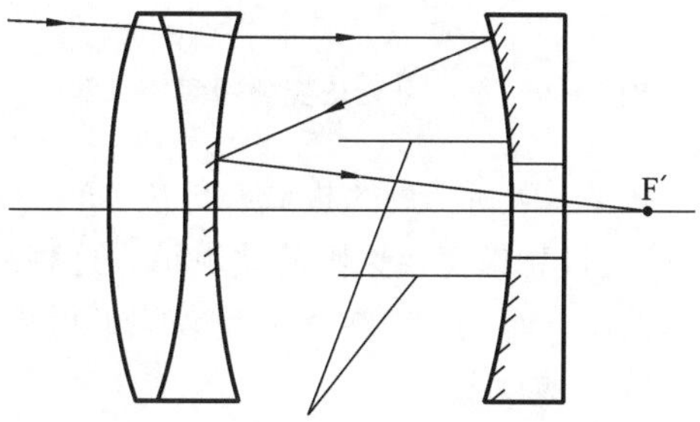

图 23-24　折反射式长焦系统示意图

4. 变焦镜头

在使用过程中，变焦镜头的焦距可以在一定范围内连续改变，其能在拍摄固定目标的情况下，获得连续地改变画面景物比例的效果。

一个变焦物镜的焦距是由各透镜组的焦距及其间的间隔所决定的。透镜组的焦距是不能改变的，通过改变透镜组之间的间隔来改变整个物镜的焦距。一般要求变焦物镜在改变焦距时，相对孔径不变，像高不变，像面稳定，像质良好。

随着透镜的移动，焦距改变时，像面有位移，要求像面稳定时便需要加以补偿。变焦物镜也常以补偿方法的不同分为两大类，即机械补偿法和光学补偿法。

1）机械补偿法

对于变焦镜头的两组透镜，当变倍组透镜组移动使焦距改变时，补偿组透镜组做少量移动以补偿像面位移。两个透镜组的移动不是同向等速的，因此它们之间的相对运动不能用一个简单的机构来满足，需要用到较复杂的凸轮机构。图 23-25 所示的为机械补偿法变焦物镜的示意图。图中，1 为前固定组，2 为变倍组，3 为补偿组，4 为后固定组。也可把 1、2、3 三组统称为变焦物镜的变焦部分，把 4 称为固定部分。图中变倍组 2 从左往右移动时，焦距由短变长，同时像面也发生位移。将补偿组 3 先往左少量移动，再往右少量移动来补偿像面的位移。2、3 两组的位置是需要相对应的，因变倍组 2 在不同的地方时，需要的补偿量是不同的。

图 23-25 中，补偿组如果是负透镜组，便称补偿方法为机械补偿法的负组补偿，补偿组如果是正透镜组，便称补偿方法为机械补偿法的正组补偿。

任一种补偿方法都可以分为物像交换原则和非物像交换原则。物像交换原则示意图如图 23-26 所示。物点 B 经透镜成像于点 B'，物距和像距分别为 l 及 l'。由于光线是可逆的，则物点在点 B' 处时，其经透镜必成像于点 B 处。所以当透镜从 1 移动到 2，且使 $l^* = -l'$，必定有 $l^{*\prime} = -l$。也就是说，物像是可以交换的，称为物像交换原则。不符合上述物像关系时，便是非物像交换原则。满足物像交换原则时，共轭距离是相同的。图 23-25 中变倍组 2 从最短焦距位置移到最长焦距位置满足物像交换原则时，变倍组 2 的物像共轭距离在最短焦距处与最长焦距处是相等的，所以补偿组 3 的位置在这两个极端焦距处是相同的。补偿组 3 先由右向左移动，再由左向右移动，最终回到原处。

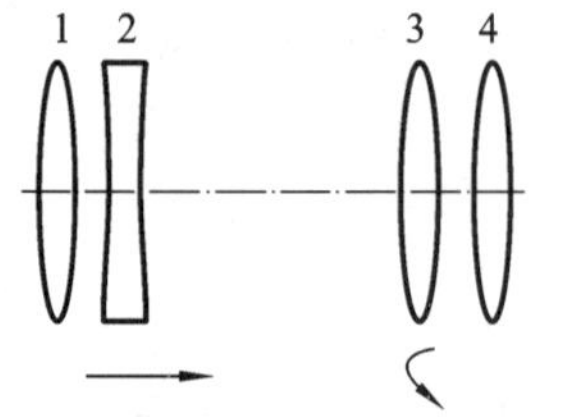

图 23-25　机械补偿法变焦物镜的示意图

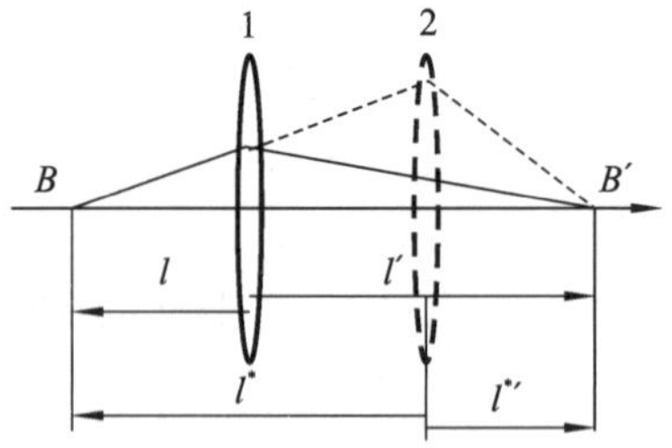

图 23-26　物像交换原则示意图

图 23-27 所示的为机械补偿法、负组补偿、非物像交换原则结构示意图，后半段（即长焦距部分）超过物像交换原则的共轭距。这种结构的前固定组的焦距较短，用了四个单片来负担。此时前固定组的像方主平面比较靠近后方，所以在求解初始结构时，前固定组与变倍组间的距离可以留得较小。

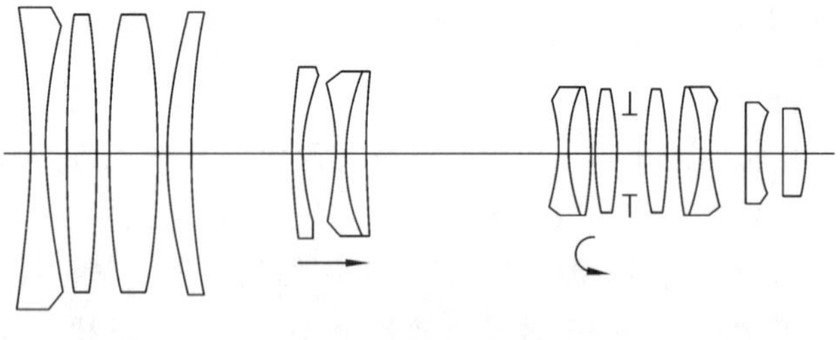

图 23-27　机械补偿法、负组补偿、非物像交换原则结构示意图

图 23-28 所示的为机械补偿法、正组补偿、非物像交换原则结构示意图。前固定组是由一负组加正组组成的，这样物体在近距离时由前固定组中前面的负组部分进行调焦，由于大视场的光线进入负组以后视场变小，故用前面的负透镜组进行调焦时，口径并不需要增加很多。

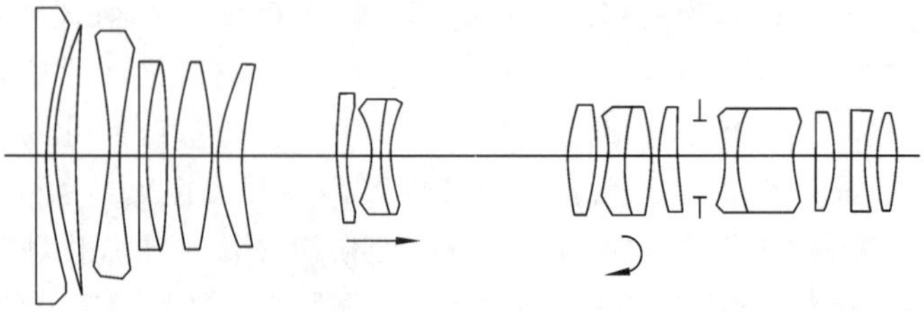

图 23-28　机械补偿法、正组补偿、非物像交换原则结构示意图

2）光学补偿法

在变焦物镜中，用几组透镜作变倍和补偿时，不同透镜组的移动是同向等速的，所以只需把几个透镜组连在一起作移动即可。光学补偿法以第一透镜组是正组还是负组而分为正组在前和负组在前两类，又可以根据变焦部分透镜组数而分为三透镜系统、四透镜系统、五透镜系统等。图23-29所示的为负组在前的光学补偿法示意图。用得多的是三透镜系统和四透镜系统。

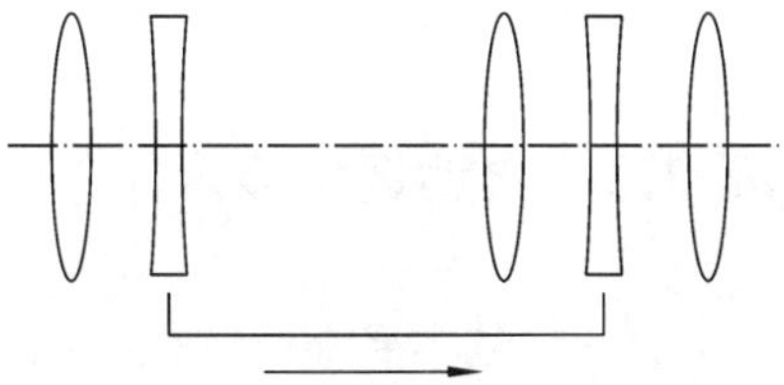

图 23-29　负组在前的光学补偿法示意图

图 23-30 所示的为负组在前的四透镜系统光学补偿法结构示意图。由于像面位移不能得到完全补偿，中间的负透镜组作微量的移动以进一步使像面稳定。这个使像面稳定的负组微动也可以与双正透镜连动组作相反方向的线性运动，这便成为比光学补偿法更一般的线性补偿法。平行光进入第一组负透镜组，同时在最后的负透镜组以平行光出射。后面可以配上各种不同的焦距使得在变倍比不变的情况下焦距本身可以作各种改变。

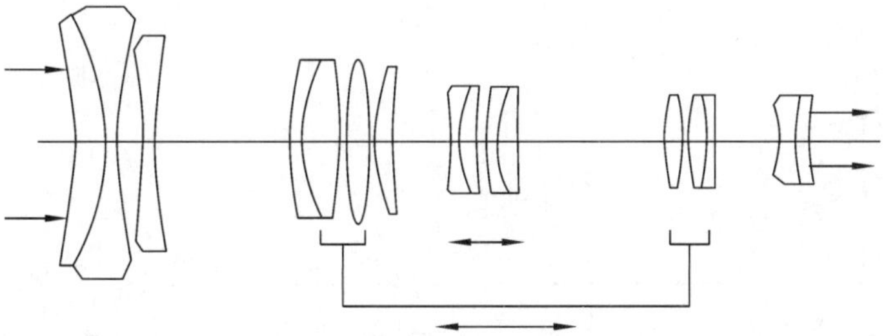

图 23-30　负组在前的四透镜系统光学补偿法结构示意图

除了上面介绍的两种方法外，还有一些其他情况。图 23-31 所示的结果比较特殊，初看像一个三透镜系统的光学补偿法，中间负组通过移动作进一步补偿使像面稳定。这不完全对，移动量小时，可以认为是这样，但在负组移动量比较大时，实质上负组是变倍组，此时仍然是机械补偿法的正组补偿，不过是把前固定组也作为补偿组的一部分，减轻了补偿组的负担。

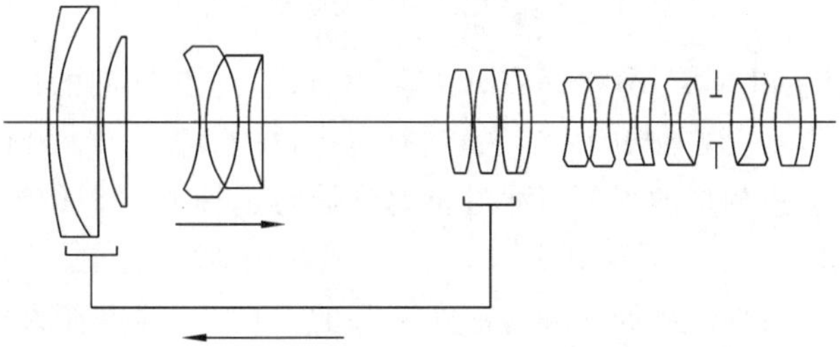

图 23-31　特殊的正组补偿的机械补偿法结构示意图

一般来讲，变焦物镜机械补偿法的正组补偿长度较长，口径较小，前固定组焦距较长；机械补偿法的负组补偿长度较短，口径较大，前固定组焦距较短。光学补偿法初级像差求解不易解好。

23.3　取景和测距系统

取景和测距是摄影设备的两项基本功能。取景功能能为摄影提供对准的目标以及景物的拍摄范围;测距功能能为镜头的调焦提供准确的物距。

23.3.1 自动调焦概念

取景有两项基本要求:在取景器中观察到的景物范围与镜头接收器上的成像范围应该一致;取景器中观察到的景物力求是正立的像。

取景范围与成像范围不一致的误差称为视差,它源于取景器和摄影镜头的非共轴性。图 23-32 为双镜头照相机取景示意图。图中,L_1 与 L_2 分别是取景器和摄影镜头,两者的光轴平行,间距(基线)为 b,P_1P_2 是镜头的对准平面。若取景器与摄影镜头的视场角相同,则取景尺度 AC 和摄影尺度 BD 是相等的,若有错位,其值称为视差,即由取景器观察到的景物和由摄影镜头拍摄到的景物不同。取景器轴线和对准平面 P_1P_2 的交点 P_1 与摄影镜头的主点的连线和像平面的交点为 P',线段 OP' 即为视差,可表示为

$$\varepsilon = \frac{l'}{l}b \tag{23-33}$$

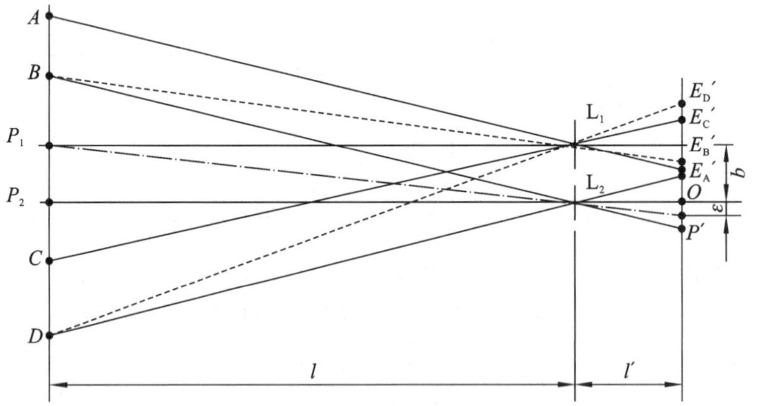

图 23-32　双镜头照相机取景示意图

图 23-32 中,$E'_BE'_A$ 和 $E'_DE'_C$ 分别是点 A 与点 B、点 C 与点 D 间的视差。此种视差和视场角有关。一般视差是指 ε。视差与物距有关,物距越小,视差越大。$b=0$ 时,视差为零,即单镜头相机没有视差。双镜头相机的视差可通过将取景器沿垂轴方向平移予以消除,平移距离与物距有关。在图 23-32 中,取景器移到 $E'_BE'_D$ 位置,视差即可消除。

为使在取景器中观察到的画面完整地落在镜头的视场范围内,有的相机人为地缩小了取景范围。缩小比例取 0.85～0.95,该比例称为取景器的视野率。

物距变化时,镜头到接收器的距离需要调节,称为调焦。调焦量依据测出的物距得出,测距方式有目视法和测距法两种,调焦分为手动调焦和自动调焦。当前的照相机多为自动调焦,即将取景、测距、调焦合为一体。

测距系统有两项基本要求:一是测距精度,测距误差不应超过镜头的景深;其次是测距速度,力求快速、方便。测距系统采用了体视测距的工作原理,它与调焦系统组成了联动机构。图 23-33 是测距原理图。

图 23-33 中,测距基线的两端安置了一个半透半反镜 M_1 和一个反射镜 M_2,点 E 是半透半反镜背后的人眼观测点。从点 E 观测被摄景物 O,则在同一个视野里看到两个互相偏离的像,

它们是从测距系统左右两个光路里投射进来的像。旋转反射镜 M_2 使两个像靠近，当反射镜 M_2 旋至 M_2' 时，两像重合。M_2 旋转的角度描述了被摄景物的距离。把反射镜 M_2 旋转的动作与调焦的动作结合起来，实现以测距为依据的调焦过程。图 23-34 为相机的测距调焦装置示意图。

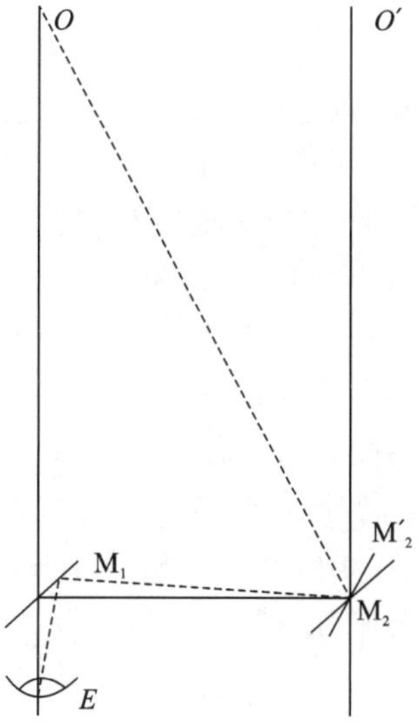

图 23-33　测距原理图

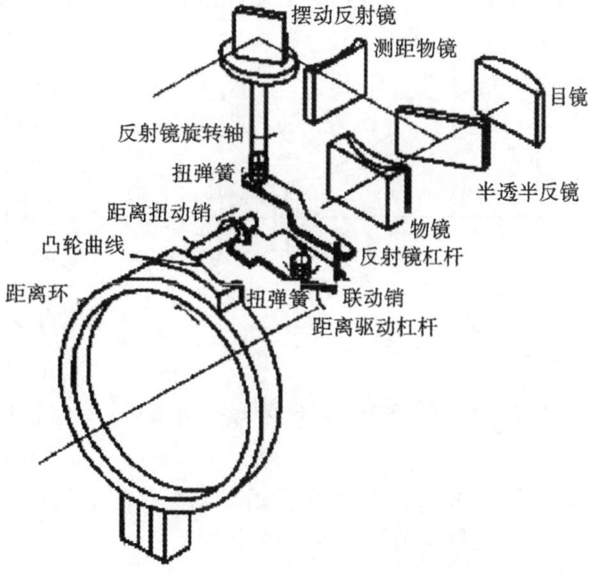

图 23-34　相机的测距调焦装置示意图

引用体视测距的原理，测距误差可由视角差 $\theta = b/L$ 的微分形式表示（略去式中负号）为

$$\Delta L = \frac{L^2}{b}\Delta\theta \tag{23-34}$$

式中，L 是物距，b 是基线长度，$\Delta\theta$ 是体视角误差，ΔL 是测距误差。由于观测系统有角放大的作用，所以测距误差应表示为

$$\Delta L = \frac{L^2}{b\Gamma}\Delta\theta \tag{23-35}$$

式中，Γ 是望远系统的视觉放大率。若人眼的瞄准精度为 $\Delta\theta_{\min}$，则极限测距误差为

$$\Delta L = \frac{L^2}{b\Gamma}\Delta\theta_{\min} \tag{23-36}$$

理论上讲，为了提高测距精度，可以尽量加大基线的长度。但是，基线长度 b 受照相机尺寸的限制。一般情况下，测距误差不得大于景深，用该条件可以确定最小基线长度。结合式(23-23)～式(23-26)，可把 ΔL 写为

$$\Delta L \leqslant \Delta l_1 + \Delta l_2 = \frac{p^2 d'}{2df'_{\mathrm{R}} - pd'} + \frac{p^2 d'}{2df'_{\mathrm{R}} + pd'} \tag{23-37}$$

因 d' 很小，可简化成

$$\Delta L \leqslant \frac{p'^2 d'}{df'_{\mathrm{R}}} \tag{23-38}$$

根据式(23-36)和式(23-38)，求得最小基线长度为

$$b = \frac{L^2 df'_{\mathrm{R}}\Delta\theta_{\min}}{\Gamma q'^2 d'} \tag{23-39}$$

23.3.2 照相机中的取景、测距、调焦及其综合系统的结构

1. 逆伽利略望远镜式的取景器

图 23-35 所示的为逆伽利略望远镜取景器的示意图。把伽利略望远镜倒转，使凹透镜变为物镜，凸透镜变为目镜，成正立缩小的虚像，视觉放大率 $\Gamma=0.35\sim0.85$。该系统中，眼瞳为孔径光阑，也是出射光瞳，物镜为渐晕光阑。AC 是对准平面上的取景范围，为使取景画面全部落入照相镜头的视场范围以内，选取景器的取景率为 80%～90%。

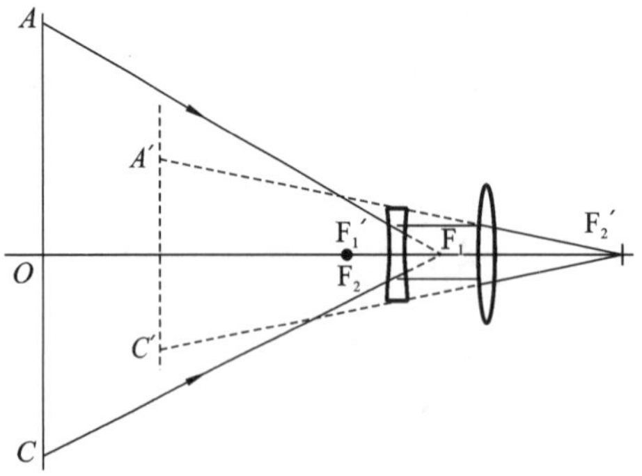

图 23-35　逆伽利略望远镜取景器的示意图

逆伽利略式取景器的结构紧凑。但是由于系统中有视场渐晕，眼睛观测位置变化时，取景范围也发生变化，从而产生取景误差；同理，眼瞳直径变化时，取景范围也随之改变，如图 23-36 所示。图 23-36 (a)为眼睛偏离光轴的情况；图 23-36 (b)为眼睛沿光轴平移的情况；图 23-36 (c)为眼瞳直径变化的情况。以上三种情况下，取景范围均发生改变。

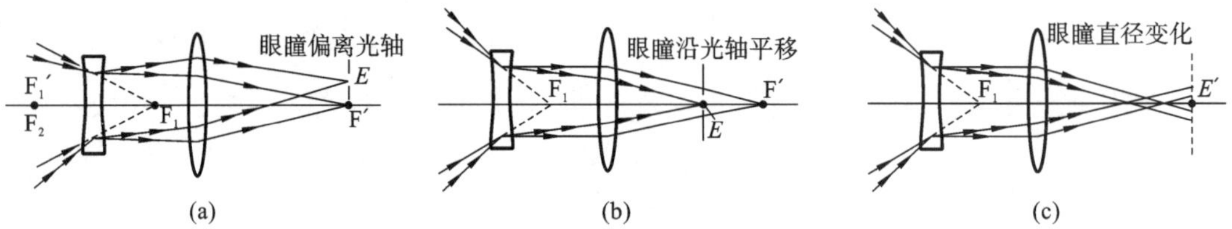

图 23-36　眼睛观测位置和眼瞳直径变化时取景范围也随之改变

2. 毛玻璃取景器

毛玻璃取景器是大型座式照相机（以下简称座机）和双镜头照相机等常用的一种取景装置。镜头到毛玻璃屏的光学距离严格地等于镜头到成像面的距离，它的几何尺寸给出了取景范围，毛玻璃上影像的清晰程度就是调焦的依据。图 23-37 列出了几种毛玻璃取景器的光学结构。

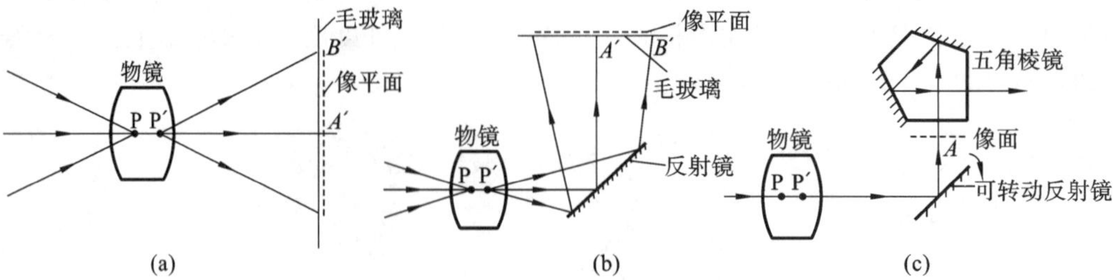

图 23-37　几种毛玻璃取景器的光学结构

图 23-37(a)展示的是座机上用的毛玻璃取景器，毛玻璃上的像是倒立的。图 23-37(b)展示的是双镜头照相机上的毛玻璃取景器，毛玻璃上的像是镜像。反射镜前面的镜头是取景物

镜,其焦距与照相镜头的相同,二者光轴平行。显然,这种取景器有视差。图 23-37(c)展示的是单镜头反光照相机上的取景器。取景物镜与照相镜头为同一个镜头。拍照前的一瞬间,反射镜利用旋转的动作弹出拍摄光路进行拍摄,拍摄结束后其自动返回至原位置。五角棱镜在光路中起倒像作用。

毛玻璃的散射作用能够造成像模糊。为了提高像的清晰度,可以在毛玻璃上增设一块场镜,如图 23-38 所示。

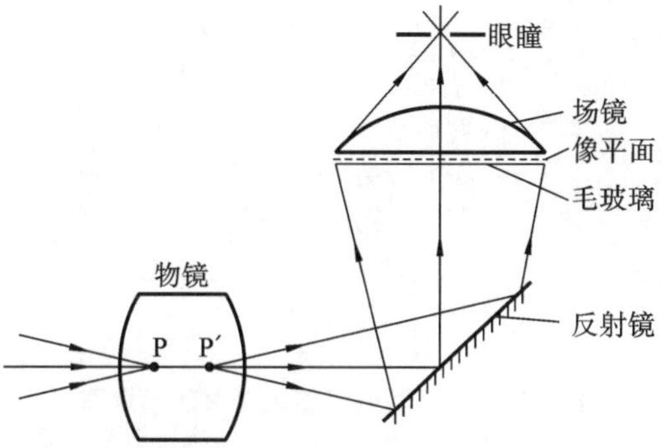

图 23-38　在毛玻璃上加一块场镜

3. 菲涅耳透镜型取景器场镜

场镜把照相镜头的出射光瞳成像在眼瞳的位置上,使进入镜头的光被眼睛接收。最初,场镜是一块平凸透镜。后来,用菲涅耳透镜替代了它。菲涅耳透镜用有机玻璃制成,面形为环带状,类似于把透镜的球面分割成环带后,按次序排在平面上一样。其聚光作用与凸透镜的相同,如图 23-39 所示。

4. 楔形镜型与微棱镜型调焦装置

为了提高调焦精度,有些相机设置了更准确的判读装置。常见的有楔形镜型和微棱镜型。

楔形镜调焦装置由一对楔角相同、方向相反的楔形镜组成,其结构如图 23-40 所示。$ABCD$ 是它们的胶接平面,OO' 是它们的对称轴。通过对称轴,与胶接平面垂直的截面 $EFGH$ 为等厚截面,即 $EH=FG=OO'$。把这对楔形镜安置在毛玻璃的中央,使点 O 到镜头的距离准确地等于接收器到镜头的距离。

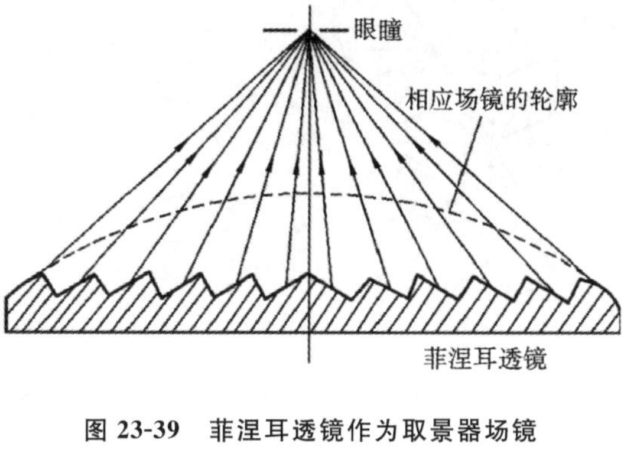

图 23-39　菲涅耳透镜作为取景器场镜

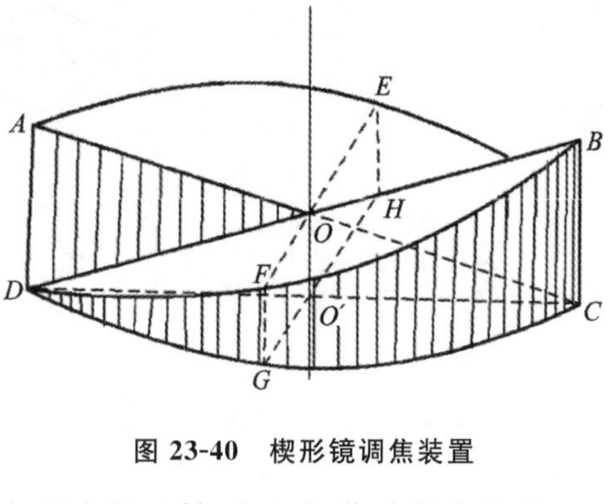

图 23-40　楔形镜调焦装置

根据几何成像分析可知,只有把成像面调焦到像点所在的垂轴平面时,像才是完整的;否则,由两个楔形镜各自形成的像将是错开的。调焦不准时的成像如图 23-41(a)和图 23-41(c)所示。正确调焦时的成像如图 23-41(b)所示。

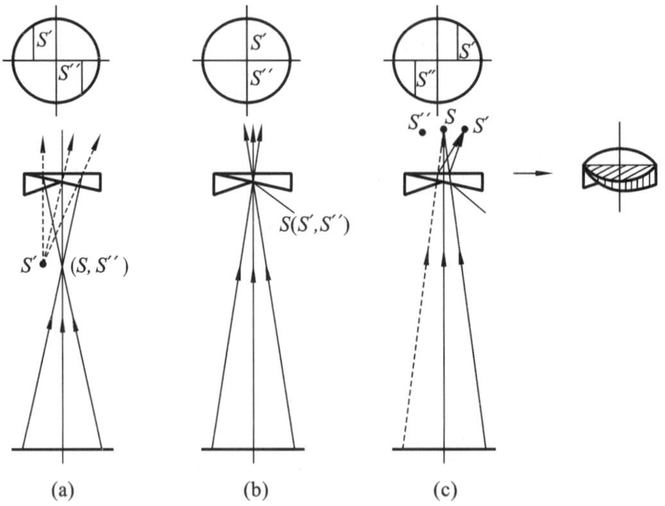

图 23-41 楔形镜调焦装置原理示意图

微棱镜调焦装置是由许多细小的三角、四角或六角棱镜组成的，如图 23-42 所示。角锥顶点到镜头的距离等于接收器到镜头的距离。把像面调焦到角锥顶点时，像是清晰的；否则，只能看到锯齿状的纹影。

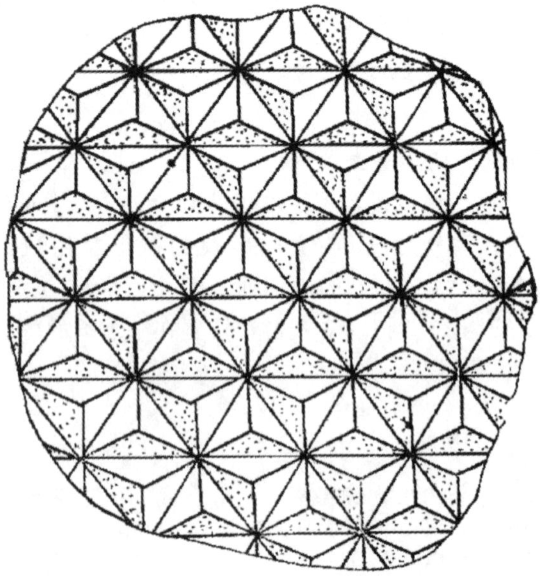

图 23-42 微棱镜调焦装置

23.4 光电传感器

数码相机的问世是 20 世纪摄影技术的一大创新，它用固体图像传感器替代了摄影系统中的感光胶片，通过扫描的方式把景物信息记录下来，然后将信息以数字信号的方式传送到存储介质中存储起来。

光学记录和存储景物的方式有扫描的方式和非扫描的方式两种，与之对应的感光器件也有两种。扫描方式的感光器件多是光电传感器件，如以电子束扫描方式成像的器件——光导摄像管，以光机扫描方式成像的器件——热像仪的硅靶和 X 摄像机的塑料散射体，以及以自扫描方式成像的器件——固体图像传感器；非扫描方式的感光器件以胶片为代表。

图像传感器件有多种类型，包括电荷耦合器件（Chage Coupled Device，CCD）、互补金属氧化物半导体器件（Complementary Metal Oxide Semiconductor，CMOS）、自扫描光电二极管阵列（Self-scanned Photodiode Array，SSPD）、电荷注入器件（Charge Injection Device，CID）等。其中，CCD 和 CMOS 是数码相机和数码摄像机中常用的光电转换器件。本节主要介绍这两种传感器的特性。

23.4.1　CCD 和 CMOS 简介

CCD 和 CMOS 是新型的光电转换器件，它们能存储由光产生的信号电荷，当对这个电荷施加特定时序脉冲时，其就可以在器件中产生定向移动，从而实现自扫描。结构上，CCD 和 CMOS 主要由光敏元件、传输电路、A/D 转换电路等组成。CCD 和 CMOS 的光敏元件是 MOS 型的感光二极管。当光入射到它们的光敏面时，便产生（光）电荷，其值与入射光强有关，光强越强，CCD 和 CMOS 产生的电荷越多。而且，在一个时间段内，电荷是以积分的形式积累的，这一过程称为电荷积分，由此可以想象到 CCD 和 CMOS 的积分电荷与光强和时间的乘积的积分有关，即与曝光量有关，在未达到饱和状态的条件下，这个关系是正比关系，这就是 CCD 或 CMOS 可以记录图像的亮度差异的原理。

当光线经镜头会聚成像在 CCD 或 CMOS 上时，阵列上的每一个光电二极管会因感受到的光强不同而耦合出不同数量的电荷，译码电路把每个光电二极管上耦合出来的电荷取出来形成电流，电流经过 A/D 转换电路转换为数字信号，最后，数码相机中固化的编码软件将信号编译成指定格式的图像文件，并将其以二进制数码形式的各色光的灰度值记录在存储介质中。

CCD 或 CMOS 的区别在于光电转换后电信号的传送方式不同。CCD 传感器中每个像素中的电荷都是以行为单位依次向下一个像素传送的，每行电荷组成一个时序电信号，由末端输出，随后各行以并行的方式输入到位于传感器边缘的放大器中，进行信号的放大，并形成图像格式的文件。CMOS 传感器的信号输出方式与 CCD 的不同，CMOS 阵列上的每一个像素都有一个放大电路和 A/D 转换电路与之连接，信号是以并行的方式从每一个像素输出的。

用作图像传感器的 CCD 和 CMOS 器件需要把每个二极管单元组成阵列，光机扫描的阵列为线阵列，成像的阵列为面阵列。线阵列图像传感器可以直接把一维光信号转变为视频信号。按一定方式把一维线性光敏单元和移位寄存器排列成二维阵列，即可以构成二维面阵列 CCD 或 CMOS。

在光学成像时，每一个二极管单元对应着图像中的一个像素，所以，常把每一个二极管单元称为一个像素。基本的 CCD 和 CMOS 图像传感器只记录目标的亮度差异。若记录彩色信号，还需要在二极管单元前面按照颜色合成理论加装滤光片。

用三个颜色单元组成一个成像单元的结构多用于线阵列图像传感器。相机中使用的图像传感器与此不同，相机中使用了插值软件处理技术，它可以从某个单元周围的数据中获取其他两色的数据，从而在一个单元上实现颜色数据的合成，最终形成该单元的颜色。插值技术能够充分逼近传感器的分辨率极限，但是插值数据与实际数据的偏差给颜色带来了失真。最近，数字图像技术开发公司推出了一种传感器，它在传感器硅片上嵌入了三层光电感应层，三个感应层各吸收红、绿、蓝三色光中的一种色光，从而构成一种全色的图像传感器。这种传感器有利于颜色的再现，同时免去了插值操作，提高了相机的拍摄速度。

23.4.2 CCD和CMOS图像传感器的技术特性

图像传感器的技术特性可以用光电转换灵敏度、量子效率（量子效率表示入射光子转换为光电子的效率，它定义为单位时间内产生的光电子数与入射光子数之比）、电荷转移效率、光谱响应、噪声和动态范围、暗电流、分辨率等参数描述。从图像接收器件成像的观点考虑，它的技术性能用分辨率、感光灵敏度、信噪比、动态范围和光谱灵敏度等参数描述更为贴切。下面就对成像的技术参数做一些介绍。

1. 分辨率

CCD和CMOS图像传感器对细节的分辨能力与该器件基本单元——像素的尺寸有关，像素的尺寸越小，器件对细节的分辨能力越高。现在生产的CCD和CMOS图像传感器具有3～40 μm的不等尺寸。表23-3给出了部分CCD图像传感器的相关尺寸。

表23-3 部分CCD图像传感器的相关尺寸

像素	像素尺寸/(μm×μm)	面积大小/(mm×mm)	生产厂家
2048×2048	12×12	24.5×24.5	DALSA
2048×2048	13.5×13.5	27.6×27.6	RETCON
2048×2048	15×15	30.7×30.7	Tho
2048×2048	9×9	18.4×18.4	KODAK
3072×2048	9×9	27.6×27.6	KODAK
4096×4096	9×9	36.8×36.8	KODAK
5120×5120	12×12	61.4×61.4	DALSA
4096×4096	7×7	—	EG & G Retion
6144×6144	13.5×13.5	—	EG & G Retion
8192×8192	13.5×13.5	—	EG & G Retion
5500×7150	10.0×7.8	55×55	Rollei

2. 灵敏度

灵敏度是评估图像传感器光电转换能力的技术指标，它可以用两种物理参数表示，一种是用单位光功率所产生的信号电流表示，单位是nA/lx或V/W，有时用mV/(lx·s)表示，这是单位曝光量所得到的有效信号电压；另一种是用器件所能传感的最低光信号值表示，单位是lx或W。

影响感光度的因素很多，主要有光电二极管的量子效率、光电二极管的尺寸、感光器件的结构和信号电荷转移效率等。

在结构上，光电二极管和信号转换转移电路及其他附件组成了一个像素单元，在光线入射的方向上，光电二极管的迎光面只占了一部分，这一部分才是有效的受光面积，它形成一个受光窗口，该窗口的面积与像素迎光面积的比值称为传感器的开口率。显然，在光电二极管尺寸一定的条件下，开口率越大，受光量越多，感光度越高。另外，为了充分利用光能量，光电二极管的窗口上方安装了一个微型聚光镜。透镜的直径按光电二极管的大小选取，一般选为几微米至几百微米，其数值孔径为 0.05～0.4，大孔径透镜聚光性能更好，但球差大也会降低它的性能。由于使用了微型透镜，成像光束接近 100%得到利用，从而提高了光电二极管的灵敏度。同时，可以进一步缩小光电二极管的尺寸，从而在不降低灵敏度的条件下，提高分辨率，减小噪声，提高响应速度，使图像传感器的整体性能得到提升。

3. 光谱响应

CCD 或 CMOS 的光谱响应是指 CCD 或 CMOS 对不同波长光线的响应能力，CCD 或 CMOS 的光谱响应范围为 300～1100 nm。图 23-43 所示的为 CCD 芯片的光谱响应曲线。由于 CCD 的正面布置了一些电极，电极的散射与反射使得正面的光谱灵敏度有所下降，所以出现了正面照射与背面照射在光谱响应上的差异。

对于彩色 CCD 和 CMOS，由于加了滤光片，各个单元的光谱响应特性也有所不同，如图 23-44 所示，该图是三补色 CCD 图像传感器的光谱感光度特性曲线，其中，输出是以相对值表示的。

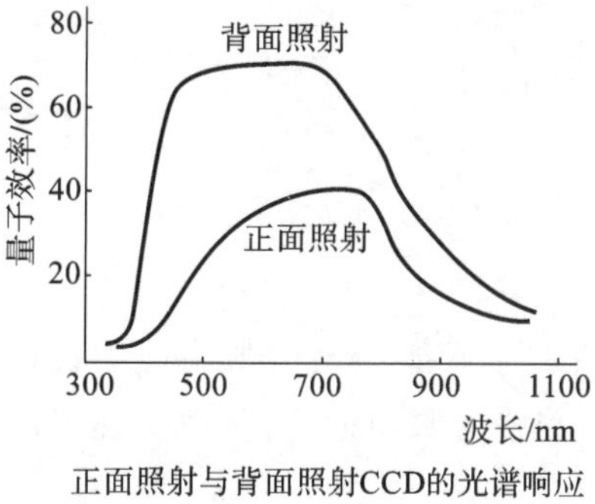

图 23-43　CCD **芯片的光谱响应曲线**

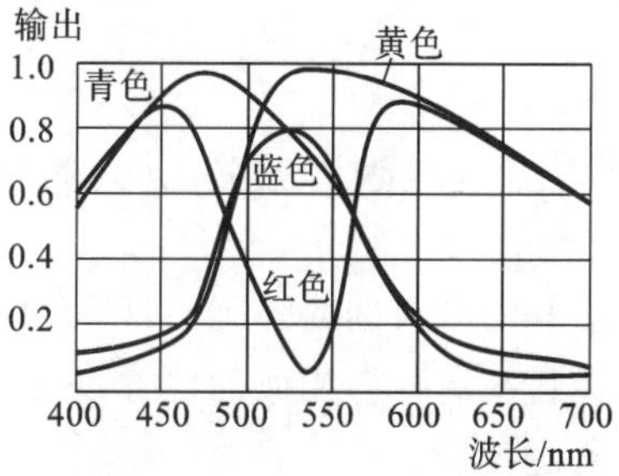

图 23-44　**三补色** CCD **图像传感器的光谱感光度特性曲线**

与感光胶片相比，CCD 或 CMOS 图像传感器有更宽的光谱响应范围，特别是在长波段至近红外波段也都有较宽的光谱响应范围。普通照相机和摄像机中，在图像传感器的前面增加了红外截止滤光片，降低了红外波段的光谱响应。

4. 噪声和动态范围

CCD 和 CMOS 图像传感器动态范围的数值可以用输出端的信号峰值与均方根噪声电压之比表示，用符号 DR 表示，其值为

$$DR = V_{sat}/V_{drk} \tag{23-40}$$

式中，V_{sat}是像素的饱和输出电压，V_{drk}是有效像素的平均暗电流输出电压。CCD 或 CMOS 的动态范围非常大，可达 10 个数量级，有资料介绍 CCD 对 750 nm 红光的响应范围为 7×10^{-2} 个光子/秒到 5×10^{9} 个光子/秒，这一响应可在 1 ms 积分时间里完成。

CCD 和 CMOS 的满阱容量是指 CCD 和 CMOS 势阱（势阱就是该空间区域的势能比附近的势能都低的特定空间区域）中可容纳的最大信号电荷量，其取决于电极面积、器件结构、时钟驱动方式和驱动脉冲电压等因素。目前的技术可以使满阱容量达到十万个电子以上。

光敏器件的噪声来源有热噪声、散粒噪声、电流噪声、复位噪声和空间噪声等。

提高电子阱的容量和电子的转移效率及降低噪声是提高信噪比和器件的动态范围的关键，如使用半导体冷却技术有利于动态范围的提高。

5. 暗电流

暗电流的概念和胶片中灰度的概念相似。在没有光照时，或没有其他方式对器件进行电荷注入时，器件中也会有电流，从而在图像上形成一定的灰度，影响着图像的对比度。

产生暗电流的原因与半导体器件的本征特性和晶体的缺陷有关，同时与热激发效应有关，采用冷却技术会使热生电荷的生成速率降低，但是冷却温度不能太低，因为光生电荷从光敏元迁移到放大器的能力随温度的下降而降低。制冷到 150℃时，每个 CCD 光敏元产生的暗电流小于 0.001 e/s。

6. 拖影

拖影是 CCD 和 CMOS 器件在信号转移过程中出现的一种缺陷，从而导致图像模糊。特别是黑暗背景中的亮目标成像时，拖影现象最为严重。通常用电平值(dB)表示其大小，也可以用百分比表示。

23.5 放映和投影镜头

23.5.1 放映和投影镜头的特性

电影和幻灯机的放映镜头，以及投影仪的投影镜头在光学性能、光学结构和光学设计方法上与照相镜头有许多相似的地方，在使用上，它们等同于倒置的照相镜头，从而实现图片的放大或实物的投影。

放映和投影镜头的光学特性可用视场、孔径、焦距表示，因工作在有限距离上，需增设一个倍率参数。根据几何成像关系，镜头的放大率 m 与镜头的焦距和共轭距的关系是

$$f'_R=\frac{m}{m^2-1}L \tag{23-41}$$

式中，L 是物面与成像屏幕间的共轭距。对于放映镜头，省去共轭距这一小量，L 可用它的放映空间表示，其值常常大于 100 倍的焦距。对于测量用的投影镜头来说，追求的是测量精度。在其他条件不变的情况下，镜头的放大率越大，细节被分辨的可能性越大，定位、对准和测量的精度越高。选择放大率时，也需要考虑仪器的结构尺寸，大型投影仪的投影屏直径可达 1.2 m，通常的投影仪投影屏直径为 200～800 mm。目前，投影仪最常用的放大率是 10、20、50、100 等。对用于测量的投影镜头的放大率的要求很严格，公认的公差是被检测尺寸的 0.05%～0.1%。

在光路结构上，投影镜头宜选用远心光路，可减小甚至消除由调焦不准确产生的视差，以提高测量精度。

放映和投影镜头都是用来放大图片的，设计中首先要考虑照度的问题。像面的照度大小和分布均匀性至关重要。因为是放大镜头，$m\geqslant 1$，所以当选用对称或近对称结构时，$m_p\approx 1$，于是式(23-10)演变为

$$E'_0 = \frac{\pi \eta L}{4m^2}\left(\frac{2a}{f'_R}\right)^2 m_p^2 \tag{23-42}$$

这里，照度与放大率的平方成反比。放映和投影镜头对应的屏幕都有一定的亮度要求，电影放映屏幕的亮度标准是：中心为 55 lx，边缘为 40 lx。投影镜头屏幕的亮度标准是 20～100 lx。增大像面照度（即提高图片的亮度）有两个途径：增大镜头的相对孔径；提高照明光源的亮度。电影放映机和投影仪都采用大功率光源，如电影院采用弧光灯或氙灯作为照明光源，这是两种显色性比较理想的高色温光源，电影放映机上用的光源功率是 2～7 kW；投影仪用的是白炽灯，白炽灯的显色指数 Ra＝100，其是一种显色性非常好的光源，灯泡的功率是 500～1000 W。放映和投影镜头采用大孔径镜头是提高影像照度最有效的方法。放映镜头的相对孔径一般为 1∶2。投影镜头的数值孔径与其放大率有关，如对于 5 倍镜头，NA＝0.15；对于 10 倍镜头，NA＝0.05～0.06；对于 20 倍镜头，NA＝0.08～0.12；对于 100 倍镜头，NA＝0.2～0.22。

像面的照度分布与物面（如图片）的照明状况有关，也与镜头的性能有关。中心照度与孔径大小有关，像面照度与视场角有关。放映和投影镜头的视场角不要选得太大，这样才能把像面照度的均匀性控制在公差范围内，一般选用 20°为宜。在图片尺寸一定时，必须选用长焦距镜头，应考虑结构尺寸的限制。

随着灯源功率的加大，镜头的抗热性需要加强。特别是对于胶合的镜头，天然树脂胶所能承受的温度较低，最高只有 50 ℃，合成树脂胶可承受 100 多度的高温。一种名为 Lens Bond 的胶可替代加拿大树脂胶，它也是一种树脂，可室温固化、热固化或紫外线固化。环氧树脂可用作金属与玻璃的粘接。

在机械结构上，放映机的输片机构需要镜头留有一定的工作空间：投影镜头经常用于实物的测量，而被测物是空间实体，为此镜头也要有一定的工作距。当镜头为校正场曲在像面（实际是图片）上设置一个负透镜时（如佩兹伐镜头），像质和结构会产生冲突。

投影和放映镜头都具有一定的视场和孔径，校正像差时应同时考虑轴上点和轴外点的像差。投影镜头对畸变的要求非常严格，校正公差一般在 0.1%以内，甚至是 0.01%以内。

电影中用的胶片的长宽比都是 4∶3，拍出的影片有 4∶3 的普通影片，也有 1.67∶1，1.85∶1 和 2.35∶1 的宽银幕影片。在放映镜头中可设计宽银幕变形镜头。

下面分别对常见的放映和投影镜头予以简要介绍。

23.5.2 普通放映镜头

简单的放映镜头由正负两片透镜组成，这种结构在合理选择玻璃的条件下，有校正球差、色差和正弦差的能力，但是其孔径和视场不会很大，其值可参见望远物镜相关介绍。

放映镜头中最常见的结构是佩兹伐镜头，如图 23-4 所示。使用时要倒置，即原来放照相胶片的位置要放置电影胶片。佩兹伐镜头相对孔径可达 1/1.8，拥有这样大的孔径是它的优点，可使屏幕上的照度提高，其视场角 $2\omega = 16°$。

普通照相镜头倒置使用时，也可以用作放映镜头。常用的有库克镜头、天塞镜头和双高斯镜头，这些镜头的视场都较大。

宽银幕变形镜头与普通放映镜头不同，它在子午和弧矢两个方向上有不同的放大率，可使正常的画面变成“变形的”画面。第一个变形镜头是由法国物理学家亨利·雅克·克雷蒂安设计和研制的，1952 年美国福克斯公司把它用于电影摄影中，该种镜头把非标准宽度的画幅摄入标准宽度的胶片上。放映时再用另一个变形镜头对画面进行相反变形放映，即可使画面复原。

宽银幕镜头通过在普通镜头前加上变形镜组形成。变形镜组在子午方向和弧矢方向有不同的放大率。弧矢方向的放大率m_s和子午方向的放大率m_t之比$K=m_s/m_t$称为镜头的变形比。若银幕的位置很远，变形比也可用视觉放大率Γ_s/Γ_t表示。一般$K=1.5\sim2$。

柱面透镜或棱镜均可以构成变形镜组，现对柱面透镜的工作原理做简单介绍。图23-45所示的为一个柱面透镜，其由平面和柱面两个型面组成。柱面子午方向上的母线是直线，弧矢方向上的母线是圆弧。显然，子午面内平行光的聚焦点在无穷远处，弧矢面内平行光的聚焦点在弧线的焦点上。弧矢焦点的位置由高斯公式决定：

$$\frac{1}{f'_{Rs}}=\frac{1}{t'_s}-\frac{1}{l} \tag{23-43}$$

子午焦距$f'_{Rt}=\infty$。

选两个焦距f'_{Rs}不同的正、负柱面透镜组成伽利略望远镜，形成一个简单的变形镜组，如图23-46所示。变形镜组在弧矢方向上的像面也在无穷远处，它与子午方向有重叠的像面位置，但是，弧矢方向上有视觉放大率，因而形成了区别于子午方向上的变形比。

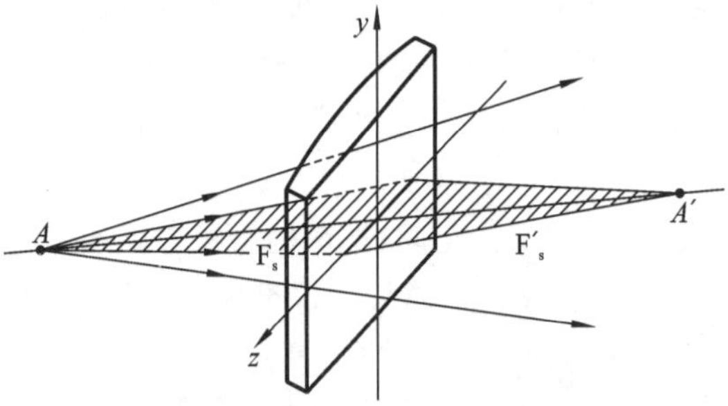

图23-45　柱面透镜结构示意图

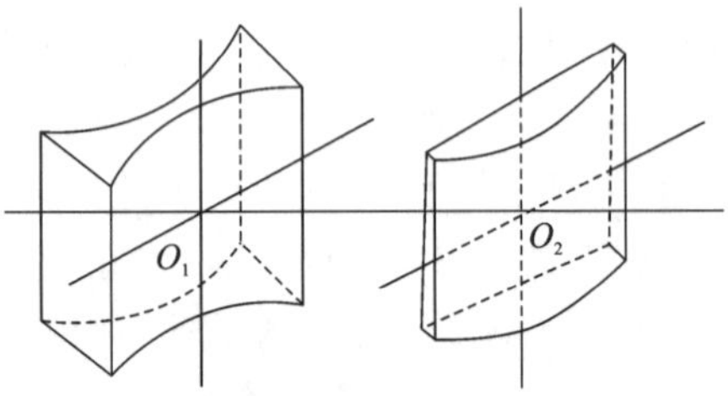

图23-46　伽利略望远镜变形镜组示意图

按子午和弧矢方向绘两个剖视图，就能看到它们各自的成像关系。在图23-47(a)所示的弧矢截面内，变形镜组后面的光学系统是一个普通的放映镜头。设伽利略望远镜变形镜组的视觉放大率$\Gamma_s=\tan\omega/\tan\omega'$，电影胶片经过普通放映镜头成像后，再由变形镜组放大$m=\Gamma_s$倍，投射在银幕上。然而，在图23-47(b)所示的子午截面内，变形镜组的放大率$m=1$，投射在银幕上的像有别于弧矢截面内的像。

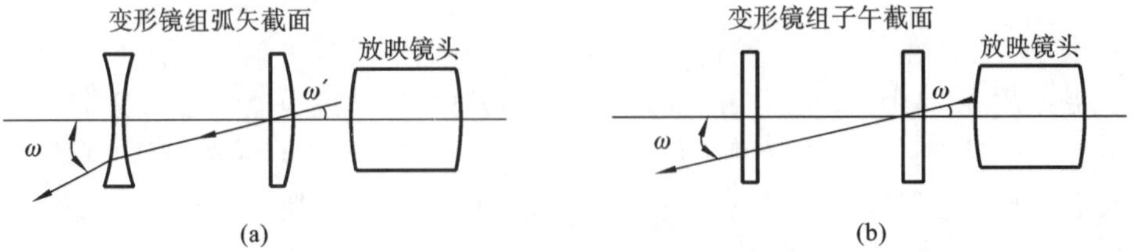

图23-47　变形镜组的子午和弧矢方向的剖视图

柱面透镜是一种非轴对称的系统。它对成像的影响除了体现在轴对称系统应有的像差外，还体现在非轴对称系统的柱面像差上。一般情况下，柱面像差较小，对像质影响不大，但是柱面像散和柱面畸变较为突出。

最简单的变形镜组由两个单片组成，如图23-48所示。当$f'_{R2}=-2f'_{R1}$时，变形比$K=2$。

变形镜组接收的光束是普通放映镜头射出的光束，它近似于平行光束，因此凸透镜可以做成有利于球差的平凸结构。通常，两片透镜选用相同的材料，若能做成半径相等的柱面镜，则工艺性更好。

把每块柱面透镜改成双胶合或三胶合镜组，选用等折射率、不等色散的玻璃，能够做出质量更好的变形镜组。但是，在胶合过程中，把三个柱面的母线调整平行是有难度的。可以把三胶合镜组改为图 23-49 所示的结构，增加一个平面，依靠装校手段保证两个双胶合镜组母线的平行，使工艺性得到改善。

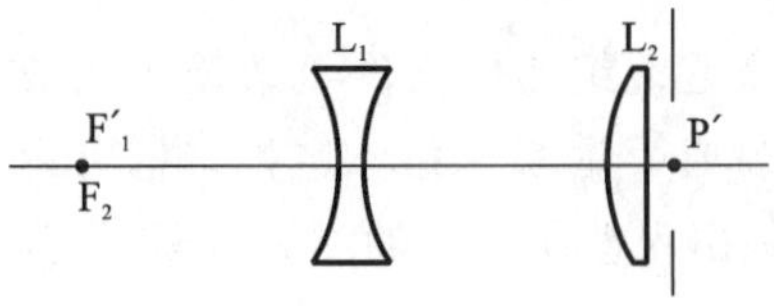

图 23-48　最简单的变形镜组结构示意图

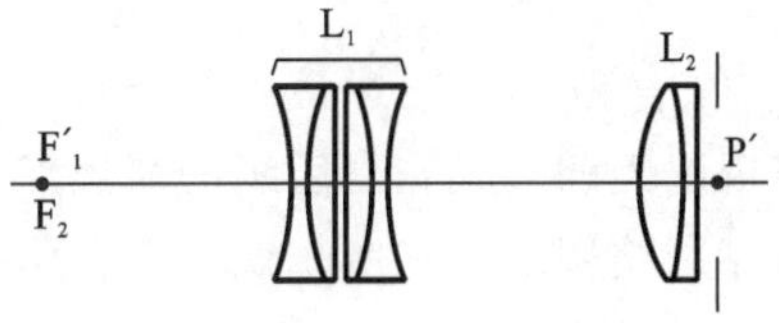

图 23-49　柱面镜组采用双胶合结构示意图

图 23-50 所示的为平面作为胶合面的变形镜组的结构，用调整手段保证母线的平行比用研磨的方式保证母线平行更加合理，更加方便。

以上变形镜组成像都假定物面（银幕）在无穷远处。实际上，放映机与银幕之间的距离是有限远的。该条件下，通过变形镜组后，子午和弧矢面内的像平面不再重合，如图 23-51 所示。

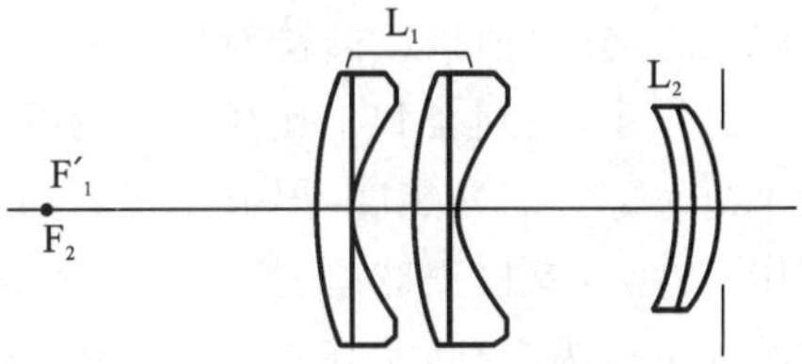

图 23-50　平面作为胶合面的变形镜组的结构示意图

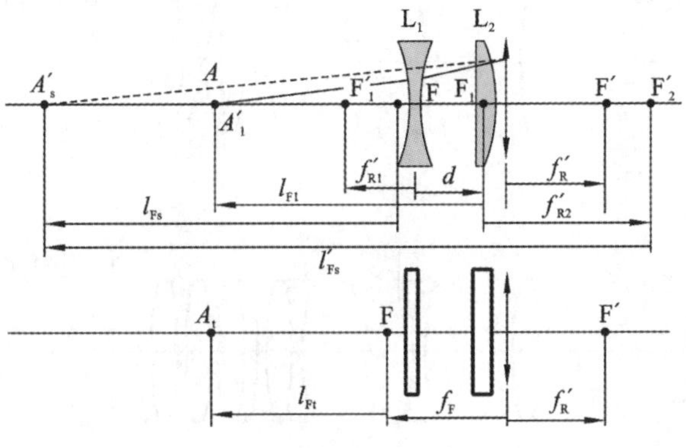

图 23-51　放映机与银幕之间的距离为有限远的情况

23.5.3　普通投影镜头

在投影仪上常用的镜头有两种结构形式：一种是在反远距结构的基础上发展起来的“负—正—正”结构；另一种是“正—负—正”结构。

“负—正—正”的镜头结构是获得长工作距的理想结构。光焦度的负担分在两组正透镜上，对像差的校正较为有利，于是每组的结构都可以采用简单的形式，如双胶合透镜组的形式，或是负透镜采用三透镜组形式，如图 23-52 所示。根据像差理论，为了校正整组镜头的倍率色差和色畸变，希望三组透镜自行校正位置色差。

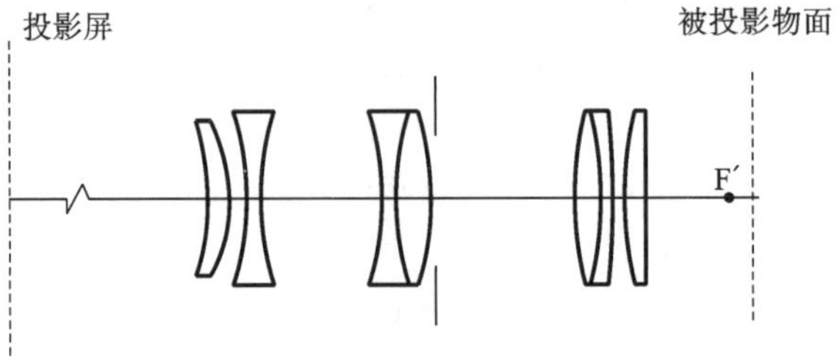

图 23-52 “负—正—正”投影镜头结构

“负—正—正”投影镜头的光阑设在中间透镜组上，该透镜组与前面的负透镜组组成了伽利略望远镜的形式。当后组的前焦点与光阑重合时，就组成了远心光路。这种结构可以看成是由伽利略望远镜和照相镜头组合而成的，它有利于消除由视差所造成的测量误差，提高测量精度。

由“正—负—正”三组透镜组成的投影镜头更适用于较大的孔径。镜头的聚焦功能分配在两组正透镜上，前组正透镜对轴上光线聚焦后，使负组上的投射高度降低，这对像差的校正有良好的作用，特别有利于孔径像差的校正。在这三组透镜中，光焦度的分配并不均匀，后组承担了绝大部分的光焦度，因而结构较为复杂。这种镜头结构具有反远距镜头的特性，有较大的工作距，而且有校正球差、彗差和色差的能力。一般情况下，这种镜头的光阑设在中间，轴外像差的校正较为有利，尤其是倍率色差和色畸变。图 23-53 列出了两种结构，图 23-53(a)为 10 倍投影镜头，图 23-53(b)为 100 倍投影镜头。

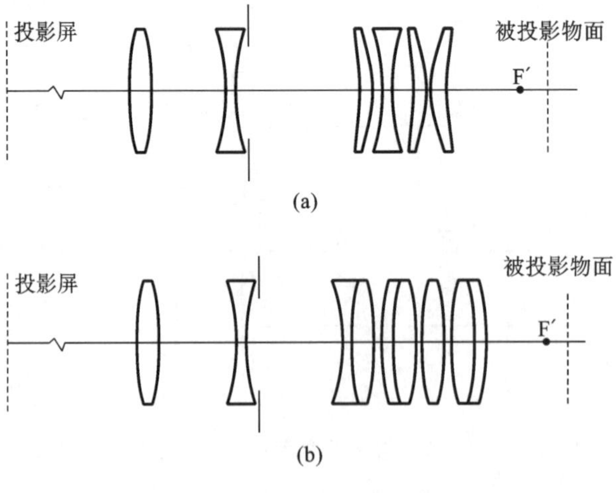

图 23-53 “正—负—正”投影镜头结构

有些投影镜头因为没有工作距的特殊要求，可以选用对称的结构，用照相镜头代替，像质也能令人满意。

习 题

23.1 有一照相物镜，其相对孔径 $D/f'_R=1/2.8$，按理论分辨率，其能分辨多少线对？

23.2 设某人在距物体 3 m 处，用 $f/\#=11$ 的光圈照相。

(1) 使用 $f'_R=55$ mm 的照相物镜时，景深是多少？

(2) 使用 $f'_R=75$ mm 的照相物镜时，前、后景深各是多少？

(3) 若希望前景深 $\Delta z_1=10$ m，则(1)(2)中两种相机的对准平面各在何处？

23.3　若照相时取光圈为 8，快门速度为 1/50 s，在底片上能得到足够的照度，则现在想拍摄运动的物体，快门速度选用 1/300 s，试问光圈应选多大的值？

23.4　设照相机测距器的放大率为 m，要求测距误差在物镜的景深范围内，问该测距器的基线应怎样计算？

23.5　请简述变焦系统的工作原理。

23.6　请简述科勒照明系统的工作原理。

23.7　请简述 CMOS 和 CCD 传感器的工作特点，并对两者进行比较。

附录

成都光明 SCHOTT、OHARA、HOYA 玻璃牌号对照表

CODE	n_d	ν_d	成都光明	SCHOTT	OHARA	HOYA
			QK			
470668	1.47047	66.83	H-QK1	FK1	FSL1	FC1
487700	1.48746	70.04	H-QK3			
487704	1.48749	70.44	H-QK3L	N-FK5	S-FSL5	FC5
			K			
500621	1.49967	62.07	K1	K11		
500660	1.50047	66.02	H-K2	BK4	BSL4	BSC4
505647	1.50463	64.72	H-K3	BK5		
508611	1.50802	61.05	K4A	ZKN7	ZSL7	ZNC7
510634	1.51007	63.36	H-K5	BK1	BSL1	BSC1
511605	1.51112	60.46	H-K6	K7	NSL7	C7
515606	1.51478	60.63	H-K7			
516568	1.51602	56.79	K8		NSL2	C2
516642	1.5168	64.2	H-K9L	N-BK7	S-BSL7	BSC7
516642	1.5168		H-UK9L	UBK7		
518590	1.51818	58.95	H-K10		S-NSL3	E-C3
526602	1.52638	60.61	H-K11	BALK1	NSL21	BACL1
534555	1.53359	55.47	H-K12	ZK5	ZSL5	ZNC5
519617	1.51878	61.69	H-K16			BACL3
522595	1.52249	59.48	H-K50	N-K5	S-NSL5	C5

续表

CODE	n_d	ν_d	成都光明	SCHOTT	OHARA	HOYA
523586	1.52307	58.64	H-K51	B270	NSL51	C12
			BaK			
530605	1.53028	60.47	H-BaK1			
540597	1.53996	59.72	H-BaK2	N-BAK2	S-BAL12	BAC2
547628	1.54678	62.78	H-BaK3		BAL21	
552634	1.55248	63.36	H-BaK4	N-PSK3	BAL23	PCD3
561583	1.56069	58.34	BaK5			
564608	1.56388	60.76	H-BaK6	N-SK11	S-BAL41	BACD11
569560	1.56883	56.04	H-BaK7	N-BAK4	S-BAL14	BAC4
573575	1.5725	57.49	H-BaK8	N-BAK1	S-BAL11	BAC1
574565	1.57444	56.45	BaK9	BAK6	BAL16	BAC6
560612	1.55963	61.21	BaK11	SK20	BAL50	
			ZK			
569629	1.56888	62.93	H-ZK1	PSK2	BAL22	PCD2
583595	1.58313	59.46	H-ZK2	SK12	S-BAL42	BACD12
589613	1.58913	61.25	H-ZK3	N-SK5	S-BAL35	BACD5
609589	1.60881	58.86	H-ZK4	SK3	BSM3	BACD3
611558	1.61117	55.77	ZK5	SK8	BSM8	BACD8
613586	1.61272	58.58	H-ZK6	N-SK4	S-BSM4	BACD4
613606	1.61309	60.58	H-ZK7			
614551	1.61405	55.12	ZK8	SK9	BSM9	BACD9
620603	1.62041	60.34	H-ZK9	N-SK16	S-BSM16	BACD16
622567	1.6228	56.71	H-ZK10	N-SK10	S-BSM10	E-BACD10
639555	1.63854	55.45	H-ZK11	N-SK19	S-BSM18	BACD18
603606	1.60311	60.6	H-ZK14	N-SK14	S-BSM14	BACD14
607595	1.60729	59.46	H-ZK15	SK7	BSM7	BACD7
614564	1.61375	56.4	H-ZK19	SK6	BSM6	BACD6
617539	1.6172	53.91	H-ZK20	SSK1	BSM21	BACED1
623581	1.62299	58.12	H-ZK21	N-SK15	S-BSM15	BACD15
607567	1.60738	56.65	H-ZK50	SK2	BSM2	BACD2
618551	1.61765	55.14	ZK51	SSK4	BSM24	BACED4
			LaK			
660574	1.6595	57.35	H-LaK1	LAK11	LAL11	LAC11
692545	1.69211	54.54	H-LaK2	N-LAK9	S-LAL9	LAC9

续表

CODE	n_d	ν_d	成都光明	SCHOTT	OHARA	HOYA
747510	1.74693	50.95	H-LaK3			
641601	1.64	60.2	H-LaK4L	N-LAK21	S-BSM81	LACL60
678555	1.6779	55.52	H-LaK5	N-LAK12	S-LAL12	LAC12
678555	1.6779	55.52	H-LaK5A	N-LAK12	S-LAL12	LAC12
694534	1.6935	53.38	H-LaK6	LAKN13	S-LAL13	LAC13
713538	1.713	53.83	H-LaK7	N-LAK8	S-LAL8	LAC8
720503	1.72	50.34	H-LaK8A	N-LAK10	LAL10	LAC10
651559	1.65113	55.89	LaK10	N-LAK22	LAL54	LACL2
697562	1.6968	56.18	H-LaK12	LAK24	LAL64	
652584	1.6516	58.4	H-LaK50	N-LAK7	S-LAL7	LAC7
652584	1.6516	58.4	H-LaK50A	N-LAK7	S-LAL7	LAC7
697555	1.6968	55.53	H-LaK51	N-LAK14	S-LAL14	LAC14
729547	1.72916	54.68	H-LaK52	N-LAK34	S-LAL18	TaC8
755523	1.755	52.32	H-LaK53	N-LAK33	S-YGH51	TaC6
755523	1.755	52.32	H-LaK53A	N-LAK33	S-YGH51	TaC6
734515	1.734	51.49	H-LaK54		S-LAL59	TaC4
			KF			
501572	1.50058	57.21	KF1	K10	FTL10	C10
515545	1.51539	54.48	KF2	KF3	NSL33	CF3
526510	1.52629	51	KF3	KF2	NSL32	CF2
517522	1.51742	52.31	KF6	KF6	NSL36	CF6
			H-KF6			
			QF			
548459	1.54811	45.87	QF1	LLF1	PBL1	FEL1
548458	1.54814	45.82	H-QF1	N-LLF1	S-TIL1	E-FEL1
561468	1.56091	46.78	QF2	LLF3	PBL3	FEL3
575413	1.57502	41.31	QF3	LF7	PBL27	FL7
582420	1.58215	42.03	QF5	LF3	PBL23	FL3
532488	1.53172	48.76	QF6	LLF6	PBL6	FEL6
532488	1.53172	48.84	H-QF6	N-LLF6	S-TIL6	E-FEL6
541472	1.54072	47.2	QF8	LLF2	PBL2	FEL2
561452	1.56138	45.24	QF9	LLF4	PBL4	FEL4
578411	1.57842		QF11	LF4	PBL24	FL4
596392	1.59551	39.18	QF14	F8	PBM8	F8

续表

CODE	n_d	ν_d	成都光明	SCHOTT	OHARA	HOYA
581409	1.58144	40.89	H-QF50	N-LF5	S-TIL25	E-FL5
581409	1.58144	40.89	QF50	LF5	PBL25	FL5
581409	1.58144	40.89	UQF50	ULF5		
			F			
603380	1.60342	38.01	F1	F5	PBM5	F5
603380	1.60342	38.01	H-F1		F-TIM5	E-F5
613370	1.61293	36.96	F2	F3	PBM3	F3
617366	1.61659	36.61	F3	F4	PBM4	F4
620364	1.62005	36.35	F4	F2	PBM2	F2
620364	1.62005	36.35	H-F4	N-F2	S-TIM2	E-F2
624359	1.62435	35.92	F5		PBM11	
625356	1.62495	35.57	F6	F7		F7
636354	1.63636	35.35	F7	F6	PBM6	F6
624368	1.62364	36.81	F12	F10	PBM10	
626357	1.62588	35.7	F13	F1	PBM1	F1
640346	1.6389	34.57	F51	SF7	PBM27	FD7
			BaF			
548540	1.54809	53.95	BaF1	BALF5	BAL5	
570495	1.5697	49.45	BaF2	BAF2	BAM2	BaF2
580539	1.5796	53.87	BaF3	BALF4	BAL4	BAFL4
			H-BaF3			
583465	1.58271	46.47	BaF4	BaF3	BAM3	BaF3
606439	1.60562	43.88	BaF5	BaF4	BAM4	BaF4
608462	1.60801	46.21	BaF6	BAF52		BAF7
614400	1.61413	40.03	BaF7			
626391	1.62604	39.1	BaF8	BASF1	BAM21	BAFD1
603425	1.60323	42.48	BaF51	BASF5		BAFD5
571530	1.57135	53.97	H-BaF53		S-BAL3	
			ZBaF			
622531	1.62231	53.14	ZBaF1	SSK2	BSM22	BACED2
	1.80166	44.26	H-ZBaF1			NbFD14
640483	1.63962	48.27	ZBaF2			
657511	1.65691	51.12	H-ZBaF3			
664355	1.66426	35.45	ZBaF4	BASF2	BAH22	BAFD2

续表

CODE	n_d	ν_d	成都光明	SCHOTT	OHARA	HOYA
671473	1.67103	47.29	H-ZBaF5	S-BAH10		
607494	1.60729	49.4	ZBaF8	BAF5	BAM5	BAF5
620498	1.62012	49.8	ZBaF11		BSM29	BACED9
639452	1.6393	45.18	ZBaF13	BAF12	BAM12	BAF12
651383	1.65128	38.32	ZBaF15		BAH24	BAFD4
667484	1.66672	48.42	H-ZBaF16	BAFN11	S-BAH11	BAF11
668419	1.66755	41.93	ZBaF17	BASF6	BAH26	BAFD6
670392	1.66998	39.2	ZBaF18	BASF12	BAH32	
702410	1.70181	41.01	H-ZBaF20	N-BASF52	S-BAH27	BAFD7
702410	1.70181	41.01	ZBaF20A	BASF52	BAH27	BAFD7
	1.70181	41.01	H-ZBaF20A			
723380	1.7234	37.99	H-ZBaF21	BASF51	S-BAH28	BAFD8
723380	1.7234	37.99	ZBaF21A	BASF51	BAH28	BAFD8
658509	1.65844	50.85	H-ZBaF50	N-SSK5	S-BSM25	BACED5
683445	1.68273	44.5	ZBaF51	BAF50	BAH51	BAF22
670472	1.67003	47.2	H-ZBaF52	N-BAF10		BAF10
			ZF			
648338	1.64769	33.84	ZF1	SF2	PBM22	FD2
648338	1.64769	33.84	H-ZF1		S-TIM22	E-FD2
673322	1.6727	32.17	ZF2	SF5	PBM25	FD5
673322	1.6727	32.17	H-ZF2	N-SF5	S-TIM25	E-FD5
717295	1.71736	29.5	ZF3	SF1	PBH1	FD1
717295	1.71736	29.5	H-ZF3	N-SF1	S-TIH1	E-FD1
728283	1.72825	28.32	ZF4	SF10	PBH10	FD10
728283	1.72825	28.32	H-ZF4	N-SF10	S-TIH10	E-FD10
740282	1.74	28.24	ZF5	SF3	PBH3	FD3
755275	1.7552	27.53	ZF6	SF4	PBH4	FD4
755275	1.7552	27.53	H-ZF6	N-SF4	S-TIH4	E-FD4
805255	1.80518	25.46	ZF7L	SF6	PBH6	FD6
805255	1.80518	25.46	H-ZF7L	N-SF6	S-TIH6	FD60
654337	1.65446	33.65	ZF8	SF9	PBM29	FD9
689312	1.68893	31.16	H-ZF10	N-SF8	S-TIM28	E-FD8
689312	1.68893	31.18	ZF10	SF8	PBM28	FD8
699301	1.69894	30.05	H-ZF11	N-SF15	S-TIM35	E-FD15

续表

CODE	n_d	ν_d	成都光明	SCHOTT	OHARA	HOYA
699301	1.69895	30.07	ZF11	SF15	PBM35	FD15
762266	1.76182	26.61	H-ZF12		S-TIH14	FD140
762266	1.76182	26.55	ZF12	SF14	PBH14	FD14
			H-ZF13		S-TIH11	FD110
785258	1.78472	25.76	ZF13	SF11	PBH11	FD11
918215	1.91761	21.51	ZF14	SF58		
741278	1.74077	27.76	ZF50	SF13	PBH13	FD13
741278	1.74077	27.76	H-ZF50		S-TIH13	E-FD13
785261	1.7847	26.08	ZF51	SF56	PBH23	FDS3
847238	1.84666	23.78	ZF52	SF57	PBH53	FDS9
847238	1.84666	23.78	H-ZF52	SFL57	S-TIH53	FDS90
			LaF			
694492	1.69362	49.19	LaF1		LAL58	LACL5
717479	1.717	47.89	LaF2	LAF3	LAM3	LAF3
744449	1.744	44.9	H-LaF3	N-LAF2	S-LAM2	E-LAF2
750350	1.7495	34.99	H-LaF4	N-LAF7	S-NBH51	E-LAF7
757478	1.75719	47.81	H-LaF6		S-LAM54	NBF2
757477	1.757	47.71	H-LaF6L		S-LAM54	NBF2
782371	1.78179	37.09	LaF7	LAF22	LAM62	NBFD7
784413	1.78427	41.3	H-LaF8	LAF25		
784439	1.78443	43.88	H-LaF9	LAF10		
788474	1.78831	47.39	H-LaF10	N-LAF21	S-LAH64	TAF4
788475	1.788	47.49	H-LaF10L	N-LAF21	S-LAH64	TAF4
773496	1.7725	46.96	H-LaF50A	N-LAF28	S-LAH66	TAF1
700481	1.7	48.1	H-LaF51		S-LAM51	
786442	1.7859	44.19	H-LaF52	N-LAF33	S-LAH51	NBFD11
743492	1.7433	49.22	H-LaF53	N-LAF35	S-LAM60	NBF1
800423	1.79952	42.24	H-LaF54	N-LAF36	S-LAH52	NBFD12
720437	1.72	43.68	H-LaF62		S-LAM52	
			ZLaF			
802443	1.80166	44.26	H-ZLaF1	LASF11		NBFD14
803467	1.803	46.66	H-ZLaF2	LASF1	LAH62	
855366	1.85544	36.59	H-ZLaF3	LASF13		TAFD13
804466	1.804	46.58	H-ZLaF50B	N-LASF44	S-LAH65	TAF3

续表

CODE	n_d	ν_d	成都光明	SCHOTT	OHARA	HOYA
804466	1.804	46.58	H-ZLaF50A	N-LASF44	S-LAH65	TAF3
805396	1.8045	39.64	H-ZLaF51		S-LAH63	NBFD3
806410	1.8061	40.95	H-ZLaF52	N-LASF43	S-LAH53	NBFD13
	1.8061	40.95	H-ZLaF52A		S-LaH53	
834372	1.834	37.17	H-ZLaF53	N-LASF40	S-LAH60	NBFD10
834372	1.834	37.17	H-ZLaF53A	N-LASF40	S-LAH60	NBFD10
835430	1.835	42.98	H-ZLaF55	N-LASF41	S-LAH55	TAFD5
806333	1.8061	33.27	H-ZLaF56			NBFD15
806333	1.8061	33.27	H-ZLaF56A			NBFD15
883408			H-ZLaF68	N-LASF31	S-LAH58	TAFD30
			TiF			
580380	1.58013	38.02	TiF2			
593358	1.5927	35.79	TiF3	TIFN5	FTM16	FF5
			TF			
612441	1.61242	44.09	TF3	KzFS1		ADF10
613443	1.6134	44.3	TF4	KzFSN4	BPM51	ADF40
654396	1.65412	39.63	TF5	KzFSN5	BPH5	ADF50
			FK			
497816	1.497	81.61	H-FK61		S-FPL51	FCD1
			D-K			
516641	1.51633	64.06	D-K9		L-BSL7	
			D-ZK			
583595	1.58313	59.46	D-ZK2		L-BAL42	M-BACD12
589613	1.58912	61.25	D-ZK3		L-BAL35	M-BACD5N
			D-LaK			
694532	1.6935	53.2	D-LaK6		L-LAL13	M-LAC130
			D-ZBaF			
714389	1.7143	38.9	D-ZBaF58			
			D-ZF			
689312	1.68893	31.16	D-ZF10		L-TIM28	
			D-LaF			
731405	1.73077	40.5	D-LaF79		L-LAM69	M-LAF81
			D-ZLaF			
806410	1.8061	40.95	D-ZLaF52		L-LAH53	M-NBFD130